TRAITÉ

DES MALADIES CONTAGIEUSES

ET DE LA

POLICE SANITAIRE DES ANIMAUX DOMESTIQUES

LYON. — IMPRIMERIE DE BEAU JEUNE ET Cⁱᵉ.

TRAITÉ

DES

MALADIES CONTAGIEUSES

ET DE LA

POLICE SANITAIRE DES ANIMAUX DOMESTIQUES

PAR

M. V. GALTIER

Professeur de Police Sanitaire à l'Ecole Nationale Vétérinaire de Lyon

———✻———

LYON

IMPRIMERIE DE BEAU JEUNE & Cie

Rue de la Pyramide, 3

—

1880

PRÉFACE

Je dois à mes confrères et à tous ceux que mon ouvrage pourra intéresser quelques explications sur les motifs qui m'ont porté à l'entreprendre et sur la manière dont j'ai compris et exécuté la tâche que je me suis imposée.

Ai-je eu raison ou ai-je eu tort de me charger de la préparation d'un traité élémentaire de police sanitaire ? S'il ne m'appartient pas de faire toute la réponse que comporte une pareille question, je déclare néanmoins que j'approuve moi-même ma détermination. Je ne prétends pas avoir fait une œuvre irréprochable; je n'ai eu pour cela ni le temps ni les moyens, aussi suis-je le premier à reconnaître les défectuosités et les imperfections nombreuses que je n'ai pu éviter. Mais s'il est reconnu que j'ai fait un travail utile, il me sera peut-être permis de compter sur l'indulgence de mes lecteurs. Qu'il demeure donc bien entendu dès à présent que ma résolution a été dictée, non par un sentiment d'ambitieuse vanité, mais par le désir de rendre service à notre profession, dont tous les représentants doivent avoir à cœur de bien connaître tout ce qui touche de près à l'étude et à la prophylaxie des maladies contagieuses.

N'aurais-je pas dû au moins prendre plus de temps? Assurément si j'avais consacré un temps plus long à mon œuvre, elle eut été moins imparfaite, mais j'aime à penser que telle qu'elle est, elle pourra rendre quelques services aux élèves d'abord et aux vétérinaires ensuite.

Il manquait à notre enseignement, à notre médecine un

traité didactique sur les maladies contagieuses et la police sanitaire; c'était déjà une raison suffisante pour justifier l'apparition d'un ouvrage sur la matière. Mais combien est plus puissante celle qui découle tout naturellement de l'importance capitale que prend de nos jours l'étude dont j'ai fait l'objet de mon livre. Depuis quelques années, de nombreuses et importantes découvertes ont été réalisées dans cette branche de la pathologie qui intéresse à la fois la médecine vétérinaire et la médecine de l'homme; aussi les ouvrages et les écrits antérieurs sont-ils déjà vieillis pour la plupart. C'est pour ce motif surtout, que je me suis décidé à écrire un traité élémentaire, résumant l'état actuel de la science. D'un autre côté, la police sanitaire est (qui oserait le nier?) une des branches les plus importantes des études vétérinaires. Par la connaissance approfondie de la contagion des diverses maladies transmissibles et par l'application rationnelle, qu'il sait en déduire, des grandes mesures sanitaires, le vétérinaire devient un homme très utile et est appelé à rendre les plus grands services à l'hygiène et à la fortune publique. C'est par ce côté de sa profession, que le vétérinaire peut se mettre le plus en relief et s'attirer la plus grande considération; aussi était-il regrettable à tous égards, que nos jeunes et futurs confrères n'eussent aucun ouvrage spécial où ils pussent étudier les maladies contagieuses et la police sanitaire. On trouve bien çà et là, dans les dictionnaires des articles très consciencieusement faits sur les diverses maladies contagieuses et sur les mesures sanitaires qui doivent leur être appliquées; mais, outre que ces articles ont vieilli, il n'existe nulle part un exposé didactique des connaissances générales acquises sur les virus, sur la contagion et sur la police sanitaire. Pour toutes ces raisons il m'a paru que le travail que j'ai entrepris était surabondamment motivé. Bien que l'auteur soit encore jeune et bien que la conception de l'ouvrage soit de date récente, les matériaux en sont assemblés depuis quelque temps ; c'est d'abord la préparation du concours que j'ai subi en 1878, qui m'a permis d'en amasser le plus grand nombre ; depuis j'ai enseigné le cours, j'ai pris des notes sur les travaux qui ont paru, j'ai travaillé moi-même et dans le cours de l'ouvrage on trouvera, à propos de la désinfection et aux chapitres traitant de la morve, de la tuberculose, de la rage, de la clavelée, des données encore inédites, qui sont le résultat de mes recherches. J'ajoute enfin que j'ai vu de près la pratique de la police sanitaire et que j'y ai largement participé pendant les années que j'ai exercé la clientèle de mon beau-père, M. Delorme, dans un pays où les épizooties des bêtes ovines sont très fréquentes.

L'ouvrage est divisé en deux parties, une partie générale et une partie spéciale. Dans la première, j'ai traité des maladies virulentes en général, des virus, des théories de la virulence, de la contagion et des diverses questions se rattachant à la contagion, de la législation sanitaire et des mesures générales de la police sanitaire. Je n'ai pas jugé à propos d'attendre que la nouvelle loi sanitaire fût votée, parce que dans ma pensée, elle ne le sera pas encore de quelque temps, et parce que, quels que soient l'esprit et la lettre de la future législation, le traité que je livre au public s'y adaptera très bien, attendu que en tout et pour tout je me suis inspiré du dernier état de la science. Dans la seconde partie se trouvent décrites, en autant de chapitres distincts, les diverses maladies virulentes avec leurs principaux caractères symptomatologiques, anatomiques et étiologiques. Je me suis appliqué, dans tous les cas, à mettre en relief autant que possible les sièges, les caractères et la ténacité des divers virus, la contagion, ses modes et ses diverses particularités. J'ai ensuite indiqué, à propos de chaque maladie, la ligne de conduite que doit inspirer aux administrateurs et aux vétérinaires l'état actuel de la science; j'ai énoncé et détaillé, quand besoin m'en a semblé, les mesures propres à empêcher l'extension et à amener la disparition de telle ou telle épizootie.

Je me suis appliqué à ne donner place qu'à ce qui m'a paru nécessaire ou utile dans un livre didactique. J'ai laissé de côté les dissertations et les détails qui ne m'ont pas paru indispensables à la compréhension du sujet; je me suis abstenu de tout historique et de toute bibliographie faite à coups de noms propres seulement; je me suis aperçu depuis longtemps que l'historique d'une question quelconque n'a de l'intérêt et n'apprend quelque chose, qu'autant qu'on ne se borne pas à aligner à la suite les uns des autres des noms d'auteurs en plus ou moins grand nombre, aussi ai-je délaissé cette manière de faire. J'ai pris les données de la science partout où je les ai trouvées, et quand je cite des noms d'auteurs, c'est toujours en indiquant la part qu'ils ont prise à la construction de l'édifice; lorsque dans le corps d'un chapitre, le moment est venu de parler de telle ou telle découverte, je mentionne, en même temps que la découverte. le nom de celui à qui elle est due.

Lyon, le 1er août 1880.

NOTA. — Depuis que le chapitre CHARBON a été imprimé, deux découvertes nouvelles ont été publiées; l'une par M. Pasteur sur le rôle des vers de terre comme « messagers » se chargeant d'apporter à la surface du sol les germes enfouis avec les cadavres; l'autre par M. Toussaint, qui a réussi à préserver du charbon des animaux inoculés avec du sang charbonneux défibriné et chauffé à 55°.

INTRODUCTION

Les maladies contagieuses occupent une très grande place dans la pathologie vétérinaire et dans la pathologie humaine. Quelques-unes d'entre elles ont le triste privilège de pouvoir se transmettre des animaux à l'homme; leur étude acquiert ainsi une très grande importance. Cette étude est longue, et elle exige comme corollaire naturel celle de la police sanitaire, dont le but est de tracer les mesures propres à empêcher la propagation des maladies contagieuses.

La pathologie, envisagée dans un sens général, a pour but la description de la maladie; et pour connaître la maladie d'une façon complète, il faut étudier sa cause, déterminer la manière dont cette cause agit pour produire des altérations dans l'organisme, étudier les lésions qui résultent de l'action de la cause et les symptômes qui sont l'expression de l'altération produite, c'est-à-dire de la maladie. Après avoir étudié l'étiologie, la pathogénie, l'anatomie pathologique et la symptomatologie, il faut rechercher les moyens de prévenir, d'atténuer la maladie et de la guérir quand elle est curable. Certaines maladies contagieuses étant incurables, et celles qui sont curables, guérissant ordinairement sans l'emploi des agents thérapeutiques, par les seuls efforts de la nature, avec le secours des moyens hygiéniques, on peut avancer déjà que la prophylaxie, c'est-à-dire la police sanitaire doit occuper la plus grande place dans le traitement de ces affections.

Considérées au point de vue de leur étiologie, les maladies se divisent en effet en deux grandes classes: *les maladies transmissibles et les maladies non transmissibles.*

Celles-ci sont le résultat de l'action des causes ordinaires, telles que le refroidissement, les irritations mécaniques, physiques ou chimiques, (exemple: gastrite, entérite, hépatite, pleurésie, etc.); elles ne se transmettent pas des individus malades aux individus sains.

Bien différent est le cas des *maladies transmissibles* qui, seules, doivent faire l'objet de cet ouvrage. Elles ont la propriété de se transmettre d'un individu malade à un ou plusieurs individus sains et aptes à les contracter ; telles sont les maladies parasitaires, c'est-à-dire les maladies déterminées par les entozoaires (nématoïdes, trématodes, cestoïdes), par les acariens (gales), par les champignons (teignes, herpès, muguet), par les bactériens (septicémie, charbon, etc.) ; telles sont encore les maladies dites vulgairement maladies virulentes (syphilis, morve, variole, clavelée, etc.).

La *transmissibilité* de telle ou telle maladie peut avoir lieu entre animaux de même espèce ou entre animaux d'espèces différentes ; ainsi le chien peut transmettre la rage au chien ou à d'autres animaux appartenant à d'autres espèces.

La différence essentielle qui existe entre les maladies non transmissibles et les maladies transmissibles réside dans leur mode de développement ; en effet, les unes apparaissent d'une manière spontanée, elles ne se développent pas sans cause, mais celle qui les provoque est une de ces causes ordinaires rentrant dans le domaine des irritants généraux, physiques, chimiques ou mécaniques. Les maladies transmissibles ne se développent que sous l'influence d'une cause spécifique, qu'autant qu'une semence (agent contagieux), a été importée, introduite dans un individu. Cette semence varie pour chaque maladie transmissible, et une fois introduite dans l'organisme, elle y provoque la maladie en se multipliant, en se régénérant.

Quant on dit qu'une maladie est transmissible, on qualifie par un mot une affection dont la cause ou la semence, après avoir persisté et s'être multipliée dans l'organisme d'un individu, peut être transmise à d'autres individus chez lesquels elle se comportera comme elle s'est déjà comportée chez celui d'où elle émane. La semence morbigène, une fois transmise, se multiplie chez son nouvel hôte, et y détermine la maladie dont était atteint l'individu qui l'a fournie.

Les maladies dites vulgairement *maladies virulentes* sont dans ce cas ; le virus se multiplie, s'accroît comme le parasite.

Les maladies transmissibles comprennent donc les maladies parasitaires dont le parasite suffisamment volumineux est facile à trouver et à étudier (bronchite vermineuse, trichinose, cachexie vermineuse, tournis, ladrerie, gales, teignes, herpès, muguet, etc.), les maladies parasitaires dues à des parasites excessivement petits, plus ou moins difficiles à étudier, tels que bactériens, bactéries, vibrions, vibrioniens, microbes, (charbon, septicémie, etc.), et les maladies virulentes dues à des virus ou contages dont la nature reste à déterminer (morve, maladies éruptives, etc.)

On sait que les miasmes et les effluves ont une action malfaisante sur l'économie, et cette action, de laquelle résultent quelquefois des maladies infectieuses ou des maladies contagieuses, ils la doivent à des bactériens. En effet, les miasmes et les effluves sont des émanations gazeuses qui tiennent presque toujours en suspension des bactériens très petits.

Dans un avenir prochain, on arrivera peut être à reconnaître que les maladies transmissibles sont toutes de nature parasitaire. Il n'y a pas longtemps qu'on regardait comme maladies virulentes, à contage indéterminé, certaines affections, (charbon, choléra des oiseaux, fièvre typhoïde du porc), qui viennent d'être mieux étudiées et dont le virus a été reconnu comme étant de nature parasitaire, et il est permis d'espérer qu'on démontrera peut être un jour que le plus grand nombre des maladies dites virulentes doivent leur développement à un parasite.

Les maladies transmissibles forment une classe très naturelle; elles offrent entre elles les plus grandes analogies au point de vue de leur étiologie, de leur évolution, de leur marche et de leur propagation.

1º Au point de vue de leur étiologie. — En effet, toutes ont pour cause morbigène une semence, un contage, parasite ou virus, (gale, charbon, clavelée, etc.).

2º Au point de vue de leur évolution. — Voyons ce qui se passe quand il y a eu par exemple transmission de la cause morbigène de la gale ou de la morve à des individus sains. Quand un cheval sain a été en contact avec un cheval galeux, et lui a emprunté le parasite qui détermine la gale, on ne voit pas la maladie se montrer d'emblée et aussitôt d'une façon appréciable, mais bien seulement au bout de quelques jours. Dès le principe, dès la première heure du contact, l'acare peut avoir passé sur le cheval sain; mais pour y engendrer une maladie visible, il faut qu'il se multiplie suffisamment, et il lui faut pour cela une quinzaine ou vingt jours. De même, du contact d'un cheval sain avec un cheval morveux, ou d'une inoculation directe, ne résulte pas immédiatement une morve manifeste. La semence a été transmise et la morve existe de suite, mais elle est localisée au point d'inoculation, et le virus n'étant pas d'abord assez abondant, il faut qu'il se multiplie. Ce n'est donc qu'après plusieurs jours qu'on voit les symptômes caractéristiques de la maladie. De même, toutes les maladies transmissibles ont une période d'incubation plus ou moins longue suivant la nature de la semence, suivant les individus et suivant la quantité de semence introduite. Cette période comprend le temps qui s'écoule depuis l'ensemencement, depuis l'inoculation jusqu'à l'apparition des premiers symptômes de la maladie. Il y a donc analogie au début entre les maladies parasitaires et les maladies virulentes dont le contage n'est pas déterminé.

3° Au point de vue de leur marche sur un sujet malade. — Même analogie encore; en effet, au début, la gale occupe un espace restreint, c'est au bout de quelques jours seulement qu'elle se généralise. Quand on inocule le charbon, les symptômes sont localisés d'abord au point d'inoculation, puis les ganglions les plus voisins de ce point deviennent malades, enfin la maladie se généralise, les germes passent dans le torrent circulatoire et se répandent dans tout l'organisme. Il en est de même pour les maladies dites virulentes, souvent elles sont d'abord localisées et se généralisent ensuite (morve, tuberculose, etc.).

4° Au point de vue de leur propagation. — Les maladies transmissibles parasitaires ou virulentes se propagent des individus malades aux individus sains, dans l'espèce ou hors de l'espèce; elles peuvent ainsi être observées à l'état d'enzooties ou d'épizooties.

Dans le langage ordinaire, on distingue des maladies parasitaires, des maladies infectieuses, des maladies virulentes. Y a-t-il des différences essentielles entre les groupes de maladies qu'on entend désigner par ces expressions?

Vulgairement on appelle *maladies parasitaires* celles qui sont dues à des parasites facilement visibles (gales, herpès, teignes, etc.). On appelle *maladies infectieuses* celles qui sont dues à l'introduction dans l'organisme de miasmes ou d'effluves. Le charbon est peut être quelquefois une maladie infectieuse; des troupeaux, en pâturant au voisinage de certains marécages, peuvent contracter le charbon en respirant l'effluve. Le type des maladies infectieuses est la fièvre intermittente de l'homme, qui est due aux miasmes paludéens; or les miasmes et les effluves n'agissent que par les parasites qu'ils tiennent en suspension. La différence qu'on semble établir entre ces deux sortes de maladies, maladies parasitaires et maladies infectieuses, n'a pas, par conséquent, de raison d'être; dans les unes comme dans les autres, il y a des parasites, avec cette seule différence que dans les maladies infectieuses ces parasites sont très petits et plus difficiles à étudier que dans les maladies parasitaires ordinaires.

On appelle vulgairement *maladies virulentes* celles qui se transmettent par l'intermédiaire d'un virus. Or, qu'est-ce qu'un virus? On n'est pas encore bien fixé sur la nature des différents virus; mais nous savons que pour quelques maladies classées jadis parmi les maladies virulentes à contage indéterminé, le virus n'est autre chose qu'un germe parasitaire: ainsi le charbon, le choléra des poules, le choléra asiatique, regardés il y a peu de temps comme maladies virulentes, sont dus à un contage parasitaire de l'ordre des bactériens.

La différence qu'on semble établir entre les maladies parasitaires, les maladies infectieuses et les maladies virulentes est donc sans valeur; il n'y a que des maladies transmissibles, qui se propagent par l'intermédiaire d'une semence qui est le plus souvent, sinon toujours, un parasite animal ou végétal.

Cette définition n'est pas tout à fait complète quand on l'applique aux maladies (morve, péripneumonie, clavelée, etc.) qu'on appelle virulentes dans le langage ordinaire. Dans la définition de ces maladies, on a voulu faire entrer un autre caractère. On sait que quand on inocule la vaccine à un enfant, on le préserve de la variole, cela résulte de ce que ces deux maladies sont antagonistes; l'enfant a de cette façon acquis l'immunité, au moins pour un certain temps. Si au lieu d'inoculer le vaccin, on inocule la variole, on fait développer une maladie plus grave qu'avec la vaccine, mais si l'enfant ainsi variolisé expérimentalement (ce qui se faisait avant la découverte du vaccin) ne meurt pas, il acquiert encore l'immunité; une première atteinte préserve d'une seconde atteinte pendant un temps plus ou moins long. Ce qu'on vient de voir pour la variole, s'applique exactement à la fièvre aphtheuse, à la clavelée, etc. Il est donc avéré que certaines maladies contagieuses, une fois développées chez un individu, ne peuvent pas y faire une nouvelle apparition pendant quelque temps; on dit que la maladie virulente confère aux individus qu'elle attaque l'immunité contre une nouvelle attaque. On a, à cause de ce fait, proposé de définir la maladie virulente, une affection qui peut se transmettre d'un individu malade à un individu sain, par l'intermédiaire d'un agent appelé virus, et qui, une fois guérie chez l'individu malade, laisse en lui des modifications encore inconnues, qui le garantissent d'une nouvelle atteinte. Mais de la sorte on exagère la portée d'un fait et on généralise un caractère qui, à mon avis, ne doit pas l'être encore, car il n'est pas prouvé que toutes les maladies virulentes confèrent l'immunité ; ainsi les maladies incurables, la phthisie, la rage, la morve, etc., ne la donnent pas. Le caractère *immunité* n'est donc pas général.

Il est plus simple de définir les maladies contagieuses, en général, comme le fait un physicien anglais, Tyndall, disciple de M. Pasteur. Une maladie contagieuse est un conflit entre un individu et des organismes qui se multiplient à ses dépens, et qui, en se multipliant, s'approprient son air, désagrègent ses tissus ou l'empoisonnent par les décompositions qui accompagnent leur développement. Cette définition me semble très juste et s'adapte à peu près à toutes les maladies transmissibles. En effet, la semence d'une affection contagieuse, pour produire des effets visibles, a besoin de se multiplier. Elle vit et se multiplie aux dépens de l'organisme qu'elle va rendre malade ; la période d'incubation n'est pas pour elle une période de repos, mais bien une période de repullulation. Pendant ce temps elle se multiplie et emprunte à son hôte les matériaux de son accroissement ; les parasites qui la composent respirent, se nourrissent, assimilent, désassimilent, il n'est donc pas étonnant qu'ils nuisent à la santé de l'individu qui les porte. Certains de ces parasites donnent naissance à un poison très énergique, très actif, qui agit sur le système nerveux et dont la nature n'est pas encore bien déterminée.

L'étude des maladies contagieuses est très importante. Ces maladies sont nombreuses ; mais nous ne traiterons dans cet ouvrage que des affections vulgairement dites maladies infectieuses et des maladies virulentes, c'est-à-dire de celles qui sont dues à des parasites excessivement petits, et de celles qui sont dues à des contages dont la nature est indéterminée.

Voici quelles sont ces maladies dans l'ordre que nous suivrons pour les étudier :

Septicémie, infection purulente. — La septicémie et l'infection purulente devraient peut être trouver place ailleurs, soit à la fin d'un traité de pathologie générale, soit au début d'un traité de pathologie spéciale, médicale ou chirurgicale, car toutes les maladies, sous l'influence de l'air vicié, sont susceptibles de se compliquer de l'une ou de l'autre de ces deux affections ; ainsi les plaies du pied se compliquent quelquefois d'infection purulente, ainsi certains cas de pneumonie se compliquent de gangrène, de septicémie. L'étude de ces deux affections est d'une importance capitale pour le médecin et le chirurgien. La septicémie est sûrement due à des bactériens, elle a donc sa place marquée dans un ouvrage traitant des maladies qui reconnaissent le parasitisme pour cause. L'infection purulente n'est pas tout à fait dans le même cas, elle peut être due à l'absorption du pus ; or, le pus se compose de leucocytes dont le noyau offre une multiplication plus ou moins avancée qui ne s'est pas propagée au protoplasma. Ces leucocytes sont morts et par conséquent, entraînés par le torrent circulatoire dans les différentes parties de l'organisme, ils agissent comme des corps inertes, morts, comme des agents phlogogènes qui irritent et déterminent la formation d'un foyer d'inflammation. Mais outre ces leucocytes, il y a dans le pus sécrété par les plaies un bactérien qui possède aussi la propriété de provoquer la formation du pus en plus grande quantité, quand il est introduit dans les tissus vivants ; et à ce titre, l'infection purulente doit entrer dans notre cadre.

Choléra des oiseaux. — Il est dû à un bactérien, et il a quelque analogie avec le choléra asiatique, bien qu'il ne soit pas identique ; il se montre surtout chez les oiseaux, mais il peut être transmis expérimentalement à presque toute la série animale.

Charbon. — Il est dû a un bactérien, au *bacillus anthracis ;* il peut se montrer sur les principales espèces.

Diphthérie. — Cette maladie est fréquente chez l'homme ; elle attaque aussi les oiseaux et les veaux ; elle est produite par un bactérien et se caractérise par des lésions particulières.

Fièvre typhoïde du porc. — Elle est sûrement due à un bactérien, ainsi que la démonstration en a été donnée par le docteur Klein, en Angleterre, dans le courant de l'année 1877.

Fièvre typhoïde du cheval. — Elle a quelque analogie avec celle du porc et avec celle de l'homme. Celle-ci, comme celle du porc, est due à un bactérien. Pour le moment, on ne pourrait dire si celle du cheval est dans le même cas. Il n'est pas même sûr que cette maladie soit contagieuse, pourtant certains vétérinaires la considèrent bien comme telle.

Typhus des ruminants. — Les symptômes de cette maladie ont beaucoup d'analogie avec ceux de la fièvre typhoïde. Le typhus est propre aux ruminants et il peut se transmettre aux porcins ; on ne sait pas s'il est dû à un bactérien, mais cela est probable.

Péripneumonie des grands ruminants. — On n'est nullement fixé sur la nature du contage de cette maladie particulière aux grands ruminants.

Phthisie. — Cette affection, fréquente chez les grands ruminants, peut être transmise aux autres espèces ; son virus consisterait, d'après M. Chauveau, en granulations moléculaires.

Dourine. — Cette maladie, encore appelée syphilis des solipèdes, est fréquente en Afrique ; la nature de son virus reste à déterminer.

Affection farcino-morveuse. — La morve est fréquente chez les solipèdes ; son étude comprend celle de la morve proprement dite et celle du farcin, qui sont des formes différentes d'une même maladie. Son contage consisterait, d'après M. Chauveau, en granulations moléculaires.

Gourme et maladie du jeune âge. — La première est particulière aux solipèdes, la seconde aux jeunes chiens et aux jeunes chats ; la nature de leur virus reste à déterminer.

Rage. — Elle s'observe chez tous les animaux, particulièrement chez le chien ; on ne connaît pas la nature de son contage.

Horsepox et Cowpox. — La première est la variole du cheval, et la seconde celle de l'espèce bovine ; elles ne diffèrent pas par leur virus, elles sont inoculables à l'homme et le préservent de la variole. M. Chauveau a étudié leur contage et l'a trouvé formé de granulations moléculaires.

Fièvre aphtheuse, Piétin, Clavelée. — La première de ces maladies s'observe plus spécialement dans l'espèce bovine, les deux autres sont propres aux moutons. Le virus de la clavelée a été étudié par M. Chauveau, qui l'a encore trouvé formé de granulations moléculaires.

Avant de décrire une à une ces affections, il faut étudier les caractères généraux qui sont communs à toutes les maladies contagieuses ; il faut faire une étude synthétique ; il faut supposer connus les détails propres à chaque maladie en particulier, et généraliser ce qui convient à toutes ; il faut en un mot jeter sur ces maladies une vue d'ensemble, afin de les caractériser d'une façon générale au point de vue de leur définition, de leur symptomatologie, de leur marche, de leur anatomie pathologique, de leur étiologie, de leur pathogénie et de leur traitement prophylactique et curatif.

Ces divers points peuvent être examinés rapidement, sauf

pourtant la question de l'étiologie et de la prophylaxie, qui est importante et longue. Il est bon, en effet, d'avoir des notions aussi étendues et aussi précises que possible sur la nature des contages, sur leurs propriétés, sur leurs modes de transmission et sur les moyens de prévenir leur propagation.

Cette étude générale, qui offre quelques difficultés, a encore pour but d'apprendre à connaître exactement la valeur d'un certain nombre de mots employés fréquemment dans le langage des maladies contagieuses et de la police sanitaire.

Il importe de donner une large place au traitement prophylactique. Les moyens hygiéniques qui composent la prophylaxie générale des maladies, doivent trouver ici leur application; mais quand il s'agit de maladies contagieuses, il faut en outre recourir à des moyens, à des mesures plus énergiques, qui permettent d'empêcher leur propagation, de les circonscrire et de les éteindre sur place. Ces mesures sont tirées de la police sanitaire, dont l'étude doit par conséquent être liée à celle des maladies contagieuses. Cette étude est de la plus grande importance, puisque grâce à telle ou telle mesure employée convenablement, on peut circonscrire et éteindre telle ou telle épizootie, puisque la police sanitaire rend ainsi les plus grands services au commerce, à l'agriculture, et surtout à l'hygiène publique.

Après l'étude générale des contages et de la police sanitaire, il convient d'aborder l'étude spéciale des diverses maladies, et d'indiquer, à propos de chacune d'elles, les mesures de police sanitaire qui conviennent dans l'état actuel de nos connaissances et de nos mœurs.

PREMIÈRE PARTIE

Cette première partie comprend l'étude des diverses questions relatives aux maladies contagieuses considérées dans leur ensemble.

Le tableau suivant indique, dans leur ordre, les matières à traiter.

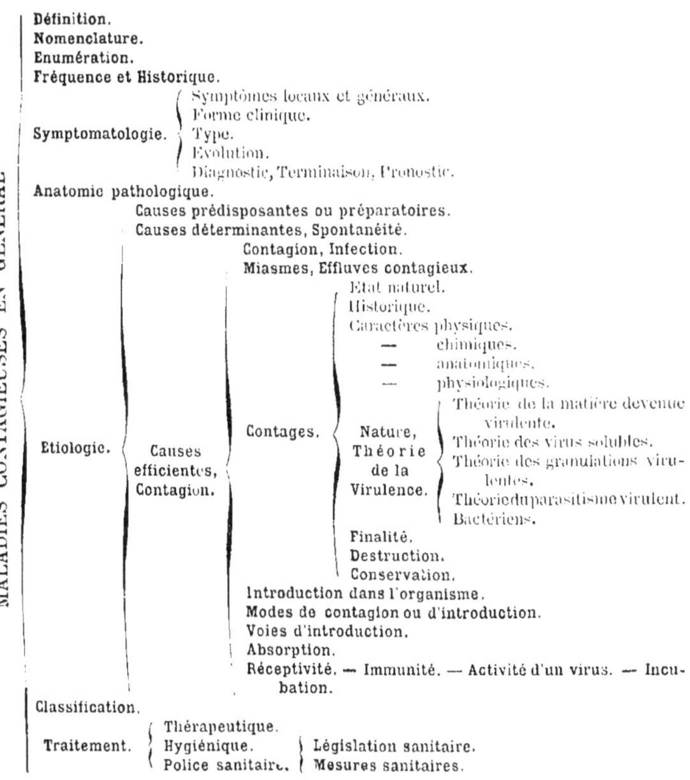

CHAPITRE PREMIER

SYMPTOMATOLOGIE ET ANATOMIE PATHOLOGIQUE DES MALADIES CONTAGIEUSES

Les maladies contagieuses sont des maladies susceptibles de se transmettre, de se perpétuer, de se propager au moyen d'une semence (contage) qui, en se multipliant chez des individus sains, reproduit toujours la même maladie. Toute affection contagieuse semble être le résultat, l'expression d'un conflit entre un individu et des germes qui se multiplient à ses dépens, s'approprient son air, désagrègent ses tissus, l'irritent ou l'empoisonnent par les combinaisons et les décompositions qu'ils provoquent.

Les maladies contagieuses sont assez nombreuses (voyez l'énumération ci-dessus) et assez fréquentes. Si on jette un coup d'œil sur l'énumération qui a été faite précédemment, on remarque que les principales espèces animales, peuvent être classées dans l'ordre suivant, au point de vue de leur aptitude à contracter les maladies contagieuses : espèce bovine, solipèdes, espèce ovine, espèce canine, espèce porcine, volailles. Chez les solipèdes, on observe la septicémie, l'infection purulente, qui peuvent d'ailleurs se montrer chez presque toutes les espèces, quelquefois le charbon, la fièvre typhoïde, la dourine, l'affection farcino-morveuse, la gourme, la rage, le horsepox. Dans l'espèce bovine, on observe plus souvent le charbon, on rencontre quelquefois la diphthérie, surtout chez les veaux ; on constate aussi le typhus ou peste bovine, qui attaque particulièrement les grands ruminants, sans épargner toutefois les petits, la péripneumonie contagieuse, qui jusqu'à présent n'a guère été observée chez les autres espèces, si ce n'est chez la chèvre, la phthisie, qu'on observe aussi quelquefois chez d'autres espèces, la rage, le cowpox, le piétin. L'espèce ovine est affectée surtout par la clavelée, par le charbon, par le piétin ; elle peut l'être par la rage, et quelquefois par la phthisie. Chez le chien, on observe surtout la rage et la maladie du jeune âge. Le

porc peut être atteint par le charbon, par la phthisie, par la fièvre
typhoïde et par la fièvre aphtheuse. Les oiseaux de basse-cour
sont spécialement affectés par deux maladies, qui peuvent être
transmises à d'autres espèces, et qui sont le choléra des oiseaux
et la diphthérie.

Les maladies contagieuses ont été observées et étudiées depuis
les temps les plus reculés. Moïse, les auteurs grecs et romains
les avaient signalées et les médecins du moyen-âge les avaient observées. Elles ont été surtout étudiées depuis quelques années;
en sorte qu'on peut dire que le XIXᵉ siècle aura beaucoup fait pour
accroître la connaissance des maladies contagieuses.

Aucune règle n'a présidé à la dénomination de ces maladies; les
unes tirent leur nom d'un symptôme prédominant (rage, typhus).
D'autres, de la forme de leur manifestation principale (tuberculose,
clavelée, fièvre aphtheuse, etc.). D'autres enfin, de la région
anatomique sur laquelle elles se montrent de préférence (péripneumonie, piétin), ou de l'espèce animale à laquelle elles sont
propres. Presque toutes ces affections ont plusieurs dénominations,
et il importe de les retenir autant que possible, afin de reconnaître toujours une maladie qui serait décrite sous des noms différents
par des observateurs ou des auteurs différents.

SYMPTOMATOLOGIE

Les symptômes varient beaucoup suivant les maladies, et aussi
quelquefois pour une même maladie, suivant qu'on l'observe sur
telle espèce ou sur telle autre, et suivant un grand nombre de
circonstances dépendant des individus ou du milieu extérieur. Il
y a des symptômes locaux et des symptômes généraux, comme
dans toutes les maladies ordinaires. Parmi ces symptômes très
variables, il en est de vagues, qui n'ont pas de signification bien
précise, qu'on observe aussi dans les maladies non transmissibles;
ce sont les symptômes fébriles, les symptômes ordinaires des
phlegmasies. Avec ceux-là il y a presque toujours des symptômes
plus importants, plus caractéristiques, appelés *symptômes diagnostiques*, parce qu'ils peuvent servir de base au diagnostic. Il ne
faut pas pourtant exagérer l'importance des symptômes diagnostiques; car il peut arriver souvent qu'avec un ou plusieurs de ces
symptômes on ne puisse pas reconnaître une maladie contagieuse,
qui ne sera bien diagnostiquée qu'autant qu'on sera assuré qu'elle

peut se transmettre, qu'autant qu'on aura assisté à sa propagation ou qu'on l'aura reproduite expérimentalement.

Les symptômes diagnostiques dont la valeur n'en reste pas moins réelle sont, non pas tant des symptômes généraux ou fébriles, que des symptômes locaux. Ainsi, quand un cheval a cohabité avec un cheval morveux et a été contaminé, la maladie s'annonce quelquefois par des symptômes de fièvre intense, mais en outre et le plus souvent en même temps, ou bien après l'apparition de ces premiers signes, se montrent des symptômes locaux, tels que : engorgement des ganglions de l'espace intra-maxillaire, hyperhémie de la pituitaire et élevures, tubercules ou ulcères, jetage.

Les symptômes généraux ont une certaine valeur quand on soupçonne qu'il y a eu contamination ; mais en dehors de cette hypothèse ils n'apprennent rien de précis, car ils appartiennent à toutes les maladies inflammatoires ; tandis que les symptômes locaux permettent de diagnostiquer la morve d'une manière très probable, sinon absolument certaine.

Dans presque toutes les maladies contagieuses, on observe des symptômes de l'inflammation, car elles se compliquent presque toujours de lésions inflammatoires. On observe les symptômes propres à telle ou telle variété, à telle ou telle forme de l'inflammation, c'est-à-dire les symptômes propres aux formes suivantes :

Congestion. — Les symptômes de la congestion sont la tumeur, la rougeur, la chaleur, la douleur.

Hémorrhagie. — L'hémorragie s'accuse par l'écoulement d'une plus ou moins grande quantité de sang veineux ou artériel. Dans beaucoup de maladies contagieuses, on observe les symptômes de la congestion ; ainsi on les rencontre dans les maladies éruptives, dans la morve, etc. Prenons la clavelée, par exemple ; avant que cette maladie soit caractérisée par la formation de pustules, on voit à la surface de la peau et des muqueuses même, des plaques congestionnées, tuméfiées, rouges, douloureuses et chaudes. Dans la morve, et surtout dans la morve aiguë, lorsque la pituitaire présente des lésions, on constate parfois à la surface de cette muqueuse de légers écoulements sanguins, des épistaxis. Des hémorrhagies s'observent aussi dans le charbon ; cette maladie se complique même quelquefois d'entérorrhagie.

Exsudation. — Lorsqu'il y a congestion, il s'en suit presque toujours une exsudation, c'est-à-dire le passage du plasma sanguin à travers les vaisseaux ; on l'observe dans la morve, le farcin, etc. Cette dernière forme de l'affection farcino-morveuse est caractérisée par des tumeurs cutanées au nombre desquelles se trouvent parfois des engorgements plus ou moins étendus et plus ou moins volumineux des membres. Ces engorgements farcineux se montrent au niveau des parties déclives, des articulations, surtout de celles du boulet, du jarret; ils sont le résultat d'une exsudation abondante, et ce qui le prouve, c'est qu'en les ouvrant, lorsqu'on fait une autopsie, on y trouve de la lymphe à demi coagulée, infiltrant le tissu conjonctif sous cutané.

Phlegmasies. — Dans la plupart des maladies contagieuses, on observe des symptômes des différentes inflammations confirmées. Celles-ci se portent tantôt sur les ganglions, comme dans la dourine, le charbon, etc., tantôt sur le poumon, comme dans la péripneumonie contagieuse, tantôt sur les muqueuses respiratoires, comme dans la gourme et la maladie du jeune âge, tantôt sur les voies digestives, comme dans le typhus, etc., et leurs symptômes sont toujours la fièvre, la congestion, l'exsudation, l'éruption, la pyogénie, etc.

Métastases. — On sait que les métastases ne sont pas rares dans les maladies ordinaires, on les voit se produire aussi dans le cours de certaines maladies contagieuses. Prenons des exemples pour mieux comprendre ce qu'il faut entendre par le mot métastase. Supposons qu'une plaie due à l'action d'un vésicatoire existe sur une région du corps; à un certain moment cette plaie peut se tarir, alors le produit qui était incessamment secrété à sa surface est résorbé par les vaisseaux et se porte sur les organes internes (poumon, foie, rein). Voilà un cas où il y a eu résorption et infection purulente, ce n'est pas là, à proprement parler, ce qu'il faut entendre par métastase. Supposons maintenant qu'un animal atteint de la clavelée, en pleine période de l'éruption, est exposé à un refroidissement intense; tout-à-coup non-seulement l'éruption s'arrête, mais celle qui s'était déjà accomplie disparait, et une congestion plus ou moins intense s'établit sur un ou plusieurs organes internes : telle est la métastase. Elle s'observe assez fréquemment dans les maladies contagieuses, elle s'annonce par des symptômes de fièvre, par la disparition de certains symptômes locaux et l'apparition d'autres symptômes annonçant une localisation sur des organes internes.

Hypersécrétion. — Les symptômes d'hypersécrétion sont très communs dans les maladies contagieuses; le jetage dans la morve, dans la gourme, dans la maladie du jeune âge, la diarrhée dans le typhus, etc., en sont des exemples; et de pareils exemples d'état catarrhal sont nombreux et fréquents.

Epanchement. — L'épanchement s'observe dans les cavités du corps ou dans les mailles du tissu conjonctif; mais en ce dernier siège, il constitue plutôt l'exsudation. L'épanchement dans les cavités closes n'est pas un fait bien rare, on en a des exemples dans les synovites, les arthrites, les hydrocèles morveux, dans la pleurésie morveuse, dans la péripneumonie, etc.

Pyogénie. — Les maladies contagieuses s'accompagnent assez souvent de pyogénie ou sécrétion purulente; la maladie du jeune âge est dans ce cas. Mais la maladie type qui présente ce symptôme au plus haut degré est assurément la gourme du cheval, qui est surtout caractérisée par des phlegmons qu'on observe dans l'espace intra-maxillaire ou ailleurs, et qui s'abcèdent le plus ordinairement.

Pyohémie. — La pyohémie ou infection purulente complique aussi quelquefois les maladies contagieuses. Une plaie purulente ordinaire peut être le siège d'une résorption, et le pus absorbé par les vaisseaux va se déposer dans les organes parenchymateux (poumon, foie). Cette complication, fréquente dans les maladies ordinaires, se voit aussi souvent dans les maladies contagieuses. La clavelée, arrivée à la période où il existe des plaies qui suppurent, la présente quelquefois; il en est de même de la gourme, etc.

Gangrène. — La gangrène, ou mortification des tissus, survient aussi dans le cours de certaines maladies contagieuses; ainsi dans la morve aiguë, il se produit une congestion intense de la pituitaire, à la suite de laquelle certaines parties de la muqueuse se mortifient quelquefois et se détachent ensuite sous forme de plaques. C'est que les tissus étant gorgés de sang, la circulation s'est arrêtée en certains points, et la gangrène s'en est suivie. Les plaques mortifiées agissent comme des corps étrangers, irritent les tissus voisins et provoquent l'élimination disjonctive. La gangrène s'observe aussi dans les maladies éruptives, dans la clavelée, par exemple. Quand la maladie est maligne, quand les pustules ne se sont pas bien formées, quand les plaques de congestion se sont étendues et quand la congestion a été intense, on observe la mortification de ces plaques; elles deviennent livides, violacées, indolentes, et elles agissent comme des corps étrangers. Mais il se produit quelquefois une complication bien autrement grave, c'est quand l'inflammation, qui s'établit au pourtour des parties mortifiées, entraîne la résorption de germes septiques; la gangrène se généralise, s'accompagne de fermentation septique et l'animal succombe à la septicémie.

Ulcération. — Certaines maladies contagieuses (morve, farcin, etc.) entraînent la formation de plaies blafardes, tout à fait atones, qui ne bourgeonnent pas, et qui, au contraire, rongent et s'étendent constamment ; tels sont les caractères principaux de l'ulcération, qui est un des symptômes de la morve.

Hyperplasies. — Ce mot signifie excès de formation, c'est-à-dire formation d'éléments nouveaux inflammatoires, qui peuvent ensuite s'organiser ou dégénérer. On sait qu'un des principaux symptômes de la morve chronique est la présence, dans l'espace intra-maxillaire, d'une ou de plusieurs glandes indurées. Ces glandes indurées sont des ganglions hyperplasiés et hypertrophiés sous l'influence de l'inflammation morveuse. Non seulement le tissu péri-ganglionnaire, le tissu ganglionnaire proprement dit, mais encore la gangue conjonctive du ganglion s'est enflammée, et l'inflammation s'est terminée, comme à la surface d'une plaie, par la formation d'un tissu cicatriciel ; aussi ces glandes sont fortement adhérentes, soit à l'os, soit aux autres tissus voisins. Il y a eu, en un mot, formation d'un tissu inflammatoire embryonnaire, qui a ensuite donné naissance à un tissu adulte induré. Les maladies qui se compliquent d'hyperplasies, comme la morve, la tuberculose, sont en général caractérisées aussi par des symptômes de dégénérescence.

Dégénérescences. — La formation de tubercules morveux dans le poumon, de glandes dans l'auge, de boutons ou cordes farcineuses, etc., est presque toujours suivie de dégénérescence, non à la périphérie, mais au centre des lésions. Aussi quand on ouvre un tubercule de morve, ou de phthisie, ou une corde, un bouton de farcin, voire même, quelquefois une glande de morve, on rencontre au centre un tissu désorganisé. Cette matière est le résultat d'un produit inflammatoire primitivement organisé, d'un tissu embryonnaire qui a donné du pus ou de la matière caséeuse formée par des éléments désorganisés, dégénérés ; il y a eu fonte purulente ou dégénérescence caséeuse.

A côté de ces symptômes locaux, qui sont plus ou moins étendus, qui peuvent se montrer sur plusieurs organes, il y a des symptômes généraux, des symptômes de fièvre ; et si la maladie dure longtemps, il survient aussi des symptômes *d'anémie, d'hydrohémie, de cachexie, de leucocytose, d'atrophie.*

Ainsi la morve, qui marche quelquefois très vite, qui peut faire mourir dans l'espace de peu de jours, est d'autres fois compatible avec les apparences de la santé, pendant plusieurs mois. D'autres maladies sont dans le même cas; et à la longue ces maladies amènent l'anémie, l'appauvrissement du sang, la décoloration des muqueuses, la paleur des divers tissus. Le cheval, qui est morveux depuis longtemps, quoique bien portant en apparence, devient donc anémique au bout d'un temps plus ou moins long. Il y a hydrohémie, quand le sang, étudié au microscope ou par les moyens chimiques se montre moins riche en globules, en éléments figurés; l'hydrohémie accompagne l'anémie et est bientôt suivie de la cachexie. Alors il y a amaigrissement, dépérissement et peu à peu marasme, consomption. Certaines maladies contagieuses, avant de présenter ces symptômes, produisent des modifications encore mal connues, mais réelles, et qui constituent la leucocytose; la morve, la dourine la provoquent, de même que les maladies débilitantes, à marche chronique. Par leucocytose, on désigne l'accroissement du nombre des globules blancs. Le sang normal examiné avec un microscope Nachet (oculaire 1 et objectif 3) montre dans le champ de l'instrument 2 ou 3 globules blancs; tandis que le sang leucocytémique en présente 4, 5 et plus. Cette manière de compter les globules, sans être bien précise, suffit cependant pour faire soupçonner l'état dont il s'agit. L'atrophie est la conséquence de beaucoup de maladies; on sait que les paralysies partielles ou générales s'accompagnent toujours d'atrophie. Quand un cheval boite d'un membre et qu'il ne peut pas le faire fonctionner pareillement aux autres, quand il y a paralysie d'une région musculaire, on voit survenir les signes de l'atrophie. Il en est de même dans quelques maladies contagieuses; ainsi la dourine, à la seconde ou à la troisième période, est caractérisée par des paralysies locales ou générales. Ces paralysies s'accompagnent d'atrophie sur telle ou telle région, ou même sur tout le train postérieur.

Tous ces symptômes, dont nous venons de faire une énumération générale, ne se rencontrent pas dans la même maladie à la fois, et suivant qu'on observe tels ou tels symptômes, on dit que la maladie affecte telle ou telle forme clinique (congestive, exsudative, purulente, hyperplastique ou interstitielle, tuberculeuse, ulcérative, diphthéritique).

Forme congestive. — Elle existe quand les symptômes de la congestion prédominent; un exemple nous en est fourni par la clavelée au début, quand la peau est congestionnée et quand il n'y a pas encore de pustules.

Forme éruptive. — On en trouve des exemples dans la clavelée à la seconde période, dans la fièvre aphtheuse, dans le horsepox, dans le cowpox. Ce qui domine dans ces maladies, c'est une éruption, c'est-à-dire la formation d'une ampoule, d'une pustule, d'un tubercule, en un mot d'une élevure à la surface des téguments.

Forme exsudative. — La péripneumonie contagieuse du gros bétail, offre un bel exemple de forme exsudative, et à cause de cette forme qu'elle possède souvent à un degré très manifeste, elle est encore appelée péripneumonie exsudative. En effet, ce qui domine dans cette maladie au point de vue pathologique, c'est l'épanchement de sérosité dans le sac pleural, la formation de fausses membranes et l'exsudation de lymphe dans le tissu intervésiculaire et dans le tissu interlobulaire du poumon.

Forme purulente. — La gourme du cheval, et jusqu'à un certain point la maladie du jeune âge, en offrent des exemples.

Forme hyperplastique ou interstitielle. — La péripneumonie, à la seconde période, à la période de terminaison, offre un exemple de forme hyperplastique. A la première période, on observe une exsudation dans le tissu conjonctif du poumon ; mais plus tard les premiers accidents changent de nature, l'exsudation qui est dans les mailles du tissu conjonctif intervésiculaire s'organise. Ce n'est pas le liquide exsudé, mais bien les cellules, qui y sont en suspension, qui s'organisent aux dépens de la lymphe exsudée. Il se fait là un tissu de cicatrice, qu'on trouve en pratiquant l'autopsie de cadavres de convalescents ou d'individus chez lesquels la maladie s'était terminée par un état chronique.

Forme tuberculeuse. — La morve, avant de présenter l'ulcération, donne un exemple de la forme tuberculeuse; la tuberculose ou phthisie pulmonaire du bœuf appartient aussi à cette forme.

Forme ulcérative. — La morve fournit un exemple de cette forme.

Forme diphthéritique. — Les fausses membranes qui caractérisent cette forme se rencontrent dans la diphthérie des oiseaux et des veaux.

ÉVOLUTION SUR UN INDIVIDU

Les maladies contagieuses, quelles qu'elles soient, présentent presque toutes la même marche quand on les observe sur un individu; l'évolution est à peu près la même, ou tout au moins offre dans toutes de grandes analogies.

Dans le cours d'une maladie contagieuse, il y a plusieurs périodes : une période d'incubation, une période d'invasion, une période d'augment, une période d'état et une période de déclin ; la période de déclin se termine par la guérison plus ou moins complète ou par la mort.

Incubation. — Nous savons que le germe introduit dans l'organisme ne produit pas tout de suite des lésions très évidentes et ne provoque pas aussitôt des symptômes perceptibles ; il lui faut pour cela un certain nombre de jours variable avec les maladies, et pour une même maladie avec les individus. Cette période pendant laquelle l'animal contagionné ne paraît pas malade, comprend tout le temps qui se passe depuis l'introduction du germe jusqu'à l'apparition des premiers symptômes ; sa durée varie aussi avec les circonstances ambiantes.

Invasion. — Dès qu'on a constaté les premiers symptômes, on dit que la maladie en est à la période d'invasion. Cette période s'annonce et se traduit le plus souvent par des symptômes vagues, qui n'ont pas de signification précise : ce sont des prodromes qui peuvent mettre en éveil quelqu'un qui est prévenu, mais qui passent souvent inaperçus, au moins au début, et qui sont rarement interprétés selon leur vrai sens, quand on ne soupçonne pas la contamination de l'animal qui les présente. Pourtant, ils deviennent très importants quand une maladie règne dans une localité ; ainsi, quand on observe la fièvre sur un cheval qu'on sait avoir été en contact avec un animal morveux, au lieu de penser à toute autre maladie ordinaire, on doit craindre l'éclosion de la morve.

Augment. — La maladie s'accentue et se caractérise par d'autres symptômes ; les prodromes s'aggravent et des symptômes locaux apparaissent. La maladie se complète, et elle offre sa véritable forme lorsque les symptômes locaux sont bien caractérisés. Arrivée à ce point, l'affection est à sa période d'état.

État. — Alors les symptômes locaux évoluent ; la maladie a tout ce qu'elle peut avoir. Elle reste ordinairement peu de temps avec ces caractères qui s'amendent, à moins que la mort n'arrive.

Déclin. — Le déclin consiste dans la guérison progressive et plus ou moins complète, ou dans la terminaison fatale qui est provoquée par quelque complication ou par une généralisation des processus morbides.

Ces différentes périodes se caractérisent par des symptômes généraux et par des symptômes locaux; les premiers n'ont de l'importance que dans le cas signalé plus haut, qu'autant qu'il y a lieu de soupçonner la contamination. Quant aux symptômes locaux, ils doivent toujours attirer l'attention; on peut les observer sur différentes régions, sur la peau, sur les muqueuses, dans le tissu conjonctif, et enfin dans l'intérieur des organes. On les voit à la surface de la peau dans les maladies éruptives, telles que la clavelée, le piétin, le horsepox, le cowpox; dans la morve et le farcin, on observe des éruptions dans le tissu conjonctif sous cutané et dans le tissu conjonctif sous muqueux, sur la peau, sur la muqueuse respiratoire, etc. Dans la fièvre aphtheuse, c'est surtout la muqueuse buccale qui présente des symptômes locaux. Dans certaines maladies, la muqueuse des organes génito-urinaires peut en présenter quelquefois. Dans la morve, le farcin, la gourme, il peut se former des abcès au sein du tissu conjonctif des différentes régions du corps. Les organes internes, dans lesquels les lésions sont décelées par les symptômes stéthoscopiques, sont principalement les poumons; quand la maladie est arrivée à un certain degré (péripneumonie contagieuse, morve), on peut, par la percussion et l'auscultation, reconnaître l'existence de lésions sur les plèvres et dans le poumon. Mais des lésions peuvent aussi exister sur le foie, le rein, les intestins, le péritoine, et il est plus difficile d'être exactement renseigné sur leur compte; néanmoins on peut les soupçonner et reconnaître plus ou moins sûrement leur existence. En effet, dans les cas de typhus et de choléra des oiseaux, il y a diarrhée ou même dyssenterie; or ces symptômes ne s'expliquent que par des lésions à la surface de la muqueuse digestive.

Type. — Au point de vue de la rapidité de leur marche, les maladies contagieuses se présentent avec le type aigu ou avec le type chronique, ou avec un type intermédiaire; il y a des degrés nombreux entre l'acuité bien prononcée et la chronicité bien établie. Non-seulement diverses maladies contagieuses se présentent avec l'un ou l'autre type, mais la même maladie, sur des animaux de même espèce, affecte tantôt un type, tantôt l'autre; ainsi, la morve, chez le cheval, est tantôt aiguë et peut faire périr les malades en quatre ou cinq jours, et tantôt au contraire elle est chronique; c'est même le plus souvent avec le type chronique ou subaigu qu'on la voit, et l'animal morveux peut vivre plus ou moins longtemps avec les apparences de la santé.

Marche. — La marche des maladies contagieuses, avons-nous dit, est plus ou moins rapide ; mais indépendamment de sa rapidité, cette marche est plus ou moins régulière, c'est-à-dire que la maladie présente d'une manière plus ou moins bien tranchée les périodes que nous avons établies dans son évolution. Les maladies qui suivent la marche la plus régulière sont les maladies éruptives (clavelée, horsepox) ; d'autres, le typhus, le charbon, la rage, ne présentent pas ces périodes d'une façon tranchée, et il faut de la bonne volonté pour les distinguer.

Complications. — Très souvent les maladies contagieuses se compliquent d'accidents inflammatoires, et il n'est pas absolument rare de voir une maladie contagieuse se compliquer d'une autre maladie contagieuse ; sur le même sujet, il peut y avoir simultanéité de deux ou trois contages, c'est-à-dire de deux ou trois maladies contagieuses. Dans l'espèce humaine, on a vu la phthisie et la syphilis exister en même temps sur le même individu, on a vu co-exister la syphilis et la vaccine, celle-ci et la phthisie ; pareille simultanéité se voit aussi chez nos animaux. Presque tous les auteurs, qui ont étudié la dourine ou syphilis des solipèdes, ont signalé, comme complication dernière de cette maladie, la morve ou le farcin ; chez le cheval, on voit assez souvent la gourme et le horsepox évoluer ensemble ; la septicémie et l'infection purulente qui peuvent compliquer certaines maladies ordinaires, peuvent aussi compliquer des maladies contagieuses.

Quant à la *durée* des maladies contagieuses, il faut reconnaître qu'elle est très variable, suivant la nature de chaque affection, suivant les individus et suivant les conditions ambiantes.

Terminaison. — La terminaison est variable suivant un grand nombre de conditions. Éliminons d'abord la morve, la rage le charbon, la phthisie, la septicémie qui sont absolument incurables et qui amènent la mort au bout d'un temps plus ou moins court. D'autres maladies, telles que la péripneumonie, le typhus, etc., sont très graves et occasionnent souvent une mortalité considérable ; mais dans quelques cas, grâce à des soins hygiéniques et thérapeutiques, on peut éviter la mort, si on prévient, si on combat les complications qui surviennent ordinairement. Un troisième groupe comprend des maladies comme le cowpox, le horsepox, la fièvre aphtheuse, le piétin, etc., qui sont beaucoup moins graves, qui n'amènent la mort qu'exceptionnellement, et dans lesquelles la guérison est la terminaison habituelle. Quand on dit *guérison*, il convient de faire des réserves : il est des maladies virulentes qui guérissent d'une manière absolue, telles sont la rougeole de l'enfant, la clavelée du mouton, la fièvre aphtheuse du bœuf, le piétin du mouton ; tandis qu'il y en a au moins une qui ne guérit qu'en apparence, c'est la péripneumonie contagieuse du gros bétail. Les animaux qui se rétablissent reprennent toutes les apparences de la santé ; mais on a constaté que la guérison était un leurre et que le virus, le contage, la semence existait encore pendant des mois après cette guérison apparente. Il n'y a donc, dans ce cas, que guérison apparente et le fait est important à retenir, en ce qui concerne la prescription des mesures de police sanitaire.

Les individus qui guérissent ne reprennent pas tous et toujours le même état de santé qu'avant la maladie ; ainsi, après la clavelée, après la péripneumonie, après la maladie du jeune âge, etc., les animaux restent parfois dans un état valétudinaire, et cela surtout quand la maladie s'est compliquée de lésions graves dans certains organes, dans le poumon, dans les articulations, dans les yeux, etc. On voit alors des animaux qui restent essoufflés, frappés de cécité, boiteux, par suite d'une ou de plusieurs ankyloses. Il n'est pas bien rare de rencontrer dans les organes internes des altérations qui n'ont pas disparu complètement ; ainsi, dans le poumon, on observe des lésions qui sont passées à l'état chronique ; et ces lésions, qui persistent après la virulence, provoquent des symptômes plus ou moins accusés.

Les maladies contagieuses sont-elles sujettes à *récidiver* comme les maladies ordinaires, comme la péritonite, l'entérite, etc., sans qu'il y ait une contamination nouvelle ? Chez un mouton claveleux, par exemple, la maladie peut-elle, au moment où elle arrive à sa terminaison, recommencer une nouvelle évolution ? Non, et à plus forte raison, ne peut-on pas admettre de rechutes pour les cas où la maladie s'est terminée par la guérison complète, quand il n'y a pas eu contamination nouvelle ; car cela équivaudrait à admettre la génération spontanée du contage. Mais quand il s'agit de la péripneumonie, cinq ou six mois après la guérison apparente, il y a encore, avons-nous dit, dans l'organisme, du virus capable de transmettre la maladie ; aussi, bien que pour cette affection on n'ait pas encore signalé de véritables rechutes, elles se comprendraient facilement si elles se présentaient.

MARCHE DE LA MALADIE DANS UNE LOCALITÉ, DANS UN PAYS

Tout ce que nous savons jusqu'à présent se rapporte à l'affection évoluant sur un seul individu; mais la maladie contagieuse étant par sa nature essentiellement transmissible, il faut en outre étudier sa marche, son extension dans une localité, dans un pays, quand les individus malades sont en rapport et en contact avec des sujets sains de même espèce ou d'espèces différentes.

Tout malade devient un foyer de multiplication pour le contage, il n'y a donc rien d'étonnant de voir une maladie contagieuse, qui a été introduite dans une localité, se propager, se disséminer, visiter successivement un plus ou moins grand nombre d'écuries, et faire un plus ou moins grand nombre de victimes. Il peut tout d'abord n'y avoir qu'un seul sujet malade, mais ce premier malade mis en contact avec des animaux sains les contamine ; et ceux-ci, devenus malades à leur tour, transmettent l'affection autour d'eux. La maladie peut donc s'étendre à peu près en progression géométrique, si les malades ne sont pas l'objet de mesures sanitaires rigoureuses; elle se borne rarement à un individu ou à un petit nombre d'individus dans une localité, et quand cela a lieu, ce qui, je le répète, est l'exception, on dit que la maladie est *sporadique*.

Si des mesures convenables ne sont pas prises pour prévenir la propagation, la maladie s'étend comme la tache d'huile. Elle est appelée *maladie enzootique* ou *enzootie* (endémie), quand elle ne sévit que dans une localité, *maladie épizootique* ou *épizootie*, (épidémie), quand elle dépasse la localité pour se propager, se disséminer sur un espace plus étendu. Il y a souvent enzootie ou endémie dans le cas de charbon. Quand cette affection apparaît sur les montagnes d'Auvergne, dans la Beauce ou dans quelques pays du midi, on la voit décimer les troupeaux d'une localité ; tandis que les troupeaux de la localité voisine ne sont pas malades. Cela se comprend; car l'affection charbonneuse ne se propage pas précisément par le contact des malades avec les animaux sains, mais bien par l'ingestion de fourrages ou de boissons qui sont infectés de germes. Ainsi, dans les pays précités, on voit la maladie, surtout pendant certaines saisons de l'année, alors que presque toujours les malades boivent des eaux infectées ou se nourrissent de fourrages qui semblent bons en apparence, mais qui ont été récoltés sur des terrains où existaient des bactéridies. Dans ces cas, la maladie ne dépasse pas la localité dont les eaux et les fourrages sont infectés ; il y a enzootie.

Mais à côté de ces cas d'enzootie, il est d'autres cas où la maladie s'étend à des pays plus ou moins éloignés, suivant que les relations commerciales sont plus ou moins actives ; il y a alors épizootie.

La morve, la clavelée, la fièvre aphtheuse, etc., se montrent souvent à l'état épizootique ; des mesures sévères de police sanitaire peuvent les circonscrire ; mais si on ne les reconnaît pas de suite et surtout si les animaux malades voyagent, sont introduits successivement dans plusieurs logements à côté d'animaux sains, elles se propagent par la transmission des germes, des individus malades aux sujets sains, et elles peuvent ainsi se transmettre, être transportées à des distances considérables.

D'autres différences séparent encore l'enzootie de l'épizootie. L'enzootie, la maladie enzootique naît ordinairement dans une contrée par suite de l'introduction dans l'organisme de certains germes puisés dans le monde extérieur. La maladie épizootique se développe plus particulièrement par l'intermédiaire, par la transmission d'un contage provenant plus ou moins directement d'un individu malade.

La maladie enzootique, l'enzootie charbonneuse, par exemple, cesse lorsqu'on déplace les troupeaux, lorsqu'on les soustrait à l'influence locale, quand on ne leur donne plus les fourrages et les eaux infectés ; l'épizootie n'est pas amoindrie par le déplacement des malades, ainsi la clavelée ne cesse pas dans un troupeau par le seul fait du déplacement. L'enzootie ne dure donc qu'un certain temps, s'éteint d'elle-même, se montre en certaines saisons de l'année (saisons chaudes, été et automne), et disparaît ordinairement pendant les autres ; l'épizootie se montre en toutes saisons, et elle dure tant que des sujets sains sont exposés au contact des animaux malades.

L'enzootie et l'épizootie présentent plusieurs périodes, une période de début, une période d'état, une période de déclin. Ordinairement, dans certaines épizooties (épizooties de typhus, de clavelée), la maladie est plus grave pendant la période de début et la période d'état que pendant la période de déclin. Au début l'épizootie s'étend, pendant sa période d'état elle est arrivée à sa plus grande extension, et pendant sa période de déclin elle diminue, elle se resserre. Les animaux les premiers atteints sont souvent plus malades que ceux qui payent leur tribut à la fin de l'épizootie, et la mortalité est plus grande pendant la période ascendante de l'épizootie que dans la période descendante. Pourquoi cette différence? Plusieurs raisons l'expliquent. Il peut y avoir des influences de milieu, de saisons, et, dans quelques cas peut-être, une décroissance d'intensité dans le contage. Mais il y a ausssi une autre raison qui a bien sa valeur : parmi les individus exposés à la contamination, ceux qui tombent les premiers malades sont ceux qui offrent le moins de résistance, si nous supposons que la cause agit d'une façon générale; rien d'étonnant donc qu'ils meurent en grand nombre; tandis que ceux qui sont atteints en dernier lieu, après avoir résisté un certain temps, peuvent être moins malades, plus résistants, par conséquent, moins exposés à succomber.

Dans tous les cas, les conséquences de l'enzootie et de l'épizootie sont très graves, parce que l'affection, en se généralisant, en se propageant, occasionne une mortalité considérable et parce que, presque toujours, les cadavres sont à peu près complètement inutilisables à cause des dangers qu'ils présentent pour l'hygiène. Aussi en résulte-t-il de très grandes pertes pour les propriétaires et pour l'État. De plus, quand il s'agit de la morve, de la rage, du charbon, il y a danger pour l'homme; et il n'est pas absolument rare d'avoir à déplorer, de temps en temps, la mort de quelque personne qui a contracté une maladie contagieuse propre à une espèce animale.

Pronostic. — Le pronostic des maladies contagieuses est, toutes choses égales d'ailleurs, beaucoup plus grave, beaucoup plus fâcheux que celui des maladies ordinaires, même en faisant abstraction de certaines maladies contagieuses qui sont fatalement mortelles. La gravité exceptionnelle du pronostic des affections transmissibles résulte de la propriété qu'ont ces maladies de pouvoir se transmettre aux individus sains; quelques-unes d'entre elles peuvent en outre se transmettre à l'homme. Le pronostic de chaque maladie contagieuse est d'ailleurs variable suivant sa nature, suivant les conditions ambiantes et suivant les individus; mais en règle générale, une maladie épizootique est toujours un événement fâcheux, à cause des ravages qu'elle occasionne, à cause des dangers qui en résultent pour l'homme et à cause des mesures parfois onéreuses dont elle exige l'application.

Diagnostic. — Le diagnostic des épizooties, des enzooties et même des maladies contagieuses sporadiques est en général assez facile à cause de leur marche, de leur extension, de leur transmissibilité et de certains symptômes locaux qui sont véritablement diagnostiques. Ainsi dans la clavelée, dans la morve, dans les maladies éruptives, on rencontre des symptômes locaux qui suffisent dans la plupart des cas pour qu'on puisse affirmer l'existence d'une maladie contagieuse; mais il n'en est pas toujours de même pour toutes les affections de ce genre. La seule preuve irrécusable, absolument démonstrative de l'existence d'une maladie transmissible est l'inoculation, la transmission expérimentale ou la contagion naturelle bien observée et bien établie. L'inoculation expérimentale n'est pas toujours facile, et dans beaucoup de cas, elle est remplacée par la contagion naturelle, qui se produit pour ainsi dire sous les yeux de l'observateur. Quand la maladie est mal caractérisée, on hésite; mais dès qu'elle se propage, aucun doute n'est plus possible. Il y a encore pour quelques maladies, pour le charbon notamment, un moyen très pratique de s'assurer de l'existence de l'affection; ce moyen, le plus expéditif, le plus sûr et le plus commode, quand il s'agit du charbon, qui dure ordinairement si peu qu'il est impossible ou inutile de recourir à l'inoculation expérimentale, consiste dans l'examen microscopique des liquides organiques, mais surtout du sang, des produits des ganglions, de la rate ou du foie; si on trouve ainsi des bactéridies plus ou moins nombreuses, se présentant sous différentes formes, c'est qu'on est en présence du charbon.

ANATOMIE PATHOLOGIQUE

Les lésions qu'on observe dans les maladies contagieuses sont quelquefois très nombreuses; le plus souvent même, elles sont généralisées à tous les appareils de l'économie; elles sont spéciales à chaque maladie, et elles sont le plus souvent inflammatoires. On les rencontre un peu partout, dans les liquides et dans les solides de l'organisme; c'est souvent dans le sang qu'on les observe. Dans le charbon, la septicémie, le choléra, la fièvre typhoïde, etc., le sang est altéré. Il se produit aussi, dans d'autres maladies (morve, phthisie, etc.), des altérations du sang, mais elles n'ont rien de bien spécifique; tandis que dans les maladies charbonneuses, elles sont au contraire spécifiques. Parallèlement à ces altérations du sang, qui sont des altérations portant sur les caractères physiques, chimiques, anatomiques et physiologiques, on observe des lésions du système lymphatique: ce sont des inflammations des ganglions et des vaisseaux lymphatiques, des adénites et des lymphangites, qui se présentent sous la forme caséeuse dans la morve et la tuberculose, ou sous la forme purement inflammatoire, congestionnelle, exsudative et proliférative dans le charbon, dans la dourine, etc. C'est le système lymphatique qui est ordinairement le plus altéré, et c'est lui du reste qui, dans le plus grand nombre des maladies, sert de voie de généralisation au contage; c'est par lui que le virus est absorbé, surtout s'il est placé sur une surface dénudée; c'est par lui qu'il est enfin déversé dans le torrent circulatoire. Lorsque cette généralisation est accomplie, le virus agit défavorablement sur le système nerveux; on observe des troubles nerveux pendant la vie; et après la mort, on rencontre des lésions de congestion, d'inflammation proliférative ou d'exsudation dans les nerfs, dans les centres nerveux et dans les méninges. On rencontre aussi fréquemment des lésions de l'inflammation à la surface de la peau, dans le tissu conjonctif sous cutané, dans les articulations, dans les muscles et même dans les os; sur les organes de l'appareil digestif, sur la buccale, dans l'estomac, dans l'intestin (typhus, charbon, tuberculose, etc.), dans le foie et la rate, surtout s'il s'agit du charbon, de la tuberculose, etc.; sur la séreuse péritonale; dans les organes de l'appareil respiratoire, sur la pituitaire, sur la muqueuse des sinus, sur les muqueuses laryngienne, trachéale et bronchique, sur les plèvres, dans les poumons, les bronches, lorsqu'il s'agit de la morve, de la clavelée, du charbon et d'une foule d'autres maladies. Dans l'appareil circulatoire les lésions sont en général peu marquées, celles qu'on voit fréquemment portant surtout sur le sang; parfois on en observe à la face interne des séreuses du cœur et quelquefois aussi dans le muscle cardiaque; il peut en exister enfin dans les reins, la vessie, les mamelles, les testicules et l'utérus. Les altérations qu'on observe se rattachent ordinairement à une ou plusieurs formes cliniques de l'inflammation; ce sont donc des lésions de congestion, d'exsudation, de prolifération, de pyogénie, d'hyperplasie, de tuberculisation, d'ulcération, d'inflammation diphthéritique.

CHAPITRE II

ETIOLOGIE DES MALADIES CONTAGIEUSES, CONTAGES, CONTAGIONS

Il faut étudier dans ce chapitre les causes prédisposantes ou préparatoires ; les causes occasionnelles, c'est-à-dire ces causes qu'on a invoquées et qu'on invoque encore pour expliquer le développement spontané des maladies contagieuses, par conséquent la spontanéité ou les causes qu'on accuse de provoquer la naissance spontanée des affections transmissibles ; puis la contagion ou la seule cause efficiente des maladies contagieuses, et à propos de cette dernière, il faut étudier son agent (contage, virus), les propriétés de cet agent et les modes de contagion.

CAUSES PRÉDISPOSANTES

Les causes prédisposantes ou causes préparatoires sont celles qui préparent les individus à contracter certaines maladies ; ces causes ont ici bien peu d'importance. De même qu'en pathologie générale, on peut les diviser en causes préparatoires individuelles et en causes préparatoires générales, suivant qu'elles tiennent à l'individu ou aux agents hygiéniques extérieurs.

Les causes individuelles sont celles qui tiennent à l'espèce, à la race, au tempérament, etc. Certaines maladies contagieuses ne se développent pas chez tous les animaux ; il en est qui sont spéciales à certaines espèces, et il en est d'autres qui se développent bien chez une ou plusieurs espèces et difficilement chez d'autres. Il faut donc qu'il y ait une prédisposition véritable plus ou moins accusée suivant les espèces et suivant les individus. Cette prédisposition existe, et elle tient à une particularité intérieure qu'on ne connaît pas encore. Parmi les causes prédisposantes, les plus importantes sont sans contredit celles qui résultent de l'espèce, de la race et de l'individualité.

Les causes prédisposantes générales tiennent aux circumfusa, aux ingesta, aux gesta, aux excreta, aux applicata. Parmi les circumfusa sont les variations atmosphériques, les variations de température, les changements de saison, l'influence des habitations, des localités, etc. Les causes prédisposantes qui tiennent aux ingesta sont l'altération des aliments ou des boissons, l'insuffisance d'aliments, etc., etc.

Comment agissent ces causes? C'est ordinairement en affaiblissant ou en irritant l'organisme; on peut donc résumer l'action des causes prédisposantes générales en disant qu'elles affaiblissent l'organisme et le prédisposent ainsi à contracter plus facilement telle ou telle maladie contagieuse, à se laisser plus facilement envahir et influencer par les contages. Ces causes jouent d'ailleurs un rôle très effacé et même tout à fait nul, pourrait-on dire; car elles ont beau agir très longtemps sur un animal et l'affaiblir considérablement, elles ne font jamais que cet animal présente une maladie contagieuse, si, indépendamment de leur action, il n'a pas été exposé à la contagion, s'il ne reçoit pas du dehors la semence de la maladie.

CAUSES DÉTERMINANTES, SPONTANÉITÉ

Quel est le rôle de ces causes qu'on a invoquées et qu'on invoque encore pour expliquer le développement spontané de certaines maladies contagieuses? Que faut-il entendre par développement spontané, et y a-t-il réellement quelquefois développement spontané d'une maladie contagieuse? Telles sont les questions auxquelles il faut dès à présent trouver une réponse; le moment est donc venu de parler de la *spontanéité* et de rechercher parmi les maladies contagieuses s'il en est quelqu'une qui apparaît, sans qu'il soit nécessaire de faire intervenir la contagion, sous l'influence de telle ou telle cause non spécifique.

Depuis l'antiquité jusqu'à nos jours, les auteurs qui se sont occupés des maladies, les auteurs grecs, les auteurs romains, les médecins arabes, les médecins du moyen-âge, les médecins modernes et contemporains parlent de certaines maladies comme se développant par contagion et rien que par contagion. Il fut pourtant un temps, qui n'est pas encore bien éloigné de nous, où la notion de la contagion et de la virulence fut éclipsée par les idées des doctrinaires et des disciples de l'Ecole physiologique. Certains pathologistes admettaient alors que les maladies dites contagieuses n'étaient, comme toutes les autres maladies, que de pures inflammations (la gourme, la morve étaient considérées comme de simples inflammations de la muqueuse respiratoire); ils prétendaient qu'elles apparaissaient sous l'influence des causes ordinaires phlogogènes et qu'elles ne se propageaient pas par contagion.

En médecine vétérinaire, ces idées ont été soutenues par les Lafosse, par certains professeurs de l'Ecole d'Alfort et par les vétérinaires sortant de cette Ecole. L'Ecole de Lyon ne les a jamais admises sérieusement, et il s'y est toujours trouvé des professeurs pour les combattre, pendant qu'à Alfort, on admettait l'apparition spontanée de certaines maladies, comme la morve, la gourme, etc. A Alfort, on allait bien plus loin; par exemple en ce qui concerne la morve, on niait sa transmissibilité. Aujourd'hui encore, bien qu'on ne nie plus la transmissibilité de la morve, certains esprits persistent à croire au développement spontané de cette maladie et de quelques autres.

Ce bref aperçu étant donné, hâtons-nous de répondre aux questions que nous nous étions posées tout d'abord.

La spontanéité, le développement spontané d'une maladie contagieuse consisterait dans l'apparition d'emblée et la production de toutes pièces de cette maladie, non pas sans cause provocatrice, mais en dehors de la contagion et sous l'influence d'une cause ordinaire non spécifique, telle qu'un refroidissement, un défaut d'alimentation, un mode particulier d'alimentation, un affaiblissement organique résultant d'un état morbide antérieur, etc. Pour les partisans de la spontanéité, le développement d'emblée d'une maladie contagieuse serait donc dû à l'action d'une cause ordinaire, sans qu'il y ait introduction d'un germe dans l'organisme. Ainsi il y a encore nombre de vétérinaires qui, sans nier la transmissibilité de la morve, de la péripneumonie, etc., pensent que ces maladies peuvent être produites par un travail épuisant, par tel mode d'alimentation, etc. Les causes que les spontanéistes invoquent pour expliquer le développement d'emblée d'une maladie contagieuse sont les causes que nous avons considérées déjà comme prédisposantes, les circumfusa, les ingesta, etc.

Mais comment peuvent expliquer la production spontanée d'une maladie contagieuse, ceux qui croient à l'influence de ces causes?

Il y a à ce sujet deux théories qui n'ont jamais été bien approfondies. Une de ces théories est due à M. H. Bouley, qui a tant soutenu que la morve peut naître par suite d'une alimentation insuffisante et d'un travail immodéré. L'auteur part d'un principe physiologique bien connu : quand les muscles fatiguent, il s'opère dans leur substance un travail d'oxydation et de désassimilation, d'autant plus prononcé, que la contraction est plus forte, plus soutenue et plus souvent répétée ; par conséquent, les produits de désassimilation, tels que acide lactique, créatine, créatinine, etc., qui sont repris par le sang et qui doivent être expulsés au-dehors avec les urines, deviennent à un moment donné, lorsque la fatigue est exagérée, si abondants, qu'ils ne peuvent plus être excrétés entièrement par les émonctoires naturels devenus insuffisants.

Ces produits restent alors dans le sang, et il est démontré qu'ils agissent sur l'économie d'une façon défavorable, l'acide lactique notamment. Ils se comportent comme de véritables agents toxiques, et ils peuvent provoquer une maladie générale par altération du sang, c'est-à-dire une maladie toxique.

M. H. Bouley, s'emparant de cette notion, a essayé d'en tirer une explication favorable à la spontanéité de la morve; d'après lui, quelques-uns de ces produits de désassimilation peuvent agir comme des ferments et peuvent peut-être produire la morve.

J'ai hâte d'ajouter que cette théorie n'explique nullement la création d'une maladie contagieuse; en effet, qui dit maladie contagieuse dit maladie avec contage, avec virus, avec germe, avec semence, et tout le monde admet que la morve est dans ce cas. On ne voit pas, par conséquent, comment il pourrait se créer des germes animés dans l'organisme, sous l'influence d'un ou plusieurs agents toxiques; la théorie de M. H. Bouley me semble donc tout à fait hypothétique, elle n'a rien de fondé.

L'autre théorie, émise pour expliquer la spontanéité d'une maladie contagieuse, est une conception consistant à admettre que, sous l'influence de certaines causes ordinaires, il peut se produire dans l'organisme d'un individu un phénomène d'*hétérogénèse*. Cette hypothèse est peut-être plus spécieuse que la précédente, en ce qu'elle s'accorde mieux avec la théorie des contages animés; mais elle n'est pas mieux démontrée. Ses partisans admettent que, sous l'influence des causes qui provoquent la maladie contagieuse, il s'est produit dans l'organisme une telle perturbation, que les éléments cellulaires en éprouvent un trouble dans leurs fonctions physiologiques; et ce trouble serait tel, que ces éléments qui, normalement jouissent de la propriété de se multiplier et de donner des éléments semblables à eux-mêmes, pourraient produire à un moment donné des éléments hétérogènes, qui n'auraient pas les mêmes propriétés que leurs ascendants, mais qui pourraient néanmoins se multiplier, vivre et devenir des germes de maladies. Or cette théorie, qui repose sur l'hypothèse d'une perversion de la sécrétion des éléments normaux de l'organisme, n'est pas mieux démontrée que la précédente; on a bien invoqué certains faits à son appui, mais ils sont trop extraordinaires, et ils n'ont pas été suffisamment observés. Aujourd'hui que les esprits sont complètement tournés vers les théories des contages animés, il semble étonnant que quelque spontanéiste ne se soit pas avisé, pour démontrer le développement spontané de la morve et de la péripneumonie, d'invoquer la présence du virus morveux ou péripneumonique à l'état de germes dans les aliments.

Toujours est-il que le domaine de la spontanéité se resserre de plus en plus ; car la lumière se fait et les idées anciennes tendent à disparaître. Mais à l'époque où l'École d'Alfort soutenait très ardemment la cause de la spontanéité, il y avait du mérite dans la conduite des professeurs de l'École de Lyon, qui suivaient la voie de la vérité. Les professeurs et les vétérinaires de l'École d'Alfort allaient jusqu'à nier la contagion de la morve chronique ; et de la sorte, les mesures de police sanitaire étaient parfois négligées, surtout dans les régiments de cavalerie où l'affection s'étendait souvent en conséquence. Ce n'a pas été sans difficulté que les partisans de la spontanéité et les adversaires de la contagion de la morve se sont peu à peu ralliés aux contagionnistes. Il y a eu à ce sujet des discussions mémorables devant l'Académie de médecine de Paris, devant la Société de médecine de Lyon et devant la Société centrale de médecine vétérinaire. Devant l'Académie de médecine, la spontanéité fut surtout défendue par Renault et par M. H. Bouley. Actuellement encore, on trouve dans les publications périodiques la relation de nombreux faits qui tendent à prouver que quelques maladies transmissibles peuvent naître sans qu'il y ait eu contagion. C'est notamment dans le Recueil rédigé par M. H. Bouley, que sont longuement relatés de nombreux faits relatifs à la rage, à la péripneumonie, à la fièvre aphtheuse, etc., faits dans lesquels les observateurs, qui les exposent, cherchent à démontrer que la maladie s'est déclarée sans contagion. Mais il est facile de reconnaître que tous ces faits sont incomplètement observés sur un ou plusieurs points. Ainsi, tantôt il s'agit d'un chien qu'on affirme n'avoir pas eu de contact depuis longtemps avec d'autres chiens, et qu'on signale comme atteint de rage parce qu'il a présenté des symptômes de fureur après l'action de telle ou telle cause; mais malheureusement pour la valeur de ces observations, les auteurs ont toujours oublié, ou de vérifier s'il y avait réellement rage, ou de réunir tous les renseignements nécessaires sur les antécédents des malades. Tantôt c'est un cheval qui est devenu morveux parce qu'il travaillait trop; mais les observations relatives à la morve ne prouvent pas plus en faveur de la spontanéité que celles relatives à la rage.

La morve est une maladie très insidieuse, sa période d'incubation n'est jamais longue; mais les premiers symptômes, comme les premières lésions, peuvent passer plus ou moins longtemps inaperçus. La maladie peut rester plus ou moins longtemps latente ou incomplètement caractérisée. Ainsi un cheval qui a ingéré, sans qu'on le sache, du virus morveux, ou qui a été contaminé d'une autre façon et qui néanmoins, pendant quelques mois, n'a pas présenté de symptômes visibles de morve, peut tout à coup être reconnu malade; et si la manifestation s'est produite après une fatigue, il se trouve toujours un observateur de bonne volonté pour accuser le travail d'avoir produit la maladie. Mais pour que cette assertion méritât croyance, il faudrait avoir observé le sujet malade depuis longtemps, il faudrait avoir remonté plus avant dans ses antécédents. On s'explique donc aisément comment on a cru trouver des faits de morve spontanée.

Il y a des maladies pour lesquelles on n'a jamais pu avancer un fait ou un semblant de fait tendant à prouver leur spontanéité; ainsi, la syphilis n'a jamais été contractée spontanément; il en est de même de la clavelée, de la variole, etc. Quand il s'agit d'une maladie éruptive, les symptômes se montrant dans des régions explorables, on la constate plus facilement et plus tôt. Or les maladies éruptives sont des maladies inoculables au même titre que la morve et les autres maladies contagieuses. C'est là un fait qui ébranle déjà fortement la doctrine des spontanéistes; car on peut se demander pourquoi telle maladie contagieuse serait spontanée alors que tant d'autres ne le sont pas.

Du reste, l'expérimentation démontre l'impossibilité de faire naître spontanément une maladie contagieuse sans semence, sans contage. Dans certaines circonstances, on a cru dit qu'on pouvait à volonté rendre morveux le premier cheval venu sans faire intervenir la contagion, mais on n'y a jamais réussi, et d'ailleurs le terrain était fort mal choisi pour arriver à la démonstration de la spontanéité; car la morve peut exister à l'état latent, l'expérimentateur peut tomber sur un sujet morveux, et alors, en le privant de nourriture, en le surmenant, il peut hâter la manifestation extérieure de l'affection, et attribuer ainsi à une cause une maladie qui n'en est pas l'effet.

Mieux valait tenter de faire naître expérimentalement, sous l'influence d'une cause non spécifique, la clavelée ou une autre maladie éruptive, ou la rage. Qu'on soumette un mouton à toutes les influences imaginables, on ne verra jamais apparaître la clavelée tant qu'il n'y aura pas eu contagion. En ce qui concerne la rage, on avait soutenu, on soutient encore, bien que la démonstration contraire ait été faite d'une façon péremptoire, qu'elle peut naître sous l'influence des désirs vénériens non satisfaits ou d'une mauvaise alimentation ; on a dit que des chiens mâles, placés près de femelles en chaleur et qui ne pouvaient satisfaire leurs désirs couraient risque de devenir enragés ; cela est faux absolument ; de même il est faux qu'une alimentation mauvaise ou insuffisante puisse faire naître la rage, car on a eu assez souvent privé ou même fait mourir d'inanition des chiens sans pouvoir faire développer la maladie. On peut donc aujourd'hui avancer que les affections contagieuses, précédemment énumérées, ne naissent pas spontanément.

Voyons chaque maladie en particulier.

La septicémie est due à un bactérien, elle apparaît chez des individus qui ont des plaies ou des maladies internes, sans qu'il y ait eu contact avec d'autres sujets malades ; mais cela ne prouve pas que l'animal a créé le germe de la maladie ; car ce germe est dans l'air, et il entre dans l'organisme par la plaie ou par les voies respiratoires déjà malades.

Il en est de même de l'infection purulente : cette maladie est toujours le résultat de la résorption du pus à la surface d'une plaie, qui est le plus souvent en contact avec le monde extérieur : ici encore, le germe qui détermine la sécrétion du pus est absorbé, car il existe dans l'air et il n'y a pas de génération spontanée.

Le choléra des oiseaux est aussi dû à un bactérien, et il se développe toujours par contagion.

Il en est de même du charbon, qui apparaît sur des animaux sains qui n'ont jamais été en contact avec des malades, mais qui ont puisé le germe du mal dans leurs aliments et leurs boissons ou dans l'air qu'ils respirent.

La diphthérie des animaux, comme celle de l'homme, est contagieuse. Il y a des maladies non contagieuses analogues aux maladies croupales ou dyphthéritiques ; on les appelle pseudo-croupales, parce qu'elles se compliquent de lésions analogues à celles de la diphthérie proprement dite : et, en n'oubliant jamais qu'il ne faut pas diagnostiquer l'existence d'une maladie contagieuse d'après les symptômes et les lésions, mais bien d'après sa transmissibilité, on ne confondra pas les maladies pseudo-croupales avec la dyphthérie.

La fièvre typhoïde du porc, encore appelée mal rouge, pneumo-entérite, etc., est due aussi à un bactérien ; et si quelquefois on l'a crue spontanée, c'est parce qu'on s'est trompé, parce qu'on a pris pour elle une maladie ordinaire caractérisée par la rougeur de la peau, c'est surtout parce qu'on n'a pas employé le seul vrai critérium, l'inoculation.

On ne saurait dire si la fièvre typhoïde du cheval est ou non contagieuse. Pour nous, elle ne l'est pas, et si nous la plaçons ici, c'est à cause de son nom, à cause de la similitude de ses symptômes avec ceux de la fièvre typhoïde du porc, et aussi parce qu'elle est considérée comme contagieuse par certains vétérinaires.

Le typhus des ruminants est toujours contagieux ; on a pourtant soutenu qu'il pouvait naître spontanément, après 1871, lorsqu'il venait de nous causer des ravages énormes. On a prétendu qu'il n'était pas nécessaire de recourir à des mesures radicales comme l'abatage, attendu, disait-on, que le typhus naît spontanément et non par contagion. Mais, depuis longtemps déjà, on avait reconnu la contagiosité absolue de cette affection ; chaque fois qu'elle se montre chez nous, elle vient du dehors, et on peut suivre ses traces à travers l'Allemagne ou d'autres Etats, jusqu'aux Steppes de la Russie, où elle n'est pas plus spontanée que partout ailleurs.

La péripneumonie est une des maladies que l'on attribue le plus souvent à des causes non spécifiques ; elle produit des lésions sur les poumons, les plèvres, et elle n'offre pas de symptômes véritablement spécifiques. Elle ne peut donc être diagnostiquée qu'autant qu'on constate sa propagation, qu'autant qu'elle passe à l'état d'épizootie ou d'enzootie par le seul fait de la contagion. Qu'y a-t-il donc d'étonnant qu'on ait pris pour la péripneumonie une pneumonie ou une pleurésie ordinaire, lorsqu'une de ces maladies s'est montrée dans une étable, dont plusieurs animaux ont été soumis à un refroidissement ? Ce qui tend à prouver la contagiosité absolue de la péripneumonie, c'est son apparition dans certains pays où elle n'avait jamais été observée avant d'y avoir été importée, bien que dans ces pays les animaux fussent exposés aux refroidissements et nourris avant comme après l'importation de la maladie.

La phthisie tuberculeuse ne se montre pas non plus spontanément ; si on l'a crue spontanée, c'est qu'on s'est trompé sur la nature de la maladie observée, c'est qu'on a pris une maladie pour une autre, par exemple l'infection purulente pour la tuberculose.

La dourine, l'affection farcino-morveuse, la rage, le piétin, la clavelée, le horsepox, etc., ne se développent jamais spontanément.

Il ne faut donc plus invoquer la spontanéité ; aussi il en sera très peu question dans l'étude de chaque maladie en particulier ; nous ne ferons que rappeler les principales idées qui ont cours ou qui ont eu cours dans le temps.

CONTAGION

Après avoir fait la part des causes prédisposantes et de la spontanéité, il nous reste à étudier la troisième cause, la cause efficiente, la cause vraiment capable de produire la maladie, c'est-à-dire la contagion.

Qu'est-ce que la *contagion?* Contagion signifie transmission d'une maladie propre d'un individu qui en est atteint à un ou plusieurs individus, par contact direct ou indirect, médiat ou immédiat, au moyen de l'agent morbigène appelé *contage* ou *virus* émanant d'un malade, quelle que soit du reste son origine primitive, et se multipliant sur les individus après qu'il est transmis. Donc, qui dit contagion dit transmission de la maladie contagieuse d'un animal malade à un animal sain, transmission du germe de la maladie qui a été élaboré par l'animal malade.

Le germe ainsi transmis ne reste pas inactif ; il se multiplie chez l'animal sain et une fois multiplié suffisamment, il détermine la formation de lésions appréciables et l'apparition des premiers symptômes.

Le mot contagion (*cum-tangere*), dans le langage vulgaire, signifie contact : les maladies contagieuses se transmettent par le contact du malade avec des sujets sains. Ce contact est médiat ou immédiat : il est immédiat quand le malade touche directement l'animal sain et lui transmet ainsi lui même le germe de la maladie en le léchant ou en le flairant, etc. ; il y a au contraire transmission par contact médiat, quand le malade n'est pas en rapport direct avec l'animal sain, quand, en un mot, les produits morbides excrétés par le malade, comme le jetage du cheval morveux par exemple, sont mis en contact avec l'animal sain, non pas par le malade lui-même, mais par des objets intermédiaires, tels que les aliments, les boissons, l'éponge, la brosse, etc. Le résultat de la contagion est, ainsi que le dit la définition, la transmission de la maladie. Le domaine de la contagion, comprend les maladies parasitaires et les maladies virulentes. La semence ou l'agent de la contagion s'appelle contage ou virus ; nous l'appellerons plus commodément contage, et nous l'étudierons comme s'il s'agissait d'un composé chimique, en passant en revue son état naturel, ses divers caractères, sa nature et ses propriétés. Mais avant d'aborder cette étude importante, il nous faut expliquer ce qu'on entend ordinairement par le mot *infection*, si fréquemment usité dans la matière qui nous occupe.

INFECTION

On appelle infection dans le langage médical, la provocation d'une maladie par un agent venu du milieu extérieur et susceptible de se multiplier, de se reproduire dans l'organisme. L'infection implique donc l'introduction dans l'économie d'un germe venant du monde extérieur, capable de se multiplier et de déterminer une maladie spécifique qui, ainsi qu'on le verra plus tard, est presque toujours contagieuse. La différence n'est donc pas bien grande entre les mots *contagion* et *infection* ; contagion signifie transmission d'une maladie d'un individu malade à un ou plusieurs individus sains, avec ou sans intermédiaire, autrement dit transmission d'une maladie dont le germe provient d'un animal malade ; infection signifie provocation d'une maladie par un agent, qui peut se développer dans l'organisme, mais qui peut aussi vivre et même se multiplier dans les milieux extérieurs, et qui dans la circonstance, provient directement du monde extérieur. Ainsi quand un homme, qui vit auprès des marais, contracte la fièvre intermittente, c'est parce qu'il y a eu infection, c'est parce qu'il a introduit les germes de la maladie, en respirant les émanations marécageuses qui les tiennent en suspension ; on pourrait en dire autant du choléra, des maladies septiques, etc.

Le résultat de l'infection, comme celui de la contagion, est le développement d'une maladie ; et que cette maladie ait été provoquée par contagion ou par infection, elle est le plus ordinairement contagieuse, transmissible : il serait donc peu logique d'accepter la division des maladies contagieuses en maladies virulentes et en maladies infectieuses, d'autant plus que certaines d'entre elles pourraient être à la fois classées dans l'une et l'autre catégorie. Quand la maladie résulte de la contagion, elle est occasionnée par l'introduction d'une semence, d'un contage, d'un germe, d'un virus ; quand elle résulte de l'infection, elle est encore occasionnée par l'introduction d'un germe, d'un agent infectieux qui peut aussi se multiplier dans l'organisme. Nous avons tenu à définir le mot *infection*, et nous le conserverons, bien qu'il n'offre pas un avantage réel, bien que l'infection, telle que nous l'avons définie, ne diffère pas essentiellement de la contagion dont elle n'est qu'un mode. L'infection peut, en effet, avoir lieu par un virus émanant d'un animal malade, et se conservant plus ou moins longtemps dans le monde extérieur ; ainsi quand des moutons sains sont placés au voisinage d'un troupeau claveleux, ils peuvent contracter la maladie sans avoir été en contact avec les malades, simplement par l'intermédiaire de l'air qui, à un moment donné, peut tenir les germes morbides en suspension. Pour nous l'infection sera, je le répète, un mode de la contagion, une sorte de contagion médiate, la transmission d'une maladie contagieuse par l'intermédiaire de l'air, des miasmes, des effluves.

Miasmes. — Les miasmes sont des émanations animales, qui se dégagent du corps vivant des individus sains ou malades ou des matières animales en putréfaction. Les animaux sains ou malades dégagent par la peau, par les voies respiratoires, par leurs excrétions normales ou anormales et par leurs plaies, des produits gazeux formés de gaz ammoniacaux, de gaz sulfurés, d'acide carbonique et de vapeur d'eau.

Ces émanations sont plus ou moins abondantes suivant les circonstances, suivant que les animaux fatiguent plus ou moins, qu'ils sont plus ou moins bien portants, plus ou moins bien nourris, suivant le degré d'hygiène et les soins de propreté dont on les entoure, suivant les saisons, etc. ; elles sont, toutes choses égales d'ailleurs, plus abondantes pendant l'été, quand les sujets sont malades, quand il y a entassement d'animaux dans un local étroit, quand il n'y a pas de ventilation, quand l'hygiène laisse à désirer. Ce qui précède s'applique aussi à l'homme ; car lui, comme les animaux, dégage des miasmes. Tout le monde sait en effet que l'air d'une chambre, où ont couché plusieurs personnes, est très désagréable à respirer quand on y pénètre avant d'avoir établi une ventilation. Les émanations sont surtout abondantes dans les locaux où séjournent de nombreux individus, comme dans les casernes.

Les miasmes sont révélés par une odeur *sui generis*, propre à l'espèce animale qui les produit (odeur d'écurie, odeur d'étable, odeur de bergerie, odeur de porcherie). Cette odeur est du reste variable suivant l'âge des individus et suivant les maladies dont ils sont atteints; elle est due à la présence d'une matière animale soluble et putrescible. Les émanations miasmatiques, grâce à leur composition, constituent donc des milieux favorables à la conservation et même à la multiplication des germes qu'ils peuvent rencontrer dans l'air. Les produits gazeux, qui entrent dans la composition des miasmes, sont nuisibles à la santé des individus qui les respirent, mais ils ne peuvent pas, par eux-mêmes, donner naissance à une maladie contagieuse ; j'ai hâte d'ajouter que les miasmes qui se dégagent des animaux malades (thyphus, clavelée), peuvent tenir en suspension les germes de la maladie et la propager. Ainsi, quand on entre dans une chambre habitée et non ventilée, on est suffoqué par l'odeur miasmatique, mais on ne contracte pas une maladie contagieuse. Il en serait tout autrement, si cette chambre était habitée par des varioleux ; on serait suffoqué par l'odeur miasmatique, et de plus on pourrait contracter une maladie virulente, car, outre les produits qui répandent une mauvaise odeur, l'air peut tenir en suspension des germes de la petite vérole. Ce sont donc les gaz délétères qu'on a signalés, qui constituent, avec la vapeur d'eau, le miasme ou véhicule, et celui-ci n'engendre la maladie qu'autant qu'il en tient les germes en suspension.

On appelle foyer producteur ou générateur du miasme, l'individu qui l'engendre ; et on appelle milieu miasmatique, l'étendue plus ou moins considérable où s'est répandue l'émanation. Celle-ci peut se disséminer plus ou moins, suivant certaines causes ; quand l'habitation n'est pas ventilée, mais calfeutrée, le miasme est concentré, et par conséquent plus actif ; quand on opère la ventilation, on chasse le miasme qui se répand au dehors dans une étendue plus ou moins considérable, suivant que l'air est plus ou moins agité. Pendant les saisons chaudes, pendant l'été, les miasmes se répandent plus facilement et plus loin en hauteur et en étendue, en vertu de l'expansibilité des gaz qui les composent.

En 1866 Lemaire étudia comparativement l'eau obtenue par la condensation de la vapeur de plusieurs chambres où avaient couché des militaires, et l'eau résultant de la condensation de la vapeur de l'air extérieur. Dans les recherches qu'il pratiqua sur ces diverses eaux, 6, 12, 24, 48 heures après la condensation, il constata la présence d'un plus ou moins grand nombre de germes, suivant que l'examen était fait plus ou moins tardivement, et suivant que l'eau provenait d'une chambre habitée par un plus ou moins grand nombre de personnes ou de l'air extérieur. Cette observation prouve l'assertion que nous émettions tout à l'heure en disant que, grâce à leur composition, les miasmes constituent un milieu favorable au développement des germes.

L'atmosphère renferme, parmi les nombreuses particules figurées qu'elle tient en suspension, des germes ayant différentes propriétés, des germes de maladie tels que ceux des maladies septiques ; et ces germes se développent plus facilement dans un air devenu miasmatique, qui peut ainsi être plus dangereux pour les individus qui le respirent.

On a trouvé, en étudiant les miasmes des salles d'hôpitaux (on les trouverait également dans des écuries où séjournent des animaux atteints de maladies pyogéniques ou de maladies virulentes), des leucocytes, des corpuscules de pus en suspension dans l'air ; il n'y a donc rien d'étonnant que les miasmes des varioleux, des claveleux, des typhiques tiennent pareillement en suspension les germes morbides qu'ils peuvent avoir entraînés en se dégageant des malades, et il n'y a rien de surprenant non plus que les miasmes transmettent une maladie contagieuse à des individus sains qui les respirent.

C'est en effet par les voies respiratoires qu'ils s'introduisent le plus souvent, et après un séjour plus ou moins prolongé dans l'appareil respiratoire, les germes sont portés dans le torrent circulatoire, et provoquent ensuite l'apparition de la maladie infectieuse ou contagieuse. Mais ces germes peuvent encore pénétrer dans l'organisme par d'autres voies : par exemple, si un animal porteur d'une plaie laissée à découvert, est placé dans un milieu délétère rempli d'émanations miasmatiques tenant en suspension des germes de maladies, il peut, par cette plaie, absorber les germes de l'air, qui se développent plus ou moins à la surface des bourgeons ou qui envahissent toute l'économie. Ces germes peuvent aussi se déposer sur les aliments, dans les boissons ; et les animaux les absorbent alors par le tube digestif. Introduits dans l'organisme, il déterminent des maladies, il agissent sur le sang, sur le système nerveux, sur les organes, ils provoquent des maladies générales infectieuses ou contagieuses.

Effluves. — Les effluves ou miasmes paludéens sont des émanations qui se produisent à la surface de toutes les eaux tranquilles et principalement des eaux stagnantes; ces émanations sont surtout abondantes pendant les saisons chaudes. Les diverses eaux stagnantes (marais, étangs, mares, bas-fonds, sols argileux) sont de véritables dissolutions de matières minérales et de substances organiques végéto-animales; elles constituent donc des milieux propres à la fermentation, à la multiplication de divers germes de maladie. Quand la chaleur exerce son influence d'une manière très active (été, automne), il y a un dégagement plus prononcé de vapeur d'eau, une fermentation plus rapide, une multiplication plus active de germes, de ferments, et par conséquent un dégagement plus abondant de gaz toxiques, tels que hydrogène carboné, hydrogène sulfuré, hydrogène phosphoré, acide carbonique, etc. Ces divers gaz associés, mélangés avec la vapeur d'eau, entraînent avec eux des germes, des ferments, et ceux-ci, une fois dans l'atmosphère, peuvent se répandre, se disséminer sous l'influence des courants d'air ou de la chaleur solaire. Aussi les animaux placés au voisinage du milieu effluvien, ou dans ce milieu lui-même, peuvent contracter des maladies infectieuses, dont ils puisent les germes dans l'air qu'ils respirent, dans les aliments ou dans les boissons que l'effluve a souillés. Au milieu de la journée, quand la température est très élevée, le milieu infectieux s'accroit autour du foyer effluvien. Les gaz qui tiennent en suspension les germes occupent, en vertu de leur force expansive, une plus grande étendue, et des animaux assez éloignés du lieu où se produit l'émanation, peuvent être infectés. À la tombée de la nuit, un phénomène inverse se produit; la vapeur d'eau se condense, la rosée se forme, la vapeur d'eau qui tombe sur la terre entraine avec elle les germes que l'air tenait en suspension. Il y aurait donc des dangers à faire pâturer les animaux à la rosée dans les localités où se produisent des effluves, d'où le conseil de ne pas faire manger des herbes couvertes de rosée.

La pluie, les brouillards entraînent aussi vers le sol les éléments que les effluves tiennent en suspension et agissent comme purificateurs de l'air. Les gaz effluviens ne peuvent pas, par eux-mêmes, produire une maladie contagieuse; il en est des effluves comme des miasmes, il faut pour cela qu'il y ait en suspension des germes morbigènes.

Un médecin américain, Salisbury, après avoir constaté dans les produits expectorés, dans la sueur et dans l'urine des fébricitants de diverses régions, la présence d'une algue spéciale, eut l'idée d'attribuer à cette algue la genèse de la fièvre paludéenne. Il chercha son origine, il recueillit l'eau résultant de la condensation de l'effluve sur des plaques de verre maintenues horizontalement de la tombée de la nuit au lever du soleil à un pied au-dessus d'eaux stagnantes ou de terrains marécageux, et il trouva sur ses plaques l'algue qu'il avait déjà observée chez les malades. Il trouva la même algue en très grande abondance dans les efflorescences qui se forment à la surface du sol au voisinage des marais.

Pour se convaincre que c'était bien là le germe de la fièvre paludéenne, il transporta, dans des pays exempts de cette maladie, la terre limoneuse recueillie dans ces marais, et il réussit, dans deux expériences, à faire apparaître la fièvre chez quatre personnes, en les exposant aux émanations de cette terre.

Un médecin italien reconnut également, en 1877, la présence d'une algue fébrigène dans l'effluve palustre; et cette théorie, qui attribue la fièvre intermittente à un organisme miasmatique a été confirmée encore par Tommasi et Klebs, qui ont poursuivi des études approfondies dans la campagne romaine, et qui ont donné à cet organisme fébrigène le nom de *bacillus malariæ*.

Il est donc absolument certain que lorsqu'il y a, sous l'influence de l'effluve, développement d'une maladie infectieuse, telle que la septicémie, le charbon, il faut accuser non les gaz, mais les germes qu'ils tiennent en suspension; car il est d'ailleurs démontré que le charbon et les maladies septiques sont dues à des bactériens.

Comme le miasme, l'effluve peut être absorbé par les voies respiratoires, et ce n'est pas là la seule voie d'absorption; les germes peuvent aussi se déposer sur les fourrages ou dans les boissons, et les animaux contracter la maladie en les ingérant. Les animaux peuvent, en effet, introduire les germes morbides au moyen des fourrages souillés par l'effluve, en pâturant les herbes marécageuses, en s'abreuvant aux eaux dormantes, en respirant l'effluve chargé de germes.

Nous devons donc reconnaître que l'infection, qui est quelquefois possible par l'inhalation de miasmes ou d'effluves, est toujours due à l'introduction d'un parasite ou d'un germe. Il en est de même de la contagion; celle-ci se produit toujours par l'introduction dans l'organisme d'une semence, d'un germe, qu'on appelle tantôt virus, tantôt contage, ces deux mots étant absolument synonymes.

VIRUS, CONTAGES

Le virus, le contage n'est autre chose que la semence qui, s'étant régénérée, multipliée sur un individu malade, peut passer de cet individu malade, chez un ou plusieurs autres individus sains, se multiplier de nouveau et déterminer chez eux la maladie observée chez le premier; le virus est l'agent essentiel, indispensable pour la contagion, pour la transmission d'une maladie. On a donné au contage le nom de virus (*vires*) à cause de sa grande puissance d'action. Le mot *virus* est employé depuis très longtemps pour désigner l'agent de la contagion; on emploie souvent, pour signifier la même chose, les expressions *agent virulent, agent contagieux, agent contagifère;* toutes ces désignations sont synonymes.

Les virus jouissent de la propriété de repulluler, de se multiplier et ils sont incommutables ; en passant d'un individu malade sur un individu sain, ils se multiplient, et comme conséquence de cette multiplication, ils provoquent une maladie toujours identique, ils ne changent pas de propriété. On a prétendu que certaines maladies pouvaient se transformer, que l'infection purulente pouvait se transformer en tuberculose ou en morve, que la gourme et la dourine pouvaient se transformer en morve, etc, ; mais, en faisant l'étude des différentes maladies contagieuses, nous verrons qu'il n'en est rien, et que le plus souvent on a pris de fausses apparences pour la réalité. Les virus sont donc caractérisés par la faculté qu'ils ont de se multiplier et par leur spécificité.

Historique. — En parcourant les œuvres où il est traité des maladies, on trouve des notions très anciennes sur la contagion et par conséquent sur les contages. Les poètes anciens, Homère et Ménandre, parlent de la contagion de la rage. Moïse parle d'un certain *fluxus seminis* contagieux. Hippocrate et Aristote avaient aussi observé des cas de transmission de certaines maladies. Virgile parle de la contagion de la maladie charbonneuse ; du reste Virgile employa le premier le mot *virus*, qu'il n'appliqua pas précisément à l'agent de la contagion, mais bien au venin du serpent, comme le prouve le vers : « *Ille malum virus serpentibus addidit atris.* » Tite-Live parle d'une maladie contagieuse qui sévissait dans le camp de Marcellus. Celse, le premier après Virgile, employa le mot *virus* et il l'appliqua bien au contage de la rage ; il parle en effet, du virus rabique. Pline parle aussi de différentes maladies contagieuses, et il cherche à déterminer notamment l'époque à laquelle le charbon s'est introduit à Rome. Columelle, qui s'occupa beaucoup des troupeaux et de leurs maladies, traite des affections contagieuses qui les attaquent et emploie le mot contagion. Galien croit aussi à la contagion et notamment à celle de la rage ; il parle de la transmission de la rage par la salive de l'homme. Celius-Aurélianus reconnut de son côté cette contagion, et il étudia la rage avec beaucoup de soin ; il y a dans son œuvre une description très satisfaisante de cette maladie où il parle d'un symptôme beaucoup signalé depuis, et qui consiste dans un prurit, dans une douleur observée au point d'inoculation quand la maladie fait'éclosion : « *Ea pars prepatitur quæ morsu vexata fuerit* » (c'est la partie qui a été mordue qui souffre la première). Végece, qui vivait au IVe siècle de notre ère, étudia la morve et le farcin, et reconnut leur contagiosité. Rhazès parle aussi des maladies contagieuses ; il constate que la variole de l'homme est contagieuse. Au XVIe siècle, nous trouvons un auteur qui s'occupa beaucoup des maladies contagieuses et des mesures de police sanitaire qu'elles nécessitent, c'est Fracastor qui fit une large part à la contagion. Sauvages étudia aussi les maladies virulentes. On arrive ainsi peu à peu aux doctrinaires, à l'École physiologique, et la notion de la virulence est éclipsée momentanément.

Heureusement ce n'a pas été pour longtemps ; on est revenu de cette exagération pour admettre la contagion et les contages, et alors diverses théories ont été émises pour expliquer la transmission.

On avait déjà anciennement supposé que l'agent de la contagion était un parasite.

Dubois d'Amiens reconnaissait que certaines maladies sont virulentes, et il attribuait la virulence à un changement de proportion dans les éléments des liquides.

M. Robin a aussi émis une théorie pour expliquer la transmission de certaines maladies ; pour lui il n'y a pas non plus de virus proprement dit, le malade qui transmet sa maladie ne la transmet pas au moyen d'un germe, il s'est opéré dans ses humeurs une modification isomérique telle, qu'elle a pour résultat de les rendre virulentes, c'est-à-dire aptes à transmettre la même modification et par conséquent la maladie aux individus sains, quand elles pénètrent dans leur organisme.

Piorry expliquait la virulence par l'existence d'un **agent toxique**.

Nous reviendrons plus tard sur ces théories, qui toutes ont fait leur temps et qui n'ont maintenant qu'un intérêt historique.

Après les auteurs nommés précédemment, les contemporains qui ont le plus jeté de lumière sur la question sont : MM. Chauveau, Davaine, Pasteur, en France; Hallier, Zurn, Cohn, Koch, Klein, à l'étranger.

Dans le langage vulgaire, on emploie quelquefois les mots virus et venin pour désigner le même agent; il y a pourtant entre le virus et le venin des différences fondamentales : le virus ou contage provient d'un animal malade et peut repulluler dans un nouvel organisme, tandis que le venin est un produit physiologique qui ne se multiplie pas dans l'organisme des individus auxquels il est inoculé.

État naturel des contages. — Quelles sont les espèces animales chez lesquelles on rencontre des virus; quels contages trouve-t-on plus particulièrement chez telle ou telle espèce?

On rencontre des maladies contagieuses, et par conséquent des contages, chez toutes les espèces animales domestiques. Sans entrer dans une nouvelle énumération des maladies contagieuses, nous ferons remarquer que quelques-unes d'entre elles sont propres à certains animaux, et que quelques virus ne se multiplient que chez certaines espèces, tandis que d'autres sont pour ainsi dire cosmopolites et végètent sur plusieurs espèces animales ou même sur toutes les espèces. Il y a donc des virus propres à une espèce ou à quelques espèces et des virus communs à toutes ou à plusieurs. Parmi ces derniers, citons le virus rabique et le virus charbonneux, qui se multiplient chez tous les animaux domestiques.

Où est le siège des virus? Dans quels solides, dans quels liquides les rencontre-t-on? Les trouve-t-on toujours indifféremment dans toutes les parties et dans tous les produits de l'organisme malade? Non certes; s'il est des maladies dans lesquelles on trouve le contage partout (typhus), il en est d'autres où il ne se trouve que dans certaines parties, que dans certains liquides, que dans certains produits. On peut donc, suivant les maladies, rencontrer le virus dans les solides, dans les liquides, dans les muscles, dans les organes parenchymateux, dans les os, dans les glandes, dans les ganglions, dans le sang, dans la lymphe, dans les produits pathologiques. Dans certaines maladies, il ne paraît exister que dans les lésions (maladies éruptives); tandis que dans d'autres (morve, typhus), il existe dans les lésions et dans les parties saines en apparence. Tantôt l'agent virulent se trouve plus spécialement dans un produit de sécrétion morbide, tantôt il existe dans certains produits de sécrétion physiologique; mais souvent, telle et telle sécrétion physiologique est exempte de virus (lait dans rage, fièvre aphtheuse, etc.).

Au point de vue de l'abondance de l'agent virulent produit durant la maladie, il y a aussi des différences à établir; le virus est plus ou moins abondant, suivant que la maladie est plus ou moins généralisée, suivant qu'elle se caractérise par un plus ou moins grand nombre de lésions. Dans le typhus, il y a une grande quantité de virus, et cela n'est pas étonnant, attendu qu'il existe et se multiplie dans tout l'organisme. Dans les maladies éruptives, le virus est moins abondant, mais ici on trouve encore des différences : la maladie est plus ou moins grave, l'éruption est plus ou moins abondante, plus ou moins généralisée. Il y a donc des différences dans l'abondance du virus, et cela même pour une seule maladie suivant l'étendue et la multiplicité des lésions; ainsi l'animal claveleux fournit plus de virus que le mouton atteint de piétin; ainsi deux claveleux peuvent donner des quantités bien différentes de claveau.

Que devient le virus ainsi produit en plus ou moins grande abondance? Il est excrété au dehors, il est éliminé, ou bien il se détruit sur place. Ce dernier cas se présente quelquefois pour la morve et pour la phthisie. On ne peut pas dire que dans la morve le virus se détruit souvent sur place, car la maladie est à peu près toujours mortelle; cependant il y a des faits d'observation qui laissent croire à une guérison spontanée. Dans certaines autopsies de chevaux, on a observé quelquefois sur le poumon des tubercules qui n'ont plus leur caractère primitif, qui se sont incrustés de matières calcaires et ne présentent plus aucun danger. On a l'habitude de croire, quand on voit de ces tubercules, qu'à une époque antérieure, l'animal était peut-être atteint de la morve, que cette maladie s'est peut-être terminée par la guérison spontanée, par l'infiltration calcaire et la mort des premières néoplasies avant qu'il s'en fut produit d'autres, la maladie évoluant quelquefois très lentement. Ces cas sont pourtant rares et se présentent peut-être une fois sur mille.

De même pour la tuberculose, on observe quelquefois dans l'espèce humaine, des cas de guérison ; le virus n'est pas excrété au dehors, mais il perd ses propriétés de la même manière que dans l'exemple précédent. Il est certain qu'une personne atteinte d'une phthisie pulmonaire peu étendue et à marche très lente peut guérir, et cette guérison est le résultat de la mortification des lésions déjà développées dans le poumon. Alors ces lésions mortes agissent comme des corps irritants, elles s'entourent de tissu conjonctif primitivement embryonnaire et qui forme un kyste conjonctif périphérique et isolant. Et d'ailleurs, en dehors des cas de guérison, n'observe-t-on pas assez souvent dans la morve et dans la phthisie des cas où certaines lésions sont mortes et ont cessé d'être virulentes, alors que d'autres le sont. On a donc raison de dire que dans certains cas le virus se détruit sur place ; mais le plus souvent il est excrété au dehors.

Que voit-on en effet chez le cheval morveux ? Le malade jette, et son jetage contient le virus sécrété par les chancres de la pituitaire, par la pituitaire elle-même, par les muqueuses trachéale, bronchique, etc. De même dans la gourme, le jetage contient le virus qui est sécrété en abondance par les parties malades et entraîné ainsi au dehors par les produits de la sécrétion morbide qu'il a provoquée. Le contage est donc porté au dehors, soit quelquefois au moyen de sécrétions normales, mais le plus souvent par les sécrétions morbides, par les produits d'inflammation sécrétés à la surface des plaies ou des muqueuses malades. Il en est de même pour les maladies éruptives, le virus est produit à la surface de la peau ou des muqueuses, et les lésions dans lesquelles il s'est formé dégénèrent, se dessèchent, se détruisent ; mais la destruction du contage n'a pas toujours lieu, car les croûtes desséchées du mouton claveleux peuvent encore conserver des germes virulents pendant un temps plus ou moins long.

Nous arrivons naturellement à cette autre question ; les virus ainsi excrétés, éliminés de l'organisme, que deviennent-ils ? Ils peuvent se détruire à la longue ; ils se détruisent en effet après avoir résisté plus ou moins longtemps. Il y a de grandes différences sous le rapport de leur résistance ; cependant on peut dire d'une manière générale que les virus transportés au dehors de l'économie peuvent conserver leurs propriétés un certain temps, variable suivant certaines conditions que nous déterminerons plus tard en traitant de la conservation des virus.

Mais les contages expulsés peuvent-ils se multiplier dans le monde extérieur? On croit que non jusqu'à preuve du contraire; le virus rabique, le virus morveux, etc., ne peuvent pas se multiplier hors de l'économie; le virus claveleux et le vaccin se conservent dans des tubes pendant des semaines et des mois; mais ils ne deviennent jamais plus riches qu'à leur sortie de l'organisme. En règle générale les virus ne se multiplient donc pas dans le monde extérieur. Il est pourtant à cette règle des exceptions : en effet, les maladies septiques et les maladies charbonneuses sont dues à des parasites, à des bactériens, à des germes, et ces germes peuvent se multiplier hors de l'économie; on peut les cultiver dans des liquides artificiels.

Quand on voit le jetage d'un cheval morveux ou la lymphe d'un bouton de horsepox ou de clavelée, on dit : voilà le virus, mais on donne ainsi un sens trop compréhensif au mot *virus*, qui ne doit pas être appliqué au jetage morveux ni à la lymphe vaccinale, ni au sang charbonneux, etc. En effet, cette lymphe, ce jetage, ce sang sont des produits virulents qui renferment non seulement le virus, mais encore d'autres éléments très distincts du virus.

Si on examine du sang charbonneux au microscope, on y distingue une partie liquide et une partie figurée; celle-ci est composée de globules rouges, de leucocytes etc., de plus, elle renferme des baguettes ou bâtonnets (bactéridies) caractéristiques, qui ne sont autre chose que les germes de la maladie. Ce sont ces bâtonnets qui forment le virus, et le sang n'est que le produit virulent, autrement dit le véhicule.

Il ne faut donc pas confondre les expressions ; *produits virulents* et *virus*; en général, quand on a un produit venant de l'organisme, ce n'est pas un virus, mais un mélange virulent composé du virus proprement dit ou semence et de la partie qui sert de véhicule; d'où la distinction dans tout produit virulent d'un véhicule et d'un agent virulent proprement dit.

Dans le langage ordinaire, on se sert souvent des expressions *virus fixe, virus volatil*; il semble qu'il y ait, d'après cette manière de parler, des virus capables de se volatiser comme l'eau, par exemple; il n'en est rien, et il faut admettre un autre sens. Par virus fixe, on entend celui qui se trouve associé à un véhicule solide ou à un véhicule liquide: le jetage morveux, le sang typhique, etc., sont des produits virulents fixes. On se sert de l'expression virus volatil dans la circonstance toute particulière où les germes, les particules, les spores du virus sont en suspension dans un milieu gazeux. Ainsi on dit qu'un effluve ou un miasme ou l'air lui-même, qui tient en suspension les semences virulentes de la variole ou du choléra, est un produit virulent volatil ou un virus volatil, et ce n'est pas pour indiquer que le virus est à l'état gazeux, mais bien pour exprimer que ses particules sont assez ténues pour rester en suspension dans ce milieu.

Connaît-on l'agent virulent de toutes les maladies? Non; on connaît celui des maladies charbonneuses, celui des maladies septiques, celui du choléra des poules, celui du rouget, celui de l'infection purulente, celui de la diphthérie; cet agent est un parasite.

On connaît aussi, jusqu'à un certain point, l'agent virulent de la morve, celui de la phthisie, celui de la clavelée, celui de la variole et celui de la vaccine; ces agents ont été étudiés plus spécialement par M. Chauveau qui, jusqu'ici, croit que leur essence est de consister en des granulations moléculaires anatomiques. En dehors de ces diverses maladies, l'agent virulent des autres affections contagieuses reste à déterminer, et même, en ce qui concerne les maladies étudiées par M. Chauveau, le dernier mot n'est pas dit.

Connaît-on au moins les véhicules, c'est-à-dire les produits virulents de chaque maladie? Non; ainsi on ignore encore pour beaucoup de maladies si telle partie, si tel solide, si tel liquide, si telle sécrétion renferme le virus. On ne sait pas, par exemple, très exactement si le lait des phthisiques est virulent; on a de la tendance à admettre la négative, mais la vérité n'est pas encore suffisamment démontrée.

Il reste donc beaucoup à faire à ce sujet. Les véhicules sont tantôt les solides de l'organisme, tantôt les liquides, tantôt les gaz eux-mêmes. Dans le typhus des grands ruminants, le virus existe partout, dans les solides, dans les liquides et dans les gaz qui s'échappent du corps.

Dans d'autres maladies, et notamment dans les maladies éruptives, le virus ne se trouve que dans les liquides (liquides sécrétés par les pustules dans les maladies éruptives). Dans la morve, le virus est à peu près partout, dans les solides, dans les liquides et même quelquefois peut-être dans l'air expiré; cependant il est rare de trouver du virus morveux dans l'atmosphère des malades. On a pu faire inhaler à des chevaux sains l'air rejeté par des chevaux très morveux sans les rendre malades, ce qui semblerait démontrer que la morve est rarement transmise par l'air; mais l'expérience n'a pas été assez répétée pour donner une conclusion inébranlable.

On appelle *foyer virulipare* ou *viruligène* tout individu malade qui sécrète, produit et multiplie le virus; et pour certaines maladies, dont le virus peut se multiplier au dehors, il faut aussi considérer le milieu extérieur comme foyer virulipare. Ces foyers sont donc de deux ordres : ce sont des foyers organisés, c'est-à-dire les malades, et le monde extérieur, c'est-à-dire des milieux organiques favorables à la multiplication des germes. Les miasmes et les effluves se chargent assez souvent de produits virulents; tel peut-être, par exemple, le miasme d'une écurie où habitent des chevaux morveux; cet air miasmatique peut être chargé des germes de la morve et être par conséquent virulent; l'air d'une étable où sont logés des animaux atteints de typhus ou de péripneumonie se charge sûrement de germes et peut transmettre la maladie aux animaux sains qu'on mettrait dans le local infecté.

Caractères physiques. — Les caractères physiques de la matière virulente ne nous apprennent rien ou presque rien sur la nature de l'agent virulent lui-même. Ainsi le jetage nasal dans la morve, le produit des pustules dans la clavelée ou des vésicules dans la fièvre aphtheuse sont des matières virulentes. Ces matières sont des liquides plus ou moins colorés, plus ou moins blanchâtres, plus ou moins jaunâtres; mais les caractères portant sur la couleur et sur l'état physique des matières virulentes ne nous apprennent pas grand chose. Tout ce que nous pouvons dire à ce sujet, c'est que la matière virulente peut se présenter à l'état solide (ex. : croûtes claveleuses), à l'état liquide (lymphe vaccinale), à l'état gazeux (miasmes virulents). Par le simple examen à l'œil nu, il est d'ailleurs absolument impossible d'apprendre quelque chose de précis sur la nature de l'agent essentiel de la virulence. Nous ne voyons, en effet, qu'une masse de matière solide ou liquide, ou gazeuse, sans pouvoir pénétrer sa composition, sans pouvoir discerner parmi les éléments qui la composent ceux qui sont virulents de ceux qui ne le sont pas.

Caractères chimiques. — On peut en dire autant à propos des propriétés chimiques. Les matières virulentes solides, liquides ou gazeuses présentent les caractères ordinaires des solides, des liquides ou des gaz qui s'échappent de l'organisme.

Caractères anatomiques. — Ces propriétés, plus importantes que les précédentes, ne peuvent être étudiées à l'œil nu ; l'examen microscopique est indispensable. Sans le microscope on n'apprend pas suffisamment à connaître la constitution intime de la matière virulente. Dans toutes les humeurs virulentes, dans tous les miasmes virulents, le microscope fait distinguer nettement une partie non figurée, liquide ou gazeuse et une partie figurée. Celle-ci est composée d'un certain nombre d'éléments divers, tels que cellules, granulations diverses, globules, globulins, spores, sporules, etc., mais l'étude micrographique à elle seule ne peut suffire à démêler, dans un milieu aussi complexe qu'une matière virulente, l'élément ou les éléments véritablement actifs, véritablement virulifères. Il faut employer en outre d'autres procédés pour arriver à cette détermination, pour isoler l'agent virulifère de tout ce qui ne l'est pas ; ce n'est qu'à ce prix qu'il est possible d'attribuer à qui de droit la propriété morbigène qui, de prime abord, paraît inhérente à toute la masse.

Isoler les différents éléments qui entrent dans la composition d'une matière virulente, déterminer par l'examen microscopique leurs caractères anatomiques, contrôler pour chacun d'eux, au moyen des cultures et de l'inoculation, l'existence ou l'absence de la propriété virulente, telle est la marche à suivre, telle est la marche qui a été suivie par les auteurs contemporains, et qui a fourni des résultats d'autant plus précieux qu'ils sont plus positifs et mieux démontrés.

Autrefois, on ne connaissait à peu près rien de précis sur ce point, on n'avait pas pu ou pas su déterminer l'agent essentiel dans les produits virulents. Aussi en était-on réduit à émettre des hypothèses. Dans ces dernières années, on a pu isoler et déterminer, d'une façon qui ne laisse rien à désirer, les germes virulents d'un certain nombre de maladies, telles que le charbon, les maladies infectieuses, le horsepox, la variole, la clavelée, la morve, la phthisie, le choléra des oiseaux, la fièvre thyphoïde du porc.

Les humeurs virulentes sont toutes formées d'une partie inactive qu'on désigne sous le nom de véhicule, et d'une partie active qui est en suspension dans le véhicule, et qu'on appelle agent virulent, agent virulifère. Cet agent est tantôt un parasite, un microbe, un micrococque, un bactérien, un microphyte, une plantule (charbon, septicémie, infection purulente, choléra des oiseaux, fièvre typhoïde du porc), et tantôt peut être une granulation anatomique (vaccine, variole, clavelée, morve, phthisie).

Caractères physiologiques. — Les propriétés physiologiques des virus, des agents virulents, sont très importantes ;

elles sont du reste bien tranchées et beaucoup plus faciles à étudier. D'une manière générale on peut dire que les agents virulents jouissent de la propriété de se régénérer, de se multiplier, qu'ils sont animés, qu'ils jouissent de la vie. Pourtant M. Chauveau ne pense pas que les granulations anatomiques soient des êtres animés, et il explique leur multiplication d'une autre manière.

L'agent virulent se multiplie donc dans l'organisme et y détermine une maladie toujours semblable à elle-même; il ne change pas de propriétés, il provoque toujours la même maladie, il est spécifique; chaque maladie contagieuse a un agent virulent propre, qui agit toujours dans le même sens. La jouissance de la vie, la faculté de multiplication et l'invariabilité de la propriété pathogénique qui caractérisent les agents virulents sont des attributs propres aux êtres vivants, plantes et animaux. On comprend sans peine que des agents qui vivent, qui se multiplient, qui se nourrissent dans un organisme, puissent y déterminer l'apparition d'une maladie. Ainsi que nous l'avons dit dans la définition des maladies contagieuses, les agents virulents respirent, se nourrissent et se multiplient aux dépens de l'hôte qui les héberge, et ils déterminent chez lui une maladie en s'appropriant son air, en désagrégeant ses tissus ou en l'empoisonnant par les combinaisons et les décompositions qui accompagnent leur développement.

Jadis quand on n'avait encore acquis aucune connaissance certaine sur la composition des matières virulentes, quand on n'avait pas appliqué sérieusement la micrographie à leur étude, on avait pourtant déjà cherché à se rendre compte du mode d'action qui leur est propre; et partant de ce fait que les maladies virulentes se transmettent des animaux malades aux animaux sains, comme telle et telle maladie parasitaire dont le parasite avait été vu et étudié, on en avait induit que l'agent contagieux devait être un parasite, que la contagion devait se faire par l'intermédiaire d'un parasite.

C'est principalement dans notre siècle, et surtout pendant ces vingt dernières années, que les recherches les plus fructueuses ont été faites dans le but de déterminer exactement les caractères anatomiques et physiologiques des contages. De nombreux auteurs se sont occupés de cette question, et parmi ceux qui ont fait les études les plus sérieuses, il faut citer en première ligne MM. Davaine, Chauveau, Pasteur, Béchamp, Estor et Toussaint en

France ; Hallier, Zurn, Cohn, Koch, Klein à l'étranger ; il convient d'ajouter à cette liste les noms de MM. Coze et Feltz et celui de Klebs. Presque tous ces auteurs ont émis des théories sur la nature et le mode d'agir des virus ; et en outre, d'autres théories, plus ou moins hypothétiques ont été bâties sur des idées préconçues ; les premières sont seules sérieuses, parce quelles sont basées sur des données expérimentales précises, quoique quelquefois incomplètes. Il ne faudrait pas croire cependant que les faits sont aujourd'hui assez nombreux, assez variés, pour permettre de généraliser les données qu'ils fournissent ; les expérimentateurs, dont nous avons donné les noms, n'ont pas étudié toutes les maladies virulentes ; leur étude n'a porté que sur quelques-unes des maladies contagieuses et néanmoins, dans les théories, on est assez porté à appliquer à tous les virus ce qu'on a observé pour telle ou telle maladie contagieuse. Cette méthode est bonne en elle-même ; les procédés de déduction et d'induction sont légitimes, permis et même obligatoires dans l'étude des sciences. Pourtant dans des études aussi compliquées que celle des maladies contagieuses, que celles qui portent sur des animaux malades, il faut agir avec circonspection, et ne pas s'autoriser d'un fait particulier pour généraliser avant d'avoir pu vérifier que ce fait est le même dans tous les cas. Tout à l'heure nous passerons en revue les théories de la virulence, mais pour le moment nous tenons à redire qu'il reste beaucoup à faire pour arriver à la détermination complète de l'agent virulent des diverses maladies contagieuses, et que pour arriver à des résultats, il n'y a qu'à employer les méthodes qu'on a suivies jusqu'ici, c'est-à-dire l'examen microscopique et l'expérimentation.

NATURE DES VIRUS

Nous avons pour ainsi dire glissé sur les caractères des contages ; nous aurions pu nous étendre bien d'avantage sur les caractères physiologiques ; nous aurions pu faire connaître d'autres données très importantes, mais elles trouveront mieux leur place plus tard, quand nous nous serons expliqué sur la grande question de la nature des virus. Avant de nous prononcer sur ce point, il faut rappeler les principales théories émises à ce propos ; il faut déterminer ce qu'il y a de bon dans chacune d'elles, et après nous agirons en véritables éclectiques, nous prendrons le vrai partout où nous le trouverons et nous dirons notre dernier mot en pleine connaissance de cause.

La nature de tous les virus n'est pas encore complètement déterminée ; elle est connue pour certains d'entre eux seulement. En effet, dans quelques maladies on connaît non seulement les matières virulentes mais encore le germe, l'agent virulent, la semence proprement dite. Ces maladies ne sont pas les plus nombreuses ; les plus nombreuses sont au contraire celles dans lesquelles on n'a pas encore fait cette détermination d'une manière rigoureuse. Néanmoins les études qui ont déjà été faites, les résultats déjà acquis d'une façon certaine, enfin l'étude des propriétés physiologiques et pathogéniques des virus, combinée avec les résultats acquis sur la nature de certains d'entre eux, peuvent nous permettre de soupçonner très légitimement la nature de ceux qui restent à étudier.

Des théories nombreuses, avons-nous dit, ont été émises sur la nature des virus, sur la virulence, sur la cause intime, sur le mécanisme de la virulence, c'est-à-dire sur le mode d'après lequel les virus agissent. Il faut à cause de leur nombre, et si on veut faire leur étude avec fruit, diviser ces théories en deux grandes catégories. Dans la première se rangent les théories dans lesquelles on considère la virulence comme une propriété de la matière organique ; dans la seconde il faut placer les théories dans lesquelles on regarde les virus comme des individualités propres, comme des agents particuliers, spécifiques. Dans cette dernière catégorie on peut établir deux sous-catégories : une première comprenant les théories dans lesquelles les virus sont regardés comme des agents liquides, des ferments liquides ou dissous ; et une seconde comprenant les théories les plus importantes à coup sûr, celles dans lesquelles on considère les virus comme formés de corpuscules figurés. Dans les théories du premier groupe on n'admet pas qu'il existe des virus isolables ; dans celles des autres groupes on admet l'existence de virus isolables, en dissolution ou en suspension dans les liquides organiques.

THÉORIE DE LA MATIÈRE DEVENUE VIRULENTE

A propos de cette théorie, il nous faut citer deux noms bien connus en médecine humaine, celui de Dubois d'Amiens et celui de M. Robin. Le premier considérait la virulence comme résultant d'un simple changement de proportion survenu dans les éléments des humeurs. D'après cette définition, on comprend que l'auteur n'admettait pas l'existence d'un agent virulent propre, isolable, puisqu'il faisait consister la virulence dans un simple changement de proportion, de quantité, de nombre, survenu dans les éléments des liquides organiques. Cette théorie est fausse, cela est clair, car aucun fait d'expérimentation ne vient l'étayer. En effet, on sait que certaines maladies contagieuses ne produisent que des troubles inappréciables dans l'organisme ; ainsi on n'a jamais constaté de changements de proportion dans les éléments des humeurs, quand il s'agit de la vaccine, du horsepox ; et d'ailleurs on constate des changements de proportion dans bien des maladies qui ne sont nullement virulentes. La théorie de Dubois d'Amiens n'a donc qu'un intérêt historique.

M. Robin, pour édifier sa théorie de la virulence, s'est appuyé sur la connaissance d'un fait chimique qui a rapport aux corps isomériques. Par modification isomérique, on entend une modification qui, survenant dans un corps, change ses propriétés sans altérer sa composition. M. Robin a appliqué cette notion à la pathologie des maladies contagieuses et y a cherché l'explication de l'action des virus. Sa théorie est très simple ; il reconnaît qu'il y a des maladies virulentes contagieuses qui se transmettent par l'intermédiaire d'une matière virulente, et pour lui la virulence est due à une altération, à une modification isomérique (par conséquent non appréciable) des tissus et des humeurs, modification telle, que ces substances ont acquis la propriété de transmettre à toute autre substance organisée et saine un état analogue au leur. Cette théorie rend très bien compte de la transmission des maladies contagieuses, puisque d'après l'auteur, ces affections sont le résultat du passage d'un sujet malade à un sujet sain de cette matière modifiée isomériquement, et celle-ci jouit de la propriété de communiquer à toute autre matière organisée la même modification isomérique. Comme on le voit, pour M. Robin il n'y a pas de virus, puisque la virulence est le résultat d'une modification pathologique isomérique des humeurs ; quand une maladie virulente se développe, il y a modification de la propriété des liquides ou des solides, mais leur structure ne change pas. Donc, la modification qui constitue la virulence n'est pas appréciable au point de vue physico-chimique ni au point de vue anatomique. La substance modifiée, et devenue virulente, peut être entraînée avec l'air expiré ou avec les produits de la perspiration cutanée ou avec les excrétions qui s'échappent de l'organisme malade. Or l'air expiré ou les émanations qui s'échappent de la peau, renferment toujours une grande proportion de vapeur d'eau qui entraine la matière virulente ; et si cet air, qui entoure les malades, est inhalé par des animaux sains, il peut leur communiquer la maladie. Tout s'explique donc par cette théorie.

M. Robin admet, bien entendu, que la modification n'est pas la même pour toutes les maladies contagieuses ; dans chacune d'elles il y a une modification isomérique particulière ; mais la modification, quelle qu'elle soit, ne peut être constatée autrement que par l'inoculation, car elle porte exclusivement sur les propriétés. La matière devenue virulente n'ajoute rien à l'organisme dans lequel on l'introduit (nous avons admis le contraire dans la définition que nous avons donnée des maladies contagieuses) ; elle agit en vertu de sa présence, par sa présence, comme certains corps, elle ne se multiplie pas (n'ajoute rien de nouveau à l'organisme), et cependant elle fait apparaître au bout de quelque temps la maladie contagieuse chez l'animal contaminé ; elle agit alors en provoquant de proche en proche, dans les tissus et les humeurs, cette modification analogue à celle qu'elle a éprouvée elle-même. De cette façon on explique aisément tout, les modes de contagion, le mécanisme de la contagion et la période d'incubation.

En résumé, pour M. Robin, il n'y a pas de virus proprement dit, il existe tout simplement de la matière devenue virulente, des substances organiques altérées, des états virulents variables suivant les maladies, états qui résultent d'une simple modification isomérique, qui sont transmissibles de l'individu malade à l'individu sain par l'intermédiaire de sa matière devenue virulente.

La théorie que nous venons d'exposer, quoique très spécieuse, est absolument erronée, car aucun fait d'observation ne prouve en sa faveur, non plus qu'en faveur de celle de Dubois d'Amiens. Les faits expérimentaux observés prouvent au contraire tous contre elle. Dans toutes les humeurs virulentes bien étudiées, on a pu isoler du véhicule et des divers éléments figurés qu'il contient certaines particules (spores, bactériens, granulations), qui reproduisent seules la maladie quand on les inocule ; ce sont ces éléments qui possèdent seuls la virulence, car les autres éléments du véhicule sont inoffensifs. Nous arrivons donc à l'étude des virus considérés comme des agents propres.

THÉORIE DES VIRUS SOLUBLES

Ces théories ne sont pas nombreuses; nous devons, à leur propos, citer les noms de Piorry, de MM. H. Bouley et P. Bert.

Il est bon de rappeler que certains auteurs, avant les importantes découvertes de M. Pasteur, et même encore actuellement, admettent que les fermentations se produisent, dans certains cas, sous l'influence de véritables ferments solubles; d'un autre côté, si on examine ce qui se passe dans l'organisme, si on considère les modifications que provoquent les diastases, on comprendra sans peine que certains médecins, marchant encore sur les traces des chimistes, aient songé à expliquer la virulence en admettant l'existence d'un ferment soluble dissous dans les matières virulentes.

Piorry soutenait que les maladies contagieuses se transmettent au moyen d'un principe toxique en dissolution dans les humeurs.

Rappelons ce que nous avons dit à propos de la spontanéité des maladies virulentes; M. H. Bouley croit encore au développement spontané de la morve; mais il croit aussi que cette maladie, développée sous l'influence d'un travail épuisant et d'un défaut de nourriture, peut ensuite se transmettre; donc il admet la formation d'emblée d'un virus, d'un contage, puisqu'il admet la naissance spontanée d'une maladie qui est ensuite transmissible, et nous savons que pour expliquer sa thèse, il part de certaines idées physiologiques très justes. Quand un muscle se fatigue, il brûle ses matériaux en plus grande quantité; il désassimile plus abondamment, et les matériaux de désassimilation qui sont versés dans le sang sont des produits irritants, toxiques. Sous l'influence d'un travail exagéré, l'animal peut quelquefois ne pas excréter totalement les produits de désassimilation qui sont dans l'organisme, et ces produits empoisonnent le système nerveux; il peut en résulter une maladie générale, une maladie par altération du sang, par asphyxie progressive, mais personne n'avait eu l'idée de croire que ces modifications chimiques fussent capables de produire ou de devenir le germe d'une maladie contagieuse. M. H. Bouley se demande si ces produits de désassimilation n'agiraient pas comme des ferments, et il a de la tendance à l'admettre. Il pense qu'ils agissent en véritables ferments; il ne le dit pas très positivement, mais il est facile de le déduire de l'exposé de ses idées ; il est donc à cet endroit partisan de la théorie des virus solubles, des contages dissous.

Avec M. P. Bert, on arrive un moment à une étape plus avancée dans cette question des virus solubles. Ce physiologiste, après avoir fait des études très intéressantes sur l'influence de l'oxygène à haute tension, avait reconnu que ce gaz comprimé, amené à la pression de plusieurs atmosphères, jouit de la propriété de tuer tous les êtres vivants, tous les éléments anatomiques, que ces éléments soient disposés, arrangés en tissus ou qu'ils soient en suspension dans un liquide, et d'arrêter les fermentations déterminées par un être vivant. Ainsi il tue les leucocytes, les globules rouges du sang, les cellules embryonnaires, qui constituent un tissu dans l'organisme, etc.

Mais cet agent amené à une haute tension, qui a une influence fatale sur les éléments organisés, ne produit pas le même effet sur les diastases, sur les ferments solubles, ni sur les venins (celui du scorpion, par exemple).

M. P. Bert, partant de cette découverte, avait cru voir dans l'oxygène employé à haute tension, un moyen très sûr d'investigation physiologique. Il appliqua ce moyen à l'étude des virus, et il soumit à l'influence de l'oxygène comprimé le virus vaccinal, le virus morveux et le virus charbonneux qui, tous trois, conservèrent leur activité et ne perdirent aucune de leurs propriétés.

L'auteur en conclut que les virus de ces maladies étaient des virus solubles, des virus dissous, des diastases, car disait-il, l'oxygène à haute tension jouit de la propriété de tuer tous les êtres organisés, et puisqu'il n'a tué aucun des trois contages soumis à l'expérience, c'est que ceux-ci doivent leur action à un agent diastasique, sur lequel l'oxygène comprimé est sans action, comme il est sans action sur le venin du scorpion et sur les diastases en général.

La communication de ces expériences fut faite en 1877 à la Société de biologie et à l'Académie des sciences. Cette conclusion souleva des objections ; on pouvait se demander si les matières virulentes qui avaient été soumises à l'action de l'oxygène comprimé, et qui avaient conservé leur virulence, ne renfermaient pas des germes de nature végétale, et si elles ne devaient pas leur pouvoir de résistance et conséquemment leur virulence à la présence de ces germes. Cette objection fut faite de suite, avec d'autant plus de raison et d'à-propos, qu'au même moment on s'occupait beaucoup, notamment en Allemagne, de la maladie charbonneuse; on venait de reconnaître que les germes du charbon, dans quelques cas, quand ils sont sous forme de spores, jouissent d'une vitalité très prononcée, qui leur permet quelquefois de résister à une température de 130° ou 140°. Et d'ailleurs M. Chauveau n'avait-il pas démontré que la virulence de la morve et de la vaccine ne tient pas à la partie liquide de la matière inoculable.

La démonstration ne se fit pas attendre pour le virus charbonneux; M. Pasteur, qui avait commencé ses études sur les cultures charbonneuses, avait à son tour remarqué qu'à un certain moment la bactéridie charbonneuse se transforme en spores, et il avait constaté que ces spores jouissent d'un grand pouvoir de résistance. Alors il répéta l'expérience de M. P. Bert, il soumit à l'influence de l'oxygène comprimé du virus charbonneux, qui ne renfermait que des spores, que des granulations brillantes; et ce virus, qui doit son action aux spores, résista, ne perdit pas sa virulence, donc l'oxygène comprimé ne tue pas les spores des bactériens: M. P. Bert a été obligé de rayer de sa liste la maladie charbonneuse, il s'est rendu à la démonstration de M. Pasteur. Il n'en reste pas moins établi que le virus vaccinal et le virus morveux résistent à l'oxygène comprimé, et cela fait concevoir des doutes sur la validité de la conclusion de M. Chauveau, qui croit que, dans les deux cas dont il s'agit, l'agent virulent consiste en granulations anatomiques. On se demande en effet si ces granulations résisteraient à l'oxygène comprimé, et dans le cas où elles résisteraient, on se demande alors si ce sont bien des granulations anatomiques, s'il ne s'agit pas là, comme dans le cas du charbon, de spores de bactérien. Des auteurs allemands ont cru voir d'ailleurs dans la lymphe morveuse des spores auxquelles ils ont attribué la virulence.

THÉORIE DES VIRUS FIGURÉS

Il y a à étudier dans cette catégorie deux théories très importantes, les plus importantes de toutes; car elles sont basées sur des faits bien observés et des expériences bien conduites. Ces deux théories sont celles dans lesquelles on démontre que l'agent virulent est une granulation anatomique ou un organisme, un parasite.

THÉORIE DES GRANULATIONS VIRULENTES

Henle avait déjà émis cette idée, que les humeurs virulentes, que les différents produits virulents doivent leur activité à la présence de certaines granulations moléculaires, de certaines particules organiques. Mais c'est M. Chauveau qui est le véritable auteur de la théorie des granulations virulentes. Le travail dans lequel il a développé sa théorie est intitulée : *De la cause intime de la virulence.*

Parmi les maladies contagieuses, M. Chauveau reconnaît des maladies parasitaires, des maladies septiques ou septicoïdes et des maladies virulentes. Les maladies parasitaires sont celles dues aux helminthes, aux acariens, aux champignons. Les maladies septiques ou septicoïdes sont celles que nous avons désignées sous le nom de maladies infectieuses, et qui sont dues à des vibrions, à des bactériens ; enfin les maladies virulentes sont les maladies contagieuses ou transmissibles, dont le contage n'est pas un parasite, qui n'ont pas le parasitisme pour cause. Cependant l'agent qui produit la maladie septique et celui qui produit la maladie virulente ont une grande analogie d'action, et M. Chauveau reconnaît que le domaine des maladies virulentes, des maladies, qui n'ont pas le parasitisme pour cause, est mal déterminé.

Ses recherches ont plus particulièrement porté sur les humeurs virulentes de certaines maladies et surtout sur le virus vaccin, sur le virus claveleux, sur le virus varioleux, sur le virus morveux, sur le virus phthisique et aussi sur le pus ordinaire. Dans ses études, qui avaient pour but d'arriver à la détermination de l'agent virulent, c'est-à-dire de la cause intime de la virulence, M. Chauveau a cherché d'abord une méthode scientifique sûre. Plusieurs méthodes qui avaient déjà été employées se présentaient à son esprit.

C'était d'abord le procédé de la filtration placentaire employé avec le plus grand profit dans l'étude de la cause du charbon. M. Davaine avait inoculé le charbon à des femelles pleines, qui avaient contracté la maladie et qui avaient succombé en peu de temps ; et c'est alors qu'en faisant l'autopsie et en soumettant à l'examen microscopique le sang de la mère et le sang des fœtus, il constata la présence des bactéridies qui engendrent la maladie dans le premier, tandis qu'elles faisaient absolument défaut dans celui des fœtus. Il y avait eu par conséquent une véritable filtration à travers le placenta, c'est-à-dire arrêt des bactéridies par le placenta ; et en effet, en inoculant comparativement le sang de la mère et le sang des fœtus, il obtenait le charbon dans le premier cas et n'obtenait rien dans le second. Cette méthode, quoique satisfaisante en ce qui touche à la détermination du rôle de la bactéridie charbonneuse, manque de précision ; elle est bonne pour le charbon, car les bactéridies adultes offrent un certain volume et peuvent être arrêtées en traversant les vaisseaux du placenta ; mais des agents virulents plus ténus peuvent le traverser, et d'ailleurs les bactéridies ne sont pas les seuls éléments arrêtés au passage, car certains autres (cellules, etc.) peuvent l'être pareillement. Le placenta peut donc ne laisser passer que la partie liquide du sang ou tout au moins arrêter plusieurs éléments divers ou même laisser passer des éléments d'une ténuité extrême. C'est ce qui a lieu, et c'est le motif pour lequel M. Chauveau n'a pas employé cette méthode ; parmi les éléments arrêtés il pourrait s'en trouver de virulents. La méthode n'était donc pas assez sûre.

Fallait-il employer le procédé par simple décantation auquel on avait déjà eu recours ! Quand on laisse en repos un liquide tel que le jetage morveux, le pus de la gourme, la lymphe vaccinale, etc., les parties solides se précipitent au fond, et en prenant du liquide à la surface, on obtient un produit à peu près complètement privé de particules solides. Cette méthode pouvait donc être employée à la rigueur, mais elle n'est pas assez sûre, car si le plus grand nombre des éléments figurés se précipitent dans la couche inférieure, il peut arriver que certaines particules restent encore en suspension dans la partie supérieure.

Ces deux méthodes ayant été rejetées comme manquant de précision, M. Chauveau s'est arrêté à une autre méthode déjà employée par un physiologiste italien, l'abbé Spallanzani.

Rappelons d'abord que tout liquide virulent se compose de deux parties distinctes, d'une partie liquide et d'une partie figurée. La partie figurée n'est pas homogène, et à son tour elle est formée de plusieurs éléments disparates, de cellules entières, de globules, de granulations de diverses natures, et quelquefois de bactériens ou de germes de bactériens. Il fallait donc, pour arriver à déterminer quel est l'agent qui jouit de la propriété de transmettre la maladie, premièrement s'assurer si cette propriété appartient au liquide ou aux éléments figurés ; il fallait séparer la partie liquide de la partie figurée et essayer comparativement par l'inoculation chacune d'elles. On constate ainsi que la partie figurée est seule virulente. Or cette partie figurée est formée d'éléments divers, et il fallait déterminer quel est parmi ces éléments divers celui qui jouit de la virulence; il fallait en outre déterminer la nature et le mode de formation de l'agent reconnu virulent. Telles sont les questions que M. Chauveau s'est posées et qu'il a résolues jusqu'à un certain point.

Spallanzani en étudiant le sperme, pour arriver à la détermination de la partie qui jouit de la propriété fécondante, eut recours à deux procédés, à la dilution au moyen d'un liquide neutre tel que l'eau, et à la filtration. Il dilua la matière séminale dans l'eau, en se faisant ce raisonnement : dans cette semence qui peut féconder des œufs, la propriété fécondante appartient à la partie liquide ou à la partie figurée ; si, en ajoutant de l'eau, je n'enlève le pouvoir fécondant qu'à certaines parties de la masse, j'en concluerai que cette propriété appartient à la partie figurée, car si elle appartenait à la partie liquide, la dilution pourrait l'affaiblir graduellement et même la faire disparaître, mais alors toutes les parties de la masse seraient stériles. Or cela n'a pas lieu ainsi, attendu qu'après la dilution on trouve dans la masse des gouttelettes actives et des gouttelettes inactives. Ce fait prouve donc que la propriété fécondante appartient à certaines parties solides que la dilution a plus ou moins éloignées.

Après cette expérience, Spallanzani filtra du sperme et il essaya de produire la fécondation, d'un côté avec la partie liquide et de l'autre avec la partie figurée ; il ne l'obtint que dans le second cas. Ces deux procédés, la dilution et la filtration, ont été employés par M. Chauveau.

Il fallait choisir une matière virulente qui se prêtât bien à l'expérimentation ; il fallait un liquide qui pût, par l'inoculation, donner des accidents locaux et en donner autant qu'il y aurait de points d'inoculation, il fallait un virus tel que celui de la vaccine et celui de la clavelée. M. Chauveau expérimenta donc de préférence sur le vaccin, le dilua dans l'eau et l'inocula ensuite par gouttelettes prises dans la masse à la pointe de la lancette, comparativement avec des gouttelettes de virus non dilué. Il obtint les résultats suivants : quand le virus est dilué dans 2, 3, 4 à 15 fois son poids d'eau, il ne perd pas ses propriétés, c'est-à-dire que toutes les gouttelettes qu'on puise dans la masse sont à peu près actives, presque toutes donnent des pustules ; au contraire, quand le virus a été dilué au delà de 50 fois son poids d'eau, on rencontre beaucoup de gouttelettes inactives, beaucoup de piqûres ne donnent rien ; et si la dilution a été poussée au 150e, on obtient à peine une réussite sur dix inoculations. Les mêmes expériences ont été faites et les mêmes résultats ont été obtenus avec les virus claveleux, varioleux et morveux dilués dans l'eau. Donc les liquides virulents cessent d'être homogènes quand on les dilue progressivement ; des gouttelettes puisées dans leur masse ne sont pas toutes actives ; ils se comportent comme si leur activité était due à des molécules dispersées et d'autant plus éparses que la dilution est plus étendue. Les résultats obtenus ne peuvent s'expliquer qu'en admettant que les gouttelettes sont actives ou inactives, suivant qu'elles ont entraîné une ou plusieurs particules solides, ou selon qu'elles n'en contiennent pas. Il faut donc admettre que les matières virulentes doivent leurs propriétés à des éléments figurés et non à des éléments dissous ; car si la virulence était due à des éléments solubles, elle serait répandue partout, ou n'existerait dans aucune portion de la masse diluée.

Pour compléter cette démonstration, M. Chauveau a eu recours à la filtration, non pas à la filtration ordinaire, mais à un autre procédé pour isoler les parties liquides des parties figurées. La filtration ordinaire, pour séparer les parties liquides des particules solides d'une humeur virulente, ne donne pas des résultats bien clairs ; il arrive en effet que les parties liquides passent à travers le filtre en entraînant avec elles certaines particules solides, ainsi que l'examen microscopique permet de le constater ; ce moyen devait donc être rejeté. M. Chauveau a appliqué à la séparation des parties d'une humeur virulente les lois de la diffusion.

Toute substance soluble dans l'eau est apte à la diffusion ; quand on superpose des liquides miscibles, il arrive un moment où ils se sont mélangés sans qu'on les agite. M. Chauveau, après avoir placé dans un récipient l'humeur virulente qu'il voulait étudier, le virus vaccin, par exemple, a ajouté peu à peu, avec précaution, de l'eau, en la faisant glisser sur la paroi du vase pour ne pas troubler le liquide déjà mis au fond ; et après avoir ainsi ajouté une légère couche d'eau, il a laissé le tout en repos pendant vingt-quatre heures. Au bout de ce temps, il y avait eu diffusion, mélange, car, si avec une pipette on puisait une gouttelette à la surface, et si on la traitait avec les réactifs chimiques, on y constatait la présence de substances albuminoïdes. Une gouttelette de la partie supérieure, examinée au microscope, ne laissait pas voir de particules solides, elle n'en contenait pas ; la partie liquide seule avait donc diffusé; aussi ce liquide supérieur inoculé ne donnait aucun résultat. Une goutte prise dans la couche moyenne, intermédiaire, contenait parfois des particules solides, quelques granulations, et, par l'inoculation, on réussissait souvent à transmettre la maladie. Or cette couche moyenne représentait à peu près le liquide dilué dont nous avons parlé plus haut, quelques gouttelettes étaient actives, les autres étaient inactives; les premières renfermaient des particules solides, les secondes n'en renfermaient pas. Mais quand on puisait dans les couches inférieures, où il y avait des éléments figurés en abondance, toutes les gouttelettes se montraient actives.

Ces expériences démontrent d'une façon péremptoire que la virulence appartient aux éléments figurés et non aux liquides.

Une objection aurait pu être élevée contre cette conclusion : peut-être, aurait-on pu dire, la virulence vient d'une sorte d'amalgame entre les parties solides et les parties liquides, peut-être les particules figurées, tant qu'elles restent en présence du liquide, peuvent se montrer actives à cause de cet assemblage et rien qu'à cause de lui.

Il importait donc de séparer exactement par un autre procédé les particules solides de la partie liquide. Cette objection n'a pas beaucoup de valeur, mais l'auteur de la théorie des granulations virulentes a cherché à y répondre. Il a donc isolé les parties solides et les a lavées dans plusieurs eaux, afin d'entraîner toute trace de la partie liquide. Il a opéré principalement sur le virus morveux, qui est facile à manier, qui est abondant et qui renferme beaucoup d'éléments figurés; il a fait un mélange d'eau et de pus morveux, il a laissé ce mélange au repos pendant une heure ou deux et il a décanté. Il a ainsi obtenu une partie solide et une partie liquide, il a jeté la première et il a gardé la seconde. Celle-ci renfermait encore beaucoup d'éléments figurés, et ce sont ces éléments qu'il a essayé d'obtenir à l'état de pureté. Pour cela il a filtré le liquide et il n'a gardé que les éléments retenus sur le filtre. Il a lavé ces éléments à plusieurs eaux et a soumis les mélanges à plusieurs filtrations et à plusieurs décantations successives. Il est enfin arrivé à avoir un produit solide à peu près pur, lorsque l'eau de la dernière filtration et de la dernière décantation était inactive. Ce produit, composé de cellules et de granulations, a toujours été actif.

Il était donc bien démontré, après cela, que la virulence était due, non à la partie liquide, non à la réunion de la partie liquide et de la partie solide, mais seulement à cette dernière.

Il fallait alors déterminer, parmi les éléments figurés, ceux qui jouissent de la virulence.

Quand on examine les humeurs virulentes, on reconnaît qu'il y existe constamment certains éléments : ce sont des cellules, des globules de pus, des granulations moléculaires. On y rencontre encore autre chose, des éléments parasitaires, des vibrioniens, des bactériens ; mais ceux-ci ne sont pas constants. Il y a donc déjà dans ce fait observé une partie de la réponse à la question : *Quels sont les éléments virulents ?*

On peut en effet éliminer les éléments qui ne sont pas constants ; car l'humeur étant supposée virulente, sa virulence ne saurait être due à des éléments qu'elle peut ne pas contenir. L'élément virulent doit être cherché parmi les éléments constants, cellules ou granulations moléculaires.

Chemin faisant, M. Chauveau, avant d'arriver à la détermination de l'élément virulifère, tient à réfuter une idée déjà émise à cette époque, qui attribuait la virulence aux vibrions, aux bactériens.

Deux professeurs, MM. Coze et Feltz, avaient constaté plusieurs fois la présence de vibrioniens, de bactériens dans les humeurs et dans le sang des malades atteints de variole maligne, et ils leur avaient attribué la virulence. Ils avaient inoculé la matière de ces malades à des lapins ; les lapins étaient morts, et leur sang étant virulent, donnant la maladie à d'autres lapins, ces auteurs avaient affirmé que la virulence dans la variole tenait à la présence de bactériens. Ils s'étaient trompés, car la variole de l'homme n'est pas transmissible au lapin, et du moment qu'en inoculant à cet animal du sang varioleux, ils avaient eu une maladie transmissible, ce ne pouvait être qu'une maladie septique. Et en effet, la maladie inoculée à ces lapins ne reproduisait pas la variole chez le cheval, ni chez le bœuf, qui cependant présentent un terrain favorable au développement de cette maladie.

Ce n'était donc pas la variole que les lapins avaient contractée, mais bien la septicémie ; le sang des malades renfermait des germes septiques. Il s'agissait d'un cas de variole compliqué de septicémie. On sait en effet que les maladies virulentes, comme les maladies ordinaires, peuvent se compliquer assez souvent de septicémie.

Il faut donc chercher l'élément viruligène parmi les éléments constants, les cellules et les granulations moléculaires.

M. Chauveau assure que la virulence réside plus particulièrement dans les granulations moléculaires, comme la propriété irritante et phlogogène du pus réside aussi dans les granulations. Mais la virulence peut en outre résider dans les cellules, car celles-ci peuvent renfermer une ou plusieurs granulations au milieu de leur protoplasma. Le siège de la virulence est donc dans les granulations et dans les cellules qui renferment des granulations dans leur protoplasma.

Rappelons ce que nous avons vu à propos de l'expérience sur le liquide vaccinal mélangé par diffusion avec l'eau ; les gouttelettes supérieures non virulentes ne renfermaient pas de granulations moléculaires ; les gouttelettes de la couche intermédiaire, qui étaient parfois virulentes, ne contenaient que des granulations et jamais des cellules entières.

C'est donc la granulation moléculaire qui est l'agent virulifère. D'ailleurs quand on mélange du pus morveux avec de l'eau en grande quantité et qu'on laisse le mélange au repos, si après quelques heures on examine une gouttelette de la partie supérieure au microscope, on ne voit que du liquide et quelques granulations moléculaires qui y sont flottantes, mais pas de cellules, qui sont des corps plus volumineux, plus lourds et tombent au fond ; la gouttelette est cependant virulente et donne la morve. La démonstration est ainsi bien suffisante ; on sait où réside la virulence.

Le germe est trouvé ; comment se régénère-t-il, comment se multiplie-t-il ? Quelle est sa nature ?

M. Chauveau s'est occupé de ces deux points, mais il n'est peut-être pas arrivé à la vérité absolue. Il a étudié le travail inflammatoire qui se passe dans une pustule de clavelée à sa période d'éruption. La pustule claveleuse consiste d'abord en une simple ecchymose qui se montre à la surface de la peau. Primitivement, c'est donc une simple tache ecchymotique qui se surélève, qui grossit, qui devient une papule ; il y a irritation et congestion de la partie supérieure du derme. Plus tard la congestion s'étend, gagne toute l'épaisseur du derme et même le tissu conjonctif sous cutané ; alors on trouve dans le derme et dans le tissu conjonctif une infiltration qui a suivi la congestion. Si on étudie la papule, quand la congestion est encore superficielle, si on enlève cette papule, si on la lave bien avec une eau très pure ou avec un liquide organique, tel que le liquide céphalo-rachidien ou le liquide amniotique qui ne renferme pas d'éléments figurés, si on excise ensuite une parcelle du tissu de la papule et qu'après l'avoir placée entre deux lames de verre avec une gouttelette du liquide indiqué, on la porte sous le microscope, on observe tous les caractères d'une véritable inflammation ; on constate une prolifération cellulaire qui s'est effectuée aux dépens des cellules plasmatiques ; au pourtour de chaque vaisseau on voit une gaine d'éléments embryonnaires, qui se sont accumulés là par diapédèse ou par une multiplication exagérée des cellules préexistantes ; mais nulle part on ne voit de granulations moléculaires libres, ou bien on n'en voit que très peu, et encore celles qu'on voit viennent des cellules qu'on a déchirées en faisant la préparation.

Il semble donc que les granulations ne se forment pas comme les cellules, qu'une granulation n'en donne pas une autre ; il ne s'en forme pas hors des cellules, elles se forment dans le protoplasma des cellules et elles y restent ; ou plus tard, quand les cellules embryonnaires se transforment ou se détruisent, elles deviennent libres, et elles conservent encore la virulence qu'elles possédaient lorsqu'elles étaient enfermées dans les cellules où elles avaient pris naissance.

Cette question mériterait d'être approfondie davantage ; ce qu'en a dit M. Chauveau ne satisfait pas absolument et ne démontre pas clairement comment se forment les granulations.

M. Chauveau prétend aussi, et avec raison, que parmi les granulations moléculaires qu'on trouve dans les humeurs virulentes, il en est d'actives et d'inactives. Mais il ajoute qu'il n'y a aucun moyen de les distinguer ; il faudrait pouvoir les isoler et les inoculer séparément, or cela est impossible. Pour émettre cette idée, il s'appuie sur ce fait connu : que chez certains malades, il existe parfois des lésions morbides non virulentes à côté d'autres qui le sont. On peut en effet chez un cheval morveux rencontrer tels foyers purulents qui n'ont pas de virus, tandis que beaucoup d'autres foyers en renferment. Il y a plus, dans la même lésion il peut se faire que toutes les parties ne renferment pas le virus ; ainsi on peut rencontrer telles lésions qui renferment du virus à leur centre et n'en renferment pas à leur circonférence ou inversément, et dans ce dernier cas, ce sont des lésions dans lesquelles il y a eu dégénérescence ou mortification d'une partie plus ou moins étendue.

Avant de se prononcer sur la nature des granulations virulentes, l'auteur tient à réfuter des idées qui ont cours en Allemagne et aussi en France.

Beaucoup d'auteurs et d'expérimentateurs croient déjà que la virulence est due à des bactériens, à des micrococques ou corpuscules-germes, et certains avancent que les granulations virulentes ne sont autre chose que des corpuscules-germes.

M. Chauveau n'admet pas cette manière de voir et il en donne des raisons. Il prétend que les granulations qu'il a observées ne sont pas des corps animés, il repousse l'idée qui veut en faire des germes et il se prononce catégoriquement en sens contraire. Pour lui, les granulations virulentes sont des granulations anatomiques non animées, analogues entre elles, et avec celles de l'inflammation, différant seulement par leurs propriétés et procédant de la même source. Il croit donc que les granulations virulentes sont des éléments anatomiques et inanimés, mais il ajoute que, quoique non douées de la vie, elles agissent à la façon des bactériens. Voici comment il explique leur action. Ces granulations se forment dans le protoplasma, leur origine et leur mode de développement s'expliquent, dit-il, par les propriétés spécifiques qu'acquiert le protoplasma des éléments, qui naissent et se développent au contact d'un germe virulent déjà doué de ces mêmes propriétés spécifiques. Les granulations virulentes introduites dans l'organisme impriment des modifications au plasma des cellules, qui peuvent alors donner naissance à d'autres granulations analogues à celles qui ont provoqué leur formation.

Mais tout cela n'explique pas le mode d'action de la granulation virulente, et il y aurait lieu de se demander si cette granulation passe dans les cellules, si elle devient un centre d'attraction, si elle ne se comporte pas comme un cystoblastion, comme un germe de cellule, si elle ne peut pas devenir une cellule virulente, qui plus tard se résoudra en granulations virulentes.

Comment concevoir que les granulations virulentes du vaccin et de l'humeur morveuse conservent leur propriété après avoir été soumises à l'action de l'oxygène comprimé? Nous savons que M. P. Bert a reconnu que le venin du scorpion, que les diastases ne perdent pas leurs propriétés sous l'influence de l'oxygène comprimé, mais que les éléments figurés de nature animale perdent leur vitalité. Il y a donc lieu de se demander, puisque la virulence réside dans des granulations, si ces granulations ne sont pas de véritables microcoques, car nous verrons plus loin que les microcoques résistent à l'oxygène comprimé.

D'un autre côté, il est démontré que la plupart des maladies contagieuses et notamment la morve peuvent se transmettre par les voies digestives, le virus n'est donc pas détruit par les sucs digestifs; en serait-il bien ainsi dans les cas où les granulations virulentes seraient de simples granulations anatomiques?

Enfin pour compléter la théorie des granulations virulentes, il reste à dire un mot sur la propriété qu'ont les virus de se répandre dans l'air. Il est un fait certain, c'est que l'air de l'habitation où sont logés un ou plusieurs malades, un ou plusieurs moutons claveleux, par exemple, peut être dangereux pour d'autres animaux sains; cet air peut leur transmettre la maladie.

Si les agents virulifères étaient liquides, il n'y aurait rien d'étonnant dans ce fait, car ils se volatiseraient et se mêleraient à la vapeur d'eau que rejette la respiration. Mais les virus consistent en des matières solides; comment sont-ils dans l'air? Les granulations virulentes sont très petites et peuvent rester en suspension dans l'air pendant un temps plus ou moins long. En vertu de leur poids spécifique, elles tendent à se déposer; par conséquent un air virulent aujourd'hui ne le serait plus dans quelques jours, peut-être dans quelques heures; car les granulations se seraient déposées ou au moins ne se trouveraient plus que dans les parties inférieures.

Ce n'est que pour certaines maladies qu'on constate la virulence dans l'air, c'est principalement quand il s'agit de maladies où il y a des lésions sur la muqueuse respiratoire. Alors l'air, qui passe constamment sur la muqueuse des bronches, de la trachée, du larynx, peut entraîner un plus ou moins grand nombre de granulations virulentes. Ce sont donc les malades qui, en fournissant des corpuscules virulents, infectent l'air; et cet air, s'il est inspiré par des sujets sains, peut leur donner la même maladie.

THÉORIES DU PARASITISME VIRULENT

Les théories du parasitisme sont celles dans lesquelles l'agent virulent est considéré comme étant de nature essentiellement parasitaire.

La doctrine parasitaire, attribuant les maladies contagieuses à des parasites animaux ou végétaux, est très ancienne. Elle était déjà admise par Varro et Columelle; mais à cette époque elle n'avait pas de base sûre, elle était le résultat d'une sorte d'intuition. Elle n'en fut pas moins admise par un certain nombre d'esprits, surtout après la découverte des spermatozoaires en 1677 par Leeuwenhoeck, et encore plus après la découverte des parasites de la gale. Parmi ses partisans, on peut citer Lancisi, Vallisnéri, Réaumur, Linné, etc.

M. Plasse de Niort a, dans le commencement de notre siècle, après une longue observation de 1825 à 1849, essayé de se rendre compte de la cause et du mode de genèse des maladies contagieuses ; et il en est arrivé à attribuer le développement du plus grand nombre de ces maladies à l'introduction d'un cryptogame, d'un champignon, dans l'organisme sain ; il a émis et soutenu une théorie parasitaire cryptogamique. Il a divisé les maladies contagieuses en deux grandes catégories. Dans une catégorie, il a rangé la rage et une forme de la maladie charbonneuse, car pour lui ces deux maladies qui sont bien virulentes, à contage inoculable, qui jouissent de la propriété de se transmettre, ne doivent pas leur développement à l'introduction d'un cryptogame dans l'organisme ; pour lui donc, ces deux maladies font exception à la règle générale et doivent toujours leur développement à un contage, à un virus non figuré. Dans la seconde catégorie, l'auteur de la théorie cryptogamique a compris toutes les autres maladies contagieuses, telles que la fièvre typhoïde de l'homme et du cheval, le charbon, la morve et le farcin, le crapaud, la fièvre aphtheuse, le typhus et la péripneumonie des grands ruminants, la variole de l'homme, etc.

M. Plasse croit donc que les maladies contagieuses sont la conséquence de l'introduction dans l'organisme de certains champignons, qui sont ingérés soit avec les aliments, soit avec les boissons, mais principalement avec les fourrages. D'après ses observations nombreuses, il est arrivé à se convaincre que certaines maladies contagieuses, et notamment le charbon, n'apparaissent en général et le plus ordinairement, qu'à la suite d'ingestion de certains fourrages moisis. Aussi s'est-il trouvé tout naturellement porté à admettre que la cause efficiente de la maladie ne peut être autre que le champignon de la moisissure ainsi introduit dans l'organisme. Il a généralisé sa conclusion et l'a ainsi étendue à un bon nombre de maladies.

Cette théorie, qui semble le résultat direct de l'observation, a été assurément généralisée outre mesure ; elle n'est d'ailleurs nullement fondée, il lui manque les données indispensables que doivent fournir en pareilles circonstances la micrographie et l'expérimentation physiologique. M. Plasse a formulé une idée, mais il ne l'a pas démontrée : il aurait fallu étudier au point de vue micrographique les matières virulentes, l'agent virulent, et de plus, il aurait fallu recourir à l'expérimentation, il aurait fallu inoculer cet agent virulent, ce cryptogame isolé à un animal sain, afin d'essayer de reproduire une maladie semblable à celle du sujet qui avait fourni la semence. Ces deux conditions manquant, il en est résulté que la théorie cryptogamique a été reléguée au rang des hypothèses. Il y a pourtant dans cette théorie une idée très bonne ; l'auteur admet en effet, que presque toutes les maladies contagieuses sont dues à un parasite végétal, et cette idée à survécu, puisqu'aujourd'hui un grand nombre d'auteurs l'admettent, et elle tend de plus en plus à se généraliser. Dernièrement (1876-77) M. Bonnaud revendiquait en faveur de M. Plasse la priorité au sujet de la théorie du parasitisme virulent en ce qui concerne le charbon notamment ; mais M. Plasse, qui avait formulé cette théorie, ne l'avait pas appuyée par des études micrographiques ou expérimentales démonstratives.

Hallier d'Iéna a soutenu aussi la théorie cryptogamique, il a attribué la genèse des maladies contagieuses à l'introduction de cryptogames dans l'économie, mais il n'est pas parti du même point que M. Plasse ; il est parti de l'étude micrographique des matières virulentes. Après avoir examiné au microscope les humeurs virulentes, ayant cru reconnaître dans la plupart d'entre elles la présence de spores végétales, il s'est demandé si les spores qu'il apercevait n'étaient pas la semence de quelque champignon. Pour vérifier cette conjecture, il a entrepris de les cultiver, il a semé la matière virulente qui présentait des spores dans un milieu approprié, qu'il a cru soustraire efficacement au contact et à l'influence de l'air. Quelque temps après l'ensemencement, il a observé dans le milieu ensemencé une végétation luxuriante, une moisissure abondante, et il a conclu de cette expérience, que les spores observées dans l'humeur virulente ont produit cette végétation de moisissure. Il a été de la sorte amené à attribuer à des spores du champignon de la moisissure le développement des maladies contagieuses ; mais la culture ainsi faite ne prouve rien, elle n'a pas été soigneusement préservée du contact de l'air, qui lui a fourni les germes de la moisissure, et l'auteur a beau considérer les spores qu'il a cru voir dans les humeurs virulentes comme une forme particulière, comme un état particulier, allotropique du champignon de la moisissure, il n'en reste pas moins démontré par l'expérience, qu'il est impossible de donner une maladie virulente en inoculant les spores de la moisissure. On n'a jamais pu, en effet, transformer dans l'organisme les spores de mucédinées en micrococques, en spores virulentes. Hallier a modifié plus tard sa manière de voir, et de même que beaucoup d'autres expérimentateurs, il a considéré, comme des germes de bactériens, comme des microbes, les corpuscules brillants qu'on rencontre dans beaucoup de matières virulentes, il a, en un mot, attribué aux bactériens la genèse des maladies contagieuses.

En Allemagne, Zurn et Cohn ont, comme Hallier, attribué la virulence à la présence, dans les humeurs virulentes, de germes végétaux qu'ils ont appelés *microcoques, micrococus, micrococos, spores ou sporules de bactériens, bacilles.* Ils ont observé ces microcoques dans un grand nombre de maladies, dans la syphilis, dans la variole animale, dans la rougeole, dans la scarlatine, dans la diarrhée épidémique, dans le typhus, dans la vaccine, dans la variole, dans la septicémie, dans la flacherie, dans la morve, etc. Zurn les a rencontrés dans la matière virulente de la morve, où les ont observés aussi à Lyon MM. Christot et Kiéner.

Pour Hallier, Zurn et Cohn, l'agent virulent est donc un microcoque, un germe de bactérien.

Deux professeurs de Nancy, MM. Coze et Feltz, ont soutenu cette manière de voir; ils ont constaté dans le sang des varioleux, des typhiques, des malades de la fièvre scarlatine, de la rougeole, de la septicémie, la présence de bactériens.

A propos de la théorie des granulations moléculaires, nous avons vu déjà que MM. Coze et Feltz croyaient que la variole de l'homme était due à un microcoque; nous savons qu'ils avaient inoculé le sang d'un individu varioleux au lapin, qu'ils avaient provoqué ainsi une maladie mortelle et transmissible, inoculable au moyen du sang à d'autres lapins; mais nous savons aussi qu'ils n'avaient pas transmis la variole au lapin, qui est inapte à la contracter, parce que la maladie ainsi provoquée ne reproduisait pas la variole chez le cheval ou le bœuf. La vérité est que le virus prétendu varioleux, que ces expérimentateurs avaient inoculé, contenait des germes de septicémie; aussi les animaux inoculés mourraient-ils de l'infection septique. Dans le sang des malades de la fièvre typhoïde, de même que dans le sang des septicémiques, l'existence de bactériens a été signalée et considérée comme cause efficiente par MM. Coze et Feltz.

MM. Béchamp et Estor ont attribué la virulence à la présence dans les humeurs virulentes de certains corpuscules qu'ils ont appelés *microzymas* (petits germes, petits ferments). Pour eux, les microzymas, qu'ils ont observés dans les humeurs virulentes, sont des germes animés, et ces germes peuvent, disent-ils, n'être autre chose qu'une forme particulière ou transitoire d'un parasite végétal; ils prétendent que ces microzymas peuvent se transformer en bactériens.

En résumé, un fait précis se dégage des opinions passées en revue, c'est le fait de rencontrer chez tous les auteurs précités l'idée du parasitisme virulent, l'idée du parasitisme végétal.

Mais des recherches plus sérieuses et plus fructueuses ont été faites à une époque encore peu éloignée.

Pollender, Brauel, Delafond avaient constaté dans le sang des animaux charbonneux la présence de certains bâtonnets (bactériens); ils n'avaient pas bien compris la signification de ces bâtonnets et ils avaient considéré leur apparition comme une épiphénomène, comme une conséquence même de la maladie.

En 1853, M. Davaine observait des bâtonnets dans le sang des charbonneux; et dans la suite il affirmait, comme une vérité démontrée, que la maladie charbonneuse est produite par un parasite. Il donnait à ce parasite, au bâtonnet de Delafond, le nom de bactéridie (petite bactérie), pour le distinguer de la bactérie ordinaire qui est mobile, douée de mouvement, tandis que le bâtonnet charbonneux était considéré comme privé de mouvement. Il soutint et démontra que ces bâtonnets sont la seule cause du charbon; il inocula du sang charbonneux, du sang qui contenait des bactéridies, à une femelle pleine, qui contracta le charbon et en mourut; il trouva le sang de la mère riche en bactéridies et virulent, inoculable, tandis que le sang des fœtus, qui ne présentait pas de bactéridies, n'était pas virulent. Il y avait donc eu filtration par le placenta, arrêt des bactéridies, et l'expérience démontrait bien que le charbon était dû aux bâtonnets. Mais il manquait pourtant quelque chose à la démonstration; M. Davaine, qui étudiait les bactéridies, ne connaissait pas leurs différents modes de reproduction. Il croyait qu'elles se reproduisaient toujours par segmentation, tandis qu'aujourd'hui il est démontré que les bactériens, en général, peuvent se reproduire d'une autre façon.

A l'intérieur d'un bâtonnet il peut se former des microcoques, des sporules, qui, une fois mises en liberté, peuvent reproduire la bactéridie adulte. Pour n'avoir pas connu ce mode de reproduction, l'auteur de la théorie bactéridienne vit s'élever un certain nombre d'objections auxquelles il ne pouvait répondre convenablement.

En inoculant (Jaillard et Leplat) du sang charbonneux déjà altéré, dans lequel on ne voyait aucun bâtonnet, on donnait une maladie rapidement mortelle et l'on soutenait que M. Davaine s'était trompé ; celui-ci répondait en distinguant plusieurs maladies charbonneuses, tandis que la réponse devait être tirée de la connaissance exacte de la reproduction de la bactéridie. C'est qu'en effet le sang charbonneux déjà altéré, et qui donnait le charbon sans présenter de bâtonnets, renfermait des micrococques, des sporules qui peuvent reproduire l'individu adulte dans les milieux favorables à leur végétation.

En 1863-1865, M. Pasteur avait reconnu que le ferment butyrique peut, dans certaines circonstances, donner des germes, des sporules qui jouissent d'une ténacité et d'une vitalité bien plus prononcées que les individus adultes. Ce fait était très important, mais M. Davaine n'eut pas l'idée de vérifier si pareil phénomène avait lieu au sujet de la bactéridie charbonneuse. Cette vérification a été faite en Allemagne par Cohn et Koch, qui ont constaté que la bactéridie charbonneuse, non seulement se reproduit par segmentation, mais encore par endogénèse, qu'elle peut, dans certaines conditions, se transformer en granulations brillantes, en corpuscules-germes, en microcoques. Pareille vérification a été faite ensuite en France par MM. Pasteur, Toussaint, etc. Aujourd'hui il est pleinement démontré que le charbon doit son développement à l'introduction, dans un organisme sain, de bactéridies, soit en bâtonnets, soit à l'état de spores, c'est-à-dire sous la forme allongée ou de bactéridies adultes, ou sous forme de sporules, semences, germes, microcoques.

Dans ces dernières années, beaucoup de recherches ont été faites pour déterminer la nature des virus, des agents qui transmettent les maladies contagieuses. M. Pasteur a étudié avec soin, et avec un complet succès, deux maladies des vers à soie, la pébrine et la flacherie. La première est une maladie contagieuse, elle se transmet d'un animal malade à un animal sain, et de plus, les animaux malades la transmettent à leurs descendants ; car les germes qui sont dans l'œuf passent plus tard dans l'animal qui en sort, s'y multiplient, déterminent la maladie et puis la mort.

Les parasites qui occasionnent la flacherie sont introduits dans le canal digestif avec la feuille de mûrier qui sert de nourriture aux vers. Ces deux maladies sont donc parasitaires, dues à des microcoques, à des germes, que M. Pasteur désigne sous le nom de microbes.

Le charbon est aussi une maladie parasitaire, comme cela résulte des recherches de M. Davaine et de celles faites de 1876 à 1879 ; il n'y a plus de doute possible, c'est bien la bactéridie qui est la seule cause du charbon.

Toutes les maladies septiques sont produites par des bactériens, par des microbes, et M. Pasteur, qui s'est beaucoup occupé des bactériens, affirme que l'infection purulente est due aussi à la multiplication d'un microbe particulier.

Dans la diphthérie des animaux et le croup de l'homme, les fausses membranes qui existent à la surface de certaines muqueuses semblent provoquées par des bactériens.

Il en est de même pour le choléra de l'homme et des oiseaux, pour la fièvre typhoïde de l'homme et du porc, pour le typhus des ruminants, pour la fièvre scarlatine ; toutes ces maladies sont produites par certains bactériens.

Quant aux affections étudiées par M. Chauveau, et qui d'après lui devraient leur développement à des granulations anatomiques virulentes, certains auteurs, entre autres M. Duclaux, les font aussi rentrer dans le cadre des maladies parasitaires et considèrent les granulations virulentes comme de simples corpuscules-germes, comme des microcoques.

A côté de ces diverses maladies, il en est d'autres pour lesquelles il n'y a encore rien de fait, telles sont la rage, la péripneumonie, le piétin, la maladie du jeune âge, la gourme du cheval.

Il reste donc un bon nombre de virus à déterminer, mais d'après l'aperçu que nous avons donné, il est permis de conclure ce qui suit : les maladies contagieuses nous apparaissent toutes ou presque toutes comme étant de nature parasitaire ; les faits positifs qui autorisent cette conclusion sont assez nombreux, la découverte de la nature de la pébrine, de la flacherie, du charbon, de la septicémie, de la fièvre typhoïde, etc., permet et force pour ainsi dire à la tirer dès aujourd'hui. Il y a bien, à côté de ces cas probants reconnus vrais, des cas encore indécis et même des cas nullement étudiés, mais nous savons que certains auteurs considèrent les granulations moléculaires découvertes par M. Chauveau comme des microcoques, et il faut espérer que dans les humeurs virulentes non encore étudiées, on trouvera tôt ou tard des corpuscules-germes auxquels on pourra attribuer le développement des maladies virulentes dont le contage est actuellement indéterminé. C'est qu'en effet toutes les maladies virulentes se présentent avec les mêmes caractères au point de vue de leur genèse. Dans toutes, le développement est dû à une semence qui doit se multiplier, car lorsque cette semence est introduite dans l'organisme d'un animal sain, il faut qu'elle augmente ses forces (incubation) pour provoquer la maladie.

Nous répèterons donc que toutes les maladies contagieuses nous apparaissent comme étant de nature parasitaire, sauf à rectifier cette opinion si on parvient à prouver le contraire. Il n'y a donc pas lieu de scinder l'étude de ce groupe si naturel, il n'y a pas lieu de faire d'un côté l'étude des maladies parasitaires, et de l'autre, celle des maladies virulentes ; d'autant plus que les unes comme les autres peuvent nécessiter la mise en pratique des mêmes mesures de police sanitaire.

Comme corollaire de cette conclusion, nous devons placer ici l'étude des bactériens qui se présentent sous différentes formes, suivant qu'ils sont à l'état de germes, de microcoques ou de bâtonnets.

BACTÉRIENS

Les noms de *bactéries, bactériens, vibrioniens, microcoques, microbes*, etc., sont tous synonymes et ils désignent tous les mêmes êtres.

Les bactéries avaient été observées par Leeuwenhoek, elles ont été surtout étudiées par Muller, Bory de St-Vincent, Ehrenberg, Dujardin, Davaine, Hoffman, Cohn, Bilroth, Koch, Nœgeli, Pasteur, etc.

Organisation. — La forme des bactériens est très variable : elle varie pour les individus d'une même espèce. Les microbes se présentent soit sous la forme globuleuse, sphéroïde ou ovoïde, on leur donne alors le nom de *sphéro-bactéries*, de *microcoques*, de *corpuscules-germes ;* soit sous la forme de bâtonnets plus ou moins allongés, droits ou sinueux, ondulés, spiralés, réguliers ou irréguliers, cylindriques, renflés ou atténués en certains points, on leur donne alors les noms de *microbactéries*, de *desmobactéries*, de *spirobactéries*, suivant leur degré de longueur et suivant leur direction.

En général les bactériens sont très petits, et il faut un fort grossissement pour les étudier au microscope ; les plus petits sont ceux qui présentent la forme arrondie, et les plus grands sont ceux qui affectent la forme spiralée. Lorsqu'on les étudie dans un liquide indifférent, on constate qu'ils sont ordinairement incolores ; mais pourtant il n'est pas absolument rare de trouver des bactériens colorés, il y en a même qui ont la propriété de fabriquer de la couleur ; on leur donne alors le nom de *bactériens chromogènes ;* ils présentent une coloration tantôt rouge, tantôt jaune, tantôt oranger, tantôt bleue ; d'autres absorbent les matières colorantes qui sont en dissolution ou en suspension dans les milieux où ils vivent, où ils habitent.

Les bactériens sont immobiles ou mobiles ; les microbes de la même espèce peuvent se présenter à l'état de repos ou à l'état de mouvement, suivant qu'ils trouvent ou ne trouvent pas dans leur habitat les matériaux nécessaires à leur nutrition et les gaz propres à leur respiration. Leurs mouvements sont de deux ordres, ce sont des mouvements sur place ou bien des mouvements de déplacement, de translation. Certains bactériens se déplacent avec une rapidité qui semble assez prononcée quand on les examine au microscope ; d'autres s'agitent sur place, éprouvent une sorte de trépidation, présentent des mouvements de rotation ou d'inflexion.

La structure de ces infiniments petits est très simple, c'est la structure cellulaires. Tous sont uni-cellulaires ; ainsi les spores et les bâtonnets sont des cellules, ils sont composés d'une membrane d'enveloppe et d'un protoplasma ; presque tous présentent des cils fins et ténus. On peut rencontrer aussi dans l'intérieur de ces cellules des granulations moléculaires colorées, organiques ou inorganiques, telles que des granulations sulfureuses jaunes.

La membrane d'enveloppe est très forte, très résistante ; elle est de nature cellulosique ; elle se colore par la teinture d'iode, elle résiste à la potasse, à l'ammoniaque, aux acides, à la putréfaction ; elle peut dans certaines circonstances se gonfler et se résoudre au mucilage, elle est bien visible quand le protoplasma se coagule ou disparaît et est remplacé par de l'air.

Le protoplasma est azoté, il est incolore, il réfracte fortement la lumière, il paraît homogène dans les espèces ténues et offre parfois des parties plus réfringentes, des vacuoles, des granulations, spéciales et des matières colorantes dans les moyennes et dans les grandes espèces. On observe quelquefois des mouvements ou des courants dans le protoplasma ; enfin il n'est pas rare d'y rencontrer des granulations sulfureuses et des granulations pigmentaires.

Les bactéries peuvent se grouper de diverses façons ; souvent elles sont libres, mais souvent aussi on les trouve réunies en plus ou moins grand nombre et groupées d'après les modes suivants : ces êtres se multipliant ordinairement par scissiparité, les deux individus nouveaux peuvent se séparer et devenir libres, ou rester unis et se segmenter à leur tour, d'où résultent des chaînettes qu'on appelle *torula* quand elles sont formées de bactéries globuleuses, et qu'on appelle *leptotrix* dans le cas où elles sont constituées par des bactéries filiformes. Les bactéries, en voie de multiplication active, produisent quelquefois, par transformation de leur membrane ou par sécrétion du protoplasma, une matière visqueuse, et les nouvelles générations restent groupées en masses au sein de cette substance, et forment des amas ou *zooglœa* qui nagent dans les eaux ou à leur surface. Quelquefois les bactéries se réunissent à la surface des liquides en une couche ou membrane dite *mycoderme*, immobile et sans matière muqueuse intermédiaire. Quelquefois, surtout quand leur multiplication est rapide, les bactéries forment des masses ou *essaims*, sans matière glaireuse, qui restent mobiles. Quand le milieu ne renferme plus d'éléments nutritifs, les bactéries cessent de se multiplier et tombent au fond, en formant un *précipité pulvérulent*, à la suite duquel le liquide s'éclaircit ; elles sont là en repos et se multiplient de nouveau si on ajoute de l'aliment.

Nature. — Les bactériens se présentent tantôt sous la forme de bâtonnets, tantôt sous la forme de corpuscules-germes ; ils sont de nature végétale, et l'orsqu'ils sont sous forme de bâtonnets, c'est-à-dire filiformes, il est très difficile de les confondre avec d'autres éléments, avec des cellules animales ou végétales, ou avec des granulations moléculaires ou anatomiques. Il n'en est pas de même pour les bactériens globuleux, de forme arrondie, qui sont tellement petits, qu'on peut les confondre dans certaines circonstances avec les granulations inorganiques ou avec les granulations organiques. Cependant si on y regarde de près, il y a toujours moyen de les distinguer sûrement. Les granulations inorganiques, minérales, ne sont jamais aussi régulières que les microcoques ; elles présentent des angles plus tranchants, plus prononcés ; les corpuscules-germes sont arrondis, globuleux ou ovoïdes, ils résistent à tous les réactifs chimiques ; il n'en est pas de même des granulations inorganiques qui sont attaquées, les unes par tel réactif, les autres par tel autre. Les microcoques sont réfringents ; les granulations moléculaires inorganiques n'ont pas le même degré de réfringence. On peut quelquefois confondre les microcoques avec les granulations anatomiques, cependant ici encore, on peut faire la distinction : les simples granulations moléculaires ne présentent pas la même régularité que les microcoques ; elles ne sont pas aussi réfringentes ; elles ne résistent pas aux réactifs et sont modifiées par les alcalis notamment, tandis que les corpuscules-germes résistent à ces réactifs. Cependant si l'on est embarassé pour les distinguer, il suffit de chauffer la lame porte-objet ; s'il s'agit de granulations moléculaires, on ne provoque aucune agitation ; s'il s'agit des microcoques, on obtient une agitation, un mouvement de trépidation très manifeste. Un moyen plus sûr, c'est la culture ; si donc on est embarrassé pour se prononcer sur la nature de certaines granulations, il suffit de les semer dans des milieux appropriés, en les préservant de l'influence des germes de l'air ; s'il ne s'en suit rien, c'est qu'on avait affaire à des granulations moléculaires ; s'il y a végétation, multiplication, c'est que ces granulations étaient des spores, des sporules.

Les bactériens, avons-nous dit, sont des végétaux. Un moyen pour se prononcer d'une façon certaine sur leur nature consiste dans l'emploi de l'ammoniaque ou de l'acide acétique. L'ammoniaque ramollit, dissout toutes les matières animales, elle produit son action sur les spermatozoaires et sur les embryons animaux infusoires ; il n'en est pas de même quand on la fait agir sur les celluloses, sur les éléments reproducteurs des plantes ; elle ne produit aucun effet apparent ; elle ne produit rien non plus sur les bactériens, elle ne les modifie pas. Les bactériens sont donc de nature végétale, puisque l'ammoniaque, qui modifie les matières de nature animale et ne modifie pas les matières de nature végétale, n'altère pas non plus les vibrioniens. L'acide acétique concentré, agissant sur les matières animales, les pâlit ; il est sans action sur les bactériens. Ceux-ci se colorent très bien par la teinture d'iode et par l'acide sulfurique, ils se colorent également par l'hématoxyline et la fuchsine. Les bactériens sont donc des plantes, mais on ne sait si ce sont des champignons ou des algues.

Classification. — Pour les étudier d'une manière fructueuse, on a essayé de les classer, et à cet effet on a établi plusieurs classifications dont aucune n'est véritablement bonne, attendu qu'on ne connaît ni les caractères propres aux genres, ni les caractères propres aux espèces, ni les caractères génériques, ni les caractères spécifiques. Ces caractères faisant défaut, les classifications sont purement hypothétiques, artificielles. Néanmoins, on a tiré des bases de la dimension des bactériens, de leur forme, de leur mouvement ou de l'absence de mouvement. La dimension, la forme, le mouvement ou l'absence de mouvement ne peuvent pas fournir des caractères différentiels, puisque chez les mêmes espèces, les mêmes genres, les dimensions et la forme sont variables suivant les circonstances, puisque suivant les circonstances le même individu peut se présenter en mouvement ou en repos. Il y aurait donc lieu de suivre plutôt une classification qui repose sur leur évolution, sur leur mode de développement et de reproduction et sur leurs propriétés physiologiques ; mais cette évolution, ce mode de développement, de reproduction, ces propriétés physiologiques ne sont pas encore suffisamment connus. Cependant nous admettrons provisoirement comme aide-mémoire, la classification basée sur la forme et les dimensions ; nous classerons les bactériens en quatre catégories : 1° les *sphérobactériens* ou bactériens ovoïdes ou globuleux ; 2° les *microbactériens* ou bactériens à forme allongée, mais relativement petits ; 3° les *desmobactériens* ou bactériens sous la forme de bâtonnets ; 4° les *spirobactériens* ou bactériens flexueux. Cette classification est provisoire et sans valeur scientifique, car elle est basée sur des caractères accessoires et la preuve, c'est que nous allons voir des vibrioniens qui, suivant telle circonstance, appartiennent à l'un ou l'autre de ces groupes.

Les sphérobactéries sont des bactériens de forme arrondie, globuleux, ovoïdes ; leur volume est très petit ; ce sont en effet les plus petits des bactériens. On peut les rencontrer groupés différemment, isolés ou sous forme de chaînettes, de torula ou sous forme de zooglœa ou sous forme de mycoderme, c'est-à-dire en membrane sans substance unissante. Les sphérobactériens n'amènent pas la putréfaction ; ils déterminent des substitutions d'une autre nature ; la plupart ne sont d'ailleurs que les germes, que les spores de certaines desmobactéries ou d'autres bactériens. C'est ce qu'on voit dans le charbon où la bactéridie, qui est un desmobactérien, se présente sous forme de bâtonnet, mais peut aussi quelquefois se présenter sous forme de sphérobactérie. La plupart des sphérobactériens ne sont donc que des spores d'autres bactériens. Leur mouvement consiste en une sorte de trépidation. Ils forment un seul genre, le genre *micrococus* ou *microcoque*, et dans ce genre, on peut établir trois groupes : 1° le groupe des microcoques colorés ou chromogènes ; 2° le groupe des microcoques zymogènes (produisant des fermentations) ; 3° le groupe des microcoques pathogènes (produisant des maladies).

Les microcoques chromogènes ou colorés se rencontrent quelquefois dans le lait rouge, dans les eaux ; ils peuvent présenter des colorations variables. Les microcoques zymogènes, qui agissent comme des ferments, sont un peu plus importants ; on les rencontre dans toutes les infusions animales ou végétales qui entrent en décomposition, dans toutes les eaux croupissantes qui fermentent ; de même on les trouve dans l'urine qui fermente, dans le vin qui s'altère, qui devient filant.

Les microcoques pathogènes ont été signalés dans beaucoup de matières virulentes, dans la vaccine, la variole, la diphthérie, la septicémie, la flacherie, la rougeole, la fièvre scarlatine, la diarrhée de l'homme, le typhus, la morve, la syphilis. Le rôle de ces microcoques, dans ces maladies, n'est pas encore bien connu.

Les microbactériens sont des bactériens plus volumineux, qui se présentent sous forme de bâtonnets cylindriques mais courts ; ils sont plus grands que les sphérobactériens, et ils se livrent à quelques mouvements spontanés. Ils forment un genre, le genre *bacterium* ou bactérie dans lequel on a établi trois groupes secondaires : 1° les microbactériens chromogènes ; 2° les microbactériens zymogènes ; 3° les microbactériens pathogènes. Les microbactériens chromogènes sont colorés ; les microbactériens zymogènes sont des ferments, les microbactériens pathogènes sont des agents morbigènes. On rencontre les microbactériens colorés dans le lait bleu, dans le pus verdâtre, dans certaines eaux. Dans le lait de la vache, on peut rencontrer des microbactériens jaunes ou bleus. On observe quelquefois sur certaines plaies un pus verdâtre ou bleu verdâtre, et cette coloration est due également à la présence de certains microbactériens colorés. Quant aux microbactériens zymogènes, on les rencontre principalement dans les matières putrides.

Les bactéries *termo, lineola, punctum* se rencontrent dans les matières putréfiées. On a signalé, dans le sang, la présence du *bacterium catenula* chez les personnes atteintes de fièvre typhoïde. Enfin il faut citer encore parmi les microbactériens le vibrion lactique, le ferment acétique, le vibrion tartrique.

Les desmobactériens renferment des bactériens plus allongés, filiformes et cylindriques. Ils sont plus volumineux, ils sont quelquefois articulés, composés de plusieurs pièces, et ces pièces réunies entre elles constituent quelquefois une chaînette, un leptotrix. Parfois on les rencontre isolés comme dans le sang charbonneux. Dans certaines circonstances, ils se présentent sous forme d'essaims; ainsi dans le charbon, les ganglions lymphatiques renferment des amas de bactériens. Ces desmobactériens sont ordinairement doués de mouvement; il en est qui sont toujours immobiles, tel est par exemple le bactérien du charbon que M. Davaine a, pour cette raison, appelé bactéridie; les autres se montrent en mouvement ou en repos suivant certaines circonstances, suivant la constitution du milieu dans lequel ils se trouvent, suivant que ce milieu renferme ou ne renferme pas les aliments nécessaires à leur nutrition et les gaz nécessaires à leur respiration. Si le milieu est riche en matières alibiles et en gaz respirable, on les voit doués de certains mouvements, mais si le milieu s'appauvrit, soit en matériaux de nutrition, soit en gaz, les bactériens s'engourdissent et passent à l'état de repos. Dans le groupe des desmobactériens, il y a un genre, le genre *bacillus* qui renferme plusieurs espèces dont deux très importantes : le *bacillus subtilis* et le *bacillus anthracis*.

Le *bacillus subtilis* est encore appelé ferment butyrique (M. Pasteur), il se rencontre dans les eaux stagnantes, les eaux dormantes, les eaux putrides, dans la présure; il est l'agent de la fermentation butyrique étudiée particulièrement par M. Pasteur en 1865-1866. Ce savant a démontré que le *bacillus subtilis* est doué d'une vitalité considérable, qu'il résiste à une température de 105°, qu'il est anaérobie, qu'il ne respire pas l'air ordinaire (nous verrons plus tard qu'il respire l'acide carbonique). Dès 1865-1866, M. Pasteur avait constaté que le ferment butyrique peut se transformer en spores dans certaines circonstances, et que ces spores (corpuscules-germes) sont très résistantes et peuvent reproduire l'individu adulte, c'est-à-dire le bâtonnet.

Le *bacillus anthracis* (anthrax, charbon), ou bactérien du charbon ou bactéridie de M. Davaine, ne se présente jamais en mouvement. Il a été étudié dans ces dernières années (1875 à 1879), et l'on a reconnu, qu'à l'instar du *bacillus subtilis*, il peut se transformer en corpuscules-germes, qui jouissent de la propriété de reproduire l'individu adulte.

Enfin le groupe des spirobactéries comprend des bactéries qui nous intéressent peu, car elles n'ont pas été signalées comme cause de maladie contagieuse ; il comprend les différents bactériens ou vibrions qui se présentent sous la forme spiroïde plus ou moins flexueuse, sous la forme de tire-bouchons.

Physiologie. — La physiologie des bactériens comprend l'étude de leur état naturel, de leur origine, de leur nutrition, de leur respiration et de leur reproduction. Les divers bactériens se rencontrent dans des milieux très différents ; on en rencontre toujours dans l'air, dans toutes les eaux dormantes ; il en existe toujours à la surface des différents corps de la nature, même dans l'intérieur des plantes et des animaux ; il y en a partout en un mot. Certains auteurs avaient attribué leur origine, leur développement à une transformation de la matière minérale ou de la matière organique ; ces auteurs étaient des spontanéistes, ils admettaient que les bactériens pouvaient naître de toutes pièces aux dépens de la matière organique ou de la matière minérale. Plus tard, et même encore de nos jours, les hétérogénistes ont fait dériver les bactériens des granulations protéiques, de certaines cellules végétales ou animales. C'est bien là de l'hétérogénie, et d'après ses partisans, les bactériens proviennent donc d'une cellule animale ou végétale ou d'une granulation moléculaire. Nous n'accepterons aucune de ces deux manières de voir, car les modes de genèse de bactériens sont aujourd'hui bien établis.

Ces végétaux, de même que tous les végétaux et animaux, se reproduisent d'après les modes connus, par scissiparité et par endogénèse ; c'est un ascendant qui toujours donne naissance à un descendant. Le bactérien a toujours un ascendant analogue à lui-même ; il ne dérive jamais d'une matière quelconque ni d'une individualité différente de la sienne.

Les bactériens existent dans l'air et les eaux ; leur existence a été constatée par MM. Robin, Pasteur, Tyndall, Lemaire, Cohn, etc. ; tous les observateurs qui les ont recherchés dans l'air les y ont trouvés. Comment peut-on déceler leur présence dans l'air ou dans les eaux ? On peut employer plusieurs procédés. Un procédé mis en usage depuis longtemps, c'est celui qui consiste à filtrer de l'air à travers du coton. Il suffit de remplir un vase quelconque avec de l'eau, de boucher son ouverture supérieure avec du coton et de laisser écouler l'eau par une ouverture inférieure. L'air extérieur pénètre à travers le coton dans l'intérieur du vase pour combler le vide laissé par l'eau, et il se dépouille ainsi de ses particules minérales ou végétales et de ses germes. En étudiant le coton-filtre, on constate aisément la présence des germes. Le meilleur filtre est le fulmicoton, qu'on peut dissoudre dans des réactifs appropriés, et qui laisse un résidu sous forme de poussière, au milieu duquel sont les spores.

On peut encore employer le procédé de Tyndall, qui consiste à couvrir une surface quelconque, l'intérieur d'une boîte, avec de la glycérine, de placer la boîte dans un milieu où l'air n'est pas pur, et de laisser le tout ainsi en repos dans l'appartement. Les particules de l'air se déposent (particules minérales et spores); celles qui se trouvent au-dessus de la caisse se déposent sur la glycérine. Il suffit alors d'étudier une goutte de cette glycérine au microscope pour voir les particules minérales et les spores végétales.

Le procédé de J. Lemaire peut encore être appliqué; on sait que ce médecin a condensé la vapeur d'eau d'une ou de plusieurs chambres au moyen de mélanges réfrigérants, afin de pouvoir étudier les miasmes. En se servant donc d'un ballon renfermant un mélange réfrigérant, on peut condenser la vapeur d'eau qui, étudiée ensuite, montre dans son sein une multitude de germes.

Il y a encore un autre procédé, et celui-là est le plus important de tous; il consiste à faire des cultures. Si après avoir soumis à une ébullition prolongée une dissolution quelconque de matières végétales ou animales, si, après l'avoir ainsi purifiée, on l'expose dans un lieu où l'air est pur, dans une cave par exemple, où l'air en repos est pur, ou si on la préserve des germes de l'air au moyen d'un filtre-coton, cette infusion se conserve indéfiniment, car l'air ne lui fournit pas de germes. Si au contraire on la place dans l'air ordinaire et qu'on ne la préserve pas de tout contact, au bout de peu de temps elle s'altère, se putréfie, et si on l'étudie au microscope, on voit pulluler dans son sein un nombre considérable de bactériens, et cela parce que l'air lui en a fourni les germes. Cette culture prouve que l'air renferme des germes en suspension, puisqu'une infusion purifiée préalablement se putréfie à son contact.

Pour constater la présence des bactériens dans l'eau, il suffit d'en examiner plusieurs gouttes au microscope; mais cette opération peut être longue si les bactériens ne sont pas très abondants; alors il vaut mieux recourir au système des cultures. A cet effet, on prépare une infusion végétale ou animale, on la purifie par l'ébullition et on la place dans un air pur. Cette infusion se conserve dans cet air pur; mais si on y ajoute une ou deux gouttes d'une eau justement soupçonnée, elle se montre, après quelque temps, remplie de bactériens qui ont repullulé.

Quels sont les bactériens qu'on rencontre dans l'air? Ce sont les plus petits, les plus légers, ce sont les micrococques, les sphérobactériens; ils peuvent appartenir à des espèces différentes. Alors il est absolument impossible de distinguer une espèce de l'autre par le microscope; tous les micrococques se ressemblent, l'air en renferme plusieurs espèces. Ces bactériens sont disséminés par les vents à des distances plus ou moins grandes; ils viennent des eaux stagnantes. Lorsque les eaux fermentent, il y a un dégagement de gaz et de vapeur d'eau qui entraîne un certain nombre de micrococques.

Dans les eaux, on rencontre des vibrioniens de toutes les formes, des sphérobactériens, des microbactériens, des desmobactériens, des spirobactériens; là on les rencontre tous. Ils sont plus ou moins abondants suivant que les eaux sont plus ou moins altérées, plus ou moins riches en matières alibiles.

A la surface des corps, on rencontre différentes variétés de bactériens; on en rencontre dans l'intérieur des plantes et des animaux. A chaque instant nous en introduisons en nous avec les aliments, avec les boissons et avec l'air. Il n'y a donc rien d'étonnant qu'on en trouve à la surface de la muqueuse respiratoire et dans l'appareil digestif. Ces bactériens ne produisent pas d'effets nuisibles, car le milieu ne leur convient pas, car les sécrétions gastro-intestinales nuisent à leur développement, et leur hôte vivant offre une certaine résistance à leur multiplication. Mais cette résistance disparaît lorsque la vie cesse. Les bactériens des voies digestives et du canal respiratoire n'ont plus alors à lutter contre cette résistance, et ayant à leur disposition les matières nécessaires à leur développement, il s'en suit que la fermentation putride s'établit rapidement dans les voies digestives et se propage à toutes les autres parties du corps.

Rencontre-t-on quelquefois des bactéries dans le sang des individus bien portants? Les bactériens peuvent exister dans le sang des individus malades, et certains auteurs ont prétendu qu'ils existent normalement dans le sang. Pour tirer cette conclusion, ils se sont appuyés sur l'observation : dans le sang, on rencontre des granulations réfringentes qu'on peut considérer comme des micrococques; les auteurs qui ont soutenu qu'on rencontrait des microbes dans le sang normal se sont appuyés sur cette observation et sur les résultats de cultures mal faites; ils ont prétendu que le sang pouvait s'altérer sans recevoir de germes de l'air extérieur, et que, par conséquent, il renfermait des ferments, des micrococoques. Cette affirmation est erronée, car M. Pasteur et d'autres ont affirmé le contraire, d'après des expériences très bien faites. On a pu extraire, à l'abri de l'air, du sang d'un animal bien portant, et le conserver indéfiniment en le mettant en présence d'un air pur; c'est dire que le sang ne renferme pas lui-même de germes, puisqu'il peut se conserver en présence d'un air pur; par conséquent les germes que nous possédons dans nos organes, à la surface de la muqueuse respiratoire, dans le tube digestif, ne passent pas dans le torrent circulatoire.

Les bactériens se nourrissent, se multiplient, respirent. Leur nutrition et leur respiration se font par une simple absorption endosmatique. Néanmoins ce sont des végétaux, ils ont besoin d'un certain nombre de principes pour se nourrir et pour respirer, il leur faut de l'eau, de l'azote, du carbone, de l'oxygène, plus certains sels minéraux. L'eau est indispensable, non seulement à leur développement, mais aussi à leur vie; en effet, la dessication arrête les mouvements et les fonctions chez les bactériens adultes; poussée à un certain degré et surtout lorsque la température est élevée, elle les tue. Il n'en est plus de même pour les micrococoques, ceux-ci résistent plus énergiquement; la dessication ne les tue pas, une température de 100° ne détruit pas leur vitalité. Les bactéries se développent dans les eaux douces ou salées, dans tous les liquides animaux ou végétaux, où ils rencontrent les matières nécessaires à leur respiration et à leur nutrition. Elles se procurent l'azote en décomposant les produits albuminoïdes qui sont à leur disposition, en décomposant les produits ammoniacaux et peut-être même les composés nitreux. Elles empruntent le carbone aux sources communes aux autres organismes; mais indépendamment de ces sources, il en est d'autres qui peuvent leur en fournir: ce sont certains acides organiques, les acides tartrique, succinique, acétique, lactique, les matières sucrées, la glycérine.

Toutes ces données sont utiles à connaître, car si on veut faire des cultures, il faut savoir préparer des milieux convenables.

L'absorption des aliments et de la matière colorante se fait par endosmose. La respiration est aussi un phénomène endosmotique.

Certains auteurs ont soutenu que tous les bactériens sont aérobies, que tous respirent l'air ordinaire; c'est là une erreur, car M. Pasteur a démontré qu'il y en a d'aérobies et d'anaérobies, c'est-à-dire qu'il en est qui se plaisent dans un milieu où existe de l'oxygène libre, d'autres qui se plaisent dans un milieu où n'existe pas l'oxygène libre. En résumé, la nutrition, le développement et le multiplication de ces êtres exigent un milieu convenable; et c'est la température d'environ 30° à 40° qui favorise le mieux leurs fonctions.

La résistance des bactéries est très variable suivant les individus. Les bactériens adultes ne résistent pas à une température de 45°, 50°, 60°, 80°. Les spores résistent à 100°, 110° et même quelquefois 130°. La congélation ne tue pas les bactériens. La température de —18° à —87° ne tue pas les microcoques, elle les engourdit, mais leur vitalité persiste.

Comment peut-on purifier une eau, un liquide qui tient en suspension des germes, puisqu'en le faisant bouillir, en le congelant, on ne le purifie pas? Il y a pour cela un moyen très simple, basé sur le fait d'observation suivant : on a observé que les bactériens s'altèrent facilement lorsqu'on les fait passer brusquement d'une température extrême à une autre; après avoir été soumis à l'ébullition, si on les refroidit brusquement ils s'altèrent, surtout lorsque après ce premier refroidissement on les soumet à une seconde ébullition, puis à un second refroidissement. Tyndall remarqua, en 1877, que certaines eaux, certaines infusions animales ou végétales soumises à des ébullitions prolongées ne se conservaient pas, bien qu'elles fussent placées dans un milieu pur; cela prouvait que ces infusions, quoique soumises à l'ébullition, n'étaient pas purifiées. Il eut alors recours à un procédé d'ébullitions successives qui lui réussit pleinement.

En général, les bactériens (corpuscules-germes), sont d'autant plus résistants qu'ils sont plus anciens, plus desséchés; c'est ainsi qu'un germe de deux, trois ans, est plus résistant qu'un autre qui vient d'être produit, c'est-à-dire que pour une même température il perd plus difficilement ses propriétés. Lorsqu'un germe est placé dans des conditions favorables, lorsqu'il est refroidi après une première ébullition, il tend à se développer, à végéter; au bout de 7, 8, 9, 11, 12 heures, il commence à végéter, mais il devient plus sensible, et si alors on soumet le liquide à une seconde ébullition, on peut le tuer aisément. Grâce à ce procédé, on peut tuer très rapidement tous les germes, et il n'est pas nécessaire de faire bouillir l'eau pendant longtemps, il suffit de la mettre en ébullition et de la refroidir aussitôt pour la faire bouillir une seconde, une troisième fois, de douze heures en douze heures. Cette eau ainsi purifiée se conserve indéfiniment en présence d'un air pur. Plus tard, nous ferons ressortir les applications que comporte cette donnée, lorsque nous nous occuperons de la police sanitaire (désinfection).

La résistance des bactériens à l'oxygène comprimé est variable, ainsi que nous l'avons déjà dit. Les bactériens adultes (le *bacillus subtilis* par exemple), ne résistent pas à l'oxygène comprimé; à l'état de corpuscules-germes ils résistent.

Les vibrioniens se reproduisent de deux manières : par scissiparité et par endogénèse. La reproduction par scissiparité ou fractionnement transversal est le mode le plus habituel; elle exige pour se produire par une température modérée, une nourriture abondante et un gaz convenable pour la respiration. Dans d'autres circonstances, les bactériens se multiplient par endogénèse, c'est-à-dire que dans leur intérieur il se forme des spores qui sont ensuite mises en liberté. Ce dernier mode avait été soupçonné par M. Ch. Robin, en 1853, mais ce n'est qu'en 1865 qu'il a été mis en évidence par M. Pasteur, dans ses études sur le ferment butyrique; plus tard il a été observé en Allemagne par Hoffmann, Cohn, Bilroth, Van Tieghen, etc., en France par MM. Pasteur, Toussaint, etc. Les spores qui se reproduisent dans l'intérieur des bactériens sont des êtres vivants qui peuvent reproduire la bactérie adulte. Ainsi, en inoculant un animal avec des bâtonnets (charbon), on le rend charbonneux, et pareillement en inoculant en même temps un autre animal avec des spores, on le rend pareillement charbonneux.

Des expérimentateurs ayant cultivé ces corpuscules-germes et n'ayant pas réussi à soustraire les milieux de culture à l'envahissement des germes étrangers, ont vu se développer les formes les plus diverses et ont conclu à des transformations étranges. Quelquefois les bactéries donnent dans leur intérieur de véritables sporanges polyspores.

Rôle des bactériens dans les fermentations. — La

fermentation acétique est due à un microbactérien : la fermentation ammoniacale de l'urine, les fermentations lactique, butyrique, visqueuse, etc., et enfin la putréfaction ou fermentation putride sont provoquées par des bactériens.

Rôle des bactériens dans les lésions chirurgicales. — Nous savons que les bactéries existent dans l'air, dans les eaux, qu'elles se multiplient dans les eaux douces ou salées qui contiennent des matières végéto-animales, et nous savons aussi que les dissolutions ou infusions végéto-animales purifiées se corrompent en présence de l'air, qui leur cède des germes de putréfaction. Il n'y a donc rien d'étonnant que les accidents chirurgicaux, les plaies se compliquent quelquefois de putréfaction. En effet, quand on nettoie ces plaies avec une eau ordinaire, on met en contact avec elle les germes en suspension dans le liquide; d'un autre côté, ces plaies ne sont jamais préservées complètement du contact de l'air ambiant, et celui-ci dépose sur elles des germes de putréfaction. Parfois certaines plaies purulentes, suppuratives, telles que celles des sétons, des opérations de pied donnent une suppuration très fétide; or le pus n'est pas fétide par lui-même; s'il le devient, c'est qu'il se putréfie, c'est que, sous l'influence des germes extérieurs, il se développe dans sa substance une véritable fermentation putride. Les bactériens agissent là comme ils agissent toujours, ils agissent comme de véritables ferments. La plupart du temps, les plaies, notamment les plaies du pied et même celles des sétons qui se compliquent ainsi de putréfaction, ne sont pourtant pas suivies d'accidents mortels; il est rare de voir cette complication amener une septicémie généralisée.

Le pus d'un séton est toujours putride; il renferme toujours des germes de septicémie, et cependant si on nettoie le trajet de temps en temps, il est rarement la porte d'entrée d'une putréfaction générale. Quelquefois pourtant, et ces cas sont encore trop fréquents, les plaies des sétons non seulement se compliquent de putréfaction locale, mais celle-ci se généralise, l'engorgement s'étend, et la putréfaction, gagnant de proche en proche les divers tissus, cause rapidement la mort. On dit alors qu'il y a gangrène traumatique, gangrène généralisée ou mieux septicémie ou infection septique.

Voilà ce qui se passe sur les plaies situées à la surface du corps, en contact avec l'air extérieur. Mais la même complication peut encore se présenter à l'occasion des plaies siégeant dans l'intérieur des organes. Ainsi quand, sous l'influence d'une violente congestion, d'une forte inflammation pulmonaire, il y a gangrène d'une portion du poumon, il n'est pas rare que celle-ci soit le point de départ d'une septicémie générale; en effet, grâce à la rupture d'une ou de plusieurs bronches, l'air peut se mettre en contact avec la matière désorganisée et lui fournir des germes de putréfaction; cette complication survient dans certains cas de nécrose ou de gangrène pulmonaire. Dans d'autres cas, la nécrose s'enkyste lorsqu'il n'y a pas communication avec les bronches (celles-ci ayant été primitivement obstruées par l'inflammation), lorsque l'air n'arrive pas au contact de la partie désorganisée.

Les plaies et les accidents internes qui se compliquent de septicémie ne doivent donc cette complication qu'au contact de l'air, qu'aux germes qu'ils empruntent à l'air. En effet, toutes les fois qu'il s'agit d'un foyer purulent qui n'est pas en contact avec l'air extérieur, d'une collection purulente profonde, il n'y a pas septicémie.

On sait que certains abcès restent plus ou moins longtemps sans s'ouvrir au dehors, et que quelquefois ils ne s'ouvrent même jamais (le pus se transforme en une matière caséeuse et s'enkyste, s'entoure d'un tissu inflammatoire qui s'organise). Dans ces cas, il n'y a pas contact avec l'air extérieur; il n'y a pas apport de germes, de ferments, il n'y a pas de putréfaction.

Les tumeurs sanguines qu'on voit souvent chez les solipèdes ne se compliquent pas de septicémie, tant qu'on ne les met pas en contact avec l'air extérieur; mais si on établit ce contact et si ces collections, si les cavités présentent des anfractuosités où le pus peut stagner, la septicémie apparaît quelquefois.

C'est encore grâce au contact de l'air que la métrite se complique de septicémie. La métrite septique est assez rare chez nos animaux; une espèce peut la présenter quelquefois..

Chez la vache, la putréfaction dans la matrice se voit toutes les fois que la délivrance est tardive, que les enveloppes fœtales séjournent plus ou moins longtemps dans l'utérus. Il se fait par la vulve un écoulement à odeur de gangrène, qui témoigne de la fermentation due au contact de l'air extérieur. Cet accident reste souvent local; pourtant il y a à cette règle des exceptions. La fermentation est quelquefois envahissante, et il en résulte une métro-péritonite, une infection septique généralisée. La fièvre puerpérale de la femme n'est autre chose qu'une métrite ou une métro-péritonite septique.

Donc les bactériens, les germes en suspension dans l'air exercent une influence fâcheuse sur les plaies, sur les accidents chirurgicaux; ils provoquent à leur surface la fermentation putride qui se généralise quelquefois.

Il y a donc pour le chirurgien indication d'empêcher, autant que possible, le contact de l'air extérieur avec les plaies. Aussi, comme application de cette donnée, toutes les fois qu'il sera possible de faire les opérations par la méthode sous cutanée, il ne faut pas y manquer, afin de préserver les parties atteintes par l'instrument du contact de l'air extérieur. Mais cela est impossible dans le plus grand nombre de cas. On ne peut éviter l'accès de l'air sur les tissus vifs; alors il faut employer des médicaments thérapeutiques capables d'empêcher le développement des germes septiques de l'air à la surface des plaies.

Rôle des bactéries dans les maladies contagieuses.

— Nous savons déjà que les bactériens jouent un grand rôle dans la propagation d'un bon nombre de maladies contagieuses; nous savons qu'ils sont la cause efficiente de la septicémie, du charbon, de la pébrine, de la flacherie, du choléra des oiseaux, de la fièvre typhoïde du porc, etc. Presque tout le monde admet aujourd'hui que ces maladies doivent leur développement à la présence et à la multiplication des bactériens.

Mais certains auteurs ne partagent pas cet avis; il y a encore des esprits assez influents qui nient l'action des bactériens comme cause des maladies contagieuses. Ces auteurs prétendent que la bactérie n'est pas la véritable cause de la maladie où on la rencontre; ainsi la bactéridie ne serait pas la cause du charbon, ni le *bacillus subtilis* celle de la septicémie. D'après ces auteurs, il resterait encore à démontrer s'il y a une différence réelle entre les bactériens qu'on trouve dans l'organisme malade et ceux qui existent au dehors. Pour eux, en d'autres termes, les mêmes bactériens pourraient présenter des différences dans leur action, suivant qu'ils se développent dans un organisme primitivement malade ou bien qu'ils végètent à l'extérieur, suivant qu'ils sont cultivés dans un liquide, dans une solution d'une matière végétale ou animale. La distinction basée sur les caractères physiologiques ne serait pas non plus satisfaisante, cette distinction serait encore tout à fait téméraire, vu l'état actuel de nos connaissances.

Et pour expliquer la présence des bactériens dans l'organisme, ils prétendent qu'il y a quelquefois une véritable hétérogénèse. Dans tous les cas, ils supposent que les bactériens qui sont nés et se sont développés dans les organes malades s'accompagnent d'une sécrétion particulière, de la formation d'un poison chimique, et que ces mêmes bactériens, se développant hors de l'organisme, dans l'eau ou une solution quelconque, ne provoquent pas la formation de poison septique. L'influence du milieu malade est donc pour eux la véritable cause qui explique l'action malfaisante des bactériens.

Ainsi pour M. Colin, ce n'est pas le *bacillus subtilis* qui est la cause de la septicémie développée à la surface d'une plaie. Pour lui et pour les autres qui ont la même manière de voir et de comprendre, voici comment le phénomène se produirait : les tissus sont d'abord malades et, comme conséquence, il se produit des modifications anatomiques et chimiques dans les liquides des parties malades, il se constitue un milieu spécial morbide qui est très favorable au développement des germes que l'air tient en suspension, et ces germes qui dans d'autres circonstances, qui dans l'eau par exemple, ne sécrètent pas de poison, une fois qu'ils se sont développés dans un milieu altéré, donnent naissance à un vrai poison, et c'est cet agent toxique qui, absorbé, agit d'une façon défavorable sur l'organisme.

Ces auteurs invoquent encore, à l'appui de leur manière de voir, la différence de gravité des maladies contagieuses, et ils prétendent que la gravité d'une maladie est loin d'être proportionnelle au nombre des bactéries qu'on rencontre dans les humeurs malades. La bactérie ne serait donc qu'une simple complication; ce ne serait pas la cause, mais un simple épiphénomène. La plupart de ces auteurs ne font même pas intervenir le contact de l'air pour expliquer son apparition; ils admettent une véritable hétérogénèse ou archébiose.

Cette manière de voir est absolument fausse, car il est démontré que ce sont les bactériens qu'on voit dans les humeurs virulentes qui sont la cause de la maladie. Cela est démontré pour la septicémie, pour le charbon, etc.

A propos de ces maladies, on a pu isoler le parasite, le cultiver pendant des jours, des mois hors de l'organisme, et ce parasite, qui a été plus ou moins éloigné de sa source primitive, qui a été cultivé dans cent, deux cents, trois cents infusions différentes, qui par conséquent n'a jamais vécu depuis plusieurs mois dans un milieu analogue à celui de l'animal qui l'a primitivement fourni, ce parasite ne jouit pas moins de la propriété d'engendrer la même maladie. La conclusion de ce système de cultures est évidemment bien sûre, et démontre d'une façon très claire que les maladies parasitaires, la septicémie, le charbon, doivent leur développement à la multiplication des bactéries.

D'ailleurs une expérience de M. Chauveau, faite en **1870-71**, démontre que la septicémie est bien due à l'introduction de germes. Le bistournage d'un bélier est une opération généralement bénigne, qui n'est suivie d'aucune complication. Le testicule se désorganise, mais il n'y a pas de septicémie. Il n'en est pas de même lorsque, avant de pratiquer le bistournage, on injecte du sang septique ou un liquide septique quelconque dans un vaisseau ; après l'opération on observe la putréfaction dans la région opérée. Cela ne s'explique que par l'introduction de germes. Si on prend deux moutons pour les opérer de la même manière et que chez l'un seulement, avant l'opération, on injecte des matières septiques dans un vaisseau, on n'observe aucune complication de septicémie chez celui qui n'a rien reçu, tandis que chez le premier il y a septicémie. Si enfin on injecte dans les vaisseaux d'un bélier, avant de le bistourner, un liquide septique filtré, et par conséquent privé de germes, le bistournage ne se complique pas de septicémie ; tandis que celle-ci se développe chez le mouton auquel on injecte ce qui est resté sur le filtre. Cette expérience de M. Chauveau démontre bien que les bactériens sont les agents de la septicémie.

Mode d'action des bactéries. — Comment peuvent agir les différents bactériens qui provoquent le développement des maladies contagieuses? Nous savons que ces êtres se nourrissent, se développent, se multiplient et respirent, et parmi eux il en est qui sont aérobies, tandis que d'autres, exigeant un milieu privé d'oxygène (composé par exemple d'acide carbonique), sont anaérobies. Comme conséquence de ce fonctionnement multiple, il doit résulter une perturbation dans l'organisme de l'individu qui héberge les parasites.

A ce sujet, rappelons la définition que nous avons donnée des maladies contagieuses : les parasites se développent dans l'organisme, par conséquent ils s'emparent de ses matériaux, non seulement des matériaux alibiles pour se nourrir, mais encore de l'air (ceux qui sont aérobies); et en outre, la plupart, peut-être tous, provoquent la formation d'un véritable poison, d'une matière particulière, non encore bien étudiée, mais qui peut agir comme poison ou comme agent irritant et phlogogène. Il résulte de ces modifications un trouble général d'abord dans le sang et ensuite dans les tissus, dans les organes, dans le système nerveux.

On a prétendu que la mort pouvait être due à plusieurs causes, que les bactériens aérobies pouvaient donner la mort par asphyxie. Cette idée a été émise dans ces dernières années à propos de la bactéridie charbonneuse. On a dit qu'elle s'emparait de l'oxygène destiné aux hématies, qu'il en résultait un défaut d'hématose, et qu'il y avait une véritable asphyxie quand les parasites devenaient trop nombreux. Ce pouvoir asphyxiant des bactéries aérobies est réel, mais il n'est pas suffisant pour donner la mort à lui seul, et la preuve, c'est que dans le charbon la gravité de la maladie n'est pas toujours en rapport avec le nombre des bactéridies qui sont dans le sang ; ainsi chez tel animal il y a beaucoup de bactéridies dans le sang, et chez tel autre il n'y en a presque pas. Il est donc difficile d'admettre que, dans l'un comme dans l'autre cas, il y a eu également asphyxie. Celle-ci n'est donc pas la seule cause de la mort.

M. Toussaint a prétendu que dans certains cas de charbon, notamment chez les petits animaux, la mort serait due à une oblitération vasculaire produite par l'accumulation de bactéridies dans les artérioles et les capillaires flexueux. Cette lésion est encore bien insuffisante pour expliquer la mort. Il est bien vrai que sur les cadavres il y a des oblitérations, mais celles-ci se voient sur des régions bien limitées. Cette cause ne rend donc pas compte de la mort.

Il y a par conséquent quelque autre chose, c'est le poison dont nous avons parlé. Ce poison existe, il a été sinon isolé, du moins très légitimement soupçonné pour le charbon, la septicémie, etc., et il agit comme poison ou comme matière irritante.

On peut donc dire que les bactériens, qui occasionnent des maladies contagieuses et provoquent des troubles dans l'organisme en altérant le sang, les tissus, les organes, le système nerveux, occasionnent la mort en provoquant l'asphyxie, en déterminant des oblitérations vasculaires, des hémorrhagies, des gangrènes consécutives, en produisant le plus souvent un empoisonnement dû à la formation d'une matière particulière, qui accompagne le développement des bactériens.

On a été plus loin, on a voulu aussi expliquer l'immunité dans cette théorie du parasitisme virulent. On sait que certaines maladies ne se développent pas plusieurs fois chez le même individu ; cette constatation ne peut avoir lieu ni pour le charbon ni pour la septicémie, qui sont des maladies ordinairement mortelles. Mais d'autres affections provoquées par des bactériens confèrent l'immunité après une première guérison. Pour expliquer cette immunité, on a prétendu que le bactérien pathogène laisse dans le sang ou les humeurs une altération plus ou moins persistante, qui leur conférerait des propriétés particulières, les empêchant de se prêter au développement du même bactérien pendant un temps proportionnel à sa durée, d'où résulterait une immunité plus ou moins longue. On a aussi expliqué l'immunité en admettant que les microbes altèrent ou détruisent, en se nourrissant et se multipliant, certaines matières, qui dès lors venant à être plus rares ou à faire défaut dans l'organisme, permettraient de comprendre pourquoi les mêmes microbes ne vivent pas un temps illimité sur le même individu et ne peuvent s'y multiplier de nouveau, qu'autant que les matières, usées une première fois, se sont reformées.

Comme complément de cette étude, nous devrions étudier les agents qui peuvent empêcher le développement des bactériens. Si ces agents étaient tous bien connus, on serait armé efficacement pour la désinfection ; mais jusqu'ici les déterminations précises sont rares. On sait pourtant que la dessiccation et une certaine élévation de température peuvent empêcher le développement des bactériens ou même les tuer. Il paraît que l'acide salicylique jouit aussi de la propriété d'empêcher la multiplication des bactéries et de prévenir la putréfaction. Il en serait de même, semble-t-il, de l'acide phénique, des phénates, de l'acide borique, du borate de soude, de l'acide sulfureux, etc. Il y a sur ce sujet à faire des recherches précises.

Reprenons maintenant l'étude des propriétés des contages. Nous avons étudié les bactériens, parce que nous les avons considérés comme éléments anatomiques des virus, et parce que nous leur avons attribué la propriété d'engendrer les maladies et de les propager. Voyons ce que deviennent les contages excrétés et rejetés dans le monde extérieur.

FINALITÉ DES (CONTAGES) MATIÈRES VIRULENTES

Les virus excrétés et rejetés hors de l'économie se conservent-ils? Pendant combien de temps se conservent-ils? Quels sont les agents qui peuvent accélérer leur destruction?

Nous savons que certains virus peuvent se détruire partiellement dans l'organisme; mais nous savons aussi que les malades rejettent par différentes voies, par les voies d'excrétion ordinaires ou par des lésions morbides qui se sont développées sur la peau et sur les muqueuses, une plus ou moins grande quantité de matières virulentes. Celles-ci se déposent sur des corps solides ou se mélangent avec des liquides, ou restent en suspension dans l'air. Elles peuvent se conserver plus ou moins longtemps, soit sur les solides (râteliers, fourrages, mangeoires, murailles, etc.), soit dans les liquides, soit dans l'air. Ces différentes matières présentent une grande variation dans leur ténacité, elles jouissent d'une vitalité variable, elles résistent plus ou moins aux différentes causes de destruction ; cette résistance varie avec les circonstances extérieures et avec les virus. Ainsi le virus rabique, de même que celui de la rougeole, de même que celui du choléra, ne paraît pas se conserver bien longtemps ; il n'en est pas de même des virus typhique et varioleux, qui se conservent plusieurs jours, plusieurs mois et peut-être même plusieurs années. On cite des faits dans lesquels on aurait observé la transmission du typhus au moyen de débris enfouis depuis plusieurs mois. En médecine humaine, on cite des cas où la variole se serait transmise par l'exhumation de cadavres varioleux enterrés depuis plusieurs années. Le virus claveleux ou claveau peut se conserver plusieurs mois dans les croûtes qui se détachent de la peau des malades. On sait très bien que le claveau peut être conservé artificiellement dans des tubes, de même que le virus vaccin, pendant une année et au-delà. Semblent aussi résister assez longtemps les virus de la fièvre typhoïde de l'homme, de la scarlatine, de la morve, de la péripneumonie des grands ruminants. Le virus morveux, déposé à la surface des mangeoires, se conserve plus ou moins longtemps, mais pas au-delà de quelques jours. Le virus charbonneux offre une résistance variable suivant sa constitution. Quand il se compose de bactéridies adultes, de bâtonnets, il se détruit très rapidement ; mais les corpuscules-germes résistent des années. Les corpuscules-germes de la septicémie résistent aussi très longtemps.

Quand on veut conserver des matières virulentes, il faut réaliser certaines conditions, il faut éviter le contact de l'air (afin d'empêcher la putréfaction) et l'accès de la lumière. Le mieux est de les placer dans des tubes ou entre des lames de verre qu'on lute et qu'on dépose dans des flacons en verre noir, ou au milieu de substances qui les préservent de la lumière.

Les virus se conservent également dans le monde extérieur ;

mais ils exigent de même certaines conditions. Ainsi, toutes choses égales d'ailleurs, ils se conservent plus longtemps à la surface des corps solides que mélangés à l'eau, et d'autant plus qu'ils se sont desséchés plus lentement et plus complètement. S'ils se dessèchent trop vite, la dessiccation peut les tuer, et s'ils ne se dessèchent pas, la putréfaction s'en empare. La lumière, l'électricité hâtent leur destruction en hâtant les combinaisons chimiques; il en est de même de la chaleur, qui les détruit d'autant plus sûrement qu'elle est plus élevée. L'eau bouillante, la vapeur d'eau, le feu les détruisent sûrement. Le froid engourdit les virus, mais s'il est modéré il en favorise plutôt la conservation. Les corps poreux, les tissus de laine favorisent leur conservation. Parmi les agents atmosphériques, qui accélèrent leur destruction, il faut signaler l'air et surtout l'air sec et aussi l'air humide, le premier par la dessiccation, et le second en favorisant la putréfaction ; il en est de même de l'air chaud, tandis que l'air froid les conserve. Les pluies agissent de la même manière que l'air humide.

Parmi les agents chimiques qui hâtent leur destruction, il faut citer l'ozone, l'oxygène à l'état naissant et en général tous les corps avides d'oxygène, tous les corps avides d'eau, tous les corps oxydants et tous les corps desséchants, déshydratants, les caustiques chimiques, acides et alcalins, surtout les acides forts et les alcalis forts, et presque tous les composés pyrogénés. C'est parmi ces derniers qu'on trouve les principaux désinfectants ; ce sont ceux qui empêchent le mieux le développement des bactériens et qui combattent le plus sûrement la putréfaction ; ce sont les meilleurs désinfectants.

On s'est demandé si les sucs digestifs annihilaient les virus. Quelques vétérinaires se sont prononcés pour l'affirmative, et ont prétendu que les maladies virulentes ne se transmettent pas par les voies digestives. C'est une erreur, car presque toutes les maladies contagieuses peuvent se transmettre par cette voie ainsi que nous le verrons plus tard.

DE LA CONTAGION

Les virus rejetés hors de l'organisme se conservent donc plus ou moins longtemps, et si, pendant cet état de conservation, ils sont ingérés, inhalés, en un mot s'ils sont mis en contact avec des animaux sains, il y a contamination, contagion, ensemence-

ment de l'agent virulent et comme conséquence, il y a repullulation du virus et reproduction de la maladie. Toutes les
maladies contagieuses n'offrent pas à un même degré le pouvoir
de se transmettre, et la même maladie peut se transmettre plus ou
moins facilement, son virus peut se conserver plus ou moins longtemps ; cela dépend d'une foule de circonstances. Les maladies
contagieuses ne se créent jamais de toutes pièces, elles résultent
toujours de la contagion. Il est bien des cas où cette contagion est
difficile à suivre, où, par exemple, un cheval est reconnu morveux
sans qu'on puisse remonter à la source de la maladie, sans qu'on
puisse reconnaître l'animal qui la lui a transmise ; mais ce n'est
pas là une raison suffisante pour attribuer la maladie à une cause
ordinaire. Du reste, nous avons réfuté la spontanéité et les causes
qu'on a invoquées pour l'appuyer ; et le rôle exclusif de la contagion
s'explique assez par les propriétés des virus, par le pouvoir qu'ils
ont de se conserver, de se multiplier chez les individus, et de se
transmettre de plusieurs manières. Enfin le rôle de la contagion
ressort pleinement des discussions qui ont eu lieu devant l'Académie de médecine, devant la Société centrale vétérinaire, où les
spontanéistes ont été réduits à invoquer des arguments peu sérieux. D'ailleurs, nous savons qu'il est impossible de faire développer de toutes pièces une maladie contagieuse.

On a élevé des objections contre l'attribution d'un rôle si exclusif à la contagion : on a dit, si la contagion explique tout, comment
comprendre l'apparition de la première maladie contagieuse ?
C'est là une objection puérile ; pourquoi ne pas demander d'où
vient le premier individu. Quelquefois, a-t-on dit, on ne peut pas
remonter à l'origine de la maladie, souvent on ne peut pas suivre
la contagion ; mais qu'importe cela, puisque jamais personne n'a
vu naître spontanément une maladie contagieuse.

La contagion est donc bien la seule cause des maladies virulentes.

Nous savons qu'il faut entendre par contagion la transmission
d'une maladie spécifique d'un individu qui en est atteint à un ou
plusieurs individus sains, par contact direct ou indirect, par contact immédiat ou médiat, au moyen de l'agent morbigène appelé
contage ou virus, émanant d'un premier malade, quelle que soit
du reste, son origine primitive, et se multipliant sur les individus
après qu'il est transmis.

Le domaine de la contagion comprend toutes les maladies transmissibles, parasitaires ou virulentes : son résultat est la transmis-

sion d'une maladie au moyen d'un germe. Elle s'effectue par le transport de la matière virulente d'un animal malade à un animal sain, soit au moyen d'un véhicule solide, soit au moyen d'un véhicule liquide, soit au moyen d'un véhicule gazeux. La transmission de la maladie s'explique donc par la multiplication, la repullulation de ses germes.

Parmi les maladies transmissibles, les unes ont un pouvoir de transmissibilité très prononcé (typhus des grands ruminants), d'autres se transmettent moins facilement (morve, etc.). Les unes se transmettent par des modes multiples, par le contact immédiat des malades avec les sains, par le contact de la matière virulente avec les sains réalisé au moyen d'un agent intermédiaire solide ou liquide, par l'intermédiaire de l'air ; d'autres ne se transmettent pas par ce dernier mode.

Il nous faut donc étudier à présent les différents modes de contagion, les voies d'introduction et l'absorption du contage.

Modes de contagion. — Les contages qu'on appelle fixes sont ceux qui se trouvent dans une matière solide ou liquide (croûtes claveleuses, jetage morveux). Les virus dits volatils sont ceux dont les germes sont en suspension dans un gaz, dans l'air, dans les miasmes, dans les effluves.

Quelles sont les maladies virulentes qui se transmettent par virus fixe, quelles sont celles qui se transmettent par virus volatil ?

Il y a des maladies qui ne se transmettent jamais par virus volatil : telles sont la rage, la syphilis de l'homme, le horsepox, etc., pour lesquelles on n'a encore signalé aucun cas de transmission par l'air, et qui se transmettent toujours par un véhicule solide ou liquide. Bon nombre d'autres maladies qui se transmettent pareillement par l'intermédiaire d'un véhicule solide ou liquide, se transmettent encore par l'intermédiaire de l'air : telles sont le typhus, la péripneumonie, la variole, la clavelée et peut-être la morve et le charbon, ainsi que les maladies septiques.

Dans l'étude des miasmes et des effluves nous avons vu que ces produits gazeux ne peuvent déterminer une maladie virulente, c'est-à-dire la contagion, qu'autant qu'ils tiennent en suspension des germes virulents, qu'autant qu'ils sont constitués à l'état de virus volatils.

D'après ce que nous venons de dire, il est facile de déduire les principaux modes de la contagion, qui sont au nombre de trois, ou même seulement au nombre de deux. Avant de passer à leur étude, rappelons que la contagion peut être naturelle ou expérimentale ; naturelle quand il y a transmission du malade au sain sans l'intervention active et voulue de l'homme, c'est-à-dire dans les conditions ordinaires de la vie des animaux et de leur exploitation ; expérimentale, quand l'homme intervient volontairement pour la provoquer, quand il met lui-même l'animal malade en contact avec un animal sain, ou bien encore lorsque avec un instrument quelconque il prend du virus chez un animal malade et l'introduit dans l'organisme d'un animal sain (inoculation, injection hypodermique).

Toutes les maladies contagieuses peuvent se transmettre par contagion naturelle, par le contact médiat ou immédiat, chaque fois que la matière virulente ou produit morbide, excrétée par un animal malade, est en contact avec un animal sain. Les tentatives de transmission expérimentale ne réussissent pas également bien pour toutes les maladies contagieuses. L'inoculation n'a pas toujours réussi ; ainsi on n'avait pas encore pu inoculer jusqu'à ces dernières années la maladie du jeune âge, et pourtant on considérait cette maladie comme contagieuse, soit par l'air ambiant, soit par la cohabitation. La contagion était sûre, mais on n'avait pas pu la vérifier expérimentalement ; cela tenait à ce que, dans les essais que l'on avait faits, on n'avait pas inoculé le germe de la maladie, ou pour mieux dire, on ne connaissait pas le véhicule où se trouve le germe, la matière virulente. De même on ne sait pas encore exactement où se développe le germe de la rage, on ne sait pas si le virus rabique est fourni par la salive ou bien s'il est sécrété par la muqueuse buccale.

La transmission naturelle s'effectue par trois modes qui sont :

1° La *contagion immédiate ou directe,* lorsqu'il y a contact de l'animal malade avec l'individu sain ; dans ce cas, c'est l'animal malade qui transmet lui-même sa maladie à l'animal sain.

2° La *contagion médiate ou indirecte,* lorsque l'agent virulent ou la matière virulente est apportée à l'animal sain par des véhicules externes, solides ou liquides.

3° La *contagion volatile ou l'infection,* lorsque le virus ou le germe de la maladie est en suspension dans l'air, qui est respiré par l'animal sain et lui communique ainsi la maladie.

La transmission expérimentale peut être obtenue aussi suivant plusieurs modes. L'expérimentateur peut transmettre la maladie par contact immédiat ou direct, c'est-à-dire en mettant en contact un animal malade avec un animal sain. Il peut la transmettre par le contact médiat ou indirect, c'est-à-dire en pratiquant l'inoculation à la lancette, ou en faisant ingérer à un animal sain des boissons ou des fourrages souillés de matière virulente. Il peut aussi la transmettre par l'intermédiaire de l'air, en faisant inhaler à un animal sain un air dans lequel il a mis en suspension des germes virulents, soit du virus phthisique, soit du claveau, soit du virus varioleux desséchés. A côté de ces trois modes, l'expérimentateur a encore d'autres procédés : il peut avoir recours à l'injection hypodermique, injecter la matière virulente dans le tissu conjonctif sous-cutané ; à l'injection intra-vasculaire, injecter la matière virulente dans un vaisseau, dans une veine ; à l'injection intra-lymphatique, injecter la matière virulente dans un vaisseau ou un ganglion lymphatique ; à l'injection intra-séreuse, injecter la matière virulente dans une séreuse, dans la plèvre, dans le péritoine.

Ainsi donc, qu'il s'agisse de transmission naturelle ou de transmission expérimentale, la matière virulente est toujours ou solide, ou liquide, ou gazeuse.

D'après cela, il est facile de se rendre compte des causes et des circonstances qui favorisent la contagion : ce sont toutes les causes et toutes les circonstances qui favorisent la conservation des virus, toutes les causes qui facilitent leur introduction dans l'organisme.

Le virus peut pénétrer dans l'organisme par plusieurs voies, par plusieurs portes qu'on entrevoit déjà, et qui sont la peau, le tissu conjonctif, les muqueuses, les voies digestives et les voies respiratoires. Une fois introduit dans l'organisme d'un animal, il produit tout d'abord ses effets silencieusement, il augmente sa force, sa puissance, il se multiplie, puis, au bout d'un certain temps, ses effets se manifestent extérieurement.

Que faut-il entendre par les expressions, contagion immédiate, contagion médiate, contagion volatile, et quel est le rôle de ces divers modes de la contagion ?

Contagion immédiate ou directe. — Par contagion immédiate ou directe, on entend la transmission d'une affection contagieuse à un animal sain avec lequel est en contact un animal malade qui le touche directement et lui communique lui-même sa maladie. Quand on dit qu'il y a eu contagion immédiate, on entend dire qu'il y a eu rapport direct d'un animal malade avec un animal sain, et que de ce rapport est résulté la contamination de l'animal sain, la transmission de la maladie. Ainsi il y a contagion immédiate quand un chien enragé transmet sa maladie en inoculant lui-même sa salive par morsure, quand un cheval morveux salit lui-même de son jetage un cheval sain et lui inocule ainsi sa maladie, quand un mouton claveleux transmet par son contact la clavelée à un ou plusieurs moutons sains. La contagion naturelle et la contagion expérimentale peuvent se faire suivant ce mode, dont la condition principale est le contact d'un malade, qui rejette de la matière virulente, avec un animal sain capable de faire fructifier cette matière, capable de contracter la maladie. C'est donc l'individu malade lui-même qui transmet sa maladie au moyen de la matière virulente qu'il excrète.

La contagion immédiate implique l'introduction du virus par la peau, par une plaie, par une muqueuse, par le placenta ; ainsi la contagion immédiate de la rage consiste dans l'inoculation du virus rabique à la peau par morsure ; ainsi la contagion immédiate du charbon, de la morve, à l'individu qui se blesse en pratiquant une autopsie, a lieu par une plaie ; ainsi la contagion immédiate de la syphilis et de la dourine a lieu par l'inoculation qui résulte de l'acte du coït ; ainsi certaines maladies se transmettent de la mère au fœtus. Les excoriations et les plaies à la surface des téguments sont des conditions favorables à ce mode de contagion, et lorsqu'il y a transmission par contagion immédiate, on observe le plus souvent tout d'abord une évolution locale de la maladie, qui ne se montre pas généralisée d'emblée, qui s'étend et se généralise peu à peu.

Contagion médiate ou indirecte. — Il faut entendre par contagion médiate la transmission d'une maladie contagieuse d'un animal malade à un animal sain par l'intermédiaire d'un agent étranger solide ou liquide, imprégné ou sali de la matière virulente. Ainsi un cheval sain peut être contaminé en léchant les mangeoires ou les rateliers salis de jetage morveux, en ingérant des fourrages ou des boissons souillés de matière virulente, en recevant l'application ou le contact des objets divers, tels que couvertures, harnais, instruments de pansage, qui ont servi à un cheval morveux. Il y a donc contagion médiate ou indirecte quand la transmission se fait par le moyen d'un intermédiaire.

La contagion expérimentale peut être obtenue par ce mode comme la contagion naturelle, qui se produit d'ailleurs le plus souvent ainsi. Les maladies capables de se transmettre par contagion médiate sont très nombreuses, et l'on peut dire que ce sont presque toutes les maladies transmissibles.

Les conditions nécessaires pour que la contagion médiate ait lieu sont les suivantes : il faut qu'il y ait excrétion et rejet de matière virulente par un individu malade ; il faut que cette matière virulente, ou tout au moins que l'agent essentiel de la virulence se conserve pendant un temps plus ou moins long à la surface des corps solides, ou dans les liquides ; il faut que cet agent virulent soit introduit dans l'organisme d'un animal sain, et qu'une fois introduit il s'y multiplie et le rende malade.

Les agents ou véhicules, qui servent le plus souvent d'intermédiaires, sont les aliments, les fourrages et les boissons. Le charbon dit spontané se développe souvent, pour ne pas dire toujours, à la suite de l'ingestion de fourrages ou de boissons chargés de bactéridies à l'état de bâtonnets, mais surtout à l'état de corpuscules-germes. La morve se transmet aussi le plus souvent par les matières ingérées, par les fourrages, par les boissons, par les objets divers salis de jetage. Dans les régiments, où les chevaux sont conduits ensemble aux mêmes abreuvoirs, il arrive que les morveux non reconnus et laissés par conséquent dans les rangs, toussent, s'ébrouent ou expectorent des matières qui sont rejetées et mélangées à l'eau des abreuvoirs, pour être dans le même moment ingérées par plusieurs animaux sains qui se contaminent ainsi.

Dans les cas de contagion médiate, les virus s'introduisent le plus ordinairement par les voies digestives et quelquefois par la peau, quand des objets infectés sont appliqués sur les animaux sains.

La transmission par ce mode est favorisée par toutes les mauvaises conditions hygiéniques, par toutes les circonstances qui favorisent la conservation des contages et leur introduction chez les individus sains.

La maladie contractée par contagion médiate évolue autrement que celle résultant de la transmission immédiate ; assez généralement elle évolue plus rapidement et se généralise plus tôt. Les maladies éruptives (clavelée, horsepox, fièvre aphtheuse), inoculées ou communiquées par contact immédiat, donnent ordinairement des pustules aux points d'inoculation, aux points de contact, et ordinairement rien qu'aux points de contact ; tandis que ces mêmes maladies, contractées à la suite d'ingestion de matière virulente, se montrent caractérisées par une éruption généralisée.

Contagion volatile. — La contagion volatile est une variété de la contagion médiate, elle se fait par l'intermédiaire de l'air. Les germes virulents sont en suspension dans l'air, qui se charge de les déposer dans les voies respiratoires, sur la peau, sur les plaies, sur les fourrages et dans les boissons. Nous séparons ce mode du précédent, parce qu'il exige un véhicule différent, parce que la contagion se fait dans des conditions différentes, et parce que le contage s'introduit par d'autres voies, par les voies respiratoires ordinairement et non par les voies digestives. Parmi les nombreuses maladies qui se transmettent par contagion médiate, il en est un bon nombre qui peuvent aussi se transmettre par contagion volatile : telles sont la clavelée, le typhus, la péripneumonie, etc.

La contagion volatile s'appelle encore infection, infecto-contagion ; pour s'effectuer elle exige les conditions suivantes : il faut qu'il y ait production et excrétion dans l'air de la matière virulente par un animal malade ; il faut que l'agent virulent soit assez ténu pour pouvoir être maintenu en suspension dans l'air, et qu'il n'y perde pas ses propriétés virulentes ; il faut qu'il soit introduit dans un animal sain et qu'il y repullule. Il faut donc que l'air soit infecté de l'agent virulent par l'individu malade, et que les animaux sains qui respirent cet air soient infectés à leur tour par les germes qu'il tient en suspension.

On appelle ce milieu, cet air chargé de germes, un milieu infectieux, miasmatique. Il peut s'étendre grâce à l'expansibilité des gaz et aux courants d'air ; ainsi les germes virulents deviennent de plus en plus éloignés les uns des autres, et il se produit alors un fait analogue à celui qui se produit quand on dilue progressivement une matière virulente : les germes se raréfient dans une étendue donnée, et finalement ils se déposent. Un air virulent ne reste donc pas très longtemps doué de cette propriété ; son infection cesse plus ou moins vite.

La contagion volatile est démontrée par des observations nombreuses et par des expériences. Il est bien vrai que Renault n'avait pas pu contaminer un cheval sain en lui faisant inhaler l'air expiré par un cheval morveux ; mais il est admis par tout le monde que certaines maladies, et notamment celles qui provoquent des lésions nombreuses dans l'appareil respiratoire, peuvent se transmettre par l'intermédiaire de l'air. On a fait naître des maladies virulentes en faisant inhaler à des animaux sains un air tenant en suspension des poussières d'humeurs virulentes desséchées. On a reproduit la phthisie par l'inhalation de crachats desséchés. Les germes virulents, introduits avec l'air, se multiplient dans les voies respiratoires ou sont absorbés et transportés dans différentes parties de l'organisme. S'il se trouve dans l'air des germes divers, l'individu qui le respirera pourra contracter plusieurs maladies, s'il est apte à leur développement.

La contagion peut avoir lieu, non seulement dans l'espèce, mais aussi hors de l'espèce ; ainsi la morve se transmet du cheval au cheval, et du cheval au mulet, à l'âne, à l'homme, aux petits ruminants (mouton, chèvre), au chat et au lapin. Beaucoup d'autres maladies peuvent se transmettre à plusieurs espèces animales (charbon, septicémie, rage, etc). Une maladie contagieuse, qui est plus particulièrement propre à une espèce, perd de son intensité quand elle se développe sur des animaux appartenant à d'autres espèces. Les virus qui passent des organismes, où ils sont pour ainsi dire autochtones, dans d'autres, perdent de leur puissance ; mais ils la récupèrent en revenant dans les premiers. C'est ce qui semble avoir lieu pour les virus de la morve, de la rage, etc.

Il convient de nous demander quels sont les moyens, les agents et les circonstances qui favorisent la contagion en général. Ces agents, ces moyens et ces circonstances tiennent au contage lui-même, au récepteur, c'est-à-dire à l'individu qui reçoit le contage, et à l'hygiène. Les contages sont plus ou moins puissants suivant les maladies. Le même virus peut être plus ou moins actif; en outre, la même matière virulente produit des effets plus ou moins rapides suivant la quantité ou le nombre de germes qui sont introduits dans l'organisme: cela est démontré aujourd'hui pour le charbon. On a remarqué que pour obtenir le charbon avec des caractères très prononcés et une terminaison rapide, il fallait inoculer un grand nombre de bactériens, et que, plus le nombre des germes était grand, plus la maladie suivait une marche rapide.

Les causes individuelles qui favorisent la contagion tiennent à l'espèce, au tempérament, à l'âge, au sexe, etc. Ainsi certaines maladies affectent de préférence certaines espèces (péripneumonie), d'autres attaquent principalement les individus jeunes (gourme, maladie du jeune âge, etc.), d'autres se montrent surtout chez les reproducteurs, etc.

Les influences les plus nombreuses dérivent sûrement de l'hygiène, ce sont: le défaut de soins, le défaut de mesures hygiéniques, l'excès de travail, l'alimentation insuffisante, l'alimentation de mauvaise qualité, avariée, altérée, les boissons altérées, etc. Ces diverses causes ne produisent pas la maladie, mais elles prédisposent à la contagion en exagérant l'impressibilité des animaux, et en facilitant l'introduction des germes morbides dans l'organisme.

Les circonstances qui favorisent le plus la contagion, ce sont surtout celles qui favorisent la conservation des virus (défaut de désinfection, malpropreté, aération incomplète), et celles qui favorisent les rapports directs ou indirects des animaux malades avec les animaux sains (cohabitation, fréquentation des mêmes chemins, des mêmes abreuvoirs, des mêmes pâturages, foires et marchés, usage des mêmes harnais, des mêmes objets de pansage, voisinage, etc.).

VOIES D'INTRODUCTION DES VIRUS

Les principales voies d'introduction naturelle des virus sont la peau et les muqueuses. La peau intacte, recouverte de ses poils et de son épiderme, se prête difficilement à l'absorption des matières virulentes. Pourtant elle peut, même dans cet état, servir quelquefois de porte d'entrée aux virus, c'est lorsque ceux-ci sont maintenus appliqués contre elle, en contact avec elle au moyen de couvertures par exemple; c'est ainsi que Gohier transmit la morve en maintenant des objets imprégnés de virus morveux sur des animaux d'expérience. La peau se prête bien mieux à l'introduction des virus quand elle est dénudée, dépilée, excoriée, éraillée, desquamée, quand elle présente des plaies, car alors les germes morbigènes peuvent être directement mis en rapport avec le tissu conjonctif qui se prête très bien à l'absorption. La transpiration cutanée, qui se condense sur le tégument, peut favoriser la contagion en conservant et maintenant à la surface du corps les germes déposés par l'air ou tout autrement. Les morsures rabiques, les piqûres anatomiques, les inoculations à la lancette, prouvent bien que les plaies de la peau sont très favorables à la pénétration des virus. Les affections, dont les germes agissent sur la peau pour y provoquer un état morbide ou pénétrer dans l'organisme, sont les maladies parasitaires cutanées, les maladies éruptives, la morve, le charbon, la rage, etc.

Les muqueuses, comme la peau, se prêtent très bien à l'absorption des contages. Les virus peuvent s'introduire à travers la muqueuse de la bouche; il suffit par exemple de badigeonner la muqueuse buccale d'un animal sain avec de la bave provenant d'un animal atteint de la fièvre aphtheuse pour reproduire la maladie. Le charbon peut s'introduire par la muqueuse buccale, surtout quand il existe des excoriations à sa surface, ou quand les aliments sont durs et blessent les muqueuses.

La muqueuse oculaire, la muqueuse uréthrale, la muqueuse nasale, la muqueuse bronchique et la muqueuse gastro-intestinale, peuvent toutes servir de voies d'introduction aux virus; la muqueuse oculaire pour la morve, la rage, la syphilis, la clavelée, etc.; la muqueuse uréthrale pour la syphilis, la dourine, les aphthes, etc.; la muqueuse nasale et la muqueuse bronchique pour la péripneumonie, le typhus, la clavelée, la variole, etc.; la muqueuse gastro-intestinale pour la clavelée, la morve, le typhus, la phthisie, le horsepox, la variole, le charbon, etc.

Les muqueuses respiratoire et gastro-intestinale sont les deux muqueuses qui sont le plus souvent le siège de l'absorption des produits virulents. La contagion médiate et la contagion volatile se font, l'une par les voies digestives, et l'autre par les voies respiratoires. Anciennement on ne croyait pas au rôle des muqueuses digestives dans l'absorption des virus, et même de nos jours un assez grand nombre de vétérinaires ne croient pas que des maladies contagieuses puissent se transmettre d'un animal malade à un animal sain par l'absorption du virus dans les voies digestives; c'est là une grosse erreur. Il y a quelque temps, M. Decroix, pour prouver que la contagion ne pouvait avoir lieu par les voies digestives, ingéra lui-même des produits morveux et de la salive provenant d'un chien enragé, il ne devint ni morveux, ni enragé; mais cela n'est pas une preuve suffisante contre le rôle des voies digestives, car des expériences nombreuses viennent démontrer que presque toutes les maladies contagieuses se développent à peu près sûrement par l'ingestion de leur virus. La morve se développe au moins six fois sur neuf quand on fait ingérer des matières virulentes à des chevaux. Beaucoup d'autres maladies sont dans ce cas; le charbon peut se développer cinq fois sur six quand on fait ingérer de la matière charbonneuse, et d'ailleurs les observations comme les expériences prouvent ce fait. La clavelée se transmet aussi très bien par les voies digestives, à tel point que des vétérinaires ont proposé de pratiquer la clavelisation par l'ingestion de croûtes claveleuses. Il en est de même pour la vaccine, la variole, la fièvre aphtheuse, la septicémie, la phthisie tuberculeuse, le typhus, etc. Il est encore un assez grand nombre de maladies pour lesquelles l'expérience n'a pas prononcé en dernier ressort, telles sont : la péripneumonie, le piétin, la rage, la gourme, la maladie du jeune âge, etc.

En résumé, ce sont quelquefois les voies respiratoires et le plus ordinairement les voies digestives, qui sont les voies prépondérantes par lesquelles se fait la contagion naturelle.

Le tissu conjonctif en général se prête très bien à l'absorption et à l'introduction des virus dans l'organisme.

La voie utérine est aussi une voie de transmission des virus. Si on inocule du charbon à une femelle pleine (lapine), on la fait mourir sans que la maladie se transmette au fœtus; mais ce qui est vrai pour le charbon ne l'est pas pour toutes les maladies contagieuses ou virulentes. Ainsi la clavelée, la péripneumonie contagieuse, etc., peuvent très bien se transmettre de la mère au fœtus.

Il y a encore d'autres voies d'introduction, mais alors il faut parler de la contagion expérimentale (injections diverses, hypodermique, intra-vasculaire, intra-lymphatique, intra-séreuse).

Absorption des virus. — Les voies d'introduction des virus nous sont connues, nous savons que les matières virulentes pénètrent dans l'organisme par la peau dénudée, excoriée ou intacte, par les muqueuses, par le tissu conjonctif, et quelquefois, quoique très rarement, par d'autres voies, comme la voie placentaire. Dans la transmission expérimentale, on peut encore adresser la matière virulente aux vaisseaux sanguins, aux lymphatiques ou aux séreuses.

Que deviennent les matières virulentes mises en contact avec la peau, les plaies, les muqueuses, le tissu conjonctif? Ces matières virulentes, puisqu'elles doivent produire des effets sur l'organisme, puisqu'elles doivent déterminer dans la suite une maladie contagieuse semblable à celle qui les a produites, sont absorbées. Comment sont-elles absorbées et par quels agents le sont-elles? Leur absorption s'effectue soit par les éléments cellulaires, soit par les vaisseaux lymphatiques, soit par les vaisseaux sanguins. Une matière virulente quelconque, injectée sous la peau, est en effet mise en rapport direct avec les vaisseaux lymphatiques et sanguins et avec les éléments cellulaires. Ces trois agents différents absorbent; ainsi les éléments cellulaires absorbent par endosmose, les vaisseaux lymphatiques et sanguins absorbent pareillement par endosmose et peuvent, qui plus est, se trouver plus ou moins intéressés, d'où résulte l'introduction directe de la matière dans leur canal.

Lorsque le virus est absorbé seulement par les éléments cellulaires, il en résulte un simple travail sur place; dans ce cas la matière virulente produit ses effets localement. Ce n'est que dans la suite que ses effets se généralisent, que les éléments virulents sont transportés dans le torrent circulatoire par les lymphatiques:

mais cette évolution est l'exception. Quelques maladies (maladies éruptives) semblent seules dans ce cas; ainsi quand on inocule la clavelée, le horsepox, la variole, on obtient un travail local. Il semble donc qu'il n'y ait pas eu absorption du virus par les vaisseaux lymphatiques et sanguins, et qu'il y ait eu absorption seulement par les éléments cellulaires. Mais ce serait une erreur que d'admettre cette manière de voir, puisque en effet, si cinq minutes après l'inoculation on extirpe le point inoculé, on n'empêche pas pour cela la maladie d'apparaître; donc l'absorption est ordinairement générale, et elle s'est faite concurremment et par les éléments cellulaires et par les vaisseaux.

Les vaisseaux qui jouent le plus grand rôle sont les vaisseaux lymphatiques. Pour la morve, la phthisie, le charbon, etc., il est démontré que la matière inoculée chemine de proche en proche dans l'intérieur des lymphatiques et arrive ainsi aux ganglions les plus voisins du point inoculé; de là elle passe à d'autres ganglions, et une fois arrivée dans le torrent circulatoire sanguin, elle se répand partout; alors, mais seulement alors, la maladie se décèle par des lésions et des symptômes généraux.

Ce rôle important du système lymphatique a été mis en pleine évidence, principalement par M. Colin d'Alfort, qui a étudié très scientifiquement la marche des virus charbonneux, phthisique, morveux, etc., après leur inoculation. Il a suivi pour ainsi dire pas à pas le progrès du virus jusqu'aux derniers ganglions et jusqu'au torrent circulatoire.

Sur quels éléments porte l'absorption? Les matières virulentes se composent d'une partie liquide et d'une partie solide figurée, comprenant des éléments disparates et qui ne sont pas tous virulents. Quels sont donc les éléments qui sont absorbés plus particulièrement? Ce sont principalement les matières liquides, qui se prêtent le mieux à l'absorption, mais ces matières ne sont pas les seules; les matières solides, les corpuscules, les cellules entières même sont absorbés; les particules solides passent avec la partie liquide et cheminent ensuite dans l'intérieur des lymphatiques.

Combien dure l'absorption virulente? A ce sujet il nous manque des données précises; cependant pour quelques maladies contagieuses, on peut déjà poser certaines règles. Disons d'abord que la durée de l'absorption virulente ne semble pas être la même pour toutes les maladies contagieuses; certains virus sont absorbés plus rapidement que d'autres. Le virus syphilitique n'est pas absorbé rapidement; il reste durant quelques heures localisé au point d'inoculation. Cela résulte des expériences du docteur Rodet de Lyon qui, en cautérisant les parties inoculées quatre ou cinq heures après l'inoculation, a empêché l'évolution de la syphilis.

Parmi les maladies qui sévissent sur nos animaux domestiques, il y en a dont les matières virulentes exigent un certain temps pour être absorbées; la rage est peut-être dans ce cas, puisque certains faits semblent témoigner que la cautérisation d'une morsure rabique peut être efficace après quelques heures.

À l'opposé de la matière rabique, il en est d'autres dont l'absorption est rapide, telles sont : celle de la variole, celle du charbon, celle de la morve, dont l'absorption est effectuée en quelques minutes. Ainsi lorsqu'on inocule un lapin à l'oreille avec du virus charbonneux, la maladie évolue et tue l'animal, bien qu'on ampute l'oreille cinq minutes après l'inoculation. Quand on inocule le horsepox, la variole, la clavelée, si on ampute la partie inoculée cinq minutes, dix minutes après l'opération, on voit apparaître plus tard les symptômes de la maladie. Alors ces symptômes ne sont plus les mêmes que lorsqu'on laisse le point d'inoculation intact. Dans ce dernier cas, la maladie se localise, se développe au point d'inoculation; mais si on pratique l'extirpation de la partie inoculée, on voit apparaître des accidents plus nombreux; les pustules se montrent aux lieux naturels d'élection, c'est-à-dire dans les endroits où la peau est fine et très vasculaire. Comment expliquer ce phénomène, si on n'admettait pas que l'absorption du virus a été effectuée au moins en partie.

La durée de l'absorption varie du reste suivant certaines conditions de l'animal récepteur; elle est surtout courte dans les régions très riches en lymphatiques et en vaisseaux sanguins, ainsi que dans les régions où existent des éléments cellulaires se rapprochant du type embryonnaire. L'absorption est surtout rapide dans le tissu conjonctif sous cutané et dans le tissu conjonctif lâche.

Il ressort de ce que nous venons de dire un enseignement au point de vue de la prophylaxie et de la police sanitaire. Les maladies éruptives (horsepox, clavelée, etc.) ne sont pas les plus dangereuses; ainsi le horsepox qui se transmet à l'homme n'est pas grave. Il n'en est pas de même de la morve, du charbon, de la rage, etc. C'est à propos de ces maladies qu'il faudra se rappeler ce que nous venons de dire. Néanmoins, lorsqu'on sera consulté pour savoir s'il y a indication de cautériser certaines morsures rabiques, il faudra toujours employer la cautérisation, quand même la plaie aurait un ou plusieurs jours de date. Il peut se faire que le virus rabique soit dans la blessure où il a été déposé ou au pourtour, et n'ait pas encore été absorbé.

Quand il s'agit de la morve, dont le virus est absorbé plus rapidement, la cautérisation serait inefficace après un, deux jours et même avant ; mais dans ces cas, il serait encore bon d'y recourir, parce que le virus peut ne pas être absorbé complètement, et celui qui a été absorbé peut n'avoir pas cheminé bien loin au-delà du point d'inoculation, il peut se trouver dans les lymphatiques voisins du point d'inoculation, et alors une cautérisation assez énergique peut encore l'atteindre.

Cela est bien vrai pareillement pour le charbon ; les bactéridies cheminent très rapidement dans les lymphatiques jusqu'au premier ganglion ; arrivées là, elles s'arrêtent plus ou moins longtemps, se multiplient, et tant qu'elles sont contenues dans ce ganglion, la cautérisation peut être efficace à condition qu'elle porte en même temps sur le ganglion malade ; d'où l'indication de rechercher s'il n'y a pas de ganglions hypertrophiés au voisinage du point d'inoculation pour y porter la cautérisation.

IMMUNITÉ, RÉCEPTIVITÉ

Les virus étant absorbés, que deviennent-ils dans l'économie? Introduits dans un organisme apte à leur multiplication, ils s'y multiplient ; et dans un temps plus ou moins éloigné, ils déterminent une maladie ; on dit alors que l'animal est en état de réceptivité. Il peut arriver quelquefois que les germes virulents, quoique absorbés, ne produisent aucun effet ; on dit alors que l'animal est réfractaire, ou qu'il jouit de l'immunité. Il est réfractaire quand il est de par lui-même inapte à contracter la maladie, et il a l'immunité quand, pour une cause appréciable (inoculation, maladie antérieure), il est devenu inapte à se laisser influencer par tel virus.

La réceptivité des animaux est variable suivant certaines circonstances ; elle varie suivant les contages, suivant les espèces animales, suivant les individus d'une même espèce, suivant les races, suivant l'âge d'un même individu, suivant le tempérament, suivant la constitution, suivant l'effet de maladies antérieures, suivant l'hygiène, les climats, la température, les saisons et enfin suivant quelque chose qui nous échappe. Elle varie suivant les espèces animales et les maladies contagieuses, car en effet certaines espèces animales ne contractent jamais telle ou telle maladie contagieuse. La morve par exemple n'est pas transmissible aux grands ruminants, qui ne possèdent pas la réceptivité à l'égard de cette maladie, qui sont par conséquent réfractaires. La gourme ne se communique pas aux espèces autres que les solipèdes ; les oiseaux sont réfractaires au charbon, etc. La réceptivité varie suivant les races ; ainsi les moutons africains sont plus ou moins réfractaires au charbon.

Elle varie suivant les âges ; le jeune âge est favorable au développement de certaines affections, qui en sont l'apanage (maladie des chiens, gourme du cheval, rougeole, etc.).

Est-ce à dire que des individus plus âgés ne possèdent pas la réceptivité vis-à-vis de certaines de ces maladies? Ce serait une erreur que de le croire ; car un chien de cinq ans, de six ans, qui est réfractaire à la maladie du jeune âge, peut avoir éprouvé une première atteinte de la maladie antérieurement et avoir acquis l'immunité, il faudrait donc être bien sûr que les animaux n'ont jamais contracté la maladie pour laquelle ils présentent la non-réceptivité, pour pouvoir généraliser ce fait et l'appliquer à tous les animaux du même âge. Peut-on affirmer que les chevaux de treize ans, de quatorze ans, ne sont pas en état de réceptivité pour la gourme? Il aurait fallu observer les animaux, connaître parfaitement leurs antécédents et s'assurer, lorsqu'ils sont arrivés à l'âge adulte ou à la vieillesse, s'ils ne sont pas susceptibles de contracter la gourme, si de vieux animaux n'ayant pas été atteints dans leur jeune âge, sont réfractaires à l'âge adulte. Or il semble que les solipèdes adultes ou même vieux peuvent contracter la gourme quand ils ne l'ont pas déjà eue.

Le tempérament ainsi que la constitution prédisposent à certaines maladies contagieuses ; il est des individus qui résistent longtemps à une maladie contagieuse sans qu'on puisse toujours se l'expliquer. On voit des animaux qui, bien qu'inoculés de la même maladie, par le même procédé et avec la même quantité de virus, ne se comportent pas tous de la même façon ; certains (le plus grand nombre) deviennent malades dans une période plus ou moins longue, d'autres ne contractent pas la maladie. Y a-t-il là une influence tenant au virus ou à l'individu lui-même? Il est difficile de donner à ce sujet une réponse précise.

L'immunité peut donc être naturelle (non-réceptivité), acquise, conférée. Elle est naturelle lorsque l'individu est de par lui-même inapte à contracter telle ou telle maladie; ainsi, avons-nous dit, le mouton africain semble avoir de lui-même l'immunité contre le charbon. Elle est acquise, lorsqu'elle résulte d'une première atteinte de la maladie; l'homme atteint de variole a acquis, comme conséquence de ce fait, l'immunité contre une seconde atteinte. Elle est conférée, quand elle résulte d'une inoculation préservatrice; l'enfant vacciné a l'immunité conférée.

Qu'il s'agisse de l'immunité naturelle, de l'immunité acquise ou de l'immunité conférée, combien peut-elle durer de temps? L'immunité peut durer plus ou moins longtemps, elle peut durer toute la vie de l'individu ou n'être que temporaire; ainsi l'homme peut avoir plusieurs fois la variole, un enfant vacciné peut contracter plus tard la variole; des moutons clavelisés peuvent contracter au bout d'un certain délai la clavelée; de même des animaux inoculés de la péripneumonie, de la fièvre aphtheuse, ont une immumunité temporaire, ils redeviennent aptes à contracter de nouveau la même maladie dont l'immunité les préservait. L'immunité a une durée variable suivant les maladies et suivant les individus; ainsi la non-réceptivité des solipèdes atteints une première fois de horsepox n'est pas de longue durée, puisqu'on peut obtenir une seconde éruption en réinoculant les animaux quelques semaines après une première guérison; ainsi la durée de la préservation résultant de la vaccination est plus ou moins longue suivant les individus.

La fièvre aphtheuse et la clavelée confèrent une immunité plus longue que le horsepox; pourtant elle ne semble pas durer longtemps pour la fièvre aphtheuse, elle ne dépasse pas un an ou deux; celle que confère la clavelée, quoique plus longue, ne dure pas constamment; et il en est de même pour la péripneumonie.

L'immunité conférée, venons-nous de dire, résulte d'une inoculation préservatrice; à son sujet on peut donc ajouter que les maladies virulentes possèdent la propriété de se préserver d'elles-mêmes. Une maladie virulente (péripneumonie, clavelée, horsepox), une fois qu'elle a ravagé un organisme, lui confère l'immunité, le rend inapte à se prêter de nouveau au développement de la même maladie, du moins pendant un certain temps.

A côté de ces maladies, il y en a au moins une qui préserve contre une autre maladie différente; ainsi le vaccin préserve de la variole, et la variole de l'homme inoculée au cheval le préserve du horsepox : ce sont là deux maladies antagonistes.

Par contre, il est des maladies qui peuvent très bien coexister plusieurs ensemble sur le même individu; ainsi le même animal peut présenter la péripneumonie et la tuberculose, la morve et le horsepox, la péripneumonie et le typhus, le typhus et la fièvre aphtheuse. Chez l'homme la syphilis et la vaccine, la phthisie et la vaccine peuvent coexister.

L'immunité naturelle, acquise ou conférée, ainsi que la variabilité de sa durée s'expliquent par l'absence de certains principes nécessaires à la vie des germes de telle ou telle maladie.

L'immunité conférée peut ne pas être complète ou préserver absolument les individus, c'est-à-dire être complète. Elle est incomplète, quand par exemple la vaccination ne produit pas chez l'enfant une préservation absolue. Quelquefois l'immunité est en effet incomplète ou partielle ; ainsi l'enfant vacciné peut parfois contracter la variole, qui pourtant reste bénigne.

ACTIVITÉ D'UN MÊME VIRUS

Nous savons déjà que les mêmes contages ne jouissent pas toujours de la même intensité virulente. Cette variabilité de la puissance morbigène s'explique de différentes manières. Ainsi quand il s'agit de maladies virulentes éruptives, on rencontre le virus le plus actif dans les premiers jours de l'évolution. Dans les pustules du cowpox, on rencontre du bon virus dès les premiers jours de l'éruption, vers les 3e, 4e, 5e, 6e jours après l'inoculation ; plus tard, quand les pustules vieillissent, elles ne contiennent plus de la lymphe, elles contiennent du pus irritant, qui ne jouit pas toujours de la propriété virulente, ou n'en jouit qu'à un degré moindre. Donc, pour obtenir du virus véritablement actif, il faut le puiser dans des accidents récents.

De même pour les autres maladies contagieuses (morve, phthisie, etc.), le virus le plus récent est le plus actif; ce n'est pas la matière caséeuse des tubercules qui est la plus active, mais bien le produit des lésions récentes. On a d'ailleurs observé une décroissance de puissance de certains virus, décroissance appréciable aux symptômes de la maladie provoquée, qui sont beaucoup moins graves; le phénomène a été signalé par exemple à la fin des épizooties de typhus. Dans le principe d'une épizootie, la maladie est ordinairement plus grave qu'à la fin. Pourquoi l'affection est-elle moins grave à la fin des épizooties? Certains virus perdent de leur intensité lorsqu'on les cultive artificiellement, lorsqu'on les inocule successivement; un moyen d'affaiblir le virus claveleux consiste à le prendre chez un mouton malade, à l'inoculer à un animal sain, puis à le transporter de chez ce dernier sur un autre mouton et ainsi de suite. Grâce à des cultures artificielles plus ou moins répétées, on atténue la puissance morbifique de certains virus sans leur enlever la propriété de conférer l'immunité.

Il ressort de cet exposé que l'atténuation des divers virus, si elle était bien établie, serait de la plus grande importance; on pourrait en effet affaiblir graduellement les différents virus et arriver à un moment où ils pourraient être inoculés sans dangers et cependant conférer l'immunité aux animaux. C'est en partant de ces idées, qu'on a fait des essais en Russie sur le virus typhique. L'expérience n'a malheureusement pas confirmé le principe, bien qu'elle ait été poussée jusqu'à un grand nombre de cultures successives; le virus d'une culture avancée était presque aussi actif que celui de la première. Si la décroissance n'est pas bien démontrée, quand il s'agit de cultures sur des animaux de la même espèce, elle n'est pas douteuse, quand la culture est faite sur des espèces différentes; tout virus en effet qui change de terrain et qui passe dans une espèce moins propice, perd de son intensité virulente. Ce fait est important à retenir; mais le virus qui a perdu de ses propriétés les reconquiert ordinairement en revenant à la première espèce. Dans ces derniers temps, M. Pasteur est parvenu à atténuer le virus du choléra des volailles, de façon à pouvoir l'inoculer sans danger, tout en conférant l'immunité.

Action, mode d'action des virus. — Comment agissent les virus pour déterminer les maladies virulentes? Ce point a déjà été traité précédemment, et l'on comprend en effet que leur mode d'action soit interprété d'une manière différente, suivant la théorie virulente que l'on admet. Nous savons qu'il existe au moins quatre théories : la théorie de la matière devenue virulente, la théorie des virus solubles, la théorie des granulations virulentes et enfin la théorie du parasitisme virulent. Nous ne nous attarderons ni sur la première ni sur celle des virus solubles, mais nous sommes obligés de nous arrêter aux deux dernières.

Pour savoir comment agissent les matières virulentes, nous

n'avons qu'à nous reporter à ces deux théories. Dans les deux, on suppose que les virus se multiplient, repullulent, et le mode de multiplication, qui n'est pas bien déterminé quand il s'agit de granulations moléculaires, l'est bien dans la théorie du parasitisme. Le virus repullule, et comme conséquence, il détermine des lésions, des symptômes; et ces accidents, locaux dans quelques circonstances, deviennent ensuite généraux; ainsi dans la morve, la lésion est d'abord localisée au point inoculé, plus tard elle se généralise. Les maladies éruptives ont une action qui reste le plus ordinairement locale. Lorsqu'on inocule un cheval du horse-pox, un mouton de la clavelée, la maladie ne se généralise pas, et cependant il y a absorption de la matière virulente. Il faut admettre que le virus inoculé localement produit des effets sur place, lesquels effets confèrent ainsi l'immunité à tout l'individu. Certaines maladies, lorsqu'elles sont contractées par certaines voies, sont générales d'emblée. Si le virus de la clavelée s'introduit par les voies respiratoires ou digestives, il se produit une éruption sur les organes internes et aussi à la surface de la peau. Parmi les maladies qui sont générales tout d'abord, il en est qui plus tard se localisent. Ainsi dans la péripneumonie contagieuse, qui est une maladie générale, les principaux liquides sont virulents, et pourtant l'affection localise ses lésions sur le poumon ; on dit alors que la maladie, quoique générale, localise ses manifestations, et il est toujours plus facile de guérir une maladie localisée qu'une maladie générale.

Incubation. — La période d'incubation ou période pendant laquelle l'agent virulent ne détermine ni lésions, ni symptômes apparents, dure depuis l'introduction de la matière virulente jusqu'à l'apparition des premières lésions appréciables ou des premiers symptômes. Sa duré est très variable, suivant les contages, suivant les individus, suivant le mode de contagion, suivant les causes prédisposantes, suivant les saisons, suivant les épizooties. Elle est variable suivant les contages ; ainsi le charbon a une période d'incubation de un à deux jours chez les petites espèces, de huit à dix jours chez les grandes espèces. La morve, la péripneumonie ont une période d'incubation plus longue. Pour la morve, la durée est de cinq, six à quatorze jours; pour la péripneumonie elle est de quatorze à quatre-vingt-dix jours; la rage n'apparaît que 10, 15, 30, 60, 90 jours après la morsure. La période d'incubation est variable suivant les individus; c'est ainsi que pour la rage, on voit des chiens chez lesquels elle dure de quinze à vingt jours, tandis que chez d'autres, elle dure quatre-vingt-dix jours. Chez certains solipèdes la morve se déclare au bout de huit à quatorze jours, et chez d'autres trois au quatre jours après l'inoculation. En général, lorsque le virus est inoculé ou a pénétré par une plaie, la période d'incubation est plus courte. Elle est plus longue lorsque les matières virulentes ont été introduites par les voies digestives ; c'est là l'idée qui domine aujourd'hui. Mais cette idée est erronée : la maladie, dont le germe s'est introduit par une plaie, semble avoir une période d'incubations plus courte, parce qu'on saisit plus tôt ses premières manifestations. Il n'est pas prouvé que la maladie ne s'est pas développée aussi rapidement quand il y a eu contagion par les voies internes ; car alors elle évolue sur des organes qu'il n'est pas facile d'explorer, et les premiers symptômes, comme les premières lésions, passent souvent plus ou moins longtemps inaperçus. C'est ainsi que s'explique l'erreur que l'on commet assez généralement.

Les causes prédisposantes, qui tiennent à l'hygiène, qui affaiblissent l'organisme, prédisposent les individus à se montrer plus aptes à recevoir et à faire fructifier tel ou tel contage ; elles abrègent la durée de la période d'incubation, tout en prédisposant à telle ou telle maladie. Pourtant cela est loin d'être toujours exact, car il arrive fréquemment qu'elles rendent la maladie plus insidieuse dans sa marche, et par conséquent plus difficile à constater.

Les saisons influent aussi sur la durée de la période d'incubation ; il résulte en effet de l'observation que les maladies éruptives, la clavelée par exemple, ont, toutes choses égales d'ailleurs, une période d'incubation plus longue en hiver qu'en été. Pendant l'hiver, le froid agit comme astringent ; rien d'étonnant que les maladies éruptives marchent plus lentement. Durant l'été, la chaleur agissant sur la peau accélère la circulation de cet organe, et il ne répugne pas à l'esprit d'admettre que cette influence abrège la durée de la période d'incubation en favorisant l'évolution de la maladie.

Certaines maladies, comme la syphilis, ont des périodes d'incubation successives. Ainsi, après une première période d'incubation, elles se caractérisent par l'apparition des symptômes primordiaux ou primaires ; plus tard on voit survenir des accidents secondaires ; et plus tard enfin des accidents tertiaires. Il y a une première période d'incubation qui s'étend depuis l'inoculation de la matière virulente jusqu'à l'apparition des premiers symptômes ; c'est là la véritable période d'incubation de la maladie. Ensuite, entre l'apparition des premiers symptômes et l'apparition des accidents secondaires, il s'écoule un temps plus ou moins long, qui peut être considéré comme une seconde période d'incubation ou période d'incubation des accidents secondaires ; de même il y a une période d'incubation tertiaire.

Chez les animaux il y a aussi des maladies qui présentent assez distinctement ces périodes successives. Nous verrons plus tard, quand nous établirons des périodes dans l'évolution des maladies virulentes, que ces affections présentent des symptômes différents suivant leurs phases. C'est ainsi que dans la dourine, entre l'apparition de la première et de la seconde période, il s'écoule un certain temps qui peut être considéré comme une période d'incubation secondaire. Dans la première période les symptômes semblent localisés aux organes génitaux, et la maladie reste plus ou moins longtemps caractérisée par les premiers phénomènes ; surviennent ensuite l'émaciation, des engorgements et des paralysies locales, tous accidents secondaires, qui dénotent l'apparition d'une nouvelle phase, c'est-à-dire la généralisation des lésions ; le temps écoulé entre l'apparition des premiers symptômes et celle des derniers est la période d'incubation secondaire.

On dit qu'il y a incubation prolongée, quand la durée de cette période dépasse la moyenne ordinaire. Dans la rage l'incubation moyenne est de quarante à soixante jours chez le chien ; mais on a observé des cas où la maladie s'est développée après deux cents jours, c'est-à-dire après une période d'incubation prolongée. Cette notion des périodes d'incubation prolongées ne doit pas être appliquée aux cas de morve latente, car après l'introduction du virus morveux on peut ne voir apparaître extérieurement les symptômes qu'au bout d'un temps très long, sans que la période d'incubation ait dépassé 5, 6, 8, 14 jours. La morve ne tue pas toujours rapidement et n'évolue pas toujours rapidement, lorsque l'absorption du contage a eu lieu par les voies internes, elle peut marcher lentement. Il ne faut donc pas confondre la période latente avec la période d'incubation : cette distinction a certainement, dans la pratique, une réelle importance en ce qui concerne la morve, elle permet de soupçonner un cheval sans qu'on aperçoive des symptômes à l'extérieur, elle indique qu'il y a lieu de rechercher les symptômes fournis par les organes internes et d'explorer surtout le poumon, elle nous montre qu'il importe aussi d'étudier plus à fond la morve, qui n'est pas suffisamment connue.

A quel moment apparaît la virulence chez un individu contaminé ? La réponse est facile, l'individu contaminé possède déjà la virulence dès la première seconde de sa contamination. Si on a résolu cette question autrement, c'est qu'on ne trouve pas, pendant la période d'incubation, le virus en grande quantité, il n'a pas eu le temps de se répandre dans tout l'organisme ; mais de ce qu'on ne le trouve pas partout, il ne faut pas en conclure que la virulence n'existe pas ; elle existe quelque part, sans quoi il n'y aurait pas production de la maladie. Il reste encore à déterminer l'époque de la disparition de la virulence chez les individus qui guérissent de telle ou telle maladie virulente ; il n'est pas démontré que la virulence disparaisse toujours dès que s'annonce le retour à la santé.

CLASSIFICATION DES MALADIES VIRULENTES

Il n'y a pas possibilité de classer les maladies contagieuses, et l'utilité d'une classification est d'ailleurs problématique ; une pareille opération n'est ni nécessaire, ni utile pour leur description. Nous étudierons les affections à contage de nature parasitaire, puis celles dont le contage n'est pas considéré, jusqu'à présent, comme étant de nature parasitaire, sans toutefois les classer.

On a établi des groupes, on a reconnu des maladies virulentes propres à une espèce, comme la gourme, la maladie du jeune âge, la péripneumonie contagieuse, puis des maladies propres à deux espèces ou à plusieurs. Ce serait aller du simple au compliqué en les étudiant dans cet ordre. Cependant nous ne suivrons pas cette marche ; car il n'est pas possible, dans l'état actuel de la science, de dire que telle maladie contagieuse ne se développe que sur une ou deux espèces ; il n'est pas absolument sûr que la péripneumonie ne se développe pas sur d'autres espèces que sur les grands ruminants.

On a distingué les maladies d'origine humaine et celles d'origine animale ; cette classification, bonne en pathologie comparée, est inutile ici, car nos animaux reçoivent rarement des contages de l'homme.

On a également divisé les maladies suivant leurs formes ; ainsi les maladies éruptives sont celles qui se décèlent à l'extérieur par des accidents à la surface de la peau et des muqueuses explorables, etc.; elles ont des caractères de famille assez bien marqués. Admettre cette classification serait tomber pourtant dans une erreur, car telle maladie non éruptive peut se compliquer d'une éruption ; ainsi la maladie du jeune âge, qui généralement consiste en un catharre nasal, oculaire et des voies digestives, se complique quelquefois d'une éruption de phlyctènes, d'ampoules, de pustules, qui apparaissent dans la région génitale ou à la surface du corps.

La classification qui serait basée sur la nature des affections serait la meilleure, s'il était bien démontré que les maladies virulentes ne se développent pas toutes comme le charbon, c'est-à-dire par contage parasitaire ; on pourrait admettre alors la division en maladies parasitaires et en maladies non parasitaires.

CHAPITRE III

TRAITEMENT. LÉGISLATION ET MESURES SANITAIRES

TRAITEMENT

Le traitement thérapeutique des maladies contagieuses n'est pas toujours bien important; mais leur traitement en général est d'une importance capitale, car dans ce traitement entrent l'hygiène, la prophylaxie et l'application des mesures de police sanitaire.

Le traitement des maladies contagieuses repose donc sur trois bases, qui sont l'hygiène, la thérapeutique et la police sanitaire.

Le traitement hygiénique ne doit jamais être négligé, surtout dans les maladies contagieuses; les soins hygiéniques modèrent la violence de ces affections et en préviennent les complications. Les agents de l'hygiène sont tous les moyens généraux tirés des *circumfusa*, des *ingesta*, des *gesta*, des *excreta,* des *applicata*; ce sont : la pureté de l'air, une température convenable, les soins de propreté réitérés, les aliments sains et nutritifs, de facile digestion, les boissons pures, les boissons médicamenteuses, le repos, les soins de la peau, le nettoyage des habitations, etc.

Le traitement thérapeutique joue un rôle moins grand que le traitement hygiénique ; il doit néanmoins avoir pour but de prévenir l'extension de la maladie ainsi que ses complications et d'en hâter la guérison. Les moyens thérapeutiques employés le plus souvent sont : les révulsifs, les antiputrides, les astringents, les modificateurs, les toniques et les spécifiques. Les révulsifs sont indiqués lorsqu'il y a lieu de craindre une métastase; les stimulants conviennent dans les cas où il y a affaiblissement et dans les cas où les éruptions se font difficilement ; les antiputrides sont toujours indiqués contre toutes les maladies, ce sont des antibactériens, surtout les pyrogénés. Les astringents sont employés quand il y a lieu de combattre certains engorgements ; les caustiques sont très bons souvent pour modifier certaines plaies atones, certains ulcères ; les toniques doivent être prescrits quand la maladie a duré longtemps, quand elle peut déterminer l'anémie, la cachexie.

En médecine humaine on possède dans quelques cas des agents spécifiques, des agents curatifs ; en vétérinaire y a-t-il des agents capables de guérir des maladies virulentes? On n'en sait rien. Cependant on a avancé que l'acide arsénieux était le spécifique de la dourine ; mais je ne crois pas à sa spécificité absolue, parce que j'ai été témoin de ses insuccès.

POLICE SANITAIRE

La police sanitaire est une branche et une branche très importante, la plus importante, sans contredit, du traitement des maladies contagieuses.

Elle a pour but de prévenir, d'empêcher, d'arrêter la propagation, la transmission des maladies contagieuses, de prévenir, de limiter les épizooties, et d'en poursuivre l'extinction au moyen de certaines mesures plus ou moins rigoureuses, édictées par des documents législatifs.

Les animaux domestiques sont de la plus grande importance dans les conditions d'existence des peuples. L'agriculture exige le concours du cheval, du bœuf, qui sont sujets à de nombreuses maladies contagieuses et qu'il importe de préserver efficacement. Notre pays ne se suffit pas, il doit importer tous les ans un nombre considérable d'animaux, principalement des animaux alimentaires ; en outre, nous exportons chez l'étranger des animaux élevés dans notre pays, et principalement certaines races de chevaux. Il faut que notre commerce puisse se faire avec facilité et sécurité ; il faut que les nations qui nous achètent des animaux aient confiance en nous ; il faut que notre législation sanitaire leur soit une garantie par ses prescriptions et son application, que nos animaux soient préservés aussi efficacement que possible de toute maladie contagieuse ; il faut en outre, et par dessus tout, que notre importation ne soit ni arrêtée ni même ralentie considérablement, car il faut donner satisfaction aux croissantes exigences de l'alimentation publique. Mais il faut pareillement que cette importation ne devienne jamais un danger ; il faut éviter à tout prix l'introduction de certaines maladies contagieuses; il faut exercer une surveillance sanitaire minutieuse à la frontière et recourir, en cas de besoin, aux mesures sanitaires édictées par nos lois. Il faut savoir ouvrir nos frontières à l'importation des animaux sains, comme il faut savoir les fermer à ceux qui seraient malades ou suspects. Après le commerce, après l'alimentation publique, après l'agriculture, c'est l'industrie qui est intéressée à l'application d'une police sanitaire prudente et sage. L'industrie utilise certaines dépouilles, certains produits de nos animaux, et nous importons tous les ans une assez grande quantité de ces dépouilles et de ces produits. Il importe donc que notre police sanitaire ne prive pas inutilement notre industrie des ressources qu'elle puise chez nous ou chez l'étranger; mais il faut pourtant qu'elle prévienne la contagion qui pourrait résulter de certaines dépouilles et de certains produits.

Enfin, ce qui domine dans l'importance de la police sanitaire, c'est la protection qu'elle constitue pour l'hygiène publique, c'est la préservation de l'homme contre les maladies contagieuses des animaux auxquelles il est constamment exposé. Nous savons en effet que certaines maladies se transmettent des animaux à l'homme; il y a donc un danger perpétuel, un danger de tous les jours dans le contact de l'homme avec les animaux, et ce contact est pourtant indispensable. Il faut donc le rendre le moins dangereux possible pour l'homme; il faut surveiller les animaux, leur appliquer, dès qu'on les reconnaît malades, les mesures propres à empêcher la transmission de leurs maladies.

La police sanitaire a donc pour objet, ainsi que nous le disions tout à l'heure, d'empêcher la propagation, la transmission des maladies contagieuses, de poursuivre, par les moyens convenables, l'extinction des épizooties et même l'extinction des maladies congieuses. Ainsi les mesures sanitaires, appliquées au typhus quand il a fait invasion chez nous, ont pour but de modérer les ravages de la maladie et de hâter la disparition du fléau; et quand elles sont bien appliquées dans ce cas, elles donnent toujours le résultat qu'on est en droit d'attendre d'elles.

Les moyens employés par la police sanitaire sont certaines mesures que nous apprendrons à connaître, et qui sont réglées, fixées, déterminées par les documents législatifs relatifs à la matière.

Ces mesures sont d'une utilité incontestable, puisque, grâce à elles, on prévient la transmission d'une maladie et on peut amener la disparition d'une épizootie. Elles sont très utiles, et je dirai plus, elles sont très nécessaires ; cela revient à dire que la police sanitaire a une importance capitale, qu'elle est absolument nécessaire ; et le gouvernement d'un pays ne peut pas s'en désintéresser. Il doit se charger de son application, de sa création, si elle n'existe pas, et de son perfectionnement, dans l'intérêt du peuple qu'il dirige. L'application, comme la prescription de mesures sanitaires, implique la connaissance approfondie des propriétés des contages, de la contagion, de ses modes ; aussi peut-on dire que la base de toute législation sanitaire doit être puisée dans l'étude, dans la connaissance acquise des propriétés des contages et de la contagion, et c'est en effet de cette connaissance que s'est inspiré le législateur dans les divers documents qui édictent des mesures sanitaires.

La police sanitaire nous apparaît donc comme le complément pratique et sanctionnateur de l'étude de la contagion.

Elle s'occupe non seulement des mesures sanitaires applicables aux animaux malades, mais encore des mesures applicables aux animaux morts, aux débris cadavériques et aux cadavres d'animaux atteints de maladies contagieuses. Elle comprend donc les mesures sanitaires applicables aux clos d'équarrissage où on travaille ces débris, et les mesures qui doivent être appliquées avec le plus grand soin à la boucherie, aux viandes qui servent à l'alimentation journalière de l'homme, qu'il faut préserver efficacement en éloignant de la consommation les chairs d'animaux atteints d'affections contagieuses.

Est-il possible de confondre la police sanitaire avec la jurisprudence et la médecine légale ? Non, il y a entre ces branches des différences considérables : la police sanitaire a pour but d'empêcher la propagation des maladies contagieuses et d'en hâter l'extinction ; la jurisprudence commerciale vétérinaire a pour but d'étudier, de faire connaître, de déterminer les lois et les règles qui président à la vente des animaux domestiques ; la médecine légale a surtout pour but de régler la responsabilité des personnes qui ont porté atteinte à la propriété d'autrui en détruisant plus ou moins les animaux, elle règle la responsabilité du vétérinaire qui commet une faute grossière, celle des maréchaux qui blessent un cheval par suite d'ignorance grave ou d'un défaut de capacité, celle des compagnies de transport qui endommagent la marchandise vivante qui leur est confiée, etc.

On ne peut pas confondre non plus la police sanitaire avec l'hygiène proprement dite. Celle-ci a pour but de conserver, ou au moins d'aider à la conservation de la santé des animaux. Et, dira-t-on, la police sanitaire n'a pas d'autre but que celui qui consiste à favoriser la conservation de la santé des animaux et de l'homme. Sans doute, il y a pourtant une différence entre l'hygiène et la police sanitaire ; et cette différence entre les deux réside dans les moyens qui mènent au but. L'hygiène tire ses moyens des *circumfusa*, des *gesta*, des *ingesta*, etc. ; la police sanitaire use aussi de ces moyens, mais elle est appuyée sur des documents législatifs, et le plus souvent elle a recours à des moyens plus rigoureux, tels que le sacrifice des malades, l'enfouissement, etc. Elle ne s'occupe d'ailleurs que des maladies contagieuses.

Historique. — Les mesures sanitaires doivent être édictées par des documents législatifs. Notre ancienne législation sanitaire, quoique imparfaite et un peu embrouillée, est encore tout entière en vigueur. Elle a été formée peu à peu, dès le commencement du xviii⁰ siècle, au fur et à mesure que la contagion a été mieux appréciée.

L'histoire de la police sanitaire en France n'est pas longue, car jusqu'au début du xviii⁰ siècle, il n'y a eu ni règlement, ni loi édictant des mesures sanitaires.

Cependant certaines précautions avaient été conseillées ou ordonnées depuis l'antiquité. Moïse et d'autres législateurs anciens avaient prescrit l'application de quelques mesures, non seulement pour l'homme, mais aussi pour les animaux.

Virgile conseilla l'occision et l'enfouissement pour les malades atteints d'*ignis sacer* (clavelée ou charbon). Plus tard Columelle et Végèce, qui avaient observé des maladies contagieuses, conseillèrent l'isolement des malades, leur séquestration et l'enfouissement des cadavres. Pendant le moyen-âge on n'appliqua en France aucune mesure ; cependant à cette époque comme maintenant il y avait des maladies contagieuses, mais le peuple rattachait leur transmission à des influences surnaturelles, car alors régnaient les idées religieuses et superstitieuses ; on voyait dans la transmission de ces maladies une punition venant d'en haut. Avec un pareil système, on aurait vu les épizooties s'étendre et se prolonger pendant plus longtemps si les communications et les relations eussent été multipliées et faciles comme de nos jours.

Au commencement du xvi⁰ siècle, le typhus ayant ravagé le territoire de Venise, la contagion fut bien étudiée par Fracastor et devint la base de la police sanitaire décrétée par les ordonnances du Sénat de la République en 1514, 1519 et 1711. En France, l'origine de la police sanitaire se trouve dans l'arrêt du 10 avril 1714. Avant cette époque, on n'enfouissait même pas les cadavres ; d'où pouvait résulter un danger de contagion et un danger d'infection par suite de la putréfaction à l'air libre. De nouveaux documents parurent en 1739, en 1740, en 1745, en 1746, en 1770, en 1774, en 1775, en 1778, en 1784, etc., etc.

Les Écoles vétérinaires, depuis leur fondation, et les vétérinaires ont rendu en maintes circonstances des services considérables, en prêtant à l'autorité le concours de leurs volontés et de leurs connaissances ; et de nos jours, aucun de nous ne doit perdre de vue le rôle important qu'il peut être appelé à jouer dans les circonstances graves où une épizootie viendra à se déclarer et à faire courir des risques à la chose publique.

Le plus beau, le plus grand et le plus digne rôle du vétérinaire est assurément celui que l'autorité peut lui confier, en le chargeant d'étudier une épizootie et en lui demandant qu'elles sont, parmi les mesures que la loi édicte, celles qu'il convient d'appliquer dans telle ou telle circonstance. Une pareille mission grandit le vétérinaire, s'il est capable de la remplir convenablement, et le place au rang des hommes les plus utiles.

Jetons d'abord un coup d'œil sur les documents sanitaires, pour nous rendre compte comment nous sommes arrivés à nous constituer un système rationnel.

En 1713-14, le typhus régnait dans l'Est et s'étendait vers le Nord et vers le Sud ; la contagion était reconnue la cause de son extension. *L'arrêt du Conseil d'Etat du 10 avril 1714* prescrivait l'enfouissement total des cadavres à trois pieds de profondeur, sous peine d'amende ; ainsi se trouvaient conjurés les dangers de la contagion par les cadavres et les dangers de la putréfaction à l'air. Un nouvel *arrêt du Conseil du 16 septembre 1714*, exécutoire pendant 60 jours seulement, défendait d'amener aux foires et aux marchés des pays infectés de typhus, les ruminants de quelque pays qu'ils vinssent ; il défendait pareillement d'amener, dans les pays non encore infectés, des animaux venant des pays infectés ou suspectés. Cet arrêt réalisait un grand progrès, et il est fort regrettable qu'il n'ait été rendu exécutoire que pendant 60 jours, car la mesure qu'il édictait était de la plus grande importance.

En 1739, le typhus régnait en Italie, et il devait s'introduire chez nous en 1740. Le gouvernement, prévoyant la possibilité de cette importation, avait essayé de la prévenir. Une *Ordonnance royale du 6 janvier 1739*, interdisait l'importation de bestiaux et de marchandises quelconques provenant des pays infectés, ou les ayant traversés, et rendait obligatoire le certificat d'origine et de santé pour les animaux, les marchandises et même les voyageurs venant des pays infectés.

Malgré l'ordonnance, le typhus passa en France et y régna assez longtemps, puisque les écrits de l'époque constatent ses ravages pendant au moins dix ans.

Un *arrêt de la Cour du Parlement du 24 mars 1745* prescrivait : le recensement des étables dans les communes envahies ; la visite de ces étables deux fois par semaine ; la déclaration sous peine d'amende et l'isolement des malades ; le cantonnement ; l'interdiction aux communes infectées du parcours et de l'usage sur les territoires voisins ; l'interdiction de sortir les bestiaux des lieux infectés ; l'obligation du certificat de provenance pour la vente des bestiaux dans les localités non infectées ; la visite préalable des bestiaux destinés à la vente, avant leur entrée en foire ou sur les marchés ; la défense de tuer et de débiter des animaux provenant des pays infectés sans qu'ils eussent été visités ; l'obligation pour l'acheteur d'animaux reconnus sains de les soumettre à une quarantaine de huit jours avant de les mettre avec ses propres bestiaux ; l'enfouissement des cadavres loin des habitations, dans des fosses de huit à dix pieds ; la division des cadavres en quatre quartiers ; le recouvrement des cadavres avec de la chaux vive ; la faculté pour l'autorité de requérir les moyens nécessaires au transport des cadavres ; la défense à qui ce soit de déterrer des cadavres ; la défense aux tanneurs d'acheter les peaux. Toutes ces prescriptions étaient accompagnées d'une sanction très rigoureuse ; l'infraction à l'une ou à l'autre entraînait des peines excessives. Cet arrêt, le plus important jusque là, contient un certain nombre de mesures très rationnelles, presque toutes ont pour but d'empêcher la propagation de l'épizootie, en prévenant le contact médiat ou immédiat des malades ou de leurs débris avec les animaux sains.

Le *19 juillet 1746 parut un arrêt du Conseil*, qui revint sur certaines mesures déjà édictées par les précédents documents. Il rendit encore obligatoires la déclaration, l'isolement, la séquestration, la prohibition de vente ou d'exposition en vente, etc. A ces dispositions il en ajouta quelques-autres : il ordonna la marque au fer rouge des animaux malades et des animaux suspects, leur séquestration en lieu clos avec interdiction des pâturages et des abreuvoirs ; il édicta des amendes sévères contre les syndics des paroisses qui ne déclaraient pas au sub-délégué du département les cas de maladies. Il décida que tout particulier qui trouverait non séquestrés des animaux marqués pourrait les conduire devant le juge le plus proche, qui devait les faire tuer sur le champ. Il autorisa à vendre pour la boucherie les animaux sains des localités infectées, mais à condition qu'ils seraient tués dans les 24 heures après la vente, et cela sous peine d'amende pour le vendeur et le boucher. Il édicta l'obligation, pour le boucher qui achèterait des bestiaux sains dans des localités infectées, de prendre un certificat du propriétaire, de le faire viser par l'autorité du lieu d'origine et de le présenter à l'autorité du lieu où les animaux seraient conduits pour être abattus. Il imposa en outre au boucher l'obligation de se munir d'un autre certificat émanant de l'autorité, certificat qui devait être visé par l'autorité du lieu de destination, le tout sous peine d'amende et de confiscation. La même obligation était imposée dans les pays non infectés aux propriétaires d'animaux qui voulaient les conduire aux foires et marchés, il leur fallait un certificat d'origine. L'arrêt édictait des amendes contre les syndics et la destitution des officiers de police qui permettraient la mise en foire d'animaux, sans s'être assurés de leur origine et de leur état de santé ; il infligeait une amende aux syndics et aux officiers de police qui délivreraient des certificats contraires à la vérité.

En *1763, le 7 juillet, parut une ordonnance royale* concernant la police du marché aux chevaux de Paris. Cette ordonnance, quoique spéciale au marché aux chevaux de Paris, est cependant importante au point de vue de la police sanitaire, surtout à cause de l'article 9, qui porte que, en cas de suspicion de morve, il doit y avoir visite sanitaire, et, si l'existence de la maladie est constatée, les animaux reconnus malades doivent être abattus ; c'est là le premier document qui parle de l'abattage.

Le typhus fit une nouvelle apparition dans le nord de la France en 1770. Et à ce propos on trouve encore l'*arrêt du 31 janvier 1771*, qui ajouta quelques dispositions nouvelles à celles de 1746. Il accorda une prime d'encouragement aux propriétaires qui feraient la déclaration hâtive de la mort des animaux déjà séquestrés, il accorda aussi une prime aux dénonciateurs. Il édicta l'amende et la confiscation pour les cas où les animaux bovins ne seraient pas enfermés, conformément à la prescription officielle, dans les localités et les paroisses infectées. Il prescrivit l'abattage des bêtes malades trouvées hors du lieu où elles devaient être. Il ordonna la visite, la marque des malades et des suspects ; ceux-ci étaient marqués de la lettre S et les malades de la lettre M, et ces lettres devaient être accompagnées de la première lettre du nom de la localité ; de la sorte tout le monde pouvait reconnaître les malades et les suspects et remonter à leur origine. Il enjoignit de placer des signaux devant les maisons infectées, ainsi qu'aux principaux chemins qui y conduisaient ; l'amende était infligée à celui qui les enlevait. Des publications devaient être faites et des affiches apposées dans tous les lieux voisins pour éclairer les populations et leur interdire les communications avec le ou les lieux infectés ; les chemins détournés devaient être barrés. Il était défendu d'importer ou d'exporter des animaux venant des lieux interdits sous peine de confiscation et d'amende. La sortie des étables, pour les malades et les suspects, ne pouvait être autorisée qu'après la guérison ; et alors une nouvelle marque était imprimée à la bête guérie, c'était la lettre G. L'entrée des étables infectées était interdite pour les animaux des différentes espèces. La désinfection des voitures, des harnais et des habitations était obligatoire, ainsi que l'enfouissement des cadavres et des fumiers. Il était défendu aux habitants des localités infectées de vendre leurs animaux, et aux habitants des localités non infectées de les leur acheter, le tout sous peine d'amende et de confiscation.

En 1774, le typhus sévissait du côté de Bayonne, un *arrêt du Conseil du 18 décembre 1774* édicta deux nouvelles mesures, l'abattage obligatoire et l'indemnisation ; mais l'abattage ne devait avoir lieu que jusqu'à concurrence des dix premières bêtes malades dans une localité.

Le *30 janvier 1775, un nouvel arrêt* concernant le typhus étendit l'abattage et l'enfouissement à tous les malades, et fixa l'indemnité, qui devait être égale au tiers de la valeur des animaux abattus. En outre, cet arrêt défendit de conserver, de préparer et de transporter les cuirs provenant des malades ; il fit la même défense pour les fumiers, les râteliers et les différents objets qui avaient servi aux malades, le tout sous peine d'amende.

Le *1ᵉʳ novembre 1775, un autre arrêt du Conseil*, concernant encore le typhus, modifia certaines dispositions, aggrava les amendes et les rigueurs, ordonna des visites et des perquisitions par les troupes, l'abattage et l'enfouissement de tous les malades, défendit de traiter les malades, malgré l'autorisation qui venait d'être accordée par le Parlement de Toulouse (arrêt du 2 septembre 1775), décida que l'indemnité serait accordée seulement dans le cas où la déclaration aurait été faite règlementairement, défendit de déplacer les cuirs et les objets infectés sans la permission des officiers commandants.

En *1776, les 10 et 15 janvier, parurent deux ordonnances* rendues par l'intendant des généralités d'Auch et de Bordeaux, sur l'ordre du roi. Elles accordaient l'indemnité complète pour les animaux sains qu'on aurait abattus dans l'intérêt public (ce qui prouve que l'abattage pouvait être étendu et était parfois appliqué aux animaux sains), et une indemnité égale au tiers de la valeur pour les animaux malades dont on ordonnait le sacrifice. Elles instituèrent en outre une mesure très importante, qui avait pour but d'enlever à la contagion son aliment, le dépeuplement, qui consiste à faire le vide autour du foyer de contagion.

Tout ce qui précède concerne à peu près exclusivement le typhus, sauf l'ordonnance relative au marché des chevaux.

Le *23 décembre 1778, parut un arrêt de la Cour du Parlement de Paris* concernant la clavelée, qui édicta les mesures suivantes : dénombrement et visite des troupeaux des localités où la clavelée était signalée ; déclaration des malades obligatoire pour le propriétaire, sous peine d'amende ; isolement des malades, cantonnement dans les pâturages ; interdiction du déplacement et de la vente des malades ; certificat, obligatoire pour les moutons sains destinés à la vente, délivré par l'officier du lieu de provenance et attestant que le claveau ne règne pas dans ce lieu ni à trois lieues à la ronde ; visite sanitaire des moutons exposés sur les foires et les marchés ; prescription à ceux qui les achètent de ne mêler les moutons achetés avec ceux qu'ils possèdent, qu'après les avoir tenus séparés durant huit jours au moins ; enfouissement des cadavres, avec la peau entière, à six pieds de profondeur ; défense d'enfouir dans les enceintes des villes, dans les cours, dans les jardins ; défense de jeter les cadavres dans les rivières ou de les envoyer aux voiries ; défense de déterrer les cadavres et d'acheter les peaux ; et enfin, pénalité excessive contre ceux qui enfreindraient ces règles. Comme on le voit, cet arrêt, qui concerne la clavelée, et qui indique des mesures encore appliquées de nos jours, les a empruntées aux documents précédents, concernant le typhus.

En *1780, deux arrêts du Conseil (7 avril et 11 mai)* édictèrent certaines prohibitions contre l'importation. Il s'agissait encore de la peste bovine, et ces arrêts avaient pour but d'ordonner des mesures propres à prévenir son importation par les frontières de terre et de mer, d'empêcher l'importation des cuirs et des débris des animaux de l'espèce bovine provenant des pays où régnait le typhus. En outre, ces arrêts portaient que les laines et autres marchandises spongieuses seraient mises en quarantaine à la frontière, où elles subiraient une désinfection préalable avant d'entrer en France.

En 1784 fut rendu l'arrêt le plus important pour prévenir les dangers résultant des maladies contagieuses des animaux et particulièrement de la morve. *L'arrêt du Conseil, du 16 juillet 1784*, forme à lui tout seul une véritable législation sanitaire ; il vise toutes les maladies contagieuses. Les mesures qu'il édicte ne sont pas nouvelles, ce sont celles qui avaient déjà été édictées, dans les documents antérieurs, relativement à la police sanitaire de la peste bovine.

Voici cet arrêt important qui domine encore de nos jours toute notre police sanitaire.

Arrêt du 16 juillet 1784

« Le roi étant informé des ravages qu'occasionnent sur les animaux, dans différentes provinces de son royaume, les maladies contagieuses dont ils sont attaqués, notamment celle de la morve, et considérant que cette maladie, contre laquelle on n'a trouvé jusqu'à présent aucun remède curatif, se communique, se propage et se perpétue par toutes sortes de voies ; que l'écurie où un cheval atteint de la morve n'a fait que passer, les harnais et tout ce qui lui a servi reçoivent et communiquent ce vice épidémique, qui ne tarde pas à se développer ; qu'une des causes principales de la contagion ne peut être attribuée qu'à la négligence et à un intérêt mal entendu des propriétaires, marchands de chevaux et de bestiaux, qui, au lieu de déclarer le mal dès son principe, cherchent à le déguiser, jusqu'à ce que les animaux qui en sont atteints soient absolument hors d'état de service ; que les équarrisseurs et autres, après avoir acheté des chevaux et bêtes frappés de mal, sous prétexte de les guérir ou de les abattre, en font un trafic funeste même dans la vente des parties mortes ; Sa Majesté jugeant nécessaire de réprimer des abus aussi contraires à l'agriculture et au commerce, et voulant y pourvoir : ouï le rapport du sieur de Calonne, conseiller ordinaire au Conseil royal, contrôleur général des finances, le roi, étant en son Conseil, a ordonné et ordonne ce qui suit :

« ARTICLE PREMIER. — Toutes personnes, de quelque qualité et conditions qu'elles soient, qui auront des chevaux et bestiaux atteints ou soupçonnés de la morve ou de toute autre maladie contagieuse, telle que le charbon, la gale, la clavelée, le farcin et la rage, seront tenues, à peine de cinq cents francs d'amende, d'en faire sur le champ leur déclaration aux maires, échevins ou syndics des villes, bourgs et paroisses de leur résidence, pour être lesdits chevaux et bestiaux, vus et visités sans délai, en la présence desdits officiers, par les experts vétérinaires les plus prochains, lesquels se transporteront à cet effet dans les écuries, étables et bergeries, pour reconnaître et constater exactement l'état des chevaux et animaux qui leur auront été déclarés.

« ART. 2. — Autorise Sa Majesté les sieurs intendants et commissaires départis dans les différentes provinces du royaume, à nommer autant d'experts qu'ils le jugeront à propos pour lesdites visites, choisis par préférence parmi les élèves des Écoles vétérinaires ; à leur défaut, parmi les maréchaux ou autres qui auront des certificats d'étude et de capacité du directeur de l'École vétérinaire, ou qui auront subi un examen sur les demandes qui leur seront faites en présence dudit sieur commissaire par deux artistes vétérinaires du département.

« ART. 3. — Seront tenus lesdits experts de prêter leur ministère toutes les fois et quand ils en seront requis par les officiers de maréchaussée, sub-délégués, officiers municipaux et syndics, pour examiner les chevaux et bestiaux suspects, comme aussi de se transporter à cet effet dans les marchés publics et dans les écuries des maîtres de postes, des entrepreneurs de messageries ou roulages et loueurs de chevaux, même aussi dans les écuries, étables et bergeries des particuliers, sur les déclarations et dénonciations de mal contagieux qui auraient été faites à leur égard, en se faisant toutefois audit cas, autoriser par le juge du lieu et accompagner d'un officier municipal ou du syndic de la paroisse. Fait défense, Sa Majesté, à toutes personnes de refuser l'entrée de leurs écuries, étables et bergeries auxdits experts ainsi assistés, et d'apporter aucun obstacle à ce qu'il soit procédé, conformément à ce que dessus, auxdites visites, dont il sera dressé procès-verbal, lors duquel, en cas de difficultés, les parties intéressées pourront faire tels dires et réquisitions qu'elles aviseront, et il y sera statué, provisoirement et sans aucun délai, par le juge qui aura autorisé la visite.

« Art. 4. — Défenses seront faites à tous maréchaux, bergers et autres, de traiter aucun animal attaqué de la maladie contagieuse pestilentielle sans en avoir fait la déclaration aux officiers municipaux ou syndics de leur résidence, lesquels en rendront compte sur le champ au sub-délégué, qui fera appliquer sans délai sur le front de la bête malade un cachet en cire verte portant ces mots : animal suspect ; pour, dès cet instant, être les chevaux ou autres animaux qui auront été ainsi marqués, conduits et enfermés dans des lieux séparés et isolés. Fait pareillement défense, Sa Majesté, à toutes les personnes de les laisser communiquer avec d'autres animaux ni de les laisser vaguer dans des pâturages communs, le tout sous la même peine d'amende.

« Art. 5. — Les chevaux qui auront été attaqués de la morve et les autres animaux dont la maladie contagieuse aura été reconnue incurable par les experts, seront abattus sans délai, ensuite ouverts par lesdits experts, lesquels appelleront à l'abattage et ouverture des dits animaux un officier municipal ou syndic, qui en dressera procès-verbal pour être envoyé au dit sieur commissaire départi ou à son sub-délégué, et ce procès-verbal contiendra en détail le genre et le caractère de la maladie de l'animal et les précautions pour éviter la contagion.

« Art. 6. — Les chevaux et bestiaux morts et abattus pour cause de morve ou de toute autre maladie contagieuse pestilentielle seront enterrés (chair et ossements) dans des fosses de 3 mètres 20 centimètres (10 pieds) de profondeur, qui ne pourront être ouvertes plus près de 194 mètres 18 centimètres (100 toises) de toute habitation, et les peaux en seront tailladées ; les écuries dans lesquelles auront séjourné des chevaux morveux, ainsi que les étables et bergeries qui auront servi aux animaux attaqués de maladies contagieuses seront, à la diligence des officiers municipaux et experts, aérées et purifiées, lesdits lieux ne pourront être occupés par aucuns autres animaux que lorsqu'ils auront été purifiés et qu'il se sera écoulé un temps suffisant pour en ôter l'infection ; les équipages, harnais, colliers seront brûlés ou échaudés, conformément à ce qui sera prescrit par le procès-verbal d'abattage qui aura été dressé et dont sera laissé copie, pour, par les propriétaires ou autres, s'y conformer, ainsi qu'à toutes les précautions qui auront été indiquées par les experts, à l'effet d'éviter la contagion ; le tout sous la même peine de cinq cents francs d'amende.

« Art. 7. — Fait Sa Majesté défenses, sous les mêmes peines, à tous marchands de chevaux et autres, de détourner, sous quelque prétexte que ce soit, vendre ou exposer en vente, dans les foires et marchés ou partout ailleurs, des chevaux ou bestiaux atteints ou suspects de morve ou de maladies contagieuses, et aux hôteliers, cabaretiers, laboureurs et autres, de recevoir dans leurs écuries ou étables ordinaires aucuns chevaux et animaux soupçonnés de semblables maladies, auquel cas ils seront tenus d'en faire aussitôt la déclaration ci-dessus prescrite.

« Art. 8. — Autorise Sa Majesté lesdits sieurs commissaires départis et leurs sub-délégués à commettre, dans les villes, bourgs et villages de leurs généralités, tel nombre d'équarrisseurs qui sera jugé nécessaire, lesquels seuls pourront faire l'enlèvement et équarrissage des animaux morts dans les arrondissements qui leur seront prescrits, auxquels il sera délivré, sans frais, commission par lesdits sieurs intendants et sub-délégués, sans qu'aucuns autres puissent s'immiscer dans l'équarrissage des chevaux et bestiaux, à peine de prison.

« Art. 9. — Les équarrisseurs ne pourront, sous peine d'être déchus de leur commission, d'amende ou de telle autre punition qu'il appartiendra, vendre et débiter aucune viande qui proviendra de chevaux ou animaux qui, suivant l'art. 2, auront été abattus pour être enterrés.

« Art. 10. — Autorise Sa Majesté toutes personnes à dénoncer les contraventions qui pourront être faites aux dispositions du présent arrêt ; et, lorsqu'elles auront été bien et dûment constatées, le tiers des amendes qui auront été prononcées, et qui seront payables sans déport, appartiendra au dénonciateur, auquel il sera accordé, en outre, une récompense proportionnée au mérite de la dénonciation.

« Art. 11. — Seront tenus les maires et échevins dans les villes, et les syndics dans les campagnes, d'informer, au premier avis qu'ils en auront, les intendants et leurs sub-délégués des maladies contagieuses ou épizootiques qui se manifesteront dans l'étendue de leur arrondissement, à peine d'être rendus personnellement responsables de tous dommages qui pourraient résulter de leur négligence.

« Art. 12. — Toutes les amendes encourues aux termes des articles ci-dessus seront payées sans déport, et les contrevenants y seront contraints par toutes voies dues et raisonnables, même par emprisonnement de leurs personnes.

«Art. 13. —Et seront les ordonnances rendues pour la police du marché aux chevaux et notamment celle du 8 juillet 1763, exécutées en leur contenu.

«Art. 14. — Ordonne Sa Majesté que, conformément aux attributions ci-devant données, tant au sieur lieutenant général de police de la ville de Paris qu'aux sieurs commissaires départis dans les provinces du royaume, chacun en droit soi, ils continuent d'avoir, exclusivement à tous autres juges, la connaissance des contestations qui pourraient survenir sur l'exécution du présent arrêt, ainsi que des précédents règlements et ordonnances intervenus au même sujet, sauf l'appel au Conseil ; leur enjoint, ainsi qu'aux maires, échevins et syndics, de tenir la main à l'exécution du présent arrêt, et aux officiers et cavaliers de maréchaussée et tous autres de prêter la main-forte et l'assistance nécessaires à cet effet.

« Fait au Conseil d'Etat du Roi, Sa Majesté y étant, tenu à Versailles le 16 juillet 1784.

« Signé : Le baron DE BRETEUIL. »

L'arrêt du Conseil d'Etat du roi, du 16 juillet 1784, est très important, parce que, ainsi que nous l'avons vu, il s'applique à toutes les maladies, parce qu'il édicte un assez grand nombre de mesures de police sanitaire, parce qu'il constitue à lui seul une législation sanitaire.

L'article 1er ordonne à toute personne qui a des animaux malades ou suspects de morve ou de toute autre maladie contagieuse d'en faire aussitôt la déclaration, sous peine d'une amende de cinq cents francs, à l'autorité municipale qui nommera des experts vétérinaires ou autres, pour se transporter dans les habitations et visiter les animaux déclarés, en présence d'un représentant de l'autorité.

L'article 2 porte que l'autorité pourra nommer autant d'experts qu'elle le jugera utile ; ces experts devront être choisis parmi les vétérinaires, et *à défaut* parmi les maréchaux.

L'article 3 décide que les experts désignés sont tenus de prêter leur ministère et devront se transporter là où leur présence sera nécessaire, pour visiter les animaux ayant été l'objet d'une déclaration ou d'une dénonciation, après s'être fait autoriser par le juge du lieu et en se faisant accompagner d'un représentant de l'autorité. Les propriétaires ne devront pas s'opposer à l'entrée dans leurs écuries, étables ou bergeries. Les experts dresseront un procès-verbal de leur visite, et si les propriétaires font des réclamations, elles seront jugées aussitôt par le juge qui aura autorisé la visite.

L'article 4 défend à qui que ce soit de traiter un animal atteint d'une maladie contagieuse sans en avoir fait la déclaration à l'autorité locale, qui doit aussitôt informer l'autorité supérieure et faire marquer et isoler ou séquestrer la bête malade; il défend aussi, sous peine d'amende, à qui que ce soit de laisser communiquer les animaux malades avec d'autres animaux ou de les laisser vaguer dans les pâturages communs.

L'article 5 décide que tout animal atteint de morve ou de toute autre maladie reconnue incurable sera abattu aussitôt en présence de l'expert et d'un représentant de l'autorité, qui dressera un procès-verbal constatant l'abattage et indiquant la nature de la maladie, ainsi que les précautions à prendre pour éviter la contagion; ce procès-verbal sera envoyé à l'autorité supérieure, et copie en sera laissée aux intéressés.

L'article 6 ordonne l'enfouissement avec les peaux tailladées des animaux morts ou abattus, pour cause de maladie contagieuse, à 3ᵐ20 de profondeur et à 200 mètres de toute habitation; il ordonne aussi l'aération et la désinfection, à la diligence de l'autorité municipale et des experts, des habitations, la crémation ou l'échaudage des harnais, colliers, etc., et la séquestration des habitations, après leur désinfection, pendant le temps que l'expert jugera nécessaire. L'infraction aux dispositions de cet article sera punie de 500 francs d'amende.

L'article 7 défend à toute personne, sous peine de 500 francs d'amende, de détourner, vendre, exposer en vente des animaux atteints ou suspects de morve ou de maladies contagieuses, de recevoir dans ses habitations aucun animal malade ou soupçonné, et rend la déclaration obligatoire pour quiconque aura reconnu l'existence d'une maladie contagieuse dans de pareilles conditions.

Les articles 8 et 9 règlent les conditions de l'équarrissage et défendent aux équarrisseurs, sous peine de déchéance, d'amende et de prison, de vendre les chairs provenants d'animaux morts ou abattus pour cause de maladies contagieuses.

L'article 10 autorise la dénonciation et l'encourage par l'appât du partage des amendes et par l'espoir d'une récompense.

L'article 11 réédicte, pour les autorités locales, l'obligation de prévenir aussitôt l'autorité supérieure, quand elles auront reçu avis de l'existence d'une maladie contagieuse ou d'une épizootie.

L'article 12 décide que les amendes seront exigées intégralement, et que leur recouvrement sera poursuivi par tout moyen, même par l'emprisonnement.

L'article 13 rend de nouveau obligatoires les ordonnances relatives au marché aux chevaux, surtout celle du 8 juillet 1763.

L'article 14 recommande aux autorités de veiller à l'observation des règles édictées et enjoint à la force armée de prêter main-forte à cet effet.

En 1795 le typhus ravageait les provinces de l'Est, et deux ans plus tard, un *arrêt du Directoire exécutif du 27 messidor an V (15 juillet 1797)* invoquait et remettait en vigueur toutes les mesures édictées par les règlements antérieurs : déclaration, visite, isolement, séquestration, enfouissement, etc.

Arrêt de Messidor an V

« Paris, le 23 messidor an V de la République française une et indivisible.

« Le Ministre de l'intérieur aux Administrations centrales et municipales de la République.

« Il règne sur les bêtes à cornes des départements du Nord et de l'Est une épizootie meurtrière qui, s'est annoncée d'abord par des symptômes peu alarmants ; je n'en ai pas plus tôt été instruit que j'ai envoyé de Paris des artistes vétérinaires éclairés pour en prendre connaissance. Des instructions, rédigées par eux sur les lieux et à leur retour, ont été publiées et répandues dans tous les pays qu'ils avaient parcourus. La maladie a paru se ralentir pendant quelque temps, mais elle reprend avec plus de force ; la rapidité de ses progrès et le nombre effrayant des animaux qu'elle tue ne permettent plus de douter qu'elle ne soit contagieuse au plus haut degré. Cet objet étant de la plus grande importance, et les moyens de police étant les seuls capables d'empêcher la communication, j'ai cru qu'il était de mon devoir de rappeler l'esprit des lois et règlements rendus en pareilles circonstances et qui n'ont pas été abrogés ; je n'ai eu qu'à concilier les dispositions de ces lois avec l'ordre constitutionnel ; j'y ajouterai une courte instruction sur la manière reconnue comme la plus propre à prévenir cette maladie et à la guérir dans les animaux affectés.

Mesures de police pour arrêter la communication

« Tout propriétaire ou détenteur de bêtes à cornes, à quelque titre que ce soit, qui aura une ou plusieurs bêtes malades ou suspectes, sera obligé, sous peine de cinq cents francs d'amende, d'en avertir sur le champ l'agent de la commune, qui les fera visiter par l'expert le plus prochain ou par celui qui aura été désigné par le département ou le canton (arrêt du Parlement du 24 mars 1745; arrêt du Conseil du 29 juillet 1746, art. 3; autre du 16 juillet 1784, art. 1er).

« Lorsque, d'après le rapport de l'expert, il sera constaté qu'une ou plusieurs bêtes sont malades, l'agent veillera à ce que ces animaux soient séparés des autres et ne communiquent avec aucun animal de la commune. Les propriétaires, sous quelque prétexte que ce soit, ne pourront les faire conduire dans les pâturages ni aux abreuvoirs communs, et ils seront tenus de les nourrir dans des lieux renfermés, sous peine de 100 fr. d'amende (arrêt du Conseil du 19 juillet 1746, art. 2.)

« L'agent en informera, dans le jour, le commissaire du directoire exécutif du canton, auquel il indiquera le nom du propriétaire et le nombre de bêtes malades. Le commissaire du directoire exécutif fera part du tout à l'administration centrale du département (arrêt du Conseil du 19 juillet 1743).

« Aussitôt qu'il sera prouvé à l'agent que l'épizootie existe dans une commune, il en instruira tous les propriétaires de bestiaux de ladite commune par une affiche posée aux lieux où se placent les actes de l'autorité publique, laquelle affiche enjoindra auxdits propriétaires de déclarer à l'agent le nombre des bêtes à cornes qu'ils possèdent, avec désignation d'âge, de taille, de poil, etc. Copie de ses déclarations sera envoyée au commissaire du directoire exécutif près l'administration municipale du canton, et par celui-ci à l'administration centrale du département (arrêt du Conseil du 19 juillet 1746, art. 4.)

« En même temps l'agent municipal fera marquer, sous ses yeux, toutes les bêtes à cornes de sa commune avec un fer chaud représentant la lettre M. Quand l'administration centrale du département se sera assurée que l'épizootie n'a plus lieu dans son ressort, elle ordonnera une contre-marque telle qu'elle jugera à propos, afin que les bêtes puissent aller et être vendues partout, sans qu'on ait rien à en craindre (arrêt du Conseil du 19 juillet 1746, et arrêt du Conseil du 16 juillet 1784).

« Afin d'éviter toute communication des bestiaux des pays infectés avec ceux des pays qui ne le sont pas, il sera fait, de temps en temps, des visites chez les propriétaires de bestiaux, dans les communes infectées, pour s'assurer qu'aucun animal n'en a été distrait (arrêt du 24 mars 1745, art. 1er).

« Si, au mépris des dispositions précédentes, quelqu'un se permet de vendre ou d'acheter des bêtes marquées dans un pays infecté, pour les conduire dans un marché ou une foire, ou même chez un particulier de pays non infecté, il sera puni de 500 fr. d'amende. Les propriétaires qui feront conduire leurs bêtes par leurs domestiques ou autres personnes dans les marchés ou foires, ou chez des particuliers de pays non infectés, sont responsables du fait de ces conducteurs (art. 5 et 6 de l'arrêt du Conseil du 19 juillet 1746)

« Il est enjoint à tout fonctionnaire public qui trouvera sur les chemins ou dans les foires ou marchés des bêtes à cornes marquées de la lettre M de les conduire devant le juge de paix, lequel les fera tuer sur le champ en sa présence (art. 7 de l'arrêt du Conseil du 19 juillet 1746).

« Pourront néanmoins, les propriétaires de bêtes saines en pays infectés, en faire tuer chez eux ou en vendre aux bouchers de leur commune, mais aux conditions suivantes :

« 1° Il faudra que l'expert ait constaté que ces bêtes ne sont point malades ;

« 2° Le boucher n'entrera pas dans l'étable ;

« 3° Le boucher tuera ces bêtes dans les 24 heures ;

« 4° Le propriétaire ne pourra s'en dessaisir, ni le boucher les tuer, qu'ils n'en aient la permission par écrit de l'agent, qui en fera mention sur son état. Toute contravention à cet égard sera punie de 200 fr. d'amende, le propriétaire et le boucher demeurant solidaires (art. 8 de l'arrêt du Conseil du 19 juillet 1746).

« Il est ordonné de tenir dans les lieux infectés tous les chiens à l'attache et de tuer tous ceux qu'on trouverait divaguants (loi du 19 juillet 1791).

« Tout fonctionnaire public qui donnera des certificats et attestations contraires à la vérité sera condamné à 1000 francs d'amende et même poursuivi extraordinairement (art. 14 de l'arrêt du 24 mars 1745).

« Dans tous cas où les amendes pour les objets relatifs à l'épizootie seront appliquées, aucun juge ne pourra les remettre ni les modérer ; les jugements qui interviendront en conséquence seront exécutés par provision, et les délinquants, au surplus, soumis aux lois de la police correctionnelle (art. 7 et 8 de l'arrêt du Parlement de 1745 ; art. 15 de celui du Conseil de 1746 et art. 12 de celui de 1784).

« Aussitôt qu'une bête sera morte, au lieu de la traîner, on la transportera à l'endroit où elle doit être enterrée, qui sera autant que possible au moins à 50 toises des habitations ; on la jettera seule dans une fosse de 8 pieds de profondeur, avec toute sa peau, tailladée en plusieurs parties, et on la recouvrira de toute la terre sortie de la fosse. Dans le cas où le propriétaire n'aurait pas la faculté d'en faire le transport, l'agent municipal requerra un autre citoyen et même les manouvriers nécessaires, à peine de 50 fr. d'amende chez les refusants. Dans les lieux où il y a des chevaux, on préférera de faire traîner par eux les voitures chargées des bêtes mortes, lesquelles voitures seront lavées à l'eau chaude après le transport. Il est défendu de jeter les corps dans les bois, dans les rivières ou à la voirie, et de les enterrer dans les étables, cours et jardins, sous peine de 300 fr. d'amende et de tous dommages et intérêts (art. 6 de l'arrêt du Parlement de 1745, et art. 6 de celui du Conseil de 1784).

« Enfin les corps administratifs, conformément au décret du 28 septembre 1791, emploieront tous les moyens de prévenir et d'arrêter l'épizootie ; et en conséquence, le gouvernement compte sur leur zèle pour faire faire des patrouilles, mettre la plus grande célérité dans l'exécution des lois, et ne rien épargner, soit pour préserver leur pays de la contagion, soit pour en arrêter les progrès. Lorsque l'épizootie se sera déclarée dans leur ressort, ils sont chargés d'en informer les administrations des départements voisins, et il leur est recommandé très expressément d'en faire part sur le champ au ministre de l'intérieur, ainsi que des progrès que pourra faire la maladie.

« Ce n'est qu'en suivant avec une rigueur très scrupuleuse les mesures indiquées qu'il sera possible de prévenir, dans la plupart des départements, et d'arrêter dans ceux qui sont infectés, les effets d'une contagion ruineuse pour l'agriculture en général et pour les propriétaires. (Suit une instruction dans laquelle l'épizootie est décrite sommairement, et où les moyens hygiéniques, préservatifs et curatifs sont exposés.)

« *Le Ministre de l'Intérieur,*

« Signé : BENEZECH. »

Plus tard, en 1815, après les guerres du premier empire, le typhus apparut de nouveau en France, et une *ordonnance royale du 24 janvier 1815* rappela les mesures antérieures, insista sur l'abattage immédiat des animaux malades et fit entrevoir la préparation d'une loi sur l'indemnisation, qui ne devait être faite qu'en 1866.

En 1865, le typhus menaçait de s'introduire chez nous et il s'y introduisit en 1866. Un décret impérial du 5 septembre 1865 donna au ministre de l'agriculture et du commerce pleins pouvoirs pour empêcher l'introduction en France de tous les animaux domestiques dont l'entrée pouvait présenter des dangers, ou pour la subordonner aux mesures propres à prévenir l'invasion de la maladie. Le même jour, un arrêté ministériel traçait l'étendue des frontières, par lesquelles l'importation en France des animaux bovins, ovins et autres, des cuirs et des débris frais provenant d'animaux de ces espèces était interdite; il déterminait aussi les frontières qui restaient ouvertes à l'importation et réglementait les conditions auxquelles étaient subordonnées les importations d'animaux bovins venant d'ailleurs que de l'Angleterre, de la Hollande, de la Belgique, pour lesquelles l'interdiction était absolue.

Malgré toutes ces précautions, le thyphus s'introduisit en France, mais grâce aux mesures énergiques qui furent appliquées, il disparut rapidement.

Le gouvernement de cette époque réglementa l'indemnisation par *la loi du 30 juin 1866*, qui éleva l'indemnité accordée, aux trois quarts de leur valeur pour tous les animaux abattus par ordre de l'autorité.

En 1870-71, le typhus fit une nouvelle invasion en France à la suite des armées allemandes, et il décima la population animale de plusieurs départements; le gouvernement remit en vigueur les mesures édictées antérieurement.

Un *décret du 30 septembre 1871* établit les règles d'après lesquelles doit être faite l'expertise qui sert de base à l'indemnité; il eut encore pour but de concilier l'application des mesures de police sanitaire avec les nécessités de l'alimentation publique, en donnant aux préfets l'autorisation de prendre des arrêtés pour permettre le transport vers les centres de consommation des animaux destinés à être abattus comme suspects, ou des viandes provenant de ces animaux; il prescrivit aux préfets de prendre les précautions nécessaires pour que les animaux vivants ne fussent pas détournés de leur destination et fussent abattus dès leur arrivée à l'abattoir ; il réduisit l'indemnité dans une proportion égale à l'excédant du produit de la vente sur le quart de la valeur non indemnisée.

Il nous reste à voir quelques dispositions applicables à toutes les maladies contagieuses. Ces dispositions se trouvent dans la loi des 16-24 août 1790, dans la loi des 12-22 juillet 1791, dans la loi des 28 septembre et 6 octobre 1791, et dans quelques articles du code pénal. La loi des 16-24 août 1790 confie aux municipalités le soin de prévenir, par des précautions convenables, et de faire cesser par la distribution des secours nécessaires les accidents et les fléaux calamiteux, tels que : incendies, épidémies, épizooties, en provoquant aussi dans ces deux derniers cas l'autorité des administrations départementales ou d'arrondissement.

La loi des 12-22 juillet 1791 est relative à la divagation des animaux dangereux ; et la loi des 28 septembre et 6 octobre 1791 est relative aux mesures à prendre dans les cas d'épizootie, notamment pour régler le parcours et les conditions de pâturage des animaux malades.

Articles du Code pénal relatifs à la Police sanitaire

ART. 459. — Tout détenteur ou gardien d'animaux ou de bestiaux soupçonnés d'être infectés de maladie contagieuse, qui n'aura pas averti sur le champ le maire de la commune où ils se trouvent, et qui, même avant que le maire ait répondu à l'avertissement, ne les aura pas tenus renfermés, sera puni d'un emprisonnement de six jours à deux mois, et d'une amende de 16 à 200 fr.

ART. 460. — Seront également punis d'un emprisonnement de deux mois à six mois, et d'une amende de 100 à 500 fr., ceux qui, au mépris des défenses de l'administration, auront laissé leurs animaux ou bestiaux infectés communiquer avec d'autres.

ART. 461. — Si, de la communication mentionnée au précédent article, il est résulté une contagion parmi les autres animaux, ceux qui auront contrevenu aux défenses de l'autorité administrative seront punis d'un emprisonnement de deux ans à cinq ans et d'une amende de 100 à 1000 fr. ; le tout sans préjudice de l'exécution des lois et règlements relatifs aux maladies épizootiques et de l'application des peines y portées.

Art. 462. — Si les délits de police correctionnelle, dont il est parlé au présent chapitre, ont été commis par des gardes champêtres ou forestiers ou des officiers de police, à quelque titre que ce soit, la peine d'emprisonnement sera d'un mois au moins, et d'un tiers au plus en sus de la peine la plus forte qui serait appliquée à un autre coupable du même délit.

Art. 471. — Seront punis d'amende depuis 1 fr. jusqu'à 5 fr. inclusivement, 1°, 2°, 3°, 4°, 5°, 6°, 7°, 8°, 9°, 10°, 11°, 12° 13°, 14°,......... 15°, ceux qui auront contrevenu aux règlements légalement faits par l'autorité administrative, et ceux qui ne se seront pas conformés aux règlements ou arrêtés publiés par l'autorité municipale en vertu des articles 3 et 4, titre XI de la loi des 16-24 août 1790 et de l'art. 46 titre 1er de la loi des 19-22 juillet 1791.

Art. 484. — Dans toutes les matières qui n'ont pas été réglées par le présent code et qui sont régies par des lois et règlements particuliers, les cours et les tribunaux continueront de les observer.

Voir encore les articles 475-7°, 479-2°, 463 dernier alinéa.

Comme complément des prescriptions édictées par le pouvoir législatif, notre code sanitaire comprend encore un certain nombre d'arrêtés, de circulaires et d'instructions sur les maladies contagieuses, ayant pour but d'instruire l'autorité et les populations, d'assurer l'exécution de la loi et de résoudre certaines difficultés résultant de son application.

Il est bon de connaître l'arrêté ministériel du 11 mai 1877, relatif à l'importation des animaux en France.

Arrêté du Ministre de l'Agriculture
relatif à l'importation des animaux en France

Le ministre de l'agriculture et du commerce,

Vu la loi des 28 septembre et 6 octobre 1791 ;

Vu le décret du 5 septembre 1865 ;

Vu notre arrêté en date du 25 janvier 1877 ;

Vu l'avis du Comité consultatif des épizooties ;

Considérant que, d'après le temps qui s'est écoulé depuis les derniers cas de peste bovine constatés dans l'empire d'Allemagne et en Autriche-Hongrie, cette épizootie peut être regardée comme éteinte dans ces deux pays ; mais considérant que les précédents autorisent à craindre que les grands mouvements de bétail provoqués par les faits de guerre survenus en Orient ne déterminent de nouvelles apparitions de la peste;

Considérant, d'autre part, que différentes maladies contagieuses, telles que la péripneumonie contagieuse du gros bétail, la fièvre aphtheuse et la clavelée sévissent presque constamment;

Considérant que ces maladies causent de graves préjudices à l'agriculture;

Qu'elles sont propagées et entretenues par les animaux amenés de l'étranger;

Qu'il importe, dès lors, de redoubler de vigilance et de s'assurer de l'état sanitaire du bétail introduit en France;

Sur la proposition du directeur de l'agriculture,

ARRÊTE :

ARTICLE PREMIER. — A partir du mardi 15 courant, l'arrêté du 25 janvier 1877 est et demeure rapporté sous les restrictions mentionnées ci-après.

ART. 2. — L'importation en France et le transit des animaux de l'espèce bovine de la race grise, dite *des steppes*, ainsi que des peaux fraîches et débris frais de ces animaux, continuent à être interdits par les frontières de terre et de mer.

Les mêmes interdictions restent étendues à tous les ruminants ainsi qu'à leurs peaux fraîches et débris frais provenant de l'Angleterre, de la Russie, des principautés danubiennes et de la Turquie.

ART. 3. — Les animaux des espèces bovine, ovine et caprine de toutes les provenances autres que celles indiquées à l'article précédent, même ceux de l'Algérie dont l'importation est autorisée, seront soumis, au moment de leur entrée en France, à une vérification rigoureuse de leur état sanitaire par un vétérinaire.

Les animaux de l'espèce porcine de toute provenance ne pourront également être introduits en France qu'après l'accomplissement de la même formalité.

ART. 4. — Les bureaux de douane dont la désignation suit sont seuls ouverts à l'importation des espèces animales dénommées à l'article 2, savoir :

Dunkerque, Bailleul, Turcoing, Baisieux, Blanc-Misseron, Jeumont, Givet, Gespunsart, Longwy, Batilly, Pagny, Embermenil-Auricourt, Petit-Croix, Fessevillers, Villers, Pontarlier, Jonque,

Bois-d'Amont, Les Rousses, Bellegarde, Saint-Julien, Annemasse, Modane, Mont-Genèvre, Larche, Fontan, Vintimille, Nice, Marseille, Cette, Perpignan, Bagnères-de-Luchon, Bayonne, Ajaccio, Bonifacio et Bastia.

ART. 5. — Toute bête reconnue atteinte de la peste bovine sera immédiatement abattue et enfouie sans que le propriétaire puisse réclamer aucune indemnité.

Le troupeau dont l'animal abattu faisait partie sera placé en observation dans un local isolé et surveillé. Il en sera immédiatement rendu compte au ministre, qui statuera sur les mesures à prendre. Les frais de cette quarantaine resteront à la charge du propriétaire ou du conducteur des bestiaux.

ART. 6. — Si une maladie contagieuse autre que la peste bovine est constatée, l'animal malade sera séparé et maintenu isolé des autres animaux susceptibles de contracter cette maladie, et il sera procédé à l'égard de ceux qui auront été exposés à la contagion comme il est dit au paragraphe second de l'article précédent.

ART. 7. — Les wagons de chemin de fer ou tout véhicule ayant contenu des animaux atteints d'une maladie contagieuse, ne pourront pénétrer plus avant sur le territoire français, s'ils ne sont soumis préalablement à une désinfection complète, d'après les indications de l'agent spécial préposé à la visite prescrite par l'article 3 ci-dessus.

ART. 8. — Les préfets des départements sont chargés, chacun en ce qui le concerne, de l'exécution du présent arrêté.

Fait à Paris, le 11 mai 1877.

Le Ministre de l'agriculture et du commerce,

TEISSERENC DE BORT.

Cet arrêté a une réelle importance : il fixe les bureaux de douane ouverts à l'importation, il décide que les animaux introduits en France doivent être soigneusement visités, il prescrit les mesures propres à empêcher l'introduction d'une maladie contagieuse (abattage, séquestration, quarantaine, désinfection des wagons).

Notre législation sanitaire, telle que nous venons de la résumer est encore en vigueur en ce moment, elle sera probablement modifiée très prochainement, mais elle n'est pas encore abrogée, donc elle est applicable. Un arrêt de la Cour de cassation de 1808 reconnaît et déclare en vigueur les anciens règlements de police sanitaire et d'ailleurs l'art. 484 du Code pénal dit expressément que les règlements sur les matières non traitées par le présent code continueront à être observées.

Dans notre système de législation sanitaire, l'autorité municipale est investie d'un pouvoir considérable, puisqu'elle peut prescrire des mesures excessivement graves, telles que l'abattage, l'enfouissement, etc. On tend à réagir contre cette autorité excessive des municipalités, et le nouveau projet de loi enlève une partie de ce pouvoir aux maires pour le reporter exclusivement aux préfets. Mais en ce moment les municipalités ont encore ce pouvoir extraordinaire, comme cela résulte des lois des 16-24 août 1790, des 12-22 juillet 1791 et des 28 septembre et 6 octobre 1791. De plus, ces attributions sont confirmées par la loi du 5 mai 1855 sur l'organisation municipale, et un arrêt de la Cour de cassation du 1er février 1822 établit que l'autorité municipale a le droit de prendre des mesures préservatrices, alors même qu'il n'y aurait que des appréhensions méritant d'être prises en considération. Donc il appartient à l'autorité municipale de prendre toutes les mesures capables de prévenir ou d'arrêter la contagion ; mais les maires ne peuvent imaginer des mesures, ils doivent les puiser dans l'arsenal de nos règlements sanitaires.

Pour nous faire une idée générale des dispositions édictées par notre ancienne législation sanitaire, qui est encore en vigueur en ce jour, nous pouvons résumer ainsi qu'il suit les principales mesures qu'elle prescrit : *Déclaration à l'autorité municipale ; avertissement donné par l'autorité municipale à l'autorité supérieure ; isolement des malades ; visite des malades par un expert nommé par l'autorité ; recensement ; cantonnement ; séquestration ; marque ; défense d'importer dans les pays sains des animaux venant des pays déjà infectés ; signaux à l'entrée des habitations et des communes infectées ; publication et affichage des lieux infectés ; interdiction des marchés et des foires aux animaux provenant des pays infectés et des pays voisins ; certificats d'origine et de santé ; surveillance du commerce et de la circulation du bétail ; suspension des foires et marchés ; règlementation de la boucherie pour autoriser ou empêcher la vente de la viande des animaux malades ou suspects ; cordons sanitaires ; quarantaines ; estima-*

*tion ; abattage pour les maladies contagieuses reconnues incurables
par l'expert ; enfouissement (ses conditions, le transport des cadavres et des débris) ; règlementation de l'équarissage ; désinfection
des habitations et des objets qui ont été en contact avec les animaux malades ; séquestration des habitations désinfectées ; indemnité en cas de typhus seulement ; sévérité ; pénalités (prison et
amende) ; appel à la dénonciation ; usage de la force armée.*

Avantages et défauts de la législation ancienne

Cette législation est rationnelle, puisque les principales prescriptions qu'elle contient sont basées sur la contagion. Elle édicte
un grand nombre de mesures avec lesquelles on peut parer à
presque toutes les exigences et qui sont applicables à tous les cas
possibles. Dans les cas non prévus, il est permis d'appliquer les
mesures édictées pour les cas prévus, car la législation se prête à
leur extension à tous les cas, en donnant aux maires le pouvoir de
prescrire toutes les mesures qu'ils jugeront convenables. On a
critiqué le pouvoir extraordinaire qu'elle donne à l'autorité locale ;
le moindre maire de village peut dépouiller un propriétaire d'animaux atteints de maladie contagieuse. C'est là un pouvoir considérable, car il porte atteinte à la propriété privée ; mais d'un autre côté, ce pouvoir, basé sur les indications fournies par les
vétérinaires sanitaires, est une puissante garantie de célérité dans
l'application des mesures propres à prévenir ou à arrêter les épizooties.

A côté de ces avantages, notre législation sanitaire présente de
graves défauts. Elle est difficile à retenir ; elle est formée de documents trop nombreux, qui se répètent la plupart du temps ; elle
édicte des pénalités excessives, qui ne sont d'ailleurs pas toujours
proportionnées aux infractions ; elle est très difficile à appliquer et
suivant tel ou tel pays, les juges l'appliquent d'une manière différente. Elle contient certaines mesures inutiles ainsi que des mesures mauvaises et des mesures ruineuses ; elle prononce la confiscation et fait appel à la dénonciation. Elle donne aux autorités un
pouvoir exagéré ; elle ne respecte pas assez la propriété privée,
elle entrave le commerce ; elle n'accorde pas l'indemnité toutes
les fois qu'elle est justement due. Elle manque de prévoyance et
ne donne pas les moyens suffisants pour prévenir l'importation
d'une maladie contagieuse. Enfin on n'observe plus et les tribunaux n'appliquent plus certaines de ses dispositions.

Une réforme est donc nécessaire pour mettre notre législation sanitaire en rapport avec les données actuelles de la science, avec nos mœurs et avec les exigences de nos relations commerciales devenues plus faciles et plus nombreuses. On a songé sérieusement à opérer cette réforme dès 1876, et une nouvelle loi a été préparée, qui devait remédier aux défauts que nous avons signalés, qui devait conserver les mesures appropriées à l'état actuel de nos mœurs et basées sur la contagion, qui devait effacer entièrement les mesures qui ne sont plus d'accord avec nos mœurs, comme la dénonciation, la confiscation, etc., et qui devait enfin ajouter les mesures nécessaires pour compléter ce qui manque à l'ancienne législation.

Caractères d'une loi sur la police sanitaire des animaux. — La loi nouvelle doit consacrer l'institution d'un service sanitaire ; grâce à ce moyen, la France se préservera de l'invasion de certaines maladies contagieuses. Elle doit énumérer les maladies contagieuses qui exigent l'application de mesures sanitaires et cette énumération ne peut pas être définitive, car avec les progrès de la science, on peut arriver à constater que d'autres maladies offrent des dangers ; et à un moment donné des mesures devront être appliquées à ces maladies reconnues contagieuses ; elle doit donc prévoir et rendre possible l'extension de ses prescriptions à d'autres maladies, qui seront reconnues dangereuses.

Elle doit poser des règles communes et énumérer les principales mesures de police sanitaire ; cette énumération doit être générale ; un règlement élaboré par le Conseil d'Etat doit faire l'application de ces mesures à chaque maladie contagieuse en particulier. Elle doit surtout s'occuper de régler les mesures qui portent atteinte à la propriété, l'abattage et l'enfouissement ; elle doit aussi régler la question des indemnités, au point de vue de la quotité. Elle doit édicter les mesures nécessaires pour prévenir l'importation des maladies contagieuses, c'est-à-dire régler la surveillance des frontières ; à ce sujet, la loi ne peut pas tout régler, mais elle doit laisser le pouvoir au chef de l'Etat d'y suppléer dans telle ou telle circonstance. Elle doit aussi s'occuper de la question de pénalité, car toutes les prescriptions seraient vaines si elles n'étaient pas accompagnées d'une sanction, si la loi ne donnait pas le moyen de forcer les propriétaires à obéir à la loi.

Il faut une loi unique, générale ; et cette loi doit être courte, simple, claire, facile à comprendre et par-dessus tout précise ; elle ne doit rien laisser à l'arbitraire des autorités ; elle doit être complétée par un règlement d'administration publique, qui en fera l'application aux divers cas.

Il est permis de s'étonner avec raison que le service sanitaire n'ait été institué en France qu'en 1876, alors qu'il existait à l'étranger, en Russie, en Allemagne, etc. Un service des épizooties avait été organisé dans le nord de la France en 1815 et 1846, sous l'inspiration d'Hurtrel d'Arboval ; les préfets, en vertu des pouvoirs qui leur étaient conférés, nommaient des vétérinaires sanitaires dans toutes les localités où régnait le typhus ; ces vétérinaires avaient pour mission de suivre et d'étudier l'épizootie, de visiter les foires et les marchés, de recueillir tous les renseignements, d'adresser des rapports à l'autorité pour l'éclairer et lui indiquer les mesures nécessaires. Cette organisation eut une durée très éphémère, elle rendit cependant de grands services.

En 1870 Urbain Leblanc réclamait l'institution d'un service sanitaire dont il indiquait les bases ; cette idée ne fut pas mise à exécution de suite, car les évènements d'alors y furent un empêchement. En 1876 on y revint et, à la suite d'un rapport adressé au président de la République par le ministre de l'agriculture et du commerce, parut le 24 mai 1876 un décret du chef de l'Etat instituant auprès du ministère de l'agriculture un comité consultatif des épizooties, et fixant ses attributions, qui sont : examen et étude des questions relatives aux réformes à introduire dans la législation sanitaire, à l'institution et à l'organisation d'un service sanitaire ; études des mesures propres à prévenir et à combattre les épizooties, à améliorer les conditions sanitaires et hygiéniques des animaux et à favoriser la production du bétail. Le comité consultatif se mit à l'œuvre et après quelque temps parut, d'après son inspiration, une circulaire ministérielle du 1er juillet 1876, ordonnant aux préfets d'organiser dans chaque département un service sanitaire permanent et faisant espérer que la législation sanitaire serait bientôt révisée.

C'est à partir de ce moment que la plupart des départements ont été dotés d'un service sanitaire dont l'organisation a varié suivant les préfets. En règle générale, il a été nommé un vétérinaire inspecteur des épizooties, résidant au chef-lieu du département ; au-dessous de lui ont été nommés des vétérinaires d'arrondissement ou de canton, chargés du service sanitaire dans leur circonscription. Ces nominations ont été faites sans concours et parfois sans égard pour le mérite, les plus intrigants ont été les plus favorisés. L'équité exigeait qu'au moins le titulaire le plus élevé (vétérinaire inspecteur) fût nommé par voie de concours ; mais jusqu'à présent les nominations ont été faites par l'autorité départementale.

Le comité consultatif a travaillé activement à la réforme de notre législation, et, dans la préparation de la nouvelle loi, M. H. Bouley a joué un rôle prépondérant ; l'élaboration a été terminée en octobre 1877. Le projet préparé par le comité a été soumis au Conseil d'Etat, qui lui a fait subir quelques légères modifications et a été ensuite discuté et voté par le Sénat en 1879.

Projet de loi sur la police sanitaire voté au Sénat. — Il est précédé d'un exposé des motifs pour lesquels il a été préparé. Ces motifs sont : les lacunes et les contradictions qui existent dans notre ancienne législation, certaines dispositions inapplicables parfois et inconciliables avec les mœurs du temps, la multiplicité des textes des documents législatifs, d'où résulte une confusion, les différences de pénalité pour des infractions identiques, les modifications survenues dans la vie et les relations des peuples (aujourd'hui les transports sont faciles, les transactions multipliées, d'où l'extension des épizooties et l'insuffisance de l'ancienne législation), les progrès de la science.

Ce projet se compose de 37 articles et il est divisé en 5 titres. Le titre premier s'occupe de l'énumération des maladies contagieuses des animaux et des mesures sanitaires qui leur sont applicables ; le titre II traite la question des indemnités ; le titre III est relatif à l'importation des animaux ; le titre IV règle les pénalités et le titre V est intitulé : *Dispositions générales.*

ARTICLE PREMIER. — Les maladies contagieuses régies par les dispositions du nouveau projet sont le typhus, le péripneumonie, la clavelée, la gale, la fièvre aphtheuse, la morve, le farcin, la dourine, la rage, le charbon (certaines maladies sont omises).

ART. 2. — Un décret du chef de l'Etat peut étendre la loi à d'autres maladies. (Les lacunes de l'article 1er peuvent ainsi disparaître.)

ART. 3. — Les malades et les suspects seront déclarés par le propriétaire, le détenteur, le gardien, le vétérinaire ou toute autre personne appelée à les soigner ; ils seront aussitôt maintenus séquestrés et ne devront pas être déplacés.

ART. 4. — Le maire veille à l'accomplissement des mesures

précitées et fait visiter les animaux par un vétérinaire, qui peut prescrire la séquestration si elle n'a pas été appliquée, et qui doit faire un rapport.

ART. 5. — L'expert ayant fait son rapport, le préfet prend, s'il y a lieu, un arrêté portant déclaration d'infection, détermine les localités dans lesquelles il faudra appliquer les mesures suivantes : l'isolement, la séquestration, la visite, le recensement, la marque des animaux et troupeaux, l'interdiction de ces localités, l'interdiction momentanée ou la règlementation des foires, des marchés, du transport et de la circulation du bétail, la désinfection des habitations, des voitures et des divers moyens de transport, la désinfection ou la destruction des objets ayant servi aux malades ou ayant été souillés par eux et des objets pouvant servir de véhicules ; un règlement d'administration publique déterminera les mesures applicables à chaque malade.

ART. 6. — Le typhus étant constaté dans une commune par un arrêté préfectoral, il est interdit de traiter les malades, sauf dans les cas et aux conditions déterminées par le ministre, on devra abattre les malades et les contaminés non encore malades sur l'ordre du maire, conformément à la proposition du vétérinaire délégué et après l'évaluation des animaux.

ART. 7. — Les malades seront abattus sur place, les contaminés pourront être transportés, avec l'autorisation du maire sur l'avis de l'expert, dans les lieux où ils doivent être abattus; les animaux de l'espèce ovine et caprine suspects de typhus seront isolés et soumis à certaines mesures que le règlement d'administration publique énoncera.

ART. 8. — En cas de morve constatée, l'abattage des malades aura lieu par ordre du maire, sur la proposition du vétérinaire; en cas de farcin, de charbon, de péripneumonie, jugés incurables par le vétérinaire délégué, l'abattage aura lieu par ordre du maire ; si, dans ces cas, le propriétaire conteste l'affirmation de l'expert, il peut faire soutenir son idée par son vétérinaire et alors il résulte un conflit entre deux vétérinaires ; dans ce cas le préfet désigne un troisième vétérinaire dont les conclusions sont adoptées.

ART. 9. — En cas de rage, les animaux reconnus malades seront abattus immédiatement, en outre l'abattage devra aussi avoir lieu immédiatement pour tous les chats et tous les chiens simplement suspects. Cette mesure est obligatoire pour les propriétaires, lors même que l'autorité n'interviendrait pas.

ART. 10. — La vente, la mise en vente des animaux atteints de maladies contagieuses est interdite ; cependant la vente peut être autorisée à certaines conditions établies par le règlement d'administration publique, qui fixera en outre pour chaque espèce animale et pour chaque maladie, le temps pendant lequel la même interdiction s'appliquera aux animaux simplement contaminés.

ART. 11. — On ne pourra jamais liver à la consommation la viande d'animaux morts de maladies contagieuses ou abattus comme malades du typhus, de la morve, du farcin, du charbon, de la rage ; l'enfouissement, dans ces cas, aura lieu avec la peau entière et tailladée, ou la livraison aura lieu à un atelier d'équarrissage autorisé.

ART. 12. — Les cadavres et les débris d'animaux morts ou abattus comme atteints de typhus seront enfouis ou livrés à l'équarrissage, tandis que dans les cas d'abattage d'animaux simplement contaminés par les typhiques, la viande pourra être consommée et les peaux, abats et issues pourront être sortis du lieu d'abattage après désinfection.

ART. 13. — La désinfection est imposée aux entrepreneurs de transport par terre ou par eau aux conditions fixées par les règlements d'administration.

ART. 14. — En cas d'abattage pour cause de typhus, une indemnité sera accordée aux propriétaires, elle sera égale aux trois quarts de la valeur des animaux contaminés et ne pourra pas dépasser 600 francs, elle sera pour les animaux malades égale à la moitié de leur valeur avant la maladie et ne pourra pas dépasser 400 francs.

ART. 15. — En cas de vente autorisée pour la viande et les débris, le propriétaire doit déclarer le produit de la vente, qui lui appartient d'ailleurs jusqu'à concurrence de la partie de la valeur non indemnisée, au-delà de laquelle il est à défalquer de la partie à payer par l'Etat.

ART. 16. — Avant l'abattage, l'évaluation des animaux sera faite par un expert désigné par le maire et un expert désigné par le propriétaire ; si le propriétaire ne désigne pas son expert, celui du maire agira seul ; l'expert ou les deux experts dresseront un procès-verbal d'expertise, qui sera contresigné par le maire et par le vétérinaire délégué.

ART. 17. — Le propriétaire doit, pour obtenir l'indemnité, faire une demande, l'adresser au ministre dans les trois mois à compter de l'abattage, sous peine de déchéance ; le ministre peut ordonner la révision des évaluations par une commission dont il nomme les membres, il fixe l'indemnité lui-même, sauf recours au Conseil d'Etat.

ART. 18. — La perte de l'indemnité sera entraînée par toute infraction aux dispositions de la présente loi ou des règlements rendus pour son exécution,

ART. 19. — Il n'est pas accordé d'indemnité, en cas d'abattage, pour des maladies autres que le typhus.

ART. 20. — Les animaux solipèdes, bovins, ovins, caprins, porcins seront visités à leur entrée en France aux frais des importateurs et la visite pourra être étendue aux autres animaux, si on a à craindre une maladie contagieuse.

ART. 21. — Un décret déterminera les ports de mer et les bureaux de douane ouverts à l'importation et soumis à la visite.

ART. 22. — Le gouvernement peut prohiber l'entrée ou ordonner la mise en quarantaine des animaux susceptibles de communiquer une maladie contagieuse et de tous les objets présentant le même danger ; il peut, à la frontière, prescrire l'abattage, sans indemnité, des animaux malades ou contaminés et prendre toutes les mesures nécessaires.

ART. 23. — A la frontière les mesures seront prescrites par les maires ou les commissaires de police, d'après l'avis du vétérinaire.

ART. 24. — Les municipalités des ports doivent fournir des quais de débarquements et des locaux pour les quarantaines.

ART. 25. — Le gouvernement peut empêcher l'exportation des animaux atteints de maladie contagieuse.

ART. 26. — Une amende de 16 à 200 francs et un emprisonnement de six jours à deux mois seront encourus par les individus qui auront commis une infraction à l'obligation de la déclaration ou de la séquestration.

ART. 27. — Une amende de 100 francs à 500 francs, et un emprisonnement de deux à six mois seront encourus : par ceux qui, malgré les défenses de l'administration, auront laissé communiquer leurs animaux infectés avec d'autres ; par ceux qui auront vendu ou mis en vente des animaux qu'ils savaient atteints ou soupçonnés de maladies contagieuses ; par ceux qui, sans permission de l'autorité, déterreront ou achèteront des cadavres ou des débris d'animaux morts de maladie contagieuse, quelle qu'elle soit, ou abattus comme atteints de typhus, charbon, morve, farcin, rage ; par ceux enfin qui, même avant l'arrêt d'interdiction, auront importé des animaux, qu'ils savaient atteints ou contaminés de maladie contagieuse.

ART. 28. — Une amende de 100 francs à 1000 francs et un emprisonnement de six mois à trois ans seront infligés à ceux qui vendront ou mettront en vente de la viande provenant d'animaux morts de maladie contagieuse ou abattus pour le typhus, le charbon, la morve, le farcin, la rage ; à ceux qui auront commis un des délits ci-dessus prévus, s'il en est résulté une contagion parmi les autres animaux.

ART. 29. — Une amende de 100 francs à 1000 francs sera applicable à l'entrepreneur de transports qui n'aura pas désinfecté son matériel ; il sera puni d'un emprisonnement de six mois à trois ans s'il en est résulté une contagion parmi d'autres animaux.

ART. 30. — Une amende de 1 franc à 200 francs sera infligée pour infraction au règlement complémentaire de la présente loi.

ART. 31. — La pénalité peut être portée au double du maximum en cas de récidive dans le délai d'un an, ou si les délits sont commis par les vétérinaires délégués, par les gardes-champêtres, par les gardes-forestiers, par les officiers de police.

ART. 32. — L'art. 463 du Code pénal reste applicable aux cas prévus ci-dessus.

ART. 33. — Les frais qu'entraîneront les mesures de police sanitaire seront à la charge des propriétaires ou des conducteurs ; la désinfection des wagons sera faite par les soins des compagnies, qui percevront les frais fixés par le ministre des Travaux publics.

ART. 34. — Un service des épizooties sera institué dans chaque département.

ART. 35. — L'inspection sanitaire est obligatoire pour certaines communes désignées par le Conseil général.

ART. 36. — Le règlement d'administration publique préparé pour l'exécution de la présente loi fixera l'organisation du comité consultatif des épizooties.

ART. 37. — Sont abrogés les art. 459, 460, 461, du Code pénal ainsi que toutes les lois, tous les arrêtés, tous les règlements an-

térieurs concernant la police sanitaire des animaux domestiques.

Ce projet de loi est loin d'être à l'abri de toute critique, il est
trop long, il est diffus, il n'est pas assez méthodique, il n'est pas
assez simple, il froisse nos idées de justice, il contient des sanc-
tions trop rigoureuses, il n'édicte pas comme il convient l'enfouissement ou la livraison à l'équarrissage ; on aurait pu faire une
loi plus simple, plus équitable, plus facile à retenir et plus facile
à appliquer.

Voici le projet que je lui substituerais bien volontiers et que
j'ai adressé dernièrement à la Commission de la Chambre des
députés chargée d'étudier le projet voté par le Sénat.

Projet de loi sur la Police sanitaire

ARTICLE PREMIER. — Les animaux introduits en France ou en
Algérie doivent être accompagnés d'un certificat d'origine et de
santé ; ils sont visités, à leur arrivée, dans les bureaux de douane
et les ports ouverts à l'importation et soumis à une quarantaine,
s'il y a lieu.

Les mesures édictées par la présente loi peuvent être appliquées
à la frontière dans tous les cas où une maladie contagieuse est
constatée sur les animaux importés, et si l'autorité prescrit l'a-
battage, l'importateur n'a droit à aucune indemnité.

ART. 2. — Le gouvernement peut toujours prohiber temporai-
rement l'importation des animaux et des objets susceptibles de
communiquer une maladie contagieuse.

ART. 3. — Un service des épizooties est institué dans toute la
France et en Algérie, il sera permanent et organisé partout suivant le même mode, qui sera déterminé par le ministre de l'Agriculture.

ART. 4. — Donneront lieu à l'application des dispositions de la
présente loi les maladies contagieuses suivantes : la peste bovine,
la morve et le farcin, la rage, le charbon, la péripneumonie contagieuse, la fièvre aphtheuse, la clavelée, le piétin, la fièvre
typhoïde du porc, la diphthérie, la phthisie, la dourine, le choléra
des oiseaux et la gale chez l'espèce ovine

Un décret du Président de la République pourra ajouter à cette
nomenclature d'autres maladies contagieuses.

ART. 5. — Tout animal atteint ou soupçonné d'être atteint d'une des maladies énumérées dans l'art. 4, doit être aussitôt maintenu séquestré ou isolé dans le lieu où il se trouve, et déclaration en doit être faite au maire de la commune par le propriétaire, le détenteur, le gardien, le vétérinaire des épizooties s'il en a connaissance.

Défense est faite à tout vétérinaire de traiter un animal atteint d'une des maladies contagieuses énumérées dans la présente loi, avant d'avoir fait la déclaration au maire.

Toute infraction aux dispositions du présent article sera punie d'une amende de 16 francs à 200 francs et d'un emprisonnement de six jours à deux mois; si le contrevenant à la disposition du second alinéa est une personne non pourvue du diplôme de vétérinaire, l'amende et la prison seront toujours cumulées et pourront être portées au double de leur maximum.

ART. 6. — Le maire veille à l'exécution provisoire de la séquestration, informe le sous-préfet et désigne aussitôt un vétérinaire pour visiter sans retard l'animal déclaré, étudier la maladie et conseiller les mesures nécessaires pour empêcher la contagion.

ART. 7. — Les mesures que le maire doit prescrire sur le rapport du vétérinaire, et qu'il doit faire appliquer, sont :

1° L'isolement, la séquestration, le recensement, la marque, la prohibition de vente des animaux et troupeaux malades ou suspects, l'interdiction des lieux infectés, la suspension ou la réglementation des foires ou marchés, du transport et de la circulation du bétail;

2° La désinfection des locaux, des voitures et wagons de transport et de tous les objets souillés par les malades;

3° L'abattage de tout malade reconnu incurable et de tous les animaux atteints de typhus ou simplement contaminés;

4° La livraison à l'équarrissage ou l'enfouissement, avec défense de les déterrer, des cadavres des animaux morts ou abattus comme atteints de maladie contagieuse.

Les préfets centraliseront tous les documents relatifs aux épizooties, tant ceux émanés des autorités locales que ceux émanant des vétérinaires sanitaires, et détermineront les localités auxquelles il y aura lieu d'étendre l'application des mesures sanitaires du présent article.

Seront punis d'une amende de 16 francs à 100 francs et d'un emprisonnement de six jours à un an ceux qui auront contrevenu à l'une des prescriptions de cet article, quand l'autorité en aura ordonné l'exécution.

Art. 8. — Dans tous les cas, l'art. 462 et le dernier paragraphe de l'art. 463 du Code pénal demeurent applicables.

Sont abrogés les art. 459, 460, 461 du Code pénal et tous les documents législatifs antérieurs à ce jour, qui sont relatifs à la police sanitaire des animaux.

Art. 9. — Une indemnité sera accordée dans tous les cas où l'autorité aura fait sacrifier des animaux atteints de maladie contagieuse ou simplement suspects.

Elle sera égale à la valeur réelle pour les animaux suspects, sauf à en défalquer le prix de vente des chairs et des débris ; elle sera égale aux trois quarts de la valeur réelle pour les animaux, autres que les solipèdes, atteints de maladie contagieuse ; elle sera égale à la moitié de la valeur réelle pour les chevaux morveux ou farcineux.

Aucune indemnité ne sera accordée pour les carnivores atteints ou suspects de rage.

Perdront leur droit à l'indemnité les propriétaires qui auront contrevenu à l'une des dispositions des art. 5 et 7.

Art. 10. — Un Conseil des épizooties, composé de l'inspecteur général, des directeurs des Écoles vétérinaires, des trois professeurs de police sanitaire et de quatorze vétérinaires pris parmi les vétérinaires militaires et les vétérinaires civils, sera appelé à élaborer un règlement d'administration publique, qui déterminera les mesures à appliquer suivant la nature de chaque maladie et suivant les espèces animales, ainsi que le mode, la durée et l'étendue d'application de chaque mesure suivant les cas.

La législation impose des devoirs aux propriétaires, gardiens et détenteurs, à l'autorité et au vétérinaire.

Devoirs des propriétaires, gardiens et détenteurs d'animaux malades. — Ces devoirs se réduisent à trois principaux : l'obligation d'isoler, aussitôt qu'on les reconnaît malades, les animaux atteints de maladie contagieuse ; l'obligation d'en faire aussitôt la déclaration à l'autorité ; et l'obligation très générale de se soumettre à la loi, à toutes les dispositions qu'elle édicte, à toutes les prescriptions de l'autorité.

Devoirs de l'autorité. — L'autorité est chargée de recevoir la déclaration et d'intervenir aussitôt. Elle doit agir promptement et sagement ; elle ne doit jamais perdre de vue qu'elle est obligée de se conformer à la loi ; il ne lui est pas permis, dans ses rapports avec les propriétaires, d'outrepasser les pouvoirs que la loi lui confère. Le rôle de l'autorité est considérable, car c'est elle qui est chargée de prescrire les mesures sanitaires et de veiller à leur exécution.

Devoirs des vétérinaires. — En toutes circonstances, le vétérinaire doit agir avec conscience et avec prudence ; il doit agir avec conscience, car, sous prétexte de confraternité, il ne lui est pas permis de léser l'intérêt général. Il doit éclairer l'autorité aussi exactement qu'il le peut. Cependant dans ces rapports avec ses confrères il est tenu à une certaine réserve ; et, dans une mission délicate comme celle que lui confie l'autorité, il doit concilier les devoirs que lui impose sa conscience avec les réserves que lui dicte la confraternité. Il doit agir avec prudence et avoir toujours présente à l'esprit la gravité de la maladie contagieuse, soit au point de vue de l'atteinte qu'elle porte à la fortune publique, soit au point de vue de sa contagion possible à l'homme. Quand il constatera l'existence d'une maladie contagieuse, il devra toujours éclairer son client et l'engager à faire la déclaration le plus vite possible. S'il a affaire à des personnes sensées, il leur fera comprendre facilement leur devoir ; mais il lui arrivera d'avoir affaire à des propriétaires qui feindront de ne pas comprendre, qui ne voudront pas faire la déclaration. Alors devra-t-il traiter les malades ou faire la déclaration ? Sans vouloir dire déjà (ce point sera traité plus loin) que le vétérinaire sera obligé de faire la déclaration, il faut poser en principe qu'il ne doit jamais traiter une maladie contagieuse tant que la déclaration n'est pas faite à l'autorité.

Lorsque l'autorité lui confiera une mission à propos d'une maladie contagieuse, qui sévit dans une localité, le vétérinaire devra-t-il accepter ou refuser ? Au point de vue légal le vétérinaire ne peut être contraint à accepter la mission qui lui est confiée ; un ancien document astreignait les experts à accepter, mais cette disposition est tombée en désuétude, et aujourd'hui le vétérinaire n'est pas obligé d'accepter ni de donner les motifs pour lesquels il refuse. Si le vétérinaire peut refuser la mission que l'autorité lui confie, il n'a jamais intérêt à agir ainsi ; son intérêt particulier, sa considération et l'intérêt public exigent qu'il accepte et qu'il se rende utile.

La mission acceptée, il faut agir le plus vite possible, tout en évitant la précipitation, qui entraînerait des conseils et des actes irréfléchis. Il faut toujours agir, en s'inspirant des données de la science, dans l'étude des épizooties. Il faut être prudent et conciliant dans ses rapports avec les propriétaires ; il faut les éclairer et leur faire comprendre que l'autorité n'agit pas dans un but de tracasserie, mais bien dans le but de protéger l'intérêt général et aussi leur intérêt propre. Le vétérinaire nommé expert doit, avant tout, procéder à la visite des animaux déclarés comme malades ou suspects ; pour cela, il doit ou il peut dans tous les cas, en vertu des anciennes prescriptions de la législation, se faire accompagner par un délégué de l'autorité ou par un employé de la police. Quand il a terminé sa visite, il doit décider en lui-même quelles sont les mesures propres à arrêter l'extension de la maladie. Parmi ces mesures, il en est qui doivent être appliquées immédiatement, telles sont : l'isolement, le cantonnement, la séquestration des malades ; le vétérinaire devra en conseiller et en demander l'application aussitôt la visite terminée ; c'est à l'autorité qu'il appartient de les prescrire et d'en faire surveiller l'exécution. L'expert fait ensuite un rapport détaillé et l'adresse à l'autorité, qui l'a nommé (maire, préfet ou sous-préfet).

Ce rapport doit contenir beaucoup de choses ; sa rédaction est très importante, et le vétérinaire ne saurait y donner trop de soin ; car il sera jugé souvent d'après la manière dont il l'aura dressé et rédigé. Deux conditions générales doivent toujours être remplies dans de pareils documents, savoir : l'observation rigoureuse des véritables données scientifiques et l'observation des règles grammaticales et littéraires. L'expert doit d'abord rappeler au début de son rapport l'ordre de l'autorité qui lui a confié la mission ; puis il doit indiquer la marche qu'il a suivie pour la remplir ; il désigne les fermes, les villages, les communes qu'il a parcourus ; il fait connaître les noms, prénoms et le domicile des propriétaires intéressés, de ceux chez lesquels il a trouvé des animaux malades ou suspects ; il indique le nombre, l'espèce, le signalement des malades de chaque propriétaire ; il expose le résultat du recensement, c'est-à-dire du dénombrement partiel des animaux suspects qui sont dans chaque localité infectée, dans chaque ferme, dans chaque commune, dans chaque canton, et du dénombrement général des animaux du canton, de la localité, etc. Ces renseignements sont très importants, car ils permettent à l'autorité d'apprécier la gravité de l'épizootie.

Le rapport du vétérinaire délégué doit contenir une histoire et une description succintes et très claires de la maladie, de ses causes, de sa marche, de ses voies et modes de communication. L'expert doit surtout indiquer aussi clairement et aussi véridiquement que possible les voies et modes de propagation, d'après la science et d'après l'étude actuelle de l'épizootie dans sa marche et son extension. Il doit faire connaître le résultat des autopsies qu'il a pu faire; il doit décrire sommairement et exactement les altérations cadavériques qu'il a trouvées, altérations qui l'aident très souvent à diagnostiquer la maladie. Il doit indiquer : le nombre des morts; le nombre des malades; le nombre de ceux qui sont guéris; le nombre de ceux qu'il considère comme suspects, comme contaminés ; le nombre de ceux qui ont été cantonnés, séquestrés, marqués comme malades ou comme suspects; le nombre de ceux qu'il considère comme incurables ; le nombre de ceux pour lesquels il demande l'abattage; le nombre de ceux qui déjà ont été abattus; le nombre de ceux qui ont été guéris par un traitement, ou qu'on traite avec espoir de guérison. Tous ces détails doivent être donnés s'il y a lieu.

Le rapport doit surtout contenir l'indication motivée et détaillée, précise et catégorique des mesures jugées propres à arrêter les progrès de l'épizootie. Ces mesures sont plus ou moins nombreuses suivant les cas; nous verrons plus tard celles qu'il y a lieu de fixer pour chaque maladie. L'expert doit en outre donner son avis sur l'utilisation des dépouilles et de la chair, soit des animaux morts de maladies contagieuses, soit de ceux qui sont abattus pour cause de maladie contagieuse reconnue incurable, soit surtout des animaux suspects, dont l'autorité doit prescrire l'abattage. Cet avis est très important, surtout en ce qui concerne l'utilisation des débris des animaux abattus comme simplement suspects.

Le rapport est enfin terminé par un résumé succinct, sous forme de conclusion, de la marche de la maladie et par l'énumération des mesures conseillées.

Quand des animaux auront été abattus sur la proposition de l'expert et par ordre de l'autorité, le rapport devra mentionner ces cas, ainsi que le mode d'abattage employé et l'usage qui aura été fait des cadavres; il devra en outre faire connaître les altérations pathologiques rencontrées chez les malades abattus; cela comporte, pour l'expert, l'obligation de faire les autopsies.

Lorsque le vétérinaire délégué a été chargé de suivre l'épizootie pendant toute sa durée, il doit, à son extinction, adresser un rapport récapitulatif à l'autorité dont il tient sa mission ; il résume alors les principales idées qu'il a déjà émises dans ses rapports divers ; il fait une sorte de synthèse de tout ce qui a été observé, prescrit et exécuté ; et il fait connaître, dans un tableau d'ensemble, les ravages qu'a occasionnés l'épizootie.

Tels sont les principaux points de fond qui doivent être traités par les experts.

Les rapports doivent être rédigés correctement, sans fautes de grammaire ni de style, sans prétention, avec clarté et simplicité ; les termes techniques doivent être expliqués ou remplacés par leurs équivalents dans le langage ordinaire ; et les vétérinaires, que l'autorité consulte, doivent l'éclairer autant qu'il est en leur pouvoir de le faire ; ils doivent donc bannir, dans la forme comme dans le fond, tout ce qui montrerait chez eux de l'indécision ; ils doivent éviter les *peut-être* et les *à peu près* ; ils doivent se prononcer toujours catégoriquement et se souvenir toujours que la parole écrite ou parlée a été donnée à l'homme pour faire comprendre sa pensée.

MOYENS ET MESURES EMPLOYÉS PAR LA POLICE SANITAIRE

DÉCLARATION

La déclaration n'est pas, à proprement parler, une mesure de police sanitaire. Quand on dit que la loi sanitaire prescrit la déclaration aux propriétaires, gardiens ou détenteurs d'animaux atteints de maladies contagieuses, on entend que la loi les oblige à déclarer à l'autorité les cas de maladies contagieuses, qui pourraient se présenter chez eux. Cet avertissement donné à l'autorité a pour but de la mettre au courant de ce qui se passe et de lui indiquer qu'il y a lieu de se préoccuper des dangers, qui résultent de l'introduction de telle ou telle maladie, de faire déterminer les caractères de cette maladie et de prescrire certaines mesures pour en arrêter l'extension. Cette déclaration est très importante, car c'est grâce à elle que l'autorité est instruite qu'il y a un danger et que des mesures doivent être prises ; sans elle l'autorité pourrait ignorer plus ou moins longtemps la maladie, et la contagion pourrait s'étendre et faire de plus grands ravages : c'est de cette formalité préliminaire que dépendent la prescription et l'application de toutes les mesures subséquentes de police sanitaire.

Elle est prescrite pour toutes les maladies contagieuses; l'ancienne législation, qui nous régit encore, la prescrit; et la loi nouvelle votée au Sénat énumère les maladies pour lesquelles la déclaration et les autres mesures sont obligatoires; cette énumération n'est pas limitative d'une manière absolue, car le chef de l'Etat peut l'étendre à telle ou telle maladie contagieuse reconnue dangereuse. La déclaration est donc prescrite dans tous les cas, non seulement quand la maladie existe manifestement, mais encore quand on soupçonne simplement son existence; l'obligation existe donc pour les cas de maladie bien caractérisée et aussi pour les cas de maladie simplement soupçonnée.

Elle est prescrite par plusieurs documents, notamment par l'arrêt du 16 juillet 1784, par la loi de 1791, par l'arrêt du Directoire an V (1797), par l'article 459 du Code pénal et par le projet de loi que le Sénat a déjà adopté. Et d'ailleurs, dans toutes les législations sanitaires étrangères, la déclaration est inscrite au frontispice de la loi, comme la condition de l'intervention de l'autorité et de la protection de l'intérêt public.

Quelles sont les personnes que cette prescription oblige? Quelles sont les personnes tenues de faire cette déclaration? Ce sont les propriétaires, les détenteurs, les gardiens d'animaux malades; puis, d'après l'arrêt du 16 juillet 1784, les logeurs, qui se sont aperçus de l'existence d'une maladie contagieuse sur les animaux logés dans leurs écuries. C'est ici qu'il importe de nous demander si les vétérinaires sont obligés, d'après l'ancienne législation, de faire cette déclaration. L'article 4 de l'arrêt du 16 juillet 1784 porte qu'il est défendu, à qui que ce soit, de traiter les animaux atteints de maladie contagieuse sans en avoir fait la déclaration à l'autorité. Mais cet article ne dit pas explicitement que le vétérinaire est obligé de faire la déclaration; aussi en 1876 une difficulté s'est élevée sur cette question; elle s'était présentée antérieurement et avait été tranchée dans le sens de l'affirmative par une circulaire ministérielle de 1797. Elle avait encore été tranchée dans le même sens par une autre circulaire ministérielle de 1833. Ces deux circulaires reconnaissaient en principe que le vétérinaire et par conséquent l'empirique, qui auraient constaté l'existence d'une maladie contagieuse chez leurs clients, étaient obligés de faire la déclaration si les propriétaires ne la faisaient pas. La question a été soulevée de nouveau en 1876 ; elle a eu un certain retentissement et a été discutée par les journaux et par les publications vétérinaires. Cette fois encore, on a été obligé de reconnaître que l'article 4 de l'arrêt du 16 juillet 1784 obligeait le vétérinaire à faire la déclaration. La jurisprudence, qui a cours dans cette matière, veut que le vétérinaire soit tenu de faire la déclaration, sous peine d'amende, quand le propriétaire ne la fait pas. Et d'ailleurs, en 1875 parut à Paris un arrêté du préfet de police, rendant obligatoire cette déclaration au vétérinaire ; mais cet arrêté n'est pas exécutoire dans toute la France. Il faut donc, pour résoudre cette question, se baser exclusivement sur l'article 4 de l'arrêt du 16 juillet 1784, que deux circulaires et la jurisprudence ont interprété dans le sens indiqué plus haut. Du reste, le comité consultatif des épizooties a eu à se prononcer sur ce point, et l'obligation de la déclaration par le vétérinaire a été inscrite par lui dans la nouvelle loi. Telle est l'idée qui a prévalu, les tribunaux appliquent ainsi l'article 4; et à plus forte raison la déclaration sera-t-elle obligatoire pour le vétérinaire, lorsque la nouvelle loi sera promulguée.

Donc, propriétaires, gardiens, détenteurs, vétérinaires et toutes personnes appelées à traiter les animaux atteints ou soupçonnés de maladie contagieuse, sont obligées de faire la déclaration; et cette obligation est sanctionnée pour tous par une amende de 16 francs à 200 francs, que des règlements antérieurs (arrêt du 16 juillet 1784) permettent d'élever à 500 francs, et par un emprisonnement de six jours à deux mois.

Mais il faut remarquer que cette déclaration, que la loi rend obligatoire, est souvent négligée même par les propriétaires, parce que ceux-ci ignorent l'obligation qui pèse sur eux, parce que la plupart craignent qu'on leur fasse sacrifier leurs animaux et qu'on les tracasse pour n'avoir pas averti l'autorité assez tôt. Souvent, quand la déclaration est négligée, il n'y a pas, à proprement parler, de mauvais vouloir; il faut donc encourager les propriétaires à la faire. Et les moyens de les encourager ne sont pas ceux que la loi emploie de préférence : elle abuse de la pénalité : or ce moyen est plutôt fait pour effrayer que pour encourager le propriétaire, car toujours il se demande s'il ne sera pas poursuivi pour n'avoir pas fait plus tôt la déclaration. Il vaudrait mieux restreindre la pénalité et accorder l'indemnité pour tous les cas où on est obligé d'abattre les animaux ; il y aurait peut-être même lieu d'accorder une prime à ceux qui mettraient le plus d'empressement à faire la déclaration. Ces dispositions n'existent pas dans la loi et je ne les formule que pour exprimer un *desideratum*.

Quant aux vétérinaires, il est bien probable qu'on aura de la peine à leur faire comprendre qu'il faut qu'ils dénoncent leurs clients; ils aimeront mieux se retrancher derrière une feinte ignorance ou une feinte erreur de diagnostic.

Le propriétaire, détenteur ou gardien, qui a fait la déclaration, doit isoler les animaux qu'il a déclarés; il doit les séparer des animaux sains. L'article 459 du Code pénal est très formel à cet égard : il dit que le déclarant doit en même temps isoler les animaux qu'il déclare.

A qui doit être faite la déclaration? D'après l'ancienne, et encore d'après la nouvelle législation, elle doit être faite à l'autorité locale, au maire ; mais, dans les grandes villes, elle peut être faite valablement au commissaire de police du quartier. Le déclarant se borne ordinairement à informer l'autorité de vive voix ; il peut cependant faire la déclaration par écrit ; et cette déclaration, orale ou écrite, doit être l'expression exacte de la vérité. Le déclarant ne doit pas chercher à tromper l'autorité, car s'il était reconnu qu'il a cherché à tromper, on pourrait lui appliquer certaines dispositions pénales. Cette condition étant remplie, il pourrait arriver, exceptionnellement bien entendu, que l'autorité égarât la déclaration écrite ou perdit le souvenir de la déclaration orale; alors le propriétaire ne serait peut-être pas toujours à l'abri de certaines poursuites; il peut donc exiger de l'autorité la constatation de cette démarche, il peut exiger un récépissé attestant qu'il a déclaré tel jour.

Quand le vétérinaire constate l'existence d'une maladie chez son client, il peut arriver qu'il soit chargé par le propriétaire de faire lui-même la déclaration à l'autorité; dans ce cas, il agit comme le propriétaire, il fait une déclaration verbale ; mais le mieux est de faire une déclaration sous forme de rapport sommaire, dans lequel il indique les caractères, la nature de la maladie, son extension et les mesures à prendre. L'autorité pourra ensuite nommer expert un autre vétérinaire, mais déjà ce rapport la fixera, et avant que l'autre expert ait rempli sa mission, elle pourra proposer l'application de certaines mesures de police sanitaire qu'elle jugera convenables.

Quand le propriétaire n'a pas fait la déclaration, quand le vétérinaire ne l'a pas faite non plus, ils peuvent être poursuivis devant les tribunaux correctionnels. Cette poursuite n'a lieu que par l'intervention du ministère public ; mais des voisins peuvent dénoncer les délinquants au ministère public et provoquer son action. Pourtant, bien que souvent la déclaration soit négligée, on voit rarement intervenir le ministère public, à tel point que, de nos jours, des infractions de ce genre ne sont presque jamais poursuivies ; et, quand la poursuite est exercée et l'affaire portée devant un tribunal correctionnel, il est rare de voir appliquer les deux peines, l'amende et la prison ; le plus souvent on applique la plus légère, c'est-à-dire l'amende. Pour appliquer la pénalité indiquée par la loi, il faut que le délinquant ait agi avec connaissance de cause ; ainsi, il ne suffit pas qu'il y ait eu omission de la déclaration, il faut de plus que l'omission ait été intentionnelle.

VISITE

Quand la déclaration a été faite à l'autorité, celle-ci doit aussitôt intervenir et elle le fait de deux manières : elle doit d'abord veiller à ce que les animaux malades soient isolés ou séquestrés, et en outre elle désigne un ou plusieurs vétérinaires pour étudier l'épizootie.

Les vétérinaires délégués pour cette mission doivent procéder avec la plus grande célérité ; ils doivent se mettre à l'œuvre aussitôt que possible. Dans leur visite, ils peuvent se faire accompagner par un membre de l'autorité ou par un employé de la police ; cependant cette précaution, qu'ils ont le droit de prendre, n'est pas toujours bonne.

Quand les experts savent qu'ils doivent avoir affaire à des propriétaires honnêtes et de bonne foi, ils peuvent se dispenser de se faire accompagner par l'autorité ou par la police, dont l'intervention produit un mauvais effet, surtout dans les campagnes, et ne fait qu'aigrir l'esprit des propriétaires. Ils doivent, avant de procéder à la visite des lieux et des malades, se renseigner, non seulement auprès des propriétaires, mais encore auprès des voisins, auprès de l'autorité locale ; ils doivent s'entourer de tous les renseignements, qui peuvent les mettre sur la voie du mode d'introduction de la maladie contagieuse dans la localité ; ils doivent procéder à une sorte d'enquête. Dans leur visite, ils agiront avec prudence et précaution ; ils visiteront d'abord les lieux et les animaux simplement suspects ; puis ils visiteront les lieux infectés et les animaux malades. La raison de cette manière de procéder se comprend facilement : il importe que le vétérinaire ne soit pas un agent de propagation de la maladie; or, en procédant autrement qu'il vient d'être indiqué, il pourrait transmettre la maladie des sujets malades aux sujets sains. Il est vrai qu'il pourrait parer à ce danger en se nettoyant, en se lavant et en se désinfectant, comme cela est quelquefois nécessaire; mais dans bien des cas, le plus prudent et le plus simple est de faire comme il est indiqué. C'est assez dire par là que la visite doit porter non seulement sur les animaux malades et les lieux infectés, mais encore, dans certains cas, sur les lieux et les animaux du voisinage. Ainsi, quand il s'agit de la morve, il faut visiter, non seulement les chevaux déclarés morveux, qui se trouvent dans l'écurie, mais aussi les sujets encore sains en apparence, qui se trouvent dans la même habitation, ou qui ont eu des rapports avec les animaux malades.

En procédant à sa visite, le vétérinaire délégué doit prendre bien entendu des notes sur le signalement des animaux visités, sur le degré de leur maladie, sur leur état général, leur état d'embonpoint; il doit prendre en un mot toutes les notes qu'il jugera nécessaires ou utiles pour la rédaction de son rapport.

Après la visite, il proposera immédiatement à l'autorité ou à la police les mesures provisoires qu'il croira nécessaires, l'isolement, la séquestration, si ces mesures n'ont pas été prises déjà.

Ensuite il s'occupera de la rédaction de son rapport, qui sera conçu et fait d'après les règles énumérées plus haut.

RECENSEMENT, MARQUE

Le recensement consiste à dénombrer les sujets malades et les sujets suspects; il doit être fait par l'expert. La marque a été prescrite pour éviter certaines fraudes de la part des propriétaires; elle a été prescrite dans le but de faciliter la recherche des malades et des suspects, pour les cas où le propriétaire les déplacerait, les mènerait hors du lieu où ils doivent être séquestrés. La marque, qui est une précaution d'une certaine importance, peut être faite, soit avec une matière colorante, soit avec de la cire, soit avec le fer rouge. Pour l'espèce ovine, on fait une marque à la poix ou à la matière colorante; pour les grands animaux, on pourrait aussi employer la marque à la matière colorante, mais le mieux est d'employer la marque au fer rouge. Dans ce dernier cas, il faut autant que possible pratiquer la marque dans une région où il ne s'ensuit pas une tare indélébile ; le meilleur est donc de la faire sur la région podale, sur le sabot des solipèdes et des grands ruminants ; du reste, pour ces grands animaux, la marque n'est pas toujours nécessaire et peut être remplacée par le signalement, surtout pour les solipèdes. Il y a donc rarement lieu d'appliquer la marque au cheval ; un signalement très exact suffit. Cette marque, quel que soit le mode employé pour la faire, consiste à imprimer une lettre ou un signe dont on détermine la signification pour le cas où elle est faite. Lorsque le vétérinaire délégué se trouvera en présence d'un grand nombre d'animaux malades ou suspects appartenant à un même propriétaire, il pourra demander qu'un registre soit tenu, où seront inscrits tous les chevaux ou animaux bovins, avec leur signalement. A côté du signalement de chaque animal, il inscrira les particularités qu'il présente, c'est-à-dire les symptômes, les signes précurseurs, l'état plus ou moins douteux du sujet. Le registre, dressé à la première visite, servira pour toutes les visites ultérieures, car, dans le cas d'épizootie, le vétérinaire est appelé à réitérer de temps en temps son examen ; et, grâce à la tenue de ce registre, il pourra à chaque fois se renseigner sur l'état antérieur de ces animaux.

ISOLEMENT

De toutes les mesures de police sanitaire, l'isolement est sans conrtedit la plus importante. Isolement signifie séparation, par un moyen quelconque, des animaux malades ou suspects d'avec les animaux sains. Cette mesure est très importante, car elle a pour but de s'opposer à la contagion immédiate ou médiate, qui résulte du rapport direct ou indirect des malades avec les sujets sains. L'isolement doit aussi être appliqué aux suspects (il vaut mieux pécher par excès que par défaut de prévoyance). Excepté pour le typhus, il n'y a pourtant pas toujours lieu de se montrer aussi rigoureux, lorsqu'il s'agit d'appliquer l'isolement aux animaux suspects ; ainsi il n'y a pas lieu pour un cheval simplement suspect de morve d'être aussi rigoureux que pour un cheval morveux. On place l'animal suspect dans un coin de l'écurie en laissant entre lui et les autres un certain espace, et on prescrit au propriétaire de ne jamais permettre d'employer les ustensiles de pansage ou autres, qui servent au sujet suspect, pour les sujets sains,

de ne jamais laisser boire ou manger ceux-ci après ou avec celui-là.

L'isolement ou séparation est ainsi basé sur une idée très scientifique, sur la connaissance de la contagion, c'est-à-dire sur les
modes d'après lesquels s'effectue la transmission de la maladie.
Pour l'appliquer à propos, il faut donc connaître à fond la contagion et ses modes pour chaque maladie en particulier; il faut déterminer les circonstances dans lesquelles telle ou telle maladie
peut se communiquer (cohabitation; rapports à l'abreuvoir, dans
les chemins, dans les pâturages; intermédiaire de l'air, des objets
de pansage, des harnais, des couvertes, des fourrages, des boissons, des ustensiles, des débris cadavériques, etc.). L'isolement
est la mesure la plus anciennement conseillée; elle est aussi ancienne que la contagion elle-même. Dès qu'on se fut aperçu que
des maladies se transmettaient d'un individu à l'autre, on eut
l'idée de séparer les malades, pour les empêcher de transmettre
leur maladie aux autres. Aussi trouve-t-on cette mesure déjà
conseillée par Végèce pour la morve, par Virgile pour le charbon
et la clavelée, par Columelle pour certaines maladies des troupeaux, etc. Elle est prescrite par tous les documents de notre
législation relatifs à la police sanitaire, et cette prescription est
accompagnée d'une sanction rigoureuse.

L'isolement peut s'effectuer d'une manière très simple, comme
dans l'exemple choisi plus haut; on isole l'animal suspect dans un
coin de l'habitation, quand on n'a pas à sa disposition un second
local convenable; on surveille cet animal et on en ordonne l'abattage au premier signe de morve. L'isolement peut encore se pratiquer ainsi quand il s'agit de certaines maladies contagieuses;
mais souvent il se pratique sous d'autres formes, variables suivant
les caractères et le degré de contagion et de gravité de l'épizootie.
Les formes et les moyens d'opérer l'isolement ou la séparation des
malades et des suspects sont : *la séquestration; le cantonnement;
les quarantaines; les cordons sanitaires; l'émigration; la suspension des foires et marchés; l'établissement de marchés attenant
aux abattoirs; la prohibition d'importation des animaux suspects; la prohibition de vente des malades et des suspects et de leur
exposition; la prohibition de leur circulation; la pose de signaux
à l'entrée des villages, des communes et des fermes infectées; l'obligation d'informer par des affiches les communes voisines des lieux
infectés; l'obligation pour l'autorité d'adresser des instructions aux
populations pour leur recommander de faire la déclaration et leur*

inspirer l'idée de faire exécuter elles-mêmes la séquestration ; enfin la prohibition des abreuvoirs communs, chemins communs, etc.

Séquestration. — La séquestration proprement dite consiste à séparer les malades et les suspects des sujets sains et à les placer dans un local particulier. Séquestration signifie donc isolement dans un local spécial. Ainsi lorsque chez un propriétaire on constate ou on soupçonne l'existence de la morve sur deux, trois, quatre de ses chevaux, on peut pratiquer l'isolement ou mieux la séquestration des deux manières suivantes : on peut laisser dans l'écurie déjà occupée les malades et les suspects, faire sortir les animaux sains et les placer dans un autre local ; on séquestre de la sorte, les animaux malades dans le local infecté, et c'est le moyen le plus simple et le plus prudent. On peut aussi faire sortir les malades et les suspects du local infecté pour les placer dans une autre habitation, et dans ce cas il ne faut pas oublier de faire suivre leur sortie d'une désinfection complète de la place qu'ils ont occupée et des objets qu'ils ont pu salir. Il va sans dire que, dans un cas comme dans l'autre, tout en séquestrant les malades et les suspects ensemble dans le même local, il ne faut pas oublier de séparer les premiers des seconds, car le contact entre eux pourrait faire développer la maladie chez ceux qui ne sont encore que suspects.

Quand on a pratiqué la séquestration, il faut toujours défendre d'employer pour les animaux sains les objets de pansage, de travail ou autres, qui ont servi aux malades. Tous ces objets devront être désinfectés.

La séquestration ainsi exécutée peut s'appliquer à un plus ou moins grand nombre d'animaux. Si le nombre est petit, bien que le propriétaire soit réduit à ne pas les sortir et à les nourrir enfermés, il n'y a pas un grand inconvénient dans son application ; mais si le nombre des animaux à séquestrer est grand, s'il s'agit par exemple d'un troupeau atteint de clavelée, vouloir dans ce cas exiger la séquestration de tous les animaux dans un local, avec obligation pour le propriétaire de les y nourrir, équivaudrait quelquefois à en exiger la perte complète. Si donc la séquestration absolue a des avantages, elle est inapplicable quand elle doit porter sur un grand nombre d'animaux, car il faut compter avec l'impossibilité qu'il peut y avoir pour le propriétaire de fournir l'alimentation nécessaire ; force est donc de recourir alors à un autre mode d'isolement, au cantonnement.

La séquestration, pratiquée comme il vient d'être indiqué, doit être accompagnée de certaines prescriptions adressées aux propriétaires et aux personnes qui soignent les animaux. Il ne faut pas oublier de faire ressortir le danger qu'il y a parfois pour elles-mêmes de contracter telle ou telle maladie et de la propager, lorsque après avoir pansé un cheval morveux par exemple, elles vont, sans se nettoyer, panser un cheval sain. Lorsqu'il s'agira d'une maladie dangereuse pour l'homme, il faudra toujours indiquer les précautions et les mesures propres à préserver les individus, qui devront approcher ou soigner les animaux.

La séquestration, qui doit être appliquée aux individus suspects comme aux sujets malades, entraîne l'obligation de ne pas sortir, de ne pas déplacer les animaux, sur lesquels elle porte; les abreuvoirs, les chemins et les pâturages, les foires et les marchés sont, de ce fait, interdits aux animaux séquestrés. Dans certains cas, cette mesure doit englober tous les animaux d'un propriétaire, tous les animaux d'une localité, etc., et même s'étendre à certains objets, voire même aux personnes. Plusieurs documents permettent à l'autorité de prescrire cette mesure, ce sont l'arrêt du 16 juillet 1784 (article 4); la loi de 1791; l'article 459 du Code pénal; le nouveau projet de loi.

Cantonnement. — Le cantonnement est un mode d'isolement, qui consiste à assigner aux animaux malades ou suspects un espace limité de pâturage et de parcours; il peut être appliqué dans certains cas, où il serait onéreux pour le propriétaire et même impossible de fournir à l'alimentation des animaux malades ou suspects s'ils étaient séquestrés dans un local. Il convient plus particulièrement lorsqu'il s'agit par exemple de troupeaux de bêtes ovines ou bovines atteintes de maladie contagieuse (claveléc, fièvre aphtheuse, piétin, péripneumonie). Mais il faut, bien entendu, pour que ce mode d'isolement puisse être employé, que la séquestration soit impossible, que le cantonnement soit avantageux et puisse être exécuté sans dangers. Un espace limité de pâturage et un certain parcours, certains chemins seront assignés aux animaux malades, qui ne devront jamais en sortir, ni s'en écarter. C'est l'autorité, qui, d'après les conseils du vétérinaire, fixe le cantonnement; et ce cantonnement (pâturage et chemins assignés au troupeau infecté) doit être interdit à tout autre troupeau non infecté. Ce mode d'isolement est prescrit par l'arrêt du 23 décembre 1778, par la loi de 1791 et le projet de loi de 1879.

Le cantonnement peut être permanent ou mixte; il est dit permanent, quand le troupeau cantonné passe les nuits comme les jours dans le pâturage qui lui a été assigné; il est mixte, quand les troupeaux cantonnés passent les nuits dans leur habitation et les jours sur les pâturages. Le cantonnement permanent est souvent impossible, soit à cause de la saison, soit à cause du dérangement et des pertes qu'il occasionnerait aux propriétaires ; aussi prescrit-on de préférence le cantonnement mixte ; et alors les animaux malades rentrent tous les soirs et même pendant la journée, dans les habitations ; d'où il peut résulter certains dangers au point de vue sanitaire, la maladie contagieuse pouvant ainsi se propager plus facilement dans le voisinage, surtout si les chemins sont communs à plusieurs troupeaux ou s'ils ne sont pas bien gardés. Mais pour préserver autant que possible les troupeaux voisins, il faudra, avons-nous dit, fixer un chemin particulier au troupeau cantonné et interdire complètement sa fréquentation à tous les troupeaux voisins. C'est l'autorité qui doit toujours fixer les pâturages et les chemins, et elle est conseillée en tout cela par le vétérinaire, qui lui donne ses idées dont elle tire profit.

Il faut non seulement désigner un espace limité de pâturage, des chemins et des abreuvoirs, mais il faut faire connaître aux voisins, aux riverains, les dispositions qui ont été prises. Il faut choisir, autant que faire se peut, comme lieux de cantonnement, des lieux isolés, montueux, circonscrits, éloignés des routes et des chemins fréquentés, limités par des bornes naturelles, telles que fossés, haies, rivières, forêts, etc. Il faut, autant que possible, fixer un cantonnement qui puisse alimenter le troupeau pendant tout le temps que doit durer l'isolement ; mais il ne sera pas toujours possible de réaliser cette condition, et dès lors il y aura lieu de se préoccuper plus tard d'accroître ou de changer le cantonnement. Tout en désignant un chemin ou un lieu de passage au troupeau infecté, il faut lui interdire toutes les autres voies de communication. Il faut choisir de préférence le lieu de cantonnement dans les pâturages du propriétaire du troupeau ; mais il pourra arriver que ses terres soient trop morcelées, et alors il y aura lieu de s'assurer si les voisins ne consentiraient pas à faire momentanément un échange de pâturages, qui permettrait d'établir un cantonnement convenable, ou bien il faudra recourir en dernier lieu au cantonnement sur les terrains dits de vaine pâture ou sur les terrains communaux, s'il en existe. Dans tous les cas, il sera désigné un abreuvoir spécial, et s'il n'en existe pas, on en fera préparer un qui sera approprié au troupeau malade.

Les propriétaires des troupeaux cantonnés devront veiller à ce que les prescriptions de l'autorité soient rigoureusement exécutées ; les chiens employés à la garde du troupeau devront être retenus dans les lieux du cantonnement ; les cadavres des malades qui succomberont seront enfouis ou brûlés.

L'autorité devra informer les voisins des dispositions qu'elle aura prises et les mettre en garde ; elle leur adressera des instructions, des circulaires, des affiches, leur indiquera les limites du cantonnement, le chemin et l'abreuvoir désignés aux troupeaux malades ; et en outre elle fera veiller à la bonne exécution de ses prescriptions par la gendarmerie ou par les gardes-champêtres.

Le cantonnement durera un temps plus ou moins long ; sa durée sera subordonnée à celle de la maladie elle-même ; ainsi il pourra durer plusieurs mois dans les cas de clavelée, si on n'a pas recours à l'inoculation, qui est alors un moyen à conseiller pour hâter la marche de la maladie dans le troupeau et pour accélérer sa disparition. Même après la disparition de la maladie, le cantonnement ne cesse pas jusqu'à ce que l'autorité, éclairée par le vétérinaire délégué, en ait fait signifier la levée aux propriétaires des troupeaux malades.

Il peut arriver que le lieu du cantonnement devienne insuffisant pour nourrir le troupeau, avant que la maladie ait disparu ; et dans ces cas il y a lieu, bien entendu, de l'accroître, de l'élargir si cela est possible, soit aux dépens des pâturages du propriétaire du troupeau, soit aux dépens des pâturages d'un propriétaire voisin, qui se prête à un échange, soit aux dépens des terrains de vaine pâture, ou des terrains communaux. Et si cette combinaison est impossible, force sera de fixer ailleurs un autre cantonnement et d'y faire conduire le troupeau malade, en entourant son déplacement de toutes les précautions qu'exige la prudence. Le nouveau cantonnement sera établi aussi près que possible du premier ; le troupeau y sera conduit par un chemin détourné et peu fréquenté, que l'autorité fera connaître et interdira provisoirement aux voisins, si c'est possible.

Dans les pays où les troupeaux sont, tous les ans au retour de l'été, envoyés en transhumance, il arrive parfois que le jour du départ on est obligé de déplacer des animaux cantonnés et non encore guéris. Ce qu'il y a de mieux à faire dans ces cas est ce qu'inspire le simple bon sens ; il faut permettre le déplacement des troupeaux malades, mais à condition que l'autorité de la commune où le troupeau sera conduit en transhumance ait été informée. Les troupeaux malades seront dirigés par les chemins les plus courts et les moins fréquentés vers la plus proche gare ; ils seront embarqués aussitôt et débarqués à la gare la plus voisine du lieu de transhumance, pour, de là, être dirigés, toujours par le chemin le plus court et le moins fréquenté, vers ledit lieu de transhumance, sur lequel le cantonnement sera continué tant qu'il sera jugé nécessaire. Les chemins parcourus seront indiqués aux voisins et interdits, si cela est possible, pendant un certain temps ; les cadavres d'animaux morts en route seront enfouis avec soin ; les wagons de transport seront désinfectés.

Le cantonnement, entendu dans le sens large que nous lui accordons, est avantageux aux propriétaires de troupeaux malades ; mais il ne laisse pas que de présenter quelques dangers pour les voisins ; aussi nécessite-t-il une grande ponctualité de la part des propriétaires et une grande vigilance de la part de l'autorité.

Quarantaine. — La quarantaine est l'isolement appliqué aux animaux venant des pays où règne une épizootie, ou d'un pays suspect. Elle a donc lieu ordinairement à la frontière ; elle s'applique aux animaux malades, aux animaux suspects et aux débris cadavériques venant des pays infectés.

Elle est autorisée par notre législation, et peut être, sur l'avis du vétérinaire, appliquée par l'autorité à tous les cas jugés dangereux, même en dehors de ceux où il s'agit de l'importation d'animaux venant de pays infectés. Les animaux, ainsi soumis à la quarantaine à la frontière, sont séquestrés dans un local spécial appelé *lazaret*, pendant un temps plus ou moins long, suivant la maladie dont on les soupçonne. Le plus souvent il n'existe pas de lazaret, et alors la séquestration a lieu dans un local quelconque ou même en plein air, sous forme de cantonnement. Les propriétaires sont tenus de s'incliner devant les ordres de l'autorité ; c'est à eux de nourrir et de faire soigner leurs animaux et de payer les frais entraînés par la séquestration. Dans tous les cas, il doit être exercé une surveillance sévère pour s'opposer à tout détournement et pour faire exécuter les prescriptions de l'autorité. Le propriétaire qui ne voudrait pas se soumettre aux exigences de notre police sanitaire y serait contraint, à moins qu'il ne consentit à reconduire ses animaux hors de notre frontière.

La durée de la quarantaine sera égale à la période moyenne d'incubation de la maladie dont on soupçonne les animaux séquestrés. Si avant l'expiration de ce délai ou à la fin de cette période, la maladie soupçonnée éclatait, les animaux seraient abattus ou renvoyés hors de notre frontière. Si, à l'expiration de la quarantaine, aucune maladie contagieuse ne s'est déclarée, la séquestration sera levée par l'autorité et l'importation autorisée. Les animaux morts ou abattus seront perdus pour le compte du propriétaire; les cadavres seront enfouis ou livrés à l'équarrissage. Si, à l'expiration de la quarantaine, l'état des animaux permet encore la suspicion (morve), il y aura lieu de refuser l'autorisation de les introduire et de prolonger la quarantaine ou de les renvoyer hors de la frontière.

Cordons sanitaires. — Il sera quelquefois nécessaire ou pour le moins utile d'établir des cordons sanitaires pour faire exécuter la séquestration. On appelle cordon sanitaire une ligne formée par des gardiens, par des soldats, autour d'un lieu, autour d'une localité, à la frontière, et destinée à empêcher la violation de la séquestration ou l'importation d'animaux venant de pays infectés ou suspects. Les cordons sanitaires ne sont guère employés sur notre territoire; ils peuvent être utiles dans les cas de typhus, quand l'épizootie menace de s'étendre et quand on veut la circonscrire dans une localité. On peut les établir sur la frontière, quand il y a lieu de craindre l'importation d'animaux ou d'objets dangereux, susceptibles de communiquer une maladie contagieuse.

Emigration. — L'émigration, comme moyen d'isolement, n'est guère recommandée que pour le charbon. Lorsqu'un troupeau, pâturant dans des lieux bas et marécageux, est atteint du charbon, on peut affirmer presque sûrement qu'il a puisé les germes de la maladie dans les herbes ou dans les eaux, et c'est alors que l'émigration est utile pour soustraire le troupeau à l'influence de la cause sans cesse menaçante. Elle ne doit pas se faire au loin; elle doit se faire sur des lieux mieux situés, plus élevés, appartenant au propriétaire du troupeau, ou à un propriétaire bénévole, ou sur les terrains communaux ou de vaine pâture. Les cadavres des animaux morts pendant ou après l'émigration devront être enfouis profondément ou mieux soumis à la crémation.

Suspension des foires et des marchés. — C'est là une mesure bien radicale, très rigoureuse, et l'autorité ne devra l'ordonner que dans certains cas, dans les cas de typhus par exemple. Elle ne devra intéresser que les localités infectées; elle permettra d'obliger plus sûrement les propriétaires à ne pas déplacer les animaux séquestrés.

Si la suppression des foires et des marchés n'est à conseiller que pour les cas de typhus, il n'en est pas de même de la prohibition du commerce des animaux malades ou suspects, quelle que soit d'ailleurs la bénignité de la maladie; il faudra donc défendre la vente et la mise en vente des animaux malades ou suspects.

L'autorité pourra établir auprès des abattoirs des marchés, sur lesquels devront être amenés directement les animaux destinés à la consommation, pour de là être dirigés aussitôt vers l'abattoir et y être sacrifiés. Ces marchés seront ouverts aux animaux simplement suspects et permettront de concilier ainsi tous les intérêts.

Non seulement l'autorité peut prescrire la mise en quarantaine des animaux introduits en France, mais le gouvernement peut, dans certaines circonstances, interdire l'importation d'animaux venant de tel ou tel pays infecté ou suspect; et cette interdiction peut être appliquée à certains produits, à certains débris venant des mêmes pays.

Le déplacement des animaux simplement suspects pourra être autorisé dans certaines maladies (typhus, péripneumonie), lorsque ces animaux pourront être livrés à la boucherie; et alors l'autorité devra prendre les mesures nécessaires pour s'assurer qu'ils ne sont pas détournés de leur destination (ces précautions sont fixées par les documents de la police sanitaire et seront indiquées à propos de chaque cas).

Des signaux devront être placés quelquefois (typhus) devant les habitations ou à l'entrée des localités infectées. Des affiches, des publications, des instructions seront faites par l'autorité et adressées aux populations intéressées.

Les pâturages, les abreuvoirs et les chemins communs seront interdits toutes les fois que la nécessité s'en fera sentir.

ESTIMATION, INDEMNITÉ

Lorsqu'il s'agit d'une maladie contagieuse incurable, l'autorité doit prescrire l'abattage des malades, et la loi n'accorde des indemnités que pour les cas de typhus. C'est donc seulement dans ces cas qu'il y a lieu de procéder à l'estimation des animaux qui doivent être abattus. Cette estimation, d'après le décret de 1874 et d'après le nouveau projet de législation sanitaire, sera faite par deux vétérinaires, dont l'un désigné par le maire et l'autre choisi par le propriétaire; et en cas de désaccord un troisième vétérinaire prononcera. Dans cette mission le vétérinaire, tout en prenant l'intérêt de la partie qui l'a désigné, doit agir, comme toujours, suivant l'inspiration de sa conscience, et donner une appréciation conforme à ce qu'il croit être la vérité.

Déjà notre ancienne législation n'accorde l'indemnité que pour les cas de typhus; notre nouvelle législation va consacrer cette erreur et cette injustice, elle se trouvera dès le premier jour en opposition avec les législations étrangères, qui sont beaucoup plus justes, et avec nos idées d'équité qui réclament l'indemnité pour tous les cas où l'autorité use du pouvoir que la loi lui donne de spolier un propriétaire de sa chose, quelque mince que soit la valeur de cette chose. L'obtention de l'indemnité est subordonnée à une foule de conditions, qui témoignent (voir la loi sanitaire) au plus haut degré d'un formalisme outré.

ABATTAGE

Lorsque des animaux sont atteints d'une maladie contagieuse reconnue incurable, l'autorité peut et doit en prescrire l'abattage, c'est-à-dire l'occision, l'assommement, le sacrifice, dans le but de faire disparaître ces foyers de contagion. Dans certains cas (typhus) l'autorité peut même prescrire l'abattage des animaux simplement suspects.

Les premiers documents de notre ancienne législation sanitaire ne parlent pas de cette mesure, qui fut édictée dès 1763 pour les cas avérés de morve, dès 1774 pour le typhus et dès 1784 pour toute maladie reconnue incurable, et que notre nouvelle législation consacrera, bien entendu.

Le but de cette mesure est de faire cesser la contagion, de lui enlever ses foyers, d'empêcher ainsi l'extension de la maladie et de hâter la disparition de l'épizootie. Cette mesure radicale offre donc de sérieux avantages et doit être conservée dans toute législation sanitaire.

L'abattage peut être prescrit pour un nombre plus ou moins considérable d'animaux, il peut être individuel, partiel, général. Il est individuel, c'est-à-dire limité aux animaux malades dans un bon nombre de cas (morve, charbon, farcin, péripneumonie, rage, etc.); il est partiel quand il est étendu aux animaux contaminés ou suspects, quand il est prescrit pour les animaux peuplant une habitation, une ferme, une localité; ainsi dans les cas de typhus, l'autorité ne devra pas se borner à prescrire l'abattage des malades, mais elle devra en outre faire sacrifier les animaux contaminés ou suspects, qui ont été en contact avec les malades ou qui se sont trouvés dans leur voisinage. L'abattage partiel est une excellente mesure, qui doit toujours être appliquée au début des épizooties de typhus.

Mais si l'abattage individuel ou partiel est souvent utile, il n'en est pas de même de l'abattage général ou en masse, conseillé quelquefois pour dépeupler une localité, une commune où règne le typhus; c'est qu'en effet une pareille mesure est véritablement désastreuse pour les propriétaires et pour l'Etat; et de nos jours plus que jamais, elle soulèverait des récriminations et des résistances de la part des propriétaires. L'abattage individuel ou partiel est indiqué toutes les fois qu'il s'agit d'une maladie contagieuse grave, incurable et mortelle; l'abattage partiel est plus particulièrement indiqué quand il y a à combattre une épizootie de typhus. L'autorité peut le prescrire toutes les fois qu'il est jugé nécessaire; et il va sans dire que c'est le vétérinaire qui, en pareille circonstance, devra être laissé juge de son opportunité. Le vétérinaire doit ici plus que jamais agir avec conscience et prudence, il doit concilier tous les devoirs que lui imposent ses connaissances scientifiques, sa conscience et la mission qu'il a acceptée; il doit se décider promptement, sans agir jamais à la légère, il doit proposer à l'autorité les mesures qui lui paraissent nécessaires et demander l'abattage toutes les fois qu'il lui semble indispensable. C'est d'après la proposition du vétérinaire que l'autorité prescrit telle ou telle mesure, c'est sur la demande du vétérinaire que les maires ordonnent l'abattage.

L'éxécution de l'abattage, de même que celle des autres mesures, doit être assurée et surveillée par l'autorité, qui doit triompher des résistances opposées par les propriétaires. Le vétérinaire et l'autorité doivent se préoccuper de la réglementation et du mode d'exécution de l'occision; ils doivent choisir le lieu dans lequel aura lieu l'abattage et déterminer le mode suivant lequel les animaux seront amenés dans ce lieu. Il sera bon, si les cadavres doivent être enfouis, de faire conduire vivants les animaux dans le lieu où doit se faire l'enfouissement et de les sacrifier sur les bords de la fosse. Le mode le plus expéditif et le plus simple de sacrifier les animaux voués à la mort est l'assommement, qui permet d'éviter l'effusion du sang. Lorsqu'il y a un clos d'équarrissage, les animaux pourront y être conduits vivants pour y être abattus sous les yeux de l'autorité ou de la police, ou bien ils seront abattus dans le lieu où ils se trouvent et transportés ensuite à l'équarrissage ; j'ajoute que ce dernier parti me paraît préférable tant qu'on ne surveillera pas mieux les clos d'équarrissage.

Les frais occasionnés par l'application de cette mesure (déplacement des animaux, assommement) sont à la charge du propriétaire ; d'ailleurs on peut dire d'une manière générale que l'autorité commande et que le propriétaire paie.

Que l'abattage soit exécuté dans un clos d'équarrissage ou ailleurs, l'autorité devrait y assister ou s'y faire représenter et il serait bon que le vétérinaire y assistât de son côté et fît l'autopsie quand elle est jugée nécessaire. Dans la pratique on ne se conforme pas souvent à cette règle et c'est là un tort de la part de l'autorité ; quant à l'expert il est rarement nécessaire qu'il soit présent, car on pratique rarement les autopsies ; mais pourtant il sera bon que le vétérinaire délégué se conforme aux prescriptions de la loi, et sa présence ainsi que l'autopsie sont d'autant plus nécessaires qu'il plane des doutes sur l'existence de telle ou telle maladie, au diagnostic de laquelle l'autopsie pourra grandement contribuer. Lorsqu'il s'agit d'animaux simplement suspects et pouvant être utilisés pour la boucherie, il y a lieu de permettre leur déplacement ou le transport des viandes et débris, en l'entourant des précautions nécessaires.

ENFOUISSEMENT

Lorsque l'abattage d'animaux malades a été exécuté et qu'il n'existe pas de clos d'équarrissage, il y a lieu de pratiquer l'enfouissement, il y a lieu d'enterrer dans le sol les cadavres et les divers débris. L'enfouissement est une mesure très importante et très ancienne ; c'est la première qui a été édictée par notre législation (arrêt de 1714) ; avant 1714 les cadavres étaient laissés en plein air et devenaient souvent des foyers d'infection. Cette mesure se trouve prescrite depuis 1714 dans tous les documents de la police sanitaire ; elle a pour but de parer aux dangers résultant de la putréfaction et de la contagion par les cadavres ; tous les cadavres doivent être enfouis ou livrés à l'équarrissage.

L'enfouissement est donc indiqué toutes les fois qu'il s'agit de se débarrasser de cadavres et surtout quand ces cadavres sont ceux d'animaux atteints de maladies contagieuses ; il est indiqué quand il n'y a pas possibilité ou avantage à livrer les cadavres à l'équarrissage. Cette mesure doit s'appliquer au cadavre tout entier, y compris la peau et tous les débris; ainsi le veut la loi sanitaire quand il s'agit de maladies contagieuses. Mais dans la pratique on déroge assez souvent à ces règles sans qu'il en résulte des accidents ; ainsi on utilise les peaux des chevaux morveux, des animaux claveleux ou charbonneux, etc. Néanmoins le vétérinaire ne doit jamais favoriser ces dérogations qui peuvent entraîner des conséquences fâcheuses. Les cadavres doivent être enfouis avec leur peau tailladée pour enlever à toute personne l'envie de les déterrer.

L'autorité peut et doit demander l'avis du vétérinaire, mais c'est à elle qu'il appartient de prescrire l'enfouissement et d'en surveiller l'exécution. Il importe de choisir un terrain, autre que cours, jardin, sol des habitations; il faut désigner de préférence un terrain appartenant au propriétaire des animaux, un terrain inculte, retiré, écarté de tout chemin de grande communication et des habitations de 200 à 500 mètres si cela est possible ; il faut choisir un terrain à sous-sol perméable et éloigné des sources d'eau potable. Les animaux, qui devront être abattus, pourront être amenés vivants et assommés au bord de la fosse creusée pour les recevoir. Lorsqu'il s'agit de cadavres ou de débris provenant d'animaux morts ou abattus pour cause de maladie contagieuse, le transport en sera fait par ou aux frais du propriétaire ; on emploiera à ce transport les animaux les moins aptes à contracter la maladie régnante, et on se servira de véhicules agencés de façon à laisser échapper le moins possible les débris le long du parcours: ces véhicules seront ensuite soigneusement désinfectés. Les fosses pourront être en nombre égal à celui des cadavres, mais cela n'est pas indispensable, il suffira d'en proportionner la profondeur et l'étendue au nombre des cadavres. Elles seront creusées à un mètre et demi, à deux ou trois mètres de profondeur, et une fois que les cadavres y seront placés, il faudra les couvrir d'une couche de chaux vive ou d'acide phénique brut ou de phénate de soude ou de chlorure de chaux ou de cendres; puis on les recouvrira avec toute la terre déplacée et on disposera même au-dessus de cette terre des pierres, des fagots, des branchages, ou on l'entourera d'une barrière pour empêcher les animaux carnassiers de venir déterrer les cadavres enfouis.

Quelquefois il sera prudent d'infecter la viande en faisant pénétrer dans les cadavres une substance pyrogénée (essence de térébenthine, goudron de houille, acide phénique, etc.) pour mieux désintéresser la cupidité de ceux qui seraient tentés de les déterrer dans le but d'utiliser les chairs. Dans certaines circonstances il pourra être utile de placer sur les fosses un poteau indicateur, pour prévenir les voisins du danger qu'il peut y avoir à laisser venir leurs animaux dans le voisinage ou sur les lieux d'enfouissement.

EQUARRISSAGE

Bien que l'enfouissement soit une excellente mesure de police sanitaire, il ne faudra y recourir qu'autant que cela sera nécessaire. Toutes les fois qu'il sera possible d'utiliser dans un clos d'équarrissage les cadavres, il faudra accorder la préférence à ce mode, qui est même plus sûr et qui permet de retirer un certain bénéfice de tous les débris animaux.

Équarrir signifie dépecer ; équarrissage signifie dépeçage, écorcherie, opérations pratiquées sur les cadavres pour en tirer partie et profit. Les chantiers ou clos d'équarrissage sont donc des établissements où l'on transporte les animaux hors service, les animaux usés ou malades pour y être abattus, et les divers cadavres pour y être dépouillés, dépecés et utilisés de diverses manières. Ces établissements sont très importants au point de vue de l'hygiène publique et de l'industrie ; ils sont surtout indispensables dans les grandes villes ; ils permettent d'utiliser, pour l'industrie, le commerce et l'agriculture, des produits, qui pour la plupart seraient perdus et occasionneraient des dangers pour l'hygiène, s'ils étaient mal enfouis ou s'ils n'étaient pas enfouis. A partir du xve siècle le gouvernement s'occupa de la règlementation de l'équarrissage ; mais les règlements qu'il fit restèrent impuissants par suite du mauvais vouloir ou de l'insouciance des industriels et du défaut de surveillance de l'autorité ou de la police. De nombreuses dispositions furent prises pour empêcher l'établissement de clos d'équarrissage dans les villes ou au voisinage des grands centres de population ; et malgré tout il y eut jusque dans Paris des écorcheries pendant le xvie siècle, même après la création de la voirie de Montfaucon en 1645. En 1760-62 des pénalités furent édictées et appliquées pour faire observer les règlements ; et dès 1780 l'exploitation méthodique et industrielle de l'équarrissage fut entreprise par une compagnie qui en obtint le monopole. Les progrès de cette entreprise furent arrêtés en 1789.

On n'utilisait jadis que les peaux et quelquefois les chairs ; tout le reste était enfoui ou brûlé ou jeté à la rivière ou abandonné à l'air, aussi en résultait-il des dangers. En 1750, on commença à utiliser les graisses et dans notre siècle on utilise tout.

Parent-Duchâtelet, d'Arcet, Trébuchet, Chevallier, Tardieu ont étudié la question de l'équarrissage au point de vue de la salubrité ; Payen, Robinet, Dubois l'ont étudiée au point de vue industriel.

Les clos d'équarrissage sont des établissements insalubres, ils laissent échapper d'abondantes émanations putrides, ils attirent les mouches et les rats ; leur voisinage est incommode, désagréable et dangereux ; aussi les relègue-t-on dans les lieux éloignés des villes et dans des lieux déserts si c'est possible. Bien plus, l'autorité a le droit et le devoir de connaitre à l'avance les plans de l'industriel qui demande à créer un clos d'équarrissage, de lui imposer certaines dispositions et certaines obligations, d'exiger une bonne tenue et la désinfection, et d'exercer ou faire exercer une surveillance perpétuelle et constante.

La création d'un clos d'équarrissage est subordonnée aux formalités suivantes : 1° demande d'autorisation adressée au préfet et envoi de deux plans, dont l'un indiquant la configuration du sol et la situation qu'occuperait le clos par rapport aux habitations et aux grandes voies de communication, l'autre faisant connaitre la disposition intérieure de l'établissement projeté ; 2° affichage de la demande d'autorisation pendant un mois dans toutes les communes à cinq kilomètres à la ronde ; 3° enquête par les maires ; 4° examen de la question, avec pièces à l'appui, par le conseil de salubrité et le conseil de préfecture ; 5° envoi du dossier au ministre de l'Agriculture et du Commerce ; 6° examen par le Conseil d'État ; 7° décret du président de la République refusant ou accordant l'autorisation.

Cette matière est réglée par un décret du 15 octobre 1810, par une ordonnance du 14 janvier 1815 et par les articles 7, 8 et 9 de l'arrêt du 16 juillet 1784.

Les conditions à imposer à l'industriel autorisé sont les suivantes : 1° emplacement fixé hors des villes, à 200 ou 1000 mètres de toute habitation, loin des grandes voies de communication, loin des sources d'eau potable, au voisinage d'un cours d'eau important pour avoir facilement de l'eau en abondance et pour écouler les eaux sales, sur un terrain vague, écarté, désert, boisé, élevé, aéré et à sous-sol perméable ; 2° étendue variable, proportionnée à l'importance de la clientèle de l'équarrissage ; 3° murs élevés entourant le clos et ses dépendances et entouré lui-même d'une plantation d'arbres ; 4° construction des sols en dalles, en ciment ou en chaux hydraulique ; robinets d'eau pour faciliter le lavage des diverses parties de l'atelier ; bassin cimenté pouvant contenir les eaux sales d'une journée et pouvant se vider par le fond au moyen d'un tuyau de fuite souterrain amenant les eaux en avant dans le plein lit de la rivière ; chaudières, cheminées, fourneaux conformes aux règlements, et foyers disposés pour brûler toutes les vapeurs et émanations ; 5° exploitation surveillée ; voitures de transport bien construites, ne laissant échapper aucun liquide, couvertes, zinguées, étamées ou peintes, lavées souvent et inodores ; désinfection du clos et des voitures ; transports rapides et équarrissage rapide ; eaux sales écoulées seulement dans la nuit ; sortie des ouvriers avec une tenue propre et décente ; registre d'entrées imposé à l'équarrisseur ; déclaration à exiger pour tous les cas de maladies contagieuses ; visites fréquentes par la police et par un vétérinaire, etc.

Malheureusement la plupart de ces conditions ne sont pas réalisées et les autorités font trop peu de cas de l'importance qui s'attache pourtant à leur exécution.

Un clos d'équarrissage, bien agencé pour une complète exploitation industrielle, comprend des dépendances plus ou moins nombreuses, savoir : un abattoir, des étables, des hangars, des magasins, des bassins, des réservoirs, un clos d'enfouissage et des annexes où l'on travaille les peaux (tanneries, séchoirs, etc.), où l'on prépare des produits industriels ou agricoles (fours, chaudières) avec les divers débris des cadavres.

Les cadavres de nos divers animaux domestiques, travaillés à l'équarrissage, peuvent produire une valeur de 30 à 100 francs quand il s'agit du cheval, de 60 à 100 francs quand il s'agit d'un grand ruminant, de 15 à 30 francs quand il s'agit de l'âne et du mulet, de 5 à 10 francs quand il s'agit de petits ruminants.

Les clos d'équarrissage rendraient les plus grands services à l'hygiène publique et à la police sanitaire, s'ils étaient bien tenus et bien surveillés. Pour en obtenir tous les avantages qu'on est en droit d'attendre, il faut exiger la tenue d'un registre des entrées, sur lequel seront consignés tous les renseignements pouvant mettre l'autorité et le vétérinaire sur la voie d'une maladie contagieuse, d'une épizootie qui n'a pas été déclarée. Il faudrait soumettre ces établissements aux inspections journalières de la police et d'un vétérinaire sanitaire; il faudrait faire conduire ou transporter, avec les précautions nécessaires, les cadavres et les animaux atteints de maladies contagieuses incurables; il faudrait assister à l'abattage et vérifier si les cadavres ont été enfouis ou dénaturés.

DÉSINFECTION

La désinfection est une mesure de police sanitaire, qui consiste à purifier les objets solides ou liquides et l'atmosphère infectés ou souillés de matières virulentes; elle consiste à détruire la puissance contagieuse des matières qui sont déposées sur les corps solides ou qui sont mélangées aux liquides ou qui se trouvent en suspension dans l'air. Le mot désinfection est ici un peu détourné de son sens ordinaire, il signifie en effet plus qu'une simple substitution d'une odeur agréable à une mauvaise odeur, il signifie purification des objets souillés de contages, il signifie destruction des virus. Le but de la désinfection est donc, en détruisant les contages déposés sur les corps solides, mélangés à l'eau ou en suspension dans l'air, de prévenir ainsi la propagation des maladies contagieuses, que les objets souillés pourraient transmettre aux animaux qui viendraient à avoir leur contact, ou qui les ingéreraient ou qui les inhaleraient.

C'est là une mesure très importante; jointe à la séquestration, elle permet de parer à presque tous les dangers résultant des maladies contagieuses. Les mesures de police sanitaire pourraient donc, à la rigueur, être réduites à la séquestration et à la désinfection; mais pourtant, malgré leur importance majeure, force est bien d'en employer souvent d'autres.

La pratique de la désinfection doit être basée sur les propriétés des contages, sur leur degré de résistance aux causes destructives. Pour l'appliquer fructueusement, il faut connaître les propriétés des virus, leurs véhicules, savoir que tel virus existe dans tel liquide, sur tel solide, dans l'air; en un mot il faut étendre la purification à tous les objets soupçonnés de contenir la matière virulente. Il faut aussi baser la désinfection sur les données de l'hygiène, de la pathologie, de la physique et de la chimie : sur l'hygiène, car les moyens employés sont parfois tirés des agents hygiéniques; sur la pathologie, car il est indispensable de connaître tous les contages en particulier pour appliquer convenablement, suivant les cas, la purification aux objets souillés ; sur la physique et la chimie, puisque la plupart des moyens employés sont tirés de la physique et de la chimie.

Cette mesure est indiquée toutes les fois qu'il y a eu maladie contagieuse, parasitaire ou virulente ; elle doit être pratiquée après la guérison de la maladie (gale, clavelée, etc.) ou après l'abattage, lorsque la maladie a nécessité l'application de cette dernière mesure. En règle générale, elle doit donc toujours être faite lorsqu'il y a eu maladie contagieuse. Elle est édictée par plusieurs documents, par l'article 6 de l'arrêt du 16 juillet 1784, par les lois de 1790 et de 1791 et par le nouveau projet de loi ; elle est prescrite par toutes les législations sanitaires étrangères.

La désinfection doit porter sur tous les objets solides, liquides, sur l'atmosphère, qui ont été souillés de matières virulentes; ainsi elle portera sur les locaux, les habitations, sur les charrettes, les voitures, les wagons de chemins de fer, sur les objets et les ustensiles de pansage et de travail, sur les harnais, les couvertures, sur tous les objets souillés, sur les fourrages, les boissons, les litières, sur le fumier, le purin, sur les cadavres et les débris cadavériques, sur les animaux vivants, sur les personnes, sur l'air, sur les pâturages, les chemins, les abreuvoirs, etc.

Désinfectants. — On peut procéder à la désinfection, à la destruction des contages, en détruisant par le feu ou par un moyen chimique les objets sur lesquels ils sont déposés ; mais ordinairement, lors même que ce mode de purification est possible, on lui préfère un mode moins radical, qui consiste à purifier les objets souillés sans les détruire, qui consiste à détruire seulement les matières virulentes dont ils sont souillés, en employant certains agents physiques ou chimiques. Il faut alors bien entendu que les agents mis à profit soient employés à dose suffisante et pendant un temps suffisamment long pour détruire sûrement les matières virulentes; sans cette précaution, la désinfection serait un leurre.

Les désinfectants physiques ou chimiques, employés en police sanitaire, sont des agents qui se comportent comme parasiticides, comme antivirulents, comme antimiasmatiques, comme antiputrides; ils agissent de différentes façons, les uns agissent sur les matières virulentes en les desséchant, en les déshydratant, d'autres en les coagulant, d'autres en les oxydant, d'autres en les décomposant, etc.

L'air peut être utilisé fréquemment comme moyen de désinfection. Ainsi lorsqu'une habitation a été occupée par des animaux malades, qui en ont infecté les murs, les mangeoires, les objets divers, les solides, les liquides, l'atmosphère, on peut employer l'air extérieur pour aider à la désinfection, en opérant l'aération, la ventilation, le sérénage, en ouvrant largement portes et fenêtres, en établissant des courants d'air. L'air extérieur, se mêlant avec l'air intérieur, disséminera les germes virulents, qui seront entraînés et dilués à l'excès dans l'atmosphère, où ils cesseront d'être dangereux grâce à leur dissémination même. L'air agit aussi en facilitant l'oxydation des matières virulentes et en accélérant leur dessiccation. Or la dessiccation est un moyen de désinfection puissant, car les matières virulentes desséchées rapidement perdent en général leurs propriétés. L'aération et la ventilation purifient donc non seulement l'atmosphère de l'habitation, mais encore les murs et autres objets souillés, en facilitant l'oxydation des matières virulentes ainsi que leur dessiccation et par suite leur destruction.

Le sérénage, qui consiste dans l'action combinée de l'air et de la rosée sur les objets exposés convenablement, est un moyen commode et qui convient pour la désinfection des fourrages, des litières, des objets divers, des chemins, des pâturages, etc. On peut donc mettre à profit, pendant plusieurs journées et plusieurs nuits consécutives, les propriétés désinfectantes de l'air et de la rosée.

L'agent physique le plus important pour opérer la désinfection est le calorique, dont l'action peut être absolument efficace toutes les fois que la température sera portée à un degré suffisant. Le froid modéré et même le froid intense ne semblent pas agir toujours défavorablement sur les matières virulentes et les contages en général ; nous savons en effet que bon nombre de contages résistent à de très basses températures et que certains d'entre eux se conservent beaucoup mieux par une température froide que par une température chaude. La chaleur modérée (40° à 50°) ne rend pas non plus de grands services, car beaucoup de matières virulentes résistent à cette température. Il n'en est pas de même d'une température plus élevée, de la température de 70°, 80°, 90°, 100°, de l'eau bouillante et de la vapeur d'eau. La température de l'ébullition détruit en général les matières virulentes, sauf les corpuscules-germes, qui résistent à 130°. L'eau bouillante est le moyen le plus commode, un des plus sûrs et le moins coûteux. La vapeur d'eau surchauffée est d'une grande efficacité, elle est très commode à employer pour désinfecter les solides et même l'air. Ce moyen sera très bien indiqué, lorsque, à proximité des habitations ou des objets souillés, se trouvera une machine à vapeur. On l'appliquera surtout pour désinfecter les wagons de chemins de fer, qu'il faudra pourtant faire nettoyer préalablement ; car la matière virulente pourrait exister en couches superposées que la vapeur d'eau ne pénètrerait pas.

En résumé, la chaleur devra être employée quand il sera possible de soumettre les objets infectés à l'action de l'eau bouillante, de la vapeur d'eau, à l'ébullition, à la coction ou à la fusion. Ainsi le meilleur moyen de désinfecter une chair quelconque contenant un contage, est de la soumettre à une ébullition prolongée, à la coction ; pour désinfecter les graisses, on les soumet à la fusion. De cette façon la purification est complète. Pour les objets ne craignant pas le feu, on les passera à la flamme, car le flambage ainsi opéré est un très puissant moyen de désinfection. Lorsque les objets auront une valeur minime et que les matières virulentes seront très contagieuses, comme celles du typhus, il faudra parfois en opérer la combustion. Quand le flambage n'est pas possible (cuirs), on soumettra les objets souillés à des lavages avec l'eau bouillante additionnée de substances chimiques ou à une immersion dans une solution désinfectante.

Parmi les agents physiques qui favorisent les combinaisons chimiques et hâtent la destruction des contages, on peut encore citer la lumière et l'électricité.

La chimie fournit de nombreux agents désinfectants, dont quelques-uns sont très importants. Parmi ces agents, nous trouvons d'abord l'eau et surtout l'eau bouillante et la vapeur d'eau. L'eau froide est employée souvent, elle agit mécaniquement en lavant les objets, en entraînant les matières virulentes dont ils étaient chargés ; elle peut ainsi contribuer puissamment à la désinfection, surtout si on peut l'écouler et la perdre profondément dans le sol ; mais il ne faudra jamais compter trop sur ce moyen, car il ne sera pas toujours possible d'écouler convenablement les eaux de lavage, et parce que d'ailleurs des lavages, même répétés avec l'eau froide, peuvent ne pas entraîner toute la substance virulente, qu'il faudra donc détruire par un autre moyen, surtout quand il s'agira de matières virulentes plus ou moins desséchées et adhérentes aux objets. L'eau bouillante et la vapeur d'eau ont, ainsi qu'il a été dit, des effets incontestables ; elles constituent une des plus précieuses ressources qui soient à la disposition du vétérinaire, et leur puissance désinfectante devra toujours être accrue par l'addition d'autres agents chimiques, tels que : carbonates alcalins, acide phénique, chlorure de chaux, etc.

L'oxygène à l'état naissant et l'ozone agissent comme oxydants très énergiques et favorisent singulièrement la destruction des virus. Il est très difficile d'avoir l'oxygène à l'état naissant en assez grande abondance ; on peut employer néanmoins certains moyens qui facilitent sa production. Ainsi l'essence de térébenthine, en s'évaporant en vase ouvert, favorise la production de cet agent, et ce moyen peut être utilisé. Dans les quatre coins de l'habitation à désinfecter, on peut placer des vases contenant de l'essence de térébenthine, qui agira comme un désinfectant de l'atmosphère de l'habitation et des objets divers ; mais c'est là plutôt un moyen préventif à utiliser lorsqu'il s'agit de s'opposer à l'extension d'une maladie qui règne.

On peut employer le charbon de bois, le coke, le noir animal. Ces charbons empêchent la putréfaction, la fermentation putride des solutions organiques ; ainsi on conserve pendant l'été, au moyen du charbon de bois, des bouillons de viande pendant un certain temps. Ils pourraient être employés pour purifier les matières virulentes liquides, mais il faut, préférer l'ébullition, qui est un moyen beaucoup plus sûr. On peut cependant employer le charbon allumé, le charbon incandescent pour purifier l'atmosphère d'une habitation.

Le chlore et ses composés, les chlorures et les hypochlorites alcalins ont joui pendant longtemps et jouissent encore d'une grande réputation comme désinfectants en vétérinaire et en médecine humaine. Ces corps sont en effet des agents purificateurs et l'on s'en est servi depuis longtemps déjà pour détruire les matières virulentes, pour empêcher la propagation des épidémies et des épizooties. Lorsqu'on veut employer le chlore pour désinfecter les habitations, certains objets et l'air, on l'obtient en traitant par l'acide sulfurique un mélange de sel marin et de bioxyde de manganèse, ou en chauffant un mélange de bioxyde de manganèse et d'acide chlorhydrique, ou en traitant par un acide fort le chlorure de chaux. On calfeutre l'habitation, on ferme portes et fenêtres ; et on dégage le gaz chlore dans l'habitation ainsi préparée et préalablement bien nettoyée et humectée. Le gaz dégagé se mélange à l'air de l'habitation et se met en rapport avec les objets divers. L'opération sera prolongée plusieurs heures et le chlore dégagé en assez grande abondance ; car sans ces conditions il n'agirait pas efficacement. Les fumigations de chlore sont indiquées quand il s'agit de désinfecter des habitations, quand il s'agit de désinfecter certains objets qui y sont enfermés et leur atmosphère ; on peut les employer d'ailleurs pour purifier tous les objets qu'on peut déplacer; enfin on peut préparer des solutions de chlore et les utiliser dans tous les cas où des lavages (désinfection des objets solides) sont indiqués. Pour désinfecter une habitation avec le chlore, il faudra, avons-nous déjà dit, la faire nettoyer et la faire aérer, puis on exigera des lavages désinfectants, après quoi on fera fermer les portes et les fenêtres et l'on dégagera du gaz pendant cinq ou six heures. L'habitation sera laissée fermée ainsi pendant vingt-quatre heures et on fera opérer en dernier lieu une aération et une ventilation complètes.

Le chlore a-t-il une efficacité réelle? Annihile-t-il les virus? A ce sujet les opinions sont partagées depuis assez longtemps. Des médecins et des vétérinaires ont remarqué que dans certaines circonstances ils n'avaient pas, par l'emploi du chlore, empêché la propagation des épidémies et des épizooties. Vicq d'Azir avait constaté qu'il ne détruit pas le virus typhique; Grognier, Jessen, Verheyen, Renault ont proclamé aussi son impuissance. Renault étudia l'action de ce gaz sur certaines matières virulentes et il reconnut que celles de la morve, traitées par le chlore, ne perdaient pas leur propriété virulente, qu'elles donnaient encore la morve au cheval. Il constata en outre que le chlore ne détruisait pas les propriétés des virus claveleux, charbonneux, ni les propriétés contagieuses des matières provenant des oiseaux atteints de choléra. Malgré les expériences de Renault, on a continué à employer le chlore de préférence à tout autre désinfectant, car on n'avait pas découvert un agent antivirulent sûr. Une telle persistance de l'opinion méritait d'être prise en considération. Le gaz chlore et l'eau chlorée ont été de nouveau soumis à l'expérience; Baxter les a fait agir sur le virus vaccin (cela avait déjà été fait par Bousquet), et les résultats obtenus sont les suivants : le chlore ne détruit par les propriétés du vaccin et l'eau chlorée non plus ; mais si on emploie ce gaz ou sa dissolution en très grande quantité, on obtient alors une action efficace. Le chlore n'a donc pas la puissance qu'on lui avait attribuée. Une expérience, faite à l'école de Toulouse en 1879 par M. Peuch, semble en contradiction avec les résultats précités; mais cette contradiction n'est qu'apparente, car, comme Baxter, M. Peuch a fait agir une grande quantité de chlore sur une petite quantité de virus.

En résumé, si le gaz chlore doit être considéré comme un désinfectant, il faut ne jamais oublier qu'il doit être employé à forte dose; il agit en s'emparant de l'hydrogène et en provoquant des décompositions et des combinaisons nouvelles. Les chlorures et les hypochlorites alcalins sont aussi des désinfectants ; ils peuvent être employés et l'on utilise souvent le chlorure de chaux, mais de même que pour le chlore il ne faut pas manquer de les employer à assez fortes doses, c'est-à-dire en solutions assez concentrées, et surtout en dissolution dans l'eau bouillante.

Le soufre et certains de ses composés sont d'excellents agents désinfectants. Le soufre est le principal désinfectant des gales ; le traitement d'un animal galeux est en effet une véritable désinfection. Le soufre à l'état de corps simple n'est pas employé pour désinfecter les objets souillés de matières virulentes ou infectieuses ; mais on emploie quelquefois, et on devrait utiliser, le plus souvent possible, l'acide sulfureux, qui s'obtient en faisant brûler du soufre à l'air.

L'acide sulfureux jouit d'une action antifermentescible incontestable ; le vigneron l'emploie pour empêcher la fermentation de son vin ; il tue les germes et empêche les fermentations. Or, les maladies contagieuses nous apparaissant presque toutes comme autant de fermentations (septicémie, charbon, etc.), l'acide sulfureux retrouve donc bien ici son application. Ce gaz peut remplacer très avantageusement le chlore, il est facile à obtenir, très peu coûteux et surtout plus efficace et moins dangereux. On ne saurait trop accorder la préférence à cet agent.

Les expériences de Baxter sur le vaccin et l'acide sulfureux ont démontré que ce gaz a une puissance d'action supérieure à celle du chlore.

Cet agent a été conseillé en 1877 par M. Lafosse dans le traitement des maladies contagieuses et aussi comme désinfectant.

D'après Melhausen et d'après mes expériences, l'acide sulfureux est le meilleur désinfectant gazeux ; on peut également l'employer en dissolution. Il est très efficace, il est d'un emploi facile, et il ne coûte pas cher. Il suffit de 20 grammes de soufre par mètre cube d'espace clos pour détruire les microbes dans des locaux soumis pendant quelques heures aux fumigations sulfureuses. On ferme portes et fenêtres, on humecte le sol et les murs afin d'accroître l'absorption de l'acide sulfureux ; on brûle du soufre, et la désinfection est suffisante au bout de huit heures.

On a préconisé aussi les hyposulfites alcalins.

Certains acides (acide sulfurique, acide azotique, acide chlorhydrique, acide acétique, acide arsénieux, acide arsénique) ont été conseillés.

L'acide sulfurique est très difficile à manier; il est peu employé. On pourrait l'utiliser lorsqu'il s'agit de désinfecter le purin qu'on ne peut pas écouler dans le sol; il pourrait aussi être employé en dissolution, sous forme de lavages, pour purifier les objets en bois, en pierre, etc.

L'acide nitrique est très peu employé, il est plus cher; on pourrait utiliser les vapeurs nitreuses, mais elles sont trop dangereuses.

L'acide chlorhydrique peut remplir les mêmes indications que l'acide sulfurique.

L'acide acétique a été préconisé sous forme de fumigations, toutefois son efficacité n'est pas démontrée.

L'acide arsénieux et l'acide arsénique pourraient peut-être rendre des services dans la désinfection. D'après mes expériences, l'acide arsénique est le plus puissant antivirulent; il est beaucoup plus énergique que l'acide phénique et les autres agents préconisés.

Parmi les désinfectants, que la chimie fournit, les pyrogénés sont sans contredit des plus importants.

Depuis quelque temps, les deux médecines sont d'accord pour proclamer l'efficacité de l'acide phénique comme agent antiseptique; et son action antivirulente, acceptée et démontrée déjà depuis quelque temps, l'a été encore par les expériences de Baxter et par celles de MM. Gosselin et Bergeron, qui nous le montrent bien supérieur comme désinfectant au chlore et à l'acide sulfureux même.

L'acide phénique est donc le désinfectant usuel par excellence; il faut en dire autant des phénates. Ces agents peuvent être utilisés tels qu'on les trouve (non purifiés) dans le commerce. Ils ne coûtent pas bien cher; ils peuvent être employés en lavages, en bains, en fumigations pour désinfecter les corps solides, les corps liquides et même l'air; ils conviennent dans tous les cas. Une solution d'acide phénique au centième est suffisante, mais on peut et on doit dépasser ce chiffre, surtout avec le phénate de soude, qui est plus soluble. La désinfection sera donc faite par des lavages à l'eau bouillante tenant en dissolution de l'acide phénique ou du phénate de soude, ou avec des fumigations phéniquées, obtenues en chauffant et vaporisant une solution, ou en répandant de l'acide phénique sur une vaste surface pour obtenir une évaporation plus abondante. Il faudra d'abord faire nettoyer et ventiler le local à désinfecter, puis ordonner des lavages répétés avec une solution bouillante d'acide phénique ; on pourra ensuite prescrire de brûler du soufre dans le local, après avoir calfeutré les portes et les fenêtres.

L'acide salicylique est un antiferment excellent ; il serait peut-être préférable à l'acide phénique, sa puissance de désinfection paraissant supérieure, mais il coûte trop cher.

Le goudron de bois, le goudron de houille, l'huile de cade, l'essence de térébenthine peuvent aussi être employés quelquefois.

On a conseillé l'emploi de certains caustiques (potasse, soude, sels de mercure, etc.), mais leur prix est trop élevé.

Le tannin et les matières tanniques sont indiqués quand il s'agit de désinfecter des peaux.

L'ammoniaque, en solution ou en vapeurs, est utile et peut être employé, mais on lui substitue ordinairement l'acide phénique.

On emploie souvent certains sels alcalins, le carbonate de potasse, le carbonate de soude, le sulfate de chaux ; le carbonate de soude est le plus usité, on l'emploie en dissolution dans l'eau bouillante pour les lavages, on peut substituer à cette solution une lessive de cendres bouillante.

Il sera bon de procéder de la façon suivante pour opérer une désinfection : faire nettoyer et ventiler l'habitation ; faire exécuter un premier lavage avec une lessive ou une solution de carbonate de soude bouillante (une grande quantité de virus sera ainsi entraînée ou annihilée) ; ensuite pratiquer des lavages à l'acide phénique et enfin des fumigations d'acide sulfureux.

Les sels de cuivre et de fer (sulfates) ont été conseillés ; le sulfate de cuivre a été employé, en solution concentrée, pour désinfecter les purins et les fumiers, ainsi que le sulfate de fer, qui est moins cher.

Pour les litières et les fourrages, on pourra mettre à profit le sérénage ou l'acide sulfureux.

La chaux et ses différents sels peuvent être utilisés. Nous savons qu'un arrêt de police sanitaire prescrit de répandre de la chaux sur chaque cadavre, et, lorsqu'il sera possible de le faire, on pourra exiger, pour les objets désinfectés (murs, mangeoires, etc.), un badigeonnage ou le blanchiment avec un lait de chaux.

Dans le temps, on avait fondé de grandes espérances sur le permanganate de potasse, qui, d'après Baxter, est un agent peu actif, qui n'est antivirulent qu'à assez forte dose.

Le borate de soude (employé dans le traitement des maladies

contagieuses) peut être un désinfectant important, et à son sujet il y a lieu de faire des recherches.

Le phosphate de chaux peut être utile, de même que l'acide arsénique ; un mélange de ces deux agents paraît excellent.

On a aussi conseillé, pour désinfecter l'air, les fumigations faites avec les baies de genièvre et les plantes odoriférantes ; mais ces fumigations, qui ont une valeur désinfectante au sens vulgaire du mot, ne sont pas efficaces au point de vue auquel nous sommes placés.

Agents préférables. — Il faut employer de préférence certains moyens: l'air, pour obtenir la ventilation, le dessiccation ou le sérénage ; le feu, la chaleur, la coction, la fusion, le flambage, la combustion, l'eau bouillante, la vapeur d'eau, les solutions bouillantes phéniquées ou phénatées, chlorurées, alcalines, les fumigations chlorées, sulfureuses ou phéniquées, la chaux vive, le lait de chaux, les pyrogénés, l'acide phénique, le phénate de soude, le sulfate de fer.

La désinfection peut être pratiquée d'après divers procédés, qui sont les suivants : aération, ventilation, dessiccation, sérénage, lavages, grattages, badigeonnages, flambages, fumigations. Il faut donc ventiler, exposer les objets à l'action de l'air extérieur, faire nettoyer l'habitation, exiger des grattages si les matières virulentes sont incrustées, faire laver à plusieurs reprises, faire badigeonner avec un lait de chaux, avec l'essence de térébenthine, avec le chlorure de chaux, etc. ; passer au feu les pelles, les fourches ; enfin faire des fumigations dans le local pour compléter la désinfection.

PRATIQUE DE LA DÉSINFECTION

Habitations. — Comment faut-il procéder pour désinfecter une habitation dans laquelle ont séjourné des animaux atteints de maladie contagieuse? On peut distinguer un grand nombre de cas suivant la nature des maladies. Ainsi dans les cas de morve il n'est pas nécessaire de pratiquer une désinfection aussi étendue et aussi minutieuse que dans le cas de typhus. L'application de cette mesure varie donc en étendue suivant le degré de contagiosité de la maladie ; mais ici nous envisagerons la pratique de la désinfection comme s'il s'agissait du cas où il y a le plus à faire. La désinfection doit porter sur le sol, les murs, les portes, les fenêtres, les plafonds, les crèches, les mangeoires et les diverses boiseries qui sont dans l'habitation, sur l'atmosphère, sur les fourrages, sur les fumiers et en général sur tous les ustensiles, quels qu'en soient l'usage et la destination. Il ne sera pas toujours nécessaire de désinfecter tant d'objets ; nous verrons à propos de chaque maladie ceux qui doivent être désinfectés. Il faudra faire nettoyer l'habitation et tous les objets susceptibles de l'être, faire sortir les fumiers, gratter les murs, les crèches, les mangeoires, les fenêtres, les portes, etc. Après ce nettoyage, on fera un ou plusieurs lavages à l'eau froide d'abord, puis à l'eau bouillante, et on emploiera de préférence des dissolutions bouillantes d'une matière désinfectante, d'acide phénique, de chlorure de chaux, de carbonate de soude, etc. On fera raboter les objets en bois, susceptibles d'être rabotés. Il faudra dans quelques cas, après les lavages, demander le recrépissage des murs, surtout lorsqu'ils présenteront des fentes où il pourrait rester de la matière virulente. Dans les cas les plus graves, il faudra faire nettoyer, avec un soin particulier, le sol, surtout s'il est en terre ou en bois, et même lorsqu'il est en dalles ou en cailloux ; alors on pourra demander le repavage complet. On pourra prescrire aussi le goudronnage, c'est-à-dire le badigeonnage avec le goudron minéral ou végétal, ou l'huile de cade, des divers objets salis, ou bien leur blanchiment avec une solution concentrée de chlorure de chaux ou avec un lait de chaux. Pour désinfecter l'atmosphère, il faudra ordonner d'abord la ventilation, puis faire fermer les portes et les fenêtres et faire dégager dans le local des vapeurs de chlore, d'acide sulfureux ou d'acide phénique. Certains objets pourront être exposés à l'air extérieur, être soumis à la dessiccation et au sérénage, tels sont les fourrages, les litières et les ustensiles divers. Le flambage, quand il sera possible sans détérioration, devra être employé comme un moyen très sûr ; et les objets de peu de valeur ou difficiles à désinfecter seront livrés à la combustion. Entre toutes ces indications assez complexes, il y aura un choix à faire pour chaque maladie.

Objets qui ont été en contact avec les malades. — Ce qui a été dit pour les habitations s'applique à beaucoup d'objets, notamment à ceux renfermés dans l'habitation. Mais il est bon de signaler quelques objets sur lesquels la désinfection doit toujours porter : ce sont les harnais, les couvertures et les objets de pansage. Les harnais et les couvertures seront traités de différentes manières, mais toujours de façon à détruire complètement les matières virulentes qu'ils peuvent porter. On devra les soumettre à une température élevée, ce qui sera très facile si on se trouve à proximité d'un four, qu'on chauffera jusqu'à 70° ou 80°, et dans lequel on pourra placer ensuite les objets à désinfecter. Ce procédé est aussi applicable à certains harnais ; quelques-uns même pourront être soumis au flambage. On peut aussi enfouir ces objets dans le sol et recommander au propriétaire de les y laisser un certain temps ; mais ces deux moyens, la chaleur et l'enfouissage, ne sont pas habituellement employés, et le flambage, pour la plupart des harnais et des couvertures, n'est pas praticable. Pour celles-ci, suivant qu'elles sont en laine ou en coton, il faudra recourir à des lavages avec des solutions bouillantes phéniquées ou chlorurées, ou à des solutions bouillantes de sels alcalins ; si les harnais et couvertures sont de peu de valeur, il ne faut pas hésiter à les détruire ; cependant la destruction n'est employée qu'exceptionnellement. Lorsqu'il s'agit de harnais en cuir, on peut les soumettre à l'action de l'eau bouillante et si ce procédé n'était pas praticable, on pourrait, de même que pour les couvertures, employer les fumigations à l'acide sulfureux ; pour ce, on les enfermerait pendant quelques heures dans un local où on ferait brûler du soufre. Ajoutons à ces divers moyens la dessiccation ; il suffirait en effet, dans la plupart des cas, de laisser les harnais et les couvertures exposés à l'air, surtout à l'air chaud pendant quelque temps.

Véhicules, wagons, charrettes, bâtiments de transports. — La désinfection des wagons a été prescrite ces dernières années aux compagnies de chemins de fer par un arrêté ministériel, elle est aussi prescrite par le nouveau projet de loi. L'arrêté ministériel prescrit aux compagnies de désinfecter les wagons qui servent au transport des animaux, toutes les fois que les vétérinaires inspecteurs ou les préfets en feront la réquisition ; et il leur permet de percevoir des propriétaires une somme de trois francs pour chaque wagon à désinfecter. Cet arrêté ne donne pas satisfaction à tous les *desiderata* formulés sur cette question ; en effet, dire que la désinfection sera obligatoire toutes les fois que les vétérinaires inspecteurs ou les préfets en feront la réquisition, équivaut à ne rien dire du tout, car ceux-ci résidant au chef-lieu ne peuvent savoir si la mesure est nécessaire pour des wagons se trouvant loin de là, et même ils ne sont pas renseignés ordinairement, attendu qu'il n'y a pas de vétérinaires sanitaires dans toutes les localités où sont des gares importantes. Il vaut donc mieux s'en tenir à l'ancienne législation, qui permet à l'autorité de prendre les mesures nécessaires pour arrêter la propagation des maladies contagieuses, car au nombre de ces mesures est la désinfection, qui doit s'appliquer à tous les objets quels qu'ils soient, qui ont été souillés, par conséquent aux wagons, véhicules, charrettes, etc. L'arrêté n'était donc pas nécessaire et aujourd'hui il ne faut pas en tenir compte. Le vétérinaire doit demander la désinfection quand il la juge nécessaire, et il ne doit pas faire intervenir le préfet, car cela entraînerait des longueurs plus ou moins préjudiciables. Il eut été mieux d'imposer aux compagnies l'obligation d'appliquer la désinfection à tous les wagons qui ont servi au transport d'animaux, comme cela se pratique à l'étranger, comme cela se pratique en Belgique. La désinfection des wagons est d'une application facile, surtout dans les grandes gares, où se trouvent tous les moyens nécessaires pour l'exécuter. Voici comment il faut procéder à la désinfection des véhicules : quand il s'agira de wagons, elle ne pourra pas être pratiquée dans toutes les gares, car il en est qui n'ont ni le matériel ni les hommes nécessaires. Il y a donc lieu, quand on juge qu'un wagon est à désinfecter, et qu'on ne peut pratiquer l'opération dans la gare où l'on se trouve, d'y faire apposer une carte portant l'indication *à désinfecter à telle gare;* ce wagon devra être fermé jusqu'à la gare indiquée, où il sera désinfecté aussitôt qu'il y aura été amené; il va sans dire que dans ce cas on ne doit pas appliquer la mesure seulement au véhicule, il faut encore l'étendre à tous les objets qui ont servi aux animaux contaminés, tels que : seaux, pelles, moyens d'attache divers, etc. L'obligation de désinfecter incombe à la compagnie ; c'est l'autorité qui la prescrit et au besoin, elle la fait diriger par un vétérinaire. Il y a donc lieu de connaître quel doit être dans ce cas le rôle de ce dernier.

Il fera nettoyer le wagon, il fera enlever les fumiers, les fourrages, les litières qui s'y trouvent, et au besoin il les fera enfouir, ou désinfecter ou brûler. Après ce premier nettoyage opéré à l'aide du balai, de la pelle et avec une dissolution de chlorure de chaux, d'acide phénique ou de carbonate de soude, il fera projeter contre le plancher et toutes les parois du wagon des jets de vapeur, qui seront toujours faciles à obtenir dans les gares. Cela ne sera pas toujours suffisant et dans quelques cas, surtout s'il s'agit de wagons matelassés, comme ceux qui servent pour le transport des chevaux, il sera bon d'exiger des fumigations désinfectantes. De plus il faudra faire désinfecter, comme il a été dit, tous les ustensiles renfermés dans le wagon, tous les instruments et objets qui ont servi aux animaux. Il faudra enfin appliquer quelquefois cette mesure aux quais et aux ponts d'embarquement et de débarquement. La désinfection des ponts et des quais ne sera pas exigée dans les cas de morve par exemple, elle le sera dans les cas de typhus, de clavelée et pour quelques autres maladies ; alors on se servira d'eau bouillante, de vapeur d'eau et de solutions bouillantes d'acide phénique et de carbonate de soude. Nous savons que les frais sont à la charge du propriétaire et que ces frais se montent à trois francs pour chaque wagon désinfecté ; cette somme est trop élevée, celle d'un franc ou un franc cinquante serait suffisante. Les véhicules divers, les charrettes, les bâtiments de transport seront désinfectés d'après les mêmes règles et par les mêmes procédés.

M. Sabourdy, pharmacien à Paris, a proposé dernièrement un appareil de désinfection, qui permet de combiner l'emploi de la vapeur d'eau, portée à une température supérieure à 120°, avec un agent antivirulent, tel que l'acide phénique. L'appareil « consiste essentiellement en un générateur à vapeur auquel est adjoint un récipient destiné à mélanger à la vapeur, en quantité déterminée, » l'agent antivirulent.

Atmosphère. — Pour la désinfection de l'atmosphère des habitations et des wagons, on emploie toujours les fumigations de chlore ou plus efficacement celles d'acide sulfureux et d'acide phénique. Il faut empêcher ces fumigations de passer au dehors, en calfeutrant toutes les issues.

Fourrages, litières, boissons, fumiers. — A propos des agents de la désinfection, nous avons déjà indiqué à quels objets ils s'appliquent, et nous savons quels sont ceux qui conviennent pour la désinfection des fourrages et litières, etc. Quand les fourrages sont trop infectés, on en demande la combustion ; si on veut les laisser utiliser, on peut les faire consommer à des animaux non susceptibles de contracter la maladie. Ainsi les fourrages infectés de virus péripneumonique pourront être donnés à des chevaux ; si cela est impossible, on les fera désinfecter en les soumettant au sérénage, à une aération prolongée, à la dessiccation à l'air ; cette dernière pratique est la plus souvent employée. Pour désinfecter une eau souillée dont on désire se servir, on aura recours à l'ébullition ou à l'addition de solutions désinfectantes (acide phénique).

Pour désinfecter les fumiers, on peut procéder de différentes manières : quand il s'agit du fumier d'une écurie où ont séjourné des chevaux morveux, la désinfection est rarement nécessaire ; lorsque on fait nettoyer l'habitation, on fait mettre ces fumiers avec les autres ; mais s'il s'agit de maladies dont la matière virulente peut être conservée longtemps, peut être rejetée au dehors avec les excréments, il y a lieu de désinfecter les fumiers, et suivant qu'ils sont plus ou moins frais, il y a lieu d'agir plus ou moins énergiquement. Pour les fumiers anciens, la désinfection complète n'est pas nécessaire, car ils sont pourris en partie, et la putréfaction a détruit à peu près complètement les matières virulentes ; mais il faut désinfecter plus soigneusement les fumiers frais, ce qui se fait, soit en les mélangeant avec de l'acide phénique brut ou avec du chlorure de chaux, soit, lorsqu'il s'agit de fumiers renfermés dans une habitation, en faisant dégager dans celle-ci des vapeurs sulfureuses ou phéniquées, qui les imprègnent ; il faut préférer le premier moyen. Si les fumiers sont peu abondants, il faudra les faire brûler ou les faire enfouir, et dans ce dernier cas, les laisser dans la terre pendant le temps nécessaire à la destruction des germes ; ensuite on pourra les utiliser. Lorsqu'on pratique l'enfouissage, il faut veiller à ce qu'aucune parcelle ne soit perdue dans les chemins, ne reste exposée à l'air, car, dans les cas de typhus par exemple, cela offrirait des dangers ; il faut donc, après le transport, faire ramasser tout ce qui est tombé du véhicule. Le purin qui peut contenir et conserver plus ou moins longtemps certains germes, sera écoulé dans le sol, et si cela n'est pas possible, on y mêlera de l'acide sulfurique ou une dissolution de sulfate de cuivre ou de sulfate de fer.

Cadavres et débris, peaux, viandes, graisses, viscères, os, cornes, ongles, laines, soies, crins, poils. — La désinfection des cadavres ne se fait pas de plusieurs manières : il n'y a qu'un moyen, c'est l'enfouissement pratiqué suivant toutes les règles prescrites. On pourra aussi livrer les cadavres à l'équarrissage ; ce procédé est même le plus sûr.

Pour les peaux, fraîches ou anciennes, si elles présentent des dangers, si elles peuvent encore contenir des matières virulentes, il faudra en demander la désinfection, qui se fera de plusieurs manières : on pourra les faire exposer à l'air libre et de préférence à l'air chaud, pour obtenir une dessiccation aussi prompte que possible ; on pourra aussi se contenter d'une bonne salaison, s'il s'agit de peaux fraîches ; on pourra encore les faire traiter par des substances chimiques, on les fera plonger pendant quelques minutes dans un bain calcaire, dans un bain chloruré ou dans un bain phéniqué ; on pourra encore les traiter comme les couvertures et les harnais, c'est-à-dire les placer dans un local calfeutré et y faire dégager des fumigations de chlore, d'acide sulfureux ou d'acide phénique ; mais le meilleur procédé est celui qui consiste à les livrer de suite à la tannerie.

Quand on croit qu'une viande renferme des germes (des trichines, des grêlons [cysticerques] ou des matières virulentes), les moyens de désinfection employés sont la cuisson, la salaison et la fumaison. La cuisson prolongée est le moyen le plus efficace, la fumaison et la salaison ne le sont qu'autant que la viande est en couche mince ; et même la cuisson, pour être efficace, devra être prolongée, et les fragments de viande ne seront pas trop épais afin que la température de l'ébullition puisse se répandre dans toutes les parties.

Pour la graisse il n'y a qu'un moyen, c'est la fusion. On pourrait encore soumettre les blocs de graisse, que livrent les bouchers à l'industrie, à des fumigations d'acide phénique ou d'acide sulfureux ; mais on préfère la fusion, d'autant plus qu'elle ne détériore pas la marchandise.

Pour les viscères (poumon, foie, rate, intestins) le meilleur moyen de désinfection, celui qu'il faut ordinairement demander, c'est l'enfouissement ou la livraison à l'équarrisage. On procède dans ce cas comme pour les cadavres entiers (et la pratique est applicable aux maladies parasitaires comme aux maladies virulentes) ; cependant on peut encore appliquer la salaison, ou la coction, ou la dessiccation à l'air libre.

La désinfection appliquée aux os est plus importante à connaître. Notre industrie a tous les ans recours à l'étranger pour se procurer des os ; or il peut arriver que les pays où nous nous approvisionnons soient infectés. Dans les cas de typhus on défend l'importation des débris ; mais il peut arriver que dans d'autres circonstances cette importation soit autorisée, alors il faut parfois demander la désinfection. Du reste si celle-ci était faite avant l'importation en France, on ne pourrait refuser les produits désinfectés. Pour désinfecter les os, on les soumet à l'ébullition ou à une carburation superficielle, ou à la dessiccation, ou à l'immersion dans un bain phéniqué.

Les poils, les crins, les laines, les cornes, les ongles sont soumis à la dessiccation à l'air libre ou à l'ébullition. Pour les cornes, on emploie aussi la carburation superficielle, ou la fumaison, ou la salaison, ou la phénication, c'est-à-dire le traitement par l'acide phénique en vapeur ou en solution. Pour les poils, les laines et les crins, on emploie aussi la dessiccation en plein air et la chaleur, ou des lavages à l'eau bouillante, ou des fumigations phéniquées ou sulfureuses.

Animaux vivants, personnes. — Il peut être nécessaire de soumettre certaines personnes et certains animaux à la désinfection. Il est démontré que des animaux, quoique n'étant pas malades, peuvent transporter dans leur toison ou attachées à leurs poils, à leurs crins, etc., des matières virulentes, et ces animaux, conduits ailleurs que dans les pays où ils se trouvent, peuvent propager la maladie. Aussi dans ce cas, si on ne veut pas s'opposer à leur déplacement, il faut les faire désinfecter, ce qui est difficile mais non impossible. On peut employer les fumigations d'acide sulfureux et d'acide phénique (qui ne sont pas très dangereuses) dans un local calfeutré où on place les animaux.

Je dirai la même chose pour les personnes : rarement il est nécessaire de désinfecter des animaux vivants et encore plus rarement des personnes; cependant dans le cas de typhus il est très prudent de le faire. On soumet les chaussures et les vêtements à la désinfection. Ainsi un vétérinaire qui, après avoir visité des animaux typhiques, va dans une localité où ne règne pas la maladie, peut, quoique s'étant bien lavé, être dangereux par les germes qui se trouvent dans ses habits et sur ses chaussures imprégnées de fumier ou de purin. On a observé des cas de transmission de la maladie de cette façon. Il suffira, pour éviter tout danger, de passer les chaussures dans une solution bouillante d'acide phénique et les habits seront traités par les fumigations indiquées ci-dessus.

Abreuvoirs, chemins, pâturages. — Les abreuvoirs, les chemins et les pâturages peuvent être infectés dans les cas de morve, de clavelée, etc.; alors la désinfection n'exige pas une intervention véritablement active de la part du propriétaire; il suffit en effet d'interdire pendant quelque temps les abreuvoirs, les chemins et les pâturages, qui se purifieront par l'action de l'air et de la rosée, par le sérénage et la dessiccation.

Dans la pratique de la désinfection il y a des devoirs pour l'autorité, pour le propriétaire et pour le vétérinaire.

Rôle de l'autorité. — Il se borne à peu de chose, à prescrire ce que demande le vétérinaire.

Rôle du vétérinaire. — Il est plus important, c'est le vétérinaire qui doit diriger la désinfection ; par conséquent, il doit faire pratiquer exactement et complètement tout ce qui est relatif à l'exécution de cette mesure ; il doit donc parfaitement connaître tout ce qui a trait à la désinfection.

Rôle du propriétaire. — Le propriétaire doit se soumettre aux injonctions de l'autorité et suivre les conseils du vétérinaire. Il doit aussi payer tous les frais, ce qui est un défaut de notre législation ; car les dépenses sont parfois considérables, surtout quand on prescrit la destruction de divers objets, quand on ordonne des recrépissages, des repavages, etc. Je crois donc que le législateur aurait été bien inspiré, s'il avait fait supporter une partie de la dépense au trésor public ; dans d'autres pays la totalité des frais n'est pas pour le propriétaire.

Séquestration ultérieure. — La maladie contagieuse étant éteinte et le local désinfecté, il n'est pas encore temps de l'utiliser pour recevoir d'autres animaux. Un document de notre législation exige que la désinfection soit suivie d'une séquestration de quelques jours. La durée de cette séquestration est fixée par le vétérinaire, qui se base, pour cette détermination, sur la nature de la maladie. La séquestration, après la désinfection, est-elle bien nécessaire ? J'ai de la tendance à croire qu'elle ne l'est pas ; aussi je n'hésiterais pas à permettre l'introduction d'animaux dans un local aussitôt après sa désinfection. Le mieux est, à mon avis, de bien surveiller celle-ci et de supprimer celle-là.

INOCULATION

Je dois dire quelques mots de cette mesure, non édictée par la législation sanitaire, mais que quelques auteurs considèrent comme légale. Ces auteurs disent : puisqu'une loi permet à l'autorité de prendre les mesures qu'elle jugera utiles pour s'opposer à la propagation de la maladie, elle lui permet de prescrire l'inoculation quand elle a pour but d'abréger la durée d'une épizootie ; ils raisonnent d'une manière juste, à leur point de vue. Mais tout le monde n'est pas du même avis. L'inoculation est la transmission expérimentale d'une maladie contagieuse, d'un animal malade à un sujet sain. Ce n'est donc pas une mesure qui s'oppose à la propagation de la maladie, puisqu'elle l'étend au contraire. Il est vrai que si son but direct, immédiat, est de donner la maladie, son but éloigné est tout autre. Quand il s'agit d'un troupeau dans lequel la clavelée a fait son apparition, il y a d'abord un certain nombre de malades et si on ne prend pas de précautions, la maladie passera successivement aux autres bêtes ; elle pourra durer ainsi plusieurs mois, le troupeau sera donc dangereux pendant tout ce temps pour les voisins ; donc pour abréger la durée de ce danger, on n'aurait qu'à inoculer tous les animaux pour les rendre tous simultanément malades, et ainsi la maladie au lieu de durer quatre ou cinq mois ne durerait qu'un mois, on abrégerait par cela la durée du danger. C'est ce qui a fait dire que l'inoculation, étant une mesure de précaution, devrait être prescrite par l'autorité ; mais la majorité des vétérinaires, et je suis de ce nombre, croient le contraire ; on peut la conseiller, mais non l'imposer.

Cette mesure est basée sur l'immunité qui résulte d'une première atteinte de la maladie, et sur ce principe généralement vrai, que la maladie inoculée est ordinairement moins grave que la maladie contractée naturellement ; mais cela ne s'applique qu'à un nombre restreint de maladies, aux maladies éruptives, à la péripneumonie.

On sait que certaines maladies se préservent d'elles-mêmes. C'est ainsi que la clavelée par exemple, une fois guérie sur un mouton, ne s'y développe pas généralement une seconde fois ; et de plus, il est au moins une maladie qui jouit de la propriété de préserver d'une autre maladie analogue mais non identique : le cowpox, le horsepox, préserve de la variole et réciproquement ; ces maladies sont antagonistes. La pratique de l'inoculation est donc basée sur ces différents faits, mais il n'est guère que trois ou quatre maladies, qui peuvent être inoculées avantageusement : ce sont la clavelée, la péripneumonie, la fièvre aphtheuse et peut-être le typhus.

Quant au procédé à suivre, sa description est plutôt du domaine de la chirurgie ; toutefois disons que l'inoculation d'une maladie contagieuse, quelle qu'elle soit, peut être effectuée de différentes manières. Le plus souvent, on la pratique avec la lancette et par une simple piqûre très superficielle à la peau ; on se borne à faire une piqûre sous-épidermique, et autant que possible on évite l'hémorrhagie. C'est là le procédé le plus habituel. On peut aussi la pratiquer en adressant le virus, au moyen d'une seringue à injection, au tissu conjonctif sous-cutané ou dans l'intérieur d'un vaisseau sanguin ou lymphatique. Ces procédés ne sont pas usités dans la pratique. Quelquefois on adresse le virus aux voies digestives ; ainsi dans le cas de fièvre aphtheuse, on badigeonne la muqueuse buccale d'un sujet sain avec la bave d'un sujet malade. Pour la clavelée on peut aussi faire ingérer la matière virulente. Mais le plus souvent on procède à l'inoculation par piqûre avec la lancette, avec une aiguille ou tout autre instrument piquant. On peut prévoir que les voies auxquelles on peut adresser la matière virulente varient suivant le procédé d'inoculation ; ordinairement c'est au tissu conjonctif qu'on l'adresse. Quels sont les lieux choisis pour pratiquer l'inoculation préservatrice ? En règle très générale on choisit une région où la peau est fine, dénuée de poils autant que possible et enfin une région située de telle façon que les complications ne soient pas trop à redouter.

Ainsi pour la clavelée, on choisit la face interne de l'oreille où l'inflammation est peu à craindre, ou bien la face inférieure de la queue, le plat des cuisses, le pourtour des organes génitaux ; les deux premiers points sont généralement préférables.

C'est surtout pour la péripneumonie contagieuse, qu'il y a lieu de choisir une région éloignée des organes internes. Nous verrons plus tard, que quand on inocule le virus péripneumonique sur une région du tronc, soit à la base de l'encolure, soit à la face inférieure de la poitrine, il en résulte quelquefois des accidents inflammatoires ou gangréneux mortels ; il en est de même quand on opère à la base de la queue. Mais si l'on choisit l'extrémité caudale, il ne se développe qu'une inflammation locale éloignée des organes internes et ne menaçant point leur fonctionnement.

Les effets de l'inoculation sont passagers ou durables. Les premiers consistent dans la production de lésions et le développement d'une maladie, qui est ordinairement localisée et bénigne. L'effet durable est l'immunité.

C'est le moment de nous demander qu'elle est la valeur de l'inoculation comme mesure de police sanitaire. On a exagéré son importance ; nous verrons plus tard, à propos de certaines maladies, qu'on la conseillée à tort et à travers pour des cas où elle doit être proscrite. Je suis de ceux qui croient qu'elle ne doit pas figurer dans une loi générale de police sanitaire, car elle n'est jamais absolument indispensable à mon avis. Je sais bien que je trouverai des contradicteurs pour la clavelée et la péripneumonie, mais je ne partagerai jamais complètement leur avis pour deux raisons.

La maladie inoculée, quoique moins grave que l'affection naturelle, n'en est pas moins une maladie qui peut se transmettre; il n'est donc pas nécessaire de la donner à des animaux qui ne l'ont pas et qui ne l'auraient peut-être pas contractée. En toute circonstance il faut donc préférer à l'inoculation la séparation des animaux sains d'avec les animaux malades, la séquestration par conséquent. Je n'hésite pourtant pas à faire des exceptions.

On peut conseiller l'inoculation de la clavelée dans quelques circonstances : quand la maladie sévit sur un troupeau et qu'on veut abréger sa durée ; alors on rend toutes les bêtes malades en même temps pour les guérir toutes en même temps. Mais c'est là le seul cas où je la trouve vraiment utile, quand il n'est pas possible d'isoler les malades ; nous verrons plus tard que dans certains pays on peut y recourir dans d'autres cas. J'hésiterais davantage à conseiller l'inoculation préventive de la péripneumonie, car la maladie conférée peut être grave, et de plus elle peut se transmettre lors même qu'elle semble guérie ; pourtant il est encore des circonstances où on peut la préconiser.

Dans le cas de fièvre aphtheuse, la maladie n'étant pas grave, on peut, lorsqu'elle sévit sur un troupeau de bœufs et qu'il est impossible de séparer les malades d'avec les sains, pratiquer l'inoculation pour abréger la durée de l'affection.

DEUXIÈME PARTIE

DES MALADIES CONTAGIEUSES EN PARTICULIER ÉTUDIÉES AU POINT
DE VUE DE LA PATHOLOGIE ET DE LA POLICE SANITAIRE

CHAPITRE PREMIER

INFECTION PURULENTE

L'infection purulente étant une maladie due (Pasteur) à l'action
d'un vibrionien, qui vient du monde extérieur, et se greffant parfois sur d'autres maladies contagieuses, il m'a paru utile d'en donner ici une description sommaire.

Définition. — Cette affection est caractérisée par la formation
de foyers purulents ou abcès métastatiques dans certains organes.
Elle est déterminée par l'introduction du pus dans le sang et par
la multiplication des éléments actifs de ce produit ; elle est due le
plus souvent, sinon toujours, à la pénétration d'un vibrion aérobie
et anaérobie qui se trouve dans les eaux communes. A l'autopsie
des malades qui ont succombé à cette affection, on rencontre toujours des foyers purulents métastatiques, c'est-à-dire de petits abcès dans certains organes internes, dans les organes les plus vasculaires notamment, dans le poumon, dans le foie, dans les reins,
dans la rate et quelquefois même dans le cerveau.

Ces abcès sont le résultat de l'introduction du pus dans le torrent circulatoire. C'est qu'en effet les vaisseaux peuvent absorber
le plasma du pus et avec lui des éléments figurés, tels que : granulations, microcoques, noyaux et fragments de cellules, qui sont ensuite disséminés par le sang, agissent dans les points, où ils s'arrêtent comme autant de corps irritants, et provoquent le développement de petites inflammations nodulaires et consécutivement la
formation d'autant de foyers purulents dits métastatiques. Le pus

engendre le pus ; aussi une fois absorbé, ce produit ne reste pas inactif, il détermine la formation d'inflammations nodulaires plus ou moins nombreuses, qui se terminent par suppuration.

Le plus souvent l'infection purulente est due à l'introduction d'un vibrion qui existe dans les eaux communes, et qui pénètre par une plaie quelconque ayant eu le contact de l'air ou des objets extérieurs. Mais quelquefois elle peut se produire sans qu'il y ait aucune plaie et sans qu'il y ait introduction du vibrion pyogène.

Quoiqu'il en soit de l'agent pyogène, la maladie nous apparaît en résumé comme étant toujours le résultat du transfert d'une humeur morbide (pus), qui provoque dans les organes internes des inflammations disséminées se terminant rapidement par la suppuration, par la formation d'abcès. Ces foyers sont bien dus à la résorption du pus, et on les appelle métastatiques à cause de la métastase ou changement de siège de l'agent morbigène.

Synonymes. — On a donné à cette maladie les noms de *pyémie, pyohémie, résorption purulente, métastase purulente, fièvre purulente, métastase humorale ou embolique.*

On l'a appelée pyémie et pyohémie à cause de la résorption et du mélange du pus avec le sang, à cause de l'altération du sang résultant de ce mélange ou de l'action de celui-là sur celui-ci. On l'a appelée résorption purulente, parce qu'elle a son point de départ dans un accident purulent quelconque. On l'a appelée métastase purulente, parce que le pus résorbé par les vaisseaux est transporté dans les organes internes, où il provoque des abcès. On l'a appelée fièvre purulente, parce que la fièvre l'accompagne ordinairement. On l'a appelée métastase humorale, parce qu'il y a en effet résorption d'une humeur morbide, et métastase embolique, parce qu'on a expliqué la formation des abcès métastatiques par la formation d'embolies capillaires.

Associations. — Très souvent l'infection purulente est accompagnée ou se complique de septicémie. C'est ce que montre l'observation clinique, et d'ailleurs il est facile d'obtenir, simultanément sur le même animal, les deux affections en lui inoculant, comme l'a fait M. Pasteur, le vibrion pyogène et le vibrion septique. L'infection purulente produite à la suite de l'absorption du pus par une plaie du garrot, du pied, etc., peut être simple d'abord et se compliquer ensuite d'infection septicémique, en déterminant dans le poumon des phénomènes de mortification, qui seront le point de départ d'une putréfaction interne, si les parties mortifiées éprouvent le contact de l'air. Réciproquement l'infection septique, seule d'abord, peut se compliquer à son tour d'infection purulente ; cela résulte de l'observation et de l'expérience. En effet, si on inocule les germes septiques, on produit la septicémie et les lésions qui y correspondent ; si ensuite on inocule le vibrion pyogène, on obtient simultanément les deux affections, on greffe la seconde sur la première. On s'explique facilement leur production chez le même sujet, car les deux germes ne respirent pas le même gaz ; le vibrion pyogène est aérobie, il lui faut de l'oxygène pour respirer ; le vibrion septique est anaérobie, il respire de l'acide carbonique. Il n'y a donc rien d'étonnant que ces deux vibrions puissent vivre et se multiplier simultanément sur le même individu.

L'infection purulente peut-elle coexister avec le charbon ? Le vibrion charbonneux (bactéridie) est aérobie comme le germe de de l'infection purulente. Les deux germes semés sur le même animal doivent donc se contrarier, il doit y avoir lutte entre eux. Et si, en inoculant les deux bactériens au même individu, on peut aisément obtenir un charbon purulent ou une infection purulente charbonneuse, il est vrai cependant (Pasteur) qu'on peut étouffer la bactéridie charbonneuse en lui associant une assez grande quantité de vibrions pyogènes. On peut donc produire à volonté des infections purulentes simples, des infections purulentes septiques et des infections purulentes charbonneuses. Dans tous ces cas divers la symptomatologie est variable, ce n'est pas celle de l'infection purulente simple, c'est un mélange des symptômes des deux maladies coexistantes.

Importance. — L'étude de l'infection purulente est de la plus grande importance ; elle devrait servir, avec celle de l'inflammation et de la septicémie, d'introduction à toute pathologie. Toutes les plaies récentes ou anciennes et plus ou moins purulentes, les opérations chirurgicales, les plaies résultant des traumatismes, etc., peuvent se compliquer d'infection purulente. Certaines maladies inflammatoires (pneumonie, etc.) et même des affections spécifiques (clavelée, etc.) peuvent aussi s'accompagner d'infection purulente. Dans ces divers cas, il peut y avoir absorption du pus, introduction de ce produit dans le torrent circulatoire et formation d'abcès métastatiques. On peut aussi constater la maladie à la suite de sécrétions anciennes, qui se sont taries brusquement ; alors une partie du pus sécrété est résorbée et détermine les phénomènes de l'infection purulente. On voit donc, par tous ces exemples, que l'étude de cette affection a une grande importance, car dans la pratique on doit toujours avoir en vue son développement possible, afin de le prévenir s'il y a lieu.

SYMPTOMATOLOGIE

Les conditions dans lesquelles l'infection purulente se produit sont connues; ce sont toutes celles qui favorisent l'introduction du pus dans le sang, la pénétration du vibrion pyogène dans l'organisme. Elles sont donc faciles à prévoir; ce sont toutes les plaies, toutes les opérations chirurgicales, toutes les maladies qui s'accompagnent de la formation du pus; ce sont par exemple les plaies, les maladies et les opérations du pied, l'opération du javart, les plaies articulaires; ce sont les maux de garrot, de nuque, de rognon et toutes les opérations nécessitant la formation d'une plaie, surtout si celle-ci est irrégulière, anfractueuse, si elle permet au pus de stagner à sa surface et s'oppose à son libre et facile écoulement.

Est-ce à dire que les plaies constituent presque toujours un danger de résorption purulente? Il ne faut pas exagérer la fréquence de cette complication; car les plaies qui suppurent sont le siège d'un mouvement exosmotique dans leurs bourgeons charnus, grâce auquel les éléments figurés du pus sont entraînés à la surface avec le plasma. Aussi la résorption purulente est-elle relativement rare.

Les maladies internes, qui s'accompagnent parfois de sécrétion purulente (pneumonie, etc.) et aussi quelques maladies virulentes spécifiques (clavelée, gourme, phthisie, etc.) peuvent, ainsi que nous l'avons dit, se compliquer d'infection purulente. On peut d'ailleurs provoquer expérimentalement cette affection, en injectant du pus ou le vibrion pyogène dans un vaisseau sanguin, artère ou veine, et parfois en les injectant dans le tissu conjonctif, dans une séreuse (plèvre ou péritoine).

Nous déduirons les symptômes de l'infection purulente, non seulement de l'étude de la maladie développée accidentellement, mais aussi de celle provoquée expérimentalement par l'injection de pus dans les vaisseaux.

Cette affection se présente le plus ordinairement sous le type aigu, et parfois, mais rarement, sous le type chronique. Elle se montre à l'état aigu lorsqu'elle fait suite à une plaie ou à une opération récente, à la gangrène locale produite par une brûlure ayant mortifié une partie de tissu, qui est éliminée par inflammation disjonctive, lorsqu'elle fait suite à la nécrose d'un os, parce qu'alors le pus sécrété au pourtour de la partie nécrosée peut n'avoir pas d'issue et être résorbé.

Elle peut survenir hâtivement au début de la pyogénie, presque aussitôt que les accidents et les plaies entrent en suppuration; c'est alors qu'on observe le type aigu.

Les symptômes sont variables dans leur intensité et dans leur marche; il n'y a pas à proprement parler de symptômes pathognomoniques, et cela se comprend aisément, vu que la maladie se caractérise par des abcès, par des foyers purulents internes ou situés profondément et ordinairement très petits. La variabilité dans la symptomatologie s'explique par les conditions individuelles, par le siège et l'extension des lésions et par l'association assez fréquente de cette affection avec l'infection septique. Les symptômes suivants sont ceux qui appartiennent en propre à l'infection purulente simple, et lorsque nous connaîtrons la septicémie, il nous sera facile de faire l'amalgame des deux maladies et de reconnaître les caractères qui le décèlent.

L'animal qui est sous le coup de la pyohémie a d'abord une fièvre plus ou moins intense accompagnée de frissons. Ce changement se montre brusquement et sans cause provocatrice apparente. Aussi faut-il craindre une complication fatale, si on observe une pareille modification chez un animal qui présente une plaie quelconque, si cette plaie est anfractueuse et ne donne pas un libre écoulement au pus qu'elle produit, car il y a déjà eu vraisemblablement résorption purulente. Les frissons se montrent d'abord parfois localisés, mais ils ne tardent pas à se généraliser. La fièvre, qui arrive rapidement et instantanément, sans que rien ait pu la faire prévoir, est parfois très intense dès le début, mais ordinairement elle va croissant. Ce brusque changement s'explique par le mélange du pus avec le sang, par l'action du pus sur le fluide circulatoire, par l'altération du sang et par son action sur le système nerveux.

La circulation est modifiée, le pouls est accéléré, il devient de plus en plus fréquent, et à la fin de la maladie il est filant, petit et presque imperceptible. Le sang stagne dans les capillaires et les muqueuses apparentes (conjonctive) sont hyperémiées. La température, d'abord surélevée, baisse dans les derniers moments de la vie. Il y a inappétence absolue, la soif est quelquefois accrue; il peut y avoir diarrhée ou constipation, et dans ce dernier cas les excréments sont secs, durs, odorants et coiffés ; quelquefois ils sont sanguinolents.

La fonction respiratoire est modifiée ; des foyers purulents se forment presque toujours dans les poumons ; la respiration devient accélérée et va s'accélérant de plus en plus. On ne découvre pourtant le plus ordinairement aucun symptôme en percutant et en auscultant la poitrine, car les foyers purulents, qui sont souvent assez nombreux, sont très petits. Mais si les abcès métastatiques sont en grand nombre, on peut, à cause de leur rapprochement et de l'hypérémie inflammatoire dont ils s'accompagnent, constater un affaiblissement manifeste du bruit respiratoire, ce qui indique que le poumon est engoué.

Les malades atteints d'infection purulente présentent, presque dès le début, un affaiblissement général très manifeste, et l'adynamie progresse très rapidement. On observe parfois des symptômes nerveux. La fonction urinaire peut être modifiée, surtout lorsque les reins sont malades ; les urines deviennent quelquefois sanguinolentes ou tout au moins très foncées et le malade éprouve des coliques sourdes.

Du côté de la peau et du tissu conjonctif, on peut constater aussi certains symptômes, mais ils sont cependant rares. Ainsi il se développe quelquefois, notamment chez le cheval, des abcès souscutanés sur le tronc et sur les membres, ou une inflammation de la peau ; on observe parfois des lymphangites et des adénites purulentes. Quelquefois aussi il se produit des modifications au pourtour de la plaie qui a donné lieu à la résorption.

Ces modifications sont peu prononcées, s'il y a infection purulente simple, mais il n'en est pas de même s'il y a complication de septicémie, et dans cette circonstance on peut voir un engorgement œdémateux chaud et douloureux au pourtour de la plaie. Ce changement s'explique par l'inflammation des petits vaisseaux, par l'inflammation des veines au pourtour de la plaie ; il y a eu phlébite et exsudation du plasma sanguin.

A l'état aigu la marche de la maladie est rapide ; les symptômes vont progressant, mais ce qui domine c'est l'adynamie, c'est l'affaiblissement du malade. La terminaison est prompte et toujours fatale ; au bout de deux à six jours la mort survient. L'infection purulente est donc de la plus grande gravité. Il faut toujours la soupçonner, et on peut en affirmer le développement lorsque, sans cause appréciable, on voit apparaître les symptômes précités sur un animal porteur d'une plaie. Après une maladie interne, le diagnostic est plus difficile, car la maladie inflammatoire se caractérise par des symptômes de fièvre, et il peut y avoir dans la marche de celle-ci une aggravation sans qu'elle ait pour cause une résorption de pus.

L'infection purulente chronique marche beaucoup moins vite, elle se montre ordinairement à la suite de plaies anciennes, de brûlures étendues, d'abcès par congestion, de la phthisie, etc.; elle est particulière aux animaux affaiblis, malades depuis longtemps, lymphatiques. Elle s'établit sans qu'on s'en aperçoive; la fièvre est peu intense et passe inaperçue. La maladie marche alors lentement, mais elle n'en progresse pas moins; elle se caractérise par une fièvre de consomption, par un affaiblissement progressif et se termine par la mort.

Que la maladie soit aiguë ou chronique, sa terminaison est toujours fatale. Le pronostic est donc essentiellement grave, car non seulement l'infection purulente se termine par la mort des malades, mais en outre elle s'oppose à l'utilisation de leurs chairs. D'où résulte pour nous cette conclusion : qu'il faudra bien se garder d'envoyer ou de laisser livrer à la boucherie un animal qui sera sous le coup de l'infection purulente à la suite d'un traumatisme, d'une plaie, d'une maladie, d'une opération; car ainsi que nous allons le voir, les lésions sont multiples et disséminées dans cette maladie.

ANATOMIE PATHOLOGIQUE

L'étude de l'anatomie pathologique de l'infection purulente comprend la description des principales lésions visibles à l'œil nu, l'analyse micrographique des divers processus et la détermination de leur mode de développement.

Les principales lésions visibles à l'œil nu sont des foyers purulents métastatiques, des épanchements et des infiltrations purulentes, des extravasations sanguines et séreuses, des congestions générales ou localisées, des phlébites, des lymphangites, des adénites, etc.

Les foyers purulents métastatiques, ou abcès développés dans les parenchymes, à la suite d'une résorption purulente, qui a eu lieu à la surface d'une plaie ou aux dépens d'un abcès, se montrent dans tous les organes, principalement dans le poumon, dans le foie, dans la rate, dans les reins. Les séreuses présentent aussi les lésions de l'inflammation suppurative ; ainsi ces altérations s'observent dans les plèvres, dans le péritoine, dans les séreuses articulaires ou tendineuses, dans l'arachnoïde, etc.; mais c'est alors un véritable épanchement purulent qu'on rencontre dans les cavités séreuses. Quelquefois des abcès métastatiques se forment dans les centres nerveux, dans le tissu conjonctif sous-cutané, dans le tissu intermusculaire et même dans le tissu intramusculaire, dans les os, entre les os et les muscles, sous le périoste, etc.

Les abcès métastatiques sont ordinairement nombreux chez les individus qui succombent à l'infection purulente. Ils sont généralement tuberculiformes, plus ou moins régulièrement arrondis suivant leur siège et leurs dimensions; les plus petits étant les plus réguliers, les plus volumineux étant parfois irréguliers. Leurs dimensions sont généralement peu considérables ; elles sont du reste variables suivant la période à laquelle on les examine. Gros comme un grain de mil au début, ils peuvent atteindre le volume d'un pois, d'une noix et même d'un œuf de poule. Les plus petits siègent dans les reins, sur le foie, quelquefois aussi dans le poumon ; mais le plus généralement c'est cet organe qui renferme les plus volumineux.

Leur configuration varie avec les animaux. Les solipèdes sont ceux qui présentent les plus réguliers et les plus nettement circonscrits. Chez le chien, l'infection purulente est rare, les foyers métastatiques sont plus volumineux, parfois caverneux et entraînent, en se formant, la destruction d'une portion de l'organe malade. Les grands ruminants les offrent avec des caractères particuliers. Ils sont peu étendus chez ces animaux, leur contenu est caséeux, le tissu qui entoure la masse caséeuse centrale est induré. Ces caractères ne s'observent ni chez les carnivores, ni même chez les solipèdes, sauf exception.

Les caractères anatomiques des abcès métastatiques varient suivant la période à laquelle on les examine. Le tissu qui entoure la partie centrale a un aspect différent et une structure variable, suivant que l'abcès est de date récente ou de date ancienne. Dans les premiers temps il présente des caractères inflammatoires bien marqués (congestion, hémorrhagie, exsudation, infiltration, etc.); il est alors en grande partie constitué par du tissu embryonnaire. Quand le pus est formé depuis longtemps, des modifications surgissent peu à peu ; le tissu embryonnaire devient adulte, s'organise tout en restant infiltré, et prend une consistance plus grande.

Dans tous les cas la face interne des parois des abcès métastatiques offre les caractères et la constitution des bourgeons charnus ; son tissu est plus ou moins infiltré, plus ou moins densifié ; elle est plus ou moins irrégulière et anfractueuse.

Le pus des foyers métastatiques est ordinairement de bonne nature ; il est blanchâtre ou grisâtre, crémeux. Toutefois on peut le rencontrer coloré en jaune ou en vert par des matières colorantes du sang ou de la bile. Il peut éprouver des modifications, il peut s'épaissir par l'absorption de la partie liquide qu'il renferme. La partie figurée devient alors caséeuse et ses éléments subissent des transformations, une dégénérescence, une fragmentation.

Les abcès métastatiques présentent une certaine analogie avec les tubercules morveux ; comme eux ils se rencontrent ordinairement à la surface du poumon. Ils constituent tous des lésions multiples, disséminées, inflammatoires, nodulaires. Dans la morve chronique, les tubercules sont formés par une partie centrale caséiforme, entourée de tissu embryonnaire ou de tissu conjonctif condensé. Dans l'infection purulente, comme dans la morve, les lésions consistent surtout en inflammations nodulaires, et le microscope n'aide guère à les différencier. En effet, des coupes de ces lésions, examinées à différentes périodes de leur évolution, n'offrent pas de caractères distinctifs bien tranchés. On trouve toujours du tissu inflammatoire et des produits inflammatoires ; mais cela ne veut pas dire qu'il n'existe aucune différence. C'est dans l'évolution de chacune de ces altérations qu'il faut la chercher. Examinons ce qui se passe dans le tubercule morveux, voyons en effet comment il évolue.

Au début, le foyer central du nodule morveux est toujours accompagné d'une zone hémorrhagique, qui se caséifie progressivement et augmente ainsi la zone centrale. Ce qui frappe dans ce développement, c'est donc la caséification du produit inflammatoire, d'abord limitée au centre et qui progresse en s'irradiant vers la périphérie.

Le foyer métastatique se développe, comme le tubercule morveux, à la suite d'une inflammation nodulaire ; mais, au lieu de se caséifier, il s'abcède, c'est-à-dire se transforme en pus. Plus tard il pourra y avoir caséification, seulement la transformation caséeuse n'est jamais primitive, elle peut avoir lieu après qu'il y a eu résorption de la partie liquide.

Il ne reste, pour distinguer sûrement les deux lésions, que la vérification des propriétés pathogéniques des produits qu'elles renferment. L'inoculation du produit caséeux du tubercule morveux fera développer seule la morve chez un sujet sain. La différence réside donc dans la spécificité propre des deux affections.

Il faut se demander ce que deviennent les foyers métastatiques dans l'organisme. Quelle est en un mot leur finalité, peuvent-ils disparaître ; la guérison de l'infection purulente est-elle possible ?

La guérison de l'infection purulente ne se produit pas ; l'affection est ordinairement mortelle. Il n'y a pas résorption ni cicatrisation des abcès métastatiques ; mais il survient néanmoins des modifications, soit dans le pus, soit dans le tissu qui l'entoure, surtout quand l'animal ne succombe pas trop tôt à l'affection dont il est atteint. Ainsi surviennent la dégénérescence granulo-graisseuse du pus, et sa transformation en matière caséeuse, par suite de la résorption de la partie liquide ; ainsi se produisent en même temps des changements dans la consistance des foyers, qui sont d'abord mous et qui ensuite deviennent plus durs.

Ce ne sont pas là toutes les modifications qu'on observe. Les vaisseaux qui entourent les foyers laissent exsuder des subtances calcaires, qui se mélangent à la matière caséeuse, l'incrustent et en augmentent encore la dureté.

A mesure que les modifications du pus se produisent, on voit également des changements s'opérer dans la structure de la membrane d'enveloppe, qui, primitivement embryonnaire, peut s'organiser et se densifier à la longue. Cete membrane, qu'elle soit à l'état de tissu embryonnaire ou à l'état de tissu adulte, est toujours en rapport avec la matière caséeuse, qui l'irrite et agit sur elle à la façon d'un corps étranger ; aussi sa surface est-elle riche en vaisseaux, et y trouve-t-on continuellement de la matière purulente en voie de formation.

Quelquefois l'inflammation, entretenue par le pus, s'étend et détermine, par exemple dans le poumon, une pneumonie lobulaire partielle. Parfois c'est une gangrène localisée qu'on observe, et le tissu mortifié peut devenir le point de départ de la septicémie, quand il est mis en rapport avec l'air par les bronches altérées ; il y a alors putréfaction par suite de l'apport de vibrions.

Quelques auteurs ont soutenu que l'infection purulente pouvait se transformer en tuberculose ou en morve. Ces auteurs ont confondu deux maladies : ils ont pris la morve pour l'infection purulente et réciproquement, comme cela peut arriver facilement, d'ailleurs, à cause de la similitude de leurs lésions. L'inoculation seule pouvait les différencier.

Des épanchements purulents peuvent se présenter dans les séreuses, dans les plèvres, dans le péricarde, dans les articulations, etc. A la surface de ces séreuses on trouve fréquemment des points ecchymotiques.

On rencontre des infiltrations de pus dans le tissu conjonctif sous-cutané, dans le tissu conjonctif intermusculaire et intramusculaire. Presque toujours se produisent des extravasations sanguines ou séreuses dans le tissu cellulaire.

Les diverses lésions qui précèdent, ne se forment qu'autant que la durée de la maladie le permet ; elles sont rares dans certains cas où la mort est arrivée rapidement. Les altérations sont alors peu variées et réduites à des congestions locales ou générales dans les poumons, les reins, le foie, etc. Les congestions localisées, miliaires, punctiformes et nodulaires n'expliquent pas la mort et existent souvent avec les lésions précédentes. Elles sont ordinairement autant d'*infarctus*, c'est-à-dire autant de foyers commençants. La congestion générale (poumon) explique la mort ; on constate alors dans le sang les modifications, les altérations que produit l'asphyxie. C'est qu'en effet le pus, absorbé en quantité considérable, peut produire une congestion du poumon, qui rend l'hématose incomplète ou impossible et amène rapidement la mort. Les points de congestion localisée ont des formes différentes et sont plus ou moins étendus. Pour en saisir la signification, il faut être prévenu de la possibilité de leur existence et de leur signification dans l'infection purulente.

Autour du foyer où a eu lieu la résorption et autour des abcès métastatiques, on observe des altérations dans le système vasculaire, des phlébites, des lymphangites, des adénites purulentes. Ces lésions se montrent donc au pourtour et au voisinage des plaies, à la surface desquelles la résorption a eu lieu, ainsi qu'au pourtour des foyers métastatiques. Dans les veines, on peut rencontrer des caillots plus ou moins adhérents aux parois. Dans les ganglions, il existe souvent une hyperémie manifeste, accompagnée d'infiltration et même quelquefois d'abcès métastatiques.

La rate est hypertrophiée et renferme parfois aussi des abcès.

La muqueuse intestinale est quelquefois engouée, enflammée, etc.

Le sang est manifestement altéré ; on y remarque surtout une augmentation de la matière fibrinogène.

PATHOGÉNIE

Pour bien comprendre la pathogénie de l'infection purulente, il importe de bien se rappeler ce qui a trait à la pyogénie et aux propriétés pathogéniques du pus.

Caractères du pus, pyogénie. — La suppuration est la sécrétion d'une matière morbide liquide appelée pus. Le pus est donc un produit pathologique (inflammation) sécrété par des organes malades. Cependant on rencontre la plupart de ses éléments préformés dans les organes et les tissus sains. Le sérum du pus a la même composition que le sérum du sang. Les cellules purulentes existent normalement dans le sang, mais en proportion minime. Ce sont les organes vasculaires, qui fournissent la plus forte proportion de pus. Toutes les espèces animales ne sont pas également aptes à le produire. Il peut être rejeté au dehors, quand il se forme à la surface d'une plaie ou à la surface d'une muqueuse; mais quand il est produit dans l'intérieur des organes, il se réunit en foyers. Il est toujours formé d'une partie liquide (sérum) et d'une partie figurée. Ses caractères physiques varient avec l'espèce animale et avec la région qui le produit, avec la maladie qui provoque sa formation. Il est en effet tantôt fluide, séreux, jaunâtre, tantôt grisâtre, blanchâtre, crémeux, tantôt noir, tantôt plus ou moins coloré. La coloration qui accompagne certaines altérations pathologiques, a parfois une grande valeur au point de vue de leur diagnostic et de leur pronostic. L'odeur du pus est variable; elle est ordinairement nulle quand il est resté à l'abri de l'air, et fétide au contraire quand il a été mis en rapport avec lui et s'est putréfié. Par le repos il ne se produit point dans le pus une coagulation, comme on l'observe dans le sang; il y a simplement précipitation des éléments figurés, qui étaient en suspension dans le liquide. Il est facile alors de séparer, par la décantation, la partie liquide de la partie solide et d'arriver ensuite à la détermination de celle qui est véritablement active.

La quantité de pus sécrété par un organisme malade est variable, avons-nous dit, suivant les espèces animales. Le cheval par exemple en fournit abondamment, beaucoup plus que les grands ruminants; les jeunes en fournissent plus que les adultes. Le tempérament lymphatique prédispose à certaines maladies qui, pendant leur durée, produisent une grande quantité de pus. Tout ce qui affaiblit l'organisme le prédispose aux suppurations abondantes et prolongées.

Laissé au contact de l'air, le pus s'y altère, reçoit des germes qui en déterminent la fermentation putride, aussi devient-il fétide et bulleux. Il peut donc être normal, non putride ou putride, il peut être virulent. Il renferme des éléments constants (cellules embryonnaires, cellules purulentes, débris de cellules, granulations protéiques, granulations graisseuses, etc.), et des éléments non constants (vibrions divers, vibrions septiques). Les cellules et les granulations purulentes sont analogues, qu'elles appartiennent à un pus normal ou qu'elles proviennent d'un pus virulent.

La formation du pus a été expliquée de différentes manières. D'après une opinion déjà ancienne, soutenue surtout de nos jours par Conheim, le pus sortirait directement des vaisseaux ; les cellules purulentes ne seraient autre chose que les leucocytes du sang sortis des vaisseaux et entassés dans les parties malades ou irritées. M. Robin fait consister le phénomène de la suppuration dans la génération graduelle des leucocytes entre les éléments des tissus enflammés à l'aide et aux dépens du blastème exsudé pendant l'inflammation ; les éléments du tissu enflammé se résorbent et disparaissent à mesure que les leucocytes augmentent. Virchow fait dériver les cellules purulentes de la prolifération cellulaire et sa théorie est admise par MM. Morel, Ranvier, Duval, Strauss, etc. Il paraît bien démontré que le pus peut se former de plusieurs manières. Il est toujours la conséquence des premiers phénomènes de l'inflammation et résulte d'une génération cellulaire excessive, soit que les cellules purulentes dérivent de la prolifération des éléments irrités, soit qu'elles proviennent des vaisseaux, soit qu'elles se forment dans un blastème exsudé. Il y a donc du vrai dans la théorie de Conheim, dans celle de Virchow et peut-être dans celle de M. Robin.

La partie figurée du pus est formée de leucocytes ou globules de pus, de fragments de cellules et de granulations ; les globules de pus sont des cellules polynucléaires ou granuleuses. Le pus s'altère facilement, suivant son âge et suivant l'influence des parties en contact avec lui : il subit plusieurs modifications, dont la plus commune est sans contredit la dégénérescence granulo-graisseuse. Il peut éprouver la transformation caséeuse dans certaines conditions et principalement chez certains animaux, tels que les grands ruminants et le porc. La dégénérescence caséeuse est caractérisée par la résorption de la partie liquide et par la condensation de la partie solide en une masse caséeuse plus ou moins desséchée, jaunâtre ou blanchâtre; il y a donc épaississement de la partie non résorbée. La matière caséeuse, quoique non susceptible de résorption totale, peut cependant pénétrer par fines particules dans le système sanguin ou lymphatique et devenir, d'après certains auteurs, le point de départ d'une tuberculose miliaire.

Propriétés physiologico-pathogéniques du pus. — Le pus normal jouit de deux propriétés importantes à connaître, il est phlogogène et pyrogène. Il produit des effets locaux, qui sont ceux d'une matière irritante introduite dans l'organisme, il est donc phlogogène. Injecté dans le tissu cellulaire, dans les veines, dans les différentes séreuses, il provoque des effets généraux, qui le font à juste titre regarder comme pyrogène.

C'est Gaspard qui, un des premiers, étudia les propriétés du pus. Il se servit pour cette étude de pus frais, qu'il injecta dans le péritoine, dans la plèvre et dans le tissu cellulaire de jeunes chiens. Les injections, pratiquées dans les tissus que nous venons d'énumérer, produisirent une inflammation suppurative. Gaspard injecta aussi du pus dans les veines, et il obtint alors des inflammations nodulaires et des foyers purulents dans les poumons.

D'autres auteurs firent les mêmes expériences, et ils obtinrent les mêmes résultats que Gaspard avait déjà obtenus.

M. Chauveau s'est également occupé de la détermination des propriétés du pus; il a étudié le pus normal et le pus putride. Il a constaté que le pus normal, étendu de deux fois son poids d'eau et injecté dans le tissu conjonctif sous-cutané du cheval, provoque la formation d'un phlegmon qui, au bout de cinq ou six jours, se transforme en abcès; cette expérience nous démontre donc que le pus est véritablement phlogogène. M. Chauveau a ensuite cherché à déterminer quelles sont les parties actives et quelles sont les parties inactives.

Pour cela il a eu recours à des lavages, à des filtrations et à des décantations successives, qui lui ont permis de séparer le sérum et la partie figurée, et de les obtenir l'un et l'autre dans un état de pureté presque absolue. En inoculant le sérum pur il n'a pas obtenu le même effet phlogogène qu'en inoculant du pus non filtré, tandis qu'avec la partie figurée il a produit des effets très marqués. C'est donc la partie figurée, qui est phlogogène et lorsqu'elle est introduite dans le tissu cellulaire ou dans toute autre partie de l'organisme, elle détermine les mêmes effets que le pus non filtré. Le sérum contenant simplement des granulations est phlogogène, mais à un degré moindre que le pus entier. L'activité du pus réside donc dans la partie figurée; et dans celle-ci ce sont les granulations qui sont les éléments agissants. Ces granulations sont libres ou fixées en plus ou moins grande quantité dans les cellules, et elles agissent, dans l'un comme dans l'autre cas, avec une intensité proportionnée à leur nombre.

Certains auteurs ont soutenu que le pus injecté dans le tissu cellulaire, dans les séreuses, etc., produit des effets irritants absolument d'après le même procédé, d'après le même mécanisme que les matières irritantes ordinaires, physiques ou chimiques (poussière de charbon et corps étrangers quelconques, etc.). Or il n'en est rien. Ces matières agissent d'une façon toute mécanique, tandis que le pus a une action phlogogène propre; il peut agir d'une façon mécanique, mais en outre il se comporte à la façon des germes virulents, il provoque la formation d'éléments analogues à ceux qu'il contient. Cet effet ne s'obtient ni avec le sang, ni avec les éléments figurés du sang, ni avec la lymphe, ni avec les éléments cellulaires des ganglions lymphatiques, ni avec des substances minérales finement pulvérisées. De même si l'on injecte du pus morveux dans l'organisme d'un cheval, non seulement ce pus donne naissance à un produit purulent, mais en outre la matière de nouvelle formation contient les germes de la morve; le pus morveux détermine donc une inflammation spécifique.

Quant à l'intensité de l'action phlogogène, on peut dire qu'elle est proportionnelle à la quantité de pus injecté. Elle est aussi en rapport avec l'acuité de l'inflammation qui a présidé à sa formation; ainsi plus une inflammation sera vive, plus le pus auquel elle donnera naissance sera actif. L'intensité phlogogène du pus est enfin en raison directe de la date récente de sa formation, c'est-à-dire que son action est d'autant moins énergique que le produit est de formation plus ancienne, et cela se comprend aisément, vu les dégénérescences qui arrivent avec l'âge.

L'action du pus putride est toujours plus intense que celle du pus non putride, car il contient certains éléments qui, venant surajouter leur action, produisent un surcroît d'inflammation. Si on dilue ce produit dans quarante fois son poids d'eau, on obtient une inflammation modérée; si on ne le dilue que dans cinq ou six fois son poids d'eau, il provoque une inflammation très vive suivie d'abcédation ; et s'il n'est dilué que dans une ou deux fois son volume d'eau, ou s'il est injecté pur, il produit des phlegmons qui n'ont pas une grande tendance à se convertir en foyers purulents, qui sont plutôt gangréneux, qui ont une marche envahissante, qui souvent s'accompagnent de septicémie, et qui donnent dans tous les cas un pus pauvre en globules purulents.

En injectant du pus dans les veines, dans la jugulaire par exemple, on n'obtient pas toujours l'infection purulente chez le cheval et chez le chien, cependant on l'obtient le plus ordinairement. L'infection purulente, ainsi provoquée, se caractérise comme nous le savons, par la formation d'abcès dans le poumon. Souvent on observe en outre des congestions générales ou localisées ; parfois il se produit une véritable apoplexie, une congestion rapidement mortelle. On rencontre aussi quelquefois des épanchements purulents dans les séreuses. Lorsqu'on injecte le pus dans une veine mésaraïque, si l'animal ne meurt pas d'une péritonite consécutive à l'opération, on obtient une infection purulente caractérisée par la formation d'abcès principalement dans le foie.

L'injection étant faite dans une artère, les mêmes accidents pyohémiques que ci-dessus se produisent (congestions générales ou locales, abcès métastatiques.)

Lorsque l'injection est faite dans un lymphatique, on n'obtient pas aussi facilement l'infection purulente ; le pus détermine une lymphangite qui, s'étendant peu à peu, gagne de proche en proche et s'accompagne d'adénite suppurative. Certains auteurs pensent que le pus est arrêté par les ganglions, et que dans ces conditions il ne se produit pas une infection purulente généralisée. Ils sont dans l'erreur; car si le pus qui entre dans un ganglion n'y détermine souvent qu'un abcès qui s'ouvre au dehors et évacue son contenu, il n'en est pas moins vrai, que dans quelques cas, l'adénite suppurée peut être suivie de la migration du pus dans le torrent circulatoire sanguin.

Pathogénie de l'infection purulente. — L'infection purulente s'observe toutes les fois qu'il y a un foyer de suppuration placé dans des conditions favorables au mélange du pus avec le sang.

Quelles sont ces conditions?

Ces conditions sont réalisées dans tous les cas où il y a rupture de vaisseaux sanguins traversant un abcès ou une plaie suppurante, car alors le pus peut être déversé dans la circulation. Les cas de phlébite, d'artérite, de lymphangite suppuratives sont autant de conditions favorables au développement de l'infection purulente, qui est encore possible à la suite d'une résorption purulente ou absorption de pus par les vaisseaux sanguins et lymphatiques. La résorption purulente consiste dans l'absorption de certains éléments du pus par les veines et les lymphatiques ; elle est possible, ainsi que de nombreux faits cliniques nous le prouvent. Les granulations moléculaires, les micrococques et, dans quelques circonstances, les éléments cellulaires peuvent être absorbés avec le sérum, quoiqu'en disent certains auteurs; car il est possible de suivre, dans quelques cas, la marche progressive du pus à travers les vaisseaux lymphatiques et les ganglions dans lesquels l'inflammation va toujours progressant.

Le pus peut être pris par les bouches des lymphatiques, qui sont très nombreuses dans le tissu conjonctif; il peut pénétrer dans les vaisseaux sanguins ouverts; il peut aussi pénétrer dans les vaisseaux non rupturés. La résorption purulente est encore possible quand il se produit des phlébites ou des lymphangites autour du foyer à résorption (abcès, plaie suppurante, etc.).

L'infection purulente peut avoir pour point de départ un foyer à l'abri de l'air; mais le plus souvent elle provient cependant d'un foyer placé au contact de l'air, et dans ces cas il n'est que trop fréquent de la voir compliquée d'infection septique.

Dans tous les cas, elle est ordinairement la conséquence d'une migration ou du transfert du pus, du passage de ses éléments dans le sang. Mais ce n'est pas là son unique cause; d'autres matières, telles que des fragments de fibrine ou de caillots, des fragments de végétations développées dans l'intérieur du cœur, des fragments de plaques provenant d'athéromes des artères, des caillots formés dans les capillaires, des matières septiques, des débris cancéreux, etc., qui finissent par amener l'oblitération des vaisseaux dans lesquels ils s'arrêtent, peuvent de la sorte provoquer des congestions et consécutivement des abcès dans les organes.

Pour expliquer le mode de formation des diverses lésions de l'infection purulente, nous nous appuierons sur les trois théories suivantes : théorie de l'obstruction embolique; théorie de la greffe cellulaire ou granuleuse; théorie du parasitisme ou de la fermentation purulente.

Les partisans de la troisième théorie considèrent les lésions de la pyohémie comme déterminées par la multiplication d'un bactérien, d'un microbe, qui s'arrêterait, se multiplierait et se disséminerait dans les organes internes, après avoir été transporté là par les vaisseaux sanguins. Pour eux l'infection purulente serait une maladie parasitaire.

Toutes ces théories expriment une partie de la vérité; nous les passerons successivement en revue, non pour les détruire l'une par l'autre, mais pour retenir ce qu'il y a d'exact dans chacune d'elles et former ainsi un tout qui soit l'expression fidèle de la pathogénie de l'affection qui nous occupe.

Les artères et les veines qui s'enflamment présentent dans leur intérieur des caillots fibrineux, qui les bouchent plus ou moins complètement. Ces inflammations se produisent surtout au pourtour des foyers de résorption. Il peut arriver que des fragments de ces caillots soient détachés, cheminent et s'arrêtent dans les petits vaisseaux où ils font l'office d'un bouchon; on dit alors qu'il y a embolie.

Quant aux caillots eux-mêmes, qui se forment soit dans les vaisseaux enflammés (veines et artères), soit dans le cœur, ils reçoivent le nom de thromboses. Les fragments emboliques qui se détachent de ces thromboses sont entraînés par le torrent circulatoire et vont, suivant leur provenance, former des embolies artérielles, veineuses ou capillaires dans le poumon, dans le foie, dans la rate, dans les reins, dans le cerveau, dans le tissu cellulaire, etc.

L'expression *embolie* signifie donc un accident dû à la migration d'un fragment de caillot ou d'une autre matière, occasionnant une obstruction vasculaire. Les embolies qui partent du cœur gauche peuvent être chassées vers le cerveau, y déterminer des obstructions vasculaires et provoquer une congestion apoplectique; elles peuvent aussi être chassées du côté du tronc, dans les viscères, dans les membres, d'où résultent des inflammations nodulaires avec hyperémie et infiltration sanguine (infarctus), suivies de gangrène ou de dégénérescence granulo-graisseuse et de caséification ou de suppuration. Celles qui partent du cœur droit sont envoyées dans le poumon, où elles provoquent des infarctus ou des apoplexies (congestions locales ou générales).

Quand les embolies s'arrêtent dans les artères, elles en déterminent l'occlusion au point où elles se fixent, et la circulation se trouve dès lors arrêtée dans toutes les branches émergentes que fournissent les vaisseaux obstrués; aussi en résulte-t-il alors une véritable gangrène locale, une mortification des parties que les vaisseaux oblitérés desservaient. Il peut arriver que les fragments détachés des thromboses soient assez petits pour ne s'arrêter que dans les capillaires, et c'est ce qui a ordinairement lieu dans l'infection purulente.

Au pourtour d'une plaie ou d'un abcès, il se produit, avons-nous dit, des phlébites et des lymphangites; des caillots se forment dans les veines et dans les capillaires, et, d'après Virchow, ce seraient ces caillots des capillaires qui pourraient se détacher, être entraînés et s'arrêter enfin dans d'autres capillaires pour les obstruer et provoquer à ce niveau un infarctus et ensuite un abcès métastatique.

C'est ainsi que Virchow a expliqué la pathogénie de la pyohémie; il l'a fait dériver de la migration de caillots fibrineux, et a nié à tort la résorption et l'action du pus.

La théorie de l'embolie est exacte; mais il faut bien se garder de nier la résorption du pus. Les éléments figurés, les granulations, les micrococques, les débris de cellules, etc., peuvent incontestablement être résorbés, aller former des embolies capillaires et se greffer dans les points où ils s'arrêtent. Ces éléments peuvent aussi, comme nous l'avons déjà dit, être résorbés par les vaisseaux lymphatiques, déterminer chemin faisant des lymphangites et des adénites, et même traverser les ganglions, qu'on a considérés à tort comme des obstacles à la résorption.

Pour avoir une explication vraie et générale de la pathogénie de l'infection purulente, il faut combiner la théorie de l'embolie avec la théorie de la greffe cellulaire ou granuleuse, qui consiste à admettre la résorption des éléments du pus, la formation d'embolies et l'action propre des éléments résorbés.

En pathologie, on observe autant de résorptions et autant d'infections propres qu'il y a d'agents morbigènes, et ce sont là autant de métastases spéciales. Ces métastases peuvent s'établir toutes par voie d'obstructions capillaires; mais nous savons que les produits de ces différentes infections ne jouissent pas des mêmes propriétés. Ainsi la résorption de la matière cancéreuse engendre l'infection cancéreuse; la résorption du pus morveux engendre la morve; la résorption de la matière tuberculeuse engendre la tuberculose, etc.

Les métastases spéciales peuvent donc être provoquées par des embolies capillaires; mais toujours dans ces embolies il y a l'agent morbigène, qui imprime aux lésions leur spécificité, et c'est pour cela que chaque infection donne des produits qui jouissent de propriétés spécifiques.

La théorie embolique suppose qu'il y a seulement migration de fragments fibrineux, et qu'il n'y a pas résorption des éléments du pus. Réduite à cette hypothèse, elle ne saurait expliquer comment les produits des diverses infections acquièrent des propriétés spécifiques au lieu d'avoir tous les mêmes, ce qui serait inévitable si la métastase était due à de simples embolies fibrineuses.

La théorie mixte de l'embolie et de la greffe cellulaire ou granuleuse rend très bien compte de toutes les particularités. Les éléments du pus peuvent être résorbés (granulations, cellules, fragments de cellules, etc.), et ces éléments, à peine arrivés dans le sang, agissent comme agents irritants, et vont se greffer dans les capillaires de certains organes, où ils produisent leurs effets. Dans le sang ils peuvent provoquer la formation d'une certaine quantité de fibrine en agissant sur la plasmine, et cette fibrine peut adhérer aux éléments purulents qui en ont provoqué la formation. Il s'ensuit alors une augmentation de leur volume, augmentation qui détermine leur arrêt dans les capillaires dont ils amènent l'occlusion, d'où résulte une stase sanguine, un infarctus, une inflammation nodulaire et plus tard un abcès métastatique. L'élément morbigène se greffe dans le tissu des vaisseaux et provoque la formation du pus, c'est-à-dire d'éléments semblables à lui et jouissant des mêmes propriétés, de même que les germes virulents provoquent la multiplication de la matière virulente.

Nous voyons donc que l'embolie peut être formée de diverses manières; dans tous les cas, elle a toujours pour conséquence l'oblitération du vaisseau où elle s'arrête et des branches qui en émergent.

Cette oblitération est suivie d'une stase sanguine, d'une congestion, d'une exsudation, d'hémorrhagies, qui sont produites par la rupture des capillaires

Une zone de congestion et d'hémorrhagies capillaires se forme donc autour de l'embolie, qui provoque d'ailleurs une certaine irritation du grand sympatique et des vaso-moteurs, d'où résulte la dilatation ou le relâchement des capillaires et la stase sanguine absolument comme dans la congestion inflammatoire.

Quant au mode de formation du pus, nous l'avons étudié plus haut et nous n'en dirons rien ici.

La théorie du parasitisme ou de la fermentation purulente, qui semble être l'expression de la vérité, n'exclut pourtant pas les deux précédentes. On a été jusqu'à considérer les granulations purulentes comme des ferments organiques ou même comme des corpuscules-germes, qui agiraient en se multipliant dans l'organisme au sein duquel ils sont introduits.

Dans ces dernières années, M. Pasteur a découvert dans les eaux communes un vibrionien qui est aérobie et anaérobie, qui se multiplie dans l'organisme et qui favorise la production du pus.

Klebs, Recklinghausen, MM. Cornil et Ranvier avaient déjà avancé que l'infection purulente est produite par un microphyte. M. Pasteur a démontré que cette affection est ordinairement le résultat de l'action d'un microbe, formé de boudins courts et flexueux, très mobiles, qui existe dans l'eau commune, qui se multiplie dans le corps des animaux, qui provoque la formation d'une abondante quantité de pus, qui se répand dans le sang et se propage dans les organes (muscles, poumon, foie, etc.), où il provoque la formation d'abcès métastatiques. Ce microbe a pu être cultivé hors de l'organisme, et lorsqu'il a été introduit dans l'économie, il a provoqué une infection purulente mortelle.

Est-ce à dire que l'infection purulente soit toujours le résultat de l'introduction de ce microbe dans le sang? La maladie peut être produite par du pus exempt de microbes et aussi par d'autres matières qu'on injecte dans les veines; mais l'infection produite par le microbe est plus grave. Il y a donc bien un vibrion véritablement pyogène.

D'ailleurs, en tuant le microbe pyogène par une température de 100° à 110°, on ne le dépouille pas totalement de sa propriété de provoquer la formation du pus: injecté en cet état dans le tissu cellulaire sous-cutané, il provoque une suppuration plus abondante que ne le ferait une matière inerte, et si, dans ces cas, il ne produit pas des effets plus considérables, s'il ne détermine pas une infection purulente, c'est parce qu'il est mort, c'est parce qu'il ne se multiplie pas comme dans les cas où il est injecté intact.

Le vibrion pyogène provoque donc l'infection purulente en vertu de sa propriété pyogène et à cause de sa repullulation et de sa dissémination dans le sang et dans les divers organes.

Partant de cette idée que l'infection purulente trouve le plus ordinairement sa cause dans le monde extérieur, M. Pasteur recommande aux chirurgiens de se servir d'instruments trempés dans l'eau bouillante ou passés dans la flamme, de se flamber les mains, et de flamber également tous les objets qui peuvent l'être, de porter à une température de 130° à 150° les divers objets de pansement, et de n'employer que de l'eau préalablement soumise à l'ébullition ou mieux à une température de 110° à 120°; il est bon aussi que les opérateurs volatilisent autour d'eux de l'acide phénique, dont les vapeurs peuvent agir favorablement sur l'air en tuant les germes qu'il tient en suspension.

La pyohémie peut-elle se transformer en turberculose ou en morve ? Nous résoudrons ces questions en étudiant la tuberculose et la morve ; mais déjà il faut retenir que cette transformation ne s'opère pas.

L'infection purulente se développe dans un nombre assez considérable de circonstances, qui peuvent être groupées en deux catégories. Elle survient à la suite de lésions n'ayant pas le contact de l'air ou à la suite de lésions ayant le contact de l'air : ce sont bien entendu ces dernières qui y donnent le plus souvent lieu. Parmi les lésions non en contact avec l'air, qui peuvent donner naissance à l'infection purulente, il faut citer les phlébites, les artérites, l'endocardite, les abcès développés dans les régions profondes, dans le tissu conjonctif, dans les muscles, dans les os, dans les viscères, dans le foie, dans la rate, dans le poumon, etc. Toutes ces lésions, qui suppurent à l'abri de l'air, peuvent être le point de départ de la pyohémie ; mais le plus souvent, avons-nous dit, ce sont les lésions qui se trouvent en contact avec l'air, qui en sont le point de départ. Ce sont principalement les plaies extérieures, celles qui accompagnent la gangrène, celles qui résultent de traumatismes, celles qui résultent d'une opération, etc., qui se compliquent d'infection purulente. A la suite de quelques maladies pyogènes, telles que certaines maladies ordinaires (pneumonie, etc.) et certaines maladies spécifiques (gourme, clavelée tuberculose, etc.), on observe assez souvent la complication d'infection purulente. Il n'est pas rare de voir la septicémie venir compliquer l'infection purulente, quand celle-ci s'est développée à la suite d'un accident extérieur ; et alors on observe un mélange des symptômes de ces deux maladies.

Les conditions qui favorisent le développement de l'infection purulente sont faciles à déterminer, d'après ce que nous venons de dire : ce sont celles qui favorisent la stagnation du pus à la surface des plaies : ce sont les anfractuosités, les fusées purulentes, les fistules, les décollements qui maintiennent le pus plus ou moins longtemps au contact des surfaces absorbantes. Les causes, qui débilitent l'organisme, favorisent aussi la résorption purulente. La pyohémie se montre de préférence chez les individus mous, anémiques, affaiblis, convalescents, qui sont mal nourris, qui, en un mot, sont entourés de mauvaises conditions hygiéniques.

Traitement. — Le traitement doit être surtout prophylactique ; il doit remplir les deux indications suivantes : 1° empêcher l'absorption du pus ; 2° diminuer la réceptivité des animaux pour la résorption purulente.

Pour remplir la première indication, il faut faciliter l'écoulement du pus et prévenir sa stagnation et sa résorption. Dès qu'un abcès est mûr, il faut l'ouvrir afin de ne point laisser le pus en contact avec les tissus ; il faut pratiquer des contre-ouvertures aux plaies qui s'accompagnent de décollements, fusées ou fistules ; il faut pratiquer des débridements pour faire écouler le pus ; il faut soigner les plaies, les déterger, enlever la matière purulente, afin de prévenir autant que possible sa résorption. On doit de plus traiter les plaies au moyen d'agents antiseptiques, de l'acide phénique particulièrement.

On diminue la réceptivité des animaux pour l'infection purulente en changeant les conditions hygiéniques, en améliorant l'alimentation et en administrant des toniques. On peut leur administrer aussi des antiseptiques à l'intérieur. Avant de faire une opération, il est bon de prendre, au moins en partie, les précautions indiquées par M. Pasteur.

Quand la maladie s'est déclarée malgré tous ces soins, faut-il recourir à un traitement curatif ?

Ce traitement n'a aucune chance de succès ; la maladie est incurable comme il est facile de le comprendre d'après l'étude de ses lésions. Comment obtenir en effet la résolution de foyers purulents ? Comment ouvrir des foyers métastatiques ? Malgré cela il y a quelques tentatives à faire, il y a à essayer un traitement interne et peut-être un traitement externe.

On a conseillé à l'extérieur les révulsifs, les vésicatoires ; mais ces médicaments semblent plutôt contre-indiqués, car ils ne peuvent que contribuer à affaiblir l'animal, qui est déjà assez débilité ; d'ailleurs que pourraient-ils faire contre des abcès si profondément situés ? Le traitement externe comprend surtout les soins relatifs aux plaies, les soins de propreté, les lavages et pansements à l'acide phénique.

A l'intérieur on donne des toniques, des antiseptiques, on prescrit une alimentation nutritive et de facile digestion, car l'infection purulente débilite le malade. Les antiseptiques n'amènent pas la résolution des abcès métastatiques, mais ils peuvent prévenir des complications de septicémie. Tous les autres médicaments préconisés sont inefficaces.

Utilisation des viandes. — Quant aux viandes provenant d'animaux morts à la suite de l'infection purulente, elles ne doivent jamais être livrées à la consommation, ainsi que nous l'avons déjà dit. Il n'y a donc pas à hésiter, quand des foyers purulents se rencontrent dans les viscères. Mais peut-on agir de la même façon quand il s'agit de viandes provenant d'un animal qu'on a fait sacrifier, alors que la maladie n'était qu'à son début, lorsqu'il n'y avait encore que de la fièvre et que des complications étaient à craindre à la suite d'une opération par exemple, lorsqu'on trouve pour toutes lésions des congestions générales ou simplement locales ? Là encore il faut agir avec la même rigueur, car s'il n'y a pas d'abcès métastatiques formés, il y en a en voie de formation, il y a des congestions, des ecchymoses dans les organes qui doivent suffire pour faire rejeter la viande de la consommation, d'autant plus que la fièvre, quelle que soit sa cause, agit défavorablement sur les chairs.

CHAPITRE II

SEPTICÉMIE

Définition. — La septicémie est une affection générale caractérisée par de la fièvre et de la prostration, par une altération du sang et des tissus, et par la virulence des divers liquides et des divers solides de l'organisme, produite par l'absorption de matières organiques en voie de putréfaction et due au développement et à la multiplication d'un bactérien.

Les caractères de cette maladie sont bien marqués. Ses principaux symptômes sont la fièvre, une prostration très grande, de la stupeur même, de l'adynamie et un amaigrissement très rapide. Parmi les lésions prédominantes, l'altération du sang occupe le premier rang par son intensité et ses caractères. Cette altération est profonde ordinairement et est la source de beaucoup de lésions secondaires qu'on rencontre dans les autres tissus. Aussi est-ce avec raison qu'on regarde la septicémie comme une maladie générale (*morbus totius substantiæ*). De plus, avons-nous dit, elle est virulente : on peut en effet l'inoculer aux autres animaux avec le sang ou un autre liquide, avec des produits obtenus des tissus solides de l'animal malade. La septicémie est produite par une substance organique en voie de putréfaction, qu'on peut appeler matière infectante, puisqu'elle altère le sang et consécutivement tous les tissus et tous les organes.

Cette matière peut se former dans une lésion de l'organisme exposée à l'air, dans une plaie anfractueuse, dans une plaie fistuleuse. On la rencontre aussi dans le milieu extérieur, d'où elle peut être introduite dans l'organisme par l'intermédiaire de l'air ou d'un véhicule solide ou liquide quelconque. La matière infectante peut donc venir du milieu extérieur ou d'un animal malade et être introduite chez un animal sain par contagion immédiate, par contagion médiate ou par contagion volatile. L'infection septique est certainement due au développement d'un bactérien, d'un vibrionien introduit dans l'organisme. Nous avons déjà dit dans notre définition que la septicémie reconnaît pour cause l'introduction, dans un organisme sain, d'une matière organique en voie de putréfaction ; et non seulement cette matière détermine des altérations physiques et chimiques dans le sang et dans les tissus, mais encore elle leur communique la virulence.

L'infection septique nous apparaît donc comme une putréfaction qui se développe sur un animal vivant, comme une fermentation, qui est due à l'introduction dans la circulation générale d'une matière organique en voie de putréfaction et susceptible de communiquer son état d'altération au sang et aux tissus divers, comme une maladie qui s'accompagne de la formation de produits nouveaux, dont quelques-uns peuvent agir à la façon de véritables poisons. Aujourd'hui il faut admettre, à propos de cette affection, la doctrine du parasitisme virulent, il faut considérer définitivement la septicémie comme une maladie parasitaire.

Mais il ne faudrait pas croire que toutes les matières putréfiées pussent déterminer la septicémie ; il n'y a que celles qui sont en voie de putréfaction, qui jouissent de la propriété de produire une affection virulente transmissible. On donne aux matières capables d'engendrer la septicémie, la qualification de matières septiques ; tandis qu'on appelle matières putrides les matières déjà pleinement putréfiées, qui ne provoquent pas la septicémie. Les premières déterminent une maladie virulente ; mais la propriété de provoquer une affection contagieuse s'affaiblit en elles de plus en plus à mesure que la putréfaction avance, et elle finit par disparaître complètement dans celles qui sont complètement putréfiées. Sous l'influence des matières putrides il se développe une véritable intoxication et non une maladie infectieuse. La distinction de ces deux produits est donc facile à faire, puisque l'un détermine une maladie virulente, tandis que l'autre détermine une intoxication, un empoisonnement ordinairement mortel, sans que la virulence soit communiquée.

Synonymes. — On a appliqué à la septicémie un grand nombre de noms qui, presque tous, indiquent qu'il y a eu mélange d'une matière septique avec le sang. Ainsi on l'appelle septicohémie, septicaémie, septiosémie, septose, infection septique, résorption septique, dichorémie, gangrène traumatique, gangrène septique, fièvre septique. Les expressions, infection putride, résorption putride, fièvre putride s'appliquent à l'intoxication putride et non à la septicémie proprement dite.

Associations. — On peut inoculer fructueusement le vibrion pyogène et le vibrion septique sur un même sujet et obtenir ainsi le développement de deux parasites et la production simultanée de deux maladies (infection purulente et infection septique). Ces deux affections s'observent d'ailleurs assez souvent associées chez le même animal, à la suite de certaines lésions extérieures (plaies articulaires, plaies du garrot, sétons, etc.) : l'infection purulente, qui est seule d'abord, peut se compliquer de septicémie et de même la septicémie peut se compliquer d'infection purulente ; souvent en effet l'infection septique s'accompagne d'abcès métastatiques ; enfin l'infection septique, de même que l'infection purulente, peut se greffer sur une autre maladie contagieuse (péripneumonie, clavelée, etc.).

Importance. — L'étude de la septicémie, comme on peut déjà le pressentir, est des plus importantes. Il s'agit en effet d'une maladie parasitaire, dont les germes existent partout à la surface des corps solides et en suspension dans les eaux et dans l'air. Ces germes sont très vivaces, ils peuvent s'introduire dans l'organisme par des voies nombreuses, à la suite des plaies ou de certaines maladies et dans de très nombreuses circonstances, par la peau, par les voies digestives, par les voies respiratoires. Le développement de la septicémie est favorisé par les maladies, par les causes qui débilitent les animaux, par les mauvaises conditions hygiéniques (encombrement, défaut d'aération, mauvaise alimentation, etc.). L'infection septique est une maladie toujours possible, toujours menaçante : il importe donc surtout de connaître les conditions de son développement, afin d'en déduire les précautions à prendre pour l'éviter.

SYMPTOMATOLOGIE

La septicémie est assez fréquente chez les animaux. Plusieurs espèces la contractent très facilement. Peuvent la présenter : les lapins, les cobayes, les oiseaux ; chez les solipèdes on l'observe plus souvent que chez les ruminants ; ce sont ces derniers animaux qui, avec les carnivores, y sont les moins exposés.

Quelles sont les circonstances dans lesquelles la septicémie se déclare généralement? Elle vient compliquer le plus souvent une maladie chirurgicale ou une maladie interne. On l'observe à la suite d'une plaie, d'un traumatisme quelconque accompagnés d'une putréfaction de la matière organique. A la suite des maladies de poitrine elle peut se développer facilement. La pneumonie, qui s'accompagne d'abcès pouvant être mis en contact avec l'air, par la rupture d'une bronche, est quelquefois suivie de septicémie, après qu'une putréfaction locale s'est produite d'abord dans les matières morbides mises en contact avec l'air.

L'infection septique peut aussi être idiopathique, et se montrer sans qu'il y ait eu une lésion pouvant servir de point de départ à une putréfaction locale. Mais ces cas sont rares, et quand ils se présentent, ils sont presque toujours équivoques et difficiles à diagnostiquer; leur étude n'a pas été faite avec assez de soins, on n'a point assez cherché à vérifier le diagnostic par l'inoculation. La septicémie peut s'accompagner quelquefois de foyers métastatiques, mais aussi elle peut être simple, non purulente, quand elle évolue rapidement, ce qui a lieu dans le plus grand nombre des cas. Quand il y a coexistence de l'infection purulente et de l'infection septique, on dit qu'il y a septico-pyohémie.

Pour faciliter l'étude de l'infection septique, telle qu'on la voit dans la pratique, il est bon d'avoir une idée de celle qu'on peut produire expérimentalement. La septicémie expérimentale s'obtient en inoculant à dose moyenne, à un animal sain, des matières organiques en voie de putréfaction, du pus altéré, qui commence à se putréfier, de la sanie gangréneuse, des matières d'élaboration physiologique ou pathologique en voie de putréfaction. Le sang pris sur le cadavre, surtout celui des veines abdominales, qui se putréfie rapidement, est très propre à produire l'infection septique; le sang des veines abdominales est en effet le premier qui se trouve en rapport avec les germes accumulés dans le tube digestif. Le sang conservé quelques jours, le sang extrait des vaisseaux, du vivant de l'animal, et laissé au contact de l'air, le sang frais exposé à l'air à 38° pendant quinze ou vingt heures, les bouillons et les infusions organiques en voie de putréfaction sont autant d'agents susceptibles de produire la septicémie.

Pour les faire pénétrer dans un organisme, on peut les adresser à plusieurs voies. Le plus simple est de les injecter dans les vaisseaux veineux ou artériels; on peut les faire pénétrer dans le tissu cellulaire sous-cutané au moyen de la seringue Pravaz ou de la lancette; on peut aussi les injecter dans les séreuses des grandes cavités et dans les séreuses articulaires. Par les voies digestives on réussit rarement; cependant on peut quelquefois faire développer l'infection en faisant ingérer des matières septiques, mais le plus souvent on n'obtient, en opérant ainsi, que des troubles intestinaux passagers (diarrhée, etc.). On opère avec plus de chance de succès en adressant directement au rectum les matières septiques sous forme de lavement. Les voies respiratoires ne sont pas plus propres que les voies digestives à l'introduction des germes dans l'organisme. Il est difficile et rare d'obtenir, en adressant la matière septique à la muqueuse respiratoire, une infection septique, mais pourtant on l'obtient quelquefois.

L'injection de matières *putrides* dans les veines produit une intoxication plus ou moins rapide sur tous les animaux. Cette intoxication peut être obtenue à des degrés différents, suivant la quantité de matière putride injectée ; mais pour éviter les accidents emboliques, il faut, avant d'injecter les liquides putrides, les soumettre à une filtration pour enlever les parties solides capables de former embolie.

Les caractères généraux de la septicémie et des maladies septiques sont les suivants : affection à type aigu, fièvre plus ou moins intense, symptômes nerveux, agitation, vertige, tureur, prostration, adynamie, amaigrissement rapide, diarrhée, présence de l'albumine dans les urines, engorgements gangréneux, symptômes locaux, marche progressive et rapide, sang profondément altéré et virulent, ordinairement terminaison fatale et prompte.

Les substances putrides, filtrées et injectées à haute dose dans les veines, produisent une intoxication instantanée, rapidement mortelle, qui dure quelques minutes, quelques heures au plus. L'injection faite, immédiatement on constate une prostration très accusée, un affaiblissement des contractions cardiaques; il y a empoisonnement, soit que la matière injectée contienne un poison (sepsine ou autre), dont on a soupçonné l'existence, soit que la matière putride modifiée soit devenue elle-même un poison. La maladie ainsi déterminée cause la mort, mais n'est jamais virulente. A l'autopsie on trouve peu de lésions; le sang est peu altéré, son altération consiste surtout dans une diminution de sa coagulabilité. Les cas d'intoxication rapide sont extrêmement rares dans la pratique, et ne laissent pas que d'embarrasser quand ils se présentent. J'ai attribué dans le temps à une intoxication de ce genre la mort presque subite de deux chevaux, qui furent conduits à la clinique de l'École au moment où ils venaient d'être reconnus malades durant leur travail. L'un d'eux avait présenté pendant le

le travail des frissons, une accélération de la respiration, une
prostration, de la raideur dans la marche, etc. Amené à l'École, on
le soumit à un examen rapide et attentif, et l'auscultation ne déce-
lant rien du côté du poumon, on essaya de pratiquer une saignée
et immédiatement l'animal tomba mort, quoiqu'il n'y eut pas eu
introduction d'air dans la jugulaire. A l'autopsie on trouva seulement quelques points ecchymotiques sur les séreuses. Le sang
inoculé ne détermina rien chez le lapin. J'avais supposé que dans
ce cas il y avait eu une intoxication causée peut-être par l'ingestion de matières putrides.

En injectant la matière putride à dose modérée, on obtient une
intoxication plus lente.

Toujours il y a de la fièvre, de l'adynamie pendant le cours de
la maladie, qui dure un, deux ou trois jours. Il y a aussi une modification très prononcée de la respiration, de la circulation et de
la calorification. La peau et les membres se refroidissent graduellement. On remarque aussi de la diarrhée, parfois une diarrhée sanguinolente. La mort arrive plus ou moins vite suivant les doses
employées. Le sang, comme dans le cas précédent d'ailleurs,
n'est jamais virulent. A l'autopsie on le trouve altéré, noirâtre,
plus ou moins foncé, incoagulable; les globules sont crénelés, en
voie de destruction et la matière colorante a de la tendance à diffuser dans le sérum, car les globules ne peuvent plus la retenir;
on ne rencontre jamais de bactériens dans ce sang. Il n'est pas
rare d'observer une gastro-entérite, une congestion des muqueuses.
Les séreuses sont aussi congestionnées ; on observe des lésions
gastro-intestinales, des lésions pulmonaires (congestions), etc.

Dans le troisième degré de l'intoxication putride, l'empoisonnement est plus lent et dure plus longtemps que dans les deux précédents; il s'observe quand l'état adynamique du second degré
n'est pas réalisé; il s'obtient en inoculant une plus faible quantité
de matière putride; pour le produire il faut adresser la matière
aux veines et non au tissu conjonctif ni aux séreuses. Le poison
ne produit point alors d'accident rapide; il agit d'une manière
sourde. Il y a d'abord diminution de l'appétit, augmentation de
la soif. La digestion est languissante, la peau devient sèche et les
poils moins luisants. Le pouls est moins fort, la respiration moins
ample. La nutrition est profondément atteinte, la graisse est résorbée, les chairs deviennent flasques. Il y a bientôt anémie et
adynamie ; des œdèmes se forment ; les ganglions se tuméfient;
les globules blancs deviennent plus nombreux dans le sang. La

maladie, caractérisée par une fièvre hectique, peut durer ainsi des semaines et même des mois; mais elle se termine presque toujours par la mort,

La connaissance de ces divers degrés d'intoxication est très utile, car elle permet d'expliquer un certain nombre de faits inexplicables autrement.

Les degrés ne sont pas toujours aussi tranchés que nous venons de le supposer pour notre description; on passe d'un degré à l'autre, d'une façon insensible, par un nombre plus ou moins grand d'intermédiaires.

La septicémie expérimentale, déterminée par injection d'une matière septique dans les vaisseaux ou dans les séreuses, ne présente point de symptômes locaux. Quand elle résulte de l'inoculation ou de l'injection de la substance infectante dans le tissu conjonctif sous-cutané, on voit, au pourtour du point d'inoculation, un engorgement chaud, qui se refroidit et se putréfie, du centre à la périphérie, à mesure qu'il s'étend.

Quelle que soit la voie d'introduction qu'on choisisse, la septicémie apparait toujours quand le mélange de la matière septique et du sang s'est effectué, et elle apparait promptement si l'injection a eu lieu dans les vaisseaux en quantité suffisante.

On constate d'abord de la fièvre, une accélération du pouls et de la respiration, une élévation de la température, des frissons, des tremblements musculaires, quelquefois des symptômes nerveux, puis de la prostration, de l'abattement, de la stupeur et de l'inertie. Dans le début, la température s'élève quelquefois de un, deux, trois degrés, mais à l'approche de la mort, on remarque un abaissement considérable, puisqu'on l'a vue descendre à 25° dans quelques cas.

Les animaux sont indifférents à tout ce qui les entoure, ils perdent l'appétit, ils se tiennent difficilement debout, ils préfèrent la position décubitale et sont complètement insensibles, à la fin de la maladie surtout.

On a remarqué aussi, chez quelques-uns, des vomissements bilieux ou sanguinolents, de la diarrhée stercorale ou séreuse, ou sanguinolente. Le pouls devient petit, imperceptible; la respiration est embarrassée, il y a parfois de la toux, et on ausculte des râles sous-crépitants, ce qui fait supposer qu'il s'est produit de l'œdème dans le poumon. Il y a albuminurie et amaigrissement très rapide. La marche de la maladie est toujours rapide.

Les symptômes apparaissent immédiatement quand on a procédé par injection intraveineuse.

Dans tous les autres cas, il y a une période d'incubation, qui peut varier de quelques heures à cinq ou six jours, et qui varie d'ailleurs, ainsi que la durée de la maladie, avec la voie d'introduction de la matière septique, avec la nature de cette matière, avec son degré de putridité, avec la quantité qu'on emploie, et avec les animaux sur lesquels on agit.

Si la maladie se montre immédiatement après une injection dans les veines, l'action de la matière infectante est moins prompte après son introduction dans le tissu cellulaire, il y a alors une période d'incubation.

Les voies respiratoires ne se présentent pas, avons-nous dit, dans de bonnes conditions pour favoriser l'action de la matière septique ; l'air, sans cesse apporté dans le poumon, gêne en effet le développement des vibrions septiques, qui sont anaérobies.

Toutes les matières organiques ne jouissent pas au même degré de la propriété d'engendrer la septicémie ; le sang du bœuf devenu septique est plus actif que celui de l'homme.

Quant aux espèces qui sont les plus aptes à contracter cette affection, il faut citer par ordre décroissant d'aptitude : le lapin, le cobaye, le moineau, le cheval, le rat, le chien, la brebis et la chèvre.

Le degré de putridité des substances septiques influe aussi sur leur action ; la putréfaction, arrivée à son terme, détruit complètement les propriétés virulentes. Les matières organiques en voie de putréfaction sont virulentes ; mais leur virulence diminue à mesure que la putréfaction fait des progrès, et finalement elle disparaît.

La septicémie, provoquée expérimentalement, est presque toujours mortelle. Cependant la guérison peut se produire quand l'injection a été faite avec une petite quantité de matière dont la putréfaction était déjà avancée. Elle s'annonce par une atténuation de la fièvre, par une modification des symptômes généraux, par l'apparition de quelques crises, telles que la salivation, la diurèse, la diarrhée.

L'infection septique, qui vient compliquer une plaie ou une maladie, se caractérise par des symptômes locaux et des symptômes généraux. Cependant on n'observe pas toujours à l'extérieur des modifications locales ; on ne les constate pas lorsque la septicémie s'est développée à la suite d'une maladie interne ; on les voit quand elle est la conséquence d'une lésion extérieure. Les symptômes généraux se montrent dans les deux cas.

Les symptômes locaux sont faciles à étudier ; on s'explique leur apparition par suite de la fermentation putride qui s'est établie à la surface de la plaie devenue le point de départ de l'infection septique.

L'apparition des symptômes généraux s'explique par une altération survenue dans le sang, altération qui se répand et se propage aux différents tissus de l'organisme, d'où résultent des modifications dans les différents appareils.

Pour passer en revue tous les symptômes locaux, il faut envisager deux cas qui ne doivent pas être confondus : 1° la plaie de résorption peut ne pas être encore en voie de suppuration ; 2° elle peut être suppurante.

Que la plaie soit suppurante ou non, l'infection septique ne s'explique qu'autant qu'il y a eu absorption de matière septique, soit que cette matière ait été produite à la surface de la plaie, soit qu'elle vienne du monde extérieur.

On observe des changements dans la plaie et dans ses produits de sécrétion. Ces changements apparaissent assez rapidement, après que les tissus vivants se sont trouvés en contact avec les matières septiques. C'est ainsi que un, deux, trois jours après leur absorption, on voit apparaître les symptômes locaux. Un engorgement gangréneux se développe au pourtour de la plaie, et ce caractère est commun aux deux cas.

La plaie, qui n'a pas suppuré encore, devient livide, marbrée de rouge, de jaune, de noir ; cette lividité et ces marbrures tiennent à des altérations de son tissu. Elle présente souvent des irrégularités, des anfractuosités, qui contiennent des détritus putrides, des caillots sanguins noirâtres, boueux et fétides ; elle n'offre pas de signes d'hypérémie ni d'exsudation inflammatoires. Le tissu propre de la plaie est devenu flasque, mollasse, infiltré d'une matière séro-sanguinolente, qui est généralement froide et fétide. On peut d'ailleurs obtenir les caractères précités et la résorption septique, en inoculant une substance organique à un animal, et en la laissant directement en contact avec l'air extérieur. Ainsi il suffit de placer, sous la peau d'un lapin par exemple, un fragment de matière organique, qui se putréfiera s'il est laissé en contact avec l'air extérieur ; la fermentation locale se développera, et une fois produite elle se généralisera bientôt.   16

Dans la plaie qui a suppuré, le pus devient moins abondant, plus fluide, bulleux, sanieux et fétide ; finalement il cesse peu à peu d'être sécrété et est alors remplacé par un liquide roussâtre, brunâtre et fétide. La plaie devient analogue à celle qui n'a pas suppuré. Les bourgeons charnus présentent un aspect livide ou plombé et des marbrures de différentes couleurs, jaunes, brunes, rouges.

Dans les deux cas, il y a toujours un engorgement au pourtour de la plaie. D'abord peu prononcé, cet engorgement marche avec une grande rapidité. Dès le début, il a les caractères des engorgements ou tumeurs gangréneuses. Il survient brusquement, sa cause peu apparente n'en est pas moins réelle, et cette cause, c'est le dépôt et la multiplication des germes septiques apportés par l'air. Au bout d'un jour ses proportions peuvent devenir doubles, triples, quadruples. Primitivement il est œdémateux, chaud et douloureux, ensuite il se modifie à mesure qu'il s'étend. Il reste toujours chaud, douloureux et œdémateux à la périphérie ; dans le centre il s'affaisse, il se déprime, il devient moins chaud et insensible. A mesure que l'engorgement s'étend vers la périphérie, la partie froide et insensible s'accroît. Bientôt il existe au centre une zone obsolument froide, crépitante au toucher, renfermant des bulles gazeuses, insensible, sombre et livide ou noirâtre. En incisant cette partie centrale, on ne provoque aucune douleur ; on peut y enfoncer impunément l'instrument toujours sans douleur. Le liquide qui s'écoule est noirâtre, séreux ou boueux, et des gaz fétides s'échappent avec bruit. Les muscles ont éprouvé des modifications profondes ; ils sont devenus brunâtres, noirâtres, violacés, lavés, comme cuits, moins tenaces, plus faciles à déchirer.

Le tissu conjonctif sous-cutané, inter et intramusculaire, périvasculaire et périnerveux, est infiltré d'une sérosité citrine, sanguinolente, mousseuse, bulleuse. Les vaisseaux de la partie ainsi altérée sont généralement vides ; quelquefois ils renferment du sang sous forme d'une bouillie noirâtre, poisseuse et fétide.

Les symptômes généraux sont dus à la pénétration de la matière septique dans le sang, à l'altération de ce fluide, et au retentissement de cette altération dans tous les tissus, dans tous les appareils, dans tous les organes, sur toutes les fonctions. Ils n'apparaissent pas en même temps que les symptômes locaux, car la putréfaction peut d'abord être locale et rester localisée un certain temps; ils se montrent après qu'il y a eu absorption de la substance infectante, et une fois apparus ils coexistent avec les symptômes locaux, sauf les cas où ceux-ci font défaut.

L'infection générale et l'altération du sang s'annoncent par une fièvre proportionnée ordinairement aux symptômes locaux. Les malades éprouvent des frissons, des tremblements musculaires. On constate des sueurs localisées ou généralisées, chaudes d'abord et froides plus tard vers le déclin de la maladie. Quelquefois les malades présentent des symptômes nerveux, de l'agitation, des fureurs, des envies de mordre. La maladie s'accompagne toujours d'abattement, de prostration, de faiblesse, d'insensibilité, d'indifférence, de stupeur; et il n'est pas rare d'observer des intermittences dans la manifestation de ces divers symptômes.

Les progrès sont rapides, et la faiblesse s'accuse très vite; l'insensibilité devient de plus en plus complète; on peut bientôt piquer les malades sans provoquer de la douleur. Dès lors les animaux sont tout à fait indifférents à ce qui se passe, ils portent la tête basse, appuyée sur la mangeoire, ils prennent un point d'appui contre les parois de la stalle ou contre le mur; leur attitude est analogue à celle des individus atteints de fièvre typhoïde. La station debout est difficile, la démarche mal assurée, chancelante, et les reins sont faibles. L'amaigrissement et la résorption de la graisse sont rapides, les poils se hérissent et sont faciles à arracher.

Pendant le cours de la maladie il se produit des paroxymes, des redoublements de fièvre. Vers la fin les frissons réapparaissent; on observe des sueurs froides et générales, des convulsions.

A l'approche de la mort, l'abattement est profond, la somnolence continuelle; la faiblesse fait place à la paralysie incomplète, à la paralysie, à la paraplégie.

Tels sont les symptômes fournis par l'appareil de l'innervation et par l'appareil locomoteur.

La fonction digestive est modifiée considérablement. Dès le début il y a inappétence, la langue est sèche et chargée, il y a quelquefois des vomissements (chien), il y a d'abord constipation; mais cette constipation fait rapidement place à une diarrhée stercorale, séreuse ou sanguinolente; puis apparaît une dysenterie sanguinolente et fétide; parfois on observe une véritable météorisation produite par la fermentation intestinale, et quelquefois aussi des coliques.

Dans la fonction de la circulation sont pareillement survenues des modifications. Les battements du cœur sont précipités, tumultueux et forts; ils restent ainsi pendant toute la durée de la maladie, alors que le pouls est vite, petit, de plus en plus faible, inexplorable et quelquefois intermittent. Les muqueuses en général et les muqueuses apparentes en particulier sont congestionnées, d'une teinte ictérique, violacées, cyanosées ou lavées; elles sont parsemées d'ecchymoses, de pétéchies, infiltrées de sérosité et teintées par la matière colorante du sang; souvent elles deviennent catarrhales.

La respiration est pressée, saccadée, difficile aux approches de la mort. Il se produit des infiltrations du tissu conjonctif pulmonaire. L'air expiré devient fétide et froid. Quelquefois on observe un jetage séro-sanguinolent, une toux pectorale, des râles, des bruits anormaux, qui s'expliquent par l'œdème du poumon.

La température est surélevée au début de la maladie, de un, deux, trois degrés ; elle reste ainsi tant que la fièvre persiste. Quand la faiblesse arrive, elle baisse; et aux approches de la mort elle peut descendre à 25° ou 26°.

La nutrition est considérablement amoindrie ; l'amaigrissement est très prompt.

Les urines sont diminuées, altérées; elles renferment la matière colorante du sang et une certaine quantité d'albumine.

La maladie peut localiser ses lésions; alors il y a prédominance de certains symptômes. Elle peut localiser plus spécialement ses lésions sur le poumon. Il peut y avoir congestion et hépatisation pulmonaires : alors on constate les caractères de la pneumonie. Elle peut les localiser sur les plèvres et se traduire par des signes de pleurite, ou sur le péritoine et se traduire par des signes de péritonite, ou sur certaines séreuses articulaires et se traduire par les caractères de l'arthrite, ou bien dans l'arachnoïde et alors on observe des symptômes nerveux, voire même des symptômes de tétanos. Quelquefois elle localise ses altérations dans le foie, alors il y a une dégénérescence des cellules hépatiques, et la matière colorante de la bile, restant dans le sang, donne aux muqueuses la teinte ictérique qu'elles présentent souvent. Si les lésions sont localisées sur les reins, il s'ensuit une altération des urines. Si elles siègent sur l'estomac et l'intestin on observe la constipation, la diarrhée, la dysenterie, la météorisation, des coliques. Si elles se localisent dans le tissu conjonctif, on rencontre alors dans ce tissu des tumeurs gangréneuses, qui s'accroissent rapidement et qui sont crépitantes. On peut aussi rencontrer un emphysème généralisé, constitué par des gaz fétides, qui se sont produits dans l'organisme et se sont répandus dans le tissu conjonctif.

La marche de la septicémie est progressive et rapide ; elle affecte ordinairement le type aigu et quelquefois le type suraigu. Elle varie d'ailleurs suivant la voie d'absorption et la quantité de matière absorbée. Il est des cas où la maladie est apoplectique et foudroyante ; dans cette circonstance on ne constate pas tous les symptômes énumérés ci-dessus, et à l'autopsie on ne trouve pas toutes les lésions précitées, qui n'ont pas eu le temps de se produire. Mais en général sa marche est plus facile à suivre ; on peut lui reconnaître trois périodes ou étapes : 1° une première période caractérisée par l'apparition des symptômes locaux ; 2° une seconde période caractérisée par l'extension de l'engorgement et l'apparition des symptômes généraux ; 3° une période finale ou d'exacerbation. Ces périodes ne sont jamais bien nettement tranchées, elles se succèdent et se mélangent insensiblement.

On a dit que la septicémie peut avoir une marche plus lente, que son type peut devenir subaigu ou même chronique, et qu'elle peut durer quelquefois deux semaines. On s'est trompé dans ces cas, et on a pris pour elle l'infection putride. Nous avons vu que celle-ci peut être lente, qu'elle détermine progressivement le marasme et la mort. Mais on ne comprend pas qu'une maladie, due à des ferments, puisse durer deux, trois semaines, alors que ces ferments sont dans un milieu très propice à leur vie et à leur repullulation, alors qu'ils déterminent si rapidement la mort dans le plus grand nombre des cas.

Lorsque la seconde période a fait place à la troisième, les malades sont affaiblis, indifférents, insensibles, la paralysie survient et la mort arrive bientôt ; on observe un abaissement considérable de la température ; les animaux tombent, se livrent à quelques mouvements, éprouvent quelques convulsions et meurent rapidement.

La durée de la maladie est ordinairement courte, elle est de un, deux, trois, quatre jours. Sa terminaison est la mort ; les cas de guérison qu'on a signalés se rapportent sans doute à la simple intoxication putride et non à la septicémie.

Le pronostic est excessivement grave, car les malades doivent succomber, et leurs chairs sont absolument inutilisables pour la boucherie, car le virus existe partout.

Le diagnostic n'est pas difficile, quoique les symptômes ne soient pas absolument pathognomoniques. Lorsqu'on a assisté à l'apparition de l'affection, on la reconnaît aisément, car il y a des circonstances qui expliquent son développement. Il s'est produit des modifications locales apparentes, avec un changement subit dans l'état général des malades (accidents chirurgicaux, maladies internes), et ces modifications locales et générales doivent faire craindre l'invasion de la septicémie.

Il est peu de maladies qui se montrent dans les mêmes conditions, qui se caractérisent par des symptômes aussi aigus, qui évoluent aussi rapidement, qui s'accompagnent de faiblesse comme la septicémie ; et dans les cas d'engorgements gangréneux, emphysémateux, on ne peut avoir aucun doute, de même que dans les cas où l'air expiré est fétide, à odeur de gangrène.

On pourrait confondre l'infection septique avec le charbon et la morve suraiguë.

Le charbon s'accompagne aussi de fièvre, il tue rapidement les malades comme la septicémie. L'intérêt pratique, qui ressort de leur distinction, n'est pas grand, car les deux maladies sont très graves et très contagieuses, et dans l'un comme dans l'autre cas, les chairs sont dangereuses et inutilisables. Cependant il est facile d'éviter une confusion, soit en tenant compte des symptômes et des circonstances qui ont présidé à leur apparition, soit en examinant le sang au microscope. Dans le sang charbonneux on trouve ordinairement la bactéridie immobile. Dans la septicémie il y a parfois des engorgements gangréneux s'accompagnant d'emphysème. Beaucoup de vétérinaires croient encore que le charbon symptomatique s'accuse par des tuméfactions crépitantes. C'est une question que nous traiterons plus loin ; mais le *bacillus anthracis* lui-même n'est pas un ferment, et il ne saurait donc s'accompagner de la formation de gaz.

Peut-on confondre la septicémie avec la morve aiguë ? Évidemment non. Dans l'infection septique la muqueuse nasale peut présenter au début une hypérémie, des ecchymoses, des pétéchies, qui ressemblent aux mêmes accidents de la morve aiguë débutante, mais on n'a qu'à attendre quelque temps pour voir ces lésions se spécialiser; s'il s'agit de la morve, les ecchymoses feront place à des élevures et ensuite à des ulcères.

ANATOMIE PATHOLOGIQUE

Les cadavres des animaux morts de septicémie se conservent peu de temps; ils se refroidissent très rapidement. La rigidité cadavérique dure peu ou se produit à peine, car les muscles sont altérés. La putréfaction s'empare bientôt de tous les organes. On observe à la surface du corps des taches livides, violacées, rougeâtres, verdâtres, qui sont des indices de l'altération de la matière colorante du sang.

Si le point de départ de la maladie a été une plaie, on observe les caractères déjà signalés à propos des symptômes. Les gaz se répandent dans le tissu conjonctif. Et d'ailleurs, aussitôt après la mort, la fermentation abdominale s'accentue, le ballonnement se produit et va croissant, la muqueuse rectale se renverse, les ouvertures naturelles laissent échapper des gaz fétides; la fermentation gagne de proche en proche, les vibrions passent dans les vaisseaux de la cavité abdominale et se répandent partout.

La septicémie se déclare assez souvent à la suite de certaines opérations, de certaines plaies, de certaines contusions, de certains accidents ayant déterminé une gangrène locale. Dans ces divers cas il se produit des modifications dans l'accident où la résorption septique s'est effectuée, et les lésions qu'on observe alors ne sont autres, avons-nous dit, que les symptômes locaux que nous avons déjà énumérés et qui persistent après la mort. Ce qui frappe d'abord, c'est l'odeur fétide qui se dégage non seulement des ouvertures naturelles du cadavre, mais surtout de la plaie qui a été le point de départ de la maladie. Dans les anfractuosités de cette plaie, on trouve des caillots noirâtres et un détritus fétides mélangés toujours avec des bulles gazeuses; les bourgeons charnus de l'accident putride et le tissu, qui s'est mortifié après la contusion, se réduisent en une matière putrilagineuse. Au pourtour de la plaie, au-dessus de l'engorgement qui l'entoure et au niveau de la contusion, il y a toujours des altérations manifestes de la peau. Celle-ci peut être gangrénée s'il y a eu contusion; mais s'il y a simplement engorgement, l'altération est moins prononcée, pourtant elle existe à la face interne du derme cutané, dont le tissu est infiltré et présente de nombreuses taches ecchymotiques.

Le tissu conjonctif, qui fait partie de la plaie, de la contusion, est profondément altéré. Cette altération a atteint non seulement le tissu conjonctif sous-cutané, mais encore celui qui s'enfonce dans les interstices des organes, le tissu conjonctif intermusculaire et intramusculaire, le tissu conjonctif périvasculaire, périnerveux et périglandulaire. Ce tissu est infiltré d'une sérosité jaune-rougeâtre, qui est le plasma du sang tenant en dissolution la matière colorante de ce liquide. Cette sérosité est fétide comme tous les autres produits.

On observe de plus, dans le même tissu, des ecchymoses, des points hémorrhagiques, des hémorrhagies peu considérables, dont le sang est plus ou moins altéré, noirâtre, diffluent, poisseux, presque toujours incoagulé.

Quelquefois, mais bien rarement, on trouve encore dans le tissu conjonctif des foyers purulents. Il n'y a là rien d'étonnant, car la matière septique est irritante et peut jusqu'à un certain point donner lieu à la formation du pus; mais ce pus est de mauvaise nature, il est séreux, jaunâtre, formé surtout de sérum, c'est-à-dire d'une partie liquide, qui tient en suspension quelques rares éléments cellulaires et de nombreuses granulations protéiques ou graisseuses. Dans le tissu conjonctif avoisinant existent quelquefois des tumeurs crépitantes, gangréneuses, qui présentent les caractères de l'engorgement gangréneux. Quelquefois aussi au pourtour de l'accident, qui a été le point de départ de la septicémie, on observe de l'emphysème sous-cutané, et dans ce cas bien entendu les gaz renfermés dans les mailles du tissu conjonctif sont fétides.

En général ces diverses altérations se montrent principalement au pourtour de la plaie; mais si on pénètre plus intimement à travers les tissus ainsi altérés, on rencontre des modifications profondes dans les vaisseaux, surtout dans les vaisseaux veineux et lymphatiques, car ce sont eux qui absorbent les matières septiques; il y a des phlébites et des lymphangites. Dans les vaisseaux sanguins on trouve les produits d'une inflammation de mauvaise nature, une sanie purulente, un pus rougeâtre et peu riche en cellules purulentes; on y trouve aussi des fragments de caillots, qui sont en général ramollis, car dans la septicémie la fibrine du sang éprouve un ramollissement considérable et devient presque incoagulable.

Les muscles qui font partie de l'accident local sont aussi altérés; ils ont un aspect brunâtre; si on les observe avec soin, on trouve une infiltration de sérosité jaunâtre dans leur propre substance. Leurs caractères physiques sont modifiés; ils sont moins tenaces. Il en est de même des nerfs, dont les modifications sont pourtant en général peu profondes; ils sont infiltrés, surtout dans le tissu conjonctif qui forme leur gangue.

Enfin quand la plaie ou la contusion se trouve au voisinage d'un os, celui-ci peut-être intéressé; il a subi parfois des modifications à peu près analogues à celles du tissu conjonctif. Il est congestionné, ses vaisseaux renferment un sang noirâtre, incoagulé, et sa moelle est ramollie, diffluente et toujours plus ou moins colorée, car la matière colorante du sang a diffusé et est venue l'imbiber

Les tendons et les aponévroses placés au voisinage de l'accident présentent des altérations en général peu prononcées, parce que ces organes résistent assez longtemps à la gangrène; on observe seulement une infiltration de sérosité jaune-rougeâtre.

Tels sont les caractères visibles à l'œil nu de l'engorgement gangréneux local.

Quelle est la composition de la sanie gangréneuse et du putrilage qu'on trouve dans les plaies septiques?

La sanie gangréneuse n'est, à proprement parler, que du sang altéré; on y trouve des matières liquides plus ou moins colorées, suivant que l'accident est plus ou moins ancien, suivant que la matière colorante du sang y a été dissoute plus ou moins abondamment.

Dans ce plasma coloré, partie principale de la sanie, existent des éléments figurés, des granulations de matière albumino-protéique, des granulations de matière colorante dues à la destruction des globules rouges du sang. On y trouve aussi, et en très grand nombre, des gouttelettes de graisse, qui proviennent, soit de la destruction des cellules adipeuses, soit du dédoublement de la matière protéique et de la matière graisseuse, qui sont normalement associées dans les globules du sang. En outre de ces granulations, on trouve toujours certains cristaux de leucine, de tyrosine et de margarine; on rencontre aussi quelquefois des cristaux de matière colorante, des cristaux roses d'hématoïdine. Il existe toujours, parmi ces divers éléments figurés, des fragments de cellules et des globules de pus, mais en faible quantité, des globules rouges du sang plus ou moins altérés et en voie de destruction, et enfin toujours un certain nombre de vibrioniens.

Quels sont les caractères du sang encore renfermé dans les

vaisseaux? Le sang de la partie gangrénée est profondément altéré. On y trouve quelquefois des caillots fibrineux ou fibrino-albumineux ; mais en général ces caillots, formés sous l'influence de l'inflammation du vaisseau où ils se trouvent, sont mous et presque toujours accompagnés d'une certaine quantité de pus de mauvaise nature. Ce qui domine dans l'altération du sang, c'est la grande tendance des globules rouges à la destruction. Les globules blancs dégénèrent aussi, se résolvent en granulations, mais ils résistent plus longtemps.

De ce fait, de cette tendance des globules rouges à la destruction, résulte un autre fait important : c'est la dissolution de la matière colorante du sang dans le plasma, sa diffusion et l'imbibition des organes et des tissus voisins. De ce fait résulte aussi une modification très évidente de la lymphe contenue dans les vaisseaux lymphatiques; elle se présente en effet avec une coloration rougeâtre, car elle n'est autre chose que le plasma coloré qui a exsudé à travers les vaisseaux.

Au voisinage de l'accident local, on rencontre quelquefois, avons-nous dit, des foyers purulents; le pus qui se trouve dans ces foyers est de mauvaise nature. Ce qui y domine, c'est la partie liquide; les cellules purulentes y sont peu nombreuses, il y a beaucoup de granulations graisseuses, de granulations de matière protéique et de matière colorante, et surtout des bactériens. Ce pus s'est formé sous l'influence de la matière septique, aussi est-il toujours de mauvaise nature.

Les différents éléments cellulaires, qui entrent dans la constitution des tissus faisant partie de l'engorgement gangréneux, tendent à se détruire et se détruisent assez rapidement, au moins certains d'entre eux. En général ce sont les cellules qui se rapprochent le plus du type embryonnaire, qui se détruisent le plus facilement par dégénérescence granulo-graisseuse et par désagrégation moléculaire. En effet, dans les cellules en voie de destruction, il y a d'abord dégénérescence granuleuse, c'est-à-dire fragmentation en globules, puis désagrégation de ces particules.

Les cellules graisseuses se détruisent aussi, mais elles présentent des phénomènes un peu différents. La graisse qu'elles contiennent s'échappe peu à peu et s'en va dans la sanie gangréneuse sous forme de gouttelettes; aussi cette sanie apparaît-elle sous forme d'émulsion; on y voit un nombre considérable de points graisseux.

La sanie est donc une sorte d'émulsion, et cette émulsion se forme par la mise en liberté de la graisse constituant les cellules adipeuses et par la dégénérescence granulo-graisseuse, c'est-à-dire par la désagrégation de l'amalgame de la matière protéique et de la matière graisseuse qui forment les divers éléments cellulaires. La graisse se colore par la diffusion et l'imbibition de la matière colorante du sang.

Les muscles, avons-nous dit, ont perdu de leur ténacité ; ils ont été modifiés dans leur structure. La fibre musculaire est infiltrée de sérosité et de plus elle a éprouvé des modifications de structure. Elle a perdu sa striation, elle s'est gonflée ; quelquefois aussi, quand la maladie a duré un certain temps, elle a éprouvé la dégénérescence granulo-graisseuse comme les cellules.

Les éléments qui résistent le plus sont les fibres connectives et les fibres élastiques ; mais si la maladie dure un certain temps, ces éléments finissent par se détruire ; ils s'infiltrent de la sérosité putride et finalement ils éprouvent la dégénérescence granuleuse c'est-à-dire se séparent, se désagrègent en granulations, qui entrent en suspension dans la sanie gangréneuse.

En résumé, dans l'engorgement gangréneux il se produit des décompositions et il se forme de nouvelles combinaisons, qui expliquent la présence de certains gaz, tels que sulfhydrate d'ammoniaque, carbonate d'ammoniaque, etc., et de certaines matières telles que leucine, tyrosine, margarine, phosphates ammoniaco-magnésiens.

Après avoir étudié les altérations que présente l'engorgement gangréneux, passons à l'examen des lésions qui se rencontrent dans toute infection septique, et, avant d'étudier en détail les lésions des différents appareils, voyons les altérations du sang, qui sont les plus importantes, les premières produites et celles dont dérivent toutes les autres.

Sang, appareil circulatoire, séreuses. — La maladie se produit d'abord dans le sang ; son germe, arrivé dans le torrent circulatoire, modifie le sang, et c'est consécutivement qu'apparaissent les autres lésions ; la modification du sang explique toutes les autres altérations.

Du reste chez les sujets atteints de septicémie, le sang est déjà considérablement altéré, même pendant la vie. Aux approches de

la mort il est moins coagulable, quelquefois il ne l'est plus du tout ;
il est brunâtre, noirâtre ; il se prend en une masse poisseuse,
diffluente, gluante, visqueuse ; et, circonstance à retenir, celui
qui a été obtenu par une saignée ne rougit plus à l'air comme le
sang normal, mais il reste noirâtre ou brunâtre. Quand on le laisse
reposer dans un vase, il ne se coagule pas, et le sérum qu'on
obtient est tout à fait modifié, il est rougeâtre, il tient en dissolution de la matière colorante. Donc, du vivant même de l'animal, il
y a eu destruction d'un certain nombre de globules rouges et le
sérum ainsi coloré va imbiber les différents organes et les divers
tissus avec lesquels il est en contact. La coloration de la séreuse
du cœur et de la face interne des vaisseaux se produit déjà avant
la mort. Outre les organes qu'il touche, le plasma sanguin colore
encore les divers produits de sécrétion ; ainsi aux approches de la
mort, il n'est pas rare d'observer une modification de couleur dans
les produits d'excrétion, dans les urines par exemple, qui sont
rougeâtres et comme sanguinolentes.

Du reste le sang se putréfie déjà sur le vivant. Cette putréfaction n'est pas bien apparente, car elle n'est jamais assez avancée,
et quand elle acquiert un certain degré, la vie n'est plus possible ;
mais elle se développe très rapidement après la mort. Presque
aussitôt après la mort en effet, le sang est chargé de certains gaz
putrides ammoniacaux. C'est donc surtout alors que les altérations du sang sont très accusées.

Ces modifications se remarquent dans ses caractères physiques,
dans ses caractères chimiques, dans ses caractères anatomiques et
dans ses caractères physiologiques.

En effet il reste toujours noirâtre ; il ne prend pas la teinte
rose au contact de l'air ; il présente toujours un certain nombre
de gouttelettes graisseuses brillantes ; il se coagule incomplètement où ne se coagule pas du tout et reste poisseux, diffluent, gluant,
visqueux. En pratiquant l'autopsie on le trouve toujours incoagulé
dans les veines, dans le cœur droit, et souvent dans le cœur
gauche ainsi que dans les artères. Cependant il n'est pas absolument rare, même dans la septicémie avancée, de le trouver légèrement coagulé dans le cœur gauche. Mais alors le caillot n'est pas
jaunâtre, il est noir, il n'y a pas eu séparation des éléments du
sang ou tout au moins la matière fibrino-albumineuse est restée
imbibée de la matière colorante dissoute dans le sérum. Ce caillot
forme une pulpe noirâtre, et on n'en trouve jamais dans les veines
ni dans le cœur droit. Si l'autopsie est faite quelques heures après

la mort, on observe toujours dans le sang des bulles gazeuses
fétides.

Le sang, avons-nous dit, ne rougit pas à l'air. Pourquoi ? Il a
perdu sa propriété respiratoire ; les hématies ne peuvent plus
fixer l'oxigène ou tout au moins n'en fixent qu'une quantité insuffisante à l'hématose. A quoi tient cette diminution du pouvoir respiratoire des hématies ? On présume qu'il s'est produit une altération de l'hémoglobine.

On trouve dans le sang septique une plus grande quantité de
de matière grasse, dont nous avons expliqué l'origine et le mode
de production.

On y trouve aussi une plus grande proportion d'acide carbonique, tandis qu'il y a moins d'oxygène et moins d'albumine. Nous
savons d'ailleurs que, pendant la vie, l'albumine a de la tendance
à passer dans les urines.

Les hématies ont également diminué de nombre, car si on pèse
la masse figurée du sang, on obtient un poids inférieur au poids
normal.

Quelquefois le sang possède une réaction acide ; ce qui s'explique par la présence d'un excès d'acide lactique, formé sous l'influence de la fermentation qui s'est opérée dans sa masse.

Examiné au microscope, il se montre moins riche en globules
rouges. Ceux-ci ont été très modifiés, ils ne s'empilent plus, ils
n'adhèrent pas les uns aux autres, ils se groupent plutôt en amas
informes, et presque toujours ils sont ramollis, diffluents, ils s'allongent facilement. Certains d'entre eux apparaissent avec un volume plus considérable ; mais leurs contours sont moins nets,
moins évidents. D'autres au contraire semblent avoir diminué de
volume. D'autres enfin sont manifestement décolorés ; ce sont
des globules en voie de destruction, qui ont déjà perdu leur matière colorante. Enfin ce qui frappe le plus, c'est qu'on voit beaucoup de globules crénelés dentés, étoilés, c'est-à-dire présentant
des contours anfractueux.

Tous les globules ainsi modifiés ne sont pas éloignés de la destruction, qui semble se faire de deux manières principales : 1°
on voit certains globules rouges devenir granuleux, présenter des
granulations réfringentes, qui sont principalement des gouttelettes
de graisse ; ce phénomène annonce qu'il y a eu destruction de
l'amalgame protéino-graisseux, et finalement ces globules, d'apparence granuleuse, se désagrègent ; 2° on trouve assez souvent
dans le sang des globules représentés par une partie centrale, de

laquelle s'échappent deux ou trois filaments, qui lui sont adhérents et flottent autour d'elle. Ce sont encore des globules en voie de destruction. Les filaments sont en général de nature fibrineuse ; ils ne tardent pas à se séparer de la granulation et deviennent libres. Ce mode de destruction semble bien réel, car on trouve assez souvent, dans le sang septique, des filaments fibrineux et granuleux.

Les globules blancs sont plus abondants et même, si la maladie a été assez longue, il y a leucocytose ; mais ces globules présentent déjà aussi la dégénérescence granulo-graisseuse ; ils sont en voie de destruction, ils tendent aussi à se désagréger.

Dans le sang septique on trouve quelquefois certains cristaux de matière colorante (hématoïdine), qui se présentent avec une teinte rosée; on y trouve enfin, de même que dans le pus septique et dans la sanie gangréneuse, les bactériens de la putréfaction, dont nous indiquerons plus loin les caractères.

Sa principale modification, au point de vue physiologique, consiste dans l'acquisition de la virulence ; le sang est inoculable à doses très petites et reproduit la septicémie.

L'appareil circulatoire est de tous le plus modifié. Il existe des altérations dans le cœur, sur les séreuses cardiaques, dans les vaisseaux sanguins et lymphatiques, dans les ganglions lymphatiques et surtout dans les différentes séreuses de l'organisme.

Nous savons déjà que dans le cœur on trouve le sang incoagulé, tout au moins dans le cœur droit ; exceptionnellement, dans le cœur gauche, il peut exister un caillot qui est toujours noirâtre. L'endocarde est presque toujours coloré en rouge par l'imbibition profonde du plasma sanguin, qui a dissous la matière colorante ; de plus il y a des ecchymoses, des taches plus foncées, qui siègent non seulement dans la substance de l'endocarde, mais qui s'enfoncent même quelquefois dans le muscle cardiaque à la profondeur de quelques millimètres. Le cœur est très modifié ; à l'œil nu il apparait décoloré ou brunâtre, lavé et comme cuit ou terreux, moins résistant. Les vaisseaux, qui entrent dans sa composition, sont pleins d'un sang noirâtre, et le tissu conjonctif, qui les entoure, est comme partout ailleurs, infiltré d'une sérosité jaune-rougeâtre. Sous le microscope les fibres du cœur se montrent très altérées dans leur structure ; elles sont dégénérées, ou en voie de dégénérescence granulo-graisseuse. La péricarde est presque toujours le siège de certaines altérations ; on y remarque des points ecchymotiques, et presque toujours il renferme une certaine quantité de sérosité sanguinolente.

A la face interne des artères et des veines, on constate toujours
cette imbibition, dont nous venons de parler à propos de l'endocarde. Le sang n'est jamais coagulé dans les veines ; il ne l'est
qu'exceptionnellement dans les artères. Outre la tunique interne du vaisseau, le plasma sanguin a infiltré le tissu conjonctif
périvasculaire.

Quelquefois on observe des foyers métastatiques dans les viscères, dans le foie, dans le poumon, dans la rate, dans les reins.
Ces foyers ont, à peu de chose près, les caractères de ceux de
l'infection purulente ; mais le pus est fétide, il renferme le vibrion
septique et il est de moins bonne nature. C'est que dans ce cas
il y a eu résorption des matières septiques et purulentes en même
temps.

Dans les ganglions et les vaisseaux lympathiques, on rencontre
des altérations plus ou moins marquées. La lymphe est colorée
en rouge ; les ganglions, surtout ceux de la poitrine (ganglions
bronchiques) et ceux de l'abdomen (ganglions mésentériques),
sont ordinairement hypertrophiés, congestionnés, infiltrés et ramollis.

Du côté des séreuses les altérations s'observent à peu près partout, sur la plèvre, sur le péritoine, sur les séreuses articulaires
et jusque sur la séreuse arachnoïdienne. Il y a de la congestion, de l'injection, des ecchymoses et une exudation de sérosité
jaune-rougeâtre.

Appareil respiratoire. — Cet appareil présente toujours
des lésions très manifestes et profondes, c'est un des appareils les
plus altérés. La plèvre est rougeâtre, injectée, congestionnée,
ecchymosée ; elle renferme de la sérosité sanguinolente. La muqueuse respiratoire (laryngienne trachéale, bronchique) est altérée,
congestionnée, ecchymosée, infiltrée, ramollie ; son épithélium se
détache facilement ; elle présente un état catharral plus ou moins
avancé. Mais l'organe le plus altéré c'est le poumon, qui est
tantôt congestionné, noirâtre, brunâtre, criblé quelquefois d'exsudats interstitiels, c'est-à-dire d'œdèmes dans le tissu conjonctif interlobulaire. Il présente aussi des points hémorrhagiques plus ou
moins nombreux, surtout sous la séreuse. Quelquefois la trame
pulmonaire est ramollie, transformée en putrilage analogue à celui de l'engorgement gangréneux. Ce putrilage est semi-liquide,
noirâtre ou verdâtre, mais toujours très fétide. Cette altération,
qui n'est pas rare, occupe une surface plus ou moins étendue, ou

se présente par places dans des portions de poumon plus ou moins complètement hépatisées. Et, dans les cas ou il est hépatisé et présente de ces points de ramollissement, le poumon apparaît à l'extérieur comme bosselé. Si par l'incision on pénètre dans les cavernes, on les trouve pleines d'une sanie fétide, analogue à celle de la plaie septique. Quelquefois dans le poumon il y a des abcès métastatiques à pus fétide. Toujours le sang renfermé dans les vaisseaux pulmonaires est noirâtre, poisseux, gluant, fétide. Les éléments du tissu pulmonaire, cellulaires et autres, ont éprouvé un commencement de dégénérescence granulo-graisseuse et de désagrégation.

Appareil digestif. — Il y a fréquemment des altérations dans l'appareil digestif, principalement sur le péritoine et sur la muqueuse digestive. Le péritoine est hypérémié, ecchymosé ; il renferme dans sa cavité de la sérosité sanguinolente putride. La muqueuse digestive est congestionnée par places ou sur une étendue plus ou moins considérable. On trouve des points hypérémiés, des ecchymoses sur la muqueuse stomacale. Quelquefois il existe de véritables hémorrhagies sous-muqueuses, de grandes plaques hémorrhagiques qui se sont produites sous la muqueuse et l'ont soulevée. On voit aussi ces altérations sous la muqueuse intestinale; en outre sur celle-ci, il y a quelquefois des ulcérations, mais ces accidents ne sont pas des ulcères à proprement parler, ce sont plutôt des plaies résultant de mortifications locales de la muqueuse suivies d'élimination. Les éléments glandulaires de l'intestin éprouvent la dégénérescence graisseuse, la désagrégation moléculaire ; et il peut très bien s'ensuivre des plaies à la place des glandes. Dans la septicémie, comme dans le charbon, on peut observer quelquefois de véritables apoplexies intestinales, qui se caractérisent par des hémorrhagies plus ou moins étendues sous la muqueuse de l'intestin ou entre les lames du mésentère. Dans ces cas il y a congestion des vaisseaux mésentériques et des vaisseaux de l'intestin. Le sang de ces vaisseaux est celui dans lequel la fermentation putride s'accuse le plus rapidement après la mort.

Le tissu conjonctif qui entoure les glandes, les ganglions, le foie, la rate, les pancréas, les reins, a éprouvé les mêmes altérations que celui qui est sous la peau; il est infiltré, ecchymosé, et il contient des bulles gazeuses qui apparaissent très rapidement après la mort.

Dans le foie il s'est produit ordinairement certaines altérations. Cet organe a le plus souvent éprouvé la dégénérescence granulo-graisseuse; aussi chez les animaux septicémiques a-t-il une couleur grisâtre, gris-jaunâtre, qui le fait volontiers assimiler à de la terre glaise. Il s'écrase très facilement sous la pression des doigts; il est presque toujours hypertrophié et ses vaisseaux sont pleins d'un sang noirâtre. Mais indépendamment de cette altération, qui est générale, qu'on observe presque toujours, on en voit d'autres dans le foie. Ce sont surtout des points blanchâtres qu'on aperçoit à sa surface, gros comme une tête d'épingle ou un grain de blé. Ces points sont entourés d'une zone de congestion; on dirait presque des tubercules morveux. Ils sont mous, ils sont formés de cellules hépatiques dégénérées ou en voie de dégénérescence et de leucocytes. Ceux-ci ont été apportés là par les vaisseaux, ont traversé leurs parois, ont comprimé les cellules hépatiques et ont amené leur dégénérescence prématurée. Au pourtour de ces points, il y a des vaisseaux congestionnés qui forment une zone rouge. Outre ces points blanchâtres, il y a aussi sur le foie des taches plus étendues, qui ont une couleur grisâtre. Ce sont de véritables plaques que le microscope montre formées de cellules hépatiques dégénérées et de leucocytes, qui, cette fois, ne sont pas libres mais bien entassés dans les capillaires ou autour de ces vaisseaux. Ici encore, comme dans le premier cas, il y a eu congestion locale, accumulation des leucocytes dans les capillaires, gonflement de ceux-ci, compression des cellules et dégénérescence consécutive.

La rate est presque toujours hypertrophiée ; elle est noirâtre, congestionnée, et très souvent elle présente des bosselures, qui, une fois incisées, donnent issue à une matière putrilagineuse. Dans quelques cas on rencontre des abcès métastatiques sur le foie, sur la rate et sur les reins.

Dans le pancréas on constate presque toujours l'altération signalée tout à l'heure, c'est-à-dire l'infiltration du tissu conjonctif et aussi du tissu propre de l'organe par une sérosité plus ou moins fétide et devenue noirâtre par suite d'une modification de la matière colorante qu'elle tient en dissolution. Il y a en outre presque toujours des bulles de gaz fétide dans le tissu conjonctif.

Appareil génito-urinaire. — On observe assez souvent des altérations dans le rein, dans l'utérus, dans le vagin, dans la vessie, dans les urines et dans les testicules. Mais ces altérations sont souvent moins accentuées que dans les précédents appareils, excepté pourtant celles du rein, de la vessie et de l'utérus.

Dans le rein, comme dans le foie, il n'est pas rare de constater la dégénérescence granulo-graisseuse des cellules épithéliales. Le rein offre une coloration terreuse, gris-jaunâtre ; on devine ainsi, à l'œil nu, qu'il a éprouvé la dégénérescence granulo-graisseuse. Quelquefois on y trouve des points hémorrhagiques, des foyers métastatiques, gros comme une tête d'épingle ou un grain de blé.

Dans l'utérus et le vagin, la muqueuse est ordinairement injectée, infiltrée, congestionnée par places, ou plus souvent dans toute son étendue et elle laisse exsuder à sa surface une certaine quantité de produit putride ; son revêtement épithélial se détache très facilement.

Dans la vessie on trouve les mêmes altérations ; les tuniques de cet organe sont congestionnées par places ou en masse, ou présentent des points hémorrhagiques, qui se forment surtout près du col.

Les urines sont ordinairement altérées, même sur le vivant et à plus forte raison sur le cadavre. Elles sont sanguinolentes et renferment les éléments du sang qui ont passé par les tubes urinifères.

Dans les testicules on trouve aussi certaines altérations, surtout dans les enveloppes et sur la séreuse. Il existe de l'œdème, de l'infiltration dans le tissu conjonctif qui réunit les enveloppes. Il y a inflammation de la séreuse vaginale et exsudation d'une sérosité citrine.

Appareil de l'innervation. — On constate presque toujours une réplétion exagérée des vaisseaux du cerveau et de la moelle ; quelquefois il s'est produit des ruptures vasculaires et alors on observe un aspect sablé de la substance nerveuse. Mais ce qui domine dans les altérations des organes nerveux, ce sont les lésions des méninges et surtout de l'arachnoïde ; on observe une congestion de la pie-mère, et ce qui frappe surtout, c'est la congestion de l'arachnoïde et une collection de sérosité sanguinolente dans sa cavité. Cette sérosité comprime les organes et provoque certains symptômes.

Appareil locomoteur. — Il nous reste peu de chose à ajouter au sujet de cet appareil, car nous avons déjà parlé de ses altérations à propos de l'accident septique local. Outre les lésions locales, on observe pourtant ce qui suit : la peau est presque toujours modifiée, sa face interne est congestionnée, ecchymosée, imbibée de matière colorante ; du reste toutes les chairs ont cette couleur jaune-rougeâtre plus ou moins livide, qui dénote la septicémie. Cette coloration s'observe partout , car il y a des vaisseaux partout ; elle est plus ou moins franche et plus ou moins intense, suivant la durée de la maladie et le moment de l'examen.

Outre les muscles de l'engorgement gangréneux, les autres muscles (les psoas et le diaphragme par exemple) sont quelquefois altérés ; ils ont cette teinte lavée déjà observée sur le cœur, et il n'est pas rare de trouver dans leur substance des points ecchymotiques et même des points hémorrhagiques. La fibre musculaire est infiltrée, et dans quelques régions, dans les psoas, dans le diaphragme, etc., elle a éprouvé un commencement de dégénérescence granulo-graisseuse.

Les séreuses articulaires sont congestionnées et renferment une plus grande quantité de sérosité rougeâtre. Les os, surtout si le sujet a vécu assez longtemps, sont altérés, et si l'altération est parfois peu manifeste, on observe toujours un ramollissement très appréciable de la moelle, qui est toujours infiltrée de matière colorante.

ETIOLOGIE ET PATHOGÉNIE

Nous arrivons à une partie dont l'étude est de la plus grande importance au point de vue scientifique et au point de vue des indications qui en résultent pour le traitement et la prophylaxie de l'infection septique.

La septicémie est une maladie qui est toujours provoquée par l'absorption d'une matière septique. L'observation et l'expérimentation l'ont prouvé de nombreuses fois et le prouvent encore tous les jours. Lorsque par exemple l'infection se produit à la suite d'une maladie chirurgicale, à la suite d'une plaie, à la suite d'une maladie interne, il y a toujours résorption d'une certaine quantité de matière septique. Il en est dans ces cas comme lorsqu'on l'obtient expérimentalement, en introduisant de la matière septique dans l'organisme.

Toutes les fois que la septicémie se développe, il y a donc lieu d'invoquer une cause efficiente toujours la même, toujours identique. Cette cause efficiente, ou déterminante ou provocatrice, n'est autre que la matière septique introduite dans l'organisme et mélangée avec le sang dont elle provoque l'altération.

Mais indépendamment de cette cause principale, il en est d'autres accessoires. Celles-ci ne peuvent pas à elles seules provoquer l'infection septique, mais elles favorisent l'action de la cause efficiente, elles favorisent la production et l'introduction de la matière septique, elles préparent pour ainsi dire l'organisme à la recevoir et à subir son influence ; c'est pourquoi nous les désignerons sous le nom de causes préparatoires. Souvent même l'intervention de ces causes est indispensable pour qu'il y ait développement de l'infection septique. Ainsi on ne voit pas toujours, tant s'en faut, la septicémie se développer à la suite de la formation de matière septique à la surface d'une plaie ni même à la suite de la résorption ou de l'introduction expérimentale de la matière infectante dans l'organisme. L'action des germes septiques se fait toujours sentir à la surface des plaies exposées au contact de l'air. Mais dans la plupart des cas, les phénomènes putrides restent localisés sans qu'il y ait résorption ; et dans quelques cas, notamment quand il s'agit de certaines espèces animales, l'introduction de la matière septique n'est pas suivie de la septicémie, parce qu'on s'est trouvé en présence d'individus réfractaires, manquant de la prédisposition morbide. La prédisposition, quand elle existe, est donc une cause préparatoire.

Parmi les causes accessoires ou préparatoires ou adjuvantes, il faut ranger toutes les circonstances et les conditions qui favorisent la formation et l'absorption de la matière infectante, et toutes celles qui occasionnent ou favorisent l'introduction de la matière septique venant du dehors et qui peut pénétrer dans l'organisme par l'intermédiaire des aliments, des boissons ou de l'air.

Causes préparatoires. — La première cause prédisposante tient évidemment à l'espèce. Les divers animaux sont plus ou moins aptes à contracter la septicémie. Les uns, comme le lapin, le cobaye et le moineau, la contractent facilement ; d'autres, comme les solipèdes, y sont moins sujets, et il est encore plus rare de la rencontrer chez les grands et les petits ruminants, et surtout chez le chien. On ne l'obtient guère sur ce dernier animal que par l'introduction expérimentale de la matière septique dans une grande séreuse.

L'air est un agent très favorable à la fermentation putride des matières organiques, à cause des nombreux germes qu'il leur fournit; son action est d'autant plus énergique et plus marquée qu'il est plus confiné, plus vicié. Nous savons que l'air d'une habitation, occupée par des individus sains ou malades, est toujours plus ou moins altéré, plus ou moins miasmatique, et qu'il est dès lors très propice à la multiplication des germes qu'il renferme; il n'y a donc rien d'étonnant qu'un air semblable favorise l'apparition de l'infection septique, attendu qu'il renferme plus de germes qu'à l'état normal.

Il faut en dire autant des habitations qui ne sont pas dans des conditions hygiéniques convenables; elles sont d'autant plus favorables à l'évolution de la septicémie, qu'elles renferment un plus grand nombre d'animaux, surtout si ces animaux sont malades. C'est assez faire pressentir que l'encombrement peut être, à juste raison, considéré comme une cause propice au développement de la résorption septique.

Il en est de même de l'hygiène mal observée; si l'alimentation est insuffisante, les animaux recevant moins de matériaux qu'ils n'en dépensent dans l'exercice de leurs diverses fonctions, s'affaiblissent, se débilitent et par conséquent résistent moins bien à l'envahissement de l'infection septique. Lorsque, tout en étant suffisante, la nourriture est altérée, les animaux ingèrent beaucoup plus de germes que si elle était saine et de bonne nature; et ces germes étant en plus grand nombre, il y aura plus de chances pour que quelques-uns soient absorbés et produisent leurs effets. Les boissons altérées peuvent avoir la même influence fâcheuse.

Le travail exagéré agit à peu près dans le même sens que l'alimentation insuffisante, en affaiblissant les animaux et les rendant ainsi moins résistants aux causes de maladies. On peut dire d'une manière générale que tout ce qui amène la débilitation organique (souffrances, longues suppurations, maladies anciennes, convalescence, etc.) prédispose à la septicohémie.

Les maladies antérieures, les maladies chirurgicales, les plaies suppurantes, les diverses solutions de continuité exposées au contact de l'air, les traumatismes, les contusions peuvent être le point de départ de la septicémie. Il n'est même pas indispensable que les plaies suppurent déjà; il suffit souvent qu'elles laissent exsuder de la lymphe plastique et qu'elles soient en contact avec l'air. Il en est de même des contusions, même des contusions sans plaies, sans déchirures. Dans ce dernier cas il se produit toujours une inflammation éliminatrice, dont le produit finit par se faire jour au dehors, et c'est à ce moment que la septicémie est à craindre.

Les tumeurs sanguines ou séreuses, quel que soit leur volume, sont sans danger au point de vue que nous envisageons en ce moment, mais à condition qu'elles demeureront à l'abri du contact de l'air.

Le contenu d'une collection sanguine peut être résorbé ou se modifier, et la tumeur se transformer en kyste séreux ou en abcès. Mais lorsqu'on l'ouvre, pour évacuer le sang qu'elle contient, il peut arriver, si la ponction n'est pas pratiquée à la partie déclive, qu'une portion de ce contenu reste dans les recoins et les anfractuosités de la poche et reçoive les germes septiques que l'air peut tenir en suspension. D'ailleurs les tissus vifs peuvent s'irriter par le seul contact de l'air et exsuder de la lymphe plastique, qui constitue elle aussi un milieu favorable à la multiplication du vibrion septique. Il est évidemment certain qu'on n'aura pas l'infection septique chaque fois qu'on ouvrira une collection sanguine ; mais elle pourrait se produire si on manquait de prudence, si on ne pratiquait pas la ponction à l'endroit le plus convenable, ou si enfin on ne donnait pas des soins consécutifs appropriés.

La même chose pourrait avoir lieu, si on ouvrait un hygroma, surtout un hygroma situé dans les régions supérieures du corps (garrot, dos, nuque) ; après la ponction il pourrait rester sous la peau une certaine quantité de sérosité, qui, en se putréfiant, pourrait être le point de départ d'une infection générale.

Mais malgré cela il ne faut pas s'exagérer la fréquence du développement de la septicémie dans de pareilles conditions.

Dans les cas où on ouvre un abcès, elle est moins à craindre encore, à cause des bourgeons charnus qui se sont formés et qui ont plus de tendance à suppurer qu'à absorber, qui sont le siège d'un mouvement exosmotique assez prononcé.

La septicémie se montre quelquefois après l'application des sétons ; mais cela arrive rarement, quoiqu'il se produise toujours sur leur trajet une putréfaction locale, qui a heureusement peu de tendance à devenir générale.

Les engorgements, provoqués par les sinapismes et les vésicatoires, peuvent aussi se compliquer de septicémie dans certains cas.

La moutarde, appliquée sur la peau, produit des engorgements sous-cutanés, qui sont peu à redouter, puisqu'ils sont à l'abri du contact de l'air ; néamoins il y aurait quelque danger si l'effet de la moutarde était exagéré et suivi d'une gangrène locale, qui, en s'éliminant, pourrait se compliquer de septicémie. Il y aurait aussi quelque danger parfois à ouvrir l'engorgement, pour faciliter sa disparition ; car alors l'air pourrait agir défavorablement par ses germes. Les ouvertures faites avec le cautère sont les moins dangereuses ; parce que dans ce cas l'escharre formée protège, jusqu'à sa chute, les tissus tuméfiés du contact de l'air. Le plus sage est donc de laisser les engorgements produits par la moutarde se résorber seuls, car ils ne sont jamais graves s'ils sont abandonnés à eux-mêmes.

Les engorgements résultant de l'application des vésicatoires sont plus favorables à l'apparition de la septicémie. Les vésicants amènent la formation de vésicules, qui, une fois ouvertes, sont autant de plaies donnant un produit, qui peut, au contact de l'air, se putréfier et être ensuite résorbé.

Quand il s'agit de clapiers, de fistules, d'abcès irréguliers, offrant des diverticules, il peut arriver que la putréfaction s'établisse, au contact de l'air, dans le pus non évacué et se généralise ensuite, si on n'a pas soin de pratiquer des contre-ouvertures ou des drainages pour favoriser le plus possible l'écoulement du produit morbide à mesure qu'il se forme.

On a vu quelquefois la septicémie se montrer à la suite de plaies articulaires, de plaies tendineuses des membres ; son apparition s'explique ici de la même manière que dans les cas précédents.

Il n'est pas rare non plus de la voir survenir à la suite de certaines maladies internes. Ainsi dans les cas de pneumonie, et surtout dans les cas de pneumonie se compliquant de foyers purulents, il arrive quelquefois qu'un abcès s'ouvre dans une bronche ; une partie du pus est rejetée, mais il en reste toujours une certaine quantité, qui peut recevoir les germes septiques apportés par l'air extérieur et être ainsi le point de départ de la septicémie.

Dans le cas de métrite, après le part et la non-délivrance, l'air pénétrant jusqu'à la matrice y produit une putréfaction, qui le plus souvent, chez la vache, reste localisée, mais qui dans quelques cas peut devenir générale par suite de la résorption des matières putréfiées.

La plupart des maladies générales sont également susceptibles de se compliquer de septicohémie. La fièvre typhoïde du cheval par exemple, qui se présente parfois avec des formes très différentes, qui se localise sur tel ou tel système d'organes, est quelquefois suivie de septicémie; cela se voit surtout lorsque les lésions principales se forment sur le poumon (pneumonie). Il en est de même de l'anasarque, lorsqu'elle tend à se localiser sur les organes respiratoires. Quand l'anasarque tend à se compliquer ainsi, il y a ordinairement gêne de la respiration; l'air pénètre moins facilement dans le poumon malade, il s'ensuit que les vibrions septiques, qui sont anaérobies, se trouvent encore favorisés par cette circonstance.

On a vu aussi l'infection septique compliquer la clavelée, la péripneumonie et quelques autres maladies virulentes.

Les opérations pratiquées à l'abri du conctact de l'air n'amènent jamais l'infection septique; ainsi le bistournage ne se complique jamais de septicémie, à moins qu'on ait injecté expérimentalement de la matière septique dans l'organisme.

Les fractures ne sont pas plus dangereuses sous ce rapport et pour la même raison, à condition bien entendu qu'elles ne seront pas accompagnées de plaies, de déchirures extérieures produites par le traumatisme ou par des esquilles provenant de la fracture.

Dans tous les cas énumérés ci-dessus, où l'infection septique peut se montrer, il est facile de voir qu'elle ne se produit que par suite du contact de l'air. C'est du reste ce qu'on peut prouver (Pasteur) par une expérience très simple. Prendre deux morceaux de viande, les flamber à leur surface pour y détruire les germes que l'air peut y avoir déposés, pratiquer ensuite des incisions dans l'un et l'autre avec un bistouri flambé; introduire dans les incisions de l'un de ces deux morceaux quelques gouttes d'eau ordinaire ou du coton exposé à l'air, tandis qu'on introduit dans l'autre de l'eau purifiée par une température de 110° à 120°; recouvrir enfin chaque morceau avec une cloche en verre remplie ou non d'acide carbonique; bientôt, en un ou deux jours, par une température de 30° à 40°, le morceau qui avait reçu du coton ou de l'eau impure est putréfié, emphysémateux et rempli de vibrions, tandis que l'autre est intact.

Ce résultat prouve évidemment que les agents de la putréfaction ont été apportés ou par l'air ou par l'eau ordinaire. Ces agents sont très nombreux dans la nature; par conséquent toutes les causes qui favorisent leur multiplication, leur conservation et leur introduction dans l'organisme, facilitent le développement de la septicémie.

Cause efficiente. — La cause provocatrice de la septico-hémie c'est la matière septique, qui peut venir de trois sources différentes.

Elle peut avoir été formée en dehors de l'organisme ou à la surface d'une plaie ou bien dans l'économie d'un animal atteint de septicémie.

On sait que toute substance organique, privée de vie et exposée à l'air, se putréfie, qu'elle soit ou non séparée de l'organisme ; c'est ainsi que le sang, le pus des plaies, les tissus sphacélés peuvent se putréfier par le fait de leur contact avec l'air ambiant ; et c'est cette matière putréfiée, qui peut produire la septicémie en provoquant une fermentation putride dans l'organisme. Quelle est la cause de cette fermentation ? D'où vient son agent ?

Le ferment putride, ainsi que nous l'établirons plus bas, est un être organisé, il est fourni par l'air, il se nourrit et il se multiplie aux dépens de la matière fermentescible, il désassimile et provoque la formation de certains produits, dont quelques-uns agissent comme des agents toxiques. Ce ferment a besoin, pour vivre et se développer, d'un milieu convenable renfermant des matières minérales et des matières azotées. Il détruit peu à peu la matière organique et la transforme, en la décomposant, en produits plus simples qui se rapprochent des composés minéraux ; il détermine la formation de composés fétides.

La matière septique peut être introduite dans l'organisme par un certain nombre de voies (tissu conjonctif, voies respiratoires, voies digestives, etc.) ; elle peut être inoculée expérimentalement ; nous savons d'ailleurs qu'elle peut se former à la surface d'une plaie, dans une poche sanguine ouverte, dans un abcès pulmonaire, etc.

Le moment est donc venu de nous demander quelle est la partie de cette matière qui agit. Il est aujourd'hui prouvé que c'est le germe, le ferment putride, qui provoque la septicémie. Le contage septique existe dans la nature ; il existe dans le tube digestif de tous les individus et dans tous les solides et les liquides des malades atteints d'infection septique.

La septicémie est connue depuis fort longtemps, mais il n'y a pas longtemps qu'on a déterminé la nature de son agent, de son facteur. Les médecins, déjà depuis Galien, en ont parlé comme d'une complication assez fréquente des plaies et de certaines maladies; mais ils se sont trouvés en désaccord pour l'interprétation de sa nature. Pour les uns l'infection septique serait due à l'absorption des gaz résultant de la putréfaction; d'autres l'ont attribuée à l'introduction dans la circulation d'une substance spéciale appelée sepsine, formée dans l'acte de la fermentation; enfin, depuis déjà de nombreuses années, on est arrivé à lui attribuer un ferment pour cause, et il est aujourd'hui démontré que le ferment de l'infection septique est un ferment figuré, un vibrion.

C'est à tort qu'on a attribué la septicémie aux gaz résultant de la putréfaction. Ces gaz, introduits dans l'organisme, ne produisent même pas d'intoxication, pourvu que leur introduction ait lieu lentement; ils sont éliminés par le poumon et ne produisent l'intoxication, qu'autant qu'ils sont en quantité considérable, car alors ils ne sont pas éliminés totalement, et vont agir sur les éléments des tissus. Dans les conditions ordinaires ils exercent pourtant une certaine action sur les éléments constitutifs du sang, ils agissent en même temps que le ferment; mais ils ne peuvent jamais produire la septicémie.

On a attribué, avons nous dit, le développement de la septicémie à un produit spécial (sepsine), isolable, non volatil, soluble dans l'eau, insoluble dans l'alcol, et qui se trouverait dans les matières septiques. Ce produit serait très actif, il pourrait se combiner avec l'acide sulfurique; il produirait des effets analogues à ceux du sulfate d'atropine.

Dans l'intoxication par les matières putrides on peut admettre l'action des gaz et d'un produit toxique agissant chimiquement; mais dans l'infection septique il y a autre chose, car les poisons ne se multiplient pas dans l'organisme et ne produisent leur effet qu'à certaines doses, sans jamais agir en raison inverse de leur quantité; aussi conservant la sepsine pour expliquer l'intoxication ou infection putride, certains de ses partisans attribuent la septicémie à un vibrion.

A l'exemple de Van-Helmont, de nombreux auteurs considèrent l'infection septique comme une fermentation putride sur le vivant.

Les ferments sont de deux ordres : ils sont figurés (bactériens), ou amorphes (diastases); d'ailleurs les ferments amorphes existent avec les ferments figurés, dont ils accompagnent la multiplication. Certaines substances entravent l'action des ferments figurés et non celle des diastases. L'acide prussique, les sels mercuriels, l'alcool, l'éther, le chloroforme, l'essence de girofle, l'essence de térébenthine, de citron, de moutarde, etc., empêchent la fermentation alcoolique et n'ont aucun effet sur la diastase. Le borax détruit l'activité des diastases, l'oxygène comprimé tue les éléments figurés qui ne sont pas à l'état de corpuscules-germes et n'a aucun effet sur les diastases.

La plupart des auteurs considèrent donc l'infection septique comme une fermentation putride sur l'animal vivant. Mais quelques-uns prétendent qu'il n'en est pas ainsi, parce que, disent-ils, on voit des sujets septicémiques mourir sans présenter jamais de dégagement de gaz fétides dans l'air expiré. Cette objection semble de peu de valeur, car il peut se faire que ces gaz, produits en faible quantité tant que la maladie est compatible avec la vie, soient éliminés par les reins (Davaine).

Pour d'autres, la septicémie n'est ni une fermentation putride, ni une maladie parasitaire. D'après eux la matière organique privée de la vie éprouverait deux modifications successives : d'abord elle deviendrait *virulente*; puis, au bout d'un certain temps, elle deviendrait *putride* et perdrait sa virulence. D'après M. Ch. Robin, la virulence résulterait de changements catalytiques, qui feraient subir des modifications isomériques aux substances albuminoïdes sans altérer leurs propriétés physiques. Ainsi modifiées, les substances devenues virulentes jouiraient de la faculté de pouvoir transmettre graduellement, et de proche en proche, cette propriété à d'autres matières organiques saines mises en contact avec elles. Dans les cas de septicémie, la virulence apparaîtrait de cette façon, pour disparaître et faire place ensuite à la putridité, celle-ci s'annonçant par la formation de composés fétides, qui sont toxiques et non virulents.

D'autres auteurs (Béchamp) admettent bien que la septicémie est due à un ferment figuré; mais ils soutiennent que le ferment figuré (microzyma) s'accompagne de la sécrétion d'un ferment soluble (zymase), qui produirait la septicémie.

M. Colin d'Alfort et M. Henrot prétendent que la septicémie, quoique due à des bactériens, ne peut se produire qu'autant que les matières organiques ont éprouvé certaines modifications.

Pour le physiologiste d'Alfort, l'agent septique semble ne pouvoir agir que lorsqu'il se trouve en présence d'un sang ou de tissus déjà altérés, soit par l'inflammation, soit par du pus. Il faudrait, selon lui, qu'il existât déjà auparavant des altérations dans les éléments constitutifs des tissus. Aussi recommande-t-il, comme meilleur moyen d'éviter la septicémie, de traiter la maladie qui prépare l'organisme à recevoir et à faire fructifier le ferment septique.

Le docteur Henrot partage la même manière de voir, il croit que le bactérien, pour agir, doit se trouver en présence d'un sang déjà rendu phlogogène par le pus. Il a injecté à deux lapins un mélange de pus et d'eau distillée, et à deux autres il a injecté du corail pulvérisé mélangé avec de l'eau distillée, puis, laissant un lapin de chaque catégorie dans les conditions ordinaires, il a placé les deux autres dans un milieu où se produisaient des émanations putrides. Il a constaté que celui de ces deux animaux, auquel il avait inoculé du pus dilué, a seul contracté la septicémie, tandis que les trois autres sont restés sains. C'est en se basant sur cette expérience qu'il a émis son opinion.

Mais le plus grand nombre des auteurs considère la septicémie comme produite par des éléments figurés, par de véritables parasites.

Gaspard l'avait déjà supposé en 1820 : M. Sédillot, en 1849, démontra que le contage septique est un élément figuré.

Depuis cette époque un grand nombre de savants se sont occupés de cette importante question. Parmi eux il faut citer M. Pasteur, qui a prouvé la nature parasitaire de la septicémie dans différents travaux (1860-64-65-78), M. Davaine, MM. Coze et Feltz (1865-72-74), Vulpian (1873), Klebs, etc., etc.

On a soulevé des objections contre cette interprétation de la nature de la septicohémie. On a prétendu que la matière septique et le sang septique peuvent être virulents, sans renfermer de bactériens ; on a inoculé de pareilles matières et on a obtenu la maladie. Mais, répondrons-nous, les germes septiques peuvent être tellement disséminés ou tellement transparents, qu'on peut bien ne pas les apercevoir dans le sang ; et pourtant ils y sont, car il suffit en effet de placer ce sang à l'abri du contact de l'air pour qu'en peu de temps on le voie rempli de germes, ce qui n'aurait pas lieu s'il n'en renfermait déjà.

On a dit aussi que le sang normal contenait des bactériens. M. Pasteur a prouvé le contraire ; il a recueilli du sang à l'abri du contact de l'air et l'a conservé indéfiniment dans de pareilles conditions sans qu'il s'altérât. Il ne renfermait donc pas de bactériens quand on l'a retiré du vaisseau.

On a encore objecté que les bactériens ne donnent pas toujours la septicémie. Il n'y a à cela rien d'impossible ; les différents bactériens se ressemblent beaucoup et on aura pu inoculer des vibrioniens inoffensifs, croyant inoculer ceux de la septicémie.

Enfin certains auteurs ont prétendu que des liquides renfermant des bactériens restent virulents, lors même qu'on les soumet à l'action d'agents anti-bactériens. Cette assertion est exacte ; les partisans du parasitisme l'admettent. Les bactériens peuvent se trouver dans les liquides à l'état de corpuscules-germes ; or on sait quel degré de résistance vitale possèdent ces derniers.

La contagion, l'infection septique a donc pour cause véritable un germe, un ferment figuré, un bactérien, qui peut se multiplier soit dans l'organisme, soit en dehors de l'organisme, dans l'acide carbonique ou même dans le vide.

Il est bon de dire, avant d'aller plus loin, qu'il n'est pas démontré que le développement et la multiplication du vibrion septique s'accompagnent de production de sepsine ; M. Pasteur n'a pas trouvé ce produit.

Le parasite, qui produit l'infection septique, est désigné dans la science sous le nom de *bacillus subtilis ;* c'est le ferment de la putréfaction ordinaire. On l'appelle encore microbe, Bactérien ou vibrion septique.

Il est organisé et peut se présenter sous différentes formes, suivant les milieux où il se trouve et aussi dans le même milieu. Il se présente ordinairement sous forme de filaments ténus et mobiles, doués de mouvements d'inflexion lorsqu'il se trouve dans un milieu convenable, c'est-à-dire dans un milieu où il peut puiser les matériaux nutritifs nécessaires et où il n'y a pas d'oxygène. Il se présente sous d'autres aspects : tantôt c'est sous une forme lenticulaire plus ou moins régulière, et alors on aperçoit vers sa circonférence un ou plusieurs corpuscules brillants, qui sont des spores, des germes et qui se sont formés dans son intérieur, alors le parasite est immobile ; on le trouve encore sous forme de bâtonnets grêles, courts et renflés aux deux extrémités, et parfois sous forme de battants de cloche, de pains de sucre, renflé à une de ses extrémités et atténué à l'autre ; enfin on peut l'observer sous la forme de spores, qu'on voit principalement lorsque le bactérien est en contact avec l'air.

Il peut changer d'aspect suivant le milieu où il se développe; et non seulement il peut varier de forme, mais il peut varier dans ses propriétés physiologiques, qui sont accrues ou atténuées, modifiées dans leur intensité.

Les dimensions sont en rapport avec sa forme. C'est sous la forme de filaments qu'il est le plus volumineux. Mais même dans cet état il peut passer inaperçu, car les filaments sont parfois tellement transparents, qu'on ne les distingue pas. Le plus petit est celui qui se présente sous la forme de corpuscules-germes ou de bâtonnets. Les mouvements d'inflexion n'appartiennent qu'aux bactériens adultes, filiformes; mais les autres peuvent présenter d'autres mouvements.

Le bactérien septique a à peu près la même structure que les autres bactériens, il est formé d'une matière protoplasmique enveloppée par une membrane cellulosique; c'est en un mot un parasite végétal, champignon ou algue.

Il est anaérobie; aussi est-il contrarié par le contact de l'air. Mais s'il est dans un liquide en couche un peu épaisse (ayant un centimètre au moins), il arrive que l'air extérieur agit et détruit les germes de la partie superficielle; et ceux-ci restant dans cette couche y forment comme une membrane protectrice. Dès lors les bactériens, qui se trouvent dans la couche profonde, se conservent, se transforment en corpuscules-germes.

Les microbes septiques ressemblent beaucoup aux autres bactériens et même à la bactéridie charbonneuse. Il est vrai que celle-ci est ordinairement immobile, tandis que le parasite septique est mobile. Mais c'est là une différence qui a peu de valeur; le moyen de les distinguer sûrement est de faire appel à leurs propriétés physiologiques. Nous savons en effet que la bactéridie jouit de la propriété de donner une maladie particulière et que le vibrion septique donne de son côté une autre maladie propre. La bactéridie d'ailleurs est aérobie, et le *bacillus subtilis* est anaérobie, c'est-à-dire qu'il se plaît, qu'il vit, qu'il se développe dans un milieu où se trouve de l'acide carbonique ou de l'azote, il peut même se conserver et se développer dans le vide contrairement à la bactéridie. Le moyen de distinguer ces deux bactériens consiste donc à les soumettre à la culture; la bactéridie du charbon se développera à l'air, tandis que le vibrion de la septicémie repullulera dans l'acide carbonique.

Le *bacillus subtilis* est très répandu dans la nature; il existe en suspension dans l'air, il se trouve dans les eaux stagnantes, dans les eaux putrides, dans les eaux ordinaires et aussi sur les différents corps solides. Ce bactérien, sous la forme de corpuscule-germe, est très résistant; il peut ainsi se conserver et résister aux diverses causes de destruction. Transporté par les courants d'air et déposé sur les solides, il se conserve longtemps. Dans les eaux stagnantes, non seulement il peut se conserver, mais il peut se développer; il suffit pour cela que le liquide ait une certaine épaisseur. Il se passe là ce que nous avons vu pour le cas où les bactériens se trouvent dans un liquide organique offrant une certaine couche d'épaisseur, c'est-à-dire que les parasites qui se trouvent dans la partie supérieure de l'eau sont tués, sont détruits et forment une membrane protectrice, tandis que les microbes situés dans la partie profonde se développent et se multiplient. Il n'y a donc rien d'étonnant que les émanations, les effluves, qui s'échappent des eaux stagnantes, déversent dans l'atmosphère de nombreux bactériens qu'ils entrainent en se formant et en se dégageant.

Le vibrion septique se nourrit et respire d'après le même mécanisme que tous les bactériens en général. Mais de plus il est un ferment, c'est-à-dire qu'il s'accompagne de dégagements de gaz lorsqu'il se trouve dans un milieu propice à sa nutrition et à sa respiration. Ces gaz sont l'acide carbonique, l'hydrogène, l'azote, le sulfhydrate et le carbonate d'ammoniaque.

Il se reproduit de deux manières principales. En présence de l'acide carbonique et dans un milieu fermentescible, riche en matières azotées et minérales, il se multiplie par scissiparité: l'adulte se sectionne, se fragmente, et chaque portion constitue un nouvel individu. Lorsque le milieu s'appauvrit ou est en contact avec l'air, il y a reproduction par endogénèse, c'est-à-dire production de corpuscules-germes à l'intérieur du parasite.

Le sang et tous les liquides de l'organisme constituent des milieux fermentescibles favorables au développement du *bacillus subtilis*. La température influe beaucoup sur la multiplication plus ou moins rapide des bactériens septiques; ainsi, toutes choses égales d'ailleurs, une température voisine de la chaleur animale, de 38° à 40°, est celle qui favorise le mieux leur multiplication. On comprend dès lors sans peine que la septicémie se produise plus facilement et ait une marche plus rapide pendant l'été que pendant l'hiver.

L'air contrariant le vibrion septique, les plaies, qui se trouvent exposées à son contact, ne devraient pas se compliquer d'infection septique. Il en est bien ainsi jusqu'à un certain point. En effet, les germes qui vont se déposer sur les bourgeons sont détruits, et la multiplication ne peut pas se faire; il n'y a donc qu'à débarrasser constamment les plaies des matières purulentes ou autres qui pourraient s'y accumuler et y former une couche plus ou moins épaisse. Mais en général les solutions de continuité sont plus ou moins anfractueuses et présentent des dépressions, des recoins, dans lesquels s'accumule une certaine quantité de pus, de sang ou de tout autre produit organique; et les vibrions, qui se sont insinués dans les parties profondes, se trouvant soustraits au contact de l'air, peuvent se multiplier, produire la fermentation putride locale et à la suite la résorption septique. C'est ainsi qu'il faut expliquer la complication de septicémie à la suite d'une plaie.

Le *bacillus subtilis* offre un degré de résistance variable suivant ses formes; les bâtonnets sont beaucoup moins résistants que les corpuscules-germes. Ainsi le microbe septique, sous forme de filaments, est détruit par une température de 100° et aussi par l'oxygène comprimé, par l'alcool, par la putréfaction elle-même; tandis que les corpuscules-germes sont plus vivaces, résistent à la température de 120° et même de 130°, ne sont détruits ni par l'air ni par l'oxygène comprimés, ni par l'air libre, ni par l'alcool, ni par les acides, ni par le froid.

Nous avons jusqu'à présent parlé comme s'il n'y avait qu'un seul bactérien septique; et pourtant il y a plusieurs espèces de parasites septiques, mais ils sont très difficiles à distinguer les uns des autres d'après leurs formes et leurs mouvements. On est amené à en admettre plusieurs espèces, qui se comportent un peu différemment, qui ont des propriétés plus ou moins accusées, les cultures et les observations cliniques nous le prouvent. Il y a donc plusieurs variétés de bactériens septiques, dont les propriétés ne sont pas également intenses.

Le parasite de la septicémie agit toujours comme un ferment, en produisant des décompositions au sein des liquides dans lesquels il se développe. Il agit en modifiant le milieu qui lui sert de nourriture, en s'assimilant ses matières et en s'accompagnant de la formation de composés nouveaux, dont quelques-uns agissent comme de véritables poisons stupéfiants.

Il joue un grand rôle dans la nature, c'est lui qui amène la décomposition de toutes les matières organiques, c'est lui qui amène la restitution au règne minéral de tout ce que le règne organique lui avait emprunté.

En été la putréfaction des cadavres est rapide, pendant l'hiver elle est moins prompte. Mais dans tous les cas elle se produit, aussi bien sur le sol que dans la terre, et cela parce que les animaux ont ingéré pendant leur vie des germes septiques, qui produisent leurs effets alors qu'ils n'ont plus à lutter contre la résistance vitale de l'individu. La fermentation putride se produit rapidement après la mort ; aussi la formation de gaz entraine-t-elle promptement le ballonnement du cadavre, et les germes ont bientôt envahi toutes les parties du corps.

Il faut nous demander maintenant comment le vibrion septique s'introduit dans l'organisme et s'il est absorbé rapidement. Il faut de plus nous rendre compte, jusqu'à un certain point, de la variabilité de son intensité et de son mode d'action.

Le contage septique peut pénétrer dans l'organisme de trois manières différentes. Sa pénétration peut être le résultat d'une transmission ou contagion immédiate ; le malade peut communiquer lui-même sa maladie à un sujet sain. Elle peut être le résultat d'une contagion médiate, lorsque par exemple le germe s'introduit dans l'organisme par l'intermédiaire d'un véhicule solide ou liquide. Enfin elle peut avoir lieu par l'intermédiaire de l'air extérieur.

La septicémie, contrairement à la morve, contrairement à la tuberculose, contrairement aux maladies éruptives, etc., ne puise pas toujours son germe chez un animal malade ; la plupart du temps même c'est le monde extérieur qui fournit l'élément contagieux. C'est ce qui a fait dire à plusieurs auteurs que la maladie se développe spontanément ; et cela est vrai, s'ils entendent par développement spontané l'apparition de la septicémie provoquée par l'introduction de germes puisés dans le monde extérieur. Alors en effet la maladie est due à un bactérien venant du dehors ; mais celui-ci ne naît jamais spontanément.

La transmission immédiate est très rare ; elle est cependant possible. La septicémie apparait le plus souvent à la suite de la contagion ou transmission médiate, à la suite de l'introduction des germes avec les aliments solides ou liquides, à la suite de l'introduction du vibrion par l'intermédiaire des plaies, à la suite de l'introduction de l'agent infectieux dans les voies respiratoires avec l'air inspiré. Les plaies extérieures puisent le plus ordinairement les germes septiques dans leur contact avec l'air plutôt que dans l'eau employée et les objets de pansement. Le rôle essentiel dans ces circonstances appartient donc à l'air; c'est de l'infection proprement dite.

Les principaux agents qui servent de véhicule aux vibrions septiques sont les malades, les cadavres divers, toutes les matières organiques en putréfaction, tous les solides où se trouvent déposés les germes, toutes les eaux, surtout celles qui sont stagnantes, et l'air atmosphérique qui les tient en suspension.

La peau intacte ne laisse pas pénétrer ordinairement les germes septiques; mais lorsqu'elle est plus ou moins excoriée, et surtout lorsqu'il y a une plaie, la condition est réalisée pour que le vibrion septique, qui est en suspension dans l'air, puisse se déposer, végéter dans les produits de la plaie, être résorbé et déterminer l'infection septique. Certaines plaies internes peuvent aussi se compliquer de septicémie, telles sont celles résultant d'abcès pulmonaires, qui sont en communication avec l'air par les bronches; il en est de même dans les cas de métrite, consistant en une inflammation de la muqueuse utéro-vaginale, qui peut éprouver le contact de l'air.

Le tissu conjonctif est très propre à l'introduction du contage septique; et ce qui le prouve, c'est la résorption qui se produit à la suite des solutions de continuité, à la suite des inoculations et des injections sous-cutanées de matières septiques.

Les produits septiques, introduits par ingestion dans l'estomac et l'intestin, ne déterminent pas ordinairement la septicémie; ils peuvent cependant la provoquer, et dans les cas où ils ne la déterminent pas, ils occasionnent toujours des troubles passagers, tels que la diarrhée, des coliques, etc. Si l'on injecte de la matière septique par les voies rétrogrades, dans le rectum, on réussit plus souvent à produire la maladie.

Nous savons que, si les voies respiratoires sont ouvertes à l'accès des vibrions septiques, il est rare de voir apparaître la septicémie à la suite de l'inhalation d'un air chargé de germes. On est donc obligé de conclure que ces voies se prêtent difficilement au développement de l'infection septique.

Ce sont en définitive les plaies extérieures, qui sont les principales portes d'entrée du *bacillus subtilis*.

Lorsque le germe septique a été déposé à la surface des plaies, lorsqu'il est inoculé expérimentalement, il est absorbé très vite. Pour démontrer que l'absorption en est rapide, il suffit de citer l'exemple suivant : si, après avoir inoculé du virus septique à la pointe de l'oreille d'un lapin, on pratique l'amputation de l'organe cinq minutes après l'opération, on n'empêche pas le développement de la septicémie; on ne l'empêche pas non plus alors qu'on ampute l'oreille quatre, trois, deux, une minute après l'inoculation. Il est donc bien exact de dire que le contage septique est absorbé très rapidement.

Malgré cette absorption rapide, la maladie n'apparaît pas instantanément; il y a une période d'incubation plus ou moins longue. Cela se conçoit aisément; les germes sont d'abord trop peu nombreux pour produire des effets sensibles; il faut qu'ils se multiplient, qu'ils repullulent. Aussi n'y a-t-il rien d'étonnant que, dès les premières heures de leur multiplication,, on n'observe rien d'anormal; ce n'est que plus tard, lorsqu'ils sont en grand nombre, que les symptômes de la maladie se manifestent.

Tous les animaux, avons-nous dit, ne sont pas également aptes à contracter l'infection septique; il y en a même qui sont presque réfractaires, tels sont les carnassiers (chien et chat), qui la contractent rarement. Parmi les autres animaux, qui se prêtent plus souvent au développement de la septicémie, nous avons placé en première ligne le lapin, qui est le plus susceptible; le cheval, les solipèdes en un mot offrent une réceptivité assez prononcée; les grands et les petits ruminants résistent mieux.

Le vibrion septique, suivant le milieu où on le cultive, présente des formes variables et peut acquérir des propriétés physiologiques plus ou moins énergiques. Le sang septique, pris sur le cadavre d'un animal qui a succombé à la septicémie, est plus actif que la matière septique elle-même. Ainsi le sang d'un lapin, qui a été inoculé d'une matière septique quelconque, est toujours plus actif que cette matière. En outre, la puissance virulente s'accroît de plus en plus, à mesure que le virus septicémique traverse un plus grand nombre d'organismes.

Au bout d'un certain nombre de générations successives, le sang septicémique produit l'infection septique à dose minime et la maladie se termine plus rapidement par la mort. C'est M. Davaine qui a démontré ce fait. Il est arrivé à cette conclusion après avoir opéré sur vingt-trois séries successives de lapins : la première avait été inoculée avec du sang en putréfaction ; la seconde avec le sang de la première ; la troisième avec le sang de la seconde et ainsi de suite jusqu'à la vingt-troisième génération. Le sang d'un lapin de la dernière série avait acquis des propriétés virulentes tellement intenses, qu'en l'inoculant à la dose d'un trillionnième de goutte, il produisait la septicémie et une septicémie à marche très rapide.

On peut donc dire qu'au bout d'un certain nombre de générations successives, le virus septicémique devient très actif.

Mais s'il en est ainsi chez le lapin, les propriétés virulentes du sang septicémique ne sont pas si prononcées chez tous les animaux. Il est des espèces très aptes à contracter la septicémie, tandis que d'autres jouissent d'une immunité plus ou moins manifeste, et les résultats sont les mêmes chez eux, qu'on opère avec le sang septicémique ou le sang en voie de putréfaction. Ainsi chez les solipèdes et les grands ruminants, que l'inoculation soit faite avec de la matière septique ou avec du sang d'un animal septicémique, la maladie provoquée est toujours la même.

Cultivé hors de l'organisme, le vibrion septique éprouve des modifications dans sa puissance ; mais il peut toujours être ramené à sa virulence du début en changeant de milieu. Ainsi (M. Pasteur) le microbe, reproduit vingt, trente fois dans le bouillon Liébig et remis ensuite dans le sérum sanguin un peu fibrineux, redevient très virulent.

A quel moment apparaît la virulence dans le sang et dans tous les autres produits liquides et solides de l'organisme, qui doivent aussi devenir virulents ?

Quelle que soit la rapidité avec laquelle le virus est absorbé, le sang ne devient pas immédiatement virulent ; il renferme des germes à coup sûr, mais ceux-ci ne sont pas assez nombreux, ils sont disséminés. Aussi lorsqu'on expérimente avec ce sang, quelques instants après l'inoculation, on ne produit ordinairement rien. Pour qu'il soit reconnu virulent, il faut donc attendre que le virus se soit multiplié ; et quand il a suffisamment repullulé, on le rencontre dans tous les liquides et dans tous les solides de l'organisme.

Il est donc difficile de répondre à la question que nous nous sommes posée. Cependant on peut dire que la virulence doit être immédiate, mais qu'il est difficile de la constater, et que cette constatation devient de plus en plus facile, à mesure qu'on approche du moment de l'apparition des symptômes.

A quel moment la virulence cesse-t-elle d'exister ?

Elle persiste dans les cadavres ; cependant, lorsque la putréfaction a envahi toutes les parties, elle disparait. Il ne reste plus alors que de la matière putride qui, inoculée, est capable de produire une intoxication. C'est pourquoi les cadavres et les matières en voie de putréfaction sont plus dangereux que les cadavres et les matières totalement putréfiés.

TRAITEMENT

On doit préconiser avant tout et par dessus tout un traitement prophylactique ou préservatif.

Pour l'établir, il ne faut pas perdre de vue que la septicémie est une maladie qui menace tous les organismes à tous les moments ; attendu que ses germes sont partout et toujours prêts à pénétrer dans l'économie.

Nous connaissons les principales circonstances qui favorisent la formation de la matière septique et son introduction dans l'organisme. Il faudra donc modifier ces circonstances, combattre les causes, les faire cesser, les faire disparaître même complètement, ou du moins en atténuer l'action.

Ainsi à la suite de certaines phlegmasies avec congestion énorme, dues à des contusions qui amènent une gangrène locale ou une inflammation considérable, il faut modérer le travail morbide pour l'empêcher d'amener la gangrène et en favoriser la résolution par les moyens thérapeutiques appropriés.

Lorsqu'il y a compression, occasionnée par un tendon, une aponévrose, etc., il faut la faire cesser, ne pas craindre d'opérer des débridements, de pratiquer des ouvertures, des contre-ouvertures ; il faut amener enfin la déplétion de la partie congestionnée, au moyen de scarifications, de saignées locales, pour éviter la gangrène.

Nous savons que la septicémie se développe encore à la suite d'opérations avec solution de continuité ; aussi pour éviter cette complication, faut-il opérer, autant qu'il est possible, par la méthode sous-cutanée, et se dispenser de faire toute opération qui ne serait pas urgente, indispensable, quand il y a lieu de craindre une complication septique.

Lorsqu'on se trouvera en présence de plaies extérieures, ayant le contact de l'air, il faudra avoir la précaution de les soigner, de les déterger, de les nettoyer souvent, de faire des lavages nombreux, d'employer des cicatrisants et des antiseptiques.

Si les animaux se trouvent dans de mauvaises conditions hygiéniques, il faut y remédier, il faut renouveler l'atmosphère, surtout lorsqu'il y a encombrement, il faut faire nettoyer, entretenir et au besoin modifier les habitations.

Lorsqu'il s'agit d'animaux qui sont dans des conditions qui les rendent plus susceptibles de contracter la maladie, lorsqu'il existe des plaies, on peut prescrire un traitement général, tonique, antiseptique. On peut recourir à l'usage des analeptiques, des tanniques, des pyrogénés, de l'acide phénique, des phénates, de l'acide salicylique, des salicylates, du quinquina, des excitants généraux, etc ; il faut en outre ne pas négliger les soins locaux, tels que lavage, nettoyage et pansement des plaies.

La septicémie est à peu près toujours fatalement mortelle, lorsqu'elle s'est généralisée ; il est bon, cependant, de ne pas rester inactif et de prescrire un traitement même dans ces cas.

Le traitement local portera sur les accidents gangréneux, sur les plaies de mauvaise nature. Dans ces conditions on emploiera la cautérisation actuelle, les caustiques et parfois, mais plus rarement, les révulsifs locaux.

A l'intérieur on donnera des pyrogénés (acide phénique), des ferrugineux, du quinquina, etc ; il faut chercher, en un mot, à paralyser l'action du parasite ou à le tuer, ou à en favoriser l'expulsion au dehors, et pour arriver à ce dernier but, on pourra recourir aux laxatifs et aux diurétiques, tels que la térébenthine, etc.

BOUCHERIE

Les viandes provenant d'animaux septicémiques ont beaucoup de ressemblance avec les viandes charbonneuses, aussi en parlerons-nous plus loin au point de vue de la boucherie. Néanmoins il faut retenir dès à présent que de pareilles viandes sont souvent faciles à reconnaître d'après l'étude des lésions que nous avons faite, et aussi d'après la mauvaise odeur qu'elles dégagent souvent.

Il peut arriver des cas où le propriétaire, voyant son animal perdu, le sacrifie avant qu'il meure de la maladie ; les chairs semblent alors moins altérées, surtout si on les débite vite. Mais malgré cette précaution il est encore possible de les reconnaître ;

elles sont mollasses, rougeâtres, saigneuses, infiltrées profondément, et on rencontre souvent des ecchymoses, des points hémorrhagiques, qui ne disparaissent jamais dans certains muscles.

J'ajoute, sous forme de conclusion, que jamais dans aucun cas, il ne faudra permettre l'utilisation des viandes d'animaux atteints ou morts de septicémie. Il convient donc que les vaches atteintes de métrite, qui succombent à l'infection septique ou qui sont seulement menacées ou déjà atteintes de cette affection, ne soient jamais livrées à le boucherie ; ces animaux ne doivent être reçus ni à l'abattoir ni au marché d'approvisionnement. Tout animal atteint ou soupçonné d'être atteint de septicémie doit être éloigné de la consommation, que la maladie soit essentielle ou qu'elle soit venue compliquer une autre maladie. Toute viande provenant d'animaux septicémiques ou devenue septique doit être saisie, infectée, enfouie ou livrée à l'équarrisseur.

CHAPITRE III

FIÈVRE TYPHOÏDE DU PORC

Le typhus ou maladie rouge du porc est une affection générale, décelée par de la fièvre, par de la prostration et souvent par des rougeurs à la surface de la peau, caractérisée par des lésions constantes dans le poumon et les voies digestives, par la virulence des produits morbides, du sang et probablement des sérosités et de la lymphe.

La maladie est produite par un microbe particulier que l'on rencontre dans le sang, dans les organes malades, dans les vaisseaux sanguins et lymphatiques du poumon, dans les bronches, à la surface des plèvres et probablement ailleurs. Très souvent elle s'accompagne en outre d'adynamie et de diarrhée, ainsi que de troubles plus ou moins marqués dans la respiration. Non seulement on observe toujours dans cette affection des lésions pulmonaires et des lésions gastro-intestinales, mais fréquemment on rencontre aussi des lésions sur la peau, dans les ganglions, sur les séreuses, etc.

La virulence existe dans toutes les lésions, dans tous les produits morbides, dans le sang et probablement aussi dans les autres liquides et dans les solides de l'organisme.

La nature de la fièvre typhoïde du porc est nettement déterminée aujourd'hui ; des auteurs avaient rencontré des bactériens dans les différents organes de porcs qui étaient atteints de cette affection, mais on ne connaissait pas bien la signification de ces parasites, lorsque, dans ces dernières années, le docteur Klein l'a parfaitement déterminée. Certains disent avoir trouvé des microcoques dans le sang : ce liquide serait donc virulent.

Le docteur Klein a non seulement séparé les parasites de l'organisme, mais encore il les a cultivés hors du corps et a suivi leur développement. Il a puisé de la matière morbide dans un cadavre ou sur un malade ; il l'a introduite dans une cellule en verre renfermant de l'humeur aqueuse provenant d'un lapin ; il a porté la culture à une température convenable, et, au bout de 24 heures, l a remarqué que le parasite s'était multiplié. Il a pris alors une goutte de ce liquide et a fait une nouvelle culture, qui lui a également donné un résultat positif. Il a fait ainsi huit cultures successives, et, dans chacune d'elles, il a constaté le développement du même bactérien. Ce microbe s'est montré sous des aspects différents, sous forme de sporules simples, géminées ou réunies en torula ou en mycoderme, sous forme de spires, sous forme de filaments et enfin sous forme de baguettes. Le liquide provenant de la huitième culture, inoculé à des animaux, a produit la même maladie que si l'on avait pris du virus sur un animal malade. Cette expérience démontre que la fièvre typhoïde du porc est bien une affection parasitaire.

Cette maladie est appelé *fièvre typhoïde* ou *fièvre entérique*, parce qu'elle a une grande analogie avec celle de l'homme, et parce que de nombreuses lésions siègent dans l'intestin. On l'a encore désignée sous le nom d'*érysipèle épizootique, gangréneux, contagieux* ou *malin*, et sous le nom de *mal rouge*, car à la surface de la peau des individus qui en sont atteints, on observe ordinairement des taches ou des plaques rouges. On l'appelle *érysipèle épizootique*, parce que souvent elle se montre sur un assez grand nombre d'animaux ; *érysipèle gangréneux*, parce que quelquefois les parties, qui sont le siège de la rougeur, éprouvent la gangrène ; cette complication peut aussi se produire dans le poumon.

La dénomination d'*érysipèle contagieux* lui convient très bien, car de nombreux faits ont prouvé que cette maladie peut se transmettre par contagion ; on l'appelle *érysipèle malin*, parce qu'elle est très grave et se termine par la mort, dans le plus grand nombre des cas. Cette terminaison fatale arrive environ quatre fois sur cinq.

On l'appelle encore *mal rouge, pourpre, feu, feu sacré, maladie typhoïde, fièvre splénique* ou *anthrax* (la rate est quelquefois le siège de lésions bien évidentes, et dans ce cas on l'a confondue avec le charbon), *fièvre érysipélateuse, maligne, maladie bleue* (parce que les taches rouges peuvent devenir livides, violacées ou bleuâtres, ce changement de coloration est d'un mauvais augure), *typhus, choléra, peste du porc*. Le docteur Klein l'a appelée *pneumo-entérite infectieuse*, parce que les lésions constantes de cette maladie infectieuse sont celles que l'on observe dans le poumon et sur l'intestin. Ces appellations doivent être connues, il est utile de savoir qu'elles ont été appliquées à cette maladie; mais nous lui conserverons celle de *fièvre typhoïde*, car elle nous semble meilleure que les autres, attendu que cette maladie est analogue à la fièvre typhoïde de l'homme.

SYMPTÔMES

Le mal rouge ou fièvre typhoïde du porc a été surtout observé et étudié en France, en Angleterre, en Allemagne, en Suisse, en Alsace. L'affection se montre souvent à l'état d'enzootie ou d'épizootie. Elle attaque de préférence le porc; mais il est fort probable que les moutons sont susceptibles de la contracter.

Les symptômes, qui la caractérisent, sont locaux ou généraux. Dans leur étude nous ne suivrons pourtant pas cette division. Nous étudierons successivement les symptômes fournis par les différents appareils de l'organisme, en commençant par ceux qui frappent le plus facilement l'observateur et en continuant par ceux que fournissent les appareils les plus maltraités par la maladie.

La fièvre typhoïde est parfois difficile à reconnaître au début; pourtant elle est transmissible aux animaux sains dès son apparition; et, sans qu'on se doute de son existence, la contagion peut avoir lieu; aussi est-il difficile de reconnaître tous les malades dans un troupeau et de remonter parfois à la source de l'infection. La maladie peut être bénigne pendant toute sa durée, mais cela est rare; habituellement ses symptômes sont plus ou moins manifestes, et dans le plus grand nombre des cas elle se termine par la mort. Elle est ordinairement propagée par les malades et par leurs produits morbides, qui peuvent souiller les aliments et les boissons, dont l'ingestion provoque l'apparition de la maladie chez les animaux sains; et dans le plus grand nombre de cas il est assez facile de suivre la marche de l'affection. La pneumo-entérite se montre en toute saison; mais elle semble surtout fréquente pendant l'été, dont la température élevée favorise la production et la multiplication des germes qui la produisent. Il est difficile de déterminer la durée de sa période d'incubation quand la maladie n'est pas développée expérimentalement; mais l'inoculation nous montre que cette période dure en moyenne de deux à cinq jours.

Les symptômes qui frappent de prime abord tout observateur

attentif, sont : une fièvre plus ou moins intense, une tristesse très prononcée, un abattement plus ou moins profond, qui s'accompagne souvent de stupeur; les animaux sont très sensibles au froid, ils présentent des frissons; ils sont nonchalants et presque insensibles aux excitations extérieures; ils perdent plus ou moins complètement l'appétit; la respiration et la circulation deviennent plus accélérées; la température intérieure et extérieure s'élève, la chaleur rectale peut s'élever jusqu'à 41°, 42° et même 43°. Ce dernier symptôme n'est pas toujours bien régulier. La température éprouve des variations pendant le cours de la maladie et suivant les divers cas. Les malades s'affaiblissent rapidement et la faiblesse est surtout manifeste dans le train postérieur; la démarche devient vacillante. On constate quelquefois des symptômes nerveux, de l'anxiété, de l'agitation et même des convulsions. D'autres fois on remarque un état de somnolence plus ou moins prononcé, qui est l'indice d'une congestion cérébrale. Parfois les malades ont du tournis et présentent les symptômes d'une meningo-encéphalite; il arrive même qu'ils poussent en avant. Ces états coïncident avec des lésions de la masse cérébrale et cérébelleuse.

Les divers symptômes que nous venons d'énumérer sont plus ou moins marqués et progressent avec la maladie elle-même.

La peau, le tissu conjonctif sous-cutané, les muscles, les ganglions superficiels et les articulations offrent les sympômes les plus faciles à observer, après ceux que nous venons d'énumérer.

Les soies sont hérissées. La peau présente des rougeurs, des pétéchies, des taches rougeâtres plus ou moins grandes, plus ou moins nombreuses et plus ou moins colorées, quelquefois violacées; d'autres fois la rougeur est en nappe; elle s'accompagne toujours de chaleur, de douleur et de tuméfaction dans les parties malades. Sur les animaux noirs la rougeur fait défaut, mais les autres caractères existent (hérissement des soies, chaleur, tumeur). Quelquefois le gonflement et la rougeur sont diffus; d'autres fois ils se montrent par places. Ils siègent dans certaines parties, principalement sur le groin, sur les oreilles, sur le cou, sur la poitrine, sous le ventre, à la face interne des cuisses, au périnée, etc. La rougeur peut manquer ou être seulement passagère; elle n'est donc pas un symptôme constant. Elle se montre tantôt au début, tantôt à la fin de la maladie et quand elle occupe une grande étendue, sa présence est un indice de gravité, surtout si sa couleur change et si elle devient cyanosée. Parfois on rencontre des boutons analogues à ceux de l'échauboulure. Quelquefois aussi des vésicules formées par le plasma sanguin en-dessous de l'épiderme, et d'autres fois enfin des hémorrhagies plus ou moins considérables.

La marche de ces différents symptômes est progressive; mais dans les cas où la maladie se termine par la guérison, la résolution se fait promptement et elle est accompagnée d'une desquamation épidermique. Quand il y a eu des hémorrhagies, des croûtes ne tardent pas à se former; il en est de même lorsqu'il s'est produit des vésicules; et ces croûtes tombent ensuite par desquamation. Quelquefois il se forme des abcès, quand il y a eu œdème du tissu conjonctif sous-cutané, et il arrive parfois qu'il se produit une gangrène locale des parties malades.

L'infiltration du tissu conjonctif peut être plus ou moins prononcée, plus ou moins étendue, et dans quelques cas gêner le jeu de certains organes, des membres, de la trachée, du larynx, etc. Cette infiltration peut non seulement se produire sous la peau et entre les muscles, mais encore dans leur intérieur. Elle se traduit par un empâtement, par un gonflement, par la chaleur et la douleur de la partie infiltrée.

Souvent les ganglions inguinaux et sous-maxillaires sont engorgés, tuméfiés, sensibles, douloureux à la pression.

Quelquefois il se produit une véritable inflammation des séreuses articulaires, et il en résulte des arthrites multiples, qui parfois se généralisent. Ces accidents occasionnent des boiteries et s'accusent en outre par la tuméfaction, la chaleur et la douleur des régions enflammées.

Les malades perdent plus ou moins l'appétit; on observe quelquefois des vomissements, toujours de la constipation, parfois une salivation surabondante et très souvent de la diarrhée. La diarrhée est ou primitive ou consécutive à la constipation. Elle est temporaire ou intermittente, ou persistante et fétide, et s'accompagne toujours d'un amaigrissement rapide. Le ventre est plus ou moins douloureux et rétracté, et l'on observe souvent des symptômes de coliques.

La respiration est pressée, difficile, bruyante et rauque, quand il y a œdème de la glotte; il n'est pas rare d'entendre de la toux, car la maladie se complique assez souvent d'angine, de bronchite, de pneumonie. On peut donc observer les symptômes de ces maladies. Quand il y a angine, il y a aussi tuméfaction des ganglions de la tête, du cou; la bouche reste quelquefois ouverte, la langue sort et reste pendante. Quand il y a pneumonie, c'est ordinairement une pneumonie lobulaire; quelquefois enfin il y a de la pleurésie.

La circulation est accélérée; les muqueuses apparentes sont rouges-brunâtres et souvent plus ou moins cyanosées.

Les urines deviennent plus jaunes, plus foncées, troubles et plus chargées.

Ces divers symptômes ne s'observent pas quand la maladie est bénigne, et ils ne se montrent pas dans tous les cas où elle est grave.

La marche de la fièvre typhoïde du porc est toujours rapide, même quand la maladie est bénigne. Le plus souvent, avons-nous dit, la pneumo-entérite est très grave, et nous pouvons ajouter que 75 fois sur 100 elle se termine par la mort. Sa durée n'est souvent que de quelques heures, d'autres fois elle varie entre deux et cinq jours. Quand elle est bénigne, elle guérit fréquemment et assez rapidement; mais cette guérison est quelquefois imparfaite, et on voit parfois des lésions et des symptômes persister pendant un temps plus ou moins long; ainsi la diarrhée peut persister.

Dans les cas graves, la mort arrive rapidement; elle est due soit à une apoplexie, soit à une généralisation hâtive des lésions, quelquefois aussi elle est le résultat d'une complication de septi-cémie.

Le *pronostic* est toujours fâcheux; la maladie amène le plus souvent la mort; de plus elle est contagieuse, épizootique et plus ou moins grave, suivant les épizooties, suivant les années, suivant les saisons; elle est surtout grave pendant les saisons chaudes, lorsque les animaux sont entourés d'une mauvaise hygiène. Quand la couleur rouge de la peau devient livide, on est presque sûr que la maladie se terminera par la mort; quand la température rectale atteint 42° ou 43°, la terminaison fatale est à craindre. Ce qui aggrave encore le pronostic de cette affection, c'est que les cadavres sont à peu près inutilisables. M. Zundel prétend bien qu'on peut livrer les chairs à la consommation, et il arrive souvent que les propriétaires les utilisent, mais on ne doit jamais conseiller une pareille pratique, et il est préférable d'ordonner l'enfouissement de tout le cadavre ou sa livraison à l'équarrissage.

Le *diagnostic* est facile toutes les fois que la maladie se présente avec des symptômes bien marqués; il est encore facilité par les renseignements des propriétaires sur son mode d'apparition et sur sa marche, sur ses progrès et son extension. Mais on peut quelquefois la confondre avec des maladies, qui ont des symptômes à peu près analogues à ceux qu'elle présente, avec la rougeole et le charbon.

La fièvre typhoïde du porc, contrairement à la rougeole, ne se caractérise pas seulement par des rougeurs cutanées, elle s'accompagne de beaucoup d'autres symptômes. La rougeole n'est pas grave, et quand on a à pratiquer des autopsies, il n'est pas possible de confondre ces deux affections; de plus, dans les matières morbides des animaux morts de fièvre typhoïde, on rencontre des bactériens. On peut toujours la distinguer du charbon en analysant avec soin les symptômes et en étudiant le sang au microscope ou en pratiquant des autopsies; le bactérien de la fièvre typhoïde est plus volumineux que celui du charbon. Du reste l'inoculation permet de ne jamais confondre le charbon et la fièvre typhoïde; le premier est inoculable au lapin et la fièvre typhoïde n'est pas transmissible à cet animal.

ANATOMIE PATHOLOGIQUE

Les lésions sont plus ou moins avancées, plus ou moins étendues, suivant la durée de la maladie; plus la maladie a évolué rapidement, moins les lésions sont caractéristiques.

Le sang n'est pas sensiblement altéré, ni modifié dans ses caractères physiques et chimiques; il se coagule facilement et rougit au contact de l'air, mais sa richesse en fibrine et en globules blancs est augmentée. Quelquefois il est incoagulé et noirâtre, lorsque la maladie est compliquée de septicémie. Il contient le microbe pathogène, qui se présente sous forme de sporules isolées, géminées ou réunies en chapelet.

Sur la peau, on voit de nombreuses taches ou plaques rouges, se rapprochant de la couleur noirâtre ou bleuâtre. Ces taches s'accompagnent de tuméfaction; et celle-ci intéresse le derme et le tissu conjonctif sous-cutané, qui est souvent altéré, enflammé et souvent infiltré d'une sérosité rougeâtre au niveau des plaques que l'on voit à la surface de la peau. Cette infiltration gagne le tissu conjonctif intermusculaire et pénètre même jusque dans l'intérieur des muscles. Quelquefois la rougeur est superficielle et n'intéresse que les couches superficielles du derme.

Les chairs sont mollasses, saigneuses, baveuses, humides; les fibres musculaires sont presque toujours altérées, elles perdent leur striation, et il y en a qui ont éprouvé la dégénérescence granuleuse; le tissu conjonctif qui forme la gangue des muscles est en état de dissolution plus ou moins avancée; ces chairs sont mauvaises et doivent être éloignées de la consommation. Les altérations sont variables, plus ou moins avancées suivant l'intensité et la durée de la maladie.

Les séreuses articulaires sont quelquefois enflammées et renferment une sérosité sanguinolente.

Les ganglions inguinaux, pelviens, mésentériques, bronchiques, maxillaires, etc., sont tuméfiés, rouges, congestionnés et présentent des foyers hémorrhagiques dans la couche corticale et des infiltrations dans toutes les autres parties.

Sur la membrane buccale on remarque quelquefois des taches hémorrhagiques et même des ulcérations ainsi que sur l'épiglotte. Le péritoine est hypérémié, congestionné, enflammé, il présente des taches assez nombreuses et des hémorrhagies; il a été le siège d'une exsudation abondante de sérosité plus ou moins fluide, claire ou teintée de sang, qu'on retrouve dans sa cavité sous forme d'épanchement; à sa surface, il s'est déposé une sorte de coagulum, et on trouve des fausses membranes qui adhèrent, soit au mésentère, soit à l'épiplaon. La muqueuse stomacale est épaissie, infiltrée, injectée; son épithélium se desquame facilement, il est enlevé par places, et forme parfois des amas grisâtres ou jaunâtres, de consistance pultacée, constitués par des cellules épithéliales dégénérées ou en voie de dégénérescence; ces amas contiennent de nombreux microbes. Sur la muqueuse intestinale, on trouve les mêmes altérations, et de plus toutes les tuniques sont hypérémiées. La muqueuse duodénale est fortement hypérémiée, et présente des taches hémorrhagiques au sommet des plis. La valvule iléo-cœcale, la muqueuse cœcale et la muqueuse colique sont hypérémiées; on observe des taches hémorrhagiques sur la muqueuse colique et ailleurs, des ulcérations plus ou moins nombreuses rondes ou allongées sur la valvule iléo-cœcale et sur la muqueuse colique, des hémorrhagies sous-muqueuses dans le gros intestin; les glandes de Peyer sont tuméfiées et plus en relief; les follicules solitaires sont gonflés, et plus saillants qu'à l'état normal. La rate est quelquefois gonflée, tuméfiée par places et présente des taches hémorrhagiques sous sa capsule; elle a une couleur sombre, noirâtre; elle est ramollie. Le foie est gonflé, gorgé de sang, plus foncé, moins ferme, et présente aussi des taches hémorrhagiques plus ou moins nombreuses sous sa capsule.

La muqueuse respiratoire est hypérémiée, elle se desquame facilement, et présente un état catarrhal plus ou moins généralisé; la glotte est le siège d'un œdème; les bronches sont enflammées. Dans la trachée et dans les bronches on trouve une matière spumeuse et rosée ou un mucus purulent et sanguinolent, qui contient de nombreux microbes, sous forme de sporules libres ou réunies en mycodermes à la surface des cellules épithéliales.

Les plèvres sont enflammées et présentent des taches et des foyers hémorrhagiques; à leur surface on trouve des fausses membranes, et dans leur intérieur un épanchement plus ou moins considérable, résultant de l'exsudation inflammatoire.

Le poumon est souvent hypérémié, surtout dans les parties déclives, il présente des taches ecchymotiques, des suffusions sanguines plus ou moins nombreuses et plus ou moins étendues; on y rencontre souvent une véritable pneumonie lobulaire à divers degrés d'évolution. L'hépatisation est plus ou moins étendue, elle est quelquefois accompagnée de gangrène pulmonaire; son tissu est infiltré d'une matière sanieuse ou fibrino-purulente; elle est rougeâtre, noirâtre, grisâtre. On trouve le microbe pathogène dans ces diverses lésions.

On observe des ecchymoses sur le péricarde et sur le cœur, notamment sur le cœur droit; sous l'endocarde les taches hémorrhagiques sont abondantes. Le péricarde est souvent envahi par une inflammation exsudative, et contient une sérosité rougeâtre; le sang est coagulé; le tissu du cœur est plus mou, décoloré, lavé et plus friable.

On rencontre enfin de la congestion dans les reins, sur la muqueuse utérine, sur la muqueuse vésicale, ainsi que dans les centres nerveux.

L'examen microscopique fait presque toujours découvrir, dans les lésions, des parasites végétaux sous forme de filaments, de chaînettes, de micrococques et d'agglomérats. Ces parasites sont plus gros que ceux de la septicémie et du charbon; on les trouve dans tous les organes qui sont le siège d'altérations, sur les muqueuses digestives et respiratoires, dans la vessie, dans le foie, dans la rate, dans les ganglions, sous l'endocarde, dans le sang, dans le cerveau, etc.

Certains auteurs ont prétendu qu'on ne les trouvait pas dans le sang; mais il n'en est pas ainsi, car on les y a vus et on a pu faire développer la fièvre typhoïde sur des animaux sains, en inoculant du sang d'animaux qui étaient atteints de cette maladie.

ETIOLOGIE, PATHOGÉNIE

Le mal rouge apparaît quand les animaux reçoivent une alimentation riche en parasites, quand les auges et les baquets, qui servent à leur distribuer leur nourriture, sont malpropres; il est rare en hiver et au printemps, mais en revanche il est plus fréquent en été. Sa cause véritablement efficiente est un parasite végétal, qui se rencontre à peu près partout dans l'organisme des malades, et peut même vivre et se multiplier en dehors de l'économie animale, comme l'ont prouvé les expériences du docteur Klein. Le typhus du porc est inoculable, contagieux, infectieux; son contage existe dans la peau, dans les lésions cutanées, dans l'intestin, dans les ulcères intestinaux, dans la rate, dans les diverses lésions, et les divers produits morbides, et aussi dans le sang, dans tous les organes et dans tous les tissus. M. Zundel prétend que la maladie se développe à la suite d'une alimentation avariée; et il n'y a pas alors spontanéité à proprement parler, car le germe vient du dehors et est introduit soit avec les aliments, soit avec les boissons, soit avec l'air inspiré. Elle se transmet par contagion immédiate, quand un animal malade la communique directement à un animal sain en le flairant, en le touchant ou en déposant sur lui des produits morbides. Elle se transmet aussi par contagion médiate, par l'ingestion d'aliments ou de boissons souillés; la truie malade peut la transmettre à ses petits en les allaitant; on la voit aussi faire son apparition à la suite de l'ingestion de la saumure dans laquelle a macéré de la viande provenant d'animaux malades; elle peut se transmettre par la cohabitation et le séjour d'animaux sains dans les lieux infectés; elle peut enfin se transmettre par l'intermédiaire de l'air, qui, tenant les germes en suspension, les dépose sur les aliments, dans les boissons ou les introduit dans le poumon. On l'a vue se propager par l'intermédiaire des débris cadavériques des malades, et par l'eau dans laquelle on avait lavé les issues provenant d'animaux atteints du mal rouge. Les produits diarrhéiques et autres produits morbides, excrétés par les malades, peuvent servir d'agents de propagation.

Une première atteinte confère-t-elle l'immunité aux animaux qui guérissent?

Cette question n'est pas résolue d'une manière positive; M. Zundel prétend qu'un animal qui guérit peut devenir malade une seconde fois; mais il y a lieu de recourir à l'expérimentation pour trouver la véritable solution.

La fièvre typhoïde du porc semble jusqu'à présent une maladie d'espèce; elle est transmissible au porc et peut-être au mouton, mais on n'a pas réussi à la communiquer au chien ni au lapin. Il reste, à ce sujet, d'intéressantes recherches à faire.

Certains auteurs l'assimilent et l'identifient même à la fièvre typhoïde de l'homme; le docteur Klein ne partage pas leur opinion et il rejette énergiquement cette manière de voir. L'observation clinique ne fournit d'ailleurs aucune donnée précise, qui permette d'identifier ces deux affections.

TRAITEMENT

Le traitement de la fièvre typhoïde du porc doit remplir diverses indications; il doit être prophylactique, préventif (hygiène et police sanitaire), curatif (agents thérapeutiques, antiseptiques, antibactériens).

Il faut supprimer et atténuer l'influence des causes qui favorisent le développement de la maladie; il faut donner une bonne alimentation aux animaux, des toniques, des boissons bien pures; il faut améliorer l'hygiène, si elle laisse à désirer, et avoir recours à l'emploi de l'acide phénique comme moyen préventif.

Si la maladie est déclarée, il faut combattre la fièvre, la diarrhée, les coliques; administrer des rafraîchissants, des laxatifs, des tempérants, quelquefois des vomitifs. Il faut combattre la cause, recourir aux antiseptiques (boissons, inhalations, etc.), à l'acide phénique, au permanganate de potasse, au borate de soude, au chlorate de potasse, à l'acide salicylique, au quinquina, aux iodés, etc.

Il faut aussi prescrire un traitement local; et pour ce, on a recours encore aux antiseptiques, aux astringents, etc.

Il faut savoir mettre en œuvre, quand il y a lieu, le traitement de l'angine, de la bronchite, de la pneumonie, de la gastro-entérite, de la gangrène, etc.

POLICE SANITAIRE

La fièvre typhoïde est exclue de la loi sanitaire votée au Sénat, et cela me paraît tout à fait regrettable. Mais en attendant que l'ancienne législation soit abrogée, le vétérinaire peut conseiller et l'autorité peut prescrire les mesures sanitaires jugées utiles ou nécessaires, en invoquant l'arrêt du 16 juillet 1784, la loi des 16-24 août 1790, la loi des 28 septembre et 6 octobre 1791, et les articles 459, 460, 461, 462 du Code pénal.

Quand l'épizootie règne dans une localité, il convient que l'autorité éclaire les propriétaires sur la nature de la maladie, sur sa transmissibilité, sur sa gravité; il convient que l'autorité exige sa déclaration des malades et qu'elle engage les propriétaires à la faire dans le plus bref délai possible. Une fois informée, l'autorité doit déléguer un vétérinaire pour procéder à la visite des malades, pour apprécier la nature de la maladie, et déterminer ce qu'il y a lieu de faire afin d'empêcher l'extension de l'épizootie et d'en amener l'extinction. Les trois principales mesures de police sanitaire qu'il convient d'appliquer sont : la séquestration des animaux malades; l'enfouissement des cadavres, ou leur livraison à l'équarrissage; la désinfection de tout ce qui a été souillé, de tout ce qui a servi aux malades. Quand la maladie s'est déclarée dans un troupeau, il faut le séquestrer et séparer les individus malades des individus sains, placer ces derniers dans un local où ils seront observés pendant cinq ou six jours, et laisser les malades séquestrés dans le lieu infecté. La séquestration pourra être levée au bout de quelques jours après le dernier cas de maladie, au bout de sept à huit jours.

Tant que l'épizootie ne sera pas éteinte, l'exportation, le déplacement, la mise en vente des animaux malades ou simplement suspects des localités ou des fermes infectées devra être interdite.

Après la disparition de la maladie, après la levée de la séquestration, après l'évacuation d'un local infecté, il faut toujours faire procéder à une bonne désinfection; il faut faire désinfecter tout ce qui a pu être souillé par les malades, l'habitation, les auges, les seaux, les baquets, les fumiers, les cours, etc.; il faut faire nettoyer à fond les habitations, les cours et tous les objets souillés; il faut faire procéder à des raclages, à des lavages avec des lessives bouillantes et avec une solution phéniquée bouillante, à un badigeonnage avec une solution concentrée d'acide phénique brut, à l'incinération ou à l'enfouissement des fumiers, à l'aération, à une fumigation sulfureuse, etc. Les cadavres, les débris cadavériques ne doivent jamais être jetés dans les rivières; les malades ne doivent pas être acceptés pour la boucherie. Les cadavres doivent être livrés à l'équarrissage ou enfouis totalement; c'est tout au plus s'il y a lieu de permettre l'utilisation de la graisse, et, lorsque cette permission sera accordée, il faudra que toutes les parties qui en contiennent soient fondues immédiatement. Cette graisse ne devra pas être livrée à la consommation, il sera bon de la dénaturer, de l'infecter avec de l'acide phénique brut, afin qu'elle ne puisse plus servir que pour les besoins de l'industrie. Il vaut mieux ordinairement demander l'enfouissement des cadavres, car en général il y a eu émaciation très prononcée, et la graisse est peu abondante. En aucun cas il ne faut jamais permettre de les livrer à la consommation.

CHAPITRE IV

CHOLÉRA DES OISEAUX

Le choléra des oiseaux, encore appelé *maladie épizootique des oiseaux de basse-cour, typhus des volailles, affection typhique des volailles*, est une maladie parasitaire intéressante; son étude est importante au double point de vue scientifique et pratique. Elle nous fait connaître une maladie qui se transmet par un parasite et nous permet d'espérer que, grâce à l'application de certaines mesures de police sanitaire, on pourra dans les cas d'épizootie en restreindre les ravages et en amener l'extinction.

Le typhus des oiseaux est une maladie générale, presque apoplectique, décelée par de l'abattement, de la stupeur, de l'adynamie, de la diarrhée, de la cyanose; caractérisée par une altération du sang, qui jouit de la virulence ainsi que toutes les matières de l'organisme malade. Elle est produite par l'introduction et la multiplication dans l'économie d'un bactérien, que l'on rencontre dans le sang et dans tous les liquides et les solides de l'organisme malade. Elle se caractérise en outre par des lésions très manifestes dans le sang, dans les organes de l'appareil digestif et dans les organes de l'appareil respiratoire.

Les symptômes principaux sont : un état apoplectique (elle est quelquefois foudroyante), un abattement très prononcé, une stupeur analogue à celle que présentent les individus atteints de fièvre typhoïde, un amaigrissement rapide, la diarrhée, la dysenterie, une cyanose tenant à l'altération du sang. Les lésions, de même que les symptômes qu'elles déterminent, ont une certaine ressemblance avec celles du typhus, avec celles du choléra de l'homme. La contagiosité, la virulence du choléra des poules a été démontrée par de nombreuses observations et par des expériences multiples. La virulence existe, avons-nous dit, dans tous les liquides et dans tous les solides de l'organisme. La nature du contage a été déterminée, dans ces dernières années, par divers expérimentateurs, par MM. Moritz, Perroncito, Toussaint et surtout par M. Pasteur. On a reconnu dans le sang des malades la présence d'un microbe, d'un bactérien, d'un micrococque ; et non seulement on a constaté sa présence dans le sang des oiseaux malades, mais aussi dans celui des lapins auxquels on inocule la maladie. Le micrococque a été isolé par M. Pasteur, qui l'a cultivé hors de l'organisme, et qui est arrivé à atténuer tellement la puissance morbigène du virus cholérique, qu'il peut l'inoculer impunément à des oiseaux sans les rendre gravement malades et tout en leur conférant l'immunité.

SYMPTOMATOLOGIE

Le choléra des oiseaux a été observé et étudié dans de nombreux pays, en France, en Italie, en Autriche, en Hongrie, en Allemagne, en Russie, etc., par de nombreux observateurs, qui nous ont fait connaître sa symptomatologie et son étiologie.

Certains auteurs l'ont assimilé au choléra de l'homme, en se basant sur ce fait, que dans les pays où le choléra asiatique apparaît, on observe fréquemment en même temps le choléra des oiseaux. Mais ce serait aller trop loin que d'induire de cette coïncidence fortuite une identité entre les deux maladies, car le choléra des oiseaux se montre dans des pays où n'a jamais régné le choléra de l'homme. D'ailleurs on n'a jamais signalé aucun cas de transmission de la maladie des oiseaux à l'homme.

Les oiseaux chez lesquels on observe ordinairement le choléra, sont les oiseaux de basse-cour, les poules, les dindons, les pintades, etc. Mais ce ne sont pas seulement ces animaux qui peuvent être atteints ; la maladie peut aussi attaquer le lapin ; on a en outre pu l'inoculer au chien, au cheval et déterminer chez eux une maladie rapidement mortelle. Donc le choléra des poules peut se transmettre à d'autres espèces ; mais la transmission naturelle à ces autres espèces est rare, et M. le professeur Perroncito de Turin affirme qu'il n'a jamais constaté que cette maladie fût transmissible au chien par l'inoculation du sang des poules mortes.

Le typhus des volailles est ordinairement épizootique, il ne se limite pas à quelques individus ; une fois introduit dans un poulailler, il attaque successivement les individus qui le composent et se propage à d'autres poulaillers. Il convient donc d'étudier d'abord la maladie sur un individu, en passant en revue ses symptômes, sa marche, sa gravité, sa terminaison; ensuite nous examinerons la marche de l'affection en tant qu'épizootie.

Chez les individus qu'il attaque, le choléra débute brusquement; son apparition suit toujours de très près la contamination. Il s'agit en effet d'un contage de nature parasitaire, qui se multiplie avec rapidité dans l'économie, qui produit des effets d'autant plus rapidement visibles, qu'il évolue dans un organisme plus petit; aussi, n'y a-t-il rien d'étonnant d'observer une période d'inoculation courte, pouvant tout au plus durer de huit à soixante heures. Quelquefois la maladie est apoplectique, foudroyante, et entraîne la mort dès qu'elle apparaît; alors on ne peut presque observer aucun symptôme, et à l'autopsie on ne rencontre aucune lésion particulière sur les organes. Dans tous les cas elle marche très rapidement; mais néanmoins assez souvent, quoique promptement mortelle, elle peut durer quelques heures, pendant lesquelles on peut observer les symptômes suivants.

On constate de l'abattement, une grande tristesse, de la nonchalance, de l'indifférence chez les malades pour tout ce qui se passe autour d'eux, un état de stupeur très marquée, un affaiblissement qui progresse très rapidement, un état de torpeur très prononcée; les animaux semblent cloués sur place. Le plumage devient hérissé, les ailes s'écartent et traînent sur le sol. La crête se décolore et devient bleuâtre, violacée, noirâtre, elle perd de sa rigidité, elle devient pendante et légèrement gonflée, car il s'y produit une exsudation. La peau devient cyanosée (ce symptôme, pour être constaté, exige que la maladie dure quelque heures) et elle se refroidit progressivement. L'œil s'enfonce et reste couvert par les paupières, qui sont presque closes; la vue est confuse. Les animaux tombent dans un état de somnolence à peu près complète. Parfois on constate des convulsions dans les muscles du cou, des ailes, etc.; le dos est voussé. Les malades recherchent le soleil et se serrent en groupe; ils sont très sensibles au froid, car leur organisme est en voie de se refroidir (symptôme très manifeste chez les cholériques). La tête est portée basse, elle est agitée de mouvements latéraux et parfois appuyée sur le bec, qui repose à terre. Le cou devient flasque et rengorgé. Le corps s'affaisse sur les membres, sur les ailes et sur le bec; quelquefois il y a balancement longitudinal ou latéral de tout le corps. La démarche est pénible, difficile, titubante; en se déplaçant, les malades font des chutes et ils se relèvent difficilement.

En même temps que ces symptômes d'ensemble se présentent, il y a d'autres symptômes plus pathognomoniques.

L'appétit est diminué ou perdu ; la soif est accrue. Le bec laisse échapper une humeur mousseuse, gluante, blanchâtre, parfois liquide, et qui s'écoule aussi par les ouvertures nasales ; on obtient facilement cet écoulement en suspendant le malade par les pattes. Le ventre est retroussé, l'animal présente des signes manifestes de coliques. Quand la maladie dure un certain temps, on observe toujours une diarrhée blanchâtre, séro-muqueuse et fétide. Cette diarrhée devient de plus en plus fréquente, claire, fétide, mousseuse et souvent striée de sang ; alors c'est une véritable dysenterie spumeuse, fétide et sanguinolente. Ces symptômes apparaissant, la maladie s'aggrave ; la fin fatale est proche, un abaissement de température se produit et on le constate facilement en appliquant la main sur la peau. La respiration est pénible, convulsive. Parfois les malades poussent un cri guttural, une espèce de hoquet convulsif ; quelquefois aussi, l'agitation convulsive se généralise et se manifeste sur toutes les parties du corps.

La maladie marche si vite, même dans les cas où elle dure le plus, qu'elle se termine en 8 ou 12 heures ; très souvent elle se termine plus tôt, et dans quelques rares cas elle dure un peu plus. Le plus habituellement elle suit fatalement son cours ; les malades présentent de la diarrhée, de la dysenterie et alors la mort arrive. Elle est annoncée ou non par une agonie convulsive ; mais le plus souvent elle a lieu subitement, même sans période de torpeur. Elle est quelquefois précédée de symptômes de tournis liés à des lésions cérébrales ; enfin elle arrive parfois après un vomissement glaireux. La guérison est très rare ; cependant sur le déclin des épizooties elle peut survenir quelquefois, mais jamais ou presque jamais au début.

Le diagnostic de cette affection est très facile à établir ; les symptômes suffisent amplement pour éclairer l'observateur, et un critérium est encore fourni par la marche de la maladie, qui est épizootique. Les renseignements sur sa propagation, sur son extension et sa marche aideront toujours à porter un diagnostic certain. Quelquefois cependant on a pu confondre le typhus des volailles avec les maladies vermineuses, avec un empoisonnement, avec le charbon. A propos de cette dernière affection, Renault et M. Reynal ont sûrement fait cette confusion, car, dans l'article *charbon* du *Dictionnaire de médecine et de chirurgie vétérinaires*, ils décrivent un charbon des volailles, dont les symptômes ressemblent tout à fait à ceux du choléra. Ils ont pris le typhus pour le charbon, attendu que cette dernière maladie ne se développe pas chez les oiseaux. On ne peut pas confondre le choléra avec une maladie vermineuse, cette dernière ne présentant jamais un tableau de symptômes analogues à ceux du choléra; et d'ailleurs il suffirait de procéder à l'autopsie, qui, dans le cas de maladie vermineuse, montrerait la présence de vers dans les bronches, les intestins, etc. On ne peut pas non plus confondre le typhus avec un empoisonnement; car, si dans certains empoisonnements les oiseaux peuvent présenter des vomissements, de la diarrhée, certains symptômes nerveux, etc., et si l'empoisonnement peut s'être produit sur plusieurs animaux, on ne constate jamais cette marche épizootique et cette transmissibilité, qui caractérisent le choléra.

Le pronostic de cette affection est excessivement grave. La maladie est presque toujours mortelle; elle est contagieuse, elle se transmet des oiseaux malades aux oiseaux sains, et elle peut attaquer certains animaux mammifères. De plus les cadavres des malades, qui ont succombé, sont inutilisables, et bien que dans la pratique les propriétaires les utilisent parfois, bien qu'on n'ait encore observé aucun accident résultant d'une pareille manière de faire, le vétérinaire sanitaire devra toujours s'opposer à leur utilisation.

Lorsque le choléra apparaît dans une basse-cour, il en décime la population, il attaque successivement diverses espèces (poules, canards, dindons, oies, pintades, faisans, paons, pigeons et quelquefois lapins). Quelquefois il sévit simultanément sur deux ou plusieurs espèces ou sur toutes; généralement, s'il n'a atteint d'abord qu'une espèce, il se propage et se transmet successivement à toutes les autres; parfois même il se transmet au lapin. Il n'est pourtant pas absolument rare de voir une ou plusieurs espèces totalement épargnées, quoique leurs représentants aient été en contact avec les malades.

Cette affection se montre plus particulièrement sur les bêtes les plus grasses, sur les bêtes âgées de un à trois ans et aussi sur les bêtes plus jeunes ou plus âgées; elle se montre le plus habituellement pendant le printemps et pendant l'été. Au printemps elle est grave, car elle coïncide avec la ponte, mais sa gravité est extrême pendant l'été. Le typhus une fois introduit dans une basse-cour, tous les malades jeunes et vieux succombent; et la maladie reste ainsi très grave quelque temps. Lorsque l'épizootie arrive à son déclin, les oiseaux qui ont été réfractaires pendant quelque temps et qui l'ont contractée en dernier lieu ont une affection moins grave. La résistance qu'ils ont offerte au choléra a été plus grande, aussi cette maladie peut-elle se terminer chez eux par la guérison. Le typhus passe d'un premier poulailler à d'autres et d'une première localité aux localités voisines, grâce aux exportations d'animaux ou de substances infectées; grâce aux relations que peuvent avoir les animaux des basses-cours du voisinage avec ceux de la basse-cour infectée. On peut, dans le cours d'une épizootie, voir la maladie se propager parfois au loin, alors qu'elle n'attaque pas certaines basses-cours voisines.

ANATOMIE PATHOLOGIQUE

Les cadavres des oiseaux, qui ont succombé, se refroidissent rapidement ; la rigidité cadavérique, qui arrive instantanément, n'est jamais bien prononcée et ne dure pas longtemps. La peau est souvent cyanosée sur toute son étendue; sous le ventre, on rencontre des points et des taches verdâtres. Il s'échappe par les ouvertures naturelles (bec, ouvertures nasales et anale) les mêmes produits que du vivant des malades. La muqueuse du bec est pâle. Dans le jabot et le gésier on rencontre un liquide ou des matières molles, des fragments d'aliments à odeur fétide. Le péritoine est hypérémié, imbibé de plasma sanguin, et il présente à sa surface et dans sa profondeur des taches ecchymotiques. Le système porte est injecté de même que les intestins, qui offrent une forte congestion extérieure.

En ouvrant l'intestin grêle, on trouve les lésions les plus intéressantes, surtout dans sa portion initiale. Il renferme souvent une bouillie grisâtre, plus ou moins claire, muqueuse, quelquefois puriforme, très abondante, très adhérente aux parois intestinales, et quelquefois sanguinolente. Lorsqu'on étudie de près cette matière, on la voit formée d'un plasma muqueux et séreux, qui contient des cellules épithéliales dégénérées, des leucocytes, des globules de pus, des hématies, des granulations, des cristaux, de la graisse et des micrococques. La muqueuse est rouge terne ; sa coloration tient le milieu entre la teinte rouge et la teinte bleue. On y rencontre des plaques plus ou moins étendues, dont les villosités sont hypertrophiées, plus apparentes et forment un gazon très visible. On rencontre des ecchymoses, des hémorrhagies plus ou moins étendues et sous forme de taches, dans les tissus sous-muqueux, intra-muqueux et extra-muqueux ; lorsqu'elles siégent à la surface de la muqueuse, elles expliquent la teinte des matières diarrhéiques ou dysentériques. Quelquefois on voit de véritables érosions, mais elles manquent généralement; elles n'ont pas eu le temps de se produire. Il y a ordinairement un état catarrhal de la muqueuse, dont l'épithélium se détache avec une grande facilité

Le mécanisme, qui préside à la production de ces altérations, est le suivant : il se produit (virus) une certaine irritation de la muqueuse intestinale, et cette irritation s'accompagne d'hypérémie, d'exsudation, de catarrhe, d'hypersécrétion dans les glandules, de desquamation épithéliale, de formation cellulaire dans le tissu de la muqueuse, de la diapédèse des globules blancs à travers les vaisseaux, de la diffusion du plasma sanguin, de l'hypérémie des villosités et de leur desquamation ; il se produit aussi, comme conséquence de la congestion, des ruptures vasculaires, des ecchymoses, des hémorrhagies,

Dans le gros intestin les altérations sont moins prononcées ; on y rencontre des taches et des plaques ecchymotiques intra et sous-muqueuses, des hémorrhagies, un état catarrhal. Dans le rectum on trouve des points ecchymotiques. Le foie est hypérémié, noirâtre et présente quelquefois des foyers purulents métastatiques ; il est jaunâtre, ses éléments sont granuleux. La rate est plus foncée, son tissu est ramolli.

La muqueuse respiratoire est également congestionnée, injectée, catarrhale, et elle contient une certaine quantité de mucus. Le poumon est hypérémié, noirâtre, œdématié, quelquefois gangréné ; il y a parfois aussi des points pleurétiques. Le cœur présente des ecchymoses à l'intérieur et à l'extérieur ; la péricarde contient un liquide citrin ou sanguinolent. Le sang est ordinairement coagulé dans le cœur et les vaisseaux. Il est noir, plus riche en leucocytes ; mais son altération principale consiste dans la présence de bactériens, qui existent aussi partout ailleurs. Le système nerveux offre des ecchymoses et une congestion plus ou moins vive.

La plupart des lésions qui viennent d'être signalées, notamment celles des voies digestives, font à peu près complètement défaut quand la maladie a été foudroyante.

ETIOLOGIE

On a accusé, comme pouvant produire le choléra, un grand nombre de causes générales. Or le rôle de ces causes est nul, c'est tout au plus si elles sont des causes adjuvantes. Le typhus des oiseaux est produit par un contage de nature parasitaire. La maladie est contagieuse ; cela est démontré par la marche et l'extension de l'épizootie et par de très nombreux faits d'observation et d'expérimentation. Certains auteurs affirment avoir observé sa transmission même par l'intermédiaire de l'air. A côté des faits positifs, qui prouvent la contagion volatile, il en est d'autres qui sont négatifs, mais qui n'ébranlent en aucune façon la démonstration tirée des premiers. En résumé, il est admis et prouvé que la maladie peut se transmettre par l'intermédiaire de l'air. Elle se propage ordinairement par contagion immédiate et par contagion médiate. La cause unique du choléra est un parasite qui s'introduit dans l'organisme, s'y multiplie et s'approprie l'oxygène du sang (Pasteur).

Le contage existe dans tout l'organisme, dans les solides, dans les liquides, dans les produits morbides. L'agent virulent est un organisme microscopique, qui a d'abord été soupçonné par M. Moritz, vétérinaire en Alsace, qui a été figuré en 1878 par M. le professeur Perroncito, qui a été retrouvé et étudié en 1879 par M. Toussaint, et dont le rôle pathogène a été établi par M. Pasteur, qui l'a isolé, qui l'a cultivé hors de l'organisme et qui a fait à ce sujet de très belles découvertes, dont il sera question tout à l'heure. Le parasite du choléra se montre sous forme de granulations ou de corpuscules sphériques ou oblongs, mobiles, brillants, isolés ou géminés, quelquefois disposés en torula ; il présente des mouvements ondulatoires. On le rencontre dans le sang de tous les animaux qui ont eu la maladie ; il ne se dissout ni dans l'acide acétique ni dans l'ammoniaque. Il peut être cultivé hors de l'organisme (Pasteur), dans le bouillon de muscles de poules, dans le sang ; il se multiplie avec une grande rapidité. Il peut ensuite être inoculé et il provoque toujours la même maladie ; il est aérobie, il vit, se multiplie et respire aux dépens du sang et il le rend ainsi impropre à la vie en l'altérant. On peut le dessécher sans lui faire perdre sa vitalité, qu'il conserve alors un temps assez long, pendant plusieurs mois ; on a vu des matières virulentes desséchées depuis un mois transmettre la maladie. Renault avait déjà remarqué la grande résistance du contage non desséché ; il avait pu, quatre-vingt-seize heures après la mort d'une poule, inoculer son sang fructueusement à une autre poule. De nombreuses tentatives d'inoculation ont été faites, et toujours une quantité infinitésimale de virus a produit inévitablement la mort chez les volailles et même chez d'autres animaux. La maladie est inoculable non seulement aux oiseaux, mais aussi aux lapins, aux cochons d'Inde, au cheval et au chien (Renault, Delafond).

Culture du microbe. — Il résulte des intéressantes recherches de M. Pasteur un certain nombre de conclusions, la démonstration d'un certain nombre de vérités scientifiques de la plus haute importance, qui peuvent se résumer ainsi qu'il suit : l'urine neutralisée, si propre à la culture de la bactéridie, est impropre à la culture du microbe du choléra, qui doit être cultivé dans du bouillon de muscles de poule neutralisé par la potasse et stérilisé par une température de 110° à 115°. L'eau de levûre, obtenue par la décoction de la levûre de bière dans l'eau, filtrée et stérilisée par une température de 110° à 115°, convient, quand elle a été neutralisée, pour la culture des organismes les plus divers, mais elle est impropre à la culture du microbe cholérique ; en sorte que pour reconnaitre la pureté des cultures cholériques, il suffit d'en semer une goutte dans cette eau de levûre, qui reste limpide ou se trouble et se cultive suivant que la semence est pure ou mélangée d'autres germes. Le cochon d'Inde inoculé ne présente parfois qu'une lésion localisée au point d'inoculation, où il se forme un abcès dans lequel est concentré le virus et qui guérit ordinairement après s'être ouvert, sans que l'animal ait paru malade. On savait déjà que la culture du virus dans des organismes successifs n'atténue point son activité ; l'expérience avait prouvé qu'à la quatrième génération il se montre aussi actif qu'à la première. La virulence n'est pas atténuée non plus par les cultures successives faites hors de l'organisme. Mais grâce à un mode de culture qu'il n'a pas fait connaitre, M. Pasteur est arrivé à atténuer la puissance morbigène du microbe cholérique, de façon à pouvoir l'inoculer sans occasionner la mort et à pouvoir conférer l'immunité aux animaux inoculés. Ce virus atténué a été soumis à quelques cultures successives et n'a pas augmenté de puissance ; de plus il semblerait, d'après un ou deux essais, qu'il ne devient pas plus actif en passant sur la poule ou sur le cochon d'Inde. Il y a pourtant des degrés dans l'atténuation obtenue, et souvent, pour arriver à conférer une immunité complète, il faut inoculer deux, trois, quatre fois les animaux avec le virus atténué. L'immunité ainsi conférée aux poules inoculées est bien réelle, car on a beau les inoculer ensuite avec le virus non atténué, ou introduire celui-ci dans le torrent circulatoire ou le faire arriver dans les voies digestives, on ne les rend pas malades. Le microbe, qui est aérobie, emprunte au sang ses éléments de nutrition et de respiration ; il provoque une véritable asphyxie et des désordres graves, tels que : péricardite, épanchements séreux, altérations des organes internes ; il s'accompagne de la formation d'un produit narcotique, qui provoque le sommeil même chez les animaux qui ont acquis l'immunité complète. L'immunité conférée doit être attribuée à la destruction, par le microbe inoculé, de certaines matières nécessaires à son développement ; de même que l'eau de levûre, de même que l'urine, de même que les animaux naturellement réfractaires, les poules qui ont acquis l'immunité complète, ne possèdent plus les matériaux nécessaires au développement du microbe. Cette interprétation semble la seule admissible ; ainsi du bouillon de muscles de poule, qui a servi trois ou quatre jours pour une culture de microbes, devient impropre à une nouvelle culture, tandis qu'il ne l'est pas le second jour ; ainsi une première inoculation peut ne pas enlever tous les matériaux de l'organisme de la poule. D'ailleurs les produits, qui accompagnent la multiplication du microbe, ne s'opposent pas à de nouvelles cultures, qui sont toujours possibles quand on ajoute des matériaux nutritifs ; enfin ces produits, qui provoquent le sommeil quand on les injecte sous la peau, ne confèrent pas l'immunité aux poules qui ont éprouvé leur action. On comprend aisément qu'une première inoculation ne produise pas une immunité complète, car les microbes sont en lutte avec les éléments des organes qui leur disputent l'oxigène, tandis que ceux qui sont dans un liquide de culture, ne rencontrant aucun obstacle, épuisent tous les matériaux propres à leur développement.

Certaines poules inoculées, après avoir été très malades, récupèrent une santé relative, puis maigrissent et meurent après des semaines ou des mois, tout en présentant le parasite du choléra, dont la virulence n'est nullement atténuée et qui pendant longtemps avait été relégué sans doute dans une partie impropre ou peu propre à la culture. Enfin il arrive parfois chez les poules, qui ont acquis l'immunité, qu'un abcès se forme dans un point du corps, dont le produit contient le microbe colérique.

Contagion. — Il est donc bien démontré que le virus du choléra peut se conserver et même se développer hors de l'organisme. Les malades en rejettent avec tous les produits qu'ils excrètent ; aussi la maladie peut-elle se propager par les trois modes de contagion que nous avons déjà indiqués. Elle peut se se transmettre par l'intermédiaire de l'air, qui, à un moment donné, peut entraîner des germes à une plus ou moins grande distance. Héring affirme avoir observé des cas, où le typhus se serait propagé de cette manière ; Renault et Delafond ont fait des tentatives pour obtenir la contagion volatile, et ils n'ont pas réussi ; mais ces faits ne peuvent pas infirmer la conclusion tirée d'un fait démonstratif bien observé. Il faut, dans la pratique, considérer comme toujours possible la contagion par l'air infecté de germes. Le choléra peut se transmettre par contagion immédiate et par contagion médiate. Les matières virulentes, tous les corps solides ou liquides ou gazeux, qui sont souillés de matière virulente et qui sont ensuite mis en contact avec d'autres animaux ou qui sont introduits dans les voies digestives, dans les voies respiratoires, sont susceptibles de faire naître la maladie. Un animal malade, qui rejette des matières morbides par le bec ou par les naseaux, peut infecter ceux qui les becquètent. Renault n'avait pas réussi à infecter les chiens ni le porc, en leur faisant ingérer des matières virulentes ; mais il avait réussi, et d'autres après lui ont obtenu le même résultat, en agissant sur des poules. M. le professeur Perroncito a rendu malades des volailles en leur faisant ingérer des produits (ovaire, poumon) provenant d'une poule cholérique. M. Pasteur a communiqué la maladie à des poules, en leur donnant à manger du pain ou de la viande arrosée de quelques gouttes d'une culture de microbe. Dans les basses-cours, le choléra se communique des animaux malades aux animaux sains par les produits qui s'écoulent du bec ou du nez ou par les matières excrémentitielles. Ces produits sont directement ingérés, ou bien ils souillent les aliments et les boissons que les animaux encore sains doivent ingérer. C'est donc par les voies digestives que le virus pénètre le plus ordinairement dans l'organisme. La matière virulente peut aussi se conserver sur les corps solides, se dessécher et entrer en suspension dans l'air ou être becquetée par des oiseaux sains plus ou moins longtemps après qu'elle a été excrétée.

Ainsi on a vu la contagion se produire sur des animaux introduits dans une habitation un mois après qu'elle avait été abandonnée par les bêtes malades. La propagation du choléra est favorisée par la cohabitation, par l'encombrement, par la malpropreté ; elle peut être occasionnée par l'exportation d'animaux infectés ou malades, par des graines, des pailles, des fourrages infectés, par les personnes qui soignent la basse-cour et qui peuvent transporter des germes dans leurs vêtements ou avec leurs chaussures.

Non seulement le choléra est transmissible des oiseaux aux mammifères ci-dessus désignés, mais il peut faire retour de ces derniers aux oiseaux.

La maladie est-elle transmissible à l'homme ? On n'a encore jamais signalé aucun cas de transmission des oiseaux à l'homme.

Le parasite, une fois introduit dans l'organisme qu'il doit rendre malade, y repullule très rapidement ; aussi la période d'incubation est-elle très courte ainsi que nous l'avons vu.

TRAITEMENT

Dans les cas où il y a choléra ou menace d'invasion, il est surtout nécessaire de prescrire certaines mesures de police sanitaire. Le traitement des malades est d'une efficacité contestable; et d'ailleurs, vu la rapidité de la maladie, il est le plus souvent impossible d'en mettre un quelconque en pratique. Pourtant, outre l'application de certaines mesures sanitaires, il est bon de prescrire un traitement prophylactique. Il faut réaliser de bonnes conditions hygiéniques au point de vue de l'alimentation et de la propreté de la basse-cour et du poulailler ; il faut surveiller la nourriture et les boissons. Il faut employer en outre, à titre de moyens prophylactiques, l'acide sulfurique, l'acide phénique, le quinquina, le salicylate de soude, les sels de fer (sulfates, carbonates), qu'on mettra en dissolution dans les boissons. Lorsque la maladie se sera développée, on donnera encore aux animaux de l'acide sulfurique, de l'acide phénique, du salicylate de soude, du sulfate ou du perchlorure de fer, du borate de soude, du chlorate de potasse, des composés iodurés, etc., qu'on mettra en dissolution très étendue dans leurs boissons.

POLICE SANITAIRE

Cette maladie n'est pas mentionnée dans la nouvelle loi sanitaire; mais on peut la comprendre parmi celles que vise l'arrêt du 16 juillet 1784. Lorsque la loi de 1879 sera votée par la Chambre et mise en vigueur, il y aura lieu de demander qu'elle soit introduite un jour dans l'énumération des maladies contagieuses, en vertu d'un décret du Président de la République. Dans ces derniers temps, le ministre de l'agriculture a adressé aux préfets la circulaire et l'instruction suivantes.

« Paris, le 6 avril 1880.

« Monsieur le Préfet,

« A différentes époques, une maladie contagieuse, particulière aux volailles, a été signalée à mon administration. Cette affection, qui se nomme *choléra des poules*, bien qu'elle s'attaque également aux oies, aux canards et aux dindons, peut, en l'espace de quelques semaines, décimer, quelquefois même dépeupler entièrement une basse-cour.

« En 1868, une enquête faite dans les départements, avait permis de constater presque partout les ravages causés par cette épizootie; mais aucun moyen n'avait été encore trouvé pour en arrêter le développement. Les cas assez nombreux, constatés en 1878 par les vétérinaires du service des épizooties dans les départements, m'ont déterminé à appeler sur cette question l'attention du Comité consultatif des épizooties.

« Une instruction, indiquant les principales causes de la maladie et les procédés à employer pour la faire disparaître, a été rédigée d'après les indications de ce Comité. J'ai l'honneur de vous en transmettre ci-joints cent exemplaires, en vous priant de répandre le plus possible ces conseils pratiques dans votre département.

« Recevez, Monsieur le Préfet, l'assurance de ma considération la plus distinguée.

« *Le Ministre de l'agriculture et du commerce,*

« P. TIRARD. »

Choléra des poules

Conseils donnés aux agriculteurs, d'après les indications du Comité consultatif des épizooties.

« L'affection contagieuse particulière aux volailles, désignée sous le nom de *choléra des poules*, quoiqu'elle s'attaque également aux oies, aux canards et aux dindons, cause des pertes très sensibles à l'agriculture. Si peu d'importance qu'elle paraisse avoir lorsqu'elle n'atteint qu'un sujet isolé, elle acquiert cependant une véritable gravité lorsque, et c'est le cas le plus habituel, elle vient à se déclarer dans une basse-cour un peu nombreuse, qu'elle peut décimer et même quelquefois dépeupler totalement en quelques semaines. Cette maladie peut donc causer un préjudice considérable à nos exploitations rurales, où la production de la volaille et des œufs constitue une spéculation très lucrative.

« Toutefois, il est possible d'arrêter le développement de cette maladie, et la présente instruction a pour objet de porter à la connaissance des agriculteurs les moyens d'atteindre ce but.

« Tous les cultivateurs savent reconnaître le choléra des poules. Dès que le mal les a envahies, les bêtes prennent un air de tristesse; elles deviennent somnolentes, perdent leurs forces, ne s'éloignent plus quand on les chasse; la température du corps s'élève; la crête devient violette par suite d'une modification dans la circulation; enfin, la mort arrive souvent quelques heures après l'apparition des premiers symptômes.

« Des recherches scientifiques récentes ont établi d'une façon certaine que cette maladie est produite par un organisme microscopique, qui se développe dans les intestins, passe dans le sang et s'y multiplie avec une rapidité extraordinaire. Ce parasite est évacué dans la fiente et peut ensuite passer dans les animaux qui picorent les fumiers ou mangent les grains qui ont pu être salis par la fiente.

« Si un animal vient à mourir et qu'il y ait lieu de craindre le choléra des poules, il faut aussitôt faire sortir les volailles de la basse-cour et les maintenir isolées les unes des autres. On doit ensuite nettoyer la basse-cour et le poulailler, en enlevant le fumier et en lavant à grande eau les murs, les perchoirs et le sol L'eau employée contiendra par litre 5 grammes d'acide sulfurique, et on se servira pour ce lavage d'un balai rude ou d'une brosse. Quand il se sera écoulé une dizaine de jours sans qu'aucune mort se soit produite, on pourra considérer le mal comme disparu et on ne maintiendra plus dans l'isolement que les volailles qui manifesteraient de l'abattement, de la tristesse, de la somnolence.

« Ces moyens, si simples dans leur emploi, suffiront pour arrêter les progrès de la contagion et en empêcher le retour; appliqués dès le début du mal, ils limiteront les pertes à un chiffre insignifiant. »

Les conseils donnés dans l'instruction du Comité consultatif me paraissent tout à fait insuffisants, et je crois que le cas échéant il faut savoir appliquer des mesures sanitaires d'une manière sérieuse. Les mesures qu'on doit conseiller en pareilles circonstances sont l'isolement, la séquestration, le déplacement, parfois le sacrifice des malades, l'enfouissement des cadavres et la désinfection. Il faut demander la séquestration des basses-cours infectées et faire interdire l'exportation et la sortie des oiseaux malades ou suspects ; il faut faire séparer les malades et au besoin les faire sacrifier ; il faut faire déplacer ceux qui sont encore sains et les faire transporter dans un autre local bien aéré ; de la sorte on peut arrêter l'épizootie en soustrayant les animaux sains à la contagion. Il faut, quand cela est possible, évacuer les lieux infectés, en se débarrassant des malades, en déplaçant les bêtes encore saines, qu'on surveillera afin d'éliminer aussitôt celles qui tomberaient malades. Il faut aussi demander l'interdiction de la vente et de l'exportation des oiseaux de basse-cour, même sains, venant des fermes où la maladie règne. Les cadavres ne seront jamais consommés, on les fera enfouir dans la terre à une profondeur convenable, variable suivant leur nombre, ou dans le fumier; et dans ce dernier cas il sera bon de faire répandre sur eux une couche d'acide phénique brut ou une solution d'acide sulfurique, ou même de les infecter en leur injectant une solution phéniquée. Lorsque la maladie aura quitté le poulailler et la basse-cour, lorsque l'épizootie aura cessé, lorsqu'on aura évacué les lieux infectés, il faudra toujours faire désinfecter la basse-cour et le poulailler ainsi que tous les objets et ustensiles souillés, voire même l'air du poulailler. On fera enlever les fumiers, qui seront traités par une solution d'acide sulfurique ; on fera laver au moyen d'un balai ou d'une brosse et avec une solution d'acide sufurique, qui, d'après M. Pasteur est le meilleur désinfectant, la basse-cour, le poulailler, les perchoirs, tous les objets souillés ; on emploiera pour cela une solution contenant au moins de vingt à trente pour mille d'acide ; on fera flamber superficiellement les objets susceptibles d'être soumis à cette opération ; on dégagera des vapeurs sulfureuses dans l'habitation après avoir humecté les parois et les objets qu'elle contient ; puis on fera aérer pendant un jour, et le lendemain on pourra introduire de nouveaux animaux dans les locaux ainsi désinfectés.

Il sera bon, afin de préserver plus sûrement les basses-cours du voisinage, de prévenir les propriétaires, afin qu'ils veillent mieux sur leurs animaux.

CHAPITRE V

CHARBON

Le charbon est une maladie dont l'étude offre quelques difficultés, à cause de la confusion qu'on rencontre dans les écrits des anciens auteurs, qui comprenaient sous le nom générique de *maladies charbonneuses* ou de *charbon* un certain nombre d'affections, différentes par leur nature, et qui, pour eux, n'étaient que des formes diverses de la même affection. Le nom générique de *charbon* avait été donné par les auteurs à ces affections à cause d'un symptôme assez saillant (tumeurs noirâtres) observé pendant le cours de certaines d'entre elles; et cette désignation était même appliquée aux cas où les tumeurs ne se montraient pas. Aussi les maladies prétendues charbonneuses avaient-elles reçu des noms très nombreux, suivant l'idée que les observateurs s'étaient faite de leur nature, et suivant les symptômes prédominants qu'ils avaient constatés. On avait distingué un *charbon externe* et un *charbon interne*. Le premier était caractérisé par l'apparition de tumeurs plus ou moins volumineuses dans diverses régions extérieures du corps; on le désignait encore sous les noms de *charbon essentiel, charbon symptomatique, anthrax, bubon, glossanthrax, avant-cœur, anti-cœur, estranguillon, esquinancie, araignée, trousse-galant, noir-cuisse*. Le charbon interne ou général était celui qui se caractérisait par des symptômes généraux, qui s'accompagnait de symptômes fournis par les divers appareils organiques. On l'appelait encore *fièvre charbonneuse, sang de rate, splénite gangréneuse, congestion sanguine, maladie de sang, peste charbonneuse, peste rouge, typhus charbonneux, typhoémie, fièvre putride, fièvre pestilentielle, fièvre pernicieuse, fièvre ataxique, fièvre adynamique, fièvre adéno-nerveuse, fièvre maligne, fièvre phlogoso-gangréneuse, maladie charbonneuse ou carbonculaire, charbon*. Avec les auteurs, un très grand nombre de vétérinaires, surtout parmi ceux qui ont exercé à la campagne, ont ainsi confondu, sous le nom de charbon, un certain nombre de maladies.

Chabert avait distingué dans le charbon trois grandes variétés, trois formes principales, savoir : la *fièvre charbonneuse* ou charbon caractérisé par des symptômes généraux ; le *charbon symptomatique* ou charbon caractérisé d'abord par des symptômes généraux et se compliquant ensuite de symptômes locaux (tumeurs) ; le *charbon essentiel* ou charbon caractérisé d'obord par des symptômes locaux (tumeurs), se généralisant ensuite et s'accompagnant de symptômes généraux. Nous verrons plus loin que le charbon symptomatique et le charbon essentiel de Chabert ne sont pas la même affection que la fièvre charbonneuse proprement dite.

Gilbert n'accepta pas cette manière de voir ; il ne vit dans le charbon qu'une seule maladie, toujours la même, toujours identique, qu'il considéra comme une *fièvre putride gangréneuse*. Il se faisait une idée fausse de la nature du charbon ; les symptômes et les lésions, qui l'avaient porté à désigner ainsi la maladie, sont en effet des symptômes et des lésions de septicémie.

Renault et M. Reynal ont admis deux formes dans le charbon : la fièvre charbonneuse ou le charbon sans symptômes locaux, et le charbon caractérisé à la fois par des symptômes généraux et par des symptômes locaux (tumeurs).

Dans l'état actuel de la science, il ne faut considérer, comme véritablement charbonneuses, que les maladies déterminées par les bactéridies, bien que ces maladies ne se caractérisent pas ordinairement par des tumeurs à substance noirâtre. En sorte que le nom de charbon se trouve aujourd'hui un peu éloigné de sa signification primitive.

Ce n'est pas seulement avant la découverte de la bactéridie charbonneuse que les auteurs ont confondu d'autres maladies avec celle qui a pris définitivement dans la science le nom de charbon proprement dit ; pareille confusion a été faite après et est encore faite quelquefois de nos jours. C'est que les matières charbonneuses ne produisent pas toujours, quand on les inocule, des résultats identiques. Ces matières, inoculées à des animaux sains, entrainent quelquefois la mort, sans qu'on observe des bactéridies dans le sang.

Il y a dans certains cas, à côté du vibrion charbonneux, un autre vibrion plus actif, qui produit des effets plus rapides ; le bactérien du charbon a été annulé par la décomposition putride en voie de s'effectuer dans la matière inoculée. Ainsi Jaillard et Leplat, en

expérimentant avec un sang charbonneux septique, avaient provoqué une maladie mortelle sans apparition de bactéridies chez
les animaux inoculés; mais cette maladie était la septicémie et
non le charbon comme ils l'avaient cru. Du reste il suffit d'inoculer ensemble des matières charbonneuses intactes et des matières septiques pour obtenir tantôt le charbon et tantôt la septicémie; on provoque ainsi le charbon chez les animaux qui sont
très aptes à le contracter, tandis qu'on obtient la septicémie chez
ceux qui sont plus prédisposés à cette dernière affection qu'à la
première. En résumé le sang charbonneux putréfié peut produire
des effets variables suivant les espèces animales; il donne aux unes
le charbon, aux autres la septicémie et aux autres il ne donne
rien.

Le charbon symptomatique de Chabert est appelé en Allemagne
tumeur emphysémato-gangréneuse, charbon des mares. Feser a
provoqué cette maladie en inoculant la boue des marais. M. Mé-
gnin a trouvé, dans la sérosité pleurale d'animaux morts à la suite
de l'usage d'eau croupie, un parasite assez analogue à celui du
typhus du porc ou du choléra des oiseaux. MM. Arloing, Cornevin
et Thomas viennent de démontrer que le charbon symptomatique
est inoculable et qu'il est produit par un microbe autre que la
bactéridie.

Aujourd'hui donc le charbon proprement dit doit être considéré
comme la *maladie de la bactéridie*, qui se présente généralement
avec les symptômes jadis reconnus à la fièvre charbonneuse. Cependant la fièvre charbonneuse, le charbon bactéridien peut,
quoique exceptionnellement, se compliquer quelquefois de tumeurs à la peau. Le moment est donc venu de définir la maladie,
dont le caractère pathognomonique est la présence de la bactéridie
dans les humeurs et les tissu de l'organisme.

Définition. — Le charbon est une maladie générale, contagieuse, caractérisée par des symptômes généraux (fièvre) et quelquefois par des symptômes locaux dus à des désordres plus ou
moins accusés de certains organes, par une évolution et une
marche rapides, par la virulence du sang et de toutes les matières
de l'organisme malade, et par une altération très manifeste, déjà
marquée avant la mort, du fluide circulatoire; elle est produite par
l'introduction et la multiplication d'un bactérien dans l'organisme.
Ses principaux symptômes consistent en modifications fonctionnelles plus ou moins nombreuses et plus ou moins accusées; mais

son seul caractère pathognomonique est la présence de bactéridies dans le sang et les tissus. Ses lésions principales se montrent dans l'appareil circulatoire sanguin et lymphatique; on rencontre souvent des lésions congestionnelles généralisées, et cela
se conçoit aisément, car le sang porte partout la cause morbigène.
L'agent morbigène, qui vit et se multiplie dans l'organisme, est un
bactérien, qui peut aussi se conserver et se développer même hors
de l'organisme. Le charbon est donc une maladie essentiellement
parasitaire.

SYMPTOMATOLOGIE

La maladie charbonneuse est une affection très fréquente; elle
sévit tous les ans sur un grand nombre d'animaux, surtout dans
quelques pays. On l'observe en tout temps, principalement pendant certaines saisons (été, automne) et sous l'influence adjuvante
d'un certain nombre de conditions climatériques, hygiéniques,
atmosphériques. Elle est souvent enzootique dans la Beauce, dans
les montagnes du Cantal, dans la Provence et quelques autres pays
méridionaux, etc. Certaines espèces y paraissent plus prédisposées
que les autres; c'est ainsi qu'elle attaque surtout les animaux de
l'espèce ovine et de l'espèce bovine. Les solipèdes et les porcins y
sont moins sujets; les carnivores la contractent très difficilement;
le lapin y est prédisposé, tandis que les oiseaux n'en sont atteints
qu'exceptionnellement. Renault et M. Reynal, dans l'article charbon du *Dictionnaire de chirurgie et de médecine vétérinaires*, ont
décrit cependant un charbon des volailles; mais il ne faut pas
ajouter foi à cette description, car ils ont pris pour le charbon une
autre maladie, probablement le choléra. Du reste il a été démontré, il n'y a pas longtemps, que les oiseaux possèdent l'immunité vis-à-vis du charbon, à moins cependant qu'ils soient jeunes
ou refroidis, ou soumis à une alimentation spéciale. Le charbon est
quelquefois sporadique, quelquefois il est épizootique. Mais dans
le plus grand nombre des cas, avons-nous dit, il sévit à l'état
d'enzootie dans les localités où il règne. Après y avoir fait son
apparition, il y frappe un plus ou moins grand nombre d'animaux;
il y persiste plus ou moins longtemps et ne cesse quelquefois que
lorsqu'on se décide à faire émigrer les animaux, à les soustraire
aux influences locales. Les germes de la maladie existent donc
dans les pâturages, dans les herbes, dans les fourrages, dans les

eaux, et peuvent à tout moment être introduits dans l'organisme pour y provoquer l'altération du sang, des altérations dans les organes et des modifications dans les fonctions. Les fourrages, les herbes peuvent blesser la muqueuse digestive, provoquer de petites plaies, de petites érosions, qui seront autant de voies d'absorption ouvertes aux bactéridies qu'ils apportent. Dans toutes les régions où le charbon est enzootique, son origine se trouve dans les fourrages ou les boissons. L'affection charbonneuse est toujours très grave et fatalement mortelle. Sa marche sur un individu est plus ou moins rapide; mais il tue toujours les animaux qu'il a atteints. Il peut se présenter sous des types un peu différents. Il est quelquefois *apoplectique;* c'est lorsque les individus qu'il attaque meurent subitement, avant même qu'on ait pu observer aucun signe de maladie. D'autres fois, il est moins rapidement mortel, et on peut suivre sa marche pendant 4, 8, 12, 24 et même 48 heures. On observe alors des symptômes généraux et parfois aussi des symptômes locaux.

La maladie charbonneuse a une période d'incubation dont la durée, on le conçoit sans peine, est assez difficile à déterminer exactement dans la pratique, attendu qu'on ne connait presque jamais positivement le jour et l'heure de l'introduction des germes dans l'organisme. Mais si l'observation naturelle n'est pas suffisante pour permettre de faire cette détermination, il n'en est pas de même de l'inoculation expérimentale. On a, grâce à ce moyen, constaté que l'incubation est souvent très courte, mais aussi qu'elle est variable avec les différents animaux et suivant la quantité de matière charbonneuse inoculée. Jamais elle ne dépasse dix à onze jours, et souvent elle est plus courte. Elle est de 24 à 48 heures chez le lapin; elle est plus longue chez le mouton et chez le bœuf.

Le charbon contracté naturellement semble apparaître brusquement; il n'y a pas de symptômes prodromiques; il n'y a pas de transition insensible entre la période d'incubation et l'apparition des premiers signes de la maladie, qui sont très marqués dès le principe. Les symptômes locaux semblent ordinairement faire défaut; mais cela n'est pas exact d'une manière absolue, car les germes, introduits dans le tube digestif et absorbés par cette voie, provoquent souvent des désordres locaux, qui, pour rester inaperçus, n'en existent pas moins; et d'ailleurs, quand la maladie résulte d'une inoculation expérimentale extérieure, les symptômes locaux apparaissent les premiers. A partir du point d'inoculation les ganglions deviennent malades, se remplissent de bactéridies et se tuméfient successivement. Bientôt les germes sont déversés dans le sang; et c'est alors qu'apparaissent les symptômes généraux, qui, dans le cas d'inoculation dans les voies digestives, semblent se montrer les premiers et sont souvent les seuls appréciables. Il va sans dire que telle est la marche et l'évolution du charbon, contracté par absorption du contage à la surface de la peau, à la surface d'une plaie, d'une déchirure, etc. Quand la maladie a été contractée naturellement ou provoquée expérimentalement, sa marche est toujours à peu près la même et en tous cas très rapide.

Les symptômes du charbon sont fournis par les divers appareils; mais les plus importants sont ceux que présentent le sang et l'appareil circulatoire. Le sang devient noirâtre comme dans l'asphyxie; à l'air il rougit moins bien que le sang normal et que le sang des asphyxiés; il se coagule moins facilement et moins complètement. Il renferme des bâtonnets, des bactéridies, des parasites, et ce sont ces parasites qui ont produit la maladie, enfin il est inoculable; aussi, lorsqu'on sera dans l'indécision pour établir le diagnostic, il faudra examiner le sang au microscope et au besoin l'inoculer à un lapin par exemple. Les germes du charbon ne se voient pas toujours, à toutes les périodes de la maladie, dans le sang des sujets contaminés. Au début ils peuvent être encore assez rares, pour qu'on tombe sur des gouttes qui n'en renferment pas; il faut donc, pour qu'on en rencontre facilement, que la maladie soit déjà assez avancée.

La circulation est toujours modifiée. Les battements du cœur sont plus forts qu'à l'état normal; mais par contre, le pouls devient petit, faible, presque imperceptible, parce que le sang stagne bientôt dans les vaisseaux, parce que les bactéridies finissent quelquefois par obstruer les capillaires, en formant de véritables bouchons, de véritables embolies, et parce que le sang devenu charbonneux, est en même temps devenu plus visqueux. Des capillaires se rupturent assez souvent; il se produit ainsi des hémorrhagies plus ou moins abondantes, qui peuvent être le point de départ de tumeurs ou engorgements sous-cutanés ou autres. Du reste tous les téguments (muqueuses et peau) acquièrent une coloration plus foncée qu'à l'ordinaire; ils sont d'abord jaunes-rougeâtres, puis ils deviennent bleuâtres ou noirâtres, et on peut voir à leur surface des taches ecchymotiques, des taches pétéchiales plus ou moins nombreuses.

Les ganglions lymphatiques deviennent turgides, et cette turgescence se manifeste d'abord dans ceux qui sont les plus voisins de la porte d'entrée du virus; puis elle se montre successivement dans les divers ganglions situés sur le trajet des vaisseaux lymphatiques qui charrient la bactéridie, et finalement elle se généralise. Le produit des ganglions devenus turgides, examiné au microscope, se montre toujours très riche en bactéridies, et il est très virulent.

Au début de la maladie on constate presque toujours une élévation de la calorification générale du corps; aussi convient-il de vérifier de temps en temps le degré de la température chez les animaux inoculés, pour saisir le moment de l'apparition du charbon. La thermomètre peut marquer 40° et même 41°; mais cette élévation ne persiste pas, et la température baisse très sensiblement aux approches de la mort; il n'est pas rare à ce moment de la voir descendre à 35° et même à 34°.

La sensibilité s'exagère quelquefois au début, mais elle ne tarde pas à faire place à une insensibilité plus ou moins prononcée. Les forces diminuent rapidement; il y a de l'ataxie, de l'adynamie; la motricité perd de sa puissance. Parfois les malades restent indifférents et tombent dans un état de stupeur très marqué, dans une véritable somnolence.

Il n'est pas rare non plus d'observer des tremblements musculaires, qui d'abord localisés, ne tardent pas à devenir généraux (frissons). D'autres fois les malades sont sous l'influence d'une surexcitation nerveuse manifeste: ils sont inquiets, furieux même; ils présentent parfois des mouvements convulsifs et quelquefois même des signes de tétanisation. Tous ces symptômes ne se produisent que lorsque il s'est fait des localisations sur l'appareil central de l'innervation.

La respiration est souvent gênée, accélérée; il y a assez souvent de la congestion ou même une véritable apoplexie pulmonaire; quelquefois un jetage séro-sanguinolent se montre à l'ouverture des naseaux, la pituitaire est congestionnée, et il n'est pas bien rare, surtout chez les bêtes ovines, de voir se produire des épistaxis.

Du côté de l'appareil digestif il y a aussi des modifications notables. L'appétit est diminué ou perdu; la soif est souvent accrue. La bouche et les organes qu'elle renferme sont souvent tuméfiés, congestionnés; la muqueuse buccale est parfois congestionnée et noirâtre. La langue peut se montrer congestionnée, turgescente, violacée, noirâtre; quelquefois elle est pendante hors de la bouche et comme paralysée; elle est froide, et il arrive souvent d'observer à sa surface des vésicules remplies d'une sérosité sanguinolente provenant de l'exsudation, qui se produit presque toujours après la congestion. Parfois il y a en même temps une tuméfaction de la gorge, assez considérable pour gêner la déglutition et la respiration (angine charbonneuse); et cette tuméfaction devient plus ou moins facile à constater par l'exploration manuelle suivant son degré de développement.

La digestion est toujours troublée, les organes internes et les organes annexes se congestionnent; aussi n'est-il pas rare de voir la maladie se compliquer de coliques. Il arrive même quelquefois qu'il se produit une véritable congestion apoplectique des intestins, accompagnée de symptômes de tranchées. Il peut se produire des hémorrhagies plus ou moins considérables, de véritables entérorrhagies; les excréments deviennent alors diarrhéiques et sanguinolents. La muqueuse rectale est congestionnée et œdématiée. Les urines sont souvent plus foncées, sanguinolentes. La lactation devient moins active; et on voit le lait prendre progressivement une coloration rougeâtre. La muqueuse vaginale est congestionnée, rougeâtre ou noirâtre.

Sur la peau, de même que sur toutes les muqueuses apparentes, on constate un état congestionnel plus ou moins prononcé, ainsi que des taches plus foncées, noirâtres et plus ou moins étendues. Les poils se hérissent; on observe des tremblements; il se produit des œdèmes, des infiltrations sous-cutanées, qui restent quelquefois localisées, et qui souvent sont assez étendues, qui s'enfoncent même dans les interstices musculaires et dans le tissu musculaire. Le plus souvent ces infiltrations œdémateuses apparaissent dans le voisinage de la porte d'entrée du virus, c'est-à-dire au pourtour du point d'inoculation, quand il s'agit du charbon inoculé. En outre de ces œdèmes, de ces infiltrations localisées ou diffuses, on observe quelquefois de véritables tumeurs sous la peau. Ces tumeurs apparaissent brusquement et s'accroissent très vite; elles peuvent se montrer dans différentes régions; elles ne sont pas phlegmoneuses; elles sont froides et plus ou moins molles; à leur surface, la peau devient noirâtre ou violacée et présente parfois des vésicules à contenu séreux ou rouge-noirâtre. Ces engorgements sont peu sensibles; quand on les incise, on les trouve formés d'une partie centrale noirâtre, constituée par du sang extravasé et d'une partie périphérique gélatiniforme jaune-rougeâtre ou jaunâtre. Ils sont le résultat d'une congestion du tissu conjonctif accompagnée d'exsudation passive, de ruptures vasculaires, d'hémorrhagies. Il ne faut pas confondre ces engorgements avec ceux qui se produisent dans le cours d'autres maladies, avec les tumeurs du charbon symptomatique, avec les tumeurs de nature septique, ni avec les tumeurs phlegmoneuses, etc. Les auteurs ont décrit, comme tumeurs charbonneuses, des engorgements gangréneux, des tumeurs de nature septique, des engorgements phlegmoneux apparaissant sur telle ou telle région du corps, sans cause appréciable, croissant rapidement et devenant crépitants. Ces tumeurs, qui seraient d'après eux, une des caractéristiques du charbon, sont précédées d'une hyperesthésie cutanée, d'une infiltration du tissu conjonctif, d'une crépitation, du hérissement des poils; elles s'accroissent très rapidement, elles deviennent froides et insensibles, noirâtres, crépitantes et fétides. Il est bien évident qu'il s'était produit une confusion, car les engorgements crépitants et fétides ne sauraient appartenir à la maladie bactéridienne. Aujourd'hui, grâce à la découverte de M. Arloing, on sait que les tumeurs crépitantes du charbon symptomatique sont produites par un microbe qui diffère de la bactéridie; aujourd'hui, il ne faut considérer une tumeur comme étant de nature charbonneuse, qu'autant qu'on trouve la bactéridie dans le tissu de l'engorgement ou dans le sang de l'animal sur lequel on l'observe. Il est donc bien entendu que les tumeurs décrites par les auteurs, à propos du charbon, ne doivent jamais être considérées comme un symptôme diagnostique de cette maladie. Les engorgements, qui peuvent se montrer dans le cours de l'affection charbonneuse, ne sont pas crépitants ou ne le deviennent qu'autant que la putréfaction les envahit; ils sont formés d'une infiltration séro-sanguinolente, qui s'est produite après le ralentissement ou l'arrêt de la circulation dans les points où ils apparaissent.

Dans le cours de l'affection charbonneuse on observe parfois de l'érysipèle à la surface de la peau, principalement chez certains animaux et dans certaines régions; quelquefois aussi des vésicules à contenu rougeâtre et des taches rougeâtres ou noirâtres.

Tous ces caractères, tous ces symptômes ne s'observent pas à la fois sur le même malade; mais ils peuvent s'y trouver réunis en plus ou moins grand nombre, et il est bon de les connaître à peu près tous, bien que le seul caractère pathognomonique consiste dans la présence de la bactéridie.

Même encore de nos jours, le charbon peut recevoir des appellations un peu différentes, suivant la prédominance de tels ou tels symptômes, suivant les localisations des désordres produits sur tels ou tels organes.

Il peut être apoplectique ou foudroyant même ; sa marche est en effet quelquefois tellement rapide, il tue parfois si subitement les animaux, qu'on n'a pas le temps d'observer ses symptômes. Cet effet instantané est dû à une congestion subite des centres nerveux. Cette forme se présente assez rarement ; cependant on l'observe quelquefois chez le mouton.

La forme qu'on rencontre le plus habituellement est la *fièvre charbonneuse*, qui est caractérisée par l'apparition d'emblée des symptômes généraux. C'est dans cette variété que se place le *sang de rate* du mouton ; elle se montre aussi chez le bœuf, chez le cheval et chez le porc. Par l'inoculation expérimentale du sang charbonneux au lapin et aux oiseaux rendus susceptibles de contracter la maladie, on obtient toujours la manifestation du charbon sous cette forme. La fièvre charbonneuse est caractérisée surtout par des symptômes généraux ou vagues, elle marche plus ou moins rapidement, et se termine par la mort au bout de quelques heures ; elle dure quelquefois exceptionnellement jusqu'à 48 ou 50 heures.

La fièvre charbonneuse, caractérisée d'abord par des symptômes généraux, peut s'accompagner parfois de symptômes locaux, tels que : infiltrations, hémorrhagies sous-cutanées, érysipèle, taches ecchymotiques, etc., et non pas de tumeurs crépitantes, qui, je le répète, sont de toute autre nature. Cette forme est aussi grave que la fièvre charbonneuse proprement dite ; elle évolue aussi rapidement. On peut l'observer chez les ruminants, chez les solipèdes et chez le porc ; l'apparition des accidents locaux signifie simplement qu'il y a eu des stases sanguines, des exsudations, des hémorrhagies.

Les auteurs ont admis un charbon essentiel, caractérisé d'abord par l'apparition de symptômes locaux, qui sont suivis ensuite de symptômes généraux. On peut continuer à admettre cette variété en lui donnant le sens que comporte la science. On peut en effet l'obtenir facilement par l'inoculation expérimentale. Ainsi après l'inoculation, on observe d'abord des symptômes locaux consistant en une infiltration du tissu conjonctif et en une tuméfaction des ganglions voisins ; les altérations gagnent de proche en proche, et ce n'est que quand le virus a été déversé dans le torrent circulatoire, qu'on voit apparaître les symptômes généraux

Cette variété de charbon est aussi grave que les précédentes, si on la laisse suivre son cours. Elle marche moins rapidement en apparence, et elle tue moins vite, car il faut un certain temps aux bactéridies pour être déversées dans le torrent circulatoire sanguin. Elle est moins redoutable en ce sens qu'on peut, à l'aide d'une médication locale énergique, détruire le virus sur place, avant qu'il ait passé dans le sang. Cette forme peut donc être admise ; mais elle est bien rare. On ne peut voir le charbon débuter par des accidents extérieurs, qu'autant que la contagion a eu lieu par le contact de la matière charbonneuse avec la peau, avec une plaie, une érosion, etc. On l'observe quelquefois chez l'homme qui manipule des débris cadavériques charbonneux. Il se produit d'abord un gonflement de la main, (pustule maligne, œdème malin) ; et ce gonflement s'étend rapidement, gagne le bras et le tronc ; puis la maladie se généralise et devient rapidement mortelle.

Les cas de *glossanthrax* et d'*angine charbonneuse* sont aussi des formes de charbon essentiel ; ils se produisent lorsque les animaux ingèrent des fourrages secs et durs, qui contiennent des germes charbonneux et qui lèsent la muqueuse buccale ou pharyngienne. La maladie est d'abord locale ; mais elle se généralise rapidement et est toujours mortelle.

Quant au charbon emphysémateux des auteurs, il y a lieu de croire que la septicémie a été confondue avec la maladie qui nous occupe ; si parfois, pendant la maladie charbonneuse, il y a de l'emphysème, c'est que la septicémie est venue la compliquer.

On a encore donné le nom de *charbon hémorrhoïdal* à la maladie charbonneuse, caractérisée par des symptômes généraux et par un engorgement, une infiltration, un œdème et un renversement de la muqueuse rectale, avec diarrhée sanguinolente.

On appelle quelquefois enfin *charbon hémorrhagique*, celui qui se caractérise par des écoulements sanguinolents qu'on observe dans quelques cas et qui se produisent par les ouvertures naturelles, par les naseaux, par le rectum, par l'urèthre, etc. La maladie charbonneuse s'accompagne assez souvent des caractères assignés au charbon hémorrhagique, et c'est pourquoi on désigne le sang de rate du mouton dans certains pays sous le nom de *pissement de sang.*

Le charbon inoculé expérimentalement a une marche plus ou

moins rapide, suivant la voie choisie et le procédé opératoire employé.

L'apparition des symptômes généraux est précédée d'accidents locaux, quand l'inoculation a été pratiquée par piqûre ou par injection hypodermique ; mais quand on injecte directement la matière charbonneuse dans un vaisseau sanguin, il n'y a pas alors de symptômes locaux. La transmission expérimentale du charbon permet, avons-nous dit, de déterminer la durée de la période d'incubation de la maladie ; et il est bon d'ajouter ici qu'on peut faire varier cette durée en inoculant une plus ou moins grande quantité de matière charbonneuse. Le charbon inoculé ne diffère pas par ses symptômes du charbon contracté naturellement ; c'est dans le charbon inoculé qu'on peut bien suivre la marche du virus d'après la tuméfaction des ganglions.

Suivant les espèces animales chez lesquelles on étudie la maladie, on constate des différences dans la symptomatologie, soit qu'il s'agisse du charbon expérimental, soit qu'il s'agisse du charbon spontané.

Ainsi chez les solipèdes on observe quelquefois la fièvre charbonneuse ; et il n'est pas rare de la voir chez eux se compliquer de coliques, d'apoplexie intestinale, d'entérorrhagie et même de symptômes de fureur, lorsqu'il se produit des localisations sur le système nerveux. Néanmoins ces animaux la contractent assez difficilement dans la pratique ordinaire, quoiqu'il soit facile de la produire chez eux par l'inoculation. Pour un grand nombre d'auteurs, la forme la plus commune chez les solipèdes serait le charbon symptomatique, mais il est certain qu'ils ont pris pour cette maladie une autre affection. J'ai eu à traiter un grand nombre d'animaux solipèdes, présentant à la surface du corps des engorgements qui avaient apparu sans cause appréciable et qui s'accroissaient très rapidement. Les propriétaires et aussi les vétérinaires considéraient ces tumeurs comme étant de nature charbonneuse, d'autant plus qu'elles devenaient quelquefois crépitantes ; mais je me suis assuré qu'il ne s'agissait pas là du charbon. Aussi suis-je convaincu que les vétérinaires, qui ont avancé que le cheval présente souvent le charbon symptomatique ou essentiel, se sont trompés et ont pris pour du charbon ce qui n'en était pas.

Les bêtes bovines sont plus prédisposées à contracter le charbon que ne le sont les solipèdes. On peut observer chez elles la forme apoplectique, mais le plus souvent on observe la fièvre charbonneuse. Il n'est pas rare non plus de constater chez ces animaux le glossanthrax de même que l'angine charbonneuse ; on observe quelquefois aussi le charbon hémorrhagique.

Chez les bêtes ovines, c'est la fièvre charbonneuse qui se présente le plus souvent (sang de rate) ; on voit cependant quelquefois des cas de charbon apoplectique et même des cas de charbon éruptif.

La chèvre présente rarement le charbon, et quand elle le contracte, c'est la fièvre charbonneuse qu'on observe.

Chez le porc, le charbon se montre sous forme de fièvre charbonneuse accompagnée d'éruption cutanée, d'érysipèle, de taches rougeâtres, de taches gangréneuses, sous forme d'angine charbonneuse, sous forme de glossanthrax.

Le chien et le chat ne contractent le charbon qu'exceptionnellement; ils peuvent impunément manger des viandes charbonneuses. On n'obtient l'affection chez ces animaux qu'après une inoculation expérimentale bien conduite, et alors elle peut se présenter avec des formes variées.

Le lapin contracte facilement le charbon et c'est la fièvre charbonneuse qu'il présente presque toujours.

Les oiseaux au contraire sont rarement malades du charbon, et si cette maladie se présente quelquefois chez eux, c'est encore sous forme de fièvre charbonneuse.

Quelle que soit la variété qu'on observe, la maladie a, avons-nous dit, toujours une marche rapide ; elle ne dure jamais plus de trois ou quatre jours. Dans tous les cas elle se termine toujours fatalement par la mort, à moins qu'on ait pu détruire le virus avant son passage dans la circulation générale, alors que les symptômes étaient encore localisés.

La bactéridie charbonneuse provoque la mort de trois manières différentes, qui se combinent et concourent au même résultat : elle est aérobie et enlève aux hématies, qui le lui disputent, l'oxygène que l'air fournit au sang, elle tend donc à empêcher l'hématose et à produire l'asphyxie, ainsi s'explique le changement de couleur du sang. Mais il est certain que ce pouvoir asphyxiant n'est pas à lui seul la cause de la mort ; car il est des cas où les germes sont relativement peu nombreux dans le sang. Les bactéridies semblent en outre agir à l'aide d'un produit liquide, d'un véritable poison liquide, qui se forme en même temps qu'elles se développent. Enfin M. Toussaint, dans ces dernières années, a démontré que les germes charbonneux s'accumulent dans les capillaires et y forment des espèces de bouchons emboliques, qui arrêtent la circulation locale et gênent la circulation générale. On s'explique ainsi très bien les stases sanguines, les hémorrhagies, les exsudations qui se produisent souvent dans les cas de charbon, et on se rend compte pourquoi les bactéridies ne traversent pas le placenta.

Le pronostic du charbon est très grave ; il s'agit en effet d'une maladie contagieuse, transmissible aux animaux et à l'homme, toujours mortelle, et dont le germe peut non seulement se multiplier et se conserver dans l'organisme, mais encore dans le monde extérieur. Il est donc très dangereux d'utiliser les débris cadavériques provenant d'animaux morts du charbon ; c'est à peine si on ose utiliser les peaux, car, si on peut par des substances convenables et des manipulations appropriées, les débarrasser des bactéridies qu'elles renferment, on n'est jamais sûr d'avoir détruit les corpuscules-germes, qui jouissent d'une résistance vitale beaucoup plus prononcée.

Le diagnostic du charbon est d'une grande importance, au triple point de vue de la police sanitaire, de l'hygiène et de l'alimentation publiques. Il est important au point de vue sanitaire, car il permet de prendre les mesures nécessaires pour arrêter la maladie et préserver les animaux sains. Il est important au point de vue de l'hygiène publique, en ce sens qu'il permet à l'homme de prendre des précautions pour se préserver de la maladie. Enfin il est important au point de vue de l'alimentation publique, car il permet, le cas échéant, de refuser les viandes charbonneuses à la consommation. Heureusement ce diagnostic est facile à porter, surtout lorsqu'on peut faire l'examen microscopique du sang ou d'autres produits. La présence des bactéridies constatées ne permet pas d'avoir de doute. D'ailleurs lorsqu'on connaîtra le mode de contagion naturelle et l'ensemble des conditions (conditions ambiantes, renseignements, localités, etc.), qui a présidé à l'apparition de la maladie, sa marche, son évolution et ses symptômes, il ne sera pas, dans le plus grand nombre des cas, bien difficile de reconnaître le charbon, même sans recourir à l'examen microscopique ni à l'inoculation. Mais la terminaison fatale, l'altération physique et anatomique du sang, les lésions, l'inoculation expérimentale et surtout l'examen microscopique dissipent toujours tous les doutes, quand les cadavres ne sont pas putréfiés, quand les bactéridies n'ont pas eu le temps de se détruire ou de se transformer en corpuscules-germes. Il y a cependant quelques maladies avec lesquelles on pourrait confondre le charbon, si on s'en tenait aux simples apparences, ce sont : la fièvre typhoïde du cheval, le typhus des grands ruminants, le choléra des oiseaux, la septicémie et l'ergotisme. Toutes ces maladies peuvent se présenter avec des lésions et des symptômes plus ou moins analogues à ceux fournis par l'affection charbonneuse. Il y a pourtant entre elles de nombreuses différences, et dans tous les cas aucune d'elles n'a pour cause efficiente la bactéridie charbonneuse. Il est donc très utile, pour porter un diagnostic certain, de faire des recherches micrographiques. Il est vrai qu'on ne trouve pas toujours des bactéridies dans le charbon, surtout quand la maladie n'est pas encore assez avancée ; mais grâce à des examens successifs, on arrivera toujours à voir le parasite quand il s'agira du charbon. On peut d'ailleurs toujours, et c'est aussi un bon moyen de diagnostic, inoculer la matière suspecte au lapin, qui, on le sait, est très apte à contracter l'affection charbonneuse. Ce dernier procédé est même celui qui peut être le plus souvent employé dans la pratique.

ANATOMIE PATHOLOGIQUE

Les diverses lésions qu'on trouve dans les cadavres charbonneux ont toutes pour point de départ l'altération du sang, qui est due elle-même à la bactéridie charbonneuse; elles sont plus ou moins multiples, plus ou moins variées suivant les cas. Il importe donc de présenter un résumé succinct, mais complet, des principales altérations qu'on peut rencontrer dans les divers cas.

Les cadavres charbonneux se refroidissent rapidement. La peau présente des ecchymoses, des rougeurs, des vésicules ; et en outre on observe des taches noirâtres ou verdâtres, qui indiquent une altération de la matière colorante du sang et un effet cadavérique déjà avancé.

Le ballonnement se montre vite; la putréfaction commence aussitôt après la mort et marche rapidement, elle se généralise promptement. Elle est provoquée par les bactériens qui se trouvent toujours dans les voies digestives. Elle se propage de proche en proche, car les vibrions se répandent dans les vaisseaux, dans la cavité péritonéale, etc.; aussi observe-t-on bientôt du ballonnement et de l'emphysème sous-cutané plus ou moins généralisé, qui est produit par l'accumulation des gaz dans le tissu conjonctif de la peau. La fermentation putride envahit tous les cadavres ; mais dans les cadavres charbonneux elle arrive plus rapidement, car la bactéridie, en agissant comme agent asphyxiant, a contribué à rendre les milieux organiques plus favorables au développement du *bacillus subtilis*, qui est anaérobie. Une fois que la putréfaction s'est généralisée, le cadavre exhale par les ouvertures naturelles une odeur fétide très prononcée.

La peau a perdu de sa résistance ; les poils s'arrachent facilement. En outre des rougeurs, des taches, des vésicules, etc., que nous avons déjà signalées, la peau peut présenter des altérations dans son épaisseur et à sa face interne. Quand il y a de l'emphysème, les incisions sont suivies d'un dégagement de gaz fétides ; elles sont toujours accompagnées de l'écoulement d'un sang noirâtre et incoagulé. Des taches, des infiltrations, des ecchymoses, des hémorrhagies se montrent aussi dans l'épaisseur même du derme en différentes régions, surtout dans celles qui correspondent aux tumeurs, aux engorgements, etc.

Dans le tissu cellulaire sous-cutané il y a des infiltrations plus ou moins considérables, plus ou moins étendues, et qui se montrent de préférence dans certaines régions, dans celles où il se trouve des ganglions, des organes glandulaires, au pourtour des tumeurs charbonneuses ; cependant cette lésion peut être généralisée. Ces infiltrations sont constituées ordinairement par une matière jaunâtre, gélatiniforme. Du vivant des malades elles se traduisent par des œdèmes. On les rencontre aussi dans le tissu des interstices musculaires et dans les muscles eux-mêmes. Dans le charbon inoculé elles se produisent au voisinage du point d'inoculation. Le liquide, ou plutôt la matière infiltrée, est plus ou moins coloré en jaune, elle est plus ou moins foncée, quelquefois rougeâtre, parfois c'est une sanie gélatiniforme. On rencontre en outre dans le tissu conjonctif une congestion généralisée, des ecchymoses, des hémorrhagies punctiformes ou plus ou moins étendues, et aussi de l'emphysème si l'autopsie est tardive.

Dans les muscles il y a presque toujours de la congestion, le réseau vasculaire est manifestement hyperémié ; le sang qui se trouve dans les vaisseaux est incoagulable et de couleur noirâtre ou brunâtre. La congestion dans les muscles peut être régulière ; mais le plus souvent elle est irrégulière, il existe des ecchymoses, des points hémorrhagiques, une infiltration plus ou moins manifeste. Le tissu musculaire a perdu de sa ténacité.

Les chairs d'un animal mort du charbon ont un aspect variable, suivant que la maladie a duré plus ou moins de temps, suivant que l'animal a été plus ou moins bien saigné, suivant qu'on l'a laissé succomber ou qu'on l'a sacrifié avant la fin de la maladie. Elles sont plus ou moins saigneuses; elles ont une coloration foncée, brunâtre, noirâtre, ou fortement rougeâtre; elles sont mollasses, friables, moins résistantes. Leur coloration est quelquefois uniforme; mais souvent elles sont parsemées de taches plus ou moins foncées, ecchymotiques ou hémorrhagiques. Elles renferment un sang noirâtre; le tissu conjonctif et les muscles sont congestionnés et infiltrés. On trouve des bactéridies dans le sang renfermé dans les vaisseaux et dans le suc de la chair, lorsque la maladie était arrivée à un certain degré. Si le fragment de chair qu'on examine contient des ganglions, de nouveaux caractères viennent s'ajouter aux précédents, ce sont : la congestion, la tuméfaction et le ramollissement des ganglions. Les viandes charbonneuses se conservent peu; elles ont une grande tendance à se putréfier.

Ces caractères sont suffisants pour faire reconnaître les chairs provenant d'animaux charbonneux; et dans les cas où ils ne suffiraient pas, il faudrait recourir à l'examen microscopique ou même à l'inoculation. Pourtant ce dernier mode ne peut guère être employé, quand il s'agit de se prononcer sur l'utilisation d'une viande suspecte, car il exige au moins un, deux, trois jours d'attente, et s'il était seul à la disposition de l'inspecteur de la boucherie, il vaudrait mieux proscrire immédiatement de la consommation la viande qui serait suspecte.

La maladie charbonneuse se caractérise ordinairement, comme nous l'avons vu, par des symptômes généraux, et néanmoins on peut rencontrer quelquefois des localisations, consistant en tumeurs charbonneuses, situées dans telle ou telle région, surtout aux endroits où le tissu conjonctif est lâche et abondant; on peut y rencontrer une seule ou plusieurs tumeurs. Elles sont précédées, dans les points où elles se développent, par des embolies, par des stases sanguines et des ruptures vasculaires. Ces tumeurs se présentent principalement lorsqu'on a inoculé la maladie, ou bien à la suite d'une plaie ayant servi de porte d'entrée au virus; on peut les observer aussi dans d'autres cas. Elles ont souvent pour point de départ un ganglion, qui est hypertrophié, congestionné, hypérémié, qu'on trouve plus ou moins ramolli au centre de la tumeur, et qui est entouré d'une zone plus ou moins étendue d'infiltration gélatiniforme, noirâtre ou jaunâtre. Elles peuvent cependant se montrer dans des régions où il n'existe pas de ganglions. Les tumeurs charbonneuses présentent parfois à étudier deux parties, deux zones, une zone centrale et une zone périphérique. La zone centrale est formée par de la matière noirâtre, putrilagineuse, boueuse, qui colore vivement les doigts de celui qui fait l'autopsie; cette matière n'est autre chose que du sang épanché à la suite d'une hémorrhagie; c'est la présence de cette matière noirâtre, qui a valu à la maladie que nous décrivons le nom de charbon. Cette partie centrale putrilagineuse est entourée par la zone excentrique, qui est gélatiniforme, et qui va, en se décolorant, en s'éloignant du centre; aussi à la périphérie elle a un aspect jaunâtre. Ces tumeurs ne sont à proprement parler que des infiltrations du tissu conjontif sous-cutané, avec cette différence que leur point de départ à été une hémorrhagie. Tels sont les caractères de la tumeur charbonneuse ordinaire. Les auteurs ont cependant soutenu que les tumeurs charbonneuses étaient des tumeurs crépitantes, noirâtres et fétides; mais il n'en est rien, ainsi que nous l'avons déjà établi. On a confondu les tumeurs charbonneuses avec des tumeurs provoquées par un autre contage ou avec les tumeurs septiques; pourtant les premières, mises en contact avec l'air extérieur, qui y déposera des germes, peuvent se compliquer de putréfaction, devenir septiques et offrir alors les caractères des engorgements gangréneux; mais les choses se passent très rarement ainsi, car le charbon évolue rapidement. La tumeur charbonneuse siège dans le tissu conjontif sous-cutané, mais elle peut s'étendre dans le tissu musculaire; et les portions de muscles envahies éprouvent alors des modifications profondes, elles deviennent noirâtres, faciles à déchirer, elles éprouvent à un degré très prononcé les altérations signalées à propos des muscles. Au pourtour de la tumeur il existe toujours une infiltration diffuse, qui s'étend plus ou moins loin sous la peau. Celle-ci est décollée et se détache facilement au niveau de la tumeur; elle est là très manifestement altérée, elle est vivement congestionnée et infiltrée, elle est ramollie; et les points ainsi altérés sont reconnaissables, même après le tannage, à leur moindre épaisseur et à leur moindre résistance.

Le sang est le tissu qui éprouve en général les premières modifications dans la maladie charbonneuse; et ses altérations sont la cause de toutes les autres lésions. Il a une coloration noirâtre, même avant la mort des malades; il est incoagulable ou se coagule peu et difficilement; il contient peu de fibrine, ce qui explique son incoagulabilité. Il est devenu virulent, contagieux même avant la mort, et il conserve sa virulence sur le cadavre pendant un certains temps. Les globules rouges sont plus ou moins altérés, suivant le temps qu'a duré la maladie ; ils sont irréguliers, frangés, crénelés sur leur contour, ils ont une certaine tendance à se détruire, ils retiennent moins bien la matière colorante, qui tend à se dissoudre et à diffuser même avant la mort des malades; aussi il se produit une imbibition de cette matière colorante dans les séreuses du cœur et dans la tunique interne des vaisseaux, et cette imbibition n'est pas due ici à un effet cadavérique, car on l'observe aussitôt après la mort. Les globules rouges sont devenus plus agglutinatifs; et cette modification semble l'œuvre d'une diastase formée par les bactéridies, car il suffit, pour l'obtenir, de filtrer du sang charbonneux à travers du plâtre, pour le débarrasser de tous ses éléments figurés, et de mélanger avec du sang normal le produit obtenu à travers le filtre (Pasteur). La modification qu'il importe le plus de retenir est celle qui consiste dans la présence des bactéridies, dont les caractères seront étudiés ci-après.

Le cœur est décoloré, son tissu est mou et comme cuit, il a un aspect terreux, sa consistance est molle, il est flasque; il renferme un sang noirâtre, poisseux, incoagulé ; exceptionnellement il s'est produit un commencement de coagulation, mais les caillots formés ne sont jamais jaunâtres (albumino-fibrineux), ils sont noirâtres et de consistance pâteuse. Le cœur, débarrassé de la matière poisseuse qu'il renferme, présente des altérations assez prononcées; il y a imbibition de la matière colorante du sang sur les séreuses, sur l'endocarde; on aperçoit des ecchymoses, des points hémorrhagiques sur l'endocarde et aussi dans le tissu propre du cœur. Le péricarde présente de son côté des taches ecchymotiques, et on trouve dans sa cavité une plus ou moins grande quantité de sérosité rougeâtre.

Les vaisseaux sanguins, quel qu'en soit le volume, renferment un sang noirâtre, visqueux, qui colore fortement les doigts ; ils se font aussi remarquer par l'imbibition caractéristique de leur tunique interne. Dans les capillaires on rencontre des embolies, formées par le pelotonnement de bactéridies; il y a parfois des ruptures vasculaires, qui occasionnent des hémorrhagies plus ou moins étendues. Le système capillaire est gorgé de sang; il y a eu partout exsudation du plasma sanguin dans le tissu périvasculaire, qui renferme de la sérosité gélatiniforme.

Les ganglions sont ordinairement altérés, et leurs altérations sont plus ou moins accentuées, plus ou moins avancées, suivant que la maladie a été plus ou moins rapide. Ils sont hypertrophiés, hypérémiés, congestionnés, infiltrés, ramollis; ils ont une coloration foncée, noirâtre, régulière et uniforme ou irrégulière, plus foncée par places; ils sont tachetés, ecchymosés, pointillés. Leur coloration foncée et leur congestion sont très manifestes dans la couche corticale et beaucoup moins dans la partie centrale, où elles existent cependant, mais où elles sont dominées par l'infiltration. La masse du ganglion se réduit facilement en bouillie; il est difficile de reconnaître sa structure à l'examen microscopique, tellement les bactéridies s'y sont multipliées et développées. Les ganglions, étant des organes très propices au développement et à la multiplication de la bactéridie, étant des organes collecteurs et régénérateurs du virus, et éprouvant des altérations notables, il doit être possible, en comparant ces organes entre eux et en déterminant le degré et l'ancienneté de leurs altérations, de remonter à la source du mal, de déterminer la voie qu'il a suivie pour pénétrer et se généraliser dans l'organisme. En effet, lorsqu'on inocule le virus charbonneux à un animal, on peut suivre sa marche à travers le système ganglionnaire. Le ganglion, qui est le premier sur le trajet des lymphatiques partant du point d'inoculation, devient malade le premier; puis successivement s'altèrent tous ceux qui viennent après lui (Colin). Il est donc tout naturel de penser qu'on peut arriver à déterminer la porte d'entrée du virus, en comparant les lésions des divers ganglions entre elles. Les ganglions, qui présentent les lésions les plus accusées et les plus anciennes, étant ordinairement ceux qui se sont trouvés les plus rapprochés du point par lequel l'introduction a eu lieu. Aussi, lorsqu'on a reconnu que c'étaient les ganglions sous-glossiens qui étaient les plus altérés, on en a conclu que la porte d'entrée de la bactéridie avait été la muqueuse digestive, la muqueuse buccale ou pharyngienne. MM. Pasteur et Toussaint ont raisonné ainsi, pour déterminer le lieu d'introduction des germes charbonneux dans le charbon spontané, et ils ont conclu de leurs recherches, que c'est le plus ordinairement par la muqueuse buccale, que les bactéridies s'introduisent dans l'organisme. M. Colin est revenu encore sur le rôle des ganglions dans la genèse du charbon pour affirmer sa découverte, et pour donner à penser qu'elle avait été mal appliquée. Les ganglions sont bien les premiers organes à acquérir la virulence sur les animaux en voie de contracter le charbon, et ils deviennent virulifères suivant un ordre déterminé. L'incubation est donc une période de régénération dans les ganglions, dont l'état permet de suivre la marche du virus et de l'attaquer à temps par des agents thérapeutiques. Mais dans les cas de charbon lent, quel que soit le mode d'inoculation, les ganglions mésentériques et ceux qui ne se trouvent pas sur le chemin du virus peuvent se tuméfier autant que les autres; et de même, lorsque, dans les derniers moments de la vie, les malades se gorgent de boissons, les lésions ganglionnaires du mésentère s'accentuent nettement; enfin si l'autopsie n'est pas faite immédiatement après la mort, les ganglions se colorent et deviennent foncés. Il ne suffit donc pas, d'après M. Colin, de trouver les ganglions mésentériques noirs et infiltrés; il faut préciser la cause de leur altération pour savoir si le virus s'est introduit par l'intestin. Dans le charbon non expérimental, le plus ordinairement l'ensemble des ganglions est malade, et il est très difficile de déterminer quels sont les plus altérés; aussi M. Colin prétend que MM. Pasteur et Toussaint se sont trop hâtés d'appliquer au charbon non expérimental ce qui est vrai pour le charbon inoculé.

Les vaisseaux lymphatiques, surtout ceux voisins des points malades, charrient une lymphe rougeâtre.

Les séreuses en général sont altérées; elles sont congestionnées et présentent à leur surface et dans leur tissu, ainsi que dans le tissu sous-séreux, des points ecchymotiques et des hémorrhagies; elles contiennent souvent une sérosité citrine, jaunâtre, parfois sanguinolente.

L'appareil digestif présente parfois peu de lésions; mais souvent il a éprouvé des altérations nombreuses et considérables. La muqueuse des voies digestives peut être congestionnée, infiltrée, noirâtre, brunâtre. La muqueuse buccale et la muqueuse pharyngienne, mais surtout la muqueuse de la langue, se présentent avec cet aspect, quand il y a glossanthrax: alors la langue est elle-même infiltrée dans son tissu. Ses vaisseaux renferment un sang poisseux, visqueux, incoagulable; son épithélium est soulevé par places et forme des vésicules remplies de sérosité noirâtre. La muqueuse pharyngienne a à peu près le même aspect: son tissu sous-muqueux est fortement congestionné, hypérémié et infiltré lorsqu'il y a angine ou pharyngite charbonneuse; et en outre dans ces cas les glandes et les ganglions avoisinants sont tuméfiés, hypérémiés, infiltrés, tachetés, ecchymosés, etc.

Dans l'estomac on ne rencontre ordinairement aucune altération bien prononcée; cependant quelquefois l'organe est congestionné à l'intérieur et surtout à l'extérieur.

Le péritoine est altéré sur ses deux feuillets ; on y remarque des ecchymoses, des points hémorrhagiques, aussi bien dans le tissu sous-séreux que dans le tissu de la séreuse. Le mésentère et l'épiploon sont congestionnés, leurs vaisseaux sont turgides; on rencontre parfois entre les lames du mésentère des hémorrhagies, de véritables tumeurs ou amas de sang poisseux, noirâtre et putrilagineux.

Les ganglions mésentériques sont toujours altérés, hypertrophiés, hypérémiés, noirâtres, infiltrés, ramollis. En général tous les vaisseaux sanguins de la cavité abdominale sont distendus par un sang noirâtre et incoagulé. Le tissu conjonctif périrénal, péripancréatique, périganglionnaire et périvasculaire est infiltré de sérosité gélatiniforme plus ou moins colorée.

Les intestins sont fortement ballonnés ; il y a de plus congestion, hypérémie à l'extérieur; à la face interne on trouve aussi des altérations prononcées. Le contenu est quelquefois mélangé de sang putrilagineux, poisseux, noirâtre; c'est parce qu'il y a eu des hémorrhagies à la surface de la muqueuse; c'est parce qu'il y a eu entérorrhagie, comme cela arrive parfois quand on observe des symptômes de coliques très vives. La muqueuse intestinale est congestionnée; elle présente des taches, des ecchymoses, des hémorrhagies et des infiltrations plus ou moins prononcées et plus ou moins étendues; il y a même parfois un véritable état apoplectique. Les villosités sont hypérémiées et desquamées. Pour ne pas confondre ces lésions avec celles de l'entérorrhagie ordinaire, il suffit d'examiner le produit épanché dans l'intestin au microscope, afin de s'assurer s'il y a ou s'il n'y a pas de bactéridies, ou de l'inoculer. La muqueuse rectale est souvent renversée, hypérémiée, noirâtre ; son tissu sous-muqueux est infiltré.

Le foie est tuméfié ; ses vaisseaux sont gorgés d'un sang noirâtre ; son tissu s'écrase plus facilement, il est jaune-terreux et comme cuit.

La rate a augmenté de volume ; elle peut avoir triplé, quadruplé, et même quintuplé. Il peut y avoir congestion de toute la masse, comme on le voit surtout dans l'espèce ovine, d'où le nom de sang de rate, qui a été donné au charbon de cette espèce. D'autres fois la congestion ne s'observe que sur certains points, alors l'organe est bosselé, et, en ouvrant ces bosses, on les trouve remplies d'un sang noirâtre, poisseux, ordinairement très riche en bactéridies; il y a eu des hémorrhagies ou des apoplexies partielles ou quelquefois une apoplexie de tout l'organe.

Le pancréas est congestionné, aussi bien dans son tissu propre que dans le tissu conjonctif qui l'entoure; ce tissu est en outre infiltré de la sérosité gélatiniforme, que nous avons tant de fois signalée.

Dans toutes ces lésions on peut rencontrer la bactéridie charbonneuse.

Les reins sont congestionnés à leur surface; et dans leur masse on voit des points hémorrhagiques plus ou moins étendus, parfois ce sont de véritables hémorrhagies en nappe. La muqueuse vésicale est hypérémiée; les urines sont sanguinolentes. Ce dernier caractère se présente souvent chez l'espèce ovine ; il s'explique par des ruptures vasculaires dans les reins et par le passage du sang en nature dans les urines.

La muqueuse utérine est le siège d'une congestion très vive, surtout lorsque les femelles sont en état de gestation.

Les plèvres sont altérées, congestionnées sur les deux feuillets; on trouve des taches ecchymotiques à leur surface et dans le tissu sous-séreux. Le sac pleural contient de la sérosité sanguinolente.

On remarque souvent aussi une infiltration profonde dans le tissu interlobulaire du poumon; c'est un véritable œdème pulmonaire. En outre le poumon est congestionné en masse ou ecchymosé par places; on y rencontre de nombreuses hémorrhagies, de nombreuses oblitérations vasculaires par embolie bactéridienne.

La muqueuse respiratoire est aussi congestionnée, hypérémiée, et parfois elle est le siège d'un état catarrhal prononcé, alors la matière sécrétée est séro-muqueuse et toujours sanguinolente.

Les méninges ont éprouvé des modifications; l'arachnoïde est quelquefois congestionnée et remplie d'un exsudat abondant, séro-sanguinolent et riche en bactéridies; la pie-mère est congestionnée ; les tissus du cerveau sont remplis d'un sang noirâtre, qui ne se coagule pas. Le cerveau lui-même et la moelle sont parfois congestionnés; les nerfs sont altérés, infiltrés ; les ganglions du grand sympathique sont tuméfiés et infiltrés.

Telles sont les lésions qu'on peut observer sur les cadavres des animaux morts de l'affection charbonneuse. Malgré tous ces caractères, grâce auxquels on peut parfois bien reconnaitre la maladie, on devra toujours s'aider du microscope, qui permettra de constater la présence de la bactéridie, et de porter, par conséquent un diagnostic certain.

Les lésions produites à la suite du charbon inoculé sont, à peu de choses près, les mêmes que celles que nous avons décrites plus haut.

NATURE, ÉTIOLOGIE, PATHOGÉNIE

Le charbon est une maladie contagieuse et parasitaire; sa contagiosité n'est pas douteuse, c'est en effet une vérité démontrée depuis longtemps et qui résulte de nombreux faits d'expérimentation et de nombreux faits d'observation.

Pour étudier l'étiologie et la pathogénie de l'affection charbonneuse avec fruit, il convient d'adopter la marche suivante : étudier le contage charbonneux, en indiquant pas à pas les progrès qu'on a fait dans la détermination de sa nature et de ses propriétés; puis étudier les principaux modes de transmission du charbon; et en dernier lieu interpréter le mode d'action des nombreuses causes qui ont été indiquées par les divers auteurs pour expliquer l'apparition de cette maladie.

Nature du contage charbonneux, ses propriétés. — Déjà depuis d'assez longues années, Fuschs, Brauell, Pollender et Delafond avaient vu dans le sang charbonneux des bâtonnets; mais ils n'avaient pas attribué leur signification propre à ces bâtonnets, qu'ils considéraient comme le résultat de la putréfaction du sang. Pourtant Delafond, en 1860, était revenu un peu sur cette manière de voir, et il avait de la tendance à considérer le bâtonnet comme jouant un rôle actif dans la transmission du charbon; il avait même eu l'idée de le cultiver. En 1850 M. Davaine, qui, à cette époque étudiait avec Rayer la contagion du charbon, avait aussi constaté la présence de bâtonnets dans la sang charbonneux. En 1863 il revint sur cette découverte, et, dans des travaux successifs parus en 1863, en 1864 et en 1865, il démontrait, par des expériences que le bâtonnet, rencontré dans le sang charbonneux est l'agent de transmission de la maladie. C'est du reste M. Davaine, qui, à la même époque, donna le nom de bactéridie au bâtonnet du sang charbonneux; pour lui, ce mot qui était un diminitif du mot bactérie était justifié par l'immobilité de ce bâtonnet, les autres bactériens étant ordinairement mobiles; il le considérait comme un être inférieur au bactérien de la putréfaction. Dans ses divers travaux il avait démontré le rôle de la bactéridie, comme agent de la transmission du charbon. Il avait inoculé des animaux avec du sang charbonneux, et il avait puisé sur ces animaux inoculés, à des heures de plus en plus éloignées du moment de l'inoculation, des gouttelettes de sang qu'il avait étudiées au microscope et qu'il avait inoculées. De cette manière il avait constaté que tant que le sang ne renfermait pas de bâtonnets, il restait inactif; mais lorsque les bâtonnets (quelques heures avant la mort) apparaissaient dans le sang, celui-ci était virulent. Ces expériences, répétées un certain nombre de fois, avaient donné les mêmes résultats et l'avaient amené à conclure que la bactéridie était l'agent de transmission du charbon.

Cependant, comme on le sent déjà, cette conclusion était prématurée et n'était pas comprise en entier dans les expériences. Aussi M. Davaine recourut-il à un autre procédé; il essaya d'isoler les bactéridies, d'obtenir du sang charbonneux privé de bactéridies, et pour cela il eut recours aux inoculations à des femelles pleines.

Avant lui Brauell avait observé que le sang du fœtus, renfermé dans la matrice d'une femelle devenue charbonneuse, ne contenait pas le contage charbonneux, que, par conséquent, le charbon n'était pas transmissible par la voie placentaire.

M. Davaine, mettant ce fait à profit, inocula des lapines pleines et leur donna le charbon. Un examen comparatif du sang de la mère et de celui du fœtus lui révéla la présence de bactéridies dans le premier et l'absence de ces mêmes bactéridies dans le second; le sang de la mère inoculée était virulent, celui du fœtus ne l'était pas.

Grâce à ces deux catégories d'expériences, M. Davaine avait conclu au rôle exclusif de la bactéridie dans la transmission du charbon.

Mais cette théorie ne rendait pas compte de tout; à ce moment on ne connaissait pas les divers modes de reproduction de la bactéridie; aussi lui opposa-t-on des faits qui étaient presque de nature à la faire crouler. On ne connaissait pas le mode de reproduction par endogénèse ou par formation de corpuscules-germes à l'intérieur des bâtonnets, et dès lors il était difficile d'expliquer, avec la théorie de M. Davaine, comment un cadavre charbonneux pouvait conserver sa virulence plusieurs semaines après la mort. En effet la bactéridie adulte, sous forme de bâtonnet, ne se conserve pas longtemps; le sang charbonneux, qui ne renferme que des bactéridies adultes, perd rapidement sa virulence en peu de jours. Comment dès lors s'expliquer que les cadavres d'animaux charbonneux restent pourtant dangereux pendant des mois et peut-être pendant des années? Il y avait là un fait que n'expliquait plus la théorie et qui s'explique aujourd'hui facilement par la connaissance des deux modes de multiplication de la bactéridie, par l'existence des corpuscules-germes, qui sont très résistants.

Les objections à la théorie de M. Davaine ne manquèrent pas. En voici une qui les résume à peu près toutes. Deux médecins du Val-de-Grâce, Jaillard et Leplat, ayant reçu de Chartres du sang provenant d'un cadavre charbonneux et qui avait déjà subi un commencement de putréfaction, l'inoculèrent et donnèrent ainsi à leurs animaux d'expérience une maladie rapidement mortelle. Ne trouvant pas de bactéridies dans le sang des animaux qui avaient succombé, non plus que dans le sang qu'ils avaient inoculé, ils conclurent de leur expérience que le charbon ne devait pas sa virulence à la bactéridie, puisqu'ils l'avaient donné avec du sang dépourvu du parasite, et sans provoquer l'apparition du parasite; et même ils ajoutèrent que le sang charbonneux était d'autant plus actif qu'il ne renfermait pas de bactéridies.

M. Davaine répéta cette expérience et, faute de connaître les corpuscules-germes, il conclut comme les précédents auteurs. Mais il n'abandonna pas sa théorie; il prétendit qu'il y avait deux maladies charbonneuses, une ayant pour cause la bactéridie et l'autre pouvant se développer par l'inoculation d'un sang privé de bactéridies; il reconnut aussi que cette dernière, particulière aux grands ruminants (le sang dont s'étaient servi Jaillard et Leplat provenait d'une vache), était plus virulente que l'autre.

Ainsi M. Davaine, ne pouvant résoudre l'objection, admettait bien gratuitement l'existence de deux maladies charbonneuses.

Or voici à quoi était dû le succès de ces expériences : le sang inoculé par Jaillard et Leplat provenait d'un cadavre en voie de putréfaction; il renfermait des corpuscules-germes de la bactéridie et des bactériens de la putréfaction, soit à l'état adulte mais très transparents, et qui passaient inaperçus, soit à l'état de corpuscules-germes; aussi ces auteurs avaient inoculé à la fois le charbon et la septicémie, et c'était surtout celle-ci qui s'était développée.

En 1875, un vétérinaire de Paris, M. Signol, communiqua à l'Académie des sciences un fait dans lequel le sang d'un cheval asphyxié s'était montré virulent seize heures après la mort. Ici encore il se passait la même chose que dans les faits Jaillard et Leplat; le sang d'un animal asphyxié est un milieu très convenable pour les bactériens de la putréfaction, qui existent toujours dans l'appareil digestif; aussi la fermention putride s'empare rapidement du cadavre, et le sang devient virulent.

En 1876, M. Paul Bert communiqua à la Société de biologie et à l'Académie des sciences ses expériences, dans lesquelles il avait fait agir l'oxygène comprimé et l'alcool absolu sur le virus charbonneux, sans lui enlever sa virulence. Il s'était aussi servi de sang charbonneux déjà putride, dans lequel il n'avait pas vu de bactéridies; ce sang avait conservé sa puissance virulente; il avait développé une maladie rapidement mortelle, et sur les cadavres des sujets inoculés il n'y avait pas non plus de bactéridies. M. Paul Bert avait, lui aussi, inoculé du sang septique, dans lequel étaient les bactériens de la putréfaction à l'état de corpuscules-germes, qui résistent à l'oxygène comprimé et à l'alcool absolu.

D'après tous ces faits plus ou moins contradictoires, il était donc difficile de se faire une idée bien nette de la nature du charbon. Les faits exposés par M. Davaine laissaient trop à désirer; de sorte qu'à la fin de 1876 on ne connaissait pas encore bien définitivement la nature de cette maladie.

C'est à cette époque que parut le travail de Koch, travail très original et très important, un des plus importants, à mon avis, qui aient été faits dans ces dernières années.

Déjà avant cette date, F. Cohn avait fait un travail remarquable sur les bactériens, et avait étudié surtout leur propriété de se multiplier en produisant des spores; mais cette propriété n'avait pas été vérifiée pour la bactéridie charbonneuse. C'est à Koch que revient l'honneur de cette vérification et de cette découverte; son travail a été publié dans la *Revue scientifique* à la fin de 1876. Cet auteur a suivi la bactéridie dans toutes ses phases; il l'a cultivé hors de l'organisme, dans le plasma du sang, dans l'humeur aqueuse. Il a remarqué que dans ces milieux, à une température voisine de 38° et en présence de l'air humide, elle se multiplie très rapidement et s'accroît d'une façon démesurée, au point de décupler sa longueur et de former un feutrage presque inextricable. Mais si le milieu se modifie, et il se modifie par suite de la multiplication du parasite, il se passe un phénomène remarquable. Les bâtonnets se transforment; au lieu de se diviser en fragments, comme primitivement, ils sécrètent, ils forment dans leur intérieur de véritables germes, qui apparaissent surtout aux extrémités. Quand un bâtonnet en présente deux, il y en a un à chaque extrémité. Ces germes sont plus réfringents que le plasma des bâtonnets.

Koch est donc le premier qui ait étudié la multiplication par endogénèse de la bactéridie et qui en ait suivi le développement hors de l'organisme. Il a de plus transmis le charbon avec les corpuscules-germes, et il a observé que les inoculations faites avec ces corpuscules étaient aussi fructueuses que celles pratiquées avec les bâtonnets, avec les bactéridies adultes. Il a semé ces spores dans le plasma du sang, dans l'humeur aqueuse, en présence de l'air, et il les a vues se transformer en bactéridies adultes, il les a vues devenir ovoïdes, s'étirer, s'allonger en forme de bâtonnets. En outre il a constaté que le corpuscule jouit d'un pouvoir de résistance beaucoup plus considérable que la bactéridie adulte. Dans le travail de cet auteur sont encore consignés des faits très intéressants au point de vue de la pratique et dont nous tirerons parti plus loin.

En 1871 Klebs et Tiégel avaient eu l'idée de filtrer du sang charbonneux autrement que par la voie placentaire; ils l'avaient mis dans un vase d'argile qu'ils fermaient hermétiquement au moyen d'une calotte en caoutchouc, et ils avaient obtenu la filtration en faisant un vide de 50 à 60 centimètres de mercure dans le vase d'argile. Le plasma ainsi obtenu était tout à fait privé de particules figurées et par conséquent de bactéridies; et l'inoculation de ce plasma n'ayant rien donné, les expérimentateurs en avaient conclu que la virulence résidait dans la bactéridie. Cette conclusion était prématurée, car on pouvait objecter que, le filtre ayant retenu avec les bâtonnets toutes les particules figurées, il s'ensuivait que l'expérience permettait seulement de conclure à la non virulence du plasma.

Arrivons au nom si connu de M. Pasteur, qui a beaucoup fait dans l'étude de cette question et qui peut à bon droit être considéré comme l'initiateur des découvertes des divers auteurs en cette matière. Avant 1863 M. Pasteur avait découvert que la fermentation butyrique est l'œuvre de vibrions fort analogues à ceux du charbon. Il avait ensuite démontré qu'une maladie grave du ver à soie est due à une fermentation dans l'intestin ; il avait étudié le vibrion de cette fermentation et lui avait reconnu les deux modes de reproduction que nous connaissons (scissiparité, endogénèse). M. Pasteur avait donc reconnu, avant tous les auteurs dont nous avons parlé plus haut, le mode de reproduction des bactériens par endogénèse. Cette découverte a mis les auteurs précités sur la voie d'autres découvertes. C'est en s'inspirant des travaux de M. Pasteur que Cohn et Koch ont fait celles dont il a été question.

Depuis 1877, M. Pasteur (en collaboration avec M. Joubert et M. Chamberland) a étudié le contage du charbon; il a repris la question déjà traitée par Koch; il a soumis la bactéridie à des cultures successives hors de l'organisme et, après l'avoir fait passer dans des centaines de cultures, il a pu avec celle de la dernière faire développer un charbon analogue à celui qu'on obtient avec le sang d'un animal malade. Cette méthode des cultures successives est plus avantageuse que les cultures non répétées de Koch, car, au bout d'un certain nombre d'ensemencements successifs, on est sûr que les éléments figurés du sang (globules blancs, globules rouges, granulations moléculaires), qui avaient été introduits dans la première culture et qui avaient été transmis dans quelques-unes des suivantes n'existent plus dans les dernières.

De cette manière M. Pasteur a pu obtenir la bactéridie à l'état de pureté absolue, et il a pu conclure sûrement que le charbon est de nature bactéridienne. Du reste, il a eu recours à deux autres procédés : à la filtration et à la décantation après le repos du liquide charbonneux dans les caves de l'observatoire. Pour la filtration il s'est servi de filtres de plâtre et il a opéré à peu près comme Klebs et Tiégel. Le filtre retient toutes les particules figurées et ne laisse passer que le plasma sanguin, qui, inoculé à des animaux ou semé, n'a jamais rien produit. Il est donc vrai de dire que seule la partie figurée du sang est active ; et les cultures successives ont appris que parmi les éléments figurés c'est la bactéridie qui est virulente.

Cependant on a fait des objections contre la valeur de cette filtration au plâtre. M. Colin a prétendu que le plasma, en traversant le filtre, pouvait éprouver des modifications isomériques, qui lui enlevaient sa virulence. Mais M. Pasteur a eu recours à un troisième procédé (décantation après repos du sang dans les caves de l'observatoire). L'air des caves de l'observatoire est très tranquille, il ne contient pas de germes, et, en contiendrait-il, qu'ils se déposeraient très rapidement ; aussi les infusions animales ou végétales qu'on y expose ne se putréfient pas, si elles ne renferment pas déjà des germes, car l'air des caves ne leur en cède pas. Le sang charbonneux ne s'y est donc pas putréfié, il s'est coagulé, il s'est séparé en deux parties distinctes, une solide et une liquide ;

celle-ci, le plasma, obtenue par décantation et inoculée n'a produit aucun résultat et, examinée au microscope, elle n'a pas présenté de bactéridies. Donc la virulence réside bien dans la bactéridie. M. Pasteur a étudié aussi les propriétés physiologiques des bactéridies adultes et des corpuscules-germes.

Des travaux de Koch et de M. Pasteur sur l'endogénèse de la bactéridie charbonneuse il résulte que les expériences de Jaillard et Leplat et de M. Paul Bert doivent être interprétées ainsi qu'il suit : le sang, inoculé par eux, devait sa virulence à la présence des corpuscules-germes de la septicémie, qui, comme ceux du charbon, résistent à l'influence de l'oxygène comprimé et à l'action de l'alcool.

Après M. Pasteur, il faut encore citer deux noms, celui de M. Colin et celui de M. Toussaint. Le premier a été le contradicteur acharné de M. Pasteur pour tous les résultats qui ont été obtenus. L'œuvre de M. Colin a une certaine importance, et, bien que la plupart de ses communications sur le charbon soient entachées d'erreur, il ne lui en reste pas moins l'honneur d'avoir élucidé le rôle du système ganglionnaire dans l'absorption du virus charbonneux. Quant à M. Toussaint, il a marché côte à côte avec M. Pasteur, démontrant à peu près les mêmes vérités par des moyens un peu différents.

De ce court aperçu historique il ressort clairement que le charbon doit sa production à un parasite de nature végétale.

Le contage charbonneux se rencontre dans le sang des malades, dans tous les solides et dans tous les liquides de l'économie ; il se rencontre en un mot à peu près partout dans l'organisme malade, surtout lorsque la maladie est arrivée à son terme.

La bactéridie charbonneuse est encore appelée *bacillus anthracis*, bactérien du charbon, microbe du charbon ; c'est un être organisé, un parasite, comme le bactérien de la putréfaction, et il se présente sous deux formes différentes, avec des dimensions variables suivant sa forme. Habituellement, chez les malades et sur les cadavres quelques instants après la mort, on le trouve sous la forme de bâtonnets, ordinairement simples ou formés de deux ou trois ou quatre segments articulés à angle obtus. On le trouve aussi, et cela bien entendu lorsque les cadavres ont déjà commencé à se putréfier, sous forme de corpuscules-germes. C'est sous la première forme qu'il offre les plus grandes dimensions, et celles-ci ne sont pas bien considérables; en effet dans le sang charbonneux, on voit mieux les globules sanguins que les bâtonnets. Ceux-ci sont très minces, plus ou moins flexueux ou ondulés, infléchis; les corpuscules-germes sont très ténus et apparaissent comme des gouttelettes réfringentes, soit qu'on les observe à l'état de liberté, soit qu'on les observe dans l'intérieur des bâtonnets. Dans ce dernier cas c'est surtout aux extrémités du bâtonnet qu'on les rencontre.

Quelle que soit leur forme, ces parasites sont ordinairement immobiles; leur structure est la même que celle du bactérien de la putréfaction. Ce sont des végétaux composés d'une masse protoplasmique entourée d'une membrane cellulosique. Ils forment parfois un feutrage plus ou moins serré dans les ganglions et aussi dans les capillaires. Observés dans le sang, ils sont assez facilement reconnaissables; il est peu d'éléments figurés avec lesquels on puisse les confondre. Leur confusion serait tout au plus possible avec quelques critaux présentant une forme allongée, mais alors on peut les distinguer au moyen d'un ou deux réactifs : la teinture d'iode, qui colore les bactéridies et non les cristaux, et l'acide sulfurique, qui détruit ceux-ci et respecte celles-là.

Le parasite du charbon peut vivre, non seulement dans l'organisme, mais encore hors de l'organisme, ainsi que le démontrent les cultures précitées. Il peut se conserver plus ou moins longtemps dans le monde extérieur; les bâtonnets se conservent peu, mais les spores se conservent longtemps. Il peut se multiplier hors de l'organisme toutes les fois que les conditions nécessaires à sa nutrition et à sa respiration sont réalisées. Il se nourrit et il respire par endosmose; il lui faut des matières azotées et minérales, de l'oxygène libre, de l'air (il meurt en présence de l'acide carbonique), une température voisine de 35° à 40°. Dans ces conditions il se multiplie par scissiparité ; mais quand les conditions changent, quand le milieu s'appauvrit en matières alibiles ou en oxygène, quand la température baisse, on observe plutôt la multiplication par endogénèse; le parasite produit alors dans son intérieur des corpuscules-germes, qui, une fois formés, peuvent ensuite germer dans un milieu convenable, et surtout dans l'organisme des animaux.

Dans quelques circonstances la bactéridie adulte, au lieu de donner des corpuscules-germes, se détruit. Ainsi elle se détruit, lorsqu'elle se trouve immédiatement en contact avec une atmosphère d'acide carbonique. Elle se détruit par conséquent dans les cadavres qui se putréfient rapidement, et, chose remarquable, elle se détruit d'autant plus sûrement que la putréfaction arrive plus tôt. En effet, si, avant que la putréfaction ait envahi tout le cadavre, la bactéridie a eu le temps de donner des corpuscules-germes, ceux-ci ne sont pas détruits par la fermentation putride ; ils peuvent vivre dans un milieu quelconque et quelle que soit leur atmosphère, sauf à exiger des conditions meilleures pour se reproduire. Dans tous les cas, quand les conditions nécessaires à la multiplication ne sont pas réalisées, c'est plutôt la destruction qui se produit. Elle s'opère par la désagrégation, par la fragmentation des bâtonnets.

La nature semble avoir favorisé particulièrement la conservation de la bactéridie, en réalisant presque toujours les conditions nécessaires à sa transformation en spores. Quand elle se trouve placée dans un milieu riche en matériaux nutritifs (cela est toujours ainsi quand il s'agit de cadavres), quand il y a la présence de l'air et une température de 35°, la transformation en spores peut se faire au bout d'une quinzaine d'heures, et le contage peut dès lors se conserver pendant des années. Quand la température est seulement à 18° ou 20°, les autres conditions restant les mêmes, la transformation exige plus de temps pour se faire, il faut deux ou trois jours. Et enfin quand la température descend audessous de 12° et quand elle s'élève au-dessus de 44°, la transformation n'a pas lieu. Alors il peut arriver que les bâtonnets se détruisent, se désagrègent, ou bien ils peuvent se conserver à l'état de bactéridies adultes desséchées. Plus tard, sous l'influence de l'humidité et d'une température convenable, ils revivront et produiront des effets ; cependant dans ces conditions ils se détruisent le plus souvent, ils se transforment en particules qui se désagrègent.

Cela étant connu, il en ressort que, dans les cadavres charbonneux exposés à l'air, la transformation en spores a lieu souvent pendant l'été, car la température est suffisamment élevée, car les cadavres sont des milieux favorables, et de plus il y a le contact de l'air. Pareille transformation s'effectue encore dans toutes les matières animales, dans les purins, dans les fumiers, dans les produits de déjection des animaux malades. Aussi voit-on parfois le charbon apparaître chez des sujets qui ont pâturé sur des terres arrosées, fumées avec des purins, des fumiers provenant d'animaux charbonneux.

La bactéridie adulte, qui peut conserver sa vitalité à 45° et à 47°,

ne résiste pas à la température de 100° ni même à celle de 50° ; il
n'en est pas de même des corpuscules-germes, qui peuvent résister à 130°, aux acides minéraux les plus énergiques, à l'oxygène
comprimé, à l'alcool absolu, qui tuent la bactéridie adulte.

La durée pendant laquelle peut se conserver la virulence du
charbon n'est pas encore bien déterminée. Koch, dans son travail,
dit que les spores peuvent se conserver pendant des mois et
même pendant des années (quatre ans). Dernièrement des recherches ont été faites dans ce sens, surtout par M. Pasteur et M. Colin.
Avant eux, M. Toussaint avait déterminé, par des expériences de
laboratoire, la durée de conservation de la bactéridie adulte, et
il avait conclu que le sang charbonneux ne conserve son activité
que peu de temps dans un milieu confiné, à l'abri de l'air et de la
putréfaction, car les bactériens sont asphyxiés et cela d'autant
plus vite que la température s'élève aux environs de 38° à 40°.
L'année dernière M. Pasteur et M. Colin ont fait des recherches
dans la Beauce où le charbon est fréquent.

Pour M. Pasteur le charbon, qui se développe spontanément en
Beauce, est dû à l'ingestion de bactéridies, et les lésions, qui
servent de voie d'introduction, siègent principalement dans la
bouche et dans l'arrière-bouche. Du sang charbonneux étant mêlé
à la terre, la bactéridie s'y conserve à l'état de germe, et même elle
s'y multiplie, surtout si on arrose la terre avec de l'eau de levûre,
avec de l'urine ou du purin quelconque. Elle se transforme rapidement en corpuscules-germes, qu'on peut retrouver après plusieurs mois de séjour dans la terre, et après de nombreuses alternatives d'humidité et de sécheresse. Ces corpuscules peuvent
être semés de nouveau dans une nouvelle terre, de celle-ci dans
une troisième et ainsi plusieurs fois de suite, pour produire enfin
le charbon. M. Pasteur a en effet, après plusieurs séries de ces
cultures, reproduit le charbon avec les corpuscules de la dernière; donc la bactéridie se conserve pendant longtemps dans la
terre. Dix mois après l'enfouissement des cadavres on retrouve les
germes dans la terre, qui recouvre la fosse, et en cherchant bien
on les retrouverait probablement longtemps après; quoique les
cadavres aient été profondément enfouis, les bactéridies remontent, entraînées par l'humidité qui, en temps de sécheresse, est
arrivée à la surface du sol. Nous verrons plus loin quelles sont
les indications qui découlent de ces considérations; nous verrons
qu'il y aurait lieu de substituer la crémation des cadavres à l'enfouissement, qu'il faut préférer l'équarrissage à l'enfouissement,

et qu'il faut, si on prescrit celui-ci, traiter les cadavres par des agents antibactériens.

M. Colin de son côté est arrivé aux résultats suivants. D'après lui le sang charbonneux et la sérosité perdent leurs propriétés au bout de deux à cinq jours, et cela en toutes saisons et aux températures les plus variées, qu'ils soient à l'air ou dans des vases plus ou moins fermés, ou dans le cadavre. La virulence charbonneuse s'éteint au moment où le sang est en pleine décomposition, et cela s'explique, car les bactéridies sont asphyxiées par l'acide carbonique. La température élevée hâte toujours la destruction de la bactéridie, la disparition de la virulence dans le sang, dans la lymphe et dans les sérosités. La bactéridie se conserve plus longtemps dans les cadavres préalablement vidés ; ainsi, quand on a la précaution d'éventrer le cadavre, d'en sortir la masse intestinale, la putréfaction est moins rapide, car on a sorti la masse dans laquelle étaient les germes putrides ; et alors le virus peut se conserver quatre ou cinq jours en été et huit ou douze jours en hiver. Il en est de même pour les autres produits charbonneux, fumiers, purins, etc. L'extinction de la virulence est due aux phénomènes de la putréfaction, elle est accélérée par tout ce qui facilite la putréfaction. L'addition d'eau aux produits charbonneux, la dilution de ces produits hâtent l'extinction de la virulence en diminuant la richesse du milieu où vit la bactéridie. Le refroidissement facilite la conservation du virus. La virulence est éteinte par l'alcool, les sels astringents, les divers coagulants, l'ébullition, la dessiccation, l'acide acétique et même par le suc gastrique ; il est bien entendu que cela n'est vrai que quand la virulence est due à la bactéridie adulte ; cela ne serait pas exact s'il y avait des corpuscules-germes. Les déjections, les urines, les matières stercorales sont virulentes ; et leur virulence se perd vite par la putréfaction hâtée par une des causes précitées ; mais il n'en est pas de même quand la transformation en spores a eu le temps de s'effectuer.

On s'est demandé si le charbon n'a pas des germes d'espèces différentes. En général on admet qu'il n'y a qu'une seule espèce de bactéridie. Cependant M. Toussaint, dans une communication faite à l'Académie des sciences, avait cru pouvoir affirmer qu'il avait découvert une forme particulière de charbon due à une nouvelle espèce de bactérien, mais l'auteur n'est pas revenu sur cette question. Le nouveau microbe découvert dans le charbon symptomatique diffère du *bacillus anthracis*.

De tout ce qui précède, il ressort que le contage charbonneux peut se conserver, non seulement dans les cadavres mais encore hors de l'organisme, dans différents milieux, qui sont par conséquent dangereux.

Quand la bactéridie charbonneuse est introduite dans l'organisme, elle se multiplie par segmentation dans le système circulatoire sanguin et lymphatique.

Quels sont ses modes d'action? Nous savons que le *bacillus anthracis* agit de trois manières. Les bactéridies, en se multipliant dans l'organisme, déterminent la mort de trois façons différentes : en enlevant l'oxygène aux globules rouges du sang ; en formant des embolies, qui gènent la circulation ; enfin en empoisonnant les animaux par les produits toxiques, qui accompagnent toujours leur formation.

Le pouvoir asphyxiant des bactéridies est réel, comme le prouve la coloration noirâtre du sang provenant d'animaux charbonneux. Les germes du charbon sont aérobies, ils enlèvent aux globules rouges l'oxygène nécessaire à l'hématose; ceux-ci semblent le disputer dans l'organisme, car la bactéridie se développe plus rapidement dans un sang extrait des vaisseaux que dans le sang qui circule, et leur pouvoir de résistance varie avec les espèces animales. Les oiseaux ne contractent qu'exceptionnellement le charbon, leurs globules rouges sont assez forts pour disputer victorieusement l'oxygène aux microbes charbonneux, qui pourtant se développent très bien lorsqu'ils sont mis en contact avec le sang en dehors des vaisseaux. Cette action asphyxiante n'est pas toujours, tant s'en faut, suffisante pour expliquer la mort des individus charbonneux, car il est des cas où les bactéridies sont en quantité minime dans le sang. De plus si un sang noirâtre, simplement asphyxié peut rougir au contact de l'air, il n'en est pas de même pour le sang charbonneux ; il y a donc autre chose que l'asphyxie.

M. Toussaint, en étudiant les lésions du charbon, a vu dans les capillaires et les artérioles des amas de bactéridies, déterminant des oblitérations à la suite desquelles s'étaient produites des hémorrhagies. Mais cette cause, de même que la précédente, est insuffisante pour expliquer la mort, quand les parasites sont peu nombreux dans le sang, quand ils n'existent presque que dans le système lymphatique. Cependant il faut en tenir compte, et il est facile d'expliquer son action. Les obstructions se produisent surtout en grand nombre dans les organes très vasculaires, dans le poumon par conséquent ; aussi le sang qui arrive dans cet organe n'est renvoyé qu'en partie au cœur gauche. Il y a ainsi une diminution de la masse du sang en mouvement dans l'appareil circulatoire et un défaut d'hématose.

Le rôle prépondérant, dans la production de la mort, revient au troisième mode, à l'action du poison, qui accompagne toujours la formation des bactéridies, et dont l'existence a été mise en évidence par les expériences suivantes. Le plasma sanguin, obtenu après la filtration du sang charbonneux sur du plâtre, ne donne point le charbon, mais son mélange avec le sang ne reste pas sans action, il rend les globules plus agglutinatifs. M. Pasteur s'est demandé alors s'il n'y avait point eu formation d'une diastase. Après lui M. Toussaint a affirmé la présence d'un poison dans le sang charbonneux à la suite de ses expériences. Il a inoculé du sang charbonneux à des animaux inaptes à contracter cette maladie, il a obtenu ainsi un effet local, une tuméfaction phlegmoneuse, ce qui démontre l'action phlogogène du virus charbonneux. Il a obtenu les mêmes effets, à l'intensité près, en inoculant le sang filtré. Après cela on est donc en droit de conclure à l'existence, dans le sang charbonneux, d'une matière phlogogène, qu'on appelle diastase ou poison, qui est en dissolution dans le plasma, et qui accompagne la multiplication des parasites, soit que ceux-ci la produisent directement, soit qu'ils en provoquent la formation.

Contagion. — Le charbon est une maladie contagieuse ; cette vérité résulte, avons-nous dit, de nombreux faits d'observation et d'expérimentation. La contagion peut se faire directement de l'animal malade à l'animal sain ; elle se fait surtout de cette façon, lorsqu'elle a lieu de l'animal ou du cadavre à l'homme, qui peut, en effet, être facilement contaminé par les produits cadavériques qu'il travaille. Mais cette contagion directe, immédiate, ne s'observe qu'exceptionnellement chez les animaux ; dans la pratique cependant il faut en admettre la possibilité, quand ce ne serait que d'après les faits observés chez l'homme.

La contagion médiate est de beaucoup la plus fréquente. Les véhicules du virus charbonneux sont nombreux ; généralement ce sont les aliments ou les boissons qui ont été souillés de produits contagieux. Dans ces cas le virus s'introduit par les voies digestives. Ce mode de contagion peut être réalisé expérimentalement ; on réussit très bien à faire développer le charbon en faisant ingérer des matières charbonneuses aux animaux susceptibles de contracter cette maladie.

La contagion volatile n'est pas aussi évidente que la précédente. A cet égard les avis des auteurs sont partagés et les observations ne sont pas assez nombreuses pour permettre d'en tirer des conséquences inattaquables. Des faits de contagion volatile ont été signalés par Roche-Lubin et Garreau. Pour mon compte je crois, malgré les opinions contraires, à la possibilité de la contagion du charbon par l'air, d'après les faits que j'ai pu observer dans la Camargue. M. Colin n'y croit pas ni M. Feser non plus.

Il résulte donc de ce qui précède, que la contagion médiate est le mode de transmission le plus fréquent, et elle se fait par l'ingestion des boissons ou des aliments qui renferment des germes. Cette conclusion résulte également des études qui ont été faites en Beauce par M. Pasteur et M. Toussaint.

Le virus rejeté au dehors par les voies d'excrétion, comme celui qui provient des cadavres, peut se conserver plus ou moins longtemps à la surface des corps solides, de l'herbe par exemple, ou dans les eaux, pour être introduit à un moment donné dans l'organisme des animaux qui ingèrent ces matières.

Quel rôle jouent les mouches dans la propagation du charbon ?

C'est là une question qui de tout temps a préoccupé les médecins. Pour l'élucider, M. Davaine et M. Raimbert ont entrepris des expériences, mais ils n'ont point réalisé les conditions qui se présentent dans la pratique. Ils ont pris des mouches, qu'ils ont laissées sous une cloche au contact d'un sang charbonneux, et ont inoculé ensuite leurs pattes et leurs ailes. A la suite de ces inoculations le charbon s'est développé, et cela devait être ; mais l'expérience est peu concluante, elle ne prouve pas que les mouches, en piquant, peuvent transmettre le charbon.

Les piqûres des mouches peuvent bien provoquer une certaine tuméfaction ; et d'ailleurs on observe assez souvent chez l'homme des tumeurs dites vulgairement pustules malignes, parce qu'elles sont noires au centre, mais il ne faudrait plus confondre, comme on le fait encore souvent, ces pustules malignes avec le charbon : car on a eu inoculé le produit de ces tumeurs sans obtenir le charbon, et d'ailleurs on n'a pas trouvé la bactéridie en examinant préalablement leur contenu au microscope.

Les vétérinaires croient peu à l'efficacité des piqûres de mouches pour développer le charbon, car les animaux sont ordinairement protégés soit par une toison, soit par des poils, soit par une peau épaisse ; du reste on observerait les symptômes locaux, qui se présentent après l'inoculation, si les piqûres provoquaient le charbon. Mais ce qui est plus convaincant encore, c'est que les mouches, qui fréquentent les cadavres, ne vont point sur les sujets vivants et ne piquent pas. La contagion pourrait donc se faire dans le seul cas où une mouche viendrait piquer un animal sain après avoir piqué un sujet malade, et encore il reste à savoir si de la sorte la transmission est possible.

Pour l'homme la question est plus importante. Voici ce qui se passe dans les tanneries où les mouches semblent jouer un grand rôle dans la propagation du charbon. Des mouches, bien inoffensives, viennent se poser sur la peau de l'ouvrier, y déterminent un prurit en le piquant ; celui-ci se gratte, et il en résulte le plus souvent de petites excoriations, qui deviennent la porte d'entrée des germes apportés par les ongles toujours malpropres de l'ouvrier.

Le virus ne peut guère s'introduire dans l'organisme par la peau, sauf dans les régions où elle est fine et l'épiderme mince ; la contagion devient facile, quand elle est le siège d'excoriations ou de plaies. On fait développer facilement le charbon, en inoculant à la peau ou en injectant le virus dans le tissu conjonctif sous-cutané. Mais les animaux ne contractent presque jamais le charbon par cette voie là, attendu qu'on n'observe pas ordinairement de symptômes locaux.

Le rôle prépondérant dans l'absorption des germes charbonneux appartient évidemment aux voies digestives. Le virus s'introduit presque toujours avec les aliments et les boissons ; et les voies digestives se prêtent très bien à l'absorption de la bactéridie, comme le démontrent un grand nombre de faits d'observation et d'expérimentation. Renault avait fait ingérer des matières charbonneuses au porc, au chien, à des oiseaux, à des moutons, au cheval ; et il était parvenu à communiquer le charbon aux deux dernières espèces ; trois étaient donc restées réfractaires. Avant Renault, Barthélemy avait vu un cheval contracter le charbon en buvant de l'eau souillée de débris charbonneux. D'après M. Colin, le suc gastrique jouirait de la propriété de détruire le virus charbonneux ; il a essayé de le démontrer en faisant ingérer de la matière charbonneuse à un chien, auquel il a pratiqué ensuite une fistule gastrique pour reprendre cette matière, après que le suc de l'estomac avait agi sur elle, et l'inoculer. En opérant ainsi, il n'a pas fait naître le charbon ; aussi a-t-il conclu à la destruction du virus par le suc gastrique. Mais M. Colin a tiré une conclusion trop générale de son expérience ; il a en effet démontré l'efficacité du suc gastrique sur les bactéridies adultes et non sur les corpuscules-germes ; son expérience est donc incomplète. Il a aussi mélangé du sang charbonneux avec le suc gastrique du chien retiré de l'estomac, et, en inoculant ce mélange, il n'a rien produit. Il n'a encore cette fois démontré que l'efficacité du suc gastrique du chien sur les bactéridies, mais non sur les corpuscules-germes.

Le rôle des voies digestives, dans la transmission du charbon, a été hautement accusé par M. Baillet, dans le rapport qu'il a fait au sujet du charbon qui règne enzootiquement dans les pâturages d'Auvergne. Il a conclu en disant que les animaux contractent le charbon en ingérant des herbes, des boissons souillées de matières charbonneuses et de germes, qui, rejetés à tout moment par les malades et fournis par les cadavres mal enfouis, se conservent dans le milieu extérieur. D'autres vétérinaires ont vu la maladie se développer chez des animaux pâturant dans des prairies, où des malades avaient séjourné antérieurement, dans des lieux fumés avec des engrais provenant d'animaux charbonneux, et sur des animaux mangeant les herbes ou les fourrages récoltés dans des lieux où avaient été enfouis des cadavres charbonneux. Un vétérinaire a même cité un cas où le charbon se serait développé chez le porc, chez le chien et chez des oiseaux de proie après l'ingestion de viandes charbonneuses.

M. Pasteur a nourri des moutons avec des aliments arrosés du liquide des cultures bactéridiennes, et il a vu le charbon se développer quelquefois d'une manière presque foudroyante, sans symptômes locaux, après une incubation de quatre ou cinq jours. En associant aux aliments des chardons, des barbes d'épi d'orge susceptibles de blesser les premières voies digestives, il a obtenu une mortalité plus grande et des lésions locales dans la bouche et l'arrière-bouche. Ces mêmes lésions ont été retrouvées dans les autopsies d'animaux morts du charbon spontané, ce qui confirme bien les conclusions que l'expérience avait permis d'établir.

M. Toussaint est arrivé aux mêmes résultats ; sur quatorze autopsies faites par lui, il a vu les lésions de la bouche et de l'arrière-bouche dans treize cas, et il a dit, avec M. Pasteur, que les germes se trouvent dans les fourrages et les boissons, qu'ils sont introduits dans l'économie par les éraillures que produisent les aliments durs sur la musqueuse buccale.

Les voies respiratoires sont-elles susceptibles de permettre l'entrée du virus charbonneux dans l'organisme?

Roche-Lubin et Garreau semblent l'avoir démontré par les faits qu'ils ont publiés. M. Feser prétend que l'on ne peut que difficilement faire contracter le charbon aux animaux, en leur faisant inhaler des produits charbonneux. Cependant, ainsi que je l'ai déjà dit, je crois à la contagion volatile et au rôle des voies respiratoires, d'après les faits que j'ai pu voir dans la Camargue, où le charbon règne presque à l'état enzootique. Les animaux charbonneux souillent le fumier de la bergerie par leurs déjections ; les bactéridies se transforment en corpuscules-germes ; et quand on vient de récurer l'habitation, les animaux, qu'on y introduit les nuits suivantes, y contractent parfois le charbon, car grâce aux débris de fumier laissés sur le sol et exposés à la dessiccation et à la putréfaction, il se produit des émanations considérables de gaz entraînant avec elles les corpuscules-germes, qui vont fructifier chez les animaux nouvellement introduits.

Le charbon peut aussi être obtenu par l'injection intra-vasculaire de la bactéridie et il y a alors absence complète de symptômes locaux.

La femelle pleine peut-elle infecter les fœtus qu'elle porte ?

L'observation et l'expérimentation répondent non. Nous avons vérifié ce fait, qui avait été constaté par Brauell, par MM. Davaine, Koch, Feser, Colin. Il est d'ailleurs facile de s'en rendre compte. Le virus existe dans le sang à l'état de bâtonnets et non à l'état de corpuscules-germes. En arrivant aux capillaires du placenta, les bâtonnets s'entassent, forment des bouchons qui s'arrêtent; la disposition flexueuse des capillaires se prête du reste très bien à la formation de ces embolies.

De nombreux agents peuvent servir à la propagation de la maladie.

En première ligne il faut citer les malades, les aliments, les boissons, tous les produits de sécrétion des animaux malades, les urines, le lait, puis les lieux habités par ces animaux, tous les objets ayant subi leur contact, l'air des étables, le fumier, le purin, les viandes charbonneuses, les débris, les peaux, les cadavres charbonneux, non enfouis ou mal enfouis, etc.

L'absorption du virus se fait principalement par les vaisseaux lymphatiques. La connaissance de ce fait est due à M. Colin, qui a aussi très bien étudié le rôle du système lymphatique dans d'autres maladies virulentes (phthisie, infection purulente, etc.) et a ainsi expliqué la leucocytose, qu'on observe fréquemment dans ces maladies.

Ce physiologiste inocule le virus charbonneux à l'extrémité d'un membre d'un animal et en suit la marche. Il voit d'abord le ganglion ploplité s'engorger, se tuméfier, devenir virulent, tandis que ceux de l'aine n'ont subi aucune atteinte. La virulence se propage, chemine ensuite vers les ganglions de l'aine, du bassin, etc., qui deviennent malades à leur tour. Enfin les bactéridies sont déversées dans le torrent circulatoire et y empoisonnent le sang. Alors se montrent les symptômes généraux, l'engorgement et la virulence des ganglions du membre opposé.

Mais les vaisseaux sanguins ne jouent-ils aucun rôle dans cette absorption?

Cette détermination est à faire et elle doit être faite, car si M. Colin prétend qu'on peut arrêter le développement du charbon au début, en sectionnant les lymphatiques qui charrient les bactéridies et en extirpant les ganglions malades, il est difficile toutefois de nier complètement le rôle des vaisseaux veineux et des capillaires et d'admettre que l'extirpation des ganglions malades ou une cautérisation suffise pour empêcher le développement de la maladie.

L'absorption est très rapide, car, si, cinq minutes après l'inoculation du charbon à l'extrémité d'une oreille, on ampute la partie inoculée, on n'empêche pas la maladie de suivre son cours. Tout le virus n'est pas absorbé en cinq minutes; mais l'expérience démontre qu'une partie au moins a passé dans le torrent circulatoire.

Les lapins sont très susceptibles; après eux ce sont les moutons, qui sont les plus aptes à contracter le charbon; puis viennent les bovins, les solipèdes, enfin les porcs, le chien, les oiseaux. En faisant ingérer les mêmes aliments souillés de matières charbonneuse au bœuf et au cheval, on voit plus souvent le charbon se développer chez le premier que chez le second. La prédisposition n'est donc pas la même chez ces deux espèces. Enfin malgré le fait cité par M. Dus, qui a vu le charbon se développer sur des chiens, sur des porcs et sur des oiseaux de proie, à la suite d'ingestion de viandes charbonneuses, on s'accorde à regarder ces trois dernières espèces comme étant souvent réfractaires au charbon.

On a cherché à expliquer l'immunité dont jouissent ces animaux. L'attention s'est portée principalement sur les oiseaux, dont le sang extrait des vaisseaux est, comme on l'a déjà vu, un terrain propre à la culture des bactériens. M. Colin avait vu les oiseaux jeunes contracter l'affection charbonneuse. M. Pasteur, sachant que les oiseaux du nid ont une température moins élevée que les oiseaux adultes, a été porté à attribuer le non développement du charbon chez ces derniers à l'existence d'une température élevée. Cependant la vérification était à faire, car la température des oiseaux ne dépasse pas 40° ou 41°, tandis que les bactéridies vivent à 44°. M. Pasteur inocula le charbon à deux poules; une d'elles fut laissée dans les conditions ordinaires de son existence, et l'autre fut plongée dans un bain d'eau froide, de façon à abaisser sa température jusqu'à 38° ou 37°. Cette dernière poule contracta la maladie charbonneuse et en mourut, tandis que l'autre ne fut pas malade. Afin qu'on n'accusât pas le froid d'avoir tué la poule, une troisième non inoculée subit le même traitement, et ne fut point incommodée par l'abaissement de température. Pour rendre son expérience encore plus convaincante, M. Pasteur a guéri, en la réchauffant, une poule qui avait contracté le charbon à la faveur de l'abaissement de la température.

M. Feser ne partage point l'opinion de M. Pasteur, il prétend expliquer d'une autre manière l'immunité dont jouissent les oiseaux; il croit qu'ils la doivent au régime et au mode de nutrition qui en est la conséquence. De plus il cite comme réfractaires les chiens et les chats, tant qu'ils ne se nourrissent que de substances animales, tandis qu'ils contractent la maladie, quand on ne leur donne que du pain ou une nourriture végétale. Il pense que la réceptivité peut s'expliquer dans ces cas par l'introduction d'une plus grande quantité d'eau dans l'organisme. Le professeur Jaeger prétend aussi que les organismes résistent d'autant mieux aux maladies zymotiques, qu'ils renferment une moindre proportion d'eau. MM. Oember et Féser n'ont pas réussi à faire développer le charbon sur les poissons à la température de 7°.

La réceptivité est variable, non seulement pour chaque espèce, mais elle varie même pour les individus et pour les races d'une même espèce. On sait depuis bon nombre d'années en Provence que les moutons africains résistent mieux au charbon que les moutons du pays, aussi beaucoup de propriétaires se livrent depuis plusieurs années à l'élevage de ces animaux. M. Chauveau a confirmé par ses expériences ce fait que l'observation avait appris aux vétérinaires du Midi. Il semble pourtant, d'après l'observation des vétérinaires d'Afrique, que parfois certains moutons algériens contractent le charbon ; et d'ailleurs il est avéré que l'immunité des moutons barbariens peut s'affaiblir et disparaître à la longue dans nos pays. Cette immunité tient-elle à ce que les moutons africains ne renferment pas dans leur organisme certains principes nécessaires au développement de la bactéridie, ou bien à ce qu'ils introduisent moins d'eau dans leur économie ? Ce sont là des questions qu'on peut se poser, en attendant le résultat d'expériences et d'observations ultérieures. L'embonpoint est une cause qui prédispose au développement du charbon ; les animaux gras semblent offrir en effet moins de résistance à la maladie.

Après l'absorption du virus, la période d'incubation est courte ; elle peut durer de un à douze jours pour les moutons et les grands animaux. Il est possible de la faire varier, de l'abréger ou de la rendre plus longue en introduisant une plus ou moins grande quantité de bactéridies.

Chez les animaux malades on n'aperçoit pas, dès le début, des bactéridies dans le sang ; cependant ce n'est pas là une raison pour en nier l'existence dans l'organisme. En inoculant une goutte de ce sang, on peut également ne pas faire développer le charbon ; à ce moment les germes sont encore rares dans le fluide circulatoire, ou se trouvent seulement dans le système lymphatique. La virulence persiste après la mort plus ou moins longtemps, ainsi que nous l'avons vu, suivant les conditions extérieures. En général la bactéridie charbonneuse se détruit quand la putréfaction s'empare du cadavre. Mais quand les corpuscules-germes ont pu se former, la virulence persiste beaucoup plus longtemps.

Le virus charbonneux a-t-il toujours la même puissance, quelle que soit l'espèce qui l'a produit ? Il est difficile de répondre aujourd'hui à cette question. Des auteurs ont prétendu que le virus du mouton était le plus actif ; des expériences sont à faire à ce sujet.

Le charbon peut-il récidiver sur le même individu ? M. Pasteur a des raisons pour croire qu'il ne récidive pas ; il est du reste facile de s'en assurer, en expérimentant sur la poule guérie du charbon.

On admettait jadis le développement spontané du charbon sous l'influence d'un certain nombre de causes qu'il est bon de passer en revue. Aujourd'hui on conserve les expressions de *naissance spontanée*, de *développement spontané* ; mais on veut dire par là que les animaux ont puisé les germes de la maladie dans le milieu qui les entoure. Les causes invoquées autrefois pour expliquer le développement spontané du charbon doivent être considérées comme de simples circonstances favorables à la contagion ; elles agissent en favorisant la conservation, la multiplication des bactéridies et leur introduction dans l'organisme. Ces causes sont nombreuses et il est aujourd'hui facile d'interpréter leur action.

Depuis longtemps on a accusé la température élevée et les saisons chaudes, surtout les saisons chaudes et humides à la fois ; c'est qu'en effet une température relativement élevée et un certain degré d'humidité favorisent la multiplication et le développement des bactéridies. On a accusé aussi les étangs, les marais, les bas-fonds, les marécages, les émanations, les effluves, les herbages humides et les eaux dormantes. Toutes ces causes favorisent la multiplication, la conservation de la bactéridie charbonneuse et son introduction dans l'organisme. Il y a là en effet un ensemble de conditions propices, un milieu favorable qui fournit des matériaux alibiles ; le contact de l'air et la température élevée, qui règne par moments, hâtent son développement. Les fourrages et les boissons peuvent donc contenir des bactéridies, et les animaux, en les ingérant, contractent le charbon. Les gaz, qui s'échappent de ces lieux, peuvent entraîner des corpuscules-germes charbonneux et les introduire dans l'organisme. Toutes les localités, où règne le charbon, renferment dans leur sol, dans leurs eaux ou dans les herbes qui y croissent, les germes de la maladie. Les lieux à sol humide, à sous-sol argileux, favorisent la conservation et la multiplication des bactéridies, et leurs eaux ainsi que leurs herbes peuvent communiquer le charbon. On a prétendu que les aliments altérés et les aliments trop abondants peuvent faire naître le charbon ; mais cela n'est vrai qu'autant que ces aliments en renferment des germes et les introduisent dans l'organisme. Les boissons même altérées ne peuvent pas non plus produire le charbon, si elles ne renferment pas de bactéridies ; et jamais ni les fatigues excessives, ni une alimentation insuffisante ne peuvent provoquer la maladie bactéridienne. On a remarqué que le charbon se montre de préférence dans les années pluvieuses, surtout lorsque les pluies sont suivies d'une grande sécheresse. Les eaux des pluies dissolvent une grande quantité de matières organiques et minérales qui, lorsque la chaleur arrive, constituent un milieu favorable au développement et à la multiplication des bactéridies. On a encore accusé les habitations humides, malpropres, mal tenues; mais quel que soit leur défaut d'hygiène, elles ne peuvent pas provoquer le développement du charbon si elles n'en renferment pas les germes.

L'étiologie de la maladie charbonneuse se résume donc dans l'introduction de la bactéridie dans l'organisme, soit à l'état adulte, soit à l'état de corpuscules-germes.

Le déplacement des animaux malades peut disséminer les germes et les semer dans des localités où ils n'existent pas; cela peut se produire surtout dans les cas où l'on fait émigrer le bétail malade. Le déplacement des fumiers contenant des germes peut amener les mêmes résultats; ces fumiers sont donc dangereux, quand on les répand dans les pâturages ou dans les endroits fréquentés par les animaux.

Le *charbon symptomatique* de l'espèce bovine, étudié par MM. Arloing, Cornevin et Thomas, est une maladie microbiotique différente de la fièvre charbonneuse. Il est inoculable aux animaux de l'espèce bovine et à d'autres espèces (mouton, cobaye, lapin). Le microbe de cette maladie se montre dans les muscles et le tissu conjonctif de la tumeur; il est plus court et plus large que la bactéridie; il est très mobile, il est arrondi à ses extrémités.

TRAITEMENT

Le traitement n'est pas ici d'une importance capitale, car une fois déclarée, la maladie ne guérit que très exceptionnellement, et l'on peut même douter qu'il soit possible d'obtenir sa guérison. Des observateurs ont publié des faits dans lesquels ils attestent la guérison du charbon; il faut à ce sujet se montrer très circonspects et s'assurer avant tout si on n'a pas pris pour le charbon d'autres maladies qui ne sont pas aussi graves.

Le traitement prophylactique et préventif est surtout celui qui doit fixer notre attention, car il a pour but d'empêcher la naissance de la maladie et d'arrêter sa propagation au moyen des conditions hygiéniques et des mesures de police sanitaires, voire même d'agents thérapeutiques prophylactiques.

La prophylaxie doit être tirée de la connaissance des conditions étiologiques, qui président ou ont présidé au développement du charbon. Il faut surveiller et améliorer, dans le sens indiqué, l'hygiène de l'alimentation, des boissons et des habitations. On examinera donc avec soin les aliments, les boissons et les habitations; et, après les avoir étudiés, après avoir vérifié, autant que cela est possible, s'ils contiennent des germes charbonneux, on agira en conséquence.

M. Pasteur conseille de supprimer, dans l'alimentation des animaux menacés de charbon, les chardons, les plantes piquantes, les aliments trop secs, les menues pailles, les fourrages chargés de matières minérales, tout ce qui, en un mot, peut léser les muqueuses buccale et pharyngienne. Ces conseils me semblent assez difficiles à suivre en pratique; néanmoins il faudra en tenir compte dans la mesure du possible, sans oublier que le meilleur moyen de soustraire un troupeau au charbon qui le menace, est le déplacement, l'émigration, le transport dans un autre lieu dont les pâturages n'offrent pas le même danger.

S'il est impossible de recourir aux moyens précités, il y aura lieu d'employer les agents thérapeutiques capables d'empêcher le développement de la bactéridie dans l'organisme : on fera arroser les fourrages avec des solutions faibles d'acide sulfurique ou d'acide phénique, ou de borate de soude, ou de teinture d'iode; on fera mélanger journellement aux boissons les mêmes solutions, assez diluées pour que les animaux les prennent sans trop de difficulté; on fera désinfecter les habitations et les objets suspects; on fera enlever les fumiers, qui seront enfouis ou traités par l'acide phénique brut; on fera laver le sol de l'habitation récurée avec de l'eau bouillante, avec une solution bouillante d'acide phénique, avec un lait de chaux; on fera flamber le sol et les parties suspectes, en brûlant à leur surface de la paille ou du bois.

Lorsque le troupeau émigrera, lorsqu'il sera transporté ou déplacé, il faudra prendre certaines précautions pour l'empêcher de répandre les germes dans les lieux où ils n'existent pas; c'est d'ailleurs dans l'application des mesures sanitaires qu'est le meilleur traitement prophylactique.

Les auteurs, qui se sont livrés à l'étude du charbon, ont préconisé un grand nombre de moyens et d'agents dans le traitement de cette maladie; et, grâce à la confusion qui s'est souvent faite dans leur esprit et dont j'ai déjà parlé, ils ont enregistré un bon nombre de guérisons qui ne peuvent pas se rapporter à l'affection bactéridienne.

Les agents prônés sont des médicaments pour l'usage interne et des médicaments pour l'usage externe, auxquels il faut joindre certains moyens chirurgicaux. Aujourd'hui il faut surtout donner la préférence aux agents antibactéridiens.

Mais il est bon de faire remarquer que la maladie ne se guérit pas ordinairement quand les symptômes généraux ont fait leur apparition, quand elle s'est généralisée. Elle ne guérit que très exceptionnellement et encore c'est seulement lorsqu'elle est localisée, lorsque les bactéridies n'ont pas encore passé dans le sang. Dans ces cas il faut avant tout empêcher la maladie de progresser, il faut barrer le passage aux germes. Pour cela le meilleur moyen est d'extirper, d'exciser les parties tuméfiées, ensuite d'employer la cautérisation au fer rouge ou avec des caustiques chimiques comme les acides, le sublimé corrosif, la potasse, etc. Ces moyens ne sont pas toujours exempts de dangers, et il n'est pas toujours possible de les mettre en pratique comme on le désirerait ; on peut alors les suppléer plus ou moins par la calorification, qui peut être employée pour remédier aux accidents, dont on peut toujours approcher une source de chaleur.

Ainsi que M. Davaine l'a prouvé, le sang charbonneux perd sa virulence lorsqu'il est porté à une température de 55°, et il suffit que cette température dure pendant cinq minutes ; une température de 50°, se maintenant durant dix minutes, tue aussi les bactéridies ; il en est de même d'une température de 48°, maintenue pendant quinze minutes. Ce moyen ne doit pourtant pas faire négliger les autres, car cette température peut ne pas arriver jusqu'aux germes situés profondément ; aussi est-il bon de le combiner avec les précédents ou de le réserver pour les cas où la tuméfaction est peu épaisse, peu considérable.

Dans les cas de charbon local on peut avoir recours, même pour le traitement externe, à l'emploi d'agents antibactéridiens. M. Davaine dit avoir guéri le charbon en injectant de la teinture d'iode sous la peau ; le docteur Raimbert l'a guéri avec l'acide phénique. Stanis Cézard, ayant vu le charbon se développer sur un de ses amis, fit instituer un traitement à la teinture d'iode, qui fut employée en injections hypodermiques et en badigeonnages sur les parties malades. Ce traitement, inspiré par les travaux de M. Davaine sur les agents antibactéridiens, réussit pleinement. Dernièrement M. Jolly, de Gien, a publié des cas de guérison de la fièvre charbonneuse obtenus par des injections d'une solution iodée dans la jugulaire. Les agents, dont l'action a été étudiée par

M. Davaine, se rangent dans l'ordre suivant, par degré d'efficacité : iode, acide sulfurique, acide chronique, permanganate de potasse, acide chlorhydrique, potasse, acide phénique, vinaigre, silicate de soude et enfin ammoniaque.

Comme nous le voyons, l'acide phénique est loin d'occuper le premier rang; cependant le docteur Koch prétend que des traces de cet acide dans le sang ou dans les cultures empêchent le développement de la bactéridie.

Ces agents doivent être employés pour le traitement local et pour le traitement général; ils doivent être employés en injections et en badigeonnages, lavages ou applications. Les injections doivent être pratiquées au niveau et au pourtour des parties malades. Il ne faut pour cela employer que des dissolutions étendues; il faut répéter souvent les injections, les lavages, les badigeonnages, les applications avec des solutions de teinture d'iode, d'acide sulfurique, d'eau de Rabel, d'acide phénique, de phénate de soude, d'acide salicylique, de salicylate de soude, de borate de soude, etc.

M. Colin, à propos de l'action de ces divers agents, est venu contredire l'assertion de M. Davaine; d'après lui, ces médicaments ne posséderaient pas la propriété d'empêcher le développement de la maladie charbonneuse. Il a inoculé le charbon à des animaux, puis au bout d'un certain temps, il a injecté ces agents sous la peau; le charbon s'étant développé chez les sujets inoculés, il en a conclu que le traitement préconisé par M. Davaine était inefficace. En effet une seule injection n'est pas suffisante et il faut en faire plusieurs successivement, à des intervalles plus ou moins rapprochés.

Quand il s'agit du charbon local, il faut combiner avec le traitement externe le traitement interne, et quand il s'agit du charbon généralisé, c'est au traitement général qu'il faut s'adresser. Les médicaments qui conviennent pour remplir les indications d'un pareil traitement sont encore les antibactéridiens : l'iode, l'acide phénique, l'eau de Rabel, l'acide sulfurique, l'acide salicylique, qu'on administre en dissolution dans les boissons ou sous forme de breuvages. On a conseillé l'emploi de l'iode concurremment avec les stimulants, avec l'acétate d'ammoniaque, la camomille, etc. On peut encore employer les phénates, les salicylates, le borate de soude, l'huile phosphorée, la chaux, les différents sels de quinine, le quinquina, etc., mais ces deux derniers médicaments sont d'un prix trop élevé.

M. C. Louvrier préconise un traitement qu'il a décrit en ces termes:

« Ce traitement consiste, au début de l'affection, dans l'administration de stimulants sudorifiques et en même temps de frictions fortement irritantes sur tout le corps; ensuite, l'enveloppement du corps dans du regain ou secondes herbes, dont la propriété fermentescible connue est augmentée par l'aspersion avec du vinaigre très fort et chaud; le tout est maintenu par un drap, dont j'ai préalablement entouré le corps en le passant sous la poitrine et le ventre, réunissant les extrémités sur le trajet de la colonne vertébrale au moyen d'une couture.

« Ce drap est réuni d'une manière assez lâche pour permettre, entre lui et la peau, l'introduction d'une couche de dix à douze centimètres du regain, et cette espèce de manchon, dans lequel se trouve le corps, est aussi recouvert d'épaisses couvertures préalablement chauffées.

« Les extrémités sont aussi entourées de cuisses de pantalon, de sacs, dans lesquels on met également du regain.

« Ces opérations doivent se faire avec la plus grande promptitude de manière à ne pas laisser refroidir le corps pendant le temps qui s'écoule entre la friction et l'enveloppement.

« Si malgré cette espèce d'étuve dans laquelle je plonge l'animal, la dyspnée, le refroidissement du corps arrivent, que l'animal chancelle et tombe même, je m'empresse d'enlever mon appareil, j'administre une nouvelle bouteille du sudorifique, arrose aussi le corps avec le liniment et fais renouveler les frictions plus fortement encore; l'animal se relève, le corps et les extrémités se réchauffent, la respiration devient normale, j'ai triomphé enfin de cette phase de la maladie que j'appellerai la première période, pendant laquelle je ne quitte pas le malade; elle dure d'une à trois heures.

Le stimulant sudorifique que j'ai adopté, après bien des essais, est le café; c'est celui qui m'a le mieux réussi, beaucoup mieux que les alcooliques. Il est rare que j'en vienne à l'administration de trois litres; ordinairement il suffit de deux bouteilles de décoction concentrée et sucrée comme pour nous.

« Le liniment dont je me sers est un mélange à parties égales d'ammoniaque et d'essence de térébenthine.

« Pour arroser le regain, j'ai ajouté quelquefois au vinaigre chaud de la farine de moutarde.

« A ces moyens, et toujours dès le début, j'ajoute l'administration, toutes les demi-heures, d'un lavement émollient, édulcoré quelquefois par la décoction de racine de réglisse. Indépendamment de leur action spéciale, ils débarrassent l'intestin d'excréments infects, qui me font aussi y ajouter quelquefois, ainsi qu'aux boissons, la poudre de charbon à titre d'absorbant et d'antiputride.

« Cette période appelée la *première* étant combattue, je suis certain de la guérison en maintenant pendant trois à quatre jours la température du corps dans le milieu à peu près où je l'ai amenée, et en n'enlevant le manchon enveloppant que progressivement. Le premier regain n'est changé que le lendemain, et je le remplace par un autre que je n'asperge pas. Les jours qui suivent je lui substitue du foin, de la paille, selon le degré de chaleur extérieure de l'animal et la température de l'étable. Ces moyens sont secondés par une diète des plus sévères. Aussi, à mon arrivée, ai-je soin de faire museler l'animal à l'aide d'un panier ou d'un filet, afin qu'il ne puisse saisir aucune nourriture que d'habitude il s'empresse de chercher. Après cette première période, en effet, si l'animal mange il survient de la tympanite, des coliques, un état comateux, le refroidissement du corps. Cette diète est observée pendant trois ou quatre jours. Pendant les deux premiers, je ne fais donner, d'heure en heure, qu'une bouteille d'eau sucrée ou miellée avec addition d'eau de fleur d'oranger, j'en arrive ensuite à l'eau de son, puis je fais ajouter de la farine de maïs ou d'orge.

« Au troisième ou quatrième jour, j'ai toujours remarqué un plus mal, une espèce d'accès; une forte constipation survient, les excréments sont durs, noirs, cirés, ressemblant à des jetons de damier empilés, coiffés de mucosités, quelquefois très épaisses, rendues avec les lavements sous forme de tripes entachées de parcelles d'excréments; et ce n'est que lorsque cet état a disparu que j'en viens à faire donner des aliments cuits : soupes de chicorée, oseille, raves, betteraves, carottes, pain, farineux, auxquels je fais ajouter quelques verrées de décoction d'écorce de saule, des poudres de quinquina, gentiane, sans oublier le sel; peu à peu j'y fais ajouter du foin, de la paille hâchés, coupés, et enfin je ramène progressivement l'animal à sa nourriture habituelle. La durée de la maladie est d'une douzaine de jours (de dix à douze). Quand, malgré moi, les propriétaires ont voulu s'écarter de ce régime, il survient des complications qu'il faut combattre et qui font que la durée est plus longue ainsi que la convalescence; ce qui conduit à l'induction que c'est le tube digestif et ses fonctions qui souffrent le plus de l'infection bactéridique.

« Lors de l'épizootie de fièvre charbonneuse qui sévit, en 1857,

dans plus de vingt communes des cantons de Poligny, Chaumergy et Sellières, où j'exerçais alors, je guérissais déjà par un traitement à peu près les $^8/_{10}$ des cas ; à cette époque je ne me rendais pas bien compte de sa manière d'agir. Je me contentais de faire du reste, à l'extérieur, des frictions, et d'envelopper le corps de couvertures. Ce sont les études de M. Pasteur qui me l'ont expliqué, et m'ont fait recourir à l'espèce d'étuve dans laquelle je plonge l'animal que je surchauffe. Le thermomètre, introduit sous le manchon de regain, à travers une ouverture de la couture de réunion des extrémités du drap, a monté à 39° environ et même un peu plus. »

POLICE SANITAIRE

Pour l'application des mesures de police sanitaire dans les cas de charbon, il faut toujours se guider sur les connaissances acquises au sujet des bactéridies, et il ne faut jamais oublier que le charbon menace aussi la santé de l'homme.

Le but à atteindre consiste à prévenir l'extension de la maladie et la multiplication des germes, et à sauvegarder la santé de l'homme.

Dans la période que nous traversons, il faut baser les mesures sanitaires sur *l'arrêt de 1714*, qui prescrit l'enfouissement des cadavres, et sur *l'arrêt du 16 juillet 1784*, qui est applicable à toutes les maladies contagieuses. La nouvelle loi s'applique aussi au charbon, qui est compris dans l'énumération qu'elle fait des maladies contagieuses.

Les vétérinaires sanitaires devront conseiller à l'autorité d'adresser des instructions et des conseils aux propriétaires ; et ceux qui seront chargés de rédiger ces instructions devront chercher à vulgariser les principales notions étiologiques de la maladie ; ils devront insister sur les dangers que le charbon fait courir aux animaux et à l'homme. L'autorité rappellera aux propriétaires les obligations que la loi leur impose.

Les propriétaires et les gardiens de troupeaux atteints de sang de rate, ou d'autres bestiaux atteints de fièvre charbonneuse, doivent en faire la *déclaration* à l'autorité (arrêt du 16 juillet 1784, art. 459 du Code pén.). D'après le système consacré par le nouveau projet de loi, les vétérinaires seront tenus de faire la déclaration quand ils auront constaté des cas de charbon.

Dans la pratique, les propriétaires ne font presque jamais la déclaration pour le sang de rate; c'est du moins ainsi que les choses se passent dans certains pays, notamment dans le Midi. Mais c'est là une habitude regrettable; et la loi n'en demeure pas moins obligatoire malgré cette désuétude, car bien qu'on ne doive pas prescrire des mesures nombreuses et très rigoureuses (puisque le charbon ne se transmet pas ordinairement par le voisinage, par la cohabitation, ni par le contact immédiat), il n'en demeure pas moins démontré que l'autorité doit être informée, afin qu'elle puisse interdire la vente et l'utilisation des malades et des cadavres, afin qu'elle puisse prescrire certaines précautions pour empêcher l'extension de la maladie, la dissémination des germes.

Un arrêt de la Cour de Paris, du 29 novembre 1878, reconnait que l'article 459 du Code pénal est applicable aux propriétaires d'animaux atteints de charbon.

La déclaration est et reste donc obligatoire, et les propriétaires qui ne la font pas, s'exposent à être poursuivis. On s'est demandé à quel moment elle doit être faite, et on a prétendu que dans les cas douteux les propriétaires seraient embarrassés. Ici, comme pour toutes les autres maladies contagieuses où elle est prescrite, la déclaration doit être faite quand la maladie est soupçonnée, quand elle est reconnue, quand elle a déjà fait des victimes.

L'autorité, qui reçoit la déclaration pour des cas de charbon, doit désigner un ou plusieurs vétérinaires pour étudier la maladie et proposer les mesures propres à parer à tout danger.

Les vétérinaires délégués ne doivent jamais méconnaître l'importance de leur mission en pareil cas. Ils doivent se renseigner sur la date d'apparition, sur la marche et sur les ravages de la maladie; ils doivent vérifier l'état des animaux suspects ou malades; ils doivent étudier spécialement les malades, faire l'autopsie des cadavres, s'il y en a; et s'ils ont des doutes sur l'existence de la maladie, ils peuvent avoir recours à l'examen micrographique du sang, ou à l'inoculation de ce sang à des lapins. Après avoir déterminé la nature de la maladie, ils doivent étudier les conditions hygiéniques, les aliments, les boissons, les habitations, le voisinage, etc. Ensuite ils adressent un rapport détaillé à l'autorité, pour lui rendre compte de leur mission et conseiller les mesures reconnues nécessaires ou utiles, en les motivant par les données de la science et par leurs observations.

Ces mesures varieront suivant les cas, suivant les conditions ambiantes, suivant la gravité de l'enzootie; elles seront plus ou moins rigoureuses et plus ou moins nombreuses. C'est aux vétérinaires sanitaires qu'il appartient d'apprécier ce qui convient à chaque cas.

Ils prendront le signalement des malades et des suspects, quand il s'agira de grands animaux. Ils demanderont la marque des animaux composant le troupeau malade, et ils feront le dénombrement de ces animaux.

Ils conseilleront, suivant les circonstances, l'isolement des malades, l'isolement des troupeaux, la séquestration des malades et des suspects (grands animaux), le cantonnement permanent ou mixte, le parcage du troupeau malade. La séquestration dans un local spécial peut être appliquée aux grands animaux. Pour les moutons, on se contente du simple cantonnement; mais rien ne s'oppose à ce qu'on fasse isoler et séquestrer les malades au fur et à mesure qu'ils sont reconnus dans le troupeau.

On doit conseiller à l'autorité de prohiber, pour les animaux et les troupeaux malades, les pâturages communs, les chemins et les abreuvoirs communs. Le commerce, la vente, l'exposition en vente des malades doivent être prohibés d'une manière absolue. Le commerce des animaux simplement suspects doit aussi être prohibé, car ces animaux ont pu introduire déjà dans leur organisme les germes de la maladie; mais cette prohibition ne doit pas être de longue durée, la période d'incubation n'allant pas au-delà de dix à douze jours.

On peut aussi demander que les malades soient traités; ce traitement a surtout pour but de détruire les germes que les malades produisent. Il sera bon aussi de demander, à titre de mesure sanitaire, un traitement préventif pour les animaux exposés ou suspects.

Faut-il demander l'abatage?

En général cette mesure n'est pas nécessaire dans les cas de charbon, car les malades meurent rapidement; et il est permis d'éviter alors l'odieux d'une prescription d'abatage, en laissant la maladie faire son œuvre, à condition que les précautions nécessaires, pour prévenir la propagation des germes, auront été prises. Néanmoins il faudra toujours demander l'abatage des malades quand le troupeau devra être déplacé, et cela afin d'éviter que ces animaux aillent semer des germes morbides ailleurs. Toutefois, même dans ces cas, il sera suffisant de laisser les malades sur place, séquestrés dans un local ou cantonnés. Lorsque le troupeau aura été déplacé, il sera également prudent de demander le sacrifice des animaux qui viendraient à tomber malades en route ou sur les nouveaux pâturages.

Il faudra toujours conseiller et demander l'enfouissement des cadavres charbonneux, qui ne devraient jamais être utilisés à cause des grands dangers qu'il peut en résulter pour l'homme. Mais pourtant l'enfouissement ordinaire n'offre pas dans ces cas toute la sécurité désirable. Les bactéridies, passées à l'état de spores, peuvent se conserver dans la terre qui entoure et recouvre les cadavres, elle peuvent remonter à la surface du sol, et même infecter les herbes, qui croissent au-dessus des fosses, surtout si l'enfouissement n'a pas été assez profond. Quand on sera obligé de recourir à l'enfouissement, il faudra donc demander qu'il soit pratiqué à une certaine profondeur, à deux mètres ou au moins à un mètre et demi; et il sera bon de faire infecter les cadavres avec un agent antibactéridien, avec de l'acide phénique brut ou de la chaux vive; on fera pénétrer l'agent infectant dans les chairs, dans les cavités splanchniques, et on recouvrira le cadavre après avoir tailladé la peau.

Il semble rigoureux de demander l'enfouissement des cadavres entiers avec la peau tailladée, d'autant plus que dans la plupart des localités où sévit le charbon, non seulement on les dépouille pour livrer les peaux à l'industrie, mais on utilise encore très souvent (Provence) les chairs dans la consommation. Dans bon nombre de fermes, cette pratique est suivie sans qu'on ait signalé encore aucun accident provenant de l'usage de ces viandes. Mais la loi et les intérêts de l'hygiène publique exigent qu'un pareil abus ne soit jamais toléré ; aussi, lorsqu'un vétérinaire est appelé à se prononcer sur une question de cette nature, il doit toujours demander la prohibition de l'utilisation des viandes charbonneuses, il doit toujours en demander l'enfouissement ; et il peut demander que la même mesure soit appliquée aux peaux, néanmoins, il peut, sous certaines conditions, permettre l'utilisation des peaux, par exemple à la condition qu'elles seront désinfectées ou livrées immédiatement à la tannerie. Les peaux, dont l'utilisation sera autorisée, devront être désinfectées au moyen de l'acide phénique ou de la chaux ; on les plongera pendant une heure ou deux dans un bain phéniqué.

L'enfouissement ne faisant pas disparaître tout danger, il faudra, lorsque le choix sera possible, lui préférer toujours la livraison des cadavres à l'équarrissage, car de la sorte on évitera, en même temps que les dangers résultant de la conservation des bactéridies, la perte qu'occasionne l'enfouissement.

La crémation serait le moyen le plus radical et le plus sûr; mais aujourd'hui ce moyen est difficile à mettre en pratique, et il est rare que l'on puisse y avoir recours. Il y a lieu cependant d'espérer que ce procédé pourra peut-être un jour devenir pratique. En 1874, le docteur belge Huborn publia les plans d'un foyer propre à incinérer les cadavres et promit un second appareil offrant les avantages suivants : 1º incinération d'un bœuf en 65 minutes ; 2º incinération simultanée de dix cadavres ; 3º aucun dégagement de gaz à l'extérieur ; 4º appareil mobile conduit par un cheval et mis en activité en 25 minutes.

En résumé, il faut donc toujours demander la prohibition de la vente et de la consommation des viandes charbonneuses, car elles sont dangereuses pour ceux qui les manipulent et pour ceux qui les mangent, si elles n'ont pas été soumises à une cuisson suffisante. D'ailleurs, si les bactéridies se sont transformées en spores, leur résistance est alors considérable et légitime amplement la rigueur de la décision que nous conseillons.

Ainsi donc, toutes les fois qu'un vétérinaire aura à se prononcer sur l'utilisation d'une viande morte, qui sera infiltrée, saigneuse, congestionnée, ecchymosée, qui contiendra des ganglions tuméfiés, hypérémiés, infiltrés, ramollis, etc., qui proviendra d'un pays où règne le charbon, il devra en demander l'enfouissement ou la livraison à l'équarrissage, au lieu d'en permettre l'utilisation.

La vente des viandes charbonneuses est prohibée par la loi du 27 mars 1851, sous peine d'amende et de prison; et en 1876, le Tribunal correctionnel de Chartres rendait un jugement condamnant un propriétaire et un boucher, l'un pour avoir vendu de la viande charbonneuse, et l'autre pour l'avoir achetée afin de la revendre.

Le lait des animaux charbonneux est dangereux, il a été trouvé virulent; il peut, sans nul doute, communiquer sa virulence aux produits qu'il sert à fabriquer (fromage, beurre). Il faudra donc toujours en interdire l'utilisation et recommander aux propriétaires de ne plus traire leurs animaux dès qu'ils paraîtront malades.

Lorsque la maladie aura cessé, lorsque le troupeau aura été déplacé, lorsque en un mot cela sera jugé nécessaire ou utile, il faudra recommander une désinfection énergique avec le feu, avec l'acide phénique, avec la chaux vive, avec l'acide sulfurique, avec le borate de soude, avec des lessives bouillantes. Il faudra insister d'autant plus dans l'exécution de cette mesure, qu'on aura lieu de supposer que les bactéridies existent à l'état de corpuscules-germes. La désinfection portera sur les habitations, sur le sol des habitations, sur les crèches, sur les mangeoires, sur les râteliers, sur les ustensiles, etc., il faudra faire des lavages à l'eau bouillante et écouler ensuite les eaux dans les profondeurs du sol. Mais le meilleur sera d'employer le lait de chaux vive, ou de recourir au flambage au moyen du charbon incandescent ou de la paille ou du bois allumés sur le sol, préalablement déjà récuré et nettoyé. On pourra aussi employer les lavages avec des solutions bouillantes d'acide phénique. Les fumiers, les litières et les fourrages manifestement infectés seront soumis à la crémation. Les purins seront désinfectés avec l'acide sulfurique et écoulés dans le sol aussi profondément que possible. Il faudra également désinfecter les boissons suspectes; et pour cela on emploiera l'acide phénique. Il peut être bon quelquefois de conseiller la désinfection des pâturages, quand on a lieu de croire que les herbes renferment des germes; on a alors recours à la crémation comme cela se pratique dans la Provence, on met le feu aux herbes suspectes, qui ordinairement brûlent très bien pendant l'été.

Lorsque le charbon sévit dans une ferme, sur un troupeau, faut-il interdire au propriétaire d'introduire d'autres animaux? Je ne le pense pas; le propriétaire sait à quoi il s'expose en agissant ainsi. Il sera tenu de soumettre les nouveaux importés aux mêmes mesures que les anciens; mais il me semble qu'en pareil cas il suffit, pour protéger l'intérêt général, de prohiber l'exportation et la vente des animaux malades et des animaux suspects.

On a observé depuis longtemps que dans les troupeaux charbonneux, qui ont contracté la maladie dans tel pâturage, on voit peu à peu et en quelques jours le charbon cesser ses ravages, quand les animaux sont déplacés et conduits ou transportés dans d'autres pâturages. Dans les pays de l'Auvergne, où règne le mal de montagne (charbon), on voit des troupeaux qui paissent sur les coteaux rester indemnes du charbon, tandis que d'autres troupeaux, paissant à quelques centaines de mètres de là, mais dans des bas-fonds, sont décimés par la maladie. Le même fait s'observe dans tous les pays de charbon; il n'est pas rare en effet de voir un troupeau rester sain au voisinage d'autres troupeaux malades. Les troupeaux décimés cessent de l'être, quand on les conduit dans les pâturages où d'autres troupeaux ont pâturé sans contracter le charbon. Le déplacement des troupeaux décimés par le charbon est donc une mesure sanitaire excellente, qui a pour résultat de faire cesser la maladie, en éloignant les animaux de la cause morbigène. Cette mesure doit être conseillée toutes les fois qu'elle est possible et conciliable avec l'intérêt d'autrui, avec l'intérêt général. Il n'est pas nécessaire d'une véritable émigration au loin; il suffit souvent d'un simple changement de pâturage, et pas n'est besoin de conduire le troupeau dans des lieux éloignés; il suffit de le conduire dans un lieu où n'existent pas les germes charbonneux, dans un lieu qui est réputé sain. Le plus habituellement, quand cela sera possible, le déplacement devra s'effectuer sur les terres mêmes du propriétaire; on cantonnera le troupeau sur les parties de la propriété qui paraissent les plus salubres. Il ne sera pourtant pas toujours possible d'agir de la sorte, et alors il y aura lieu de faire opérer le déplacement ailleurs, soit sur des terrains communaux ou de vaine pâture, soit sur des terrains appartenant à des voisins, qui se prêtent volontairement à cette servitude. Et si aucune de ces combinaisons n'est possible, on laissera le troupeau sur place, en prescrivant les diverses mesures précitées. Quand un troupeau devra être déplacé, il faudra faire séquestrer ou sacrifier et enfouir ou livrer à l'équarrissage, avant son départ, tous les individus reconnus malades; on surveillera attentivement les autres pendant le voyage et pendant les quelques premiers jours qui suivront le déplacement; on fera sacrifier aussitôt ou enfouir ou livrer à l'équarrissage ceux qui seraient reconnus malades; on détruira par le feu les excrétions et les déjections rendues par les malades, et on purifiera les endroits qu'ils auraient pu souiller.

CHAPITRE VI

DIPHTHÉRIE

Définition. — La diphthérie est une maladie générale, caractérisée par la présence de fausses membranes, qui se forment principalement à la surface de certaines muqueuses, inoculable, contagieuse, et très vraisemblablement de nature parasitaire.

L'apparition de symptômes généraux et la production de fausses membranes à la surface des muqueuses respiratoire, digestive, oculaire, constituent donc un caractère prédominant dans cette affection. Souvent ces différentes muqueuses présentent en même temps une inflammation et un état catarrhal plus ou moins prononcés; d'où résulte ordinairement du larmoiement, du jetage, de la diarrhée. Néanmoins ces symptômes ne s'observent pas toujours tous à la fois; le plus généralement même la maladie se localise principalement sur certains organes. C'est une affection très grave, se terminant souvent d'une manière fatale, entraînant la mort, soit par un affaiblissement progressif, soit (et c'est le cas le plus fréquent) par asphyxie.

La diphthérie est une maladie inoculable; son virus se trouve dans les fausses membranes, dans les divers produits de sécrétion morbide, et peut-être dans le sang.

Les lésions prédominantes de cette affection se rencontrent, comme nous l'avons déjà dit, à la surface des muqueuses; dans le sang, qui est noirâtre (asphyxie), et qui, suivant certains observateurs, contiendrait des parasites, des micrococques; sur les plèvres, dans le poumon, dans le péricarde, dans le tissu conjonctif sous-cutané, etc. Il n'est pas rare, après l'inflammation et l'hypersécrétion des diverses muqueuses, de voir à leur surface de petites érosions, de petites plaies, résultant de la chute de fausses membranes.

La diphthérie, étant une maladie contagieuse et parasitaire, peut nécessiter l'application de certaines mesures de police sanitaire pour arrêter sa propagation; son étude doit donc être placée dans notre cadre.

Il faudra, bien entendu, ne pas confondre la diphthérie avec certaines maladies, qui, bien que présentant également des fausses membranes, sont purement inflammatoires, et se développent sous l'influence de certaines causes non spécifiques. Ces maladies pseudo-diphthéritiques ne sont pas contagieuses. La transmissibilité est donc, dans ces cas, le caractère différentiel qu'il faut considérer comme diagnostique.

Synonymes. — Cette affection a encore été appelée *croup, maladie croupale, angine couenneuse, angine diphthéritique, angine pseudo-membraneuse,* car souvent on observe pendant la vie des malades des symptômes d'angine, que l'examen des lésions confirme à l'autopsie.

SYMPTOMATOLOGIE

La diphthérie est assez fréquente, on l'observe encore assez souvent, c'est du moins ce que prouvent les nombreuses observations recueillies et les diverses expériences faites en France, en Italie, en Angleterre, en Allemagne, en Autriche et en Belgique. Les travaux les plus récents, ceux qui ont été exécutés depuis quelques années, sont les plus importants en ce sens qu'ils nous ont donné une idée exacte de la nature de la maladie.

Il régnait jadis une certaine confusion au sujet des *maladies pseudo-membraneuses;* les auteurs réunissaient sous le nom de *maladies croupales* des affections, qui sont reconnues aujourd'hui comme fort différentes les unes des autres quant à leur nature et quant à leur gravité.

Les différentes espèces animales sont plus ou moins aptes à contracter la diphthérie. De tous les animaux domestiques, ce sont les oiseaux de basse-cour qui la présentent le plus souvent, et ils la transmettent facilement aux autres oiseaux ; viennent ensuite les animaux de l'espèce bovine, surtout les jeunes veaux, puis les animaux de l'espèce ovine, le porc, le lapin, et enfin le chien et le chat. Le cheval paraît réfractaire à cette affection, mais on n'en est pas absolument certain. Malheureusement l'homme lui-même peut contracter cette maladie; on cite des cas de transmission de la diphthérie des oiseaux et des jeunes veaux à l'homme et aussi des cas de transmission du croup de l'enfant à des animaux.

Pour procéder avec méthode et avec fruit, il faut étudier
d'abord la maladie sur un individu, il faut passer en revue les
symptômes que peut fournir chaque appareil, et chemin faisant
il faut faire ressortir ce qui est particulier à certaines espèces;
puis il faut suivre l'évolution et la marche de l'affection, noter les
principaux caractères qu'elle présente quand elle sévit à l'état
épizootique, et terminer cette étude symptomatologique par l'exposé des bases du diagnostic et par quelques considérations sur
le pronostic.

La diphthérie s'annonce chez les individus, qui l'ont contractée,
par des symptômes généraux, par de la fièvre; mais l'apparition
de ces symptômes est précédée d'une période d'incubation, qui
est généralement très courte, qui dure 24 heures, deux, trois
jours tout au plus (cette détermination n'est pourtant pas très
précise et mériterait peut-être d'être corroborée par de nouvelles
expériences et de nouvelles observations). La fièvre se présente
avec des caractères plus au moins prononcés, suivant que l'affection est plus ou moins grave, suivant qu'elle occasionne des
lésions plus ou moins étendues. La circulation et la respiration
s'accélèrent, la température du corps s'élève, puis surviennent de
l'abattement, de la faiblesse, de la tristesse, de la prostration,
l'inappétence et un amaigrissement très rapide. L'intensité et la
marche de ces symptômes varient du reste avec les individus,
avec les saisons, avec la forme sous laquelle se présente la maladie, et avec quelques autres circonstances; ainsi ces divers caractères sont surtout prononcés, quand la maladie envahit tous les
les organes de l'appareil respiratoire.

Les symptômes fournis par l'appareil digestif sont très variés;
il y a toujours, quand la maladie est grave, de l'inappétence, une
salivation plus abondante qu'à l'état de santé. Les oiseaux entr'ouvrent le bec, et il s'en échappe une bave filante, blanchâtre ou
grisâtre, que leurs voisins s'empressent le plus souvent d'ingérer.
Les malades sont donc, par ce seul fait, un danger imminent pour
les individus sains, qui vivent avec eux ou à côté d'eux. Les autres
animaux présentent parfois également la bouche entr'ouverte et
laissent voir aisément la langue, qui est quelquefois pendante et
presque toujours tuméfiée. Dans ces cas les premières portions de
l'appareil respiratoire sont également malades; il y a de l'angine,
et l'introduction de l'air est gênée. Les muqueuses buccale, labiale,

linguale, palatine et pharyngienne sont aussi gonflées, congestionnées, tuméfiées, rougeâtres et violacées. Elles sont recouvertes
par places de concrétions fibrineuses, mollasses (véritables fausses
membranes blanchâtres, jaunâtres ou grisâtres), qui forment une
pellicule plus ou moins épaisse et ordinairement bien adhérente à
l'organe qui l'a produite. Cependant il se détache de temps à
autre des fragments de fausses membranes, qui sont expulsés
au dehors, soit avec la salive, soit avec le jetage. Les muqueuses
présentent aussi quelquefois de véritables érosions, dans les
endroits où les fausses membranes détachées ont laissé à nu le
derme. La langue, les amygdales et le voile du palais sont tuméfiés, et présentent une coloration bleuâtre, facilement visible,
lorsqu'on entr'ouvre la bouche ; cette tuméfaction se propage à la
gorge, au cou, à la tête et se manifeste extérieurement par des
infiltrations plus ou moins considérables du tissu conjonctif sous-
cutané. Il s'ensuit que la respiration et la déglutition s'exécutent
très difficilement. L'altération se propage quelquefois (exceptionnellement) du pharynx à l'œsophage.

La partie du tube digestif qui offre les lésions les plus fréquentes
et les mieux caratérisées est l'intestin ; aussi fréquemment on
observe les symptômes d'une inflammation, d'une véritable entérite diphthéritique, qui se complique parfois de stomatite et de
pharyngite. Elle s'annonce d'abord par de la constipation ; les excréments sont coiffés, recouverts de fausses membranes ; peu à
peu ils se ramollissent, et la diarrhée succède à la constipation, entraînant toujours avec elle des débris de fausses membranes, sous
forme de flocons ou de plaques, et des mucosités. Quelquefois les
fausses membranes, mélangées aux excréments, se présentent
sous forme de tubes ou d'anneaux. Il n'est pas très rare de voir la
diarrhée être suivie de dysenterie. Les fausses membranes, en se
séparant de la muqueuse intestinale, ont laissé son derme à nu,
il en est résulté de petites plaies, de petites érosions, qui peuvent
être le siège d'exsudations et d'hémorrhagies plus ou moins abondantes. Lorsque la diphthérie se complique de dysenterie, on
peut dire qu'elle se présente avec une de ses formes les plus
graves ; l'amaigrissement est très rapide et les animaux ne tardent
pas à succomber. La diarrhée elle-même affaiblit d'ailleurs rapidement les malades et provoque un prompt amaigrissement.

Du côté de l'appareil respiratoire les symptômes sont encore
plus nombreux. Les localisations sur les organes de cet appareil

sont très fréquentes ; elles se montrent sur les muqueuses pituitaire, laryngienne, trachéale, bronchique, sur le poumon et quelquefois même sur la plèvre et le péricarde. Il arrive parfois que la maladie envahit tous ces organes d'emblée ou successivement ; mais souvent elle se limite aux muqueuses laryngienne, trachéale et pulmonaire. La respiration est gênée ; il y a presque toujours une dyspnée plus ou moins prononcée, s'accompagnant pendant l'inspiration d'un sifflement plus ou moins rauque, produit par le passage de l'air à travers l'ouverture rétrécie des premières voies respiratoires. Pour éviter la compression sur le larynx et la trachée et faciliter autant que possible la respiration, l'animal étend la tête et la maintient dans la position la plus favorable à l'accomplissement de l'inspiration. Les naseaux sont alors fortement dilatés, et présentent souvent sur leurs bords des mucosités concrètes qui les obstruent. La bouche reste ouverte ; l'animal a un faciès indiquant la plus grande anxiété, à cause de la difficulté qu'il éprouve pour respirer. On observe un jetage jaunâtre, séreux ou pseudo-purulent ; on entend des éternuments et de la toux. Les voies respiratoires sont obstruées par un mucus jaunâtre, séreux ou pseudo-purulent, mélangé de fausses membranes et par la tuméfaction et le gonflement des muqueuses ; il n'y a donc rien d'étonnant que la respiration soit bruyante, stertoreuse. L'auscultation fait entendre avec la plus grande facilité, un gargouillement laryngien auquel on a donné le nom de *râle croupal*. Le même gargouillement peut se produire dans la trachée et les bronches, si les lésions énumérées ci-dessus s'y sont formées. On est donc exposé, dans le cours de cette maladie, à rencontrer des symptômes de coryza, de laryngite, de laryngo-pharyngite, de trachéite et de bronchite diphthéritiques, avec un état catarrhal des muqueuses tuméfiées et le rejet de fausses membranes par les voies naturelles, avec des sifflements, des râles plus ou moins intenses. Des lésions peuvent également se produire dans le poumon, et à l'auscultation on entend alors des bruits anormaux ; on observe souvent des symptômes de pneumonie et quelquefois des symptômes de pleurésie.

Les autres appareils de l'organisme peuvent également présenter certains symptômes. Ainsi il est fréquent de voir se montrer des fausses membranes sur la conjonctive, et quelquefois même sur la cornée ; on observe alors en même temps des symptômes de blépharite, de conjonctivite, de kératite et quelquefois d'ophthalmie. Il peut même en résulter une ulcération de la cornée, une inflammation grave des milieux de l'œil et enfin la perte de la vue. Le larmoiement, qui se produit toujours dans ces différents cas, est jaunâtre, quelquefois sanguinolent. Si la localisation sur l'appareil visuel est grave, en ce sens qu'elle peut entraîner la perte de la vue, elle l'est beaucoup moins au point de vue de l'issue de la maladie ; il est rare en effet qu'elle amène une terminaison fatale, tandis que dans les autres formes la mort est la terminaison la plus ordinaire.

On observe aussi, surtout chez les animaux de l'espèce bovine, des concrétions fibrineuses dans l'espace interdigité et même sur le bourrelet.

Lorsque les malades offrent des plaies, ont les voit très souvent se recouvrir de fausses membranes chez tous les animaux.

Enfin il n'est pas rare de rencontrer, dans l'épaisseur de la peau et dans le tissu conjonctif sous-cutané, des tumeurs nodulaires, formées d'une matière analogue à celle qui constitue les fausses membranes.

La maladie croupale, bien qu'étant une affection générale, se localise le plus souvent et se présente, suivant les cas, avec des symptômes de rhinite, d'angine, de laryngite, de bronchite, de pneumonie, de stomatite, de pharyngite, d'entérite, de conjonctivite, d'ophthalmie et de dermite diphthéritiques. Ces diverses inflammations n'existent pas toutes en même temps, ni dans tous les cas ; mais elles peuvent se présenter en plus au moins grand nombre à la fois. La localisation la plus fréquente s'observe sur la pituitaire, sur le larynx, sur le pharynx et sur la trachée.

Lorsque la diphthérie est épizootique, on a remarqué qu'elle se présente parfois, pendant toute la durée d'une épizootie, sous une seule et même forme. Suivant que la maladie croupale est plus ou moins localisée, ou qu'elle envahit un plus ou moins grand nombre d'organes, elle est plus ou moins grave. Elle s'accompagne quelquefois de la formation d'abcès, surtout dans les parenchymes, abcès qui semblent plutôt des noyaux analogues à ceux signalés dans la peau et le tissu conjonctif sous-cutané.

L'entérite diphthéritique est la forme la plus grave de l'affection croupale ; en un, deux ou trois jours les malades succombent ; elle provoque la mort en affaiblissant les individus rapidement. La laryngo-pharyngite vient ensuite par ordre de gravité : elle fait mourir les malades huit fois sur dix et amène la mort par asphyxie en un, deux ou trois jours tout au plus.

La diphthérie n'est pas toujours incurable, surtout lorsqu'elle est localisée à la pituitaire ou à la muqueuse buccale ; mais jamais la guérison ne se produit bien rapidement ; il faut toujours un certain temps pour que les animaux se remettent de l'amaigrissement et de la consomption dans laquelle les a fait tomber la maladie. La guérison est surtout longue à se produire lorsqu'il y a eu de la diarrhée, car celle-ci débilite beaucoup le malade et est toujours difficile à arrêter. C'est surtout à l'aide d'un traitement antiseptique approprié, qu'on parvient à arrêter la formation des fausses membranes et à en provoquer peu à peu la disparition. Cette terminaison heureuse s'annonce par la diminution de volume des productions membraneuses, par leur expulsion au dehors et enfin par l'amendement des symptômes généraux.

Sur un troupeau, la maladie diphthéritique se comporte comme toutes les maladies contagieuses en général, et on peut lui reconnaître plusieurs phases. Elle débute sur un individu, puis s'étend, se propage à d'autres, et finit par atteindre le plus grand nombre des animaux composant le troupeau. Elle peut non seulement se transmettre d'un individu à un autre de la même espèce, mais encore elle peut passer d'une espèce à une autre, des oiseaux aux veaux, aux moutons et même à l'homme. Des auteurs affirment en effet que la transmission des animaux à l'homme est possible ; d'autres nient au contraire cette transmission. On admet assez généralement que la diphthérie des animaux peut se communiquer à l'homme, et on a cru remarquer que la maladie ainsi contractée est moins grave que lorsqu'elle a été transmise de l'homme à l'homme. La maladie est généralement plus grave, plus souvent mortelle, au début des épizooties que dans la période finale.

On pourrait maintenant se demander si la maladie croupale est toujours la même, si sa nature est toujours identique chez les différentes espèces animales. Cela est probable, puisqu'elle se transmet de l'une aux autres ; mais c'est là un point qu'il serait peut-être utile d'éclairer par de nouvelles recherches.

Le pronostic est toujours très grave, attendu que cette maladie est contagieuse même pour l'homme, qu'elle est presque toujours mortelle, attendu enfin qu'elle empêche d'utiliser, pour la consommation, les animaux qui en sont atteints.

Le diagnostic est en général facile, surtout lorsque les fausses membranes sont visibles. Grâce à ce symptôme, il est toujours permis, sinon d'affirmer, au moins de soupçonner l'existence de la diphthérie. Il n'en sera pas de même lorsqu'on n'apercevra pas de fausses membranes ; alors les renseignements, les commémoratifs, les symptômes et la marche de la maladie, considérée en tant qu'épizootie, seront d'un grand secours. On pourrait joindre à cela les lésions observées en pratiquant des autopsies d'animaux malades qui ont succombé. Si malgré tout on n'était pas fixé sur la nature de l'affection, il faudrait recourir à l'inoculation sur un lapin ou sur une poule ; ce procédé est même indiqué chaque fois qu'il y a lieu de distinguer la diphthérie contagieuse de la pseudo-diphthérie, qui n'est pas transmissible et qui peut être produite par l'action de causes extérieures non spécifiques.

ANATOMIE PATHOLOGIQUE

Cette maladie, comme toutes celles qui ont été étudiées précédemment, est contagieuse, générale et parasitaire, et, lorsqu'elle tue les animaux, à l'autopsie on trouve des lésions sur les principaux appareils. Ces lésions sont plus ou moins prononcées ; ordinairement insignifiantes sur certains organes, elles sont au contraire fortement accusées sur d'autres, où elles semblent plus spécialement localisées.

Les cadavres laissent voir, s'échappant par les ouvertures naturelles ou y adhérant, des débris de fausses membranes, avec cet écoulement morbide observé avant la mort.

La peau, le tissu cellulaire et les muscles offrent des lésions évidentes. Dans le tissu du derme on rencontre parfois de véritables fausses membranes, des nodules caséiformes, jaunâtres et peu volumineux. Ces tubercules ne sont autre chose que des fausses membranes, qui se sont formées dans le tissu propre de la peau ; il y a eu une véritable exsudation de nature fibrineuse, qui s'est concrétée sous forme de tubercules ; en somme le nodule est une fausse membrane, différant seulement par sa forme de celles de la surface des muqueuses. Ces nodules pseudo-membraneux s'observent aussi dans le tissu cellulaire sous-cutané, jusque dans les muscles et même à l'intérieur des organes parenchymateux, tels que le poumon, le foie, ainsi que dans l'épaisseur des tuniques intestinales. Cette lésion a fait reconnaître par certains auteurs deux formes dans la maladie croupale : une forme pseudo-

membraneuse et une forme tuberculeuse, qui serait caractérisée
par la formation de nodules dans le tissu cellulaire, dans les muscles, dans les parenchymes et dans les tuniques intestinales. Il
n'y a pas lieu d'admettre cette distinction, il faut considérer les
nodules comme des fausses membranes, formées au sein des
tissus.

L'œil offre souvent des lésions ; on peut en rencontrer dans son
intérieur, à la surface de la conjonctive, à la surface de la cornée
et dans les paupières. Assez souvent, lorsque la maladie est localisée à l'œil, il se produit une tuméfaction plus ou moins considérable des paupières, une blépharite accompagnée d'exsudation
interstitielle ; et cette lésion, si elle est seule, n'est pas grave, car
elle ne porte pas atteinte à une partie essentielle de l'organe de la
vision. Des altérations se remarquent aussi à la surface de la conjonctive, à la face externe de la cornée transparente ; la conjonctive est hypérémiée ; elle a été le siège d'une exsudation fibrineuse,
qui s'est concrétée à la surface de la membrane et y est restée
adhérente ; cette exsudation constitue la fausse membrane dont
l'épaisseur n'est jamais bien grande. La cornée est parfois malade,
trouble, épaissie, blanchâtre; elle est aussi le siège d'une exsudation
interstitielle. Il n'est pas rare de trouver dans l'intérieur du globe
les lésions de l'ophthalmie interne ; il y a congestion, exsudation,
coloration rougeâtre de l'humeur aqueuse et quelquefois perte
de l'œil par l'altération de ses milieux.

Assez souvent, surtout chez les animaux de l'espèce bovine, la
tête, la gorge, l'encolure sont le siège d'une tuméfaction considérable, qui règne dans le tissu cellulaire sous-cutané et qui est le
résultat de l'exsudation. Cette tuméfaction existe aussi au pourtour des ouvertures naturelles, au pourtour des naseaux, des
commissures des lèvres, etc.

Mais c'est dans l'appareil digestif et l'appareil respiratoire qu'on
trouve les altérations les mieux caractérisées et les plus prononcées.

La muqueuse digestive est altérée, depuis sa partie initiale jusqu'à sa portion terminale. Les muqueuses buccale, labiale,
palatine, linguale, pharyngienne et parfois celle de l'œsophage
présentent des lésions, qu'on retrouve aussi dans le jabot chez les
oiseaux, dans l'estomac chez les autres espèces. La muqueuse
buccale est couverte de fausses membranes, espèces de concrétions pultacées, de nature fibrineuse. Elle est congestionnée,
épaissie, et il n'est pas rare de rencontrer des places où il y a eu

desquamation épithéliale ; il y a parfois de véritables érosions produites à la suite de la chute des fausses membranes. Les régions de la muqueuse buccale, où on rencontre surtout ces altérations, sont les côtés et la base de la langue. La muqueuse du voile du palais, celle du pharynx, la muqueuse labiale sont épaissies ; leur tissu conjonctif sous-muqueux est infiltré d'une sérosité jaunâtre. Dans l'œsophage ces altérations sont très rares ; cependant il peut très bien se faire que la congestion, l'exsudation, et par suite la formation de fausses membranes se propagent à la muqueuse œsophagienne, mais ce sont là des exceptions. Le jabot présente parfois aussi des fausses membranes à la surface de sa muqueuse. Chez les animaux de l'espèce bovine, il y a quelquefois une congestion légère et un peu d'exsudation à la surface de la muqueuse de l'estomac. C'est dans l'intestin que siègent les lésions les plus évidentes chez les oiseaux et chez les mammifères. Cet organe offre un contenu, qui varie suivant que les malades présentaient de la constipation ou de la diarrhée ; ce contenu n'est pas différent de celui évacué par les malades durant la vie ; il consiste en matières fécales durcies, coiffées de fausses membranes, ou en matières diarrhéiques ou dysentériques, mélangées de matières fibrineuses. L'intestin étant vidé de son contenu, sa muqueuse présente des altérations étendues et quelquefois diffuses. Il y a congestion, exsudation, gonflement ; les fausses membranes adhèrent à la muqueuse, elles ont une couleur grisâtre, une consistance molle, elles s'écrasent facilement, elles sont plus ou moins épaisses et adhèrent plus ou moins fortement, elles occupent une étendue plus ou moins considérable de l'intestin, ou bien elles existent sur des points circonscrits, au niveau desquels la muqueuse est altérée, congestionnée. Le tissu sous-muqueux est infiltré ; il s'est produit un œdème sous-muqueux ; et dans l'épaisseur des tuniques intestinales on observe des nodules pseudo-membraneux, analogues à ceux de la peau. Le péritoine est congestionné, hypérémié ; la congestion est le plus souvent localisée en quelques points, et quelquefois il y a même exsudation pseudo-membraneuse à sa surface. Dans le foie on retrouve les nodules pseudo-membraneux précités.

Dans l'appareil respiratoire, des lésions existent sur la pituitaire et sur les muqueuses laryngienne, trachéale, bronchique, dans le tissu pulmonaire et sur les plèvres. La muqueuse respiratoire, congestionnée, épaissie, infiltrée, montre à sa surface des fausses membranes, et ces altérations sont surtout fréquentes sur la pituitaire et sur la muqueuse laryngienne, puisque souvent la diphthérie se montre sous forme d'angine laryngo-pharyngée croupale. Cependant on rencontre assez souvent aussi des fausses membranes dans la trachée et dans les bronches. Les altérations sont souvent disséminées par places. Les fausses membranes ne sont pas ordinairement continues, elles existent de distance en distance; par leur volume elles ont pu gêner la respiration. La tuméfaction de la muqueuse respiratoire, l'infiltration du tissu conjonctif sous-muqueux, l'œdème de la muqueuse pituitaire, de la muqueuse laryngienne gênaient ainsi l'entrée de l'air. Le poumon est souvent le siège de certaines lésions; lorsque la maladie est grave et qu'elle se propage à cet organe, on peut rencontrer des points hépatisés, surtout des nodules pseudo-membraneux; il arrive même que, à la suite de la congestion et de l'hépatisation, il y a gangrène pulmonaire, et cela se conçoit, car, la respiration étant gênée, et l'introduction de l'air étant moindre, le poumon devient un milieu de plus en plus favorable au développement de la septicémie, dont les germes sont anaérobies. Sur la plèvre on voit aussi de la congestion et de l'exsudation pseudo-membraneuse. Le péricarde est hypérémié à sa face interne et couvert parfois de fausses membranes; dans le muscle cardiaque lui-même on constate des points ecchymotiques et de l'infiltration.

Les lésions de la diphthérie, qui sont pathognomoniques, se ramènent à deux principales : ce sont la formation de fausses membranes et le développement de nodules pseudo-membraneux. On peut rencontrer en outre toutes les lésions de l'asphyxie, car lorsque la maladie se termine fatalement, la mort est souvent le résultat de cette complication.

Toutes les muqueuses sont dans un état congestionnel et sont le siège d'une exsudation et de troubles plus ou moins prononcés. Les fausses membranes, définitivement constituées, se présentent sous forme de pellicules assez molles, plus ou moins étendues, plus ou moins épaisses, plus ou moins adhérentes; leur coloration est d'un gris jaunâtre. Au début elle sont très minces et ne constituent qu'une pellicule grisâtre, qui recouvre plus ou moins complètement la muqueuse; en l'enlevant on enlève en même temps l'épithélium de la muqueuse, qui se trouve entraîné par la concrétion dont il fait partie. La fausse membrane résulte d'une exsudation, qui s'est produite aux dépens du réseau vasculaire de la muqueuse, et qui s'est concrétée à la surface de l'épithélium, sous forme de pellicules. Quand elle est devenue opaque et a acquis une certaine épaisseur, elle offre une assez grande résistance; elle ne se déchire pas facilement. Elle est constituée par de la fibrine coagulée. Elle peut se présenter sous forme d'amas isolés et plus ou moins rapprochés. L'examen microscopique fait reconnaître dans les parties superficielles des microcoques, au milieu d'une masse fibrineuse granuleuse, et de nombreuses cellules épithéliales plus ou moins altérées. Les couches moyennes et profondes ont un aspect très nettement fibrillaire, et on rencontre en outre dans leur épaisseur les éléments suivants : des microcoques, des cellules épithéliales, des globules du sang et des globules de pus. Telle est la constitution des fausses membranes et en partie celle des nodules. Ceux-ci ne sont ni purulents, ni caséeux; ils sont constitués par une matière fibrineuse sous forme de granulations ou sous forme de fibrilles. Dans leur partie centrale la fibrine est granuleuse; elle est fibrillaire dans la partie périphérique; elle est mélangée à des bactériens. Les microcoques se rencontrent aussi dans différents produits sécrétés par la surface des muqueuses digestives ou respiratoires; dans les produits diarrhéiques et dysentériques on retrouve ces parasites, de même que dans les mucosités sécrétées par la muqueuse respiratoire.

ETIOLOGIE

Pour expliquer le développement de la diphthérie, on a accusé à tort de nombreuses causes tirées de la pathologie générale, que je passerai sous silence, pour ne m'occuper que de la cause essentielle de la maladie, qui est toujours le résultat de la contagion.

La cause efficiente est donc un contage, un virus dont la nature parasitaire est admise par presque tous les auteurs. Le croup se transmet des malades aux sains; sa contagion est démontrée par des faits d'observation et par des faits d'expérimentation. De nombreux auteurs ont observé des épizooties diphthéritiques, pendant lesquelles la maladie s'est transmise successivement des animaux malades aux animaux sains d'une même espèce ou d'une espèce différente. La science possède des faits de contagion, observés pendant les épizooties qui ont sévi sur les volailles, et pendant les épizooties qui ont sévi sur les animaux de l'espèce bovine. La diphthérie est d'ailleurs inoculable; le croup de l'enfant est ainsi transmissible au lapin, aux oiseaux ; et la maladie qui se développe chez ces animaux est transmissible à d'autres animaux. On a pu transmettre le croup des veaux à d'autres veaux, aux oiseaux, au lapin et au mouton. La marche de la maladie et son extension dans une ferme prouvent qu'elle est évidemment le résultat de la repullulation d'un germe contagieux. Quand elle s'introduit dans une étable, dans un poulailler, on constate toujours des cas nombreux et successifs de croup ; elle dure plus ou moins longtemps, si on n'y remédie pas par les moyens tirés de la police sanitaire et de la thérapeutique.

Où siège son virus?

Aujourd'hui on admet que le croup est dû à un parasite, dont la nature et les caractères ne sont pas encore bien déterminés ; et ce germe se montre dans tous les produits morbides, dans les nodules pseudo-membraneux, dans les fausses membranes, dans les produits diarrhéiques ou dysentériques et dans les produits de la muqueuse respiratoire. Pour le trouver dans les produits diphthéritiques, on est obligé de le chercher soit à la périphérie des nodules ou dans les parties profondes des fausses membranes. Existe-t-il dans le sang? A ce sujet les avis sont partagés ; mais on a de la tendance à admettre son existence dans le fluide sanguin ; certains observateurs prétendent l'y avoir vu.

Le virus est-il bien résistant?

On est également à ce sujet en présence de deux opinions un peu différentes. Certains auteurs le croient très résistant; il se conserverait d'après eux pendant six mois dans une étable à la surface des boiseries, des râteliers, etc. Cela semble vrai pour le contage du croup de l'espèce bovine, car des observateurs ont constaté que le germe s'était réellement conservé six mois dans des étables. Qnant au contage du croup de l'oiseau, sa résistance serait moindre, et, suivant des observateurs, il se détruirait facilement par l'eau chaude, par la lessive concentrée, par le chlore, par l'alcool, par l'acide phénique. Ces deux opinions ne sont pas si opposées qu'on serait tenté de le croire au premier abord, car on comprend très bien qu'un virus puisse se conserver six mois lorsqu'il est abandonné à lui-même, et que néanmoins il se détruise facilement lorsqu'on l'attaque par des agents puissants. Il ressort de ces faits une indication pour se guider dans la pratique, quand on sera en présence d'objets souillés : il faudra toujours adopter l'opinion qui consiste à admettre que le virus est doué d'une grande résistance, afin d'employer les agents qui sont les plus capables de le détruire.

Les modes de transmission sont tous ceux que nous avons étudiés déjà ; la maladie peut se propager par contagion immédiate, par contagion médiate et par contagion volatile. La contagion volatile est démontrée par des faits d'observation; ainsi des personnes ont eu contracté la diphthérie des oiseaux et celle des veaux par l'intermédiaire de l'air. La diphthérie peut être le résultat d'une contagion médiate, lorsque des animaux ingèrent des aliments ou des boissons infectées.

La période d'incubation est courte; elle peut durer un, deux, trois, quatre jours et peut-être plus; mais il reste à déterminer, d'une manière exacte et précise, la durée de cette phase de la maladie.

Sous le rapport de la réceptivité des animaux, on trouve des variations suivant les espèces et suivant l'âge. Les animaux les plus aptes à contracter le croup sont les oiseaux, les animaux de l'espèce bovine, le mouton, le lapin et le chien; ces divers animaux peuvent contracter la diphthérie de l'homme et la transmettre à d'autres individus. La réceptivité existe surtout chez les individus très jeunes. Elle diminue chez les oiseaux après un an, chez les veaux et les agneaux après les premiers mois et chez l'enfant après les premières années ; souvent les individus adultes sont réfractaires, ou bien ils contractent une maladie moins grave. L'homme, qui contracte le croup, le présente souvent sous la forme d'angine laryngo-pharyngée; il en est de même du mouton et du bœuf. Les jeunes oiseaux sont les plus gravement attaqués.

Le croup de l'homme est-il le même que celui des animaux? Cette question est difficile à résoudre. Des auteurs prétendent qu'il n'y a aucune analogie entre ces deux maladies, que le croup des oiseaux est toujours dû à des parasites, qui n'existent pas dans celui de l'homme. Mais s'il existe des doutes sur l'identité de ces deux affections, il n'en existe pas sur la transmission du croup de l'homme aux animaux et *vice versâ*. Cela résulte des inoculations et des faits d'observation. Ainsi un auteur aurait vu un chien mourir du croup trois jours après avoir ingéré les excréments d'un enfant atteint de cette maladie, et à l'autopsie, il aurait trouvé des ulcérations sur le voile du palais et des fausses membranes sur la muqueuse respiratoire.

TRAITEMENT

Quand la diphthérie est attaquée à temps, on a certaines chances de la guérir, surtout si l'on emploie les agents antiseptiques.

Le traitement peut être d'ailleurs préventif ou curatif.

Le traitement préventif comprend l'application des moyens hygiéniques ainsi que des moyens tirés de la police sanitaire et de certains agents thérapeutiques. Ainsi, lorsqu'on craindra l'apparition de la maladie, il y aura lieu de faire surveiller l'hygiène des aliments et des boissons, auxquels on pourra ajouter des agents antibactériens, tels que l'acide phénique, l'acide salicylique, etc. Les habitations devront être tenues propres; on les désinfectera par des fumigations de chlore ou d'acide sulfureux ou d'acide phénique. A titre de moyen préventif, on prescrira l'acide phénique dans les boissons, ou on le fera répandre sur les aliments; on joindra enfin à cela les précautions tirées de la police sanitaire.

Le traitement curatif comprend des moyens locaux et des moyens généraux. Le traitement local doit être chirurgical et thérapeutique; il varie suivant les formes et les localisations de la maladie. Il faut s'inspirer de l'état des malades, des symptômes prédominants; il faut faire de la médecine des symptômes, en même temps que de la thérapeutique rationnelle. S'il y a gêne de la respiration, il faut pratiquer la trachéotomie, il faut essayer d'amoindrir la turgescence des voies respiratoires au moyen des révulsifs, il faut faciliter la chute et l'expulsion des fausses membranes. En outre il sera utile d'employer un traitement local directement sur les surfaces malades; on aura recours à l'acide phénique, à l'acide salicylique, au phénate de soude, au chlorate de potasse, au nitrate d'agent, etc. L'écouvillonnement des voies respiratoires sera fait avec l'écouvillon trempé dans des solutions désinfectantes ou légèrement caustiques; mais ce moyen n'est pas toujours facile à appliquer; il est en effet difficile d'aller toucher les fausses membranes situées profondément. Aussi sera-t-il préférable d'employer les agents antiseptiques, sous forme de fumigations, si les fausses membranes existent dans les voies respiratoires; on prescrira donc alors des fumigations à l'acide phénique. Lorsque les fausses membranes seront localisées à la bouche, on emploiera les mêmes moyens, sous forme de gargarismes et de badigeonnages. Si la maladie est localisée à l'œil, on aura recours aux collyres faits avec les mêmes substances.

Quoique la maladie soit localisée, le traitement général est utile, car il s'agit d'une affection générale. Ce traitement exige l'emploi d'agents antiseptiques, tels que la chlorate de potasse, le sulfate de fer, l'acide phénique, etc. On peut aussi attaquer la maladie au début par des vomitifs, pour amener le rejet des fausses membranes des premières voies digestives et respiratoires ; la moutarde est également indiquée pour déterminer des localisations externes et empêcher les localisations internes. Si la maladie est très violente sur les voies respiratoires, alors que les voies digestives sont saines, on essayera de produire une dérivation de ce dernier côté, en employant de légers purgatifs. Des laxatifs seront ordonnés quand la maladie sera localisée à l'intestin et accompagnée de constipation ; dans le cas de diarrhée on s'adressera aux toniques, aux analeptiques, aux antidiarrhéiques (opiacés, astringents, etc.). On a conseillé dans le traitement du croup les formules suivantes : 1° chlorate de potasse 3 et eau 150 ; 2° acide salicylique 3, eau 100, phosphate de soude 2, glycérine 10, sirop d'écorces d'oranges amères 39 ; 3° acide salicylique 3, eau 50, phosphate de soude 2, glycérine 10.

POLICE SANITAIRE

La diphthérie n'est pas désignée dans le nouveau projet de loi ; mais dans l'état actuel de notre législation, il est permis de requérir l'application de certaines mesures contre cette affection, en s'appuyant sur les anciens documents législatifs.

Les propriétaires devront déclarer à l'autorité les animaux malades.

Un vétérinaire devra être désigné, qui procèdera à la visite, tout en évitant de propager lui-même la maladie, qui examinera les malades, les locaux et les conditions hygiéniques dans lesquels ils se trouvent. Si le diagnostic est difficile, il sera nécessaire de recourir à l'autopsie ou à l'inoculation.

La mesure, qui devra être conseillée à l'autorité, est la séquestration des malades, qu'on laissera dans le lieu infecté ; tandis que les animaux sains seront placés dans un nouveau local. On demandera le traitement des malades et on exigera aussi le traitement préventif des suspects, à titre de mesure sanitaire. S'il s'agit d'un troupeau de veaux, on séquestrera les malades et on isolera les animaux sains, que l'on soumettra tous à un traitement antiseptique.

Dans certains cas, lorsque la maladie viendra d'apparaître et qu'elle s'annoncera grave, on fera sacrifier les premiers malades et l'on pourra ainsi arrêter l'épizootie.

On demandera l'enfouissement des malades avec toutes les précautions désirables; s'il y a un clos d'équarrissage aux environs, les cadavres y seront transportés.

Le commerce des animaux malades sera interdit rigoureusement, ainsi que l'exportation et la mise en vente des suspects.

Lorsque la maladie aura cessé dans le poulailler ou dans l'étable, on procédera à une désinfection et à un nettoyage complet; on lavera plusieurs fois à l'eau bouillante l'habitation, le sol, les murs, les mangeoires, les objets souillés; on fera ensuite des lavages à la lessive chaude ou avec une solution bouillante d'acide phénique; on badigeonnera avec une solution concentrée d'acide phénique brut, et on blanchira ensuite à la chaux. Il sera même utile de laisser l'habitation séquestrée une huitaine de jours après la désinfection; il faudra l'aérer et faire dans son intérieur des fumigations d'acide sulfureux ou d'acide phénique.

En resumé, quand la diphthérie règne dans un poulailler, dans une basse-cour, dans une étable, il convient d'y séquestrer les animaux déjà malades et de placer les autres dans un autre local, sauf à les surveiller avec soin et à enlever aussitôt ceux qui tomberont malades, pour les mettre avec les premiers. Lorsqu'on arrivera au début d'une épizootie de diphthérie sur les oiseaux, il vaudra mieux s'attacher à prévenir l'extension de l'affection qu'à traiter les malades. Il sera bon de faire sacrifier, dès le début, les animaux les plus malades, de les enfouir loin de la basse-cour, de séparer les malades des sains et de les faire soigner par des personnes différentes, d'enlever les animaux sains du poulailler pour le nettoyer, le désinfecter, le laver à l'eau chaude, à la lessive chaude, badigeonner les parois à un mètre de hauteur avec l'acide phénique brut un peu dilué et ensuite avec la chaux, etc., etc.

CHAPITRE VII

FIÈVRE TYPHOÏDE DU CHEVAL

Y a-t-il lieu de faire ici l'étude de cette affection ?

Oui, il convient d'étudier ici la fièvre typhoïde du cheval; c'est une maladie importante, qu'il ne faut pas méconnaître, comme le font certains vétérinaires; c'est une maladie assez fréquente en France, surtout dans le Midi et en Afrique, et qu'on rencontre aussi dans les autres pays; d'ailleurs, si la fièvre typhoïde du cheval n'est pas regardée comme contagieuse par tout le monde, quelques observateurs la considèrent bien néanmoins comme telle.

Définition, considérations générales. — La maladie typhoïde, ou fièvre typhoïde des solipèdes, est une affection générale, qui se traduit par de la fièvre, de l'abattement, de la prostration, de la stupeur, de l'adynamie, quelquefois aussi par une excitation insolite, par de l'inquiétude, de l'agitation, par des alternatives d'excitation et de somnolence, de stupeur ou de coma. Elle est ordinairement enzootique ou épizootique et protéiforme; elle s'accompagne de localisations variables et de symptômes divers suivant les formes qu'on observe. Mais en général, quelle que soit la forme observée, elle est caractérisée, au point de vue anatomo-pathologique, par une altération très manifeste du sang, et par des lésions, qui, bien que souvent localisées sur certains organes, peuvent aussi se montrer dans presque tout l'organisme. Les localisations morbides se remarquent surtout sur les muqueuses digestive et respiratoire.

La nature de cette maladie est encore aujourd'hui diversement interprétée par les auteurs.

La fièvre typhoïde du cheval offre des analogies évidentes : 1º avec le typhus des grands ruminants; comme le typhus elle s'accompagne de lésions très manifestes sur la muqueuse digestive; 2º avec la fièvre typhoïde de l'homme; cette dernière affection est une maladie infectieuse, générale, avec altération du sang parasitaire, elle s'accompagne toujours de lésions intestinales, elle semble naître, au moins dans quelques cas, sous l'influence d'agents infectieux, qui passent dans l'organisme, elle se caractérise aussi par des altérations très manifestes du sang et par des lésions souvent localisées sur les organes digestifs ; 3° avec le choléra des oiseaux, qui présente aussi des lésions très manifestes du côté des voies digestives, mais qui diffère sûrement de la fièvre typhoïde du cheval, car si, pour celle-ci, la contagion est encore douteuse, elle ne l'est plus pour le choléra des oiseaux ; 4° avec le charbon ; les analogies avec le charbon sont quelquefois tellement prononcées, qu'elles nous expliquent bien la confusion que certains auteurs ont faite de ces deux maladies ; on trouve souvent cette confusion dans les ouvrages et les publications qui traitent de ces deux affections.

La fièvre typhoïde se caractérise donc par une altération du sang et par des symptômes adynamiques.

L'altération du sang est très manifeste, et elle le devient surtout lorsque la maladie a duré un certains temps. Le fluide sanguin éprouve dans ses caractères physico-chimiques et anatomiques des modifications très accusées, qui en provoquent d'autres dans les divers appareils.

Il y a par conséquent des troubles fonctionnels dans la circulation, dans l'innervation et dans la nutrition en général. Ces trois fonctions sont considérablement modifiées ; et ce qui frappe particulièrement, quel que soit du reste l'organe qui devienne le plus malade, ce sont ordinairement les symptômes adynamiques, c'est-à-dire la débilitation, qui est progressive et très rapide dans sa marche, la stupeur, l'abattement, la prostration. Quelquefois au début il y a de l'anxiété, de l'agitation et même des convulsions, de véritables accès de délire ou de vertige, séparés par des intermittences de somnolence ou de coma. Il y a toujours de la fièvre et celle-ci est plus ou moins intense. La tête est lourde, pesante, portée basse ou appuyée sur la mangeoire ; la démarche est mal assurée, les membres sont traînés sur le sol ; quand le malade se déplace, on entend souvent un craquement au niveau des articulations ; il y a de la raideur, de la faiblesse, surtout au niveau des lombes, aussi observe-t-on un signe qui ne fait presque jamais défaut, c'est la vacillation du train postérieur pendant la marche ; il y a aussi voussure de la colone vertébrale au niveau des reins, insensibilité des lombes ou parfois hyperesthésie ; on note quelquefois des frissons locaux ou généraux. La sensibilité générale s'émousse.

La circulation se modifie, s'accélère; les battements cardiaques sont forts, tumultueux, tandis que les pulsations artérielles restent petites, faibles, à peine perceptibles. Il y a presque toujours embarras de la circulation capillaire; aussi il se produit souvent des congestions. Celles-ci sont très manifestes dans les organes très vasculaires, et elles sont assez souvent accompagnées d'un phénomène particulier, qui s'explique par l'altération du sang. Il y a de la diastashémie, c'est-à-dire séparation de la matière colorante du sang; à la surface des muqueuses et ailleurs apparaissent alors des taches noirâtres ou violacées appelées pétéchies. Quelquefois ce sont de vrais points hémorrhagiques qu'on observe sur les muqueuses ou dans les organes. Dans tous les cas, la congestion s'accompagne d'une exsudation assez prononcée et par conséquent d'une infiltration du tissu conjonctif, particulièrement du tissu conjonctif sous-cutané dans les parties déclives et du tissu conjonctif sous-muqueux. Il existe aussi des infiltrations dans les parenchymes internes; parfois la congestion est suivie d'une mortification, d'une gangrène locale. Ces différents phénomènes se présentent plus particulièrement sur les organes les plus vasculaires, sur les téguments, sur les muqueuses, sur les séreuses et sur les organes parenchymateux internes.

A la surface des muqueuses et quelquefois à la surface de la peau, il y a une perversion de la sécrétion, il y a des vices de sécrétion. La température est souvent surélevée, et vers la fin de la maladie elle éprouve des modifications. La respiration est aussi modifiée, accélérée; et du côté de cette fonction on peut observer en outre bien d'autres symptômes, variables avec les lésions qui se produisent. De même l'appareil digestif est quelquefois le siège de lésions importantes, et la fonction de la digestion est très modifiée. Nous en dirons autant de l'appareil génito-urinaire.

La fièvre typhoïde du cheval est assez souvent grave, surtout si on ne la traite pas avec soin dès son début; néanmoins, quand les animaux sont dans de bonnes conditions hygiéniques et quand la maladie est attaquée au début, on peut guérir le plus grand nombre des malades.

Telle est la physionomie d'ensemble de la fièvre typhoïde. C'est donc une maladie par altération du sang, caractérisée par des symptômes adynamiques accompagnés d'autres symptômes variables avec le siège de la localisation de la maladie, et permettant de reconnaître à celle-ci plusieurs formes.

Synonymes. — La maladie typhoïde du cheval est encore

appelée : *fièvre typhoïde, typhose, typhus, diathèse typhoïde, fièvre catarrhale, fièvre muqueuse, fièvre gastro-bilieuse, fièvre adynamique, fièvre adéno-catarrhale, fièvre pernicieuse, fièvre maligne, fièvre nerveuse, fièvre putride, fièvre gastrique* et enfin *gastro-entérite typhoïde épizootique* ou *pneumonie typhoïde*, suivant que les symptômes prédominants se rencontrent sur tel ou tel appareil. Ces noms se comprennent sans explication.

SYMPTOMATOLOGIE

Cette maladie est assez fréquente, elle s'observe dans tous les pays de l'Europe, dans notre colonie d'Afrique, en Égypte ; on l'a signalée en Amérique ; en Europe, on l'a étudiée surtout en France, en Allemagne et en Autriche.

Elle attaque tous les solipèdes, mais non pas tous avec une égale fréquence ; toutes choses étant égales d'ailleurs, elle attaque beaucoup plus souvent le cheval que le mulet, et plus souvent le mulet que l'âne, qui est presque réfractaire à la maladie.

Comme nous l'avons déjà dit, la fièvre typhoïde est une maladie générale ; mais elle est souvent caractérisée par des lésions plus spécialement localisées à certains organes. Elle est protéiforme, elle se présente avec des formes variables et qui ne sont pas toujours bien tranchées, qui sont plus ou moins mêlées plusieurs ensemble. Ainsi il n'est pas rare de trouver chez un sujet la maladie localisée aux premières voies respiratoires et aux voies digestives, ou bien elle est localisée exclusivement au poumon ou à l'intestin ; chez d'autres sujets, elle est localisée aux appareils digestif et génito-urinaire, ou bien au système nerveux, etc. Ces localisations ne sont jamais aussi bien tranchées qu'il vient d'être dit, elles sont mêlées les unes avec les autres, et par conséquent il y a un mélange de symptômes, parmi lesquels ceux qui prédominent sont fournis par l'appareil le plus malade.

Ce qui précède, nous fait pressentir que l'étude de la fièvre typhoïde est assez difficile, assez compliquée.

Si on voulait suivre les errements de certains vétérinaires, il faudrait décrire une à une un nombre considérable de formes de la maladie ; mais il convient de procéder autrement, il vaut mieux tracer d'abord un tableau dans lequel seront passés en revue, un à un, tous les appareils de l'organisme, et chemin faisant seront indiqués tous les symptômes que cet appareil peut fournir. Après cette description générale, il conviendra d'indiquer brièvement les principales formes que la maladie peut présenter, car il suffira de se reporter au tableau déjà tracé, pour trouver les symptômes qui caractérisent telle ou telle forme, localisée à tel ou tel appareil.

La fièvre typhoïde du cheval débute le plus souvent d'une façon soudaine et brusque, sans qu'aucune cause apparente puisse en expliquer le développement. Les premiers signes de la maladie sont le plus souvent difficiles à constater, aussi il arrive fréquemment que les propriétaires ne la reconnaissent que quelque temps après son apparition. Les changements qui se sont opérés chez les animaux sont tellement peu prononcés, que les personnes, qui ont l'habitude de les voir, ne les considèrent pas comme malades.

Ces premiers signes sont les suivants : diminution de l'appétit, aptitude moins grande au travail, fatigue plus prompte, décubitus plus fréquent et plus prolongé ; les oreilles sont portées moins droites, les paupières sont plus flasques et quelquefois presque à demi tombantes au devant de l'œil ; l'attitude est nonchalante, et quand le malade est debout, il change fréquemment le pied ou le bipède qui est à l'appui ; les allures sont modifiées, l'animal se déplace plus difficilement, le pas est plus lourd, les membres sont moins relevés dans la marche, ils traînent quelquefois sur le sol, le trot est difficile, et pendant cette allure les membres s'entrecroisent, se heurtent, se touchent ; le train postérieur est faible, vacillant ; on entend un craquement au niveau des articulations ; il y a surtout de la difficulté dans l'action de reculer et de tourner en cercle, à cause de la faiblesse du train postérieur ; les sujets sont exposés à faire des chutes, à se toucher, à se blesser.

La circulation et la respiration ne sont pas encore bien modifiées au début, cependant la moindre fatigue les accélère ; le cœur bat tumultueusement et le pouls reste petit. La température s'élève un peu au-dessus du chiffre normal, mais cette élévation n'est pas considérable tout à fait au début ; on peut observer des frissons dans quelques régions musculaires.

La maladie se caractérise bientôt mieux. Il se produit une modification de la coloration des muqueuses apparentes, oculaire, buccale et pituitaire ; ces muqueuses sont plus foncées en couleur et présentent une teinte jaune-rougeâtre, ictérique. La conjonctive est plus humide, comme infiltrée et légèrement larmoyante.

L'appétit est plus ou moins diminué ; souvent il est capricieux et trompeur, souvent les animaux commencent à manger avec entrain, et à ne les voir qu'un moment, on pourrait croire que rien n'est changé dans leur état, mais bientôt ils s'arrêtent ; la mastication est difficile, pénible, les muscles des mâchoires semblent fatigués. La soif, à cette période, est souvent accrue, mais il peut arriver qu'elle ne soit pas modifiée.

Comme on le voit, les symptômes du début ne sont pas très caractéristiques ; cependant, pour un œil exercé, et surtout dans les pays où l'affection est enzootique, ils peuvent déjà faire soupçonner son développement et engager à entreprendre de suite un traitement.

Mais au bout de 12, 24, 48 heures, trois jours au plus, la maladie est mieux caractérisée, et quelquefois même, elle est alors tout à fait localisée à certains organes. Il n'en est pourtant pas toujours ainsi, et il peut se faire que la maladie, quoique mieux caractérisée par ses symptômes généraux, ne soit pas encore localisée.

Alors les symptômes d'ensemble, devenus plus apparents, peuvent néanmoins mettre sur la voie du diagnostic. Il y a adynamie et dépression de toutes les fonctions en général, abattement, état de stupeur et de prostration très prononcé, affaissement, somnolence, torpeur et immobilité ; il y a en un mot exagération progressive des symptômes du début. La station devient plus pénible, les mouvements plus difficiles ; et il y a obtusion et affaiblissement des sens en général ; l'œil est terne, larmoyant, à demi-caché par les paupières, qui sont plus ou moins gonflées ; la sensibilité générale est très affaiblie, bientôt les malades ne chassent plus les mouches ; la fièvre est alors très manifeste, et on observe des exacerbations et des rémittences, les premières à la fin de la journée surtout, et les secondes ordinairement le matin après le repos de la nuit.

Au fur et à mesure que la maladie se localise, on observe des symptômes plus manifestes.

Du côté de la peau, on constate une sécheresse plus ou moins prononcée ; les poils sont piqués, hérissés ; il y a quelquefois à la surface du tégument cutané une véritable moiteur, un véritable commencement de transpiration ; la peau est plus chaude qu'à l'état normal, cependant la température ne semble pas uniformément répartie dans toutes les régions ; dans certains points la peau est chaude, tandis que dans d'autres elle est froide; du reste on observe assez souvent des alternatives de chaleur et de froid, surtout aux extrémités, sur les membres, sur les oreilles. Les frissons observés au début sont quelquefois plus manifestes; d'abord partiels, ils deviennent parfois généraux. On voit apparaître des sueurs, d'abord partielles, puis générales; quand elles se montrent, ces sueurs sont quelquefois critiques, c'est-à-dire qu'elles peuvent annoncer, de même que la diurèse, une amélioration de l'état du malade; mais il n'en est pas toujours ainsi. Les sueurs, surtout les sueurs générales, sont quelquefois épuisantes; dues à un état fébrile très accentué, elles annoncent la fatigue du malade. La peau, avons-nous dit, est quelquefois très sèche, mais d'autres fois, il y a un accroissement de la sécrétion sébacée, la peau est plus sale, plus gluante, elle encrasse davantage la main. Sur la peau, on peut encore rencontrer des éruptions, une éruption miliaire, un exanthème, des pustules, de l'érysipèle, des boutons. Il n'est pas rare de rencontrer, principalement sur les côtes et en dessous de la poitrine, sur les côtés et en dessous du ventre, et dans les régions où la peau est fine, des boutons, des phlegmons même, des inflammations du tissu conjonctif sous-cutané, ou des infiltrations de ce même tissu, des œdèmes. Assez souvent on observe des tumeurs, qui ont à la fois les caractères du phlegmon et de l'œdème; ce sont des œdèmes chauds, qui peuvent se terminer quelquefois par abcédation. Parfois aussi il se forme des tumeurs crépitantes, c'est quand il y a complication de septicémie; et celleci se montre dans quelques cas, car la fièvre typhoïde y prédispose. On peut aussi rencontrer sur les taches de ladre de véritables pétéchies, des ecchymoses. Les crins et les poils sont plus faciles à arracher. La région génitale, le fourreau, le scrotum se tuméfient; le tissu conjonctif est le siège d'une infiltration œdémateuse ou œdémato-phlegmoneuse. Quelquefois à la surface du scrotum il y a des efflorescences blanchâtres, presque analogues d'aspect à celles qu'on observe à la surface des terrains salés, qui se dessèchent. La plupart de ces accidents de la peau sont la conséquence du mouvement congestionnel que nous avons signalé plus haut.

Du côté des muqueuses conjonctive, pituitaire, rectale, buccale, vaginale, on observe de la congestion, une teinte rouge-jaunâtre, ictérique; on remarque aussi sur ces membranes, mais pas toujours au début de la maladie, des pétéchies; il y a larmoiement, ébrouement et jetage séro-sanguinolent, jaune-rougeâtre.

Ainsi que nous l'avons déjà vu, le pouls s'accélère de même que les battements cardiaques ; mais tandis que ceux-ci sont forts, tumultueux, les pulsations artérielles sont de plus en plus faibles. Il est important, au point de vue du pronostic, de s'assurer de l'état du pouls ; le pronostic sera d'autant plus défavorable que le pouls sera plus petit, plus imperceptible ; et ses modifications, dans un sens ou dans l'autre, seront toujours utiles pour suivre la marche du mal.

La température varie beaucoup suivant les cas ; et durant le cours de la maladie elle est sujette à des oscillations, dont la connaissance est importante au point de vue du pronostic et surtout au point de vue du traitement. Ces variations offrent en général quelque chose de régulier. La température se modifie dans la même journée, sans que l'état du malade en soit aggravé, ainsi toujours la chaleur du malade s'accroît à la fin de la journée et diminue le matin ; mais il ne faut pas tenir compte de ces oscillations diurnes et nocturnes. Outre ces variations, il s'en produit d'autres très importantes, au début, la température s'élève presque toujours et il n'est pas rare qu'elle atteigne 40°, 41°, 42°. Dans ces cas il y a lieu de porter un pronostic défavorable, car la maladie peut alors marcher rapidement et il est très difficile d'en obtenir la guérison. Mais si la température oscille aux environs de 39°, si elle ne dépasse pas 40°, on peut espérer la guérison. En général toutes les fois qu'elle s'élèvera, il y aura lieu de porter un pronostic plus grave, tandis que son abaissement sera un signe d'amélioration. Dans le cours de la maladie, il n'est pas rare d'observer des élévations brusques de température, qui se produisent par exemple quand le malade allait déjà mieux et semblait devoir guérir ; ces élévations brusques de température indiquent une rechute, elles indiquent que la maladie reprend le dessus, et cette rechute est presque toujours mortelle. Quand la température s'abaisse brusquemment de un, deux ou trois degrés, cet abaissement n'est un bon signe, qu'autant qu'il est accompagné de l'amélioration des autres symptômes ; sinon il y a lieu de craindre une complication, la septicémie ou la production d'une hémorrhagie interne ; c'est en effet ce qui arrive quelquefois. Quand enfin la température descend à 35° ou 36°, c'est presque toujours le signe certain d'une mort prochaine. Il sera donc important de prendre la température pour prévenir l'issue de la maladie et graduer l'intensité du traitement.

Ainsi que nous l'avons déjà vu, le tissu conjonctif est assez sou-

vent le siège de certaines lésions ; il y a principalement des œdè-
dèmes et quelquefois des phlegmons. Ces œdèmes s'observent surtout sur les membres, dans les parties déclives du tronc, à la face
inférieure de la poitrine et du ventre, dans la région génitale, au
fourreau, au scrotum, à la mamelle ; on en observe aussi à l'encolure et à la tête, et même il peut exister une véritable anasarque, une infiltration du tissu conjonctif plus ou moins généralisée.

Non seulement la circulation est toujours modifiée, mais le sang
lui-même a éprouvé des altérations importantes dans ses caractères physiques, chimiques, anatomiques. Ce n'est pas au début,
mais après les premiers jours, que les altérations du fluide sanguin sont manifestes. Au début, le sang est plus coagulable et
plus fibrineux qu'à l'état normal ; plus tard, il devient noirâtre
moins fibrineux, moins coagulable ; il perd de ses globules rouges,
qui semblent avoir une certaine tendance à se détruire, c'est ce
qui explique la formation de ces taches pétéchiales qu'on observe
assez souvent. Il y a embarras de la circulation capillaire, d'où
résultent les congestions, qui se montrent à peu près partout, et
les infiltrations qui les accompagnent. Enfin cette altération du
sang et cette modification de la circulation expliquent bien pourquoi l'affection accroit chez les malades la réceptivité pour la septicémie. Tous les observateurs ont constaté que, chez les solipèdes atteints de fièvre typhoïde, on voit survenir assez fréquemment la septicémie à la suite de plaies, d'opérations ou de sétons,
etc. Ainsi quand, dans le cas de pneumonie typhoïde, on place un
séton, pour produire une dérivation, il arrive très souvent que
l'engorgement produit se complique de gangrène septique.

Ordinairement la maladie n'a pas une marche foudroyante ; cependant, si l'altération du sang est très prononcée d'emblée, il
n'est pas rare d'observer une terminaison rapide, même foudroyante. Alors la température est surélevée, elle atteint 40°, 41°
et même 42° ; il y a un empoisonnement général du sang ; la cause
déterminante de la maladie a agi avec une très grande intensité ;
aussi se produit-il des congestions générales, de véritables apoplexies sur les organes internes, on observe des frissons et c'est à
peu près tout, le pouls devient inexplorable et l'animal succombe
presque subitement. Cette marche, la plus rare, s'explique par la
profonde altération du sang.

La fonction de l'innervation peut être plus ou moins modifiée et
présenter des troubles, qui s'expliquent par les altérations du sang,
par la fièvre qui en résulte et par les modifications fonctionnelles

qui en sont la conséquence. Les symptômes qu'on observe de ce
côté sont à peu près les suivants : les animaux sont inquiets, ils
trépignent, ils se déplacent, ils ne se couchent pas, leur physionomie est plus ou moins anxieuse, ils s'agitent fréquemment, et quelquefois même ils poussent au mur ou tirent sur leur attache ; ils
semblent difficiles à approcher et quelquefois ils entrent dans de
véritables accès de fureur. L'agitation n'est pas constante, elle fait
place à des accès de torpeur, de coma, de somnolence. Il y a
aussi des grincements de dents, des convulsions dans les muscles
de la face, de l'encolure, du grasset, de la paroi abdominale. Il
n'est pas rare d'observer du délire, du vertige caractérisé par les
signes ordinaires ou par des mouvements désordonnés. Il peut y
avoir aussi du tétanos, du trismus ; et il n'est pas rare d'observer
l'immobilité, soit pendant, soit après la maladie. Il y a affaiblissement des sens et il se produit parfois des paralysies, surtout de la
paraplégie et des boiteries intermittentes, qu'aucune cause n'explique, et qui probablement sont dues à des modifications nerveuses ou à un affaiblissement de l'influx nerveux. Quelquefois l'a-
maurose se montre aussi.

En 2, 3, 4, 5 jours la maladie se localise très souvent sur certains
appareils, principalement et le plus souvent sur l'appareil respiratoire et sur l'appareil digestif.

Il arrive fréquemment que des lésions multiples se produisent
sur les différentes parties de l'appareil respiratoire, sur la pituitaire, sur le larynx, sur la trachée, dans les bronches, dans les
poumons, sur les plèvres, dans le péricarde. On peut constater
des symptômes de coryza, de laryngite, de trachéite, de bronchite,
de pneumonie, de pleurésie. Il y a assez souvent de l'ébrouement
quand la pituitaire est congestionnée ; cette membrane a une coloration rouge-jaunâtre, une teinte ictérique, elle offre aussi des
taches pétéchiales comme la conjonctive ; elle est le siège d'une
exsudation abondante, qui se traduit au dehors par un jetage séro-
sanguinolent. Quelquefois on observe un véritable épistaxis. D'autres fois, dans le cas de laryngite et de coryza violents, il y a un
jetage noirâtre, qu'il ne faut pas confondre avec le jetage gangréneux, dont il se distingue en ce qu'il n'est pas fétide. Ce jetage
noirâtre s'explique par la congestion très intense de la muqueuse
respiratoire. Assez souvent il y a une toux sèche ou grasse, laryngée ou pectorale, suivant son point de départ. Il y a parfois cornage, quand la pituitaire et la muqueuse laryngienne sont infil-

trées, œdématiées, ou quand il s'est produit un œdème, un engorgement sous la gorge, dans la région sous-maxillaire, œdème qui comprime le larynx et les premières parties de la trachée. Il n'est pas rare d'entendre, dans presque toutes les inspirations, un bruit de roucoulement ou de gargouillement laryngé, perceptible à distance, et qui s'explique par la présence de mucosités à la surface de la muqueuse laryngienne, ou par un œdème sous-muqueux de cette membrane. Les lésions de la trachée, des bronches, du poumon rendent la respiration difficile, pressée ; et souvent les animaux écartent les membres antérieurs pour faciliter le développement du poumon. Suivant que la maladie est localisée aux bronches ou au poumon, on peut observer les symptômes de la bronchite ou de la pneumonie. L'air expiré est presque toujours plus chaud, surtout quand on l'étudie à une période où la maladie ne marche pas encore vers une terminaison fatale. La région de la gorge est souvent douloureuse et est le siège d'une tuméfaction plus ou moins étendue. Par la pression, la percussion et l'auscultation on peut constater des symptômes de pleurésie, de pneumonie ou de bronchite. Parfois dans le cours de la maladie il se produit une congestion pulmonaire subite ; cette congestion peut disparaître, comme elle est apparue, subitement et sans traitement ; elle peut se déplacer, mais le plus souvent elle persiste et elle a de la tendance à se terminer par la septicémie, par la gangrène.

Dans l'appareil digestif il se produit souvent de nombreuses lésions, aussi observe-t-on de ce côté des modifications fonctionnelles importantes et faciles à étudier. Il y a diminution ou perte de l'appétit ; la soif est quelquefois accrue, mais il n'en est pas toujours ainsi. Souvent il y a engorgement des ganglions intra-maxillaires, du tissu conjonctif de la gorge, de la parotide, inflammation des poches gutturales ; et ces engorgements peuvent se terminer et se terminent assez souvent, dans le cas de guérison, par la formation d'abcès ordinairement multiples, qui s'ouvrent successivement. On constate assez souvent de véritables éructations, absolument analogues à celles du tic ; il y a en outre très souvent des nausées, des bâillements très fréquents, des grincements de dents. La muqueuse buccale est congestionnée et chaude, surtout celle de la langue ; la muqueuse linguale est en outre chargée, sédimenteuse, fétide ; les bords, la pointe, la face inférieure de l'organe présentent une teinte rougeâtre assez intense ou une teinte ictérique. La muqueuse gingivale est congestionnée, rougeâtre ; les papilles et les follicules de la muqueuse linguale sont congestionnés, quelquefois ulcérés. Souvent la salivation est abondante ; la mastication est difficile, l'animal essaie quelquefois de mâcher, mais il s'arrête bientôt et conserve les aliments entre les mâchoires comme le cheval immobile. La déglutition est pénible, même celle des liquides, car il y a souvent une angine laryngo-pharyngée. Le ventre est tendu, rétracté, douloureux ; quelquefois il y a météorisation, ballonnement. La pression de l'abdomen est douloureuse, surtout du côté droit, au niveau du foie ; il en est de même de la pression des lombes, parfois cependant il y a insensibilité de ce côté. On constate aussi assez souvent des symptômes de coliques, qui peuvent diparaitre momentanément et reparaitre plus tard, qui sont rémittentes ou intermittentes, et qui sont plus ou moins intenses, quelquefois sourdes, d'autres fois violentes. Fréquemment on entend des borborygmes ; c'est surtout quand les animaux doivent présenter ou présentent déjà de la diarrhée. Au début, et souvent même durant tout le cours de la maladie, il y a de la constipation ; les excréments sont durs, coiffés, odorants, rendus avec peine, quelquefois sanguinolents. La diarrhée peut se montrer, et c'est toujours un signe défavorable ; on peut constater des alternatives de diarrhée et de constipation. La muqueuse anale est congestionnée, infiltrée et se renverse quelquefois. Ces différents symptômes et notamment les coliques, les borborygmes, la constipation, la diarrhée s'observent surtout quand la maladie est principalement localisée dans les voies digestives ; mais on les trouve aussi dans les autres formes.

Du côté de l'appareil génito-urinaire on observe aussi des modifications très apparentes. Les reins sont ou insensibles ou sensibles à l'excès. Les urines sont rendues difficilement ; elles sont rares et peu abondantes ; quelquefois elles sont claires comme de l'eau de roche, mais le plus souvent elles sont très foncées, visqueuses, filantes, plus denses qu'à l'état normal, jaunâtres ou roussâtres ou même noirâtres, toujours fétides. Les urines sont ordinairement moins riches en matières calcaires, en phosphates terreux, en acide phosphorique, en carbonate de chaux, en chlorures (chlorure de sodium) ; elles sont plus riches en urée, en mucus, en oxalate de chaux et en acide urique ; elles ont presque toujours une réaction acide ; souvent elles sont comme sanguinolentes, elles renferment les éléments du sang, elles contiennent de l'albumine, des globules rouges, des globules blancs. L'albumine vient d'une hyperhémie rénale ou même d'une véritable néphrite catarrhale; en effet il peut y avoir une simple congestion du rein ou une véritable inflammation. Il y a aussi dans l'urine des dépôts mucoso-purulents, des cellules épithéliales, des globules de pus en dégénérescence et en plus ou moins grande abondance, de la matière colorante de la bile. Du reste dans cette maladie il semble bien que le foie ne fonctionne plus normalement et que la matière colorante de la bile passe dans le sang, d'où la couleur jaune ictérique des principales muqueuses. L'urine renferme donc les éléments de désassimilation en plus grande quantité, c'est l'urine d'animaux qui vivent de leur propre substance; on n'y trouve pas les matériaux dérivés de l'alimentation ou ils sont peu abondants; cela n'est pas étonnant, vu la presque complète disparition de l'appétit. Par contre, il s'y trouve des produits de désassimilation, dont la présence indique que l'animal se nourrit aux dépens de sa propre substance et dénote aussi une altération manifeste du sang. Du reste lorsque les reins sont malades, il est facile de s'en rendre compte, même dans le cas où on ne pourrait pas examiner l'urine; il suffit de mettre en pratique l'exploration rectale; arrivée au niveau du rein la main, par une pression légère, détermine une réaction violente, ce qui indique que la région est malade, douloureuse. Chez le mâle le pénis est presque toujours sortant ou même pendant ou en demi-érection. Cette érection s'explique par une simple congestion passive de l'organe; elle constitue un signe, qui ne fait presque jamais défaut, et qui à lui seul permet souvent de soupçonner la maladie. Chez la femelle la vulve est tuméfiée; les muqueuses vulvaire et vaginale sont hypérémiées, tuméfiées et présentent des pétéchies, des ecchymoses; elles sont quelquefois le siège d'un écoulement séro-sanguinolent. Les malades semblent éprouver assez fréquemment le besoin d'uriner, mais la miction est difficile; ils se campent et ils ont de la peine à rendre de l'urine; s'ils y parviennent, ce n'est que grâce à des efforts réitérés et après avoir poussé des plaintes. Quand la diurèse arrive, quand les urines sont plus abondantes, moins odorantes, moins visqueuses, moins chargées, etc., c'est le signe du rétablissement, de la guérison.

Comme complément à ce tableau, il nous reste à signaler les modifications qui surviennent dans la nutrition. Quand la maladie dure un certain temps, les animaux maigrissent presque à vue d'œil, il y a consomption musculaire, affaiblissement très rapide; la démarche est titubante; la station debout devient quelquefois impossible; l'émaciation, l'affaiblissement sont d'autant plus ra-

pides que les malades présentent des symptômes plus nombreux ;
ils sont surtout rapides quand les malades sont atteints de
diarrhée.

Maintenant il faut énumérer les formes que la fièvre typhoïde
peut présenter. Ces formes sont variables suivant les individus,
suivant les épizooties, suivant les années et surtout suivant les
circonstances ambiantes. Ainsi certaines années on observe surtout des localisations dans les voies respiratoires ; d'autres fois
c'est surtout dans les voies digestives, etc. Les formes, nous l'a-
vons dit, ne sont jamais bien nettement tranchées, il y a toujours
un mélange de plusieurs d'entre elles ; cependant l'appareil le
plus lésé est celui qui fournit les symptômes prédominants.

On distingue la *forme apoplectique*, dans laquelle la mort est
foudroyante, la *forme adéno-catarrhale*, la *forme pectorale ou
pulmonaire*, la *forme abdominale*, la *forme nerveuse*, la *forme
néphrétique*, la *forme œdémateuse*.

La *forme adéno-catarrhale* est surtout caractérisée par l'engorgement des ganglions intra-maxillaires, par l'engorgement du tissu
conjonctif qui entoure la région pharyngienne et par l'engorgement des poches gutturales, ainsi que par un état catarrhal de la
muqueuse laryngo-pharyngienne. Cette forme est la moins grave
de toutes ; presque toujours, quand elle ne détermine pas l'asphyxie, et celle-ci est relativement rare, elle se termine par la
guérison.

Il n'en est pas de même de la *forme pulmonaire*. Quand la maladie se propage au poumon, quand il y a pneumonie typhoïde,
le cas est particulièrement grave ; c'est alors surtout qu'il faut
craindre la septicémie, et toujours la guérison est rare si on n'intervient pas dès le début, cependant elle est encore possible.

La *forme abdominale* est celle qui se localise surtout sur les
voies digestives, sur l'intestin et même sur le foie. Cette forme
est grave, surtout lorsqu'elle s'accompagne de diarrhée, mais elle
l'est beaucoup moins que la précédente. Aussi un traitement
convenable permet d'obtenir la guérison au moins neuf fois sur
dix.

La *forme nerveuse*, beaucoup plus grave, est celle dans laquelle
se montrent des symptômes de vertige, ou d'immobilité, ou de
tétanos, ou de paraplégie ; dans ces cas la guérison est bien rare,
et si la mort n'est pas toujours la conséquence de l'immobilité,
les animaux sont inutilisables. Par contre la mort est l'issue la
plus commune dans le cas de vertige et de tétanos.

La *forme néphrétique* est caractérisée par la prédominance des symptômes fournis par l'appareil urinaire. Cette forme, quoique restreinte, est cependant d'une certaine gravité; elle indique que le rein est malade, congestionné et peut-être enflammé. Si l'inflammation est arrivée à un certain degré, si les urines sont très altérées, il y a beaucoup à craindre.

La prédominance des symptômes fournis par le tissu conjonctif (œdèmes) caractérise la *forme œdémateuse*, qui n'est pas grave, car toutes les fois qu'on voit des œdèmes extérieurs, on peut les considérer comme des crises favorables déchargeant d'autant les organes internes.

En outre de ces formes, il est possible de rencontrer des cas où il existe des symptômes fournis par les appareils nerveux et respiratoire, et fréquemment on observe en même temps des altérations du foie, de l'intestin, du rein.

La forme abdominale est la plus fréquente, notamment dans les pays chauds; et en général c'est la *pneumonie typhoïde* et la *gastro-entéro-hépato-néphrite typhoïde* qu'on observe le plus souvent.

Il n'est pas rare de voir des formes plus ou moins complexes et d'autres peu caractérisées, qu'on pourrait appeler incomplètes, latentes. Dans ces cas on observe quelques vagues et légers symptômes, et il n'y a pas de localisations, pas de symptômes précis apparents à l'extérieur; la maladie alors n'est pas grave, elle se termine toujours d'elle-même, et sans traitement, par la guérison.

Des *complications* sont possibles; la fièvre typhoïde peut coexister en même temps que d'autres maladies, comme la gourme, qui peut venir la compliquer ou sur laquelle elle peut se greffer. Fréquemment, quand elle se développe chez les femelles en état de gestation, elle entraîne l'avortement. Il n'est pas rare non plus d'observer l'inflammation des séreuses, des synoviales articulaires ou tendineuses; il y a alors des symptômes d'arthrite ou de synovite. Quelquefois il y a de la fourbure; nous savons que le sang est altéré, que la circulation est embarrassée, et cet embarras de la circulation peut déterminer des stases sanguines dans le tissu du pied, d'où résulte la fourbure. On observe parfois aussi des éruptions, des œdèmes et de véritables phlegmons dans les muscles, dans le tissu conjonctif sous-cutané, qui peuvent ensuite s'abcéder, de véritables conjonctivites, des conjonctivo-blépharites et de véritables ophtalmies internes, d'où peut résulter plus tard la perte de l'œil, l'amaurose.

On observe une grande variabilité dans la marche de la fièvre typhoïde, suivant une foule de causes et suivant les formes que revêt la maladie. Dans certains cas elle est très rapide, et la mort survient presque d'une manière foudroyante. Dans d'autres cas au contraire, la maladie marche plus lentement, et on peut la suivre, l'étudier; dans ces circonstances elle s'aggrave peu à peu et peut déterminer plus ou moins rapidement des lésions, qui deviennent mortelles, si on n'y porte pas promptement remède.

La forme nerveuse, celle qui se caractérise par l'apparition de symptômes nerveux (vertige, tétanos), est celle qui marche le plus rapidement, et qui se termine le plus promptement par la mort.

La forme pulmonaire est plus rapide et plus grave que la forme abdominale; il se produit quelquefois alors des congestions pulmonaires énormes, qui peuvent se compliquer de gangrène, de septicémie, qui entraînent rapidement la mort.

Puis vient par ordre de gravité la forme abdominale; lorsqu'il y a gastro-entérite, elle donne parfois lieu à une terminaison fatale, mais le plus souvent on a le temps de suivre la maladie et de prescrire un traitement efficace. Cette forme est beaucoup plus grave lorsqu'elle s'accompagne de diarrhée, à cause de l'adynamie, de la faiblesse extrême à laquelle elle donne suite.

La forme néphrétique et la forme adéno-catarrhale sont celles qui marchent le plus lentement; cependant la forme néphrétique proprement dite, lorsque les reins sont le siège de lésions très prononcées, est très grave et il est difficile d'en obtenir la guérison.

La forme adéno-catarrhale, se caractérisant par des adénites, par un engorgement des tissus de la région laryngo-pharyngienne, par de la laryngo-pharyngite, est bien moins grave. Elle se termine dans la plupart des cas par la guérison, qui arrive il est vrai lentement; car il se forme des abcès, qui ne mûrissent pas en même temps et s'ouvrent successivement.

Il y a d'autres conditions qui peuvent accélérer ou ralentir la marche de la maladie typhoïde. Celles qui la ralentissent sont les bonnes conditions hygiéniques, une alimentation de bonne qualité, les boissons pures, etc.; outre ces conditions ambiantes, il y a encore les conditions individuelles, telles qu'une bonne constitution et un bon tempérament. Les conditions hygiéniques contraires, c'est-à-dire une mauvaise alimentation, l'ingestion de boissons altérées, de même qu'une mauvaise constitution, un tempérament lymphatique, l'existence de lésions à la suite d'une maladie antérieure sont défavorables aux malades, aggravent le pronostic de la maladie, en font varier la marche, et nous en expliquent la terminaison plus ou moins prompte.

Quand la mort survient, elle peut être produite par diverses causes : tantôt elle arrive par apoplexie, lorsque il y a congestion intense sur l'encéphale, sur le poumon, sur les reins, sur la rate, sur l'intestin ; et dans ces cas elle peut arriver au bout de quelques heures, avant même qu'on ait eu le temps de reconnaître que les sujets étaient malades ; c'est la cause de mort la plus fréquente. D'autres fois la terminaison fatale vient à la suite de l'adynamie, de l'affaiblissement général, qui se manifeste progressivement sur le sujet malade. La mort est alors précédée parfois d'une agonie plus ou moins douloureuse. Les lésions du côté de l'appareil respiratoire et de l'appareil digestif sont ordinairement multiples, aussi l'exécution de ces deux fonctions est entravée ; il en résulte des déperditions notables, qui affaiblissent rapidement le sujet, et cette faiblesse est telle que dans certains cas les malades ne peuvent bientôt plus se tenir debout, ont une marche titubante et tombent rapidement dans l'adynamie.

L'orsque les lésions sont localisées dans l'appareil respiratoire, la mort survient le plus souvent par asphyxie. La muqueuse respiratoire est congestionnée, œdématiée ; il existe souvent un engorgement considérable autour de la gorge ; le poumon est plus ou moins engoué ; toutes ces lésions peuvent expliquer la production de l'asphyxie. Parfois il est impossible de prévenir cette terminaison même en pratiquant la trachéotomie à la base de l'encolure, car l'engorgement s'étend sur toute l'étendue de cette région jusqu'à l'entrée de la poitrine.

La mort peut aussi arriver à la suite de complications septicémiques, car nous savons que la typhose prédispose les malades à cette nouvelle complication ; dans ce cas on observe les symptômes de la septicémie.

La maladie se termine assez souvent par la guérison, qui est complète ou incomplète. On obtient le plus souvent la guérison si on traite la maladie d'une façon rationnelle et de bonne heure, avant qu'elle se soit trop aggravée. Dans les cas de laryngo-pharyngite, qui, comme nous l'avons déjà dit, est la forme la plus bénigne, on obtient la guérison sans qu'il y ait une véritable convalescence. C'est que dans ces cas on n'observe pas des symptômes de fièvre bien accentués et l'adynamie n'est jamais bien marquée. Il n'en est pas de même lorsqu'on a eu affaire à la forme abdominale; à la pneumonie, à la pleurésie, etc; alors le retour à la santé se fait attendre, il y a toujours une convalescence plus ou moins longue, suivant que le malade a été plus ou moins débilité, plus ou moins affaibli.

La guérison s'annonce par certains signes qu'il est bon de connaitre. Ainsi, lorsque chez le malade on constate un abaissement progressif de la température, coïncidant avec des modifications favorables du côté de l'appareil circulatoire et de l'appareil respiratoire, et qu'avec cela il y a une diurèse abondante, que les urines sont moins colorées, toutes ces modifications sont d'un bon signe et font prévoir que la maladie marche vers la guérison.

Il n'est pas rare que les malades fassent des rechutes, que la maladie éprouve un retour en arrière; alors les symptômes, qui avaient d'abord diminué d'intensité, s'aggravent de nouveau; dans ces circonstances il y a presque lieu de désespérer des malades.

Les sujets malades doivent recevoir des soins nombreux et bien dirigés, pour en arriver à un rétablissement progressif et à une guérison complète, qui peut dans certaines circonstances se produire au bout de dix à douze jours. Le plus souvent la maladie dure plus longtemps, par exemple quand elle s'est accompagnée de diarrhée, qui a affaibli les animaux; aussi la guérison pourra se faire attendre trois semaines, un mois environ, et lorsqu'on obtient un rétablissement complet, on a encore lieu de se féliciter du résultat.

La fièvre typhoïde laisse quelquefois après elles des lésions persistantes, telles que des œdèmes, des hydropisies, qui ne se résorbent pas complètement, de l'hydrocéphalie (immobilité), de l'hydropéricardite, de l'hydrothorax, de l'ascite, des boiteries, qui peuvent être intermittentes et dont la cause est difficile à apprécier quelquefois, de l'amaurose ou même la perte de l'œil.

La maladie typhoïde est assez facile à reconnaître, surtout dans les pays où elle règne habituellement à l'état enzootique. Il est assez difficile de confondre cette affection avec d'autres; de plus, les symptômes qui l'accompagnent sont assez nombreux et ordinairement assez caractéristiques pour ne laisser aucun doute à tout observateur attentif, surtout si l'on considère que les symptômes énoncés, c'est-à-dire l'abattement, la somnolence, la stupeur, la faiblesse du train postérieur, la marche titubante, le craquement des articulations, la coloration jaune des muqueuses, les coliques sourdes, la haute température, les battements cardiaques violents, la pneumonie à invasion subite et se déplaçant, la diarrhée, etc., s'observent sur un animal qui n'a été soumis en apparence à aucune influence défavorable pour sa santé. Outre les symptômes énoncés, on peut en constater d'autres, en auscultant la poitrine dans laquelle il peut y avoir de l'hépatisation, etc; et en outre les taches pétéchiales, qu'on voit souvent sur la conjonctive et sur la pituitaire, aident beaucoup à porter un diagnostic.

Il est fort difficile de confondre cette maladie avec la pneumonie, la pleurésie, la néphrite ordinaires; car dans ces maladies il n'y a pas ces formes mélangées, ni ce cortège de symptômes, ni cette coloration jaune qu'on observe sur les muqueuses des typhiques.

Pour reconnaître l'affection typhoïde, on ne peut pas avoir recours à l'inoculation, car elle ne semble pas inoculable. Cependant on pourrait recourir à cette pratique toutes les fois qu'on serait porté à la confondre avec des maladies inoculables, telles que le charbon, la septicémie; car les lésions qu'on observe dans ces trois affections ont quelque analogie, et alors l'inoculation peut permettre de les différencier. A cet effet on inocule du sang du sujet affecté à un lapin; si on a affaire à une des deux maladies inoculables, l'animal inoculé succombe au bout de 24 à 60 heures, et dans le cas contraire il ne manifeste aucun état pathologique.

Le *pronostic* de la fièvre typhoïde est toujours assez grave; en effet, il s'agit d'une maladie générale, qui donne lieu à des lésions généralisées, souvent mortelles, et qui règne ordinairement à l'état enzootique; ce qui ne veut pas dire cependant qu'elle soit contagieuse, car il peut très bien se faire que les animaux, qui contractent la maladie en dernier lieu, en soient atteints parce qu'ils ont été exposés aux mêmes influences que les premiers. Nous savons que la maladie est plus ou moins grave suivant les formes qu'elle revêt, et suivant les individus atteints. Elle est plus fréquente chez le cheval que chez le mulet, elle est relativement rare chez l'âne, elle est aussi plus grave chez le premier que chez les deux autres et la convalescence est beaucoup plus longue chez lui.

Cette affection est aussi plus ou moins grave, et la guérison se

fait plus ou moins attendre, suivant que le malade a tel tempérament, telle constitution; les individus qui ont un tempérament
sanguin, une forte constitution résistent mieux; sur eux on peut
agir plus énergiquement, aussi la maladie est-elle bien moins
grave quand on la traite rationnellement. Il est plus difficile de la
guérir chez les sujets débilités ou très nerveux, qui succombent
pour la plupart. La terminaison fatale se remarque surtout lorsque
les individus atteints ont été malades antérieurement, lorsqu'il
s'agit de chevaux poussifs, de chevaux qui ont été mal nourris, de
chevaux anémiques, etc. La maladie est encore plus ou moins
grave suivant les âges. Elle est beaucoup plus fréquente chez les
jeunes animaux, chez les animaux âgés de 3, 4, 5 et 6 ans; passé
ce dernier âge l'affection peut s'observer, mais elle est beaucoup
plus rare; et lorsqu'elle apparaît à 8, 9, 10 ans par exemple, elle
est bien moins grave. Lorsque les conditions défavorables extérieures et celles venant de l'individu ne sont pas modifiées, il est
difficile de guérir les malades. Aussi lorsqu'on a à traiter des
animaux atteints de la fièvre typhoïde, doit-on faire changer l'alimentation et les boissons et parfois modifier les conditions de
milieu.

La maladie est d'autant plus grave qu'elle s'accompagne de
complications; aussi quand il survient de la fourbure, il vaudrait presque autant dans ce cas sacrifier l'animal que de lui faire
suivre un traitement, la guérison étant à peu près impossible. Les
femelles pleines avortent généralement, succombent presque fatalement. Quelquefois on observe une fièvre persistante et exagérée,
des symptômes de coliques violentes; tous ces signes sont défavorables et autorisent à porter un pronostic fâcheux.

D'autres signes, tels que la diurèse, un abaissement de température, une sueur abondante et qui s'accompagne d'un pouls plus fort
avec des pulsations moins nombreuses, etc., permettent de prévoir au contraire une terminaison favorable.

ANATOMIE PATHOLOGIQUE

Les lésions sont multiples; le sang altéré est la source de toutes
les altérations. Au début de la maladie le sang est encore coagulable et renferme peut-être plus de fibrine qu'à l'état normal; mais
bientôt il devient moins coagulable et s'appauvrit en fibrine. Dans
le cadavre il est incoagulable, sirupeux, épais, poisseux, noirâtre;

il tache les objets. On y remarque de nombreuses gouttelettes graisseuses, qui sont faciles à voir; quelquefois il a une réaction acide. Il est très disposé à se putréfier; les cadavres des animaux ayant succombé à l'affection typhoïde, se putréfient très rapidement même en hiver. Les leucocytes semblent être plus nombreux, cependant cela n'est pas toujours exact; ce qui est certain, c'est que les globules rouges sont moins nombreux, ils se sont détruits en plus ou moins grand nombre, bien souvent ils sont altérés, irréguliers, frangés, étoilés; et quelquefois ces modifications se manifestent même avant la mort. Dans le sérum on trouve la matière colorante de la bile; on la décèle avec l'acide azotique, qui donne une coloration en bleu ou en vert; on y rencontre aussi des cristaux roses ou rouges de différentes formes et quelques auteurs prétendent même y avoir constaté la présence de bâtonnets, de bactériens.

Des altérations se sont produites dans la peau, dans le tissu conjonctif et dans les muscles. Sur la peau et dans le tissu conjonctif sous-cutané on rencontre parfois des nodules, des boutons, des tumeurs, des infiltrations gélatiniformes, qui existent surtout au niveau des régions où se trouve beaucoup de tissu cellulaire lâche, au pourtour des organes génitaux, à la base de l'encolure, etc. D'autrefois ce ne sont pas de simples infiltrations, mais de véritables phlegmons qu'on rencontre; alors le tissu conjonctif est congestionné, hypérémié, et le centre du phlegmon a quelquefois éprouvé un commencement d'abcédation.

Les ouvertures naturelles, la bouche, les naseaux, l'anus laissent écouler des produits morbides, qui sont les mêmes que ceux qui étaient excrétés pendant la vie de l'animal. Lorsqu'il y a eu localisation de la congestion à la pituitaire, au larynx, l'écoulement nasal est quelquefois sanguinolent; souvent la muqueuse rectale est renversée, et dans ce cas, il y a parfois un commencement de sphacèle, de gangrène de la région.

La face interne de la peau présente presque partout une coloration rouge intense. Il y a eu congestion, stase sanguine, imbibition de la matière colorante du sang, diffusion du plasma sanguin. Dans certains points, il y a des hémorrhagies sous-cutanées qui se présentent soit comme de simples points, soit sous forme de plaques plus ou moins étendues. Ces taches et ces plaques s'observent même dans le tissu conjonctif, qui s'enfonce dans les interstices musculaires. Le tissu conjonctif qui entoure les vaisseaux et les nerfs, est aussi congestionné et infiltré de matière sanguinolente.

Les muscles sont pâles; ils ont une coloration terreuse et ressemblent, par leur aspect, au foie qui a éprouvé la dégénérescence graisseuse; ils sont infiltrés, ramollis, faciles à déchirer, et si on les étudie au microscope, on trouve des fibres qui ont éprouvé un commencement de dégénérescence granuleuse, on en voit même qui sont complètement dégénérées. Dans les muscles on trouve en outre des points ecchymotiques, des taches pétéchiales, quelquefois des foyers hémorrhagiques plus étendus; parfois, mais plus rarement il est vrai, certains muscles sont frappés de gangrène, sont sphacélés, désorganisés, et les fibres musculaires sont alors presque toutes altérées.

Les séreuses des articulations sont quelquefois altérées, congestionnées; on rencontre dans leur cavité de la sérosité sanguinolente en plus ou moins grande abondance. Les synoviales tendineuses sont souvent dans cet état. On remarque aussi des œdèmes dans les membres. Quelquefois on observe enfin les lésions de la fourbure, et il y a dans ce cas, non seulement congestion des tissus kératogènes, mais même sphacèle, gangrène, mortificatio de ces tissus.

Les ganglions lymphatiques sont toujours altérés; ils sont plus volumineux, congestionnés, hypérémiés, infiltrés, ramollis; souvent on rencontre dans leur intérieur des foyers purulents.

Le cœur est hypertrophié, décoloré, jaune-terreux et comme cuit, quelquefois brun-violacé, ramolli; parfois ses fibres sont en voie de dégénérescence. Dans sa trame et à sa surface on voit des ecchymoses, des taches pétéchiales, qui sont autant de points hémorrhagiques. Le péricarde est tacheté, épaissi, et contient dans certains cas une notable quantité de sérosité rougeâtre. Les vaisseaux sont remplis d'un sang noirâtre, sirupeux, incoagulé à peu près partout; les capillaires sont souvent rupturés, surtout dans les points où le tissu conjonctif et lâche et abondant.

Les lésions, qui se présentent dans l'appareil de la respiration, quoique très nombreuses, peuvent être indiquées en peu de mots. Ce qui domine c'est la congestion, l'hyperhémie, l'exsudation, la diastashémie, c'est-à-dire la tendance de la matière colorante du sang à se déposer dans les tissus, et l'état catarrhal à la surface des muqueuses. Outre la congestion, il y a donc un véritable fluxus inflammatoire avec diapédèse des globules blancs du sang et prolifération accompagnée de la dégénérescence des éléments inflammatoires. Dans l'état catarrhal des muqueuses, ce qui domine, c'est la coloration en rouge du produit exsudé et sécrété.

Des altérations peuvent se rencontrer sur la pituitaire, sur les muqueuses laryngienne, trachéale et bronchique, dans le poumon, sur les plèvres. On peut donc constater les lésions du coryza, de la pharyngite, de la laryngite, de l'inflammation des poches gutturales, de la trachéite, de la bronchite, de la pneumonie, de la pleurésie, suivant la localisation de la maladie. Lorsqu'il s'agit d'un coryza dû à la fièvre typhoïde, il y a, en outre de l'hyperhémie et de l'état catarrhal de la muqueuse, une infiltration sous-muqueuse considérable. Il en résulte une gêne de la respiration proportionnée à l'obstacle qui s'oppose à la rentrée de l'air dans les premières voies respiratoires. On constate aussi la présence de pétéchies à la surface de la pituitaire et la sécrétion d'un jetage séro-sanguinolent. La muqueuse des poches gutturales est injectée, infiltrée et couverte parfois de pétéchies. Mêmes lésions dans le larynx ; l'infiltration sous-muqueuse provoque toujours un engorgement considérable du côté de la muqueuse laryngienne. Quelquefois il existe de véritables plaies, des ulcères indiquant qu'il y a eu des pertes de substance, qui se sont ordinairement produites à la suite des taches pétéchiales, des ecchymoses, les points ainsi altérés et privés du renouvellement du sang se mortifiant, se séchant et donnant ainsi des plaies, des ulcères. Il y a parfois une véritable gangrène de la muqueuse laryngienne, lorsque la congestion a été très considérable et généralisée. Cette complication s'observe dans certains pays et dans certaines circonstances, lorsque les causes extérieures ont irrité les premières voies respiratoires et en ont accru l'état congestionnel. Dans la trachée on trouve les mêmes altérations. La muqueuse trachéale est épaissie, injectée, infiltrée, maculée ; elle présente des points hémorrhagiques ; il y a un état catarrhal très prononcé ; la muqueuse est couverte de mucus sanguinolent ; ses follicules sont hypertrophiés et quelquefois ulcérés.

La muqueuse bronchique est catarrhale, congestionnée, infiltrée, épaissie, maculée ; elle est couverte d'un mucus spumeux et sanguinolent ; on y trouve toutes les lésions de la bronchite ordinaire. Les bronches sont quelquefois dilatées et parfois il y a aussi de la péribronchite.

Le poumon présente presque toujours de l'œdème dans son tissu conjonctif interlobulaire et un état congestionnel plus ou moins prononcé. On voit à sa surface et dans sa trame des marbrures, des pétéchies, des foyers hémorrhagiques, des taches apoplectiques noirâtres, des extravasations, des transsudations, des hémorrhagies, de la congestion, de l'engouement, de la splénisation, de l'exsudation, de l'hépatisation, etc. Dans certains cas il y a un véritable engouement d'une partie de l'organe, quelquefois, il s'est produit une véritable hépatisation. Le sang contenu dans les vaisseaux du poumon est toujours noirâtre, poisseux; certains points du poumon sont fortement altérés et réduits en putrilage. il y a parfois une mortification et une désorganisation plus ou moins étendues, avec formation d'une matière brunâtre ou noirâtre, avec formation de poches analogues à celles qu'on observe à la suite des abcès, qui constituent de véritables cavernes; d'autres fois enfin, il y a aussi les lésions de la septicémie et celles de l'asphyxie. Il peut donc y avoir gangrène, mortification pulmonaire plus ou moins étendue; parfois une ou plusieurs bronches sont rupturées, et l'air extérieur, ayant eu communication par ces voies avec la matière mortifiée, il s'ensuit une putréfaction locale qui se généralise bientôt; il en résulte les lésions de la gangrène septique. Dans les parties malades et dans leur voisinage on observe des artérites et des lymphangites. Les plèvres sont congestionnées, infiltrées, épaissies, maculées, etc. Dans le sac pleural, il y a presque toujours un épanchement appréciable et sanguinolent.

Comme dans l'appareil respiratoire, les principales lésions du tube digestif consistent en hyperhémie, en congestion, en diastashémie, en exsudations, en infiltrations, en macules, en épaississement des membranes muqueuses et en un état catarrhal assez prononcé à leur surface. Il y a de l'inflammation proprement dite; il y a eu diapédèse des globules blancs du sang, prolifération des éléments cellulaires et dégénérescence de ces éléments, qu'ils proviennent du sang par diapédèse ou du travail inflammatoire local.

Dans la bouche, ce sont le plus souvent les lésions de la stomatite qu'on observe. La muqueuse buccale est congestionnée, hypérémiée dans toute son étendue ou dans quelques points seulement, principalement au niveau des follicules, qui sont hyperthrophiés, turgides, et qui deviennent quelquefois le siège d'une véritable ulcération, par suite de la dégénérescence des éléments qu'ils renferment.

Le pharynx présente les lésions de la pharyngite; la muqueuse est congestionnée, hypérémiée, maculée de pétéchies; le tissu conjonctif sous-muqueux est infiltré. La muqueuse épaissie est également le siège d'un état catarrhal prononcé, surtout quand la maladie s'est localisée à cette région et s'est présentée sous la forme adéno-catarrhale; il y a aussi inflammation et turgescence des glandes et des follicules. On peut rencontrer à la surface de la première partie de la muqueuse œsophagienne, quoique très rarement, certaines altérations résultant de l'inflammation qui s'y est propagée.

Dans la cavité abdominale, le péritoine est injecté, congestionné, infiltré, surtout dans le tissu conjonctif sous-séreux ; à sa surface se trouvent des pétéchies, des ecchymoses; souvent il y a aussi dans sa cavité un épanchement de liquide coloré en rouge. Le mésentère et l'épiploon sont rougeâtres; et les taches ou macules sont surtout abondantes sur le feuillet viscéral du péritoine; les vaisseaux qui rampent dans son épaisseur contiennent toujours un sang noir et incoagulé.

Ordinairement l'estomac est vide, puisque les malades ont perdu l'appétit, aussi est-il ratatiné. Cependant quelquefois on le trouve distendu par les gaz que produit la fermentation. Il est maculé, congestionné, ecchymosé extérieurement. Sa muqueuse n'est pas également altérée dans toute son étendue; la partie postérieure est plus profondément atteinte que la partie antérieure. Celle-ci présente des ecchymoses, des plaques hémorrhagiques plus ou moins étendues, que cache plus ou moins l'épithélium très épais de la muqueuse. La partie postérieure est beaucoup plus altérée; elle est injectée, hypérémiée dans toute son étendue; elle est rougeâtre ou violacée, épaissie, infiltrée ; elle est enflammée ainsi que les glandules situés dans son épaisseur; elle est le siège d'un état catarrhal plus ou moins prononcé. Souvent l'épithélium se détache facilement; les glandules sont turgescentes; la muqueuse offre un aspect pointillé; on remarque à sa surface et dans sa trame des ecchymoses, des pétéchies, des vergetures, des plaques hémorrhagiques; elle a une apparence chagrinée, qu'elle doit aux glandules hyperthrophiées, qui font saillie à sa surface. Quelquefois on trouve même des érosions, des pertes de substance produites par l'élimination des tissus mortifiés à la suite d'hémorrhagies plus ou moins étendues. Les glandules, d'abord enflammées, peuvent s'ulcérer. Dans l'épaisseur de la muqueuse et près du pylore on observe parfois des abcès peu volumineux; mais ces cas sont rares à cause de l'évolution rapide de la maladie. La muqueuse est surtout épaissie et boursouflée près

du pylore; là elle est souvent vivement congestionnée et enflammée. Elle offre des plaques hémorrhagiques, des plaques mortifiées; ces plaques ont quelquefois fait place, après leur élimination, à de véritables plaies rougeâtres ou violacées. Mais souvent
l'élimination n'a pas été complète et la plaque mortifiée est encore
adhérente à la muqueuse. L'estomac renferme un mucus jaunâtre
et plus ou moins abondant. Dans l'épaisseur des parois on rencontre aussi de la congestion, de l'infiltration, des exsudations.

L'intestin grêle est très altéré; c'est là qu'on rencontre le plus
de lésions, quand c'est sur lui que s'est localisée la maladie. De
même que l'estomac, il est ordinairement vide; on le trouve ré-
tréci, revenu sur lui-même, à moins que des gaz ne l'aient dilaté.
Il est ecchymosé extérieurement: il contient un mucus jaunâtre,
sanguinolent, grisâtre, plus ou moins adhérent à la muqueuse.
Cette matière, qui rappelle le pus par son aspect, est formée d'éléments cellulaires en voie de dégénérescence granulo-graisseuse;
elle est fournie par les follicules clos, par les glandules et par la
muqueuse. Celle-ci est hypérémiée, injectée, infiltrée de sérosité,
épaissie, mollasse.

L'infiltration existe principalement dans le tissu conjonctif sous-
muqueux; elle est assez considérable quelquefois pour soulever la
la muqueuse et la séparer du plan charnu. A sa surface on rencontre toujours des ecchymoses, des arborisations, des pétéchies,
des plaques hémorrhagiques, des érosions, des ulcérations, qui
peuvent provenir de l'ouverture d'un ou de plusieurs follicules
clos. Ces derniers sont hypérémiés, hypertrophiés, plus gros qu'à
l'état normal; ils prennent une forme pustuleuse; ils font saillie à
la surface de la muqueuse, ils se ramollissent dans leur centre et
sécrètent en abondance dans leur intérieur une matière puriforme
grisâtre. Il en est qui s'abcèdent et s'ouvrent pour se transformer
en véritables plaies ulcéreuses, recouvertes parfois d'un exsudat
fibrino-purulent. Cette matière, qui adhère à la surface qui l'a
produite, ressemble à une véritable fausse membrane. Les glandes
de l'intestin sont enflammées, catarrhales, de même que la muqueuse; elles sont le siège d'une hypersécrétion très manifeste.
Les plaques de Peyer sont aussi enflammées, hypertrophiées; elles
sécrètent plus abondamment qu'à l'état normal, leurs follicules et
leurs glandules ont éprouvé les altérations que nous connaissons.
Les villosités sont plus vivement colorées qu'à l'état normal, plus
faciles à distinguer; elles se desquament à leur surface, elles sont

hypérémiées. Il y a donc hypertrophie des follicules solitaires et des follicules agminés, qui s'ouvrent et évacuent leur contenu ; leurs ouvertures se montrent dilatées, grisâtres et bordées de rouge ou de noir. Au pourtour des follicules il y a eu congestion et parfois hémorrhagie même, puis le sang s'est altéré et a produit la coloration noire que l'on observe. On a signalé aussi, au niveau de ces follicules, de véritables ulcérations, qui sont quelquefois tellement développées, qu'on les a vues dit-on perforer la tunique intestinale. Il peut y avoir enfin entérorrhagie, quand la maladie est grave, lorsqu'une cause irritante vient agir sur la muqueuse intestinale.

Dans le cœcum on trouve moins de ravages ; cependant quelquefois la muqueuse est rouge-noirâtre, maculée, plombée, catarrhale. Des observateurs prétendent avoir vu à la surface de la muqueuse cœcale, des ulcérations semblables à celles qui siègent dans l'intestin grêle ; jamais je n'ai pu voir cette lésion, je ne veux pas en nier l'existence, cependant je dois exprimer un doute à ce sujet, car je me suis assuré que certains vétérinaires ont pris pour des ulcérations de la fièvre typhoïde du cheval de simples nids de sclérostomes.

Le gros colon est ecchymosé, injecté extérieurement ; sa muqueuse est également congestionnée, épaissie, infiltrée, sa surface est tachetée d'ecchymoses, de pétéchies, de plaques hémorrhagiques et recouverte de mucus grisâtre. On a pareillement signalé la présence d'ulcérations sur la muqueuse colique ; mais il faut ici, comme à propos de celles du cœcum, faire certaines réserves.

Le colon flottant renferme des matières assez dures, à moins qu'il y ait eu diarrhée avant la mort ; ces matières sont coiffées d'un mucus très odorant, grisâtre, gluant, visqueux, très adhérent. La congestion, que l'on rencontre à la surface de la muqueuse, se présente sous forme de bandes, de vergetures, de taches ; l'épithélium se desquame en masse.

La muqueuse rectale est congestionnée, soulevée par un œdème sous-muqueux, tachetée d'ecchymoses ; elle présente des plaques plus ou moins étendues, mortifiées, rougeâtres, noirâtres ; on y a rencontré quelquefois des plaies ulcéreuses.

Les ganglions mésentériques sont également congestionnés, hypérémiés, hypertrophiés, rougeâtres et ramollis.

Le foie est toujours malade ; il est hypertrophié et pâle ; il a pris une coloration jaune-terreuse ; il est devenu plus friable ; sa coupe est brunâtre et parsemée de taches plus ou moins foncées ; le tissu conjonctif interbobulaire est infiltré, œdémateux et hypertrophié. Sous le microscope les cellules hépatiques se présentent avec une dégénérescence granulo-graisseuse assez avancée ; c'est ce qui explique la coloration jaune-terreuse de l'organe.

La rate n'est pas toujours malade ; cependant on la voit quelquefois avec un développement anormal, présentant dans sa masse de véritables foyers apoplectiques, mollasses, qui étant ouverts, laissent écouler un sang noirâtre incoagulé.

Dans les organes génito-urinaires les lésions ne sont pas rares ; on les trouve bien accusées dans certains cas. L'urine dans la vessie a les caractères que nous lui avons reconnus dans notre étude symptomatologique. Les reins sont parfois hypertrophiés, plus volumineux qu'à l'état normal, congestionnés, friables, ramollis, pâles ; leur tissu est parsemé d'hémorrhagies, d'ecchymoses, de taches pétéchiales. Le tissu conjonctif, qui en forme la chapente, est infiltré, œdémateux ; il offre quelquefois des foyers purulents. Souvent aussi il y a infiltration interstitielle et même inflammation parenchymateuse avec un état catarrhal plus ou moins prononcé.

La muqueuse vésicale est hypérémiée, infiltrée, épaissie, couverte de pétéchies, d'ecchymoses, de vergetures, surtout près du col.

La muqueuse utérine présente les mêmes altérations, avec un état catarrhal prononcé à sa surface ; il en est de même de la muqueuse du vagin, ainsi que de la vulve.

On peut rencontrer des altérations dans les méninges, dans le cerveau, dans la moelle et dans les nerfs. Ces altérations consistent toujours en hyperhémie, injection, infiltrations, œdème, ecchymoses, pétéchies. L'arachnoïde est quelquefois le siège d'une inflammation évidente avec hyperhémie, épanchement, fausses membranes et même hémorrhagies. Les vaisseaux de la pie-mère sont congestionnés, et il en est de même de ceux du cerveau et de la moelle. Dans les ventricules cérébraux les plexus sont congestionnés, et quelquefois il se produit un épanchement séro-sanguinolent. Dans les nerfs on trouve encore cet état congestionnel des vaisseaux ; le tissu conjonctif périnerveux est infiltré ainsi que celui qui entre dans la charpente du cordon.

ETIOLOGIE

La fièvre typhoïde du cheval est une maladie dont l'étiologie est mal connue. Pour expliquer son développement, on a invoqué à peu près toutes les causes de la pathologie générale ; mais ces causes ne semblent pas avoir une influence efficiente dans le développement de cette affection.

Il paraît bien de prime à bord que la maladie est provoquée par une cause spécifique, par un agent infectieux peut-être, qui serait introduit dans l'organisme soit par les voies respiratoires, soit par les voies digestives, soit enfin par les plaies que les animaux peuvent présenter à la surface de leur corps. C'est cet agent infectieux, qui, une fois introduit dans l'organisme, déterminerait l'altération du sang et produirait à mon avis un véritable empoisonnement ou une véritable maladie infectieuse selon d'autres.

De nombreuses causes, de nombreuses circonstances peuvent être considérées comme prédisposant les animaux à subir l'influence de cet agent, de cette cause efficiente ; ce sont là autant de causes préparatoires. D'autres circonstances, d'autres causes peuvent être considérées comme déterminantes, bien que la cause véritablement efficiente, soit unique et consiste en un véritable poison ou en un agent infectieux ; ce sont toutes celles qui favorisent la production et la multiplication de l'agent morbigène.

Les causes préparatoires sont nombreuses ; on a invoqué le travail excessif, les fatigues, la préparation des animaux à la vente, les changements de régime, la transition d'une saison à l'autre, l'acclimatement, le transport des animaux, les variations de température, l'alimentation insuffisante, l'alimentation altérée, l'alimentation par les légumineuses, etc. Certaines espèces y sont plus prédisposées ; ainsi la maladie est fréquente, avons-nous vu, chez le cheval, plus rare chez le mulet et très rare chez l'âne. Elle est aussi plus commune chez les chevaux mous, à tempérament lymphatique, appartenant à des races communes. Elle est moins fréquente chez les sujets à tempérament sanguin ou nerveux, et chez eux elle ne s'accompagne pas d'une débilitation aussi marquée. L'âge semble exercer une certaine influence sur le développement de cette maladie ; les jeunes y sont surtout prédisposés, et, passé l'âge de huit à neuf ans elle est plus rare. Ces diverses causes, insuffisantes par elles-mêmes, ne font que préparer les animaux à se laisser plus facilement et plus sûrement impressionner par la cause morbigène.

La véritable cause efficiente est un agent particulier, toxique ou infectieux ; et tout ce qui favorise sa production et son introduction dans l'organisme est considéré comme cause déterminante.

On peut ranger au nombre des causes déterminantes, les chaleurs, surtout les chaleurs qui accompagnent les temps humides, les effluves et les miasmes, les localités insalubres, les sous-sols argileux, l'abaissement du niveau des eaux, les aliments et les boissons altérés, l'air vicié, etc. Dans les pays où la maladie règne, elle est presque toujours enzootique, et l'enzootie dure tant que les conditions qui la font apparaitre persistent.

La maladie typhoïde du cheval est-elle contagieuse ?

Je ne le crois pas ; mais je crois qu'il y a introduction d'un poison dans l'organisme, par l'intermédiaire des aliments, des boissons ou de l'air. Je n'ai jamais constaté un cas de contagion véritable et je n'ai pas pu transmettre expérimentalement la maladie au cheval. Mon opinion n'est pas celle de tout le monde, et certains observateurs admettent ici la contagion. On a même relaté des observations qui prouveraient que la maladie s'est transmise par simple cohabitation, par l'introduction d'un animal malade dans une écurie où tous les animaux étaient bien portants. On prétend même l'avoir inoculée du cheval au cheval ; on a condensé la vapeur d'eau d'une écurie ou séjournaient des animaux malades, puis on l'a injectée dans le torrent circulatoire chez un cheval bien portant, et on l'a ainsi rendu malade. Mais en injectant ce liquide, on a pu injecter un simple poison, l'expérience ne prouve donc pas que la matière injectée fut virulente.

Ceux qui admettent que la maladie est contagieuse, prétendent que son germe peut être rejeté au dehors avec l'air expiré et avec les différents produits d'excrétion, même avec la transpiration cutanée, et qu'ensuite il peut se déposer dans les boissons, sur les fourrages ou rester en supension dans l'air pour contaminer d'autres animaux ; mais dans le monde extérieur il ne se conserverait que pendant un temps assez court. Introduit dans l'organisme, il provoquerait l'apparition d'une maladie après une période d'incubation qui peut varier entre trois et neuf jours.

Pour moi, je le répète, cette maladie est simplement toxique ; et le poison, qui la détermine, ne peut pas se reproduire dans l'organisme du cheval ; mais il y a encore de nombreuses recherches à faire au sujet de son étiologie.

Peut-elle se montrer deux ou plusieurs fois sur un même individu ? une première atteinte confère-t-elle l'immunité ? Je crois d'après mon expérience que la maladie typhoïde ne confère pas l'immunité proprement dite.

TRAITEMENT

Le traitement de l'affection typhoïde comprend cinq indications qu'il faut s'efforcer de remplir. Il est très important, et lorsqu'il est bien suivi, il triomphe très souvent de la maladie.

1° Il faut prévenir l'altération du sang ou la combattre si elle s'est déjà produite.

2° Il faut prévenir ou combattre les localisations sur les organes internes; il faut essayer de les atténuer, si elles se sont produites.

3° Il faut favoriser l'élimination de l'élément morbigène, en activant certaines sécrétions, telles que la sécrétion urinaire, la sécrétion intestinale.

4° Il faut combattre les formes particulières que la maladie peut affecter, en se guidant sur les symptômes et en employant un traitement approprié à chaque forme.

5° Il faut favoriser le rétablissement des malades, prévenir les rechutes et abréger autant que possible la durée de la convalescence.

Les malades étant souvent débilités ou se débilitant promptement, il ne faudra jamais, malgré l'existence de symptômes fébriles, abuser de la diète. Il sera bon même de ne jamais la prescrire d'une manière absolue, il faudra proscrire la saignée, les sétons et les vésicatoires.

Le sang est altéré, il faut donc, au lieu d'en diminuer la quantité et la richesse, lui restituer son état normal; les sétons, en pareilles circonstances, pourraient amener des complications de septicémie; enfin l'onguent vésicatoire pourrait produire des engorgements de mauvaise nature et donner lieu à l'absorption d'une certaine quantité de cantharidine, qui irriterait les voies urinaires et digestives. Il faut rejeter d'une manière générale tous les médicaments altérants ou irritants, comme l'émétique, le nitrate de potasse, qui peut irriter les voies urinaires; il faut en un mot rejeter tous les agents débilitants.

1° Il faut prévenir ou combattre l'altération du sang. — Pour cela il faut faire cesser l'action des causes qui agissent d'une façon défavorable sur l'organisme; il faut modifier les conditions hygiéniques, diminuer le travail, purifier les aliments et les boissons, ou en donner de meilleurs. Il est bon, lorsque les animaux se trouvent dans un milieu insalubre, de leur administrer des toniques, surtout des ferrugineux ; il est également très bon de s'adresser aux antiseptiques, à l'acide phénique. Les toniques ont pour but de soutenir et d'augmenter les forces du malade ; les antiseptiques agissent comme toniques et peuvent contribuer à prévenir toute complication de septicémie. Dans l'emploi de ces agents, il ne faut jamais perdre de vue que les voies digestives sont ou plus susceptibles ou déjà malades, et qu'il importe à tout prix d'éviter de les irriter par des agents médicamenteux et de les surcharger d'aliments indigestes.

2° Il faut prévenir et combattre les localisations internes. — Il importe donc de révulser vivement la maladie dès son apparition : agir le plus promptement possible est toujours le meilleur, sans attendre le lendemain pour vérifier son diagnostic. Il faut provoquer des localisations extérieures pour prévenir la formation de pareilles localisations dans les organes internes, ou pour atténuer celles qui se sont déjà produites et en faciliter la résolution.

Il est de toute nécessité de recourir à l'emploi des révulsifs, tels que la moutarde, l'ammoniaque, l'essence de térébenthine, etc. C'est à la moutarde qu'il faut toujours accorder la préférence ; on l'emploie sous forme de lotions sinapisées, et surtout en forme d'applications sous la poitrine et sous l'abdomen. On pourrait aussi employer le liniment ammoniacal ; mais il faut délaisser l'essence de térébenthine, car elle produit simplement de la douleur et non pas une véritable révulsion. Proscrire la saignée, les sétons et les vésicatoires, pour s'en tenir à l'emploi de la moutarde : voilà la conduite qui m'a toujours mené à de bons résultats.

3° Il faut favoriser l'élimination de l'élément morbigène. — Pour cela on peut recourir à un grand nombre de moyens pris parmi les diurétiques et parmi les laxatifs. Par dessus tout et avant tout, il faut éviter d'irriter le tube digestif. La diète doit être proscrite, il ne faut pas laisser donner aux malades leur nourriture habituelle, mais il faut les sustenter en leur faisant donner des barbotages à la farine d'orge. Il faut leur faire donner souvent, et peu à la fois, pour ne pas surcharger et fatiguer les voies digestives ; on peut leur donner une petite quantité de barbotage toutes les deux heures. Les boissons ne devront être ni froides ni tièdes, mais seulement dégourdies, afin de ne provoquer ni réaction dans le tube digestif, ni dégoût chez les malades. On associera aux boissons des agents émollients, tels que la tisane de graine de lin; des agents laxatifs ou purgatifs, tels que le sulfate de soude et surtout la crème de tartre soluble, qu'on donnera à doses faibles, mais souvent répétées. On prescrira des lavements émollients à la tisane de graine de lin, auxquels on pourra ajouter, pour les rendre plus efficaces, soit de l'huile, soit du miel. Les diurétiques irritants doivent toujours être rejetés; les laxatifs et les purgatifs légers conviennent d'autant mieux qu'il y a presque toujours à combattre une constipation plus ou moins opiniâtre; et lorsque les voies digestives ne seront le siège d'aucune irritation, on pourra avoir recours à des agents un peu plus actifs, ou employer les mêmes à doses plus fortes.

4º Il faut combattre les différentes formes de la maladie. — En outre des prescriptions qui précèdent, il faut toujours s'inspirer des caractères de la maladie et de la forme sous laquelle elle se présente. Il faut combiner à l'occasion, avec le traitement déjà indiqué d'une manière générale, celui qui convient à chaque complication et à chaque localisation particulière; il faut, en d'autres termes, traiter la bronchite, la pneumonie, la gastro-entérite, l'hépatite, la néphrite, le vertige, la fourbure, etc.

5º Il faut favoriser le rétablissement des malades, prévenir les rechutes et abréger la convalescence. — Il faut donc éviter de débiliter les animaux, en proscrivant la saignée et la diète, en donnant aux malades un régime réparateur, auquel on combinera les toniques, les antiseptiques. Si, comme cela arrive quelquefois, il y a diarrhée, on doit la combattre par les astringents administrés soit par les voies directes, soit par les voies rétrogrades; ceux qui conviennent le mieux sont les ferrugineux. Les rechutes sont très graves; on les prévient en améliorant les conditions hygiéniques des malades, en les entourant de bons soins, en leur donnant des aliments de facile digestion et en leur appliquant un traitement rationnel.

CHAPITRE VIII

PESTE BOVINE

La peste bovine est une maladie dont l'étude est très important; on ne l'observe pas souvent dans notre pays, mais elle s'y introduit parfois et y occasionne de grands ravages. Il faut donc l'étudier afin de pouvoir, le cas échéant, savoir la reconnaître et employer les moyens capables d'en arrêter l'extension et d'en hâter la disparition.

Définition, considérations générales. — Le typhus est une maladie générale, contagieuse, virulente, très facilement transmissible, toujours épizootique, caractérisée par un ensemble de symptômes et de lésions, qui permettent ordinairement de la reconnaître sans beaucoup de difficultés.

Parmi les symptômes qui la caractérisent, on peut citer comme plus ou moins prédominants : la fièvre, une élévation de la température dès le début, des frissons, des tremblements, un état congestionnel des téguments, du larmoiement qui est vite remplacé par de la chassie, du jetage, une salivation plus abondante qu'à l'état normal, un boursouflement de l'épithélium buccal, une formation exagérée des cellules épithéliales de la muqueuse buccale suivie de la desquamation des éléments superficiels et de la chute par places d'amas épithéliaux, une diarrhée fétide, et enfin de la prostration, de la stupeur et un amaigrissement très rapide.

Les lésions, qui caractérisent le typhus, sont également très importantes et très nombreuses; les plus importantes se rencontrent sur les téguments et principalement sur les organes digestifs. Elles consistent en congestions, stases sanguines, ruptures vasculaires, infiltrations, gonflement, production cellulaire, etc.

La virulence est disséminée dans tout l'organisme; elle existe dans le sang, dans tous les liquides, dans tous les solides et dans toutes les matières provenant des animaux malades.

La nature de cette affection n'est pas encore exactement connue; on sait bien qu'elle se transmet facilement, qu'elle est très contagieuse et très virulente, mais on ne connaît pas très bien la cause intime de la virulence. Cependant d'après les dernières recherches faites en Angleterre, en Allemagne et en Russie, il semble probable que la peste bovine a pour cause efficiente un parasite.

Si la peste bovine ne se montre qu'exceptionnellement dans nos contrées, il n'en est pas de même dans d'autres pays. En Europe elle règne d'une manière permanente dans les steppes de la Russie; et lorsqu'elle fait son apparition dans les pays occidentaux, c'est parce qu'elle a débordé, c'est parce qu'elle a été propagée, disséminée, importée dans ces contrées par le commerce ou par les armées ennemies.

Dans les régions où le typhus ne se montre qu'exceptionnellement, il est ordinairement beaucoup plus grave que dans celles où il sévit continuellement; ainsi il est beaucoup plus grave et occasionne beaucoup plus de ravages en Allemagne, en Hollande, en Belgique, en Suisse, en Angleterre, en Italie, en France, lorsqu'il y fait son apparition, que dans les steppes de la Russie où il règne constamment et où il passe parfois inaperçu. On ne sait pas exactement à quoi il faut attribuer cette différence, on admet que la race bovine des steppes est plus résistante, on incline même à penser que la maladie a perdu de son intensité intrinsèque dans les pays où elle est acclimatée depuis longtemps. Ce qui est bien certain, c'est que souvent les bœufs russes importés en Occident ont transporté le typhus avec eux, sans qu'on ait pu même les soupçonner d'avoir la maladie.

La peste bovine n'est pas, comme on pourrait de prime abord le croire, originaire de la Russie; elle y a été importée de l'extrême Orient, de la Chine ou peut-être de plus loin, par les migrations des peuples. Ce sont les Huns qui l'ont introduite en Europe.

Synonymes. — Cette maladie reçoit ordinairement le nom de *peste bovine;* on l'appelle aussi (*typhus*), *typhus contagieux, peste ou typhus du gros bétail.* Cette dernière désignation n'est pas très exacte, car la peste bovine atteint aussi les petits ruminants; l'expression *typhus contagieux* convient donc mieux. On l'a appelée quelquefois *épizootie bos-hongroise*, parce qu'on la croyait originaire de la Hongrie; Vicq-d'Azyr et quelques autres l'ont désignée sous le nom de *peste varioleuse*, à cause des éruptions cutanées dont elle s'accompagne quelquefois. La dyarrhée, qu'on observe presque toujours dans le cas de typhus, lui a fait donner le nom de *peste dyarrhéique*. On a encore appliqué à la peste bovine un certain nombre d'autres dénominations pour indiquer la prédominance de tel ou tel symptôme, c'est pourquoi on l'a appelée *fièvre typhoïde*, *fièvre varioleuse*, *fièvre bilieuse*, *fièvre putride*, *fièvre continue*, *fièvre ardente*, *fièvre maligne*, *fièvre pestilentielle*, *fièvre ataxique*, *fièvre adynamique*, etc. En Allemagne, la peste bovine porte le nom de *Rinderpest*, et en Angleterre elle est désignée sous le nom de *cattle-plague*.

Associations. — La peste bovine peut coexister avec certaines autres affections contagieuses, avec le charbon, avec la fièvre aphtheuse, avec la phthisie, avec la péripneumonie. De pareilles associations s'étant parfois produites, il en est résulté que certains auteurs ont parfois commis des confusions regrettables.

SYMPTOMATOLOGIE

Le typhus contagieux, bien que sévissant principalement sur l'espèce bovine, ne lui est cependant pas particulier; il peut être observé sur tous les ruminants (bovins, ovins et caprins), même chez les ruminants sauvages. Il paraît aussi que certaines espèces du genre Sus, entre autre le pécari, peuvent le contracter. Vicq-d'Azyr croyait même que la peste bovine était transmissible au cheval, au chien et au chat, mais il s'était trompé.

Le typhus n'est pas fréquent chez nous, et, quand il est introduit, il fait, avons-nous dit, des ravages bien plus étendus que dans les steppes de la Russie, où il règne d'une manière à peu près permanente.

Pour connaître la physionomie complète de l'affection, il faut l'étudier et la suivre d'abord sur un individu, et puis se rendre compte de sa marche en tant que maladie épizootique.

Observée sur les individus, la maladie peut se présenter avec des formes diverses, variables suivant un certain nombre de circonstances, suivant les pays, suivant les saisons et l'hygiène, suivant les épizooties, suivant les races, etc. Elle est plus complète et plus grave chez les individus mous et lymphatiques que chez les sujets rustiques et robustes; elle est plus grave en hiver, quand les animaux sont enfermés, que pendant l'été; elle est moins grave chez les bêtes soumises à une bonne hygiène, que chez celles qui sont mal soignées, mal nourries, etc.

Le typhus, comme les autres maladies contagieuses, ne se déclare pas subitement après l'introduction de son germe dans l'organisme ; il y a toujours une période d'incubation, dont la durée est un peu variable, quoique toujours relativement courte. Cette période comprend ordinairement de quatre à vingt-un jours ; mais le plus habituellement elle ne dépasse pas le huitième ou le dixième jour. La durée moyenne de la période d'incubation est donc de six à dix jours.

Lorsque la peste bovine commence à devenir apparente chez un individu, elle se décèle presque toujours au début par une élévation de la température générale du corps. C'est là le premier symptôme qui se manifeste ; et ce signe, qui, dans le plus grand nombre des maladies, n'a pas une valeur diagnostique bien précise, en acquiert une lorsque le typhus existe déjà dans la localité ou dans la ferme ; il permet au moins de soupçonner, si non d'affirmer, que le sujet, sur lequel on observe cette élévation de température, est atteint de cette maladie. La température animale s'élève à 39°, 40°, 41° et quelquefois 42°, voire même dit-on à 42°,5 ; et cette élévation est plus ou moins prononcée, suivant que la maladie s'annonce comme devant être plus ou moins grave. Il faudra toujours avoir soin de nettoyer le thermomètre, dont on se sera servi pour évaluer la température, afin de ne pas transmettre, par son intermédiaire, la maladie aux sujets qui sont seulement suspects, et qui peuvent ne pas devenir malades. Pourtant cette élévation de température fait quelquefois défaut ; c'est lorsque la maladie affecte la forme adynamique ou lorsqu'elle marche lentement et n'offre pas une grande gravité.

L'affection s'annonce encore par d'autres symptômes généraux, qui, bien que n'étant pas pathognomoniques, aident néanmoins beaucoup à la faire soupçonner.

Il y a de la tristesse, de la prostration, de l'abattement ; le malade porte la tête basse ; la colonne vertébrale est voussée en contre-haut ; la sensibilité générale est exagérée, surtout à la région dorsale ; la peau est plus chaude qu'à l'état normal, elle est sèche et quelquefois congestionnée ; les poils sont hérissés ; la station est pénible, la locomotion difficile et la marche chancelante ; la lassitude se montre rapidement.

L'appétit est diminué, capricieux ou nul; la rumination est moins longue, elle est irrégulière ou n'a plus lieu. La respiration s'accélère rapidement par le moindre travail. La circulation s'accélère aussi, et bientôt les battements cardiaques et artériels deviennent plus faibles qu'à l'état normal. La lactation elle-même est modifiée; le lait est moins abondant et plus séreux. Les urines sont plus foncées, plus chargées, surtout en urée.

La peste bovine reste peu de temps caractérisée par ces symptômes vagues; elle marche rapidement et bientôt, en un, deux, trois, quatre jours tout au plus, apparaissent des symptômes plus accentués et plus nombreux

La température s'élève alors à 40°, 41°, 42°, 42°,5; mais elle ne se maintient pas à ce chiffre pendant toute la durée de la maladie; elle s'abaisse bientôt, soit parce que l'affection typhique s'amende ce qui est rare, soit parce que les sujets minés par elle vont en s'affaiblissant très rapidement; alors la peau devient froide, surtout aux oreilles et aux extrémités.

Les malades tombent bientôt dans un état de somnolence, de stupeur, de coma; et ces symptômes se montrent ordinairement avec des intermittences, pendant lesquelles on remarque souvent des exacerbations.

La physionomie devient sombre et inquiète; les yeux sont sans vigueur, ils sont à demi-recouverts par les paupières. La conjonctive est hypérémiée, elle présente une coloration rouge-jaunâtre, uniforme ou marbrée de points plus foncés, de tâches ecchymotiques; elle est toujours le siège d'une hypersécrétion, qui se traduit d'abord par un larmoiement limpide, auquel succède bientôt, d'une manière progressive, une chassie jaunâtre, qui devient peu à peu purulente et verdâtre et qui irrite vivement la peau sur laquelle elle coule.

Comme la station est pénible, les malades sont souvent couchés et restent longtemps dans cette position.

Les oreilles, penchées en arrière, présentent, de même que les extrémités, des alternatives de froid et de chaud.

La peau est chaude, congestionnée et sèche; quelquefois au contraire elle est recouverte de sueur, surtout dans certaines régions, au pourtour de la base des oreilles, aux ars, à l'aine, etc.; l'épiderme s'exfolie et se détache facilement; les poils sont piqués; la sensibilité générale est exagérée.

Les tremblements, les frissons, d'abord partiels, se montrent dans certaines régions musculaires et deviennent bientôt généraux. La locomotion devient surtout pénible et difficile lorsque la maladie dure déjà depuis quelque temps.

Du côté de l'appareil et de la fonction digestive on observe de nombreux symptômes. L'inappétence devient complète ; la soif disparaît ; la rumination est suspendue ; des bâillements fréquents se produisent. La bouche exhale une odeur fétide ; la muqueuse buccale est gonflée, hypérémiée, chaude ; la langue est chargée, congestionnée et rougeâtre, surtout sur ses bords et à sa face inférieure. La salivation est très abondante ; la salive, d'abord claire et limpide, devient grisâtre, épaisse, jaunâtre, visqueuse, fétide, floconneuse et quelquefois sanguinolente ; elle s'écoule par les commissures des lèvres, entraînant avec elle des pellicules, des plaques, des grains d'épithélium grisâtres ou jaunâtres. Fréquemment le malade mâchonne et grince des dents. Le mufle se gonfle ; son épiderme se ramollit, se fendille, et se détache par plaques. La muqueuse buccale présente quelquefois, outre son état congestionnel et sa coloration rouge-ictérique très manifeste aux gencives, aux bords et à la face inférieure de la langue, des taches ecchymotiques, des taches pétéchiales plus ou moins cachées par l'épithélium, qui s'est épaissi. Les papilles sont congestionnées. L'épaississement de la couche épithéliale, qui recouvre la muqueuse de la bouche, n'est pas toujours régulier. La muqueuse présente souvent un aspect plus ou moins tourmenté, avec un plus ou moins grand nombre de points plus saillants, au niveau desquels l'épaississement a été plus prononcé. En ces points le derme de la muqueuse a été plus vivement congestionné qu'ailleurs. À cause de cet épaississement, l'épithélium de la bouche se desquame facilement ; il se détache même en petites masses des points les plus épaissis, et la salive entraîne le tout. Cette desquamation est donc assez étendue ; elle a lieu sur toute la surface de la muqueuse et elle se fait plus particulièrement en certains endroits (sillon labio-gingival, joues, langue, etc.), sous formes de plaques, de pellicules ou de grains ; il en résulte que le derme est mis à nu sur un grand nombre de points et se présente là avec une couleur rougeâtre plus ou moins ictérique. La couleur rougeâtre, que prend parfois la salive, s'explique par cette desquamation épithéliale ; le derme étant mis à nu, ses capillaires étant congestionnés, distendus, peuvent se rupturer et produire de petites hémorrhagies, dont le sang se mélange à la salive. Presque toujours les lèvres sont gonflées, et on voit parfois à leur surface extérieure et à leur face interne des vésicules, analogues aux aphthes, formées par l'extravasation d'une matière séreuse en dessous de l'épithélium. C'est là un symptôme qui peut très bien se montrer dans le cours de la peste bovine, sans qu'elle soit compliquée de la fièvre aphtheuse.

Le ventre est devenu très sensible, douloureux à la pression : l'animal regarde son flanc, comme dans le cas de coliques ; il piétine des membres postérieurs, qui sont fortement engagés sous le tronc ; il agite fréquemment la queue, et indique ainsi qu'il éprouve des souffrances abdominales. La muqueuse rectale est hypérémiée, gonflée, rougeâtre, infiltrée. Souvent on entend, même à une certaine distance, des gargouillements, des borborygmes, qui indiquent que la maladie s'aggrave et que la constipation, qui existait d'abord au début, va faire place à la diarrhée. Celle-ci est d'abord excrémentitielle ; elle devient ensuite plus fluide, plus liquide ; puis les matières diarrhéiques sont mélangées de produits muqueux ou mucoso-purulents, grisâtres ; elles deviennent de plus en plus fétides et de plus en plus molles, voire même liquides ; fréquemment elles sont sanguinolentes et la diarrhée se transforme en une véritable dysenterie. Les matières excrémentitielles sont d'abord rendues fréquemment, mais avec douleur, ainsi qu'en témoigne l'attitude et le faciès du malade ; elles sont rejetées à une certaine distance ; bientôt l'animal, de plus en plus faible, ne fait plus aucun effort, la diarrhée coule d'elle-même salissant la queue et les membres postérieurs. Les symptômes fournis par l'appareil digestif sont les plus importants et il est facile de les observer.

La respiration, qui n'est que peu ou pas modifiée au début, s'embarrasse peu à peu ; il y a parfois du cornage. L'air expiré, d'abord plus chaud, se refroidit ensuite et devient fétide. Il s'agit ici d'une fétidité particulière, qui d'ailleurs se dégage du malade et de tous ses produits morbides et qui constitue un caractère essentiel ; cette fétidité se répand dans toute l'habitation. La pituitaire épaissie, congestionnée, rougeâtre ou tachetée, est toujours le siège d'un état catarrhal très prononcé ; le jetage est d'abord séreux, limpide, puis il devient plus épais, jaunâtre, grisâtre, rougeâtre ou verdâtre, il est irritant comme la chassie et laisse des traces sur les parties qu'il touche.

La circulation est plus ou moins accélérée suivant les cas ; le pouls peut arriver à battre 120 et 130 pulsations. Celles-ci sont d'autant plus faibles que le malade est plus affaibli et plus près de la mort.

Le sang est modifié; il contient la matière colorante de la bile; c'est cette modification du fluide sanguin, qui explique la coloration rouge-jaunâtre que présentent les muqueuses. Le réseau capillaire est partout congestionné; c'est ce qui explique l'hyperhémie et la coloration des téguments. La peau, la conjonctive, la pituitaire, la muqueuse buccale, la muqueuse rectale, la muqueuse vaginale sont en effet congestionnées et rouges-ictériques ou rougeâtres et marbrées de taches plus foncées. Il se produit souvent un gonflement et quelquefois des vésicules à la vulve, aux lèvres et dans la bouche.

La lactation, qui était seulement diminuée au début de la maladie, devient presque nulle à la période d'état; les mamelles se ramollissent et ne donnent plus qu'un produit séreux et peu abondant.

La sécrétion urinaire est diminuée et les urines sont plus chargées qu'à l'état normal.

Il n'est pas rare que des localisations se produisent sur le système nerveux, et ces localisations se traduisent chez les malades par de l'agitation, par des symptômes de vertige, par des accès de fureur ou par du coma, de la somnolence ou encore quelquefois par des symptômes rabiformes.

Suivant la race des animaux, suivant le climat, suivant les saisons, suivant le régime, suivant les épizooties et suivant une foule d'autres circonstances, le typhus peut affecter des formes variables et plus ou moins graves. Ainsi il se montre dans certains pays (steppes) sous une forme bénigne, abortive, il s'accompagne d'une congestion modérée des téguments, d'un dérangement intestinal passager et peu marqué, et il se termine ordinairement par la guérison. C'est cette forme que l'on observe ordinairement dans les steppes de la Russie et quelquefois dans certains pays occidentaux de l'Europe sur des sujets rustiques et très robustes. Dans nos contrées la peste bovine est toujours plus grave et présente deux périodes successives : une période congestive et une période typhique proprement dite. La première est caractérisée par l'élévation de la température, par l'accélération du pouls et par la congestion des téguments; puis survient la deuxième phase, dans laquelle on observe du coma, de la somnolence, de la stupeur et un amaigrissement rapide. Ces deux périodes sont presque toujours difficiles à séparer; la plupart du temps elles sont confondues l'une avec l'autre. Des symptômes de la seconde se montrent pendant la première, et réciproquement les symptômes de la première persistent en se modifiant plus ou moins pendant la seconde.

Dans le début de la maladie, il y a chez les malades de la prostration ou de la surexcitation. Les téguments et surtout les muqueuses ne présentent pas toujours cette teinte ictérique, que nous avons signalée comme un symptôme ordinaire; quelquefois leur coloration n'est pas uniforme, elles sont tachées de jaune, de rouge ou de noir.

Le jetage devient quelquefois sanguinolent comme la salive; il peut même y avoir un véritable épistaxis. Il n'est pas rare de voir se produire de l'emphysème pulmonaire et même de l'emphysème sous-cutané. Cette complication pulmonaire a pu faire confondre, dans des cas très rares il est vrai, le typhus avec une autre maladie de poitrine; mais l'emphysème simple ne s'accompagne pas de pareilles congestions sur les téguments, ni de jetage sanguinolent, ni de chassie, etc., et l'auscultation ainsi que la percussion rendent impossible toute confusion avec la péripneumonie.

Suivant la prédominance de tels ou tels symptômes, on dit que le typhus affecte la forme nerveuse, vertigineuse ou comateuse ou furieuse, la forme bronchique, la forme pulmonaire, la forme gastrique, la forme entérique; mais ordinairement ces diverses formes sont combinées et réunies plusieurs ensemble.

Dans certaines épizooties, on observe une forme cutanée, une forme varioleuse, exanthémateuse, vésiculeuse, pustuleuse ou phlegmoneuse; il se montre des rougeurs en saillie à la surface de la peau, ou il se produit des vésicules, des pustules même et quelquefois de véritables tumeurs phlegmoneuses.

Le typhus, quelle que soit la forme qu'il affecte, peut se compliquer quelquefois de fièvre aphtheuse et même de charbon; il peut coexister avec la péripneumonie; il peut aussi se déclarer sur des animaux phthisiques. Dans ces différents cas il est toujours plus grave. Lorsqu'il atteint les femelles en état de gestation avancée, il provoque presque toujours l'avortement.

La marche de la maladie est variable suivant la forme qu'elle affecte, ordinairement elle est très rapide; elle se termine presque toujours par la mort au bout de 4, 6, 8 ou 10 jours au plus; mais généralement on se débarrasse par assommement des sujets reconnus atteints de typhus.

Cette affection débilite promptement les animaux, qui tombent dans un état de prostration et de stupeur très marqués; la nutrition est arrêtée, l'amaigrissement est très rapide, les malades sont entourés d'une atmosphère fétide; ils éprouvent des paroxysmes, des exacerbations.

A la dernière période du mal, la salive, la chassie et le jetage s'épaississent et deviennent sanguinolents; la diarrhée devient séro-muqueuse, sanguinolente et très fétide. Finalement les individus, à bout de force, restent constamment couchés, la tête appuyée sur le sol; la respiration devient profonde et ébranle tout le corps, et enfin les malades succombent après une courte agonie, pendant laquelle on constate parfois des mouvements convulsifs.

Le typhus ne se termine pas toujours fatalement par la mort; dans certains pays (steppes) les malades guérissent en très grand nombre; dans les pays occidentaux, il peut aussi se produire parfois un certain nombre de guérisons, et, d'après Delafond, ces cas de guérison seraient surtout fréquents à la fin des épizooties. La guérison, quand elle accompagne des formes graves, ce qui est rare, est toujours précédée d'une période de convalescence, pendant laquelle les animaux peuvent encore éprouver des rechutes, et après laquelle peuvent aussi persister certaines lésions, certains troubles permanents. C'est la forme bénigne ou abortive qui s'accompagne le plus souvent de guérison. Les animaux guéris en apparence doivent être considérés comme suspects pendant une quinzaine de jours, parce que la matière virulente peut se conserver pendant ce laps de temps à la surface de leur corps.

Le typhus inoculé diffère peu du typhus naturel; ses symptômes sont les mêmes, à l'intensité près; sa période d'incubation moyenne est de 5 à 6 jours et peut varier entre 3 et 21 jours; sa gravité semble à peu près aussi grande. Le virus typhique ne s'affaiblit guère par des cultures successives, aussi l'inoculation en cas d'épizootie ne peut et ne doit pas être recommandée; pourtant il est des cas où le typhus inoculé semble plus bénin.

La peste bovine sévit toujours à l'état épizootique dans les pays où elle est introduite; elle se transmet rapidement des premiers malades aux autres animaux de la même habitation, puis elle se propage et envahit d'autres habitations, d'autres localités, d'autres communes, etc. La maladie tend toujours à se propager ; elle ne disparaît pas seule, ou si elle disparaît d'une localité, c'est faute d'aliments. On croit assez généralement que vers la fin des épizooties la virulence et la gravité de la maladie s'atténuent, que les guérisons peuvent être plus nombreuses. D'ailleurs les épizooties de typhus ne se ressemblent pas toujours d'une manière absolue ; elles sont plus ou moins graves, suivant les pays, suivant les saisons, suivant les races animales. Ainsi dans telle épizootie, c'est telle forme qui prédomine ; ainsi les épizooties s'étendent plus facilement en été et la maladie est plus grave en hiver ; ainsi dans les steppes la peste bovine, qui est enzootique, n'est pas mortelle ordinairement.

Le typhus est une maladie exceptionnellement grave dans la pluralité des cas ; le plus ordinairement il entraîne la mort des malades ; il provoque donc une mortalité très considérable. Il est très contagieux, il se propage très facilement, il ne s'éteint pas seul ; il occasionne des pertes immenses, car le plus ordinairement on n'utilise pas les cadavres.

Quand il existe dans les pays voisins, quand on constate d'une façon certaine son importation dans une localité, dans une ferme, son diagnostic n'est pas fort difficile. Mais ordinairement, en l'absence de renseignements précis, les premiers cas sont parfois difficiles à bien reconnaître ; les symptômes au début ne sont pas pathognomoniques. Si pourtant on a quelque raison de soupçonner l'existence du typhus d'après les renseignements, d'après les présomptions créées par l'existence probable de cas antérieurs ou par l'enquête à laquelle il est bon de se livrer en pareilles circonstances, ou par l'importation connue ou soupçonnée d'animaux malades ou suspects, il faudra se conduire toujours avec prudence et prendre les précautions que comporte l'existence probable de la maladie. D'ailleurs on ne restera pas longtemps dans l'incertitude.

Il faudra dans tous les cas recueillir tous les renseignements qu'on pourra obtenir et procéder à une sorte d'enquête, pour savoir si le typhus règne dans les pays voisins, si des animaux ont été récemment importés dans la localité, etc. ; il ne faudra jamais négliger de pratiquer les autopsies, s'il y a déjà eu des cas de mort ou d'abatage, car les lésions du typhus sont très importantes et peuvent contribuer beaucoup à appuyer le diagnostic. Si ces diverses données font défaut, il faudra se borner à l'observation des malades, tout en prenant les précautions nécessaires (séquestration) pour empêcher l'extension de la maladie. Mais le diagnostic deviendra facile, quand les symptômes vagues du début (fièvre, élévation de température) s'accompagneront de frissons, de tremblements, de congestion sur les téguments, de larmoiement, de chassie, de jetage, de salivation, de desquamation épithéliale sur la muqueuse buccale, de diarrhée, de stupeur et des autres symptômes qui caractérisent le typhus ; on sera alors à peu près fixé sur la nature de la maladie, et pour lever toute difficulté et avoir une certitude absolue, il sera encore utile d'étudier les lésions et au besoin de recourir à l'inoculation sur des petits ruminants ou des veaux.

Le diagnostic différentiel de la peste bovine peut quelquefois offrir quelques difficultés, surtout lorsqu'elle présente des symptômes appartenant à d'autres maladies, au charbon, au vertige, à la rage, au coryza gangréneux, à la diarrhée ou à la dysenterie ordinaires, à la péripneumonie, à la fièvre aphtheuse. Néanmoins la différenciation est facile dans le plus grand nombre de cas ; la rage, le vertige ordinaire, le charbon, le coryza gangréneux ne s'accompagnent pas de cette coloration ictérique des téguments ni de cet état catarrhal des diverses muqueuses, etc.

La fièvre aphtheuse se caractérise par la formation de vésicules à la surface de certaines régions, et lorsqu'elle ne s'accompagne d'aucune complication, on ne peut pas la confondre avec la peste bovine. Mais lorsque l'éruption vésiculeuse se produit aussi à l'intérieur des organes digestifs, lorsque la diarrhée survient, il faut alors, s'il y a quelques doutes, avoir recours à l'inoculation, qui donnera une maladie plus ou moins grave suivant qu'il s'agira du typhus ou de la fièvre aphtheuse.

La péripneumonie peut aussi s'accompagner de diarrhée, de chassie, etc. ; on peut également recourir à l'inoculation et il faut vérifier les lésions s'il y a déjà des cadavres.

La simple observation suffit pour empêcher de confondre la diarrhée ou la dysenterie ordinaire avec celle qui accompagne la peste bovine ; la diarrhée et la dysenterie ordinaires ne se transmettent pas aux animaux voisins et ne s'accompagnent pas de l'état catarrhal des autres muqueuses.

Quant à l'identité du typhus avec la fièvre aphtheuse et le cowpox, que certains auteurs ont soutenue, elle est tout à fait mal fondée, ces maladies sont en effet très distinctes les unes des autres, elles sont très différentes d'ailleurs au point de vue de leur

gravité; cette confusion n'est pas permise dans les pays où le typhus se présente avec la forme maligne. Aussi dans notre pays
on ne peut pas être tenté de confondre ces maladies; la peste bovine est presque toujours mortelle, tandis que la fièvre aphtheuse
et le cowpox ne le sont qu'exceptionnellement.

ANATOMIE PATHOLOGIQUE

Les lésions du typhus sont très variables quant à leur nombre,
quant à leurs sièges, quant à leur étendue et quant à leur intensité, suivant que la maladie a été plus ou moins complète et suivant
qu'elle est plus ou moins avancée. Presque toujours, lorsqu'on
constate l'existence du typhus, on n'attend pas que la maladie se
termine naturellement; aussi il arrive ordinairement qu'on observe
des lésions plus ou moins accentuées suivant que l'affection a évolué plus ou moins complètement.

Les principales altérations siègent sur les muqueuses des voies
digestives, des voies respiratoires et des voies génito-urinaires;
on peut en rencontrer aussi sur la peau, dans le tissu conjonctif
sous-cutané, dans les muscles, dans les centres nerveux et dans
l'appareil circulatoire.

Les lésions de la peste bovine présentent à peu près toutes certains caractères généraux; elles se montrent partout avec une
coloration rougeâtre, rouge-jaunâtre, brunâtre, noirâtre, uniforme et régulière, ou marbrée, irrégulière et parsemée de taches
plus foncées. Cette coloration est due à l'hyperhémie des tissus
et à l'altération du sang, qui s'accompagnent d'une exsudation
plus ou moins abondante, entraînant avec elle une certaine
quantité de la matière colorante et imbibant plus ou moins les
tissus. Quand la coloration n'est pas uniforme, quand elle est
marbrée, c'est parce qu'il y a eu des points où il s'est produit
des stases sanguines, des ruptures des capillaires, des hémorrhagies.
L'état congestionnel des téguments et des divers organes lésés,
qui explique la coloration signalée, est lui-même produit par l'action du sang, qui, en s'altérant, devient irritant, surexcite et paralyse les nerfs vaso-moteurs, d'où résulte une dilatation des vaisseaux capillaires et la congestion, qui est suivie d'un mouvement

exosmotique entraînant le plasma du sang et de nombreux éléments cellulaires.

L'hyperhémie, qui a lieu sur les muqueuses est toujours suivie d'une hypersécrétion, qui se traduit par la production et le rejet de matière morbide constituant un écoulement séro-sanguinolent ou mucoso-sanguinolent ; une desquamation épithéliale très active accompagne l'état catarrhal ; c'est là un caractère constant ; elle a lieu régulièrement sur toute la surface malade ou bien elle est plus manifeste et plus profonde en certains points.

Des ruptures vasculaires se produisent après la congestion, et outre ces ruptures, il se forme toujours, dans le tissu conjonctif sous-muqueux, une infiltration due à l'exosmose du plasma sanguin. Cette infiltration est plus ou moins prononcée et elle est très manifeste dans certains organes (caillette et intestin grêle) ; elle explique cette turgescence que présentent les muqueuses.

Non seulement le mouvement exosmotique entraîne des éléments cellulaires à la suface de ces muqueuses, mais il s'établit aussi un état inflammatoire ; les éléments cellulaires, aptes à se multiplier, prolifèrent et les cellules ainsi formées ou arrivées aux surfaces enflammées éprouvent très rapidement la dégénérescence granulo-graisseuse, se transforment en éléments de pus ou se désagrègent.

L'état des cadavres est variable, suivant que les animaux sont morts naturellement du typhus, ou suivant qu'ils ont été sacrifiés avant que la maladie fut arrivée à son déclin. Sur les cadavres des animaux sacrifiés au début de la maladie, on ne constate pas de modifications prononcées dans leur aspect ordinaire ; mais il n'en est plus de même, quand la maladie a évolué complètement ou est arrivée à son apogée. Dans le cours de la peste bovine il se produit très rapidement un amaigrissement très accusé, qui débute par le train postérieur. Les yeux sont chassieux ; le jetage est purulent ; la salivation est fétide et épaisse ; le flux diarrhéique est plus ou moins abondant. Après la mort on constate un amaigrissement plus ou moins prononcé ; les ouvertures naturelles sont salies des produits morbides qu'elles laissaient écouler du vivant des malades ; le cadavre exhale de tous ses points une odeur caractéristique, différente de celle de la septicémie, mais très fétide. Les yeux sont plus ou moins enfoncés et plus ou moins noyés dans un amas de chassie purulente.

Des accidents éruptifs sont visibles à la surface de la peau ; ce sont des exanthèmes, des vésicules, des pustules, des phlegmons.

Sous la peau existe de l'œdème, qui est surtout abondant dans les parties déclives. Dans le tissu conjonctif sous-cutané on trouve des gaz, quand le malade avait présenté des symptômes d'emphysème pulmonaire et sous-cutané; ces gaz sont analogues à ceux que l'animal inspire, ils ne sont pas fétides. La face interne de la peau est toujours plus ou moins imbibée et colorée en rouge-ictérique; ses vaisseaux laissent suinter un sang noirâtre et incoagulé, quand la maladie est avancée.

Le tissu conjonctif sous-cutané est congestionné, rouge-ictérique et il présente de distance en distance des taches plus foncées, brunâtres, noirâtres, des ecchymoses; ces altérations existent aussi dans le tissu conjonctif interstitiel des muscles, dans le tissu périnerveux et périvasculaire. La viande pourra donc présenter des caractères spéciaux quand l'animal aura succombé à la maladie.

Les synoviales articulaires et tendineuses ont une coloration vineuse, brunâtre, uniforme ou tachetée; elles renferment une sérosité sanguinolente.

Les muscles sont quelquefois peu ou point altérés; mais leurs altérations sont profondes chez les animaux qui ont succombé naturellement; ils sont ramollis, leurs fibres sont altérées, certaines d'entre elles ont éprouvé la dégénérescence colloïde ou granuleuse. On a enfin rencontré dans les fibres musculaires certains corps oviformes, regardés comme des germes d'entozoaires, mais dont la nature n'a pas été déterminée. Dans la substance du muscle on peut rencontrer, comme ailleurs, la coloration rouge-ictérique, des ecchymoses, des taches brunâtres ou noirâtres, des épanchements sanguinolents, surtout dans les interstices musculaires.

Ces diverses altérations ne permettent pas de reconnaître, par l'inspection cadavérique, la viande d'un animal qui a succombé au typhus; elles ne sont pas pathognomoniques et n'ont une certaine valeur qu'autant que d'autres circonstances mettent sur la voie du diagnostic.

Les véritables lésions pathognomoniques sont celles de l'appareil digestif; elles sont nombreuses et se montrent presque sans interruption depuis la bouche jusqu'à l'anus. On rencontre partout un état congestionnel très intense et une coloration uniforme ou tachetée, qui est surtout manifeste dans la caillette, au voisinage du pylore et sur l'intestin grêle. Partout l'infiltration est très abondante. L'état catarrhal et l'état inflammatoire se traduisent par une hypersécrétion de matière mucoso-purulente, accompagnée d'un gonflement et d'une desquamation de l'épithélium ainsi que de la dégénérescence granuleuse des éléments cellulaires amenés par le mouvement exosmotique, ou résultant de la prolifération cellulaire.

Dans la bouche on trouve des lésions bien caractéristiques. Les lèvres sont toujours plus ou moins gonflées, leur tissu conjonctif est infiltré : elles présentent quelquefois des vésicules ou des pustules, que la maladie ait été ou non compliquée de fièvre aphtheuse. La langue est hypertrophiée. La muqueuse buccale est gonflée. La bouche exhale une odeur fétide ; et il existe dans sa cavité, à la surface de sa muqueuse, une salive épaisse, visqueuse, très adhérente, mucoso-purulente, fétide, très riche en éléments figurés, en cellules épithéliales dégénérées, en éléments embryonnaires et en cellules de pus. L'épithélium est gonflé, épaissi, ramolli ; il se détache facilement ; il est desquamé plus ou moins profondément en certaines places plus ou moins nombreuses ; il s'est détaché dans quelques régions (sillon labio-gingival, région labiale, face interne des joues, face inférieure de la langue, etc.,) sous forme de pellicules ou de plaques, ou de grains jaunâtres ou grisâtres, qu'on trouve en plus ou moins grand nombre dans la salive. Les points, d'où se détachent des fragments d'épithélium, sont le siège d'une vive congestion, d'où est résultée une exsudation qui a soulevé l'épiderme et en a déterminé la chute, en l'imbibant plus ou moins de la matière colorante du sang. En effet, dans les points où la desquamation a laissé le derme à nu, celui-ci se montre congestionné, brunâtre ou noirâtre ; et quelquefois, bien que rarement, ces points se transforment en plaies ulcéreuses. Le derme de la muqueuse est le premier altéré, il l'est avant l'épithélium ; il est très vivement congestionné, et si la coloration rouge n'est pas facile à voir, cela tient à l'épaisseur de son revêtement. Dans les points où l'épithélium est moins épais, le derme se montre coloré en rouge ictérique ou brunâtre, ou noirâtre, ou marbré. Il y a toujours gonflement et infiltration de la muqueuse et du tissu conjonctif sous-muqueux. Les follicules et les glandules de la muqueuse sont hypertrophiés et congestionnés à leur pourtour ; leur sécrétion est plus abondante et les follicules peuvent, en s'ouvrant, se transformer en plaies ulcéreuses.

Ces diverses lésions se montrent aussi dans le pharynx, dont l'épithélium gonflé se desquame facilement. La muqueuse pharyngienne congestionnée est le siège d'un état catarrhal ; elle est recouverte d'un mucus purulent ; le tissu sous-muqueux est épaissi et infiltré ; les glandules sont hypertrophiées.

Ces altérations se rencontrent quelquefois même, quoique à un moindre degré, dans l'œsophage, dans le rumen, dans le réseau et dans le feuillet. C'est surtout dans le rumen qu'on les observe le plus souvent. L'épithélium est épaissi et se détache; la muqueuse est congestionnée uniformément ou présente des ecchymoses, des taches, des arborisations, des hémorrhagies intra-muqueuses ou sous-muqueuses; le tissu conjonctif sous-muqueux est infiltré et épaissi.

Le péritoine est hypérémié, rougeâtre, parfois tacheté; il contient une sérosité jaune-rougeâtre.

Dans la caillette les lésions sont très nombreuses et très variées; elle renferme une matière muqueuse, visqueuse, grisâtre, jaunâtre, rougeâtre, fétide et très riche en cellules épithéliales, en cellules embryonnaires et en cellules purulentes; quand le produit stomacal est jaune-rougeâtre, la congestion est très intense. La muqueuse gastrique est le siège d'un état catarrhal très prononcé, qui existe à la surface de la membrane et dans ses glandules. L'épithélium épaissi, gonflé et ramolli, se desquame facilement; il se détache en masse et laisse à découvert de véritables plaques, qui se transforment quelquefois en plaies ulcéreuses. Ces dénudations épithéliales s'observent surtout au sommet des plis de la muqueuse et au voisinage du pylore. Le derme est évidemment congestionné; il est rougeâtre, rouge-ictérique ou brunâtre. La coloration est irrégulière, elle a souvent un aspect marbré, c'est-à-dire qu'on aperçoit des taches ou des plaques plus foncées et plus ou moins nombreuses, tranchant sur le fond général de la muqueuse. Parfois des hémorrhagies se sont produites sous l'épithélium et soulèvent ce revêtement; elles peuvent aussi se produire dans la trame du tissu sous-muqueux, où l'infiltration est constante. Ces diverses formes (taches, hémorrhagies) s'observent principalement au voisinage du pylore et aussi sur les plis de la muqueuse. Assez souvent on rencontre des plaques sphacélées dans des points (pylore), où la congestion de la muqueuse a amené une mortification superficielle ou profonde de cette membrane; c'est encore au voisinage du pylore qu'on les observe. Ces plaques sont plus ou moins étendues et ordinairement peu nombreuses; elles sont noirâtres; quelquefois elles sont déjà en voie d'élimination et se montrent entourées d'un sillon disjonctif; d'autres fois la séparation est effectuée totalement, et, à la place de cette eschare détachée il reste une plaie, dont le tissu est vivement congestionné. Les sommets des plis de la muqueuse présentent parfois des ulcérations superficielles assez nombreuses. La muqueuse gastrique offre souvent l'aspect d'un crible, surtout à cause de l'altération des glandules, qui sont enflammées, congestionnées, plus saillantes et dont l'orifice est agrandi. Le tissu conjonctif sous-muqueux est très infiltré.

Dans l'intestin grêle on trouve en abondance un contenu mucoso-purulent ou caséeux, grisâtre, jaunâtre ou rougeâtre, exhalant une odeur fétide et très riche en éléments figurés. Cette matière recouvre toute la muqueuse intestinale ; au niveau des follicules solitaires et des plaques de Peyer elle est plus épaisse, plus caséeuse et plus adhérente. La muqueuse et son appareil glandulaire sont dans un état catarrhal très manifeste. L'épithélium, épaissi, gonflé et ramolli, se desquame facilement et il s'est détaché par places en certains endroits. Le derme est vivement congestionné ; il a une teinte rougeâtre, brunâtre, noirâtre ; sa coloration est irrégulière ; des taches et des points plus foncés se montrent surtout au sommet des plis de la muqueuse ; on rencontre à sa surface et dans son épaisseur des points ou des plaques hémorrhagiques plus ou moins étendues. Une exsudation abondante existe dans tous les points, surtout au niveau des follicules et des plaques de Peyer ; le tissu sous-muqueux est infiltré ; la muqueuse est épaissie.

On rencontre quelquefois des plaques mortifiées comme dans la caillette ; et ces plaques sont adhérentes ou en voie d'élimination ; d'autres fois elles ont fait place à de véritables plaies, avec perte de substance. Des plaies ulcéreuses peuvent aussi être la conséquence de l'altération des follicules solitaires ou agminés. Les glandes de l'intestin sont hypertrophiées ; mais ce qui est le plus remarquable dans les lésions de l'intestin grêle, c'est assurément l'altération des follicules solitaires et des glandes de Peyer. Les follicules clos sont le siège d'une inflammation très manifeste, dont les caractères varient suivant la période de la maladie. Ils sont d'abord hypertrophiés, plus saillants, entourés d'une zone rouge ; ils sont le siège d'un mouvement fluxionnaire très intense et d'une prolifération exagérée ; ils contiennent une plus grande quantité d'éléments cellulaires, qui sont toujours en voie de dégénérescence granulo-graisseuse. Ils forment alors autant de petits foyers ou nodules caséeux, qui ne tardent pas à s'ouvrir, pour évacuer leur contenu dans l'intestin ; aussi observet-on souvent, ainsi que nous l'avons déjà dit, des plaies ulcéreuses, qui se sont formés de cette façon.

Dans une deuxième phase l'épithélium s'est donc rupturé, et le follicule, ainsi ouvert, a évacué plus ou moins complètement son contenu caséeux dans l'intestin. Parfois ce produit caséeux et jaunâtre, adhère encore, en plus ou moins grande quantité, à la surface qui l'a sécrété; et l'on constate alors la présence d'un noyau grisâtre ou jaunâtre au centre de la plaie cupuliforme, qui est résultée de l'ulcération du follicule. D'autres fois le produit a été complètement chassé et les plaies sont nettement cupuliformes. Dans cette troisième période les follicules sont donc transformés en ulcérations bien caractérisées; les bords de ces plaies sont saillants et indurés; ils sont toujours entourés d'une auréole rougeâtre ou brunâtre ou noirâtre.

La zone hypérémique, qui entoure les follicules, est rougeâtre au début, mais elle ne tarde pas à se modifier et à devenir brunâtre ou noirâtre, et c'est ainsi qu'elle apparaît lorsque la maladie a déjà duré quelques jours. Les plaques de Peyer sont hypertrophiées, toujours recouvertes d'une matière visqueuse grisâtre, qui est produite en grande abondance et qui peut les cacher presque complètement. Elles sont entourées d'une zone excentrique de congestion, rougeâtre d'abord, puis brunâtre ou noirâtre. Les éléments qui les constituent présentent les mêmes altérations que les éléments analogues disséminés dans la muqueuse. Les follicules y sont hypertrophiés, entourés d'une zone rougeâtre ou brunâtre ou noirâtre; ils donnent à la plaque l'aspect d'un fragment de peau fortement chagriné; ils sont turgides, quelquefois ulcérés et peuvent présenter les mêmes caractères que ceux qui sont disséminés sur la muqueuse. Les villosités sont hypérémiées, et très souvent leur épithélium est desquamé. Des pigmentations brunâtres ou noirâtres existent au pourtour des follicules solitaires, au pourtour des follicules agminés et des ulcérations; on les rencontre aussi sur d'autres points de la muqueuse sous forme de taches, de plaques, de traînées, etc. Ces pigmentations remplacent peu à peu la coloration rougeâtre du début; elles se montrent déjà quand la maladie a duré quatre ou cinq jours; elles sont la conséquence des modifications qui surviennent dans la matière colorante du sang.

Dans les autres parties de l'intestin (cœcum, colon, rectum), on observe des altérations qui ressemblent beaucoup à celles de la muqueuse de l'intestin grêle. On trouve là aussi une matière mucoso-purulente, visqueuse, très adhérente, grisâtre, jaunâtre, rougeâtre et riche en éléments figurés. L'épithélium est gonflé, ramolli, et en voie de desquamation active; la muqueuse est hypérémiée et le tissu sous-muqueux est infiltré. Dans le cœcum on rencontre parfois en plusieurs points une matière caséeuse, d'apparence fibrineuse, exsudée et adhérente à la surface de la muqueuse. Cette matière se présente sous forme de filaments; si on la détache, il reste un point dénudé et vivement congestionné à sa place; elle semble être le produit résultant d'une exsudation qui s'est établie aux dépens de certaines plaques ecchymotiques.

Le foie peut présenter certaines altérations; il est quelquefois jaunâtre ou jaune terreux, et ses éléments sont en voie de dégénérescence.

Les ganglions mésentériques sont hypérémiés, congestionnés; ils sont colorés en rouge, brunâtres, ramollis.

La muqueuse des voies respiratoires est plus ou moins altérée.

La pituitaire est hypérémiée, rouge-ictérique; sa teinte est uniforme ou marbrée de taches plus foncées; elle présente des points ou des plaques hémorrhagiques; elle est catarrhale et recouverte d'un produit mucoso-purulent jaunâtre ou verdâtre; elle est épaissie et son tissu sous-muqueux est infiltré; son épithélium se desquame; elle présente parfois de véritables plaies avec perte de substance et recouvertes d'un produit pseudo-membraneux.

Dans les muqueuses laryngienne, trachéale et bronchique, on trouve les mêmes altérations (hyperhémie, coloration uniforme ou marbrée, état catarrhal, produit mucoso-purulent, etc.).

Le poumon est plus ou moins hypérémié; son tissu conjonctif interlobulaire est le siège d'une exsudation plus ou moins abondante. Il y a un œdème pulmonaire et quelquefois de l'emphysème interlobulaire plus ou moins étendu. Les ganglions bronchiques sont tuméfiés, hypérémiés, rougeâtres et ramollis.

Les plèvres ont une teinte rouge-ictérique, uniforme ou tachetée; elles renferment de la sérosité colorée en rouge.

Les reins sont quelquefois tuméfiés, hypérémiés, ramollis et friables. La muqueuse vésicale est injectée et boursouflée. La muqueuse utéro-vaginale est congestionnée, infiltrée, épaissie, uniformément rouge ou tachetée, catarrhale. Les mamelles sont flasques et infiltrées.

Le cerveau, la moelle, les nerfs, présentent une hyperhémie plus ou moins vive et une exsudation dans leur tissu conjonctif.

Les lésions de l'appareil circulatoire sont peu prononcées au début. Le sang, d'abord peu altéré, éprouve dans le cours de la maladie d'importantes modifications; il devient noirâtre et perd de sa coagulabilité à la fin ; ses globules blancs deviennent plus nombreux et il présente des bâtonnets, dont la signification est encore mal connue. Le péricarde est congestionné, rougeâtre ou tacheté ; il contient de la sérosité sanguinolente. Le cœur est jaunâtre, pâle, ramolli ; l'endocarde offre des taches ecchymotiques, qui existent même dans la substance du cœur ; l'intérieur des cavités cardiaques et des vaisseaux est rouge-ictérique. Dans tous les organes, le réseau capillaire est relâché, turgide, hypérémié.

La pathogénie de toutes les lésions s'explique par l'altération du sang. Le fluide circulatoire altéré agit sur les éléments et sur les nerfs vaso-moteurs qu'il paralyse ; alors les vaisseaux se dilatent, le sang stagne dans leur intérieur, d'où résultent ensuite l'exsudation, l'infiltration, la dissolution de la matière colorante. A la surface des téguments, où le mouvement d'exsudation est très actif, on observe un état catarrhal qui s'accompagne de la prolifération des éléments cellulaires et de leur dégénérescence rapide.

ETIOLOGIE

Le typhus est une maladie qui se développe toujours par contagion. Cependant certains auteurs assez nombreux ont prétendu qu'il peut se déclarer spontanément ; et pour expliquer cette apparition spontanée, ils ont invoqué un certain nombre de causes, principalement la mauvaise hygiène, l'excès de fatigue, la mauvaise alimentation, le défaut d'alimentation suffisante, etc., en un mot les causes qui, en général, se trouvent réunies dans les parcs d'approvisionnement des armées. Mais aujourd'hui il faut bien se garder de faire une part, quelque petite soit-elle, à cette opinion ; car il est absolument faux de dire que le typhus peut se développer d'une manière spontanée sous l'influence des causes précitées. Il est bien prouvé aujourd'hui que la peste bovine est toujours le résultat de la contagion, tant en Orient que dans les pays de l'Occident ; la seule cause efficiente de la maladie est donc la contagion. Partout en Occident le typhus s'introduit et se propage par contagion ; et dans les pays de l'Orient, où il se conserve à l'état enzootique, il se perpétue et s'entretient par contagion. Le rôle exclusif de la contagion, tout au moins en ce qui concerne le développement du typhus en Occident, a été mis en évidence par

Renaul, par les vétérinaires allemands et les vétérinaires russes.

La contagion étant reconnue la seule cause du typhus, il faut étudier avec soin les caractères et la nature du contage, et déterminer le mode et les conditions de la transmission.

La contagion, avons-nous dit, est la cause du typhus; cela résulte clairement de nombreux faits d'observation et d'expérimentation. La peste bovine est certainement une maladie contagieuse, puisque dans tous les cas on peut la transmettre d'un sujet malade à un sujet sain; en outre on a observé de tous temps des faits qui ne laissent pas prise au doute et dans lesquels des sujets sains, placés au contact des malades, ont été contaminés. mais tout cela ne prouve pas que le rôle de la contagion soit exclusif et qu'il ne faille pas faire une part à la spontanéité.

Ce qui prouve que la maladie n'est jamais spontanée, du moins en Occident, ce sont les nombreuses importations qu'on a constatées depuis les temps les plus reculés. En effet, toutes les fois que le typhus s'est déclaré en Allemagne, en France, en Italie, en Angleterre, etc., on a pu suivre sa marche, déterminer d'une façon presque mathématique sa provenance et son mode d'introduction. Une fois importé dans un pays quelconque, il s'y est toujours étendu et perpétué plus ou moins, suivant qu'il y a été plus ou moins mal combattu. Du reste, la possibilité de cette importation n'est pas de nature à nous surprendre, étant connu ce que nous savons déjà.

Dans certains pays, notamment dans les steppes, la maladie étant relativement bénigne, à tel point que des animaux véritablement atteints paraissent quelquefois peu malades ou même ne le paraissent pas du tout, on s'explique que des sujets dangereux puissent être transportés dans des pays plus ou moins lointains, où ils disséminent ensuite la maladie. Il suffit d'ailleurs de déplacer des animaux chez lesquels la maladie en est encore à sa période d'incubation, les symptômes apparaîtront plus tard, et la peste bovine pourra être propagée et disséminée. On conçoit donc sans peine que, sans qu'on s'en doute, la maladie puisse être transportée au loin. Presque toujours du reste, quand elle apparaît dans les pays occidentaux, elle vient des steppes de la Russie, où primitivement elle a été importée de l'extrême Orient, de la Chine, peut-être de plus loin. On ne sait rien de précis au sujet de son origine; toujours est-il que ce sont les mouvements des armées et les migrations des peuples, entraînant avec eux des parcs d'approvisionnement, qui ont importé au loin la maladie; le commerce a concouru souvent à la propager.

Dès le Ier siècle, les Huns, venus de l'est de la Chine, importèrent la maladie en Europe, sur le littoral de la mer Caspienne où ils s'établirent. Plus tard, ces mêmes peuples et d'autres, partis des bords de la mer Caspienne, importèrent le typhus jusque dans l'extrême Occident.

Au ixe siècle, pendant le règne de Charlemagne, le typhus se propagea dans les différents pays qui furent le théâtre de la guerre. Il en fut de même au xiiie siècle, quand les hordes mongoles arrivèrent en Europe.

De 1709 à 1717, la peste bovine ravagea presque tous les pays de l'Europe; importée en Russie par les Barbares, elle se propagea en Allemagne, en Autriche, en Italie, en France; pendant cette épizootie, qui partait encore des steppes, la maladie fut étudiée par Kanold, Lancizi et Ramazzini. Déjà ces auteurs avaient reconnu que le typhus était dû à la contagion et que c'était là sa seule cause; ils avaient aussi reconnu qu'il était contagieux, non seulement dans l'espèce bovine, mais aussi de l'espèce bovine à l'espèce ovine.

De 1735 à 1740, la peste bovine ravagea certaines contrées de l'Europe; elle fut importée d'Autriche en Italie, où elle fut étudiée par Buniva, et puis elle se propagea en France et aux autres pays voisins.

En 1740, en 1745, en 1769, elle fut importée en Angleterre par le commerce, par l'introduction d'animaux contaminés venant du dehors; elle fut importée aussi en France par le commerce, en 1770 et en 1774.

En 1792, en 1795, en 1796, en 1801, en 1812, en 1814 et en 1815, le typhus régna d'une façon presque indiscontinue en France et dans les pays voisins, avec lesquels la France était en guerre ou que ses armées traversaient. Pendant cette longue période de guerres, le typhus accompagna presque toujours les parcs d'approvisionnement des armées belligérantes.

En 1827, pendant la guerre de l'indépendance de la Grèce, il étendit ses ravages en Moldo-Valachie, en Prusse, en Autriche.

En 1831, pendant la révolution de la Pologne, il pénétra en Russie et en Prusse.

En 1841, il fut introduit en Egypte par l'importation d'animaux venant des provinces danubiennes.

En 1844, il fut introduit par le commerce en Russie, en Autriche, en Prusse, en France, en Angleterre.

En 1858, il a été importé en Sibérie.

En 1862, il a été importé en Italie par des animaux qui venaient de la Dalmatie.

La peste bovine, ainsi que nous l'avons déjà dit, est en permanence dans les steppes de la Russie, où l'on élève un nombreux bétail, qui est l'objet d'un commerce considérable, et qui, il est permis de l'espérer, le deviendra de plus en plus, grâce à la facilité des transactions, des communications et des transports. Il résulte de ce fait que les pays, qui s'approvisionnent à cette source, sont à tous les instants menacés de la peste bovine. La France, qui importe relativement peu de ce bétail, est moins menacée que d'autres états ; néanmoins il est bon que le gouvernement veille et prenne certaines mesures, qu'il fasse surveiller l'importation aux frontières de terre et de mer. Bien entendu, cette surveillance doit être exécutée par des vétérinaires, et ceux-ci ne doivent pas se contenter de visiter les animaux importés, ils doivent aussi se tenir au courant de l'état sanitaire des autres pays, pour savoir si des animaux venant de telle contrée doivent être suspectés.

Il est facile de prouver qu'en Occident le typhus est introduit par des animaux venant de la Russie ; les importations de ces dernières années le démontrent.

En 1865, la maladie fut importée en Angleterre, où elle fit les plus grands ravages, avec des animaux venus de la Russie. La même année, elle fut de nouveau importée en Égypte avec des animaux venant des provinces danubiennes.

En 1866, alors qu'elle continuait à sévir en Angleterre, elle traversa le détroit, fit invasion dans la Hollande qu'elle ravagea, se propagea en Belgique et pénétra en France où elle fut promptement étouffée. A cette époque elle fut aussi importée d'Angleterre à Paris par des animaux introduits au jardin d'acclimatation. La même année elle se propagea en Autriche et en Allemagne, à la suite de la guerre entre ces deux pays ; elle fut aussi importée de Vienne dans le Tyrol et en Suisse.

En 1870-1871, le typhus fut introduit chez nous par les armées allemandes ; il attaqua nos parcs d'approvisionnement et se propagea dans une étendue assez considérable de notre territoire.

En 1873, il a fait une nouvelle apparition en Prusse et en Angleterre. Même après cette époque il y a eu de nouvelles importations en Allemagne et en Angleterre.

De cette longue énumération de faits, il ressort que la maladie est contagieuse et que la contagion en est la cause unique.

Le typhus est donc une maladie exotique; il se conserve vraisemblablement dans un pays de l'extrême Orient à l'état enzootique; et dans les steppes, où il reste en permanence, il n'est pas plus spontané que chez nous, cela a été démontré péremptoirement.

Contage typhique. — Le contage du typhus existe partout dans l'organisme, dans tous les solides et dans les liquides; il a son siège dans les liquides normaux, dans les produits des sécrétions normales, dans la lymphe, dans le sang, dans la salive, dans les urines, dans le lait, dans les larmes; et il se trouve surtout en abondance dans les produits de sécrétion pathologique, dans le jetage, dans la chassie, dans les matières diarrhéiques et dysentériques, etc. Il faut donc poser en principe indiscutable que tous les produits d'un animal malade sont virulents; ainsi le produit des os, des muscles, des organes, les liquides normaux, le sang, la lymphe, le lait, les sérosités, les produits morbides, l'air expiré, les gaz, qui se dégagent du malade ou de ses produits divers, renferment le contage et peuvent propager la maladie.

La *nature* du virus typhique n'est pas encore parfaitement déterminée; on a cependant de la tendance à admettre que l'agent virulent est un parasite. Mais les bâtonnets, qu'on trouve dans le sang des malades et qui ont des analogies d'apparence et d'aspect avec les bactériens, ne semblent pas être de la même nature, car on a pu les dissoudre avec une solution de potasse. Néanmoins, d'après les dernières recherches faites en Angleterre, en Allemagne et en Russie, certains observateurs attribuent le développement de la maladie à un parasite.

Quoiqu'il en soit de sa nature intime, toujours est-il que le contage peut se présenter à l'état de *virus fixe* ou à l'état de *virus volatil*, mais le plus souvent sous le premier état, soit qu'il se trouve en suspension ou en dissolution dans les liquides, soit qu'il ait été déposé à la surface des corps ou mêlé à des matières solides. Il peut aussi se montrer à l'état volatil, être en suspension dans l'air, et cela explique la transmission de la maladie par l'intermédiaire de l'atmosphère; ainsi il est certain que des sujets sains, placés à proximité des animaux malades, seront exposés à contracter la maladie, sans avoir avec ces derniers des rapports directs ou indirects. Le virus peut donc se maintenir un certain temps en suspension dans l'air ; et s'il ne peut se volatiliser, ses éléments existent certainement dans l'atmosphère, où ils sont entraînés par les émanations qui s'échappent des malades et de leurs produits.

L'existence du virus dans toutes les parties de l'organisme prouve qu'il est produit par les malades en très grande abondance ; en effet un seul malade en fournit une quantité prodigieuse et est ainsi un foyer d'infection très puissant ; il en sécrète dans tous les points de son organisme ; à tous les moments il rejette en abondance des matières virulentes par toutes les voies naturelles d'excrétion, par la surface cutanée, par les ouvertures nasales, buccale, anale, génito-urinaire, par les voies respiratoires et par l'appareil sécréteur des yeux, etc.

Le virus excrété, entre, au moins en partie, en suspension dans l'air ; aussi se forme-t-il très rapidement autour du malade une atmosphère contaminée et contaminante. Mais la majeure partie du virus rejeté au dehors imprègne les corps solides ou se mélange aux liquides ; et dans ces conditions il peut se conserver un certain temps. Un malade est donc dangereux, non seulement par lui-même, mais aussi par les corps solides, liquides, gazeux qu'il infecte autour de lui ; et ces corps infectés, il serait imprudent de les déplacer sans les avoir désinfectés, et de mettre en contact avec eux des animaux sains. Bien que le malade se forme autour de lui une atmosphère contagieuse, si cette atmosphère est confinée, la contagion ne se propage pas au loin ; mais qu'il survienne des courants d'air ou du vent, il s'ensuivra une extension de l'atmosphère contagieuse, qui pourra aller contaminer plus ou moins loin les animaux placés sur la direction de ces courants d'air ou du vent.

Le virus typhique rejeté à l'extérieur, comme celui des cadavres et des débris cadavériques, peut se conserver quelque temps ; sa vitalité semble persister plus ou moins, suivant les conditions ambiantes ; mais quelque mauvaises que soient ces conditions, il peut se conserver plusieurs jours semble-t-il. L'étude de cette question est très importante ; elle domine l'application de certaines mesures sanitaires. Mais combien de temps se conserve le virus ? Sur ce point les données sont loin d'être concordantes, elles sont nombreuses, mais parfois contradictoires. En effet, suivant les uns, le virus se conserverait des jours, des mois et même des années ; tandis que suivant les autres, quelque propices que soient les conditions ambiantes, le virus ne peut se conserver au-delà de 30 jours, et encore ce délai ne serait guère atteint qu'autant que le virus serait bien scellé dans des tubes. On a prétendu, en invoquant à l'appui des faits mal observés ou mal interprétés, que, dans les cadavres enfouis, le virus pouvait se conserver pendant des mois et même pendant des années, et qu'il était par conséquent dangereux de laisser paître des animaux au-dessus des fosses qui contenaient des cadavres typhiques. On a prétendu aussi que les cadavres d'animaux typhiques exhumés quelques mois après l'enfouissement, pouvaient encore transmettre le typhus. Cette opinion ne me semble pas être l'expression exacte de la vérité ; elle est beaucoup trop alarmiste. En 1871, M. Viseur d'Arras a exhumé, après 10 et 11 mois d'enfouissement, des cadavres typhiques, il a fait flairer la terre qui recouvrait la fosse et les débris cadavériques par des animaux ruminants, et il n'a pas réussi à transmettre la maladie. M. Reynal n'a pas transmis le typhus, en inoculant le produit du cadavre 58 jours après la mort. Il semblerait donc que les cadavres, même enfouis, ne conservent pas la virulence aussi longtemps qu'on s'est plu à le dire ; mais la vérité n'étant pas exactement connue encore à ce sujet, il y a lieu de se conduire avec la plus grande prudence et la plus grande réserve ; aussi malgré les faits que je viens de signaler, il faudrait bien se garder de laisser pâturer des animaux ruminants au-dessus des fosses, et de permettre l'exhumation des cadavres pour l'utilisation des os avant un certain temps, avant un an par exemple.

Le virus se conserve-t-il longtemps à la surface des corps solides, à la surface d'une crèche, d'une mangeoire, d'un râtelier, dans les tissus de laine, dans une toison ? La vérité n'est guère mieux établie ici que dans le cas précédent ; cependant la science possède déjà certaines données dont il faut tenir grand compte. Il semble que le virus déposé à la surface des corps solides ne peut pas se conserver plus de 4 à 5 jours en été et 15 jours en hiver. Et même ce délai peut être bien abrégé si les corps imprégnés de matières virulentes sont exposés à un courant d'air continu, et si en même temps elles sont soumises à l'action de la chaleur solaire, ou si le temps est chaud et humide, car alors la putréfaction s'en empare très vite. Dans ces divers cas, la conservation ne dure guère que deux jours paraît-il. Le virus typhique non exposé à des courants d'air, celui qui se trouve dans une habitation, où l'air ne se renouvelle pas, peut se conserver plus longtemps, il peut se conserver pendant 6 ou 8 jours d'après certains observateurs. Placé

dans un vase quelconque, dans un flacon, il se conserve de 4 à 8 jours;
il se conserve un peu plus longtemps quand le vase ferme hermétiquement et surtout quand on a fait préalablement le vide ; ainsi,
il peut se conserver de 12 à 30 jours dans des tubes à vaccin ou
entre des lames de verre ; mais quoiqu'il en soit, ce virus a moins
de ténacité que les virus claveleux et vaccin. Il peut aussi se conserver dans les eaux et dans les purins pendant un temps qu'il
reste à déterminer.

Les circonstances qui favorisent sa conservation se déduisent
facilement de ce qui précède ; l'air confiné, une température modérée ou basse, le défaut d'humidité et de lumière, etc., sont de
ce nombre. Celles qui favorisent sa destruction sont : la chaleur,
surtout quand elle est portée à un certain degré ; la dessiccation
rapide, l'humidité, surtout lorsqu'elle est combinée avec une température élevée ; l'air qui se renouvelle, etc. Il paraît qu'un froid
très intense, au-dessous de 0°, peut produire le même effet. Ce
qui est le plus à prendre en considération c'est l'efficacité du renouvellement de l'air, de la dessiccation et de la putréfaction pour
détruire le virus ; il faudra donc recourir à l'action de ces causes
toutes les fois que cela nous sera possible.

Le virus typhique peut-il se reproduire hors de l'organisme ? La
réponse est facile ; le contage de la peste bovine se conserve peu,
avons-nous dit, dans le monde extérieur ; il semble donc bien démontré qu'il n'est susceptible de se reproduire que dans l'organisme vivant.

Contagion. — La peste bovine peut se transmettre par les
trois modes de contagion que nous connaissons, par contagion immédiate, par contagion médiate et par contagion volatile.

Quel est le rôle de chacun de ces modes ?

La maladie est transmissible par le contact direct des malades
avec les sains ; et d'ailleurs quand un animal sain est placé à côté
d'un animal malade, il est exposé à se contaminer par les trois
modes.

Quand le typhus se propage de proche en proche, quand il devient épizootique, il se transmet le plus souvent par contagion
médiate ; il passe d'une ferme ou d'une localité à une autre par
l'intermédiaire des solides ou des liquides (aliments, boissons), qui
sont souillés de matières contagieuses et qui sont flairés ou ingérés par les animaux ; et même dans une habitation c'est encore
souvent de cette manière que le typhus prend de l'extension.

La maladie se transmet aussi, quoique moins souvent, par l'intermédiaire de l'air; et à ce sujet il est bon de se demander si l'atmosphère contagieuse, qui entoure un ou plusieurs malades, est dangereuse à de grandes distances. Tout en acceptant pour dé-démontré, et il est en effet démontré, le rôle de l'air comme agent de transmission de la maladie typhique, il faut reconnaître que la contagion volatile ne s'effectue jamais à de grandes distances, à tel point que, dans des localités où régnait le typhus, on a vu des habitations bien soignées et bien séquestrées ne présenter aucun cas de maladie, quoiqu'elles fussent situées à côté d'autres habitations où la peste bovine faisait de nombreuses victimes. La distance à laquelle la contagion volatile est possible n'est donc pas grande; elle varie du reste suivant la richesse plus ou moins grande du foyer infectieux en germes, suivant que l'atmosphère contagieuse est ou n'est pas exposée aux vents et aux courants d'air, suivant que la maladie est plus ou moins grave, plus ou moins généralisée, et suivant les obstacles qui peuvent se trouver autour du foyer infectieux; ainsi un mur, une haie peuvent arrêter l'extension de cette zone dangereuse. Mais, je le répète, dans le plus grand nombre des cas, ce n'est pas la contagion volatile qui est la plus dangereuse. Dans les circonstances ordinaires, il est rare que la zone contagieuse soit susceptible de s'étendre à plus de 15, 20, 30, 40 mètres. C'est donc par la contagion médiate que la maladie se propage le plus souvent.

Les principaux moyens, agents, véhicules ou intermédiaires, qui peuvent servir à la propagation de la maladie, sont assez nombreux. Bien que la peste bovine, quand elle s'introduit dans un organisme, y pénètre presque toujours par l'intermédiaire des aliments, des boissons ou de l'air, il n'en est pas moins vrai que ces véhicules peuvent être souillés de différentes manières et par des agents nombreux.

Les aliments sont dangereux quand ils ont été infectés par les malades, par les produits morbides qu'ils excrètent, par l'atmosphère contagieuse. Peuvent être souillés de cette manière : les fourrages et les litières placés à proximité ou au-dessus de l'habitation des malades.

Les boissons peuvent être aussi infectées diversement, soit que les malades les aient salies eux-mêmes, soit qu'elles aient reçu les produits excrémentitiels, soit que les eaux se trouvent placées de façon que le purin ou toute autre matière liquide provenant des malades peut s'y écouler, soit, ce qui arrive souvent, qu'on y ait lavé des viandes typhiques, ou des linges, des chiffons, des corbeilles, etc., qui ont servi à envelopper, à porter ces viandes.

Les malades peuvent transmettre la maladie aux jeunes par le lait. On a aussi observé (M. Lemaître) la transmission à la vache par le taureau dans l'acte de la saillie, alors même que ce dernier ne présentait pas encore les premiers symptômes de la maladie.

Les cadavres, les chairs, les peaux fraîches, les divers débris cadavériques peuvent, tant qu'ils sont frais, communiquer la maladie, soit que les animaux les flairent et introduisent ainsi des germes dans leurs voies respiratoires, soit que ces produits aient été déposés sur des fourrages et les aient rendus dangereux, soit qu'ils aient été lavés dans les eaux qui seront ingérées ultérieurement comme boissons, soit qu'ils aient été mis en contact avec des linges ou dans des corbeilles, qui seront ensuite flairés par des sujets sains, ou lavés dans des eaux qui seront ingérées. Sont donc dangereux : tous les objets qui ont servi au transport des viandes typhiques ; ces objets sont en effet imprégnés de matière virulente. Il faut en dire autant des couvertures qui ont servi aux malades.

Les peaux conservent-elles longtemps la virulence ? Il faut admettre qu'elles la conservent un certain temps, quoiqu'on n'ait pas toujours réussi à transmettre la maladie avec les peaux fraîches. Il semble bien qu'elles ne sont guère dangereuses au-delà de 3 ou 4 jours ; mais ce temps n'est pas encore bien exactement déterminé. Quoiqu'il en soit des peaux fraîches, il paraît certain que les peaux qui ont été exposées à une température élevée, ou qui ont été soumises à la dessiccation, ne sont pas dangereuses ; le virus qu'elles renferment est annihilé, et on peut en dire autant des peaux désinfectées, des graisses fondues, etc.

Les voitures, les charrettes, les wagons et les ustensiles divers, qui ont servi au transport des animaux ou des cadavres typhiques, sont dangereux, conservent les germes pendant plusieurs jours et peuvent propager la maladie. Des moutons peuvent, même sans contracter le typhus, en transporter les germes déposés dans leur toison ; mais les laines ne conservent assurément pas le virus plus longtemps que les flacons ou les tubes dans lesquels l'air ne pénètre pas, et elles ne semblent guère dangereuses, quand elles sont desséchées, et *à fortiori* quand elles sont desséchées et désinfectées.

Les fumiers sont peut-être les matières, qui, de toutes celles pouvant servir d'intermédiaire à la propagation de la maladie, sont les plus dangereuses; ils reçoivent des produits d'excrétion très nombreux et surtout très riches en éléments virulents. Les animaux qui les flairent, ou respirent les gaz qu'ils fournissent, peuvent devenir malades; les animaux et les personnes, qui marchent sur ces fumiers, peuvent emporter des germes et les transporter au loin. Ainsi par exemple un chien, qui sort d'une étable infectée et qui a les pattes, la peau, les poils imprégnés de matière virulente, peut aller souiller des eaux et des fourrages qui, donnés à des animaux sains, leur communiqueront la maladie. Le même fait peut se produire avec l'homme, avec le vétérinaire, avec les personnes qui donnent des soins aux animaux. Si ces personnes ne changent pas de chaussures, ou si elles ne les nettoient pas, elles emportent des germes, et peuvent en souiller les fourrages, les eaux, les pâturages, les chemins, etc., dans les localités où elles passent. C'est en effet surtout par les chaussures que l'homme est dangereux, et c'est surtout par les pattes que le sont les animaux, tels que chiens, chats, poules, etc. Mais ces animaux peuvent aussi transporter les germes dans leurs poils, dans leurs plumes, comme l'homme dans ses vêtements (surtout s'ils sont en laine), qui s'imprègnent de matières virulentes et peuvent ensuite, s'ils sont flairés par un animal sain, lui communiquer la maladie. Ces cas sont rares, mais leur possibilité fait un devoir de ne négliger aucune des mesures recommandées en cette circonstance.

La maladie peut encore se transmettre par les pâturages, par les crèches, par les abreuvoirs. Un seul malade suffit pour infecter un abreuvoir public où plusieurs sujets sains contracteront ensuite la maladie; de même il suffit que des malades séjournent dans un pâturage et y répandent leur bave, leur chassie, etc., pour propager la maladie pendant 5, 6 et même 12 jours aux sujets sains qui fréquentent ces mêmes lieux. Les prés et pâturages sont encore rendus dangereux quand on y a répandu des fumiers souillés.

Il va sans dire que les cadavres et débris typhiques mal enfouis, enfouis trop superficiellement, constituent un danger. Ils laissent dégager des gaz, qui pourront être funestes pour les animaux du voisinage; mais le danger réside souvent dans cette circonstance que des carnassiers peuvent déterrer ces débris, qui alors pourront être flairés par les sujets sains. De plus les carnassiers, en dévorant les viandes malades, s'imprègnent les lèvres, les poils et les pattes de germes et vont les porter au loin.

D'après ce qui précède, il est facile de déterminer les voies qui se prêtent le mieux et le plus souvent à l'introduction du virus dans l'organisme. Quand il y a contagion volatile, le virus s'introduit par les voies respiratoires; mais le rôle de ce mode de contagion étant relativement minime, il en résulte que les voies respiratoires servent rarement à l'introduction du virus.

Il n'en est pas de même des voies digestives, qui jouent à cet égard le principal rôle; ce sont elles qui reçoivent le plus souvent la matière contagieuse par l'intermédiaire des aliments et des boissons. Ce point, mis en évidence par plusieurs observateurs, est admis par tout le monde. Ainsi donc dans les épizooties de typhus, il ne faut pas chercher ordinairement la cause de la propagation dans l'air, mais bien dans les aliments et les boissons. On a vu en effet les fermes voisines des habitations infectées rester indemnes, tant que les animaux n'avaient été exposés à aucune chance de contamination par l'intermédiaire des aliments ou des boissons; et quand le typhus se montrait dans ces fermes, on pouvait toujours rattacher son introduction à l'ingestion de fourrages ou de boissons souillés, sans faire intervenir l'action de l'air. On a observé de nombreux faits de propagation à la suite de l'ingestion d'eaux dans lesquelles on avait lavé des viandes, des débris cadavériques, des objets imprégnés de sang, etc., etc. C'est donc bien par les voies digestives que le typhus prend ordinairement possession d'un organisme.

Le contage peut aussi s'introduire par la peau, par le tissu conjonctif, surtout quand le tégument est excorié; mais ce mode d'introduction est rare quoique possible.

Enfin les germes peuvent aussi s'introduire par les voies génito-urinaires (fait cité par Lemaître), mais cela arrive assez rarement.

La maladie est-elle toujours également contagieuse? Attaque-t-elle tous les animaux exposés à ses coups? Enfin quelles sont parmi nos espèces domestiques celles qui y sont le plus prédisposées? Dans toute la pathologie vétérinaire il n'est peut-être pas de maladie qui soit aussi contagieuse, aussi sûrement et aussi souvent transmissible que le typhus; sur cent animaux bovins exposés à la contagion quatre-vingt-quinze peuvent contracter la maladie. Cette contagiosité intense n'est pas de nature à nous surprendre; en effet le virus est sécrété en si grande abondance dans tout l'organisme, que chaque malade devient un foyer d'infection exceptionnellement puissant.

On a appelé cette affection typhus du gros bétail, peste du gros bétail, mais ces deux désignations ne sont pas absolument exactes, car la maladie n'est pas exclusivement propre aux gros ruminants. De toutes les espèces, c'est l'espèce bovine qui y est la plus sujette, c'est elle qui la présente avec la plus grande intensité et la plus grande gravité; mais il n'en est pas moins vrai que la maladie peut se transmettre à l'espèce ovine et à l'espèce caprine, et tel est l'ordre décroissant dans lequel on doit placer ces espèces (espèce bovine, espèce ovine et espèce caprine). On a observé des cas qui démontrent la possibilité de la transmission directe du bœuf au mouton et à la chèvre, et celle de la transmission du mouton au bœuf. Il faut tenir grand compte de ces faits, car dans une ferme il est rare qu'il n'y ait qu'une seule espèce animale, le plus souvent même les trois espèces précitées s'y trouvent. Le typhus est moins grave chez le mouton et chez la chèvre, il se caractérise moins bien, les symptômes sont moins nombreux, moins pathognomoniques, il fait moins de victimes; mais le mouton et la chèvre malades constituent néanmoins un danger, il y a donc lieu de prendre certaines mesures pour le prévenir. La maladie a été aussi observée chez le buffle, l'aurochs, le yack, la gazelle, le cerf, le chevrotain, l'antilope, le chameau, le pécari.

Dans l'espèce bovine la réceptivité est la plus prononcée, mais elle n'est pas égale chez tous les individus. Il est certain que des individus sont plus prédisposés que d'autres, non à contracter la maladie (ce n'est pas prouvé), mais à présenter une forme plus grave. Les animaux des steppes ne sont pas plus que d'autres prédisposés à contracter la maladie; s'ils l'ont plus souvent, c'est parce que l'épizootie n'est jamais éteinte dans ces pays. Néanmoins, soit que l'affection y ait perdu de son intensité propre, soit que les animaux offrent une plus grande résistance, le typhus est souvent bénin dans les steppes, tandis qu'il est très grave chez les individus faibles et lymphatiques dans les pays occidentaux où il est importé.

L'homme n'est exposé à aucun danger, soit qu'il manipule des débris, soit qu'il mange de la chair d'animaux typhiques, soit qu'il prenne leur lait. Fréquemment, surtout dans les villes assiégées, on a consommé la chair des animaux typhiques d'une façon courante et on n'a jamais constaté aucun accident.

Quand le germe de la peste bovine a passé dans l'organisme, il ne tarde pas à y faire sentir son action; il repullule, il se multiplie et détermine bientôt l'apparition des premiers symptômes. La durée moyenne de la période d'incubation est de 4 à 10 jours; on a pourtant signalé des cas exceptionnels où elle peut atteindre 21 et même 30 jours (Lemaître). Le virus en repullulant provoque dans le sang des altérations, qui sont rapidement accompagnées d'autres altérations se localisant principalement sur les téguments. L'animal contaminé est-il dangereux pendant la période d'incubation? A quelle date apparaît la virulence? La virulence apparaît dès l'instant de l'introduction du virus dans l'organisme et si l'animal n'est pas aussitôt dangereux, c'est que le virus ne s'est pas encore assez multiplié; d'ailleurs le fait de transmission par un taureau, qui n'était encore qu'en période d'incubation, prouve et sanctionne notre assertion.

La virulence persiste pendant toute la durée de la maladie; elle ne disparaît pas avant la mort et même elle persiste après la mort. On a pourtant affirmé qu'elle s'atténuait aux approches de la mort; mais tout le monde n'est pas d'accord à ce sujet. Du reste quoiqu'il en soit, et en supposant même que la virulence s'atténue quand la maladie arrive à son terme, il n'en reste pas moins établi qu'elle persiste un certain temps après la mort.

Que penser des animaux qui guérissent?

A ce sujet, il est bon de se rappeler que peu d'animaux guérissent, car dans presque tous les pays on sacrifie ordinairement les malades. Cependant dans quelques circonstances, dans certains pays, à la fin des épizooties, on peut conserver les malades et les voir guérir en plus ou moins grand nombre. Dans ces cas la virulence persiste-t-elle jusqu'à la guérison ou même après elle? La réponse n'est pas aisée, cependant on peut dire que la virulence persiste jusqu'à la disparition de la diarrhée, de la chassie, du jetage, de la salivation; mais on ne sait si elle persiste après la guérison; il y a lieu de croire qu'il n'en est rien. Mais malgré tout, les animaux guéris doivent être considérés comme dangereux pendant une douzaine de jours, car ils peuvent conserver du virus à la surface de leur corps.

Les malades qui guérissent acquièrent l'immunité; il en est de même des animaux qu'on inocule et qui ne succombent pas à la maladie que fait éclater l'inoculation, qui est ordinairement dangereuse. Le typhus laisse donc après lui un état particulier dans l'organisme, qui rend les animaux inaptes à contracter de nouveau la maladie pendant une période de 3 à 5 ans.

Les conditions, qui favorisent l'extension de l'épizootie, sont : le commerce, qui facilite son introduction dans un pays, et qui, lorsque la maladie s'est développée, favorise encore son extension ; les foires et les marchés non surveillés ; les chemins ; les abreuvoirs et les pâturages communs ; la cohabitation ; le voisinage ; le transport avec des wagons non désinfectés, etc.

TRAITEMENT

Dans le cas de typhus, y a-t-il lieu d'instituer un traitement, peut-on guérir cette maladie, doit-on la traiter?

On ne guérit pas cette affection, dont la terminaison doit être le plus ordinairement fatale ; cependant elle n'est pas toujours mortelle, même en Occident. Elle peut guérir seule, sans aucun traitement, par les seuls efforts de la nature. Néanmoins on doit en général s'abstenir de traiter les animaux atteints de typhus, car en agissant autrement on conserverait des foyers de contagion. Le traitement des typhiques est prohibé en Allemagne et notre nouveau projet de loi sanitaire le prohibe aussi d'une manière générale, sauf dans les cas et aux conditions déterminés par le ministre de l'Agriculture.

La peste bovine sévit toujours à l'état d'épizootie, et, lorsqu'elle n'est pas trop étendue, on sacrifie ordinairement les animaux au fur et à mesure qu'ils tombent malades, afin de faire disparaître aussitôt les foyers de contagion ; mais si l'épizootie était très étendue, il y aurait lieu, dans certains cas, de reculer devant la prescription qui consisterait à demander le sacrifice de tous les malades. D'ailleurs, même dans nos pays, la maladie semble perdre de sa gravité lorsque l'épizootie arrive à sa dernière période. Delafond, après avoir rappelé que le typhus, dans ses diverses apparitions en France, semble avoir diminué d'intensité et de gravité depuis 1711 à 1815, affirme qu'au début des épizooties la maladie, quoique grave, peut guérir sur un vingtième des animaux atteints, malgré le défaut de tout traitement thérapeutique. Il prétend que, grâce à un traitement adjuvant, on peut parvenir à guérir un cinquième ou un quart des malades ; il assure même qu'à la fin des épizooties on peut sauver les $^3/_4$ et même les $^9/_{10}$ des malades. Il y a vraisemblablement un peu d'exagération dans l'opinion de Delafond, mais il n'en reste pas moins évident que dans les épizooties étendues il convient de s'en tenir parfois à la séquestration des malades, en faisant intervenir un traitement approprié.

On ne connaît pas de traitement qui convienne particulièrement à cette affection; on ne connaît pas de moyens curatifs proprement dits. Il conviendra donc, quand on aura recours à un traitement, de faire, comme on dit vulgairement, de la médecine des symptômes; on devra donc combattre l'état catarrhal des muqueuses, la diarrhée, au moyen des toniques et des astringents, les écoulements nasal et buccal, la sécrétion morbide de la conjonctive au moyen des astringents; les accidents de la peau, lorsqu'ils existent, doivent aussi être traités. Ce traitement local ne sera pas suffisant, on devra en instituer un plus général; la maladie débilite fortement les malades, il faut donc soutenir leurs forces au moyen d'un traitement tonique, ferrugineux, analeptique, antiseptique (acide phénique).

La maladie étant guérie sur un sujet, il en résulte une immunité qui peut durer de trois à cinq ans; aussi a-t-on eu l'idée d'inoculer le typhus pour développer une affection moins grave et sauvegarder par ce moyen les animaux exposés à la contagion. De nombreuses inoculations ont été faites en Russie dans le siècle dernier et pendant ce siècle (1852, Jessen). On a inoculé le produit puisé sur un sujet atteint de la maladie naturelle; puis on a cultivé le virus à travers un bon nombre de générations successives d'animaux, afin de l'affaiblir, si c'était possible, et donner ainsi une maladie moins grave, sans cesser de créer l'immunité. On a poussé jusqu'à la quinzième génération et on a constaté que le produit de cette dernière génération, inoculé à un sujet sain, déterminait très souvent une maladie aussi grave, que si on avait pris du virus sur un malade quelconque. Le typhus inoculé se comporte de la même façon et est tout aussi grave que l'affection contractée naturellement; il est très souvent mortel. La mortalité est d'ailleurs variable suivant les pays, mais elle est toujours considérable; en Russie elle a varié de 4 à 60 % des animaux inoculés. Aujourd'hui on est donc bien fixé sur ce point. Dans les pays occidentaux on n'a jamais sérieusement pensé à cette mesure, car la maladie s'y montre rarement; et en Orient on a dû renoncer complètement à cette opération, car elle ne servait qu'à conserver et étendre les foyers de contagion. M. Jouet, vétérinaire à Rambouillet, croyait que la cocotte pouvait préserver du typhus; mais cela n'est pas, et les deux maladies peuvent évoluer ensemble sur le même individu.

POLICE SANITAIRE

Les documents, qui nous indiquent les mesures applicables au typhus, sont : *l'arrêt de 1714, l'ordonnance de 1739, l'arrêt de 1745, ceux de 1746, de 1771, de 1774, de 1775, le décret de l'an V, l'ordonnance de 1815, le décret de 1865, la loi de 1866, le décret de 1871, l'arrêt de 1784, la loi de 1791, les articles 459, 460, 461, 462, 484 du Code pénal, l'arrêté du 11 mai 1877 et le projet de loi de 1879.*

La peste bovine est une maladie si grave que son apparition nécessite l'action et le concours de tous les agents et de toutes les autorités à qui la loi confère des pouvoirs relativement aux épizooties. Le chef de l'État devra intervenir pour interdire par décret l'importation des animaux ruminants et des débris susceptibles de communiquer le typhus. Le ministre de l'Agriculture et du Commerce, les préfets, les sous-préfets, les maires sont chargés de diriger l'application de la loi et de prescrire les mesures jugées nécessaires par les vétérinaires sanitaires. L'exécude ces mesures est surveillée par la police et la gendarmerie, par les gardes-champêtres, par les douaniers et au besoin par la troupe.

Les divers États de l'Europe ont un régime sanitaire plus ou moins sévère ; ainsi en Angleterre, en Russie, en Belgique, en Hollande, en Suisse et surtout en Autriche et en Allemagne, la police sanitaire relative à la peste bovine est très bien organisée.

La France est moins exposée que beaucoup d'autres États à introduire le typhus chez elle, et cela s'explique par sa situation et par l'excellente organisation du service sanitaire de l'Autriche et de l'Allemagne, qui surveillent avec la plus grande vigilance leur commerce et surtout le commerce du bétail des steppes. Néanmoins nous devons continuer à surveiller notre importation ; nous devons améliorer même notre service d'inspection sanitaire dans les bureaux de douane et les ports ouverts au commerce du bétail ; il faut éviter l'introduction du typhus et il faut en hâter la disparition quand il a été introduit. La police sanitaire permet d'atteindre ce double but ; elle permet de prévenir l'importation de la maladie quand elle règne dans un pays éloigné ou dans un pays limitrophe, et elle permet de borner, d'abréger et d'anéantir l'épizootie quand elle a été importée.

Notre régime sanitaire doit être organisé de façon que nous ayons constamment un bon service dans toutes les villes par lesquelles se fait l'importation. Il serait important que le ministre de l'Agriculture et du Commerce reçût fréquemment de nos agents diplomatiques et consulaires des renseignements touchant l'état sanitaire du bétail des diverses régions dans lesquelles la France s'approvisionne ordinairement; il serait bon que le ministre fît imprimer toutes les semaines un bulletin sanitaire dans lequel seraient consignés tous les renseignements recueillis à l'étranger et en France, et qui serait adressé régulièrement aux vétérinaires chargés du service sanitaire des frontières.

L'importation doit être mieux surveillée qu'elle ne l'est actuellement; et pour cela il est nécessaire d'appeler à ce service un plus grand nombre de vétérinaires. Les foires et les marchés doivent être bien surveillés, surtout dans les localités voisines de la frontière et dans celles où arrivent des animaux importés de l'étranger. Il faut continuer à exiger des importateurs un certificat d'origine et de santé pour les animaux ruminants et porcins qu'ils introduisent en France, et il faut surtout se montrer beaucoup plus sévère que dans le passé.

Lorsque les animaux importés semblent suspects par leur provenance et par leur état, on peut les faire soumettre à une quarantaine à la frontière ou leur refuser l'entrée en France; mais il ne faut abuser ni de l'un ni de l'autre de ces deux partis, car il en résulterait une entrave au commerce, et d'ailleurs la quarantaine peut être une mesure très onéreuse.

Le plus habituellement, si les animaux ne viennent pas directement d'un pays infecté, et s'ils ne paraissent pas suspects, on les laissera passer; mais il y aura lieu d'en accélérer le transport en chemin de fer, de leur assigner une place particulière dans les marchés et au besoin de les faire diriger directement vers l'abattoir, s'ils sont déjà vendus pour la consommation.

Il faut en tous temps surveiller les transports qui se font en chemin de fer, et surtout les lieux et les gares d'arrêt ou d'embarquement et de débarquement; il faut toujours faire désinfecter les wagons, les voitures et les bâtiments qui ont servi à transporter du bétail, ainsi que les remises où séjournent fréquemment des animaux.

Les États devraient être liés entre eux par une convention internationale, et ceux qui verraient apparaître le typhus chez eux, devraient être tenus d'en informer les autres, qui se tiendraient dès lors plus sur leurs gardes. Si un traité intervenait dans ce sens entre les nations qui ont un bon régime sanitaire, il devrait être complété par la publication d'un bulletin sanitaire international, qui serait imprimé en plusieurs langues et envoyé aux vétérinaires sanitaires.

Quand la peste bovine règne dans un pays plus ou moins rapproché, il en résulte pour nous un danger plus ou moins grand, contre lequel il y a lieu de prendre des mesures en conséquence. Il faut alors redoubler de vigilance dans l'application des règles précédentes ; il faut surveiller avec le plus grand soin la frontière de terre et les ports, surtout les ports de la Manche et du Sud-Est ; et même dans certains cas, il pourra être utile que le gouvernement prohibe l'importation des ruminants, des porcins et de certains débris cadavériques provenant des pays infectés.

Si le typhus sévit dans un pays tout à fait limitrophe (Belgique, Suisse, Italie, etc.), le gouvernement doit toujours prohiber l'importation des animaux bovins, ovins, caprins, porcins provenant du pays infecté ou l'ayant seulement traversé ; il doit pareillement prohiber l'importation des débris frais, tels que peaux, os, suifs, etc., ou tout au moins, n'autoriser l'importation qu'après désinfection préalable.

Il faudra alors exiger avec plus de soin les certificats d'origine et de santé pour les animaux dont l'importation restera permise ; il faudra refuser ou faire soumettre à une quarantaine à la frontière tous les animaux qui paraîtraient suspects soit par leur provenance, soit par leur état de santé ; il faudra surveiller les frontières laissées ouvertes à l'importation ; on établira des cordons sanitaires là où ils seront jugés nécessaires, sur une étendue plus ou moins considérable de la frontière.

Dans les localités voisines du pays infecté, on pourra interdire les foires et les marchés, les ventes, les échanges, les déplacements et la circulation du bétail ; on fera le dénombrement des animaux qui sont susceptibles de contracter le typhus ; la vente pour la boucherie sera autorisée, mais soumise à une certaine surveillance et aux garanties jugées nécessaires ; l'autorité instruira ses agents ainsi que les populations au moyen de circulaires et d'affiches ; elle prescrira les mesures reconnues nécessaires ; elle renseignera les propriétaires sur le danger qui les menace, et leur enjoindra de déclarer les mutations et les cas de maladie ou de mort, qui peuvent survenir parmi leurs animaux.

Mais cependant, malgré toutes ces précautions, le typhus peut pénétrer en France et sévir dans une ou plusieurs régions. Alors tous les efforts doivent tendre à en limiter l'extension, à en abréger la durée, et à l'éteindre dans le plus bref délai possible ; ce triple résultat ne peut être obtenu que par l'application des grandes mesures sanitaires qui nous sont connues.

Déclaration. — Les propriétaires, détenteurs, etc., d'animaux atteints ou soupçonnés d'être atteints du typhus, doivent (art. 459 du Code pénal, arrêt de 1771, arrêt de 1784, loi de 1791, projet de loi de 1879) en faire sans délai la déclaration à l'autorité locale. Cette obligation est donc de rigueur lorsque la maladie a fait son apparition ou même dès qu'on en soupçonne l'existence. Dans la suite, les propriétaires, malgré ce premier devoir accompli, n'en devront pas moins signaler à l'autorité tous les nouveaux cas qui apparaîtront, afin que les mesures puissent être prises en conséquence.

Pendant les épizooties de typhus, les cadavres d'animaux susceptibles de contracter la maladie, ne doivent jamais, quelles que puissent être les causes ayant amené la mort, être enfouis, ni même déplacés, avant que l'autorité ait été prévenue, avant que l'autopsie ait été faite et la cause de la mort bien reconnue.

La déclaration est obligatoire pour les propriétaires et les détenteurs d'animaux malades ou suspects ; elle l'est aussi et avec juste raison pour les vétérinaires sanitaires et même pour tout vétérinaire qui en contestera ou en soupçonnera l'existence. Cette formalité doit être remplie le plus promptement possible, et il faut faire la déclaration, qu'il s'agisse d'animaux malades ou simplement suspects, appartenant soit à l'espèce bovine, soit à l'espèce ovine, soit à l'espèce caprine, soit à l'espèce porcine ; il est bon, quand l'existence du typhus est démontrée ou soupçonnée, qu'on exige la déclaration pour les maladies qui ont quelque analogie avec lui, car il appartient surtout au vétérinaire sanitaire délégué d'éclaircir les doutes qui peuvent régner à ce sujet.

Les cas de mort survenue parmi les animaux ruminants, devront aussi en pareille circonstance être déclarés, et les cadavres devront être laissés à la place où ils se trouvent, jusqu'à ce que l'autorité ait pris une décision, soit pour faire pratiquer l'autopsie, soit pour faire exécuter le transport et l'enfouissement après l'avis du vétérinaire délégué.

Celui qui fait la déclaration doit être sincère et exact; il doit faire une déclaration aussi complète que possible. Il doit faire connaître, s'il le peut, les principaux symptômes présentés par les malades ou les suspects; il doit indiquer les espèces et le nombre de ses animaux et surtout le nombre des malades et des suspects, ainsi que les espèces auxquelles ils appartiennent.

Outre l'obligation qu'elle crée à l'autorité, la déclaration en entraîne aussi pour le propriétaire, qui doit séquestrer aussitôt les animaux malades, même avant d'en avoir reçu l'ordre, et qui ne doit pas les laisser sortir des locaux où ils auront été enfermés.

La déclaration est faite à l'autorité locale, au maire; on peut la faire aux commissaires de police dans les quartiers des grandes villes. C'est à partir de l'accomplissement de cette formalité que commencent les devoirs de l'autorité, qui, en pareilles circonstances, doit agir avec la plus grande célérité. Elle doit ordonner et faire exécuter la séquestration, si déjà elle n'a pas été faite, sans attendre le rapport du vétérinaire qu'elle délègue; elle doit aussitôt nommer un ou plusieurs vétérinaires, suivant l'étendue de l'épizootie, pour étudier la maladie et préciser les mesures dont elle exige l'application. Il va sans dire qu'ici plus que jamais l'autorité doit donner sa confiance à des vétérinaires et rien qu'à des vétérinaires. Elle doit en outre porter à la connaissance de ses administrés l'existence du typhus, en indiquant les points où il règne, en signalant les dangers qui pourraient résulter du contact des animaux malades avec les animaux sains, et en rappelant aux propriétaires leur devoir; elle doit en outre informer aussitôt l'autorité supérieure, et cela fait, elle attend le rapport du ou des vétérinaires délégués.

Visite. — La visite des animaux typhiques par un vétérinaire est de la plus grande importance; elle permet de reconnaître l'existence du typhus et d'apprécier quelles mesures doivent être prescrites. Les experts doivent faire tout ce qui est en leur pouvoir pour ne pas se tromper. Ils doivent procéder avec prudence et avec célérité; leur décision est de la plus grande importance, et dans les cas douteux, ils doivent conseiller des mesures dictées par les circonstances.

C'est l'autorité locale qui nomme les vétérinaires chargés de faire la visite; mais l'autorité supérieure (sous-préfet, préfet) peut intervenir, et quand le typhus est étendu, disséminé, elle peut, avons-nous dit, nommer plusieurs vétérinaires sanitaires. Dans ce cas, elle fera bien d'accorder plus spécialement sa confiance à l'un d'eux, au plus capable, et de l'investir d'un certain pouvoir de direction sur les autres, ainsi que du pouvoir de prescrire d'urgence certaines mesures. Le vétérinaire ainsi délégué à titre de commissaire général centraliserait tous les renseignements relatifs à l'épizootie et serait le conseiller le plus autorisé de l'administration.

Le projet de loi de 1879 porte, dans le troisième alinéa de l'article 4, que le vétérinaire délégué par l'autorité aura le droit de prescrire en cas d'urgence la séquestration. Cette disposition est excellente, car personne mieux que le vétérinaire n'est à même de connaître l'urgence d'une telle mesure et d'indiquer à quels animaux il convient de l'appliquer ; d'ailleurs l'autorité elle-même ne prend jamais une résolution grave sans le conseil du vétérinaire. En attendant la nouvelle loi, nous sommes sous l'empire des anciens documents sanitaires, et aucune disposition législative ne donne à l'expert le droit de prescrire des mesures.

Le vétérinaire délégué doit reconnaître la nature de la maladie qu'il est chargé d'étudier, et il peut se trouver en présence de cas plus ou moins difficiles ; parfois il arrivera plus ou moins aisément à diagnostiquer l'affection, mais aussi quelquefois le doute règnera dans son esprit, comme dans les cas où il aura sous les yeux des malades présentant des symptômes peu ou point pathognomoniques ou des cadavres plus ou moins altérés ; c'est surtout alors qu'il faudra être circonspect et prudent ; en attendant que de nouvelles données viennent s'ajouter aux premières, il faudra conseiller les mesures propres à empêcher la contagion.

La visite doit s'étendre non seulement à tous les malades et à tous les indisposés, mais aussi à tous les animaux ruminants, qui ont eu des rapports directs ou indirects avec les malades, soit dans les habitations, soit dans les chemins, soit dans les pâturages, soit aux abreuvoirs, etc. ; elle doit s'étendre non seulement à toutes les espèces animales capables de contracter le typhus, qui se trouvent dans la ferme infectée, mais elle doit encore être étendue aux mêmes espèces des fermes voisines, quand leur bétail a pu avoir quelques rapports avec celui de la ferme infectée.

Pour éviter de faciliter la propagation de la maladie, et afin de ne pas devenir lui-même un agent de transmission, le vétérinaire sanitaire devra adopter l'ordre le plus rationnel dans ses investigations et s'entourer de certaines précautions. Il visitera d'abord les animaux qui ne paraissent pas malades, ceux des fermes voisines de l'habitation infectée; puis il passera à la ferme infectée et examinera les animaux appartenant aux espèces caprine et ovine pour terminer par la visite des animaux de l'espèce bovine, en laissant pour la fin les individus notoirement malades. Les appareils, qui sont le plus ordinairement atteints, attireront plus spécialement son attention. Il se lavera les mains toutes les fois qu'il aura exploré et touché des malades ou des suspects. En quittant les habitations infectées ou suspectes, il fera nettoyer ou désinfecter ses chaussures, il fera aussi désinfecter ses vêtements qui auraient été souillés de matière virulente; mais le meilleur et le plus sûr moyen d'éviter tout danger de propagation par les habits consisterait à se munir d'une longue blouse en toile, qu'on mettrait pour passer la visite et qu'on quitterait ensuite pour la faire désinfecter. Le thermomètre, qui aura servi à prendre la température des animaux, sera lavé soigneusement chaque fois, même quand il n'aura été employé que sur des sujets suspects.

Le vétérinaire sanitaire devra en outre recueillir tous les renseignements qu'il pourra obtenir sur le mouvement d'importation et d'exportation relativement aux animaux susceptibles de contracter le typhus, dans le but de remonter à l'origine de l'épizootie et de prévenir son extension au dehors par l'intermédiaire des animaux récemment exportés. Il se renseignera donc auprès des propriétaires, auprès des voisins, auprès de l'autorité et de la police locales, pour arriver à déterminer le mode suivant lequel le typhus s'est introduit; et, pour prévenir l'extension de la maladie dans les régions voisines, il s'informera des déplacements d'animaux qui auront pu être effectués depuis son apparition, afin qu'en pareil cas l'autorité instruite puisse agir en conséquence pour faire disparaître les nouveaux foyers de contagion ou les empêcher de s'étendre.

L'étude des lésions peut faciliter le diagnostic, et, quand il en sera besoin, il faudra recourir à cette étude; mais il ne sera pas toujours nécessaire de faire l'autopsie des cadavres d'animaux morts ou abattus, car il ne faut pas oublier que les débris sont dangereux pour tous les sujets qui peuvent subir leur contact; aussi pourrait-on à mon avis s'abstenir de pratiquer les autopsies quand le diagnostic sera bien établi. Toutefois, quand on fera des autopsies, il faudra prendre certaines précautions; on les pratiquera soit dans l'établissement de l'équarrisseur, soit au bord de la fosse destinée à recevoir les cadavres, et il faudra avoir soin de faire enfouir jusqu'aux moindres débris.

Après sa visite, le vétérinaire sanitaire peut être en présence d'une des trois alternatives suivantes : 1° ou bien il a reconnu que la maladie est le typhus; 2° ou bien il le soupçonne seulement; 3° ou bien il est convaincu de sa non existence. Sa conduite évidemment ne doit pas être la même dans ces différents cas. Dans les deux premières hypothèses il procèdera au recensement des animaux bovins, ovins, caprins, porcins de la ferme infectée ou soupçonnée de l'être. Le tableau qu'il dressera contiendra d'une part le nombre des animaux malades et de l'autre les suspects, qui seront ainsi classés d'après les symptômes qu'ils auront présentés. Il n'oubliera pas non plus de désigner les fermes voisines, dont les animaux auraient eu des rapports directs ou indirects avec les premiers ; il pourrait marquer les individus typhiques ou suspects, mais cette précaution ne me paraît pas bien nécessaire, car on doit faire exécuter une séquestration très rigoureuse. Il sera bon de fixer la valeur approximative des animaux malades et suspects, afin que l'autorité sache de suite quelle est l'étendue des sacrifices que l'Etat va s'imposer par l'application de certaines mesures de police sanitaire.

Le vétérinaire délégué devra, dans le plus bref délai possible, adresser à l'autorité son rapport, dans lequel il résumera sa mission, la marche qu'il a suivie, la description de la maladie, les symptômes pathognomoniques qui lui ont permis de porter son diagnostic, l'état actuel de l'épizootie, ses prévisions personnelles sur sa gravité, ainsi que les dangers que courent les fermes voisines. Il ne présentera jamais que sous une forme nette, précise, catégorique, les données dont il sera sûr; il indiquera clairement et très catégoriquement, en les motivant, les mesures dont il juge l'application nécessaire ou utile. Des visites ultérieures auront lieu toutes les fois qu'elles seront reconnues utiles ou nécessaires.

Si l'expert conclut à la non existence du typhus, il motivera son diagnostic et n'indiquera bien entendu aucune mesure.

Séquestration. — Dans les cas de typhus, comme dans les divers cas de maladies contagieuses, la mesure sanitaire la plus importante est la séquestration, l'isolement, qui est prescrit par l'article 459 du Code pénal, par l'arrêt de 1771, par l'arrêt de 1784, par la loi de 1791 et par le projet de 1879.

La séquestration est indiquée quand la maladie règne dans une habitation, dans une localité, dans une commune, dans un canton, etc.; elle est même indiquée quand le diagnostic n'est pas établi d'une façon définitive, quand on n'a que des présomptions.

Elle est prescrite par l'autorité, mais les propriétaires doivent l'appliquer à leurs animaux en même temps qu'ils font la déclaration (art. 459 du Code pénal).

Elle sera exécutée le plus tôt possible; elle s'appliquera à toutes les espèces animales susceptibles de contracter le typhus, non seulement aux sujets malades, mais aux animaux qui seront soupçonnés d'avoir eu quelques rapports avec eux, soit aux pâturages, soit à l'abreuvoir, etc.; on l'étendra aussi aux fermes voisines, en se basant sur la distance qui les sépare de celle qui est infectée, et sur les relations antérieures que leurs animaux ont pu avoir avec ceux de la première.

La séquestration sera appliquée non seulement aux malades et aux suspects, mais même aux habitations, aux divers objets qui auront pu être souillés par les malades, aux animaux qui ne contractent pas le typhus, et à la rigueur même aux personnes, à moins qu'elles se soumettent à la désinfection au moment de sortir de la ferme infectée.

Quand il s'agit du typhus, la séquestration doit être exécutée avec la plus grande rigueur; parfois cependant on pourra s'en tenir au cantonnement des animaux ovins et caprins. Cette mesure est très importante; et quand elle est bien exécutée, elle permet d'arrêter et d'éteindre l'épizootie.

Pour n'oublier aucun des divers détails, que comporte l'application de la séquestration en cas de typhus, il convient de passer en revue plusieurs hypothèses, qui sont les suivantes: *habitation suspecte; habitation ou ferme infectée; localité infectée; communes ou régions infectées.*

S'agit-il d'une habitation ou d'une ferme dans laquelle se trouvent des animaux qu'on soupçonne du typhus, on séquestrera les individus suspects et autres dans leur habitation, en isolant les sujets non suspects de ceux qui le sont; on fera veiller par la police à l'exécution de cette mesure; on fera des visites sanitaires rapprochées, car d'un moment à l'autre la maladie peut prendre des caractères plus pathognomoniques. On dénombrera les animaux bovins, ovins, caprins et porcins de la ferme. On cantonnera les moutons et les chèvres. On interdira la sortie de l'habitation aux grands ruminants, et la sortie hors du lieu de cantonnement des petits ruminants. Les mêmes précautions (cantonnement, visite et surveillance) seront prises dans le voisinage de la ferme suspecte. Les propriétaires seront informés et éclairés sur la situation ; et on leur rappellera leur devoir pour le cas où leurs animaux tomberaient malades. On pourra demander l'abatage des animaux suspects, afin d'extirper aussitôt les foyers de contagion et de vérifier, par l'autopsie, la probabilité du diagnostic. Il sera défendu de déplacer, de transporter hors des locaux séquestrés, les fumiers, les litières, les fourrages, les ustensiles servant aux animaux, etc. La vente des animaux pour la boucherie sera autorisée, mais à condition qu'ils seront abattus sur place et consommés dans la localité. Pourtant les animaux, qui ne présenteront aucun symptôme morbide, et qui n'auront pas eu des rapports avec les suspects, pourront être déplacés et sacrifiés ailleurs, dans le plus bref délai possible ; ils seront accompagnés d'un certificat d'origine, qui devra être présenté à l'autorité du lieu de la destination et renvoyé à celle du lieu de départ.

S'agit-il d'une habitation ou d'une ferme infectée, dans laquelle se trouvent des animaux malades, on prendra toutes les précautions déjà signalées à propos de l'hypothèse précédente, et il y aura lieu de se montrer plus sévère, plus rigoureux encore. La ferme infectée sera séquestrée tout entière et d'une manière absolue ; mais le mieux est de faire abattre tous les animaux bovins et de désinfecter l'habitation, quand l'épizootie en est à son début. La séquestration sera étendue aux fermes les plus voisines, dont les animaux auraient pu avoir des rapports avec ceux de l'habitation infectée. On dénombrera, dans les habitations séquestrées, les malades, les suspects et les animaux sains, mais susceptibles de contracter le typhus ; on isolera les sains d'avec les malades et les suspects ; on cantonnera les moutons et même les grands ruminants des fermes non encore infectées. L'isolement et la séquestration seront donc appliqués aux animaux susceptibles de contracter le typhus ; on appliquera pareille mesure aux animaux inaptes à contracter la peste bovine, aux chiens, aux chats, aux oiseaux de basse-cour, aux solipèdes et même aux personnes qui soignent les malades et les suspects. Ces personnes ne pourront se déplacer sans se soumettre à la désinfection.

Les habitations séquestrées seront fermées constamment ; elles seront interdites aux étrangers et aux voisins ; elles ne s'ouvriront que devant le vétérinaire ou devant l'autorité ; on ne laissera introduire ni chiens, ni chats, ni oiseaux du voisinage ; on désignera, autant que cela sera possible, un personnel particulier pour soigner les catégories d'animaux séquestrés ; les personnes chargées de cette besogne auront pour leur service des chaussures et des habits de rechange. On maintiendra fermées les portes et les fenêtres ; on placera des désinfectants dans les habitations (acide phénique, essence de térébenthine, etc.). Les pâturages seront interdits absolument aux animaux malades ou suspects. L'exportation des animaux séquestrés sera interdite. Les voisins seront avertis. Il sera défendu de sortir quoi que ce soit des lieux séquestrés, sans en avoir obtenu l'autorisation et sans une désinfection préalable. On fera placer des signaux, des poteaux indicateurs devant les habitations infectées. Une surveillance active sera exercée, pour assurer l'exécution rigoureuse de toutes ces prescriptions. On pourra, selon les circonstances, fixer une zone à surveiller pareillement autour des fermes infectées.

En Allemagne, une localité est considérée comme infectée dès que le typhus y existe, lors même qu'il ne s'est encore montré que dans une ferme. En règle générale on peut considérer comme infectée une localité, dont les fermes sont agglomérées, dès que la peste bovine a fait son apparition dans une habitation ; tandis qu'il doit en être tout autrement dans les localités dont les fermes sont éparses et disséminées.

Le projet de loi de 1879 décide que le préfet, sur l'avis du vétérinaire sanitaire, fixera par un arrêté la zone d'infection. Dans les cas de typhus cette zone devra toujours s'étendre à une certaine distance au pourtour des lieux infectés. Dans toute localité infectée les habitations, où se trouvent des malades ou des suspects, doivent être traitées comme il a été dit ci-dessus. Dans les fermes non encore infectées on appliquera aussi la séquestration avec les adoucissements que comporteront les lieux et les circonstances. On fera le recensement des animaux bovins, ovins et caprins dans la localité infectée et dans la zone déclarée infectée. On interdira l'exportation d'animaux ruminants et autres. Les chiens, les chats, les oiseaux de basse-cour seront retenus chez leurs propriétaires. On interdira l'exportation des produits animaux bruts, des fumiers, des fourrages, des litières, des ustensiles d'étables. On prescrira aux propriétaires des fermes non encore infectées de sortir tous les jours le fumier hors des habitations. On interdira les achats et les importations d'animaux susceptibles de contracter le typhus, surtout de grands ruminants. Les saillies seront interdites pour les animaux de fermes différentes. On prohibera les abreuvoirs publics, les chemins de grande communication, qui pourront être barrés au besoin, l'accès des habitations séquestrées, le commerce des animaux séquestrés et au besoin les foires et les marchés dans la localité et la zone infectées. L'exécution de ces mesures sera assurée par la police, par la gendarmerie et au besoin par la troupe, par des cordons sanitaires. Les travaux indispensables seront permis; mais dans les fermes séquestrées on ne pourra y employer que des animaux solipèdes, et encore à condition de prendre les précautions nécessaires, pour éviter la propagation de la maladie par l'intermédiaire de ces animaux. Il faudra, dans tous les cas, faire surveiller les cours d'eau, et défendre aux habitants de les souiller de quelque manière que ce soit avec des matières contagifères, afin d'éviter la propagation de l'épizootie dans les localités situées en aval. Les habitants des localités voisines seront avisés, et une certaine surveillance sera exercée.

Dans les villes, la maladie peut être localisée dans un quartier plus ou moins isolé, auquel on applique les mesures relatives aux localités infectées, sans les étendre à la ville tout entière.

Les animaux sains et les animaux suspects peuvent être utilisés pour la boucherie aux conditions ci-dessus indiquées.

Le passage et le transit à travers les localités infectées doivent être permis, mais à la condition que les convois, tant par terre que par voie ferrée, ne s'y arrêteront pas. D'ailleurs le transit en chemin de fer offre peu de dangers, vu que les animaux de la localité ne peuvent pas être exportés; et le passage par voie de terre peut toujours, ou presque toujours être évité en faisant prendre aux convois des chemins détournés.

Dans toutes les localités infectées, chaque propriétaires devra déclarer les cas de maladie, les mutations, les cas de mort, etc.

Pour les animaux de l'espèce ovine et de l'espèce caprine, il ne sera pas nécessaire de montrer la même sévérité; il suffira souvent de cantonner les troupeaux, de suspendre ou de réglementer leur circulation, etc.

Quand le typhus, au lieu de se borner à une ou plusieurs localités, a envahi une ou plusieurs communes, un ou plusieurs cantons, un ou plusieurs départements, une ou plusieurs régions, il y a lieu d'appliquer les diverses mesures de séquestration déjà signalées à propos des localités et des habitations infectées. Les foires et les marchés pourront être suspendus quand cela paraîtra nécessaire; on interdira l'importation d'animaux susceptibles de contracter le typhus et l'exportation des divers animaux provenant des pays infectés; on fera surveiller les marchés clandestins, les marchands et les commissionnaires; on interdira le trajet à travers les pays infectés pour les animaux conduits par voie de terre; mais on pourra permettre le transit des animaux transportés en chemin de fer, à condition qu'ils passeront rapidement; on fera exercer une surveillance particulière dans les gares où l'on peut embarquer des animaux; les chefs de gare seront avisés et devront prêter leur concours à l'autorité.

Les animaux simplement suspects et les animaux sains pourront être utilisés pour la consommation dans les localités de la contrée infectée, mais ne devront pas être exportés au dehors, sauf de très rares exceptions. Leur livraison à la boucherie sera accompagnée des mêmes précautions que nous connaissons déjà. Les animaux malades et les suspects ne devront pas sortir de leurs étables, et s'ils sont utilisés pour la boucherie, ils le seront dans la localité, tandis qu'on pourra se montrer plus facile pour les animaux sains.

Les pâturages seront interdits d'une manière générale; mais cette mesure rigoureuse ne pourra pas toujours être exécutée; et si les fourrages font défaut on pourra se contenter du cantonnement mixte, quand la saison le permettra, à condition de ne l'appliquer qu'aux animaux ovins, caprins et aux animaux bovins des habitations non infectées. Il faudra être plus sévère au sujet des abreuvoirs, qui peuvent parfois présenter de graves dangers; il faudra les interdire d'une manière absolue, car il suffit qu'un troupeau d'animaux sains viennent boire après un troupeau malade, pour contracter la maladie.

Les grands chemins seront également interdits; on indiquera des chemins spéciaux pour les animaux qui devront être cantonnés. Les animaux errants devront être surveillés avec soin, car ils peuvent facilement passer d'une localité dans une autre, et y porter ainsi avec eux les germes de la peste bovine; il faudra donc prescrire de les tenir à l'attache ou de les maintenir près des troupeaux qu'ils doivent garder. On permettra l'utilisation des solipèdes pour les travaux et les services publics dans les localités infectées, en prescrivant toutefois certaines précautions; on pourra même permettre l'utilisation, pour le travail dans les fermes non infectées, des animaux de l'espèce bovine, mais ils ne devront pas sortir de la ferme non infectée ou de la localité non infectée.

Dans les communes et les localités où la peste bovine n'aura pas encore pénétré, il y aura lieu de se montrer moins sévère, soit que les localités se trouvent au voisinage de la région infectée, soit qu'elles se trouvent englobées dans cette région. Aux localités englobées dans des régions infectées, on appliquera toutes les précautions précédentes, mais on pourra se contenter de cantonner les animaux et on en permettra l'utilisation pour le travail. Dans les localités voisines des régions infectées, on fera opérer le dénombrement des animaux, on provoquera la déclaration, on instruira les propriétaires sur les dangers que court leur bétail et sur leurs obligations, on fera exercer une surveillance attentive, etc.

La séquestration, appliquée en cas de typhus ou de suspicion de typhus, durera tant que la maladie persistera; et, après la disparition du dernier cas, elle devra encore durer pendant un temps équivalent à la plus longue période d'incubation de la maladie, soit pendant 21 jours ou 30 jours après la disparition de l'affection; mais j'estime que l'on peut s'en tenir au délai le plus court, à celui de 21 jours. Je crois aussi que les animaux suspects devront être maintenus séquestrés pendant 21 jours, alors même qu'ils continueraient à être bien portants. La séquestration ne peut être levée que par l'autorité, sur l'avis du vétérinaire; et si, après l'expiration des 21 jours ou des 30 jours règlementaires, la levée de cette mesure n'était pas prononcée, les propriétaires devraient continuer à l'observer, sauf à réclamer et à faire valoir leurs droits auprès de l'autorité et du vétérinaire sanitaire.

Dans le cas où l'autorité aura nommé un commissaire spécial pour suivre les progrès de l'épizootie et diriger l'application des mesures sanitaires, ce commissaire pourra, lorsqu'il le jugera à propos, lever lui-même la séquestration.

Abatage. — L'abatage, qui est prescrit par les documents anciens et par le projet de loi de 1879, est une mesure onéreuse qu'on ne devrait pas employer sans qu'il y eût nécessité; mais en cas de typhus il est souvent indiqué.

L'abatage général des animaux d'une localité ou d'une contrée ne doit plus être conseillé ni prescrit, comme il l'a été quelquefois; ce serait là en effet une mesure irrationnelle, inutile en partie et surtout trop onéreuse. Mais l'abatage, entendu et appliqué d'une manière rationnelle, n'en constitue pas moins une excellente mesure, qui doit occuper une large place dans la police sanitaire du typhus, et qui est toujours indiquée au début des épizooties, quand la peste bovine a fait son apparition dans une ou plusieurs habitations d'une ou plusieurs localités. Quand l'épizootie sera étendue, quand la maladie règnera dans une région, dans plusieurs communes, dans plusieurs cantons, dans plusieurs départements, il ne faudra jamais demander l'abatage général des malades et des suspects; il faudra se contenter de demander l'abatage général des sujets malades et encore pourra-t-on se contenter d'une bonne séquestration, s'il y a espoir de voir guérir un certain nombre de malades. Certains auteurs conseillent une plus grande rigueur, et prétendent qu'il convient d'appliquer l'abatage dans une localité infectée, non seulement aux animaux malades et aux animaux qui ont cohabité ou ont pu avoir des rapports avec eux, mais encore à tous les animaux bovins de la localité; d'autres vont même plus loin et veulent que l'abatage soit étendu aux animaux du voisinage, à une distance plus ou moins éloignée. Je ne partage nullement cette manière de voir, et j'estime que, sans occasionner tant de pertes inutiles, on peut empêcher l'extension de l'épizootie et la détruire à son origine. Il suffira toujours selon moi, même au début de l'épizootie, de demander l'abatage des animaux malades, des animaux qui ont cohabité et de ceux qui ont pu avoir des rapports avec eux; mais il ne faudra pas hésiter par exemple à demander l'abatage de tous les animaux bovins d'une habitation infectée. Si malgré cela la maladie apparaissait sur d'autres animaux, dans d'autres étables, il faudrait pareillement demander l'application immédiate de la même mesure dans les nouvelles habitations infectées.

En quel lieu et comment devra se faire l'abatage? D'après le nouveau projet de loi, l'abatage devra être exécuté sur place et les cadavres seront ensuite transportés au lieu d'enfouissement. Je n'hésite pas à dire que cette disposition me paraît regrettable, en ce sens qu'il sera plus dangereux de faire transporter des cadavres sur le lieu d'enfouissement que d'y conduire les animaux vivants. Les véhicules qui seront employés pour ce transport seront infectés, et quel que soit leur degré de perfectionnement, ils pourront laisser échapper, par leurs fissures, des matières virulentes. Aussi, pour mon compte, je conseillerai toujours de conduire les malades sur le lieu d'enfouissement, pour y être abattus et enfouis aussitôt. Ce procédé, j'en conviens, a bien aussi quelques inconvénients; mais en prenant des précautions convenables, ces inconvénients seront moindres que ceux occasionnés par le transport des cadavres. On pourra, par exemple, conduire les animaux par un chemin particulier, leur faire laver les ouvertures naturelles, en un mot leur faire faire une espèce de toilette avant de les conduire au lieu de l'enfouissement et faire ramasser ou détruire les déjections rendues en route par les malades; on pourra même interdire ensuite la fréquentation du chemin parcouru. Le meilleur mode à employer pour l'abatage est l'assommement, qui consiste à faire asséner sur la tête des animaux un violent coup de massue, de manière à défoncer la boite crânienne. Par ce moyen on évite l'effusion du sang et les dangers qui pourraient en résulter pour les animaux, qui viendraient flairer ou lécher le lieu où il s'est répandu.

Règlementairement l'abatage devrait avoir lieu devant un représentant de l'autorité ou devant un délégué de la police et devant le vétérinaire sanitaire. Dans la pratique, cette disposition est très rarement suivie en entier, mais il est indispensable que l'une ou l'autre des personnes désignées soit présente. L'abatage exécuté et l'enfouissement pratiqué, il en est dressé un procès-verbal par l'autorité, ou par la police ou par le vétérinaire délégué. Les autopsies seront pratiquées ou non suivant les cas.

Les frais de transport, d'abatage et d'enfouissement sont à la charge des propriétaires.

Tout ce qui précède s'applique aux animaux et aux cadavres, qui ne doivent pas être utilisés pour la consommation ou pour l'industrie.

Utilisation. — Enfouissement des cadavres. — On peut, avons-nous dit déjà, consommer de la viande d'animaux suspects et même d'animaux malades, sans qu'il en résulte aucun trouble pour la santé. Pendant certains blocus, surtout pendant celui de Strasbourg (1815) et pendant celui de Paris (1870-71), les assiégés se sont nourris de viande provenant d'animaux typhiques, sans en être incommodés. Mais si dans des circonstances exceptionnelles il est nécessaire de tolérer et de conseiller même l'utilisation des viandes typhiques, il ne faut pas en conclure que cette pratique doive recevoir cours dans toutes les circonstances. Il convient dans certains cas de s'opposer non seulement à l'utilisation des chairs provenant d'animaux malades, mais aussi à l'utilisation et surtout au transport de celles provenant d'animaux suspects.

Quand le typhus n'occupe encore qu'une habitation ou quelques fermes, ou une localité restreinte, certains auteurs conseillent l'abatage des malades et des suspects, l'enfouissement des malades ou leur livraison à l'équarrissage et l'utilisation des suspects. Je ne suis pas de leur avis, et, en pareil cas lorsque l'épizootie sera restreinte, je conseillerai l'abatage des malades et des suspects, et l'enfouissement ou la livraison à l'équarrissage de tous les animaux abattus, afin de m'opposer plus sûrement à l'extension du typhus, car les chairs et les débris des animaux simplement suspects peuvent être eux-mêmes dangereux. C'est assez dire que dans ce cas, il n'y a pas lieu de permettre l'utilisation des débris pour l'industrie, quand il n'y a pas de clos d'équarrissage, puisque tout devra être enfoui.

Mais il ne doit pas en être toujours ainsi ; et quand l'épizootie occupera déjà une certaine étendue, il y aura lieu d'être moins rigoureux. On s'opposera toujours à l'utilisation des animaux malades et de leurs débris, tandis qu'on permettra l'utilisation des animaux sains ou simplement suspects. Ces animaux devront être, comme toujours, abattus et livrés à la consommation dans les localités infectées ; on n'en permettra pas en général l'exportation, et c'est tout au plus si on conseillera à l'autorité de permettre de transporter la viande de ces animaux dans les localités voisines, à condition qu'elle sera bien emballée et qu'on désinfectera les moyens de transport.

Lorsque les animaux malades seront morts naturellement, les propriétaires ne devront pas les enfouir, ni même les changer de place avant d'avoir prévenu l'autorité, qui interviendra aussitôt et prescrira l'enfouissement dans un lieu convenable, à une distance variable, mais qui ne devra pas être moindre de 150 à 200 mètres des habitations et des grandes voies de communications. L'enfouissement est en outre indiqué quand on abat des animaux malades et quelquefois aussi quand on abat des animaux simplement suspects, ainsi que nous l'avons déjà dit. Les cadavres seront transportés avec les animaux solipèdes, et à leur défaut à bras d'homme, mais jamais avec des animaux de l'espèce bovine. On évitera bien entendu de semer, sur le chemin de parcours, du fumier ou d'autres produits pouvant contenir de la matière virulente. Les fosses devront être assez profondes (1^m50 à 2 mètres au moins) pour que les animaux carnassiers ne puissent pas déterrer les cadavres ; on tailladera les peaux, on infectera les chairs avec des substances pyrogénées (acide phénique brut, phénate de soude, goudron, etc.), pour enlever à qui que ce soit l'envie de les déterrer; on recouvrira les cadavres avec toute la terre extraite de la fosse, après les avoir préalablement couverts d'une couche de chaux vive ou de chlorure de chaux ou de cendres; on placera sur la fosse des pierres ou des branchages, ou bien on l'entourera d'une haie et on fera planter sur ses bords un poteau portant un écriteau indiquant qu'en ce lieu on a enfoui des cadavres typhiques. Les débris, dont on permettra l'utilisation, devront être désinfectés avant d'être exportés hors du lieu infecté. Les cadavres enfouis ne devront pas être déterrés avant un an.

Dans les pays situés sur le littoral de la mer, l'enfouissement peut être avantageusement remplacé par l'immersion des cadavres; il sera même toujours préférable de jeter les cadavres à la mer, après les avoir éventrés.

Lorsque les animaux et les cadavres pourront être livrés à l'équarrissage. Il faudra conseiller ce mode de faire : la livraison à l'équarrissage est ordinairement une bonne mesure, qu'on devra conseiller dans tous les endroits où il se trouvera un clos d'équarrissage à proximité. Les animaux livrés à l'équarrisseur seront abattus sans délai, et leurs cadavres, ainsi que les cadavres des animaux qui auront été abattus ailleurs ou qui auront succombé à la maladie, devront être dénaturés et utilisés le plus vite possible. Il sera bon que l'autorité fasse surveiller l'équarrissage, afin qu'on ne puisse pas commettre de fraudes, afin qu'on ne puisse rien soustraire pour une autre destination. Les cadavres seront transportés avec des véhicules spéciaux, et les malades conduits par des chemins détournés au clos d'équarrissage, pour y être tués et utilisés. Mais si la distance à parcourir est longue, et surtout si, pour arriver au clos d'équarrissage, il faut traverser des localités plus ou moins peuplées d'animaux ruminants et non encore infectées, il vaudra mieux s'en tenir à l'enfouissement.

Indemnité. — La loi de 1866 fixa, aux trois quarts de la valeur des animaux, l'indemnité accordée en cas d'abatage prescrit par l'autorité. Un décret de 1871 régla le *modus faciendi* pour l'estimation des animaux désignés pour l'abatage, et le projet de 1879 consacre les dispositions du décret précité. L'évaluation des animaux est faite par deux experts désignés, l'un par le propriétaire et l'autre par le maire; celui du maire opère seul, si le propriétaire n'a pas nommé le sien. Il est dressé un procès-verbal, et en cas de dissentiment des deux experts, le maire donne son avis à la suite du procès-verbal, qui est déposé à la mairie. Ce procès-verbal est transmis au préfet; il doit être accompagné de l'ordre d'abatage, d'un certificat du maire constatant que l'abatage a eu lieu, d'un autre certificat du maire constatant que le propriétaire n'a pas contrevenu aux lois et règlements de police sanitaire, et de la demande d'indemnité formée par le propriétaire. En cas d'utilisation le produit de la vente reste au propriétaire, et s'il excède un quart de la valeur de l'animal, l'indemnité à payer par l'Etat sera réduite de l'excédant. Il est bien entendu que les experts doivent agir avec conscience, mais des abus nombreux étant à redouter, le montant de l'indemnité sera fixé par le ministre de l'Agriculture.

Loi relative aux indemnités à allouer pour tous les animaux dont l'autorité publique aura ordonné ou ordonnera l'abatage par suite du typhus contagieux des bêtes à cornes. (Du 30 juin 1866.)

Loi. — EXTRAIT DU PROCÈS-VERBAL DU CORPS LÉGISLATIF.

« ARTICLE UNIQUE. — Les indemnités allouées pour tous les animaux dont l'autorité publique aura ordonné ou ordonnera l'abatage, par suite du typhus contagieux des bêtes à cornes, seront fixées aux trois quarts de leur valeur.

Décret du 30 septembre 1871

« ARTICLE PREMIER. — L'indemnité des trois quarts de la valeur, allouée par la loi du 30 juin 1866 aux propriétaires d'animaux abattus par l'ordre de l'autorité publique, sera fixée par le ministre de l'Agriculture et du Commerce, après une expertise faite au moment même de l'ordre d'abatage.

« ART. 2. — L'évaluation de l'animal abattu est faite par deux experts désignés, l'un par le maire, l'autre par la partie. A défaut par la partie de désigner son expert, l'expert désigné par le maire opère seul.

« Le procès-verbal d'expertise est déposé à la mairie.

« En cas de dissentiment entre les deux experts sur l'évaluation de l'animal abattu, le maire donne son avis à la suite du procès-verbal.

« ART. 3. — Ce procès-verbal est transmis dans les cinq jours de sa date par le maire au préfet; il doit être accompagné :

« 1° De l'ordre d'abatage délivré par le maire, sur le rapport d'un vétérinaire ;

« 2° D'un certificat du maire constatant que l'ordre d'abatage a reçu son exécution ;

« 3° D'un certificat du maire constatant que la partie s'est conformée aux lois et règlements de la police sanitaire, notamment quant à la déclaration de la maladie de l'animal, dès que cette maladie s'est produite ;

« 4° De la demande d'indemnité formée par la partie.

« Le ministre statue dans le délai de trois mois, à dater de la réception des pièces.

« ART. 4. — Quand la peste bovine apparait d'une manière soudaine dans une localité, et qu'il n'y a qu'un petit nombre d'animaux suspects, les cadavres doivent être enfouis ou détruits sur place par les procédés connus de l'équarrissage.

« Si la peste bovine s'est étendue à une grande surface du territoire, l'usage des viandes abattues pourra être autorisé par un arrêté du préfet.

« Cet arrêté déterminera :

« 1° Les conditions sous lesquelles devra s'opérer le transport, soit de ces viandes, soit des animaux vivants suspects, du lieu de provenance u lieu de consommation ou d'abatage ;

« 2° Les précautions à prendre pour que les animaux vivants ne puissent être détournés de leur destination et soient abattus aussitôt après leur arrivée à l'abattoir.

« ART. 5. — Dans le cas prévu par l'article précédent, le produit de la vente des viandes sera laissé au propriétaire de l'animal abattu.

« Mais s'il excède le quart de la valeur de cet animal, l'indemnité des trois quarts dues par l'État sera réduite de l'excédant.

« ART. 6. — Les frais d'expertise, d'abatage, d'enfouissement, de désinfection, de transport des viandes et des animaux suspects, et tous autres frais accessoires, restent au compte des propriétaires.

« ART. 7. — Le ministre de l'Agriculture et du Commerce est chargé de l'exécution du présent décret, qui sera inséré au *Bulletin des lois* et publié au *Journal officiel* de la République française.

Projet de loi de 1879

TITRE II. — INDEMNITÉS.

« Art. 14. — Il est alloué aux propriétaires des animaux abattus pour cause de peste bovine, en vertu de l'article 7, une indemnité ainsi réglée : la moitié de leur valeur avant leur maladie, s'ils en sont reconnus atteints ;

« Les trois quarts de la valeur, s'ils ont seulement été contaminés.

« Dans le premier cas, l'indemnité ne peut excéder la somme de 400 fr. par tête, et dans le second, celle de 600 francs.

« Art. 15. — Lorsque l'emploi de débris d'un animal abattu pour cause de peste bovine a été autorisé pour la consommation ou un usage industriel, le propriétaire est tenu de déclarer le produit de la vente de ces débris.

« Ce produit appartient au propriétaire ; s'il est supérieur à la portion de la valeur laissée à sa charge, l'indemnité due par l'État est réduite de l'excédant.

« Art. 16. — Avant l'exécution de l'ordre d'abatage, il est procédé à une évaluation des animaux par deux experts désignés, l'un par le maire, l'autre par la partie.

« A défaut, par la partie, de désigner un expert, l'expert désigné par le maire opère seul.

« Il est dressé un procès-verbal de l'expertise ; le maire et le vétérinaire délégué contresignent le procès-verbal et donnent leur avis.

« Art. 17. — La demande d'indemnité doit être adressée au ministre de l'Agriculture et du Commerce, dans le délai de trois mois, à dater du jour de l'abatage, sous peine de déchéance.

« Le ministre peut ordonner la révision des évaluations faites en vertu de l'article 16, par une Commission dont il désigne les membres.

« L'indemnité est fixée par le ministre, sauf recours au Conseil d'État.

« Art. 18. — Toute infraction aux dispositions de la présente loi ou des règlements rendus pour son exécution peut entraîner la perte de l'indemnité prévue par l'article 14.

« La décision appartiendra au ministre, sauf recours au Conseil d'Etat.

« Art. 19. — Il n'est alloué aucune indemnité aux propriétaires des animaux abattus par suite de maladies contagieuses autres que la peste bovine. »

Désinfection. — La désinfection est, après la séquestration, la mesure la plus importante dans la police sanitaire des maladies contagieuses en général et du typhus en particulier. Elle est inscrite dans les principaux documents législatifs, et elle est indiquée après la disparition de la peste bovine d'une étable, d'une localité, après que des objets ont été souillés, etc. Elle doit porter sur les habitations et leur diverses parties, sur tous les objets et tous les ustensiles souillés ou soupçonnés de l'avoir été. Elle doit porter sur les moyens de transport, sur les débris cadavériques, sur les aliments et sur les boissons, sur les fourrages, sur les litières, sur les fumiers et les purins, sur l'atmosphère des habitations infectées, sur les animaux même non susceptibles de contracter le typhus, qui ont pu être souillés de matière contagieuse, et sur les personnes qui pourraient transporter avec elles des germes morbides.

Les agents désinfectants qu'il convient d'employer sont : l'air, l'aération, les courants d'air dans les habitations ; le sérénage pour les fourrages, les litières, les ustensiles, etc. ; le calorique, la dessiccation, l'eau et les solutions bouillantes, la vapeur d'eau, le feu, le flambage, qu'on utilisera le plus souvent possible ; les agents chimiques, tels que l'acide phénique et ses composés, qu'on emploiera en fumigations ou en lavages dans l'eau bouillante ; le chlorure de chaux, et la chaux vive, qu'on emploiera en lavages à l'eau bouillante, en badigeonnages ou en recrépissages ; les alcalins, le chlore, l'acide sulfureux, l'acide sulfurique, etc.

Nous connaissons d'une manière générale le mode de procéder à la désinfection ; il faudra l'appliquer avec le plus grand soin, quand il s'agira du typhus ; et, à propos de chaque objet à désinfecter, on procèdera comme il a été dit à propos de la désinfection considérée comme mesure générale. Ainsi, quand il s'agira de désinfecter une habitation, on enlèvera le fumier, on le transportera avec les solipèdes, on le brûlera ou on l'enfouira, ou on le traitera par des matières chimiques (chaux, acide sulfurique,

chlorure de chaux, acide phénique brut, phénate de soude, etc.);
on traitera de même les purins; on sortira les fourrages et les
litières, qu'on brûlera ou qu'on désinfectera (sérénage, dessiccation) ou qu'on donnera aux solipèdes; on sortira tous les objets
mobiles et on les détruira ou on les désinfectera par le feu, par les
agents chimiques, etc.; on établira une aération complète dans
l'habitation et on l'assainira; on désinfectera le sol, les murs, le
plafond, les mangeoires, les râteliers; on emploira à cet effet des
lavages réitérés à l'eau bouillante avec des solutions alcalines,
phéniquées, chlorurées, acidifiées, des jets de vapeur d'eau, si on
peut en avoir; on procédera au repavage, au grattage, au repi-
quage, au plâtrage, au goudronnage, au badigeonnage à la chaux,
au chlorure de chaux, à l'acide phénique; on fera des fumigations
phéniquées, sulfureuses; on brûlera, on flambera les objets en
bois et autres. L'opération de la désinfection sera conduite, réglée
et surveillée par un vétérinaire. Une fois la désinfection terminée,
et après que l'habitation sera restée deux jours calfeutrée avec
son atmosphère sulfureuse ou phéniquée, on ouvrira portes et
fenêtres, on la laissera ainsi encore séquestrée pendant 15 jours
ou seulement 12 jours, et on en permettra ensuite le repeuplement avec des animaux de provenance non suspecte.

Ainsi donc, après l'extinction de l'épizootie dans une localité, le
repeuplement des étables, bien désinfectées d'abord, pourra être
autorisé 15 jours après, quoique certains auteurs conseillent un
délai de 3 à 4 semaines.

Quand les fumiers auront été enfouis, on pourra en permettre
l'utilisation trois mois après.

Les frais de la désinfection sont à la charge du propriétaire, en
France, tandis qu'en Allemagne l'Etat lui vient en aide.

INSTRUCTION SUR LES MESURES A PRENDRE CONTRE LA PESTE
BOVINE OU TYPHUS CONTAGIEUX DES BÊTES A CORNES. (Versailles, le 20 mars 1871.)

« Monsieur le Préfet, les instructions, qui vous ont été précédemment adressées par mon administration au sujet de la peste
bovine, ayant été diversement interprétées dans plusieurs départements, il me paraît utile de résumer de nouveau, et de manière

à coordonner uniformément l'action gouvernementale, les mesures à prendre contre cette épizootie. De toutes les maladies qui attaquent le gros bétail, la peste bovine est, vous le savez, la plus redoutable. Aucune ne se répand aussi rapidement, aucune n'est aussi meurtrière. Une fois qu'elle a pénétré dans une contrée, on peut affirmer qu'elle y exercera de grands ravages, si on ne prend des mesures immédiates et énergiques pour l'éteindre ou pour limiter ses progrès.

« Le caractère essentiel de cette maladie, c'est *sa contagion;* elle est tellement contagieuse, qu'il n'est pas nécessaire pour qu'un animal la contracte, qu'il soit mis en contact direct avec un animal malade; il peut la gagner à distance et même en plein air, s'il est placé sous le vent d'un foyer infectieux. Il y a plus; cette maladie peut être importée dans une étable renfermant des animaux en santé par l'intermédiaire des vêtements de personnes qui ont séjourné dans des étables infectées, ou qui ont eu des rapports avec des animaux malades. Les moutons, les chèvres, les chiens, les fumiers, les fourrages, etc., peuvent, dans les mêmes conditions, servir de véhicule à la contagion. Mais la bête malade est toujours l'agent principal et le plus actif de la propagation du mal.

« La peste bovine, et c'est là un point important à signaler, est une maladie étrangère à l'Europe occidentale; elle ne s'attaque à nos bestiaux que lorsqu'elle a été transmise par contagion.

« Cette épizootie ne se décèle pas à l'extérieur par un ensemble de signes morbides constamment les mêmes; elle affecte au contraire, dans ses modes de manifestation, des physionomies souvent différentes, qui expliquent le défaut de concordance entre les descriptions qu'en ont données les auteurs et les difficultés de la reconnaître au début, quand on ignore son existence dans la contrée. Aussi, au point de vue de la préservation de la peste bovine *par le concours des propriétaires*, on peut, sans inconvénient, négliger l'exposé des symptômes qui la distinguent. Dans les localités envahies et dans celles menacées par l'approche du mal contagieux, les détenteurs de bestiaux agiront prudemment en considérant comme étant sous le coup de cette maladie tout animal chez lequel on observera des signes vagues de tristesse, d'inappétence, ou un changement quelconque dans son état habituel. En un mot, quand on sait que le typhus contagieux règne dans la localité ou dans les localités environnantes, une indisposition du bétail, même légère, établit la présomption de l'existence du mal à son début. A ce titre, il devra être immédiatement isolé et soumis sans retard à la visite du vétérinaire.

« Dans le but d'éviter les désastres que cause d'ordinaire cette terrible épizootie, il faut de toute nécessité prendre des mesures pour prévenir son invasion dans un pays, pour l'éteindre et pour empêcher sa propagation lorsqu'elle parvient à y pénétrer.

« Ces mesures sont de deux ordres. Les unes, édictées par les lois et les règlements sanitaires, comprennent : 1° la déclaration ; 2° l'isolement ; 3° la séquestration ; 4° la visite ; 5° le dénombrement et l'estimation des animaux ; 6° l'abatage ; 7° l'enfouissement des cadavres et des débris cadavériques ; 8° la désinfection ; 9° la suspension des foires et marchés ; 10° les cordons sanitaires ; 11° la surveillance du commerce et de la circulation du bétail ; 12° le transport et l'utilisation de la viande, des peaux, des suifs.

« Ces prescriptions sanitaires, les autorités ont le droit et le devoir de les ordonner, en s'inspirant toutefois de l'opportunité des circonstances qui les réclament, et en les proportionnant à la gravité du danger contre lequel elles sont dirigées.

« Les autres mesures sont du ressort presque exclusif des personnes intéressées à la conservation de leurs bestiaux.

§ Ier. — OBLIGATIONS ET DEVOIRS DES AUTORITÉS.

« Quand on a lieu de redouter l'invasion de la peste bovine dans une localité, l'autorité départementale, cantonale ou communale devra se préoccuper du commerce et du mouvement du bétail. Les seuls moyens préservatifs, reconnus efficaces pour s'opposer à l'importation de la contagion, sont la défense de l'introduction de l'espèce bovine de provenance de contrées infectées ; la suspension des foires et des marchés dans la circonscription voisine des localités envahies ; l'interdiction de l'importation des fumiers, des peaux fraîches et autres issues d'animaux abattus ; la surveillance des marchands et des conducteurs de bestiaux ; l'obligation de faire visiter les animaux avant leur entrée sur le territoire, en indiquant leur origine. Mais l'Administration ne doit pas perdre de vue que ces mesures excessives nuisent toujours au commerce et à l'industrie ; que la nécessité qui les commande ne saurait faire oublier qu'elles doivent, dans les limites du possible, se concilier avec les intérêts généraux du pays et avec les besoins de la consommation, et que, dans tous les cas, leur durée est subordonnée à la durée même du danger. Il y a donc lieu, pour les autorités, à examiner la situation froidement et nettement, et à n'appliquer les mesures préservatrices dans toute leur rigueur qu'avec une sage réserve. En ce qui concerne notamment la suspension des foires et marchés et la circulation du bétail, il serait désirable que la prohibition restât limitée aux localités seules exposées à la contagion, et ne s'étendît à tout le département, que si la nécessité en était impérieusement reconnue.

« Dans quelques départements non attaqués, on a cru devoir interdire absolument le transit de tout bétail, même en chemin de fer, de telle sorte qu'on intercepte ainsi l'approvisionnement des grands centres de consommation ; c'est là un fait anormal presque inutile, et dont on aurait pu conjurer les éventualités par une surveillance sévère dans les gares, en empêchant les arrêts prolongés et en exigeant que les wagons fussent garnis de manière à ne laisser échapper aucune déjection.

« Sur d'autres points, on a interdit l'entrée et la sortie du bétail sans aucune distinction. Il en est résulté que des localités, sièges habituels d'exportation, quoique parfaitement saines, ont vu leur commerce et leurs transactions complètement arrêtés, au grand détriment du producteur et du consommateur. Une inspection vétérinaire, organisée dans les gares de débarquement, aurait suffi pour écarter tout danger.

« Je me borne à citer ces exemples pour démontrer l'importance de l'examen des faits locaux par les autorités avant l'adoption des mesures générales et trop absolues.

§ II. — INTRODUCTION DE LA PESTE BOVINE.

« Si, malgré les mesures prises, la peste bovine pénètre dans l'intérieur de la contrée, il faut recourir à l'*abatage immédiat* des animaux malades et des animaux suspects par suite de la cohabitation. Exécutée dès le début du mal, cette mesure a pour résultat certain de limiter les foyers de la contagion et de les éteindre sur place ; l'autorité doit la prescrire aux propiétaires, parce qu'elle constitue le moyen par excellence pour détruire la peste bovine, et pour empêcher la propagation de la contagion.

« A l'abatage succède la mesure de l'enfouissement. Sans chercher à utiliser aucun de leurs produits, il faut enfouir les cadavres dans un lieu isolé, dans des fosses de 2 mètres de profondeur, les couvrir de chaux et de substances désinfectantes, si l'on en a à sa disposition, surexhausser le sol au-dessus de ces fosses, l'entourer de barrières ou d'obstacles pour empêcher l'approche des animaux. On enfouira avec le même soin les fumiers, les litières, les fourrages délaissés par le bétail malade; on désinfectera ensuite les étables en lavant d'abord à l'eau bouillante le sol, les murs, les mangeoires, et ensuite avec de l'eau chlorurée ou phéniquée; on dégagera des vapeurs de chlore dans les locaux, on les ouvrira après vingt-quatre heures; on établira des courants d'air et on attendra, pour les réoccuper, que la peste bovine n'existe plus dans la localité; on interceptera toutes les voies de communication de la commune infectée avec l'extérieur, en établissant des tranchées et barrières, et, en outre on fera connaître, par des inscriptions apparentes, que l'épizootie sévit dans la commune.

« C'est par l'application rigoureuse de ces moyens sanitaires à tous les foyers qui se manifesteront, que l'autorité, secondée par le bon vouloir des propriétaires, pourra arrêter la marche du typhus contagieux. Quant aux demandes qui ont été adressées pour réclamer des indemnités par suite de l'abatage des animaux malades ou suspectés de la peste bovine, je ne dois pas vous laisser ignorer, Monsieur le Préfet, que ces indemnités, aux termes de la loi du 6 juillet 1866, ne peuvent être allouées que pour les animaux dont l'autorité publique aura cru devoir ordonner l'abatage.

§ III. — EXTENSION DE LA PESTE BOVINE.

« Lorsque la peste bovine envahit à la fois une grande étendue de territoire, et qu'il existe de nombreux foyers de contagion dans l'arrondissement ou le département, l'intervention de l'autorité se traduira par des mesures nouvelles, complémentaires des mesures précédentes, qu'elle maintiendra et continuera à faire appliquer, suivant l'exigence des circonstances au milieu desquelles apparaît cette épizootie.

« Mais, pour rendre plus facile et plus efficace cette intervention, et pour atténuer les pertes que la peste bovine occasionne aux propriétaires, l'Administration ne s'opposera pas à la vente de la viande des animaux abattus dans la localité même. Elle permettra également le transport de cette viande au dehors, en faisant savoir qu'elle peut être consommée sans danger, à la condition qu'elle ne laissera rien à désirer sous le rapport de sa conservation. L'expérience de plus d'un siècle démontre que la chair des bêtes atteintes de la peste bovine, mais abattues avant leur mort, ne présente aucun inconvénient pour la santé publique A plus forte raison, la viande provenant du bétail placé au milieu des foyers de la contagion peut-elle être utilisée et transportée sans le moindre inconvénient.

« Lorsque la peste bovine envahit une contrée riche en bétail, l'autorité agira sagement, en vue de l'extinction de cette maladie, en autorisant le commerce des animaux non malades mais exposés à le devenir, *à la condition qu'ils seront destinés à la boucherie, et qu'ils seront visités à leur départ et à leur arrivée;* toutefois, cette autorisation ne devrait être accordée qu'aux acheteurs qui justifieront :

« 1° Que le transport pourra s'effectuer dans un court délai ;

« 2° Que le bétail ne stationnera dans les gares que le temps nécessaire à son embarquement ;

« 3° Que les wagons seront désinfectés, après chaque expédition, par les soins de l'expéditeur ou par ceux de la Compagnie.

« Si, au début de l'invasion, et alors qu'elle est localisée dans une étable ou un petit nombre d'étables, il y a avantage, après l'abatage, à enfouir les animaux avec la peau, il n'en est pas de même lorsque le mal a occasionné une grande mortalité; l'enfouissement, dans ce cas, offre souvent une sécurité trompeuse contre les dangers de la contagion ; il est préférable de laisser aux propriétaires la liberté de tirer parti de leurs bêtes en les livant aux équarrisseurs dont les établissements, placés dans le voisinage, permettraient de les transformer en produits industriels. Les maires des communes, dans lesquelles se trouvent situés les chantiers d'équarrissage, veilleront à l'observation des prescriptions sanitaires relatives à ces établissements; ils défendront notamment l'encombrement des cadavres et le transport des cuirs frais et des autres issues qui n'auraient pas été, au préalable, désinfectés.

« Mais, pour que l'action de l'Administration soit aussi efficace que possible, il faut que les personnes, directement intéressées à la conservation du bétail, lui viennent en aide, et que tous les efforts soient concertés avec intelligence pour lutter contre le mal commun qui menace la contrée, et dont l'invasion pourrait causer des pertes considérables. Vous ne sauriez trop rappeler, Monsieur le Préfet, que les mesures édictées par les règlements ne peuvent avoir de résultat effectif, que si l'Administration est secondée par l'initiative individuelle; sans son concours persévérant et dévoué, il est à redouter que la peste bovine ne déjoue tous les moyens mis en pratique pour la prévenir et pour l'éteindre. Aussi vous devrez solliciter le concours des propriétaires, des divers détenteurs d'animaux, des juges de paix, des membres des diverses sociétés d'agriculture, des médecins, des vétérinaires, de la gendarmerie, des gardes champêtres. Ce ne sera pas trop du concours de tout le monde pour exercer une surveillance active, et pour empêcher, le cas échéant, les considérations d'intérêt privé de l'emporter sur les exigences de l'intérêt public.

« De ce court exposé sur la subtilité de la contagion de la peste bovine et sur les dangers de sa propagation, on peut déduire les prescriptions suivantes, que vous ne sauriez trop recommander à l'attention des propriétaires.

« Ces prescriptions consistent :

« 1° A isoler les animaux dans les étables ;

« 2° A n'introduire dans la ferme aucune bête du dehors ;

« 3° A suspendre la saillie qui, dans certaines localités, provoque la circulation du bétail ;

« 4° A fermer les étables et à en interdire l'entrée à toutes personnes autres que celles préposées au soin du bétail ;

« 5° A supprimer les pâturages quand il est possible de nourrir les animaux à l'étable ;

« 6° Si la nécessité l'exige, à placer ceux-ci dans des pâturages clos, en ayant la précaution de les isoler autant que le permet la configuration du sol ;

« 7° A interdire les accès de la ferme en clôturant les passages, les routes communiquant avec les grandes voies de circulation ;

« 8° A tenir à l'attache les chiens et à renfermer les autres animaux de ferme, les chevaux exceptés ;

« 9° A faire visiter et à déclarer les animaux au moindre signe de maladie ;

« 10° A prévenir l'autorité dès le début de l'existence de la peste bovine ;

« 11° A faire tuer et à faire enfouir les premières bêtes atteintes et celles qui ont eu avec elles des rapports de contact ;

« 12° A placer dans un isolement complet le bétail que les propriétaires, en raison de sa valeur comme reproducteur, désirent conserver et traiter en vue de la guérison.

« En résumé, *fermer toutes les voies ouvertes à la contagion*; voilà le but qu'il faut poursuivre et qu'on peut atteindre avec de la prudence et de la volonté.

« Dans les circonstances pénibles que traverse le pays, votre dévouement et votre sollicitude ne sauraient faire défaut à une mission aussi importante. Veuillez, je vous prie, Monsieur le Préfet, me tenir au courant de tous les faits qui peuvent se produire, et me renseigner sur la marche du mal, sur sa propagation et sur les mesures adoptées dans l'intérêt des populations de votre département. Je vous adresserai prochainement, à l'appui de cette instruction sommaire, plusieurs exemplaires d'une instruction plus détaillée, préparée par la commission des épizooties. Je vous recommanderai de la distribuer entre les associations agricoles, les vétérinaires et les éleveurs intéressés à connaître les caractères distinctifs de la maladie.

« Recevez, Monsieur le Préfet, l'assurance de ma considération très distinguée,

« *Le Ministre de l'agriculture et du commerce,*

« LAMBRECHT. »

POURSUITES A EXERCER POUR INFRACTIONS AUX LOIS ET RÈGLEMENTS SUR LA POLICE SANITAIRE. (Versailles, le 23 novembre 1871.)

« Monsieur le Préfet, parmi les causes les plus actives de la propagation de la peste bovine, il faut placer en première ligne la circulation et le commerce clandestin du bétail.

« Les détenteurs sont trop enclins à enfreindre les dispositions qui prescrivent la séquestration des bestiaux dans les communes infectées, et, d'autre part, des marchands ne se font pas scrupule d'y acheter des animaux à vil prix, pour les vendre ailleurs avec un bénéfice scandaleux, au risque de répandre la contagion partout où ils seront conduits.

« Un pareil trafic peut causer les plus graves préjudices à la fortune publique, et ceux qui s'y livrent doivent être recherchés et déférés impitoyablement à la justice.

« Il est nécessaire que, quelles qu'elles soient, les infractions aux lois et règlements sur la police sanitaire soient réprimées avec la dernière rigueur. La coupable avidité des uns, l'incurie des autres font aux tribunaux un devoir de se montrer inflexibles et d'infliger les peines les plus sévères, afin d'inspirer une crainte salutaire aux premiers et de secouer l'apathie des seconds.

« Mais, si la simple violation des règles sanitaires ne peut donner lieu qu'à l'application des pénalités écrites dans la loi, il n'en est pas de même lorsqu'elle a pour résultat de communiquer la maladie à d'autres animaux.

« Ici, en effet, la question change de face, ou plutôt s'élargit. Au délit vient s'ajouter le dommage causé.

« L'épizootie, une fois introduite dans une localité par le commerce clandestin du bétail, entraîne généralement l'abatage des animaux sur lesquels elle se propage. Mais, dans ce cas, c'est la responsabilité de l'Etat qui est aggravée, puisque, en définitive, c'est lui qui fait abattre les animaux contaminés et qui en rembourse le prix en conformité de la loi du 30 juin 1866. Cependant, aux termes de l'article 1382 du Code civil, l'auteur de tout dommage doit le réparer. Cette disposition peut être invoquée en l'espèce, et, comme c'est l'Etat qui subit réellement le dommage causé par l'introduction frauduleuse d'animaux infectés, c'est à l'Etat qu'il appartient d'exercer son recours contre qui de droit.

« Chargés de veiller aux intérêts généraux, il y a là pour nous une étroite obligation que nous ne devons pas négliger de remplir.

« Ainsi donc, Monsieur le Préfet, toutes les fois que l'instruction établira que les délinquants ont contribué à répandre la contagion, vous voudrez bien intervenir au procès en vous portant partie civile. Vous aurez alors à développer les considérations qui précèdent, et à réclamer, au profit de l'Etat des dommages-intérêts en rapport avec le nombre des animaux qu'il aura fallu abattre et et la somme des indemnités à payer.

« Les frais qui pourraient résulter de ces actions civiles seront nécessairement supportés par mon ministère.

« Les doubles condamnations prononcées de la sorte auraient un effet moral considérable, en montrant que les coupables peuvent être atteints à la fois dans leurs personnes et dans leur fortune. Il conviendrait aussi de porter toutes les condamnations de cette nature à la connaissance du public, avec les noms des délinquants, par tous les moyens de publicité dont vous disposez.

« J'ajouterai qu'à part l'obéissance due à la loi, il importe moins de frapper les individus que de faire des exemples capables de ramener les esprits au sentiment du devoir. Dès lors, je considère comme indispensable que la plus grande célérité soit apportée dans la répression des délits relatifs à la police sanitaire du bétail, et je vous prie, en terminant, de faire appel dans ce but au concours de M. le Procureur de la République.

« Recevez, Monsieur le Préfet, l'assurance de ma considération la plus distinguée.

« Le Ministre de l'agriculture et du commerce,

« VICTOR LEFRANC. »

INTERDICTION ABSOLUE DE TOUT TRAITEMENT SUR LES ANIMAUX ATTEINTS DE L'ÉPIZOOTIE OU SUSPECTS DE CONTAMINATION. (Versailles, le 28 novembre 1871.)

« Monsieur le Préfet, mon administration a remarqué que dans quelques états de situation de la peste bovine, transmis tous les dix jours de certains départements, des animaux étaient portés comme étant en traitement ou en observation.

« Je crois devoir rappeler de nouveau que ces essais de médication sont formellement interdits. Il est plus que jamais nécessaire de proscrire toute temporisation à l'égard d'une affection si redoutable. Tout animal reconnu atteint de l'épizootie ou suspect de contamination doit être immédiatement abattu, et je vous recommande de donner les instructions les plus sévères dans votre département pour cet objet.

« Recevez, Monsieur le Préfet, l'assurance de ma considération la plus distinguée.

« Le Ministre de l'agriculture et du commerce,

« VICTOR LEFRANC. »

QUESTION DES INDEMNITÉS POUR PERTES DE BESTIAUX ABATTUS PAR SUITE DE LA PESTE BOVINE. RENVOI DE PIÈCES. (Versailles, 12 décembre 1871.)

« Monsieur le Préfet, par votre lettre du   vous m'avez transmis les demandes présentées par des cultivateurs de votre département, à l'effet d'obtenir l'indemnité accordée, en vertu de la loi du 30 juin 1866, pour pertes de bestiaux abattus par suite de la peste bovine.

« En présence des exagérations remarquées par mon administration dans les procès-verbaux d'estimation produits à l'appui de ces demandes, en raison de la persistance de l'épizootie et des sacrifices considérables qu'elle a déjà imposés à l'Etat, il est devenu indispensable de prendre de nouvelles dispositions pour assurer une répartition plus équitable des indemnités qu'il peut y avoir lieu d'allouer conformément à la loi précitée.

« L'administration de l'agriculture a déjà liquidé des indemnités pour une somme d'environ 5 millions de francs, mais elle a lieu de croire que, dans un sentiment de complaisance qu'on ne saurait trop réprouver, les autorités locales n'aient quelquefois délivré des certificats conçus de façon à faire participer leurs administrés à une indemnité qui ne peut et ne doit être accordée que dans les conditions spéciales déterminées par la loi de 1866 et le décret du 30 septembre 1871.

« Ces fraudes deviennent un scandale, et il importe de les déjouer. C'est le devoir de l'Administration de protéger la fortune publique contre les manœuvres déloyales de ceux dont la conscience est assez aveuglée pour croire que l'on peut impunément tromper l'Etat.

« Les tendances à l'exagération dans les évaluations s'accusent de plus en plus, et il est absolument nécessaire d'y porter remède.

« Vous comprendrez, Monsieur le Préfet, que mon administration n'est pas en situation de ramener elle-même à leur véritable prix les animaux sacrifiés, soit par ignorance des circonstances locales ou de la valeur habituelle du bétail de la contrée.

« Je vous prie, en conséquence, d'instituer au chef-lieu de votre département une commission spéciale chargée de réviser les demandes d'indemnités que je vous renvoie ci-jointes, et toutes celles qui vous seront adressées à l'avenir.

« Cette commission sera composée de la manière qui vous paraîtra offrir le plus de garantie pour un examen attentif, consciencieux et éclairé des pièces composant chaque dossier. Elle devra se faire rendre compte, toutes les fois que cela lui semblera utile, des circonstances qui ont amené les abatages et des conditions dans lesquelles ils ont été effectués. Les estimations seront examinées avec soin, mais la commission devra surtout s'appesantir sur la constatation de l'abatage, et uniquement de l'abatage pour cause de peste bovine. Il est arrivé en effet bien souvent que, malgré l'injonction adressée aux détenteurs d'animaux malades ou suspects, cette mesure n'a pas été exécutée. Les sujets ont été abandonnés à eux-mêmes, et ils ont succombé naturellement aux suites de la maladie ; cependant on n'en réclame pas moins une indemnité en produisant l'ordre délivré par le maire. Il y aurait lieu de craindre encore que l'on ne fît abattre, sous prétexte de peste bovine, des animaux atteints de toute autre maladie jugée incurable.

« La loi du 30 juin 1866, vous le savez, n'a pas pour but de couvrir les sinistres causés par l'épizootie de peste bovine. Son objet unique est de compléter les dispositions légales de police sanitaire applicables à cette épizootie, en fixant la quotité de l'indemnité à accorder au propriétaire dont l'animal a été sacrifié dans une mesure d'intérêt commun. Pour que l'indemnité soit acquise, il faut donc de toute nécessité que les conditions qui y donnent droit aient été remplies.

« On ne peut admettre, par exemple, qu'un propriétaire laissant la maladie se développer sur ses animaux, sans en faire tout d'abord la déclaration au maire, serait fondé à invoquer les dispositions de la loi en vue d'obtenir une indemnité, si l'autorité vient à faire abattre ses animaux pour éteindre un foyer d'infection qui constitue un danger public. Bien plus, par le fait de sa négligence, ce propriétaire a pu contribuer à l'extension du mal contagieux. Au lieu d'avoir droit à une indemnité, il serait passible de poursuites judiciaires, s'il était démontré qu'il a aggravé les charges de l'État, en communiquant la maladie aux bestiaux du voisinage.

« C'est dans cet esprit que la commission devra procéder à ses opérations. Lorsqu'elle rencontrera quelques difficultés, elle voudra bien en tenir note, et je vous prierai de joindre ses observations aux dossiers auxquels elles se rapporteront.

« Je vous serai obligé, d'ailleurs, de faire parvenir à mon administration, après le travail de la commission, toutes les pièces en les accompagnant d'un bordereau en double expédition dressé dans la forme ordinaire.

« Recevez, Monsieur le Préfet, l'assurance de ma considération la plus distinguée.

« Le Ministre de l'agriculture et du commerce,

« Victor LEFRANC. »

CHAPITRE IX

PLEUROPNEUMONIE CONTAGIEUSE

Définition. — La péripneumonie contagieuse est une maladie générale, décelée par de la fièvre, par des modifications fonctionnelles plus ou moins prononcées, par des symptômes de pneumonie et de pleurésie, caractérisée par des lésions de la plèvre et du poumon, par une exsudation plus ou moins accusée, par sa contagiosité, par sa virulence et son inoculabilité.

Elle offre les plus grandes analogies avec l'inflammation ordinaire des plèvres et des poumons; mais elle s'en distingue par sa virulence.

On l'a encore appelée *pleuropneumonie, pneumosarcie, pulmonie, maladie de poitrine du gros bétail;* on ajoute à ces dénominations l'épithète *contagieuse;* on a parfois appelé cette affection *pleuropneumonie exsudative, pleuropneumonie maligne, pleuropneumonie gangréneuse, pleuropneumonie épizootique.* C'est là en effet, une affection contagieuse, épizootique, exsudative, souvent grave et quelquefois gangréneuse, comme toutes les inflammations pulmonaires, mais la complication de septicémie n'arrive qu'exceptionnellement.

SYMPTOMATOLOGIE

Les symptômes de la pleuropneumonie contagieuse sont faciles à retenir, mais ils ne sont pas toujours pathognomoniques. Ils ne suffisent pas toujours pour permettre de la diagnostiquer; aucun d'eux ne permet d'affirmer que l'on est en présence d'une maladie spécifique. Ils ont pourtant une grande importance, surtout quand on sait que la maladie règne dans un pays.

Quels sont les animaux qui sont atteints par la péripneumonie? On observe cette affection chez les animaux de l'espèce bovine; et autrefois on croyait qu'elle était particulièrement fréquente chez les animaux des régions montagneuses; on la disait même originaire des montagnes du Jura. Mais on l'observe cependant dans de nombreux pays, et elle ne prend pas naissance dans les montagnes comme l'ont avancé certains auteurs; sa seule cause efficiente est la contagion, et cette cause peut la produire en tous lieux.

On l'a observée et étudiée en France, surtout en Franche-Comté, dans le département du Rhône, en Auvergne, dans le Nord, etc. ; elle se conserve parfois d'une façon permanente dans certaines étables, dans certaines localités. Elle a été également observée et étudiée en Suisse, en Hollande, en Belgique, en Angleterre, en Italie, en Allemagne, en Autriche-Hongrie, en Suède, dans le Danemark, en Russie, en Pologne; elle a même fait son apparition jusque dans la colonie du Cap, ainsi qu'en Amérique et en Australie.

Il n'y a pas encore bien longtemps qu'on disait que la Suisse et la Hollande étaient ses pays de prédilection; mais une pareille idée est absolument erronée, et si parfois la péripneumonie a sévi avec intensité dans ces pays (elle a occasionné de grandes pertes en Hollande encore dans ces dernières années), cela a tenu tout simplement à ce que l'on ne l'a pas toujours combattue rationnellement et énergiquement. Aujourd'hui elle est extirpée à peu près complètement de la Suisse, et quand elle y fait son apparition, c'est qu'elle y est introduite par le commerce.

On l'observe surtout dans les pays qui ont besoin d'importer beaucoup d'animaux de l'espèce bovine.

La pleuropneumonie ne présente pas toujours les mêmes caractères symptomatologiques et anatomiques; les formes sont un peu variables suivant les épizooties, suivant les conditions et le milieu hygiéniques qui entourent les animaux, suivant la constitution, le tempérament et le degré de résistance des malades; sa gravité varie suivant ses formes.

La maladie se présente le plus souvent sous le type aigu, mais elle peut cependant passer ensuite à l'état subaigu ou même à l'état chronique. Souvent elle est sthénique et s'accompagne d'une fièvre plus ou moins intense; d'autres fois elle peut être plus ou moins asthénique; quelquefois elle est comateuse et alors les animaux présentent un aspect fort analogue à celui des malades qui sont atteints de typhus, mais cette forme est rare. Elle est sèche ou humide, suivant qu'elle s'accompagne ou non d'écoulements morbides (jetage, chassie, diarrhée); elle finit toujours par affaiblir considérablement les malades. Quelquefois elle se présente avec des caractères peu accentués, et il arrive même qu'on n'observe pas de jetage, pas d'état catarrhal de la muqueuse pituitaire.

Quoique se localisant plus particulièrement sur les voies respiratoires, elle peut néanmoins atteindre d'autres organes, et sa gravité est en rapport avec l'étendue des lésions dont elle s'accompagne.

Parfois elle est bénigne, s'accuse par des symptômes légers et alors elle se termine promptement par la guérison; ces cas sont rares et ne se voient guère qu'à la fin des épizooties. Il est en outre des cas où elle peut même passer inaperçue, on dit alors qu'elle se présente sous la forme latente. La commission, nommée en 1849 pour étudier sa contagion, observa un certain nombre de ces cas.

La péripneumonie, qui évolue chez un individu, est toujours précédée d'une période d'incubation, dont la durée peut varier de 8 à 14 jours et peut même aller, dit-on, jusqu'à 40 jours, 60 jours, 90 jours; mais cette dernière affirmation n'est pas suffisamment vérifiée et il ne faut l'admettre que sous certaines réserves. Les faits qu'on allègue pour justifier l'admission d'une si longue durée d'incubation ne sont pas assez démonstratifs et surtout pas assez sûrs. Les animaux, transportés au Cap ou en Australie, quoique sains en apparence au moment de leur embarquement, étaient déjà contaminés, puisqu'ils devaient introduire la maladie dans les nouveaux pays où on les importait; dès lors, il me semble bien difficile de croire sans réserve que les sujets, tombés malades en arrivant, aient couvé la maladie pendant deux ou trois mois, car il n'est pas démontré que ces animaux n'avaient pas contracté la maladie en route, au contact de ceux qui étaient contaminés au moment du départ et qui ont pu présenter une péripneumonie bénigne, latente, inaperçue.

Lorsque la maladie débute, elle se manifeste par des prodromes ou des symptômes fébriles vagues, qui peuvent d'ailleurs appartenir à toute maladie inflammatoire grave, et par des symptômes moins vagues dont la signification n'est pourtant que relative. Il survient une modification dans l'habitude extérieure des animaux; les malades sont tristes, abattus; la peau devient plus sèche, les poils se piquent ; les membres deviennent raides ; les allures sont moins dégagées ; la région lombaire est hyperesthésiée. L'appétit diminue plus ou moins, devient capricieux ; la rumination ne se fait plus régulièrement, elle est moins fréquente et moins longue ; les malades se météorisent de temps en temps.

La circulation s'accélère, le pouls devient plus fort et plus fréquent ; les muqueuses apparentes, et surtout la conjonctive sont injectées et fortement colorées.

Il se produit presque toujours une élévation de température, qui peut varier de 1° à 2° et à 3°. Ce signe, quoique non pathognomonique, a ici la même importance qu'en ce qui concerne le typhus ; il permet de soupçonner très légitimement l'existence de la péripneumonie, quand il se produit sur des animaux, qui ont été exposés à la contagion. Il ne s'observe pourtant pas chez tous les individus, ou bien il est parfois si peu prononcé, qu'il est difficile de le différencier de l'état normal ; cela se voit ainsi chez les individus qui doivent avoir une péripneumonie bénigne ou latente. Chez les femelles en état de lactation on constate toujours une diminution notable de la quantité normale du lait. La respiration se modifie, s'accélère, devient moins régulière ; une toux légère se déclare.

Quelquefois, au déclin des épizooties, on n'observe pas d'autres symptômes et les malades se rétablissent alors rapidement ; il importe cependant de ne jamais oublier que de pareils malades peuvent propager leur mal.

Ordinairement les symptômes vont s'aggravant. La respiration se modifie de plus en plus : la toux est d'abord sèche, plus ou moins fréquente, toujours profonde et douloureuse ; il se produit parfois un léger jetage séreux ; la poitrine devient douloureuse à la pression et à la percussion ; l'auscultation ne donne pas encore des renseignements bien précis, cependant elle permet de constater une exagération de la rudesse du murmure respiratoire. Tous ces symptômes permettent de reconnaître le développement d'une maladie des voies respiratoires, et, si l'on a des renseignements sur l'existence antérieure de la péripneumonie dans l'habitation, dans la localité, etc., on se trouve alors dans la possibilité de porter un diagnostic à peu près certain.

L'apparition des divers symptômes du début indique que le virus s'est généralisé, qu'il s'est multiplié, qu'il a agi sur le sang et sur les différents organes, principalement sur ceux de la respiration; ainsi s'expliquent la fièvre et les symptômes fournis par l'appareil respiratoire, qui annoncent une localisation des lésions dans le poumon et sur les plèvres, une hyperhémie et une exsudation à la surface des plèvres et dans le poumon.

Si à ce moment on combat rationnellement la maladie, on peut en enrayer la marche et en hâter la disparition; mais le plus souvent l'aggravation progresse, et au bout de 3, 4, 5 à 9 ou 10 jours tout au plus, l'affection est arrivée à son apogée, à une période où elle est franchement caractérisée.

Pendant la période d'état les lésions sont très marquées; ce sont celles de la pleurésie, qui consistent en formation de fausses membranes et en production d'un épanchement, ce sont aussi celles de la pneumonie bien établie.

Les symptômes vagues se sont aggravés; les animaux sont plus tristes, quelquefois ils sont dans un état comateux plus ou moins prononcé; le pouls devient petit et s'accélère encore; la peau est sèche, les poils sont hérissés, et on constate quelquefois des œdèmes, des infiltrations dans le tissu conjonctif sous-cutané, surtout dans la région sous-sternale, sous le ventre et même le long du bord inférieur de l'encolure.

La conjonctive devient rouge-ictérique; les yeux sont en quelque sorte voilés; ils sont larmoyants; quelquefois même ce larmoiement se transforme en une chassie jaunâtre, qui ressemble à celle des animaux atteints de typhus.

L'appétit diminue de plus en plus; la rumination cesse. La bouche est chaude et dégage une mauvaise odeur; la salivation est plus abondante qu'à l'état normal. Les malades ont parfois de la difficulté pour respirer et ouvrent la bouche; la langue se montre alors pendante au dehors. La météorisation se produit; il y a de la constipation; les excréments sont odorants et coiffés de matières muqueuses; puis à la constipation succède une diarrhée plus ou moins intense, excrémentitielle, séro-muqueuse et très fétide; ce dernier symptôme est très grave.

La circulation se modifie; les battements du cœur sont plus fréquents et de moins en moins forts; les muqueuses apparentes sont infiltrées et se montrent avec une teinte rouge-ictérique. La température élevée persiste; mais, lorsque l'animal est débilité, elle baisse, bien qu'il ne se produise pas d'amélioration, ce qui annonce alors une terminaison fatale. Les malades maigrissent rapidement, La lactation cesse à peu près complètement ou ne

32

fournit qu'un produit séreux; les urines sont rendues en moins grande quantité; les femelles en état de gestation avortent souvent.

La respiration devient de plus en plus difficile; les animaux écartent les membres antérieurs pour que la poitrine ne soit pas comprimée. La marche est pénible et difficile. La sensibilité générale est exagérée. La respiration est accélérée; il y a de la dyspnée, et parfois, à la fin de chaque expiration, les malades laissent échapper une plainte; les mouvements respiratoires deviennent irréguliers; la toux s'aggrave, elle est toujours profonde, elle devient plus fréquente, elle est plus ou moins grasse et s'accompagne ou non d'expectoration. Le jetage devient plus manifeste, plus abondant et change de caractères; il devient mucoso-purulent, parfois sanguinolent. La pression et la percussion de la poitrine provoquent de la douleur. Grâce à la percussion et à l'auscultation on peut constater les symptômes d'une pleurésie, d'une pneumonie unilatérales ou bilatérales, d'une bronchite. Dans les régions supérieures il y a une sonorité exagérée; il y a au contraire matité dans les régions inférieures ou dans d'autres parties. L'auscultation permet de constater une exagération du murmure respiratoire, un râle bronchique, un râle muqueux, un râle crépitant et un souffle tubaire. Souvent il y a broncho-pneumo-pleurite, quelquefois pneumo-pleurite, d'autrefois pneumonie ou pleurite, et parfois simple œdème pulmonaire.

Arrivée à ce degré, la maladie peut se terminer quelquefois par la résolution, par la guérison; mais le plus habituellement, lorsqu'elle en est venue à ce point, elle progresse et a une grande tendance à se terminer fatalement.

Des complications se produisent assez souvent. On observe fréquemment des œdèmes sous le ventre, sous la poitrine, au fanon, le long de la trachée, ainsi qu'au niveau de la gorge, au pourtour du pharynx et du larynx; ce qui peut gêner considérablement la respiration. Quelquefois il se produit un épanchement dans le péricarde (péricardite). Il se forme aussi parfois des lésions dans le foie (hépatite) dans la rate (splénite). L'intestin peut être vivement enflammé (entérite). Il se produit dans quelques cas des arthrites, des synovites, des éruptions cutanées, des tumeurs. Les femelles en état de gestation avortent ou transmettent la maladie au fœtus. La phthisie et la péripneumonie peuvent coexister sur le même malade.

La marche de la pleuropneumonie est plus ou moins rapide suivant l'âge des malades, suivant leur tempérament, suivant leur constitution, suivant les conditions hygiéniques au milieu desquelles ils se trouvent. La maladie peut durer 5, 10, 15, 20 et même 25 jours. Ce sont les animaux adultes, les plus vigoureux, les mieux nourris, et ceux qui sont entourés de la meilleure hygiène, qui résistent le plus longtemps. Elle marche plus rapidement en hiver, quand les animaux sont entassés dans des étables calfeutrées, trop petites et malpropres; elle est toujours plus rapide et plus grave chez les animaux qui sont gras, chez les femelles en état de gestation et chez les animaux qui sont mal nourris ou qui reçoivent des aliments ou des boissons altérées. Du reste on peut observer de nombreuses nuances suivant les sièges et l'étendue des lésions.

Lorsque la péripneumonie se termine par la guérison, au bout d'une durée variable, il se produit une résorption, qui fait rentrer dans le torrent circulatoire le plasma et les sérosités épanchées. Cette résorption peut être complète ou incomplète. Elle devient complète quand la maladie est peu avancée. Quand elle est arrivée à sa période d'état, il n'en est pas ainsi, puisqu'elle se termine le plus souvent alors par la mort; et, si les animaux guérissent, presque toujours il persiste certaines lésions et certains troubles fonctionnels; il est possible alors que les malades éprouvent des rechutes, car en vérité ils ne sont guéris qu'en apparence, ils peuvent encore être dangereux et transmettre la maladie. On dit avoir vu des faits de ce genre se produire au bout du huitième et même du quinzième mois après la guérison apparente. Il y a donc lieu de considérer la péripneumonie comme longue à éteindre dans beaucoup de cas, et en police sanitaire il faut tenir compte de cette notion.

Assez souvent la maladie se termine par la mort, qui peut arriver plus ou moins promptement et de diverses façons. La mort est la conséquence d'une asphyxie dans un bon nombre de cas; alors on observe des symptômes fébriles très intenses, il y a dyspnée et coloration noire des téguments; quelquefois, et c'est le cas le plus habituel, elle arrive par le fait d'une asphyxie lente et graduelle et par un épuisement progressif, par suite d'une hématose imparfaite et d'une nutrition insuffisante: elle ne survient alors qu'au bout de 10, 15, 20, 25, 30 jours.

La septicémie peut se greffer sur la péripneumonie et déterminer rapidement la mort des malades; sous l'influence d'une congestion intense, une partie du poumon peut être mortifiée, et quand une bronche se sera rupturée, on pourra voir apparaître la septicémie, car l'air extérieur peut apporter les germes de cette affection à l'intérieur du poumon. Dans ce cas la mort est inévitable; la septicémie est annoncée par la fétidité du jetage et de l'air expiré.

La péripneumonie peut passer à l'état subaigu ou à l'état chronique; alors les lésions se transforment, le tissu inflammatoire s'organise ou dégénère; il y a sclérose et il peut se former un abcès ou des cavernes pulmonaires. Quand la maladie passe à l'état chronique, les animaux restent maigres; leur respiration est modifiée, difficile, irrégulière; la fièvre est continuelle; le pouls est petit, fréquent; les animaux utilisent mal la nourriture qu'on leur donne; quelquefois cependant ils peuvent prendre un certain état de chair, mais le plus souvent ils tombent dans le marasme et la consomption. Il peut arriver que les abcès se transforment en foyers caséeux, dont le produit peut être résorbé et devenir le point de départ d'une infection purulente.

Quand la péripneumonie fait son apparition dans un pays où elle n'existait pas, c'est qu'elle y a été importée par des animaux venant du dehors. Un seul animal suffit pour infecter une étable tout entière; le foyer d'infection s'accroît rapidement; les animaux voisins du malade ne tardent pas à être infectés à la suite d'un contact direct ou indirect; la maladie peut même se transmettre à une certaine distance par l'intermédiaire de l'air. Elle passe d'une étable à l'autre, se dissémine, gagne les localités voisines. Elle fait parfois des sauts dans la même habitation, dans le même localité; elle se montre parfois sur les animaux qui ne sont pas les plus rapprochés des malades, et dans les fermes qui ne sont pas voisines de celle qui est infectée.

Elle est souvent grave; mais ordinairement les animaux les premiers atteints sont les plus malades, et à la fin de l'épizootie, la maladie est beaucoup moins grave. Sa gravité varie aussi suivant les saisons, suivant les animaux, suivant le milieu hygiénique dont ils sont entourés; elle est principalement grave en hiver, chez les animaux mous, lymphatiques et quand l'hygiène laisse à désirer.

Le *diagnostic* de cette affection est assez difficile à établir dans beaucoup de cas; on ne peut le porter d'une façon précise qu'autant qu'il s'est déjà produit des faits de transmission. Mais lorsque, sans être absolument convaincu, on a des doutes, il faut agir avec prudence et conseiller, en attendant, l'isolement, la séquestration des animaux malades.

On peut confondre cette maladie avec la péripneumonie ordinaire, la pneumonie, la pleurésie et la phthisie, si l'on s'en tient aux symptômes indiqués précédemment. Il est impossible par exemple de distinguer ce qui appartient à la péripneumonie contagieuse de ce qui appartient à la péripneumonie ordinaire. L'autopsie peut bien fournir des données précieuses ; mais néanmoins les lésions ne sont pas spécifiques et on peut les confondre avec celles de la pneumonie ordinaire. Ainsi il n'y a aucun caractère distinctif absolu, soit au point de vue de la symptomatologie, soit au point de vue de l'anatomie pathologique ; on ne peut donc pas porter un diagnostic certain sans avoir des renseignements sur le mode d'apparition de la maladie et sur sa propagation, sans qu'il se soit produit au moins un cas de contagion. Pourtant la péripneumonie contagieuse est plus grave ordinairement, elle est suivie de symptômes généraux plus marqués, elle évolue plus rapidement et s'accompagne d'un mouvement exsudatif plus prononcé, elle est due à la contagion, elle se développe sans qu'aucune cause ordinaire soit intervenue ; tandis que la péripneumonie simple se montre après l'action d'une cause ordinaire. On a eu confondu la pleuropneumonie avec la phthisie ; mais en pareils cas l'autopsie a toujours permis de reconnaître l'erreur.

La pleuropneumonie diffère par ses symtômes et par ses lésions de la fièvre aphtheuse, du typhus et de la tuberculose ; elle peut coexister avec l'une ou l'autre de ces affections, ou se greffer sur l'une d'elles, ou se compliquer de l'une ou de l'autre avant ou après sa guérison.

Le *pronostic* de la péripneumonie est grave ; très souvent cette maladie se termine par la mort ; la mortalité peut s'élever de vingt à cinquante et à soixante pour cent des malades ; elle est épizootique ; elle est encore grave en ce sens qu'elle ne guérit pas toujours complètement ; elle peut se transmettre par les animaux guéris depuis huit ou quinze mois ; après une guérison apparente ou incomplète, elle peut laisser un état morbide persistant. Au point de vue de l'hygiène publique elle n'a aucune gravité, l'homme n'étant pas exposé à la contracter.

ANATOMIE PATHOLOGIQUE

Les lésions de la péripneumonie sont, suivant les cas, variables dans leur intensité et au point de vue de leur évolution, de leur degré, de leur étendue et de leurs caractères. Les altérations, que présentent les cadavres, sont assez nombreuses ; néanmoins le plus ordinairement elles sont localisées sur sur les organes respiratoires ; celles des autres organes sont moins importantes, moins caractéristiques. Ces lésions ont toutes un caractère général, elles débutent toutes par l'hyperhémie, et ce qui domine ordinairement, c'est un mouvement d'exsudation assez prononcé, d'où résultent des épanchements et des infiltrations dans le tissu conjonctif des organes enflammés, dans le tissu interlobulaire du poumon, dans le tissu conjonctif sous-cutané (il n'est pas rare en effet d'observer des œdèmes extérieurs sur l'animal vivant). L'organe, qui présente les lésions les plus évidentes, est la plèvre ; cette membrane est en effet le siège d'une hyperhémie très marquée et d'une exsudation abondante, d'où résultent un épanchement et des fausses membranes. Ces caractères, qui appartiennent à l'état aigu, se modifient quand la maladie devient chronique.

L'état du cadavre est variable suivant que l'animal a été plus ou moins longtemps malade, suivant qu'il est mort ou qu'il a été sacrifié avant la fin de la maladie. On constate un état de maigreur excessive lorsque la mort est arrivée naturellement. Les écoulements morbides, qui s'échappaient avant la mort, ont laissé des traces aux ouvertures naturelles. La chassie est abondante autour des yeux, qui sont caves et profondément enfoncés. La matière du jetage salit encore les ouvertures nasales, la salive mouille les lèvres, la matière diarrhéique salit l'ouverture anale.

La peau est le plus souvent normale ; quelquefois cependant elle présente des ecchymoses, de l'infiltration, de la tuméfaction. Au début, le tissu conjonctif est le siège d'un mouvement congestionnel intense, et comme conséquence, il se produit dans ses mailles une exsudation abondante, surtout dans les points où il est lâche. Cette infiltration, qui est jaunâtre et gélatiniforme, se montre au niveau du pharynx, au fanon, à l'encolure, à l'abdomen, sous la poitrine. Elle peut s'étendre dans les interstices musculaires et dans les muscles eux-mêmes ; ici encore elle est gélatiniforme et jaunâtre, ou plus ou moins colorée par la matière colorante du sang.

Les chairs, les muscles sont peu altérés au début ; et, quand l'animal est sacrifié par effusion de sang, il est rare de trouver des altérations dans ces organes ; mais il en est autrement lorsque la maladie est arrivée à son apogée. Après la mort naturelle, les muscles sont atrophiés, mollasses, et offrent une teinte noirâtre, brunâtre, analogue à celle du chocolat. Ces caractères ne sont pas univoques, ils ne permettent pas à eux seuls de reconnaître une viande péripneumonique ; mais si l'on sait que la maladie règne dans la localité, on peut à bon droit soupçonner une pareille viande.

Les synoviales articulaires et tendineuses offrent parfois les lésions de l'arthrite et de la synovite.

Les altérations de l'appareil respiratoire sont les plus importantes et elles ont une grande analogie, au point de vue macroscopique et microscopique, avec celles que l'on observe dans le cas de pneumonie ou de pleurésie ordinaires. Elles siègent soit à la muqueuse respiratoire, soit et surtout dans le poumon et à la surface des plèvres. C'est dans ces derniers organes que les lésions sont le mieux caractérisées ; elles sont toujours accompagnées d'altérations très manifestes sur la muqueuse elle-même, en sorte que la désignation de broncho-pneumo-pleurite, appliquée à la péripneumonie, est bien exacte.

Ce qui domine, c'est d'abord l'hyperhémie, à laquelle succèdent un mouvement exsudatif très abondant, un épanchement dans les plèvres, une infiltration du tissu conjonctif du poumon, un état catarrhal à la surface de la muqueuse respiratoire.

Pour bien comprendre la connexité des lésions pulmonaires et des lésions pleurétiques, il faut se rappeler la structure du poumon des grands ruminants ; chez eux le tissu conjonctif interlobulaire est très-abondant ; il a des connexions intimes avec le tissu propre de la plèvre, de telle sorte que les cloisons conjonctives, qui séparent les lobules pulmonaires, semblent se détacher de celle-ci. On s'explique donc bien que l'inflammation ne reste pas localisée comme chez les autres animaux ; on comprend que l'inflammation, qui a débuté par les plèvres, se communique au poumon et réciproquement. Il ne faut pas oublier non plus que dans la péripneumonie les lésions inflammatoires se produisent aussi dans les alvéoles pulmonaires ; il y a en effet un mélange de pneumonie interstitielle et de pneumonie catarrhale ; et comme les *infundibula* communiquent avec la muqueuse bronchique, il n'y a rien d'étonnant que l'inflammation s'étende à cette muqueuse.

Les lésions de la muqueuse respiratoire se rencontrent sur la pituitaire, sur la muqueuse laryngienne, sur la trachéale et principalement sur la muqueuse bronchique. Sur la pituitaire, sur les muqueuses laryngienne et trachéale, il existe quelquefois de l'hyperhémie et un état catarrhal ; mais ces lésions peuvent faire défaut, tandis qu'il n'en est pas de même pour la muqueuse bronchique. Là, en effet, on rencontre des lésions dans les petites bronches, dans les moyennes bronches et souvent, mais non toujours, dans les grandes bronches. Ce sont les altérations de l'inflammation ordinaire ; il y a de la congestion, un gonflement de la muqueuse, une hypersécrétion donnant une matière fibrineuse ou muqueuse, qui, dans les petites bronches, se présente parfois sous l'aspect de fausses membranes, adhère à la surface de la muqueuse et peut en certains cas obstruer le conduit bronchique. Dans les moyennes bronches on rencontre bien un produit mucoso-purulent grisâtre, jaunâtre, spumeux, mais il n'y a pas oblitération à proprement parler. Le calibre des bronches est toujours diminué, à cause de la compression qu'exerce sur elles le tissu malade qui les entoure, et à cause du gonflement de la muqueuse.

L'hyperhémie des capillaires des parois alvéolaires est suivie d'une infiltration du tissu conjonctif interlobulaire, qui s'hypertrophie et en même temps comprime les lobules pulmonaires ainsi que les bronches et les vaisseaux. Il se produit toujours des lésions plus ou moins étendues dans le poumon, et leur pathogénie est la suivante : il y a toujours hyperhémie des capillaires des alvéoles, congestion des lobules pulmonaires, mouvement d'exsudation consécutif, qui entraîne le plasma sanguin, lequel se fait jour à travers les mailles conjonctives et s'infiltre dans le tissu interlobulaire, dans les *infundibula* pulmonaires. Plus tard ce produit ainsi exsudé se modifie ; si la maladie est traitée rationnellement et à temps, les altérations s'arrêtent et les produits infiltrés se résorbent ; alors il y a résolution complète. Lorsque la guérison ne survient pas, les produits inflammatoires s'organisent ou se détruisent. La transformation du tissu inflammatoire embryonnaire en tissu adulte détermine la formation d'un tissu lardacé, sclérosé.

Une fois que cette transformation est accomplie, une fois que le tissu inflammatoire est devenu tissu sclérosé, la résolution est alors impossible et l'on a des lésions chroniques. La résolution peut ne pas arriver au début de la maladie et le tissu inflammatoire ne pas s'organiser, mais se détruire, éprouver la gangrène ; c'est qu'alors l'hyperhémie a été très intense, et la compression exercée sur les parties voisines par les parties malades a arrêté la circulation ; aussi les tissus privés de circulation se sont gangrénés, et le produit, résultant de cette gangrène, offre un aspect variable suivant les circonstances. Le plus habituellement les parties mortifiées se transforment en une bouillie noirâtre ; et, si alors une bronche est lésée, si l'air extérieur se met en contact avec les tissus morts, il s'ensuivra une putréfaction locale. Lorsque la maladie est plus avancée, quand la gangrène survient alors que le tissu inflammatoire offre une certaine résistance, la partie modifiée reste adhérente et forme une masse compacte d'une couleur noire (c'est là un séquestre), qui se trouve placée au sein des tissus vivants, dont elle tend à se séparer, car elle détermine une inflammation disjonctive à son pourtour. A la suite de cette inflammation, il peut se former une véritable caverne renfermant le séquestre et la matière purulente, que sécrète le sillon disjoncteur. Lors même que les choses se passent de cette dernière façon, il peut arriver qu'une bronche soit intéressée par l'inflammation disjonctive et qu'elle s'ouvre dans la poche ; alors l'air détermine une fermentation locale, qui pourra aussi se généraliser. Quelquefois les points enflammés éprouvent la fonte purulente et se transforment en abcès.

Les lésions pulmonaires varient avec l'état aigu et l'état chronique. Pendant l'état aigu elles sont encore variables par leur étendue, par leurs caractères objectifs, par leur degré, suivant les périodes de la maladie. On les rencontre à la fois dans le tissu conjonctif interlobulaire, dans les lobules pulmonaires ; elles peuvent se montrer dans les différents points du poumon.

En ouvrant la cavité thoracique d'un animal péripneumonique, on est frappé par l'aspect des plèvres, par la présence de fausses membranes plus ou moins nombreuses, par l'existence d'un épanchement pleurétique et par l'aspect extérieur du poumon. A la surface de cet organe et au niveau des points malades, la plèvre est épaissie, rugueuse, recouverte de fausses membranes ; sa coloration est plus ou moins rouge ou grisâtre, son tissu est infiltré. Les lésions peuvent siéger sur l'un ou sur les deux poumons, qui se montrent plus volumineux, non affaissés, plus denses, plus compactes, plus faciles à dilacérer, plus lourds. Le poids du poumon peut atteindre 15 à 20 kilogrammes; et si les lésions sont généralisées, l'organe même, pris en masse, ne surnage pas. Sa coloration est modifiée, les points malades sont d'un rouge-brunâtre ou noirâtre, il y a eu souvent asphyxie, et c'est ce qui accroît cette coloration noirâtre.

En pénétrant dans l'intérieur de l'organe on rencontre les lésions les plus importantes, qui sont plus ou moins étendues, plus ou moins avancées et plus ou moins disséminées. Une coupe, faite à travers les points malades, laisse voir un aspect marbré de différentes couleurs; sa surface est formée de zones rougeâtres ou brunâtres ou noirâtres, séparées les unes des autres par des mailles épaisses et jaunâtres. Les zones, diversement colorées, ne sont autre chose que des coupes intéressant les lobules pulmonaires. Les lobules sont sains quand leur coloration est rouge ordinaire; ils sont engoués, hépatisés, carnifiés ou infiltrés de pus quand leur coloration est brunâtre, noirâtre, grisâtre. Les parties ainsi colorées sont séparées les unes des autres par des cloisons assez épaisses, qui se sont hypertrophiées, infiltrées et qui se présentent avec une couleur variable. Quand l'inflammation est très vive et la congestion intense, elles sont infiltrées d'une sérosité rougeâtre; dans les points ou l'inflammation est moins vive, le tissu conjonctif est moins infiltré et il se montre avec une coloration jaunâtre. On a comparé l'aspect de la coupe du poumon péripneumonique à celui du fromage d'Italie ou à un damier.

Les parties malades diffèrent plus ou moins les unes des autres par leur constitution; il est des lobules pulmonaires qui sont peu malades, et qui ont une coloration rougeâtre plus ou moins foncée; au microscope on ne constate pas de grandes modifications, hormis un état congestionnel. Sous l'influence de la compression exercée par le tissu conjonctif hypertrophié, ces lobules ont diminué de volume, leurs vaisseaux ont été comprimés et la circulation a été gênée. Si l'examen porte sur les lobules de couleur noirâtre, on trouve dans leur tissu les éléments de l'inflammation, il y a eu congestion, exsudation, prolifération, hépatisation. Suivant que l'altération est plus ou moins avancée, ces lobules se laissent parfois écraser facilement à la pression du doigt; en les grattant, leur substance s'enlève et on obtient une bouillie noirâtre, qui renferme le virus en très grande abondance. Dans le tissu interlobulaire il y a eu aussi congestion, exsudation, prolifération; on y trouve de la sérosité et des éléments cellulaires, quelquefois même ceux du pus. Quand les lobules sont à l'état d'hépatisation grise, les globules purulents y sont très abondants. Très souvent, parmi les vaisseaux qui sont comprimés, on en rencontre qui sont enflammés et qui contiennent des caillots décolorés, même des caillots adhérents.

L'inflammation, qui se développe dans le tissu conjonctif inter-lobulaire, peut s'étendre, non seulement aux vaisseaux, mais aussi aux bronches, d'où résultent de la bronchite, de la péribronchite et assez souvent des oblitérations des petites bronches, qui se transforment en tissu inflammatoire. Les vaisseaux lymphatiques sont altérés, enflammés, oblitérés et renferment du pus.

Ces diverses lésions de l'état aigu peuvent être résorbées au moins partiellement si la guérison survient, ou bien leur tissu peut se détruire (gangrène, déliquium, séquestres, foyers purulents) ou s'organiser. Dans ce dernier cas il s'est produit un état chronique, qui, à l'autopsie, présente des caractères particuliers. Il y a alors de la sclérose, de l'hépatisation chronique ; alors se forment encore des abcès, des foyers caséeux, des cavernes. Le tissu conjonctif éprouve des modifications ; il s'organise, il se transforme en un tissu blanc, lardacé, qui se substitue aux mailles infiltrées. L'hépatisation aiguë des lobules pulmonaires peut s'organiser, et cela arrive quand l'inflammation, n'étant pas très intense, les vaisseaux n'ont pas tous été oblitérés. Le tissu inflammatoire se transforme en tissu adulte, et on voit des parties de poumon, plus ou moins étendues, se transformer ainsi en tissu sclérosé ou en tissu lardacé. Quelquefois on peut saisir des intermédiaires entre l'état aigu et l'état chronique ; il est des points qui sont incomplètement sclérosés, et dont le tissu offre une teinte rouge-grisâtre. Dans les portions malades du poumon, on peut, sur les lobules, suivre les intermédiaires entre la coloration rouge et la coloration blanchâtre, car l'hépatisation n'arrive à s'organiser complètement qu'en se modifiant graduellement ; elle devient moins colorée en rouge, et à un moment donné elle est plus ou moins grisâtre. C'est cette hépatisation grise, qui est donnée à tort par certains auteurs comme le caractère de la chronicité ; elle n'est que l'intermédiaire entre l'hépatisation du début et l'hépatisation finale ; elle n'est pas absolument chronique, et au microscope on y rencontre les caractères de l'inflammation aiguë avec ceux de l'inflammation chronique. En général les points hépatisés ne subissent pas tous à la fois les mêmes modifications. Chez le bœuf l'inflammation du poumon n'a pas absolument les mêmes caractères que celle du cheval ; elle se compose d'autant de pneumonies distinctes et évoluant séparément, qu'il y a de lobules malades.

Très souvent les lobules hépatisés, ayant été comprimés par le tissu conjonctif interlobulaire, la circulation a été gênée; d'où il résulte que l'organisation du tissu inflammatoire en tissu conjonctif adulte est l'exception. Le plus ordinairement l'hépatisation des lobules se transforme autrement. Il se forme des abcès ou des séquestres; des abcès, quand la compression est suffisante pour gêner la circulation et insuffisante pour l'arrêter complètement; alors les éléments inflammatoires du milieu du lobule privés de sang éprouvent la fonte purulente; bientôt le pus une fois formé, sa quantité augmente et quelquefois toute la partie malade se transforme en matière purulente, d'où résultent des abcès plus ou moins volumineux. Dans le cas qui nous occupe, quand le pus s'est formé, il y a ordinairement absorption de la partie liquide. Les abcès, qui persistent, ne contiennent plus alors qu'une matière caséeuse, et quand ils sont peu volumineux, on croirait presque à l'existence de tubercules ramollis, si d'autres lésions n'étaient là pour indiquer leur signification. Ces abcès sont entourés d'une membrane plus ou moins épaisse, qui sécrète toujours; lorsque l'abcès est ancien, la membrane est transformée en tissu adulte, l'abcès est enkysté.

Quand la compression, exercée par le tissu conjonctif pulmonaire, est suffisante, la circulation peut être totalement interceptée; alors il se produit une mortification en masse du lobule; et, si l'inflammation est arrivée à un certain degré, la partie mortifiée ne se désagrège pas ; elle ne forme qu'une seule masse, qui est une matière irritante pour les tissus vivants. Aussi le sillon disjonctif se forme-t-il au pourtour du séquestre, qui est bientôt isolé complètement. La cavité, qui le renferme, est dès lors une sorte de kyste, une caverne dans laquelle le séquestre se conserve plus ou moins longtemps, et où il peut se dissoudre progressivement et se transformer, se désagréger en une masse molle ou liquide.

Dans l'état chronique, on rencontre un certain nombre de vaisseaux et de bronchules oblitérés, transformés en cordons sclérosés et fibreux, plus ou moins confondus avec le tissu ambiant pareillement sclérosé.

Les lésions de la péripneumonie peuvent être quelquefois accompagnées de lésions tuberculeuses proprement dites.

Les ganglions bronchiques sont toujours plus ou moins altérés, et leurs lésions varient suivant l'acuité et la chronicité des autres lésions. A l'état aigu il sont hypertrophiés, hypérémiés, infiltrés et ramollis. A l'état chronique ils sont toujours hypertrophiés, ils sont grisâtres, plus résistants; alors le tissu conjonctif de leur charpente s'est organisé.

Quand la guérison arrive, les lésions du poumon ne disparaissent pas toujours complètement. La guérison obtenue en apparence, il reste souvent des traces persistantes, qu'on peut reconnaître à l'autopsie des animaux, qui semblaient guéris même depuis long-temps. Ces altérations consistent surtout en un épaississement du tissu conjonctif interlobulaire.

Du côté des plèvres, les lésions ne sont pas moins évidentes que dans le poumon. Elles consistent en fausses membranes, en un épanchement pleurétique, en une modification de la membrane. Elles sont unilatérales ou bilatérales, et plus ou moins prononcées tantôt d'un côté, tantôt de l'autre. L'épanchement est plus ou moins abondant suivant la durée de la maladie et suivant son intensité; il est séreux, jaunâtre, quelquefois limpide; le plus habituellement au début il est sanguinolent, rougeâtre; il peut s'éclaircir à la fin de la maladie; il contient des flocons pseudo-membraneux; il a les caractères du plasma sanguin; il renferme des éléments figurés, des cellules de pus, des globules blancs, des hématies, des granulations protéiques, de la fibrine, etc. Les fausses membranes existent, d'un ou des deux côtés, à la surface des plèvres viscérales et des plèvres pariétales. Elles sont consti-tuées par de la fibrine et renferment aussi des éléments figurés; elles sont jaunâtres au début; plus tard elles se modifient. A leur place, il se produit des végétations, qui, de la séreuse pariétale, s'étendent quelquefois à la plèvre viscérale. Les plèvres sont épaissies, hypérémiées, colorées en rouge, chagrinées; les points les plus colorés sont le siège de l'exsudation la plus abondante. Lorsque la maladie passe de l'état aigu à l'état chronique, la colo-ration de la séreuse se modifie; elle devient grisâtre. Toujours les modifications des plèvres sont en rapport avec celles du poumon.

Dans l'appareil circulatoire, il s'est produit un mouvement con-gestionnel du péricarde, et à l'autopsie on le trouve coloré plus ou moins en rouge et épaissi; il existe parfois un épanchement dans sa cavité. Le sang est modifié; il offre les caractères du sang des asphyxiés; il a éprouvé des modifications très apparentes à la fin de la maladie. Au début et à l'état aigu, il devient plus riche en fibrine; plus tard, lorsque la maladie se termine par le marasme, il y a au contraire diminution de la matière fibrinogène.

Tous les ganglions sont altérés, congestionnés, infiltrés, ramollis.

L'appareil digestif présente quelquefois certaines altérations. Indépendamment de l'infiltration du tissu conjonctif pharyngien, on rencontre parfois une inflammation de la muqueuse gastro-intestinale, surtout quand les malades ont présenté de la diarrhée. Le foie offre des altérations, qui diffèrent peu de celles du tissu interlobulaire du poumon; il y a infiltration du tissu conjonctif interstitiel, hypertrophie de ce tissu et compression des cellules hépatiques. La rate est quelquefois congestionnée. On constate de l'infiltration dans le tissu périrénal et dans le tissu du bassin; les reins sont quelquefois congestionnés.

Les enveloppes cérébrales et médullaires sont parfois hypérémiées; elles peuvent être le siège d'une exsudation (pie-mère, arachnoïde). Le cerveau et la moelle sont quelquefois congestionnés.

Les lésions pulmonaires de la péripneumonie ne sont pas véritablement pathognomoniques; elles ressemblent à celles de la péripneumonie ordinaire du bœuf; pourtant il semble que, dans cette dernière, l'infiltration et l'exsudation sont moins prononcées et moins généralisées.

ETIOLOGIE

La péripneumonie contagieuse est toujours due à la contagion; cependant on a cru longtemps, et certains vétérinaires croient encore, à son développement spontané, sans l'intervention de la contagion.

On a accusé toutes les causes tirées de la pathologie générale, les *circumfusa*, les *ingesta*, les *acta*, etc. On a prétendu qu'elle se manifestait dans certaines localités par suite d'une influence inexpliquée, qu'elle se montrait plus spécialement à certaines altitudes et à certaines latitudes. Quelques auteurs l'ont crue originaire des pays montagneux, où elle naîtrait de toutes pièces; c'est là une erreur, car la péripneumonie contagieuse ne se montre pas dans les pays montagneux, si elle n'y est pas importée. L'état hygrométrique de l'air a été aussi accusé à tort, car la maladie se montre dans tous les pays, quand elle y est importée, et seulement alors. La constitution géologique du sol, les terrains imperméables ont été regardés comme ayant une influence efficiente sur son développement, c'est encore une erreur. Les climats ont été accusés aussi et ils n'y sont pour rien non plus. Les variations atmosphériques, les refroidissements ne déterminent pas la péripneumonie contagieuse, mais une simple péripneumonie, une simple inflammation ordinaire, qui peut se déclarer sur plusieurs animaux, si ceux-ci ont été exposés tous à l'action des mêmes causes.

Les saisons ont été invoquées, mais à tort. Cependant l'été se prête mieux que l'hiver à la propagation de la maladie, vu la facilité plus grande des rapports des animaux entre eux durant cette saison; mais alors l'affection est moins grave, car les animaux respirent l'air pur et non l'air vicié des étables, comme durant l'hiver. On a dit que le passage des étables au dehors pouvait déterminer la péripneumonie, on en a dit autant des boissons fraîches, altérées, corrompues; mais ces causes ne produisent jamais la maladie dans les pays où elle n'est pas importée. Les habitations mal tenues, mal aérées, où les animaux sont entassés, ont été aussi accusées; ces habitations expliquent une terminaison fatale, elles aggravent la maladie, elles prédisposent les animaux à la contracter, mais elles ne font pas naître la péripneumonie contagieuse. L'alimentation a été incriminée depuis longtemps, surtout par les vétérinaires du nord de la France, qui prétendent que, sous l'influence de l'alimentation avec les résidus des fabriques et des distilleries, les animaux peuvent devenir péripneumoniques.

Ces diverses causes ne doivent être considérées que comme de simples causes prédisposantes; elles sont toujours insuffisantes pour produire la péripneumonie, qu'elles peuvent seulement aggraver. La permanence de la pleuropneumonie dans certaines localités, dans certaines étables, a fait croire et fait encore croire parfois à son développement spontané, alors que l'épizootie n'avait pas cessé de régner, tout en étant moins grave.

D'ailleurs les nombreuses importations, qui ont été depuis longtemps constatées, prouvent péremptoirement que la maladie est toujours le résultat de la contagion. Ainsi après 1790, la maladie, cantonnée alors dans les montagnes jurassiques, prit une grande extension, grâce aux déplacements des armées, grâce aux déplacements d'animaux. Elle s'étendit en France, en Italie, en Allemagne, en Suisse, en Autriche. En 1822, elle fut importée en Flandre par des bœufs comtois; de là elle passa en Belgique et en Hollande. En 1826, elle fut importée dans l'Ardèche par des bœufs comtois. Elle fut introduite en 1833 en Hollande, en 1837 en Belgique, en 1840 en Auvergne ; en 1842 elle passa de Hollande en Angleterre. En 1847, d'Angleterre elle fut importée, toujours par le commerce, en Suède et en Danemarck. En 1854, elle fut importée de Hollande et d'Angleterre au Cap. Elle fut introduite en 1859 en Amérique, et en 1860 en Australie. De plus elle a été importée en Autriche, en Pologne, en Russie, en Hongrie. Dans tous ces pays on ne l'a jamais vue sans qu'elle ait été importée. D'ailleurs la maladie, une fois introduite, se répand de proche en proche et d'autant plus que les mesures, prises pour la combattre, sont moins sévères.

Il faut admettre, comme une vérité bien démontrée, que la péripneumonie ne se développe jamais spontanément dans aucun pays, pas plus en Suisse ni en Hollande que partout ailleurs.

Contagion. — La péripneumonie, avons-nous dit, ne se développe pas spontanément, mais seulement à la suite de la contagion. Tous les auteurs ne sont pas de cet avis. Il y a eu dans le temps des anti-contagionistes absolus, qui affirmaient que la péripneumonie ne se développait jamais par contagion. Rares autrefois, il n'en existe plus aujourd'hui ; mais il y a encore des spontanéistes, qui admettent le développement spontané de la maladie, sans nier cependant sa contagiosité. Les vétérinaires à la fois contagionistes et spontanéistes, parmi lesquels se trouvent MM. Lafosse et Maury, de Toulouse, et beaucoup de vétérinaires, surtout dans le nord de la France, admettent que, dans quelques cas, la péripneumonie peut, sous l'influence des causes déjà énumérées, se développer spontanément, puis se transmettre par contagion. Je ne m'arrête pas plus longuement à cette manière de voir ; je ne la partage pas, attendu que je suis un contagioniste absolu. Chaque fois que la péripneumonie n'est pas due à la contagion, c'est qu'il ne s'agit pas de la maladie spécifique qui nous occupe.

Du reste, cette opinion absolue est démontrée par de nombreux faits d'observations et d'expérimentation. Les faits d'importation, qui ont été rappelés plus haut, prouvent que souvent, sinon toujours, la péripneumonie a eu pour cause la contagion. Indépendemment de ces importations, dues aux transactions commerciales, on voit toujours la péripneumonie s'étendre dès qu'elle a fait son apparition dans une étable ; cela a été constaté par de nombreux observateurs ; on a toujours vu un animal suspect ou malade transmettre la maladie à des sujets sains parmi lesquels il était introduit, et réciproquement, on a vu presque toujours devenir malades des sujets sains qu'on plaçait dans une étable infectée.

Des faits assez nombreux d'expérimentation prouvent également la contagion.

Je ne citerai que ceux qui ont été observés et étudiés par la commission française, nommée en 1849, qui était présidée par Magendie et dont M. H. Bouley était le rapporteur. Cette commission avait pour mission de déterminer le degré de contagiosité de la péripneumonie; elle opéra sur un grand nombre d'animaux et adopta la cohabitation comme mode expérimental. A Charenton et à Versailles, elle plaça des animaux sains (venus de l'Orléanais) dans des étables saines, où ils furent observés pendant quelque temps; elle ne garda que ceux dont l'état sanitaire fut reconnu excellent et la santé parfaite. Elle intercala ensuite des malades entre eux. Sous l'influence de cette cohabitation prolongée (on remplaçait les malades qui mouraient par d'autres malades), elle obtint les résultats suivants : sur 46 animaux exposés ainsi à la contagion, 15 devinrent très malades et moururent, après avoir présenté tous les symptômes de la péripneumonie, on reconnut aussi à l'autopsie les lésions de cette maladie; 19 autres devinrent malades, présentèrent les mêmes symptômes, mais se rétablirent, les uns complètement et les autres incomplètement; sur 6 qui n'avaient pas présenté les symptômes de la maladie, on trouva à l'autopsie les lésions de la péripneumonie. Donc sur 46 animaux mis en expérience, 40 contractèrent la maladie, et 6 seulement furent réfractaires.

Ces résultats prouvent péremptoirement que la maladie est contagieuse et même très contagieuse. Le rapport de la commission parut en 1854; il déclarait aussi qu'une première atteinte confère l'immunité aux sujets qui guérissent.

En 1851, Yvart constatait aussi le même fait, au sujet de l'immunité, dans les montagnes de l'Auvergne, où il avait été envoyé pour étudier la péripneumonie.

A la même époque, un médecin belge, le docteur Willems eut recours à l'inoculation expérimentale de la péripneumonie pour conférer l'immunité. De ses expériences on peut conclure que la péripneumonie est inoculable. Des inoculations furent faites aussi par la commission française et par une commission instituée en Belgique. On fut amené d'un côté et de l'autre à reconnaître que la maladie est inoculable et que l'inoculation confère l'immunité. Depuis cette époque, en France et dans divers autres pays, où a sévi la péripneumonie, on a pratiqué de très nombreuses inoculations avec le même succès. La péripneumonie est donc bien une maladie contagieuse.

Quels sont les caractères du contage péripneumonique et dans quels milieux de l'organisme malade siège-t-il?

Ce sont là des points sur lesquels il existe encore des obscurités, des desiderata, malgré l'opinion de certains auteurs, qui prétendent que la péripneumonie est une maladie bien connue. Il y a même beaucoup à chercher et à déterminer en ce qui concerne les propriétés du virus. Celui-ci se trouve dans les produits morbides; il existe sûrement dans le liquide pulmonaire, dans le liquide exsudé par les plèvres, et dans le poumon malade en grande quantité. On le trouve aussi dans les produits sécrétés par la muqueuse respiratoire, quand il y a jetage, état catarrhal. Il n'est pas encore bien démontré si le virus n'existe pas ailleurs; il est très vraisemblable qu'il existe aussi dans le sang et dans certains produits de sécrétion et d'excrétion. Il paraîtrait que, dans certains cas, il peut exister dans la salive; et quelques observateurs disent que l'air expiré, quand il y a état catarrhal de la muqueuse respiratoire, en contient une certaine quantité en suspension. Quand il existe des œdèmes sur le corps, à la gorge par exemple, quand, à la suite de l'inoculation à la queue ou dans une autre région, il se forme une infiltration œdémateuse, on a beaucoup de chance de trouver le virus dans le liquide exsudé. Dans les cas où la maladie est inoculée, on le trouve toujours dans le liquide de l'infiltration qui entoure le point inoculé.

Il reste à déterminer s'il existe dans le lait et dans les chairs. Certains observateurs assurent que ni le lait ni les chairs ne sont dangereux; cependant il est bon de ne pas accepter d'emblée cette manière de voir, qui a besoin d'être démontrée. Quel que soit d'ailleurs le siège du virus, il est un fait certain, admis par tout le monde, c'est qu'il ne s'inocule pas à l'homme. L'autopsie peut donc être faite en toute sécurité.

Quelle est la nature du contage péripneumonique, est-il composé de granulations moléculaires comme celui de la morve et celui de la clavelée, ou bien consiste-t-il en germes, en microbes, en micrococques? Le doute plane sur ces questions. Zurn et Hallier disent qu'il est, comme celui de beaucoup d'autres maladies, composé de micrococques, qui, en germant, produisent la péripneumonie; et dernièrement le docteur Willems annonçait qu'il l'avait cultivé hors de l'organisme.

Le virus péripneumonique, comme presque tous les virus, est fixe, c'est-à-dire qu'il est en suspension dans les liquides, ou qu'il imprègne certains solides. Mais d'après un bon nombre de faits, observés dans la pratique, il paraît qu'il peut aussi rester plus ou moins longtemps en suspension dans l'air. Il faut donc savoir éviter la contagion volatile.

A quel moment apparaît le virus? Ici, comme dans toutes les autres maladies, on peut et on doit répondre que la virulence apparaît certainement dès le début de la maladie et même avant les premiers symptômes; si à ce moment il est difficile de constater sa présence, cela ne prouve pas qu'elle n'existe pas. C'est surtout lorsque la maladie est à sa période d'état, quand les lésions sont très prononcées et les symptômes très accentués, que le virus est sécrété en grande quantité. Du reste il est produit dans l'organisme tout le temps que dure la maladie, et il semble même encore se produire après la disparition des symptômes, car, avons-nous déjà dit, des sujets, guéris en apparence depuis 8 ou 15 mois, ont pu transmettre la maladie; mais il est actuellement impossible de dire à quel moment précis cesse la virulence chez les animaux guéris. L'abondance du virus varie avec l'acuité et le degré de la maladie; toutes choses égales d'ailleurs, sa quantité est d'autant plus considérable que la maladie est plus rapide, plus aiguë, plus étendue.

Encore un point sur lequel les idées ne sont pas non plus bien fixées, c'est celui qui a trait à la vitalité et à la durée de conservation du contage péripneumonique. L'agent virulent peut se conserver sûrement pendant un certain temps hors de l'organisme, à la surface des solides, dans les fourrages, sur les litières, sur les crèches, sur les mangeoires, dans les boissons, dans l'air. Mais la durée de cette conservation, qui du reste doit être subordonnée aux variations de la température et de l'atmosphère et au degré d'aération, n'est pas encore exactement connue aujourd'hui. Cependant quelques auteurs assurent que le virus péripneumonique peut se conserver pendant plusieurs mois; il n'y a là rien d'invraisemblable, mais il n'est pas encore permis de se prononcer à à ce sujet; cette question est une de celles qui appellent le plus tôt possible des travaux sérieux.

La qualité du virus, de même que sa quantité, semble varier avec le degré, avec l'acuité et l'étendue de la maladie. Les malades, qui ont les lésions les plus étendues, la maladie la plus aiguë, donnent le contage le plus actif, le plus riche en germes. Il semble aussi que l'activité du virus est plus prononcée au début des épizooties qu'à la fin, vu que la maladie devient moins grave et se transmet moins facilement. Y a-t-il alors une détérioration des germes?

Il semble bien que le contage péripneumonique doit son action à la présence des germes, car l'agent le plus convenable, pour annihiler sa puissance, est l'acide sulfureux, qui, de tous les agents connus, est celui qui jouit peut-être de la propriété désinfectante la plus prononcée et qui s'oppose avec le plus d'énergie à la fermentation.

Pour la péripneumonie, comme pour la plupart des maladies contagieuses, il y a lieu d'examiner le rôle des trois grands modes de contagion. La contagion immédiate est possible évidemment; et il est vraisemblable que dans des habitations, où les animaux sont entassés, les malades peuvent, en léchant ou en flairant leurs voisins, leur transmettre très facilement la maladie. Mais dans ces cas, la contagion médiate et la contagion volatile peuvent aussi avoir leur part, car les sujets sains peuvent aussi recevoir le virus par les aliments, les boissons, les crèches, les mangeoires et l'air que les malades ont souillés. Dans l'état ordinaire des choses, c'est même la contagion médiate et la contagion volatile qui jouent le plus grand rôle, pour ne pas dire le rôle exclusif. On a affirmé que la péripneumonie ne pouvait pas envahir l'organisme par les voies digestives; d'où il faudrait conclure que les boissons et les aliments souillés ne peuvent pas faire naître la maladie. Mais c'est là une erreur; il y a lieu d'admettre tout le contraire d'une façon absolue. Il est certain que c'est très souvent par les aliments et les boissons que la péripneumonie se transmet. Néanmoins il semble bien démontré aussi qu'elle peut se transmettre par l'intermédiaire de l'air, et que la contagion volatile joue un grand rôle. Les animaux, qui habitent une ferme voisine d'une autre ferme infectée, ne peuvent pas évidemment contracter la maladie à cette distance. La contagion volatile n'est pas non plus possible quand des sujets sains se trouvent rapprochés des malades dans le grand air; mais, dans la même habitation, un sujet sain peut contracter la maladie par contagion volatile, et ce qui le prouve, c'est qu'on a constaté des cas de propagation, lorsque les sujets sains étaient éloignés des malades ou séparés par des cloisons à claire-voie. La contagion volatile est donc possible, elle ne l'est que dans une atmosphère confinée, lorsque les malades sont dans le même local que les sujets sains; elle semble absolument impossible ou très rare à l'air libre.

De ce qui précède, il ressort que les agents, les véhicules et les moyens, qui servent à l'introduction de la matière virulente dans l'organisme, sont en première ligne les aliments, les boissons, l'air. La contagion peut donc avoir lieu dans une foule de circonstances. Tous les objets souillés, quels qu'ils soient, solides ou liquides, introduits dans les voies digestives, dans les voies respiratoires ou mis en contact avec la peau d'un sujet sain, peuvent lui donner la maladie. Celle-ci sera encore communiquée, lorsque les objets souillés seront lavés dans une eau qui sera ensuite donnée en boissons aux animaux. Il en sera de même, lorsque des débris cadavériques auront été déposés sur des fourrages ou exposés à l'air que doivent respirer des animaux sains. Il paraît même, d'après des faits bien observés, que l'homme peut être un agent de propagation soit par ses mains (boucher, maquignon), soit par ses vêtements, soit par ses chaussures, qui peuvent être souillés de germes, lesquels pourront ensuite être flairés, léchés par des sujets sains, ou être déposés sur des fourrages ou dans des boissons qui seront ingérés par les animaux. On a aussi observé des cas où la maladie a été propagée par des animaux non susceptibles de la contracter eux-mêmes, par des chiens qui ont transporté au loin des débris cadavériques, des fragments de poumon remplis de germes, et ont infecté les eaux, les herbages, les fourrages, etc.

Parmi les véhicules du virus, il faut donc encore placer les chairs et les débris cadavériques. Nous avons vu cependant que tout le monde ne croit pas au danger que font courir les chairs. Evidemment tout le monde s'accorde à reconnaître les dangers qui résultent de l'utilisation et du transport des organes malades, des viscères pectoraux, etc. Quant aux viandes, les uns prétendent qu'elles sont dangereuses, surtout quand elles sont fraîches, et qu'elles peuvent disséminer la maladie; les autres au contraire disent qu'il n'en est rien, et qu'on peut sans danger livrer à la consommation et au transport les chairs des sujets péripneumoniques, qui ont été sacrifiés et qui ont été jugés utilisables. Quand il s'agira d'appliquer des mesures de police sanitaire, le plus sûr sera d'admettre, comme démontrée, la nocuité possible des viandes. Je ne veux pas dire par là qu'il faudra en empêcher l'utilisation; mais, si on en autorise le transport, on devra l'entourer de quelques précautions, et on ne devra le permettre, qu'autant qu'il se sera écoulé 12 ou 24 heures après la mort ou le sacrifice des malades.

Quels sont les débris cadavériques qui peuvent servir de véhicules?

En première ligne, il faut placer tous les débris provenant des organes malades, par conséquent les plèvres, les poumons et leurs produits morbides, la muqueuse respiratoire et le jetage même, la pituitaire et la muqueuse laryngienne, la tête en un mot. Il faut aussi ranger dans cette catégorie tous les viscères digestifs; le foie peut en effet être malade, son tissu conjonctif interbobulaire peut être le siège d'une infiltration analogue à celle du poumon; pareille infiltration se voit aussi dans le tissu conjonctif périrénal, et les ganglions de l'abdomen sont également malades; tous ces organes sont dangereux. Combien de temps le sont-ils? Cela reste encore à déterminer. On ne possède pour le moment aucune donnée précise à ce sujet.

La contagion est favorisée par toutes les causes qui favorisent la dissémination de la matière virulente, et par toutes celles qui débilitent les animaux, qui accroissent l'impressibilité des organismes. Parmi ces dernières causes, il faut arranger toutes celles que nous avons énumérées à propos de la spontanéité. Les causes favorables à la contagion sont de deux ordres: elles sont générales ou individuelles. Les causes générales, en tête desquelles nous plaçons toutes celles déjà passées en revue à propos de la spontanéité, comprennent encore d'autres circonstances, telles que le séjour dans des habitations mal tenues, mal aérées, les transactions commerciales, les foires, les marchés, la fréquentation des chemins, abreuvoirs et pâturages publics, le transport dans des wagons ou dans des bâtiments qui ne sont pas désinfectés, le défaut de cloison ou le cloisonnement à claire-voie quand on laisse les malades et les sujets sains dans la même habitation en les isolant, etc, etc. Parmi les causes individuelles il faut citer l'espèce, la race, l'âge, la constitution, l'état de gestation, etc. Il est en effet certain que la péripneumonie est une maladie plus particulièrement spéciale aux grands ruminants; mais, dans cette espèce, toutes les races ne la contractent pas avec la même facilité, et elle n'est pas également grave chez toutes. Les races rustiques, celles à tempérament sanguin, résistent plus à la contagion que les races amollies. L'âge aussi a une certaine influence; les jeunes sont moins résistants. Il en est de même de la constitution et de l'état

de gestation, les femelles pleines ne contractent pas la maladie
plus souvent, mais elles la présentent plus grave; très souvent il
y a avortement ou transmission de la maladie par la voie utérine.
Malgré l'action de ces causes diverses, il semble pourtant qu'il y
a des animaux réfractaires à la contagion. La commission de 1849
en a trouvé 6 sur 46; ce chiffre n'est peut-être si élevé, qu'à cause
du mode de contagion mis en œuvre, mais il est certain qu'il semble y avoir des sujets réfractaires.

Les voies par lesquelles le virus pénètre dans l'organisme sont
les voies respiratoires, les voies digestives, la voie utérine, le
tissu conjonctif. La contagion volatile peut avoir lieu, avons-nous
dit, dans une atmosphère restreinte; le virus est alors introduit
dans les voies respiratoires. Quant au rôle des voies digestives,
il est impossible de le nier, quoique M. Reynal affirme n'avoir pas
pu transmettre la maladie par ces voies; souvent la péripneumonie
se transmet par la contagion médiate, par l'ingestion de boissons ou
d'aliments souillés. La peau, recouverte de ses poils et intacte, ne
se prête guère à l'absorption du virus; mais s'il y a dépilation, si
le virus est appliqué sur une partie glabre, il faut craindre le
développement de la maladie; à plus forte raison doit-on craindre
s'il y a des éraillures, des écorchures, des excoriations à la peau.
On a observé des cas assez nombreux de transmission de la péripneumonie de la mère au fœtus; sous ce rapport cette maladie
ressemble donc à beaucoup d'autres affections contagieuses et
diffère essentiellement du charbon. Telles sont les principales
voies naturelles d'introduction.

Maintenant il y a lieu de se demander si, dans une expérience,
il n'est pas possible d'obtenir la maladie par la voie du tissu conjonctif sous-cutané ou par celle du système circulatoire. Que
l'inoculation soit faite sous l'épiderme ou sous la peau, dans le
tissu conjonctif, elle peut conférer l'immunité sans qu'on voie
apparaître les symptômes de la pleuropneumonie. On n'obtient
pas non plus la péripneumonie en injectant la matière virulente
dans un vaisseau sanguin; cette expérience n'a pas été faite souvent et mériterait peut-être d'être contrôlée. L'injection de la
matière virulente pulmonaire a été pratiquée en Angleterre par
Burdon-Sanderson; il reste à savoir si une pareille injection, qui
ne donne pas une maladie évidente, ne confère pas l'immunité. Il
serait très important d'élucider ce point, afin de savoir si, par cette
opération bénigne, on pourrait préserver le sujet, sans pour ainsi
dire lui communiquer la maladie.

Il importe de faire en quelques mots l'historique de l'inoculation appliquée à la péripneumonie. Déjà en 1851, Yvart avait observé que les sujets guéris de la péripneumonie étaient préservés ultérieurement des atteintes de la maladie. C'est à la suite de cette découverte que Willems eut l'idée d'appliquer l'inoculation à titre de moyen préservatif, et de faire pour la péripneumonie ce qu'on faisait pour la clavelée. Il inocula donc des produits péripneumoniques à des ruminants. Tout d'abord il pratiqua ses inoculations au fanon, mais il dut renoncer à opérer dans cette région, car il obtenait souvent des engorgements considérables, qui se généralisaient; il provoquait souvent une affection très grave, qui se caractérisait par des symptômes généraux et par des lésions sur les différents appareils. Aussi eut-il l'idée de pratiquer l'inoculation à une région plus éloignée de la poitrine, à la base de la queue, comme on le fait souvent pour la clavelée; ici encore, quoique moins souvent que la première fois, il obtint des engorgements très étendus, parfois gangréneux, qui se propageaient au tissu conjonctif du bassin; assez souvent même il se déclarait une maladie générale, avec des symptômes généraux et des lésions sur les appareils digestif et respiratoire. Il choisit alors l'extrémité de la queue, et cette fois il obtint un engorgement plus restreint, ordinairement localisé au pourtour du point inoculé; très rarement, à peine 2 fois sur 100, il obtint des complications plus graves (engorgements étendus et maladie généralisée). La maladie qu'il provoquait ainsi, quoique n'en offrant pas les caractères, était bien la péripneumonie contagieuse. Les animaux inoculés se trouvaient dès lors préservés de la péripneumonie; par ce moyen on leur conférait donc l'immunité, en leur communiquant une maladie bénigne. On prétend avoir vu des animaux inoculés devenir des foyers d'infection, et transmettre la maladie à des sujets sains; mais beaucoup de vétérinaires affirment, d'après des faits d'observation, que les animaux inoculés ne contaminent pas les sujets sains avec lesquels ils cohabitent. On cite de nombreux cas dans lesquels des propriétaires n'ont fait inoculer qu'une partie de leurs animaux, sans que pour cela les sujets non inoculés aient contracté la maladie, quoique étant en rapport avec les premiers. Si donc les animaux inoculés sont dangereux, ils le sont réellement fort peu.

Les résultats obtenus par le docteur Willems, quoique probants, ne furent pas aussitôt adoptés par tout le monde; l'auteur rencontra des adversaires, surtout dans son pays, comme cela se voit le plus souvent. Le principal fut Verheyen, qui lutta tant qu'il put contre l'idée de l'inoculation. Cependant la commission française de 1849 conclut à peu près dans le même sens que le docteur Willems ; et les mêmes conclusions furent admises aussi en Belgique après la mort de Verheyen. Depuis on les a admises dans tous les pays où sévit la péripneumonie. Du reste depuis cette époque on a fait de nombreux travaux, de nombreuses inoculations ; et aujourd'hui, si quelques auteurs contestent encore l'efficacité de l'inoculation comme mesure de police sanitaire, aucun ne conteste sa valeur comme moyen de conférer l'immunité. Il y a là deux questions bien distinctes. Tout le monde admet que l'inoculation, pratiquée à l'extrémité de la queue, est un moyen excellent pour transmettre une péripneumonie bénigne. Dans ce cas il semble presque inexact d'appeler la maladie péripneumonie, car il n'y a presque jamais ni les lésions ni les symptômes de cette maladie. Cependant c'est le virus péripneumonique, qui a été inoculé, qui s'est reproduit, et qui peut être repris pour être réinoculé ; d'ailleurs, de l'avis de certains vétérinaires, des animaux inoculés ont pu transmettre la péripneumonie à des animaux sains.

Mais, parce que ce moyen confère l'immunité, est-ce à dire qu'il doive être conseillé dans tous les cas, comme mesure de police sanitaire, pour empêcher la propagation de la maladie? A ce sujet il y a des réserves à faire et nous y reviendrons plus tard. Du reste il y a sur ce point des dissidences ; pour mon compte je crois qu'il faut être très sobre de l'inoculation. Ainsi il faudra bien se garder d'inoculer des animaux habitant une étable où la maladie n'existe pas ; lorsque celle-ci existe dans une ferme, ce serait une folie que de faire inoculer les sujets du voisinage. Le meilleur moyen est toujours la séquestration des malades. L'inoculation ne sera donc conseillée que pour les sujets sains d'une étable, où existent quelques cas de maladie. Réduite à ces proportions, l'inoculation peut être un excellent moyen pour empêcher des pertes considérables, pour sauvegarder la fortune des particuliers. Dans certaines étables, notamment dans celles des nourrisseurs, qui entretiennent des vaches laitières pour fournir du lait aux grandes villes, il n'est pas rare de voir la péripneumonie régner plus ou moins longtemps, rester même en permanence et causer des pertes, qui peuvent aller jusqu'à 40, 50 et même 60 pour 100. En pareils cas on peut recourir à l'inoculation, afin de préserver les animaux qui ne sont pas encore malades. Et encore je pense qu'il ne faut pas toujours conseiller cette mesure, même réduite à ces proportions; il est des cas où il vaut mieux se débarrasser des malades, les faire abattre, les faire séquestrer, faire désinfecter leur place et tout ce qu'ils ont pu souiller, et surveiller attentivement les sujets non encore malades, mais qui sont exposés à le devenir. Quoiqu'il en soit, l'inoculation est fortement conseillée et réclamée par les vétérinaires dans certains pays; elle a été ordonnée en Hollande, elle est très conseillée en Australie, en Angleterre, en Belgique et par les vétérinaires du nord de la France. Ces derniers ont presque tous conclu à l'unisson sans s'être entendus; ils disent que l'inoculation est une bonne mesure préventive, que c'est la seule capable d'arrêter une épizootie de péripneumonie.

Comment pratique-t-on l'inoculation? Le manuel en est très simple; on se sert de la lancette ou d'un instrument piquant quelconque, ou bien on pratique un incision à l'extrémité de la queue, qu'on fait ensuite baigner dans le produit morbide, etc. Je n'insiste pas sur ce point de chirurgie. Quant au lieu d'élection, il a été désigné par le docteur Willems : c'est l'extrémité de la queue.

Quelle matière faut-il inoculer? Quand on a le choix, il faut prendre la matière pulmonaire, celle qui infiltre le tissu conjonctif interlobulaire; et, pour que l'inoculation soit fructueuse, il faut recueillir cette matière encore fraîche. Des vétérinaires du Nord, très partisans de l'inoculation, conseillent même de tuer un malade afin d'avoir du virus frais. En effet, quelque temps après la mort le virus peut-être altéré, putréfié avec l'organe malade et détruit ou dangereux. Il faut autant que possible employer un produit clair, limpide, débarrassé de tout détritus organique; il faut inoculer superficiellement, sans produire de grands délabrements.

Après l'opération, il y a lieu de surveiller les animaux inoculés, car l'inoculation, quelque simple qu'elle paraisse, peut avoir de graves conséquences. Ainsi il peut arriver (à peu près 2 ou 3 fois sur 100) qu'elle provoque un engorgement, qui se propage, qui remonte jusqu'au tissu conjonctif du bassin, et qui peut se généraliser dans tout l'organisme. Il faut donc surveiller les animaux pour prévenir et combattre, quand il y a lieu, cette complication. Le plus souvent il ne se produit qu'un engorgement local, qui n'a rien de bien grave, et qui peut tout au plus occasionner une mutilation, provoquer la chute de l'extrémité de la queue. Quand l'engorgement s'étend, il y a lieu de recourir à un traitement énergique; et ce qui convient le mieux dans ces cas, c'est de sectionner la partie malade, et de cautériser la surface de section; on pourrait se contenter d'inciser longitudinalement la partie engorgée, et de la cautériser, ou d'y appliquer de la pommade stibiée (composé d'axonge et d'émétique en parties égales).

Les effets de l'inoculation sont plus ou moins rapides; ils se montrent ordinairement entre le 4ᵉ et le 21ᵉ jours.

Certains vétérinaires ont soutenu que l'inoculation, pratiquée sur les animaux contaminés ou même malades, atténuait la gravité de la maladie; mais d'autres soutiennent qu'en pareil cas elle est absolument inefficace; il semble qu'elle accélère l'éclosion de la maladie chez les individus déjà contaminés.

Il paraît que l'inoculation, pratiquée sur des jeunes animaux, leur procure une immunité moins complète et de moins longue durée.

On a prétendu aussi que, dans certains cas, en inoculant la péripneumonie, on pourrait inoculer la tuberculose; cette crainte est chimérique, car, pour pratiquer l'inoculation, on puise ordinairement le virus dans un poumon qu'on a sous les yeux, et il est facile de reconnaître les lésions de la tuberculose.

Quels sont les animaux capables de contracter la maladie? Nous avons déjà dit que la péripneumonie était particulière aux grands ruminants. Jusqu'à ces derniers temps on la croyait spéciale à ces animaux, et, si j'ai bonne mémoire, il me semble que le docteur Willems, qui a fait une étude suivie de l'inoculation, dit quelque part que la maladie n'est pas inoculable à d'autres espèces. Il paraîtrait cependant que, dans les pays du sud-ouest, dans le Lot-et-Garonne, les vétérinaires en auraient vu des cas nombreux sur l'espèce caprine. Ce fait est à noter, afin de pouvoir appliquer, quand il y aura lieu, les mesures de police sanitaire aux chèvres comme aux grands ruminants.

Il n'y a dans tous les cas aucun danger pour l'homme, qui n'a jamais été victime d'aucun accident provoqué par cette maladie.

Tous les bovins ne sont pas également impressionnés; suivant une foule de conditions on observe des effets fort différents : les uns sont fortement impressionnés, et leur maladie est grave, même mortelle; d'autres ont une maladie bénigne, qui guérit facilement; enfin d'autres sont réfractaires.

Après combien de temps le virus est-il absorbé? C'est une question non encore résolue; toujours est-il que ce contage, comme tous les autres, une fois introduit n'agit pas immédiatement. Quoiqu'il soit absorbé plus ou moins vite, il ne produit des effets visibles qu'après une période variable avec les individus, avec les conditions ambiantes, avec la matière introduite et avec la gravité de la maladie qui l'a fournie. Il faut donc au virus un certain temps pour se régénérer; et quand il s'est suffisamment multiplié, il provoque les lésions et les symptômes que nous connaissons.

Quand la maladie est tout à fait développée chez un individu, quand elle passe des sujets malades aux sujets sains, on observe quelquefois des irrégularités dans sa transmission. Ainsi dans une même habitation, ce ne sont pas toujours les plus voisins des malades qui sont les premiers atteints, c'est quelquefois sur un animal éloigné du malade que la maladie apparaît, ce qui semblerait démontrer que dans ce cas la contagion volatile a joué le principal rôle. Mais pour avoir la certitude de ce fait, il faudrait démontrer que l'animal, qui est devenu malade, n'a pas ingéré des boissons et des fourrages souillés.

La durée de la période d'incubation est comprise entre 7 et 21 jours. Mais cette durée peut aller, dit-on, à 40, 60 et même 90 jours.

Quant à la durée de l'immunité, il est très difficile de se prononcer d'une manière absolue sur cette question; des auteurs prétendent que l'immunité, conférée ou acquise, a une durée moins longue chez les jeunes que chez les adultes; elle est complète ordinairement et elle dure plus ou moins longtemps.

Certains auteurs ont prétendu que la maladie aphtheuse pouvait être à la péripneumonie ce que la vaccine est à la variole, on aurait même observé des faits qui viendraient à l'appui de cette manière de voir; mais il faut se garder de croire à cet antagonisme, car les deux maladies peuvent évoluer successivement ou simultanément sur le même organisme.

TRAITEMENT

Doit-on traiter la péripneumonie, est-il rationnel de la traiter dans tous les cas?

Il convient de répondre affirmativement à ces deux questions.

Néanmoins il est des cas où il peut être imprudent de traiter les animaux malades, c'est lorsque la péripneumonie vient de faire son apparition dans une localité, dans une étable, et sévit sur quelques sujets seulement ; alors il y aurait plutôt lieu de demander l'abatage des malades, si les propriétaires devaient être indemnisés. Mais comme ils ne doivent pas l'être, il faut se borner à la séquestration des malades et la faire suivre d'un traitement curatif.

Le traitement de la péripneumonie doit répondre aux indications suivantes : il faut tâcher de prévenir l'importation de la maladie (cette indication est du domaine de la police sanitaire et aussi de l'hygiène); l'affection s'étant déclarée, il faut tâcher de l'atténuer, de la rendre moins grave, il faut diriger sa marche afin de l'amener vers une terminaison heureuse, il faut aussi avoir le soin de prévenir les complications, et si elles surviennent, on doit les combattre par le traitement qui convient à chacune d'elles.

L'hygiène doit occuper une large place dans le traitement de la péripneumonie ; il faut autant que possible améliorer les conditions ambiantes, les logements, l'alimentation, les boissons, diminuer les fatigues, le travail, etc.

Le traitement thérapeutique doit être approprié pour combattre les diverses formes; il doit varier suivant que la maladie est à la période de début, ou à la période d'état, ou à la période de déclin, et aussi quand les malades arrivent à la convalescence. Il doit être à la fois local (externe) et général (interne).

Les révulsifs sont bien indiqués au début, ainsi que pendant la période d'augment et même pendant la période d'état. Il faut employer surtout la moutarde en lotions sinapisées ou en applications ; ce moyen est excellent, surtout au début de l'affection. On peut employer la pommade stibiée, composée de parties égales d'axonge et d'émétique; on l'applique au-dessous de la poitrine ou sur les côtés du thorax ; elle peut être aussi employée pour combattre les engorgements survenus à la suite de l'inoculation. Cruzel dit s'en être toujours bien trouvé. Pour l'appliquer, il faut avoir soin de se servir d'une spatule ; il y aurait des inconvénients à se servir de la main. Lorsque la maladie est déjà avancée, on peut recourir à l'onguent vésicatoire, mais on ne doit pas abuser de ce moyen, car il y a à craindre l'absorption de la cantharidine, qui provoque des effets fâcheux sur l'appareil génito-urinaire. On a conseillé aussi les sétons et les trochisques, et l'on peut obtenir de bons résultats par les sétons animés avec de la pommade stibiée, qui donnent des effets assez prompts. Je ne conseille pas de recourir à la saignée, bien que la maladie s'accompagne de fièvre et de lésions inflammatoires, car elle débilite promptement les malades; c'est tout au plus s'il y a lieu de pratiquer cette opération lorsqu'on est en présence d'animaux pléthoriques, chez lesquels la péripneumonie débute. Cruzel a observé que les animaux auxquels on pratiquait la saignée guérissaient moins vite que les autres. Mathieu des Vosges avait préconisé un vinaigre sternutatoire formé des substances suivantes : vinaigre, 1 litre; camphre, 8 grammes; alun, sulfate de zinc, poivre, essence de térébenthine, 32 grammes de chaque; il l'employait en injections dans les cavités nasales, par ce moyen il provoquait l'ébrouement et le rejet des produits qui encombraient les voies respiratoires.

La médication interne doit varier aussi suivant la période de la maladie. Au début, pour amoindrir l'état fébrile, il faut recourir à l'usage des émollients, des rafraîchissants, des laxatifs, des purgatifs légers et des diurétiques, qu'on emploie sous forme de tisanes, sous forme de boissons; il faut prescrire aussi des fumigations et des électuaires adoucissants. Parmi les diurétiques, on devra préférer les mucilagineux, le nitrate de potasse, la tisane de pariétaire; il faut toujours éviter d'irriter les reins ou d'accroître leur irritation s'ils sont déjà malades. On a conseillé d'employer aussi l'émétique et le calomel, qui, à mon avis, doivent être délaissés comme trop débilitants; il vaut mieux leur préférer le sulfate de soude, la crème de tartre, le chlorate de potasse. Le kermès a été préconisé et conseillé, mais il faudra toujours lui préférer le protosulfure d'antimoine ou le sulfate de fer, qui est un bon tonique; il ne faut pourtant pas croire, comme on l'a dit souvent, que cette dernière substance soit le médicament spécifique de la péripneumonie. On a parfois conseillé l'acide phosphorique et les antiputrides, tels que le camphre, le quinquina, l'eau de Rabel, l'essence de térébenthine, l'acide phénique, le phénate de soude, l'acide sulfureux; tous ces médicaments sont surtout bien indiqués lorsqu'on craint la complication de septicémie. Les agents les plus efficaces, ceux qui semblent donner les résultats les plus favorables, sont l'acide sulfureux et l'acide arsénieux. Les toniques doivent toujours être employés pendant la convalescence. Ces divers agents permettent, lorsqu'ils sont bien appliqués, d'obtenir d'excellents résultats, mais il ne faut pas croire cependant qu'on obtiendra toujours la guérison complète de la péripneumonie.

POLICE SANITAIRE

La péripneumonie contagieuse exige l'application des principales mesures sanitaires qui ont été étudiées d'une manière générale. Cette affection fait, encore parfois de nos jours, de nombreux ravages chez nous et dans les pays voisins. Le plus habituellement c'est par le commerce qu'elle est importée dans les pays où elle n'avait pas apparue ou qu'elle avait quittés.

Les mesures propres à prévenir son introduction, à arrêter et à éteindre l'épizootie quand elle règne, sont édictées par l'arrêt du 16 juillet 1784, par les lois des 16-24 août 1790, des 28 septembre et 5 octobre 1791, par les articles 459, 460, 461 du Code pénal et par l'arrêté ministériel du 11 mai 1877. Une circulaire ministérielle, du 3 avril 1873, invita les préfets à mettre en vigueur, contre la péripneumonie, les lois sanitaires.

« Versailles, le 3 avril 1873.

« Monsieur le Préfet,

« Mon attention vient d'être appelée sur les progrès que fait, dans certaines contrées, la maladie épizootique du gros bétail, désignée sous le nom de *péripneumonie contagieuse*, et sur les dommages qu'elle pourrait causer à notre agriculture, si on la laissait se développer. La cause de ces progrès n'est autre que l'inobservation, à l'égard de cette maladie, des mesures sanitaires relatives aux maladies contagieuses. Il résulte des renseignements parvenus à mon ministère, qu'on n'a presque jamais recours, pour arrêter les ravages de cette épizootie, aux moyens préventifs par lesquels il est possible, quand ils sont bien exécutés, d'empêcher l'extension de la contagion. Lorsque la péripneumonie s'est déclarée dans une étable, aucun avis n'en est donné, la plupart du temps, aux autorités locales, et celles-ci, prévenues ou non, s'abstiennent de prescrire les précautions qu'il serait nécessaire d'employer. Les propriétaires des bestiaux contaminés ont donc toute liberté de les livrer au commerce, comme des animaux exempts de toute infection. Eclairés par leur propre expérience ou les conseils qui leur sont donnés sur la gravité de la maladie de leur bétail et sur les dangers dont ils sont menacés dans l'avenir, ils se hâtent ainsi de réaliser la valeur que représentent actuellement leurs animaux encore en santé et de se mettre à l'abri de pertes nouvelles. Les marchands, à leur tour, n'ignorant pas la cause de ces ventes, profitent de la circonstance pour acheter à bon marché des animaux infectés, et les revendre ailleurs au prix qu'ils vaudraient s'ils étaient absolument sains. C'est ainsi que la contagion se propage de proche en proche pendant un certain temps et souvent à d'assez longues distances, semant de nouvelles infections sur son passage.

« Cet état de choses, Monsieur le Préfet, ne doit pas plus longtemps persister. Quoique la péripneumonie contagieuse ne soit pas aussi meurtrière que la peste bovine, le chiffre de la mortalité qu'elle entraîne ne laisse pas que d'être considérable, et comme en définitive cette maladie est permanente, la continuité des pertes qu'elle occasionne dans les conditions de liberté laissées actuellement au commerce des animaux contaminés, finirait par produire un dommage peut-être supérieur à celui que cause une invasion accidentelle de la peste bovine.

« Il y a donc lieu de mettre en vigueur, contre la péripneumonie contagieuse du gros bétail, les prescriptions édictées par notre législation sanitaire contre les maladies contagieuses en général.

« Toutes les fois que la péripneumonie se manifeste dans une étable, l'avis de son apparition doit être transmis immédiatement à l'autorité locale. Cette déclaration est prescrite par l'article 459 du code pénal, qui oblige tout détenteur ou gardien d'animaux soupçonnés d'être affectés de maladie contagieuse, à en avertir sur le champ le maire de la commune, et, même avant que le maire ait répondu à l'avertissement, à les tenir renfermés, sous peine d'un emprisonnement de six jours à un mois et d'une amende de 16 à 200 francs.

« La même mesure est ordonnée par les anciens arrêts et règlements qui n'ont pas été abrogés.

« Une fois cette déclaration reçue par le maire, ce magistrat devra prendre immédiatement des mesures pour que l'étable envahie soit *séquestrée*, et, dès le moment où la séquestration aura été prononcée, défense absolue sera faite d'introduire dans l'étable infectée de nouveaux animaux de l'espèce bovine.

« Les bestiaux malades devront être maintenus isolés des bestiaux sains, et, si leur propriétaire se décide à les faire abattre, l'abatage devra avoir lieu sur place, si ce n'est dans les localités où il existe des abattoirs ou des tueries spéciales. Dans ce cas, l'autorisation de faire conduire les malades jusqu'au lieu de l'abatage pourra être accordée.

« Quand l'abatage aura été exécuté sur place, toutes les parties de l'animal abattu pourront être exportées de la ferme, à l'exception des poumons, de la trachée et de la tête, qui devront être enfouis ou détruits de toute autre manière.

« Quant aux animaux contaminés, ils ne pourront sortir de la ferme infectée pour aucune autre destination que pour la boucherie, et, dans ce cas, des mesures devront être prises pour que l'abatage soit exécuté dans un délai de cinq jours après leur sortie. Cet abatage devra être attesté par des certificats donnant toutes garanties que les animaux n'ont pas été détournés de leur destination.

« La durée de la séquestration des étables infectées devra être de trois mois, à dater de la disparition, dans ces étables, du dernier cas de péripneumonie, soit par la mort, soit par la guérison.

« Pour assurer l'exécution rigoureuse de la séquestration, il devra être procédé au recensement du bétail des fermes infectées, immédiatement après la déclaration faite de l'apparition de la péripneumonie, et, autant que possible, la gendarmerie devra partout intervenir pour surveiller les fermes dont les étables sont soumises à la séquestration, et empêcher les infractions qu'on ne manquerait pas de commetre, si l'on pouvait compter sur la faiblesse de l'autorité.

« La séquestration, avec la longue durée que rend indispensable la nature des choses, est sans doute une mesure rigoureuse ; mais l'intérêt public commande d'y recourir pour prévenir les dommages d'une contagion de plus en plus envahissante. L'autorité n'étant pas armée du pouvoir de faire abattre les animaux malades et contaminés, comme c'est le cas pour la peste bovine, on est bien forcé d'empêcher ces animaux de nuire, en les maintenant enfermés pendant tout le temps où ils peuvent être nuisibles. J'ajoute que des dispositions semblables sont appliquées en Angleterre contre la péripneumonie, et les populations agricoles s'y soumettent d'autant plus facilement qu'elles en apprécient la nécessité dans leur propre intérêt.

« Les propriétaires auxquels l'obligation dela séquestration aura été imposée se décideront, il faut l'espérer, à faire abattre leurs animaux atteints, dans le cas ou la maladie se présentera avec un certain caractère de gravité. Par ce moyen, ils éviteront d'entretenir chez eux un foyer de contagion exposant incessamment leurs autres bestiaux à contracter la maladie.

« Peut-être aussi cette mesure nécessaire d'une séquestration prolongée aura-t-elle pour conséquence de déterminer les propriétaires à recourir, plus souvent qu'ils ne le font aujourd'hui, à l'inoculation préventive de la péripneumonie contagieuse. Cette précaution a fait suffisamment ses preuves dans quelques-uns de nos départements et dans les pays étrangers, pour qu'on soit pleinement autorisé aujourd'hui à la recommander. Si tel devait être un des effets de la mise en vigueur, contre la péripneumonie contagieuse, des mesures sanitaires que je viens de rappeler, ce résultat seul suffirait pour les justifier.

« Je vous recommande, Monsieur le Préfet, de prendre un arrêté, conformément aux prescriptions de la présente circulaire, et de tenir la main à l'exécution rigoureuse des dispositions que vous allez ordonner.

« Recevez, Monsieur le Préfet, l'assurance de ma considération la plus distinguée.

« Le Ministre de l'agriculture et du commerce,

« E. Teisserenc de Bort. »

En 1863, lors du Congrès de Hambourg, la péripneumonie contagieuse fut considérée comme devant entrer dans les lois concernant les vices rédhibitoires des animaux domestiques; je ne partage nullement cette manière de voir et je vais même plus loin, je crois qu'aucune maladie contagieuse ne devrait être considérée comme rédhibitoire. Dans de pareilles circonstances, l'acquéreur ne peut pas se défaire aussitôt de l'animal malade qu'il a acheté, car il faut que le procès en rédhibition suive son cours, et pendant tout ce temps l'animal est un foyer d'infection. Néanmoins l'acquéreur ne doit pas être désarmé, il doit même être mieux protégé qu'il ne l'est actuellement. Il faudrait que la loi lui permît d'intenter un procès en dommages-intérêts toutes les fois qu'il serait démontré que la maladie est antérieure à la vente.

En Suisse, les animaux qui ont été atteints de péripneumonie et qui sont guéris, ne peuvent plus être vendus que pour la boucherie; toute autre transaction est interdite.

L'importation et l'exportation d'animaux péripneumoniques sont prohibées. Toutes les fois que les inspecteurs sanitaires des frontières ou autres constateront ou soupçonneront l'existence de la péripneumonie sur des animaux importés ou exposés en foire, ils devront leur faire appliquer les mesures prescrites dans l'arrêté du 11 mai 1877. Les animaux importés (malades ou suspects) seront refusés ou soumis à la séquestration (quarantaine), les malades, jusqu'à complète guérison et les suspects pendant vingt-un jours; ces derniers pourront être dirigés cependant immédiatement vers l'abattoir où ils doivent être sacrifiés, s'ils sont destinés à la consommation, et ils seront surveillés, afin qu'on ne puisse pas les soustraire à leur destination. Le commerce de l'espèce bovine peut être prohibé avec les pays voisins, lorsque la péripneumonie y règne : l'Angleterre et l'Allemagne avaient interdit dernièrement l'importation d'animaux bovins venant de la Hollande, où régnait cette maladie. Dans tous les cas, lorsque la pleuropneumonie sévit dans un pays, il y a toujours lieu d'exercer une bonne surveillance de tous les instants à la frontière, pour prévenir l'importation d'animaux malades. Il faudrait aussi (c'est le devoir de l'autorité), lorsque la maladie règne dans les pays voisins, informer les propriétaires des dangers qu'ils peuvent courir, en achetant des animaux de telle provenance, et les engager à isoler (c'est là une excellente précaution), pendant une quinzaine de jours, les sujets nouvellement achetés des autres animaux de la ferme, avec lesquels ils sont destinés à vivre.

Comme pour toutes les autres maladies contagieuses, les propriétaires, détenteurs, etc., doivent faire une déclaration à l'autorité pour les animaux malades et les animaux suspects ; et en même temps les animaux, qui font l'objet de la déclaration, doivent être isolés et séquestrés.

L'autorité informée nommera aussitôt un expert, un vétérinaire sanitaire pour visiter les malades et reconnaître la maladie.

Pour établir son diagnostic aussi sûrement que possible, l'expert prendra, auprès de l'autorité locale, auprès des voisins et auprès des propriétaires tous les renseignements possibles, il se rendra compte du mode d'apparition de la maladie et surtout des cas de transmission: si cela ne suffit pas, il s'éclairera en pratiquant l'autopsie des animaux morts. Il prendra le signalement des malades, il fera le recensement des bêtes bovines et des bêtes caprines; il demandera la marque des malades et des suspects, s'il le juge à propos; et, dans son rapport adressé à l'autorité, il donnera la valeur approximative des sujets visités.

Les étables infectées seront aussitôt séquestrées; les malades seront isolés des animaux encore sains; on établira des compartiments dans les habitations pour séparer les sains des malades, si on n'a pas plusieurs locaux à sa disposition.

La vente et l'exposition en vente seront interdites pour les animaux malades et même pour les animaux suspects, c'est-à-dire pour ceux qui auront cohabité avec les malades. Cependant pour ces derniers on fera une exception, lorsqu'il s'agira de les diriger immédiatement à l'abattoir. On peut même, dans certains cas, autoriser la vente des malades pour la boucherie.

La circulaire ministérielle du 3 avril 1873 autorise non seulement la vente des suspects pour la boucherie, mais encore leur déplacement, leur transport dans le lieu où ils doivent être abattus, et elle accorde cinq jours pour en faire le sacrifice; mais ce délai est trop long et doit être réduit autant que possible dans la pratique. Il est bien entendu que le déplacement des animaux suspects de péripneumonie doit être soumis à la même surveillance et aux mêmes garanties que le transport des animaux suspects de typhus; par conséquent les animaux devront être accompagnés d'un certificat d'origine, qui sera présenté à toute réquisition durant le transport, et l'abatage sera constaté par l'autorité ou la police du lieu de destination.

Les malades, dont on permettra l'utilisation pour la boucherie, ne devront jamais être déplacés; ils seront sacrifiés sur place; on les divisera en quartiers, qui pourront ensuite être débités dans la localité ou dans les environs 12 ou 24 heures après l'occision; on fera enfouir ou détruire ou livrer à l'équarrissage les viscères pectoraux et abdominaux, avec les séreuses et les ganglions ainsi que la tête et tout ce qui offrirait des lésions; on fera désinfecter la peau, après quoi elle pourra être livrée à l'industrie.

La séquestration, appliquée aux étables infectées, devra être rigoureusement exécutée. Il sera défendu d'y introduire de nouveaux animaux appartenant aux espèces qui peuvent contracter la maladie. Cette interdiction sera levée quand la maladie aura disparu et au besoin, si les conditions de l'exploitation l'exigeaient, on pourrait autoriser le propriétaire à introduire de nouveaux animaux, qui seraient isolés et surveillés ou inoculés, et soumis aux mêmes mesures que les suspects. Les animaux séquestrés ne devront pas sortir de leurs habitations; les chemins, les abreuvoirs et les pâturages communs leur seront absolument interdits. Pour les animaux simplement suspects, qui ne deviendraient pas malades, la séquestration, le cantonnement, la prohibition de vente et d'exportation ne devront être levés qu'au bout de trois mois.

Néanmoins, pendant certaines saisons, si la séquestration ainsi entendue offre des inconvénients, si le propriétaire ne peut pas nourrir son bétail à l'étable, il y a lieu de se contenter, pour les animaux simplement suspects et même pour les malades, dans les cas où l'affection n'est pas grave, du cantonnement mixte, bien organisé et bien surveillé.

L'abatage doit être rarement demandé, car il s'agit ici de malades qui souvent peuvent guérir; et d'un autre côté il ne faut pas oublier que les propriétaires ne sont pas indemnisés; aussi la circulaire de 1873 ne conseille-t-elle cette mesure que dans les cas où les propriétaires y consentiraient. Cette mesure radicale permettrait, dans certaines circonstances, d'arrêter l'épizootie et de faire disparaître les foyers d'infection. Elle serait particulièrement indiquée au début d'une épizootie, quand la maladie a été importée par un animal venant d'un pays infecté, quand elle n'existe que sur un, deux, trois animaux; mais je le répète, pour pouvoir agir ainsi, il serait nécessaire que la loi fût plus équitable sur la question des indemnités; il faudrait en somme que les propriétaires fussent remboursés, au moins en partie, de la perte qu'on leur ferait subir. Quand l'abatage sera conseillé et consenti, le sacrifice des animaux devra être fait au clos d'équarrissage, au bord de la fosse, et pratiqué par assommement comme pour le typhus; mais il pourra aussi être exécuté sur place, si l'on doit utiliser les chairs, ce qui devra être toléré lorsque les malades ne seront pas trop minés par la maladie, quand il n'y aura pas maigreur excessive, ni complication de septicémie. Dans ces cas, les viscères et la tête seront traités comme il a été dit, et la peau sera désinfectée.

L'enfouissement devra donc être appliqué quelquefois après l'abatage. On devra toujours faire enfouir suivant les règles, ou livrer à l'équarrissage les cadavres provenant d'animaux morts de la péripneumonie. Les cadavres seront charriés avec les animaux solipèdes; on évitera de répandre les produits morbides et on fera désinfecter les véhicules employés.

La chair des animaux péripneumoniques, n'étant pas dangereuse pour l'homme, pourra toujours, en prenant les précautions susindiquées, être consommée, hormis le cas de maigreur excessive, de septicémie, de mort à la suite de la maladie.

Le lait des malades n'est pas dangereux pour l'homme; il peut donc être utilisé ainsi que les produits (beurre, fromage) qu'il sert à préparer.

Lorsque la maladie aura disparu d'une ferme, soit par suite de la guérison, soit par suite du sacrifice des malades, il faudra faire procéder à une bonne désinfection. Devront être désinfectés, les habitations, les fumiers, les objets divers qui ont pu être souillés, les fourrages, les litières, les véhicules de transport, les wagons, l'atmosphère des habitations, les peaux, etc. On aura donc recours au récurage, à l'aération, au lavage avec l'eau bouillante et avec les dissolutions bouillantes d'acide phénique, ou de sels alcalins, ou de chlorure de chaux, aux fumigations phéniquées et mieux aux fumigations sulfureuses, au sérénage (litières et fourrages, etc.), au flambage, à la ventilation, etc. Les fumiers seront traités par des matières chimiques, ou enfouis pendant deux mois ou simplement exposés à l'air et à la putréfaction. Les fourrages et les litières souillés ne devront pas être déplacés, ils seront détruits (feu), ou mieux utilisés pour les animaux solipèdes ou exposés au sérénage.

Les animaux guéris de la maladie ou de l'inoculation devront être maintenus séquestrés ou cantonnés pendant un certain temps, et en outre il continuera à être interdit aux propriétaires de mêler avec ces animaux d'autres sujets importés. Les auteurs demandent à ce propos une séquestration et un cantonnement de trois mois après la guérison. C'est trop et c'est trop peu, c'est onéreux pour le propriétaire et ce n'est pas assez pour effacer tout danger. Aussi vaudrait-il beaucoup mieux conseiller et pouvoir prescrire aux propriétaires de livrer à la boucherie de pareils animaux.

Après la désinfection, les habitations, les étables doivent aussi, d'après l'opinion commune et d'après la circulaire du 3 avril, rester séquestrées pendant un certain temps, pendant un mois, pendant trois mois, je trouve que c'est là une précaution inutile et gênante, ce serait beaucoup trop attendre, surtout si la désinfection a été aussi complète que possible, je me rangerais à l'opinion qui réclame un mois, et même je me contenterais de quinze jours, voire même de quatre ou cinq jours.

Pour prévenir, pour empêcher l'extension des épizooties de péripneumonie, beaucoup de vétérinaires préconisent l'inoculation, et ils prétendent que cette opération, pratiquée sur des sujets sains, leur procure une maladie bénigne et leur confère l'immunité; cela est vrai. Mais d'autres vont plus loin, ils prétendent que l'opération, pratiquée sur les suspects et même sur les malades, provoque une localisation salutaire et rend la maladie existante moins grave; cette assertion semble, avons-nous dit, sujette à caution et d'ailleurs elle est loin d'être avancée par le plus grand nombre des partisans de l'inoculation.

L'inoculation ne doit pas être conseillée dans tous les cas, il s'en faut bien; on peut la conseiller et la pratiquer lorsque le propriétaire y consent, mais seulement sur les animaux sains qui se trouvent dans une habitation infectées, et jamais sur les animaux des habitations non infectées, qu'il vaut mieux préserver en appliquant une bonne séquestration aux malades et aux suspects. Les animaux inoculés doivent être soumis aux mêmes mesures que les malades.

CHAPITRE X

PHTHISIE TUBERCULEUSE

Définition. — La phthisie tuberculeuse est une maladie générale, virulente et contagieuse, annoncée par des symptômes du côté de l'appareil respiratoire, du système ganglionnaire, de l'appareil digestif et d'autres appareils, caractérisée par des inflammations nodulaires tuberculiformes, par des lésions d'inflammation proliférative et d'inflammation exsudative, et par sa transmissibilité.

Les lésions de cette affection se rencontrent surtout dans le poumon, sur les séreuses et dans le système ganglionnaire.

La phthisie tuberculeuse est encore appelée communément *tuberculose, pommelière,* à cause de la ressemblance plus ou moins prononcée que présentent ses lésions avec des tubercules de pommes de terre ou avec des pommes.

Le mot *phthisie* est une appellation plus générale. Il signifie consomption, marasme, débilitation excessive, il peut donc être employé dans d'autres maladies, qui amènent le marasme et la consomption; aussi faut-il, quand on l'applique à la tuberculose, le faire suivre de l'épithète *tuberculeuse.*

SYMPTÔMES

La tuberculose, très fréquente chez l'homme, se montre souvent aussi chez les animaux, particulièrement sur les animaux de certaines espèces. On l'a observée ou produite chez le lapin, chez le porc, chez le mouton, chez la chèvre, chez les solipèdes, chez le chien, chez le chat, chez le cochon d'Inde, chez le singe, chez le lion et peut-être chez les oiseaux; mais c'est particulièrement chez les animaux de l'espèce bovine qu'on l'observe le plus souvent, à tel point qu'on peut presque la considérer comme une maladie propre à cette espèce. Parmi les animaux de l'espèce bovine, les vaches la présentent plus souvent que les bœufs ; on l'a rencontrée quelquefois chez les jeunes veaux, qui l'ont contractée peut-être pendant leur vie intra-utérine, ou qui se sont contaminés par le lait ou par l'ingestion de produits morbides. La tuberculose semble être surtout fréquente dans les étables où l'on entretient des animaux pour la production du lait ; elle est plus fréquente en général à la ville qu'à la campagne.

Delafond admettait trois sortes de phthisie : la phthisie pulmonaire ou pommelière ou tuberculose ; la phthisie calcaire ; et la phthisie péripneumonite. Une pareille distinction n'a pas sa raison d'être ; la phthisie non calcaire se transforme toujours chez nos animaux ruminants en phthisie calcaire, sans changer de nature, sans cesser d'être la même maladie. Il n'y a qu'une seule phthisie tuberculeuse, dont les lésions éprouvent l'infiltration calcaire.

La tuberculose des animaux de l'espèce bovine est une maladie à marche et à évolution ordinairement lentes ; elle affecte presque toujours le type chronique ; elle peut d'ailleurs présenter, dans son expression symptomatologique ainsi que dans ses lésions, des degrés très nombreux, suivant l'ancienneté du mal, suivant son degré d'évolution. Sa marche est influencée par toutes les causes extérieures ou individuelles qui peuvent agir sur les malades ; aussi peut-elle devenir parfois plus rapide et s'accompagner de paroxysmes, de symptômes fébriles, quoique moins souvent que chez l'homme.

On peut, pour la commodité de l'étude, diviser l'évolution de la maladie en trois périodes, qui sont loin d'être bien tranchées et qui se confondent insensiblement l'une avec l'autre.

Dans la période de début, les symptômes sont d'abord peu marqués et le plus souvent équivoques. Les lésions précèdent les symptômes et les expliquent ; mais, pendant un temps plus ou moins long, elles peuvent être peu considérables, peu étendues et ne s'accompagner d'aucune modification notable dans les fonctions. Ainsi, en règle générale, quand les premiers symptômes se manifestent, on peut toujours assurer que les lésions remontent à un temps plus ou moins éloigné. Il n'y a donc pas au début concordance entre les lésions et les symptômes, aussi est-il difficile ou impossible de soupçonner la maladie. Le temps, qui sépare l'apparition des premiers symptômes de l'apparition des premières lésions ne peut guère être précisé ; il varie suivant les animaux, suivant le siège et les localisations des lésions. Ces variations sont rendues très manifestes par les résultats, que permettent d'obtenir les expériences ayant pour but la transmission de la tuberculose.

Quand on inocule la maladie sous la peau, on voit se produire, au bout de 8 ou 15 jours, une inflammation nodulaire locale, puis des lymphangites, puis des adénites ; l'inflammation se propage aux vaisseaux lymphatiques et aux ganglions, et jusque là on ne constate que des symptômes locaux, que des lésions localisées ; mais il arrive un moment où le produit, déversé dans le torrent circulatoire, se fixe sur les organes internes, et y provoque des altérations ; alors apparaissent les symptômes généraux. Quand la matière tuberculeuse est adressée aux voies digestives, on observe vite les premiers symptômes de l'infection (diarrhée) ; mais ce n'est aussi que plus tard que les véritables symptômes généraux se montrent.

Il arrive assez fréquemment de rencontrer à l'abattoir des lésions de tuberculose sur des animaux, qui ne présentaient de leur vivant aucun signe de maladie ; la santé n'est donc pas absolument incompatible avec une tuberculisation commençante, avec une tuberculisation localisée et peu étendue ; et quelquefois même des lésions, déjà assez avancées, ne sont pas accompagnées de symptômes très manifestes. Il y a du reste à ce sujet des différences, qui s'expliquent par la localisation des lésions sur tel ou tel organe plus ou moins important au point de vue du fonctionnement régulier de l'organisme.

Les premiers symptômes qu'on observe ordinairement sont peu prononcés ; la lactation est conservée, elle n'est pas sensiblement modifiée ; les malades sont encore susceptibles de s'engraisser, et il n'est pas rare de voir des animaux en bon état de chair ou demi-gras présenter à l'abattoir des lésions assez nombreuses de tuberculose. Au début, ce sont toujours des symptômes plus ou moins vagues qu'on remarque : c'est une diminution de la gaieté et de l'énergie ; c'est une surexcitation du système nerveux périphérique, qui se traduit par une hyperesthésie de la colonne dorso-lombaire (ce dernier signe est très peu important, car chez presque tous les animaux bovins cette région est assez sensible à la pression ou au pincement) ; c'est un léger état fébrile, qui se montre facilement pendant le travail ou la fatigue. Mais tout cela n'est même pas suffisant pour faire soupçonner légitimement la phthisie. Bientôt apparait ordinairement la toux, qui est le premier symptôme important; puis la sécrétion lactée ne tarde pas à se modifier, le lait devient bientôt plus séreux. Quelquefois les femelles entrent plus difficilement en chaleur, mais le plus ordinairement c'est le phénomène inverse qui se produit, et même les vaches deviennent parfois taurelières, elles ne retiennent pas à la saillie ou retiennent plus difficilement.

La tuberculose peut parfois évoluer assez rapidement, et alors on observe, en même temps que les symptômes locaux, des symptômes fébriles; ces derniers se montrent d'ailleurs quand une cause aggravante vient tout à coup modifier la marche de la maladie.

Quand il s'agit d'animaux contaminés expérimentalement, la première période est caractérisée par des accidents locaux, lorsqu'on a inoculé le produit tuberculeux, par de la diarrhée, lorsqu'on a adressé le produit morbide aux voies digestives, et par de la toux, lorsqu'on a fait parvenir de la matière tuberculeuse dans les voies respiratoires. Ces divers symptômes ont la même signification, ils annoncent l'évolution de la maladie.

La toux se montre aussi, quoique tardivement, quand la contamination a eu lieu par les voies digestives; elle constitue donc un symptôme important. Elle est due à une inflammation de la muqueuse bronchique ou à un développement de tubercules à la surface de cette muqueuse. Elle est sèche, légère, pectorale, sifflante, plus ou moins fréquente suivant le degré et l'étendue de la lésion provocatrice; elle s'entend le jour, la nuit, d'heure en heure, ou plus ou moins souvent, pendant le repos, quand les animaux boivent, pendant le travail, au moment où les malades sortent au grand air, pendant le repas, à l'étable, quand les animaux rentrent dans les habitations; elle est provoquée plus ou moins facilement par les gaz irritants, par le travail, par la pression du larynx ou de la trachée, par la percussion du thorax avec le poing. Souvent ce symptôme est seul au début; il n'est pas pathognomonique; il peut faire défaut et aussi il peut exister sans qu'il y ait tuberculose. On ne peut donc pas en faire la base d'un diagnostic sûr; c'est tout au plus s'il permet de soupçonner la phthisie. Mais il prend une signification plus précise, quand il s'accompagne d'autres symptômes; ce qui ne tarde pas à arriver, car au fur et à mesure que les lésions s'étendent, s'accroissent et se généralisent, il se produit des modifications fonctionnelles de plus en plus apparentes. Bientôt en effet d'autres symptômes sont fournis par l'appareil respiratoire et par d'autres appareils.

La respiration s'accélère par l'exercice et même au repos ; il y a quelquefois de l'oppression, de la gêne ; parfois la pression et la percussion de la poitrine sont douloureuses, ce qui annonce un état maladif de la plèvre.

Il apparaît ensuite du jetage ; mais ce symptôme se montre tard et ordinairement après la fatigue ou le travail ; sa production s'explique par la bronchite, par l'inflammation de la muqueuse respiratoire ou par le développement de tubercules sur cette membrane. Il est, à cette période de la maladie, peu abondant, séreux ou grisâtre et mucoso-purulent, et il n'a pas non plus une grande valeur diagnostique.

La percussion apprend peu ou n'apprend rien pendant ce premier stade de la maladie, c'est tout au plus si elle permet de constater exceptionnellement une légère submatité ; les tubercules n'occupent encore que des points isolés et séparés les uns des autres par des parties saines.

L'auscultation ne fournit pas beaucoup plus de renseignements ; pourtant il est parfois aisé de constater une rudesse anormale du murmure respiratoire, principalement en certains points, et aussi un léger râle sibilant localisé. Il faut bien se garder de prendre pour un phénomène pathologique le bruit d'expiration, qui s'entend toujours chez les grands ruminants en santé.

Parfois la circulation est accélérée et il peut se produire de l'épistaxis ou de l'hémoptisie ; mais ces deux symptômes sont loin d'être aussi fréquents dans l'espèce bovine que chez l'homme, ils sont excessivement rares.

On constate parfois des claudications, qui surviennent brusquement, et dont l'apparition semble inexplicable.

Il n'est pas rare de trouver tuméfiés les ganglions lymphatiques du flanc, de l'aine, des épaules, de l'auge, etc ; il ne faudra donc jamais oublier, dans l'examen d'un animal suspect, de vérifier l'état de ces organes.

Tout ce qui précède s'applique plus spécialement à la forme pectorale de la phthisie : mais quand la maladie débute dans d'autres sièges (intestins, tissu conjonctif, etc.), on constate d'autres symptômes (diarrhée, engorgement local, puis lymphangites et adénites, etc.).

La durée de cette première période est plus ou moins longue ; elle varie avec les conditions hygiéniques ambiantes et avec la constitution des individus qui sont atteints.

Peut-on diagnostiquer la maladie à cette période, et, dans une expertise par exemple, peut-on conclure à la rédhibition ?

En pareil cas le vétérinaire doit se montrer très circonspect ; le diagnostic est difficile et il lui faut, pour affirmer l'existence de la maladie, non seulement constater la toux, du jetage, quelques modifications dans les bruits de la poitrine, mais encore tenir compte de l'âge, de la fonction et de la conformation de l'animal, et combiner ces renseignements avec les symptômes appréciables. Il pourra se prononcer pour l'affirmative, s'il s'agit par exemple d'une vache laitière âgée, mal conformée, à poitrine étroite, à tempérament lymphatique, et s'il constate les symptômes précédemment énoncés.

Peu à peu les lésions s'étendent et se généralisent ; alors les symptômes deviennent plus manifestes, la maladie arrive progressivement, et par une transition graduelle, à sa période d'état ; l'aggravation est ordinairement lente.

Les malades deviennent plus tristes, plus nonchalants ; le travail leur est plus pénible et provoque facilement la sueur et l'essoufflement ; le poil se pique, la peau devient moins onctueuse, plus sèche, plus adhérente, surtout au niveau des côtes, elle revient lentement à sa position normale quand on la pince. La colonne dorso-lombaire est de plus en plus hyperesthésiée, de plus en plus sensible et le pincement provoque parfois du malaise ou de la toux. Le faciès devient plus languissant ; les yeux s'enfoncent et deviennent moins vifs.

La respiration devient courte, précipitée, irrégulière, soubresautante ; quelquefois l'expiration est plaintive et annonce, ordinairement un état d'exacerbation ; les animaux s'essoufflent facilement. On entend plus ou moins souvent une toux sifflante, quinteuse, sèche ou grasse, avec ou sans expectoration. On observe un jetage plus ou moins abondant, ordinairement grisâtre ou jaunâtre et grumeleux. La pression et la percussion sont parfois douloureuses ; on constate de la matité en certains points. Par l'auscultation on constate du silence en certains points, du souffle tubaire, quelquefois des râles crépitants, sibilants, muqueux, caverneux suivant les lésions qui se sont produites. Le silence et le souffle tubaire annoncent de l'hépatisation ; les râles muqueux et sibilants annoncent de la bronchite ; le râle caverneux implique la formation d'une caverne dans le poumon. Quelquefois la matité et le silence, s'étendant dans les parties inférieures jusqu'à une ligne horizontale, annoncent une pleurésie avec épanchement.

La circulation s'accélère ; le cœur bat fort et tumultueusement ;

parfois il présente une hypertrophie, qu'il est possible de délimiter par la percussion. Le pouls est petit, accéléré. Les muqueuses sont pâles ou bleuâtres (indice d'hématose incomplète) ou jaunes-terreuses, infiltrées. La température s'abaisse au-dessous de son niveau normal.

La digestion est plus ou moins troublée. L'exploration de la langue peut parfois permettre de constater dans son tissu l'existence de granulations tuberculeuses. Les ganglions de l'auge et du pharynx sont quelquefois tuméfiés et durs. L'appétit se modifie avec les progrès de la maladie; il devient capricieux, irrégulier; la rumination n'a plus lieu pendant le travail. La digestion devient plus difficile, plus laborieuse; on observe un ballonnement de temps en temps; le ventre s'affaisse; on entend des borborygmes; il y a parfois des éructations; on constate ordinairement des alternatives de constipation et de diarrhée; puis la diarrhée persiste et annonce une atonie ou une altération de l'intestin. Quelquefois on peut constater les symptômes d'une véritable péritonite avec épanchement.

La nutrition est amoindrie; les malades maigrissent rapidement, surtout quand la diarrhée est persistante.

Les vaches phthisiques, arrivées à cette période, sont souvent taurelières; elles ont souvent des chaleurs, mais elles retiennent difficilement à la saillie. Celles qui sont pleines avortent quelquefois et éprouvent alors une aggravation considérable; d'autres fois elles donnent des rejetons chétifs et prédisposés à contracter la tuberculose. La lactation devient moins abondante; le lait est plus séreux et plus riche en calcaires; les urines sont moins colorées.

L'examen des ganglions a une très grande importance à cette période; il n'est pas rare de trouver tuméfiés ceux de l'aine, des flancs, de l'épaule, de la gorge, etc.

Quelquefois on observe des tumeurs articulaires, des claudications, des infiltrations œdémateuses des parties déclives, du strabisme et une irrégularité des allures quand la tuberculose s'est propagée vers les centres nerveux.

Il arrive parfois qu'il se produit des paroxysmes et de la fièvre durant le cours de la maladie, sous l'influence de causes plus ou moins irritantes; et, si la mort ne survient pas à la suite de ces exacerbations, le type chronique peut encore reprendre le dessus.

La durée de la période d'état est variable, elle est plus ou moins longue selon les cas.

Les symptômes particuliers varient du reste avec les localisations diverses, qui se produisent soit dans le poumon, soit sur les plèvres, soit dans les ganglions, soit à la surface du péritoine, soit dans le foie, etc. On observe, réunis ou isolés, des symptômes de pleurésie, de pneumonie, de péritonite, d'hépatite, etc.

La troisième période, qui est celle de l'apogée du mal, succède insensiblement à la seconde; les lésions s'étendent et se généralisent encore, aussi les modifications fonctionnelles deviennent-elles de plus en plus profondes. Les malades deviennent faibles, impropres à tout travail, ils tombent dans un amaigrissement très prononcé, dans l'anémie et le marasme; la mue ne s'effectue plus; une fièvre de consomption se déclare et dure jusqu'à la mort.

La respiration devient plus agitée, plus laborieuse, plus irrégulière: pendant la station, les animaux écartent les membres antérieurs, pour permettre à la poitrine de se dilater plus facilement. La toux est plus fréquente; elle est faible, profonde, pénible, caverneuse; elle ébranle tout le corps. Le jetage est plus abondant, grumeleux, jaunâtre, strié de sang et à odeur cadavéreuse. L'air expiré, de même que le jetage, prend une odeur cadavéreuse. La pression et la percussion provoquent souvent de la plainte; la matité est plus manifeste, plus étendue. Le murmure respiratoire ne s'entend plus dans les parties privées de résonnance; il est exagéré dans les autres; on ausculte des râles et des souffles de toute sorte; il y a presque toujours les symptômes qui annoncent l'existence d'une ou de plusieurs cavernes.

La circulation est accélérée; le cœur est tumultueux et le pouls petit; il y a anémie générale. La calorification baisse encore.

La digestion se trouble profondément; l'appétit diminue; la rumination devient de moins en moins fréquente; il y a souvent du météorisme; la diarrhée est constante. L'assimilation et la nutrition décroissent; l'amaigrissement se complète.

La lactation devient presque nulle; les malades ne fournissent plus qu'une faible quantité de lait séreux. La muqueuse vaginale devient quelquefois tuberculeuse et catarrhale.

Les ganglions sont plus malades. Le tissu conjonctif est infiltré dans les parties déclives. Les articulations se tuméfient. La colonne dorso-lombaire est de plus en plus sensible. Les poils sont piqués et la peau devient de plus en plus sèche. Il y a cachexie, marasme, et la mort ne tarde pas à survenir.

Les symptômes de la tuberculose varient sensiblement, suivant les diverses localisations des lésions, suivant les individus, suivant les circonstances ambiantes.

La marche de la maladie, quoique toujours lente, présente aussi des variations. La phthisie peut rester latente un temps plus ou moins long; elle présente parfois dans sa marche des rémittences ou des paroxysmes, suivant l'action favorable ou défavorable de certaines influences; elle s'aggrave par des poussées successives. Elle se généralise toujours avec le temps et il n'est pas rare de voir des complications survenir : tantôt ce sont des maladies intercurrentes, telles que la pneumonie, la pleurésie, etc., qui se greffent sur la tuberculose; tantôt c'est une caverne, qui s'ouvre dans la plèvre et détermine une pleurite et un hydro-pneumo-thorax; tantôt c'est une péricardite qui se déclare. Il y a toujours des adénites tuberculeuses, de la pneumonie, de la bronchite; souvent il se produit des pneumonies lobulaires, des abcès dans le poumon et dans les ganglions, parfois de l'emphysème pulmonaire. L'œsophage et les nerfs récurrents sont fréquemment comprimés par les masses tuberculeuses du médiastin, et c'est alors qu'on observe le météorisme et qu'on entend parfois du bruit de cornage.

La tuberculose dure non seulement des mois, mais même plusieurs années; sa terminaison est toujours fatale, mais le plus souvent on se débarrasse des animaux malades avant le terme fatal. Il arrive très exceptionnellement que la maladie guérisse, que les tubercules s'enkystent et soient résorbés, bien qu'on ait signalé dans ces dernières années des cas ou on aurait vu survenir la guérison sur des lapins tuberculisés expérimentalement. La mort est donc la terminaison inévitable, et, quand on l'attend, elle est quelquefois la conséquence d'une hémorrhagie, mais presque toujours elle est la suite de la consomption et de l'imperfection de l'hématose.

Le *pronostic* de la phthisie est très grave, vu que la maladie dont il s'agit est contagieuse, vu qu'elle se termine par la mort, et vu qu'elle doit parfois faire rejeter de la consommation les chairs provenant d'animaux tuberculeux livrés à la boucherie.

Le *diagnostic* est difficile, quand la maladie est récente; mais il devient plus facile pendant la 2ᵉ et la 3ᵉ périodes. Les symptômes les plus importants, au point de vue du diagnostic, sont : la toux, les modifications de la respiration, le jetage, l'engorgement des ganglions, etc. A l'autopsie il est toujours facile de reconnaître la tuberculose, qu'il est aisé de ne pas confondre avec la phthisie vermineuse.

ANATOMIE PATHOLOGIQUE

Les lésions de la phthisie sont de différents ordres; toutes sont inflammatoires, mais elles appartiennent à des types différents. Ce qui domine, ce qui donne son caractère essentiel à la maladie qui nous occupe, ce sont les lésions de l'inflammation tuberculeuse, c'est le tubercule lui-même à ses diverses phases d'évolution. Entre autre il y a des lésions de l'inflammation ordinaire, proliférative, hyperplastique, qu'on observe dans le poumon, dans le foie ou ailleurs; et en troisième lieu on trouve les lésions de l'inflammation exsudative, principalement à la surface des séreuses. Lorsque la maladie est arrivée à un certain degré, par exemple à sa période d'état et surtout à sa période d'apogée, on trouve des lésions dans presque tous les appareils de l'économie, dans les divers tissus, dans un très grand nombre d'organes. Du reste ces lésions sont très variables suivant les périodes de la maladie et son degré de généralisation, suivant aussi la porte d'entrée du virus phthisique dans l'organisme. Nous savons déjà que dans les cas où le virus pénètre par les voies digestives, les premières lésions s'observent dans l'appareil digestif, dans l'intestin, dans les ganglions mésentériques, sur le péritoine, sur l'épiploon, etc.

Il convient d'étudier d'abord la lésion principale, le tubercule, au point de vue de son anatomie, de sa structure, de sa pathogénie et de son évolution. Cette lésion n'est pas toujours semblable à elle-même; ses caractères sont différents suivant la période de son évolution. Il faudra examiner ensuite succinctement les principaux sièges de prédilection des granulations tuberculeuses. Enfin, et ce sera là l'essentiel de notre étude, il faudra passer en revue les appareils et les organes, et envisager à la fois les lésions des différents ordres qu'ils peuvent présenter.

Tubercule

Que faut-il entendre par tubercule? Le tubercule est une inflammation nodulaire, qui par conséquent se présente le plus souvent avec un petit volume et une forme arrondie. Cependant cette inflammation nodulaire peut varier dans sa forme et surtout dans ses caractères physiques et anatomiques, suivant les diverses périodes de son évolution. Au début elle se présente sous forme de très petits amas plus ou moins irréguliers, composés de cellules embryonnaires, de cellules élémentaires ; à ce moment elle est très difficilement visible à l'œil nu ; que, si parfois il est possible de la voir, c'est parce qu'elle est entourée d'une zone de congestion, et se présente alors avec une coloration légèrement rouge ; elle apparaît comme un simple point ecchymotique. A ce moment elle n'a pas encore la forme arrondie, mais elle ne tarde pas à l'acquérir, en passant de l'état naissant à l'état adulte. Dans ce nouvel état, elle se présente sous forme de granulation grisâtre, semi-transparente. Plus tard la granulation devient opaque, puis blanchâtre, grisâtre ou même jaunâtre à son centre; elle est alors caséifiée. Enfin elle s'infiltre de calcaires ; puis elle se ramollit ou elle s'enkyste, en s'entourant d'une gaine de tissu conjonctif adulte.

Le tubercule est donc une inflammation qui débute, comme toutes les inflammations, par un processus vaso-formateur, et par la prolifération des éléments cellulaires, qui évolue graduellement, qui dévie de l'organisation physiologique, qui meurt et dégénère à son centre.

Les granulations tuberculeuses se présentent isolées ou réunies plusieurs ensemble, conglomérées; c'est seulement quand elles sont isolées qu'on remarque facilement autant de petits points ronds très bien caractérisés et de forme très régulière. Mais assez fréquemment, à côté des premiers tubercules, il en naît d'autres en plus ou moins grand nombre, d'où résultent bientôt des amas de granulations : ce sont là des tubercules agglomérés, conglomérés, formant des masses irrégulières, bosselées, tourmentées. Néanmoins il n'y a rien de nouveau dans ces amas, étudiés au point de vue anatomique; il y a un certain nombre de tubercules séparés les uns des autres par des gaines de tissu conjonctif inflammatoire.

D'après ce qui précède, nous pouvons apprécier la nature du tubercule; quelques auteurs ont prétendu qu'il constituait une véritable tumeur, mais il n'est qu'une simple néoplasie inflammatoire. De nos jours il est difficile de distinguer, quant à leur genèse, les lésions inflammatoires des néoplasies proprement dites, c'est-à-dire des tumeurs; cependant on admet encore que les tumeurs sont des productions morbides, qui ne s'arrêtent pas ordinairement, qui tendent constamment à s'accroître. Il n'en est pas de même des tubercules, qui sont des inflammations limitées, qui naissent et parcourent leurs différentes phases, mais qui ne sont pas susceptibles de s'accroître indéfiniment comme les tumeurs. En effet ils éprouvent rapidement la dégénérescence granulo-graisseuse et leur centre se mortifie. S'il est fréquent de trouver des masses tuberculeuses plus ou moins volumineuses, elles ne sont pas dues à l'accroissement des tubercules primitifs, mais bien au développement de plusieurs granulations dans des points rapprochés, à leur fusion et à la destruction des cloisons qui les séparaient, d'où résulte une masse informe plus ou moins volumineuse. Le tubercule est donc une inflammation dont l'accroissement est limité, contrairement à ce qui a lieu pour les tumeurs.

La phthisie et les tubercules ont été l'objet de nombreuses recherches, d'intéressantes études et d'importantes découvertes depuis le commencement de la seconde moitié de notre siècle.

La granulation tuberculeuse, une fois formée, évolue progressivement, elle parcourt diverses périodes et atteint rapidement la limite qui lui est assignée, c'est-à-dire la mort et la dégénérescence. Il faut passer en revue les caractères du *tubercule naissant*, du *tubercule jeune*, du *tubercule adulte*, du *tubercule vieux*, du *tubercule mort*, du *tubercule ramolli* et du *tubercule calcifié*.

Tubercule naissant, jeune. — Très souvent des granulations tuberculeuses, extrêmement petites, grosses à peine comme la moitié d'une petite tête d'épingle, ont déjà évolué complètement; et, si on pratique une coupe à travers leur substance, on reconnaît qu'il y a eu déjà infiltration calcaire. Du reste, contrairement à ce qui se passe chez l'homme, ce phénomène se produit très vite et très facilement chez les ruminants. L'infiltration calcaire est chez eux la règle; tous les tubercules finissent de cette manière.

La granulation naissante, jeune, qui, ainsi que nous l'avons

déjà vu, est constituée par un simple amas de cellules embryonnaires et par un réseau capillaire, peut être très facilement étudiée
dans le poumon, sur les séreuses, à la surface de l'épiploon. Elle
se présente souvent avec une coloration rougeâtre ; à ce moment
elle n'est pas régulière, elle n'est pas franchement nodulaire ; elle
est très petite, à peine visible à l'œil nu ; les cellules qui la composent sont unies par une substance intercellulaire grenue ou
fibrillaire qu'elles ont excrétée. Au pourtour de l'amas cellulaire
on voit des vaisseaux en plus ou moins grand nombre, qui présentent souvent des dilatations ; c'est la réplétion de ces vaisseaux
qui explique la coloration rougeâtre signalée. Les cellules, qui
composent la granulation tuberculeuse naissante, n'ont pas encore
éprouvé de modifications régressives ; ce sont des éléments actifs
encore susceptibles de se multiplier, de proliférer, et ils dérivent
eux-mêmes par prolifération de cellules préexistantes, ou ils ne
sont autre chose que des globules blancs du sang, sortis par diapédèse des vaisseaux de la granulation.

Le tubercule prend une autre forme, lorsque au lieu d'évoluer
au sein du tissu conjonctif, il se développe au pourtour d'un vaisseau. Fréquemment en effet il se développe au pourtour d'un
vaisseau, artériole ou veinule ; dans ces cas on trouve au pourtour
du vaisseau une gaine de cellules embryonnaires, mais c'est dans
l'intérieur du vaisseau que se produisent les modifications les
plus importantes. Il y existe de la fibrine coagulée ; et, à sa face
interne, appliqués contre elle, se trouvent en plus ou moins grand
nombre des globules blancs. Alors, grâce à l'obstruction du vaisseau, grâce à l'arrêt du sang, on s'explique encore la coloration
rouge de la granulation primitive.

Tubercule adulte. — D'ailleurs le tubercule naissant ne
reste pas longtemps ainsi ; il évolue rapidement, il devient promptement nodulaire. Alors il est gros comme un grain de millet et il
peut atteindre le volume d'un grain de blé chez les grands ruminants. Il est ferme, dur, difficile à dilacérer, très intimement uni
aux parties voisines, proéminent, saillant, facile à voir, grisâtre,
transparent, ou tout au moins semi-transparent. Lorsque plusieurs
tubercules se forment les uns à côté des autres, il en résulte des
masses dont l'aspect bosselé est caractéristique.

Quand on pratique la coupe d'un tubercule ou d'une masse de
tubercules, on constate dans chaque granulation la présence de
deux zones bien distinctes, une zone centrale, grisâtre, semi-trans-

parente, entourée d'une zone périphérique plus ou moins colorée en rouge; aussi quand la coupe est pratiquée à travers un amas de tubercules, sa surface présente un aspect bigarré, mais il est toujours facile de discerner sur cette coupe ce qui appartient à chaque granulation.

Pour se rendre un compte exact de la structure du tubercule, qui a cet aspect, il y a lieu de pratiquer des coupes; mais pour reconnaître seulement les éléments qui le composent, il suffit de râcler ou de dilacérer sa substance et de porter ensuite le produit obtenu sous le microscope. On y trouve des cellules très grandes, multinucléaires, des cellules fusiformes, des cellules uninucléaires, des cellules embryonnaires assez volumineuses, et d'autres cellules embryonnaires plus petites, en voie d'atrophie, renfermant par conséquent un protoplasma moins abondant. Tels sont les principaux éléments qu'on trouve dans la matière obtenue par le râclage ou la dilacération d'une granulation grise. Pour étudier la disposition de ces éléments, on peut s'adresser aux tubercules du poumon, de l'épiploon, de la surface des séreuses, qui sont très propices pour ce genre d'études. On y pratique des coupes, qui, portées sous le microscope, présentent les deux zones que nous connaissons déjà. La zone périphérique est une zone de prolifération; elle est plus ou moins épaisse suivant l'activité, l'acuité de l'inflammation; elle est composée d'éléments cellulaires, surtout de grandes cellules multinucléaires, de cellules fusiformes et de cellules embryonnaires; on y trouve aussi des vaisseaux plus ou moins nombreux, parfois dilatés. Au fur et à mesure qu'on se rapproche de la zone centrale, les cellules, d'abord fusiformes, vont en s'arrondissant, et bientôt on ne rencontre plus que des cellules arrondies, que des cellules embryonnaires; c'est alors la ligne de démarcation entre les deux zones. La zone centrale est composée d'éléments cellulaires serrés, pressés les uns contre les autres, en voie de s'atrophier; et, en allant tout à fait vers le centre, ces éléments dégénèrent et se transforment en un détritus granuleux ou granulo-graisseux.

Au sein du tubercule, il y a toujours une certaine quantité de substance fondamentale, d'apparence grenue ou fibullaire, qui unit ses éléments et qui est excrétée par eux.

Les vaisseaux, qui se rendent dans la granulation tuberculeuse ou qui en font partie, sont ordinairement oblitérés. Le vaisseau central est toujours oblitéré, imperméable; il est rempli d'un coagulum fibrineux, plus ou moins granuleux, et présente, mélangés au caillot ou situés à son pourtour et appliqués contre sa face interne, des globules blancs facilement reconnaissables à leur volume, qui est plus considérable que celui des cellules du tubercule. Généralement le tubercule ne possède qu'un vaisseau central; mais il peut en posséder plusieurs, quand par exemple il se développe au milieu d'une anostomose ou d'une bifurcation. Il est facile de se rendre compte de cette disposition et de la reconnaître à la première inspection. On voit donc à l'intérieur du vaisseau central des globules blancs, dans les parois vasculaires des cellules embryonnaires plus petites que ces globules, enfin à l'extérieur du vaisseau, des cellules embryonnaires semblables aux précédentes, et au delà de celles-ci se trouvent les cellules fusiformes et polynucléaires, dont nous avons signalé l'existence.

Telle est la structure des granulations adultes, qu'elles soient isolées ou conglomérées. Il faut signaler l'existence, entre les tubercules confluents, d'un tissu conjonctif inter-nodulaire, le plus souvent inflammatoire, et qui plus tard donnera du tissu adulte ou sera détruit. Dans ce tissu conjonctif sont des vaisseaux turgides plus ou moins gonflés et des éléments inflammatoires en plus ou moins grand nombre.

Tubercule vieux, mort. — Le tubercule, constitué comme il vient d'être dit, a acquis tout ce qu'il pouvait acquérir, et même les cellules du centre sont déjà en voie de destruction. A partir de ce moment il ne peut plus faire aucun progrès; la zone centrale est privée de nourriture; les vaisseaux qui vont au centre du tubercule sont oblitérés; les éléments cellulaires de cette portion sont anémiés, pressés les uns contre les autres, ils se déforment, ils s'atrophient et se détruisent ensuite. Aussi peu à peu le tubercule, qui était grisâtre et semi-transparent, devient opaque, blanchâtre ou grisâtre et plus tard jaunâtre, quand les éléments éprouvent la transformation caséeuse.

A ce moment, si on fait une coupe dans le tubercule, on peut très bien se rendre compte des altérations éprouvées par les éléments du centre. La zone périphérique se présente encore avec les mêmes caractères; on y trouve même à proprement parler deux parties distinctes, une première attenante à la zone centrale, et formée d'éléments cellulaires embryonnaires non encore dégénérés.

Autour de cette partie médiane ou de transition, se trouve la véritable zone excentrique, qui est rougeâtre, congestionnée, enflammée, composée de cellules fusiformes, de cellules multinucléaires, de vaisseaux, de tissu conjonctif parfois en voie d'organisation. La partie centrale, qui s'est mortifiée, devient sèche, friable, caséeuse; si on en examine un fragment au microscope, on la voit composée de cellules déformées, de gouttelettes graisseuses, de granulations moléculaires, quelquefois de cristaux de cholestérine.

Dès ce moment le tubercule, étant mort, irrite les tissus voisins; il agit sur eux comme un corps irritant quelconque; aussi lorsqu'il siège sur une muqueuse, quand il est tout à fait superficiel, il peut arriver que l'irritation, entretenue par la partie centrale mortifiée, se propage peu à peu et s'étende même jusqu'à la partie la plus superficielle de la muqueuse. Il se produit alors le même phénomène qu'à l'ouverture d'un abcès; le tubercule ayant peu à peu amené un travail d'ulcération, il en résulte une ouverture qui se fait jour à travers la muqueuse, et le produit tuberculeux peut être évacué. Sur la muqueuse respiratoire et dans l'intestin, il n'est pas rare de voir des tubercules s'éliminer de la sorte.

Les tubercules confluents, qui sont arrivés à cette période, présentent toujours, quand on les incise, cette gangue de tissu conjonctif qui unit les différentes granulations les unes aux autres. Mais il n'est pas rare de voir se produire des oblitérations vasculaires en dehors des tubercules, et alors les cloisons inter-nodulaires peuvent se mortifier, comme les tubercules eux-mêmes, et se transformer en une matière caséeuse.

Cette mortification et cette transformation possible en matière caséeuse du tissu conjonctif inter-nodulaire nous expliquent pourquoi, dans certains organes, dans le poumon principalement, on peut voir des masses du volume d'une noisette, d'un œuf de pigeon, d'un œuf de poule et au delà même, n'offrant à leur centre aucune trace de tissu organisé. Il ne faudrait pas croire que ces masses de matière caséeuse fussent le résultat d'un seul tubercule; elles résultent de la réunion d'un plus ou moins grand nombre de granulations, qui se sont caséifiées à leur centre, et ont provoqué la caséification du tissu conjonctif qui les unissait.

Tubercule crétacé. — Quand le travail de caséification s'est opéré au centre du tubercule, il peut survenir un ramollissement; la granulation est définitivement morte, mais sa finalité est rarement d'être évacuée et presque jamais d'être résorbée. Elle doit encore, quoique morte, éprouver d'autres modifications, elle doit éprouver l'infiltration calcaire, qui est la règle chez les grands ruminants.

Quand on pratique des autopsies, on rencontre toujours sur les divers organes des tubercules plus ou moins avancés dans leur évolution; les uns sont tout à fait calcifiés, d'autres sont encore en voie de calcification, d'autres sont à leur deuxième période et il en est qui sont encore à la première.

Les tubercules calcifiés se présentent avec certains caractères, qui permettent de les reconnaître très facilement, lors même qu'ils sont très petits, quand ils n'ont pas encore éprouvé le ramollissement, et même quand ils sont isolés. Ils sont jaunes, opaques, très durs à la pression, durs surtout quand on essaie de les inciser; il est difficile de faire une coupe de ces granulations sans avoir dissous la matière calcaire qui les infiltre. Ils ont une partie centrale et une partie périphérique. La première est l'ancien noyau caséifié qui était au centre du tubercule mortifié; elle est tout à fait infiltrée de matières calcaires, elle est jaune, pierreuse, l'instrument tranchant passe difficilement à travers sa substance. Autour de cette première partie est la zone périphérique, rouge ou grisâtre et fibro-vasculaire; elle a la structure du tissu conjonctif inflammatoire en voie d'organisation.

Les tubercules agglomérés présentent les mêmes caractères; chacune des nodosités, qui composent la masse, présente au centre une zone pierreuse, qui est entourée d'une zone conjonctive vasculaire, et il existe en outre du tissu conjonctif inter-nodulaire de même nature. Ces cloisons sont plus ou moins épaisses; généralement elles sont minces, quelquefois elles sont tout à fait détruites, et alors, quand ces énormes masses caséeuses, dont j'ai parlé à propos des tubercules morts, ont subi complètement l'infiltration calcaire, on trouve un amas plus ou moins considérable de matière crétacée, jaunâtre, plus ou moins consistante.

La nature des sels calcaires, qui infiltrent les tubercules, a été bien déterminée; ces sels sont le carbonate et le phosphate de chaux; aussi a-t-on pu dire que les tubercules agglomérés des grands ruminants, une fois qu'ils ont subi la calcification, représentent de véritables carrières de matières calcaires.

Quand l'infiltration est arrivée à son dernier degré, il existe à l'intérieur des tubercules un magma crétacé, dans lequel il est difficile de reconnaître la trace des anciens éléments, qui sont masqués par l'incrustation, sans recourir à l'action des acides dissolvants des sels calcaires. En effet, si on n'a pas recours à ce procédé, on voit grossièrement sous le microscope des grains jaunâtres, calcaires, des granulations calcaires plus petites, des granulations d'apparence cristalline, des granulations plus ou moins irrégulières; mais en somme il n'y a que des cristaux ou des granulations de matière calcaire. Les éléments ou les débris d'éléments organiques, qui sont encore dans cette masse pierreuse, sont masqués par l'incrustation calcaire; mais si, après avoir fait agir l'acide chlorhydrique, on examine le magma, on voit des cellules déformées, des fragments de cellules, des noyaux, des granulations moléculaires, etc.

Une coupe pratiquée dans un tubercule, en voie de subir l'incrustation calcaire, permet de constater le phénomène et de se rendre compte du mécanisme de cette altération. On constate que l'incrustation ou le dépôt de matières calcaires commence dans le protoplasma des cellules quand celles-ci sont entières; mais ce dépôt ne tarde pas à envahir tous les éléments, ainsi que la substance inter-cellulaire et même la substance inter-nodulaire, bien que celle-ci n'ait pas été altérée encore. Il y a toujours dans le sang des sels de chaux, notamment du carbonate, qui n'est soluble que grâce à un excès d'acide carbonique, et du phosphate soluble et combiné à la matière protéique. Autour de chaque tubercule existe une zone dans laquelle se trouvent des vaisseaux quelquefois turgides et dans lesquels le sang stagne; un mouvement d'exosmose se produit, et la lymphe, le plasma, exsudé à travers les parois des vaisseaux, va servir de nourriture aux éléments des tubercules. Ce plasma, ainsi exsudé, entraîne avec lui les sels de chaux en dissolution dans le sang, et, comme l'acide carbonique tend continuellement à diffuser, il en résulte que le carbonate de chaux devient insoluble; alors il se précipite dans les éléments que le plasma exsudé avait pénétrés. Le phosphate de chaux, entraîné de même avec le plasma, se dépose et incruste aussi les éléments des tubercules.

Tubercule ramolli. — Le ramollissement se produit soit avant, soit après l'infiltration calcaire. Il n'est pas ordinaire chez les grands ruminants de voir le ramollissement avant la calcification; cependant il arrive encore assez souvent de voir, principalement dans certains organes, dans les ganglions lymphatiques et même dans le poumon, des tubercules, qui, sans être primitivement infiltrés de matières calcaires, se ramollissent rapidement, se fusionnent plusieurs ensemble et se transforment quelquefois très vite en un abcès, en une véritable poche. Ce phénomène s'observe dans les ganglions de la gorge et de l'abdomen; on l'observe aussi dans le poumon, quand, bien entendu, l'inflammation, qui préside au développement des tubercules, est très vive et très rapide.

Le plus souvent, quand le ramollissement survient, il n'a lieu qu'après la calcification. Il ne survient pas toujours; il est très rare dans les tubercules isolés, car alors le tissu inflammatoire, qui entoure la masse centrale, s'organise et donne peu à peu un tissu adulte, qui forme autour de la masse crétacée une véritable gaîne. Il est beaucoup plus fréquent dans les masses calcifiées.

Quand le ramollissement suit la crétification, il se produit, sous l'influence de l'irritation constante que les parties mortifiées exercent sur les tissus voisins. Cette irritation entretient une inflammation permanente au pourtour du tubercule; il y a une exsudation plus ou moins abondante; le produit exsudé se mélange à la matière morte, la ramollit, et il n'est pas rare d'observer alors, au centre du tubercule ou des amas tuberculeux, une matière plus ou moins molle, pultacée, granuleuse, molle, un mortier plus ou moins épais.

On a prétendu que le ramollissement, qui survient dans ces conditions, procède du centre à la périphérie; mais il procède au contraire de la périphérie au centre. Ce sont d'abord les portions directement en contact avec la zone périphérique, siège de l'exsudation, qui se ramollissent; et cela est tellement vrai, qu'il n'est pas rare de trouver sur le cadavre, notamment dans le poumon, des poches contenant dans leur centre une matière ramollie, au sein de laquelle flotte encore un noyau plus ou moins volumineux de matière crétacée et concrète. Donc le ramollissement, qui survient après la crétification, commence par la périphérie de la masse calcaire.

Quand le ramollissement s'est produit, la lésion représente une poche, une cavité plus ou moins étendue, dans laquelle se trouve un contenu. La poche est ordinairement irrégulière; elle présente des *diverticula*, des *infundibula*, des anfractuosités; on y trouve encore des brides de tissu conjonctif, qui sont des vestiges des anciennes cloisons; sa surface est grisâtre ou jaunâtre, et non purulente; ses parois sont dures, rougeâtres ou grisâtres ou lardacées et formées de tissu vasculo-conjonctif. Quant au contenu, il est grisâtre, jaunâtre, caséeux ou plâtreux, pyoïde ou crétacé et analogue à un mortier. Il est formé d'un détritus cellulaire; on y rencontre des gouttelettes graisseuses plus ou moins abondantes et des granulations calcaires très abondantes; sa consistance est très variable; il est rare que le ramollissement soit très prononcé, le plus souvent on trouve une matière plus ou moins molle, mais qui n'est jamais complètement liquide. Cette matière n'est jamais totalement résorbée; il est très rare que les tubercules soient résorbés. Ils peuvent déterminer une ulcération et être évacués, quand ils siègent à la surface d'une muqueuse (bronches, intestin, utérus, etc.); mais dans les parenchymes, dans le foie, dans la rate, dans le poumon, etc., ils ne sont pas évacués ni résorbés. Par conséquent la matière reste dans les cavernes, où elle s'est formée, où elle s'est ramollie. La partie fluide peut être reprise par la circulation, mais c'est là tout ce qui peut arriver, et alors il y a épaississement de la partie qui reste. Celle-ci s'enkyste le plus souvent, c'est-à-dire que le tissu conjonctif qui l'entoure s'organise complètement, et on a alors le véritable tubercule enkysté.

Quand le ramollissement s'est produit, il peut encore exister des cloisons ou des débris des anciennes cloisons qui séparaient les tubercules; mais, sous l'influence du ramollissement, il n'est pas rare que ces brides soient peu à peu atteintes; aussi la cavité, qui primitivement était irrégulière, a de la tendance à se régulariser. La cloison qui l'entoure s'organise en tissu conjonctif adulte; au microscope on y voit prédominer les fibres et quelques vaisseaux; c'est alors que ces cloisons ont un aspect grisâtre, blanchâtre, et elles crient sous l'instrument tranchant.

En résumé donc, tout tubercule est soumis à une évolution progressive; il se présente avec des caractères fort variables suivant ses périodes. Il est formé par des éléments qui sont primitivement vivants et qui ensuite s'altèrent plus ou moins, dégénèrent et même s'infiltrent de matières calcaires. Les nodules, quels qu'ils soient, ont une limite, et, quand ils l'ont atteinte, ils ne peuvent plus s'accroître; mais de nouvelles granulations peuvent apparaître à côté des premières. Il en résulte que plusieurs s'agglomèrent et donnent ces énormes masses qu'on voit dans certains organes, dont le volume peut atteindre celui de la tête (dans les poumons).

Ces masses ont une coloration jaunâtre, propre à la matière caséeuse ou crétacée; elles présentent parfois des restes de cloisons, de travées, qui, le plus ordinairement, se calcifient et se détruisent. Leur coupe est grenue et fait éprouver une sensation granuleuse au doigt; elles se ramollissent en bloc ou en des points différents et forment des foyers considérables, de véritables cavernes, dans lesquelles on trouve un mortier jaunâtre plus ou moins ramolli.

Origine du tubercule. — Les granulations tuberculeuses se développent toujours au milieu d'un tissu embryonnaire résultant d'une phlegmasie proliférative. Elles apparaissent à la surface des séreuses, dans l'épaisseur des muqueuses et des séreuses, dans les parenchymes, etc. Quand elles se montrent à la surface d'une séreuse, elles peuvent avoir pour point de départ les cellules endothéliales, qui recouvrent la membrane; mais le plus souvent elles se forment dans la substance propre de la séreuse, et alors c'est aux dépens d'autres éléments qu'elles prennent naissance. Il en est de même des tubercules qui apparaissent dans le tissu conjonctif. Ils se forment parfois aux dépens des cellules qui tapissent les mailles de ce tissu; mais ce n'est pas non plus ainsi que débute le plus souvent le processus, il a ordinairement pour point de départ un autre élément. Qu'il se montre dans les parenchymes ou sur les membranes (muqueuses ou séreuses), le tubercule prend naissance ordinairement dans les gaines lymphatiques qui entourent les artérioles et les veinules, dans celles qui entourent les bronchules, dans celles qui entourent les alvéoles pulmonaires, et dans celles qui entourent les canalicules (canalicules séminifères). Aussi peut-on dire que le tubercule consiste souvent en une accumulation de cellules lymphatiques dans les gaines périvasculaires, si on considère celui qui se développe autour des vaisseaux. Et il y a non seulement accumulation de cellules lymphatiques dans la gaine périvasculaire, mais encore inflammation proliférative aux dépens des cellules endothéliales qui tapissent ces gaines.

Nous avons vu précédemment, à propos des tubercules en voie d'évolution, que les parois des vaisseaux présentent dans leur épaisseur des éléments cellulaires; et en effet, quand une granulation se développe dans une gaine périvasculaire, toujours les parois du vaisseau s'infiltrent de cellules nouvellement formées, puis elles se détruisent et sont remplacées par des éléments cellulaires. Aussi le tubercule, arrivé à une certaine période de son développement, n'offre plus aucune trace du vaisseau qu'il présentait à son centre. La formation du nodule périvasculaire consiste donc en une triple inflammation; il y a en effet périartérite, artérite et endartérite, c'est-à-dire inflammation du tissu périvasculaire, inflammation des tuniques externes du vaisseau et inflam-

mation de sa tunique interne; il y a d'abord oblitération du vaisseau. Ce qui se passe autour d'une artère se passe aussi autour
d'un canalicule séminifère, il y a inflammation du tissu conjonctif
péricanaliculaire, inflammation des parois du canal et inflammation de sa tunique interne. Même chose se passe encore autour
d'une bronche ou autour d'une alvéole; il y a inflammation du
tissu conjonctif péribronchique ou péri-alvéolaire, inflammation
des parois de la bronche ou de l'alvéole qui les tapisse; il y a
donc péribronchite et bronchite proprement dite, pneumonie
interstitielle (inflammation du tissu péri-alvéolaire) et pneumonie
catarrhale (inflammation de la muqueuse de l'alvéole).

Les tubercules ont une grande tendance à s'étendre le long des
vaisseaux sanguins et lymphatiques.

En résumé les tubercules sont le résultat d'une néoformation
vasculaire, d'une accumulation de cellules lymphatiques, d'une
prolifération de cellules endothéliales. Ils s'accompagnent de l'o-
blitération des conduits, autour desquels ils se forment, de l'infiltration des parois de ces conduits par les éléments nouvellement
formés et de la destruction de ces mêmes conduits. Les produits
tuberculeux ne se montrent pas toujours avec la même forme que
nous venons de reconnaître à la granulation tuberculeuse. On peut
rencontrer dans le foie, dans le poumon, etc., des produits tuberculeux qui se présentent à l'état d'infiltration diffuse, sous forme
d'inflammation disséminée.

Dans le poumon les tubercules se développent soit autour des
vaisseaux, soit autour des bronches, soit autour des alvéoles pulmonaires; leur évolution dans ces trois cas est à peu près celle
que nous avons reconnue au tubercule en général.

Dans le larynx, dans la trachée et dans les bronches, on peut
rencontrer des tubercules; ils ont toujours pour point de départ
les vaisseaux de la muqueuse. Ce sont surtout les nodules de la
muqueuse respiratoire, de même que ceux des muqueuses digestive, vaginale et utérine, qui sont susceptibles de provoquer l'ulcération de la membrane et d'être éliminés peu à peu.

Dans les séreuses, sur les plèvres, sur le péritoine, dans le péricarde, dans les synoviales articulaires et tendineuses, les tubercules
peuvent se former de deux manières; ils peuvent naître tout à fait
à la surface des séreuses, aux dépens des cellules endothéliales qui
les recouvrent; ou bien c'est encore autour d'un vaisseau qu'ils
se développent. Il en est de même dans le tissu conjonctif; le tubercule peut avoir pour point de départ les cellules qui tapissent

ses mailles ; mais le plus souvent c'est encore un vaisseau qui est son point de départ.

On peut aussi rencontrer des tubercules : dans le tissu de la langue ; sur les muqueuses pharyngienne, œsophagienne, stomacale ; dans le tissu conjonctif qui unit les membranes de l'œsophage et celles de l'estomac ; dans l'intestin, dans le foie, dans la rate, dans les reins, dans la vessie, dans les testicules, dans la prostate, dans les ovaires, dans l'utérus, dans le vagin, dans la mamelle, etc.; dans tous ces organes le tubercule a toujours pour point de départ un vaisseau. Sur quelques-uns d'entre eux (pharynx, œsophage, estomac, intestin, utérus), le tubercule peut provoquer une ulcération et s'éliminer ; dans le testicule, il peut se développer au pourtour des canalicules séminifères.

On trouve aussi des tubercules dans les vaisseaux et les ganglions lymphatiques, dans les centres nerveux, dans la pie-mère, sur l'arachnoïde, dans le cerveau, dans les os, et même dans le tissu adipeux ; ici encore, toujours un vaisseau est le point de départ des nodules.

Ensemble des lésions dans les divers organes

On a rarement signalé la présence de tubercules dans le tissu conjonctif et sur la peau chez l'homme phthisique ; il est encore plus rare d'en voir chez les animaux dans les mêmes points. Pourtant on a eu rencontré des granulations tuberculeuses dans le tissu cellulaire du bœuf, et dernièrement M. Colin d'Alfort en observait à la face interne de la peau d'un lapin inoculé avec de la matière tuberculeuse ; j'ai de mon côté fait plus d'une fois la même observation sur le même animal. Lorsque la maladie est arrivée à son apogée, on constate parfois une exsudation plus ou moins abondante et des œdèmes dans le tissu conjonctif sous-cutané. Mais ce n'est pas là une lésion propre à la phthisie, elle appartient plutôt à l'anémie.

Le tissu adipeux, et notamment celui des cavités, celui de l'épiploon, contient souvent des tubercules, qui se développent au pourtour des vaisseaux et aux dépens des cellules adipeuses. M. Colin a trouvé des granulations tuberculeuses à la surface et dans l'intérieur des muscles chez un lapin auquel il avait inoculé la tuberculose ; mais de pareilles lésions sont excessivement rares chez les grands ruminants, et c'est à peine si on les rencontre une fois sur mille. En Belgique on a signalé la présence de nodules dans le tissu sous-cutané et dans les muscles.

Chez l'homme on rencontre assez fréquemment des tubercules dans le système osseux; et ces lésions se font surtout remarquer dans les os qui contiennent une grande quantité de tissu spongieux, comme les vertèbres, le sternum, les côtes : ce sont des tubercules isolés ou réunis en nombre plus ou moins considérable. Quelquefois de pareilles lésions se présentent aussi chez les animaux et dans les os spongieux principalement, mais cela se voit très rarement. M. Colin en a trouvé chez le lapin tuberculisé expérimentalement et arrivé à la dernière période du mal; il en a trouvé dans les os du crâne, dans les vertèbres, dans le sternum, dans l'ilium, dans l'ischium, dans l'humérus. Les tubercules, qui se développent dans les os, ont à peu près les mêmes caractères que ceux qui se développent dans les autres appareils; ils peuvent rester isolés ou se réunir en nombre plus ou moins considérable; alors la résistance de l'os diminue; et il arrive un moment où il peut se ramollir dans les parties malades, mais il faut pour cela que la maladie soit très avancée.

Les séreuses articulaires et quelquefois les synoviales tendineuses peuvent être, quoique très rarement, le siège de granulations tuberculeuses; M. Colin en a observé dans ces organes, chez le lapin tuberculisé expérimentalement.

Appareil respiratoire. — C'est surtout dans l'appareil respiratoire que les lésions de la phthisie sont abondantes; elles consistent en tubercules plus ou moins nombreux, en inflammations diffuses, en inflammations exsudatives. Il en existe sur la muqueuse respiratoire, dans les bronches, dans le poumon et sur les plèvres. On trouve toujours, à la surface de la muqueuse respiratoire, la matière qui formait le jetage durant la vie; cette matière, grisâtre, grumeleuse, est produite par la muqueuse trachéale et la muqueuse bronchique. La muqueuse laryngienne et la muqueuse trachéale présentent quelquefois, mais très rarement, des granulations tuberculeuses arrondies et régulières; ces tubercules sont situés immédiatement sous l'épithélium ou dans l'épaisseur de la muqueuse et plus ou moins profondément. Lorsqu'ils sont superficiels, ils peuvent s'ouvrir à la surface de la muqueuse; aussi rencontre-t-on parfois de petites plaies ulcéreuses, qui sont dues à l'évolution et à l'élimination de nodules tuberculeux. On constate en outre sur les muqueuses laryngienne et trachéale, une inflammation diffuse et un état catarrhal plus ou moins prononcé, qui explique la production du jetage.

Dans les bronches, les lésions sont plus constantes ; on y trouve fréquemment des granulations tuberculeuses placées en dessous de l'épithélium ou dans l'épaisseur de la muqueuse. Ces granulations finissent quelquefois par se ramollir et s'ouvrir ; il peut en résulter des ulcères en nombre plus ou moins considérable. La muqueuse bronchique est aussi le siège d'une inflammation aiguë ou chronique, diffuse, qui s'accompagne d'un état catarrhal plus ou moins prononcé ; elle est épaissie, dépolie, irrégulière à sa surface. Dans les petites bronches, il est rare que l'inflammation reste localisée à la muqueuse ; le conduit propre de la bronche et le tissu péribronchique y participent, ils sont pareillement enflammés ; il en résulte à la fois de la bronchite et de la péribronchite. A l'intérieur des bronches on trouve un contenu muqueux, mucoso-purulent, caséeux ou grumeleux, jaunâtre ou grisâtre ; et il arrive assez souvent que certaines bronchules, en plus ou moins grand nombre, finissent par s'oblitérer et ne former qu'une sorte de cordon fibreux. La matière que les bronches contiennent est parfois très abondante, tellement abondante, qu'elle est difficilement expectorée, rejetée au dehors ; alors elle séjourne dans certains conduits, les dilate et s'infiltre de calcaire en même temps qu'elle prend une odeur fétide. On trouve fréquemment dans les poumons tuberculeux des dilatations bronchiques ; cette lésion n'appartient pourtant pas exclusivement à la tuberculose, elle peut se produire dans tout poumon, dont les bronches sont enflammées et catarrhales ; elle se montre sur une ou plusieurs bronches. Les dilatations observées sont plus ou moins volumineuses, suivant le calibre des bronches dans lesquelles elles se sont formées ; elles sont ovoïdes ou biconoïdes et plus ou moins régulières ; elles contiennent ordinairement un produit mucoso-purulent, pâteux, odorant, caséeux, et quelquefois crétacé. La composition de ce produit est la même que celle du jetage, que celle du produit rencontré à la surface de la muqueuse respiratoire ; il est formé d'une partie liquide plus ou moins abondante selon sa consistance, de granulations, de cellules épithéliales, de globules de pus, etc. Lorsqu'on se trouve en présence de ces dilatations, on ne saurait les prendre pour des cavernes véritables, dont la paroi n'est pas revêtue par la muqueuse comme celle de la lésion que nous envisageons. En effet, chaque poche bronchique est tapissée par une muqueuse, qui, aux deux extrémités de la cavité se continue avec celle de la bronche, sur le trajet de laquelle la dilatation ne forme qu'un accident. Ces dilatations sont occasionnées par la matière morbide, qui est sécrétée en plus ou moins grande abondance, qui est épaisse, qui adhère fortement à la muqueuse, qui peut s'accumuler peu à peu et distendre le canal dans lequel elle s'est formée.

Dans le poumon on trouve des tubercules plus ou moins nombreux, qui se présentent sous différents aspects et à diverses périodes d'évolution. Ils apparaissent soit dans le tissu conjonctif sous-pleural, soit dans le tissu interlobulaire proprement dit, et on les rencontre un peu partout. Ils se développent autour des vaisseaux, autour des bronches, autour des alvéoles; ils sont isolés aux confluents, agglomérés, et forment parfois des masses énormes; ils se présentent avec les caractères étudiés précédemment. En outre des tubercules et des masses tuberculeuses, on rencontre presque toujours des lésions de pneumonie; tantôt ce sont des pneumonies lobulaires, tantôt ce sont des pneumonies lobaires, et tantôt enfin ce sont aussi des pneumonies interstitielles ou mieux des pneumonies mixtes, à la fois interstitielles et catarrhales. Ces pneumonies peuvent être plus ou moins étendues, plus ou moins intenses, plus ou moins nombreuses, plus ou moins disséminées. On rencontre presque toujours ces lésions en même temps que les tubercules, et elles sont, comme eux, plus ou moins avancées, tantôt aiguës ou subaiguës et tantôt chroniques ou en voie de le devenir.

L'inflammation lobulaire peut se comporter comme un tubercule, avec cette seule différence qu'elle est un peu plus étendue; peu à peu les lobules enflammés éprouvent la dégénérescence et se transforment en une matière désorganisée, il y a alors une véritable pneumonie caséeuse. Quelquefois les lobules malades éprouvent la fonte purulente. La pneumonie lobulaire se termine donc par la formation de cavernules ou petites poches caséeuses ou purulentes. Les pneumonies lobulaires peuvent d'ailleurs se présenter avec les caractères de l'état subaigu ou de l'état chronique, accompagné d'organisation comme la pneumonie lobaire.

Celle-ci occupe une étendue variable au voisinage des points tuberculeux; elle peut se présenter avec les caractères de l'état aigu ou de l'état subaigu ou de l'état chronique, ou bien assez souvent elle a été suivie de la caséification ou de l'abcédation, et de la formation de cavernes. Quand elle est à l'état subaigu, la partie malade se présente avec une coloration rougeâtre et avec l'aspect de la chair (carnification); il y a déjà un commencement d'organisation. Plus tard cette organisation s'achève, et alors le tissu devient plus ou moins sclérosé, plus ou moins lardacé, plus ou moins dur.

Mais ce n'est pas ainsi que les choses se passent toujours. La partie malade éprouve souvent la dégénérescence caséeuse en un ou plusieurs points, qui pourront ensuite se réunir ; elle peut aussi éprouver la fonte purulente ; et la poche qui en résulte, dans l'un comme dans l'autre cas, uniloculaire ou pluriloculaire, renferme une plus ou moins grande quantité de pus ou de matière caséeuse ; cette poche est désignée sous le nom de caverne. Lorsque cette lésion s'est produite, il peut se faire qu'une bronche s'ouvre dans la caverne ; l'air pénètre dans la poche ; le contenu peut être chassé au dehors, et alors le jetage prend une odeur cadavéreuse. L'hémoptisie est assez fréquente chez les personnes phthisiques, elle est très rare chez les animaux tuberculeux, et, quand elle se produit, elle indique ordinairement la formation d'une caverne et la rupture d'un ou de plusieurs vaisseaux, dont le sang s'échappe et se mêle au contenu de la poche.

Qu'il s'agisse de pneumonies lobulaires ou de pneumonies lobaires, quand il y a eu caséification, il se produit toujours une infiltration calcaire, qui transforme la matière caséeuse en un magma plâtreux ; et dès lors il est difficile, sinon impossible, de reconnaître si telle masse est due à des tubercules ou à une pneumonie.

Assez souvent on rencontre une infiltration, une œdème dans le tissu conjonctif interlobulaire, et quelquefois des traces d'emphysème.

Quelquefois la pneumonie lobulaire et la pneumonie lobaire peuvent se terminer par la gangrène, par la mortification ; il en résulte alors des séquestres plus ou moins étendus, englobés dans les tissus vivants et provoquant la formation d'un sillon disjonctif.

Lorsque les cavernes sont situées superficiellement, elles peuvent s'ouvrir dans la plèvre ; leur contenu tombe dans la cavité thoracique, et il en résulte un hydro-pneumo-thorax.

Chez les ruminants on rencontre souvent des échinocoques, qui, il est vrai, n'ont aucun rapport avec les lésions de la tuberculose ; mais, chez les animaux phthisiques, leurs enveloppes éprouvent des modifications ; elles finissent par s'infiltrer de matière calcaire, et à leur pourtour il peut se former des tubercules en plus ou moins grand nombre.

On trouve des vaisseaux sanguins altérés, oblitérés, détruits et réduits en cordes fibreuses ou tuberculeux. Les vaisseaux lymphatiques sont enflammés, gonflés, moniliformes et contiennent une lymphe altérée, épaissie, caséeuse.

Les plèvres présentent ordinairement des tubercules plus ou moins nombreux et à différentes périodes d'évolution, qui se sont développés soit à leur surface, soit dans leur épaisseur, qui sont isolés ou agglomérés et qui forment très souvent des masses plus ou moins considérables, plus ou moins irrégulières, tubéreuses, mamelonnées. Parfois ces masses représentent des grappes sessiles ou supportées par un pédicule vascularisé, développé à la surface de la séreuse. Lorsque la maladie est très avancée, les tubercules de la surface pulmonaire et les masses tuberculeuses de la plèvre pariétale peuvent se souder ensemble. La plèvre présente en outre les altérations de l'inflammation ; elle est congestionnée, infiltrée, épaissie ; ses lymphatiques sont enflammés, moniliformes, et contiennent une lymphe épaissie ; on peut rencontrer à sa surface des points plus hypérémiés, des points ecchymotiques, des fausses membranes, qui adhèrent et qui ont de la tendance à s'organiser ; il y a parfois de l'épanchement. Cette pleurésie ne se termine pas par résolution ; peu à peu les fausses membranes sont remplacées par des bourgeons charnus, qui se forment aux dépens de la séreuse ; et ces bourgeons sont destinés à se couvrir de tubercules. Souvent le médiastin supporte de très nombreuses granulations, et dans ce cas les ganglions bronchiques sont également altérés ; aussi en résulte-t-il une compression plus ou moins énergique des vaisseaux, des nerfs, de l'œsophage et des bronches. L'épanchement thoracique et les lésions de l'hydro-pneumo-thorax, quand ils existent, présentent les caractères qu'on leur reconnaît ordinairement.

Appareil circulatoire. — Les tubercules se développent surtout au pourtour des artérioles, dans le tissu conjonctif périvasculaire, ainsi que dans l'épaisseur des tuniques vasculaires. Des tubercules, évoluant ainsi, peuvent s'observer dans tous les organes qui reçoivent des vaisseaux.

Les grosses et les moyennes artères peuvent-elles être le siège de ces lésions ? Il semble que non, bien qu'on ait observé parfois à leur face interne des plaques infiltrées de matières calcaires ; on n'a pas encore établi la relation qui pourrait exister entre ces plaques et les tubercules.

Le cœur, d'après le dire de certains observateurs, peut aussi présenter dans son tissu des tubercules, mais cela est rès rare. On en rencontre quelquefois sur l'endocarde, et il n'est pas rare d'en voir à la face interne du péricarde, qui se montre parfois hypérémié, enflammé, et présente une exsudation plus ou moins abondante. Les tubercules du péricarde sont isolés ou agglomérés, en nombre plus ou moins considérable. Ils forment parfois des îlots assez volumineux; quelquefois même ils recouvrent toute la surface interne de la séreuse et s'accompagnent d'une inflammation exsudative, qui fait adhérer le péricarde avec le muscle cardiaque.

Le sang s'appauvrit et il en résulte une véritable leucocytose, lorsque la maladie est très avancée.

Les vaisseaux lymphatiques sont souvent enflammés, surtout dans les séreuses, dans la plèvre, dans le péritoine; alors ils renferment une lymphe jaunâtre, coagulée.

Les ganglions sont fréquemment altérés, il est bien rare de les trouver sains; aussi convient-il de les examiner avec soin, et c'est à eux qu'on aura recours pour vérifier si une viande est tuberculeuse, quand on n'aura pas les viscères sous les yeux. Presque tous peuvent être altérés, mais les plus malades sont ordinairement ceux qui se trouvent près de la porte d'entrée du virus : ce sont les ganglions bronchiques, les ganglions médiastinaux, les ganglions mésentériques, les ganglions pharyngiens, etc. Leur altération est plus ou moins avancée, suivant la période à laquelle la maladie est arrivée. Lorsqu'ils sont très altérés, on peut dire hardiment que la viande provient d'un animal phthisique. Mais quelquefois ils sont peu altérés, légèrement hypertrophiés, et on peut alors être embarrassé, si on n'a pas d'autres organes à examiner. Dans les ganglions les tubercules se développent au pourtour des vaisseaux et évoluent comme dans les autres organes. Sur des coupes, pratiquées à travers la glande tuberculeuse, on voit des taches opalescentes, jaunâtres, opaques, sèches, dures, caséeuses. Ces taches sont plus ou moins nombreuses et parfois rapprochées les unes des autres sous forme d'îlots irréguliers ou arrondis; elles représentent autant de tubercules. Les nodules des ganglions passent par les mêmes périodes que ceux que nous avons trouvés dans les autres organes. Le ganglion qui devient malade s'injecte, s'hypertrophie; il peut être rougeâtre dans toute sa masse ou seulement dans certains points; il est strié, il est moins consistant, moins résistant; il devient ensuite grisâtre, plus mou, plus humide; les vaisseaux qui le parcourent se dilatent; les cellules lymphathiques prolifèrent, et il se forme un tissu inflammatoire embryonnaire, qui subit ensuite la dégénérescence caséeuse, d'où résultent des points tuberculeux blanchâtres, puis jaunâtres. Souvent les tubercules sont tellement nombreux, qu'ils se réunissent, et finalement il en résulte une transformation du ganglion en une matière caséeuse réunie en une seule masse ou entrecoupée de cloisons conjonctives hypertrophiées. Quelquefois même les ganglions s'abcèdent, après être devenus très volumineux; cette abcédation se fait surtout remarquer dans les ganglions mésentériques et aussi dans les ganglions pharyngiens. Dans les ganglions, comme ailleurs, les tubercules dégénérés s'infiltrent de matière calcaire.

Appareil digestif. — Les lésions de cet appareil sont les mêmes que celles de l'appareil respiratoire : ce sont des tubercules plus ou moins abondants, des inflammations diffuses et des lésions d'inflammation exsudative. On a signalé la présence de tubercules dans le tissu de la langue, mais cela se voit très rarement. On en a eu trouvé aussi dans la muqueuse pharyngienne, dans la muqueuse de l'œsophage et dans celle des estomacs, surtout dans la caillette; de pareilles lésions sont également fort rares.

C'est l'intestin, et surtout l'intestin grêle, qui présente les plus nombreuses lésions qu'on puisse rencontrer sur la muqueuse digestive, et on en voit principalement lorsque les animaux se sont contaminés par cette voie. Le canal intestinal contient parfois un produit morbide plus ou moins abondant, grisâtre et mucoso-purulent. La muqueuse intestinale présente assez souvent de nombreuses lésions, qui consistent en tubercules, en inflammations diffuses et en un état catarrhal plus ou moins prononcé. Les tubercules sont situés en-dessous de l'épithélium. On peut aussi les rencontrer dans l'épaisseur de la muqueuse, entre les glandes, dans le tissu conjonctif sous-muqueux, dans l'épaisseur des diverses tuniques de l'intestin. Ils se forment au pourtour des vaisseaux sanguins et des vaisseaux lymphathiques et dans le tissu conjonctif.

Presque toujours, quand l'intestin est tuberculeux, on constate une inflammation des lymphatiques des tuniques de l'intestin. Sur la muqueuse on rencontre encore des inflammations diffuses, aiguës, subaiguës, chroniques, accompagnées d'épaississement et d'un état catarrhal. Lorsque l'intestin est malade, il y a des modifications profondes dans les follicules clos et dans les glandes de Peyer. Les follicules clos, qui normalement contiennent des éléments lymphoïdes, sont le siège d'une inflammation violente; leur contenu s'accroît puis se caséifie. Ils s'hypertrophient et finissent par se rupturer et s'ouvrir, pour évacuer leur contenu à la surface de l'intestin, en laissant à leur place autant de petites ulcérations. Il y a ordinairement une infiltration bien évidente et même un commencement de destruction du tissu conjonctif qui entoure les follicules.

Les glandes de Peyer sont hypertrophiées, plus saillantes, plus apparentes ; elles offrent les mêmes altérations que les follicules isolés. Les villosités s'hypertrophient, se congestionnent et peuvent devenir le point de départ de tubercules. Les glandes de l'intestin sont presque toujours le siège d'un état catarrhal bien marqué.

Fréquemment le foie renferme des tubercules, qui sont isolés ou qui forment des masses parfois très volumineuses et qui augmentent considérablement son poids. Il existe souvent aussi une infiltration considérable dans le tissu interlobulaire ; ces altérations sont les mêmes que celles du poumon. Les éléments propres du foie sont comprimés par le tissu conjonctif interlobulaire, et finalement les cellules hépathiques se détruisent en plus ou moins grand nombre.

Souvent aussi on trouve des tubercules à la surface de la rate et même dans son tissu propre, où ils s'accompagnent d'une vive inflammation.

Le péritoine présente à peu près les mêmes lésions que la plèvre ; il est ecchymosé, hypérémié, phlogosé, tuberculisé ; parfois il y a péritonite, épanchement, exsudation, fausses membranes d'abord jaunâtres, puis devenant fibreuses, bourgeonnantes et tuberculeuses. Les portions les plus altérées, sont l'épiploon et le mésentère. Les ganglions mésentériques peuvent aussi être le siège d'une tuberculisation et même d'abcès plus ou moins volumineux.

Appareil génito-urinaire. — Les reins sont parfois le siège de lésions plus ou moins étendues; ils présentent quelquefois des tubercules en nombre plus ou moins considérable et à diverses périodes d'évolution, suivant l'état des malades. Il peut se former là, comme dans le foie, des masses tuberculeuses volumineuses; les éléments du rein sont comprimés et se détruisent en partie.

La vessie peut être enflammée ; il y a quelquefois un peu de cystite. Le testicule présente quelquefois des granulations tuberculeuses autour des canaux séminifères et des vaisseaux; c'est principalement l'épididyme qui est le plus souvent malade. La séreuse du sac testiculaire est alors congestionnée, tachetée, tuberculisée et contient un épanchement morbide.

Des tubercules se rencontrent encore dans la muqueuse utérine, dans la muqueuse vaginale et dans la mamelle; ils peuvent même être très nombreux et très confluents.

Enfin les centres nerveux peuvent aussi présenter les lésions de la tuberculose. Des tubercules existent parfois sur l'arachnoïde, sur la pie-mère et dans le cerveau même.

Il nous reste maintenant à examiner l'ordre d'apparition des lésions de la tuberculose développée expérimentalement.

Les moyens ordinairement mis en usage pour faire développer la tuberculose, sont l'inoculation, l'injection intra-vasculaire et l'ingestion de la matière tuberculeuse.

Quand on inocule le virus tuberculeux, au bout de 12 ou 15 jours on obtient une inflammation locale, nodulaire, qui s'étend ; et au bout d'un certain temps les vaisseaux lymphathiques sont enflammés et tuméfiés ; puis ce sont les ganglions dans lesquels ils se rendent, qui deviennent malades, qui se tuberculisent ; de sorte qu'au bout de 3, 4 ou 5 semaines l'infection se généralise.

Lorsqu'on injecte le virus tuberculeux dans un vaisseau sanguin, on obtient rapidement une tuberculose généralisée, dont les premières lésions se montrent dans le poumon.

Quand on fait ingérer la matière tuberculeuse, on transmet assez facilement la tuberculose; mais elle n'évolue pas comme dans les cas précédents. Les premiers symptômes sont fournis par l'appareil digestif, qui est aussi le siège des premières lésions, et finalement la maladie se généralise.

De ce qui précède, il résulte que la maladie, une fois généralisée, se caractérise par des lésions que l'on rencontre un peu partout ; et, en pratiquant l'autopsie d'un animal phthisique, on peut facilement reconnaître la porte d'entrée du virus, car ce sont les ganglions, qui avoisinent cette porte d'entrée, qui sont les plus altérés. En effet, lorsque les animaux se sont infectés par les voies respiratoires, les lésions se concentrent principalement vers le poumon. Si au contraire ils se sont infectés par les voies digestives, ce sont l'intestin et les ganglions qui lui sont annexés, qui sont le siège des lésions les plus marquées. Lorsque l'infection a eu lieu à la fois par les voies digestives et respiratoires, le poumon et l'intestin présentent à peu près le même degré d'altération.

En résumé on peut donc, en comparant les lésions trouvées sur les cadavres, établir leur subordination et arriver ainsi à déterminer les plus anciennes et par conséquent la porte d'entrée de la matière virulente. Cela est surtout vrai, quand il s'agit d'animaux tuberculisés depuis peu de temps. J'ajoute que cela a une certaine importance pour arriver à établir les modes les plus ordinaires par lesquels la maladie se transmet.

ETIOLOGIE

La virulence de la tuberculose n'est pas admise par tout le monde. De tout temps de nombreux auteurs et de nombreux observateurs ont considéré cette affection, de même que les maladies ordinaires, comme pouvant apparaître spontanément. Depuis longtemps cependant certains observateurs l'ont envisagée comme une affection contagieuse et transmissible; enfin depuis un certain nombre d'années, quelques auteurs ont prétendu que la tuberculose pouvait naître à la suite d'une résorption purulente.

Il y a donc sur l'étiologie de la phthisie trois opinions différentes qu'il faut examiner.

Spontanéité. — Les partisans de la première opinion (spontanéistes) invoquent, pour expliquer la spontanéité de la tuberculose, un grand nombre de causes, presque toutes celles qui sont tirées de la pathologie générale. Il me suffira ici de les énumérer très sommairement, d'autant plus qu'il n'y a pas lieu de croire aujourd'hui que leur action puisse faire naître la phthisie. Ces causes se trouvent dans les *circumfusa*, dans les *ingesta*, dans les *acta* et dans certaines particularités individuelles. On a invoqué l'humidité, les variations atmosphériques, le froid, les courants d'air, les pluies, les intempéries, les refroidissements, les arrêts de transpiration, les fatigues, les voyages, les habitations malsaines, mal tenues, mal aérées, l'agglomération d'un trop grand nombre d'animaux dans une habitation insuffisante, l'encombrement, l'air confiné, la misère, la mauvaise hygiène, l'alimentation insuffisante, avariée, l'alimentation riche en calcaires; on a également invoqué l'exagération de certaines fonctions physiologiques, notamment de la lactation (parce que la tuberculose est plus fréquente chez les vaches), les affections antérieures (pneumonie ou autres), les traumatismes, les mauvais traitements, les excitations génésiques, etc. Ce sont là autant de causes qui n'ont que peu ou pas d'influence sur le développement de la phthisie; c'est tout au plus s'il convient de les considérer comme causes prédisposantes. Elles débilitent les animaux et préparent l'organisme à subir plus facilement l'influence de la cause efficiente, mais elles ne peuvent, à elles seules, provoquer l'apparition de la tuberculose. Il en est de même des conditions individuelles tenant à l'espèce, à la race, à la conformation, au tempérament, à la constitution des animaux. La phthisie se voit plus fréquemment, il est vrai, sur les sujets lymphatiques, débiles, à poitrine étroite; mais cela n'implique bien certainement qu'une simple prédisposition, et voilà tout.

Il faut se demander aussi si l'hérédité ne joue pas un certain rôle dans le développement de la tuberculose. Il y a lieu selon moi de ne pas confondre l'hérédité proprement dite avec la contagion utérine. Il ne s'agirait que d'une simple contagion utérine, si le jeune animal était tuberculeux en naissant ou le devenait après sa naissance dans un laps de temps équivalant à la période d'incubation de la phthisie. Nous verrons plus loin que la contagion utérine semble s'effectuer peut-être dans quelques cas de la mère au fœtus. Il y aurait hérédité proprement dite, s'il y avait transmission à longue échéance, si la tuberculose n'apparaissait qu'un temps plus ou moins long après la naissance, si elle apparaissait après un délai égal ou supérieur à la période d'incubation. L'hérédité ainsi comprise n'a pas lieu, et les veaux nés de vaches phthisiques ne deviennent pas pour cela phthisiques, s'ils n'ont pas été contaminés pendant leur vie intra-utérine et s'ils ne sont pas ultérieurement exposés à la contagion. Quand ils le deviennent dans la suite, c'est qu'ils ont puisé les germes de la maladie soit dans le lait de leur mère, soit dans leur nourriture, soit dans l'air expiré par les malades. C'est également ce qui semble se produire chez l'homme; un enfant né d'une mère phthisique peut ne pas le devenir s'il est nourri par une femme non phthisique. Il ne faut accorder que la valeur d'un préjugé à l'opinion du vulgaire, qui croit à l'hérédité de la phthisie. En résumé, si la contagion utérine est parfois possible, il ne faut pas croire à l'hérédité de la tuberculose à longue échéance, il ne faudra y croire que lorsqu'on invoquera des faits indiscutables en sa faveur.

CONTAGION

La virulence de la tuberculose est encore de nos jours fortement controversée; on se demande si l'état maladif, résultant de l'inoculation, est bien un fait de transmission de la phthisie, et s'il ne serait pas tout simplement le résultat d'une série d'inflammations nodulaires provoquées par la matière phlogogène inoculée. A ce propos, il y a donc deux grandes opinions à examiner.

Les partisans de la virulence (ils sont déjà nombreux) admettent que la tuberculose est contagieuse et que l'état morbide, résultant de l'inoculation de la matière phthisique, est bien la tuberculose. Les partisans de la seconde opinion croient au contraire que les accidents, résultant de l'inoculation de la matière phthisique, ne sont pas spécifiques, et qu'ils peuvent être provoqués par l'inoculation d'un pus quelconque, d'une matière caséeuse ou cancéreuse, etc. Ces derniers auteurs expliquent l'apparition des phénomènes morbides par la résorption du pus, que ce pus soit introduit du dehors accidentellement ou qu'il se soit formé dans l'organisme.

Admettons dès à présent (ce point sera discuté plus loin) que les accidents, résultant de l'inoculation de matière tuberculeuse, sont bien de nature phthisique et examinons les caractères de cette transmission.

La contagion de la tuberculose a été admise, dans les deux médecines, par un grand nombre d'observateurs et niée par d'autres. Dans le vulgaire on croit que la phthisie de l'homme et celle des animaux sont contagieuses. Cette opinion, dont l'importante est grande, a été provoquée et entretenue, de génération en génération, par des faits qui, quoique insuffisamment observés et débrouillés, ont néanmoins une certaine valeur. Elle est d'ailleurs contrôlée et corroborée par des observations plus précises, par des faits de contagion bien étudiés et bien interprétés.

La phthisie a toujours une marche lente; mais néanmoins on l'a vue quelquefois se propager et régner pour ainsi dire épizootiquement. Elle s'est montrée plus fréquente à certaines époques, dans certaines localités, dans certaines fermes où on avait conservé des animaux tuberculeux; mais sa propagation est toujours lente. Quelques observateurs, entre autres Cruzel, ont signalé des faits de transmission de la tuberculose par l'intermédiaire de l'air. Depuis quelques années on a également observé, tant en France qu'à l'étranger, des cas de contagion par cohabitation, par des boissons et par des aliments, qui avaient été souillés par des sujets tuberculeux. Lorsque la phthisie s'est introduite dans une habitation, elle y persiste et s'y propage, bien que cette étable soit parfaitement tenue, parce que le virus peut se conserver un certain temps. On a aussi pu transmettre la maladie par inoculation avec du jetage, avec les crachats desséchés, provenant de personnes phthisiques. Ce qui démontre encore bien la contagiosité de la tuberculose, c'est que les étables, où ont séjourné des sujets phthisiques et qui n'ont pas été désinfectées, peuvent transmettre cette maladie aux animaux sains qu'on y introduit.

Les preuves les plus convaincantes que l'on puisse invoquer pour prouver la contagiosité de la tuberculose, sont tirées des expériences qui ont été faites dans ces dernières années par un grand nombre d'auteurs, à la tête desquels il faut citer M. Villemin et M. Chauveau.

Avant M. Villemin on avait réussi à inoculer la matière tuberculeuse, mais il ne lui en reste pas moins l'honneur d'avoir étudié la transmissibilité de la tuberculose et de l'avoir interprétée. Il a transmis, par inoculation, au lapin, la tuberculose de l'homme et celle de la vache; il a ensuite transmis la tuberculose du lapin au lapin. Il a aussi transmis la tuberculose de l'homme au cochon d'Inde. Il n'a réussi que rarement à la transmettre au chien et au chat, qui la contractent difficilement, mais qui cependant peuvent la contracter. Il n'a pas réussi à la transmettre au mouton, à la chèvre, aux oiseaux ; et pourtant ces animaux ont été tuberculisés par d'autres expérimentateurs. On a même constaté chez eux des cas de contagion à la suite de l'ingestion de matières tuberculeuses. Il a fait naître la phthisie chez le lapin, en lui injectant, dans la trachée, de la matière tuberculeuse provenant de l'homme. Dans toutes ses expériences de transmission, M. Villemin a toujours vu apparaître, au point d'inoculation, un accident, un tubercule, dont le produit était également inoculable. Il a tuberculisé le lapin en lui inoculant du produit d'expectoration (crachats), en lui inoculant de la matière tuberculeuse et de la matière expectorée desséchées, en lui faisant ingérer des crachats ou de la matière tuberculeuse. Il a conclu de ses expériences que la tuberculose est une maladie virulente, transmissible par inoculation, par ingestion et par inhalation; et, pour répondre d'avance à certaines objections, il a inoculé le lapin avec le pus, avec le produit de l'anthrax, mais jamais il n'a obtenu un état comparable à la tuberculose. Les expériences de M. Villemin ont été depuis fréquemment répétées.

M. Chauveau a également fait des expériences très démonstratives; il a cherché surtout à établir le rôle que peuvent jouer le tube digestif, le tissu conjonctif sous-cutané et les vaisseaux, dans la transmission de la tuberculose. Il a constaté d'abord que l'ingestion de matières tuberculeuses produit toujours la phthisie. Il a fait des injections hypodermiques et des injections vasculaires, artérielles et veineuses, chez le veau et chez le cheval, après avoir débarrassé la matière employée de tous les éléments capables de provoquer des embolies. Il a ainsi toujours obtenu la tuberculose chez le veau. Chez le cheval il a obtenu une tuberculose locale par l'injection hypodermique, une tuberculose miliaire du poumon par une faible injection dans la veine, et une pneumonie quand l'injection a été plus abondante. Il a constaté que l'inoculation cutanée, pratiquée sur les mêmes animaux, donne naissance à une plaie, qui reste longtemps ulcéreuse et qui n'est pas suivie de la généralisation de la tuberculose.

M. Chauveau a admis, lui aussi, la virulence, et il l'a placée dans les granulations, car il n'a inoculé qu'un plasma et des granulations. Il a, comme M. Villemin, voulu répondre aux objections qui pouvaient lui être posées; il a répété les mêmes expériences, avec du pus caséeux et du pus provenant d'abcès froids chez le veau et chez le cheval, mais il n'a obtenu rien d'analogue à ce que produit l'inoculation de la matière tuberculeuse. Il reconnaît cependant que l'inoculation d'une matière phlogogène peut être suivie d'accidents tuberculiformes chez le lapin; mais, ajoute-t-il, la matière, retirée de ces espèces de tubercules, et inoculée au veau ou au cheval, ne leur donne pas la phthisie, comme la vraie tuberculose du lapin.

Beaucoup d'expérimentateurs se sont également occupés de cette question, soit en France, soit à l'étranger, et ils ont obtenu les mêmes résultats que MM. Villemin et Chauveau; les faits de transmission par les voies digestives sont aujourd'hui très nombreux.

Des médecins grecs (1869) disent avoir transmis la tuberculose au lapin, en lui inoculant du crachat, du sang, du vaccin d'une personne phthisique. Ils affirment la contagion par l'intermédiaire de l'air, et ils parlent d'une expérience faite sur l'homme, ils disent avoir tuberculisé un homme en l'inoculant avec de la matière tuberculeuse (crachat) provenant d'un phthisique.

La phthisie est donc une maladie virulente, transmissible, non seulement par les produits tuberculeux, par les crachats, mais encore par le sang, par le vaccin recueillis sur des sujets atteints de cette affection; elle est transmissible de l'homme aux animaux et aussi de l'homme à l'homme; tout le monde est d'accord sur les faits, mais on ne les interprète pas de la même façon.

Caractères, nature, sièges du virus. — M. Chauveau croit que la virulence réside dans les granulations, absolument comme pour la morve, le farcin; d'autres auteurs inclinent à l'attribuer à des spores; il y a à ce sujet d'importantes recherches à faire.

Quant aux caractères anatomiques et physiologiques de l'agent virulent, ils sont donc difficiles à préciser, vu que la science n'est pas fixée sur sa nature. On sait pourtant que le virus phthisique est ordinairement fixe, qu'il peut se mettre en suspension dans les liquides (eaux), se répandre sur les solides (aliments, fourrages), et il faut croire, jusqu'à preuve du contraire, que l'atmosphère peut également tenir en suspension des germes de la tuberculose.

La durée de la résistance de ce virus aux causes ordinaires de destruction n'est pas non plus bien déterminée; elle est ordinairement de quelques jours et doit d'ailleurs varier suivant les cas. M. Villemin prétend avoir provoqué l'apparition de la phthisie par l'inoculation d'une matière tuberculeuse desséchée; il y a lieu de faire sur ce point de nouvelles recherches.

Où siège la matière virulente dans l'organisme malade?

On la trouve dans toutes les lésions, dans toutes les matières et dans tous les produits morbides, dans les inflammations diffuses, dans les exsudats, dans le jetage; on la trouve également dans toutes les lésions développées à la suite de l'inoculation expérimentale.

Existe-t-elle aussi dans les produits de sécrétion normale? Existe-t-elle dans le sang, dans les muscles?

Nous avons déjà vu que des médecins grecs avaient inoculé et produit la tuberculose chez le lapin avec du sang pris sur un homme phthisique. Mais avaient-ils bien obtenu la véritable tuberculose? Pour qu'il n'y eut aucun doute, il aurait fallu qu'ils fissent comme M. Chauveau, qu'ils inoculassent au veau, par exemple, de la matière tuberculeuse recueillie chez leurs lapins d'expérience. M. Toussaint a dernièrement inoculé fructueusement le sang d'un porc mort de tuberculose généralisée, ainsi que le sang d'un homme phthisique. Depuis le mois d'octobre dernier jusqu'au mois de mai de cette année, je me suis occupé de cette question; j'ai toujours inoculé, par injection hypodermique à des lapins, du sang provenant de bêtes tuberculeuses refusées à la consommation ou du sang provenant de lapins tuberculisés expérimentalement par inoculation de matière morbide. J'ai obtenu des résultats positifs dans deux expériences et des résultats négatifs dans neuf autres expériences, bien que dans tous les cas il eut été procédé absolument de la même façon. En résumé donc, le sang des animaux phthisiques, quoique souvent non virulent, doit être considéré comme pouvant contenir les germes de la maladie, de même que le sang de beaucoup de maladies virulentes.

Les chairs des animaux phthisiques renferment-elles toujours le virus, sont-elles dangereuses? Beaucoup de vétérinaires les croient dangereuses, et n'acceptent pas pour la boucherie les bêtes phthisiques, lors mêmes qu'elles sont en assez bon état de chair, si la maladie se caractérise par d'assez nombreuses lésions. Est-ce là la conduite qu'inspirent les données de la science, et y aurait-il du danger à livrer ces chairs à la consommation? Oui, si elles sont malades et si elles renferment des granulations tuberculeuses (ce qui se voit exceptionnellement); oui encore, lorsqu'elles paraissent saines, si d'ailleurs la tuberculose est généralisée sur les organes abdominaux et thoraciques et dans le système lymphatique; oui encore, si la tuberculose est limitée à la cavité thoracique ou à la cavité abdominale; oui dans presque tous les cas, sauf ceux où il y a simplement une tuberculose récente, peu étendue et peu avancée. Déjà depuis plusieurs années (1871, 1872), les vétérinaires allemands (Harms, Gunther, Zürn) ont démontré que la chair d'animaux tuberculeux peut, lorsqu'elle est ingérée, transmettre la maladie au lapin et au porc. J'ai dans de nombreuses expériences (15) inoculé, par injection hypodermique, à de nombreux lapins et à plusieurs moutons, d'assez fortes quantités (1 centimètre cube pour les lapins et 8 centimètres cubes pour les moutons) de suc obtenu en exprimant des chairs de bêtes phthisiques refusées à la consommation. Dans deux expériences seulement j'ai obtenu un résultat positif, une fois sur le lapin et une fois sur le mouton. **M.** Toussaint a aussi transmis la phthisie au porc, en lui inoculant du jus de viande de vache tuberculeuse. Les chairs, de même que le sang, doivent donc être considérées comme étant parfois virulifères, et c'en est assez pour les faire éloigner de la consommation ou pour légitimer une bonne cuisson.

La lymphe et les ganglions lymphatiques sont-ils toujours virulifères? On n'est pas bien fixé sur ce point; il y a à ce sujet des recherches à faire. Il semble que, chez un animal tuberculeux, les ganglions non encore malades ne renferment pas le virus, qui existe toujours dans les ganglions malades.

Les produits de sécrétion normale, le lait, les urines, la salive sont-ils virulents?

La question est peu importante, en ce qui concerne les urines et la salive; et du reste on n'est pas non plus bien fixé sur ce point.

Mais pour le lait, il est très important de savoir s'il est ou non virulent. Plusieurs faits observés, surtout en Allemagne, semblent prouver que le lait est dangereux. Gerlach dit avoir vu la tuberculose transmise au porc, au mouton, au veau et au lapin par l'ingestion du lait provenant de vaches phthisiques. Bollinger affirme également avoir observé pareille transmission au porc par le lait de vaches tuberculeuses. **M.** Peuch vient de constater à son tour la transmission de la tuberculose par l'ingestion du lait de vache phthisique. Malgré ces faits, je suis peu disposé à considérer le lait des vaches phthisiques comme étant invariablement dangereux; et je crois même que le plus souvent il ne l'est pas du tout. Il faut cependant faire ici une distinction. Quand la mamelle est malade, quand elle renferme des tubercules, il n'y a alors rien d'étonnant que le lait devienne virulent; et c'est sans doute ainsi que s'expliquent les faits de transmission observés. Mais, quand la mamelle est saine, le lait ne semble jamais virulent. J'ai dernièrement (octobre 1879) inoculé trois lapins, en leur injectant sous la peau trois centimètres cubes de lait d'une vache très phthisique, mais dont la mamelle était en bon état; un quatrième lapin à ingéré 6 centimètres cubes du même lait, aucun de ces animaux n'a jamais présenté des lésions de la tuberculose. Dans une deuxième expérience, j'ai injecté sous la peau de plusieurs lapins le liquide obtenu en exprimant un fragment de mamelle saine, provenant d'une vache reconnue impropre à la consommation; et ici encore mes inoculations ont été infructueuses. Dans une troisième expérience j'ai eu le même insuccès chez le lapin et chez le mouton. Il ne faut donc considérer comme dangereux que le lait provenant des vaches phthisiques dont la mamelle est malade; mais dans tous les cas il sera bon de prendre quelques précautions. On pourra laisser toujours consommer le lait des vaches phthisiques, dont les mamelles seront saines, en recommandant bien entendu de le porter à l'ébullition avant de l'utiliser. Il n'est pas même besoin de le faire bouillir, puisque d'après des expériences que nous avons faites dans le courant de cette année, une température de 70° suffit pour détruire le virus de la phthisie.

Modes de contagion. — Comme la plupart des maladies transmissibles, la tuberculose peut se propager par contagion immédiate, par contagion médiate et même par contagion volatile.

La contagion immédiate est très rare et ne s'observe que lorsque les animaux malades touchent directement ou flairent des sujets sains.

La contagion médiate est la plus fréquente; elle peut se produire par l'intermédiaire de tous les objets qui ont été souillés par les malades, par les aliments, par les fourrages, par les boissons; c'est ce mode de contagion qui joue le principal rôle. Le virus pénètre le plus souvent dans l'organisme par les voies digestives, dont le rôle a du reste été prouvé par de très nombreuses observations et de très nombreuses expériences. Les malades peuvent souiller l'eau des abreuvoirs, l'herbe des pâturages; et les animaux sains, qui y viennent après eux ou en même temps qu'eux, sont ainsi exposés à la contagion; il en est de même lorsque les animaux sains reçoivent une eau dans laquelle on a lavé des objets souillés ou des débris organiques fournis par les malades. L'ingestion de matières tuberculeuses ou de débris tuberculeux est suivie de la phthisie.

La contagion volatile est également possible, quoique plus rare. On cite en effet des cas où la maladie s'est transmise par l'intermédiaire de l'air; les germes sont alors absorbés par les voies respiratoires.

Quant à la transmission expérimentale de la phthisie, il est très facile de l'obtenir en procédant par inoculation cutanée, par injection hypodermique, par injection intra-vasculaire, par injection intra-séreuse ou même par injection ultra-trachéale.

La contagion par les voies digestives est très fréquente, ainsi que le prouvent un grand nombre de faits observés sur le veau, sur le porc, sur le mouton, sur le lapin et même sur le chien et sur le chat. La contamination peut se faire dans la bouche. D'ailleurs, si le suc digestif peut annihiler de petites quantités de matières virulentes, il n'en est pas de même quand il y a introduction de grandes quantités de virus.

Il faut maintenant préciser le rôle que peut jouer la voie utérine dans la transmission de la tuberculose. La mère phthisique transmet-elle sa maladie au fœtus? M. Villemin a inoculé la tuberculose à des lapines pleines, qui ont avorté ou dont les petits nés vivants sont morts ensuite parce que la mère ne pouvait les nourrir, ou ont vécu et sont restés chétifs, maigres et rabougris; mais dans aucun cas il n'a observé la transmission de la phthisie par la voie utérine; les mêmes résultats négatifs on été obtenus en Allemagne. Nous avons répété cette expérience, nous avons inoculé une lapine pleine 15 jours avant la mise-bas; les petits ont été nourris par la mère, qui a succombé dans la suite à la tuberculose, et trois sur cinq ont présenté les lésions de la tuberculose; M. Toussaint a obtenu le même résultat. La tuberculose, qui est très fréquente chez la vache, se voit aussi quelquefois chez le veau : c'est pourquoi on a été tenté de croire à la transmission par la mère. Dans ces cas la maladie résulte soit de la transmission utérine, soit de la transmission par le lait provenant d'une mamelle malade ou par les aliments ou les boissons souillés.

Le plus habituellement le produit tuberculeux détermine un accident local au point d'inoculation; cet accident ne se montre guère que du 10e au 13e jour; peu à peu les lésions se propagent et l'infection devient générale. Il se produit d'abord des lymphangites, des adénites, qui, primitivement localisées, s'étendent et se succèdent par suite du cheminement du virus; celui-ci est bientôt déversé dans le torrent circulatoire, et porté dans tout l'organisme. C'est dès ce moment que le sang peut être virulent. Puis le virus ce fixe sur certains organes, surtout sur les organes parenchymateux, qui reçoivent le plus de sang; là il se multiplie encore, tout aussi bien que dans le point inoculé, dans les lymphatiques et dans les ganglions. La marche de la maladie est presque toujours la même; et, pour que la généralisation soit complète, il faut au moins 20, 30, 40 jours. L'incubation n'est donc pas très longue; elle est de 10 à 15 ou 20 jours; et la généralisation peut exiger de 4 à 6 semaines.

Mais les choses se passent différemment, quand la maladie est transmise par injection intra-vasculaire.

Au point de vue de leur réceptivité pour la tuberculose, l'homme et les animaux se présentent dans l'ordre suivant: en première ligne l'homme, puis le singe, la vache, le lapin, le porc, et enfin le mouton, la chèvre, le cheval, le chien, le chat, le cobaye et peut-être les oiseaux de basse-cour.

Il y a lieu de rechercher expérimentalement si la tuberculose est une maladie identique chez toutes les espèces et si elle est également contagieuse chez les divers animaux. On est porté à admettre une complète identité entre la tuberculose des animaux et celle de l'homme; il y a cependant bien quelques petites différences symptomatologiques. Il n'y a pas par exemple ordinairement chez l'homme cette infiltration calcaire des tubercules, qu'on observe toujours chez la vache; mais la plus grande partie des symptômes, la marche, l'évolution, les lésions, la gravité sont analogues. Du reste il est certain que la tuberculose de l'homme est transmissible aux animaux, et que la maladie ainsi obtenue est également contagieuse pour les animaux entre eux. Il est à présumer que la tuberculose de la vache est transmissible à l'homme, quoique aucune expérience n'ait pu être faite à ce sujet.

LA TUBERCULOSE EST-ELLE UNE INFECTION PURULENTE?

Il y a, avons-nous dit, une opinion, soutenue par un certain nombre d'expérimentateurs, parmi lesquels il faut placer M. Colin, qui consiste à regarder la tuberculose, non comme une maladie spécifique ou virulente, mais bien comme une forme de l'infection purulente.

Nous avons dit que tous les auteurs sont d'accord sur les faits, que tous ont réussi, en inoculant de la matière tuberculeuse, à obtenir des lésions généralisées ayant les plus grandes analogies avec celles de la tuberculose ordinaire. Les partisans de l'opinion que nous examinons, se basant sur des faits assez nombreux, prétendent que les lésions obtenues par l'inoculation sont tout simplement des lésions d'infection purulente. Ces auteurs ont obtenu chez le lapin des lésions tuberculiformes, non seulement en inoculant de la matière tuberculeuse, mais aussi avec d'autres produits, tels que du pus, de la matière crétacée, du produit caséeux, des produits d'une inflammation ordinaire; d'où ils concluent que, puisque les matières non tuberculeuses sont suivies des mêmes accidents que les matières tuberculeuses, on s'est trompé sur la nature de la tuberculose, qui, pour eux, n'est pas une maladie virulente, et ils affirment que les lésions produites par l'inoculation de matières tuberculeuses doivent être considérées comme une série d'accidents inflammatoires locaux, provoqués par l'action phlogogène de la matière inoculée. Mais le plus grand nombre des expérimentateurs n'ont pas obtenu ces résultats ; MM. Chauveau et Villemin, qui ont inoculé du pus, du produit caséeux, du produit de l'anthrax, n'ont jamais provoqué des lésions tuberculiformes. On se trouve donc, au sujet de la nature de la tuberculose, en présence de deux opinions, qui reposent toutes les deux sur des faits indéniables.

M. Colin, qui regarde la tuberculose comme une infection purulente, dit l'avoir provoquée soit en inoculant le produit des tubercules, soit en inoculant de la matière caséeuse, soit en inoculant de la matière crétacée du tubercule, soit en inoculant la matière obtenue en râclant une tumeur pulmonaire produite par des strongles. Il a fait ses expériences sur le lapin et la matière crétacée, ainsi que la matière de la tumeur à strongles, inoculée à des moutons, a produit des lésions tuberculiformes. Aussi M. Colin a conclu à l'encontre de M. Villemin, c'est-à-dire à la non virulence de la tuberculose. Il a admis que la maladie est due à la résorption d'éléments irritants, aptes à vivre et à proliférer, qui se multiplieraient après leur absorption. Nous avons vu en effet que le virus phthisique se multiplie au point d'inoculation, dans les vaisseaux et les ganglions lymphatiques, avant qu'il soit déversé dans le torrent circulatoire, puis il se fixe dans les organes parenchymateux, où il repullule et provoque les tubercules.

M. Colin, d'après ses propres expériences, ne croit pas non plus à la transmission de la tuberculose par les voies digestives. Lebert a soutenu la même manière de voir que M. Colin, et, quoique ayant obtenu la tuberculose, en injectant des matières tuberculeuses sous la peau, il a conclu qu'il ne s'agissait là que de lésions inflammatoires, analogues à celles de la phthisie, accompagnées d'altérations considérables dans le tissu conjonctif, dans les vaisseaux et les ganglions lymphatiques et susceptibles de se généraliser.

Plusieurs pathologistes (Piorry, Pidoux, Empis, Chauffard, etc.) ont admis l'opinion de M. Colin et ont considéré la tuberculose comme une infection purulente ; ils ont prétendu comme lui que l'inoculation de la matière tuberculeuse, de même que l'inoculation d'une matière non tuberculeuse, provoque une inflammation locale, qui s'étend et se généralise par la voie des lymphatiques et des veines, qui s'accompagne de prolifération. Conheim, Niémeyer, Rindfleisch considèrent la tuberculose miliaire comme résultant de l'introduction dans les humeurs d'un détritus caséeux, qui a été inoculé ou qui a été absorbé après avoir pris naissance dans l'organisme. Ainsi d'après eux les éléments d'un foyer, résultant d'une pneumonie caséeuse, peuvent être absorbés par les vaisseaux et déterminer les lésions de la tuberculose. Le docteur Metzquer conclut aussi dans ce sens ; il a obtenu des lésions tuberculeuses, des nodules analogues aux tubercules, en inoculant soit de la matière tuberculeuse, soit des substances diverses. Il assimile la pathogénie et la nature de la tuberculose à celle de l'infection purulente. La matière inoculée est transportée par les vaisseaux lymphatiques et les veines ; elle provoque la formation d'embolies, qui, en s'arrêtant dans les organes, y déterminent des inflammations nodulaires, c'est-à-dire des tubercules.

D'après le docteur Metzquer, la tuberculisation par les voies digestives ne serait pas le résultat d'une véritable contagion, elle s'expliquerait de la manière suivante : les matières tuberculeuses provoqueraient, dans les portions de l'intestin où elles s'arrêtent, une irritation, une phlogose, qui serait suivie de diarrhée ; et de plus, l'inflammation développée s'accompagnerait de la formation dans les vaisseaux de caillots qui, en se déplaçant, iraient déterminer l'apparition de nodules inflammatoires dans les organes parenchymateux. En outre l'inflammation de la surface intestinale pourrait devenir ulcérative, et alors la voie serait largement ouverte à l'absorpion des matières tuberculeuses.

Faut-il admettre que la tuberculose est une simple infection purulente, une simple inflammation ?

Je crois qu'il y a lieu d'admettre l'opinion, qui consiste à regarder la tuberculose comme une maladie spécifique, contagieuse et comme une maladie susceptible de se transmettre par les voies digestives. Mais cette conclusion étant contestée, il y a lieu de faire de nouvelles recherches pour la confirmer. On peut d'ailleurs essayer de réfuter l'opinion qui considère la tuberculose comme une infection purulente.

La pathologie peut se résumer dans l'étude de l'inflammation et des principales dégénérescences auxquelles sont soumis les éléments après la maladie ou l'usure ; dans toute maladie on trouve en dernière analyse ces deux grands types et rien de plus. Les diverses affections ne peuvent donc pas se distinguer par l'anatomie pathologique, les lésions n'ayant jamais rien de spécifique; et, si certaines peuvent se différencier par leur siège (pneumonie, hépatite), il en est qui, affectant des sièges variables ou plusieurs organes à la fois (tuberculose, infection purulente, etc.), ne peuvent être différenciées que d'après leur pathogénie, d'après leur marche et d'après les propriétés de leur agent morbigène. Le vrai critérium, pour distinguer les maladies contagieuses, est fourni par l'étude des propriétés physiologiques des contages. Donc le seul moyen de distinguer la tuberculose de l'infection purulente est l'inoculation.

Ce que je dis peut paraître paradoxal, vu que j'ai déjà avancé qu'on avait obtenu une tuberculose en inoculant des matières non tuberculeuses; mais il n'en est rien, car, s'il est vrai qu'on obtienne des lésions analogues à celles de la tuberculose chez le lapin en lui inoculant des matières non tuberculeuses, cela n'est pas vrai pour les grands ruminants par exemple. Et d'ailleurs le produit des lésions tuberculiformes, obtenues chez le lapin en inoculant du pus, ne donne pas la tuberculose au veau, tandis qu'il en est tout autrement des véritables lésions tuberculeuses. L'inoculation, mais l'inoculation à un animal de l'espèce bovine, est donc bien le seul moyen de différenciation.

La tuberculose est une maladie très fréquente sur l'espèce bovine, très rare chez les solipèdes, qui sont en revanche les plus disposés à présenter l'infection purulente. Il y aurait là quelque chose d'inexplicable, si la théorie de M. Colin était vraie; pourquoi en effet la tuberculose serait-elle si fréquente chez les bovins et si rare chez les solipèdes, qui sont très aptes à contracter l'infection purulente?

Du reste, en expérimentant sur des animaux peu aptes à contracter soit la tuberculose, soit l'infection purulente, on obtient des résultats propres à élucider la question qui nous occupe; c'est ainsi que j'ai obtenu la tuberculose chez le chien en lui inoculant de la matière tuberculeuse, après l'avoir vainement inoculé avec du pus. Enfin, tandis que la tuberculose évolue très lentement chez les ruminants et les autres animaux, l'infection purulente évolue très rapidement, et les lésions de cette dernière s'accompagnent toujours d'une congestion plus vive que celle de la tuberculose.

TRAITEMENT

Il n'est ni bien opportun ni bien important d'appliquer un traitement à la phthisie de nos animaux, contrairement à ce qui doit se faire en médecine humaine, où il importe toujours de soulager les malades, si on ne peut les guérir.

Nous, vétérinaires, nous sommes obligés de laisser de côté toute considération qui ne devrait pas aboutir à un bénéfice pour les propriétaires; aussi devrons-nous rarement traiter des animaux phthisiques. Il vaudra mieux les faire livrer de bonne heure à la boucherie, pour éviter des pertes trop considérables aux propriétaires, qui seraient exposés plus tard à les voir refuser.

La tuberculose est une maladie incurable, fatalement mortelle, quoique lente dans sa marche; les tubercules s'enkystent rarement, et jamais ils ne sont résorbés. Les premières formes s'accompagnent de nouvelles poussées tuberculeuses; les malades se débilitent, s'épuisent et meurent dans le marasme et la consomption.

Malgré ces considérations, comme il est permis d'attendre d'un traitement rationnel un effet capable de ralentir la marche de la maladie, il est bon de savoir quel est ce traitement. Les indications les plus importantes sont relatives à l'hygiène des animaux; on doit prescrire une bonne hygiène des habitations, du travail, des aliments, des boissons. Il faut préserver les animaux de la contagion; il faut éloigner ou atténuer l'action des causes prédisposantes; il faut surveiller la reproduction, en évitant d'y employer les animaux tuberculeux, pour ne pas avoir des descendants contaminés, et pour éviter d'avoir des sujets faibles, qui pourraient d'ailleurs contracter la maladie en tétant leur mère, si celle-ci avait la mamelle malade; il faut séparer les animaux sains d'avec les malades et éviter de donner aux premiers les boissons, les aliments souillés par les seconds; il faut faire désinfecter les places occupées par ces derniers.

Il faut conseiller de livrer à la boucherie les animaux reconnus atteints de phthisie commençante; c'est là un excellent moyen pour se débarrasser des sujets tuberculeux; mais comme un animal peut présenter des lésions très étendues sans paraître bien malade, il pourra arriver que la chair soit déclarée impropre à la consommation, et de cette façon le propriétaire éprouvera une certaine perte, qu'il aurait retardée en conservant aussi longtemps que possible son animal pour le faire travailler ou lui faire produire du lait, ou en le vendant pour une autre destination que la boucherie.

Il faut pallier les symptômes de la maladie et ralentir sa marche; il faut prévenir les complications et les combattre, quand elles se sont produites; il faut éloigner les causes perturbatrices qui peuvent accélérer la marche de la phthisie; il faut procurer aux malades les conditions les plus favorables à leur état; il faut soutenir les forces des malades par de bons aliments et certains agents toniques. On peut employer divers agents thérapeutiques qu'on administre par les voies digestives ou par les voies respiratoires sous forme de boissons, d'électuaires, de tisanes, de fumigations, etc. On a préconisé le soufre et ses composés, ainsi que les composés antimoniaux; de tous ces agents un seul mérite de fixer l'attention, c'est le protosulfure d'antimoine, qui renferme des traces d'arsenic. L'acide arsénieux doit occuper un rang tout aussi élevé. L'huile de foie de morue, très employée dans la médecine de l'homme comme tonique, a été conseillée dans le traitement de la phthisie, mais je suis persuadé qu'elle n'a jamais été employée chez les grands ruminants, et il me semblerait puéril de préconiser un moyen qui ne peut être mis en pratique. Les ferrugineux divers, sulfate, carbonate, oxyde, perchlorure de fer sont indiqués comme toniques; ils doivent être adressés aux voies digestives. Le goudron végétal peut être adressé aux voies digestives et aux voies respiratoires; il est très bien indiqué dans le traitement de la phthisie. Les composés du chlore (sel marin) et de l'iode ont été indiqués, mais je ne les citerai que pour mémoire. Les opiacés sont indiqués pour combattre la toux, qui est si souvent quinteuse. A titre de médicaments généraux, les toniques divers, les analeptiques, les anodins en général, les antiseptiques trouvent ici leur indication.

A l'exemple de ce qui se fait pour l'homme, on a conseillé la migration des malades, mais ce moyen n'est pas pratique en vétérinaire. Des moyens spéciaux sont indiqués dans quelques cas exceptionnels. Dans les cas d'épistaxis et d'hémoptisie, les hémostatiques s'imposent, le perchlorure de fer surtout. S'il y a des symptômes de trachéite, de laryngite, de bronchite, il faudra employer des fumigations émollientes, calmantes ou goudronneuses. Dans les cas de pneumonie, on pourra révulser la maladie, mais non pas par le vésicatoire, car les malades sont trop débilités. La pleurésie se traite comme d'ordinaire, en évitant d'employer les débilitants. La péritonite, l'entérite seront combattues par les agents qui leur conviennent dans les cas ordinaires. S'il y a des engorgements ganglionnaires, on fera des applications fondantes. S'il y a boiterie, on aura recours à des frictions résolutives, sinapisées ou autres.

POLICE SANITAIRE, BOUCHERIE

La phthisie n'est pas désignée dans nos lois anciennes ni dans celle de 1879, mais l'arrêt du 16 juillet 1784 et l'art. 459 du Code pénal peuvent être invoqués pour déterminer les mesures de police sanitaire applicables à cette affection. Dans la pratique jamais aucune mesure n'est prise, et c'est là un fait regrettable, car s'il n'est pas nécessaire de recourir à des mesures très rigoureuses, il serait au moins utile de prendre certaines précautions. Les propriétaires devraient déclarer les cas de maladie à l'autorité, qui, à son tour, en se basant sur l'arrêt du 16 juillet 1784, chargerait un vétérinaire de visiter les malades et de décider les mesures qu'il conviendrait d'appliquer. On devrait prescrire l'isolement, la séquestration des animaux malades qui peuvent transmettre la maladie autour d'eux, en souillant les fourrages et les boissons; comme les chevaux morveux, les animaux tuberculeux s'ébrouent à l'abreuvoir, et la matière virulente, qui a souillé l'eau, est ingérée par les animaux sains. Les malades resteraient dans l'habitation, isolés ou même séquestrés; mais le meilleur serait, aussitôt la maladie constatée sur un animal, de le faire vendre à la boucherie, puis on désinfecterait la place qu'il occupait à l'étable, et tout serait terminé. On devrait interdire formellement le commerce des malades. La loi du 20 mai 1838 a rangé parmi les vices rédhibitoires la tuberculose; mais il faudrait une sanction plus rigoureuse contre le propriétaire qui a vendu sciemment un animal atteint de la phthisie tuberculeuse.

Les viandes d'animaux tuberculeux, maigres et refusés à la consommation, seront enfouies ou livrées à l'équarrissage. Il convient toujours de faire désinfecter la place occupée et souillée par un malade.

Y a-t-il lieu d'éliminer de la consommation les viandes et le lait provenant d'animaux tuberculeux?

Le lait peut-il être consommé ? Les animaux très phthisiques ne donnent que peu de lait, et les laitiers ont le soin de se débarrasser de leurs vaches dès qu'ils s'aperçoivent qu'elles sont malades ; mais en supposant que ces animaux soient conservés pour la lactation, on devrait pouvoir demander l'élimination de leur lait de la consommation.

Quant aux vaches atteintes de phthisie commençante, leur lait pourra être utilisé, car, d'après mes recherches, il ne semble pas virulent, quand la mamelle n'est pas malade ; et d'ailleurs quand on n'a pas devant soi la vache qui a produit le lait, il est impossible de reconnaître s'il provient d'une bête tuberculeuse. Je sais bien que l'état de la mamelle est difficile à apprécier quand elle ne contient encore qu'un petit nombre de tubercules, aussi recommanderais-je de soumettre à l'ébullition le lait provenant de vaches suspectes.

En résumé : éliminer de la consommation le lait des vaches atteintes de phthisie avancée et de celles qui ont la mamelle malade, et recommander l'ébullition pour le lait des vaches suspectes ; telle est la ligne de conduite qui s'impose.

Les viandes fournies par les animaux tuberculeux peuvent être divisées en deux grandes catégories : 1° celles qui proviennent d'animaux tuberculeux très maigres ; 2° celles qui sont fournies par des animaux tuberculeux en bon état, en moyen état et en état passable de chair. Les premières présentent tous les caractères des viandes maigres, et je suis pleinement d'avis de les éliminer de la consommation, parce qu'elles sont dangereuses comme viandes provenant d'animaux phthisiques et aussi parce qu'elles sont très maigres ; du reste, sur la question des viandes tuberculeuses très maigres, tout le monde est à peu près d'accord, elles doivent être éliminées, elles doivent êtres saisies par les inspecteurs des abattoirs, quel que soit le degré de généralisation de la tuberculose, mais à plus forte raison si les lésions sont généralisées.

Mais que décider pour les viandes provenant d'animaux tuberculeux en bon état, en moyen état et en état passable de chair ? C'est ici que commence la difficulté ; on est généralement d'accord pour demander l'élimination de toute viande, quel que soit son degré de qualité, toutes les fois que l'animal qui l'a fournie présente une tuberculose généralisée aux organes des cavités thoracique et abdominale. J'ai désapprouvé jadis et j'approuve maintenant pour mon compte cette manière de faire, quoiqu'elle puisse sembler empreinte d'une certaine exagération et quoiqu'elle ne manque pas de paraître quelque peu arbitraire. J'estime qu'il faut se montrer très sévère, et en conséquence voici la ligne de conduite que je suivrais moi-même, le cas échéant : non seulement j'éliminerais de la consommation les viandes tuberculeuses tout à fait maigres, mais j'en ferais de même pour les autres. Quand la tuberculose est généralisée aux viscères thoraciques et abdominaux, non seulement les viandes en moyen état ou en état passable, mais même les viandes qui sont en bon état doivent être saisies, alors même qu'il n'y a aucune tuberculisation des muscles ni du tissu conjonctif, ni des ganglions du tronc ou des membres. Dans tous les cas les organes malades doivent toujours être impitoyablement éliminés et livrés à l'équarrissage ou détruits ou enfouis. Et de plus, s'il convient parfois de laisser utiliser pour la boucherie des viandes provenant d'animaux atteints de tuberculose récente, peu avancée et tout à fait localisée, il faut rejeter sans scrupules les chairs, même en bon état, des bêtes offrant une tuberculisation avancée soit dans les organes thoraciques seulement, soit uniquement dans la cavité abdominale. J'ajoute cependant que la viande des bêtes tuberculeuses ne saurait être dangereuse quand elle est soumise à la cuisson, puisqu'il suffit même d'une température de 65° ou de 70° pour détruire le virus phthisique.

Actuellement, dans les grandes villes, l'inspection de la boucherie est faite d'après les principes qui viennent d'être exposés ; il y a pourtant un desideratum à formuler. Lorsque les inspecteurs rencontrent à l'abattoir un animal atteint de tuberculose avancée, ils s'empressent d'éliminer sa chair de la consommation ; tandis que tous les jours ils sont exposés à recevoir, parmi les viandes mortes qu'on introduit, des quartiers provenant d'animaux tuberculeux, parfois même en moins bon état que ceux qu'on sacrifie à l'abattoir. Il est très difficile, sinon absolument impossible de reconnaître une viande tuberculeuse, quand on ne voit que les quartiers et quand les ganglions ne sont pas malades. Qu'on ne vienne pas dire que l'absence de la plèvre indique un état maladif qu'on a voulu faire disparaître, car j'ai vu fréquemment enlever la plèvre costale sur des quartiers provenant d'animaux non tuberculeux ; et d'ailleurs les poumons ou les organes abdominaux peuvent être tuberculeux sans que la plèvre soit malade et sans qu'il soit nécessaire de la détacher pour faire disparaître toute trace de l'affection. Puisqu'il n'y a pas moyen de reconnaître, en l'absence des viscères, si telle ou telle viande provient d'un animal tuberculeux, les propriétaires d'animaux malades, sachant d'avance que leurs bêtes seront saisies à l'abattoir, n'ont qu'à les sacrifier hors des villes ; après quoi ils pourront introduire en quartiers les chairs, qui de cette façon seront acceptées, tandis qu'elles auraient été refusées si les animaux avaient été sacrifiés à l'abattoir. Voilà certainement ce qui arrive tous les jours ; pendant qu'on refuse de la viande en bon état, on reçoit des viandes mortes moins bonnes et provenant aussi d'animaux plus malades. Pour éviter de pareils résultats, les inspecteurs devraient exiger que les viandes mortes fussent introduites non par quartiers, mais par moitiés avec le poumon et le foie attenant à une moitié. Dans tous les cas, lorsqu'une viande sera suspecte, il faudra reporter son attention principalement sur les ganglions lymphatiques.

CHAPITRE XI

DOURINE

Cette maladie se montre rarement en France ; son étude est cependant d'une grande importance, car on l'observe souvent dans notre colonie d'Algérie ; en France elle est toujours le résultat d'une importation.

Définition. — La dourine est une affection générale, qui, s'annonçant d'abord par des symptômes locaux dans les régions des organes génitaux et plus tard par des modifications dans les fonctions de nutrition et de relation, par de l'amaigrissement, par des faiblesses, par des paralysies et aussi par l'apparition de tumeurs à la surface de la peau, est caractérisée par des altérations ganglionnaires, par des lésions dans le système musculaire et dans le système nerveux, par sa contagiosité, par sa virulence.

Synonymes. — Elle a reçu diverses appellations : vulgairement elle est désignée sous le nom de *maladie du coït*, parce que la contagion est produite ordinairement à la suite de l'acte du coït ; on l'appelle quelquefois *maladie vénérienne* ou *syphilis des solipèdes*, parce qu'on l'a attribuée à une infection provenant de l'homme ; on l'a appelée *affection paralytique des reproducteurs*, parce qu'elle se caractérise, à une certaine période, par des paralysies et parce que ce sont les étalons et les juments poulinières qui en sont atteints le plus ordinairement ; on lui a donné le nom de *cachexie lymphatico-nerveuse*, pour désigner l'état d'affaiblissement dans lequel le malade est réduit et pour indiquer quels sont les principaux systèmes qui sont atteints ; parfois on l'a appelée *morve de l'appareil génital*, car entre la morve et cette maladie, on trouve des analogies véritables ; on la désigne quelquefois sous le nom de *maladie de l'étalon*, et cette dénomination est impropre, car les juments et les chevaux hongres eux-mêmes peuvent être atteints de cette affection ; elle est enfin dite *maladie prurigineuse*, parce qu'elle s'accompagne d'un prurit plus ou moins violent.

SYMPTOMATOLOGIE

La dourine se montre rarement en France, et quand elle fait son apparition, elle est importée par des reproducteurs venant d'autres pays où elle règne. Elle a été observée et étudiée à Tarbes en 1851 et en 1861 ; elle avait été importée dans cette région par des étalons Syriens ; on l'a encore étudiée en 1876 et 1877 à l'École Vétérinaire de Lyon et à celle d'Alfort, où avaient été envoyés des étalons malades provenant de l'Algérie.

En Allemagne, en Autriche, en Russie elle a été étudiée et décrite par un grand nombre d'auteurs.

En Algérie la maladie du coït est assez fréquente ; elle y a été étudiée par un cert in nombre d'observateurs. Dans ce pays on est dans l'habitude de croire qu'elle a été transmise de l'homme à l'ânesse. La dourine provoque dans notre colonie des pertes assez considérables ; il y a donc lieu de prendre des mesures sérieuses de police sanitaire, surtout en ce qui concerne les reproducteurs.

Cette affection est particulière aux solipèdes et s'observe principalement chez les reproducteurs (étalons, juments) ; cependant les chevaux hongres en peuvent être atteints. C'est une maladie à marche ordinairement lente ; elle peut durer de quelques mois à plusieurs années, un an et au delà, deux ans et jusqu'à trois ans. Sa durée est d'ailleurs difficile à apprécier d'une manière exacte, car au début la maladie est difficile à reconnaître.

Parmi les auteurs, qui se sont occupés de la dourine, certains lui ont reconnu deux formes : l'une bénigne, qui se terminerait assez facilement et assez rapidement par la guérison ; et l'autre maligne, ayant une terminaison fatale quand elle n'est pas traitée rationnellement. Nous n'admettons pas cette division, car la maladie semble presque toujours grave ; localisée au début, elle se généralise bientôt. Pour admettre la division que je viens de signaler, les auteurs ont dû se tromper et confondre la dourine avec quelque autre affection moins grave.

Pour la facilité de la description et à cause de sa longue durée, nous reconnaîtrons à cette maladie trois périodes ou étapes, qui se suivent et se succèdent insensiblement.

PREMIÈRE PÉRIODE

Pendant la première période, ce sont les symptômes locaux qui prédominent. Ces symptômes sont le résultat de modifications survenues dans les organes génitaux; ils sont variables, suivant qu'il s'agit d'animaux mâles ou d'animaux femelles. Nous allons les étudier séparément chez les uns et chez les autres.

Mâles. — Au début, les symptômes qui se montrent chez l'étalon sont peu apparents; ils peuvent passer plus ou moins longtemps inaperçus, tellement ils sont parfois peu marqués. Ce qui fait quelquefois soupçonner l'existence de la maladie chez l'étalon, c'est la contamination des juments qu'il a saillies, car les symptômes du début sont plus prononcés et plus prompts chez les femelles.

Bientôt cependant on observe des symptômes du côté des organes génitaux, quoique l'état général reste encore satisfaisant.

Le fourreau se tuméfie, s'œdématie; son tissu conjonctif s'infiltre. Le gonflement est plus ou moins étendu; tantôt il ne se manifeste que d'un seul côté; tandis que d'autres fois il s'étend sur toute la région, aux bourses et peut même aller au delà. Il est d'abord chaud et un peu douloureux, mais il ne tarde pas à devenir froid et insensible; c'est alors un véritable œdème passif, qui disparaît souvent au bout de quelques jours et revient ensuite, qui a un caractère intermittent.

La verge est parfois froide, flasque, quasi paralysée, en état de collapsus, plus ou moins pendante au dehors; quelquefois au contraire elle est vivement rétractée; elle aussi, est souvent gonflée, œdématiée. On constate souvent une uréthritre légère; la muqueuse du méat urinaire est plus rouge, enflammée, plus épaisse et plus humide qu'à l'état normal, ce qui dénote un léger état catarrhal. Il y a aussi dysurie, difficulté pour uriner; les animaux se campent fréquemment et urinent souvent, mais peu à la fois; l'émission de l'urine est douloureuse: elle s'accompagne quelquefois d'une plainte et du trépignement des membres postérieurs: les urines sont plus visqueuses et plus épaisses qu'à l'état normal.

Sur la peau du scrotum, sur le fourreau et sur la verge même, apparaissent souvent des éruptions, qui pourtant ne sont pas constantes, qui ne se montrent pas chez tous les malades, qui d'ailleurs peuvent disparaître au bout d'un certain temps pour reparaître de nouveau quelque temps après, et cela pendant toute la durée de la maladie. Ces éruptions consistent tantôt en marbrures, tantôt en taches rougeâtres, en ecchymoses, tantôt en papules, tantôt en vésicules, tantôt en petits boutons; parfois ce sont de véritables plaques analogues aux plaques muqueuses, formées par un exsudat séro-sanguinolent dans l'épaisseur du derme, et présentant un aspect jaunâtre foncé, violacé ou maculé, Quelquefois, bien que très rarement, on observe sur la verge et sur le fourreau de petites ulcérations passagères.

A ce moment le sujet est déjà dans un état morbide assez prononcé; outre les symptômes locaux que je viens de signaler, on s'aperçoit qu'il y a une atteinte grave portée à l'organisme. L'étalon malade a une ardeur bien moins prononcée pour accomplir l'acte du coït; les érections sont moins fréquentes, moins complètes, plus difficiles, plus lentes; le champignon est devenu plus volumineux, il est infiltré, engorgé; il y a paraphymosis; le coït est devenu plus difficile et douloureux.

Les testicules sont quelquefois pendants; ils deviennent aussi le siège d'une légère inflammation; ils sont plus volumineux, chauds et douloureux à la pression; c'est surtout l'épididyme qui est douloureux et engorgé, il y a de l'épididymite.

Les ganglions inguinaux sont les premiers atteints; parfois déjà ils sont engorgés, tuméfiés, durs, et le plus souvent indolents; ils n'ont aucune tendance à se terminer par l'abcédation; la dureté persiste.

Tous les symptômes que je viens de décrire ne se trouvent pas associés sur le même malade; et d'ailleurs il suffit d'en observer un, deux, trois des plus importants, pour être en droit de soupçonner la maladie.

Femelles. — Chez les juments, les caractères locaux sont plus prononcés et plus faciles à constater que chez les mâles.

La vulve est gonflée, œdématiée; cette tuméfaction s'étend plus ou moins: elle est unilatérale ou bilatérale; au début elle est chaude et un peu douloureuse, mais dans la suite elle devient froide et indolente; elle est surtout prononcée au pourtour de la vulve, mais elle peut s'étendre au périnée et même jusqu'aux mamelles. La vulve, ainsi tuméfiée, est le siège d'un prurit assez intense, qui porte la malade à se frotter aux parois de sa stalle ou contre son voisin, et si elle ne peut réussir à se frotter, elle essaie d'y suppléer par les mouvements réitérés de la queue.

La muqueuse vulvaire est boursoufflée, épaissie, rougeâtre,

irritée, congestionnée, quelquefois violacée; mais ordinairement cette coloration est irrégulière, on y aperçoit des marbrures, des ecchymoses en certains points; il y a une infiltration manifeste du tissu de la muqueuse et du tissu sous-muqueux. La muqueuse est d'abord plus humide; puis elle devient catarrhale et donne écoulement à une matière sanieuse, mucoso-purulente, irritante, plus ou moins abondante suivant les cas et suivant les circonstances. Chez la jument, comme chez le mâle, on observe parfois des éruptions polymorphes, telles que des exanthèmes, des vésicules, des papules, des pustules, des taches dépigmentées, des follicules hypertrophiés, des ulcérations, des cicatrices, des plaques muqueuses jaunâtres. Ces éruptions ne sont pas constantes, mais on les observe plus souvent chez la jument que chez le mâle. Elles évoluent assez rapidement; au bout de 10 ou 15 jours elles peuvent disparaître; quelquefois elles se terminent par l'ulcération et celle-ci se cicatrise plus ou moins lentement. Après avoir disparu, elles peuvent réapparaître une seconde et une troisième fois durant le cours de la maladie. On les rencontre sur la muqueuse vaginale, sur la muqueuse vulvaire, sur la peau de la vulve et même parfois jusque sur le périnée, sur le plat des cuisses et dans d'autres régions de la peau.

Le clitoris tuméfié est dans un état d'éréthisme plus ou moins prononcé, on croirait avoir affaire à une jument en chaleur. Les urines sont plus épaisses, plus sédimenteuses, plus plâtreuses; elles sont rendues plus fréquemment et en petite quantité à la fois; l'émission en est douloureuse.

Tels sont les symptômes locaux qu'on peut observer en plus ou moins grand nombre au début; mais bientôt la maladie se généralise, et cette généralisation semble se faire par la voie des lymphatiques. Dès lors les fonctions commencent à se troubler; les malades deviennent tristes et perdent de leur vivacité; ils ont parfois un peu de fièvre de temps en temps; la nutrition semble amoindrie, et, bien que les malades reçoivent la même nourriture, il y a bientôt de l'amaigrissement, surtout dans le train postérieur; le dos se vousse; les reins deviennent plus sensibles; et il en est de même de toute la surface cutanée. Bientôt aussi un affaiblissement manifeste du train postérieur se fait remarquer; la marche devient moins agile et moins régulière; si on soumet le sujet à l'allure du trot, il fléchit parfois brusquement sur les membres, surtout au niveau des articulations inférieures. L'appétit est conservé, mais il devient moins régulier, il est parfois capricieux; la respiration s'accélère, mais seulement pendant l'exercice, car pendant le repos elle est souvent plus lente. La première période peut durer plusieurs mois; la maladie passe insensiblement à sa seconde étape.

DEUXIÈME PÉRIODE

A cette deuxième étape les symptômes locaux disparaissent quelquefois; ordinairement ils s'amoindrissent ou se modifient; certains persistent et s'aggravent même (engorgement, état catarrhal); d'autres disparaissent, mais réapparaissent plus tard aux mêmes sièges ou ailleurs (éruption); enfin certains symptômes locaux apparaissent encore pendant cette période (plaques cutanées, etc.). Néanmoins ce qui domine alors, ce sont les symptômes généraux, les modifications fonctionnelles, que la généralisation de la maladie amène.

La généralisation des lésions semble se faire, ai-je dit, par l'intermédiaire du système lymphatique. A ce moment les fonctions de nutrition et de relation sont de plus en plus troublées; les malades deviennent nonchalants, tristes; l'appétit est encore conservé, mais il est souvent capricieux, puis il diminue; la respiration et la circulation semblent se ralentir au dessous du chiffre normal, mais elles s'accélèrent vite au moindre exercice; la température est moins élevée; le sang devient plus pauvre, tandis que le nombre de globules blancs augmente, celui des globules rouges diminue; la nutrition est diminuée, les malades maigrissent très vite, d'abord dans le train postérieur et ensuite dans tout le corps; on constate alors tous les signes d'une anémie progressive. Les urines deviennent plus rares, plus chargées, plus visqueuses, plus riches en urée. Les organes de l'appareil génital présentent ordinairement un ou plusieurs des symptômes de la première période. Les femelles en état de gestation avortent souvent à cette période, et cet accident peut amener une complication de métrite ou de métro-péritonite, qui elle-même entraîne la mort. Le système nerveux est atteint et ses fonctions sont plus ou moins modifiées. La sensibilité de la peau est exagérée, surtout sur la colonne dorso-lombaire. On observe des faiblesses musculaires, et plus tard, des quasi-paralysies ou de véritables paralysies dans plusieurs régions. Le décubitus est plus fréquent et plus prolongé. Pendant la station, les malades engagent plus qu'à l'état normal leurs membres sous le tronc, d'où résulte un rétrécissement de leur base de sustentation; ils changent très fré-

quemment le membre postérieur qui est à l'appui, aussi semblent-
ils trépigner; les membres sont irrégulièrement placés, et il n'est
pas rare d'observer, en même temps que la voussure en contre-
haut de la colonne vertébrale, une déviation à droite ou à gauche
du rachis et un rapprochement anormal entre les deux pieds d'un
bipède latéral, alors que ceux du bipède opposé sont fortement
écartés. La démarche est roide, parfois mal coordonnée; la croupe
est vacillante; les membres postérieurs se détendent moins énergiquement; ils fléchissent facilement aux allures vives. Le trot est
pénible; le cabrer devient difficile et bientôt impossible. Parfois
on constate des boiteries, qui apparaissent instantanément, sans
cause appréciable, ou qui sont dues à une arthrite, à une synovite,
à un gonflement œdémateux du membre. Ces boiteries, quand
aucun accident local ne les explique, sont dues à des douleurs
musculaires, et peut-être à des altérations musculaires en voie de
se produire; ordinairement elles disparaissent seules après avoir
duré quelques jours, mais elles peuvent se reproduire. Il y a parfois
de la paraplégie; on peut observer aussi des paralysies partielles
des lèvres, des joues, des paupières, des oreilles, etc. Ces diverses
paralysies peuvent disparaître momentanément, en laissant après
elles un état de faiblesse plus ou moins marqué. Il se produit
quelquefois des arthrites, des synovites, des œdèmes, des gonfle-
ments au niveau de certaines articulations.

C'est pendant la seconde période, qu'on voit apparaître un
symptôme local très important, consistant en tumeurs plates, développées dans l'épaisseur du derme et dans le tissu conjonctif
sous-cutané. Ces tumeurs sont ordinairement peu nombreuses à
la fois; mais, après avoir disparu, elles peuvent se montrer à plusieurs reprises dans le cours de la maladie, aux mêmes régions
ou dans des régions différentes. On les rencontre dans diverses
régions, à l'encolure, aux épaules, aux côtes, au ventre, aux
flancs, aux membres, etc. Elles sont arrondies, discoïdes, peu
proéminentes, aplaties, variant en étendue depuis celle d'une
pièce de 1 fr. jusqu'à celle de la paume de la main, molles, œdémateuses, peu chaudes, peu douloureuses; elles sont formées par
une infiltration du tissu du derme et du tissu conjonctif sous-
cutané; elles apparaissent d'emblée; elles persistent quelques
jours et elles disparaissent ensuite, le plus ordinairement sans
laisser de traces et sans avoir fourni aucune sécrétion, mais quelquefois après avoir fourni une exsudation, dont le produit s'est
concrété à leur surface.

Il n'est pas rare de voir survenir certaines complications, telles que la mammite, l'orchite, l'épididymite, l'inflammation du cordon testiculaire, l'hydrocèle, un état catarrhal de la conjonctive et de la pituitaire, l'ophthalmie, des abcès dans le tissu conjonctif du bassin, des adénites chroniques à l'aine, à l'auge, qui ne tendent pas à la suppuration. On a remarqué que la corne des animaux atteints de la dourine pousse irrégulièrement; les sabots présentent des cercles plus ou moins irréguliers.

La deuxième période peut durer plusieurs mois; mais dans cet intervalle il peut y avoir des rémittences, comme aussi des paroxysmes.

TROISIÈME PÉRIODE

Les symptômes de la deuxième période s'aggravent de plus en plus; l'appétit diminue de plus en plus; la station devient de plus en plus pénible; les sujets atteints ont beaucoup de peine à se déplacer; l'affaiblissement devient plus général; les malades restent presque constamment couchés; les paralysies s'aggravent, d'autres se produisent; l'émaciation est très accusée; il se déclare un état cachectique très prononcé, et la mort arrive par consomption ou par l'effet d'une maladie intercurrente (pneumonie métastatique, morve, etc).

Si on abandonne la maladie à elle-même, ce n'est que très exceptionnellement que la guérison survient, et il est même très difficile de l'obtenir quand on a recours à un traitement approprié. Souvent, ai-je dit, la mort est occasionnée par les complications qui surviennent, par une pneumonie, par la morve, par le farcin, etc.; ces deux dernières maladies sont le plus ordinairement cause de la terminaison fatale. En Algérie, cette complication arriverait, paraît-il, rarement; il n'en est pas ainsi en France et à l'étranger, où les auteurs reconnaissent que la dourine se termine souvent par la morve. A ce sujet nous devrons nous demander s'il y a transformation de la dourine en morve, ou bien si la maladie du coït prédispose seulement à la morve, ou bien encore si la morve naît spontanément dans ces cas et se greffe sur la première affection.

La maladie du coït peut durer un temps variable, depuis quelques mois jusqu'à deux ou trois ans; sa marche est donc essentiellement lente. Son pronostic est très grave, vu que c'est là une maladie transmissible, ordinairement mortelle, ou ne guérissant qu'après un traitement fort long.

ANATOMIE PATHOLOGIQUE

Les lésions de la dourine sont encore mal connues. Le plus ordinairement on trouve, sur les cadavres des animaux morts de cette maladie, toutes les altérations qu'entraînent la cachexie et le marasme. Les muscles sont atrophiés, les muqueuses pâles, le tissu conjonctif infiltré d'une sérosité abondante; mais ce sont là des lésions générales qui accompagnent toutes les maladies, qui débilitent l'organisme et qui entraînent la cachexie.

Dans les divers pays d'Europe, où se montre la maladie du coït, on rencontre fréquemment, à côté des lésions de cette maladie, toutes celle de la morve ou du farcin, qui se présentent dans les organes parenchymateux, sur les muqueuses, sur les séreuses, un peu partout, dans le système ganglionnaire et lymphatique, dans l'appareil génito-urinaire, dans l'appareil respiratoire, et qui appartiennent au type aigu ou subaigu, ou même au type chronique le mieux caractérisé. Parfois on trouve dans le poumon des tubercules enkystés ou même crétacés. Il semble, au dire de certains vétérinaires militaires, qu'en Afrique la dourine se complique plus rarement de morve ou de farcin.

Indépendamment des lésions appartenant manifestement à la cachexie ou au marasme, à la morve, au farcin, on en trouve d'autres qui semblent plus spécialement appartenir à la dourine, et qui siègent sur la peau, dans le tissu conjonctif, dans les muscles, dans les os, dans les organes génito-urinaires, dans le système nerveux.

Sur la peau, on trouve les divers accidents locaux que nous connaissons déjà, c'est-à-dire des plaques œdémateuses, des boutons, des papules, des vésicules, etc.: mais ces lésions sont rarement observées. Les plaques œdémateuses, plus ou moins étendues mais ordinairement peu saillantes, sont produites par une exsudation séreuse ou gélatiniforme dans le tissu conjonctif du derme et dans le tissu conjonctif sous-cutané; elles ne forment ordinairement qu'une simple proéminence, mais elles peuvent avoir été le siège d'un prurit intense et d'une sécrétion abondante, qui a amené la formation d'une croûte jaunâtre à leur surface. Dans les régions où la peau est fine, près des lèvres de la vulve, dans la région scrotale et même ailleurs, on aperçoit parfois de petites papules, de petites vésicules, de petits boutons.

Dans le tissu conjonctif sous-cutané, outre les infiltrations diffuses de l'anémie, il y a aussi des infiltrations gélatiniformes particulières, peu étendues, localisées dans certaines régions ; en les suivant, on s'aperçoit bientôt qu'elles s'étendent profondément, qu'elles atteignent le tissu conjonctif des organes, qu'elles s'insinuent entre les muscles, entre les faisceaux musculaires, et qu'elles se propagent au pourtour des nerfs et des vaisseaux.

Les altérations des muscles sont importantes ; elles sont en effet, avec celles du système nerveux, les plus caractéristiques de toutes. Les muscles sont pâles, atrophiés, moins fermes, moins résistants, principalement au niveau de leurs attaches. Ces modifications se montrent surtout dans les régions, qui, pendant la vie, étaient le siège d'une faiblesse ou d'une paralysie, dans les régions supérieures des membres postérieurs, dans les muscles des oreilles, des lèvres, de l'encolure, etc., suivant les points où était localisée la paralysie. Ces lésions, ainsi vues superficiellement, ne sont que le résultat de modifications plus intimes, qui se sont produites dans la structure intime des muscles, que le microscope décèle facilement, et qui sont plus ou moins prononcées, suivant l'ancienneté de la maladie, mais qui sont identiques partout. Les fibres musculaires sont atrophiées, moins volumineuses ; leur striation est moins évidente. De distance en distance, sur le trajet de certaines fibrilles, on aperçoit des étranglements ; la striation est encore visible même au niveau de ces rétrécissements. A côté de ces fibrilles ainsi modifiées, il s'en trouve d'autres plus altérées, qui ont éprouvé la dégénérescence granulo-graisseuse ou colloïde ou les deux à la fois, et où des gouttelettes graisseuses et des granulations de matière colloïde remplacent la substance musculaire striée. Ces fibrilles dégénérées sont plus ou moins nombreuses, et dans certains muscles elles arrivent à former jusqu'aux 3/4 de la masse totale. Dans les muscles altérés, le tissu conjonctif interstitiel est prédominant, il est infiltré, il renferme en abondance des cellules embryonnaires turgides et des cellules adipeuses, qui forment des amas et compriment les fibres musculaires, d'où résultent les étranglements que nous avons signalés. Ces diverses modifications se produisent d'après un mécanisme facile à concevoir: les muscles, sous l'influence d'un relâchement dans l'action

des nerfs vaso-moteurs, s'hypérémient, deviennent le siège d'une
congestion passive; puis l'exsudation, l'infiltration, la diapédèse
se produisent; les éléments du muscle s'atrophient et dégénèrent;
tout s'explique donc par le relâchement des capillaires ou de l'affaiblissement ou de la paralysie des nerfs vaso-moteurs.

Les séreuses articulaires, celles des membres postérieurs surtout, sont parfois injectées, enflammées, et renferment une quantité plus ou moins considérable de liquide synovial, louche et
plus ou moins teinté de rouge. Au niveau des articulations malades, il y a ordinairement œdème, infiltration des tissus extérieurs.

Lorsque la maladie est arrivée à son apogée, la moëlle des os
se ramollit, elle devient diffluente, liquide, mais c'est là une modification que l'anémie produit également; les os sont en outre manifestement plus friables, quand la maladie a parcouru son évolution complète.

Dans le tube digestif les lésions sont peu accentuées et n'ont
pas une bien grande valeur. Parfois on y trouve des traces d'inflammation, mais qui ne sont point liées à la maladie du coït.
Longtemps avant la mort, avons-nous dit, il y a diminution ou
perte de l'appétit, aussi l'estomac et les intestins sont-il ratatinés,
revenus sur eux-mêmes. Le foie est souvent hypertrophié, parce
qu'il est le siège d'une congestion passive.

L'appareil respiratoire ne présente pas non plus des lésions
propres à la maladie du coït. L'hépatisation, la congestion du poumon, qu'on peut rencontrer, proviennent d'une pneumonie, qui
s'est greffée sur la maladie primitive. Si la morve est la terminaison de l'affection, on voit alors dans l'appareil respiratoire les lésions de cette nouvelle maladie.

Le sang est plus pauvre en globules rouges, tandis que les globules blancs sont en plus grande abondance; il est moins riche en
matière fibrinogène; il est moins coagulable; il ne rougit pas vite
sous l'influence de l'air. Le cœur a une coloration jaunâtre, terne,
et, quoique ses fibres n'aient point subi la dégénérescence que
présentent les fibres musculaires, il est moins résistant, moins
tenace. Les vaisseaux renferment un sang noirâtre et partout
incoagulé.

Toutes les séreuses sont injectées et renferment dans leur cavité
une quantité de sérosité plus ou moins considérable et parfois
teintée de rouge.

Les ganglions lymphatiques sont toujours altérés. Quelques auteurs considèrent les lésions du système ganglionnaire comme les plus importantes, et les regardent comme identiques aux lésions syphilitiques de l'homme. Mais aujourd'hui il est encore prématuré d'établir une identité entre ces deux maladies, car les études déjà faites sont tout à fait insuffisantes pour autoriser une pareille conclusion. Chez les individus qui succombent à la dourine, on trouve toujours des lésions plus ou moins accusées dans certains ganglions, principalement dans les ganglions du train postérieur, dans les ganglions inguinaux, dans les ganglions poplités, dans les ganglions du bassin et de l'abdomen. Après une longue maladie, l'altération gagne les ganglions de la tête, ceux du pharynx, les ganglions pectoraux, etc. Quand la maladie suit son cours naturel, les ganglions du train postérieur sont seuls malades pendant longtemps. Tout ce que l'on peut dire aujourd'hui, au sujet des altérations ganglionnaires de la dourine, c'est que, indépendamment des lésions morveuses qu'on observe souvent, on peut rencontrer les ganglions hypertrophiés, hypérémiés, infiltrés, tantôt ramollis et tantôt indurés.

Les vaisseaux lymphathiques sont altérés dans les régions malades ; ainsi on rencontre des lymphatiques enflammés, hyperthrophiés dans le cordon testiculaire, dans la cavité abdominale, etc. Les lymphatiques altérés contiennent une lymphe jaunâtre, concrétée, caséeuse et parfois ramollie par place ; ils sont entourés d'une infiltration périphérique manifeste ; ils constituent des cordes parfois grosses comme une plume à écrire ; cette lésion s'observe aussi dans la morve.

La muqueuse utérine se présente avec un état catarrhal plus ou moins prononcé ; elle est tachetée, marbrée à sa surface, brunâtre, hyperthrophiée, épaissie ; elle offre parfois des papules, des vésicules, des ulcères ; pareilles altérations peuvent se montrer sur les muqueuses vulvaire et vaginale. Les lèvres de la vulve sont œdématiées, tuméfiées ; elles présentent des accidents éruptifs, des plaies. Les mamelles sont parfois engorgées. Chez le mâle, les testicules sont engorgés, principalement au niveau de l'épididyme ; à leur intérieur on trouve des noyaux d'inflammation analogues aux tubercules morveux ; l'épididyme est fortement infiltré ; le cordon est infiltré et hypertrophié, ses vaisseaux lymphathiques sont altérés, oblitérés ; la séreuse est injectée, les enveloppes sont infiltrées ; toutes ces altérations s'observent pareillement dans la morve.

Sur l'un des étalons, soignés et morts à l'École de Lyon en 1877,

j'observai une altération particulière des vésicules séminales; la
muqueuse de ces organes était épaissie, congestionnée, boursouflée, d'un rouge brunâtre et presque d'apparence bourgeonneuse ;
elle était parsemée de nombreuses nodosités miliaires, tuberculiformes et en saillie sur le fond brunâtre de l'organe; ces granulations avaient eu pour point de départ autant de follicules, qui,
presque tous, étaient devenus le siège d'un travail phlegmasique,
et dont quelques-uns avaient déjà subi un commencement d'ulcération. La prostate est parfois hypérémiée et infiltrée.

A la surface des organes extérieurs, on voit les éruptions et
les engorgements, qui ont déjà été signalés à propos des symptômes.

Les reins sont congestionnés, hypertrophiés et présentent même
parfois les lésions de la néphrite. La muqueuse vésicale se présente aussi quelquefois avec un état inflammatoire.

On trouve des altérations dans les nerfs, dans la moelle et même
dans la masse cérébrale. Tous les nerfs ne sont pas également
attaqués; les plus altérés sont ordinairement ceux des membres postérieurs, surtout les nerfs obturateurs et les nerfs grands
sciatiques, à partir du point où ils s'infléchissent en arrière du
trochanter, ainsi que les diverses branches qui en émergent;
on trouve aussi des nerfs altérés dans d'autres régions, à la tête,
aux côtes, aux membres antérieurs. Les nerfs malades sont entourés d'une infiltration séreuse ou gélatiniforme très-manifeste
dans la gaine qui les enveloppe; pareille infiltration jaunâtre existe
dans le tissu inter-fasciculaire ; aussi le volume des nerfs semble
accru. On aperçoit çà et là, sur leur trajet, des stries sanguines et des points où l'infiltration est plus prononcée; ils
ont été le siège d'une hyperhémie et d'une infiltration manifestes. Les vaisseaux périfasciculaires et intra-fasciculaires sont
dilatés, remplis de sang. Le tissu fasciculaire présente des vaisseaux distendus, une exsudation séreuse, de nombreux points
hémorrhagiques et de nombreux éléments embryonnaires. Une
néoformation cellulaire s'est produite dans le tissu périfascicu-
laire, et l'accumulation de nombreuses cellules, jointe à l'exsudation et au gonflement des vaisseaux, produit la compression
des faisceaux nerveux, qui éprouvent des transformations profondes. De nombreuses fibres nerveuses, dans la proportion de
1, 2, 3, 4 sur 5, ont éprouvé des altérations manifestes; elles sont
dégénérées ; les unes offrent une segmentation commençante

de la myéline ; d'autres renferment, au lieu et place de la myéline, des cylindres ou des boules plus ou moins volumineuses et plus ou moins espacées, provenant de la segmentation ; d'autres enfin ne renferment que de rares gouttes de myéline et quelques granulations graisseuses.

La moelle est plus ou moins altérée, surtout au niveau du renflement lombaire et dans la substance grise ; en ces endroits, elle présente de l'hyperhémie et fréquemment un ou plusieurs foyers de ramollissement plus ou moins étendus. Là, le tissu médullaire, (substance grise) est plus mou que dans le voisinage ; il forme parfois une bouillie rosée ou presque rougeâtre, entourée d'une zone périphérique, où l'altération va en diminuant progressivement d'intensité. On trouve, dans ces points ramollis, une matière amorphe, fortement granuleuse, des leucocytes nombreux et une quantité considérable de corpuscules amyloïdes, parfaitement reconnaissables à leur configuration et à leurs réactions. On y trouve aussi beaucoup de globules sanguins. Il y a eu, dans ces points, accumulation de cellules embryonnaires provenant des vaisseaux, et dégénérescence amyloïde de la plupart de ces éléments.

Dans le cerveau, le réseau capillaire est parfois hypérémié, la substance cérébrale présente, à la coupe un aspect sablé, plus ou moins manifeste ; on a signalé parfois une inflammation de l'arachnoïde et une surabondance du fluide céphalo-rachidien.

Ce sont, en résumé, les altération du système musculaire et du système nerveux, qui sont les plus remarquables. Mais de semblables altérations peuvent se produire dans d'autres affections et même dans la morve, elles n'ont donc pas de valeur diagnostique.

NATURE DE LA DOURINE, DIAGNOSTIC

On a prétendu que la dourine n'était autre chose que la syphilis de l'homme, qui aurait été transmise, dit-on, par l'homme à l'ânesse ou à la jument et de celles-ci à l'étalon ; on a en outre invoqué, à l'appui de cette identité, des analogies symptomatologiques et anatomo-pathologiques. Mais il est certain que ces deux maladies ne doivent pas être confondues jusqu'à présent ; elles offrent des différences dans leurs symptômes, dans leurs lésions et dans leur curabilité par tels ou tels agents, qui réussissent contre la syphilis et non contre la dourine ; et, ce qui est bien plus péremptoire, quant à présent, c'est que les nombreux expérimentateurs, qui ont tenté de transmettre la syphilis aux solipèdes, ont échoué, bien qu'Auzias-Turenne affirme la possibilité de cette transmission, et qu'un auteur autrichien (Sigmund) semble avoir réussi à l'obtenir. Il y a donc lieu de se livrer à de nouvelles recherches à ce sujet.

La dourine se compliquant très souvent de morve, au dire de presque tous les observateurs, on a été porté naturellement à assimiler ces deux maladies, et j'ai pour mon compte émis cette opinion dans le temps, en prenant l'engagement d'étudier plus à fond la question. Pour le moment, je suspends mon jugement et je considère la maladie du coït comme une maladie spéciale, *sui generis*, distincte de celles avec lesquelles on a été tenté de l'assimiler.

Le diagnostic de cette affection est souvent assez difficile à établir d'une manière absolument sûre. Les symptômes signalés ne se montrent pas tous, et ceux qui apparaissent se montrent successivement; aucun d'eux n'est d'ailleurs bien pathognomonique. Pour soupçonner légitimement l'existence de la dourine, il faut assister à son évolution, il faut suivre attentivement les malades, il faut voir se dérouler une partie du tableau symptomatologique. Dans tous les cas, les renseignements, la connaissance des antécédents et des rapports des malades seront d'un puissant secours pour reconnaître sans hésiter la maladie du coït; ainsi lorsque l'étalon suspect aura rendu malades les juments qu'il aura saillies, il n'y aura plus lieu d'hésiter pour le déclarer malade. L'inoculation ne peut être conseillée comme moyen de diagnostic, car la dourine s'inocule difficilement; tous les expérimentateurs ont échoué, sauf Hertwig. Mais la maladie se transmet bien plus facilement par l'accouplement, qui réalise après tout une sorte d'inoculation; souvent on n'a soupçonné la maladie chez l'étalon qu'après l'accouplement avec la jument, qui, plus sensible, a présenté des symptômes plus tôt et plus facilement visibles. L'accouplement est donc un moyen de diagnostic, mais il vaut mieux séquestrer les suspects, que de multiplier les foyers de contagion pour arriver à la vérité.

ETIOLOGIE

La dourine est une maladie essentiellement contagieuse, quelques auteurs croient pourtant à la possibilité d'un développement

spontané; et, pour l'expliquer, ils invoquent les causes individuelles et les causes générales que l'on incrimine, quand on
adopte une opinion qui ne repose sur aucun fondement et qu'on
essaie d'étayer par de mauvaises raisons. C'est ainsi qu'on a, bien
à tort, accusé le tempérament nerveux, la constitution médicale,
les croisements, la saillie après un part récent, le coït trop souvent répété, les intempéries, les saisons, le régime, etc., etc.

De tout temps on a pu reconnaître que la maladie du coït se
transmet et se propage par la saillie. La contagion de cette affection est d'ailleurs généralement admise et prouvée par de nombreux faits observés en Allemagne, en Autriche, en Russie, en
Algérie et en France en 1851 et en 1861. Il est bien vrai que la
transmissibilité de la dourine a été niée par Strauss, à la suite d'i-
noculations infructueuses, par Signol, par la commission de Tarbes en 1851, à la suite de saillies et d'inoculations non infectantes,
et par Jessen; mais d'un autre côté, elle a été démontrée expérimentalement par Hertwig et par Prince et M. Lafosse. Si l'inoculation est très rarement suivie de succès, c'est parce que le siège
du virus étant encore inconnu, il est très difficile d'y mettre la
main dessus et d'inoculer par conséquent une matière active.
Pourtant Hertwig, qui a réussi à la transmettre plusieurs fois par
la saillie, a pu aussi la transmettre une fois, en déposant des matières morbides sur la muqueuse vulvaire. Des expériences très
démonstratives furent faites en 1861-62 par Prince et M. Lafosse
de Toulouse. Quatre étalons malades furent accouplés avec quinze
juments absolument saines. Cinq juments ne furent pas infectées,
mais dix devinrent malades; parmi ces dix, cinq furent légèrement
indisposées; des cinq autres, une se rétablit et quatre moururent.
Deux étalons sains, accouplés avec les juments malades, contractèrent également la maladie, mais à des degrés différents; chez l'un
elle n'était pas bien caractérisée, tandis que chez le second elle le fut
très pleinement. Enfin la contagion de la maladie du coït est encore démontrée par la marche de l'affection, qui tend à devenir
épizootique dans les contrées où elle s'introduit, qui ne se montre
guère que chez les animaux utilisés pour la reproduction, qui s'é-
tend surtout à l'époque de la monte et qui disparaît dès qu'on applique des mesures sanitaires rationnelles, dès qu'on séquestre les
malades, dès qu'on les empêche de s'accoupler avec d'autres animaux.

Le contage de la dourine est indéterminé; on ne connaît ni ses
caractères ni sa nature; il n'est pas volatil, il n'entre pas en suspen-

sion dans l'air. C'est tout au plus si l'on peut dire, vu que la maladie se transmet pendant l'acte du coït, qu'il se trouve dans les liquides normaux ou pathologiques sécrétés par les organes génitaux, tels que sperme, liquide sécrété par les vésicules séminales, liquides sécrétés par les muqueuses malades. Le virus ne semble pas exister dans le sang, car on a pu transfuser sans succès le sang des malades. Existe-t-il ailleurs, soit dans les ganglions malades, soit dans les nerfs, soit dans les muscles, soit dans le tissu conjonctif malade? On n'en sait rien. Est-il résistant, peut-il se conserver longtemps? On n'est pas mieux fixé sur cette question; il reste donc à faire à ce sujet d'intéressantes recherches.

La maladie se transmet, avons-nous dit, par le coït; elle peut aussi se transmettre sans le coït. On l'a parfois observée, paraît-il, sur des animaux hongres, et l'on est disposé à admettre qu'elle peut leur avoir été transmise au moyen des éponges, qui avaient servi au pansage des malades et qui s'étaient imprégnées de matière morbide. Enfin la mère peut communiquer la maladie au fœtus; la voie utérine permet donc la transmission de cette affection.

La *période d'incubation* n'est jamais longue chez la jument, elle dure de 1 à 8 jours. Elle reste la même chez les mâles, et si quelquels auteurs lui assignent une durée de 60 jours, c'est parce que les premiers symptômes étant peu visibles chez l'étalon, on a mis au compte de la période d'incubation ce qui appartient à la période pendant laquelle la maladie, quoique déclarée, est mal caractérisée et reste plus ou moins latente.

On ignore si une première atteinte confère l'immunité à ceux qui guérissent.

La dourine a été observée seulement chez les solipèdes, chez le cheval et chez l'âne; on ignore si elle est transmissible à d'autres espèces.

La virulence, quoique n'étant pas toujours facile à constater, apparaît certainement aussitôt après l'infection. Mais il est impossible, pour le moment, de fixer l'époque à laquelle elle disparaît lorsque les malades guérissent; il serait pourtant bon de le savoir, pour être fixé sur le moment auquel il convient de permettre aux étalons de reprendre leur service et aux juments de recevoir le mâle. En Allemagne, les règlements sanitaires prohibent l'utilisation de l'étalon pendant 2 à 3 ans; cependant rien ne fait supposer que le virus persiste dans l'organisme aussi longtemps après la guérison.

TRAITEMENT

Le traitement est ici plus important que dans beaucoup d'autres maladies contagieuses, car la dourine semble curable; elle ne l'est pourtant pas toujours. De plus, dans les cas les plus favorables, on ne peut espérer la guérison avant un mois, avant un mois et demi, et elle peut se faire attendre trois mois et même jusqu'à vingt mois, paraît-il.

Dans le choix des médicaments, on évitera soigneusement d'employer ceux qui débilitent l'organisme, tels que les altérants, les mercuriaux, les iodurés, etc. On entourera les malades de bonnes conditions hygiéniques, soit au point de vue de l'habitation, soit au point de vue de l'alimentation, soit au point de vue du travail. Le repos est nécessaire; on cherchera à réveiller, à stimuler et à maintenir l'appétit, à reconstituer et à fortifier l'organisme, à prévenir et à combattre les complications. On aura donc recours à l'emploi des toniques, des toniques amers, de la gentiane, des toniques analeptiques, des toniques ferrugineux, des tanniques, des excitants toniques.

Un traitement, comprenant l'emploi de l'essence de térébenthine pour stimuler l'appétit et l'emploi de la fibrine ou de la chair musculaire, du fer et de l'arsenic pour reconstituer l'organisme, a eu donné de bons résultats à M. Trébut de Tarbes, qui a d'ailleurs aussi bien réussi, en employant l'arsenic sans le fer et sans la fibrine.

L'acide arsénieux est donc l'agent efficace pour amener la guérison de la dourine. Mais il ne faut pourtant pas compter d'une manière absolue sur son action curative; ainsi en 1877, il a été impuissant à l'Ecole de Lyon.

Quand les symptômes locaux surviennent, il faut les combattre par des moyens appropriés. Contre les écoulements morbides, on emploiera les astringents, et de préférence ceux qui en même temps sont toniques (ferrugineux, tanniques, cupriques); contre les engorgements, on emploiera les excitants locaux, l'essence de térébenthine, l'essence de lavande, l'alcool camphré, l'eau sinapisée, le liniment ammoniacal; on peut même pratiquer des scarifications. Les mêmes médicaments et la teinture de noix vomique peuvent être utilisés en frictions contre les faiblesses et les paralysies; en outre il convient alors d'administrer la noix vomique à l'intérieur.

POLICE SANITAIRE

Les documents généraux sont applicables à cette maladie (arrêt de 1784, art. 459, 460, 461, 462 du Code pénal); le projet de loi de 1879 la prévoit aussi. En 1879, une instruction du ministre de la guerre a déterminé les mesures de police sanitaire qu'il y a lieu d'appliquer en Algérie.

La première de ces mesures est la *déclaration*, qui doit être faite à l'autorité, et qui doit être suivie de la *visite* des animaux déclarés, faite par un vétérinaire.

La *séquestration* doit être ordonnée et appliquée aux malades et aux suspects, dont l'état maladif est encore mal ou incomplètement caractérisé. Ces derniers seront observés et attentivement surveillés. La maladie étant curable, on prescrira pour tous les malades, à titre de mesure sanitaire, un traitement rationnel dans le but d'abréger la durée de l'épizootie et la durée du danger. La contagion se faisant ordinairement par le coït, pouvant aussi avoir lieu par la voie utérine de la mère au fœtus, et étant peut-être susceptible de se produire à la suite de l'emploi de certains objets souillés par les malades, il suffira de parer à ce triple danger; aussi la séquestration devra-t-elle être adoucie autant que possible. Il suffira d'empêcher l'emploi des étalons pour la monte, d'empêcher qu'on présente les juments à la saillie et d'affecter exclusivement au pansage des malades des instruments et des objets ad hoc.

On peut demander la *marque* des malades, pour assurer l'exécution de la séquestration; mais on se contente généralement du signalement. Dans tous les cas, si on se voyait obligé de la conseiller, on la pratiquerait de préférence sur le sabot.

Il me semble qu'on pourrait facilement se passer de la séquestration, en castrant les étalons malades, et en bouclant les juments infectées; l'accouplement serait ainsi rendu impossible, et il suffirait de traiter les animaux malades. Ce système est à conseiller toutes les fois que les propriétaires consentiront à laisser pratiquer les opérations dont il est question.

Combien doit durer la séquestration? Il semble que, après le rétablissement complet de la santé et la disparition de tout symptôme, l'animal n'est plus dangereux et peut être livré immédiatement à la reproduction; pourtant en Allemagne la monte est prohibée durant les trois années qui suivent la guérison. Il y a évidemment là une exagération; mais il n'en faut pas moins être très circonspect et conseiller encore une attente d'un an après la guérison.

Quand la mort survient, on livre les cadavres à l'équarrissage, ou on les enfouit, après les avoir débarrassés de leurs peaux, qui sont utilisées pour l'industrie.

Une désinfection légère, portant sur le râtelier, la mangeoire, les bat-flancs et les murs, jusqu'à la hauteur de la croupe, devra être pratiquée, d'après les règles ordinaires, dans les places laissées par les malades.

Quand la maladie règnera ou se sera introduite dans une localité, il conviendra que l'autorité en avise les propriétaires voisins et leur indique les animaux dangereux. Il sera bon aussi qu'elle fasse rédiger, par le vétérinaire, des instructions à l'adresse des propriétaires et des étaloniers, pour leur apprendre à reconnaître la maladie et à l'éviter.

Dans les pays où la maladie règne habituellement, il sera bon que les étalons soient visités de temps en temps par un vétérinaire, qui portera surtout son examen sur les organes génitaux; et il ne serait que prudent d'exiger que les propriétaires d'étalons fissent visiter de temps en temps leurs animaux, afin d'obtenir tous les quinze jours ou tous les mois un certificat de santé, qui serait une garantie pour les propriétaires de juments. D'un autre côté, ces derniers devraient être obligés de faire visiter leurs jugements et de se faire délivrer un certificat de santé avant de les présenter à l'étalon.

Dans tous les cas, toute jument, présentant quelque symptôme de dourine ou de morve, doit être impitoyablement éloignée de la saillie.

Les solipèdes reproducteurs, introduits en France et venant de Syrie ou d'Algérie, doivent être visités à leur arrivée et surveillés pendant quelque temps.

Instruction ministérielle relative aux mesures à prendre pour arrêter la propagation de la Daourine en Algérie.

« ARTICLE PREMIER — Les propriétaires de chevaux, juments, ânes ou ânesses affectés de la Daourine, sont tenus d'en faire la déclaration.

« Ceux de ces propriétaires soumis à la loi française feront cette déclaration au maire de leur commune, s'ils sont en territoire civil, et à l'autorité militaire, s'ils sont en territoire militaire. Les indigènes régis par le droit musulman, feront cette déclaration au chef de leur douar, qui en informera le caïd et celui-ci l'autorité française dont il relève.

« ART. 2. — Aussitôt après la déclaration des propriétaires, l'autorité qui l'aura reçue devra, en attendant la visite du vétérinaire, si c'est dans une ville ou un port français, ordonner la séquestration des animaux; si c'est dans une tribu habitant sous la tente, l'autorité indigène veillera à ce que les animaux déclarés ne sortent pas du douar et n'aient aucun rapprochement avec d'autres.

« L'application de cette mesure peut d'ailleurs varier selon la facilité plus ou moins grande de faire visiter sur les lieux les animaux suspects : c'est à l'autorité supérieure qu'il appartient d'employer les moyens les plus pratiques pour obtenir la séquestration provisoire.

« ART. 3. — Les animaux déclarés malades seront visités par un vétérinaire. En territoire civil, l'autorité locale ne pourra le désigner elle-même, qu'autant qu'elle aura à sa disposition un vétérinaire civil; dans le cas contraire, elle devra s'adresser au commandant militaire de la place, pour que cette visite puisse être faite par un vétérinaire militaire.

« Toutes les fois qu'un vétérinaire militaire devra être désigné, soit pour une visite dans les régions soumises au régime militaire, soit en territoire civil, à la requête de l'autorité municipale, il est désirable que ce vétérinaire soit celui du dépôt de remonte de la province, et qu'en cas d'impossibilité, le vétérinaire désigné soit choisi parmi les plus élevés en grade et ayant déjà une certaine ancienneté en Algérie.

« ART. 4. — Les sujets dont l'état maladif ne serait pas suffisamment caractérisé et laisserait quelques doutes, seront maintenus en observation jusqu'à ce que le vétérinaire puisse se prononcer définitivement.

« Dans les tribus, sous la tente, où la séquestration est impossible, les chevaux suspects seront saisis et conduits dans une ville voisine ou à un poste français désigné par l'autorité militaire et possédant une infirmerie vétérinaire où ils pourront être placés.

Ces animaux seront mis en subsistance dans le corps auquel appartiendra l'infirmerie vétérinaire où ils seront séquestrés.

« Quant aux juments, comme elles seraient dans une ville quelconque ou dans un poste français un embarras à cause du voisinage des chevaux, et qu'elles ne peuvent communiquer leur maladie que par le coït, on les laissera dans leur douar, après avoir pris la précaution de rendre impossible l'accouplement par l'opération du bouclage, et le chef de ces douars sera responsable de la conservation de l'anneau métallique passé dans les lèvres de la vulve des juments suspectes.

« Tous les animaux, y compris les étalons de l'État, reconnus atteints de la Daourine, devront être abattus ou castrés, selon que l'autorité locale le jugera plus avantageux pour la colonisation

« ART. 5. — Pour engager les propriétaires à faire la déclaration de cette maladie, qu'ils peuvent très aisément cacher, et pour prévenir tout ce que l'abatage des chevaux affectés peut avoir d'arbitraire dans l'esprit de la population indigène, et enfin dans l'intérêt de la colonisation et de la conservation chevaline en Algérie, le gouvernement applique à la Daourine les principes de l'indemnité admise en Europe et en France aux propriétaires d'animaux atteints de certaines maladies contagieuses et abattus par l'ordre de l'autorité dans l'intérêt général pour éteindre promptement une épizootie.

« En conséquence, il sera accordé en Algérie, aux propriétaires de chevaux abattus comme étant atteints de la Daourine, une indemnité montant à la moitié de la valeur des animaux supposés atteints, et cette indemnité, dans tous les cas, ne pourra excéder 500 francs.

« ART. 6. — L'indemnité ne sera pas due aux propriétaires qui auraient négligé de faire à l'autorité la déclaration de la maladie dont leurs animaux seraient atteints.

Il sera fait d'ailleurs, en territoire civil, application de la pénalité édictée par la loi (art. 459, 460, 461, 462 du Code pénal).

« En pays soumis au droit musulman, le choix des moyens de répression contre les propriétaires qui n'auraient pas fait la déclaration est laissé au gouvernement de l'Algérie, qui pourra, s'il le juge opportun, aller jusqu'à rendre les tribus responsables.

« ART. 7. — Les vétérinaires des dépôts de remonte seront invités à bien faire connaître aux sous-officiers, brigadiers et cavaliers, chargés du service de la monte, les signes auxquels ils pourront reconnaître la maladie sur les juments et sur les étalons, et les commandants de dépôts auront soin de n'envoyer, autant que possible, dans les régions où la Daourine a été signalée, que des chefs de station et même des cavaliers ayant déjà vu cette maladie et étant mieux que d'autres en état de la reconnaître.

« Dans les stations, aucune jument ne sera donnée à l'étalon, qu'après une visite minutieuse des organes génitaux. En cas de doute, la saillie sera refusée et la jument signalée à l'autorité locale, française ou indigène, qui ordonnera les premières mesures à prendre et en informera qui de droit.

« Les étalons même seront l'objet d'une surveillance aussi attentive et visités journellement au moment de la monte ; au moindre signe maladif du côté des organes génitaux, l'étalon cessera de saillir et le chef de station en préviendra son supérieur.

« Le vétérinaire principal sera toujours appelé à se prononcer sur tous les cas de Daourine observés parmi les étalons de l'État, aucun moyen de traitement ne sera employé et il ne sera pris aucune mesure relative à la castration, à l'abatage ou à la remise en service, que d'après son avis et sous sa responsabilité.

« Le Ministre de la guerre,

« Signé : GRESLEY. »

CHAPITRE XII

AFFECTION FARCINO-MORVEUSE (Farcin, Morve)

Quoique de nos jours la morve et le farcin soient moins fréquents que dans le temps, l'étude de l'affection farcino-morveuse n'en est pas moins très importante. Cette affection se présente sous deux formes (farcin, morve), qui peuvent être étudiées séparément, mais qui constituent bien au fond une seule et même maladie, et qui doivent être étudiées sous la qualification commune de morve ou de maladie farcino-morveuse.

Définition. — La morve est une maladie générale, à formes diverses, mais toujours identique au fond, décelée par des engorgements, par des tumeurs, par des ulcères, par du jetage, etc., caractérisée par le développement d'une néoplasie spéciale, tuberculiforme, dans le tissu de la peau et dans le tissu conjonctif sous-cutané, dans le système ganglionnaire, dans le poumon, sur la muqueuse respiratoire et dans d'autres organes, ainsi que par la propriété qu'elle a de se transmettre par contagion et de s'inoculer facilement.

Le farcin est en effet décelé par des tumeurs, par des engorgements (boutons, cordes, tumeurs, engorgements), par des ulcères ; ses principales lésions (boutons, cordes, etc.) ressemblent à celles de la morve ; il est inoculable, et son virus, inoculé, détermine ordinairement la morve.

La forme connue vulgairement sous le nom de morve, est décelée par la tuméfaction des ganglions, par des tubercules et des ulcères siégeant sur la pituitaire, par du jetage. Elle est caractérisée par le développement de tubercules dans le poumon et dans d'autres organes ; elle est contagieuse et inoculable.

La néoplasie, qui caractérise l'affection farcino-morveuse, peut donc se développer dans le tissu de la peau, dans le tissu conjonctif sous-cutané, dans le poumon, sur la muqueuse respiratoire et dans un grand nombre d'autres organes.

SYMPTOMATOLOGIE

L'affection farcino-morveuse s'observe spécialement chez les animaux solipèdes (cheval, âne, mulet); mais elle peut se transmettre à l'homme, au mouton, à la chèvre, au lapin, au chat et au chien. On a bien prétendu que le chien ne la contractait pas, ou que tout au moins la morve, inoculée à cet animal, restait localisée au point d'inoculation; or les choses ne se passent pas ainsi, comme nous le verrons plus loin. C'est chez les solipèdes que la maladie se présente avec une physionomie bien tranchée, ainsi que nous allons le voir par la description suivante.

Elle était plus fréquente jadis; et, il n'y a pas longtemps encore, quand on croyait à la non-contagion et à la spontanéité, quand on ne prenait pas toutes les mesures propres à prévenir sa propagation, elle se montrait fréquemment et occasionnait des pertes considérables. Aujourd'hui même, on l'observe dans les divers pays; et, dans certaines circonstances, elle prend parfois une extension extraordinaire. On la voit encore quelquefois ravager les écuries, se propager dans les agglomérations d'animaux, dans les régiments de cavalerie, dans la cavalerie des armées en campagne ou en expédition. Hormis ces circonstances, qui s'opposent quelquefois à l'application des mesures sanitaires, et qui expliquent l'extension de la morve, la maladie se montre ordinairement à l'état sporadique; on en observe des cas isolés ou en petit nombre ordinairement.

Pour faciliter l'étude des nombreux caractères de cette affection, il est bon de lui reconnaître plusieurs formes.

En prenant pour base d'une première distinction le siège des lésions et des symptômes locaux, on est amené à reconnaître deux grandes formes : la *forme farcineuse*, dont les lésions et les symptômes locaux siègent à la peau ou dans le tissu sous-cutané; et la *forme morveuse*, dont les lésions sont principalement localisées dans les voies respiratoires.

D'après la marche, la gravité et le degré de contagiosité de chacune de ces deux grandes formes, on doit reconnaître plusieurs types. Quand l'affection, farcin ou morve, marche rapidement et se termine rapidement par la mort, le virus est sécrété en plus grande abondance, la contagiosité est plus prononcée; et l'on a alors ce qu'on est convenu d'appeler le *type aigu*. Quant au contraire l'affection évolue lentement, la contagiosité est moins prononcée, parce que le virus est sécrété en moindre abondance; et l'on a alors ce que l'on appelle le *type chronique*. Sous ces deux types la maladie est également inoculable, et du reste ces deux extrêmes sont reliés entre eux par de nombreux intermédiaires plus ou moins voisins de l'un ou de l'autre type. Cette distinction, utile pour la description, n'en est pas moins arbitraire, si on se place au point de vue véritablement scientifique. Les lésions des divers types se produisent d'après le même mécanisme, et il n'y a de différence que dans le plus ou moins de congestion qui les accompagne. Un tubercule grisâtre, sans zone périphérique rougeâtre, et un ulcère jaune-grisâtre sans congestion apparente ne sont pas plus l'expression de la chronicité proprement dite, que les mêmes accidents entourés d'une zone rouge. La distinction des types, n'étant basée actuellement que sur de simples apparences, ne peut être bonne que pour la description des symptômes.

On peut encore établir de nombreuses variétés dans la forme farcineuse et la forme morveuse, en prenant pour base les localisations des lésions dans telle ou telle région, sur tels ou tels organes, et l'extension des altérations produites. Ainsi le farcin est *local, discret, général, confluent, etc.*, suivant que les symptômes locaux sont peu nombreux et localisés dans une région, ou multiples et disséminés dans plusieurs régions. La morve est dite *nasale* lorsque ses lésions sont localisées sur la muqueuse pituitaire : elle est *trachéale, pulmonaire, pleurale, etc.*, lorsque les lésions sont localisées à la trachée, au poumon, aux plèvres, etc. La morve est dite *latente* lorsque les lésions restent cachées et les symptômes inappréciables pendant un temps plus ou moins long; c'est là une forme très importante, car elle permet de se rendre compte d'une foule de faits qui ont parfois été mal interprétés. On distingue aussi une *morve sèche* et une *morve humide*, suivant que l'affection s'accompagne ou non de jetage. Le jetage peut faire défaut encore assez souvent ou être rémittent ou intermittent. On dit enfin que la morve est *commençante, ébauchée, confirmée, invétérée ;* et ces expressions signifient seulement que les lésions sont plus ou moins nombreuses. Un cheval est dit *suspect* de morve, lorsqu'il présente des symptômes vagues, qui permettent seulement de soupçonner l'existence de la maladie.

Dans l'étude symptomatologique de l'affection farcino-morveuse, il convient d'adopter les deux premières divisions établies ; il convient d'étudier la forme farcineuse et la forme morveuse sous le type aigu et sous le type chronique.

L'espèce, le tempérament, le climat, l'hygiène et le service auquel sont employés les animaux, exercent une certaine influence sur l'apparition de telle ou telle forme, de tel ou tel type. L'âne et le mulet ne présentent guère la forme farcineuse ; et c'est ordinairement le type aigu de la forme morveuse qu'on observe chez ces animaux. Chez le cheval on peut rencontrer la forme morveuse et la forme farcineuse sous le type chronique ou sous le type aigu. Les chevaux à tempérament nerveux ou sanguin ont le plus souvent la morve aiguë, tandis que la morve chronique se voit surtout chez les animaux à tempérament lymphatique. Le farcin se montre le plus ordinairement sur les sujets mous, vieux, qui travaillent dans un milieu humide et qui ne reçoivent pas des soins hygiéniques suffisants. Ces règles souffrent pourtant de très nombreuses exceptions ; on peut voir la morve subaiguë ou chronique chez le mulet et chez les chevaux fins, de même que le farcin peut se montrer aussi quelquefois sur ces mêmes animaux. De toutes les formes, c'est incontestablement la morve chronique qu'on voit le plus souvent. Chez le même malade on peut voir les diverses formes se mélanger et se combiner plus ou moins ; et d'ailleurs, outre qu'il peut y avoir transformation du type aigu en type chronique et réciproquement, on voit assez souvent une forme primitivement pure se compliquer de symptômes appartenant à l'autre forme.

La marche que nous adoptons est la suivante : description du farcin et de la morve chroniques au point de vue de leurs symptômes locaux et de leurs symptômes généraux ; description de la morve et du farcin aigus.

FARCIN CHRONIQUE

Le farcin n'est autre chose que la *morve cutanée*, caractérisée par le développement de tumeurs et la formation d'ulcères à la surface de la peau. D'autres maladies peuvent se caractériser aussi par des tumeurs et des plaies cutanées ; et ces maladies, ayant l'apparence du farcin, sont souvent confondues avec lui, parce que ceux qui les observent, oubliant que les symptômes sont souvent insuffisants pour permettre de se prononcer avec vérité sur la nature d'une maladie qu'on suppose contagieuse, prennent trop rarement la précaution de vérifier leurs propriétés physiologiques en recourant à l'inoculation.

Le farcin chronique, qui se montre surtout chez les chevaux mous et lymphatiques, est la moins grave des formes de la morve, celle qui, toutes choses égales d'ailleurs, évolue le plus lentement. Mais néanmoins l'affection est toujours dangereuse, toujours transmissible, toujours mortelle ; c'est tout au plus s'il est permis d'espérer dans quelques très rares cas d'empêcher la généralisation du virus, en détruisant les accidents primitifs encore récents et bien localisés. On peut parfois, grâce à un traitement approprié, remédier aux accidents locaux, les arrêter ou les faire disparaître ; mais ce n'est là qu'une apparence de guérison, car quand il s'agit du farcin authentique, on voit survenir bientôt d'autres accidents, d'autres symptômes.

Symptômes locaux. — Les symptômes locaux sont les plus remarquables et les plus importants. Ils consistent en tumeurs, qui offrent des caractères variables, et qui ont une tendance assez générale à se terminer par l'ulcération. Ces tumeurs varient par leur forme, par leur volume, par le siège qu'elles occupent et par leur évolution. On peut reconnaître quatre types distincts, qui sont : les *boutons,* les *cordes,* les *tumeurs,* les *engorgements.*

Les boutons sont de petites tumeurs arrondies, dont le volume peut varier depuis celui d'un haricot jusqu'à celui d'une noix ; ils siègent dans le derme ou dans le tissu conjonctif sous-cutané. Ils présentent quatre périodes dans leur évolution : une période d'inflammation, une période de crudité, une période de ramollissement, une période d'ulcération. Leurs caractères varient suivant la période à laquelle on les étudie.

Les tumeurs sont des accidents plus volumineux, gros comme un œuf ou comme le poing, situés dans le tissu conjonctif souscutané et se ramollissant ordinairement très vite, mais le plus souvent sans s'ulcérer.

Les accidents farcineux se présentent quelquefois sous forme de cordes plus ou moins en relief et situées dans le tissu conjonctif sous-cutané. Ces cordes évoluent comme les boutons proprement dits.

Enfin il apparaît parfois, dans les parties déclives du tronc et sur les membres, des engorgements, sortes d'œdèmes, qui, de même que les boutons, les tumeurs et les cordes, présentent plusieurs périodes dans leur évolution et se terminent par l'ulcération.

Ces divers accidents ne se montrent presque jamais tous ensemble, surtout au début de la maladie; mais dans la suite ils peuvent se réunir en plus ou moins grand nombre sur le même malade. Ils apparaissent et évoluent successivement, chacun en particulier se comportant comme s'il était seul.

Il est très important de connaître l'évolution de ces lésions et d'en suivre les caractères à leurs diverses périodes.

Boutons. — Les boutons farcineux sont des néoplasies tuberculiformes, dont le volume varie depuis celui d'un gros pois à celui d'un œuf de poule. Ils constituent la manifestation la plus fréquente du farcin; il est cependant rare de les voir rester longtemps seuls sur le même malade, presque toujours ils sont accompagnés d'autres accidents, tels que cordes, engorgements, etc. Leurs caractères variant avec les périodes qu'ils parcourent dans leur évolution, il importe de passer en revue ces diverses périodes et d'analyser l'évolution d'un bouton considéré en particulier; le résultat de cette analyse s'appliquera à tous les accidents analogues.

Les boutons farcineux apparaissent toujours sans cause provocatrice appréciable. Leur formation est rapide; ils arrivent vite à leur complet développement; ils apparaissent et évoluent simultanément ou successivement et en plus ou moins grand nombre chez le même individu. Le plus souvent ils apparaissent successivement.

Ils se développent dans le tissu conjonctif sous-cutané ou dans le derme cutané, ou encore dans les deux à la fois, c'est-à-dire qu'ils peuvent intéresser à la fois le tissu conjonctif sous-cutané et le derme.

Dans tous les cas les boutons développés dans le tissu conjonctif sous-cutané intéressent peu à peu la peau, la rongent et finissent par en déterminer l'ulcération. Quant aux boutons développés dans le derme, ils peuvent arriver à s'ouvrir au dehors sans avoir intéressé le tissu conjonctif sous-cutané. On peut rencontrer des boutons farcineux dans différentes régions du corps; on les trouve surtout dans les endroits où la peau est fine, souple, où le tissu conjonctif sous-cutané est lâche et abondant, où les vaisseaux lymphatiques sont nombreux; ainsi on peut en observer sur la face, sur les côtés de l'encolure, à l'aine, à l'épaule, à la face interne des membres, sur les faces latérales de la poitrine et de l'abdomen, sous le ventre, au flanc, etc.

Ils ont une forme assez régulière; tout d'abord ce sont de simples bosselures assez mal délimitées, qui se confondent insensiblement avec les tissus voisins; mais bientôt ils s'arrondissent, prennent une forme plus régulière, deviennent lenticulaires, sphéroïdaux, olivaires; plus tard ils deviennent pointus, acuminés et fluctuants.

Les plus petits sont ceux qui se forment dans le derme; ils ne sont quelquefois pas plus gros qu'un pois ou un haricot, et ils présentent souvent la forme lenticulaire.

Le bouton farcineux offre à son début tous les caractères de l'inflammation : il apparaît sous forme d'une tuméfaction plus ou moins évidente, chaude, douloureuse, dont les diverses parties, quoique fermes et résistantes à la pression du doigt, se laissent pourtant également déprimer. Il est souvent simple, constitué par un seul foyer inflammatoire; mais il n'est pas rare de le trouver formé de deux ou de plusieurs foyers agglomérés et plus ou moins rapprochés; et dans ce dernier cas la tuméfaction, qui en résulte, est plus volumineuse, moins régulière, bosselée; on a un bouton multiple ou composé. Les caractères apparents du bouton composé ne sont tels, qu'autant qu'il est formé de foyers juxtaposés; quand il est formé de foyers superposés, développés les uns au-dessus des autres, de façon à se superposer, il est difficile de reconnaître sa complexité par la simple pression, c'est à l'incision qu'on la découvre. L'incision d'un bouton farcineux, encore à l'état d'inflammation primitive, permet de voir dans cette lésion locale une ou plusieurs zones rougeâtres ou noirâtres, constituées par des foyers hémorrhagiques et entourées d'une infiltration séreuse ou gélatiniforme. Suivant qu'il y a une ou plusieurs zones rougeâtres, on voit qu'il s'agit d'un bouton simple ou d'un bouton composé.

Le bouton farcineux, caractérisé d'abord comme nous venons de le voir, se modifie rapidement; sa forme devient plus régulière; il est de moins en moins chaud et de moins en moins douloureux; il se densifie au niveau de la zone ou des zones distinctes, qui forment le centre des foyers primitifs, tandis que la partie périphérique reste molle, œdémateuse. La pression permet alors de constater dans le bouton, suivant qu'il est simple ou composé, un ou plusieurs noyaux résistants, durs, entourés complètement d'une partie infiltrée, molle, œdémateuse. A l'incision on constate l'existence d'une ou plusieurs masses, non plus rougeâtres ou noirâtres, mais jaunâtres, formées d'une matière condensée, facile à dissocier, et entourées d'un tissu infiltré d'une sérosité jaunâtre, congestionné et offrant çà et là quelques points hémorrhagiques rougeâtres. La partie œdémateuse diminue ensuite progressivement, tandis que la partie dure s'étend et devient à peu près indolente et froide.

Bientôt il se produit un nouveau phénomène; le bouton devient le siège d'un travail intérieur plus ou moins hâtif, souvent tardif, lent et progressif, qui débute au centre et amène la fonte ou le ramollissement progressif du bouton. Ce travail, analogue à celui qui a lieu dans les abcès chroniques, détermine la formation d'une collection purulente, qui va peu à peu s'accroissant aux dépens de l'induration, et qui devient de plus en plus manifeste à l'extérieur. Le ramollissement s'explique aisément. Les éléments constitutifs du bouton, très nombreux et pressés les uns contre les autres, reçoivent une nourriture insuffisante, les vaisseaux étant oblitérés ou rupturés; ils s'atrophient, ils dégénèrent du centre à la périphérie du bouton; ils irritent les tissus voisins et provoquent un mouvement exosmotique, d'où résulte l'exsudation d'un plasma, qui vient se mélanger avec le détritus résultant de leur destruction. Le ramollissement s'annonce à l'extérieur par une fluctuation et une dépressibilité de plus en plus manifestes au centre du bouton. Peu à peu celui-ci perd sa forme arrondie au fur et à mesure que le ramollissement gagne du terrain et se rapproche de plus en plus de l'extérieur. Le derme est rongé peu à peu; la peau offre extérieurement, en cette place une saillie plus ou moins accuminée; les poils y sont hérissés et finissent par tomber, quand la portion du derme, qui renferme leurs bulbes, est désorganisée; la peau s'amincit de plus en plus; la fluctuation devient de plus en plus sensible; la partie dépilée offre une teinte violacée, apparente sur les robes claires; elle est froide. En ouvrant le bouton ramolli avec le bistouri, on obtient un liquide dont les caractères sont importants à retenir. D'ailleurs, si on laisse le ramollissement poursuivre sa marche, bientôt la peau ne résiste plus et s'ouvre pour donner issue au contenu. Cette ouverture peut se faire suivant deux modes un peu différents : par déchirure, fente, éraillure de la peau amincie, ou par mortification d'une portion de peau et chute de cette partie mortifiée. Dans

le premier cas la plaie offre des bords irréguliers, déchirés; mais
la peau se mortifie aussi et la plaie se régularisant devient arrondie comme dans le second cas.

Le contenu des boutons farcineux ramollis est un produit liquide, filant, visqueux, oléiforme (huile de farcin), jaunâtre, lie
de vin, strié de sang; ces derniers caractères annoncent qu'il
tient en dissolution de la matière colorante du sang plus ou moins
altérée, ce qui n'a rien d'étonnant, attendu que les lésions farcineuses sont accompagnées d'hémorrhagies. L'huile de farcin est
formée d'un plasma séro-albumineux; elle est pauvre en éléments
figurés; on y trouve quelques cellules purulentes, des hématies,
des granulations moléculaires, des gouttelettes graisseuses; elle
est irritante. Elle constitue un symptôme très important au point
de vue du diagnostic, à cause de sa viscosité et de sa coloration
jaunâtre ou lie de vin; elle est virulente.

Quand il s'agit de boutons composés, qui se ramollissent, on
peut constater d'abord plusieurs centres fluctuants et dépressi-
bles; peu à peu ces centres se confondent, s'ouvrent les uns dans
les autres et ne forment à la fin qu'une poche plus ou moins anfractueuse, qui, une fois ouverte, se montre constituée de plusieurs
cupules rapprochées ou plus ou moins confondues.

Que l'ouverture ait été faite artificiellement ou qu'elle soit survenue naturellement, la plaie qui en résulte devient ulcéreuse, et
elle est simple ou composée, suivant qu'elle dérive d'un bouton
simple ou d'un bouton composé. Les ulcères ou chancres farcineux sont plus ou moins étendus et ont une forme plus ou moins
régulière, suivant qu'ils proviennent de boutons simples ou de
boutons composés. Leur ouverture est d'abord plus petite que
ne l'était le contour des boutons, elle est plus ou moins régulièrement cupuliforme. Leurs bords sont plus ou moins fermes, circulaires, plus ou moins réguliers, taillés à pic ou en talus; ils sont
constitués par un tissu infiltré et donnent à la pression de l'huile
de farcin; ils sont quelquefois saillants, surélevés; leur coloration
est jaunâtre, grisâtre ou plombée. Le fond des ulcères intéresse
plus ou moins profondément le derme ou l'outrepasse; il est jaunâtre, grisâtre, plombé, pointillé de rouge; il a un aspect granuleux, il est parsemé de granulations ou bourgeons jaunâtres, rougeâtres, plombés, mollasses, peu saillants, saignant facilement et
se détruisant constamment.

Les chancres farcineux restent parfois plus ou moins stationnaires; ordinairement ils progressent, ils s'étendent en surface et en profondeur; ils rongent et ils creusent; ils sont le siège d'une gangrène moléculaire progressive et ininterrompue; ils fournissent constamment de l'huile de farcin.

Le produit sécrété par les ulcères est de mauvaise nature, comme le contenu de la collection; c'est un liquide albumineux, visqueux, filant, huileux, jaunâtre, avec peu ou pas d'odeur quand les plaies sont isolées, et à odeur *sui generis*, de safran, quand les plaies sont nombreuses et confluentes. Il se concrète sous l'influence de l'action de l'air, il forme des croûtes qui restent adhérentes aux chancres, qu'elles recouvrent et dont elles se détachent facilement; en s'écoulant hors des plaies il salit les poils et la peau et y adhère sous forme de croûtes jaunâtres. Souvent des érosions ou de nouveaux chancres se forment autour de ceux qui ont eu pour origine des boutons; elles sont déterminées par l'action irritante du produit excrété et se réunissent aux plaies primitives, d'où résultent des plaies farcineuses plus ou moins étendues. Quand les ulcères farcineux sont confluents, ils arrivent peu à peu à se confondre. Les plaies, résultant de la fusion de plusieurs chancres ou de l'adjonction de nouvelles plaies, offrent un aspect et une forme tourmentés et irréguliers; elles sont plus profondes en certains points, superficielles dans d'autres.

Il arrive parfois que les bourgeons, qui tapissent le fond des chancres, végètent, s'accroissent, deviennent exubérants au point de dépasser même le niveau de la peau, se maintiennent juxtaposés sans se souder, sécrètent et forment une éminence fistuleuse (farcin en cul de poule), de laquelle s'échappe le produit sécrété.

Quelquefois la matière sécrétée par les plaies décolle les bords, fuse sous la peau et forme des clapiers plus ou moins volumineux.

Les boutons farcineux, qui se développent dans le derme, ont une évolution ordinairement plus rapide que les autres, car ils sont moins profonds; souvent ils sont alors confluents. Les chancres, qui en résultent, se réunissent peu à peu et ne forment bientôt qu'une vaste plaie ulcéreuse toujours croissante.

Quelquefois la crudité persiste dans certains boutons; et d'autres éprouvent le ramollissement sans en arriver à l'ulcération, mais ce sont là des exceptions.

Chez le même malade on peut voir des boutons en plus ou

moins grand nombre, dans le derme, dans le tissu conjonctif
sous-cutané ou intéressant à la fois le tissu sous-cutané et le derme.
Ils sont localisés à une région ou disséminés dans plusieurs régions; ils sont plus ou moins rapprochés, ils sont confluents ou
discrets. Dans l'un comme dans l'autre cas, ces accidents ne se
montrent pas tous ensemble, ils apparaissent successivement ;
aussi trouve-t-on sur le même animal des boutons à des degrés
divers d'évolution; les uns sont à la première période ; d'autres
sont à l'état de crudité; d'autres sont à la période de ramollissement; et d'autres enfin sont déjà ulcérés. Ordinairement les boutons ne restent pas longtemps seuls; ils sont accompagnés de cordes, de tumeurs, d'engorgements.

Cordes. — Les cordes sont des tumeurs allongées résultant de
l'inflammation des vaisseaux lymphatiques ; elles évoluent comme
les boutons, parcourent les mêmes périodes et se terminent par l'ulcération. Elles sont ainsi appelées, parce qu'elles simulent plus ou
moins exactement une mèche ou une corde passée sous la peau. Elles
sont constituées par un vaisseau lymphatique enflammé renfermant
de la lymphe coagulée. L'inflammation ne se borne pas au vaisseau
lymphatique; elle s'étend à son pourtour et gagne le tissu conjonctif ambiant.

Comme les boutons, les cordes présentent, dans leur évolution
successive, les symptômes de l'inflammation, de la crudité, du ramollissement, de l'ulcération.

Ces accidents ne sont pas rares; ils sont cependant moins fréquents que les boutons. Il est rare que le farcin s'annonce au début par des cordes; mais lorsqu'il y a des boutons ou des engorgements, presque toujours elles les accompagnent ou ne tardent
pas à apparaître. De même que les boutons, les cordes n'apparaissent pas toutes ensemble, elles se montrent les unes après les autres et débutent par une inflammation locale, qui va en progressant
très rapidement.

On les observe surtout dans les régions riches en vaisseaux lymphatiques; ordinairement elles se montrent le long du trajet des
veines superficielles de la face, de l'encolure (jugulaire), du poitrail (céphalique), des membres (radiale, saphène), du tronc (veine
de l'éperon), des organes génitaux, etc.

Elles sont cylindriques, droites aux sinueuses; placées dans le
tissu conjonctif sous-cutané, elles sont plus ou moins saillantes et
en relief, plus ou moins volumineuses, à diamètre plus ou moins

grand, variant depuis la grosseur d'une plume à écrire jusqu'à celle du bras d'un enfant, ordinairement grosses comme le doigt. Leur forme et leur volume varient du reste avec les périodes ; elles sont régulières et cylindriques quand elles arrivent à la période de crudité ; dans leur première période elles sont plus volumineuses et plus irrégulières dans leur forme, elles sont entourée d'une gangue infiltrée et les tissus voisins sont tuméfiés. Peu à peu leur volume diminue par suite de la résorption des produits infiltrés.

Les cordes farcineuses partent d'un point excentrique et se dirigent vers les ganglions les plus proches ; elles procèdent ordinairement d'un bouton farcineux, d'une tumeur, d'une plaie, d'un engorgement, quelquefois elles semblent émerger de la profondeur des tissus. Les ganglions auxquels elles aboutissent ne tardent pas à devenir malades à leur tour.

Quand elles font leur apparition, elles offrent les symptômes de l'inflammation : elles sont chaudes, douloureuses, deviennent volumineuses, sont mal délimitées ; elles sont entourées d'une zone œdémateuse, infiltrée et plus ou moins étendue ; elles forment une masse pâteuse, au centre de laquelle on sent pourtant avec le doigt un noyau plus dur et plus résistant ; elles sont encore uniformes dans les divers points de leur trajet.

Bientôt surviennent la résorption progressive de l'œdème, la diminution et la disparition de la chaleur et de la douleur, l'organisation et la densification du tissu enflammé ; la corde devient moins volumineuse, mieux délimitée, plus distincte, plus régulière, plus uniformément dure et cylindrique. Le ganglion, vers lequel elle se rend, est engorgé : il cesse d'être empâté et devient dur comme la corde.

Quelques cordes restent régulières ; mais en général elles se tranforment en chapelets ; elles deviennent moniliformes ; il apparaît sur leur trajet, de distance en distance, des renflements sphéroïdes, gros comme des noisettes ou des noix, inégalement distants les uns des autres, plus ou moins nombreux, durs, indolents.

Ces nœuds évoluent comme autant de boutons farcineux ; ils passent de la période de crudité à la période de ramollissement et de celle-ci à la période d'ulcération : ils apparaissent et évoluent successivement dans la même corde ; ils deviennent le siège d'un travail intérieur, qui les transforme en foyers purulents. Tout se passe comme dans les boutons : même évolution ; même marche ; mêmes caractères ; même contenu ; même mode d'ulcération.

Quelquefois un seul renflement parcourt les phases de son évolution et est ensuite suivi par d'autres; ordinairement plusieurs évoluent plus ou moins simultanément; d'autres nodosités apparaissent sur la même corde et évoluent à leur tour. Par conséquent, sur le même malade, on peut voir des renflements déjà ulcérés, des nodosités qui ne sont encore que ramollies, et d'autres enfin qui ne sont qu'à la période de crudité; celles-ci sont les plus récentes.

Les plaies, résultant de l'ulcération des renflements des cordes, présentent à peu près les mêmes caractères que celles résultant des boutons farcineux. Elles n'ont aucune tendance à se cicatriser; elles rongent sans cesse; elles s'accroissent en étendue et en profondeur; elles sécrètent toujours; leurs bords sont déchiquetés, mollases, flottants, puis se flétrissent et mettent à nu le fond; quelquefois ces bords vivent et persistent quelque temps, s'agglutinent même, mais bientôt ils tombent ou sont rongés et régularisés peu à peu.

Ici le produit sécrété est ordinairement plus abondant que dans les simples boutons et cela se comprend, car par la corde il s'établit des communications et quelquefois plusieurs renflements se vident par une seule plaie. Sur la même corde il se forme bientôt plusieurs ulcères, qui remplacent les nodosités. Ces plaies sont plus ou moins avancées, inégalement profondes, inégalement étendues, elles sont séparées par des parties où la peau est restée intacte. La matière sécrétée se concrète quelquefois sous forme de croûtes jaunâtres, à la surface des ulcères et à leur pourtour.

Sous l'influence de l'irritation qu'elles déterminent, des érosions peuvent se produire, et bientôt ulcères et érosions, ayant une tendance fatale à s'accroître, se réunissent de proche en proche, et il en résulte un ruisseau purulent, offrant çà et là encore quelques ponts de peau intacts, qui ne tarderont pas à être détruits. Ce ruisseau est inégalement profond et inégalement large, plus creux et plus vaste au niveau des points où siégeaient les nodosités; ses bords sont plus ou moins irréguliers; son fond présente les mêmes caractères que celui des simples chancres; la sécrétion morbide est alors très abondante. Parfois, mais très exceptionnellement, les plaies farcineuses bourgeonnent et se cicatrisent; ordinairement elles progressent, et, en se réunissant, elles forment de vastes ulcères, analogues à ceux résultant de la réunion de plusieurs boutons confluents ulcérés.

On observe parfois des cordes, qui restent régulières et ne deviennent pas moniliformes; elles se montrent surtout au plat de la cuisse et on peut les rencontrer ailleurs; elles sont parfois réfractaires au ramollissement ou ne donnent que des ulcérations isolées, petites et lentement croissantes.

Sur le même malade les cordes sont en nombre variable; elles apparaissent successivement et chacune d'elles évolue à part et d'une manière successive dans ses diverses parties.

Tumeurs. — Les tumeurs farcineuses sont des accidents plus ou moins analogues aux boutons, mais qui en diffèrent par leur plus grand volume, par leur évolution et aussi parfois par leur siège. Il y en a de plusieurs sortes; on distingue des tumeurs ganglionnaires, des tumeurs sous-cutanées, des tumeurs de l'appareil testiculaire, des tumeurs de la mamelle et des tumeurs articulaires.

Les *tumeurs ganglionnaires* sont le résultat de l'inflammation d'un ou de plusieurs ganglions lymphatiques; elles apparaissent lorsque d'autres symptômes locaux, boutons ou cordes, se sont déjà montrés à la surface de la peau; elles sont assez fréquentes; elles se reproduisent toutes les fois qu'il y a une corde, puisque celle-ci est le résultat de l'inflammation d'un vaisseau lymphatique, qui transmet l'inflammation au ganglion. Elles peuvent se montrer dans les régions inguinale, pré-pectorale, pharyngienne, etc., et toujours après que des boutons et des cordes se sont formés. On ne leur reconnaît pas toujours les mêmes périodes qu'aux deux symptômes déjà étudiés; il y a d'abord inflammation aiguë proprement dite, qui se modifie bientôt; survient ensuite un état de crudité, caractérisé par la dureté et l'indolence; et parfois à la période de crudité succède celle du ramollissement, qui peut lui-même être suivi de l'ulcération; mais ces deux périodes font souvent défaut, surtout la dernière.

L'inflammation est caractérisée par la tuméfaction, l'empâtement, la chaleur, la douleur. Le ganglion, qui devient malade, a au début une consistance moyenne; il existe toujours à son pourtour une zone dans laquelle on reconnaît les caractères de l'œdème actif. Peu à peu la tuméfaction du ganglion diminue; la masse enflammée perd de son volume, car l'infiltration périganglionnaire se résorbe et le restant du ganglion se densifie; en d'autres termes l'inflammation a une tendance vers l'organisation, c'est pourquoi le ganglion devient dur et perd de sa sensibilité. A un certain moment la tumeur ganglionnaire est dure, bosselée, irrégulière et adhérente au tissu

qui l'entoure; car le tissu périganglionnaire s'est sclérosé. Cette
tumeur reste ordinairement dans l'état de crudité; elle a peu de
tendance à se ramollir. Quelquefois, dans un ganglion bosselé, il
peut se former un ou plusieurs foyers de ramollissement; mais
dans ce cas la fonte est lente et n'est que partielle; parfois même
il est difficile de la constater par l'exploration digitale. Il est encore
plus rare que le ramollissement s'accompagne d'ulcération; et, si
un ou plusieurs foyers se forment dans un ganglion malade, il est
très exceptionnel de voir le ramollissement amener l'abcédation.
On peut obtenir l'écoulement du produit au moyen d'une ponction
artificielle; et alors on constate que le contenu est jaunâtre ou
grisâtre, plus épais que celui des boutons farcineux. Le ganglion
étant ouvert artificiellement, il est rare que la plaie produite se
cicatrise; elle tend à se transformer en plaie fistuleuse ou en ulcère; il en est de même quand le ganglion s'ouvre spontanément.
Chez le même sujet on peut rencontrer des ganglions malades à
différentes périodes, soit à la période d'inflammation, soit à celle
de crudité, soit à celle de ramollissement, soit à celle d'ulcération.

Les *tumeurs sous-cutanées,* qui apparaissent pendant l'évolution
du farcin, sont des accidents inflammatoires du tissu conjonctif
sous-cutané. Elles diffèrent des boutons : par leur volume, qui
peut varier depuis celui d'un œuf jusqu'à celui du poing ; par leur
siège, elles sont comprises dans le tissu sous-cutané et n'intéressent
pas la peau ; par leur évolution, elles se ramollissent plus vite et
ne s'ulcèrent pas. Elles ne sont pas très fréquentes, et, quand elles
se montrent, il est rare d'en voir un grand nombre sur le même
malade; le plus ordinairement on en trouve une ou deux. Elles se
forment de préférence dans les régions où la peau est épaisse, sur
le tronc, principalement sur les côtés de la poitrine, sur les faces
latérales de l'encolure, sur la croupe, etc.

MM. Reynal et Trasbot prétendent que ces tumeurs ne constituent pas un symptôme du farcin, mais qu'elles sont simplement
des accidents kystiques provoqués par des coups, par des contusions, par des traumatismes, et qui, évoluant sur un organisme
morveux, prennent des caractères particuliers, qu'on a invoqués
à tort pour les considérer comme étant de même nature et comme,
reconnaissant le même mode de formation que les bouton.. .
bien possible qu'une cause irritante, agissant sur un a
cineux, détermine un kyste, une tumeur sanguine, il es
que sous l'influence du farcin cette tumeur ne présent

mêmes caractères que chez un cheval sain, mais on ne peut pas nier que les tumeurs sous-cutanées se produisent, chez les animaux farcineux, sans provocation extérieure. J'ai observé en Afrique des chevaux farcineux, qui ont présenté sur la croupe les tumeurs dont il s'agit, et qui sûrement ne pouvaient pas être atribuées à un traumatisme quelconque, vu que ces animaux étaient isolés et attachés à une corde tendue dans une cour.

Les tumeurs farcineuses se montrent généralement d'emblée, et en peu de temps elles ont acquis un volume considérable. D'abord elles se présentent avec les caractères de l'inflammation proprement dite ; elles sont peu ou pas dolentes, peu chaudes et plus ou moins résistantes ; mais il est bien rare qu'on puisse saisir leur début ; presque toujours, quand on les aperçoit, on les trouve ramollies.

Dans les tumeurs farcineuses sous-cutanées, le ramollissement survient en effet au début ; il s'opère très vite et envahit toute la masse. Ces tumeurs se montrent alors sous forme de bosses plus ou moins régulières, sous-cutanées et tout à fait fluctuantes. Ce ramollissement laisse la peau absolument intacte ; à la surface des tumeurs on ne constate pas les altérations signalées à propos des boutons, et on a beau les observer plusieurs jours, elles ne s'ulcèrent pas ordinairement. Si alors on les ouvre artificiellement, on constate dans leur intérieur la présence d'un contenu analogue à celui des boutons farcineux, d'une matière visqueuse, huileuse, jaunâtre, filante, peu riche en éléments figurés et quelquefois striée de sang. La poche est rosée ; elle n'a pas les caractères de l'ulcère farcineux ; ses parois sont minces ; sa surface est douce et lisse ; et après l'ouverture artificielle, il est rare que l'accident se transforme en ulcère proprement dit ; ordinairement les lèvres de la plaie s'agglutinent et adhèrent ; la poche continue à sécréter ; une nouvelle collection se forme et devient bientôt assez abondante pour exercer une pression suffisante sur la peau et faire éclater le travail déjà produit entre les lèvres. D'autres fois les lèvres restent écartées, ouvertes et ont de la tendance à se détruire progressivement ; quelquefois l'orifice pratiqué devient fistuleux. Il peut arriver que la peau ainsi soulevée se soude avec les parties sous-jacentes ; il en résulte un tissu de cicatrice, espèce de noyau plus ou moins dur, qui peut être totalement résorbé ou bien persister en restant induré, ou bien devenir le point de départ d'une ulcération.

Il peut se faire que les tumeurs sous-cutanées ne se ramollissent

pas, qu'elles passent de la période d'inflammation à la période de
crudité; elles peuvent rester dures et indolentes plus ou moins
longtemps, mais ce n'est qu'exceptionnellement.

Lorsque le farcin évolue sur des chevaux entiers, fréquemment
un engorgement inflammatoire se développe dans les bourses,
dans la séreuse testiculaire, dans le testicule, dans l'épididyme,
dans le cordon testiculaire, dans le fourreau; et quand cet accident
apparaît, sa signification est claire, bien que les autres symptômes
locaux soient mal caractérisés. De même que tous les autres accidents, ces tumeurs se produisent rapidement, sans cause apparente; elles atteignent très promptement leur développement
complet. On observe toujours en pareil cas certains symptômes
rationnels; il y a de la gêne dans la marche; la station est anormale; lorsque les animaux se déplacent, ils écartent les membres.
Les symptômes locaux sont ceux d'une inflammation, qui s'accompagne d'une période de crudité et quelquefois d'une période de ramollissement; mais ici comme dans les tumeurs ganglionnaires,
l'ulcération arrive rarement. L'inflammation, d'abord localisée, ne
tarde pas à se généraliser au fourreau, aux bourses, à la séreuse,
au testicule, à l'épididyme, au cordon testiculaire. Cette tuméfaction présente les caractères suivants : elle est chaude, douloureuse; il y a une infiltration œdémateuse considérable de la région
scrotale et du fourreau, et on constate une consistance molle,
annonçant l'infiltration du tissu; on sent à travers cette exsudation
le testicule lui-même, qui est dur, tuméfié, douloureux à l'exploration et difficile à déplacer à cause de l'inflammation de la séreuse
testiculaire, car il se produit des adhérences entre elle et le testicule; l'épididyme et le cordon sont tuméfiés, douloureux.
Peu à peu la partie molle est résorbée et diminue de volume;
alors il est plus facile de vérifier l'état du testicule, qui se montre
tuméfié, plus consistant, plus dur. Il est rare que le ramollissement soit la conséquence de cette altération; au niveau de l'épididyme il se forme pourtant parfois un foyer de ramollissement,
que la pression décèle, mais il n'est jamais suivi d'ulcération.
Chez la femelle une pareille tuméfaction se produit quelquefois
au niveau des mamelles, et l'on rencontre alors une tumeur
chaude, douloureuse, entourée d'une zone œdémateuse, qui passe
à la période de crudité et devient plus ou moins indolente.

Les synoviales articulaires et tendineuses peuvent s'enflammer, et il se produit parfois des arthrites, des synovites, qui d'abord ont tous les caractères de l'acuité, mais qui tendent à devenir chroniques.

Engorgements. — Les engorgements farcineux sont des tuméfactions plus considérables que celles que nous venons d'étudier; ils se montrent assez souvent pendant l'évolution du farcin, soit au commencement, soit plus tard; ils diffèrent des accidents, qui précèdent, par leur forme, par leur volume et par leurs caractères.

Ils présentent d'abord les caractères de l'inflammation, ensuite ceux de l'œdème passif; ils peuvent éprouver le ramollissement et l'ulcération. On les observe dans le tissu cellulaire sous-cutané, dans certaines régions des parties déclives du tronc, sous la poitrine, sous l'abdomen, mais le plus habituellement c'est aux membres qu'on les rencontre et plus spécialement aux membres postérieurs. Ils siègent au niveau d'une ou plusieurs articulations (genou, jarret, boulet), et ils ne tardent pas à s'étendre dans toutes les directions.

Au début la peau est tendue et chaude; la pression est douloureuse; il y a les caractères de l'inflammation aiguë (chaleur, douleur, empâtement); il en résulte une gêne plus ou moins grande dans la marche et une modification de l'aspect du membre.

L'inflammation passe peu à peu à l'état chronique et alors on observe les symptômes de l'œdème passif proprement dit : un engorgement froid, pâteux, indolent, qui, quoique plus volumineux, ne gêne pas autant la marche. Son volume peut diminuer plus ou moins sous l'influence de l'exercice, mais il s'accroît de nouveau au repos.

Avec ces engorgements, il se présente toujours d'autres symptômes; ainsi il n'est pas rare de voir émerger de l'engorgement d'un membre une ou plusieurs cordes farcineuses, se dirigeant vers les ganglions les plus voisins, qui se tuméfient; il n'est pas rare non plus de voir se former des boutons et des cordes même sur l'engorgement farcineux proprement dit. Ces boutons apparaissent successivement dans le derme, dans le tissu conjonctif sous-cutané; il en est de même des cordes. Ces divers accidents non constants évoluent comme il a été dit ci-dessus, et, à un moment donné, l'engorgement farcineux est criblé de plaies ulcéreuses, qui, en s'accroissant, en se confondant, finissent par occuper de vastes espaces.

L'engorgement peut en outre se ramollir dans certains points, au niveau desquels on observe d'abord une certaine tension et un excès de sensibilité, qui sont bientôt suivies du ramollissement dans une étendue plus au moins grande; ici, de même que pour les tumeurs farcineuses, rarement l'ulcération survient. Si on pratique une ouverture artificielle, le contenu de ces poches sort, et on lui reconnaît les mêmes caractères qu'à celui des boutons; la cavité est analogue à celle des tumeurs; quelquefois ces poches s'ulcèrent seules.

M. Reynal prétend que parfois l'engorgement farcineux peut être résorbé plus ou moins complètement, et que la disparition subite fait apparaître une éruption de morve à la surface de la muqueuse respiratoire; il dit que souvent les engorgements farcineux, sans être résorbés totalement, peuvent diminuer peu à peu de volume et cette diminution être accompagnée d'une éruption progressive de morve intérieure.

Les symptômes locaux du farcin ne s'observent pas tous au début; on ne les rencontre pas non plus tous chez tous les malades; tantôt on trouve soit des boutons, soit des boutons et des cordes, soit des boutons, des cordes et des tumeurs, soit tous les quatre à la fois. Quand ils se montrent tous ou plusieurs, ils apparaissent successivement, jamais tous à la fois. Les divers symptômes locaux, qui existent sur un malade, peuvent se montrer à diverses périodes de leur évolution; ils vont ordinairement en s'accentuant, en s'aggravant.

La marche du farcin est plus ou moins rapide, suivant que les symptômes locaux sont plus ou moins abondants; et, quand la maladie est ancienne, il se produit d'autres symptômes locaux. Le farcin peut se compliquer d'apparition, à la surface de la pituitaire, de tubercules, qui se transforment en ulcères. Le farcin en évoluant peut se compliquer de morve; il peut y avoir en effet d'abord expression de farcin et ensuite expression de morve se greffant sur le farcin. Assez souvent pendant l'évolution du farcin, on observe des périodes d'arrêt ou d'amélioration et d'aggravation; et parfois, au moyen d'un traitement convenable, on peut faire disparaître certains symptômes locaux. Un cheval farcineux peut même, à un moment donné, ne plus présenter de symptômes locaux; il semble y avoir arrêt dans la marche de la maladie. Mais ces périodes d'amélioration sont éphémères; bientôt en effet d'autres symptômes apparaissent et ceux qui existaient s'aggravent, aussi à la longue les malades sont épuisés.

La terminaison du farcin est toujours la même, elle est constamment mortelle, car les cas de guérison signalés ne se rapportait pas au farcin morveux, mais bien à des maladies non spécifiques analogues seulement de forme avec le farcin. Les malades peuvent vivre des mois, des années ; la maladie a une durée fort variable, suivant les cas et suivant les animaux ; mais les sujets malades sont minés peu à peu et finissent toujours par tomber dans un état de marasme, auquel ils succombent, quand ils ne meurent pas à la suite d'une complication, quand ils ne sont pas sacrifiés.

En recherchant la valeur diagnostique des divers symptômes locaux, on voit qu'elle n'est pas la même pour chacun d'eux. Si on observe seulement une ou deux tumeurs, on est embarrassé pour savoir s'il s'agit du farcin, car elles ne sont pas diagnostiques par elles-mêmes. L'engorgement farcineux au début ne permet pas non plus de conclure à l'existence du farcin ; et l'on peut dire que, des quatre symptômes, la tumeur et l'engorgement au début ont le moins de valeur au point de vue du diagnostic. Lorsque plusieurs accidents se combinent, ils acquièrent une tout autre importance. Si la tumeur et l'engorgement ne suffisent pas pour diagnostiquer sûrement le farcin, il n'en est pas de même du bouton et de la corde. C'est la corde qui est le symptôme le plus pathognomonique, surtout quand elle est bien moniliforme, quand elle présente des nœuds de distance en distance. D'autres maladies peuvent se présenter avec ce caractère, une simple lymphangite par exemple ; mais nous verrons plus loin le moyen de faire la différenciation. Donc au point de vue du diagnostic, on peut classer ainsi les symptômes locaux par ordre d'importance : *cordes, boutons, engorgements, tumeurs.*

Les symptômes généraux, étant les mêmes que ceux de la morve chronique, seront étudiés ci-après.

La morve est la forme de l'affection farcino-morveuse, qui est décelée par des symptômes du côté de la pituitaire et du côté du système ganglionnaire, principalement du côté des ganglions de l'auge. Ce qui distingue le type chronique c'est la marche relativement lente des lésions, qui constituent ses symptômes locaux.

MORVE CHRONIQUE

La morve chronique est la forme la plus fréquente ; elle peut apparaître d'emblée, ou faire suite au farcin ou à la morve aiguë.

Elle est caractérisée par des symptômes locaux et par des symptômes généraux, qui, les uns comme les autres, sont très variables et présentent des degrés plus ou moins marqués, suivant que la maladie est plus ou moins avancée, et suivant qu'elle est localisée à tels ou tels organes. On observe aussi des différences considérables, suivant qu'elle évolue sur tels ou tels individus, chez telle ou telle espèce. La morve chronique est plus fréquente chez le cheval, surtout chez le cheval mou, lymphatique. On peut aussi la rencontrer quelquefois sur le cheval sanguin et même sur le mulet; mais chez eux, quoique présentant le caractère de la chronicité, elle évolue plus rapidement.

De tout cela il résulte qu'on peut reconnaître des variétés assez nombreuses dans la morve chronique, variétés qui peuvent être établies d'après le plus ou moins grand nombre de symptômes locaux qu'on observe, d'après leur siège et d'après le degré plus ou moins avancé de la maladie. Quoiqu'il en soit, cette forme est grave, à peu près toujours mortelle et elle est contagieuse.

Symptômes locaux. — Les symptômes locaux se remarquent dans deux sièges principaux, sur la pituitaire et sur le système ganglionnaire (ganglions de l'auge). La pituitaire offre deux symptômes principaux, le *jetage* et des *lésions spéciales*. Quant aux ganglions de l'auge, ils offrent une tuméfaction plus ou moins bien caractérisée, le *glandage* proprement dit. Suivant les diverses combinaisons de ces trois symptômes, on peut observer des morves plus ou moins bien caractérisées. La morve typique ou classique est celle qui est caractérisée par les trois symptômes indiqués; mais il arrive fréquemment que la maladie ne se présente pas avec une physionomie aussi nette, et on peut n'observer que deux symptômes plus ou moins variables, suivant les combinaisons, ou même qu'un seul; il peut, qui plus est, arriver qu'il y ait absence de tout symptôme, bien que la maladie existe, c'est alors un cas de *morve latente*.

Jetage. — Le jetage est le symptôme qui se montre le premier, et pour le constater, un examen minutieux de l'animal n'est pas nécessaire; il est constitué par l'écoulement d'une certaine quantité de matière morbide, qui s'échappe par une ou par les deux ouvertures nasales.

Le jetage est en effet unilatéral ou bilatéral; assez souvent il est unilatéral dans la morve chronique, et il indique que jusqu'alors les lésions sont localisées d'un seul côté de la pituitaire. On a prétendu que dans les cas assez nombreux où le jetage est unilatéral, on le voit plus particulièrement du côté gauche que du côté droit; mais il n'y a là qu'une simple coïncidence et rien ne permet d'expliquer ce fait autrement.

La quantité du jetage est très variable, suivant qu'on observe les malades pendant le repos ou pendant le travail, ou lorsqu'ils sont fatigués; toutes choses étant égales d'ailleurs, il est plus abondant pendant le travail que pendant le repos, et il l'est surtout quand les animaux sont surmenés, fatigués; on peut aussi le rendre plus ou moins abondant, en inclinant plus ou moins la tête. Il est ordinairement continu, persistant; mais parfois il se montre avec des caractères de rémittence et même d'intermittence, c'està-dire que tantôt il diminue pendant quelque temps, pour redevenir ensuite plus abondant, et tantôt il cesse pour recommencer ensuite; quelquefois sa quantité est tellement minime, que ce symptôme est presque imperceptible, inappréciable. Il peut même faire complètement défaut; il s'agit dans ce cas de la **morve sèche**.

La couleur du jetage morveux est très variable; ce produit est jaunâtre, jaune-verdâtre, verdâtre; ce sont là les colorations les plus habituelles et elles s'expliquent par la présence d'une certaine quantité de matière colorante du sang dissoute et plus ou moins altérée. D'autres fois le jetage est véritablement aqueux, limpide, presque séreux; parfois il est grumeleux, et ce dernier caractère n'est pas rare pendant l'évolution de la maladie, on l'observe de temps en temps; on trouve alors dans le produit nasal de petits grumeaux mucoso-purulents, qui proviennent vraisemblablement de l'ouverture d'un ou plusieurs tubercules de la muqueuse respiratoire. La matière de l'écoulement est parfois grisâtre, presque puriforme; il n'est pas rare de la voir un peu rouillée, sanguinolente même et striée de sang; quelquefois le sang y est abondant, c'est qu'alors il y a eu épistaxis. Quand on observe un jetage rouillé, sanguinolent, il y a fortement lieu de soupçonner l'existence d'ulcères, de chancres à la surface de la pituitaire, lors même qu'on ne les aperçoit pas. Il ne faut pas cependant outrer cette maxime et croire que d'après ce seul fait on peut affirmer l'existence de la morve chez les animaux qui ont présenté ce symptôme; car toute son importance lui vient de ce que, en même temps que lui, il existe du glandage ou de ce qu'il s'est présenté des circonstances permettant de croire, jusqu'à un certain point, que l'animal a été exposé à la contagion ou que d'autres animaux, placés à côté de lui, ont été contaminés. Le produit qui s'écoule des naseaux est ordinairement inodore ; mais il peut devenir odorant et fétide, quand il séjourne dans les sinus ou dans les cornets, ou quand l'ulcération, ayant pris de l'extension, s'est accompagnée de la carie du cartilage ou de l'os. Nous verrons en effet que les chancres ont de la tendance à ronger et qu'ils peuvent atteindre la cloison cartilagineuse.

Ordinairement le jetage morveux n'est pas homogène, il est mal lié ; il présente des grumeaux ; il est albuminoïde, oléiforme, très visqueux, comme poisseux ; par conséquent il adhère très facilement et assez intimement au pourtour de la narine, aux lèvres ; il est même irritant, et il peut corroder les parties sur lesquelles il s'écoule, s'attache ou se concrète.

Ce produit morbide est sécrété par les chancres de la muqueuse respiratoire ; mais on comprend qu'il doit avoir une autre source, car les chancres, quelque nombreux qu'ils soient, sont incapables de donner une grande quantité de jetage ; et en effet, dans la morve, en même temps que les lésions tuberculiformes se produisent, il y a toujours une inflammation plus ou moins diffuse et plus ou moins marquée de la muqueuse, un état catarrhal plus ou moins étendu, qui peut être limité à la pituitaire, mais qui peut aussi gagner les sinus, le larynx, la trachée, quand des tubercules morveux se montrent sur ces organes.

Le jetage a une certaine importance au point de vue du diagnostic de la morve, mais sa valeur est beaucoup moindre que celle des deux autres symptômes, surtout moindre que celle des tubercules ou des ulcères ; et même dans certains cas, il n'offre pas, à proprement parler, de caractères qui permettent de le différencier de celui qu'on observe dans les maladies inflammatoires ordinaires. Il n'est véritablement important, qu'autant qu'il se présente avec les caractères suivants : unilatéralité, couleur jaunâtre ou jaune-verdâtre, viscosité, adhérence aux surfaces qu'il touche.

Du reste ce symptôme peut se modifier ; si le type aigu de l'affection peut se changer en type chronique, la réciproque est vraie aussi, et quand la morve chronique se transforme en morve aiguë, tous ses symptômes, le jetage comme les autres, se modifient.

État de la pituitaire. — Tubercules. — Chancres. — Nous arrivons aux symptômes de la morve les plus importants, aux tubercules développés sur les parties de la pituitaire accessibles à la vue, et aux plaies ulcéreuses auxquelles ils donnent fatalement naissance.

Avant d'étudier ces tubercules, examinons l'état de la pituitaire elle-même, qui est souvent plus ou moins modifiée. Il est ordinairement facile de constater une injection plus ou moins prononcée du système veineux principalement. La muqueuse est quelquefois purpurine; le plus souvent elle est pâle, plombée, plus froide qu'à l'état normal, boursoufflée, tuméfiée, infiltrée, mollasse, œdémateuse, plus humide; ses follicules sont hypertrophiés et plus saillants, d'où résulte un aspect rugueux assez manifeste de la surface de la muqueuse, surtout au-dessous de l'aile interne du nez; le même aspect rugueux se voit aussi quelquefois sur l'appendice antérieur du grand cornet.

Les lésions de la pituitaire ont toutes pour point de départ une néoplasie tuberculiforme; par conséquent, quand on lit dans les auteurs que les chancres de la morve peuvent être la conséquence de deux ou trois accidents différents, qui se produisent à la surface de la pituitaire, il ne faut rien en croire. Toujours les lésions morveuses de la pituitaire sont identiques au fond et dérivent de tubercules morveux, très analogues par leur mode d'évolution aux boutons farcineux. Les lésions initiales sont donc des tubercules développés plus ou moins profondément au-dessous de l'épithélium, dans le derme de la muqueuse, ou même dans le tissu conjonctif sous-muqueux. Au début, ce sont de simples élevures qu'on peut rencontrer en différents points de la muqueuse pituitaire, mais qu'on observe principalement à la surface de la cloison nasale, ou bien encore sur les cornets. Ces élevures sont situées plus ou moins haut dans les cavités nasales, de sorte qu'il n'est pas toujours facile de les apercevoir. On peut encore observer à la surface de la pituitaire, principalement sur la cloison nasale, de véritables cordes, qui ne sont autre chose que des lymphangites, des inflammations des vaisseaux lymphatiques, qui sont peu saillantes et qui ordinairement ne sont reconnues, que lorsqu'on passe le doigt sur la muqueuse et qu'on exerce une certaine pression. Enfin on trouve aussi parfois sur la même muqueuse des plaques infiltrées, mollasses, des plaques d'œdème. En résumé, il peut se former trois lésions distinctes sur la pituitaire; mais il n'y a guère que les tubercules qui évoluent comme les boutons farcineux. Les cordes ne semblent pas se ramollir, elles ne deviennent pas noueuses, elles ne s'ulcèrent pas; et il en est de même des plaques muqueuses, des plaques d'infiltration. Pourtant nous verrons qu'il y a, à propos de ces dernières, quelques exceptions.

Les tubercules, étant situés plus ou moins profondément dans l'épaisseur de la muqueuse, sont plus ou moins faciles à apercevoir. Ceux qui sont situés dans les couches inférieures du derme ou dans le tissu conjonctif sous-muqueux, ne deviennent visibles qu'après leur complet développement, et même ils sont parfois si peu saillants, que, pour les reconnaître, il est nécessaire de promener le doigt sur la muqueuse, en exerçant une certaine pression ; alors on sent très bien les petites nodosités qu'ils forment. Ceux qui se développent sous l'épithélium ou dans les couches superficielles du derme muqueux, deviennent appréciables avant d'arriver à leur complet développement; en effet, ces accidents sont généralement précédés d'une tache rouge, qui apparaît d'emblée sur la muqueuse. Peu à peu, au sein de cette ecchymose, on voit apparaître une petite élevure, qui, d'abord peu saillante, s'accroît rapidement, devient blanchâtre ou grisâtre et reste plus ou moins longtemps entourée à sa base d'une zone rouge, trace de la congestion qui a précédé son apparition. En même temps qu'elle acquiert son complet développement, elle devient dure ; et alors elle devient absolument identique, au point de vue de la sensation qu'on éprouve en passant le doigt sur elle, au tubercule développé profondément.

Il est bon à ce propos de faire remarquer que beaucoup d'observateurs, tous même, affirment que l'existence d'une zone rougeâtre autour du tubercule signifie que la morve est aiguë ou subaiguë et non chronique; je ne suis pas du tout de cet avis, et je ne crois pas qu'il faille se baser sur l'existence ou la non-existence d'une zone autour du tubercule, pour en inférer qu'il s'agit de la morve aiguë ou de la morve chronique. Je suis persuadé que toutes les fois qu'un tubercule morveux se forme à la surface de la pituitaire, il est précédé d'une tache ecchymotique et accompagné d'une zone rougeâtre, quand il s'est développé superficiellement. Est-ce à dire que le même phénomène n'existe pas pour le tubercule qui s'est développé profondément? Il existe, seulement la tache rouge n'est pas visible à cause de sa profondeur, et la zone rouge, qui entoure le tubercule profond, est invisible pour la même raison; mais l'une et l'autre existent. En incisant les tissus qui recouvrent le tubercule, on constate leur existence. Du reste en faisant l'étude anatomo-pathologique des tubercules de la pituitaire, nous verrons qu'il y a autour des uns et des autres des points hémorrhagiques.

Il peut arriver que certains tubercules, très superficiellement situés, soient rapidement suivis d'ulcération ; mais en général les tubercules de la pituitaire, comme les boutons farcineux, parcourent différentes périodes. Ce sont d'abord de simples néoplasies inflammatoires; puis ils passent à la période de crudité et succesivement de l'induration au ramollissement, du ramollissement à l'ulcération. Les tubercules sont ordinairement arrondis, assez réguliers dans leur forme, peu volumineux, gros tout au plus comme un grain de seigle ; ils peuvent être plus ou moins nombreux, discrets ou confluents, plus ou moins rapprochés les uns des autres. Quand il y en a un certain nombre sur la pituitaire, ils ont apparu successivement, de sorte que chacun évoluant séparément, on peut en trouver un certain nombre à chacune des diverses périodes que nous avons reconnues.

Les deux premières périodes, inflammation proprement dite et crudité, sont ici moins bien caractérisées que dans les boutons farcineux; en effet, les symptômes qui les accompagnent sont très difficiles à apercevoir, à cause du très petit volume des tubercules. La période de crudité s'annonce, avons-nous dit, par l'induration. Si à ce moment on pratique une incision à travers les tubercules superficiels ou profonds, on constate que leur centre est formé d'une matière grisâtre ou jaunâtre, absolument analogue à celle que nous avons déjà vue dans le bouton farcineux.

Le ramollissement se produit ici d'après le même mécanisme que dans les boutons de farcin ; il est plus difficile à constater; la fluctuation est peu apparente. Cependant, quand il s'agit de tubercules superficiels, on les voit changer de forme, devenir plus pointus, acuminés; et si à ce moment on les ouvre, on obtient un produit trouble, visqueux, un produit, qui, en d'autres termes, présente en petit les caractères du jetage du cheval morveux. Quand il s'agit de tubercules profonds. L'ulcération arrive très lentement, et cela se comprend sans peine. Il n'en est pas de même quand les tubercules sont superficiels; une fois le ramollissement accompli, l'ulcération ne tarde pas à se produire; quand les dernières couches qui recouvrent le tubercule ont été rongées, l'épithélium éclate, se déchire et le bouton se vide; ensuite les lambeaux d'épithélium qui le recouvraient se desquament; ce sont eux qui peuvent constituer parfois ces petits grumeaux qu'on rencontre dans le jetage. Le bouton ainsi ulcéré se transforme donc en chancre, en ulcère.

Les chancres, qui résultent de l'ouverture naturelle des tubercules morveux, sont plus ou moins profonds, suivant qu'ils dérivent de tubercules superficiels ou profonds. Leur volume est souvent très petit; leur forme est celle des plaies résultant de l'ulcération des boutons de farcin; ils sont cupuliformes; ils n'ont aucune tendance à se terminer par la cicatrisation; ils progressent, ils rongent les tissus, ils s'étendent en profondeur et en surface. Mais ici il est facile de constater une différence entre les ulcères superficiels et les ulcères profonds; les premiers marchent plus rapidement que les seconds. Autour des plaies ulcéreuses, surtout autour de celles qui sont superficielles, on peut constater l'existence d'une zone périphérique rougeâtre; cette zone n'est pas visible autour des ulcères profonds, et même à la longue elle tend à disparaître aussi dans les autres.

Les chancres morveux ont des bords plus ou moins saillants, taillés à pic ou plus ou moins inclinés; ces bords sont ordinairement indurés; sous le doigt ils présentent la consistance d'une matière cartilagineuse; ils sont jaunâtres, réguliers ou irréguliers dans leurs contours; par la pression on en fait sourdre une ou plusieurs gouttelettes purulentes ou sanieuses. Leur fond est grisâtre ou jaunâtre, plus ou moins pâle ordinairement, parsemé quelquefois de petites pointillations d'un rouge sanguin; il saigne facilement quand on le touche, quand on promène le doigt à sa surface; il est formé par de fines granulations bourgeonnantes, qui n'ont aucune tendance à l'organisation; il est le siège d'une gangrène moléculaire qui progresse toujours. Les ulcères sécrètent un liquide visqueux, trouble, quelquefois rouillé ou strié de sang. Il peut arriver, sous l'influence de l'air, qui entre et qui sort, que ce produit se condense, forme des croûtes et adhère à la surface des plaies; il n'est pas rare en effet de voir à la surface de certains chancres des croûtes molles, jaunâtres, ordinairement peu adhérentes, car il y a toujours une sécrétion au-dessous d'elles; quelquefois la croûte est marbrée, c'est-à-dire qu'elle présente des taches rouges ou noirâtres, ce qui indique que le produit qui l'a formée était rouillé, sanguinolent, strié.

Puisque les chancres creusent en profondeur et en étendue, lorsque plusieurs sont rapprochés les uns des autres, ils peuvent se confondre, d'où il résulte une plaie plus ou moins vaste, ordinairement irrégulière dans sa configuration et sa profondeur, plus creuse en certains points, au niveau des ulcères les plus anciens ou de ceux résultant des tubercules les plus profonds. Peu à peu l'ulcération, qui s'étend toujours, peut traverser la muqueuse tout entière, intéresser le tissu conjonctif sous-muqueux et attaquer même le cartilage. Parfois même la perforation de la cloison nasale est complète. Telle est la marche la plus habituelle des tubercules de la pituitaire.

Parfois certaines nodosités, surtout celles qui sont profondes, ne se ramollissent pas ; d'autres se ramollissent et ne s'ulcèrent pas. Ces cas sont pourtant rares. On peut voir aussi des ulcères qui ne creusent pas ou qui creusent lentement, qui restent plus ou moins longtemps superficiels, avec des bords plus ou moins irréguliers. Comme dans le farcin, on peut voir des plaies fournir des bourgeons exubérants ; ces bourgeons sont mollasses, ils saignent très facilement quand on les touche, ils sont grisâtres, pointillés et se recouvrent souvent d'une croûte jaunâtre, molle.

Comme les tubercules, les ulcères peuvent être situés à diverses hauteurs, dans les cavités nasales, dans les régions explorables ou dans des régions inexplorables ; ils sont discrets, confluents, ils se forment successivement, etc.

Rien de particulier à ajouter au sujet des cordes, qui peuvent se développer quelquefois au niveau de la cloison nasale.

Les plaques infiltrées sont plus étendues que les tubercules ; elles ont quelquefois l'étendue d'une pièce de cinquante centimes ; elles sont régulières ou irrégulières, plates, légèrement saillantes, molles au toucher, grisâtres ou jaunâtres ; si on les incise elles donnent une matière visqueuse, jaunâtre ou grisâtre, quelquefois même une matière purulente ; elles ne tardent pas ordinairement à s'ulcérer, quand elles deviennent purulentes, mais souvent elles n'éprouvent pas cette transformation et ne s'ulcèrent pas.

Avant de passer à l'étude du troisième symptôme cardinal de la morve, il faut dire un mot des cicatrices, que les auteurs signalent comme étant un symptôme de la morve. On voit dans les ouvrages, qu'on est assez disposé à croire, que la cicatrisation peut survenir à la suite de l'ulcération, il paraît même qu'on a vu réellement des ulcères affecter cette terminaison. C'est pourquoi on a été porté à considérer l'existence d'une ou de plusieurs cicatrices rayonnées et en saillie comme un symptôme de morve. Mais il ne faut pas ajouter à ce symptôme une trop grande confiance ; si, comme cela semble exact, des plaies morveuses peuvent se cicatriser, il n'en est pas moins vrai que les cicatrices peuvent se voir en dehors de la morve. En effet, il suffit de produire avec l'ongle des éraillures sur la pituitaire pour avoir parfois des cicatrices apparentes. Même en admettant que le chancre morveux puisse se terminer par la cicatrisation, ce qui du reste est exceptionnel, il faut donc se garder d'accorder trop d'importance à la présence d'une cicatrice sur la pituitaire. Je vais plus loin et j'avance qu'on s'est assurément trompé souvent, et qu'on a pris pour des cicatrices de simples plaques morveuses ou de simples tubercules superficiels et irréguliers dans leur forme. Il arrive en effet que ces accidents, qui ont l'aspect d'une cicatrice, s'ulcèrent comme les tubercules eux-mêmes; c'est que dans ce cas il s'agissait non pas véritablement d'une cicatrice, mais d'un tubercule se présentant sous une forme un peu différente de celle que nous voyons habituellement. Il faut donc avant tout déterminer avec soin la nature de l'accident qui se présente; s'il s'agit d'une cicatrice, il n'y a pas lieu d'en tenir grand compte; mais si l'accident n'a de la cicatrice que l'apparence, il faut lui accorder de la valeur, car il s'agit alors d'un tubercule ou d'une plaque morveuse.

Quand la morve passe de l'état chronique à l'état aigu, les caractères de la pituitaire et des accidents locaux se transforment.

Les symptômes locaux de la pituitaire sont les plus importants, et parmi eux les tubercules et les chancres sont les plus pathognomoniques. Il n'y aurait qu'un seul chancre, qu'on pourrait diagnostiquer la morve. Mais il faut pareillement prendre en grande considération l'existence d'une ou de plusieurs plaques, telles que nous les avons décrites; il faut aussi tenir compte de l'état de la pituitaire et des modifications qu'elle a éprouvées dans ses follicules.

Glandage. — Par glandage on entend désigner la tuméfaction d'un ou de plusieurs ganglions sous-glossiens. Ce symptôme est assez fréquent; car, on le comprend sans peine, il suffit que des lésions se soient produites à la surface de la pituitaire, pour que consécutivement les ganglions sous-glossiens deviennent malades, attendu que les vaisseaux lymphatiques, qui partent de la muqueuse respiratoire, leur apportent les matières morbides. On comprend aussi que ce symptôme ne se présente pas le premier, car il est toujours la conséquence d'autres altérations déjà produites. Il peut bien arriver qu'on observe la tuméfaction des ganglions chez un malade, sans pouvoir constater la présence des autres symptômes; mais il faut conclure alors que des lésions existent dans des régions non accessibles à l'exploration. La tuméfaction des ganglions de l'auge présente les mêmes caractères que les tumeurs ganglionnaires déjà étudiées à propos du farcin chronique. Il s'agit là en effet d'une adénite, qui est unilatérale ou bilatérale ; lorsque les altérations de la pituitaire sont unilatérales, le glandage l'est aussi et est situé du même côté que les premières.

Les caractères de la glande varient avec les différentes périodes de son évolution. On peut en effet reconnaître quatre périodes successives dans son évolution ; mais l'une d'elle est incontestablement la plus importante au point de vue du diagnostic, c'est la seconde, c'est la période de crudité.

L'adénite est d'abord analogue à toutes les inflammations des ganglions ; elle est caractérisée par de la tumeur, par une consistance à peu près uniforme dans ses différentes parties, par de la chaleur et de la douleur. Au début le ganglion enflammé est encore roulant, quoique empâté ; il n'est pas adhérent, on peut le déplacer. Il est entouré d'une masse de tissu enflammé et infiltré ; aussi ne peut-il être déplacé avec la même facilité qu'à l'état normal, mais il n'adhère pas encore, à proprement parler, aux tissus voisins. Il est entouré d'un empâtement plus ou moins étendu, d'un œdème chaud, douloureux, ayant les caractères de tout œdème qui entoure un phlegmon ordinaire. C'est aussi à ce moment que le ganglion malade peut acquérir son plus grand développement. Il ne l'acquiert que progressivement ; mais, quand l'inflammation dont il est le siège est arrivée à son apogée, il présente alors son plus grand volume. A partir de ce moment les caractères que nous venons de lui reconnaître se modifient ; il va passer progressivement à la période de crudité, il va diminuer de volume.

Il se produit en effet, quand l'inflammation est à son apogée, une résorption graduelle du liquide qui infiltre les tissus malades ; il y a résorption de l'œdème périganglionnaire ; en outre il y a organisation et densification du tissu conjonctif périganglionnaire et du tissu conjonctif inflammatoire du ganglion lui-même. En même temps que ces derniers phénomènes se passent au pourtour et à l'intérieur du ganglion, il se produit ordinairement, mais non toujours, un ou plusieurs centres caséeux dans le ganglion lui-même. Ces centres restent durs, mais je le répète, ils ne sont pas constants ; et nous verrons plus tard que les observateurs, qui ont dit qu'on pouvait, en extirpant et en ouvrant les ganglions, diagnostiquer la morve d'après les centres caséeux qu'on y trouve, se sont trompés, car il arrive assez souvent qu'il n'y a pas de centre caséeux.

Arrivé à la période de crudité, le ganglion a diminué de volume; la tuméfaction est moins forte; il y a adénite indurée, adénite chronique. Le volume des ganglions indurés est variable; il est compris entre celui d'une noix et celui d'un œuf de poule et peut le dépasser. Leur forme devient plus régulière, mieux délimitée qu'au début; quelquefois elle est arrondie, sphéroïdale; le plus souvent cependant, les glandes de morve sont irrégulières dans leur forme, aplaties et allongées dans le sens de la longueur de la tête. Du reste elles se présentent souvent inégalement épaisses dans leur longueur; elles sont ordinairement lobulées, bosselées; ce qui se conçoit très bien, quand il y a eu formation de foyers caséeux; elles sont dures, résistantes, comme cartilagineuses; elles sont devenues à peu près indolentes; on peut les toucher, les presser, essayer de les déplacer presque sans provoquer de la douleur, mais le plus souvent on ne peut les déplacer; elles sont peu mobiles ou même tout à fait immobiles; elles sont plus ou moins hautes dans l'auge, jamais au voisinage du menton; elles sont presque toujours plus ou moins adhérentes aux tissus profonds, à l'os, à la peau même, et cette adhérence s'explique très bien, elle est le résultat de l'organisation et de la densification du tissu inflammatoire qui entourait le ganglion.

Les glandes peuvent se modifier, quand la morve passe de l'état chronique à l'état aigu; elles peuvent récupérer, au moins en partie, les symptômes inflammatoires qu'elles présentaient à leur période initiale. Les glandes morveuses, arrivées à leur période de crudité, se ramollissent quelquefois. Bien entendu, quand elles se ramollissent, c'est qu'il y a eu préalablement formation d'un ou de plusieurs foyers caséeux; il y a alors un ou plusieurs foyers de ramolissement. En général ces foyers sont peu nombreux et surtout peu étendus, ils le sont tellement peu, qu'il est difficile de constater le ramollissement par la pression, il faut pour cela recourir à l'ouverture de la glande. Dans ce cas on obtient un produit grumeleux, glaireux, huileux, visqueux, poisseux, analogue au jetage, analogue au produit des chancres. La plaie, qui résulte de cette ouverture artificielle, n'a pas ordinairement de la tendance à se cicatriser; elle se transforme au contraire en une plaie fistuleuse, et elle continue à fournir une très petite quantité de matière ayant les caractères indiqués.

Quand la glande se ramollit, elle n'éprouve la fonte qu'au niveau de points très circonscrits, très limités; la portion non ramollie persiste non seulement quand on n'ouvre pas la glande, mais même quand on l'ouvre et qu'on fait évacuer le produit résultant du ramollissement.

Bien que certaines glandes morveuses soient susceptibles de se ramollir, il est très rare, quand on ne les ouvre pas, que le ramollissement soit suivi de l'ulcération; on peut même poser en principe que jamais une glande morveuse ne s'ulcère, bien qu'elle soit ramollie en certains points. Il y a à cela de très rares exceptions, et, dans ces cas exceptionnels, la plaie qui résulte de l'ulcération ne tend pas à se cicatriser; elle a les mêmes caractères que celle qui est due à l'ouverture artificielle.

La glande morveuse peut présenter des traces de traitement; on a quelquefois essayé de la faire fondre, de la faire disparaître au moyen de certains fondants très énergiques, ou bien on peut l'avoir extirpée. Dans l'un comme dans l'autre cas, on trouve des traces, qui permettent d'en soupçonner l'existence antérieure. D'ailleurs les topiques les plus énergiques ne peuvent pas faire fondre complètement la glande morveuse; ils peuvent tout au plus la faire diminuer de volume, et, comme ces médicaments sont très énergiques, ils laissent sur la peau des traces de leur action, telles que dépilation, desquamation, plaie superficielle; s'il y a eu extirpation, il reste soit une plaie, soit une cicatrice, quand un temps suffisamment long s'est écoulé depuis l'opération.

Le glandage n'est pas le symptôme le plus important au point de vue du diagnostic de la morve; mais à ce point de vue, il vient après les tubercules et les chancres, et il a toujours une plus grande valeur que le jetage. Pourtant on s'accorde à dire que, dans la pratique, il ne faut lui attribuer toute sa valeur diagnostique qu'autant que la glande se présente avec les caractères de la crudité, qui sont : la tuméfaction, l'induration, les bosselures, l'adhérence, l'indolence, le ramollissement et l'ulcération (qui sont rares, surtout l'ulcération), la production d'une matière huileuse et la persistance de la partie indurée.

Tels sont les caractères de la morve classique; mais il n'est pas rare que la maladie se décèle parfois par d'autres symptômes; et, quand ceux que nous connaissons sont seuls au début, la maladie, en évoluant, en présente bientôt d'autres. Les lésions, primitivement localisées, ont une tendance fatale à s'accroître, à se généraliser; et bientôt ce n'est plus seulement la pituitaire et les glandes de l'auge, mais c'est encore la muqueuse des sinus, du larynx, de la trachée qui deviennent malades. Des lésions se produisent aussi du côté des synoviales articulaires et tendineuses, dans le tissu conjonctif sous-cutané, sur la peau, dans les divers ganglions, dans les testicules, dans les enveloppes testiculaires, dans les mamelles, sur le vagin, sur l'utérus, etc., etc. A certains moments donc, d'autres symptômes importants viennent se ranger autour de ceux que nous connaissons déjà.

Quand la maladie remonte à une certaine époque, il se produit quelquefois un boursouflement de la partie supérieure du chanfrein au niveau des sinus; ce caractère est unilatéral ou bilatéral; il annonce une collection dans les sinus. A ce niveau on perçoit un son mat à la percussion, et parfois le boursouflement permet d'expliquer l'abondance momentanée du jetage, surtout quand on incline fortement la tête du malade. Ce symptôme a-t-il une grande valeur? Il n'est pas spécial à la morve, on le voit dans les cas de coryza chronique; cependant, quand il coexiste avec certains symptômes, avec le glandage par exemple, il peut suffire pour diagnostiquer parfois, ou tout au moins pour faire soupçonner la morve, surtout si d'autres caractères existent en même temps.

J'en dirai autant de l'épistaxis, qu'on observe quelquefois dans le cours de la maladie. On a dit aussi que dans quelques cas il pouvait se produire de l'hémoptisie; je crois que ces cas sont plus que rares, et qu'on les a admis par induction, en exagérant les analogies entre la morve et la tuberculose. Cependant il peut se former sur les muqueuses trachéale et bronchique des lésions de morve assez considérables et quelquefois des plaies ulcéreuses très étendues, il n'y a alors rien d'étonnant que, sous l'influence de la fatigue ou de la toux, il se produise quelquefois de petites hémorrhagies à la surface de ces plaies; mais, je le répète, ce fait est très rare.

On entend quelquefois du gargouillement laryngien ou trachéal, du sifflement, du cornage; tout cela indique bien entendu que la muqueuse laryngo-trachéale est malade et présente les lésions de la morve, qu'il y a de l'épaississement et par conséquent de la gêne à l'entrée de l'air, qu'il s'est produit un état catarrhal, d'où résulte le gargouillement.

La morve, qui est primitivement localisée aux premières parties de la muqueuse respiratoire, ne tarde pas à s'étendre; des lésions peuvent se développer dans tout l'appareil respiratoire. Alors il n'est pas rare de voir des symptômes pulmonaires, tels que : irrégularité de la respiration, symptômes de pousse, toux pectorale, profonde, plus ou moins avortée, plus ou moins difficile, plus ou moins douloureuse, quelquefois accompagnée de l'expectoration d'une matière mucoso-purulente grumeleuse ou même striée de sang. L'auscultation révèle quelquefois l'existence de râles muqueux, sibilant, de symptômes de pneumonie, de pleurésie, d'hydrothorax. Ces maladies peuvent en effet, quoique très rarement, compliquer la morve, mais surtout la morve aiguë.

Assez souvent, dans le cours de la maladie, il se produit des arthrites, des synovites, qui apparaissent d'une manière soudaine, sans cause appréciable. D'abord elles sont douloureuses et plus tard elles le sont moins; mais elles ont une grande tendance à devenir purulentes, et alors la douleur réapparaît. Elles peuvent quelquefois disparaître, comme elles sont venues, mais ensuite elles peuvent faire une nouvelle apparition dans les mêmes régions ou dans d'autres régions. En l'absence d'arthrites ou de synovites qui pourraient les expliquer, on observe parfois des claudications, qui sont tantôt continues, tantôt et le plus souvent intermittentes et qu'aucune cause n'explique. Ces claudications semblent dues à des douleurs musculaires ou à des arthropathies, à des douleurs qui siègent dans les articulations. Du reste, comme les arthrites et les synovites, ces claudications sont quelquefois ambulatoires, elles peuvent passer d'un membre à un autre.

Quand la maladie est assez avancée, il survient presque fatalement des engorgements farcineux aux membres. Ces engorgements sont quelquefois passagers, mais le plus souvent ils sont continus et persistants. On observe aussi les autres accidents farcineux, tels que : tumeurs, boutons, cordes. On voit parfois, sur les régions exposées aux frottements, des tumeurs analogues aux tumeurs sous-cutanées du farcin; ce sont des tumeurs kystiques, dont le contenu s'est modifié sous l'influence de la maladie.

Il peut se produire aussi quelquefois des abcès dans diverses parties du corps, principalement dans les interstices musculaires.

Presque toujours il se développe à la longue des adénites plus ou moins généralisées.

Ici, comme dans le farcin, l'appareil testiculaire, le fourreau, les enveloppes des testicules, la séreuse, le testicule, l'épididyme, le cordon peuvent devenir le siège d'une inflammation analogue à celle que nous avons étudiée; il en est de même de la mamelle. On peut aussi quelquefois voir un écoulement mucoso-purulent

par le vagin; c'est l'indice de l'existence de lésions à la surface
de la muqueuse utéro-vaginale; les lésions de morve se rencontrent en effet quelquefois dans ces divers organes.

Ces différents symptômes, en se combinant, peuvent donner
lieu à des associations très variées; on peut en effet observer un
nombre considérable de groupements divers, d'où résulte pour
ainsi dire autant de variétés de morve.

Nous avons déjà dit qu'il se montre parfois une forme de morve
non caractérisée extérieurement par des symptômes locaux, c'est
la *morve latente*. Elle peut s'accompagner de certains symptômes
généraux, mais les symptômes locaux font défaut. Il est arrivé
fréquemment qu'on a attribué le développement de la morve à
des causes ordinaires, parce que l'on n'a pas pu ou pas su reconnaître l'existence de la maladie chez l'individu qui l'avait transmise. Ainsi, quand on a vu devenir morveux un cheval qui, pendant plus ou moins longtemps, avait cohabité avec un autre cheval, qui n'avait aucun des symptômes de la morve, on n'a pas
cherché assez à s'assurer si ce dernier était ou n'était pas morveux; et on a dit qne la maladie était spontanée, alors qu'il en
était tout autrement, alors que l'animal avec lequel le malade
avait cohabité était lui-même le premier atteint d'une morve latente, sèche, non décelée par les symptômes ordinaires. Il faut
donc savoir que de pareils faits sont possibles pour ne plus
errer.

Du reste la notion de la morve latente n'est pas nouvelle; en
1797, Viborg signalait ce fait; Dupuy y insistait dans son traité de
l'affection tuberculeuse, et il démontrait que la morve peut s'accompagner de nombreuses lésions intérieures, sans se caractériser
au dehors par des symptômes locaux.

Dans ces dernières années on est revenu sur cette question; on
a eu l'occasion d'observer assez souvent, en faisant des autopsies,
des lésions de morve chez des chevaux, qui pendant leur vie n'a-
vaient présenté aucun symptôme. Par morve latente on entend
une forme de l'affection farcino-morveuse, qui n'est caractérisée
absolument par aucun symptôme local, et qui peut durer des
jours, des semaines, des mois, des années. A côté des cas de morve
absolument latente, il en est d'autres qui sont très mal caractérisés, soit qu'il y ait seulement un jetage non spécifique ou une
glande non bosselée, non adhérente, etc. Dans ces cas il est bien
difficile de reconnaître l'existence de la maladie. On pourrait assi-

miler ces variétés à la morve latente proprement dite; et ce sont bien là des cas de morve incomplètement caractérisés, qui restent méconnus plus ou moins longtemps.

Y a-t-il certains symptômes capables de faire reconnaître ou tout au moins de faire soupçonner l'existence de la morve latente? Oui, cette forme peut être soupçonnée et même parfois reconnue, grâce à l'existence de certains symptômes généraux; mais le plus souvent, ces signes étant peu marqués et non spécifiques, on ne s'avise guère d'examiner à fond, au point de vue de la morve, un cheval qui ne paraît pas malade. Il faut qu'une circonstance exceptionnelle vienne attirer l'attention de l'observateur; il faut que l'animal suspect ait cohabité avec d'autres animaux malades et qui ont été reconnus morveux, ou bien il faut que d'autres animaux, placés à côté de ce même animal, soient devenus malades eux-mêmes. Ce n'est que dans ces deux circonstances qu'on a l'idée d'étudier l'animal au point de vue des symptômes généraux, quand les symptômes locaux font défaut.

La morve latente est contagieuse comme la morve ordinaire.

Symptômes généraux. — Les symptômes généraux du type chronique sont communs au farcin et à la morve; ils sont peu importants, peu prononcés au début de l'affection. L'état général reste bon plus ou moins longtemps, suivant les cas; et la morve chronique, comme le farcin chronique, peut durer longtemps, sans entraîner des modifications fonctionnelles bien appréciables.

On signale, comme symptômes prodromiques ou consécutifs, les modifications suivantes: malaise plus ou moins appréciable, souvent nul; fièvre symptomatique plus ou moins prononcée, souvent nulle; tristesse, somnolence; tremblements musculaires; énergie moindre, nonchalence au travail, faiblesse; sueur et anhélation faciles à provoquer; robe terne et moirée de taches sombres, poil terne et hérissé, crasse de la peau plus gluante; quelquefois afflorescences blanchâtres sur le scrotum; œil terne, regard moins vif, décubitus plus fréquent et plus prolongé; claudications à cause inconnue, dues à des arthralgies ou à des douleurs musculaires; amaigrissement sans changement de régime, dépérissement plus ou moins apparent; appétit capricieux, dégoût pour les aliments durs à triturer; quelquefois polyurie et urines incolores; respiration accélérée, un peu irrégulière, toux pectorale, petite et sèche, soubresaut à l'expiration, sensibilité à la percussion, râles sibilant et muqueux, murmure respiratoire affaibli; pouls petit, vite, serré; muqueuses apparentes moins colorées, etc.

Quand les symptômes locaux sont bien caractérisés, quand l'animal fait des déperditions considérables, il y a bientôt perte de l'appétit et amaigrissement très prononcé ; de telle sorte que les malades, si rien ne modifie l'affection, finissent par tomber dans l'épuisement. La morve est donc une maladie qui porte profondément atteinte à la nutrition. Ces différents symptômes s'aggravent au fur et à mesure que la maladie évolue, et finalement les malades tombent donc dans le marasme et la cachexie. De nos jours les animaux ne sont pas conservés jusqu'à cette limite, le plus souvent on les sacrifie ; mais si on les laisse vivre, la mort survient comme conséquence de cet état de marasme. Quelquefois la terminaison fatale est la conséquence d'une pneumonie ou d'une pleurésie morveuse.

La morve chronique et le farcin chronique peuvent durer des mois, des années.

Leur *pronostic* est également grave ; la maladie est incurable sous ses deux formes ; elle se termine fatalement par la mort. D'un autre côté l'affection est toujours contagieuse pour les animaux et même pour l'homme, et elle l'est plus ou moins, suivant que son évolution est plus ou moins rapide. Le type chronique peut se transformer en type aigu ; alors le degré de contagiosité devient plus prononcé, car le malade sécrète plus de virus. Une autre cause de gravité du pronostic résulte du fait suivant : on abat les malades, mais les chairs ne peuvent être utilisées pour la boucherie ; c'est tout au plus si les peaux peuvent être livrées à l'industrie. Sous tous ces rapports, la morve débutante est aussi grave que la morve achevée, elle est incurable et contagieuse.

MORVE AIGUË, FARCIN AIGU

Ces deux types ressemblent beaucoup aux types chroniques correspondants ; il y a cependant des différences notables, principalement dans leur mode d'évolution. Quand la marche de la maladie est rapide, quand les périodes, qui caractérisent ses différents symptômes locaux, se succèdent très rapidement, quand ces périodes s'accompagnent de symptômes inflammatoires très manifestes, on est convenu de dire qu'il s'agit du type aigu.

La morve et le farcin aigus sont assurément moins fréquents que les types chroniques ; et on les observe surtout chez l'âne, chez le mulet et chez les chevaux à tempérament sanguin. Les deux formes peuvent exister ensemble; ainsi quand la morve existe seule au début, elle peut s'accompagner plus tard du farcin aigu; ordinairement, quand on observe le farcin aigu, c'est qu'il est venu compliquer la morve aiguë.

La morve aiguë apparaît primitivement ou consécutivement, c'est-à-dire qu'elle arrive d'emblée après la contagion, ou qu'elle est due à la transformation du type chronique en type aigu.

Ce qui caractérise la morve et le farcin aigus, c'est l'évolution très rapide des symptômes locaux. Contrairement à ce qui se passe pour les types chroniques, il y a dans ces cas des symptômes généraux, des symptômes fébriles très prononcés. Les symptômes locaux, qui sont à peu près de même ordre et de même nature que dans les types chroniques, s'accompagnent de plus d'inflammation et évoluent plus rapidement.

La morve aiguë apparaît brusquement lorsqu'elle est primitive. Quand elle est consécutive à la morve chronique, elle apparaît peu à peu ou presque aussitôt que la cause perturbatrice a agi. Les symptômes généraux sont très intenses, très manifestes, même avant l'apparition des symptômes locaux, ce sont les suivants : abattement, prostration, tristesse; lassitude, démarche difficile; poils hérissés; frissons d'abord locaux, puis généraux, tremblements musculaires, parfois intermittents, et qu'on voit principalement sur les muscles de la cuisse et de l'olécrâne; appétit très diminué ou même nul, soif conservée, quelquefois exagérée, diarrhée ou plus souvent constipation et excréments coiffés; température surélevée; pouls plus vite, petit, mou, quelquefois dur et toujours effacé plus ou moins; battements du cœur forts, retentissants; yeux enfoncés, larmoyants. Les larmes sont ensuite remplacées par de la chassie, qui devient peu à peu purulente. La conjonctive et la pituitaire sont congestionnées, hypérémiée, d'un rouge ictérique, safranées, quelquefois cyanosées et présentent parfois des pétéchies. La respiration s'accélère, devient tumultueuse, dyspnéique; les flancs sont tremblottants; l'expiration est entrecoupée; on voit quelquefois survenir de la suffocation; il y a une toux profonde, du sifflement et du cornage, qui s'expliquent par l'altération et le boursouflement des muqueuses laryngienne et trachéale. Du côté de la poitrine, il y a aussi des symptômes de pneumonie.

Tels sont les symptômes qui annoncent l'invasion de la maladie; ils ne permettent pas à eux seuls d'affirmer l'existence de la morve, à moins qu'on soit prévenu de la contamination. Mais

bientôt apparaissent les symptômes locaux, qu'on voit quelquefois en même temps que les précédents, et qui, en tous cas,
les suivent de très près, à deux ou trois jours d'intervalle au
plus.

Les symptômes locaux sont ceux que nous avons déjà étudiés,
mais avec des caractères un peu différents : ce sont des symptômes de morve et des symptômes de morve et de farcin à la fois.

Le *jetage* apparaît promptement ; il est plus souvent bilatéral
que dans le type chronique ; il peut cependant être parfois unilatéral ; il est d'abord peu abondant, séreux, limpide, citrin ; puis
jaunâtre, verdâtre, rouillé, plus abondant, visqueux, adhérent,
puriforme, safrané, sanieux, strié, sanguinolent ; il adhère fortement au pourtour des narines ; il n'est pas rare qu'il entraîne avec
lui des eschares, des tissus modifiés, des croûtes formées à la surface des ulcères déjà développés sur la pituitaire et qu'il devienne
fétide ; il est sécrété par les lésions et par toute la surface de la
muqueuse malade.

La pituitaire est épaissie, infiltrée, congestionnée, rougeâtre,
d'un rouge noirâtre, violiacé, livide, safrané ; les ailes du nez sont
souvent enflammées, gonflées, tuméfiées, infiltrées douloureuses
chaudes. A la surface de la pituitaire, des éruptions se forment
rapidement le premier, le deuxième ou au plus tard le troisième
jour ; on voit apparaître, sur le fond violacé ou rougeâtre de la muqueuse, des *taches* plus foncées, qui bientôt deviennent saillantes,
forment des *élevures*, des *tubercules*.

Ces *élevures*, plus ou moins superficielles, se différencient bientôt des taches au milieu desquelles elles se sont formées ; elles
deviennent jaunâtres, grisâtres, et restent entourées à leur base
d'une zone rougeâtre ou violacée. Leur volume, qui n'est jamais
considérable, l'est cependant plus que dans la morve chronique ;
elles ont quelquefois le volume d'un gros pois. Elles sont plus ou
moins nombreuses, discrètes ou confluentes ; elles apparaissent
successivement ou plusieurs à la fois. On peut en voir sur les divers points de la pituitaire. Elles ont une forme régulière, arrondie. Leur consistance est ordinairement moindre que dans la morve
chronique. Leur évolution est plus rapide ; le ramollissement arrive très promptement et l'ulcération aussi ; et il n'y a plus une
aussi grande différence à ce sujet entre les tubercules profonds et
les tubercules superficiels. Le produit de l'ulcération est une matière visqueuse, séro-purulente ou sanguinolente, qui quelquefois

se concrète et forme à la surface des plaies des croûtes, qui sont entraînées avec le jetage au moment de l'ébrouement.

Les *chancres*, qui résultent de l'ulcération, sont cupuliformes, ils sont plus ou moins étendus, plus ou moins profonds; ils se différencient de ceux de la morve chronique par leurs caractères et par une marche plus rapide. Les bords de ces ulcères sont rouges, surélevés, saillants, infiltrés d'une sérosité sanguinolente, moins durs que ceux des ulcères de la morve chronique; leurs contours sont réguliers ou irréguliers, déchiquetés, dentelés; ils sont taillés à pic ou plus ou moins inclinés. Leur fonds est rougeâtre et il saigne facilement; quelquefois il est grisâtre ou jaunâtre, mais toujours pointillé de rouge; il a un aspect chagriné, granuleux, bourgeonneux.

L'ulcération marche rapidement; elle s'étend en surface et en profondeur; les tissus sous-jacents à la muqueuse peuvent être intéressés très rapidement. Plusieurs ulcères, en se réunissant, forment une plaie plus ou moins étendue, qui finit par envahir quelquefois toute la cloison nasale. Cette plaie, résultat de la réunion de plusieurs ulcères, est irrégulière dans sa forme et dans sa profondeur, ce qui tient au degré d'ancienneté et au degré d'évolution des ulcères qui se sont réunis. Dans tous les cas les ulcères ont de la tendance à s'accroître, et, même ainsi étendus, ils sont encore entourés d'une zone de congestion, qui ne les quitte presque jamais; c'est-à-dire que l'ulcération s'acccompagne d'une vive inflammation presque toujours persistante.

Dans la morve aiguë, comme dans la morve chronique, on trouve quelquefois des *plaques grisâtres, infiltrées*; et ces plaques, plus souvent que dans la morve chronique, peuvent se ramollir et s'ulcérer, donner des plaies qui sont d'emblée assez étendues.

On observe aussi très souvent dans la morve aiguë des *plaques de mortification*, à la suite de la congestion intense de la pituitaire et de l'oblitération des vaisseaux; il en résulte des eschares noirâtres, violacées, qui sont bientôt éliminées; les plaies qu'elles laissent sont irrégulières, anfractueuses, ulcéreuses.

A la surface des plaies et des ulcères de la pituitaire, s'écoule un produit de sécrétion assez abondant, qui se concrète assez souvent et forme des croûtes, qui sont peu adhérentes, jaunâtres, marbrées de rouge ou de noir, et qui, jointes à l'épaississement de la muqueuse, occasionnent un enchifrènement très manifeste. Il est facile d'amener le détachement et l'expulsion de ces croûtes, en provoquant la toux. En règle générale, toutes les fois qu'on rencontre dans le jetage des croûtes présentant les caractères de celles que je viens d'indiquer, il y a fort à présumer qu'on a affaire à un cheval morveux.

La tuméfaction des naseaux gagne les lèvres, la face, l'auge. Il n'est pas rare de voir de véritables cordes se diriger vers l'espace intra-maxillaire, et se compliquer de nodosités, de boutons, qui s'ulcèrent très rapidement.

Les ganglions de l'auge sont également malades; il y a *glandage*, mais ses caractères sont moins pathognomoniques que dans la morve chronique. Le glandage est unilatéral ou bilatéral, les ganglions sont hypertrophiés, tuméfiés, chauds, douloureux; ils sont entourés d'un œdème périphérique très étendu; ils sont mollasses; ils persistent avec ces caractères, à moins que la morve passe de l'état aigu à l'état chronique, cas où on peut les voir se modifier et arriver à la période de crudité. Dans la morve aiguë, les ganglions enflammés peuvent éprouver le ramollissement et l'ulcération, et donner un produit sanieux, safrané, visqueux, huileux.

Les symptômes du farcin aigu (*boutons, cordes, tumeurs, engorgements*) sont les mêmes que ceux du farcin chronique, avec cette différence qu'ils apparaissent d'une façon soudaine, que les lésions sont plus nombreuses, plus confluentes, qu'elles se montrent à la fois dans plusieurs régions, qu'elles sont toujours accompagnées d'une inflammation considérable et qu'elles parcourent leurs diverses phases très rapidement.

Les *boutons farcineux* se montrent le plus généralement sur la face, sur les lèvres, sur les joues, sur l'encolure, au niveau des flancs, aux épaules, aux membres; ils sont en nombre considérable, ils sont discrets parfois, mais le plus habituellement ils deviennent confluents; ils apparaissent promptement sur diverses régions; ils sont chauds, douloureux et entourés d'œdèmes, d'infiltrations diffuses considérables. Ils se ramollissent rapidement; on ne constate pas de période de crudité proprement dite; l'ulcération suit de près le ramollissement. Le produit, que donnent ces lésions, est beaucoup plus abondant que dans les boutons du farcin chronique; il est visqueux, mal lié, couleur lie de vin, il offre l'aspect d'une huile safranée, ou il est noirâtre, sanieux, sanguinolent; il se concrète sur les plaies ou à leur pourtour et forme des croûtes jaunâtres, marbrées de taches sanguinolentes.

Les plaies, résultant de l'évolution des boutons, sont cupuliformes; leurs bords sont gonflés, saillants, taillés à pic ou en biseau; leur fond est grenu et rougeâtre; elles sécrètent en très grande abondance; elles prennent une extension rapide; elles se réunissent et forment de vastes ulcères plus ou moins irréguliers, qui tendent toujours à s'accroître. Dans ces vastes plaies on observe la formation de bourgeons charnus, mollasses, friables, de couleur violacée, parfois exubérants et saignant facilement. Leurs bords deviennent festonnés, déchiquetés, et à un moment donné ils se renversent.

Des *cordes*, qui sont le résultat de l'inflammation des lymphatiques, qui sont des lymphangites, apparaissent, de même que les boutons, très rapidement; elles se montrent dans les mêmes régions que pendant le farcin chronique; elles partent d'une autre lésion, d'une plaie et se dirigent vers les ganglions les plus rapprochés.

Ceux-ci s'enflamment à leur tour et prennent les caractères de la glande de morve aiguë.

Les cordes n'ont plus, dans le farcin aigu, le même aspect que dans le type chronique; elles sont moins régulières, plus douloureuses, plus volumineuses, plus chaudes et moins consistantes; elles sont entourées d'une infiltration périphérique considérable; elles sont suivies de ramollissement et d'ulcération, qui se produisent très promptement, dès que des nodosités se sont formées sur leur trajet; à partir de ce moment, tout se passe comme dans les boutons, dans les nodosités.

Les ganglions s'enflamment, et les caractères qu'ils présentent, sont exactement les mêmes que ceux que nous avons reconnus à la glande morveuse, dans le cas de morve aiguë; il y a inflammation, tuméfaction, chaleur, douleur, empâtement, œdème périphérique; puis surviennent le ramollissement, l'abcédation et l'ulcération.

Souvent on observe l'inflammation des organes génitaux; le fourreau, les enveloppes testiculaires, la gaîne testiculaire, le testicule, l'épididyme, le cordon s'enflamment, sont tuméfiés; et tout se passe comme dans la morve chronique, seulement l'inflammation est plus considérable, marche plus vite et ne tend pas à passer à l'état de crudité. Chez les femelles, on peut observer la même inflammation aiguë du côté des mamelles.

Des *engorgements* apparaissent sur les membres, avant ou après les autres symptômes locaux, et ils évoluent rapidement. L'inflammation est active et s'accompagne de tuméfaction, de chaleur, de douleur; elle s'étend très rapidement. Bientôt des cordes émergent de ces engorgements ; et des boutons ainsi que des cordes apparaissent dans les engorgements eux-mêmes. Enfin le ramollissement et l'ulcération surviennent, d'où résultent des plaies plus ou moins étendues.

Parfois il se produit des arthrites aiguës, des synovites aiguës, des phlegmons et des abcès inter-musculaires.

On comprend qu'avec ces diverses lésions, l'affection farcinomorveuse aiguë marche rapidement ; elle peut amener la mort des malades en 2, 3, 4, 5, 6 jours.

Cependant il est des cas où elle peut durer plus longtemps ; et même, lorsque les accidents locaux ne sont pas trop multipliés, la maladie peut se transformer en perdant de son intensité. Les symptômes généraux diminuent peu à peu, elle peut, en passant par des intermédiaires successifs, devenir morve chronique, c'est-à-dire prendre les caractères d'une affection qui est compatible avec certaines apparences de la santé. Cette terminaison s'observe parfois, lorsqu'il s'agit d'animaux mous, lymphatiques ; mais le plus habituellement la morve et le farcin aigus, s'observant sur des sujets à tempérament sanguin, sur certains chevaux fins et principalement sur l'âne et le mulet, la terminaison est la mort assez prompte. Certains auteurs ont avancé et soutiennent encore que cette maladie peut avoir une terminaison favorable ; rien n'est moins sûr que cette assertion. La mort, dans les cas de morve aiguë, est le résultat soit de l'épuisement du malade provoqué par la souffrance et par la généralisation des lésions, soit de l'asphyxie ou de la septicémie. En effet, dans la morve aiguë, il y a ordinairement un état congestionnel très prononcé et un épaississement de la muqueuse respiratoire qui gêne l'entrée de l'air ; d'ailleurs le poumon est plus ou moins altéré, congestionné, hépatisé, tuberculeux ; d'où résulte forcément une hématose incomplète. Et d'un autre côté il peut y avoir mortification d'une portion congestionnée du poumon, qui pourra, si elle reçoit le contact de l'air introduit, devenir le point de départ d'une septicémie.

Le *pronostic* de la morve aiguë est très grave, plus grave même, pourrait-on dire, que celui de la morve chronique ; non pas parcequ'on a moins de chance de la guérir, puisque le type chronique n'est pas plus curable que le type aigu, mais parce que les lésions, étant plus généralisées et évoluant plus rapidement, il y a production d'une plus grande quantité de germes morbides ; et parce que de ce fait la transmission devient plus facile, car les animaux, qui seront exposés à la contagion, auront ainsi un plus grand nombre de chances pour introduire des germes dans leur organisme.

DIAGNOSTIC

Savoir bien reconnaître la morve est de la plus grande importance à plusieurs points de vue. Il s'agit en effet d'une maladie qui est contagieuse, qui peut non seulement se transmettre à diverses espèces animales, mais aussi à l'homme ; et d'un autre côté il ne faut pas oublier que, dans l'état de notre législation sanitaire, le propriétaire d'un cheval condamné comme morveux est astreint à l'abattre sans recevoir aucune indemnité. Il ne faut donc jamais agir à la légère ; et, dans la pratique, pour condamner un cheval comme morveux, il faut pouvoir être absolument certain de ce qu'on avance ; et tant qu'on ne sera pas bien fixé, il faudra attendre, tout en faisant appliquer les mesures sanitaires propres à prévenir la contagion. Dans l'armée on peut suivre une ligne de conduite un peu différente.

Le diagnostic de l'affection farcino-morveuse est parfois très difficile à établir, car les malades ne présentent pas toujours, tant s'en faut, tous les symptômes ou assez de symptômes visibles et bien caractérisés.

Il n'y a pas à hésiter évidemment, lorsqu'on se trouve en présence d'un jetage, d'un chancre et d'une glande dans l'auge, bien caractérisés ; ces symptômes réunis sont suffisants et plus que suffisants même pour permettre de porter un diagnostic certain. Mais souvent ces trois symptômes n'existent pas tous à la fois, soit que les lésions n'aient pas encore acquis un degré de généralisation suffisant, soit qu'elles aient évolué dans les organes internes.

Il peut en être de même pour le farcin, qui sera facile à reconnaître, quand on observera des boutons à diverses périodes de leur évolution, surtout quand il y aura sécrétion de l'huile de farcin, et quand d'autres symptômes, tels que cordes, engorgements se montreront en même temps. Mais ici encore, il est des cas assez fréquents, où l'on ne rencontre pas des signes suffisants, parce que la maladie n'est pas assez avancée ou parce que ses symptômes ne sont pas assez bien caractérisés.

Le farcin chronique, caractérisé par des boutons, par des cordes, par des ulcères et par des engorgements, n'offrira jamais ou presque jamais aucune difficulté de diagnostic ; l'animal qui présentera ces symptômes devra être déclaré farcineux. Mais il peut fort bien se faire qu'on observe seulement l'un ou l'autre de ces divers caractères et alors on peut être très embarrassé.

Si on n'observe que des boutons, on pourra hésiter certainement; on devra alors les ouvrir pour voir s'ils contiennent un produit jaunâtre, oléiforme; et s'il en est ainsi, le sujet pourra alors être suspecté très légitimement. Si les boutons sont accompagnés de cordes moniliformes, le diagnostic est alors plus facile.

Nous savons que le farcin se traduit quelquefois par un ou plusieurs engorgements, qui, lorsqu'ils sont seuls, sont insuffisants pour permettre de se prononcer, mais qui, s'ils sont accompagnés de boutons ou de cordes, permettent d'affirmer l'existence de l'affection.

Il sera de même très difficile, pour ne pas dire impossible, de se prononcer, lorsqu'on ne rencontrera que de simples tumeurs souscutanées ou même des tumeurs ganglionnaires.

Le farcin chronique peut quelquefois être confondu avec certaines maladies. Ainsi dans le cours de la gourme et du horsepox, il se produit souvent des lymphangites, suivies d'adénites, qu'il est difficile de différencier d'avec celles qui appartiennent au farcin. Pourtant dans les cas de gourme et de horsepox, les cordes formées ne se comportent pas comme celles du véritable farcin; ordinairement elles ne se ramollissent pas et ne s'ulcèrent pas; et si ces phénomènes se produisent parfois, la matière excrétée n'est pas oléiforme, mais plutôt puriforme; de plus les adénites se terminent par la résolution ou par l'abcédation, contrairement à celles du farcin, qui s'organisent et se caséifient.

On a souvent confondu le farcin morveux avec une autre maladie, désignée sous les noms de *farcin d'Afrique*, de *farcin de caserne*, qui se décèle aussi par des boutons, par des cordes et par des tumeurs ganglionnaires, qui se comportent à peu près comme les cordes et les tumeurs farcineuses proprement dites, qui se terminent souvent par l'ulcération. Mais dans ce faux farcin, ce n'est pas un produit oléiforme qui est sécrété, c'est plutôt un produit purulent, riche en particules figurées; et si on inocule ce produit au cheval on n'obtient ni la morve, ni le farcin proprement dit, mais bien des accidents particuliers. D'ailleurs tandis que le farcin morveux se montre sans cause appréciable à la suite de la contagion, on voit ordinairement le farcin d'Afrique faire suite à une plaie, à un traumatisme, à l'action d'une cause occasionnelle ordinaire. Pourtant la question du farcin d'Afrique, qui se montre aussi en

France, et qui est curable, est loin d'être complètement élucidée : voici les conclusions auxquelles sont arrivés MM. Tixier et Delamotte d'après leurs études.

Le farcin d'Afrique se caractérise par des boutons purulents, par des cordes, par des tumeurs, par des engorgements et par des plaies ulcéreuses, qui donnent une matière visqueuse, jaune-verdâtre ou sanieuse. Il apparaît spontanément sous l'influence de certaines causes occasionnelles ; mais il est inoculable. Son produit, inoculé aux solipèdes, provoque la même affection après une longue incubation ; il est inoculable à l'homme, chez qui il produit les lésions de la morve et du farcin et détermine la mort. Cette affection ne guérit que grâce à un traitement local approprié ; abandonnée à elle-même, elle se généralise et se termine par la morve. Le farcin d'Afrique semble donc être l'expression de la même diathèse que la morve elle-même.

Il est probable qu'on a souvent confondu et qu'on confond encore, sous la dénomination de farcin, des affections dissemblables par leur nature ; les auteurs précités ne me semblent pas avoir évité cette confusion. C'est à l'avenir qu'il appartient de nous fournir les observations et les expériences nécessaires pour élucider la question.

Il ne faut pas prendre pour des plaies farcineuses les plaies estivales, qui s'observent chez certains animaux ; ces plaies, quoique grenues, et quoique restant longtemps sans se cicatriser, n'offrent pas les caractères des ulcères farcineux et sécrètent un produit différent.

Si, malgré les symptômes que l'on observe, on se trouve embarrassé pour asseoir définitivement son diagnostic, il faudra recourir à l'inoculation des produits morbides sur un animal solipède.

Il ne faut pas, en visitant un animal suspect de farcin, sur lequel on observe un ou plusieurs des symptômes désignés, oublier d'examiner avec soin toutes les régions du corps, surtout celles où se trouvent des ganglions ; il faut porter aussi son attention sur les voies respiratoires, et surtout explorer la muqueuse pituitaire.

Le *diagnostic de la morve chronique* est très facile à établir, si les trois symptômes cardinaux existent ; il est même parfois possible et assez facile, dans certains cas, où il n'y a pas réunion de ces trois symptômes.

Ainsi un seul tubercule, un seul chancre bien caractérisé, suffit pour permettre d'affirmer que la morve existe. Puisque ce symptôme pathognomonique suffit à lui seul, à plus forte raison se prononcera-t-on pour l'affirmative, s'il est accompagné d'un ou de plusieurs autres caractères.

Les plaques, les infiltrations, que l'on observe sur la pituitaire, sont loin d'avoir la même valeur diagnostique ; mais si, avec elles, on observe du glandage et du jetage, on pourra encore admettre l'existence de la morve ; tandis que seules elles ne peuvent que faire naître des présomptions, qui pourtant se transformeraient presque en certitude, si l'on savait que le sujet qui les présente a été mis en contact avec d'autres animaux morveux ou si d'autres étaient devenus morveux à son contact.

Le jetage, s'il existe seul, eut-il tous les caractères du jetage morveux, ne sera jamais suffisant pour permettre de conclure à l'existence de la morve ; mais il augmentera de valeur et de signification suivant les antécédents du malade et suivant la coexistence d'autres symptômes plus ou moins précis. Le jetage et le glandage, observés sur le même animal, peuvent quelquefois être suffisants pour autoriser à porter le diagnostic *morve* ; mais cependant, s'ils ne sont pas très bien caractérisés il y aura souvent lieu de temporiser, de faire séquestrer l'animal, en attendant l'apparition d'autres symptômes plus pathognomoniques.

La glande, lorsqu'elle existe, a une très grande valeur. Certains auteurs prétendent même que la présence, dans l'auge, d'une glande bosselée, dure, indolente, adhérente aux parties voisines est suffisante pour permettre de diagnostiquer la morve. Pour moi ce symptôme n'est pas suffisant, à moins que des circonstances antérieures viennent corroborer sa signification ; cependant, pour le cheval glandé, il faudra prendre des précautions, il faudra le faire séquestrer, et, dans l'armée, on pourra le faire abattre. La valeur de ce symptôme devient plus grande, s'il est accompagné d'autres signes.

Il faut prendre en considération l'infiltration de la muqueuse, l'hyperthrophie des follicules, la présence de plaques molles ou cicatricielles, le gonflement des sinus, les boiteries, les œdèmes, les engorgements, qui se produisent sans cause connue, les modifications de la respiration, l'altération du flanc, l'épistaxis, la toux la tuméfaction de la région testiculaire, etc. Ces divers symptômes sont adjuvants et deviennent d'autant plus significatifs, qu'ils se réunissent en plus grand nombre.

La morve chronique peut être confondue avec d'autres maladies; avec le coryza chronique, qui peut s'accompagner de jetage et de glandage; avec la collection simple des sinus; avec la gourme; avec la bronchite chronique; avec l'angine; avec l'anasarque; avec le horsepox; avec la carie dentaire, qui se fait jour par les cavités nasales, etc. Dans ces divers cas on ne rencontre pas les symptômes propres de la morve ordinaire; on n'observe pas de tubercules ni d'ulcérations sur la pituitaire; et la glande de l'auge présente rarement les mêmes caractères que la glande morveuse; d'ordinaire elle n'est ni adhérente, ni bosselée, ni indolente comme dans la morve; enfin le jetage peut bien certainement avoir des caractères plus ou moins analogues à ceux du jetage morveux, mais ordinairement, dans les affections ci-dessus énumérées, il est mucoso-purulent, grisâtre et plus ou moins épaissi.

Pour bien examiner un cheval qu'on soupçonne d'être atteint de la morve, on porte d'abord son attention sur la pituitaire; on fait tourner le cheval du côté du soleil, de façon que les cavités nasales soient bien éclairées, et on regarde aussi profondément que possible, pour voir s'il n'existe pas d'ulcères ou de tubercules sur cette muqueuse; on explore en outre ces cavités à l'aide du pouce et de l'index, qu'on plonge dans les divers recoins. Puis on passe à l'examen de l'auge et à celui des autres régions où se trouvent des ganglions pour constater leur état.

Il ne faut pas oublier qu'il peut exister des lésions localisées au larynx, à la trachée, aux poumons; il faut donc examiner ces organes et étudier leur fonctionnement. Il faut comprimer le larynx et la partie initiale de la trachée, pour provoquer la toux et l'expectoration. Ce moyen doit être souvent mis en pratique, car les symptômes de la morve laryngée ou trachéale, qui est plus ou moins latente, ne peuvent se constater que par ce seul moyen. Il faut donc presser la trachée sur son trajet cervical, pour s'assurer si on ne provoque pas de la douleur et de la toux; il faut saisir en même temps la langue et l'attirer au dehors, afin que l'animal ne puisse pas déglutir le produit de l'expectoration, qui s'étend dès lors sur la muqueuse linguale, où on peut l'examiner. Lorsque la matière expectorée est traversée par des stries de sang, on peut presque affirmer que la morve existe. Ce moyen de diagnostic a été préconisé par M. Abadie, vétérinaire à Nantes. Il faut aussi étudier la poitrine, surtout l'ausculter et étudier les mouvements du flanc.

L'examen du cheval suspect ne doit pas s'arrêter là, il faut encore passer en revue les diverses régions qui peuvent être le siège de lésions plus ou moins caractéristiques; il faut vérifier l'état des testicules, des mamelles, du vagin, etc.

Malgré toutes ces précautions, malgré un pareil examen, il arrive trop souvent qu'on ne peut sortir d'embarras et qu'on reste dans le doute; on doit en pareil cas prendre les mesures indispensables pour éviter la contagion, et on attend la manifestation d'autres symptômes plus caractéristiques. Mais comme dans ce cas il faudrait souvent attendre longtemps, on peut essayer d'autres moyens pour éclairer le diagnostic.

Pour mieux examiner les cavités nasales, pour les explorer plus profondément, on pourrait se servir d'un instrument spécial, le nasoscope, préconisé en Allemagne. On peut faire coucher l'animal suspect et examiner la muqueuse pituitaire, en lui relevant l'extrémité de la tête; il devient ainsi facile de plonger le regard profondément et d'explorer une étendue considérable. On pourrait pratiquer une fente à la trachée, introduire les doigts par cette fente et explorer une étendue plus ou moins considérable de l'organe.

On a conseillé de compter les globules du sang avec l'hématimètre; mais ce procédé est absolument incertain : la leucocytose se produit dans toutes les maladies longues et débilitantes. On a encore conseillé l'auto-inoculation, l'inoculation du malade avec son produit morbide; mais on n'obtient pas de résultats par cette nouvelle manière de faire, car si l'animal est morveux, l'inoculation de son produit d'excrétion ne peut lui donner la maladie qu'il a déjà, et s'il n'est pas morveux, son produit n'étant pas virulent ne lui communique rien. Dans l'une comme dans l'autre hypothèse, le résultat est forcément négatif.

On a aussi conseillé la trépanation des sinus, lorsqu'ils sont gonflés; mais ce moyen, ne permettant de vérifier qu'un espace restreint, est tout à fait insuffisant; néanmoins on pourra y recourir quand on le jugera à propos.

L'églandage, l'extirpation et l'examen de la glande ont été préconisés comme un moyen excellent de diagnostic; mais il ne faut pas lui accorder une grande valeur; car, ainsi que nous le verrons plus loin, la glande de morve est loin d'être toujours caractéristique au point de vue de l'anatomie pathologique.

Un procédé facile à employer, mais qui n'est pas toujours suivi d'un résultat immédiat, consiste à imprimer à l'organisme suspect une violente secousse, au moyen d'un ou de plusieurs purgatifs énergiques, par le régime du vert, par une fatigue exagérée, etc., afin d'amener une accélération dans l'évolution de la maladie et la généralisation des lésions, qui dès lors s'accompagneront de symptômes plus évidents.

Si tout cela ne réussit pas, il ne reste plus d'autres ressources que celle de l'inoculation faite à un autre animal de la même espèce, à un âne par exemple. S'il s'agit de la morve, l'inoculation sera ordinairement fructueuse ; et, au bout de 5, 7, 8 jours, 15 jours au plus, on sera sûrement fixé sur la nature de la maladie primitive. Dernièrement M. Degive, de Bruxelles, signalait chez l'âne même une période d'incubation de trois semaines à un mois après l'inoculation ; j'avais de mon côté, en 1877, observé chez l'âne une période d'incubation de trente-deux jours après une inoculation ; la morve, même inoculée, peut quelquefois évoluer à l'intérieur avant de devenir visible à l'extérieur. Cependant il ne faut rien exagérer ; l'inoculation du produit d'un animal morveux peut quelquefois ne pas être suivie de morve. Lorsque l'inoculation ne réussit pas, il y a fort à présumer que le sujet, qui a fourni le produit, n'est pas morveux ; mais d'une manière absolue on n'en est pas sûr, car il pourrait arriver que par exemple l'animal inoculé fût lui-même, et sans qu'on s'en doutât, atteint de morve latente, ou que le produit, pris sur le sujet morveux, ne fût pas virulent. Dans ces cas une nouvelle inoculation serait à la rigueur nécessaire. Mais par contre, si le sujet inoculé devient morveux, alors il n'y a plus lieu d'hésiter, on est sûr de l'existence de l'affection sur le sujet qui a fourni le produit inoculé.

Le diagnostic de la morve et du farcin aigus est très facile ; les symptômes sont très marqués, très nombreux et se complètent les uns les autres. La maladie marche très rapidement et la mort survient vite. Parfois on peut être porté à la confondre avec le horsepox, qui peut s'accompagner de congestion et d'éruptions pustuleuses sur la pituitaire, qui se transforment ensuite en petits ulcères ; mais ceux-ci ne tendent pas à ronger les parties voisines, ils se cicatrisent rapidement, et alors, si on a attendu, le doute n'est plus possible. On pourrait confondre la morve aiguë avec l'anasarque. Cette dernière affection peut, de même que la morve aiguë, marcher plus ou moins rapidement et s'accompagner d'engorgements à la surface du corps ; elle se caractérise aussi par des taches pétéchiales à la surface de la muqueuse pituitaire, et ces taches ressemblent aux ecchymoses, qui préludent au développement des tubercules morveux. Si la maladie se termine rapidement par la mort, on peut être embarrassé, on peut se trouver dans le doute, quand on n'a pas eu le temps de voir se produire des tubercules, des ulcères; il faut alors recourir aux données que peut fournir l'autopsie. On peut encore être porté à confondre la morve aiguë avec la gourme maligne, avec le charbon, avec les affections typhoïdes, avec la septicémie; mais cependant, dans ces diverses maladies on peut faire la différence facilement, parce qu'elles ne s'accompagnent jamais de tubercules ni d'ulcérations sur la muqueuse pituitaire.

ANATOMIE PATHOLOGIQUE

Les autopsies de cadavres d'animaux atteints de l'affection farcino-morveuse doivent être pratiquées avec certaines précautions, vu les dangers qu'elles peuvent présenter pour ceux qui les font.

Les lésions de la morve sont nombreuses, on peut en rencontrer dans les divers appareils, dans les divers tissus, dans la plupart des organes; elles sont de nature inflammatoire et elles se présentent le plus souvent sous un aspect tuberculiforme. Elles sont surtout fréquentes et nombreuses dans certains sièges de prédilection, dans les organes de l'appareil respiratoire, dans le système ganglionnaire et lymphatique et la peau. Elles ont de l'analogie avec celles de la tuberculose par leur forme, par leur siège, par leur mode de développement; mais elles en diffèrent pourtant par leur évolution, et surtout par les propriétés physiologiques de leur produit. Au fond, les lésions morveuses sont à peu près les mêmes, qu'il s'agisse du type aigu ou du type chronique, de la morve aiguë ou de la morve chronique; les différences que l'on observe sont relatives à leur degré de congestion et d'inflammation dont elles s'accompagnent. Il convient d'étudier dans son évolution le tubercule morveux, et de passer ensuite en revue les principales lésions qu'on peut rencontrer dans les divers appareils.

TUBERCULE MORVEUX

La néoplasie morveuse est une inflammation nodulaire, tuberculiforme, dont les caractères varient suivant qu'on l'étudie à une période plus ou moins avancée de son évolution ; on peut en effet lui reconnaître plusieurs degrés. L'étude micrographique des lésions tuberculiformes de la morve et du farcin a été faite dans ces dernières années par M. J. Renaut.

On peut distinguer trois variétés de tubercules morveux : des tubercules pulmonaires; des tubercules développés dans les muqueuses; et des tubercules développés dans la peau; ils sont isolés, simples ou conglomérés, formés de plusieurs néoplasies réunies.

Tubercules pulmonaires. — Les tubercules pulmonaires parcourent trois périodes dans leur évolution. A leur origine ils sont constitués par de la congestion, des hémorrhagies et des foyers d'inflammation proliférative. Ils se décèlent à l'œil nu par une tache ecchymotique plus ou moins foncée, plus ou moins restreinte; ils sont encore peu caractéristiques. La microscope permet de voir, dans ces taches, des vaisseaux gonflés et remplis de ce sang, des foyers hémorrhagiques plus ou moins nombreux contenant du sang non encore altéré. Il y a en même temps accumulation de cellules embryonnaires dans les alvéoles du point malade et dans le tissu périalvéolaire, prolifération de ces éléments et des cellules endothéliales des alvéoles et du tissu interstitiel. Les *infundibula* malades se remplissent d'une substance grenue ou fibrillaire de nature fibrineuse, jaunâtre, provenant des vaisseaux, et mélangée de cellules embryonnaires et de globules sanguins. Déjà, à cette période, le tubercule présente deux parties : une partie centrale, inflammatoire, dont les éléments sont en voie de prolifération; et une partie périphérique, congestionnelle et hémorrhagique. Il n'est pas toujours aisé de voir à l'œil nu les caractères de cette première période, car il est des cas nombreux où la congestion est peu intense et les hémorrhagies peu nombreuses et peu étendues; mais elles existent toujours, même dans les tubercules, qui se développent pendant la morve la plus chronique.

Des modifications surviennent rapidement; la partie inflammatoire s'étend, en même temps qu'elle se transforme à son centre en une matière caséeuse. Bientôt les tubercules se montrent plus saillants, plus volumineux, plus réguliers dans leur forme, plus consistants; ils deviennent arrondis, gros comme un grain de mil ou un grain de blé, un haricot, et même comme un œuf de poule, surtout quand ils sont conglomérés. Ils sont imperméables à l'air ; ils apparaissent jaunâtres à leur centre, qui est entouré d'une portion grisâtre ou gris-rouillé ; ils sont entourés d'une zone rougeâtre, ou noirâtre, ou violacée, plus ou moins étendue, plus ou moins appréciable. En les incisant dans leur milieu, on voit sur la coupe une partie centrale, jaunâtre, sèche, friable, caséeuse, festonnée à son pourtour, et entourée d'une zone grisâtre, brillante, orangée par places à sa périphérie ; celle-ci se confond insensiblement avec la zone périphérique, qui est hémorrhagique, rougeâtre, noirâtre, plus foncée par places. Quand on incise des tubercules composés, on constate les mêmes caractères, répétés un plus ou moins grand nombre de fois, chaque nodule partiel évoluant pour son propre compte, comme s'il était seul.

Des coupes, pratiquées sur des tubercules adultes et examinées au microscope, permettent de bien voir la structure des diverses parties. On voit parfois, au sein du nodule, une branche à épithélium desquamé et à parois infiltrées de cellules embryonnaires. La zone centrale est un ilot plus ou moins irrégulier de pneumonie lobulaire ; ses festons sont formés de lobules pulmonaires, oblitérés par des éléments embryonnaires, et dont les alvéoles sont dépouillées de leur endothélium. Cet ilot de pneumonie lobulaire est opaque au centre, où les éléments sont pressés, ratatinés, entourés d'une masse granuleuse, moins distincts dans leurs contours, moins colorés par le carmin. A la périphérie de l'ilot, les éléments se colorent mieux, offrent des noyaux multilobés, sont en voie de prolifération et gardent longtemps leur vitalité. Autour de la zone centrale, on voit la zone moyenne qui est translucide, et dont les alvéoles sont dépouillés de leur endothélium et remplis d'une matière jaune-verdâtre, qui englobe quelques cellules embryonnaires. Cette zone est formée par des hémorrhagies anciennes. La matière renfermée dans les alvéoles est de la fibrine granuleuse ou fibrillaire ; on y rencontre aussi quelques globules rouges plus ou moins décolorés, des leucocytes, des cellules endothéliales devenues actives, globuleuses, chargées de pigment sanguin, ayant englobé des globules rouges et les ayant digérés. La zone excentrique est formée d'hémorrhagies récentes, disséminées. En dehors de cette partie, le poumon devient perméable ; il est hypérémié à une certaine distance ; il offre ça et là de petites hémorrhagies miliaires ; les veines son dilatées par places et entourées de globules blancs sortis par diapédèse, quelquefois elles sont oblitérées par des caillots.

Le nodule morveux s'entoure d'hémorrhagies, qui se caséifient en allant du centre à la périphérie du bouton ; il s'accroit par des exsudations sanguines et des hémorrhagies à sa périphérie; et il se caséifie progressivement à son centre, sans passer à la suppuration. Le centre caséeux s'accroit et la zone moyenne se caséifie à son tour. Plus tard le ramollisement se produit et le néoplasme peut s'ouvrir dans une branche; quelquefois il se transforme en un véritable abcès. D'autres fois il se raccornit et finit par s'entourer d'une coque kystique; parfois, mais très rarement, il se calcifie.

Il n'est pas rare que des tubercules pulmonaires ne se caséifient pas et forment du tissu conjonctif, d'abord jeune, vasculo-embryonnaire, puis s'organisant et devenant analogue à celui des cicatrices. Autour de ces points, qui ont l'apparence des cicatrices, le poumon est modifié; les alvéoles, d'abord remplies de cellules endothéliales gonflées, s'applatissent; les travées inter-alvéolaires s'épaississent et se transforment en tissu fibreux.

On peut donc trouver, dans un poumon morveux, des taches ecchymotiques, des tuberbules adultes, des tubercules ramollis, des tubercules enkystés, des tubercules ulcérés, des points sclérosés, etc.

Tubercules des muqueuses. — Les muqueuses respiratoires, qui deviennent le siège de lésions morveuses, présentent une inflammation diffuse et des inflammations nodulaires.

Les nodules débutent, comme ceux du poumon, par de la congestion, par de l'exsudation fibrineuse, par des hémorrhagies et par une inflammation proliférative; ils se caséifient ensuite, puis il se ramollissent, et enfin ils s'ulcèrent. Ils sont isolés ou agglomérés; à leur pourtour la muqueuse est épaissie, congestionnée et plus dure; ils deviennent jaunâtres, quand ils se caséifient; ils sont gros comme une tête d'épingle; leur section est irrégulière dans son pourtour, elle présente des ramifications jaunâtres, allant en sens divers, et s'anastomosant avec celles des nodules voisins; des nappes hémorrhagiques sont entremêlées avec ces ramifications, et montrent, à leur centre, des artérioles et des veinules dilatées. Des nodules peuvent se former dans le tissu sous-muqueux. Au niveau des tubercules, les vaisseaux sont dilatés, le derme muqueux est infiltré de cellules embryonnaires mêlées de globules rouges, et enfoncées dans un réticulum fibrineux; çà et là, dans et autour de l'ilot, on voit des hémorrhagies; puis la fibrine devient granuleuse et granulo-graisseuse; les cellules du centre du nodule meurent; les vaisseaux s'oblitèrent; bientôt le centre est caséeux, puis se ramollit et finalement l'ulcération se produit. Les plaies, résultant de l'ulcération, sont atones; leur fond repose sur une inflammation fibrineuse, dégénérative, qui n'a pas d'éléments de vitalité; il y a désagrégation progressive de la substance subjacente.

Tubercules de la peau, boutons farcineux. — De même que sur les muqueuses, on observe sur la peau les lésions de la dermite diffuse et des dermites nodulaires, tuberculiformes.

Les inflammations nodulaires de la peau s'annoncent par de la congestion, de l'exudation fibrineuse, des hémorrhagies punctiformes, et par une inflammation proliférative diffuse, intéressant le derme ou le tissu conjonctif sous-cutané ou les deux à la fois. Puis, dans cette inflammation diffuse, apparaissent des nodules, arrondis ou lobés, formés de cellules actives, qui prolifèrent; les vaisseaux sont très dilatés; les nodules croissent, deviennent confluents, et se caséifient. Alors on voit des ilots jaunâtres multilobés, faciles à dissocier, entourés d'une zone translucide, formée d'éléments jeunes. Le tissu du derme est devenu homogène et transparent, à cause de l'inflammation diffuse; il est friable, car il y a eu disparition de la substance fondamentale et fonte des réseaux élastiques; les artérioles sont enflammées. Les nodules se ramollissent à leur centre, croissent par la caséification progressive de la zone moyenne et par l'adjonction de nodules nouveaux. La zone embryonnaire s'étendant, se rapprochant peu à peu de la surface cutanée, l'ulcération se produit, comme dans les abcès. Les chancres, résultant de ce travail, sont anfractueux et évoluent comme ceux de la pituitaire.

LÉSIONS DES DIVERS ORGANES

Dans la morve on trouve des lésions un peu partout, dans la peau, dans le tissu conjonctif sous-cutané, dans les organes de de l'appareil locomoteur, dans le système lymphatique et ganglionnaire, dans l'appareil respiratoire, dans l'appareil circulatoire, dans l'appareil digestif, dans l'appareil génito-urinaire et même dans le système nerveux.

A la peau et dans le tissu conjonctif, on trouve des boutons, des ulcères, des tumeurs et des engorgements. Dans le système lymphatique sous-cutané, on trouve des lymphangites, des cordes; et dans les ganglions superficiels, on observe des adénites, des tuméfactions inflammatoires.

Les boutons présentent des caractères variables suivant leur âge; ils sont plus ou moins nombreux; ils sont simples ou composés, formés de plusieurs nodules juxtaposés et se confondant ensuite. Les boutons farcineux débutent par une inflammation, accompagnée de congestion et d'hémorrhagie; aussi présentent-ils tous les caractères de l'inflammation pendant leur première période. Ils sont formés de deux zones, dont l'une centrale, offrant du tissu embryonnaire, et l'autre périphérique congestionnée, hémorrhagique, infiltrée.

Des modifications surviennent très rapidement; et, si on incise des boutons arrivés à la période de crudité, on les trouve formés par trois zones concentriques présentant des caractères bien différents. La zone centrale est caséeuse, jaunâtre, homogène, invasculaire, arrondie ou plus ou moins irrégulière dans son contour; elle est formée par une matière caséeuse, composée de cellules ratatinées, déformées, de granulations, de gouttelettes graisseuses, de noyaux et de débris de cellules; elle est la conséquence de la mortification et de la dégénérescence des éléments inflammatoires.

Autour de cette zone jaunâtre, on voit une zone médiane grisâtre, lardacée, humide, inflammatoire, assez consistante, formée de tissu conjonctif infiltré, enflammé et offrant un certain nombre de points hémorrhagiques anciens, dans lesquels le sang s'est modifié, s'est détruit. C'est cette zone qui constitue le fond et les bords des ulcères, quand les boutons se sont ramollis et ulcérés.

En dehors de cette couche médiane, se trouve la zone périphérique, qui offre tous les caractères de l'inflammation débutante, qui est rougeâtre, vasculaire, congestionnée, enflammée, et qui présente des foyers hémorrhagiques récents, dans lesquels le sang se voit encore en nature

L'inflammation s'étend au delà des boutons; il y a souvent une véritable dermite diffuse; on voit de distance en distance des noyaux inflammatoires plus ou moins étendus; et bien souvent, sur l'animal vivant, on peut constater un épaississement plus ou moins prononcé de certaines régions de la peau, au niveau desquelles on voit ensuite les lésions de la dermite.

Quand le bouton se ramollit, c'est la partie centrale qui éprouve la fonte; quelquefois le ramollissement débute en plusieurs points à la fois, c'est lorsque le bouton est composé; ensuite ces divers foyers se confondent. Le ramollissement progresse peu à peu, s'étend aux dépens de la zone centrale et de la zone médiane, quand la première est complètement ramollie. Tous les boutons ne se ramollissent pas; et, si ceux qui se ramollissent s'ulcèrent ensuite le plus ordinairement, il en est qui persistent avec leur état de ramollissement. Le contenu des boutons ramollis est jaunâtre, oléiforme ; autour de la matière ramollie existe une poche dure, dont le tissu est infiltré. Après l'ulcération, il reste quelquefois une partie du noyau primitif. Les chancres ont une coloration jaunâtre ou plombée ; le tissu qui les circonscrit est dense, dur, résistant, lardacé, etc. Certains boutons, restés durs, sont exclusivement fibroïdes, mais ordinairement ils sont caséeux.

Les tumeurs sous-cutanées, ordinairement rares et toujours peu nombreuses, ne sont autre chose, au point de vue anatomo-pathologique, que des kystes à contenu jaunâtre, sanguinolent, sanieux.

Les engorgements farcino-morveux, qu'on observe dans certaines régions, sont caractérisés au début par de la congestion, par des hémorrhagies et surtout par une infiltration considérable dans le tissu conjonctif sous-cutané. Une fois formé, l'engorgement devient peu à peu chronique, il passe à l'état d'œdème passif. On peut rencontrer, à son voisinage ou dans son étendue, des cordes, des boutons, des foyers de ramollissement, des abcès, des plaies ulcéreuses. Il n'est pas rare de le trouver en partie dur, consistant, organisé, lardacé ; au niveau de l'œdème il y a en même temps dermite et infiltration de la peau.

Les cordes, de même que les autres lésions, peuvent se montrer à diverses périodes de leur évolution. A leur première période, on constate l'inflammation du vaisseau lymphatique, l'altération de la lymphe et de la congestion ainsi que de l'infiltration au pourtour du vaisseau malade. La lymphe est trouble, jaunâtre, grisâtre, coagulée par places ou dans une étendue considérable et adhérente aux parois du vaisseau, qui sont altérées, dépolies, épaissies, infiltrées ; la cavité du vaisseau est interceptée en entier ou seulement çà et là par des caillots adhérents; la surface interne du vaisseau est altérée.

Le tissu périvasculaire est infiltré par une sérosité jaunâtre, quelquefois gélatiniforme. Il se produit des dilatations au niveau des valvules; et ces dilatations constituent les nodosités qui doivent ensuite se ramollir et s'ulcérer.

La coupe d'une corde, définitivement formée, montre trois zones : une centrale, caséeuse, jaunâtre, formée par la lymphe coagulée ; une moyenne, dure, grisâtre, formée par les parois du vaisseau, enflammées et infiltrées; et une périphérique plus vasculaire et infiltrée.

Les nodosités se ramollissent et s'ulcèrent ensuite comme les boutons ; les plaies qui en résultent sont caractérisées comme celles qui dérivent des boutons.

L'inflammation des ganglions lymphatiques est consécutive à celles des vaisseaux lymphatiques qu'ils reçoivent. Lorsque les ganglions deviennent malades, ils éprouvent une congestion plus ou moins intense suivant la marche de la maladie.

A la période initiale de son altération, le ganglion est hypertrophié, rouge, congestionné, infiltré, ramolli ; et, dans l'intérieur de sa substance, on trouve des points plus ou moins foncés, qui sont constitués par des hémorrhagies et qui sont accompagnés d'inflammations prolifératives; bientôt en effet on y rencontre des éléments embryonnaires nouveaux en très grand nombre, qui souvent finissent par dégénérer. C'est ainsi que la glande passe à sa deuxième période, car les éléments inflammatoires qu'elle contient se transforment en une masse caséeuse; et en ouvrant le ganglion, on aperçoit des points jaunâtres entourés d'une coloration plus foncée; ce sont là des caractères à peu près constants.

Mais il n'y a pas que le ganglion qui soit malade ; le tissu qui l'entoure devient le siège d'une infiltration plus ou moins abondante, plus ou moins colorée en rouge. Puis peu à peu ces caractères se modifient ; l'infiltration périphérique est résorbée et diminue ; en outre le ganglion lui aussi diminue peu à peu, car l'inflammation se transforme et amène la formation d'un tissu adulte, qui peut même dans certains cas envahir tout le ganglion. Ce tissu de nouvelle formation crie sous l'instrument tranchant ; il est dur, fibreux, grisâtre ou jaunâtre.

La glande, qui présente dans toutes ses parties ces caractères, ne se termine jamais ni par le ramollissement, ni par la résolution, ni par l'ulcération ; elle conserve cet état et persiste pendant le reste de la vie du malade.

Le plus habituellement les choses ne se passent pas ainsi, et, même dans la morve chronique, il se forme des foyers caséeux, qui restent au sein du tissu lardacé avec leurs caractères primitifs. Les ganglions sont alors mamelonnés, bosselés; lorsqu'on les incise, on trouve au sein du tissu sclérosé, qui les constitue, un ou plusieurs points jaunâtres : ce sont là autant de foyers caséeux.

Les lymphatiques intra-ganglionnaires sont enflammés.

En résumé, l'adénite morveuse est variable. Dans la morve aiguë, il y a inflammation diffuse du ganglion, accumulation de globules blancs, formation de points purulents. Dans la morve chronique, le ganglion est dur, dense, homogène ou caséeux par places ; sa section est sèche et présente çà et là des lignes ardoisées, pigmentées ; les vaisseaux sanguins sont gorgés de sang à la périphérie du ganglion, ils sont oblitérés et obstrués par des caillots dans les parties caséeuses. On a prétendu que l'étude de la glande morveuse, après son extirpation, pouvait faciliter le diagnostic ; mais les altérations précitées, outre qu'elles ne sont pas toujours bien caractérisées, peuvent se produire en dehors de la morve ; aussi ne faut-il pas compter sur l'expédient de l'églandage, pour établir le diagnostic de l'affection morveuse.

Dans l'appareil locomoteur on rencontre parfois certaines lésions. Les muscles n'ont pas été étudiés suffisamment jusqu'à présent. Cependant, dans les cas de farcin et de morve aigus, il n'est pas rare d'observer une infiltration rougeâtre, qui est surtout manifeste dans le tissu conjonctif périmusculaire et inter-musculaire. Les séreuses articulaires et tendineuses peuvent être malades ; elles se montrent parfois congestionnées, enflammées, et renferment un liquide plus ou moins coloré en rouge ; quelquefois ces inflammations deviennent suppuratives et les germes peuvent s'ulcérer ; d'autrefois il se produit de véritables hydarthroses. A la longue les os deviennent plus friables et leur moelle plus diffluente.

Dans l'appareil respiratoire on constate ordinairement l'existence de lésions nombreuses et importantes, de nodules, de tubercules plus ou moins nombreux et à diverses périodes d'évolution. Ces lésions peuvent se montrer sur la pituitaire, sur la muqueuse des sinus, dans le larynx, dans la trachée, dans les bronches, dans les poumons, sur les plèvres.

La pituitaire offre les lésions de la morve aiguë ou les lésions de la morve chronique. Elle est hypérémiée, épaissie, rougeâtre, safranée, violacée, pâle, infiltrée, tachetée. Ses vaisseaux sont distendus, enflammés, oblitérés, obstrués par des caillots plus ou moins adhérents. On trouve parfois des lymphatiques enflammés et passés à l'état de cordes. Il existe des élevures, des nodules, des tubercules à différentes périodes d'évolution, entourés ou non d'une zone rougeâtre. Ces élevures peuvent se montrer dans les diverses parties de la pituitaire. On rencontre quelquefois des plaques infiltrées et aussi des plaques gangrenées dans la morve aiguë. Les follicules de la muqueuse sont hypertrophiés. Il y a souvent des ulcères plus ou moins nombreux, plus ou moins étendus, appartenant au type aigu ou au type chronique. Les chancres de la pituitaire, comme ceux de la peau, sont atones et ne tendent pas à se cicatriser. Par suite de la marche de la maladie et de l'extension des lésions, il peut se produire des caries cartilagineuses ou osseuses (cloison, cornets, ethmoïde).

Dans les sinus, la muqueuse peut offrir des modifications profondes : tantôt elle est simplement congestionnée, hypérémiée, épaissie et catarrhale dans la morve aiguë ; tantôt elle est pâle, épaissie, catarrhale, bourgeonneuse dans la morve chronique et s'accompagne d'une collection purulente, qui finit par déterminer le gonflement de l'os.

Sur la muqueuse respiratoire, comme sur la peau, l'inflammation se propage au delà des tubercules ; ceux-ci sont entourés d'une inflammation diffuse plus ou moins étendue. La muqueuse est irritée profondément et superficiellement autour des chancres ; l'épithélium se renouvelle rapidement ; il y a une infiltration manifeste et des globules blancs, sortis des vaisseaux, se sont accumulés sous l'épithélium et interposés entre les cellules épithéliales. Les glandes muqueuses sont irritées, leurs éléments deviennent granuleux, leur sécrétion est plus abondante.

La muqueuse laryngienne peut présenter les mêmes lésions que la pituitaire (congestion, infiltrations, épaississement, turgescence de l'appareil glandulaire, tubercules, chancres, etc.).

On peut aussi rencontrer parfois des lésions de morve (hypérémie, tubercules, épaississement, chancres) sur la muqueuse des poches gutturales.

Il n'est pas absolument rare de voir, sur la muqueuse trachéale et sur la muqueuse bronchique, les mêmes lésions que sur la pituitaire, notamment des tubercules et des ulcérations ; parfois même ces dernières acquièrent des proportions considérables et peuvent s'accompagner de la carie du cartilage.

Dans les poumons, les lésions sont ordinairement très abondantes, surtout quand il s'agit de la morve aiguë. Elles varient dans leur aspect et dans leurs caractères macroscopiques, suivant qu'il s'agit de l'un ou de l'autre type. Elles consistent en ecchymoses, en points hémorrhagiques, qui ne sont autre chose que des tubercules naissants, en tubercules à diverses périodes de leur évolution, en bronchite, en péribronchite, en pneumonies lobulaires, interstitielles, en scléroses, etc. Dans la morve aiguë, il arrive souvent que l'on rencontre des points ou des foyers hémorrhagiques plus ou moins nombreux et disséminés partout.

Les tubercules sont plus ou moins nombreux, miliaires, pisiformes, profonds, superficiels, isolés, confluents. Ils sont jaunâtres, grisâtres, entourés ou dépourvus de zone congestionnelle apparente, ramollis, abcédés, enkystés, calcifiés, etc. Souvent on observe une inflammation aiguë ou chronique autour des petites bronches, dont les parois s'enflamment à leur tour; il y a péribronchite et bronchite envahissante. Les bronches attaquées diminuent de calibre, puis s'obstruent et se transforment en cordons fibreux.

Il n'est pas rare de rencontrer, dans les poumons tuberculisés, des points de pneumonie lobulaire et de pneumonie interstitielle (morve aiguë) et des points sclérosés (morve chronique), formés de tissu dur, lardacé et dérivant d'une inflammation aiguë qui s'est organisée. Les chevaux qui sont morveux depuis un certain temps, présentent souvent des lésions d'emphysème pulmonaire. Quand les malades ont succombé naturellement à la suite de la morve et principalement de la morve aiguë, on peut observer les lésions de l'asphyxie ou de la septicémie, si la mort a été la conséquence de l'une ou de l'autre de ces complications.

Les plèvres sont parfois congestionnées (morve aiguë) et présentent des ecchymoses, des points hémorrhagiques, disséminés, quelquefois confluents; il y a parfois de la pleurésie avec épanchement. Dans la morve chronique, on peut rencontrer sur les plèvres des taches blanchâtres, opalines, formées de tissu sclérosé et plus ou moins en relief, et des plaques molles, grisâtres, laissant échapper une matière colloïde. Il peut arriver que, sous l'influence de la généralisation du virus, la plèvre entière se soit enflammée et qu'il en soit résulté une pleurite chronique ou subaiguë avec hydrothorax et fausses membranes.

Les lésions de l'appareil circulatoire, si on en excepte celles du système ganglionnaire et lymphatique, sont moins importantes. Au début de la maladie, il y a hypérinose, excès de fibrine dans le sang, qui s'appauvrit quand la morve dure et évolue lentement.

Les globules blancs deviennent bientôt plus abondants, et la morve finit par amener une sorte de leucocytose; mais ce caractère n'a pas une grande importance au point de vue du diagnostic, car dans beaucoup de maladies épuisantes, le nombre des globules rouges diminue pendant que celui des globules blancs augmente. Quelquefois le cœur lui-même présente des altérations, qui siègent surtout sur ses séreuses, et qui consistent en taches ecchymotiques et en tubercules. Enfin les vaisseaux sanguins et surtout les veines des parties malades peuvent être le siège d'inflammation, s'obstruer, présenter des caillots, des thromboses.

Dans l'appareil digestif on ne trouve pas habituellement des lésions de morve. Cependant le tubercule peut évoluer dans l'intestin et donner lieu à des ulcérations. On trouve parfois des ecchymoses sur le péritoine. Le foie, la rate sont quelquefois altérés; à la surface de la rate on trouve des taches, des tubercules; dans le foie ces mêmes altérations ne sont pas rares.

Enfin, dans le cas de morve avancée, les divers ganglions peuvent être altérés, ainsi que de nombreux vaisseaux lymphatiques dans diverses régions, dans divers organes.

Dans l'appareil génito-urinaire, les lésions de la morve sont assez fréquentes. Elles consistent surtout en congestion, inflammation, exsudation; on peut en rencontrer dans tous les organes de cet appareil.

Chez les chevaux entiers, il y a souvent : inflammation et infiltration dans le fourreau, dans les bourses; inflammation uniforme ou ponctuée et exsudation dans la séreuse testiculaire; inflammation et tuberculisation du testicule, qui est hypertrophié, enflammé dans toute sa masse ou seulement en des points plus ou moins nombreux; inflammation, turgescence et parfois abcédation de l'épididyme; inflammation et infiltration du cordon, qui est plus volumineux et dont les lymphatiques sont enflammés, obstrués, oblitérés, transformés en cordes. Il y a aussi parfois congestion, épaississement de la muqueuse des vésicules séminales, dont les follicules peuvent se montrer plus ou moins hypertrophiés.

Chez la jument les lésions de la morve peuvent se montrer dans les mamelles (engorgement, inflammation), dans l'utérus et le vagin, dont la muqueuse est quelquefois, comme la pituitaire, congestionnée, boursouflée, catarrhale, tuberculisée, ulcérée.

Les reins présentent quelquefois aussi des tubercules aigus, subaigus, chroniques, etc.

L'appareil de l'innervation semble, lui aussi, offrir des lésions, mais on est peu avancé dans leur étude. Pourtant il est certain que dans quelques cas (morve aiguë ou subaiguë), il se produit de la congestion dans les centres nerveux, de l'exsudation dans les méninges et des foyers de ramollissement rouge au niveau du renflement lombaire de la moelle.

ETIOLOGIE

Le développement de l'affection farcino-morveuse, comme celui de la plupart des maladies contagieuses, a été attribué à deux ordres de causes bien différentes. Le plus souvent on l'a considérée comme se développant par le seul fait de la contagion ; mais un certain nombre d'auteurs et de vétérinaires ont cru, et quelques-uns croient même encore à la spontanéité de cette maladie. Depuis très longtemps il y a eu des spontanéistes et des contagionnistes. A la fin du siècle dernier et même au commencement de celui-ci, il y a eu des anticontagionnistes, qui ont nié la contagiosité de la morve chronique. Aujourd'hui tous les vétérinaires admettent la contagion de la morve et ils sont même, pour le plus grand nombre, contagionnistes absolus, c'est-à-dire qu'ils n'admettent que la contagion comme cause de la morve. Il en est encore quelques-uns qui, tout en admettant la contagion, croient néanmoins que la morve peut se développer spontanément sous l'influence de certaines causes.

Histoire de la contagion de la morve. — L'affection farcino-morveuse est connue depuis fort longtemps ; les Grecs et les Romains la connaissaient déjà ; Aristote en parle dans ses écrits.

Au IV° siècle de notre ère, Absyrthe, qui l'observa dans la cavalerie de Constantin le Grand, reconnut la morve aiguë et nota sa contagiosité.

Vegetius Renatus (Végèce) distingua plusieurs formes dans cette affection, il rapproche le farcin de la morve, dont il admit la contagiosité ; il conseilla la pratique de l'isolement.

En 1682, Solleysel disait que le farcin était le cousin germain de la morve ; il affirmait, d'après son observation, que la morve était une affection contagieuse, et il reconnaissait que la contagiosité était variable suivant les cas.

En 1734, Gaspard de Saunier, et Garsault en 1746, reconnurent l'incurabilité et la contagiosité de la morve sous toutes ses formes.

Lafosse père (1749) regarda la morve comme une maladie inflammatoire, localisée à la pituitaire et nia sa contagiosité. Il reconnut pourtant plusieurs variétés de morve, savoir : une morve proprement dite, localisée à la pituitaire et non contagieuse ; une morve de farcin, caractérisée par des lésions de la pituitaire et par des lésions pulmonaires, et contagieuse ; des morves de pulmonie, de courbature, de fausse gourme, de morfondure, non contagieuses.

Il n'y avait pas là une doctrine nouvelle, il y avait tout simplement une confusion ; le même nom était appliqué à des maladies différentes par leur nature.

Lafosse fils distingua deux sortes de morve proprement dite : une morve non contagieuse, caractérisée par un jetage abondant, jaunâtre ou grisâtre, et par l'absence de chancres ou par la présence de chancres très peu nombreux ; une morve contagieuse, la morve aiguë, la morve de farcin, caractérisée par un jetage noirâtre, sanieux, sanguinolent et par des chancres nombreux sur la pituitaire.

La doctrine des Lafosse, ou pour mieux dire de Lafosse fils, se résume donc dans ces deux idées : distinction d'une morve aiguë et d'une morve chronique ; négation de la contagiosité de cette dernière. Cette doctrine eut un retentissement qu'elle ne méritait pas et entraîna dans la suite des conséquences déplorables ; elle devint et resta longtemps, trop longtemps, la fille adoptive des professeurs de l'Ecole d'Alfort, qui la firent adopter à leur tour par leurs nombreux élèves.

Bourgelat, et avec lui les vétérinaires de la fin du siècle dernier, rejetèrent les idées de Lafosse et restèrent contagionnistes.

Vitet (1771) affirmait que la morve était toujours contagieuse. Paulet (1775) épousait au contraire la doctrine de Lafosse.

Les écoles vétérinaires admirent à leur origine les idées de leur fondateur ; et celle de Lyon y est toujours restée fidèle.

A Alfort, le successeur de Bourgelat, Chabert, enseigna d'abord les idées du maître ; puis il changea d'opinion, il admit les idées de Lafosse, il devint anticontagionniste et prétendit que la morve est une maladie due à des dispositions individuelles, provoquée par un vice d'alimentation, par un excès de travail, par la mauvaise hygiène des habitations, etc.

A l'Ecole de Lyon, Gohier restait le vrai disciple de Bourgelat ; il était contagionniste, et, non content de démontrer la contagion par des faits d'observation clinique, il avait recours à l'expérimentation. Il transmit expérimentalement la morve, au moyen du jetage morveux mis en contact avec la pituitaire, à six animaux solipèdes.

Il observa des cas de contagion provoquée par l'emploi de couvertures ayant servi pour des morveux, par la cohabitation avec des animaux malades et par le séjour dans des locaux non désinfectés.

Après Gohier, Rainard observa des faits analogues, et bien d'autres vétérinaires constataient des cas innombrables de contagion.

Malgré tout cela, l'école d'Alfort devenait anticontagionniste et persistait dans son erreur; professeurs et élèves devenus vétérinaires niaient à qui mieux mieux la contagion de la morve, qu'ils considéraient comme une simple maladie inflammatoire.

Godine, d'abord contagionniste, devenait anticontagionniste, parce qu'il avait vu la cohabitation avec un animal morveux rester sans conséquence, et parce qu'il n'avait pas vu la morve se déclarer après une injection de pus morveux dans la pituitaire.

Chabert, Fromage de Feugré et Chaumontel firent des expériences, mais ils procédèrent avec un parti pris bien évident, et, quoique leurs expériences eussent démontré la contagiosité, ils restèrent anticontagionnistes.

Dupuy nia, lui aussi, la contagion de la morve, malgré les expériences de Gohier.

Rodet était pareillement anticontagionniste, et il prétendait que la morve était due à des influences constitutionnelles ou à des causes accidentelles.

Morel et Louchard affirmaient avec une singulière désinvolture que la morve n'est pas contagieuse.

Vatel et Hurtrel d'Arboval considéraient la morve chronique comme une maladie inflammatoire simple.

Gilbert et Barthelemy reconnaissaient, comme Lafosse fils, une morve chronique non contagieuse et une morve aiguë bien différente par sa nature.

La doctrine de Lafosse avait donc à cette époque un grand nombre de partisans; les vétérinaires militaires et civils sortis d'Alfort en vinrent naturellement à ne pas prendre toutes les précautions nécessaires pour empêcher l'extension de la morve. On comprend sans peine quelles conséquences déplorables devaient résulter de cette incurie chaque fois que la morve apparaissait dans un quartier de cavalerie, dans une écurie quelconque et surtout dans les grandes agglomérations de chevaux.

Renault, Delafond et M. H. Bouley ne laissèrent pas perdre le triste héritage de leurs prédécesseurs; ils furent des apôtres de la spontanéité et des anticontagionnistes opiniâtres; ils accumulèrent les faits de non-contagion et les faits tendant à prouver que la maladie peut naître sans l'intervention de la contagion, et ils eurent le tort d'oublier qu'un seul cas de contagion bien observé était plus que suffisant pour détruire tout leur étalage de preuves incomplètes.

Les faits de non-contagion et les faits de spontanéité n'ont aucune valeur probante. Il serait peu rationnel de conclure à la non contagiosité de la morve, parce que des animaux exposés n'auraient pas contracté la maladie, attendu que les neuf dixièmes des animaux exposés à la contagion naturelle ne contractent pas la maladie, attendu que le virus n'est pas introduit nécessairement dans l'organisme, à la suite de la cohabitation par exemple. Il est aussi illogique et aussi faux de conclure au développement spontané de la morve, parce qu'on n'en a pas pu ou pas su ou pas voulu suivre la filiation. On ne pourrait pas non plus nier la contagion, parce qu'une fois on n'aurait pas produit la morve en inoculant de la matière morveuse; et d'ailleurs il ne faut pas oublier que les expérimentateurs d'alors méconnaissaient de parti pris le résultat de leurs expériences et voyaient une autre maladie dans la morve qu'ils avaient provoquée.

La doctrine de Lafosse fut donc acceptée et défendue par les trois professeurs précités, qui admettaient que la morve aiguë est seule contagieuse.

L'administration de la guerre s'émut de ce qui se passait dans les régiments, où la plupart des vétérinaires, étant spontanéistes, négligeaient souvent les mesures sanitaires nécessaires pour empêcher l'extension de la morve; elle nomma, en 1836, une commission pour étudier la question de la contagion de cette affection. Yvart, Dupuy, Magendie et un vétérinaire militaire, Berger-Périères, en firent partie; Yvart fut bientôt remplacé par Renault. La commission, ainsi composée d'anticontagionnistes, procéda avec lenteur et avec un parti pris, qui paralysèrent ses efforts; elle continua ses opérations pendant plusieurs années, sans tirer aucune conclusion. Elle obtint la morve par l'inoculation et par la cohabitation des animaux sains avec des animaux malades; mais elle eut grand soin de ne pas voir la vérité et d'attribuer la maladie à d'autres causes ou de la considérer comme étant non la morve, mais bien le farcin ou la phthisie. Quand elle n'avait aucune autre ressource pour échapper à la conclusion logique et vraie de son œuvre, elle prétendait que les chevaux mis en expérience étaient glandés ou en puissance de morve. Le ministre se plaignit; mais la commission persista dans son parti pris et objecta qu'on lui avait donné des sujets d'expérience déjà malades ou en voie de le devenir. De nouveaux membres furent adjoints aux premiers, ce furent William-Edwards, Boussingault, Rayer, Breschet, Barthélemy et Tassy. Deux essais de cohabitation donnèrent des résultats probants. Dans un premier essai, sur dix chevaux sains intercalés entre des morveux, neuf devinrent malades; et dans un second, il y en eut quatre sur sept. Ensuite les expériences furent interrompues, et les résultats obtenus ne furent pas publiés; ils ne devaient être connus qu'en 1849.

En 1837, Rayer démontra que la morve est transmissible à l'homme; d'autres faits de transmission du cheval à l'homme avaient été observés auparavant, et depuis il en a été relaté un certain nombre. En 1837-38, s'engagea devant l'Académie de médecine une discussion sur la morve dans laquelle la doctrine anti-contagionniste fut ébranlée.

En 1839, Urbain Leblanc de Paris prouva la contagiosité de l'affection farcino-morveuse par des observations cliniques et par des faits expérimentaux.

Et malgré tout, Delafond et M. H. Bouley, consultés en 1842 par le tribunal d'Avallon sur la contagiosité de la morve, déclarèrent que la morve chronique n'est pas contagieuse, tout en ajoutant cependant qu'elle devait être considérée comme contagieuse, à cause de sa transformation possible et difficilement saisissable.

Enfin en 1843, M. Bouley, dans un mémoire sur cette affection, a encore affirmé que la morve absolument chronique n'est pas contagieuse, que la morve aiguë est seule contagieuse, mais que la morve chronique doit être considérée comme contagieuse, parce qu'elle se transforme en morve aiguë, sans qu'on s'en aperçoive.

Dès ce moment la partie était gagnée par les contagionnistes, attendu que les anticontagionnistes en étaient réduits à confesser que la morve doit toujours, en pratique, être considérée comme contagieuse.

En 1849, Riquet et Barthélemy communiquèrent à la Société centrale de médecine vétérinaire les derniers résultats positifs obtenus par la commission que le ministre de la guerre avait nommée. Renault se défendit, en invoquant les raisons déjà invoquées par la Commission, et conserva son opinion anticontagionniste; pourtant la contagiosité de la morve chronique était très bien établie par les faits.

En 1854, parut une circulaire du ministre de la guerre, ordonnant aux chefs de corps de considérer la morve comme étant toujours contagieuse et de prendre les mesures propres à sa propagation.

En 1861, il y eut encore devant l'Académie de médecine une discussion sur la morve, dans laquelle la spontanéité fut soutenue.

En 1862-63, M. Saint-Cyr établit expérimentalement que la morve, reconnue chronique à l'autopsie, est contagieuse.

On a soutenu que la morve pouvait dériver de certaines maladies suppuratives, telles que la gourme, l'infection purulente, etc.; mais nous verrons plus loin que c'est là une pure hypothèse; si la morve apparaît après une maladie pyogénique, c'est que par suite de la contagion, elle est venue se greffer sur la maladie préexistante; et d'ailleurs il est arrivé sans doute que des observateurs mal avisés ont pris pour de la morve ce qui n'était que de l'infection purulente.

En résumé, s'il est encore de par le monde vétérinaire quelques personnes qui croient à la spontanéité de la morve, on ne trouve plus d'anticontagionnistes.

La même diversité d'opinions qui s'est produite en France a existé aussi dans les pays voisins de nous, en Allemagne, en Italie, en Angleterre.

Spontanéité. — Le mot *spontanéité*, appliqué au développement d'une maladie, signifie qu'elle apparaît sous l'influence d'une cause ordinaire, sans qu'il y ait eu introduction d'un contage, d'une germe provenant directement ou indirectement d'un individu malade. Ainsi comprise, la spontanéité d'une maladie contagieuse, de la morve en particulier, n'est plus guère admise de nos jours. Pourtant elle est encore acceptée par de bons esprits, et de nombreux faits sont invoqués à l'appui; mais ces faits n'ont jamais une valeur probante. C'est ainsi qu'on prétend, sans que cela soit démontré, que la morve, qui se greffe sur une maladie suppurative, sur une maladie quelconque, est un effet de la maladie préexistante. Tous les faits invoqués à l'appui d'une démonstration en faveur de la spontanéité, sont incapables de faire naître la certitude; et, quand on les examine de près, on s'aperçoit qu'ils ne peuvent même pas engendrer la moindre probabilité. La morve étant une maladie contagieuse, il faudrait, toutes les fois qu'on la croit spontanée, démontrer qu'elle s'est développée en dehors de toute contagion; il faudrait pouvoir la créer à volonté, ou au moins une bonne fois; or les spontanéistes y ont renoncé. On a vu la morve se déclarer après ou pendant certaines maladies ou certaines plaies suppurantes, et en vertu du « *post hoc ergo propter hoc,* » on en a conclu à la spontanéité; or c'est là un fort mauvais argument dans la circonstance, car, en supposant qu'il n'y ait pas eu contagion, on devrait peut-être accepter une transformation de l'infection purulente en morve, et dès lors ce ne serait pas à proprement parler la spontanéité. D'ailleurs beaucoup de causes, invoquées pour expliquer la spontanéité, agiraient de la sorte, si elles étaient susceptibles de produire la morve. Certains expérimentateurs affirment avoir obtenu la morve légitime, en injectant du pus non morveux dans les veines du cheval, et disent l'avoir vu se produire à la suite d'une résorption purulente. Il s'agit de savoir si l'infection purulente peut se transformer en morve; cela n'est guère probable, ainsi que nous le verrons plus loin. En attendant, retenons ce fait, c'est que le plus grand nombre des expérimentateurs n'ont jamais obtenu la morve avec du pus non morveux. On a vu la morve se déclarer quelquefois après une opération douloureuse, après une suppuration abondante, après un traumatisme, après des synovites articulaires ou tendineuses, après des caries, après une phlébite, après la gourme, etc., et on a cru à son apparition spontanée, sans avoir démontré qu'elle n'existait pas déjà et sans avoir prouvé qu'elle n'était pas le résultat d'une contagion ultérieure. Ces faits sont absolument dénués de toute valeur scientifique; ils constituent le roman de la morve.

Aujourd'hui on accuse volontiers du méfait, qui consiste à engendrer la morve, le travail épuisant et la nourriture insuffisante par la quantité ou par la qualité, parce qu'alors il y a, dit-on, rupture de l'équilibre entre la dépense et la réparation. Cette rupture d'équilibre se produit souvent, et ce n'est pas toujours dans les pays, dans les localités, dans les fermes où elle se produit le plus souvent, qu'on voit apparaître le plus ordinairement la morve. On a vu la morve ravager une écurie, parce que les chevaux avaient tout à coup travaillé sur une route plus malaisée, et disparaître ensuite quand la route devenait roulante. Ce fait ne prouve rien en faveur de la spontanéité, et c'est tout au plus s'il prouve que la fatigue peut accélérer la marche de la maladie et en accroître la contagiosité. A l'époque de la construction des fortifications de Paris, on voyait la morve plus fréquemment dans les écuries des petits entrepreneurs que dans celles des grands entrepreneurs; et cela devait être, non pas parce que la morve était le résultat des mauvais soins et de la mauvaise alimentation, comme on l'a prétendu, mais parce que les petits entrepreneurs s'approvisionnent ordinairement chez les marchands de bas étage, qui font parfois le commerce de la morve. On dit aussi avoir vu la morve sévir dans des écuries, après qu'on avait substitué une ration de pain à une ration d'avoine; et ce fait doit être interprété comme les précédents, car il ne prouve rien moins que la spontanéité de la morve. Travail épuisant, fatigue outrée, nourriture insuffisante, telles sont les causes invoquées par la plupart des spontanéistes, d'après lesquels le virus morveux serait ainsi le résultat d'une sécrétion troublée, pervertie, ou d'une résorption des matières de désassimilation produites en excès.

Jadis on invoquait, avec aussi peu de raison, pour expliquer l'apparition spontanée de la morve, la mauvaise hygiène, les habitations mal tenues, trop étroites, etc., les arrêts de transpiration, le mauvais choix des chevaux, leur incomplète adaptation au service exigé, les lieux humides, les climats froids et humides, les saisons à température changeante, les saisons pluvieuses, le tempérament des animaux, les maladies antérieures, surtout les maladies de poitrine, la gourme, le crapaud, les courbatures, etc.

Il n'y a pas lieu d'insister en détail sur l'action de ces diverses causes, qui sont toutes incapables de produire la morve et qui peuvent agir seulement comme débilitantes, prédisposer à la contagion, ou accélérer la marche de la morve déjà existante.

Transformation de l'infection purulente en morve. — L'infection purulente peut-elle se transformer en morve? Peut-on faire naître la morve en injectant du pus à un animal sain? La morve peut-elle se produire à la suite d'une résorption purulente? La réponse à cette question n'est pas bien facile : à ce sujet, les observateurs et les expérimentateurs sont divisés. Les uns pensent qu'on peut obtenir la morve en injectant du pus dans les vaisseaux et que la maladie est quelquefois la conséquence d'une résorption purulente; parmi eux on peut citer Renault, M. H. Bouley, Héring, Liautard, Degive, etc. D'après ces auteurs, la morve peut naître accidentellement chez un cheval à la suite d'une plaie suppurante, à la suite d'un foyer ouvert dans un vaisseau.

Or quelle conclusion doit-on tirer des faits d'observation et d'expérimentation sur lesquels ils s'appuient? Il est certain que la morve s'est manifestée sur des chevaux à qui on avait injecté du pus ou chez lesquels avait eu lieu une résorption purulente, et il est non moins certain que cette morve a pu être transmise par inoculation à d'autres animaux; mais il est probable que le pus injecté ou résorbé était un pus morveux; et il est arrivé sans doute plus d'une fois qu'on n'a pas vérifié par l'inoculation la nature de la maladie, et qu'on a considéré comme la morve l'infection purulente. D'ailleurs le plus grand nombre des expérimentateurs n'a jamais obtenu la morve en injectant ou en inoculant du pus non morveux.

La morve équine, transmise à l'homme, s'accompagne souvent de lésions analogues à celles de l'infection purulente, et il en est souvent de même quand elle est transmise au lapin. D'un autre côté, l'infection purulente prend quelquefois même chez le cheval les apparences de la morve. Ces deux affections ont des analogies au point de vue de l'anatomie pathologique; mais elles diffèrent par les propriétés de leur contage et ne se transforment pas; la morve ne devient pas l'infection purulente simple et l'infection purulente simple ne devient pas la morve.

CONTAGION DE LA MORVE

La morve est une affection contagieuse; cette propriété a été mise en évidence par l'étude historique qui précède; elle est démontrée par une observation déjà très ancienne, et elle l'est encore par l'observation clinique de tous les jours; on voit en effet, tous les jours des faits de contagion se produire. Du reste, ce n'est pas seulement l'observation clinique qui démontre la contagion de la morve sous toutes ses formes, c'est encore l'expérimentation. Depuis Gohier, toutes les expériences que l'on a faites, ont démontré ce que l'observation avait déjà appris. La cause unique de l'affection farcino-morveuse est la contagion. La maladie est contagieuse sous toutes ses formes et sous tous ses types; sous toutes ses formes (farcin, morve), elle est transmissible; et quand, en inoculant le produit recueilli sur un animal, qui paraît farcineux, on n'obtiendra pas la morve, il faudra en conclure que ce n'est pas au véritable farcin que l'on a eu affaire. Elle est transmissible sous tous ses types (type aigu, type chronique); il résulte de l'observation clinique et de l'expérimentation, que la morve chronique est contagieuse. Du reste il n'y a pas de limites, anatomiquement et physiologiquement parlant, entre la morve aiguë et l'état que nous appelons morve chronique. Certaines formes et certains types sont plus contagieux que les autres. Il est reconnu que la forme morveuse se transmet plus facilement, dans la pratique, que la forme farcineuse ; les animaux morveux salissant de leur jetage tout ce qui est à leur portée, on s'explique ainsi pourquoi la morve se transmet plus souvent que le farcin. Il est avéré aussi que le type aigu est plus contagieux que le type chronique, et la raison en est à ce que le type aigu détermine des lésions plus nombreuses, qui évoluent très rapidement et qui produisent une plus grande quantité de matière virulente, laquelle est rejetée dans le monde extérieur en plus grande abondance. Il ne faut pas oublier que sous l'influence de causes perturbatrices, de traumatismes, de la fatigue, de la mauvaise hygiène, etc., le type chronique peut se raviver, se transformer en type aigu et devenir ainsi plus contagieux.

Lorsqu'on met en contact, avec un même animal morveux, plusieurs autres animaux, tels que : chevaux, mulets, ânes, ces animaux exposés à la même contagion ou inoculés tous de la même manière, avec la même quantité de virus, présentent des différences dans la forme et surtout dans le type de la maladie qu'ils contractent. Les chevaux en général contractent une maladie à marche moins rapide que les mulets et les ânes ; et plusieurs chevaux, exposés à la même contagion, ou inoculés de la même manière, présentent les uns la morve aiguë, les autres la morve subaiguë, d'autres la morve chronique. Il arrive donc que le même virus, inoculé à des animaux de même espèce, de même âge, de même taille, en un mot aussi semblables que possible, provoque l'apparition de types différents suivant les individus.

Si la contagion est la seule cause qui puisse produire la maladie, il est cependant d'autres causes qui peuvent faciliter la contagion, soit en débilitant les organismes, soit en les préparant et les prédisposant en quelque sorte à la contagion, soit en amenant des rapports directs ou indirects des animaux sains avec les animaux malades.

Sièges du virus, ses caractères. — Il est certain que le virus existe dans tous les produits morbides, dans le jetage, dans le produit des boutons, des tumeurs et des ulcères, dans le pus des plaies accidentelles, dans le pus sécrété par un séton qu'on a placé sur un cheval morveux, dans le produit des collections, qui peuvent se former dans les tissus ou dans les poches gutturales ou ailleurs ; il existe aussi dans l'écoulement utéro-vaginal de la jument morveuse, dans les lymphatiques et les ganglions malades, qu'ils soient ramollis ou non. Il existe également dans le sang des animaux malades, et l'on peut très bien transmettre la morve, en transfusant à un animal sain le sang d'un cheval morveux ; on peut aussi faire apparaître la morve, en injectant à un animal sain du sang morveux sous la peau ou simplement en l'inoculant ; le sang des animaux morveux est donc virulent. Renault transmit la maladie, en transfusant à un cheval du sang pris sur un animal inoculé, avant que les symptômes de la morve se fussent montrés. Les muscles eux-mêmes son virulents ; leur suc contient le virus, il est inoculable. Il en est de même du suc des os. Ceux qui pratiquent des autopsies ne doivent jamais perdre de vue ces notions, qui les préviennent des dangers qu'ils peuvent courir. Les sérosités du tissu conjonctif, des cavités séreuses, pleurale, abdominale, gaîne testiculaire, etc., sont virulentes. Il en est de même de la synovie et du sperme. Il est facile de comprendre que ces divers produits ne deviennent virulents qu'autant que la maladie est généralisée.

La salive est-elle virulente ? Cette question a de l'importance, car un animal morveux, qui ne jette pas, peut, si sa salive est virulente, devenir tout de même un foyer de contagion, en souillant les objets divers qui sont à sa portée, en bavant sur les fourrages, dans les abreuvoirs, etc. ; le mors d'un cheval morveux peut même transmettre la maladie. Renault n'a pas trouvé la salive du cheval morveux virulente ; mais Viborg l'a trouvée virulente ; et dernièrement j'ai transmis la morve à un âne, en l'inoculant avec de la salive recueillie dans la bouche d'un cheval morveux. Il faut donc admettre que la salive buccale d'un animal morveux peut être virulente, et il faut dans la pratique se conduire en conséquence. On ne sait pas si la salive prise dans les glandes contient le virus, mais ne le contiendrait-elle pas, qu'elle pourrait devenir virulente une fois arrivée dans la bouche, soit parce que des lésions de morve peuvent exister dans l'arrière-bouche, sur le voile du palais, soit parce que l'animal, en toussant, en expectorant, peut amener dans la bouche des produits morbides des voies respiratoires, qui se mélangent avec la salive.

La sueur, les larmes, les urines, sont-elles virulentes ? Renault répond non et Viborg dit oui. Relativement à la virulence de la sueur, il n'y a pas de doutes à avoir, car Gerlach a pu transmettre la morve en inoculant le produit condensé de la perspiration cutanée ; ainsi donc des couvertures ou des harnais, mis sur un animal morveux, peuvent s'imprégner de matières virulentes et devenir des agents de propagation, s'ils sont ensuite mis sur le corps d'animaux sains.

D'après Renault, la bile, l'humeur aqueuse, les mucosités intestinales, les matières de l'intestin ne seraient pas virulentes. On peut donc considérer les purins et les fumiers comme n'étant pas dangereux. Cependant une telle manière de voir est trop absolue ; car les purins, les fumiers, les litières, etc., peuvent être souillés par des produits morbides, par du jetage. De plus, il est difficile d'admettre l'innocuité absolue des mucosités intestinales, car on peut observer des lésions de morve dans l'intestin, et sûrement alors les produits de cet organe doivent contenir du virus. En réalité donc, il peut arriver que les fumiers contiennent de la matière virulente et qu'ils occasionnent des cas de transmission, s'ils sont flairés par des animaux sains, s'ils sont lavés par des eaux, qui sont ensuite données en boissons, si les fourrages sont déposés sur eux.

Le virus morveux, qui est produit en plus ou moins grande abondance suivant les individus, suivant le nombre des lésions, suivant la marche de la maladie, est-il toujours fixe, est-il quelquefois en suspension dans l'air ? Le plus habituellement il est fixe, et il est introduit dans l'organisme par l'intermédiaire de véhicules solides ou liquides, par les fourrages, par les boissons, par des corps solides ou liquides qui sont souillés.

L'air expiré par les malades est-il virulent ? L'animal morveux infecte-t-il l'air qu'il respire, forme-t-il autour de lui une atmosphère contagieuse ? Et s'il infecte l'air, à quelle distance l'atmosphère est-elle dangereuse ? Renault a démontré que l'air expiré par des chevaux morveux n'est pas susceptible de transmettre la maladie aux animaux sains qui habitent avec eux ; il a fait respirer une, deux heures par jour et durant plusieurs jours, à des chevaux sains, l'air expiré par des chevaux atteints de morve aiguë, et il n'a pas réussi à transmettre la maladie, il a conclu qu'il n'y a pas de danger à laisser cohabiter les animaux sains avec les malades et que la contagion par l'air n'a pas lieu.

On s'est appuyé, pour tirer la même conclusion, sur l'observation de nombreux cas, où les animaux sains avaient cohabité pendant plus ou moins longtemps avec des animaux malades, sans contracter la morve. Malgré ces faits cliniques, malgré l'expérience de Renault, il serait téméraire de conclure toujours à l'innocuité de l'air expiré par les chevaux morveux. Les faits invoqués sont suffisants pour montrer que la morve ne se transmet guère par l'intermédiaire de l'air; mais il ne sont pas suffisants pour démontrer que le danger de transmission n'existe jamais. Il est même prouvé que ce danger existe quelquefois ; en effet, en outre des cas d'observation clinique, démontrant que la morve peut se transmettre par le simple fait de la cohabitation, la même démonstration résulte encore d'un fait d'expérimentation relaté par Gerlach.

Cet auteur a transmis la morve au cheval, non seulement en lui inoculant le produit condensé de la perspiration cutanée, mais aussi en lui inoculant simplement le produit obtenu en condensant l'air expiré par un cheval morveux. Il faut donc regarder comme dangereuse l'atmosphère de l'écurie dans laquelle vit un animal morveux, tout en se souvenant que ce n'est qu'exceptionnellement que la morve se transmet par l'intermédiaire de l'air. De ce que souvent les animaux sains, qui cohabitent avec des chevaux morveux, restent indemnes, pourvu qu'ils n'aient pas d'autres rapports avec les malades ; de ce que les personnes, qui ont couché dans les écuries où se trouvaient des animaux morveux, n'ont pas contracté la morve, il n'en faut pas moins condamner une pareille conduite, surtout quand il s'agit de l'homme.

La nature et les caractères morphologiques du contage morveux sont à peu près inconnus. M. Chauveau attribue la virulence à des granulations ; mais on n'est pas fixé sur la nature de ces granulations, que l'auteur considère comme des granulations anatomiques. Le contage morveux, d'après M. P. Bert, résiste à l'action de l'oxygène comprimé, ce qui impliquerait, dans l'état actuel de la science, qu'il est à l'état de diastase, à l'état de ferment dissous ou à l'état de corpuscules-germes végétaux. Zürn et Hallier disent avoir vu des micrococques dans les liquides morveux et ils ne sont pas les seuls ; mais il reste à démontrer que les micrococques sont les agents de la virulence.

A quel moment apparaît le virus et quand disparaît-il ?

En se reportant à l'expérience précitée de Renault, on peut conclure que la virulence existe avant l'apparition des premiers symptômes ; et il est bien certain qu'elle existe quelque part dans l'organisme, aussitôt après la contamination ; seulement il n'est pas facile de la mettre en évidence, tant que les lésions ne sont que localisées, tant que les germes n'ont pas suffisamment proliféré.

La virulence disparaît-elle?

La morve et le farcin étant incurables, la virulence persiste tant que l'animal vit. Cependant cette conclusion est trop absolue; car, bien qu'on ne connaisse pas de traitement capable de guérir la morve et bien que le plus habituellement la maladie se termine par la mort, certains auteurs et certains vétérinaires admettent que la morve chronique peut s'éteindre d'elle-même, que ses lésions, lorsqu'elles sont peu étendues, peuvent s'entourer d'une coque fibreuse, s'enkyster, se calcifier, et leur produit perdre ses propriétés.

D'après quel mécanisme le virus se régénère-t-il? Où se multiplie-t-il?

Il est difficile de répondre à la première question, attendu que la nature du virus morveux est inconnue; on ne sait pas en effet si l'agent virulent est une granulation, ou une spore, ou une diastase. Mais on peut dire qu'il se régénère dans tout l'organisme, et ce qui le prouve, c'est sa diffusion, son existence partout; toutefois il repullule de préférence dans les points malades. Il se produit pendant toute la durée de la maladie; sa production est continue, elle dure tant que la vie persiste. La matière virulente est excrétée par la muqueuse respiratoire (jetage), par la muqueuse utéro-vaginale (écoulements), par la muqueuse intestinale (mélangée aux excréments), ou bien par les divers accidents; elle est aussi entraînée par l'air expiré et la perspiration cutanée.

Ténacité et conservation du virus morveux. — On croit généralement, depuis les expériences de Renault, que le virus morveux perd son activité par la dessiccation; mais on ajoute qu'il peut la récupérer quelquefois par l'action de l'humidité et être contagieux, inoculable encore au bout de cinq à six semaines. D'après les observations cliniques et les faits d'expérience, il semble prouvé que la dessiccation détruit pour toujours la virulence dans le plus grand nombre des cas, au bout de cinq à six semaines. Pourtant on a cité des cas, où le virus, déposé sur les mangeoires, les râteliers, les fourrages, etc., aurait propagé la maladie des semaines, des mois après avoir été rejeté dans le monde extérieur; on a même vu, dit-on, des chevaux devenir morveux pour avoir habité dans une écurie abandonnée depuis un an. Ces faits ne doivent pas être interprétés comme ils l'ont été; ils sont tout simplement l'expression d'une coïncidence, et à coup sûr les animaux devenus morveux dans de pareilles conditions, avaient puisé les germes ailleurs que dans les habitations à tort suspectées.

Combien de temps se conserve le virus morveux, combien de temps une habitation et des objets infectés restent-ils dangereux quand ils ne sont pas désinfectés?

On ne saurait encore assigner une limite exacte ; et d'ailleurs la durée de la conservation doit varier selon les circonstances ; toujours est-il que le contage morveux peut se conserver un certain temps. Renault démontra l'influence destructive de la dessiccation et de la putréfaction. M. Peuch a trouvé le jetage morveux inactif, après l'avoir laissé dessécher pendant deux mois.

J'ai constaté la disparition de la virulence dans un fragment de poumon morveux desséché à la température ordinaire, pendant les mois de novembre et de décembre ; et dernièrement j'ai en vain inoculé à un âne de la matière d'abord humectée, ramollie dans l'eau, et provenant d'un fragment de poumon très morveux, étalé sur une planche et desséché pendant quinze jours à la température de 10° à 12°. Il semble donc qu'une dessiccation d'une quinzaine de jours tout au plus, à la température ordinaire, est suffisante pour détruire le virus morveux ; et dès lors il est permis d'affirmer que les habitations et les objets solides souillés, qui ne sont pas désinfectés, se purifient naturellement et n'offrent aucun danger quinze jours après qu'ils ont été souillés.

On ne sait pas encore si la matière morveuse, mélangée avec l'eau, se conserve longtemps ; et c'est là une question importante à étudier. Dans beaucoup de circonstances la morve se propage par les abreuvoirs. Ainsi dans les quartiers de cavalerie, ainsi dans les grandes écuries, ainsi dans une localité, des chevaux, en plus ou moins grand nombre, sont conduits ensemble au même abreuvoir ou s'y succèdent sans que l'abreuvoir ait été désinfecté ou lavé. Or il arrive que des sujets morveux, que des animaux atteints de morve latente, que des chevaux non encore reconnus morveux, quoique déjà malades, s'ébrouent à l'abreuvoir et rejettent par la bouche ou par le nez de la matière morbide, qui se mêle à l'eau et infecte les animaux qui l'ingèrent. C'est ainsi que certains régiments de cavalerie ont semé la morve dans les localités qu'ils ont traversées. Il est urgent de savoir combien de temps le virus morveux, qui se trouve dans l'eau d'un abreuvoir, peut conserver sa virulence et entretenir le danger de la contagion ; l'expérience, que ce point réclame, n'est ni difficile ni longue à exécuter.

La dessiccation n'est pas le seul moyen qui permet de détruire la virulence. La putréfaction, une certaine température, l'humidité, le renouvellement de l'air favorisent la destruction du virus morveux. Les agents désinfectants, le chlore, l'acide sulfureux, etc., le détruisent également.

Mais de ce qui précède, il est permis de conclure qu'il n'y a pas lieu de désinfecter autrement les habitations et les objets souillés, qui ont été soumis à la dessiccation pendant deux semaines.

De ce que le virus morveux est détruit par la dessiccation, on pourrait être tenté de le considérer comme étant de nature animale; mais une pareille conclusion serait prématurée. Il peut se faire que l'agent virulent soit de nature végétale et se détruise pourtant sous l'influence de la dessiccation, comme certaines graines perdent la propriété de germer, parce qu'elles ont été desséchées avant leur maturité ou parce qu'elles ont été desséchées trop vite.

Le virus morveux ne semble pas s'affaiblir par des transmissions successives, non plus qu'en passant d'une espèce à l'autre.

Modes et voies de contagion. — La morve se transmet par contagion immédiate, par contagion médiate, par contagion volatile.

La contagion immédiate a lieu lorsqu'un animal sain est en contact direct avec un animal malade, lorsqu'il prend lui-même l'agent virulent sur le malade, soit en le flairant, soit en le léchant, soit lorsque l'étalon infecte la jument et réciproquement; ce mode n'est pas le plus fréquent.

Le plus habituellement, la maladie se transmet par contagion médiate, par l'intermédiaire de solides ou de liquides que le malade a souillé de matières virulentes. La contagion médiate ou indirecte peut s'effectuer sur les muqueuses, sur la peau, sur les plaies, par l'ingestion de fourrages et de boissons infectés, par les harnais, par les couvertures, par les objets de pansage, par les instruments de travail, etc., qui ont été souillés.

La morve peut aussi se transmettre par l'air, mais cette transmission n'est pas très fréquente. On serait cependant porté à admettre que la contagion volatile est le mode de transmission le plus fréquent, quand on considère que le plus ordinairement les lésions de la maladie sont localisées dans l'appareil respiratoire, ou que tout au moins les lésions de cet appareil sont les plus anciennes. Cette manière de voir est en effet motivée par la connaissance du mode variable d'évolution de la maladie, après les divers modes de contagion, suivant que le virus est entré par telle ou telle porte. Ordinairement les premières lésions se forment dans les points par lesquels le virus a pénétré dans l'organisme; cela est presque toujours vrai quand on inocule la morve à la peau ou dans le tissu conjonctif. Il y a néanmoins des exceptions à cette règle ; et les exceptions deviennent la règle, quand il s'agit de la contagion médiate par ingestion d'aliments ou de boissons souillées. Il ne faut donc pas accepter l'opinion qui consisterait à attribuer le rôle prépondérant à la contagion volatile.

Les animaux, qui contractent la morve par les voies digestives, présentent ordinairement les premières lésions de la maladie dans les voies respiratoires ; ou bien, s'il existe des lésions primordiales ailleurs, elles sont ordinairement beaucoup moins développées et moins prononcées que celles de l'appareil respiratoire. Quand on inocule la morve par piqûre, par injection hypodermique, par injection intra-séreuse, on peut ne voir survenir aucun accident ou qu'un accident de peu d'importance au point d'inoculation, alors que des lésions multiples et considérables se produisent dans les voies respiratoires, qui sont le siège de prédilection des altérations morveuses. En résumé, bien que la morve semble due ordinairement à la contagion volatile, il n'en est rien le plus souvent.

Les principaux agents, qui servent à propager la maladie et qui doivent être désinfectés, sont tous les objets solides ou liquides imprégnés ou souillés de matières virulentes, tels que : écuries, murs, mangeoires, râteliers, stalles, cloisons, objets de pansage, brosses, seaux, éponges, étrilles, couvertures, licols, instruments de travail, mors, harnais, fourrages, litières, eaux. L'atmosphère des malades, les malades eux-mêmes, leurs débris, les personnes qui les soignent, etc., peuvent propager, transmettre la maladie. Le contage morveux peut aussi être disséminé par les animaux carnivores, tels que chiens, chats, etc.

La propagation de la morve est facilitée par la cohabitation, par l'agglomération d'un grand nombre de chevaux, par l'encombrement des animaux dans des locaux trop étroits, par le séjour ou le passage dans des habitations ou des wagons non désinfectés, par les repas pris en commun, par la fréquentation des mêmes abreuvoirs, des mêmes chemins, des mêmes pâturages, par l'exposition sur les champs de foire ou de marché, par l'usage d'objets non désinfectés, par l'utilisation de fourrages ou de litière souillés, par les changements de place à l'écurie, par les associations variées des animaux pour le travail, etc.

Malgré tout, la morve est une maladie qui se transmet lentement, difficilement, rarement vu le très grand nombre d'animaux qui sont exposés à la contagion ; c'est tout au plus si, sur 100 chevaux exposés à la contagion, il y en a de 5 à 10 en moyenne qui deviennent morveux, tandis que tous ceux qu'on inocule contractent la maladie. Il faut, pour qu'il y ait contagion, que le virus s'introduise dans l'organisme et y repullule. Il agit alors comme une matière phlogogène, et détermine des lésions inflammatoires.

Le contage morveux peut pénétrer par diverses voies, par la peau, par le tissu conjonctif, par les plaies, par la muqueuse digestive, par la muqueuse respiratoire, par la muqueuse oculaire, par la muqueuse utéro-vaginale, par la voie placentaire; on peut le faire pénétrer, en l'injectant dans le système circulatoire sanguin ou lymphatique, dans une séreuse, etc.

La peau absolument intacte se prête difficilement à l'absorption; on a observé la transmission de la morve par les couvertures, par les harnais, par les moyens d'attache, quand les animaux présentaient des plaies, des excoriations.

Les voies digestives se prêtent très bien à l'absorption du virus morveux. Renault a rendu morveux, dans la proportion de 6 sur 9, les chevaux auxquels il faisait ingérer de la matière morveuse. On a vu des chiens, des chats, des lions, des ours, des chèvres, des moutons et même l'homme contracter la morve, les uns pour avoir mangé des viandes morveuses, les autres pour avoir ingéré des fourrages souillés, et l'homme pour avoir bu l'eau souillée par un cheval morveux.

Les voies respiratoires, la muqueuse oculaire, la muqueuse utéro-vaginale, quoique se prêtant bien à l'absorption du virus, sont rarement le lieu d'élection de la contagion.

La jument morveuse transmet la morve à son produit.

Le virus, mis en contact avec la voie par laquelle il doit pénétrer, est rapidement absorbé; ainsi, d'après Renault, une heure après l'inoculation il serait trop tard pour empêcher le développement de la maladie, en cautérisant le point inoculé.

Dans la morve, comme dans les autres maladies contagieuses, le système lymphatique joue le rôle d'appareil absorbant, collecteur, régénérateur et propagateur.

Lorsque le virus s'introduit dans l'organisme, la maladie n'apparaît pas de suite à l'extérieur; il y a une période d'incubation, qui est suivie quelquefois elle-même d'une période plus ou moins longue, pendant laquelle la morve reste latente. La durée de la période d'incubation varie entre deux et douze jours; on a prétendu qu'elle pouvait aller jusqu'à trente jours, mais c'est peut-être là une exagération provenant de ce qu'on est embarrassé pour bien reconnaître les symptômes du début. Quand la maladie se caractérise seulement par de légers troubles plus ou moins vagues, sans symptômes locaux bien apparents, il y a bien morve; on n'en est plus à la période d'incubation, on en est à la période latente, pendant laquelle les symptômes généraux peuvent même faire à peu près défaut; ce qui revient à dire que la période latente peut se confondre avec la période d'incubation et en allonger la durée au delà de plusieurs semaines, même au delà de plusieurs mois. Quand on inocule la morve à la peau, on voit apparaître les symptômes locaux entre le second et le douzième jour. Quand la morve s'introduit par un organe interne, on ne peut pas saisir le moment exact de l'apparition des lésions qui annoncent ia fin de l'incubation.

Outre les circonstances qui favorisent la transmission de la morve, il est des causes, qui, en agissant directement sur les individus, peuvent les rendre plus impressionnables à la contagion ou modifier la marche et le type de la maladie; ce sont toutes ces causes invoquées par les spontanéistes pour expliquer la création du contage morveux; ce sont toutes les causes capables d'allumer la fièvre chez les malades, d'accélérer la marche de la maladie et de la rendre plus facile à reconnaître.

Réceptivité des diverses espèces. — L'affection farcino-morveuse, qu'on a observée plus particulièrement chez les solipèdes, peut se montrer aussi sur les autres espèces. Mais il en est trois dont les représentants semblent réfractaires : ce sont les grands ruminants, les oiseaux et les porcins; pourtant Spinola et Gerlach ont prétendu que la morve était transmissible aux porcs et peut-être même aux grands ruminants; mais ce point appelle de nouvelles recherches, surtout en ce qui regarde les grands ruminants. Ces derniers animaux étant employés pour purifier le virus vaccin puisé sur le cheval, chez lequel la morve peut coexister avec le horsepox, il importe d'être bien fixé sur la question de savoir s'ils sont ou non réfractaires et s'il n'y a aucun risque de transmettre la morve à l'homme, en l'inoculant avec du vaccin qui n'a fait que passer sur la génisse.

La morve est transmissible aux petits ruminants, moutons et chèvres, non seulement par l'inoculation, mais encore par les divers modes de contagion naturelle, par contagion volatile et surtout par contagion médiate, par ingestion; on observe chez ces animaux une morve généralisée avec jetage, etc.

Les carnivores, chien, chat, loup, lion, ours, ne sont pas non plus réfractaires. On a prétendu que la morve se transmettait difficilement au chien, et que, transmise à cet animal, elle restait ordinairement localisée au point inoculé; mais on a vu aussi la maladie généralisée chez le chien se déceler par ses symptômes cardinaux, et s'accompagner de lésions dans l'appareil respiratoire et ailleurs. On a vu des chiens devenir morveux par ingestion de matières morveuses, et présenter du jetage, du glandage, des ulcères, etc.; à l'autopsie on a trouvé des lésions dans les organes de l'appareil respiratoire. Ces faits permettent d'affirmer que la morve peut évoluer chez le chien comme chez les solipèdes.

Il est vrai qu'après la simple inoculation ou la simple injection hypodermique, il se produit le plus souvent un travail local, qui est longtemps le seul signe apparent, et qui peut rester le seul signe de la morve inoculée; c'est un engorgement suivi d'une plaie, qui reste plus ou moins longtemps ulcéreuse et qui finit par se cicatriser. Mais il est certain aussi que la morve, inoculée au chien en un point quelconque du corps, peut se généraliser, soit que cette généralisation se révèle par des symptômes appréciables, soit que le plus souvent elle ne s'annonce par aucun signe. J'ai parfaitement établi ce fait sur un chien que j'avais inoculé au niveau des reins et qui fut sacrifié 40 jours après, sans avoir présenté aucun symptôme de morve. Le produit des ganglions de l'auge et de l'épaule fut inoculé à un âne, qui devint morveux, bien que ces ganglions n'eussent pas paru malades. En somme si le chien jouit, vis-à-vis de la morve, d'une réceptivité moindre que d'autres animaux, il peut très bien la contracter et même il peut l'avoir sans en présenter aucun symptôme. Et qui sait si, parmi les chiens qui n'ont pas présenté des symptômes de la maladie, après avoir ingéré des matières morveuses, il ne s'en trouvait pas qui l'avaient pourtant contractée. Si, en inoculant la morve au chien, on n'obtient souvent rien ou si on ne provoque qu'un simple accident local, qui est même susceptible de guérison, il ne faut pas en conclure que la maladie ne se généralise pas, puisque, lors même qu'elle ne se caractérise pas par ses symptômes ordinaires, elle n'en est pas moins générale quelquefois. Le chien peut donc contracter la morve; mais il ne peut être employé comme un terrain de culture, comme un réactif pour établir ou vérifier un diagnostic dans les cas douteux. La maladie déterminée chez le chien, quoique moins grave en apparence, n'atténue pas la puissance du virus morveux; qui, puisé sur cet animal, est aussi actif que le virus puisé sur un solipède quelconque.

La morve peut aussi se transmettre au chat; on cite des cas assez nombreux dans lesquels cet animal s'est infecté, soit en cohabitant avec des animaux morveux, soit en respirant l'air des habitations où séjournaient des malades, soit en ingérant des matières morveuses. Il en est de même du loup, de l'ours et du lion des ménageries, qui ont contracté la morve en ingérant des viandes morveuses.

Enfin la morve peut attaquer le lapin, le cochon d'Inde et même la souris. On peut appliquer au lapin ce qui a été dit pour le chien; la maladie se transmet très bien à cet animal par ingestion, par contagion volatile et par inoculation; mais elle n'a pas ordinairement la véritable physionomie de la morve des solipèdes, et c'est cependant la morve, car le produit des ganglions de lapins inoculés et sains en apparence a donné la morve aux solipèdes. J'ai bien établi ce fait déjà constaté en Allemagne; l'année dernière j'ai transmis la morve à l'âne avec le produit des ganglions d'un lapin inoculé depuis 25 jours, qui n'avait jamais paru malade et qui ne présentait aucune lésion de morve. Le lapin, pas plus que le chien, ne peut donc servir de réactif pour diagnostiquer la morve.

L'homme peut contracter la morve assez facilement; de nombreux faits ont été observés, qui prouvent la transmission de la maladie du cheval à l'homme. La contagion peut avoir lieu par inoculation, quand l'homme, qui panse des animaux morveux ou qui manie des objets souillés, des débris, ou qui pratique une autopsie, a des blessures, des excoriations à la main. Il n'est peut-être pas impossible qu'il se contamine par l'inhalation d'un air infecté; rien ne prouve ce que j'avance, mais il y a lieu de considérer le fait comme possible et de prendre des précautions en conséquence. Il y a lieu aussi de considérer comme certaine la contagion par les voies digestives. Un seul fait dans la science prouve la possibilité de cette contagion : en Angleterre, on a vu la morve se déclarer chez un homme qui avait bu de l'eau souillée par un cheval morveux. A l'encontre de ce fait, il y en a d'autres tout à fait négatifs, mais ils ne peuvent infirmer la valeur du précédent; et, quoique M. Decroix ait ingéré plusieurs fois de la chair crue d'animaux morveux sans avoir contracté la morve, il ne faut pas conclure à la non-possibilité de la contagion par les voies digestives. La maladie qu'on observe chez l'homme se présente avec le type aigu, subaigu ou chronique, et sous la forme farcineuse ou morveuse. Souvent les formes et les types sont mélangés; le plus souvent l'affection évolue rapidement, s'accompagne de pyogénie, et ressemble plus ou moins à l'infection purulente. La morve de l'homme est transmissible à l'homme et aux solipèdes.

Immunité. — La morve confère-t-elle l'immunité aux individus qu'elle attaque? La question semble d'abord sans intérêt; la maladie étant incurable, il n'y a pas lieu de s'occuper si elle confère l'immunité, qui suppose la possibilité de la guérison après une première atteinte.

Cependant, quoique la morve passe avec raison pour incurable, dans quelques cas très rares elle a pu se terminer par la guérison, du moins au dire de quelques observateurs. Il est possible que ses lésions, si elles sont en petit nombre, s'enkystent, se mortifient et qu'ainsi la guérison se produise. On rencontre parfois dans des poumons des noyaux crétacés, enkystés, qui peuvent être des traces d'une morve éteinte. L'immunité existe-t-elle dans de pareils cas? On n'en sait rien à proprement parler, bien qu'on ait prétendu que l'immunité était acquise lorsqu'une première atteinte guérissait; c'est là une question à étudier. Le chien, sur lequel on a prétendu observer l'immunité, n'était peut-être pas guéri de sa première atteinte.

Existe-t-il, dans les espèces capables de contracter la morve, des sujets naturellement réfractaires? Y en a-t-il par exemple parmi les solipèdes? Il semble que tous les solipèdes soient aptes à contracter la morve inoculée. Il en est de même pour le mouton et la chèvre, mais non pour le chien et le lapin. Il est certain que des chiens et des lapins inoculés n'ont pas contracté la maladie. L'observation a été faite, en ce qui concerne les chiens, par M. Laquerrière, et je l'ai faite moi-même pour le lapin; j'ai inoculé avec de fortes doses de matières virulentes, et dans les mêmes conditions, plusieurs lapins; les uns sont devenus malades, tandis que d'autres sont restés absolument réfractaires.

TRAITEMENT

Comme pour beaucoup d'autres maladies contagieuses, le traitement curatif a ici bien peu d'importance, puisqu'on ne sait pas encore guérir la morve. Aussi n'y a-t-il pas lieu de traiter les malades, quand on est en présence d'une morve bien caractérisée ou d'un farcin bien authentique; et même dans ces cas, il est absolument contre-indiqué, il est expressément défendu, de par la loi (art. 4 de l'arrêt du 16 juillet 1784) d'instituer un traitement; il est interdit, à qui que ce soit, de traiter des animaux reconnus morveux ou farcineux.

L'autorité peut accorder la permission de traiter tel ou tel malade; mais dans tous les cas, il faut avant tout se soumettre aux prescriptions de la loi, et ne jamais traiter un animal morveux ou farcineux, tant que la déclaration n'aura pas été faite.

Un traitement est indiqué, seulement quand il s'agit d'animaux suspects de morve ou de farcin, d'animaux présentant les symptômes incomplets de la morve ou du farcin; et encore dans ces cas, les animaux soupçonnés doivent faire l'objet d'une déclaration à l'autorité. Le traitement, qui convient alors, comprend l'emploi d'une médication externe et l'usage d'une médication interne. En outre les animaux suspects, qui sont ainsi traités, doivent être maintenus isolés, tant que dure leur état morbide, qui fait soupçonner en eux l'existence de la morve. Le traitement local est ordinairement médical ou médico-chirurgical.

Le traitement interne est exclusivement médical. Dans tous les cas, il faut conseiller aux personnes, qui soignent les malades, les précautions nécessaires, pour qu'elles ne se contagionnent pas dans leur service. Le traitement interne est le même, qu'il s'agisse de l'une ou de l'autre forme. Le traitement externe varie, selon qu'il s'agit d'accidents farcineux ou d'accidents faisant soupçonner la morve.

Pour les accidents de farcin, les indications à remplir sont les suivantes :

1° Favoriser la résorption ou la maturation des tumeurs ou engorgements divers, par l'emploi des astringents sous forme de topiques, par l'emploi de préparations irritantes, résolutives, vésicantes, caustiques, fondantes, par l'application de l'onguent vésicatoire, des préparations mercurielles, par l'emploi d'un mélange de vésicatoire et de pommade mercurielle, par des applications de topique Terrat, etc.

2° Ouvrir les accidents ramollis soit avec le bistouri, soit avec le cautère, et extirper parfois certaines tumeurs, telles que les cordes.

3° Favoriser la cicatrisation des plaies; cautériser les bourgeons exubérants, débrider les décollements; modifier la nature des bourgeons, accroître leur tonicité. Ces indications peuvent être remplies par l'emploi des caustiques, des toniques, des cicatrisants, des antiseptiques, des médicaments aromatiques, des excitants, des astringents, des siccatifs, de l'acide phénique, des ferrugineux, des tanniques, des pyrogénés, etc., sous forme de lotions, de compresses, d'applications, etc.

Quand il s'agit d'un cheval suspect de morve, quand un animal présente certains symptômes analogues à ceux de la morve, tels que : jetage, glandage, collection des sinus, etc., sans qu'il existe des tubercules ou des chancres dans le nez, on peut recourir à un traitement local, dans le but de faire disparaître les symptômes visibles, tant qu'on a des raisons de croire qu'il peut n'y avoir qu'un simple coryza chronique, qu'une simple maladie inflammatoire. Le traitement du coryza chronique doit être mis en pratique.

Pour tarir le jetage et modifier la pituitaire, on a recours aux injections détersives et astringentes ou même légèrement cathérétiques, avec des solutions d'acétate de plomb, de sulfate de zinc, de sulfate de fer, de nitrate d'argent ; on peut aussi employer en fumigations le goudron, l'acide phénique, etc.

Quand il y a collection des sinus, on pratique la trépanation, et on fait ensuite des injections, comme dans les cavités nasales.

Pour les glandes, on applique le traitement déjà indiqué à propos des accidents farcineux ; on emploie les résolutifs, les maturatifs, les vésicants, les fondants ; on ouvre les glandes, on les extirpe, on les cautérise, on facilite la cicatrisation de la plaie qui en résulte.

Si l'on a des raisons sérieuses de soupçonner l'existence de la morve, il convient de ne pas se borner à l'application du traitement local ; il faut, à moins qu'on préfère la simple expectative, recourir à l'emploi d'un traitement général, dans le but de modifier, d'amender la maladie, ou dans le but de porter une perturbation dans l'organisme et de rendre la morve plus rapide et plus facile à reconnaître, si tant est qu'elle existe.

Presque tous les agents de la thérapeutique ont été essayés, mais en vain, contre la morve ; les excitants, les aromatiques, les alcooliques, les sudorifiques, les diaphorétiques, les altérants, les purgatifs, les excitateurs, etc., ont échoué ; les diverses méthodes suivies n'ont pas donné de résultats.

Le professeur Brusasco de Turin, affirme cependant avoir guéri la morve et le farcin, en employant l'acide phénique ou l'acide thymique ; il y a donc lieu de vérifier, par des expériences, si les assertions du professeur italien sont fondées. Le traitement par l'acide phénique et par l'acide thymique doit être continué jusqu'à la disparition des symptômes ; et, pour obtenir des effets plus salutaires avec l'acide phénique, il faut arriver à provoquer les premiers symptômes de l'empoisonnement ; ces agents s'administrent sous forme de bols ou sous forme d'injections hypodermiques. L'acide thymique est administré au moyen d'un pulvérisateur ou vaporisateur et dirigé dans les cavités nasales. Ce traitement, comme toujours du reste, doit être combiné avec une bonne hygiène, avec une bonne alimentation et avec l'administration des toniques ferrugineux.

Dans les cas douteux, on peut administrer à l'intérieur de l'acide phénique, de l'acide arsénieux, de la noix vomique, de l'aloès ; on peut réitérer l'administration de l'aloès, on peut combiner ce moyen avec de la noix vomique.

POLICE SANITAIRE

La morve est une maladie très contagieuse ; elle est transmissible par contagion immédiate, par contagion médiate et par contagion volatile ; elle peut se transmettre à l'homme et à différentes espèces animales ; elle est toujours incurable ; on ne saurait donc prendre des mesures trop rigoureuses pour empêcher son extension. Du reste les mesures nécessaires en pareil cas sont bien indiquées par l'arrêt du 16 juillet 1784, rendu plus particulièrement en vue de cette maladie, par les articles 459, 460, 461 du Code pénal et par le nouveau projet de loi. Ces mesures sont à peu près les mêmes que pour les autres maladies contagieuses graves.

Il va sans dire que les solipèdes, introduits en France ou exportés, doivent être exempts de morve. L'arrêté du 11 mai 1877 est applicable aux cas de morve comme aux autres maladies contagieuses graves. Les animaux reconnus morveux seront abattus ; les animaux suspects seront séquestrés ou bien on leur fera repasser la frontière. Les wagons qui auront servi à leur transport seront désinfectés, etc.

Dans toutes les législations sanitaires la morve est prévue, et partout elle doit, une fois constatée, faire l'objet d'une déclaration à l'autorité.

Déclaration. — La déclaration est ici, comme toujours, la condition *sine quâ non* de toutes les mesures sanitaires; elle est très importante. Elle est prescrite par les documents précités; mais dans la pratique, les personnes, tenues de faire la déclaration, ne se conforment qu'exceptionnellement à cette exigence de la loi, et ordinairement quand la déclaration est faite, ce n'est que tardivement. Le plus souvent les propriétaires conservent plus ou moins longtemps leurs animaux malades, sans informer l'autorité; et il arrive qu'ils ne se mettent en règle, qu'autant qu'ils ne peuvent plus faire autrement. C'est au ministère public à poursuivre les infractions commises à ce sujet et à donner ainsi des exemples salutaires pour l'avenir.

Il n'est pas rare que des propriétaires, conseillés ou non par les vétérinaires, aiment mieux se débarrasser de suite, en les sacrifiant, de leurs animaux morveux, pour se soustraire à toutes les autres mesures, à toutes les autres formalités. Cette manière de faire, quoique bonne en elle-même, ne doit pas être encouragée; il est bon que tout animal morveux soit déclaré, afin que l'autorité puisse faire rechercher si d'autres cas n'existent pas, soit dans le même lieu, soit dans le voisinage, soit dans le lieu d'où les animaux ont été tirés. En effet, l'autorité prévenue doit désigner un vétérinaire pour visiter le malade; et l'expert a le devoir, non seulement de constater l'état de l'animal déclaré, mais aussi de s'assurer, quand il a reconnu la morve, que la maladie n'existe pas ailleurs dans le voisinage, et de procéder à une enquête sommaire pour remonter à la source de l'affection.

D'après l'interprétation, donnée de l'article 4 de l'arrêt du 16 juillet 1784 par la jurisprudence et par le pouvoir administratif, le vétérinaire est tenu de déclarer les cas de morve qu'il constate chez ses clients. Il doit être condamné, s'il traite un cheval morveux, farcineux, ou suspect de morve ou de farcin, sans que la déclaration ait été faite par lui ou par le propriétaire. Mais dernièrement un tribunal a jugé que le vétérinaire n'était pas punissable, pour n'avoir pas fait la déclaration, tant qu'il n'avait institué aucun traitement. Le vétérinaire avait été appelé chez son client pour traiter un cheval morveux; reconnaissant la morve, il avait refusé d'instituer un traitement et il avait conseillé au propriétaire d'en faire la déclaration; celui-ci avait fait la sourde oreille. Dans la suite tous deux furent poursuivis: le propriétaire fut condamné et le vétérinaire absous.

Le vétérinaire peut-il être poursuivi par le propriétaire, lorsqu'il a fait la déclaration malgré la volonté de ce dernier? Non. Ainsi le vétérinaire qui, appelé pour soigner un cheval morveux, refuse ses soins, conseille au propriétaire d'informer l'autorité, puis fait lui-même la déclaration, contrairement à la volonté du propriétaire, ne peut être actionné par ce dernier en dommages-intérêts.

Visite. — Le vétérinaire délégué par l'autorité doit procéder sans retard à l'accomplissement de sa mission. La visite qu'il est chargé de faire est très importante; elle doit être faite avec le plus grand soin, et elle doit porter non seulement sur les animaux déclarés, mais encore sur ceux qui ont été en contact direct ou indirect avec les malades ou des objets souillés, et même sur les animaux du voisinage, qui ont pu avoir des rapports avec les malades. L'examen du vétérinaire doit porter aussi sur les locaux, sur les habitations. L'expert doit toujours prendre des précautions, pour éviter de devenir lui-même un agent de propagation ; après qu'il aura visité un animal malade, il se nettoiera bien les mains. Il procédera toujours méthodiquement à l'examen de chaque sujet : il examinera les cavités nasales; il étudiera les caractères du jetage; il vérifiera l'état des ganglions de l'auge et des autres régions ainsi que l'état des organes génitaux ; il auscultera et pressera la trachée; il provoquera la toux; il étudiera le produit expectoré ; il examinera les flancs; il auscultera la poitrine, etc. Il examinera les habitations ; il s'assurera si le malade a occupé plusieurs places; il déterminera les objets qui ont pu être souillés. Il recueillera, auprès de l'autorité, auprès de la police, auprès des propriétaires et gardiens, auprès des voisins, tous les renseignements qu'il pourra obtenir et qui seraient de nature à l'aider à remonter à l'origine de l'affection ou à soupçonner des cas de transmission. Et quand les animaux reconnus malades auront été en contact avec des sujets du voisinage, soit pendant le travail, soit aux abreuvoirs, soit au pâturage, soit dans les remises, ces derniers devront être surveillés ultérieurement. Il sera bon aussi que l'expert constate l'état des animaux, la nature de leur service, le degré de leur travail, les conditions hygiéniques et alimentaires. S'il y a eu des cas de mort, il fera les autopsies pour donner plus de certitude à son diagnostic.

Après avoir fait sa visite, il donnera des conseils aux propriétaires, afin d'éviter la transmission de la morve aux autres animaux et à l'homme ; il leur indiquera les mesures à prendre provisoirement; il demandera la séquestration absolue des malades et des suspects. Puis, dans un rapport concis, clair et simple, adressé à l'autorité, il décrira ses opérations, il énumérera les principaux symptômes et les principales lésions de la maladie, il indiquera l'état des divers animaux et des habitations, les conditions hygiéniques de travail et d'alimentation. Enfin il donnera des conclusions, qui seront toujours motivées, qui devront toujours dériver de l'exposé fait dans le corps du rapport et des modes de contagion de la maladie, et qui consisteront dans l'indication des mesures de police sanitaire à prendre. Ces mesures seront indiquées et détaillées suffisamment, afin que l'autorité les prescrive avec connaissance de cause et les fasse exécuter convenablement.

Abatage, équarrissage, enfouissement. — Quand il s'agit de la morve et du farcin bien confirmés, la première mesure que l'autorité doit prescrire et faire exécuter est le sacrifice des malades. Tous les animaux morveux ou farcineux incurables doivent être abattus (art. 5 de l'arrêt du 16 juillet 1784). Cette mesure est très efficace; elle permet d'extirper de suite les foyers de contagion. Elle est très bien indiquée dans les cas qui viennent d'être précités.

Mais il n'en est pas de même dans les cas douteux. Le vétérinaire doit alors être très prudent; il ne doit pas se déterminer avec trop de précipitation. Il doit être bien convaincu et bien sûr de l'existence de la morve ou du farcin morveux pour demander l'abatage, car le propriétaire a le droit de faire vérifier par un autre expert l'assertion de celui qui a été délégué par l'autorité; et d'ailleurs, à l'autopsie de l'animal abattu, il sera toujours facile de reconnaître s'il est morveux et si l'expert s'est trompé. Le vétérinaire, qui se sera prononcé sans symptômes suffisants et aura demandé l'abatage, aura de ce fait encouru une certaine responsabilité morale. Après une pareille faute, il perdra de la considération dont il jouissait avant. Mais ce n'est pas lui qui sera tenu des dommages-intérêts, dus au propriétaire en vertu de l'article 1382 du Code civil; car il n'a pas agi par lui-même, il n'a fait que conseiller l'autorité, et c'est celle-ci qui, ayant ordonné l'abatage, est responsable. Il est donc prudent et sage, pour le vétérinaire, de ne demander l'abatage qu'autant que son diagnostic lui paraît hors de toute contestation.

Il n'en est pas tout à fait de même dans les régiments de cavalerie; là on peut agir avec moins de scrupules, on peut à l'occasion demander l'abatage des animaux simplement suspects. C'est parfois même une bonne mesure, car on évite ainsi une séquestration plus ou moins longue, qui n'est pas toujours bien observée;

et d'un autre côté, il vaut mieux sacrifier un suspect, qui peut-être n'est pas morveux, que de s'exposer à conserver un malade.

Quand on en a la possibilité, on conduit les sujets qui doivent être sacrifiés à un clos d'équarrissage, où ils sont abattus et utilisés pour l'industrie.

Dans les cas contraires, les animaux sont sacrifiés (assommement) sur place, puis transportés au lieu d'enfouissement, ou conduits et assommés sur le bord de la fosse. Lorsque l'abatage a eu lieu sur place, le transport des cadavres sera fait avec les mêmes précautions que pour les autres maladies; et les mêmes règles seront aussi observées dans tous les cas à propos des fosses (profondeur, surveillance).

Faut-il enfouir les cadavres en entier? La loi (art. 6 de l'arrêt du 16 juillet 1784) veut que les cadavres soient enfouis en totalité avec les peaux tailladées; mais ce n'est pas ainsi qu'on fait habituellement; on enlève les peaux pour les utiliser et on enfouit ensuite les cadavres. Cette pratique est contraire à la lettre et à l'esprit de la loi, mais elle est pour ainsi dire sanctionnée par l'expérience et par l'habitude; c'est ainsi que les choses se passent à peu près partout, et il n'y a pas véritablement lieu de s'y opposer. La peau, il est vrai, n'a pas une bien grande valeur, mais néanmoins on la laissera utiliser après qu'on l'aura désinfectée avec une solution phénique ou chlorurée, etc. En aucun cas les chairs ne doivent être livrées à la consommation.

Pendant toutes ces opérations, il ne faudra jamais négliger les précautions capables de prévenir la contamination de l'homme; les personnes exposées se laveront, cautériseront les plaies des mains, etc.

La livraison à l'équarrissage est une excellente mesure, mais seulement à deux conditions : à condition que le déplacement des malades ou le transport des cadavres ne sera pas une circonstance favorisant la propagation de la maladie; à condition que les clos d'équarrissage seront surveillés et que les équarrisseurs ne pourront pas détourner des animaux qui leur ont été livrés pour être abattus.

Dernièrement un propriétaire et un vétérinaire étaient traduits devant le tribunal correctionnel de Reims, pour avoir fait conduire à l'équarrissage, sans en prévenir l'autorité, un cheval morveux, qui avait d'ailleurs fait l'objet d'une déclaration. L'article 459 du Code pénal dit que les animaux atteints de maladies contagieuses ne doivent pas être sortis du lieu où ils se trouvent; le tribunal de Reims a reconnu que la loi avait été transgressée, mais il a eu égard à ce qu'on était dans l'habitude d'agir ainsi et il a prononcé l'acquittement. Ce jugement a de l'importance ; il consacre une dérogation à la loi établie par l'habitude. On peut donc continuer à agir de la sorte, et je ne crois pas que le propriétaire, qui se débarrasserait ainsi de son animal, sans même avoir fait la déclaration, pût être condamné, mais il est toujours plus correct de la faire.

Quand on livre les malades vivants, ils doivent être conduits directement, sans arrêts, et autant que possible par des chemins détournés, au clos d'équarrissage ; il faut en outre veiller à ce que l'abatage soit exécuté immédiatement et surveiller l'utilisation et la dénaturation des produits.

Désinfection. — Après le sacrifice des animaux morveux, après le changement de place ou d'habitation, après les transports, etc., il faut faire procéder à la désinfection de tout ce qui a pu être souillé. Cette mesure, très sage et très importante, est prescrite par l'article 6 de l'arrêt du 16 juillet 1784.

La désinfection doit porter : sur les habitations et sur tous les objets souillés par les malades ; sur les moyens de transport, wagons, bâtiments ; sur les murs, le sol, les mangeoires, les râteliers ; sur les divers ustensiles et objets de pansage et de travail ; sur les fourrages, les boissons, les eaux des abreuvoirs ; sur les fumiers ; sur l'air de l'habitation.

Les agents convenables sont ceux déjà énumérés à propos de la désinfection en général ; les plus importants sont : l'acide phénique, l'acide sulfureux, le chlorure de chaux, le chlore, les carbonates alcalins, etc., et par dessus tout la vapeur d'eau, dont l'emploi est excellent pour les wagons et les bâtiments de transport et en un mot pour tous les objets souillés.

On fera donc des fumigations pour purifier l'air ; on ventilera ; on fera râcler, nettoyer, gratter l'écurie, les divers objets, les murs, les crèches, les mangeoires, le sol, etc. ; puis on fera procéder à des lavages avec l'eau bouillante ou avec des solutions bouillantes de carbonates alcalins, de chlorure de chaux, d'acide phénique, à des badigeonnages avec des dissolutions concentrées de chlorure de chaux, d'acide phénique, avec un lait de chaux ; on flambera les objets capables de supporter la flamme ; on exposera au sérénage, à l'action de l'air, du soleil, de la rosée, les fourrages, les litières, les pailles, etc. ; on aérera l'habitation.

La désinfection est ordonnée par l'autorité ; elle doit se faire aux frais du propriétaire, d'après les indications ou sous la direction du vétérinaire, ou sous la surveillance de la police.

Les divers moyens de désinfection ci-dessus énumérés peuvent être employés, mais ordinairement on procède d'une manière plus simple et plus expéditive. Je crois qu'il n'y a pas lieu en effet de chercher à compliquer l'opération, et qu'il suffit de procéder à un bon nettoyage avec la solution bouillante de carbonate de soude ou de potasse, puis de faire un second lavage avec la solution d'acide phénique ; on peut y joindre des fumigations d'acide sulfureux. Si on avait une source de vapeur, il suffirait d'en promener des jets sur les objets à désinfecter, et tout le reste pourrait être délaissé.

Enfin je crois que, sans recourir à aucun mode de désinfection, on peut, si cela ne gêne pas le propriétaire, vider l'habitation et la laisser largement ouverte pendant quinze jours ; la dessiccation aura anéanti le virus après ce laps de temps. Néanmoins, comme on ne saurait jamais être trop prudent, et comme on imputerait au vétérinaire les accidents qui surviendraient, il vaut mieux être un peu plus exigeant et faire procéder à la désinfection.

Aussitôt après la désinfection, l'habitation ou les places désinfectées peuvent être réoccupées.

Séquestration. — Il peut arriver que le vétérinaire délégué ne trouve que des animaux suspects, ou qu'il y ait des suspects en même temps que des malades. On ne doit pas être aussi rigoureux pour les animaux suspects que pour les malades ; on ne doit pas en demander l'abatage. Les mesures appliquées dans ces cas devront avoir pour but de faciliter l'observation des suspects et de les empêcher de communiquer avec d'autres animaux, qu'ils pourraient infecter s'ils étaient morveux ; il faut donc appliquer l'isolement, la séquestration.

On peut, si on le juge utile, demander la *marque* des sujets suspects, dans le but de permettre à la police et à l'autorité de reconnaître aisément les animaux qui auraient été déplacés, mis au travail ou exposés en vente. Il peut être utile, dans quelques cas, de ne pas se contenter du simple signalement et de recourir aux moyens dont il est question. Dans ces cas on pratique la marque au fer rouge, soit à l'encolure, soit, ce qui tare moins, au sabot. Cette précaution est surtout utile quand il s'agit d'un certain nombre de chevaux suspects ; et d'ailleurs il est bon, quand dans une grande écurie se trouvent plusieurs chevaux suspects et plusieurs chevaux ayant cohabité avec eux ou avec des malades, d'obliger le propriétaire à tenir un registre, sur lequel le vétérinaire sanitaire inscrira chaque cheval, avec son signalement, son état d'embonpoint, son état de santé, les symptômes qu'il présentera à chaque visite. Ainsi l'état des animaux pourra être bien suivi et bien apprécié.

Les animaux suspects de morve ou de farcin seront maintenus isolés ou séquestrés (art. 4 de l'arrêt du 16 juillet 1784, art 459 du Code pénal).

La séquestration et l'isolement des suspects sont très importants; ils sont indiqués toutes les fois que des symptômes font soupçonner l'existence de la maladie; ils doivent être appliqués aux seuls animaux suspects et non aux animaux reconnus morveux ou atteints de farcin incurable, qui doivent être abattus. On doit considérer comme suspects, les individus qui présentent quelques symptômes de morve, tels que jetage, glandage, etc., ou de farcin, tels que boutons, engorgements, etc. Quant aux animaux qui ne présentent aucun symptôme, mais qui ont été en contact avec des sujets morveux ou suspects, il ne faut pas à proprement parler les considérer comme suspects au même titre que ceux qui offrent des symptômes; il faut se contenter de les surveiller, de les visiter de temps en temps. Les chevaux, qui ont cohabité avec des malades, ne sont pas tous fatalement voués à prendre la morve, il s'en faut bien; aussi je ne crois pas qu'on puisse d'emblée séquestrer des animaux, qui ne présentent aucun symptôme de morve, bien qu'ils aient été en contact avec des chevaux morveux; nous verrons ci-après comment il faut les traiter.

La manière d'appliquer l'isolement ou la séquestration est bien simple; ou le propriétaire a plusieurs locaux disponibles, ou il n'a qu'une seule habitation pour ses divers animaux sains et suspects. Dans la première hypothèse, on place les sujets sains dans un local et les animaux suspects dans un autre, en les isolant toutefois les uns des autres, de façon qu'ils ne puissent avoir aucun rapport direct ou indirect; on laisse les suspects dans l'habitation où ils se trouvent déjà, ou, si on les loge dans un autre local, on a soin de faire désinfecter les places antérieurement occupées par eux. Quand il n'y a qu'une seule habitation pour les divers animaux sains et suspects, quand il n'y a pas possibilité d'en improviser une seconde, il faut désinfecter les places occupées par les suspects et reléguer ces derniers dans une extrémité de l'habitation, en les isolant les uns des autres, et en laissant entre eux et les sains une certaine distance inoccupée.

Les animaux isolés ou séquestrés ne devront pas être déplacés ; une surveillance active sera exercée au nom de l'autorité par la police. La séquestration, pour parer aux dangers qu'on veut éviter, doit être exécutée avec soin ; et certaines précautions sont en outre indispensables, pour qu'elle puisse donner les résultats qu'on est en droit d'attendre.

Les personnes chargées de soigner, panser, surveiller les animaux suspects, ne devront pas coucher dans l'écurie ; elles devront se laver les mains après le pansage de chaque cheval ; elles cautériseront les plaies, les écorchures qu'elles pourraient avoir aux mains. On affectera au service de chaque suspect, si cela est possible, des objets spéciaux pour faire le pansage, pour donner à manger, à boire et pour le traitement, ou si non on nettoiera les objets chaque fois qu'ils auront servi, avant de les employer pour un autre animal suspect. En aucun cas, les objets mis au service des malades ne devront être utilisés pour le service des autres animaux, sans avoir été bien désinfectés.

Combien durera la séquestration ? il est impossible de fixer à ce sujet une limite invariable ; la séquestration durera plus ou moins, suivant les cas, suivant l'état des animaux. Quand les sujets séquestrés ne présenteront plus aucun symptôme, il faudra lever la séquestration, sauf à les soumettre encore quelque temps à des visites sanitaires, comme les chevaux qui ont été en contact avec des malades et qui n'offrent aucun symptôme. Quand un animal séquestré sera reconnu morveux ou farcineux incurable, il faudra en demander l'abatage.

Pendant tout le temps que durera la séquestration, le vétérinaire sanitaire procédera à des visites hebdomadaires, dans le but d'apprécier l'état des animaux.

On pourrait enfin appliquer la séquestration à des animaux qu'on soupçonnerait d'avoir transmis la morve, bien qu'ils ne présentassent aucun symptôme. Les animaux malades ou suspects doivent toujours être refusés à la saillie.

Les animaux suspects, guéris en apparence, et pour lesquels on a levé la séquestration, ne devront pas, ai-je dit, être tout à fait perdus de vue ; les symptômes de la morve sont quelquefois rémittents ou même intermittents, de telle sorte que des chevaux, qui ont d'abord présenté du jetage et chez lesquels ce symptôme a disparu, peuvent de nouveau présenter le même phénomène ; il faut donc les visiter de temps en temps encore pendant quelques jours, pendant un mois ou six semaines, tout en en permettant l'utilisation.

Le propriétaire doit, sous peine d'être poursuivi, se plier aux exigences de la loi et observer toutes les prescriptions de l'autorité. Les animaux isolés ou séquestrés comme suspects de morve ou de farcin ne doivent pas être déplacés; ils ne doivent ni être exposés en vente, ni vendus, ni employés à aucun service; et c'est pour assurer l'exécution rigoureuse de ces prescriptions, que la marque et la surveillance sont utiles. Les mêmes prohibitions s'appliquent aux animaux malades ou simplement suspects non encore déclarés (art. 7 de l'arrêt du 16 juillet 1784, art. 460 du Code pénal); pourtant ici il y a lieu de tenir compte de la bonne foi et de l'ignorance du propriétaire, qui enfreint la loi, si toutefois le contraire n'est pas démontré. Le cas est beaucoup plus grave, et expose le délinquant à toutes les rigueurs de la loi, si l'infraction a été commise après que la déclaration avait été faite, après que l'autorité avait prescrit la séquestration.

Les animaux suspects, les animaux soustraits à la séquestration et saisis sur les voies publiques, sur les marchés ou sur les champs de foire, seront mis en fourrière aux frais du délinquant, sans préjudice de la sanction pénale qu'il a encourue. S'ils sont ensuite reconnus morveux, ils seront abattus; dans tous les cas, ils resteront en fourrière tant qu'ils seront suspects, et seront soumis à des visites réitérées. Si les animaux guérissent, s'il est ensuite reconnu qu'ils ne sont pas affectés de morve, le propriétaire devra encore payer les frais de fourrière, et cela est juste, car il a commis une faute, en utilisant ou en exposant en vente des sujets suspects.

On a parfois conseillé aux experts de ne pas se montrer trop sévères, et de demander pour leurs clients la permission d'utiliser les animaux suspects et même les animaux farcineux à certains travaux dans des lieux isolés. Le vétérinaire ne doit jamais bénévolement prendre une pareille responsabilité.

Surveillance des animaux qui ont cohabité avec des chevaux morveux ou suspects. — Les chevaux qui ont cohabité, travaillé, eu des rapports avec des sujets morveux, peuvent être utilisés, tant qu'ils ne présentent aucun symptôme. Il sera bon néanmoins de ne pas les faire travailler avec ceux qui n'ont pas été exposés, si cela est possible, et de les isoler, autant que faire se pourra, dans les habitations, aux abreuvoirs, etc; en outre ils seront, pendant cinq ou six mois, visités toutes les semaines d'abord, puis tous les quinze jours, par le vétérinaire sanitaire. Pendant ce laps de temps, ces animaux ne pourront pas être vendus, ou tout au moins ils ne devront pas l'être, sans que le propriétaire avertisse l'autorité et fasse connaître leur situation au nouvel acquéreur, chez lequel ils continueront à être soumis aux visites du vétérinaire sanitaire pendant le temps voulu.

Un abus regrettable s'est introduit et se perpétue dans les régiments de cavalerie, au sujet des chevaux de cette catégorie, qui sont parfois proposés pour la réforme, réformés et ensuite vendus à des particuliers chez lesquels ils apportent quelquefois la morve.

Un cheval, qui, ayant été en contact avec un animal morveux, est vendu sans les formalités précitées, tombe-t-il sous le coup de la loi du 20 mai 1838, peut-il être considéré comme suspect? La question a été résolue dans un sens affirmatif; le vendeur peut être contraint de reprendre son cheval, si l'acheteur se met en règle dans les délais et prouve que l'animal, à lui vendu, a été antérieurement chez le vendeur en contact avec un cheval morveux.

Quand la morve se déclare dans les écuries d'un propriétaire qui se trouve à la tête d'un service important, et qui possède un nombre considérable de chevaux pour l'exploitation de son entreprise, quand plusieurs cas de morve y sont constatés, on prend toutes les mesures de police sanitaire qui conviennent en pareille circonstance, les animaux malades sont sacrifiés, leur place ainsi que leurs harnais et les écuries sont désinfectés, les suspects sont séquestrés pour le moindre signe pouvant se rapporter à l'existence de la morve; les autres sont visités au moins une fois par semaine, et dès qu'on en rencontre un présentant quelque symptôme, on le séquestre aussitôt. Il est expressément défendu au propriétaire malheureux de loger ses animaux dans les écuries ou remises publiques, de les laisser mettre en contact avec d'autres animaux et de les vendre ou de les exposer en vente. Tout cela est-il suffisant et le propriétaire peut-il, par de nouvelles acquisitions, combler les vides que la maladie a occasionnés dans sa cavalerie, afin de satisfaire aux exigences de son service? Je suis persuadé que le propriétaire doit être autorisé à acheter d'autres chevaux; les nouveaux arrivants seront soumis aux mêmes mesures de surveillance et d'inspection que les anciens, ils seront même utilisés à part, si cela est possible.

Précautions complémentaires. — Les marchés et les foires aux chevaux devraient partout être surveillés, inspectés par des vétérinaires; et il serait bon que l'autorité fît opérer de temps en temps des inspections générales dans les localités où règne la morve. Les vétérinaires, chargés du recensement des chevaux, doivent en même temps passer une visite sanitaire de tous les animaux qui leur sont présentés; ils ont déjà rendu des services à ce sujet et il est à espérer qu'ils en rendront de plus grands encore. Le ministre de l'agriculture adressait dernièrement aux préfets la circulaire suivante à ce sujet.

« Paris, le 6 avril 1880.

« Monsieur le Préfet,

« Comme l'année précédente, les Commissions de classement des chevaux susceptibles d'être requis pour le service de l'armée ont, en 1879, fait porter leur examen sur l'état sanitaire des animaux amenés à la visite et signalé ceux d'entre eux qui étaient atteints ou suspects de morve.

« Après la clôture des opérations de ces Commissions, vous avez bien voulu me faire connaître le résultat des mesures que vous aviez prescrites, ainsi que les renseignements qui vous ont été fournis par les vétérinaires auxquels avait été confiée la mission de visiter les animaux signalés.

« Sur 217 chevaux signalés par les Commissions de classement, au cours de leurs opérations en 1879, 84 ont été abattus comme morveux; 106 n'étaient pas atteints de la morve et, après avoir été mis en observation pendant un temps plus ou moins long, il a été constaté que les affections, dont ils présentaient les symptômes, n'étaient pas contagieuses; enfin, il reste 27 animaux sur le compte desquels l'administration n'a encore pu obtenir de renseignements.

« Ces chiffres prouvent tous les avantages qu'il y avait à utiliser, au point de vue sanitaire, les visites annuelles prescrites par la loi sur la conscription des chevaux. Les animaux morveux, désignés par les Commissions de classement à l'autorité départementale ont pu être ainsi immédiatement abattus, et l'on a fait, par suite, disparaître autant de foyers d'infection qui, à leur tour, auraient pu en engendrer de nouveaux.

« Je viens donc vous rappeler les instructions que j'ai déjà eu l'honneur de vous adresser à ce sujet. Dès que des chevaux morveux ou suspects leur ont été signalés, MM. les sous-préfets doivent, sur-le-champ, déléguer un vétérinaire du service des épizooties, avec mission de visiter les animaux et de requérir de l'au-

torité locale les mesures réclamées par l'état dans lequel ils trouveront lesdits animaux. Dans tous les cas où la morve sera confirmée, l'animal devra être immédiatement abattu, en vertu de l'article 5 de l'arrêt du 16 juillet 1784. Enfin, je vous serai obligé de
me faire connaître le plus promptement possible, après la fin des
opérations des Commissions de classement, la suite dont leurs
communications auront été l'objet.

« Grâce à la stricte exécution de ces dispositions, je ne doute
pas que chaque année un meilleur résultat ne soit obtenu et
que, dans un avenir prochain, le morve ait beaucoup diminué en
France.

« Recevez, Monsieur le Préfet, l'assurance de ma considération
la plus distinguée.

« Le Ministre de l'agriculture et du commerce,

« P. TIRARD. »

L'autorité peut, si elle le juge à propos, ordonner des visites
domiciliaires chez les propriétaires soupçonnés de recéler des
animaux morveux. Enfin l'autorité, qui a fait saisir un animal venant d'une autre localité, doit informer l'autorité du lieu d'origine,
afin que celle-ci puisse faire rechercher s'il n'existe pas dans son
ressort d'autres animaux morveux. Il serait bon d'obliger les équarrisseurs à déclarer tous les cas de morve qu'ils ont l'occasion de
constater.

Les chevaux livrés à la boucherie devront toujours être très
sérieusement visités sur pied et après l'abatage; et tous ceux
qui seront morveux où suspects, seront impitoyablement refusés.

CHAPITRE XIII

GOURME DES SOLIPÈDES

Définition. — La gourme des solipèdes est une maladie générale, contagieuse, virulente, inoculable, pyogénique, suppurative, catarrhale ; elle est protéiforme, elle est plus ou moins complexe, plus ou moins bien caractérisée ; elle est décélée par une
tendance très manifeste de l'économie à sécréter du pus, par des
inflammations catarrhales et purulentes des muqueuses respiratoires et quelquefois de la muqueuse digestive, par la formation
de phlegmons et d'abcès dans diverses régions, surtout dans l'auge
et au pourtour de la gorge. Elle est caractérisée anatomiquement
par des lésions inflammatoires dans l'appareil respiratoire et ailleurs ; elle emprunte son entité à ses propriétés physiologiques ;
elle est spécifique, elle est inoculable, virulente, contagieuse.

Les hippiâtres et les anciens vétérinaires considéraient la gourme
comme une maladie spécifique et contagieuse. Au commencement
de ce siècle, les partisans de la doctrine physiologique prétendi-
rent qu'elle n'était qu'une affection inflammatoire ordinaire et
nièrent sa contagiosité. Aujourd'hui tout le monde pense comme
les anciens hippiâtres ; on sait que la gourme est une maladie spécifique, virulente et contagieuse.

M. Charles Martin, vétérinaire à Brienne, appelle la gourme
pyogénie spécifique. Cette dénomination est assez rationnelle, car
elle rappelle le principal symptôme et la propriété essentielle de
l'affection.

M. Trasbot a essayé d'identifier la gourme avec le horsepox, et
il a proposé de confondre ces deux affections sous le nom de *variole du cheval*. Il a prétendu que, dans tous les cas de gourme, il
y a une éruption primitive ou consécutive, et que, si on ne l'observe pas toujours, c'est qu'on ne sait pas bien la chercher. Il est
vrai que parfois des éruptions vésiculeuses ou vésico-pustuleuses
se produisent dans le cours de la gourme, mais ces éruptions ne

sont pas toujours de nature gréasienne; et, si quelquefois on observe, en même temps que les symptômes ordinaires de la gourme, les véritables pustules du horsepox, cela tient à ce que les deux maladies, gourme et horsepox, coexistent; mais elles ne se confondent pas. Il est d'ailleurs possible que le horsepox entraine du coryza, du jetage, du glandage, etc., et simule la gourme, sans pourtant se confondre avec elle.

SYMPTOMATOLOGIE

La gourme est une affection qui se montre fréquemment, surtout dans les pays d'élève, dans les régions humides; elle s'observe moins souvent dans les pays chauds et secs. Elle se développe exclusivement chez les solipèdes, et c'est principalement sur les jeunes sujets de un à cinq ans, qu'on la voit ordinairement; au delà de ce terme, elle est beaucoup plus rare. Cependant on peut l'observer sur des animaux de tout âge, au delà de cinq ans comme avant un an.

Elle est fréquente chez le cheval, moins fréquente chez le mulet, rare chez l'âne. M. Lafosse avait prétendu à tort qu'elle pouvait se montrer sur d'autres animaux. Et, si on admettait les idées de M. Trasbot, on serait amené à considérer la gourme comme pouvant se transmettre à toutes les espèces auxquelles le horsepox lui-même est inoculable; or cela n'est pas conforme à la vérité scientifique.

La gourme étant protéiforme et s'accusant par des symptômes plus ou moins nombreux, on peut lui reconnaître un certain nombre de formes et de variétés, suivant ses localisations; mais la distinction de ces variétés sera mieux à sa place après la description des divers symptômes, qu'on peut observer pendant le cours de la gourme envisagée d'une façon synthétique.

Le début de l'affection s'annonce par des symptômes généraux, par des prodrômes qui sont plus ou moins prononcés, plus ou moins marqués, suivant l'intensité du mal, suivant que les lésions ont plus ou moins de la tendance à se généraliser. Aussi tantôt les premiers signes passent inaperçus, tellement ils sont atténués; tandis que dans d'autres cas on constate des symptômes fébriles plus ou moins marqués. La fièvre est souvent intense quand le mal atteint le poumon. Les habitudes extérieures sont plus ou moins modifiées; les animaux deviennent tristes; la station est parfois pénible; la démarche est embarrassée; la bouche devient chaude; l'appétit diminue; la soif persiste; il y a de la constipation. La circulation s'accélère; les muqueuses s'injectent; la conjonctive devient plus colorée; la température du corps s'élève plus ou moins, suivant que la maladie doit être plus ou moins grave; on constate des alternatives de chaud et de froid aux extrémités; la respiration est parfois accélérée.

Ces divers symptômes du début, quoique vagues, ont pourtant une certaine valeur, et, si à eux seuls ils ne permettent pas de diagnostiquer la maladie, ils permettent néanmoins de la soupçonner, lorsqu'on sait que l'animal, qui les présente, a pu être contaminé par un malade.

La période prodromique est bientôt suivie de l'apparition de symptômes plus pathognomoniques. C'est dans l'espace de deux à cinq jours, que des modifications plus profondes apparaissent, parce que déjà la maladie s'est localisée plus particulièrement sur certains organes; et, comme cette affection peut entraîner des lésions dans de nombreux sièges, on peut constater des modifications fonctionnelles dans les divers appareils de l'organisme.

Celles que présentent la respiration et l'appareil respiratoire, sont les plus importantes et les plus fréquentes.

Fréquemment, vers la fin de la période prodromique ou après, on observe de la toux, une toux plus ou moins fréquente, sèche, douloureuse et se modifiant bientôt, devenant grasse, plus facile, moins douloureuse et s'accompagnant d'expectoration ou d'écoulement nasal. La respiration s'accélère; son rythme devient irrégulier, si des lésions se produisent dans le poumon; on peut ausculter des bruits anormaux.

La pituitaire est presque toujours congestionnée, hypérémiée, rouge, boursouflée, plus chaude, sèche et il y a de l'ébrouement. Elle présente parfois des taches, des pétéchies, des plaies, des érosions épithéliales; ses follicules sont hypertrophiés; bientôt elle devient plus humide; elle devient le siège d'une hypersécrétion morbide; il se produit un écoulement plus ou moins abondant. Le jetage est d'abord séreux, jaunâtre et plus ou moins clair; puis il devient plus abondant, plus épais, mucoso-purulent, blanchâtre, grisâtre, jaunâtre ou verdâtre; il est plus ou moins visqueux et adhérent; ordinairement il est bilatéral; il est plus ou moins copieux et plus ou moins persistant, suivant les cas.

Les lésions de la maladie peuvent se propager aux sinus, au

larynx, au pharynx, aux poches gutturales, à la trachée, aux bronches, au poumon.

On peut donc observer les symptômes de la collection des sinus, la matité et le boursouflement de l'os; mais ces modifications ne se produisent que lentement.

Il n'est pas rare de constater la tuméfaction des poches gutturales et la formation d'une collection purulente dans leur intérieur, qui se traduit par la fluctuation.

Assez souvent la gourme se localise aux premières voies respiratoires; et dans ces cas elle n'est jamais grave; mais les cas où elle s'étend au larynx et au pharynx ne sont pas rares. Quand il y a laryngite, on remarque une hyperesthésie manifeste, une sensibilité anormale du larynx à la pression et au pincement, qui provoquent de la douleur et la toux. Le bruit laryngien est plus rude; parfois même il y a du sifflement, un bruit de cornage. La respiration peut être gênée, difficile, anxieuse, pénible; d'autres fois c'est un bruit de roucoulement, qui se produit dans le larynx, et s'entend à distance. L'inflammation laryngienne et le gonflement de la muqueuse peuvent être si prononcés et gêner à tel point la respiration, qu'il y a parfois menace et même commencement d'asphyxie. Pourtant, quand il y a danger d'asphyxie, la respiration est ordinairement gênée par d'autres lésions, soit par le gonflement de la pituitaire, soit, et par dessus tout, par l'inflammation et le gonflement des tissus et des ganglions de la région de la gorge.

L'inflammation de la muqueuse respiratoire peut s'étendre, gagner la trachée et les bronches; on observe alors une toux pectorale, d'abord sèche, puis grasse, un râle bronchique sonore, puis des râles muqueux, qui annoncent la période catarrhale. La bronchite gourmeuse n'est pas grave par elle-même; mais il n'en est pas de même de l'inflammation pulmonaire.

La pneumonie gourmeuse, celle qui résulte de l'extension naturelle de la maladie et non de causes extérieures, est très grave. Et du reste la pneumonie, qui se montre dans le cours de la gourme, qu'elle soit le résultat de l'extension des lésions primitives, ou qu'elle ait été provoquée par une répercussion, par un refroidissement, ou qu'elle soit l'expression d'une résorption purulente, est toujours ou à peu près toujours mortelle; elle se termine par la suppuration, par la formation de foyers purulents ou par l'infiltration purulente. On constate alors les symptômes de l'inflammation du poumon; il y a surélévation de la température; la conjonctive est rouge-ictérique. La percussion de la poitrine dénote de la matité en certains points. A l'auscultation, on constate l'absence du murmure respiratoire dans les mêmes points; on entend du râle crépitant, du souffle tubaire; le murmure respiratoire est exagéré dans les parties saines; on perçoit aussi des râles muqueux et quelquefois du râle caverneux, lorsque des foyers purulents se sont ouverts dans les bronches. Il peut arriver parfois que la maladie se complique alors de septicémie; l'air expiré devient fétide, le jetage devient aussi fétide et sanieux. La pneumonie gourmeuse étant excessivement grave, il faut tout mettre en œuvre en temps opportun pour en empêcher l'évolution. Dans le cours de la gourme, même de la gourme bénigne, les malades peuvent, s'ils sont soumis à un refroidissement, éprouver une métastase, qui amène la formation de lésions sur le poumon et quelquefois ailleurs, et qui est presque toujours mortelle. Enfin il peut arriver que le pus, produit par les lésions gourmeuses, soit résorbé et donne lieu à une infection purulente.

La gourme peut aussi s'accompagner de lésions sur les plèvres, de symptômes de pleurite avec épanchement; cette complication, heureusement rare, est aussi très grave.

Dans le système lymphatique les lésions sont très fréquentes. On observe des lymphangites, des cordes plus ou moins en relief, quelquefois moniliformes, dans diverses régions, surtout à la face. Cette localisation se comprend sans peine, attendu que la pituitaire est ordinairement malade et les vaisseaux lymphatiques, qui en partent, s'enflamment. On voit aussi des cordes, des lymphangites au poitrail, en avant des épaules, sur les côtés de la poitrine, à la face interne des membres, etc.

Les lymphangites gourmeuses ont une marche qui les différencie de celles qu'on observe dans le farcin; elles évoluent plus rapidement et se terminent promptement par la suppuration. Le pus sécrété est grisâtre, crémeux, riche en éléments figurés; il est de bonne nature, et les plaies résultant de l'abcédation ne sont pas ulcéreuses; elles tendent au contraire à la cicatrisation et se cicatrisent en effet assez rapidement.

Outre les lymphangites, il se produit aussi souvent des adénites, des inflammations ganglionnaires, qui ne ressemblent pas non plus aux adénites farcineuses. Ces accidents se produisent le plus habituellement dans l'auge, dans l'espace intermaxillaire, dans la région de la gorge et enfin dans toutes les régions où il existe des ganglions. L'inflammation de ces organes est phlegmoneuse; le tissu conjonctif périganglionnaire y participe; elle se termine toujours par la formation d'un ou de plusieurs foyers purulents, qui ne tardent pas à s'abcéder et à s'ouvrir, laissant échapper et continuant à sécréter pendant quelque temps un produit purulent, analogue à celui des lymphangites, riche en éléments figurés et très différent de l'huile de farcin.

Dans le tissu conjonctif de diverses régions, on peut voir se produire fréquemment des phlegmons, qui se terminent par l'abcédation, par la suppuration, et quelquefois par la formation de plaies fistuleuses. Ces inflammations s'observent surtout dans la région de l'auge et dans celle de la gorge; quand elles s'abcèdent, elles peuvent intéresser la glande parotide, si elles se sont développées dans son voisinage, d'où résulte alors une fistule salivaire. On peut voir les mêmes inflammations se produire dans le tissu conjonctif d'autres régions, vers les organes génitaux, etc.

Lorsque de pareils accidents se produisent, on constate tous les symptômes des phlegmons ordinaires: la tuméfaction, la chaleur et la douleur. Ils sont plus ou moins étendus et plus ou moins volumineux; ils évoluent très rapidement; ils se terminent quelquefois par résorption, mais le plus habituellement ils s'abcèdent, ils se ramollissent, pour peu que l'inflammation soit intense. L'abcédation se produit souvent en plusieurs points en même temps ou successivement; on perçoit alors de la fluctuation; les abcès se réunissent et s'ouvrent ensuite; mais le plus souvent ils s'ouvrent isolément et successivement. Parfois des abcès s'ouvrent dans la bouche, sous la langue ou sur ses côtés; la cavité buccale exhale alors une odeur fétide, l'odeur du mélange de pus et de salive. Les phlegmons de l'auge et de la gorge peuvent s'étendre à la région parotidienne et aux poches gutturales; des plaies salivaires, très faciles à guérir du reste et même guérissant seules, sont quelquefois produites par l'abcédation. Quand il s'agit de phlegmons développés dans le tissu conjonctif de la région inguinale ou de la région pelvienne, les abcès, qui se forment, peuvent s'ouvrir dans l'abdomen; il se produit alors une péritonite, qui devient rapidement mortelle. Il en est de même pour toutes les adénites et les phlegmons pouvant se développer et s'ouvrir dans les cavités closes; aussi les ganglions bronchiques et les ganglions sous-lombaires enflammés peuvent s'abcéder et s'ouvrir dans la cavité thoracique, dans la cavité abdominale, et y provoquer une inflammation mortelle.

On peut parfois reconnaître, à certains signes, l'inflammation de ces divers ganglions. Les ganglions bronchiques, en s'hypertrophiant, compriment les organes voisins, gênent la circulation du sang veineux, d'où résulte un gonflement insolite des jugulaires. Quand les ganglions mésentériques ou sous-lombaires sont malades, on observe des symptômes de coliques; en outre, quand il s'agit de ces derniers, il y a hyperesthésie dorso-lombaire, et, s'il s'agit de ceux situés au voisinage du rectum, on peut assez facilement vérifier leur état, en recourant à l'exploration à travers le rectum.

Du côté de la peau on voit aussi se produire des symptômes assez marqués : c'est de l'eczéma; ce sont des éruptions, des vésicules ou des vésico-papules plus ou moins analogues à celles qu'on observe dans le horsepox. Ces mêmes éruptions se montrent aussi sur certaines muqueuses, sur la pituitaire, sur la muqueuse buccale. Elles peuvent se montrer, à la peau, aux mêmes points que celles du horsepox; on les trouve surtout à la face, au pourtour de la bouche, sur les lèvres, autour des yeux, autour des naseaux, dans les points où la peau est fine, sur tout le corps. L'éruption gourmeuse proprement dite diffère de celle du horsepox, par son évolution plus rapide, et par la propriété de son produit, qui n'est pas vaccinogène comme celui du horsepox. Il est bon de ne jamais oublier d'ailleurs que la gourme et le horsepox peuvent coexister sur le même individu, et que le horsepox peut s'accompagner parfois de coryza, de lymphangite, d'adénite, etc. tout comme la gourme. Tandis que dans le horsepox l'éruption est toujours primitive, elle est au contraire ordinairement consécutive dans la gourme et n'apparaît qu'après les autres symptômes.

On peut voir aussi, pendant l'évolution de la gourme, se former des boutons, des œdèmes, de l'anasarque; et quelquefois la gangrène fait suite à cette dernière complication; ces divers accidents se montrent principalement dans le cas de gourme maligne. Les boutons apparaissent sur la face; ils sont gros comme ceux du farcin; ils s'abcèdent très rapidement et donnent du pus de bonne nature; les plaies, qui en résultent, se cicatrisent assez vite. Des infiltrations passives, froides, plus ou moins étendues, se produisent dans les régions déclives, du côté de la région inguinale, vers les organes génitaux, sur les membres, etc.; et quelquefois ces œdèmes sont tellement étendus, qu'ils constituent une véritable anasarque, complication grave, qui peut être suivie de mortification ou de nouvelles complications sur les organes internes (métastases). Quand l'anasarque s'accompagne de la mortification de la peau, la guérison est encore possible, malgré les plaies plus ou moins étendues résultant de l'élimination des parties mortes.

L'appareil locomoteur est aussi quelquefois le siège de certaines altérations. On peut rencontrer des phlegmons dans les interstices musculaires; et ces phlegmons, comme toujours, se terminent par la suppuration. Il se produit parfois des arthrites, des synovites, qui ont une grande tendance à la suppuration; aussi ces accidents sont-ils très graves, surtout l'arthrite, qui peut occasionner la mort. La fourbure se montre quelquefois comme complication de la gourme, et elle est alors très grave, elle peut se terminer par la gangrène des tissus du pied. Il importe donc de se prémunir contre ces diverses complications et de les combattre aussitôt qu'elles apparaissent.

La gourme entraîne quelquefois des lésions et s'accompagne de symptômes du côté des voies digestives. Les malades perdent l'appétit, deviennent constipés et témoignent de la difficulté pour exécuter la mastication et la déglutition, à cause de la pharyngite, qui accompagne toujours la laryngite et à cause de l'inflammation de l'auge et de la gorge. La bouche est très chaude; la muqueuse buccale est congestionnée; les gencives sont plus rouges. Les aliments et les boissons reviennent en partie par le nez. La sensibilité, au niveau de la gorge, est exagérée; la compression de cette partie est douloureuse. Quelquefois les glandes salivaires sont englobées dans l'inflammation. Il n'est pas absolument rare de constater des symptômes d'entérite; il y a ordinairement de la constipation; quelquefois la muqueuse intestinale devient catarrhale et il se déclare de la diarrhée; on observe parfois des symptômes de coliques plus ou moins intenses, très intenses, quand, à la suite d'une répercussion, il s'est produit une métastase sur l'intestin et le mésentère, ce qui peut arriver dans quelques circonstances; il peut même se produire une véritable apoplexie intestinale, une entérorrhagie rapidement mortelle.

En outre des lymphangites et des adénites, l'appareil circulatoire peut offrir les symptômes d'autres altérations. La température des malades est très variable suivant les localisations des altérations; elle s'élève surtout quand la maladie envahit le poumon et les plèvres; ce signe est important au point de vue du pronostic.

Certains cas de gourme peuvent se compliquer de péricardite, d'endocardite même; mais heureusement ces complications sont fort rares. Le système vasculaire peut absorber le pus sécrété par les accidents gourmeux, et on observe alors les symptômes et puis les lésions de l'infection purulente. Les malades, atteints de la gourme, sont en général dans un état très propice à la formation du pus; la moindre plaie, la moindre opération est suivie chez eux d'une suppuration plus abondante que dans les conditions ordinaires; aussi est-il indiqué de ne pas pratiquer des opérations graves, notamment la castration, immédiatement avant, ni pendant le cours de la gourme. Il y a, chez presque tous les chevaux gourmeux, surtout chez ceux qui sont lymphatiques, un état de leucocytose plus ou moins prononcé; les globules blancs sont plus abondants dans le sang; on peut même, dans quelques cas, voir se produire de l'amaigrissement, de l'anémie, de l'hydrohémie, des infiltrations, du marasme, de la consomption, des catarrhes et des suppurations chroniques.

Chez quelques animaux, on peut voir se produire de l'ophthalmie, de la conjonctivite, de la chassie et quelquefois la perte de l'œil.

Chez les chevaux entiers, il se produit parfois des complications du côté des organes génitaux, des infiltrations du fourreau et des bourses, ou une inflammation phlegmoneuse de ces parties, une inflammation de la séreuse testiculaire, un hydrocèle. Il arrive que, chez les chevaux qui ont été castrés, alors qu'ils étaient en puissance de gourme ou qui sont devenus gourmeux après l'opération, on voit se produire des abcès dans la région inguinale; et ces abcès peuvent, en s'ouvrant dans l'abdomen, déterminer une péritonite rapidement mortelle.

Enfin dans le cours de la gourme, il peut se produire aussi des complications du côté du système nerveux. Les lésions de la maladie peuvent se former dans les centres nerveux et déterminer des symptômes de vertige, d'immobilité, de paralysies partielles, de paraplégie, de tétanos. Cette dernière complication se montre surtout chez les animaux qui ont été opérés pendant le cours de la maladie. Tous ces accidents sont de la plus grande gravité; le tétanos est ordinairement mortel; il en est de même du vertige et de la paraplégie, qui est occasionnée parfois par la formation d'un abcès dans la moelle.

Formes de la maladie. — Suivant que les lésions sont localisées à tels ou tels organes, à tels ou tels appareils, suivant qu'elles sont plus ou moins nombreuses, plus ou moins étendues, suivant que les symptômes sont plus ou moins nombreux et plus ou moins intenses, on peut reconnaître à la gourme des variétés, des formes assez nombreuses.

On la dit *sthénique*, quand elle s'accompagne de beaucoup de fièvre, quand elle offre les caractères de l'acuité. Elle présente ces caractères, lorsqu'elle étend ses lésions au larynx, au pharynx, aux bronches, aux poumons.

Elle est *asthénique*, quand les symptômes fébriles sont peu prononcés ou font défaut, quand la maladie est peu grave, peu étendue, quand elle attaque des sujets mous, lymphatiques, chez lesquels la réaction est toujours moindre.

Elle est *bénigne*, promptement et facilement curable, lorsqu'elle est asthénique ou peu ou pas sthénique, localisée à un petit nombre d'organes, à la pituitaire, à la gorge, à l'auge, etc.

Elle est *maligne*, grave, quand elle s'étend aux organes internes, quand elle se généralise, quand elle s'accompagne de complications pulmonaires, intestinales, séreuses, nerveuses, qu'elle soit d'ailleurs sthénique ou asthénique. La gourme maligne sthénique ou asthénique se montre sur les animaux irritables, pléthoriques, sur les animaux lymphatiques, débilités, placés dans de mauvaises conditions hygiéniques, etc.

On peut d'ailleurs observer simultanément ou successivement, pendant la même épizootie, dans la même écurie, dans la même localité, ces diverses formes.

On peut distinguer aussi des *gourmes sèches*, des *gourmes catarrhales* et des *gourmes purulentes*.

Les *gourmes sèches* sont celles qui sont caractérisées par des phlegmons, qui ne suppurent pas et par l'absence d'hypersécrétion, ou de catarrhe à la surface des muqueuses; elles sont très rares, car l'affection gourmeuse s'accompagne presque toujours de catarrhe et même de suppuration.

Les *gourmes catarrhales* sont celles où l'état catarrhal des muqueuses est le symptôme prédominant.

Les *gourmes purulentes* sont celles qui s'accompagnent de suppurations abondantes, de phlegmons, de lymphangites, d'adénites et d'abcès multiples dans diverses régions. Les gourmes catarrhales et les gourmes purulentes peuvent, si elles se prolongent longtemps, débiliter l'organisme; il importe de tarir leurs sécrétions le plus promptement possible.

Assez souvent la gourme se localise d'une manière à peu près exclusive à un certain nombre de régions à un certain nombre d'organes.

Le plus ordinairement elle se localise à la pituitaire, à l'auge et dans la région de la gorge; elle se traduit alors par les symptômes du coryza, par du jetage, par des lymphangites, des adénites, des phlegmons et des abcès uniloculaires ou multiloculaires, par l'abcédation des poches gutturales, par l'hyperesthésie de la gorge, etc.

Pourtant assez fréquemment aussi, la maladie envahit en outre le larynx et le pharynx; et on voit s'ajouter alors, à l'expression précédente, les symptômes de l'angine laryngo-pharyngée et une plus grande intumescence des tissus de la région de la gorge, ainsi qu'une gêne plus ou moins prononcée de la respiration. Tandis que le coryza gourmeux est peu grave, l'angine gourmeuse l'est au contraire beaucoup plus; elle peut s'accompagner de fièvre, devenir maligne, et amener la mort par asphyxie, si on ne la traite pas à temps. L'angine gourmeuse, outre qu'elle se complique de coryza, de lymphangites, d'adénites, de phlegmons, d'abcès, peut aussi s'accompagner d'éruptions vésiculeuses ou vésico-pustuleuses sur la face, au pourtour de la bouche et du nez, sur la pituitaire, sur la muqueuse buccale, sur diverses régions du corps. La guérison de cette forme est toujours plus longue à obtenir que celle du coryza; elle est plus ou moins longue suivant les cas, et elle peut être suivie d'une convalescence pendant laquelle les animaux ont encore besoin d'être ménagés et soignés. Le coryza gourmeux peut guérir en 10, 12, 15 jours; tandis que l'angine gourmeuse peut ne guérir qu'au bout de 20, 30 jours; et, dans l'un comme dans l'autre cas, quand on croit la maladie définitivement guérie, on peut encore voir apparaître, dans quelques régions, un phlegmon, un abcès.

Les formes ordinaires de la gourme sont donc le coryza et l'angine, accompagnés de lymphangites, d'adénites, de phlegmons et d'abcès.

Quelquefois la maladie s'accompagne de bronchite; pourtant cette forme est très rare, et, quand la bronchite se montre, elle résulte de l'extension de l'angine ou elle n'est que le prélude d'une complication plus grave du côté du poumon.

La pneumonie gourmeuse, qui est heureusement rare, est en effet très grave; elle a une tendance fatale à se terminer par la suppuration, qui suit d'ailleurs de très près l'hépatisation: aussi faut-il se hâter d'appliquer un traitement approprié, dès qu'on peut en soupçonner l'apparition, sans quoi on est exposé à n'obtenir aucun résultat, si on agit quand l'hépatisation est déjà produite.

On distingue encore des gourmes éruptives, des gourmes erratiques externes et internes (Ch. Martin) et des gourmes nerveuses.

Les gourmes éruptives sont celles qui s'accompagnent d'éruption; mais en ce cas l'éruption n'est jamais seule, elle coexiste avec d'autres symptômes.

Les gourmes erratiques sont celles qui se compliquent d'adénites, de phlegmons, d'abcès dans diverses régions extérieures ou dans diverses régions internes; elles peuvent être très graves.

La gourme nerveuse est celle qui se complique de symptômes nerveux, de symptômes de paralysie, de vertige, d'immobilité, de tétanos; elle est toujours grave, presque toujours mortelle.

Suivant les circonstances favorables ou défavorables qui entourent les malades, et suivant les formes, la maladie peut durer plus ou moins longtemps et se terminer favorablement ou d'une manière fatale. Elle n'est guère mortelle, qu'autant qu'elle s'accompagne de pneumonie, de complications nerveuses, de phlegmons et d'abcès internes; pourtant l'angine gourmeuse peut quelquefois occasionner l'asphyxie.

Quand la gourme se termine par la guérison, il n'y a pas ordinairement de convalescence, sauf dans les cas graves; le plus souvent l'affection, en disparaissant, ne laisse aucune trace de son passage. Pourtant il peut arriver qu'elle laisse après elle un œdème, un épaississement de la pituitaire, d'où résulte une gêne dans la respiration et un bruit de sifflement ou de cornage; le même état peut persister dans la muqueuse laryngienne.

Quand la gourme se termine par la mort, celle-ci est la conséquence de l'asphyxie, de l'infection purulente, de l'épuisement, etc.

La morve ne peut pas être la conséquence de la gourme, comme certains observateurs l'ont avancé; la gourme reste elle-même, mais elle peut se compliquer d'infection purulente et même de morve, si les gourmeux sont exposés à la contagion morveuse.

Les animaux guéris de la gourme ont acquis l'immunité; et ceux qui ont bien jeté leur gourme, sont plus robustes que ceux chez lesquels la maladie a été contrariée, mal guérie. En outre, il résulte des observations et des expériences de M. Ch. Martin, que cette affection facilite la guérison d'autres maladies, telles que le crapaud, les eaux aux jambes, les dartres, les œdèmes. Des animaux atteints de ces affections se sont guéris plus facilement et plus rapidement quand on leur a eu conféré la gourme.

Le *pronostic* de l'affection gourmeuse n'est pas grave ordinairement, bien qu'il s'agisse d'une maladie contagieuse, car le plus souvent la terminaison est favorable. Pourtant il ne faut pas oublier que la transmission est possible et même facile. Quand la gourme s'introduit dans une localité, dans une habitation, elle se propage très rapidement et devient épizootique.

Le *diagnostic* de cette maladie n'est pas toujours facile; on peut la confondre avec le coryza, avec l'angine, avec la bronchite, avec la pneumonie ordinaires, etc. La symptomatologie est souvent insuffisante pour permettre d'établir un diagnostic à peu près certain; il faut recourir aux renseignements, rechercher les antécédents des malades et la cause morbigène. Le coryza, l'angine, etc., simplement inflammatoires sont provoqués par l'action de causes ordinaires, par un refroidissement, par le contact de poussières irritantes, que l'air introduit dans les voies respiratoires, etc. La gourme, au contraire, se montre sans qu'aucune de ces causes puisse être invoquée pour expliquer son apparition ; on la voit se propager d'un animal à l'autre. En 4, 8, 10 jours, elle s'est étendue, elle a attaqué successivement un nombre plus ou moins considérable d'animaux, elle s'est propagée par contagion ; et cette allure suffit pour permettre de la distinguer des maladies inflammatoires simples. Dans certains cas, le farcin et le horsepox peuvent simuler la gourme, mais il est pourtant facile de déterminer ce qui appartient à l'une et à l'autre affection, en suivant l'évolution de la maladie à diagnostiquer. Outre que les symptômes de farcin ne ressemblent jamais absolument à ceux de la gourme, celle-ci tend à se terminer par la guérison, tandis que le farcin tend toujours à s'aggraver et à prendre de l'extension. Le horsepox, comme la gourme, peut présenter des éruptions, s'accompagner de lymphangites, d'adénites, de coryza, etc.; mais l'inoculation permet de distinguer les deux affections. Le produit de la pustule du horsepox n'est virulent qu'au début; quand il devient purulent, il cesse d'être actif. Dans la gourme, au contraire, le pus est inoculable, de plus, le horsepox confère une immunité de courte durée, tandis que celle donnée par la gourme est très longue.

ANATOMIE PATHOLOGIQUE

L'étude des lésions de la gourme est peu importante. Cette maladie est accompagnée d'altérations semblables à celles qu'on observe dans le coryza, la laryngite, la bronchite, etc., inflammatoires sauf quelques variantes peu marquées.

Les lésions sont plus ou moins étendues, plus ou moins avancées et se montrent sur un plus ou moins grand nombre d'organes ; elles consistent en congestions, exsudats, inflammations, phlegmons, œdèmes, catarrhes, suppuration, et quelquefois gangrène, septicémie, foyers d'infection purulente, métastases, etc.

A la surface de la peau, on retrouve les éruptions déjà signalées ou leurs traces. Dans le tissu conjonctif il y a des phlegmons, des abcès. On voit parfois des lésions de synovite, d'arthrite, qui peuvent être suppuratives, des lésions de fourbure, accompagnées ou non de la gangrène des tissus du pied. Dans le système ganglionnaire on observe des lymphangites à peu près semblables, sous le rapport de leur constitution à celles du farcin, et des adénites riches en éléments figurés, abcédées ou en voie de s'abcéder.

Dans l'appareil respiratoire, sur la pituitaire, sur la muqueuse laryngienne, sur les muqueuses trachéale et bronchique, il y a de la congestion, de l'œdème, de l'épaississement, du boursouflement, un état catarrhal, caractérisé par la production de muco-pus grisâtre. Dans le poumon, indépendamment des lésions de l'asphyxie, de la septicémie, de l'infection purulente, on rencontre parfois des lésions de pneumonie avec hépatisation, de pneumonie purulente ; on constate non pas seulement de la simple congestion, de la simple hépatisation, mais des collections purulentes, des abcès, qui peuvent être en communication avec les bronches, de la suppuration disséminée ; et, dans ce dernier cas, on voit sur une coupe de l'organe, en pressant légèrement, sourdre un liquide rouge-grisâtre, riche en éléments purulents. On peut rencontrer aussi des lésions de la pleurésie, résultant de l'extension de la maladie ou survenues à la suite de l'abcédation des ganglions prépectoraux ou bronchiques et de leur ouverture dans la cavité thoracique. Il y a parfois de la péricardite, etc.

La muqueuse de l'appareil digestif présente aussi parfois un état catarrhal dans toute son étendue. De même que dans la cavité thoracique il y a aussi quelquefois inflammation de la séreuse, résultant de l'extension de la maladie ou déterminée par l'abcédation des ganglions inguinaux ou sous-lombaires.

Les organes génitaux, les testicules, la séreuse testiculaire, les enveloppes testiculaires peuvent être enflammés.

Dans les centres nerveux on peut observer de la congestion, soit des méninges, soit du cerveau et de la moelle, un épanchement dans les ventricules cérébraux, dans l'arachnoïde, une infiltration du tissu de la moelle et du cerveau, des abcès dans le cerveau, dans la moelle.

ETIOLOGIE

On a invoqué et l'on invoque encore tous les jours certaines causes ordinaires, comme pouvant exercer une influence plus ou moins efficace dans la production de la gourme.

Jadis on croyait que cette maladie pouvait apparaître spontanément; et de nos jours, de nombreux vétérinaires admettent encore qu'elle peut naître à la suite de certaines influences venant du monde extérieur ou inhérentes aux individus; mais il est certain que l'on a souvent pris pour de la gourme des états morbides, qui la simulaient, et qu'ainsi on a transporté, dans l'étiologie de cette affection, les causes susceptibles de faire naître un coryza, des angines, des bronchites ordinaires. En réalité, la spontanéité de la gourme n'est pas démontrée; il n'y a pas lieu de l'admettre, car lorsque la maladie se développe, on peut toujours en suivre la filiation, qui montre qu'elle est le résultat de la contagion.

On a invoqué, comme causes prédisposantes ou comme causes occasionnelles susceptibles de provoquer la gourme, l'espèce, le tempérament, l'âge, la domestication, la dentition, les climats, les saisons, les changements de saison, les variations atmosphériques, les migrations, l'acclimatement, le passage des animaux de l'écurie au pâturage, les changements de régime, l'encombrement et l'agglomération des animaux, la préparation à la vente, le dressage, la mise en service, etc.; or aucune de ces causes ne peut déterminer la gourme.

L'espèce constitue une prédisposition; mais la même prédisposition existe pour d'autres maladies, et, dans aucun cas, elle ne peut expliquer à elle seule l'apparition d'une affection contagieuse.

Le tempérament lymphatique constitue aussi une prédisposition, surtout une prédisposition à la gourme suppurative.

Le jeune âge est également une condition prédisposante, mais rien de plus; et d'ailleurs la gourme peut attaquer les animaux adultes et même les animaux vieux, qui n'ont pas subi une première atteinte.

La dentition qui, au dire de certains vétérinaires, occasionnerait la gourme, en déterminant un afflux sanguin plus considérable vers la tête, ne joue pas le rôle qu'on lui a attribué; parmi les chevaux qui font leurs dents, il n'y a que ceux qui sont exposés à la contagion qui peuvent devenir gourmeux.

La domestication, l'état de domesticité, peut bien être une circonstance favorable à la contagion, mais il ne fait pas naître la gourme, qui se montre d'ailleurs sur les animaux vivant à l'état sauvage dans certains pays.

Les climats humides, les saisons froides et humides, les changements de saison, les variations atmosphériques peuvent occasionner des maladies qui simulent la gourme et non la gourme proprement dite.

Les migrations, les déplacements, les voyages, les marches, les transports favorisent l'apparition de la gourme chez les animaux déplacés, en faisant naître ou en multipliant les occasions de contact avec des animaux malades ou des objets souillés; mais quand la maladie se montre à la suite d'une migration, d'un déplacement, et elle se montre assez souvent, c'est parce qu'elle a été transmise aux animaux déplacés durant le voyage, durant le transport.

Quand les animaux passent de l'écurie au pâturage, ils sont exposés à l'action des refroidissements, et il peut en résulter un coryza, des angines, etc., qu'on a pris quelquefois pour de la gourme; ils sont aussi, dans leurs rapports avec les animaux du voisinage aux abreuvoirs, aux pâturages, dans les chemins, etc., exposés à contracter la gourme, si la maladie règne dans d'autres écuries.

Les changements de régime ne peuvent produire la gourme qu'autant qu'on contamine les animaux avec le nouveau régime.

L'encombrement et les agglomérations d'un certain nombre d'animaux sont des circonstances qui favorisent l'extension de la maladie, quand elle existe sur un ou plusieurs sujets.

La préparation à la vente, par l'emploi de tel ou tel régime, ne peut faire apparaître la gourme, qui, si elle se montre après la vente, est le résultat d'une contagion produite pendant le déplacement ou pendant l'exposition en vente, ou après l'arrivée des animaux dans le lieu de leur nouvelle destination.

Le dressage et la mise en service favorisent la contamination des animaux, qui sont ainsi forcément exposés à avoir des contacts directs ou indirects avec d'autres sujets.

La gourme ne naît jamais spontanément; elle est toujours le

résultat de la transmission ; et, si on étudie attentivement les faits, on constate qu'elle est surtout fréquente chez les chevaux qui voyagent, qui sont employés au roulage ou pour le service des voitures publiques ; car ces animaux finissent toujours par être mis en contact avec des chevaux malades, ou sont logées dans des habitations souillées et mangent dans des auges non désinfectées, ou reçoivent des aliments ou des boissons infectés.

On s'explique d'ailleurs sans peine la propagation de la gourme ; les animaux gourmeux ne sont l'objet d'aucune mesure sanitaire. Ceux qui sont peu malades sont utilisés comme à l'ordinaire, et ceux qui ont été traités sont toujours remis à leur service avant d'être complètement guéris ; enfin le virus gourmeux semble doué d'une certaine puissance de résistance.

On comprend aisément que toutes ces conditions réunies facilitent singulièrement la propagation de la maladie et diminuent beaucoup les rares probabilités qu'on a invoquées en faveur de la spontanéité avec quelque semblant de fondement. D'un autre côté il est avéré que, malgré les causes de spontanéité, la gourme ne se montre pas fréquemment sur les chevaux de luxe, qui sont rarement mis en contact avec d'autres chevaux et qui ne sont pas exposés à la contagion. Il en est de même chez les petits propriétaires, qui n'ont qu'un ou deux chevaux et qui ne les exposent guère à la contagion, qui ne les mettent guère en rapport avec les animaux du voisinage.

En résumé, la gourme est toujours contagieuse et jamais spontanée.

Contagion. — La contagion avait été admise par les hippiâtres et les anciens vétérinaires ; elle fut niée par les partisans de la doctrine physiologique, qui ne voyaient en elle qu'une maladie inflammatoire non contagieuse ; aujourd'hui elle est admise à peu près par tout le monde.

L'observation ancienne et l'observation récente, comme l'observation de tous les jours, démontrent la transmissibilité de la gourme ; on a cité de nombreux cas de transmission bien observés. M. Charles Martin en a constaté un bon nombre, et il a reconnu que la transmission se fait ordinairement par l'intermédiaire des auges, des mangeoires, des abreuvoirs, des pâturages infectés.

Il résulte de l'observation clinique que la gourme devient ordinairement enzootique dans les écuries où elle est introduite ; elle ne se borne pas à un ou à quelques animaux, si on ne prend aucune précaution pour arrêter son extension. Elle atteint un plus ou moins grand nombre d'individus, elle ne respecte que ceux qui ont déjà l'immunité ou qui sont isolés.

Donc un cheval gourmeux, introduit dans une écurie, infecte les autres animaux. Inversement, les animaux sains, introduits dans une écurie où existent des gourmeux, contractent la maladie; et, d'une manière générale, les animaux sains, mis en rapport direct ou indirect avec des malades, deviennent ordinairement malades à leur tour. Enfin quand on veut que les chevaux sains d'une habitation soient épargnés, il suffit d'isoler les malades, d'empêcher tout contact direct ou indirect entre eux et les sujets sains.

La contagion de la gourme est d'ailleurs bien démontrée par l'expérimentation, par l'inoculation. On a bien dit que cette maladie n'était pas inoculable, quoique contagieuse, mais c'était faute de n'avoir pas su trouver le siège du virus ou de ne l'avoir pas su inoculer.

Gohier injecta, dans le nez de six animaux solipèdes, du muco-pus gourmeux; il n'obtint qu'un résultat positif et encore ce résultat n'a-t-il aucune signification, car la suite de l'inoculation fut un simple coryza, et le pus ordinaire pourrait produire le même résultat.

Toggia affirme avoir inoculé avec succès la gourme à 74 poulains et leur avoir ainsi conféré l'immunité.

M. Charles Martin a, de son côté, parfaitement réussi à transmettre la gourme expérimentalement et à créer l'immunité. Il a procédé de différentes manières; il a inoculé le produit gourmeux avec la lancette; souvent il s'est servi d'une baguette garnie d'étoupe à une extrémité, ou de l'index recouvert pareillement; il a imprégné l'étoupe avec de la matière gourmeuse, et ensuite il en a frictionné la pituitaire de la cloison nasale, de manière à en excorier un peu la surface. Il a inoculé différents produits avec succès; il a obtenu la gourme avec le muco-pus du jetage, avec la sérosité de ce muco-pus, avec le produit purulent des abcès ou des plaies.

La première expérience positive date de 1857; le muco-pus gourmeux avait été inoculé à un cheval de quatre ans, par piqûres, au pourtour des naseaux et à la lèvre supérieure; trois jours après l'opération, la gourme se montrait; il y eut de la lymphangite, de la toux, du jetage, de la fièvre, un abcès intermaxillaire et un autre abcès sous-parotidien douze jours après la guérison apparente. En 1857-58, il pratiqua deux nouvelles inoculations, qui furent suivies de gourme. En 1859-60-63, il eut l'occasion de faire quatorze inoculations, dont douze furent suivies de gourme; les deux insuccès furent constatés sur deux chevaux qui avaient eu la maladie. Les inoculations suivies de succès avaient été faites : neuf avec du muco-pus; une avec du pus; deux avec la sérosité du muco-pus. Parmi les douze chevaux ainsi rendus malades, sept transmirent la gourme par cohabitation à d'autres animaux; cinq étaient affectés de crapaud; un d'eaux aux jambes; un de dartres; un d'œdèmes des membres; et chez tous la gourme sembla favoriser la guérison de la maladie préexistante. La période d'incubation fut de trois, quatre, cinq jours; elle a la même durée, quand il s'agit de la contagion naturelle; mais il arrive parfois que les premiers symptômes, quoique manifestes déjà le 3ᵉ, le 4ᵉ ou le 5ᵉ jour, ne sont aperçus que le 6ᵉ, le 7ᵉ ou le 8ᵉ jour.

La contagion joue l'unique rôle dans la production de la gourme; toutes les causes invoquées par les spontanéistes doivent être considérées tout au plus comme de simples circonstances adjuvantes ou préparatoires.

Le contage gourmeux existe donc dans le muco-pus du jetage, dans le pus et vraisemblablement dans tous les produits de sécrétion morbide; il existe probablement aussi dans le sang, au moins à certains moments, car la maladie est transmissible par la voie utérine; la jument, qui est gourmeuse au moment du part, transmet la maladie à son poulain, et lors même qu'à l'accouchement elle semble guérie, elle peut encore mettre au jour un poulain gourmeux.

Il y a lieu de se demander si le virus siège dans d'autres produits de l'organisme. A ce sujet on n'est pas bien fixé, et, parce qu'une jument devenue gourmeuse en allaitant son poulain, lui a transmis la gourme, on ne saurait en inférer que le lait est virulent, car le jeune animal a pu puiser le virus ailleurs que dans le lait; il y a lieu de faire à ce sujet des recherches précises.

Le virus de la gourme est ce qu'on appelle un virus fixe; il pénètre dans l'organisme par l'intermédiaire de véhicules liquides ou solides. Il peut vraisemblablement aussi se trouver parfois en suspension dans l'atmosphère et pénétrer dans les voies respiratoires avec l'air. Ses caractères et sa nature sont inconnus encore. Il est produit en plus ou moins grande quantité, suivant l'extension des lésions; il est excrété par les voies respiratoires, par les diverses lésions, où il est sécrété. Il existe dès le début de la maladie, aussitôt après la contamination, et l'époque de sa disparition reste à déterminer. On ne sait donc pas pendant combien de temps un animal gourmeux est dangereux ; on ne sait pas s'il cesse d'être dangereux quand il semble guéri en apparence.

Le contage gourmeux, rejeté dans le monde extérieur, peut s'y conserver pendant un temps plus ou moins long, suivant les circonstances. M. Charles Martin pense qu'il se détruit lentement ; et il cite des cas dans lesquels 15 jours, 49 jours après son arrivée dans le monde extérieur, il s'est encore montré actif ; un froid modéré, une chaleur modérée, l'humidité et la sécheresse ne le détruiraient que lentement ; il se conserverait donc sur les mangeoires, sur les râteliers, sur les fourrages et dans les boissons elles-mêmes.

Ces données, que de nouvelles recherches doivent préciser davantage, permettent de prévoir et de prévenir le danger, c'est-à-dire la contagion par les objets infectés, qui devront être soumis à une désinfection.

La gourme peut se transmettre par contagion immédiate ; mais le contact direct des malades avec les sains n'est pas nécessaire, et la maladie se transmet le plus souvent, suivant M. Charles Martin, par les fourrages et les boissons souillés, c'est-à-dire par contagion médiate ou indirecte ; elle se transmet aussi parfois par l'intermédiaire de l'air, attendu que, dans une écurie où règne la gourme, on peut voir la maladie se propager aux animaux qui sont éloignés des malades, tandis que les voisins ne sont contaminés que plus tard.

Les agents de contagion sont donc les malades eux-mêmes, les objets imprégnés de virus, les fourrages, les litières, les boissons, les objets de pansage, les personnes qui soignent les malades.

La transmission est plus ou moins facilitée par certaines conditions, par l'agglomération d'un certain nombre d'animaux, par la cohabitation, par les repas en commun, par la fréquentation des abreuvoirs publics, des pâturages, par les transports, par les wagons et les habitations non désinfectées, par les voyages, etc., etc.

Lorsque la contagion s'effectue, le virus pénètre dans le nouvel organisme, quelquefois par les voies respiratoires, souvent par les voies digestives, parfois par la voie placentaire, par la peau excoriée,

Le système lymphatique joue un rôle important dans la généralisation de la maladie, comme dans les autres affections contagieuses ; il est presque toujours le siège de lymphangites et d'adénites suppuratives.

On s'est demandé si l'affection est plus contagieuse à son début qu'à la fin ; des observations prouvent qu'elle se transmet plus facilement lorsqu'elle est à sa période de début que lorsqu'elle est arrivée à sa période de déclin.

Une première atteinte confère-t-elle l'immunité ?

De nos jours, beaucoup de vétérinaires prétendent encore que la gourme ne confère pas l'immunité, et ils disent qu'un animal peut contracter la même maladie chaque fois qu'il est exposé à la contagion. Les observations de M. Charles Martin prouvent au contraire que la gourme confère l'immunité ; et cette immunité dure pendant un temps assez long, encore indéterminé.

La gourme est-elle une maladie inévitable, nécessaire ?

De ce qu'on l'observe surtout chez les jeunes chevaux, il ne faut pas en conclure qu'ils doivent fatalement la présenter un jour, car on voit des animaux qui ne la contractent jamais ; le jeune âge n'est donc pas une cause capable de la faire naître.

TRAITEMENT

Le traitement de la gourme consiste dans l'application de mesures sanitaires et hygiéniques et dans l'emploi d'agents thérapeutiques.

Dans la police sanitaire, on ne s'est guère occupé de la gourme. De même que le nouveau projet de loi, notre ancienne législation sanitaire, qui est encore actuellement en vigueur, ne la prévoit pas ; cependant on peut demander l'application de certaines mesures, pour empêcher son extension ; et dans certains cas il peut être bon d'agir ainsi.

Actuellement on ne fait rien pour empêcher sa propagation, et c'est là un abus ; on devrait au moins exiger l'isolement des malades et la désinfection des objets souillés.

Dans tous les cas et quelle que soit la forme de la maladie, les soins hygiéniques sont très importants.

Dans les formes bénignes, on se contente souvent d'une bonne hygiène et cela suffit. Il faut toujours tenir les habitations propres, bien aérées, éviter les refroidissements, les courants d'air, couvrir les malades, les laisser au repos si besoin en est, leur donner une nourriture de bonne qualité et de facile digestion, ne jamais les mettre à la diète, car la gourme est une maladie débilitante; la diète est toujours préjudiciable, et quand elle n'entraîne pas de plus graves conséquences, elle rend la convalescence plus longue et retarde la guérison.

Il faut enfin, dans tous les cas, prévenir ou faire cesser les causes défavorables qui agissent sur les malades, ou en atténuer les effets.

Le traitement thérapeutique doit répondre à plusieurs indications qui sont générales, convenant à tous les cas, ou spéciales, s'appliquant à chaque forme en particulier.

Les indications générales qu'il importe de remplir sont au nombre de trois :

1° Il faut prévenir, empêcher les localisations internes, les atténuer, les déplacer ; il faut agir énergiquement et à temps, pour dériver le mal, pour le déplacer. Certains faits, que la nature nous fournit, prouvent que la dérivation a sa raison d'être et indiquent comment il faut l'obtenir. Ainsi, quand des animaux récemment opérés de la castration contractent la gourme, il arrive parfois qu'un abcès se produise dans la région malade, parce que là il y a un stimulus.

Il faut imiter la nature et dériver la maladie, en provoquant une irritation dans une région, où elle ne peut avoir aucune suite fâcheuse.

M. Charles Martin conseille vivement dans ce cas l'emploi du séton au poitrail, sur les côtés du thorax, sur les côtés des poches gutturales, aux fesses, etc.; il n'est pas partisan des autres moyens, pas même de la moutarde, qui néanmoins doit trouver sa place, au même titre que le séton, dans le traitement de la gourme.

Dans certaines contrées, le séton peut se compliquer plus facilement de septicémie, notamment dans le Midi, et la moutarde lui est bien préférable. Ce moyen, employé convenablement et laissé en place assez longtemps, peut amener la mortification d'une portion de peau, tout en provoquant un engorgement considérable; puis, quand l'élimination s'opère, il se produit une suppuration abondante, qui remplace bien celle du séton, et la plaie qui en résulte est toujours sans gravité.

2° Il faut abréger la durée de la maladie, en anéantissant son germe, qui est probablement de même ordre que celui des autres maladies virulentes. Il convient donc d'employer les agents parasitaires, les antibactériens, les antiseptiques et surtout l'acide phénique, qu'on administre en électuaires, en boissons, en fumigations, les pyrogénés en général, l'essence de térébenthine, le goudron, l'assa-fœtida, l'acide arsénieux, le protosulfure d'antimoine.

L'acide arsénieux et l'acide phénique sont les deux agents qui conviennent le mieux.

3° Il faut soutenir et relever les forces des malades ; et dans ce but recourir, suivant les lésions, aux toniques divers, à la gentiane, aux ferrugineux, etc., soit pendant le cours de la maladie, soit pendant la convalescence.

Les indications spéciales sont relatives aux diverses formes que revêt la maladie. Ainsi on combattra le coryza, comme dans les cas ordinaires, par des injections astringentes, détersives, cathérétiques ; suivant les cas, on emploiera l'eau blanche, la solution de sulfate de zinc, la solution de nitrate d'argent, les fumigations de goudron. On ouvrira la collection des sinus et on pratiquera les mêmes injections que dans le nez. On ponctionnera les abcès divers, ceux des poches gutturales. On traitera les lymphangites, les adénites, les phlegmons par des applications vésicantes ou fondantes. On pansera les plaies avec des cicatrisants, avec la solution d'acide phénique. On appliquera à l'angine et à la bronchite gourmeuses le même traitement que dans les cas ordinaires ; on fera des applications vésicantes sous la gorge ; on placera des sétons sur les faces de l'encolure ; on pratiquera la trachéotomie, s'il y a menace d'asphyxie ; on aura recours aux fumigations de goudron, si la maladie devient chronique.

Quand il y aura menace de pneumonie ou pneumonie commençante, il faudra agir très énergiquement et sans retard ; on appliquera la moutarde sous la poitrine ; on passera un séton sur chaque face du thorax. Quand la pneumonie s'est compliquée de suppuration ou de septicémie, le cas est désespéré et la mort ne peut être conjurée.

S'il y a ophthalmie, on fera des lotions avec des collyres astringents, laudanisés, avec l'infusion de fleurs de sureau, etc.

Pour l'entérite, on aura recours aux mucilagineux.

Contre l'anasarque, on emploiera un traitement local et un traitement général ; on fixera les engorgements extérieurs au moyen de frictions légèrement irritantes ; puis on en facilitera la résorption par des frictions résolutives ; on donnera aux malades des antiseptiques, de l'acide phénique, etc.

Les arthrites et les synovites seront traitées comme d'habitude, par les vésicants et les fondants.

Les formes nerveuses seront traitées comme le vertige, l'immobilité, la paraplégie, le tétanos ordinaires.

Les adénites et les phlegmons internes seront dérivés par l'application d'un ou de plusieurs sétons dans la région la plus voisine du point qu'on suppose malade; M. Charles Martin a fait avorter l'adénite du bassin, en appliquant un séton à chaque fesse.

Quand la maladie a été grave, la guérison est souvent précédée d'une période de convalescence, pendant laquelle il faut donner aux animaux une bonne alimentation et des toniques.

Dans le traitement de la gourme, il faut toujours éviter certains écueils; il faut délaisser absolument la saignée, les purgatifs violents, qui pourraient provoquer une métastase sur l'intestin, l'émétique qui est altérant, et même les purgatifs légers, les sulfureux, les antimoniaux, sauf le protosulfure d'antimoine, etc.; il faut en un mot délaisser les agents débilitants, les agents irritants et les altérants. Il ne faut pas non plus employer le vésicatoire à titre de dérivatif, il faut le réserver contre les accidents locaux, les adénites, les arthrites, les phlegmons, etc.

Le cheval atteint de gourme peut-il être livré à la consommation ? Non; tous les animaux malades doivent être refusés, et *à fortiori* les chevaux gourmeux, surtout lorsqu'ils présentent de la fièvre, des catarrhes, des suppurations, etc., et même on devra refuser tout cheval ne présentant que des symptômes légers de la maladie.

CHAPITRE XIV

MALADIE DU JEUNE AGE

Définition. — La maladie du jeune âge, qu'on observe sur les jeunes chiens et les jeunes chats, est une affection générale, à manifestation plus ou moins complexe, décelée par un état catarrhal des principales muqueuses, surtout de la muqueuse respiratoire, de la muqueuse oculaire, de la muqueuse digestive, par des symptômes nerveux et par une éruption assez fréquente à la surface de la peau ; elle est caractérisée par des inflammations catarrhales et purulentes des organes, qu'elle attaque ordinairement, par la propriété qu'elle a de se transmettre et de pouvoir être inoculée.

Elle offre des analogies avec la gourme des solipèdes; elle peut se présenter avec les symptômes du coryza, de la bronchite, de la pneumonie, de la conjonctivite, de la gastro-entérite, etc; mais elle est spécifique et contagieuse; elle se transmet des animaux malades à ceux qui sont sains.

On l'appelle encore *morve, gourme, rhinite catarrhale, bronchite catarrhale, maladie des jeunes chiens.*

SYMPTOMATOLOGIE

Les symptômes de la maladie du jeune âge sont souvent très caractéristiques et très nombreux; ils sont faciles à apprécier. L'affection attaque les jeunes chiens et les jeunes chats, depuis la naissance jusqu'à un an ou un an et demi. On l'observe dans les diverses contrées. Elle est plus fréquente et plus grave à la ville qu'à la campagne. Elle s'annonce toujours par des prodrômes, qui sont plus ou moins marqués, suivant qu'elle doit être plus ou moins grave, et qui consistent dans les modifications suivantes:

Les animaux perdent leur gaité, deviennent tristes, paresseux, ils tombent dans l'abattement et l'insouciance ; ils sont plus sensibles au froid; ils ont une fièvre plus ou moins intense; le mufle devient chaud et sec; l'appétit diminue ou disparaît; la soif persiste ou devient plus vive; la bouche devient chaude; les différentes fonctions se troublent.

Bientôt apparaissent des symptômes plus caractéristiques et plus ou moins complexes; c'est assez dire que la maladie peut affecter des formes et des degrés variables, suivant la localisation de ses lésions, et suivant l'ensemble des symptômes dont elle s'accompagne.

Il convient de réunir en un tableau complet les divers symptômes dont elle peut s'accompagner dans ses diverses formes, et de distinguer ensuite ses degrés et ses variétés.

L'appareil respiratoire est toujours plus ou moins atteint; il est toujours le siège de lésions plus ou moins étendues et présente des symptômes de coryza, de trachéo-bronchite, de pneumonie et même parfois de pleurésie.

On constate toujours les symptômes d'un coryza plus ou moins intense. La pituitaire est toujours altérée, hypérémiée, épaissie, rougeâtre, chaude, sèche au début; il y a des éternuments plus ou moins fréquents; bientôt la sécheresse fait place à une hypersécrétion, à un état catarrhal plus ou moins prononcé, qui se traduit par un écoulement, dont les caractères varient suivant la période de la maladie. Le jetage est d'abord clair, séreux; il s'épaissit peu à peu; il devient plus abondant, mucoso-purulent, blanchâtre, grisâtre, verdâtre; quelquefois il est strié de sang; il adhère parfois aux ailes du nez, gêne la respiration, obstrue les naseaux, provoque de l'enchifrènement et l'apparition du souffle labial.

Le larynx, la trachée et les bronches, assez souvent altérés, fournissent des symptômes, qui, quoique moins constants que ceux que présente la pituitaire, sont néanmoins fréquents et importants: ce sont des symptômes de laryngite, de trachéite et de bronchite.

La toux, gutturale ou profonde, est d'abord sèche, douloureuse, rare, quelquefois quinteuse, plus ou moins forte, parfois avortée; elle devient plus fréquente et plus grasse; on constate les signes du catarrhe trachéo-bronchique; on entend des râles muqueux à grosses, moyennes et petites bulles, et du râle sibilant; la sonorité de la poitrine est normale; mais, lorsque l'inflammation gagne les ramifications bronchiques les plus fines, lorsqu'il y a bronchite capillaire, la résonnance diminue et on entend des râles sibilant et sous-crépitant.

Quand la bronchite capillaire se déclare, et cela arrive souvent, elle s'accompagne ordinairement de pneumonie. La fièvre est alors très intense; la respiration est gênée, accélérée, difficile, douloureuse. Cet état est très grave; la bronchite capillaire se termine presque toujours par la mort, surtout lorsqu'elle s'accompagne de pneumonie, lorsqu'il y a de la matité, du râle crépitant. La pneumonie de la maladie du jeune âge se termine fatalement par la suppuration, par l'infiltration purulente, qui se produit presque en même temps que l'hépatisation.

Il peut enfin arriver, quoique très exceptionnellement, que l'inflammation gagne la plèvre et détermine une pleurésie avec épanchement, dont on constate les symptômes.

Du côté des yeux, les altérations sont aussi fréquentes que dans les voies respiratoires. La conjonctive, les paupières et même la cornée ainsi que les milieux de l'œil, peuvent éprouver des altérations morbides. Les yeux sont pleureurs, chassieux. La conjonctive est hypérémiée, rougeâtre, catarrhale; plus tard elle devient infiltrée, œdématiée, pâle, anémique. La chassie ne tarde pas à devenir purulente, plus abondante, visqueuse, jaunâtre, verdâtre; elle agglutine parfois les paupières, en sorte que les yeux peuvent être clos totalement ou en partie.

Des troubles surviennent parfois dans la cornée et dans les milieux de l'œil. La cornée devient trouble, opaque; elle s'enflamme, elle présente parfois dans son épaisseur un abcès, elle devient le siège d'une ulcération ordinairement croissante, qui peut se terminer par la cicatrisation, en laissant à sa place une tache, ou par la perforation de la membrane et la perte de l'œil.

Les symptômes fournis par la conjonctive et la cornée sont les plus fréquents; ils manquent rarement, quelle que soit d'ailleurs la forme qu'affecte la maladie du jeune âge.

Il arrive quelquefois que l'œil tout entier est malade; il y a alors ophthalmie, les milieux se troublent, le malade craint la lumière il y a photophobie; et cette ophthalmie peut aussi déterminer la perte de l'œil.

La maladie du jeune âge s'accompagne presque toujours de lésions dans l'appareil digestif, dont les différentes portions peuvent offrir des symptômes importants. La fonction digestive est toujours plus ou moins troublée; l'appétit est diminué ou nul; la soif est souvent accrue, surtout quand il y a de la gastro-entérite. La muqueuse buccale est parfois enflammée, congestionnée, ulcérée, catarrhale; il y a alors un ptyalisme plus ou moins abondant. Quelquefois les malades vomissent; les matières rejetées sont d'abord alimentaires, puis glaireuses, muqueuses, bilieuses et parfois striées de sang. On observe les symptômes de la gastro-entérite, de l'ictère, de l'hépatite, de l'invagination; la soif est vive; le ventre est levreté et douloureux à l'exploration; il y a de la constipation ou de la diarrhée; les matières diarrhéiques sont fétides, jaunâtres, noirâtres ou incolores; parfois la dysenterie succède à la diarrhée. On a signalé l'existence d'une poche, d'un diverticulum dans le rectum, qui résulterait de l'hypertrophie d'un ou plusieurs follicules réunis.

Fréquemment le système nerveux éprouve des altérations, qui se traduisent à l'extérieur par des symptômes variés, appartenant à diverses formes de maladies nerveuses.

On peut observer en effet, dans le cours de la maladie du jeune âge, des symptômes d'épilepsie, de chorée, de coma, d'immobilité, de tétanos, de paralysies diverses. Ces complications se montrent soit en même temps que les autres symptômes, soit après.

Les malades présentent quelquefois de simples convulsions épileptiformes; mais souvent il se produit une véritable épilepsie, qui se montre habituellement après les symptômes ordinaires de l'affection, qui progresse rapidement et se complète vite, qui est très grave, et qui peut provoquer rapidement une terminaison fatale.

La chorée se montre fréquemment pendant la maladie du jeune âge; elle peut apparaître au début, au milieu ou à la fin de la maladie; elle est d'abord partielle et peut rester localisée, mais souvent elle progresse rapidement, elle se complète, devient générale et se termine par la mort ou par la guérison, qui se produit pendant ou après la maladie; ordinairement sa disparition est lente.

Quelquefois on observe du coma, de l'immobilité, de la stupeur. D'autres fois c'est de la contracture dans certains muscles, et même du tétanos qui se produisent. Le tétanos est ordinairement partiel, localisé aux muscles de la tête ou des membres.

Fréquemment on constate des faiblesses et même des paralysies, qui se montrent seules ou après d'autres complications nerveuses. Ces faiblesses, ces paralysies sont habituellement partielles, localisées à certaines régions musculaires, aux muscles olécraniens, etc. Elles s'accompagnent de boiterie et d'atrophie musculaire. Parfois cependant c'est une véritable hémiplégie, ordinairement incomplète et plus ou moins accusée. D'autres fois c'est une paraplégie plus ou moins prononcée. Les paralysies, quelles qu'elles soient, peuvent disparaître à la longue, même sans traitement; elles s'amendent d'abord rapidement, mais ensuite elles s'effacent lentement, malgré l'emploi des excitateurs.

Quelques malades présentent des convulsions et des accès rabiformes.

Il se produit assez souvent des modifications dans les nerfs de la sensibilité; certains malades deviennent sourds, d'autres aveugles, amaurotiques; d'autres enfin perdent l'odorat et deviennent impropres à la chasse.

La peau offre fréquemment des symptômes (des éruptions), qui sont très importants, parce qu'ils permettent de rapprocher la maladie des jeunes chiens de la gourme des solipèdes et des autres maladies éruptives. Ces éruptions sont ou des papules, ou des vésicules, ou des vésico-papules, ou des pustules. Ordinairement l'éruption cutanée débute par une tache rougeâtre, arrondie, qui s'accompagne d'une exsudation séreuse; cette sérosité soulève l'épiderme et forme une vésicule, qui, d'abord plate, s'arrondit, devient convexe, pisiforme, et reste entourée d'une zone rougeâtre. Les vésicules ainsi formées sont peu consistantes; elles sont faciles à détruire; elles sont disséminées, discrètes, éparses ou confluentes; elles apparaissent toutes ensemble ou successivement; elles se montrent de préférence dans les régions où la peau est fine et souple, à la face interne des cuisses, à la région des organes génitaux, au dessous du ventre, etc., mais on peut les rencontrer partout.

Ces éruptions durent peu, mais elles peuvent quelquefois réapparaître dans le cours de la maladie une seconde et même une troisième fois. Elles peuvent se montrer à différentes périodes de l'affection, au début à la période d'état, et à la période de déclin. Elles se dessèchent très vite et sans laisser ordinairement des cicatrices apparentes. Il arrive cependant, dans des cas exceptionnels, qu'elles sont confluentes, qu'elles laissent après elles des plaies superficielles, qui sont le siège d'un suintement plus ou moins abondant, et qui sont suivies de taches cicatricielles visibles pendant un certain temps. On voit quelques rares cas, où l'éruption est non seulement confluente, mais encore généralisée à toute la surface du corps.

L'éruption cutanée ne peut guère être interprétée dans un sens favorable ou défavorable; pourtant j'ai vu guérir tous les animaux qui l'ont présentée, même ceux qui l'ont eue confluente et généralisée.

Le produit élaboré par les vésicules ou vésico-pustules est virulent, inoculable; les expériences récentes de M. Trasbot ont levé tout doute à ce sujet.

On peut voir dans des cas, très rares il est vrai, des tumeurs phlegmoneuses, ayant de la tendance à se terminer par l'abcédation, se former sous la peau.

Il y a parfois de l'otite et du catarrhe auriculaire.

L'appareil circulatoire et surtout le sang offrent souvent des modifications importantes. Lorsque la maladie est grave, lorsque les lésions sont généralisées, le sang s'appauvrit rapidement, et l'anémie, le marasme en sont souvent la conséquence. On peut constater les symptômes de la péricardite.

Les lésions de la maladie peuvent s'étendre à l'appareil génito-urinaire. Les urines deviennent fétides, plus chargées; la muqueuse génito-urinaire devient parfois catarrhale et sécrète un muco-pus jaunâtre, verdâtre ou grisâtre.

La nutrition est plus ou moins atteinte suivant la gravité de la maladie, suivant la généralisation des lésions; les malades s'affaiblissent, deviennent anémiques, maigrissent, tombent dans le marasme.

Formes de la maladie. — La maladie du jeune âge peut s'accompagner d'un nombre plus ou moins considérable de symptômes; elle peut se montrer sous diverses formes plus ou moins complexes et plus ou moins graves, qu'on distingue suivant la localisation des lésions et la prédominance de tels ou tels caractères.

La forme la plus fréquente est celle qui se caractérise par des symptômes de coryza, de conjonctivite, par du jetage et de la chassie. Il arrive souvent que certains malades ne présentent que ces symptômes. La maladie est alors bénigne, et il suffit ordinairement d'une bonne hygiène et d'une bonne nourriture, pour en triompher au bout de 10 à 15 jours au plus.

Une autre forme assez fréquente est celle qui s'accompagne de coryza, de conjonctivite et de bronchite, et qui se décèle par du jetage, de la chassie et de la toux ; elle n'est pas non plus bien grave et elle peut guérir facilement à l'aide d'un traitement convenable, surtout si l'on s'attache à prévenir les complications ultérieures.

Mais lorsque la maladie s'étend au poumon, elle est beaucoup plus grave et se termine presque toujours par la mort. En effet, la forme thoracique proprement dite, qui s'accompagne de bronchite capillaire et de pneumonie, est la plus dangereuse, c'est celle qui est le plus sûrement et le plus rapidement mortelle.

La forme abdominale, qui s'accompagne de symptômes fournis par l'appareil digestif, de symptômes de gastro-entérite, de vomissement, de diarrhée, d'invagination, est très grave aussi, surtout quand cette dernière complication se produit.

Ces diverses formes peuvent se combiner, se mélanger, et en outre elles peuvent se compliquer d'éruption et de symptômes nerveux, cas où elles se trouvent naturellement plus ou moins aggravées, surtout quand elles s'accompagnent d'épilepsie, de chorée, de paraplégie ; la guérison est plus difficile à obtenir, et elle se produit lentement ; la maladie peut durer 20, 30, 40 jours et même laisser des traces après ce délai. En effet, après la guérison apparente, les animaux conservent parfois des infirmités, des vestiges de symptômes nerveux, des faiblesses, des quasi-paralysies, des mouvements choréiques dans certaines régions, etc.

Rien n'est donc plus variable que l'expression, la gravité, la marche, l'évolution et la durée de la maladie du jeune âge ; tout dépend du nombre, du siège et de l'intensité des lésions et des symptômes.

La terminaison de la maladie n'est pas toujours favorable, il s'en faut bien. Des statistiques montrent qu'elle tue en moyenne deux malades sur trois ; mais c'est là une note trop élevée, car les statistiques ne portent ordinairement que sur les cas graves. Néanmoins la mort est souvent la conséquence de la maladie ; elle est occasionnée par l'asphyxie, par l'empoisonnement purulent, par les lésions de l'innervation, par le marasme, par l'épuisement, par la généralisation des lésions.

Lorsque la guérison a lieu, il y a souvent une période de convalescence plus ou moins longue. Parmi les infirmités, que la maladie guérie laisse parfois après elles, certaines, telles que les faiblesses, les paralysies, etc., peuvent s'atténuer à la longue et même disparaître ; mais il en est d'autres qui persistent (perte de l'œil, surdité, perte de l'odorat, etc.).

Le pronostic de la maladie du jeune âge est grave, puisque la mort est sa terminaison la plus fréquente; cette affection est d'ailleurs contagieuse.

Son diagnostic n'est jamais bien difficile; les symptômes et les formes sont faciles à apprécier, et le jeune âge des malades est toujours d'un puissant secours pour diagnostiquer la maladie dont ils sont atteints.

ANATOMIE PATHOLOGIQUE

Les lésions, que l'on rencontre à l'autopsie des animaux qui ont succombé à la maladie du jeune âge, sont nombreuses. Les plus importantes existent dans l'appareil respiratoire, dans l'appareil de l'innervation.

On constate les signes de la maigreur et les lésions de l'anémie.

La peau présente des traces des éruptions qui ont évolué plus ou moins complètement, des plaies, etc.

Dans l'appareil respiratoire, on observe les lésions du coryza, de la bronchite capillaire, de la pneumonie purulente. Les muqueuses pituitaire, trachéale et laryngienne, ainsi que la muqueuse bronchique, sont hypérémiées, enflammées et dans un état catarrhal très évident, qui s'accompagne de la sécrétion d'une matière mucoso-purulente, grisâtre, visqueuse et toujours très adhérente à la membrane, qui l'a sécrétée. Quand il y a bronchite capillaire, une coupe du poumon laisse échapper, par la compression, une matière mucoso-purulente, mêlée de stries sanguinolentes, qui sort des tuyaux bronchiques. La pneumonie se présente toujours avec une infiltration purulente des parties hépatisées, qui sont rouges-grisâtres, et qui donnent, au râclage, une sanie purulente. Il y a parfois de la pleurésie, que l'on reconnaît à l'inflammation des plèvres et à l'épanchement, constitué par une sérosité purulente. Il peut exister aussi une péricardite, qui s'accompagne toujours d'un épanchement dans la cavité de la séreuse.

Les yeux sont enfoncés dans l'orbite; ils sont entourés d'une sanie purulente. La cornée montre les lésions de la kératite; elle est quelquefois ulcérée. Dans l'œil existent parfois les lésions de l'amaurose. Ces altérations n'ont rien de caractéristique par elles-mêmes, cependant il n'est pas d'autres maladies du chien qui s'accompagnent de semblables lésions.

L'appareil digestif est le siège de lésions importantes. Il y a parfois une stomatite générale ou partielle, et quelquefois la muqueuse buccale est le siège de plaies ulcéreuses. Il peut y avoir d'ailleurs des lésions de gastro-entérite, de jaunisse et d'hépatite. La muqueuse gastro-intestinale est parfois hypérémiée, enflammée, toujours catarrhale, et recouverte d'une couche de mucus grisâtre, jaunâtre, très abondant, très visqueux et très adhérent. C'est surtout dans l'intestin que cette couche de matière muqueuse est abondante. La muqueuse est rougeâtre, épaissie uniformément ou par places.

C'est dans le système folliculaire, qu'on rencontre les lésions les plus caractéristiques. Les follicules solitaires et les plaques de Peyer sont tuméfiés, enflammés. Chaque follicule a été le siège d'une prolifération intérieure exagérée, d'où est résultée la multiplication de ses éléments lymphoïdes; il est entouré ordinairement d'une pigmentation noirâtre, qui forme une zone périphérique, et qui parfois s'étend au contenu du follicule. Cette pigmentation résulte de la congestion qui s'est produite au pourtour du follicule, et qui a été suivie d'exsudation et de la diffusion de la matière colorante du sang. Il est facile de concevoir que, quand l'afflux sanguin a été considérable, la matière colorante ait diffusé jusque dans l'intérieur du follicule et coloré ses éléments. On peut rencontrer cette altération à peu près dans toute l'étendue de la muqueuse intestinale. Les follicules altérés, qui ont sécrété de nombreux éléments lymphoïdes, peuvent s'ouvrir et déverser leur contenu dans l'intestin; et alors on aperçoit très nettement de petites ouvertures, comme faites à l'emporte-pièce, et qui sont entourées de la zone de pigmentation. Le contenu des follicules est une matière jaunâtre ou pigmentée, constituée par des cellules embryonnaires ou purulentes, dans laquelle il y a peu ou point de substance liquide. Les plaques de Peyer sont plus saillantes; elles sont hypertrophiées; les follicules clos, qui entrent dans leur composition, ont éprouvé les mêmes modifications que les follicules solitaires; ils sont pigmentés, plus saillants, quelques-uns sont ouverts.

Le rein peut présenter des lésions de néphrite interstitielle ou parenchymateuse.

Dans l'appareil de l'innervation existent sans doute les lésions les plus intéressantes et les plus variées; mais on ne les connaît guère; il y a à ce sujet des recherches à opérer. Les méninges cérébrales et médullaires peuvent être congestionnées, ainsi que la substance cérébrale et médullaire elle-même ; celle-ci offre alors, sur la coupe, un aspect sablé. Les plexus choroïdes sont parfois congestionnés ; il se produit quelquefois une hydropisie ventriculaire et une exsudation séreuse dans la trame du cerveau et de la moelle, comme dans l'arachnoïde.

ETIOLOGIE

Souvent la maladie du jeune âge a été considérée comme naissant spontanément, à cause de la difficulté plus ou moins grande qu'il y a parfois pour constater la contagion. Pour expliquer le développement spontané de cette affection, on a invoqué bien des causes, qui sont absolument incapables de la produire.

On a accusé l'espèce, l'âge, la race, les localités, les saisons, la nourriture, le logement, les intempéries, etc. De ce que la maladie du jeune âge est une affection de l'espèce canine et de l'espèce féline, on ne peut pas conclure que l'espèce est une de ses causes. L'âge est une condition favorable à la contagion et une circonstance aggravante de la maladie, qui est toujours plus meurtrière chez les plus jeunes animaux. La race, comme l'âge, peut être une circonstance aggravante, mais elle n'est pas une cause prédisposante et encore moins une cause occasionnelle. La maladie se transmet à toutes les races, seulement les animaux des races amollies, étant plus gravement malades, la statistique n'a le plus souvent enregistré que ceux-là, et les esprits prompts à tirer des conclusions, en ont induit que la race était une cause de la maladie.

Les localités basses, froides, humides, marécageuses, aggravent la maladie, mais ne la font pas naître, attendu qu'elle ne s'y montre qu'autant qu'elle y est introduite. L'affection est plus fréquente à la ville qu'à la campagne, parce que les chances de contagion y sont plus nombreuses. Les saisons froides à température variable, les intempéries, l'alimentation de mauvaise qualité ou insuffisante, aggravent la maladie, mais ne peuvent jamais la faire naître. Il en est de même de la mauvaise hygiène. Toutes ces diverses causes doivent être considérées comme des circonstances qui favorisent la contagion, ou qui aggravent l'affection, mais non comme des circonstances occasionnelles de la maladie du jeune âge.

Cette affection est contagieuse ; elle se propage par contagion. Sa transmissibilité est démontrée par des observations cliniques et par des expériences. On a observé de nombreux faits de contagion; on a vu un chien malade, introduit dans une meute, l'infecter et transmettre la maladie à tous les autres.

M. Trasbot a inoculé fructueusement le produit des pustules et le produit du jetage des malades à de jeunes chiens, qui, au bout de 7 à 8 jours après l'inoculation, ont présenté une éruption locale, suivie le lendemain ou le surlendemain d'une éruption générale. Ce résultat a été obtenu sur un grand nombre de chiens. M. Trasbot a ensuite puisé du produit dans l'éruption du chien inoculé, l'a inoculé à un second chien avec le même succès et a obtenu les mêmes résultats; enfin le produit du second inoculé a donné les mêmes résultats sur un troisième chien.

Le virus siège donc dans les produits de l'éruption, dans celui du jetage, et il n'est pas démontré que les autres produits ne le contiennent pas.

M. Trasbot, qui a proposé d'appeler la maladie du jeune âge *variole du chien*, l'a inoculée sans résultat à des chiens adultes, à des porcs, à des ruminants; il semble donc que la plupart des chiens acquièrent l'immunité par le fait de l'âge. Le même auteur affirme que la maladie se transmet par contact immédiat et par simple cohabitation; ces modes de contagion ont été reconnus par d'autres observateurs. L'affection se transmet aussi par contagion médiate et même par contagion volatile. Au dire de Röll et de Hill, elle ne confère pas l'immunité.

TRAITEMENT

Le traitement doit être prophylactique, hygiénique et thérapeutique.

Les *moyens prophylactiques*, tirés de l'hygiène, sont très utiles, car ils permettent de prévenir la maladie, d'atténuer sa gravité et d'éloigner les complications. Pour remplir ce but, il faut prévenir ou atténuer l'action des causes aggravantes; il est bon d'isoler les malades et de désinfecter les locaux et les objets souillés. Lorsque la maladie règnera, il faudra fournir aux malades une habitation convenable, les couvrir s'il fait froid, leur procurer un air pur, leur donner une alimentation reconstituante et tonique. Quand elle sera localisée à la pituitaire et à la conjonctive, on pourra se contenter du traitement hygiénique; il ne sera pas nécessaire d'employer un traitement thérapeutique.

Mais si l'affection est grave, il faudra recourir au *traitement thérapeutique*, qui doit remplir des indications générales et des indications spéciales à chaque forme.

Les indications générales sont au nombre de trois :

1° *Prévenir et combattre les localisations intérieures.* — Pour remplir cette indication, il y a lieu de dériver le plus promptement possible la maladie au moyen des révulsifs, tels que la moutarde, la pommade stibiée, appliquée sur les côtes du thorax. Ces deux moyens conviennent très bien lorsque la maladie menace de se compliquer de bronchite capillaire ou de pneumonie. Le séton est indiqué dans les cas de conjonctivite, de coryza, de bronchite ; on l'applique derrière la tête. On peut aussi, au début, administrer un vomitif, quand il s'agit de combattre une localisation pulmonaire. Enfin il y a lieu de calmer et d'adoucir la souffrance des organes malades, par l'administration de médicaments calmants, émollients, adoucissants, gommeux, mucilagineux, etc., etc.

2° *Agir sur l'agent virulent lui-même.* — La maladie doit son développement à l'introduction d'un germe de nature indéterminée ; par conséquent, les agents indiqués sont les antivirulents, l'acide phénique, le goudron, l'acide salycilique, l'essence de térébenthine, l'acide sulfureux, etc. ; on devra préférer l'acide phénique, qui a déjà fait ses preuves ; on le donnera en boissons, en tisane, en fumigations, en lavements.

3° *Soutenir et relever les forces, reconstituer l'organisme.* — La maladie débilite rapidement les animaux, il faudra donc leur donner une bonne alimentation, des médicaments reconstituants, des toniques, des ferrugineux, surtout le perchlorure de fer ; il faudra stimuler leur appétit, en leur administrant des infusions de camomille, des tisanes amères ; on leur donnera des sirops ou des vins toniques au quinquina, de l'huile de foie de morue, du café non torréfié, qui est tonique et stimulant de l'appétit. Cette troisième indication devra être remplie en tout temps, pendant la maladie et pendant la convalescence.

S'il y a ophthalmie, kératite, conjonctivite, plaie à la cornée, on emploiera le séton sur le cou, on fera des lotions avec des préparations émollientes, avec des infusions aromatiques, excitantes, de fleur de sureau, de camomille, avec des préparations anodines, calmantes, avec la décoction de pavot, avec des préparations laudanisées, avec la glycérine, avec la solution légère d'acide phénique, avec les solutions de sulfate de zinc, d'acétate de plomb, de nitrate d'argent, etc.

Quand il y a coryza, bronchite, pneumonie, il faut recourir aux aromatiques, aux calmants, aux émollients, aux adoucissants, qu'on administre sous forme de boissons ou de fumigations; ainsi on prescrit des infusions ou des tisanes de violettes, de gomme, de pavot, etc.

Pour la stomatite, la gastrite, l'entérite, l'hépatite, on emploie les médicaments appropriés à chaque cas. Pour la stomatite et les ulcères, on prescrira des gargarismes au vinaigre, au permanganate de potasse, au chlorate de potasse, à la teinture d'iode. Pour la gastrite, l'entérite et l'hépatite, on ordonnera des tisanes et des lavements émollients, amidonnés, calmants, laudanisés, phéniqués. Pour arrêter les vomissements, on aura recours au sous-nitrate de bismuth ou à une potion laudanisée. Les tisanes de gomme, d'orge, de riz, conviennent bien contre la gastro-entérite. Dans les cas d'hépatite, on prescrira la crème de tartre. Si l'on croit que le malade est tourmenté par les vers intestinaux, on prescrira un vermifuge très doux.

Pour les accidents nerveux, on prescrira le traitement propre à chaque forme; on emploiera les antispasmodiques, les calmants, les révulsifs, les cyanurés, l'ammoniaque; s'il y a ataxie, faiblesse du système nerveux, on aura recours à la noix vomique, à l'électricité.

Les accidents de la peau, s'ils ont quelque gravité, seront traités par des lotions émollientes, calmantes cicatrisantes, phéniquées, etc.

Il faut proscrire la saignée, les médicaments irritants, les purgatifs et tous les remèdes empiriques, qui sont ordinairement irritants.

CHAPITRE XV

RAGE

Définition. — La rage est une maladie virulente décélée par des symptômes nerveux, accompagnée souvent de fureur, caractérisée par une altération primordiale des centres nerveux, et dont le contage existe dans la salive.

Cette affection, qui n'est à proprement parler transmissible que par l'inoculation de la salive des malades, peut ne pas s'accompagner de fureur. Dans tous les cas, celle-ci n'apparaît jamais au début; et cependant la virulence, par conséquent le danger, n'en existe pas moins.

On désigne quelquefois la rage sous le nom d'*hydrophobie*; mais ce mot est tout à fait impropre pour qualifier cette maladie; car il repose sur une croyance absolument fausse, qui consiste à considérer les animaux enragés comme ayant horreur de l'eau, ce qui est absolument inexact. On lui a encore donné les noms de *sialocyniose* et de *toxoneurose*, à cause du siège de la virulence dans la salive et à cause de l'action toxique que semble exercer son virus sur le système nerveux.

La rage est une maladie très grave, toujours mortelle, pouvant se transmettre non seulement aux divers animaux, mais aussi à l'homme; et, à ces titres, elle est importante à étudier. Cette maladie, bien que relativement rare, si on la compare à d'autres presque aussi graves et aussi souvent mortelles, est pourtant celle qui inspire le plus d'effroi à l'homme, parce qu'elle occasionne des souffrances affreuses, tout en laissant aux malades l'intelligence, qui leur permet d'apprécier toute la gravité de leur état. Il importe donc de prévenir par tous les moyens possibles, par l'application de mesures sanitaires rigoureuses, la transmission de la rage; et il faut avant tout connaître exactement son expression symptomatologique, il faut savoir la reconnaître ou au moins la soupçonner même au début, alors que, sans s'accompagner de fureur, elle peut déjà se transmettre.

SYMPTOMATOLOGIE

Il règne certains préjugés dans le vulgaire qu'il faut faire disparaître, parce qu'ils peuvent occasionner de graves mécomptes. Ainsi c'est à tort qu'on exclut l'idée de rage, quand on voit un animal manger, boire, n'avoir pas horreur de l'eau, ne pas devenir furieux.

La rage sévit dans de nombreux pays ; elle a été importée dans presque toutes les contrées du nouveau monde ; elle est plus fréquente chez le chien que chez les animaux des autres espèces ; c'est d'ailleurs chez le chien qu'on a le mieux étudié sa symptomatologie.

Rage du Chien. — La maladie présente chez les animaux de l'espèce canine une expression variable ; elle ne débute jamais par la fureur, et, quand celle-ci se déclare, la maladie peut exister déjà depuis plusieurs jours ; enfin il est des cas assez nombreux, où la fureur ne se montre jamais. Malgré l'absence de ce symptôme, la rage n'en est pas moins contagieuse, et le chien enragé qui n'est pas encore furieux, comme celui qui ne le devient jamais, peut transmettre la maladie aux personnes qu'il lèche, car sa salive est virulente.

On peut distinguer deux formes de rage chez le chien : une rage qui s'accompagne de fureur, qui est la plus fréquente, et qui peut offrir des degrés nombreux ; une rage non furieuse, tranquille, muette, mue, silencieuse, qui ne s'accompagne pas de fureur, ni d'aboiement, dans laquelle il y a paralysie des masséters et écartement des mâchoires.

Rage furieuse. — La rage du chien, qui s'accompagne de fureur, présente trois périodes : une *période initiale* ou de *mélancolie ;* une *période d'état*, *d'excitation*, de *manie,* de *fureur ;* une *période finale* ou de *paralysie*.

La rage débute par une modification du caractère et des habitudes de l'animal, qui devient triste, inquiet, sombre, taciturne, moins attentif, moins vigilant, qui recherche le calme, la solitude, l'obscurité, qui se cache, qui reste parfois somnolent, abattu et grogne quand il est dérangé. Ordinairement le malade est en proie

à une agitation presque continuelle; il ne peut rester en repos; il
se couche, il se lève, va, vient, arrange, dérange son lit, l'éparpille, gratte le sol, flaire, lèche les objets froids. Son inquiétude et
son agitation vont croissant. Il est moins docile, moins obéissant,
mais il ne mord pas et il respecte encore les personnes qu'il connaît et ses maîtres. Parfois même il devient plus affectueux pour
son maître, qu'il lèche et qu'il implore avec un regard triste.
Pourtant le plus souvent il répond avec moins d'empressement;
et quand il s'approche de la personne qui l'appelle, il agite moins
vivement la queue et le reste du corps, sa physionomie reste triste
et il retourne promptement à sa solitude. Souvent on constate des
alternatives d'agitation et d'abattement, de somnolence même; et
d'ailleurs, suivant les individus, les modifications sont plus ou
moins prononcées; quelquefois les animaux sont devenus plus
irritables, et s'ils ne cherchent pas à mordre quand ils ne sont pas
excités, ils grognent dès qu'on les dérange. A cette période,
comme plus tard du reste, le sentiment maternel semble exalté,
la chienne lèche plus souvent ses petits.

La voix ne tarde pas à se modifier; le chien enragé pousse de
temps en temps, sans y être provoqué, un hurlement particulier,
sorte de cri de détresse, qui est très caractéristique et qui a une
très grande valeur diagnostique. En outre la voix devient rauque,
se voile, et l'aboiement prend un timbre de pot fêlé. Le hurlement
rabique est lugubre, sinistre; le chien, au moment où il le pousse,
est assis ou debout, le museau en l'air, il commence à pousser un
aboiement rauque et le termine par un hurlement plus élevé sans
fermer les mâchoires.

Il se produit des modifications de plus en plus manifestes et très
importantes au point de vue du diagnostic, dans la sensibilité et
dans l'impressionnabilité des malades. La sensibilité du chien
enragé diminue, tandis que son impressionnabilité augmente. Il
survient progressivement une anesthésie de plus en plus marquée
dans le système nerveux périphérique; la sensibilité est émoussée
et parfois annihilée; les chiens enragés ne perçoivent pas ou perçoivent à peine les sensations douloureuses, aussi endurent-ils
parfois, sans se plaindre, les coups, les piqûres, les blessures, les
brûlures; quelquefois même ils se mordent et se déchirent euxmêmes et n'hésitent pas à saisir à pleines dents une barre de fer
chauffée au rouge.

Ce n'est pas à la période initiale, qu'on peut voir une modification si accentuée, mais il y a lieu néanmoins de tenir grand compte de la diminution de la sensibilité et de se méfier des chiens chez lesquels on la constate.

La diminution et la perte de la sensibilité ne sont pas accompagnées de la perte de l'instinct de conservation ; le chien enragé fuit le feu et la pince qu'on avance pour le saisir, lorsqu'il a déjà éprouvé une fois son action.

L'excitabilité centrale, l'impressionnabilité est exagérée, et ce qui le prouve c'est l'agitation, l'irritabilité du malade, c'est surtout la fureur, la tendance à mordre et à attaquer qu'il témoigne, quand il se trouve en présence d'un animal de son espèce. Beaucoup d'animaux enragés sont pareillement impressionnés à la vue d'un chien et deviennent agressifs. Ambroise Paré avait conseillé de se servir du chien comme réactif, pour reconnaître l'existence de la rage. M. H. Bouley affirme avoir diagnostiqué cette affection une fois sur un chien et une autre fois sur un cheval, qui n'étaient pas furieux, grâce à son chien, dont la vue rendit les deux malades agressifs. Le chien peut donc être employé comme réactif; mais lors même qu'il n'aura pas excité de la fureur, il ne faudra pas conclure à la non-existence de la rage, car assez souvent des animaux enragés ne sont nullement impressionnés par la vue d'un chien.

La rage même débutante entraîne toujours une aberration progressive et plus ou moins prononcée des sens. Les malades ont des hallucinations ; la vue, l'ouïe, l'odorat, le goût sont pervertis. On les aperçoit de temps en temps se comporter comme s'ils voyaient, comme s'ils entendaient ou sentaient, alors que rien ne peut frapper leurs sens.

L'œil est injecté, le regard est triste, sombre, vague et fixe sans que l'animal semble voir clairement; il y a photophobie ; l'animal semble par moments attentif; il reste immobile; il semble voir un objet dans le vide et il se précipite tout à coup comme pour saisir une mouche au vol, il happe dans le vide.

Il éprouve parfois du prurit dans l'oreille; il écoute; il tend l'oreille comme pour percevoir un bruit qui serait produit près de lui; puis il s'élance en hurlant contre le mur, comme s'il y avait un ennemi de l'autre côté. L'ouïe est d'ailleurs surexcitée par le moindre bruit: parfois cependant elle est affaiblie. L'odorat est perverti ; l'animal flaire de tous côtés, sans que rien de particulier soit venu l'impressionner.

Fréquemment l'œil s'altère, devient chassieux; il se produit souvent des plaies sur la cornée; mais ces altérations arrivent ordinairement plus tard.

La locomotion est encore normale au début de la maladie; elle devient ensuite plus raide et trottinante, quand le mal est avancé.

Le chien enragé mange et boit au début de la maladie; il n'est pas hydrophobe, et quand il cesse de boire, c'est qu'il ne peut plus déglutir; mais même alors il essaie encore de boire; On a vu des chiens enragés se jeter à l'eau et passer une rivière à la nage. L'appétit est également conservé, quelquefois accru, ordinairement diminué; le malade mange encore; puis survient l'inappétence, le dégoût, ou l'appétit se déprave; et alors le malade lèche son urine, mange ses excréments, ingère des corps étrangers à son alimentation. Il se produit parfois des vomissements avec ou sans matière sanguinolente, suivant que l'animal s'est ou non lésé en ingérant des corps étrangers.

La muqueuse de la bouche se congestionne; la salivation devient plus abondante; la bave est parfois sanguinolente. Un spasme se produit au niveau de la gorge, et le malade exprime la sensation douloureuse qu'il éprouve au gosier, en faisant avec les pattes les gestes d'un chien qui a un os dans le pharynx. Bientôt il y a dysphagie, paralysie de la gorge; la déglutition finit par devenir impossible, puis survient la paralysie des masséters; la gueule reste béante et la muqueuse buccale devient violacée; il y a ordinairement constipation.

La respiration s'accélère et devient troublée. La circulation devient plus vite, irrégulière; il y a parfois de l'intermittence dans les battements cardiaques. Les muqueuses s'injectent. La température s'élève. Quelquefois on constate des frissons, des tremblements généraux chez certains malades.

L'orgasme génital est plus prononcé; le chien enragé se lèche fréquemment les organes génitaux et semble avoir des instincts génésiques plus accusés.

Les urines sont plus denses, plus riches en urée et en principes salins, en phosphates, en sulfates; elles contiennent de l'albumine et des matières colorantes de la bile; elles sont plus odorantes.

Fréquemment la cicatrice, résultant de la morsure ou de l'inoculation, devient hypérémiée, prurigineuse, « *ea pars praepatitur qua morsu vexata fuerit.* »

La rage peut être reconnue d'après les symptômes du début, et il devient difficile de la méconnaître quand la fureur se manifeste.

Ce symptôme se montre plus ou moins vite; il est plus ou moins prononcé, suivant les individus et suivant les excitations dont ils sont l'objet. Les chiens dociles, habitués à la société de l'homme, deviennent moins furieux que les chiens naturellement irritables, que les chiens de garde, etc. Ils restent plus longtemps sans témoigner de l'envie de mordre, et lorsqu'ils commencent à mordre les personnes étrangères, ils respectent encore les personnes qu'ils connaissent.

Quand la fureur se manifeste, les symptômes qu'on observe sont variables, suivant que le malade est enfermé ou selon qu'il est en liberté.

Dans la première hypothèse on observe les symptômes suivants : la physionomie du malade est profondément modifiée ; l'œil est triste, sombre, cruel et laisse par moments échapper des reflets fulgurants à travers la pupille plus ou moins dilatée, pour redevenir ensuite terne, sombre et farouche ; l'animal est facilement irritable ; il saisit et mord silencieusement l'objet qu'on lui présente sans s'acharner ; il ne donne qu'un coup de mâchoire et retourne ensuite au fond de sa niche. Mais il s'acharne, hurle et aboie si on l'excite ; il bondit contre les parois de sa loge ; il mord avec acharnement et violence, au point de se briser les dents et quelquefois la mâchoire ; il s'attaque à tout ce qu'on lui présente et mord sur du fer rouge.

A la vue d'un autre chien il entre en fureur, et, si on le lui donne pour compagnon, il témoigne souvent d'une excitation génésique, puis soudain le mord sans pousser un cri, tandis que l'autre aboie et se plaint, puis le caresse et le mord encore, il souffre les morsures sans se plaindre. Les accès de fureur sont intermittents, plus ou moins rapprochés et plus ou moins longs, suivant que le malade est plus ou moins excité, plus ou moins tracassé. Pendant les rémissions on observe les mêmes symptômes qu'avant l'apparition de la fureur, avec cette différence qu'ils sont plus accentués.

Quand le chien est en liberté, les symptômes sont un peu différents. L'animal, qui n'est pas enfermé dans une niche, s'attaque aux animaux qu'il rencontre, mord les personnes qu'il ne connaît pas, puis celles qu'il connaît ; il rôde, flaire, va et vient, hurle contre les murs, ronge les portes, s'attaque à ce qui lui fait obstacle, ronge son attache, s'évade, va devant lui, marche rapidement, porte la queue levée et la balance activement, mord les chiens, les autres animaux et les personnes qu'il rencontre ; il ne s'acharne qu'autant qu'il est excité par la résistance et les cris des patients et reste toujours silencieux ; il mord de préférence les animaux et sur-

tout ses semblables, en sorte que l'homme, qui serait accompagné
d'un chien, pourrait être épargné. Bientôt, épuisé par le mal, par les
accès, par la fatigue, par la faim et la soif, il ralentit son allure,
marche en trottinant, vacille, chancelle ; il porte la queue basse,
la tête penchée, la gueule ouverte, la langue bleuâtre et salie de
poussière ; il va droit devant lui, il mord encore ce qu'il rencontre,
mais ne se détourne plus guère ; sa vue s'obscurcit, son flair est
émoussé, il est moins excitable ; il s'arrête, il se couche, il som-
meille ; et, si on vient à le réveiller, il entre en fureur, puis il reprend sa marche et succombe enfin d'épuisement. Quelquefois il
rentre au logis après une absence plus ou moins longue, sali de
poussière, de boue ou de sang ; il répond aux caresses par des
morsures.

La rage furieuse amène l'affaiblissement et la paralysie progressive des masséters, du train postérieur et d'autres régions.

Les accès deviennent moins intenses, les rémissions plus rares et
moins évidentes ; les yeux s'enfoncent, deviennent chassieux ; la cornée devient opaque ou s'ulcère ; la peau du front se plisse ; la gueule
est béante, la langue pendante, sèche et bleuâtre ; l'animal essaie
encore de mordre, mais il ne peut plus ; le hurlement devient faible, voilé, rare et cesse ; le coma devient de plus en plus profond ;
l'excitation est difficile à obtenir ; il se produit quelquefois des
convulsions dans certains muscles ou dans tout le corps et la mort
arrive.

Rage mue. -- La rage mue est identique, quant au fond,
mais non quant à la forme, à la rage furieuse, qui devient d'ailleurs
souvent muette à sa troisième période.

On constate les mêmes symptômes dans la période initiale ;
mais l'agitation est moindre, et elle cesse d'ailleurs dès que la paralysie s'est déclarée. Celle-ci arrive progressivement ou d'emblée
et est d'abord localisée aux masséters. L'œil est fixe, sans éclat,
triste, sombre, nullement farouche ; le regard est atone ; il n'y a
pas d'envie de mordre, pas de manifestations aggressives ; l'excitabilité est nulle ; il n'y a pas hydrophobie ; l'appétit est conservé,
mais la préhension, la mastication et la déglutition sont impossibles ; la gueule est béante, la langue pendante et inerte, la salive
visqueuse et abondante, la muqueuse buccale rougeâtre, puis
bleuâtre et couverte de poussière ; quelquefois on entend le hurlement rabique au début, mais il cesse bientôt ; quelquefois aussi
la paralysie des masséters est incomplète et l'animal est excitable,

puis cesse de l'être. Ordinairement le chien atteint de rage mue n'est pas excité par la vue de son semblable ; il n'a pas d'excitations génésiques ; il ne cherche pas à s'enfuir ; il est faible ; la paralysie gagne bientôt le train postérieur ; la rage mue évolue sans rémissions ; elle s'accompagne d'une prostration très marquée et d'une profonde dépression cérébrale.

La rage est une maladie toujours mortelle. On a bien signalé des cas de guérison spontanée ou provoquée par certaines médications, mais ils sont si rares et si peu rigoureusement observés, qu'il y a lieu de douter de leur valeur réelle. Dans la forme furieuse, ce qui domine, c'est l'irritabilité de l'appareil cérébral et dans la rage mue au contraire, c'est une dépression profonde ; la rage furieuse se transforme souvent en rage mue vers la fin. La maladie, dont la terminaison est toujours fatale, peut durer de un à quatre, à huit et même jusqu'à dix jours ; ordinairement la durée varie entre un et quatre jours.

La rage a été observée chez le *loup,* chez le *renard,* chez le *blaireau,* chez le *chat,* chez l'*hyène,* chez le *chacal,* chez le *porc,* chez les *solipèdes,* chez le *chameau,* chez les *grands ruminants,* chez les *petits ruminants,* chez le *lapin,* chez le *cochon d'Inde,* chez le *rat,* chez les *oiseaux.*

RAGE DU CHAT. — La rage est rare chez le chat, qui présente d'ailleurs les mêmes symptômes que le chien. On constate l'inquiétude, l'agitation, la dépravation du goût, la perversion de l'appétit, la modification de la voix, une impressionnabilité exagérée ; les yeux sont fulgurants ; la salivation est abondante ; l'animal devient d'une férocité excessive ; il sort les griffes ; il s'élance contre les obstacles et sur les individus ; il mord, il s'enfuit. On a observé des cas de transmission de la rage par le chat à l'homme.

RAGE DES SOLIPÈDES. — Les principaux symptômes de la rage du cheval sont, à peu de choses près, les mêmes que ceux de la rage canine ; on peut les résumer ainsi : abattement, tristesse, inquiétude, agitation, mouvements insolites, mouvements sur place, impatience, piétinements, ruades, déplacements, mouvements d'oreilles, fixité et férocité du regard, sensibilité à la lumière, exaltation des sens, impressionnabilité au bruit, mouvements de tête, rire sardonique, ronflement et ébrouement, excitation à la vue d'un chien, des autres animaux et des personnes étrangères, envie de mordre, symptômes de l'angine pharyngée, appétit dépravé, dysphagie, déglutition difficile, impossible, inappétence, soif conservée, pas d'hydrophobie, sensibilité exagérée de la gorge, grincement des dents, bave écumeuse, oscillations de la tête, mouvements convulsifs des mâchoires, exaltation des désirs vénériens, cris de détresse, ordinairement rauques et voilés, tuméfaction des paupières, cornéite, ulcération de la cornée, hyperhémie et hyperesthésie ou prurit de la cicatrice d'inoculation, fureurs, coups de pied en avant et sur le sol, propension à attaquer, à mordre, à ruer, à se déchirer, faiblesse et paralysie progressive d'arrière en avant, épuisement, décubitus, généralisation de la paralysie, convulsions, mort. La rage du cheval est transmissible à l'homme.

RAGE DES BÊTES BOVINES. — La rage des grands ruminants se présente sous deux formes principales, elle est plus ou moins furieuse ou paralytique.

La rage furieuse est celle qui s'accompagne d'agitation, d'irritabilité et même d'un état de fureur plus ou moins prononcé et plus ou moins facile à provoquer. Elle est décelée par les symptômes suivants : diminution brusque de la sécrétion lactée, anorexie et adypsie, agitation, mouvements presque continuels, signes de chaleurs, anxiété, regard égaré, œil parfois luisant, sauvage, égaré, devenant morne et luisant par accès, impressionnabilité exagérée, beuglements sonores, rauques, sinistres, souvent répétés, hallucinations, gestes et attitudes divers après des objets imaginaires, coups de tête dans l'air, ruades dans l'air, course subite avec mugissement, arrêt subit, action de gratter le sol avec les membres antérieurs, ordinairement irritabilité et exaltation à la vue d'un chien ou même d'un autre animal, d'une poule par exemple, accès de fureur et mouvements agressifs, hyperhémie et prurit aux points d'inoculation, etc. Bientôt ces symptômes deviennent plus pathognomoniques ; le malade ne mange plus, ne boit plus, bien qu'il ne soit pas hydrophobe, ne rumine plus : il y a de la constipation ; on constate souvent des symptômes d'angine, une sensibilité exagérée de la gorge, une grande difficulté ou l'impossibilité de la déglutition, la paralysie de la gorge, une salivation abondante, l'écoulement de la bave hors de la bouche ; la muqueuse buccale est plus foncée et devient bleuâtre ; le mufle est sec ; on entend parfois des grincements de dents et l'on constate des bâillements, surtout pendant les intermittences qui séparent les accès; l'appétit est quelquefois dépravé, et le malade ingère des corps étrangers; il y a parfois du ténesme et même des signes de coliques.

Le malade présente des accès d'agitation, séparés par des périodes d'intermittence, pendant lesquelles il est dans le coma, somnolent, hébété et indifférent, mais il est facile de le faire sortir de cet état en l'excitant par le bruit, par un rayon de lumière, par la vue d'un chien ou d'un autre animal; alors il entre en fureur, il devient agressif, son œil s'anime, devient brillant et menaçant, il piétine, il beugle, il frappe de la tête et cherche à donner des coups de corne, il écume, il mord parfois.

La sensibilité est affaiblie ou annihilée; l'animal ne sent pas les coups qu'on lui porte. La faiblesse, l'amaigrissement, la paralysie, l'insensibilité vont se prononçant de plus en plus très rapidement; la bête enragée tombe bientôt paralysée; sa voix s'affaiblit ou ne se fait plus entendre; les yeux pirouettent; on observe des tremblements convulsifs; l'urine s'écoule fétide et parfois teintée de sang; parfois aux approches de la mort, il se produit du vomissement; le malade succombe après un, deux, trois, quatre ou cinq jours de maladie.

La rage paralytique s'observe chez les grands ruminants, comme chez les autres animaux; elle est difficile à reconnaître quand on ne connaît pas les antécédents des malades; elle s'annonce par la diminution de la sécrétion du lait, par l'inappétence et l'inrumination, par la paresse, par la propension au décubitus, par la faiblesse générale, par un état comateux, par la paralysie promptement généralisée et complète; elle entraîne rapidement la mort.

RAGE DES PETITS RUMINANTS. — La rage des petits ruminants se caractérise, à peu de choses près, comme celle des grands ruminants; elle est furieuse ou paralytique. Les malades, qui ont la rage furieuse, frappent de la tête; mais ils ne cherchent guère à mordre; pourtant ils s'acharnent après les objets qu'on leur introduit dans la bouche.

RAGE DU LAPIN. — La rage du lapin, quoiqu'en pensent et quoiqu'en aient dit certaines personnes, n'était nullement connue avant mes expériences, on savait que la maladie peut se transmettre à cet animal et c'était tout.

Symptômes de la rage du lapin. — Le lapin, chez lequel la rage se développe, se montre d'abord triste et abattu, souvent somnolent, quelquefois agité et s'effrayant au moindre bruit, ou lorsqu'un objet ou un individu quelconque vient à frapper soudainement sa vue. Dès le début on constate une faiblesse très marquée, qui est quelquefois localisée à certaines régions, telles que les reins, les membres postérieurs, les membres antérieurs et même la région cervicale. D'autres fois la faiblesse se remarque dans plusieurs régions, et dans tous les cas elle se généralise très rapidement, pour faire place à la paralysie.

Les mouvements sont gênés, difficiles, irréguliers, saccadés, mal assurés et deviennent promptement impossibles. On voit alors des animaux qui, ayant déjà la partie postérieure du corps paralysée, conservent pendant quelques instants encore l'usage des membres antérieurs et peuvent se mouvoir, les membres antérieurs fonctionnant seuls et entraînant le déplacement de la partie postérieure devenue inerte.

La paralysie, qui arrive pour ainsi dire subitement, ou qui succède au bout de très peu de temps à la faiblesse du début, commence ordinairement dans la région des reins et dans les membres postérieurs, puis elle se prononce de plus en plus, et envahit progressivement le tronc, les membres antérieurs, la région cervicale et les masséters, lorsque la maladie arrive à son apogée. Quelquefois la paralysie débute par les parties antérieures et gagne ensuite les parties postérieures, d'autres fois la faiblesse et la paralysie sont d'abord unilatérales et se généralisent rapidement.

L'animal paralysé reste étendu sur le côté ou en position sternale; la colonne vertébrale est voussée parfois en contre-bas, et la tête est tantôt déviée à droite ou à gauche, tantôt portée dans l'extension exagérée ou fortement infléchie.

On constate très souvent, pour ne pas dire presque toujours, surtout après quelques heures de maladie, des contractions brusques, convulsives et fréquentes, des muscles des membres, du tronc, de la région cervicale et des muscles des mâchoires; la tête éprouve parfois des mouvements d'oscillation dans le sens de l'extension et de l'inflexion; on observe quelquefois un mâchonnement continuel; d'autres fois les mâchoires sont animées de mouvements rhythmés d'écartement et de rapprochement incomplets, qui se produisent par accès et en même temps que les mouvements convulsifs des autres régions.

La sensibilité générale, peu modifiée en apparence dans le principe, est plus tard considérablement émoussée et souvent presque tout à fait abolie. Il devient en effet possible, à un moment donné, de piquer profondément le malade, de pratiquer des injections hypodermiques avec des substances irritantes, de faire des incisions à la peau et des entailles aux oreilles, sans déterminer soit un cri, soit une réaction quelconque.

La sensibilité spéciale paraît éprouver à son tour certaines modifications; quelquefois le moindre bruit fatigue le malade et provoque des convulsions. Pourtant il n'est pas rare de voir des animaux qui paraissent être dans un état à peu près constant de profonde léthargie, surtout dans les dernière heures de la maladie; mais cet état de léthargie est encore interrompu de moment en moment par des accès convulsifs. La vue s'affaiblit et se pervertit peut-être; l'œil devient de moins en moins sensible à la lumière et au contact des corps étrangers; la conjonctive se congestionne; le larmoiement et la chassie se succèdent; les milieux du globe et la cornée se troublent; quelquefois il se produit un commencement d'érosion à la surface de la cornée; ces modifications ne s'observent complètement que sur les individus qui vivent deux, trois ou quatre jours après les manifestations de la maladie.

Il n'est pas rare d'entendre certains malades se plaindre et pousser de temps en temps des cris de détresse; on provoque très facilement ces plaintes et ces cris, soit en déplaçant brusquement les malades, soit en les suspendant par les oreilles ou par les membres postérieurs.

Le goût semble perverti, car les malades introduisent dans la bouche et jusque dans le pharynx, l'œsophage et l'estomac des corps étrangers, tels que fragments de paille et matières fécales. Certains malades ont une tendance très évidente à lécher le sol de leur loge, principalement quand ce sol est en dalles ou en brique.

Le lapin enragé ne cherche pas à mordre ordinairement; j'en ai cependant vu un qui témoignait manifestement d'une véritable envie de mordre, même sans qu'il fût excité, mais surtout lorsqu'il y était excité; il mordait sur le bois de sa loge et sur la paille qu'on lui présentait; il ne donnait le plus souvent qu'un coup de mâchoire; il s'acharnait pourtant quand on introduisait et maintenait dans la bouche une paire de ciseaux; agacé avec le pied, il mordait vigoureusement sur le bout de la chaussure, s'y attachait avec les dents et pouvait ainsi être traîné à une certaine distance.

La salivation est assez abondante et la salive s'écoule hors de la bouche ou s'étale sur la lèvre inférieure et sur le menton.

La soif et l'appétit ont disparu ordinairement, en sorte qu'on voit des animaux rester ainsi un, deux, trois, quatre jours sans boire ni manger. Quelquefois le malade essaie de boire ou de manger, mais il arrive un moment où il ne peut plus ni déglutir, ni triturer les aliments, qu'il garde alors dans la bouche ; et il n'est pas rare de trouver dans ces cas, en faisant les autopsies, des débris alimentaires égarés dans le larynx et le commencement de la trachée.

La respiration reste calme le plus ordinairement. La circulation devient irrégulière ; le cœur donne de 190 à 200 pulsations.

Les malades rendent peu de matières fécales et souvent n'urinent pas ou n'urinent qu'aux approches de la mort, en sorte qu'à l'autopsie on trouve la vessie quelquefois vide, mais le plus ordinairement pleine et distendue.

Tels sont, d'après mes expériences, les principaux symptômes de la rage du lapin.

RAGE DU COCHON D'INDE. — La rage du cobaye est caractérisée, à peu de choses près, comme celle du lapin. On a dit que le cochon d'Inde enragé était plus dangereux que le lapin ; c'est là une affirmation hasardée ; j'ai plusieurs fois transmis la rage à cet animal et j'ai constaté chez lui les mêmes symptômes que chez le lapin, sans manifestations aggressives et sans propension à mordre.

RAGE DES OISEAUX. — Je n'ai encore jamais réussi à transmettre la rage à la poule ; pourtant certains observateurs citent des faits de transmission, et indiquent les symptômes qu'ont présentés des poules et des canards enragés. On a vu, dit-on, des poules devenir enragées, après une période d'incubation d'une quarantaine de jours, présenter une attitude étrange, les plumes hérissées, l'œil hagard, la voix rauque ; on les a vues se précipiter sur les autres et leur donner des coups de bec ; on a constaté chez elles des accès de fureur très rapprochés ; puis les ailes sont devenues tombantes, la démarche chancelante ; les bêtes sautillaient, donnaient des coups de bec en l'air, cherchaient à atteindre des objets imaginaires, etc.

RAGE DE L'HOMME. — La rage présente chez l'homme trois périodes distinctes : une période initiale ou de mélancolie, une période d'état ou d'excitation, de spasme, d'hydrophobie; et une période finale, paralytique.

Au début le point d'inoculation devient douloureux; le malade est triste, mélancolique; son sommeil est agité de rêves; il éprouve une céphalalgie plus ou moins violente et une fatigue générale; puis des spasmes surviennent et une excitation plus ou moins prononcée; le malade est oppressé; il soupire, il éprouve des spasmes au larynx, au pharynx; il conserve la soif, mais il prend horreur de l'eau, et éprouve un accès, une crise, des spasmes lorsqu'on lui en présente; la déglutition est difficile ou impossible; la salive est abondante; les sens sont exaltés. On observe des accès convulsifs, de la dyspnée, des frissons, des mouvements convulsifs; la voix est rauque et convulsive. La mort peut être le résultat de l'asphyxie, mais aussi la maladie continuant sa marche peut amener la paralysie progressive. Les malades conservent leur connaissance et se rendent ordinairement bien compte de leur état, leurs souffrances sont atroces et souvent ils demandent qu'on les fasse mourir.

ANATOMIE PATHOLOGIQUE

Les altérations anatomiques, qui caractérisent la rage et expliquent les divers symptômes qu'on observe pendant la vie des malades, sont de deux ordres; elles sont primordiales, primitives, ou secondaires, accessoires.

Les premières se montrent dans les centres nerveux, sur les cellules nerveuses, et sont la condition *sine quâ non* de toutes les autres. Celles-ci se montrent un peu partout, principalement sur les organes parenchymateux, sur les organes les plus vasculaires.

Les lésions accessoires étant celles qu'on observe le plus facilement, il convient de les passer d'abord en revue, pour arriver ensuite à l'étude des lésions primitives.

Dans la rage il se produit un état congestionnel des divers parenchymes; cet état est la conséquence d'une altération du système nerveux, provoquée par le virus rabique. La congestion s'explique par le relâchement des parois vasculaires, par l'affaiblissement ou la paralysie des nerfs vaso-moteurs, qui sont des nerfs constricteurs des vaisseaux.

L'amélioration momentanée, obtenue par le docteur Mennesson

sur le vétérinaire Moreau atteint de la rage, au moyen de la faradisation, semble appuyer cette manière de voir. Mais à quoi tient cette paralysie des nerfs vaso-moteurs? Elle est vraisemblablement produite par le virus rabique lui-même, qui agit comme un poison sur les nerfs, ou bien elle est le résultat d'une action réflexe, qui provient de l'altération des éléments nerveux de la protubérance, de la moelle allongée, du cerveau et de la moelle par le même virus.

Le cadavre de l'animal mort de rage est plus ou moins amaigri; les poils sont plus ou moins en désordre; la rigidité cadavérique se montre très rapidement; la muqueuse buccale et les autres muqueuses apparentes sont congestionnées; les veines sont gonflées, principalement les veines du cou. Le sang est noirâtre, incoagulé, plus riche en globules blancs, moins riche en matière fibrinogène; ses globules rouges sont parfois déchiquetés.

L'appareil digestif est le siège de certaines modifications, qui ont une grande importance au point de vue du diagnostic. La muqueuse buccale est hypérémiée, bleuâtre, parfois excoriée; on y rencontre quelquefois des corps étrangers, ainsi que dans le pharynx; les amygdales sont gonflées, hypérémiées, et souvent les glandes parotides, maxillaires, linguales, molaires sont aussi congestionnées. On a bien signalé, à la face inférieure de la langue, l'existence de vésicules, de pustules, d'érosions (lysses de Marochetti); mais je suis porté à penser que ces lésions, quand elles se montrent, sont le résultat d'une irritation traumatique, produite par les corps étrangers que l'animal a ingérés; je n'ai jamais eu l'occasion de les observer en dehors des cas où elles pouvaient résulter d'une action traumatique. La muqueuse pharyngienne est irritée, hypérémiée, rougeâtre, excoriée; son appareil glandulaire est manifestement hypertrophié. Les ganglions de la gorge sont toujours plus ou moins altérés, congestionnés, ramollis à leur centre.

Dans l'estomac et quelquefois jusque dans l'intestin, on trouve des matières diverses, étrangères à l'alimentation, en plus ou moins grande abondance; et ce symptôme *post mortem* quoique n'ayant pas une signification univoque, est cependant d'une grande valeur pour établir le diagnostic de la rage. La muqueuse stomacale est plus ou moins enflammée et baignée souvent par un liquide visqueux plus ou moins foncé. Ce liquide noirâtre existe également dans l'intestin, dont la muqueuse est enflammée, et qui peut contenir des matières analogues à celles de l'estomac, mais qui le plus souvent est vide ou à peu près.

Le foie et la rate sont congestionnés ; on y voit au microscope des vaisseaux distendus, d'autres oblitérés par des caillots fibrineux et d'autres rupturés ; les cellules hépatiques sont plus granuleuses.

Les muqueuses pituitaire, laryngienne, trachéale et bronchique sont congestionnées, rougeâtres, noirâtres ou violacées. Le poumon est parfois engoué. Il n'est pas rare de rencontrer des corps étrangers égarés dans les voies respiratoires.

Les reins sont toujours altérés, congestionnés ; en les étudiant au microscope on trouve, comme dans le foie, des vaisseaux distendus, des vaisseaux oblitérés par du sang coagulé, des vaisseaux rupturés en certains points ; le sang passe en nature dans les tubes urinifères. Il y a aussi très souvent de la néphrite parenchymateuse. On rencontre des tubes qui ont perdu leur épithélium ; d'autres, dont les cellules épithéliales sont en voie de dégénérescence ; d'autres, qui sont oblitérés, remplis d'une matière grenue. La vessie est souvent vide et ratatinée ; parfois elle est pleine et même distendue ; sa muqueuse est quelquefois ecchymosée. L'urine est fétide, chargée, parfois sanguinolente. On a signalé aussi la congestion et l'inflammation de la muqueuse utérine.

C'est dans le système nerveux qu'on trouve les altérations les plus importantes, surtout quand on les recherche avec le microscope. Dans les nerfs, dans les méninges, dans la moelle, dans la moelle allongée, dans le cerveau et dans le cervelet, on observe à l'œil nu les mêmes lésions de congestion que dans les autres organes. C'est ainsi que l'on peut constater de la congestion, sous forme de traînées ou d'ecchymoses, dans les nerfs de la région mordue, dans les nerfs de la langue (hypoglosse et lingual), dans le pneumo-gastrique, dans certains nerfs cervicaux, dans le grand sympathique et dans ses ganglions. On remarque aussi toujours un état congestionnel plus ou moins prononcé dans les méninges, des extravasations sanguines dans les mailles de la pie-mère. Dans le cerveau, dans le cervelet, dans la moelle allongée et dans la moelle, il existe toujours une hyperhémie, qui peut même s'accompagner du ramollissement du tissu nerveux, quand la maladie a duré assez longtemps ; il y a aussi de petites hémorrhagies dans la substance cérébrale ou médullaire, de l'œdème et même un épanchement ventriculaire. Les vaisseaux des centres nerveux sont injectés, gorgés d'un sang noirâtre.

A l'examen microscopique, on trouve dans les nerfs altérés,

dans la moelle, dans la moelle allongée, dans le cerveau et dans
le cervelet les lésions consécutives à la congestion et des lésions
plus importantes, qui se montrent dans les éléments nerveux,
dans les cellules et dans les tubes nerveux, et qui sont les lésions
primordiales de la rage. On rencontre dans la substance, qui soutient et entoure les cellules nerveuses, des leucocytes disséminés
ou réunis en foyers, des vaisseaux remplis de sang ou de leucocytes, entourés d'un manchon de leucocytes, et présentant les mêmes éléments dans leurs parois. On rencontre çà et là des hémorrhagies, au sein desquelles on voit des cristaux d'hématoïdine et
dont le pourtour est garni de leucocytes; on rencontre également
çà et là des vaisseaux oblitérés, remplis d'une matière granuleuse,
mélangée de leucocytes, et parfois on voit aussi dans l'intérieur
de ces vaisseaux des cristaux d'hématoïdine. Parfois on rencontre des cellules nerveuses entourées du produit de l'hémorrhagie,
comprimées par les cristaux et pénétrées par les éléments du
sang; quelquefois il peut en résulter un déplacement du noyau
et même une destruction complète des éléments nerveux.

Ces lésions, qui consistent dans la stase du sang, dans la diapédèse des globules blancs, dans la rupture des vaisseaux, dans
la formation de cristaux et dans la compression des éléments nerveux, n'ont rien de spécifique; mais il n'en est pas de même
des suivantes, qui, il est vrai, sont encore fort mal connues.

Dans le système nerveux central et dans le système périphérique, on observe une opacité plus ou moins prononcée et un état
granuleux plus ou moins avancé du protoplasma des cellules nerveuses; le même état se voit aussi dans certains nerfs; parfois le
cylindre-axe est presque détruit.

L'altération des éléments nerveux explique tous les phénomènes qui se déroulent dans le cours de la maladie. Sa production, due
à l'action du virus rabique, permet d'expliquer d'abord les symptômes nerveux qui annoncent la rage, et devient bientôt la cause des
phénomènes congestionnels qui se montrent par suite de la paralysie des nerfs vaso-moteurs.

Dans le cours de la rage, l'œil éprouve souvent des altérations;
il y a de la conjonctivite, de la kératite; souvent la cornée s'ulcère;
il y a aussi parfois de l'ophthalmie, de l'amaurose. L'ulcération
de la cornée semble bien se rattacher à la maladie; car on
l'observe non seulement sur les animaux qui ont pu se blesser
pendant leurs accès de fureur, mais aussi sur les animaux atteints
de rage tranquille ou paralytique.

DIAGNOSTIC

Il n'est pas toujours bien facile de reconnaître la rage. Il ne faut jamais perdre de vue qu'à son début la maladie ne se caractérise pas par de la fureur. Il faut accorder une grande importance aux changements qui se produisent dans le caractère et dans les habitudes du chien enragé, qui devient triste, taciturne, inquiet, agité. Il faut prendre en très grande considération les modifications qui se manifestent du côté de la sensibilité et de l'impressionnabilité, du côté des sens et dans la voix; il faut aussi accorder toute son attention aux symptômes qui surviennent du côté de l'appareil digestif; il faut par-dessus tout éviter et dissiper certaines erreurs, qui peuvent entraîner des mécomptes graves. Il ne suffit pas toujours d'étudier le malade durant sa vie; bien souvent, malgré l'observation et l'examen les plus attentifs, il peut rester des doutes sur la nature de la maladie, aussi ne faut-il jamais négliger de pratiquer l'autopsie, quand cela est possible, car souvent elle permet de confirmer le diagnostic, grâce au symptôme important qu'elle permet de constater et qui consiste dans la présence de corps étrangers dans les voies digestives. En outre il ne faut jamais négliger de recourir aux renseignements; il faut interroger les propriétaires et s'éclairer le mieux possible sur les antécédents des malades, sur les divers symptômes qu'ils ont présentés, sur leur genre d'existence, sur leurs rapports avec d'autres chiens et surtout avec les chiens errants. Quand il s'agit d'un animal malade, et qu'on soupçonne de la rage, on peut employer le chien à titre de réactif.

Malgré toutes les précautions, il arrive assez souvent qu'on est embarrassé pour déterminer sûrement la nature de la maladie. Il arrive souvent qu'on a lieu de se demander si on a bien réellement affaire à la rage et non à une autre maladie qui se caractérise par des symptômes rabiformes. C'est qu'en effet certaines affections plus ou moins graves, telles que l'épilepsie, l'introduction de corps étrangers sous l'influence d'une affection autre que la rage, ou même sans qu'il y ait à proprement parler un état morbide, la maladie du jeune âge, la gastro-entérite, certains empoisonnements, les maladies vermineuses, les affections morales peuvent s'accompagner d'un état rabiforme plus ou moins manifeste, provoquer des symptômes de fureur, une dépravation du goût. L'ingestion de corps étrangers, l'écartement des mâchoires et la salivation; mais pourtant, dans aucun de ces divers cas, on ne constate ni les hallucinations, ni la modification particulière de la voix, ni l'anesthésie cutanée, ni la physionomie rabique, etc. D'ailleurs les antécédents, l'âge des malades, certains symptômes qu'on n'observe pas dans la rage, la marche de la maladie, sa terminaison, l'examen du cadavre, permettent souvent d'établir la différenciation. Il va sans dire que toute maladie rabiforme oblige à une grande circonspection et à la prudence; les malades doivent être mis dans l'impossibilité d'exercer leur fureur.

ETIOLOGIE

Pour expliquer l'apparition de la rage, on a invoqué l'action d'un certain nombre de causes ordinaires (spontanéité) et la contagion.

Spontanéité. — On n'admet l'apparition spontanée de la rage que chez les carnivores, chez le loup et chez le chien notamment. Cette idée s'est propagée et a été entretenue par la relation de faits mal observés et mal interprétés; et d'ailleurs, quelques évènements, qui se sont produits à certaines époques, ont semblé l'étayer et la fortifier.

Ainsi en 1803 on a, dit-on, observé au Pérou, sous l'influence d'une chaleur exagérée, une maladie frénétique, d'apparence rabiforme, qui s'est montrée sur les animaux et sur l'homme, et qui était transmissible par morsure. Mais il n'est pas démontré que ce fut la rage, et, si la maladie a paru se transmettre par morsure, on n'est pas pour cela autorisé à l'affirmer, car les individus mordus étaient, eux aussi, soumis à l'influence des mêmes causes qui avaient fait apparaître la maladie sur les premiers.

En Amérique, on parle aussi d'une maladie rabiforme, qu'on appelle rage méphitique, et qui serait provoquée par la piqûre d'un serpent; mais cette fois encore il ne s'agit pas de la rage, et cet exemple montre combien il est utile de recourir aux renseignements, pour établir le diagnostic de cette maladie. Enfin, à diverses époques et en divers pays, on a aussi fréquemment observé des recrudescences de rage, pendant lesquelles la maladie se montrait beaucoup plus fréquente et parfois épizootique. Ces faits sont exacts et leur explication se trouve dans la contagion, qui n'a pas été entravée par l'application de mesures préservatrices convenables.

49

Pour expliquer le développement spontané de la rage, on a à tort accusé les influences météorologiques, les influences hygiéniques et certaines causes tenant aux individus. On a accusé les climats, les saisons, les aliments altérés, la faim, la soif, la souffrance, le musellement, la peur, les affections morales, l'enlèvement des petits, les excitations génésiques, la colère, la douleur, les morsures de chiens non enragés, de chiens en chaleur, la race, le sexe, l'âge.

Les climats ne semblent avoir aucune influence sur l'apparition de la rage, qui s'observe dans les pays les plus disparates, et qui n'apparaît pas dans les pays chauds ou froids, sans y avoir été importée. Les saisons, malgré les statistiques qui nous montrent que la rage est plus fréquente en été qu'en hiver ou réciproquement, ne jouent certainement pas le rôle de causes efficientes ; il semble tout au plus que la chaleur de l'été abrège peut-être la durée de la période d'incubation ; et, si les cas de rage sont parfois plus fréquents en été qu'en hiver, cela tient uniquement à ce que, pendant la saison chaude, les chiens vagabondant plus que pendant la saison froide et courant ainsi plus de dangers, sont plus exposés à être mordus.

Les aliments altérés et la mauvaise hygiène ne font pas davantage naître la rage ; ainsi l'hyène, qui est apte à contracter la maladie, ne la présente pas spontanément, bien qu'elle se nourrisse toujours d'aliments plus ou moins altérés. La faim et la soif sont tout aussi impuissantes à faire développer la rage ; les physiologistes, qui ont étudié l'abstinence et l'inanition chez le chien, n'ont jamais obtenu la rage en le privant d'aliments ou de boissons.

Les souffrances physiques ne semblent pas être non plus capables d'engendrer la rage ; que de chiens sont fréquemment torturés dans les expériences de laboratoire, et pourtant jamais aucun d'eux n'est devenu enragé par ce seul fait. Comment comprendre que le musellement puisse être plus efficace.

Les affections morales, la peur, l'enlèvement des petits à la chienne qui les nourrit, ont été invoqués pour expliquer l'apparition de certains cas de rage ; mais assurément on s'est trompé dans l'appréciation des faits, ou on a pris pour de la rage, ce qui n'était qu'un état rabiforme, ou on n'a pas pu connaître assez exactement les antécédents des malades.

On avait cru parfois que les excitations génésiques pouvaient déterminer la rage, parce qu'on l'avait vue apparaître après l'action d'une pareille cause, parce qu'on avait ignoré les antécédents des malades, ou parce qu'on avait été dupe de déclarations mensongères ; mais il est admis aujourd'hui à peu près généralement, que les excitations génésiques sont sans effet au point de vue de la production de la maladie.

Il en est de même de la douleur et de la colère ; il est vraiment singulier d'entendre encore soutenir que la rage peut résulter de la morsure d'un chien en colère ou en chaleur et non atteint de la rage. Une pareille assertion ne mérite guère qu'on la prenne au sérieux et encore moins qu'on la discute.

Les cas de rage sont plus fréquents chez certaines races, chez les individus du sexe mâle, et cela se comprend sans peine, cela doit être ainsi, non pas que la race et le sexe soient des causes de la maladie, mais tout simplement parce que les représentants de telle race et du sexe mâle étant plus nombreux et plus vagabonds, il s'ensuit qu'ils sont plus fréquemment et en plus grand nombre exposés à la contagion.

Le jeune âge a une influence sur la durée de la période d'incubation, qui est ordinairement plus courte chez les jeunes que chez les adultes.

Toutes les causes invoquées, pour expliquer le développement spontané de la rage, n'ont donc aucune action prédisposante. Ceux qui les ont accusées, soit qu'ils aient pris des états rabiformes pour de la vraie rage, soit qu'ils n'aient pas voulu, soit qu'ils n'aient pas su, soit qu'ils n'aient pas pu se renseigner exactement sur les antécédents des malades, se sont trompés. D'ailleurs il est encore des pays où la maladie n'existe pas, et pourtant les chiens y sont soumis aux diverses influences qui viennent d'être énumérées.

CONTAGION. — La contagion est la seule cause capable de faire naître la rage sur un animal quel qu'il soit.

La maladie est-elle transmissible par la salive des divers animaux qui sont susceptibles de la contracter ?

Pour répondre convenablement à une pareille question, il faut passer en revue les diverses espèces animales. La rage du chien et des autres carnivores est sûrement transmissible ; elle est transmissible aux autres animaux et à l'homme, ainsi que cela est démontré par de très nombreux faits d'observation et d'expérimentation. Le chien étant l'animal chez lequel on observe le plus souvent la rage, est aussi celui qui la transmet le plus souvent. Le loup transmet aussi la maladie, et il semble même que sa morsure soit, toutes choses égales d'ailleurs, plus dangereuse que celle du chien.

On a observé aussi des cas de transmission par le chat et par le renard. Du reste, ce qui prouve d'une manière bien positive la contagion de la rage du chien, c'est l'introduction de la maladie dans les pays où elle n'existait pas antérieurement. C'est avec les chiens européens qu'elle a été importée à la Plata, à l'île Maurice, à Malte, à Hong-Kong, à Shanghaï, etc. Les morsures faites par les carnivores enragés sont de véritables inoculations ; elles sont plus ou moins souvent suivies de succès, selon qu'elles ont été faites dans des conditions plus ou moins favorables. Toutes choses égales d'ailleurs, elles réussissent plus souvent quand elles sont faites sur des parties dénudées, découvertes, privées de poils ; les vêtements et les poils peuvent en effet retenir le virus et l'empêcher d'arriver dans la plaie.

Il arrive rarement que les animaux herbivores transmettent la rage, parce qu'ils ne mordent pas habituellement, ou parce que, s'ils mordent, ils produisent une contusion ou une plaie contuse, qui ne se prête guère à l'absorption du virus. Pourtant leur bave est inoculable et leur rage transmissible. Youatt cite un cas dans lequel la maladie avait été transmise à l'homme par la morsure d'un cheval. Huzard et Dupuy croyaient que la rage des grands et des petits ruminants n'était pas transmissible ; et des expériences, faites à Alfort, à Lyon et à Toulouse par Girard, Vatel, Renault, M. Rey, M. Lafosse, confirmaient cette manière de voir. Pourtant Delafond citait un cas de rage observé chez un pâtre mordu par une vache enragée ; et Tardieu rapportait un cas analogue, observé chez un berger mordu par un mouton enragé. D'ailleurs Berndt, en 1822, avait démontré que la bave de tout animal enragé est virulente ; et Breschet avait constaté la virulence de la bave des solipèdes et des ruminants atteints de la rage. Renault et M. Rey eurent d'abord des insuccès ; mais ensuite ils réussirent. M. Rey inocula fructueusement la rage du bélier au bélier, quand il pratiqua ses inoculations plus profondément. Renault réussit à son tour, il transmit la rage du mouton au chevreau et au chacal.

La rage des divers animaux susceptibles de la contracter doit être considérée comme transmissible dans tous les cas ; celle du porc est transmissible ; il en est de même de celle du lapin, comme je l'ai démontré, et de celle du rat, ainsi qu'en témoigne un cas de transmission à l'enfant, observé dans l'Ardèche en 1878.

En résumé la rage est toujours virulente, même celle de l'homme. Le chien peut transmettre la maladie à tous les animaux et à l'homme ; les autres animaux peuvent transmettre leur rage à

l'homme ou aux animaux de leur espèce ou autres, et très probablement, quoique plus difficilement parait-il, au chien.

Sièges du virus. — Tout le monde sait où le virus existe,
mais personne ne sait encore où il se forme. La rage est toujours
transmise par l'inoculation de la bave. La bave est donc virulente ;
cela résulte de l'observation et des résultats de l'expérimentation.
Mais ce produit est loin d'être simple ; il est au contraire très complexe ; il est formé par le mélange de la salive parotidienne, de la
salive maxillaire, de la salive des autres glandes, du mucus buccal
et pharyngien et du mucus des voies respiratoires.

Quelle est la partie qui apporte avec elle la virulence? Celle-ci
résulterait-elle par hasard du mélange de ces diverses sécrétions
et de leur séjour dans la bouche? M. P. Bert se posait dernièrement cette question, et, après avoir expérimenté, il reconnaissait
que la salive de la parotide, de même que celle de la maxillaire
n'est pas virulente. De mon côté, j'ai inoculé un grand nombre de
fois le produit de ces deux glandes et toujours sans résultat. J'ai
procédé de diverses façons : j'ai inséré sous la peau des fragments
de glandes ; j'ai inoculé ou injecté, sous la peau, le produit obtenu
en les râclant ou en les exprimant ; et jamais je n'ai obtenu la rage.
M. M^{co} Reynaud a, dit-il, transmis dernièrement la rage à un lapin,
en lui inoculant le produit de la glande maxillaire d'un autre lapin
enragé ; mais ce fait n'a pas une grande importance, car il n'est
pas démontré que le lapin, qui a ainsi succombé trente-six heures
après l'inoculation, soit mort de la rage.

M. P. Bert dit n'avoir rien obtenu en inoculant le produit des
glandes de la langue. J'ai de mon côté inoculé ces produits, et dans
deux expériences j'ai obtenu une maladie rabiforme, une première fois chez un mouton et une seconde fois sur un chien. Le
mouton avait été inoculé au plat de la cuisse ; vingt jours après, la
région inoculée devenait prurigineuse, puis la paralysie envahis-
sait le membre correspondant et se propageait rapidement à tout
le train postérieur et à tout le corps ; la salivation était très abondante ; le malade resta dans cet état pendant deux jours en proie
à des convulsions. J'ai obtenu un cas de rage mue, avec frissons,
mouvements convulsifs et paralysie chez un chien, qui est tombé
malade dix-sept jours après l'inoculation. Malheureusement le
chien en question était en observation depuis trop peu de temps
pour qu'il me soit permis d'affirmer qu'il n'avait pas reçu les germes
de la maladie antérieurement.

Barthélemy ainé obtint la rage, en inoculant au cheval le produit des lysses; mais ce fait ne prouve pas que le virus soit sécrété par la lésion, d'ailleurs hypothétique, qu'on appelle lysse, car du moment qu'il existe dans la bave, il peut facilement se mélanger avec le contenu d'une vésicule qui se formerait sur la buccale; et d'ailleurs il semble bien difficile de recueillir le produit de la lysse, sans s'exposer à recueillir en même temps la matière virulente qui imprègne la muqueuse.

Je crois, pour mon compte, que la muqueuse bucco-pharyngienne sécrète le virus; après avoir bien lavé et bien râclé la surface de cette muqueuse, j'ai pu provoquer la rage, en inoculant le produit obtenu en procédant à un dernier râclage. Néanmoins je ne présente pas cette conclusion comme étant absolument sûre; car il est fort possible que le contage, sans être sécrété par la muqueuse, l'imbibe plus ou moins profondément.

Le sang et la chair sont-ils virulents?

Hertwig admettait la virulence du sang, particulièrement de celui des jugulaires. Cependant Breschet, Magendie, Dupuytren, Renault n'ont jamais obtenu la rage dans leurs expériences avec le sang des animaux enragés; on a pu transfuser, sans résultat, à un animal sain le sang d'un animal malade.

Eckel de Vienne obtint chez le mouton une maladie, à nature mal déterminée, en lui inoculant le sang d'un animal enragé. M. Lafosse obtint aussi, sur un des trois sujets qu'il avait inoculés avec du sang, un résultat douteux. J'ai, depuis quelques mois, pratiqué de très nombreuses inoculations avec le sang des chiens enragés; je l'ai pris sur les malades vivants et je l'ai inoculé de différentes manières, par piqûres, par injection hypodermique, etc; jamais je n'ai ainsi transmis la rage. Le sang ne me semble donc pas renfermer le virus pendant le cours de la maladie; pourtant il doit être virulent, au moins à un certain moment. Il y a d'ailleurs certains faits d'observation qu'il serait difficile de comprendre, si on n'admettait pas que le sang peut à un moment donné posséder la virulence. Camillac rapporte le cas d'une vache enragée accouchant d'un veau, qui devint enragé trois jours après sa naissance; il est vrai que la mère avait léché le jeune animal, mais on est en droit de se demander si les germes de la maladie ne lui avaient pas été transmis pendant sa vie intra-utérine. La science ne possède d'ailleurs que ce fait dans cet ordre d'idées; et, en médecine humaine, on cite le cas d'une femme enragée, mettant au monde un enfant qui n'est pas devenu malade. On a dit aussi qu'un élève de l'école de Copenhague, en pratiquant une autopsie, s'était inoculé la rage ; mais de ce fait on ne saurait conclure que le sang est virulent, car cet élève avait pu s'inoculer la salive aussi bien que le sang.

La chair est-elle virulente?

Gohier observa deux fois la rage chez des chiens nourris avec de la chair d'animaux enragés ; mais il y a lieu de faire des réserves au sujet de ces deux cas, car les animaux qui devinrent enragés pouvaient avoir été mordus antérieurement. Delafond et Renault n'ont pas provoqué la maladie, en faisant ingérer de la chair d'animaux enragés. M. Lafosse a encore obtenu un résultat douteux dans ses expériences. De nombreux faits démontrent que la chair des animaux atteints de la rage n'est pas dangereuse; elle a été consommée assez souvent, après la cuisson il est vrai, sans qu'on ait jamais observé aucun accident. M. Thouvenin de Pont-à-Mousson, pour rassurer des personnes qui avaient mangé de la viande d'une vache enragée, mangea lui-même un bifteck saignant, pris sur le cadavre d'une autre bête qui venait de succomber à la rage. M. Decroix a mangé de la viande crue arrosée de bave provenant d'un animal enragé, sans en éprouver aucun malaise; il ne croit pas d'ailleurs à la contamination par les voies digestives.

Théoriquement le sang et la chair des animaux enragés peuvent être considérés comme non virulents; mais dans la pratique il faut néanmoins en proscrire l'utilisation, à cause de la répugnance et de l'effroi qu'inspire la rage.

Le lait ne semble pas non plus virulent, ni pendant la période d'incubation, ni pendant la maladie. Delafond cite bien un cas où il aurait été virulent; mais, deux des animaux rendus malades ayant guéri, il y a lieu de croire qu'il ne s'agissait pas cette fois encore de la rage. Fleming cite également le cas d'une négresse, qui aurait transmis la rage à son nourrisson au moyen de son lait ; mais dans ce cas, la maladie pouvait très bien avoir été transmise à l'enfant par la salive, que sa nourrice déposait involontairement sur sa figure en le caressant, en l'embrassant. De nombreux faits ont été observés, dans lesquels le lait d'animaux enragés a été ingéré sans accident, sans conséquence. Ainsi on cite le cas de deux enfants nourris l'un avec le lait d'une vache enragée, et l'autre avec celui d'une chèvre également enragée. De nombreuses personnes ont, à des époques diverses, bu sans le savoir du lait provenant de vaches déjà enragées. On a vu une chienne enragée allaiter ses petits, qui plus tard ne sont pas devenus enragés; on a vu une chèvre enragée allaiter impunément son chevreau ; jamais on n'a cité aucun fait de transmission. Baumgarten et Valantin en Allemagne et Renault en France ont démontré expérimentalement l'innocuité du lait des animaux enragés. Dernièrement j'ai inoculé, par injection hypodermique, à quatre lapins le lait d'une chienne enragée, et je n'ai obtenu aucun résultat.

Puisque les lésions primordiales de la maladie se produisent dans les centres nerveux, il faut rechercher si le virus existe dans les nerfs, dans la moelle, dans la moelle allongée, dans la protubérance, dans le cerveau, dans le cervelet. Si, comme le prétend M. le docteur Duboué, le contage rabique chemine à travers le cylindre-axe des nerfs, pour se rendre de la morsure aux centres nerveux, on doit l'y retrouver. Rossi de Turin avait, semble-t-il, obtenu la rage, en insérant sous la peau d'un animal un fragment de nerf pris sur un chat enragé ; mais ce fait est unique dans la science. La même expérience a été tentée plusieurs fois en Allemagne et a toujours donné des résultats négatifs. De mon côté j'ai inoculé, de nombreuses fois et de différentes manières, le produit des nerfs de la langue, celui de la moelle allongée, celui de la protubérance, celui du cerveau et celui de la moelle, sans produire la rage.

J'ai pareillement inoculé, sans résultat, l'humeur aqueuse de l'œil, le suc de la glande lacrymale et le suc du pancréas. D'un autre côté l'urine, les sérosité, la sueur, les sécrétions génitales ont été reconnues non virulentes.

Dans une expérience j'ai obtenu la mort de trois animaux, en leur inoculant la chassie d'un lapin enragé. Je ne pourrais dire d'une manière certaine que le virus rabique se trouve dans le produit morbide de l'œil, mais il y a lieu de rechercher la vérité à ce sujet.

M. P. Bert a vu la rage se déclarer sur un chien trois ou quatre mois après l'avoir inoculé avec le produit pulmonaire ; mais il ne tire de ce fait aucune conclusion, attendu que le chien pouvait avoir déjà le germe de la maladie quand il l'a inoculé.

Les matières contenues dans l'estomac ont entraîné avec elles de la bave, de la salive, et il est important de savoir si la virulence a persisté, s'il y a par conséquent du danger à toucher ces matières, quand on a une plaie à la main. J'ai soumis à la pression les matières renfermées dans l'estomac et la muqueuse stomacale d'un chien enragé, qui venait d'être sacrifié ; j'ai inoculé à plusieurs animaux le produit ainsi obtenu, et je n'ai rien vu survenir à la suite de mes inoculations.

Enfin le virus rabique existe-t-il dans les ganglions pharyngiens, qui sont toujours altérés dans le cours de la maladie? J'ai inoculé leur produit et je n'ai encore obtenu aucun résultat positif.

En résumé, le contage rabique existe seulement dans la bave (peut-être dans la chassie), et il est vraisemblablement produit dans les glandes linguales et sur la muqueuse bucco-pharyngienne.

Caractères du virus. — Le virus rabique est fixe; il ne se transmet que par la bave et non par l'intermédiaire de l'air. Il se conserve au moins un jour sur le cadavre; je l'ai trouvé actif après l'avoir conservé 24 heures dans l'eau; enfin je l'ai inoculé fructueusement une fois sur le cochon d'Inde, après l'avoir conservé pendant dix jours dans une cellule recouverte d'une lamelle. On ne sait où se trouve le virus pendant la période d'incubation, et, la théorie du docteur Duboué semblant jusqu'à un certain point en contradiction avec mes expériences sur la virulence des nerfs et des centres nerveux, il y a lieu de poursuivre les recherches à ce sujet, pour arriver à déterminer la nature du virus rabique, son lieu de repullulation et son mode d'action sur le système nerveux, où il n'existe pas.

Dans la rage il y a certainement deux agents; il y a certainement un germe, qui, en exigeant un certain temps pour se multiplier, permet d'expliquer la période d'incubation; et il y a non moins certainement un poison, qui est apporté par la circulation dans les centres nerveux et y provoque les lésions et les symptômes de la rage. M. P. Bert a parfaitement reconnu que les matières rabiques semblent avoir des propriétés septiques; il a vu des accidents locaux se produire après l'inoculation. Il a obtenu la rage, en inoculant le résidu de la bave rabique retenu par le filtre en plâtre; et le liquide filtré ne s'est pas montré virulent, il s'est montré toxique, il a provoqué des accidents locaux. J'ai à mon tour constaté plusieurs fois les propriétés septiques de la salive rabique. Dans quatre expériences sur des chiens inoculés avec la bave, j'ai obtenu, non seulement des accidents locaux, mais un empoisonnement mortel. D'après les données qui précèdent, il est facile de se rendre compte du mode d'action du virus rabique, qui semble bien être un germe, ainsi que mes expériences et mes cultures m'ont permis de le soupçonner.

A la suite de la morsure ou de l'inoculation, le virus est absorbé par les voies ordinaires et lancé ensuite dans les différentes parties de l'organisme. Les germes, qui arrivent aux glandules de la langue et à la muqueuse bucco-pharyngienne, se multiplient dans ce terrain qui leur est favorable ; et leur multiplication s'accompagne de la sécrétion d'un poison. Les nouveaux germes et le poison sont excrétés avec la salive. Mais une partie plus ou moins considérable du poison est absorbée par les lymphatiques ; elle provoque en passant l'altération des ganglions de la gorge, et va agir sur les cellules des centres nerveux, dont l'irritation retentit ensuite sur les nerfs vaso-moteurs. De la sorte tout s'explique, la période d'incubation, les lésions et les symptômes, les propriétés virulentes et septiques de la salive. De plus on conçoit dès lors très bien que la virulence de la salive existe avant l'apparition des premiers symptômes de la rage : et il suffirait probablement, pour empêcher la manifestation des symptômes rabiques, d'empêcher l'absorption du poison ou de détruire à temps le virus dans les points où il se localise et où il se multiplie.

Contre cette théorie on peut élever des objections, et je n'y tiens d'ailleurs qu'autant qu'on ne m'en démontrera pas la fausseté. Une première objection peut être tirée de mes expériences mêmes ; j'ai cherché le poison dans le système nerveux et je ne l'y ai pas encore trouvé. J'ai injecté sous la peau et dans la plèvre, à forte dose, le liquide obtenu en exprimant la substance des centres nerveux et je n'ai rien obtenu ; mais il peut très bien se faire que le poison, en arrivant dans les centres nerveux, s'y dénature en agissant sur les éléments (1).

La virulence existe certainement quand les premiers symptômes de la maladie se montrent, et il semblerait qu'elle apparaît avant la manifestation des premiers signes. On cite d'assez nombreux cas de rage observés chez l'homme à la suite de morsures faites par des chiens, qui n'ont présenté les symptômes de la maladie qu'après avoir mordu. Notre théorie permet d'expliquer ces faits et au besoin elle donnerait l'explication des cas de transmission observés à la suite de morsures faites par des chiens qui se sont rétablis.

Dès que le virus a été introduit dans l'organisme, la virulence existe quelque part ; elle devient plus facile à mettre en évi-

(1) Dernièrement (15 août 1880) j'ai obtenu des symptômes nerveux et la mort au bout d'un jour chez deux moutons à qui j'avais injecté, en quantité considérable dans le péritoine, le produit obtenu en exprimant la matière des centres nerveux d'un chien enragé sacrifié pour la circonstance

dence, quand les germes se sont multipliés, et elle dure pendant toute la maladie ; elle persiste même après la mort.

Modes de contagion, ses caractères. — La rage se transmet par inoculation. La peau intacte ne se prête pas à la pénétration du virus ; il faut une morsure, une plaie, une excoriation, une éraillure, une piqûre. Le contage rabique est absorbé, comme tous les autres contages, par les vaisseaux sanguins et lymphatiques. Il faut, pour qu'il y ait transmission, que le virus soit mis en rapport avec une surface absorbante.

D'après les expériences de Renault et de M. Decroix, le contage rabique serait détruit par les sucs digestifs, ou ne serait pas absorbé par la muqueuse gastro-intestinale. Je n'ai pas non plus réussi à transmettre la rage, en faisant ingérer à des animaux de la bave de chien enragé ; mais néanmoins il faut croire que, si les premières portions de la muqueuse digestive étaient le siège d'excoriations, de plaies, etc., l'inoculation et la transmission pourraient s'ensuivre.

On n'a pas observé de cas de rage à la suite de l'introduction du virus par les voies respiratoires ; mais il reste à démontrer si la muqueuse de ces voies ne se prêterait pas à l'absorption des germes rabiques.

Quant à la muqueuse oculaire, il reste encore à faire des recherches pour savoir si elle est susceptible d'absorber ou non le virus rabique, et ce point a une certaine importance, surtout pour les personnes qui approchent les animaux enragés et qui peuvent recevoir des projections de salive dans les yeux. J'ai badigeonné, dans diverses circonstances, la conjonctive de lapins avec la bave de chien enragé et je n'ai encore obtenu aucun résultat.

Le virus rabique, injecté directement dans le torrent circulatoire, reste sans effet ; c'est du moins ce que j'ai constaté dans deux expériences, où j'avais injecté dans la jugulaire du mouton une grande quantité de bave rabique.

En résumé, la contagion rabique semble s'effectuer exclusivement par inoculation ou imprégnation d'une surface absorbante.

Quoiqu'en dise M. Duboué, l'absorption n'est pas longue à se produire ; les cautérisations tardives n'offrent donc aucune sécurité. J'ai vu apparaître la maladie sur un jeune homme mordu à la figure et qu'on avait cautérisé au fer rouge une heure après. M. Reul, de l'École de Bruxelles, a vu la rage se déclarer sur plusieurs animaux, dont il avait cautérisé les plaies (trois heures après la morsure) avec la pierre infernale, après les avoir nettoyées, raclées et lavées à l'ammoniaque pure. Enfin, et cela est encore plus probant, j'ai vu la rage se montrer sur des lapins inoculés à la pointe de l'oreille, et à qui javais amputé l'organe une heure et demie, une heure, une demi-heure, vingt minutes après l'inoculation.

Les morsures faites par des animaux enragés sont assez fréquentes; mais elles ne donnent pas toutes, tant s'en faut, lieu au développement de la maladie, soit que le virus ait été arrêté par les vêtements ou par les poils, soit qu'il n'ait pas été absorbé; il y a ordinairement plus de morsures infructueuses que de morsures suivies de l'apparition de la rage.

La durée de la période d'incubation est très variable suivant les espèces. Elle est, toutes choses égales d'ailleurs, plus courte chez les jeunes; elle peut être abrégée par les impressions morales, par les excitations génésiques, par la température élevée. L'état de gestation semble au contraire la prolonger; on cite des cas où la rage se serait développée chez la vache pleine et chez la femme enceinte, après des périodes d'incubation beaucoup plus longues que celle que l'on constate ordinairement.

Chez l'homme, la durée de la période d'incubation peut aller de quelques jours à un mois, à deux mois, à trois mois, à quatre mois, etc., et même à dix mois, et même, dit-on, à trois ans, etc. Mais ordinairement la rage se montre du trente-cinquième au cinquantième jour après la morsure.

Chez le chien, la période d'incubation peut durer depuis cinq jours jusqu'à un an et peut-être au delà; le plus souvent elle oscille entre trente, quarante, cinquante, ou soixante jours; néanmoins elle peut durer trois mois, quatre mois, etc., et quelquefois neuf ou dix mois.

Cette période est également très variable quand il s'agit d'animaux solipèdes; elle peut aller depuis une douzaine ou une vingtaine de jours jusqu'à quatorze ou quinze mois; ordinairement elle est de 30, 40, 50, 60 jours.

Chez les grands ruminants, elle est de 20, 30, 40, 50 jours, quelquefois de 60 et de 70 jours.

Elle oscille entre 10 et 40 jours, quand il s'agit de petits ruminants.

Chez les omnivores, elle est de 15, 20, 30 jours.

Chez le lapin et le cobaye, elle est en moyenne de 5, 10, 15, 20 jours.

En résumé, la période d'incubation de la rage dépasse rarement soixante jours.

PROPHYLAXIE, TRAITEMENT, POLICE SANITAIRE

Lorsque des individus ont été mordus par des animaux enragés, la première indication à remplir est celle qui consiste à empêcher l'absorption du virus; c'est donc un traitement prophylactique qu'il faut employer en pareil cas. Pourtant il y a lieu d'adopter une ligne de conduite un peu différente, suivant qu'il s'agit de personnes ou d'animaux.

Soins à donner aux personnes mordues. — Pour empêcher l'absorption du contage, il faut recourir à des lavages, à des grattages exécutés sur la plaie, à la succion, à l'application d'une forte ventouse, à la compression exercée autour du point où siège la morsure, et surtout à la cautérisation. M. le docteur Duboué conseille la section des nerfs voisins de la morsure; et cette opération serait très bien indiquée, si, comme le suppose l'auteur précité, le virus rabique cheminait à travers les cylindres-axes des nerfs.

La cautérisation doit toujours être employée le plus tôt possible; mais, bien qu'elle soit tardive et qu'elle doive rester inefficace, il faut néanmoins y recourir encore pour rassurer le patient. Celse avait conseillé l'extirpation de la partie mordue, quand l'opération était possible sans danger; il avait aussi conseillé la cautérisation avec le feu ou les caustiques et la succion. Pour pratiquer la cautérisation, on peut employer les agents chimiques ou le cautère actuel, qui doit toujours être préféré. Toutes les fois qu'il y aura possibilité, il faudra employer le fer rouge et cautériser aussi profondément que la structure de la région le permettra. A défaut du fer rouge, on peut employer les divers caustiques, tels que le perchlorure de fer, l'acide phénique, l'ammoniaque, la potasse, la poudre à canon, qu'on allume sur la plaie, l'eau de Rabel, la teinture d'iode, l'acide chlorhydrique, l'acide sulfurique, l'acide azotique et le chlorure d'antimoine; il faut toujours donner la préférence au plus énergique, à l'acide nitrique, au chlorure d'antimoine, et ne pas hésiter à cautériser aussi profondément que possible. La cautérisation doit être précédée d'un lavage, de la compression exercée sur la plaie pour en faire sortir le sang et le virus qu'elle peut contenir, du râclage de la plaie avec un instrument tranchant, de la résection des parties déchirées, du débridement de la plaie, pour que le caustique ou le fer rouge puisse bien atteindre partout. L'application du caustique et du fer rouge sera réitérée à plusieurs reprises. Une fois ce traitement mis en pratique, on peut ensuite appliquer des corps gras sur la partie cautérisée et même l'entourer d'un vésicatoire.

Généralement on emploie aussi certains agents à l'intérieur, notamment les excitants et les sudorifiques, l'ammoniaque ; on peut aussi mettre en usage le xanthium spinosum, le jaborandi, les bains de vapeur, et d'une manière générale tous les remèdes populaires, empiriques, mystiques, etc., dont l'emploi peut au moins contribuer à calmer le moral du malade, en lui inspirant une sécurité, qui, pour être souvent trompeuse, n'en a pas moins un grand prix. Il va sans dire qu'aucun de ces moyens ne doit avoir le pas sur la cautérisation, qui est l'unique sauvegarde en pareils cas.

Lorsque la rage s'est déclarée, il faut encore traiter les malades, sinon dans le but de les guérir, au moins dans le but d'atténuer leurs souffrances. On cite des cas de guérison obtenue par les inhalations d'oxygène, par les injections hypodermiques de curare, etc. ; mais rien n'est encore moins démontré que la curabilité de la rage, et il est grandement permis de douter de la nature de la maladie qui a été guérie.

De très nombreux agents ont été préconisés pour les cas de rage déclarée. On a conseillé la saignée à blanc, la transfusion du sang, les sudorifiques, l'électricité, les strychnés, les hypnotiques, les narcotiques, les sels de morphine, le chloral, le chloroforme, l'éther, l'acide cyanhydrique, les cantharides, les venins, l'acide salicylique, l'acide phénique, le bromure de potassium, le borate de soude, les inhalations d'oxygène, le curare, l'hydrothérapie, etc., etc.

ANIMAUX MORDUS, ANIMAUX ENRAGÉS. — Ce qui précède ne doit pas être appliqué aux animaux mordus ou enragés. Il faut en ce cas recourir aux mesures sanitaires, qui sont reconnues utiles ou nécessaires, pour empêcher la propagation de la maladie et prévenir tout danger. C'est ainsi qu'on doit toujours se conduire, lorsqu'il s'agit d'animaux enragés, qu'il ne faut jamais traiter, afin d'éviter tout danger pour les personnes ; c'est également ainsi qu'il faut agir, quand on se trouve en présence d'animaux carnivores, chiens ou chats, qui ont été mordus. On peut néanmoins, quand il s'agit d'animaux qui viennent d'être mordus, et surtout si ce sont des herbivores, prendre les mêmes précautions et employer les mêmes moyens déjà examinés à propos de la prophylaxie applicable aux personnes ; on peut cautériser les plaies sans préjudice des mesures sanitaires qui doivent toujours être appliquées. Les animaux roulés ou soupçonnés d'avoir été mordus, doivent aussi faire l'objet de l'application des mesures sanitaires, et à plus forte raison les animaux qui ont été les aggresseurs, qui ont mordu et qu'on a lieu de soupçonner de la rage.

Mesures sanitaires. — Les documents législatifs, que l'autorité peut invoquer, pour prescrire les mesures sanitaires que nécessite la rage, sont l'arrêt du 16 juillet 1784, la loi des 16-24 août 1790, les articles 459, 460, 461, 462 du Code pénal et la loi du 5 mai 1855. Le nouveau projet de législation sanitaire s'occupe aussi de cette maladie.

L'article 475 du Code pénal édicte une amende de 6 à 10 francs contre ceux qui laissent divaguer des animaux malfaisants ou féroces, qui excitent ou ne retiennent pas leur chiens, lors même qu'il n'y aurait ni mal ni dommage.

L'article 479 du même Code édicte une amende de 11 à 15 francs contre ceux dont les animaux malfaisants ou féroces auront occasionné la mort ou la blessure d'animaux d'autrui.

Il va sans dire que les propriétaires d'animaux enragés peuvent encourir l'application des articles 1382, 1383 et 1385 du Code civil ; ils sont responsables des dommages causés par leurs animaux, et ces dommages peuvent atteindre des chiffres très élevés, surtout quand des personnes ont été mordues et sont devenues enragées.

Un arrêt de la Cour de cassation du 1er février 1822 avait reconnu les droits de l'autorité municipale en matière de police sanitaire. Dans un arrêt du 16 novembre 1872, la Chambre haute déclarait que le maire d'une commune, qui a été parcourue par un chien suspect de rage, ne peut prescrire, comme mesure de sûreté, l'abatage des animaux que ce chien a mordus, qu'autant que cette mesure doit recevoir son exécution dans les lieux publics ; elle déclarait dans le même arrêt que l'abatage était inapplicable aux chiens mordus qui étaient enfermés et tenus à l'attache. Deux ans après, le 20 août 1874, la Cour de cassation revenait sur cet arrêt et décidait que les règlements de police ordonnant l'abatage des chiens mordus et suspects de rage sont obligatoires, même pour le propriétaire qui tient son chien mordu enfermé chez lui. Une circulaire ministérielle du 19 juillet 1878, rappelant aux préfets que les maires ont le pouvoir de faire abattre les chiens et les chats mordus ou soupçonnés d'avoir été mordus par des animaux enragés, les invite à exiger partout que les chiens soient munis d'un collier portant les noms et demeure de leur propriétaire.

Circulaire du ministre de l'Agriculture relative aux mesures préventives contre la rage.

« MONSIEUR LE PRÉFET,

« La fréquence des accidents causés par la morsure des chiens enragés doit préoccuper votre administration et vous déterminer à faire appliquer exactement toutes les mesures de police sanitaire propres à prévenir le développement de la rage.

« Dans presque tous les départements, dans presque toutes les villes, des arrêtés ont été rendus à différentes époques contre ce fléau; mais on constate qu'après avoir été observés plus ou moins fidèlement pendant quelque temps, ces arrêtés n'ont pas tardé à passer à l'état de lettre morte, par suite de la gêne qu'ils imposaient aux propriétaires d'animaux et par le défaut de concours des agents chargés d'en assurer l'exécution. Cependant, lorsque quelque évènement sinistre vient faire impression sur les esprits, on réclame l'intervention de l'autorité et on la presse d'agir. Cette année, les accidents causés par la rage ont été plus nombreux que de coutume; ils ont montré que cette maladie est une de celles avec lesquelles il est toujours imprudent de composer, et que les mesures qui auront pour effet de prévenir son développement doivent être exécutées sans intermittence, dans tous les temps et dans tous les lieux. Peut-être faut-il attribuer les difficultés qu'on a rencontrées au défaut d'uniformité dans les mesures et à ce que certaines d'entre elles, l'obligation de la muselière par exemple, pouvaient être considérées comme d'une utilité contestable. En pareille matière, il importe que, par la simplicité des dispositions, les agents inférieurs puissent bien connaître leur devoir, et que le public soit astreint au minimum de gêne possible.

« C'est à ce point de vue que s'est placé le comité consultatif des épizooties dans l'étude que je l'ai invité à faire de la question. Je me suis éclairé de ses avis pour la rédaction d'un arrêté qui serait pris simultanément par vous et vos collègues, et qui, réduit aux dispositions essentielles, donnerait cependant des garanties suffisantes. Le projet que je vous envoie ci-joint me paraît réaliser ces conditions. L'économie en est facile à saisir; je vais néanmoins l'accompagner de quelques explications.

« La rage trouve certainement un de ses principaux éléments de propagation parmi les chiens errants, qui existent en grand nombre dans presque toutes les villes, et qu'à Paris seulement on n'évalue pas à moins de 20,000 individus. Il y a là un danger sérieux, toujours imminent, car on sait que la rage se manifeste à toutes les époques de l'année et même, contrairement à une opinion très répandue, ce n'est pas dans les mois d'été, pendant les fortes chaleurs, qu'elle sévit avec le plus d'intensité.

« Il importe donc au plus haut degré d'employer tous ses efforts à faire disparaître cette population de chiens vagabonds et errants, et à l'empêcher de se reformer. C'est le principal but vers lequel on doit tendre. Il sera atteint par la destruction de tous les chiens qui ne porteront pas la marque de leur propriétaire. C'est l'objet de l'article 2 dont j'ai été amené à parler avant l'article 1er.

« Décider que la voie publique sera absolument interdite aux chiens, à moins qu'ils ne soient tenus en laisse, c'est une mesure qui peut être prescrite dans les centres populeux, mais qui n'est guère susceptible d'une application générale. Au contraire, on peut exiger partout que les chiens soient munis d'un collier portant les noms et demeure de leur propriétaire; personne n'aura de raison plausible à faire valoir contre cette obligation, et ceux qui voudront conserver leurs chiens devront s'y soumettre. Le collier associera ainsi le propriétaire à la surveillance exercée par l'administration. Il montre que l'animal a un maître, qui exerce envers lui une certaine sollicitude et qui, incessamment placé sous le coup de responsabilités pénales ou civiles, doit s'attacher à prévenir les accidents que son animal pourrait causer. Grâce à cette mesure, qui n'a rien d'excessif, les propriétaires seront donc déterminés par leur intérêt à donner à l'autorité le concours de leur propre vigilance; et la perspective des graves responsabilités que leur négligence leur ferait encourir sera pour eux un puissant motif de ne plus laisser autant divaguer leurs chiens quand les circonstances feront craindre les dangers d'une contagion.

« Mais la sûreté publique n'aurait pas encore des garanties suffisantes dans les mesures prescrites par les deux premiers articles.

« Les chiens mordus par un chien enragé pouvant devenir et

devenant en effet trop souvent les agents de la propagation de la maladie, dont le germe leur a été inoculé, le devoir de l'autorité est d'en ordonner l'abatage sans rémission et d'user de la même rigueur envers les animaux des espèces canine et féline qu'il y a lieu de soupçonner d'avoir été mordus. Les maires n'auront pas d'ailleurs à se préoccuper des résistances qu'ils pourraient rencontrer de la part des propriétaires. Du moment où un chien a été mordu ou qu'il y a des motifs de croire qu'il l'a été, il doit être impitoyablement abattu ; aucune considération ne doit le soustraire à son sort. Les maires ont tout pouvoir à cet égard. — Il a été jugé que « *lorsqu'un règlement de police ordonne l'abatage de certains chiens mordus et suspects d'hydrophobie, il est obligatoire même pour le propriétaire qui tient son chien, ainsi mordu, renfermé chez lui.* » (*Arrêt de la Cour de cassation. — Lespiault contre ministère public. — 20 août 1874.*)

« Au moyen de ces seules mesures, on parviendrait, j'en suis convaincu, à diminuer considérablement le nombre des accidents causés par les chiens enragés. Elles sont d'une application facile ; il suffira d'un peu de bonne volonté pour procurer aux populations la sécurité qu'elles peuvent leur promettre. J'ai donc l'honneur de vous prier, monsieur le préfet, de vouloir bien prendre pour votre département un arrêté conforme au projet ci-annexé et tenir énergiquement la main à son exécution.

« Je vous serai obligé de m'accuser réception de la présente lettre.

« Recevez, monsieur le préfet, l'assurance de ma considération la plus distinguée.

« Le ministre de l'agriculture et du commerce,

« Teisserenc de Bort.

« Paris, 19 juillet 1878.

Arrêté

« Nous préfet,

« Vu les lois des 16-24 août 1790 et 18 juillet 1837 ;

« Vu les articles 319, 320, 475 et suivants, 459, 460, 479 § 2 et 471 § 15 du Code pénal ;

« Vu les instructions de M. le ministre de l'agriculture et du commerce en date du 19 juillet 1878 ;

« Considérant que des accidents déplorables sont trop souvent causés par la morsure de chiens enragés;

« Que le défaut de surveillance de la part des propriétaires de chiens et la divagation de ces animaux sont les causes les plus actives de la propagation de la rage;

« Considérant, en outre, la nécessité de s'assurer que les chiens circulant sur la voie publique ont un maître connu, et de fournir soit à l'autorité, soit aux personnes qui seraient victimes d'accidents, les moyens d'intenter les actions pénales ou civiles,

« ARRÊTE :

« ARTICLE PREMIER. — Tout chien circulant sur la voie publique, en liberté ou même tenu en laisse, doit être muni d'un collier portant, gravés sur une plaque de métal, le nom et le domicile de son propriétaire.

« ART. 2. — Les chiens trouvés sans collier sur la voie publique, les chiens errants, avec ou sans collier, dont le propriétaire est inconnu dans la localité, seront saisis et abattus sans délai ; dans aucun cas ils ne peuvent être vendus.

« ART. 3. — Sont exceptés des dispositions contenues dans les articles précédents les chiens courants en action de chasse ; mais ils doivent porter la marque du propriétaire.

« ART. 4. — Seront immédiatement abattus les chiens et les chats enragés et les animaux des mêmes espèces qui ont été mordus par des animaux enragés ou sont soupçonnés de l'avoir été.

« ART. 5. — Les infractions aux dispositions du présent arrêté seront constatées par des procès-verbaux et déférées aux tribunaux compétents.

« ART. 6. — MM. les maires, commandants de la gendarmerie et commissaires de police, les gardes champêtres et forestiers sont chargés de l'exécution du présent arrêté, qui sera publié et affiché dans chaque commune.

« Fait à . . . . . . »

Mesures applicables aux animaux carnivores. — Toutes les fois qu'un animal carnivore, chien ou chat, aura été mordu, flairé, roulé, ou sera soupçonné d'avoir été mordu par un chien enragé, la déclaration en devra être faite à l'autorité par le propriétaire. En pareilles circonstances, il serait à désirer qu'à défaut du propriétaire, toute autre personne, ayant été témoin du fait, en fît la déclaration elle-même. La déclaration est *à fortiori* obligatoire pour le propriétaire d'animaux devenus enragés. L'autorité et la police doivent veiller à ce que les propriétaires se conforment à la prescription de la loi, qui, sous ce rapport, est trop souvent enfreinte. Un grand nombre de chiens mordus échappent à l'application de toute mesure sanitaire, à l'application de l'abatage ou de la séquestration, et deviennent ensuite, quand la rage les prend, autant d'agents de propagation.

Il y a souvent incurie, complaisance ou ignorance de la part des propriétaires et des autorités et indifférence des populations; il faut donc les instruire et les stimuler à faire leur devoir.

Il va sans dire que le propriétaire d'un animal devenu enragé, d'un animal mordu, roulé, flairé ou soupçonné d'avoir été mordu par un chien enragé, doit, en même temps qu'il fait la déclaration, maintenir enfermé, séquestré et attaché le chien qui fait l'objet de sa démarche:

L'autorité, qu'elle ait été informée par le propriétaire ou par toute autre personne, doit faire procéder à une enquête et à une visite par un vétérinaire assisté d'un agent de la police.

Le vétérinaire délégué examinera les animaux qui ont fait l'objet de la déclaration, s'assurera de leur état et prendra toutes les précautions utiles pour faciliter le diagnostic de la rage ; il pratiquera l'autopsie des cadavres, s'il y en a ; il prendra tous les renseignements qu'il pourra obtenir des propriétaires et des personnes de la localité ; il fera une enquête pour arriver à connaître l'origine du chien enragé, pour savoir ce qu'il est devenu et pour savoir s'il n'a pas mordu ou roulé d'autres animaux que ceux qui ont été déclarés.

Dans ces circonstances on ne saurait agir avec trop de rigueur ; tout chien enragé ou suspect de l'être, tout chien ou chat mordu ou roulé ou simplement flairé, ou suspect d'avoir pu être mordu par un chien enragé, qui a traversé une localité, doit attirer l'attention du vétérinaire sanitaire et de l'autorité. L'un doit demander catégoriquement et l'autre doit prescrire et faire exécuter impitoyablement le sacrifice de tous les chiens et chats enragés ou suspects, de tous les chiens et chats qui ont été mordus, roulés, flairés ou qui auraient pu l'être. Cette mesure si sage et si nécessaire est souvent incomplètement appliquée. Il y a en effet des chiens qui ont été mordu à l'insu de tout le monde, et d'un autre côté les propriétaires ne se prêtent pas toujours volontiers à l'application de l'abatage. Néanmoins il ne faut pas hésiter à préconiser l'abatage sans pitié et sans exception pour tous les chiens mordus et pour tous ceux qui sont soupçonnés de l'avoir été.

La séquestration absolue pourrait suffire ; mais elle devrait être très longue (dix mois à un an) ; elle serait mal exécutée chez le propriétaire et devrait par conséquent être pratiquée dans une fourrière ; aussi cette mesure doit-elle être délaissée, sauf dans des circonstances tout à fait exceptionnelles, sauf dans les cas où elle peut être exécutée dans une école vétérinaire ou dans une fourrière bien organisée.

En résumé, il convient de faire abattre immédiatement tout chien qui a été mordu ; et il faut considérer comme suspects les chiens des maisons et des lieux ou un chien enragé a eu ou pu avoir des rapports avec eux ; il faut considérer comme suspects les chiens divagants d'une localité ou a apparu un chien enragé ; tous les animaux suspects devront être abattus ou séquestrés.

Nous verrons plus loin, à propos des chiens conduits à la fourrière, comment il convient de sacrifier les animaux dont l'abatage est prescrit. Les cadavres des sujets sacrifiés sont ensuite enfouis ou livrés à l'équarrissage.

Il faut enfin, quand il s'agit d'animaux enragés, faire pratiquer la désinfection sommaire de leur loge et des objets qu'ils ont pu souiller de leur bave ; on peut faire exécuter un lavage à la solution bouillante de potasse ou d'acide phénique ou un flambage, si la nature des objets le permet.

D'après l'enquête de 1868, un bon tiers des chiens mordus échapperait à toute mesure, pour les divers motifs que nous avons déjà signalés. Il y a donc là un grave danger, que l'administration doit atténuer autant que possible, en faisant rédiger, pour les populations, des instructions précises et simples, qui leur permettent de reconnaître ou de soupçonner la rage et qui leur en montrent toute la gravité, en stimulant les autorités locales à qui incombe l'administration des communes. Les maires des localités, où se montre la rage, feraient bien d'adresser à leurs administrés des instructions et de leur rappeler leur devoir, tout en leur montrant la responsabilité qui incombe aux propriétaires de chiens enragés, qui n'ont pas fait tout ce que la loi leur impose.

En vertu des articles 459, 460, 461, 471, 319 et 320 du Code pénal, le propriétaire d'un chien enragé, qui n'a pas observé la loi et les règlements sanitaires, peut être condamné à une amende et à l'emprisonnement correctionnel. D'un autre côté, en vertu des articles 1382, 1383 et 1385 du Code civil, il est tenu des dommages et intérêts.

En ce qui concerne les chiens, l'autorité a le droit et le devoir, de par la loi et les règlements, de prescrire certaines mesures préventives, dans le but de restreindre ou d'empêcher la propagation de la rage, de remonter à l'origine des animaux enragés et d'arriver à la détermination de la responsabilité de leurs propriétaires.

De nombreuses mesures préventives ont été conseillées par les vétérinaires et parfois prescrites par les autorités. Aujourd'hui on semble les avoir délaissées toutes, parce qu'on les a reconnues inefficaces ou inapplicables pratiquement, pour s'en tenir à la prescripion du collier indicateur (circulaire ministérielle du 19 juillet 1878). C'est ainsi qu'on a renoncé au musellement, à l'empoisonnement dans les rues, à l'émoussement des dents, à l'émasculation, à l'établissement d'une taxe élevée, etc.

Le musellement, pratiqué même avec une muselière réglementaire, outre qu'il est d'une application difficile, est incapable de produire les résultats qu'on en a attendus. L'empoisonnement dans les rues est un moyen illusoire. L'émoussement des dents, préconisé par M. Bourrel, est absolument impraticable d'une manière générale, et j'ajoute qu'il serait absolument inutile. L'émasculation, dans le but de rendre les mâles plus sédentaires, n'est pas un moyen sérieux. L'établissement d'une taxe élevée sur les chiens aurait un caractère exorbitant et ne remédierait pas à grand chose.

Il convient donc de s'en tenir, comme le veut la circulaire ministérielle, à la prescription du collier indicateur ; et il faut par-dessus tout se débarrasser le plus promptement possible des animaux enragés, suspects, mordus, roulés, flairés, etc, ou les mettre dans l'impossibilité de devenir dangereux.

Dans les divers départements, les préfets ont, pour se conformer à la lettre et à l'esprit de la circulaire ministérielle, pris des arrêtés décidant que « tout chien circulant sur la voie publique en liberté ou même tenu en laisse, doit être muni d'un collier, portant gravés sur une plaque de métal le nom et le domicile de son propriétaire. »

« Les chiens trouvés sans collier sur la voie publique, les chiens errants, avec ou sans collier, dont le propriétaire est inconnu dans la localité, seront saisis et abattus sans délai ; dans aucun cas ils ne peuvent être vendus. »

Les chiens errants, les chiens non munis d'un collier indicateur doivent être saisis par la police au moyen d'un lasso en
corde mince; puis ils sont abattus, ou conduits à la main ou sur
un véhicule au lieu de la fourrière, s'il en existe une. Ils sont
gardés un, deux, trois jours en fourrière; si le propriétaire les
réclame il paie les frais de la fourrière et est passible d'une
amende (art. 471-15° du Code pénal); s'il ne sont pas réclamés,
ils sont sacrifiés par assommement, par pendaison, par empoisonnement, par asphyxie (submersion).

Mesures applicables aux animaux herbivores. —
Comme pour les animaux carnivores, les propriétaires d'animaux
herbivores devenus enragés ou qui ont été mordus ou qui sont
suspects de l'avoir été, doivent en faire la déclaration à l'autorité,
qui délègue un vétérinaire. Celui-ci se comporte, comme quand
il s'agit d'animaux carnivores; seulement il ne propose pas toujours les mêmes mesures avec la même rigueur. Il demande l'a-
batage des animaux reconnus enragés, ou se contente d'en proposer la séquestration, si les malades sont en lieu sûr, s'ils sont bien
attachés ou bien enfermés et s'il n'y a aucun risque de les voir
s'échapper.

Les cadavres d'animaux, morts naturellement ou abattus pour
cause de rage, ne doivent pas être utilisés pour la consommation;
ils doivent être enfouis ou mieux livrés à l'équarrissage, si cela est
possible. Dans les cas où l'on devra les enfouir, on pourra toujours
permettre l'utilisation de la peau et même de la graisse pour l'industrie.

Il faudra désinfecter les objets souillés par les malades.

Quand il s'agit d'animaux mordus ou suspects de l'avoir été, il
faut toujours se contenter de la séquestration, qui devra durer
soixante jours. Les animaux seront maintenus séquestrés dans les
habitations et surveillés attentivement. On pourra néanmoins autoriser les propriétaires à les conduire au pâturage, s'il n'y a pas
possibilité de les nourrir dedans, mais à condition qu'ils seront,
ou placés dans un lieu muré convenablement, ou attachés solide-
ment à un piquet enfoncé dans le sol ou à un arbre, etc.

Si le propriétaire le veut, on pourra l'autoriser à faire sacrifier
aussitôt les animaux mordus ou suspects de l'avoir été, pour qu'on
puisse utiliser leur chair dans la consommation; et il suffira de retrancher la partie qui est le siège de la morsure. Je ne suis guère
partisan de cette manière de faire, parce que s'il n'y a aucun danger
dans une pareille pratique, il est répugnant de consommer de la

chair provenant d'animaux mordus, surtout si la morsure date déjà de quelques heures, et à plus forte raison si elle date de plusieurs jours.

Il va sans dire que les animaux mordus, ou suspects de l'avoir été, ne peuvent être vendus. Mais si la déclaration n'a pas été faite et si d'ailleurs le propriétaire, ignorant ou feignant d'ignorer que ses animaux ont été mordus, les expose en vente et les vend, l'acquéreur n'aura de recours contre le vendeur, si dans la suite les animaux vendus deviennent enragés, qu'autant qu'il pourra démontrer que celui-ci avait connaissance du fait dommageable avant la vente; c'est dans ce sens que s'est prononcée dernièrement la Cour de Toulouse.

CHAPITRE XVI

HORSEPOX — COWPOX

Définition. — Le horsepox (variole du cheval) ou cowpox (variole de la vache) est une maladie virulente, contagieuse, inoculable, caractérisée par la formation de pustules, de vésico-pustules ou de vésicules dans certaines régions de la peau et sur certaines muqueuses, sur la muqueuse pituitaire, sur la buccale, sur la conjonctive.

L'étude de cette affection est très importante, plus peut-être au point de vue de la médecine humaine qu'au point de vue de la médecine vétérinaire, en ce sens que le produit morbide, fourni par l'éruption, jouit de la bienfaisante propriété de s'inoculer à l'homme et de le préserver de la petite vérole ou variole.

Le horsepox ou cowpox et la variole ne sont pas une seule et même maladie : ce sont deux maladies antagonistes. Elles ne peuvent pas évoluer ensemble ni successivement sur le même individu ; l'une est par conséquent un préservatif contre l'autre.

Certaines maladies confèrent aux individus qu'elles atteignent une immunité plus ou moins longue ; elles préservent contre elles-mêmes, telles sont la péripneumonie, le typhus, la clavelée, la gourme, etc. La variole de l'homme est dans le même cas.

On sait aussi que certaines maladies inoculées sont moins graves, moins souvent mortelles, que lorsqu'elles sont contractées naturellement. La variole de l'homme elle-même jouit de cette propriété ; elle est en général moins grave lorsqu'elle est inoculée, que lorsqu'elle évolue à la suite de la contagion naturelle. Mais, comme les inoculations du virus varioleux sont parfois dangereuses, on préfère avec juste raison les inoculations faites avec le produit du horsepox, du cowpox, avec le virus vaccinal, qui sont toujours suivies d'une éruption bénigne. Néanmoins la pratique de la vaccination n'est pas toujours exempte de dangers, à cause de la co-existence possible du virus vaccinal avec un autre contage dans le même organisme, à cause de la coexistence possible du horsepox et de la morve chez le cheval, à cause de la coexistence possible du cowpox et de la phthisie chez la vache, à cause de la coexistence possible de la vaccine et de la syphilis ou de la phthsie chez l'homme. Le vaccin, recueilli dans de semblables conditions, peut être associé à un autre virus, et son inoculation peut être suivie de la transmission de la morve, de la phthisie, de la syphilis. Il importe donc beaucoup d'éviter ce danger, en faisant passer le virus du cheval et de l'homme sur la génisse.

Synonymes. — La variole des solipèdes et des grands ruminants a reçu différents noms, qui ont du reste varié avec les époques et avec l'idée qu'on se faisait de sa nature. En Angleterre, Jenner et Loy l'appelèrent *grease, sore-heels*, grease constitutionnel. On l'a appelée *maladie vaccinogène, equine, vaccine, jarart inoculable, eaux aux jambes inoculables, rhinite pemphygoïde, stomatite aphtheuse, herpès phlycténoïde ;* on l'appelle quelquefois *maladie de Jenner, maladie de Loy.*

HISTORIQUE

La découverte de la vaccination est si importante et si récente, qu'il est bon de rechercher comment on y est arrivé, et comment l'origine du vaccin a été trouvée, perdue et retrouvée ensuite.

La variole de l'homme, propagée en Syrie, en Palestine, en Afrique par les Sarrazins, importée en Espagne par les Maures, en France par les Croisés, introduite dans le Nouveau-Monde et dans les îles par les vaisseaux européens, a de tout temps occasionné une grande mortalité dans les nombreuses épidémies qui se sont produites. Déjà au XVIe siècle les marchands géorgiens et circassiens variolisaient leurs esclaves, pour éviter qu'elles ne fussent enlaidies par la variole. La variolisation fut introduite à Constantinople en 1670 ; et de là elle passa en Angleterre en 1730.

De temps immémorial on avait observé le cowpox dans divers pays, en Angleterre, en Irlande, aux Indes, en Amérique, en Perse, en France, en Hollande, en Danemarck, en Norwège, etc. ; mais il était mal connu ; on ignorait son origine et sa propriété préservatrice contre la variole.

A la fin du siècle dernier, Jenner, en pratiquant la variolisation pour préserver de l'atteinte naturelle de la variole, rencontra des personnes réfractaires, sur lesquelles ses inoculations de virus varioleux restaient sans résultat. Ces personnes avaient eu déjà la variole de la vache, qu'elles avaient contractée en trayant des bêtes atteintes de cowpox aux mamelles. Jenner sut tirer partie de cette découverte due au hasard ; il constata que la maladie de la vache est inoculable à l'homme, qu'elle le préserve de la petite vérole, et qu'elle n'occasionne jamais chez lui une éruption grave. A partir de ce moment la vaccine était trouvée ; l'importance de cette découverte a valu à son auteur le titre de bienfaiteur de l'humanité.

La vaccination prit la place de la variolisation, qui offrait souvent des dangers, et elle se propagea rapidement.

L'immortel auteur de la découverte de la vaccine reconnut en outre que cette maladie vient du cheval. Il observa le cowpox dans les fermes où les vaches étaient soignées par des maréchaux ou par des vachers, qui soignaient en même temps des chevaux. Il constata des faits de transmission d'une maladie éruptive du cheval à l'homme et à la vache ; il dénomma, sans la décrire, la maladie éruptive du cheval, qu'il considérait comme vaccinogène et qu'il appela *grease, sore-heels.*

Dans les noms qu'il donna à la maladie vaccinogène du cheval, Jenner n'avait eu en vue que l'éruption podale de cette affection, qui peut simuler parfois les eaux aux jambes, ou compliquer le mal des talons, les plaies, le javart. Il ne fut pas compris, et dans la suite médecins et vétérinaires cherchèrent longtemps la vaccine dans le javart et dans les eaux aux jambes.

Pourtant un contemporain de Jenner, Loy, avait en 1802 décrit la maladie vaccinogène du cheval ; il avait signalé sa forme éruptive et sa généralisation à d'autres régions qu'à celle du pied ; il avait appelé la maladie *grease constitutionnel,* pour la distinguer des eaux aux jambes ou grease proprement dit ; il avait inoculé le produit du grease à l'enfant et l'avait trouvé plus pyrogène que celui du cowpox ; il avait indiqué le moment de sa plus grande activité ; il avait expliqué les insuccès de ceux qui inoculaient le grease ordinaire ; il avait reconnu que la maladie ne se transmet pas par l'air ; il avait observé et cité des faits de transmission de grease à l'homme et à la vache.

Malheureusement l'écrit de Loy ne fut pas compris ou resta ignoré en France jusqu'en 1861.

Aussi, après Jenner et Loy, il y eut aberration de tous et partout, en France, en Italie, en Allemagne. On chercha partout le vaccin dans les eaux aux jambes et dans le javart, dont on inocula fréquemment les produits à la vache. Ordinairement ces tentatives restèrent sans succès; pourtant l'erreur ne fut pas dissipée ainsi, car on obtint parfois le cowpox, lorsque le javart était compliqué de horsepox, ou quand le horsepox simulait les eaux aux jambes et avait été pris pour cette dernière maladie. Aussi la confusion et l'incertitude étaient dans les esprits même en Angleterre; on reconnaissait dès lors un javart inoculable, des eaux aux jambes inoculables. L'idée de faire sortir du javart une maladie éruptive et l'idée de transformer les eaux aux jambes en une maladie virulente nous semblent aujourd'hui pour le moins bizarres.

Pendant ce temps, le horsepox avait été vu souvent, sans être reconnu; et, suivant les régions où il avait été observé, il avait reçu les noms de *rhinite pemphygoïde, d'herpès phlycténoïde, de stomatite aphtheuse,* etc.

En 1860 régna, à Ricumes, une maladie pustuleuse, contagieuse, qui se caractérisait par des éruptions aux extrémités et sur d'autres régions, aux narines, aux lèvres, aux fesses, à la vulve. Cette maladie fut transmise à quatre-vingts juments par les entraves appliquées à une première bête, qui présentait l'éruption aux paturons; elle fut étudiée et décrite par M. Sarrans, vétérinaire de la localité.

Une jument malade fut conduite à la clinique de l'École de Toulouse, et M. Lafosse crut avoir affaire à un cas d'eaux aux jambes aiguës; il inocula le produit de la maladie à une première vache et obtint le cowpox, qu'il transmit ensuite à une seconde vache et de celle-ci à l'enfant.

Urbain Leblanc alla à Toulouse et reconnut que la maladie, dont le produit avait été inoculé, était différente des eaux aux jambes. M. Lafosse, abandonnant alors sa première manière de voir, appela l'affection *maladie vaccinogène.*

A cette époque la question de l'origine de la vaccine fut discutée devant l'Académie de médecine et M. Bouvier fit connaître le mémoire de Loy.

La lumière ne fut pas faite d'une manière complète, mais bientôt (1863-1864), grâce aux recherches de MM. H. Bouley et Depaul, la question reçut une solution complète.

Dès lors il fut reconnu que le horsepox était l'origine du cowpox, que les deux affections étaient identiques, que le vaccin n'était autre chose que le virus du cowpox ou du horsepox.

Dès lors aussi il fut démontré d'une manière définitive qu'on peut obtenir le cowpox, en inoculant soit le produit de l'éruption podale, soit le produit de l'éruption nasale, soit le produit de toute autre éruption ; dès lors il fut définitivement acquis que le horsepox engendre la vaccine, quelle que soit sa forme, quel que soit le siège de son éruption ; dès lors il fut enfin établi que le grease, le sore-heels, le javart inoculable, les eaux aux jambes inoculables, la maladie vaccinogène, l'herpès phlycténoïde, etc., sont bien une seule et même affection, le horsepox, le cowpox, la vaccine, le smalpox.

De nombreux travaux, de nombreuses recherches ont été exécutés depuis par les médecins et les vétérinaires ; les résultats obtenus seront consignés plus loin avec les noms des expérimentateurs qui en ont doté la science.

SYMPTOMATOLOGIE

La maladie vaccinogène est assez fréquente ; elle s'observe principalement sur les solipèdes, chez lesquels elle est ordinairement tellement bénigne, qu'elle passe inaperçue ; elle se présente aussi chez les grands ruminants, qui, de même que les solipèdes, peuvent la transmettre à l'homme. Il semble enfin qu'elle est inoculable au porc, au chien, à la chèvre, et, d'après l'observation ancienne, elle le serait aussi au mouton, mais la véracité de cette assertion n'est pas assez démontrée ; elle n'est pas transmissible au lapin.

Nous l'étudierons donc chez les solipèdes et chez les grands ruminants, et nous suivrons, pour sa description, la marche suivante :

1° *Evolution d'une pustule ;* 2° *Evolution de la maladie sur un individu (solipède, ruminant);* 3° *Marche de l'épizootie.*

Evolution d'une pustule. — La pustule du horsepox ou du cowpox, qui évolue après l'inoculation, offre, à peu de choses près, les mêmes caractères que celle qui évolue après la contagion naturelle ; mais suivant que l'éruption a lieu à la surface de la peau ou à la surface d'une muqueuse, on observe certaines différences.

Pustule cutanée. — L'éruption cutanée peut se montrer dans diverses régions, sur les membres, aux paturons, sur le tronc, sur la tête ; elle se produit à la surface du derme et consiste en une inflammation congestive limitée à une très petite étendue.

Cette inflammation est bientôt suivie d'une exsudation plus ou moins abondante, suivant l'intensité de la congestion ; le produit exsudé se fait jour à travers les couches inférieures de l'épiderme et arrive dans la couche moyenne du corps muqueux de Malpighi ; là il s'arrête, car les couches superficielles de l'épiderme, formées de cellules cornées très adhérentes, ne se laissent ni désunir, ni traverser par le liquide exsudé, qui les soulève et les fait proéminer à l'extérieur.

On peut reconnaître trois périodes dans l'évolution de la pustule greasienne : 1° une période initiale ou période de congestion ; 2° une période moyenne ou période de sécrétion, caractérisée par l'exsudation et par l'accumulation du produit exsudé en dessous de la couche cornée de l'épiderme; c'est pendant cette période que la pustule offre tous ses caractères essentiels; 3° une période finale ou période de déformation ou de destruction de la pustule, pendant laquelle il se produit des modifications, qui ont toutes pour résultat d'amener la destruction de l'éruption. Souvent le produit de la pustule s'épaissit et se transforme en matière purulente; et dans tous les cas, toujours à un certain moment, l'éruption se dessèche, se couvre d'une croûte, qui plus tard se desquame et met à nu une cicatrice résultant d'un travail d'organisation produit en même temps que la croûte se formait et opéré en dessous d'elle.

1° Période congestive. — La pustule s'annonce par une tache rouge, par une ecchymose, qui occupe une surface variable, toujours peu étendue, ne dépassant jamais celle d'une pièce de vingt centimes, ou l'atteignant même rarement. Cette ecchymose, ce point de congestion, qui se montre à la surface du derme, n'est visible que chez les animaux à robe claire et sur les régions à peau fine et peu poilue; elle n'est pas visible chez les animaux à robe pigmentée. La congestion initiale s'explique comme celle qui précède la formation d'un foyer purulent métastatique, par l'arrêt et la greffe des éléments virulents dans les capillaires, dont ils provoquent l'occlusion, d'où résulte une stase sanguine; en effet, l'ecchymose est due à une congestion, à une stase sanguine dans les vaisseaux du corps papillaire du derme.

Cette tache rouge, qui est d'abord peu ou pas en relief, devient bientôt saillante et forme une élevure appréciable à l'œil et au toucher. Elle devient lenticulaire; elle est dure et résistante à la pression du doigt. Sa coloration se modifie bientôt; elle pâlit;

son pourtour reste rouge, de sorte que la surélévation, qui s'est produite dans la partie centrale de l'ecchymose initiale, est entourée d'une auréole rouge. Si on pratique une coupe à travers une pustule naissante ainsi caractérisée et qu'on l'examine au microscope, on constate aisément l'état congestionnel des capillaires du corps papillaire de la peau; et cet état congestionnel est accompagné d'un mouvement d'exsudation et de diapédèse assez prononcé, qui a pour résultat d'entraîner, hors des vaisseaux, le plasma sanguin et de nombreux globules blancs. Il y a en effet diapédèse, car les vaisseaux de la partie malade sont entourés de leucocytes, et ces globules blancs sont appelés à être entraînés ensuite, par le liquide exsudé, dans la couche médiane de l'épiderme, où s'accumule le produit de la pustule.

En résumé, la pustule commence par être une simple ecchymose, qui devient peu à peu proéminente, qui se transforme en élevure, d'abord sans cavité, et qui a une tendance inévitable à se transformer en pustule.

2° Période sécrétoire. — L'exsudation et la diapédèse continuant à travers les vaisseaux congestionnés, l'éruption devient de plus en plus proéminente, en même temps qu'elle se modifie. L'élevure devient discoïde et se transforme en vésicule ou en pustule, dès le quatrième jour après l'apparition de l'ecchymose. Presque toujours elle se transforme en pustule; elle se creuse d'une ou plusieurs cavités, dans lesquelles se collecte le produit virulent. Le plasma et les leucocytes, sortis des vaisseaux, traversent la couche inférieure de l'épiderme, arrivent dans la couche moyenne et soulèvent la couche cornée: on dit alors que la pustule est en état de sécrétion.

A ce moment il est facile de reconnaître, d'après l'aspect de la pustule ou par la pression exercée à sa surface, qu'il existe, dans son intérieur une matière liquide, dont on constate la présence, si on l'ouvre.

Dès lors elle devient bleuâtre ou rosée, puis grisâtre ou blanchâtre, argentée; elle est parfois encore entourée d'une auréole rougeâtre ou rosée, visible sur les robes claires, et qui ne tarde pas à s'effacer. Elle est ordinairement formée de plusieurs compartiments, de plusieurs diverticula; elle est multiloculaire, et il est facile de reconnaître cette particularité, en enlevant l'épiderme qui recouvre l'élevure. Son contenu est liquide, séreux, clair et limpide; mais il se modifie; il s'épaissit bientôt et devient plus riche en éléments figurés.

La pustule, qui sécrète, est tout à fait en saillie; elle est arrondie, hémisphérique, d'un volume variable suivant les régions, équivalant à celui d'un petit pois ou d'un haricot; elle devient très souvent ombiliquée; elle se renfle sur les bords et se déprime au centre. Ce dernier caractère est plus ou moins accusé; il est très fréquent dans les pustules cutanées de horsepox et de cowpox; mais il n'est pas absolument pathognomonique; il n'existe pas toujours dans le horsepox et il peut se montrer dans d'autres maladies; néanmoins il a une certaine valeur diagnostique. M. Trasbot prétend qu'on ne l'observe que dans les pustules qui résultent de l'inoculation, il pense qu'elle est expliquée par la piqûre; or cela n'est pas absolument exact: on voit souvent l'ombilication se produire sur des pustules, qui ne sont pas la conséquence d'une inoculation et qui se montrent sur des points où il n'y a pas eu de piqûres. Rindfleisch explique l'apparition de ce caractère, en admettant que la pustule qui le présente s'est développée autour d'un follicule pileux ou autour d'une glande sudoripare. Cette explication, bonne peut-être dans certain cas, ne saurait être appliquée à tous, attendu que l'ombilication se montre parfois là où il n'y a ni poils ni glandes sudoripares. La dépression, qui se produit au centre de la pustule, est simplement un effet de l'affaissement de l'épiderme au niveau du point le premier et le plus fortement soulevé, alors que les points environnants sont gonflés, plus résistants et incomplètement détachés. L'épiderme, qui recouvre la pustule, peut être comparé à une toile tendue et fixée par ses bords, qui néanmoins s'affaisse plus ou moins vers son milieu.

Si on enlève l'épiderme qui recouvre la pustule, on voit suinter un liquide limpide, séreux, quelquefois sanguinolent, le plus ordinairement un peu jaunâtre ou clair. Ce produit est constitué par une partie liquide et par une partie figurée, peu abondante dans le début, formée de leucocytes, de cellules épidermiques, de granulations et de micrococques. Sa virulence est plus prononcée pendant cette période que plus tard. Lorsque la partie figurée devient plus riche, lorsque le produit devient purulent, la virulence diminue et finit par disparaître.

La pustule, qui a été dépouillée de son épiderme, laisse suinter un produit, qui se concrète à la surface dénudée et la protège, comme l'aurait protégée l'épiderme qui a été enlevé; ensuite tout se passe comme dans les pustules intactes.

La période de sécrétion dure trois ou quatre jours; c'est durant son cours qu'on peut recueillir le virus pour l'inoculer. Elle com-

mence donc trois ou quatre jours après l'apparition de l'ecchymose ;
et c'est le troisième, le quatrième ou le cinquième jour après
l'inoculation du horsepox, qu'on peut puiser déjà le virus pour
vacciner.

3° Période finale. — Au bout de sept ou huit jours après l'apparition de l'ecchymose initiale, la pustule se déforme ; elle s'aplatit, elle s'affaisse. Son contenu s'épaissit, devient de plus en plus blanchâtre, de plus en plus trouble et puriforme, de plus en plus riche en éléments figurés (globules de pus et vibrioniens) ; il devient en même temps de moins en moins virulent et même tout à fait inactif.

Le pus se forme aux dépens de l'épiderme, aux dépens des globules blancs sortis des vaisseaux, et quelquefois aux dépens des éléments du derme enflammé. Il arrive parfois (solipèdes) que le pus est formé en assez grande abondance, pour transformer la pustule en un véritable petit abcès, qui ne tarde pas à s'ulcérer et à laisser place à une plaie, qui se cicatrise rapidement. Le plus ordinairement le pus ne se forme pas en assez grande quantité pour transformer la pustule en abcès ; le contenu devient de moins en moins abondant ; la partie liquide est résorbée ; la partie solide s'épaissit, se dessèche peu à peu et fait corps avec l'épiderme qui recouvre la pustule.

Il se forme, à la surface de l'éruption, une croûte noirâtre ou jaunâtre, ou grisâtre ou moirée, d'abord mince et superficielle, puis s'épaississant, restant en relief, mais s'affaissant progressivement. Cette croûte, sèche au dessus, reste humide en dessous encore pendant trois au quatre jours après sa formation, après la disparition de l'ombilication. Elle est alors facile à détacher ; et, si on l'enlève, on constate son épaisseur plus ou moins forte ; on la trouve formée de cellules épidermiques et d'éléments de pus desséchés. La plaie, mise à découvert, est circulaire, cupuliforme et finement granuleuse, pointillée, rose ou grise ; elle laisse suinter un produit liquide, séreux, limpide, citrin, qui se concrète en croûte jaunâtre peu adhérente, au dessous de laquelle le suintement continue quelque temps.

Après la formation de cette croûte, la pustule desquamée artificiellement continue à évoluer comme celles qui n'ont pas été touchées. Celles-ci se modifient profondément, lorsque la période sécrétoire est arrivée à son terme. Le huitième ou le neuvième jour, à partir de leur apparition, la sécrétion se tarit ; la croûte se dessèche peu à peu, jusque dans ses parties les plus profondes ;

les particules figurées se dessèchent et font corps avec la croûte elle-même, qui reste adhérente et joue un rôle protecteur.

Le travail de cicatrisation s'opère en dessous, en même temps que la croûte se forme et se dessèche ; et 15 ou 20 jours après l'apparition de la tache initiale, la croûte tombe et met à nu la cicatrice toute formée. Cette cicatrice, généralement peu apparente, est plus claire que les tissus voisins ; elle ne tarde pas à se confondre avec eux, de sorte qu'après un certain temps, il est impossible de reconnaître la place de la pustule.

Quelquefois, certaines pustules donnent lieu, si elles sont irritées, à des plaies suppurantes, dont la cicatrisation s'opère par deuxième intention ; et, dans ces cas, la cicatrice reste apparente.

Eruption des muqueuses. — Dans le cours du horsepox, on peut observer une éruption à la surface de certaines muqueuses, à la surface de la muqueuse buccale, à la surface de la muqueuse nasale et quelquefois à la surface de la muqueuse oculaire.

L'évolution de cette éruption diffère un peu de celle des pustules cutanées ; elle est plus rapide. D'ailleurs ici, comme sur la peau, l'éruption a pour point de départ une ecchymose, une tache rougeâtre, qui se produit à la surface du derme, immédiatement en dessous de l'épithélium, et qui est très facile à voir sur les muqueuses oculaire et nasale où l'épithélium est mince. Cette ecchymose est masquée sur la buccale par l'épithélium épais de cette muqueuse. Cette première période (congestive) est accompagnée d'exsudation et de diapédèse ; et, sous l'influence du mouvement exosmotique qui se produit, l'épithélium est soulevé dans toute son épaisseur, sur une étendue à peu près correspondante à celle de l'ecchymose, par le liquide exsudé, qui s'accumule ainsi dans une seule loge.

L'éruption, ainsi produite et arrivée à sa période sécrétoire, est une vésicule. Sa formation est toujours plus prompte que celle des pustules cutanées et sa terminaison est également plus rapide.

Sur les lèvres et à l'entrée des naseaux, au niveau des points où la peau et la muqueuse se confondent, on observe ordinairement de véritables pustules ombiliquées.

Les vésicules des muqueuses, soit qu'elles s'ouvrent sous l'influence des mouvements de la langue et de l'action des fourrages qui passent dans la bouche, soit que le liquide exsudé ramollisse et fasse éclater l'épithélium soulevé par lui, se détruisent rapidement; elles s'ouvrent parfois le jour même de leur complète formation; ordinairement elles se détruisent, deux, trois, quatre jours après leur formation; elles perdent leur épithélium; et, à leur place, on trouve une plaie très superficielle, qui, si elle n'est pas irritée, peut se recouvrir d'un nouvel épithélium en deux ou trois jours. Cette plaie est granulée; et l'épithélium, qui la limite, est toujours plus ou moins gonflé; elle se termine rapidement par la cicatrisation, si aucune cause irritante ne vient en retarder la marche et si la muqueuse n'est pas trop enflammée. Quelquefois, lorsque l'éruption est confluente ou lorsque la muqueuse est irritée et enflammée, les plaies peuvent exiger un temps beaucoup plus long pour se cicatriser.

Evolution de la maladie sur un individu. Horsepox. — Que la maladie ait été transmise expérimentalement, par inoculation ou par d'autres procédés, ou qu'elle résulte d'une contamination naturelle, elle offre à peu de choses près les mêmes caractères.

On peut l'observer chez le cheval, chez l'âne, chez le mulet; et les éruptions se montrent sur la peau ou sur les muqueuses, mais le plus souvent à la fois sur la peau et sur les muqueuses.

À la surface de la peau, on peut en rencontrer dans diverses régions. Souvent elles apparaissent sur tout le corps; mais elles sont plus confluentes en certaines régions, sur les membres, sur la tête; on les voit plus particulièrement à la région podale, à la région génitale, à la face, aux lèvres. Fréquemment on trouve sur la muqueuse buccale, sur la muqueuse nasale et même quelquefois sur la conjonctive l'éruption greasienne, en même temps qu'on l'observe à la surface de la peau.

L'éruption cutanée est celle qu'on observe le plus souvent. L'éruption buccale accompagne ordinairement celle de la peau; quelquefois elle se montre seule. Quant à celle de la pituitaire, elle accompagne ordinairement aussi celle de la face, celle des lèvres et celle des naseaux.

L'apparition des symptômes du horsepox est précédée d'une période d'incubation. Lorsqu'on transmet la maladie expérimentalement, les premiers symptômes se montrent dès le second, le troisième ou le quatrième jour après la contamination. On a dit que l'incubation durait parfois sept ou huit jours, quand on a mis sur son compte ce qui appartient à la période d'invasion, qui, trois ou quatre jours avant la formation des pustules, peut s'accuser par des symptômes généraux, par une légère fièvre de réaction ordinairement inaperçue.

Les symptômes locaux consistent dans l'apparition et l'évolution d'éruptions sur les régions de la peau et de certaines muqueuses. Ces éruptions évoluent en même temps, et chacune, selon son siège, offre les caractères sus-indiqués. Elles s'annoncent par de la congestion; elles sécrètent, elles se dessèchent et elles se desquament.

A la surface de la peau on trouve des pustules plus ou moins nombreuses, ordinairement disséminées, isolées et peu nombreuses, sauf dans certaines régions, comme aux paturons et à la face, où elles sont ordinairement confluentes. Quels que soient d'ailleurs leur nombre et leur situation topographique, elles apparaissent à peu près en même temps et marchent simultanément, chacune évoluant pour son propre compte et comme si elle était seule.

Dans les parties inférieures des membres, aux paturons, les pustules étant nombreuses et confluentes, il y a presque toujours, en outre de l'éruption, une dermite diffuse, qui s'accuse par la tuméfaction de la peau, par la chaleur et la douleur, par la résistance de la partie tuméfiée, par une rougeur diffuse, qui n'est visible que sur les animaux à robe claire; quelquefois la rougeur n'est pas générale et se montre seulement par places. Bientôt on peut sentir, en promenant la main sur la région malade, des nodosités qui annoncent la formation d'autant de pustules. Les poils de la partie ainsi enflammée sont hérissés. Les pustules, une fois formées, sécrètent et s'ouvrent rapidement, soit parce que leur sécrétion a été très abondante, soit parce que les mouvements du membre ont provoqué la déchirure de l'épiderme, qui les recouvrait. Elles laissent échapper alors un produit citrin, qui se coagule au contact de l'air, qui adhère aux poils et les agglutine en faisceaux, comme dans les eaux aux jambes, qui se concrète à la surface de la peau et forme des croûtes qui masquent l'éruption.

Aussi est-il facile de se méprendre, si on se borne à un simple coup d'œil et de confondre le horsepox avec les eaux aux jambes, d'autant plus que la peau est plus ou moins enflammée et parfois œdématiée, d'autant plus que le produit sécrété se modifie vite, s'altère au contact de l'air et répand bientôt la même odeur ammoniacale que celui des eaux aux jambes. Mais, si on prend le soin de nettoyer la peau de la partie malade, on constate alors les caractères propres du horsepox. Après avoir détaché les croûtes on aperçoit des plaies plus ou moins nombreuses, qui sont circulaires, superficielles, grenues et cupuliformes. Il n'est pas rare de les voir devenir pyogéniques et se couvrir ensuite de bourgeons mollasses, plus ou moins exubérants. C'est surtout alors que la différenciation est difficile, d'autant plus que l'inoculation est devenue inutile, car, en supposant qu'il s'agisse du horsepox, le produit a cessé d'être virulent. Les plaies qui sont devenues pyogéniques se cicatrisent par seconde intention.

Il peut arriver parfois que l'inflammattion de la peau soit très vive, que la congestion soit très intense et qu'une partie du derme soit frappée de gangrène (javart cutané), et s'élimine ensuite.

Quelquefois enfin le membre s'engorge à une hauteur plus ou moins considérable, et même il peut alors se produire des lymphangites, comme dans les cas de farcin.

A la surface du tronc, les pustules sont ordinairement petites, disséminées; elles passent souvent inaperçues; elles sont peu nombreuses; elles sont arrondies, hémisphériques et rarement ombiliquées, de même que celles des membres; elles se décèlent à l'observateur par une très petite proéminence et par le hérissement des poils; elles n'entraînent ni dermite, ni plaies pyogéniques; elles évoluent d'une façon très régulière et parfois elles se détruisent très rapidement.

Au chanfrein, à la face et aux lèvres, l'éruption se montre fréquemment. Là les pustules sont volumineuses, quelquefois isolées et discrètes, mais le plus souvent confluentes; elles sont lenticulaires, ombiliquées; elles s'accompagnent souvent de dermite et d'une intumescence plus ou moins forte de la région malade. Il peut arriver, lorsqu'elles sont confluentes, que l'inflammation soit très vive, et que les croûtes, une fois formées, soient ramollies par la sécrétion sous-jacente et entraînées par la suppuration. Les plaies, ainsi mises à découvert, suppurent et se cicatrisent ensuite par seconde intention.

Quand, sous l'influence d'un traumatisme ou par suite de frottements réitérés, les parties malades sont irritées, les plaies peuvent devenir ulcéreuses et pyogéniques. Elles s'étendent alors et elles creusent; leurs bords se renversent; leur sécrétion est abondante; elles donnent un produit mal lié, puriforme, qui se concrète à la surface. Elles se réunissent, si elles sont confluentes, et prennent une forme plus ou moins irrégulière. Presque toujours il se produit alors une inflammation des lymphatiques et des ganglions; on observe des lymphangites, des cordes à la face, des adénites dans la région intermaxillaire ; et ces inflammations, lymphangites et adénites, donnent lieu à des abcès, qui se forment dans les cordes et dans les ganglions.

Il y a donc une certaine analogie entre le horsepox ainsi caractérisé et le farcin de la face. Les mêmes complications peuvent se montrer dans d'autres régions ; mais néanmoins il est toujours possible de ne pas confondre le horsepox avec le farcin.

L'éruption des muqueuses consiste ordinairement en une véritable vésiculation.

Sur la buccale et dans les points où la muqueuse se confond avec la peau, on rencontre de véritables pustules discoïdes, ombiliquées. Ailleurs ce sont des vésicules qui se produisent. Elles sont plus ou moins nombreuses, isolées ou confluentes ; elles évoluent simultanément ; elles se montrent dans les diverses régions de la bouche, à la face interne des lèvres, sur la langue, aux joues, aux gencives, etc. Celles des régions, où la muqueuse est très épaisse (langue), donnent lieu à des plaies, qui se recouvrent plus lentement d'épithélium.

Les vésicules buccales ont un volume variable, depuis celui d'un petit pois jusqu'à celui d'un haricot ; elles sont hémisphériques ou aplaties ; et, quand elles sont nombreuses, la muqueuse est plus ou moins enflammée, il y a de la stomatite, la salivation est plus abondante, il y a parfois une dysphagie plus ou moins accusée. L'éruption de la bouche se termine rapidement par la guérison ; elle n'est jamais grave, bien qu'elle soit parfois confluente, bien qu'elle s'accompagne quelquefois de stomatite et d'adénite sous-glossienne.

La pituitaire, qui doit présenter l'éruption greasienne, s'injecte ; elle devient rouge uniformément ou présente çà et là des taches plus ou moins nombreuses, isolées ou confluentes, qui font ensuite place à autant de vésicules. Les phlyctènes de la pituitaire, de même que celles de la bouche, évoluent très rapidement et se terminent vite par la guérison, mais à la condition qu'elles soient discrètes ; car, si elles sont confluentes, la pituitaire est toujours enflammée dans une étendue plus ou moins considérable, et dans ce cas, les vésicules donnent naissance à des plaies plus ou moins étendues, qui exigent un temps plus long pour se cicatriser. Quelquefois il y a un véritable coryza, une véritable rhinite unilatérale ou bilatérale, avec jetage plus ou moins visqueux, jaunâtre, mucoso-purulent et inflammation des ganglions sous-glossiens. Le horsepox peut donc simuler momentanément la morve ; mais, en cas de doute, il suffira d'attendre quelque temps, et, s'il s'agit de de la maladie vaccinogène, la guérison ne tardera pas à se produire.

En résumé, le horsepox est une maladie qui n'a aucune gravité. Si elle n'est pas soignée, elle peut durer quelques jours de plus ; mais même dans ce cas, elle ne dépasse jamais une vingtaine de jours et généralement elle se guérit en 12 ou 15 jours. Elle n'est pas grave, même lorsqu'il se produit des complications d'adénite et de lymphangite, de rhinite et de dermite, etc. Lorsqu'elle est déjà avancée dans son évolution, elle peut se compliquer quelquefois d'une éruption secondaire à la surface de la peau ; mais cette éruption n'a jamais les caractères de la première ; elle reste avortée, elle se caractérise par la formation de papules, qui ne contiennent pas ordinairement le virus greasien.

Dans la plupart des cas la maladie est facile à reconnaître ; cependant son diagnostic est parfois difficile dans les cas où elle simule soit la morve, soit le farcin, soit la gourme, soit les eaux aux jambes, soit la maladie du coït.

Si l'on observe une pustulation, caractérisée comme celle qui a été décrite précédemment, autour des naseaux, autour de la bouche, à la face, dans la région génitale, on ne se trompe pas, bien qu'il y ait d'ailleurs des analogies entre le horsepox et telle ou telle autre maladie. Mais, quand l'éruption est dénaturée, quand il y a du coryza, du jetage, des adénites, des lymphangites, de la dermite, des plaies pyogéniques, du suintement ammoniacal, etc., la confusion serait possible, si on se contentait d'un examen superficiel ; aussi faut-il alors scruter attentivement le malade, et, si on est indécis, recourir à l'inoculation.

On prendra pour la circonstance une génisse, à laquelle on inoculera le produit morbide ; cette inoculation restera infructueuse, s'il s'agit d'une maladie autre que le horsepox. S'il n'est pas possible de recourir à l'emploi de ce moyen, on attendra, on suivra la maladie ; on prendra néanmoins les précautions que commande la prudence en pareils cas pour prévenir la contagion.

Cowpox. — Chez les grands ruminants, le cowpox se montre de préférence sur la vache et à la région mammaire, aux trayons ; il peut cependant se développer chez les mâles et dans diverses régions, notamment au mufle, aux naseaux, aux paupières, etc.

Le cowpox évolue comme le horsepox. Ses pustules se transforment très rarement en plaies pyogéniques. On observe parfois une éruption secondaire après l'éruption principale. L'éruption du cowpox reste parfois avortée, dure, verruqueuse ; elle est quelquefois vésiculeuse ; elle peut simuler une tuberculisation cutanée ; elle marche, elle évolue, elle se termine comme celle des solipèdes. Le cowpox est très facile à diagnostiquer ; on pourrait tout au plus le confondre avec la fièvre aphtheuse, et en pareil cas il suffirait d'inoculer le produit à un solipède, qui présenterait l'éruption caractéristique du horsepox, s'il s'agissait bien du cowpox.

Epizootie. — La maladie peut, dans certaines circonstances (Rieumes), se propager à un nombre plus ou moins considérable d'individus.

Pronostic. — Le horsepox et le cowpox n'offrent aucune gravité, bien qu'ils soient contagieux ; on peut même dire que leur propagation est parfois un bienfait.

ANATOMIE PATHOLOGIQUE, PATHOGÉNIE

Les pustules cutanées évoluent dans la couche de Malpighi.

Il y a d'abord congestion du corps papillaire du derme, gonflement du corps muqueux par suite de l'exsudation dont la partie congestionnée est le siège, hypertrophie des papilles dermiques, exsudation et diapédèse de leucocytes dans les papilles et dans la couche sous-jacente, hypertrophie et hyperplasie des éléments du corps papillaire, gonflement et dégénérescence des cellules de la couche profonde et de la couche moyenne de l'épiderme.

Bientôt il se forme des vacuoles dans la portion médiane de la couche de Malpighi, par suite de l'arrivée en ce point du produit exsudé. Ces vacuoles sont incomplètement séparées par une charpente réticulée ; elles sont séparées, du derme et de la couche cornée de l'épiderme, par des rangées de cellules du corps muqueux.

Les cellules du corps muqueux, voisines des vacuoles, sont gonflées, arrondies et moins adhérentes entre elles. Les cloisons, qui séparent les vacuoles, sont formées par des cellules du corps muqueux, que la poussée du liquide exsudé a redressées, par des cellules étirées et hypertrophiées et par de la fibrine fibrillaire. Les vacuoles se forment à la fois par l'accumulation du produit exsudé du derme et par la dégénérescence et la destruction des éléments du corps muqueux.

Le contenu est formé d'un plasma, dans lequel on trouve des cellules du corps muqueux plus ou moins altérées, des leucocytes, des cellules polynucléaires, des granulations et des micrococques. La pustule une fois formé s'étend ; les cloisons primitives sont refoulées et se détruisent ; il se forme d'autres vacuoles à la périphérie et le centre s'affaisse. Quand la congestion du derme est violente, la diapédèse est abondante et la pustule se transforme en un petit abcès. Entre les pustules, on observe les altérations propres à la dermite.

ETIOLOGIE

Le horsepox et le cowpox se développent toujours sous l'influence exclusive de la contagion. On a bien vu la maladie se montrer sur des animaux, qui n'avaient certainement pas été contaminés par inoculation ni par contact indirect ; mais il est impossible de conclure, de ces faits, à un développement spontané, car les germes de l'affection avaient très bien pu s'introduire dans l'organisme par l'intermédiaire de l'air. C'est donc à tort qu'on a invoqué, pour expliquer un développement spontané, qui n'a jamais lieu, certaines causes ordinaires.

La maladie est contagieuse ; elle est transmissible par le virus qu'elle fournit. Sa transmissibilité est démontrée par d'innombrables faits d'observation et d'expérimentation, et du reste elle est aujourd'hui universellement admise à l'exclusion de toute autre cause.

Il faut donc étudier le contage et les modes de transmission, les propriétés du virus et les caractères de la contagion.

Siège du virus. — Le contage vaccinal existe presque exclusivement dans le produit des éruptions, et encore se détruit-il assez rapidement. On l'y trouve le quatrième, le cinquième, le sixième et le septième jours après l'apparition du premier travail qui annonce l'éruption. Puis il se détruit progressivement.

La salive peut être virulente, lorsque des vésicules se sont formées dans la bouche et lorsque leur contenu est expulsé.

Le sang ne paraît pas virulent, d'après les recherches de M. Maurice Raynaud ; cependant à un certain moment il doit renfermer le virus, car c'est par son intermédiaire que celui-ci est porté dans les points où il doit se multiplier et provoquer une éruption.

Quand on pratique une inoculation à la peau, on n'obtient, le plus ordinairement qu'une éruption locale; mais néanmoins le virus est certainement absorbé par le système lymphatique, car les ganglions lymphatiques voisins s'enflamment quelquefois. Il y a sûrement absorption du virus, même lorsque son action doit se localiser au point d'inoculation, car, si on extirpe ce point quelques minutes après l'opération, l'éruption ne s'en produit pas moins et se montre aux lieux d'élection, comme dans les cas où le virus a été indroduit dans l'organisme par injection intra-vasculaire.

Le contage doit donc exister dans le sang à un moment donné; et peut-être même s'y trouve-t-il durant tout le cours de la maladie, mais tellement dilué, qu'il est difficile de produire un effet sans employer une forte quantité de sang.

D'après les expériences de M. Maurice Raynaud, la lymphe charriée par les vaisseaux lymphatiques, qui partent du point d'inoculation ou du point malade, est virulente; mais, pour obtenir un résultat (éruption, immunité), il faut l'inoculer à forte dose.

Le même expérimentateur a réussi une fois à conférer l'immunité sans accidents visibles, en injectant une forte dose de sang dans le torrent circulatoire. Il a vérifié si le produit des ganglions, enflammés à la suite de l'inoculation, était virulent; et il n'a pas trouvé le contage dans ces organes, qu'il considère comme destructeurs du virus vaccinal.

En résumé, quand on veut inoculer le vaccin, on ne peut guère s'adresser, pour avoir le virus, qu'aux éruptions. Le vaccin peut, avons-nous dit, être recueilli le quatrième, le cinquième, le sixième et le septième jours après l'inoculation, après l'apparition du premier travail de l'éruption. A partir de ce moment, son intensité virulente s'affaiblit. On dit pourtant avoir réussi quelquefois, en inoculant du virus recueilli le huitième et même le dixième jour; on a réussi enfin en inoculant, après les avoir délayées, des croûtes enlevées le dixième et le quinzième jours.

Caractères du virus. — Le contage du horsepox et du cowpox est ordinairement mélangé à un véhicule liquide, produit par les pustules; quelquefois il est associé à un véhicule solide, (croûtes, objets souillés de lymphe vaccinale desséchée). Il est ordinairement introduit dans l'organisme avec l'un ou l'autre de ses véhicules; mais l'infection vaccinale est possible par l'intermédiaire de l'air, et, si elle se produit, c'est parce que le virus peut être maintenu en suspension dans l'atmosphère. Le contage vaccinal est donc fixe ou volatil (susceptible de se maintenir en suspension dans l'air).

Nous connaissons déjà les caractères anatomiques du produit virulent que contiennent les pustules. Au début, ce produit est séreux, limpide et relativement pauvre en éléments figurés ; néanmoins il en contient de différentes sortes ; il contient des cellules diverses et des granulations, qui ne sont pas toutes de nature identique, puisque les unes sont dissoutes par la potasse, tandis que les autres résistent à l'action de ce réactif et à celle de l'ammoniaque, et semblent être des microcoques. A mesure que la pustule vieillit, son produit se modifie ; il devient de plus en plus trouble, de plus en plus riche en éléments figurés, voire même en microcoques, tout en perdant peu à peu son activité. Le degré d'efficacité de la lymphe vaccinale ne correspond donc pas au nombre de microcoques qu'elle renferme. Ce fait ne prouve pas que l'agent virulent ne saurait être un microcoque.

Certains auteurs (Klebs, Hiller) affirment que l'agent vaccinogène est un microcoque et cette opinion mérite d'être prise en considération. Les vibrions vaccinogènes sont contenus dans le produit de la pustule ; mais, dès que celle-ci est tombée en suppuration, les microcoques vaccinaux se détruisent ou deviennent inféconds, parce que le vibrion pyogène leur dispute la place.

D'après les expériences et la théorie de M. Chauveau, l'agent vaccinogène serait une granulation moléculaire anatomique ; mais il résulte des expériences de M. P. Bert, que le virus vaccin ne perd pas sa propriété, quand on le soumet à l'action de l'oxygène comprimé, qui tue les éléments figurés de nature animale. Il est donc probable comme le pensent Klebs, Hiller, etc., que la granulation vaccinale n'est autre chose qu'un microcoque, qui résiste à l'action de l'oxygène comprimé. Du reste, ce que nous allons dire sur la conservation et les propriétés physiologiques du vaccin, tend aussi à démontrer ou tout au moins permet d'induire la nature végétale de l'agent vaccinal.

Le virus du horsepox et du cowpox peut être conservé pendant plusieurs mois et même au delà d'une année, quand on prend les précautions convenables pour le recueillir et pour le préserver du contact de l'air, de la lumière, de la chaleur, de l'électricité, de l'humidité, du froid, etc.

Le froid ne semble pourtant pas agir trop défavorablement sur le vaccin, puisque l'on a pu le refroidir (Melsens) jusqu'à —78°, sans détruire sa virulence. En serait-il de même, si l'agent virulent était une granulation anatomique?

Dans les conditions ordinaires de la pratique, le vaccin peut, suivant les circonstances, se conserver plus ou moins longtemps à la surface des objets solides. A ce sujet nous manquons encore de données précises. Toujours est-il que l'air, la lumière, l'humidité, la chaleur, l'électricité favorisent sa destruction.

Conservation du virus vaccin. — Mettant à profit les données qui précèdent, on peut recueillir le vaccin dans de bonnes conditions, et le conserver pour l'employer ultérieurement.

On emploie des plaques de verre et des tubes capillaires renflés ou non à leur milieu.

Dans tous les cas, il faut puiser le virus dans des pustules jeunes, afin d'être assuré d'avoir un produit actif.

Rien n'est plus simple que de recueillir et de conserver du vaccin avec des lames de verre. On ouvre la pustule, on applique tour à tour sur son produit chacune des plaques, puis on les place l'une contre l'autre et on les lutte avec de la cire; on les met ensuite dans l'obscurité et dans un lieu frais. Quand on veut utiliser le vaccin, on sépare les lames, on délaie le produit, qui est sur chacune d'elles, avec une goutte d'eau et on l'inocule.

Pour recueillir le vaccin dans des tubes, il faut se servir autant que possible des plus capillaires, qui sont toujours plus faciles à remplir. On ouvre la pustule au moyen d'une ou de plusieurs piqûres; on brise le tube à ses deux extrémités et on le plonge dans le produit qui perle, par son extrémité la plus effilée, en le tenant horizontalement entre les doigts. Quand le tube est à peu près plein, on le lutte avec de la cire à ses deux extrémités, ou bien on le ferme en fondant ses bouts à la flamme d'une bougie ou d'une lampe. Il faut alors éviter, autant que faire se peut, la formation de produits empireumatiques, qui prennent naissance quand on chauffe l'extrémité du tube par où le vaccin a pénétré; et pour plus de sécurité, il convient de procéder de la manière suivante.

On puise le vaccin à la façon ordinaire, en plongeant l'extrémité du tube dans une pustule ou dans le liquide préalablement recueilli sur une plaque de verre; le virus monte par capillarité et arrive à une hauteur, qu'on fait varier en inclinant plus ou moins le tube. Le liquide introduit, on imprime quelques secousses au tube pour le faire avancer et laisser une petite colonne d'air à l'orifice; puis on plonge cette extrémité dans une goutte d'eau bien pure et on incline un peu le tube; l'eau s'introduit, tout en restant séparée du vaccin par le petit cylindre d'air. Le vaccin étant ainsi éloigné suffisamment de l'orifice et n'atteignant pas l'extrémité opposée, on ferme les deux bouts en les fondant (Melsens). Le vaccin ainsi recueilli peut se conserver plusieurs années, si on maintient les tubes à l'abri de la lumière et à la température ordinaire.

Quand on veut se servir du virus enfermé dans un tube, on en casse les deux extrémités; on souffle dans l'une d'elles, au moyen d'un chalumeau de paille, et on reçoit le contenu sur une plaque, puis on s'en sert pour faire des inoculations.

Quand on veut expédier des tubes de vaccin, on les enferme dans un tuyau de plume ou dans un petit tuyau en verre, qu'on ferme à ses deux bouts, soit avec du coton, soit avec de la cire.

Étant donné que le produit virulent des pustules perd de son activité à partir du septième ou du huitième jours et quelquefois à partir du sixième jour, il faut le recueillir ou s'en servir pour vacciner le quatrième et le cinquième jours après l'apparition de l'éruption. La virulence existe d'ailleurs avant l'arrivée de ce terme; elle existe dans la pustule en voie de formation, seulement les agents ne sont pas encore assez multipliés.

Modes et caractères de la contagion. — Le horsepox et le cowpox se transmettent par contagion immédiate et par contagion médiate.

Un malade placé à côté d'animaux sains peut leur communiquer l'affection en les flairant, en les léchant, en les mordant, s'il a des éruptions aux lèvres, à la bouche, au pourtour des naseaux, à la face; le horsepox peut aussi être transmis dans l'acte du coït. Ce n'est pourtant pas ainsi que la maladie se propage le plus souvent.

Ordinairement elle se transmet par contagion médiate. Le virus est excrété par le malade et transmis à d'autres animaux par un intermédiaire. La transmission peut se faire par l'intermédiaire de l'homme, ainsi que le prouvent les faits observés par Jenner et Loy. C'est du reste de cette façon que la maladie est ordinairement communiquée, quand on l'observe sur les trayons, sur les mamelles des vaches, la personne chargée de les traire ne s'étant pas lavé les mains après avoir touché des malades. Les fourrages et les boissons peuvent aussi servir d'agents de propagation, quand ils ont été souillés par des malades. Nous verrons ci-après que les données expérimentales démontrent la possibilité de la transmission par l'ingestion de la matière virulente, qui peut provoquer de la sorte une éruption générale. La maladie se transmet aussi par les objets de pansage et de pansement, par les harnais, par les moyens d'attache qui ont servi à des malades et qui se sont imprégnés de virus. Le fait de Rieumes nous montre qu'elle peut se transmettre par les entraves, qui ont servi pour des animaux atteints d'éruption podale. Les animaux, qui ont des plaies sur les régions inférieures des membres, peuvent contracter par cette voie la maladie, si les litières sont souillées de matières virulentes. Tous les corps solides, capables de s'imprégner de virus, peuvent devenir des agents de transmission : les éponges, qui ont été employées pour nettoyer les naseaux des malades servent d'intermédiaire sûr à la contagion, quand elles ne sont pas bien nettoyées, avant d'être employées pour d'autres animaux.

On croit généralement que la maladie ne se transmet pas par l'intermédiaire de l'air; on croit qu'elle ne se propage pas par la simple cohabitation; elle ne serait pas infectieuse; ses germes ne se trouveraient jamais en suspension dans l'air. Mais une pareille manière de voir est trop absolue, et de plus elle est inexacte. Il est certain que le virus, introduit dans les voies respiratoires, peut donner suite à une éruption même généralisée, et, d'un autre côté, il est non moins certain que la variole de l'homme est infectieuse; or des expérimentateurs soutiennent que le horsepox et la variole de l'homme ne sont qu'une seule et même maladie. Quoiqu'il en soit de cette opinion, que nous discuterons plus loin, il est à peu près sûr que le horsepox peut se transmettre par l'intermédiaire de l'air. Cette transmission a lieu sans doute rarement; mais un cheval, qui a des pustules dans le nez ou au pourtour des naseaux, peut très bien, en expirant, chasser des germes dans l'air et infecter ainsi les animaux placés à côté de lui.

Les voies d'introduction du virus, dans la contagion naturelle, sont donc : la peau, lorsqu'elle est excoriée, éraillée, lorsqu'elle présente des plaies; les voies digestives, les voies respiratoires et les voies génitales.

La maladie, sauf de rares exceptions, s'acompagne d'éruption générale ou locale, suivant les modes de contamination. L'éruption est locale, quand le virus est inoculé à la peau; elle est générale, quand l'agent s'est introduit par les voies digestives ou par les voies respiratoires.

D'après les expériences de M. Chauveau, l'aptitude vaccinogène

serait plus prononcée chez les solipèdes que chez les grands ruminants et chez l'homme. En inoculant le vaccin au cheval, par piqûres
à la peau, on obtient une éruption localisée; pourtant quelquefois
sur les jeunes, il se produit une éruption généralisée, qui est
ordinairement vésiculeuse et ne renferme pas toujours le virus.

Bien que l'éruption soit locale, il y a néanmoins absorption
d'une partie du virus par le système lymphatique, car ainsi que
nous l'avons vu, si on enlève les points d'inoculation quelques
instants après l'opération, il se produit ensuite une éruption générale, qui se montre aux lieux où elle apparaît ordinairement,
quand on fait pénétrer le virus par d'autres voies.

Ce fait permet de se rendre compte du mécanisme suivant
lequel l'inoculation par piqûre préserve d'une éruption généralisée. Le produit inséré à la peau est absorbé en partie; et pendant
que le virus absorbé traverse le système lymphatique, avant qu'il
arrive dans le sang et soit disséminé dans tout le corps, la partie
non absorbée évolue sur place et attire à elle les éléments nécessaires à sa multiplication; en sorte que le plus souvent, quand le
virus absorbé revient à la peau par la voie sanguine, l'imunité
est déjà conférée.

On peut obtenir l'infection vaccinale, avec éruption généralisée,
chez le cheval, en introduisant le virus dans les voies respiratoires ou dans les voies digestives. On l'obtient aussi, en injectant le
virus dans le tissu conjonctif sous-cutané, dans le système lymphatique ou dans le système sanguin. Quand, à la suite de l'une
ou de l'autre de ces manières de faire, on ne voit pas l'éruption
extérieure se produire, il n'en résulte pas moins, pour l'inoculé,
une véritable immunité ; en sorte qu'il est des cas où l'immunité
peut être crée sans qu'on sans doute, soit parce que l'éruption a
passé inaperçue, soit parce qu'elle s'est faite à l'intérieur, soit
parce qu'elle a fait défaut. Les solipèdes semblent récupérer
promptement, au bout de quelques semaines peut-être, l'aptitude
vaccinogène.

Les inoculations et les injections hypodermiques réussissent
aussi chez les ruminants et chez l'homme. Chez les ruminants les
autres modes d'injection réussissent moins bien que chez le
cheval.

En résumé, lorsqu'on observe une éruption localisée à une
région, à la région podale (cheval), à la région mammaire (vache),
à la région buccale, à la région nasale, à la région génitale, on
est en droit de penser que l'animal a été contaminé par une sorte

d'inoculation ou d'imprégnation dans la région malade. Tandis que, quand on a affaire à une éruption multiple, il y a tout lieu de croire que le virus s'est introduit soit par les voies digestives, soit par les voies respiratoires.

Intensité virulente. Nature du vaccin. — Il est toujours indiqué d'employer, pour la vaccination, le produit du cowpox, pris sur de jeunes animaux (génisses ou taurillons), parce que le virus des solipèdes et celui de l'homme peuvent être impurs, peuvent être mélangés avec un autre virus, avec le virus morveux, avec le virus syphilitique, avec le virus phthisique.

D'après leur degré d'activité les produits vaccinaux peuvent, suivant leur provenance, être rangés dans l'ordre suivant : virus du horsepox, virus du cowpox, virus de l'homme vacciné.

Le virus des solipèdes est le plus actif, celui dont l'inoculation est le plus sûrement suivie de résultats positifs. Il est inoculable à la vache et à l'homme. On pourrait l'inoculer directement à l'homme, si on était bien assuré que l'animal qui le fournit est indemne de morve. On avait cru que la vaccination avec le produit du horsepox était plus dangereuse, parce qu'on avait été induit en erreur par l'expérience de Loy, dans laquelle la fièvre avait été plus violente qu'à la suite des vaccinations avec le produit du cowpox. On avait été confirmé dans cette idée par le fait observé à Alfort sur un élève, qui, en soignant un cheval atteint d'eaux aux jambes (horsepox), avait contracté une affection, qui s'était traduite par une éruption grave sur les mains et par une fièvre assez intense. Mais dans ce cas la gravité de l'éruption doit être attribuée à l'action des matières septiques, qui étaient mélangées aux produits greasiens.

Le produit du horsepox, obtenu pur, puisé dans des pustules de la face et inoculé à l'homme, donne des boutons plus petits que le produit du cowpox. Cette éruption s'accompagne de peu d'inflammation ; elle n'est pas suivie d'autres accidents ; elle est quelquefois légèrement furonculeuse ; elle confère l'immunité.

Le horsepox, passant sur un ruminant, s'affaiblit et le produit du cowpox, quoique provoquant de plus grandes pustules chez l'enfant, est cependant d'une action moins sûre. Néanmoins c'est toujours au cowpox qu'il faut s'adresser, pour la vaccination de l'homme. Le cowpox ne transmet ni la morve ni la syphilis, qui ne se développent pas sur la génisse. Il ne s'affaiblit pas par des générations successives sur la génisse. Le vaccin s'épuise par son passage chez l'homme ; il importe de le régénérer, en le faisant passer sur le veau, avant sa troisième ou sa quatrième génération. Il convient de donner toujours la préférence au cowpox, pour pratiquer les vaccinations et les revaccinations. Le produit de la maladie du veau, inoculé à l'enfant, donne des effets plus marqués que ceux qu'on obtient avec le vaccin pris sur un autre enfant; il s'accompagne de pustules plus volumineuses et provoque plus souvent des pustules supplémentaires autour des points inoculés; il détermine plus de fièvre; il provoque plus lentement l'éruption, mais celle-ci évolue plus rapidement et est virulente pendant les cinquième, sixième, septième et huitième jours; il est assez souvent suivi d'éruption secondaire, qui est d'ailleurs bénigne (boutons épars sur le corps). Après la vaccination avec le cowpox, la période d'incubation peut être de huit, dix et même douze jours, et le même fait peut s'observer sur la génisse. Les pustules, résultant de l'inoculation, ont parfois une marche irrégulière et évoluent successivement au lieu d'évoluer toutes en même temps. Le cowpox, reproduit par l'inoculation du horsepox ou du vaccin de l'enfant, agit comme le cowpox qui résulte de la transmission du virus dans la même espèce animale. Toutes choses égales d'ailleurs, les sujets en bon état sont ceux qui donnent les plus belles pustules et qui doivent par conséquent être choisies de préférence pour la culture du vaccin. On peut d'ailleurs, sans crainte de les déprécier, utiliser, pour la culture du cowpox, les animaux de l'espèce bovine, attendu que leur chair n'en ressent aucun effet. On doit choisir de préférence les animaux jeunes, parce qu'on a plus de chances de les trouver non réfractaires et en même temps indemnes de la phthisie.

Quand on cultive le cowpox sur les veaux, il faut autant que possible les inoculer sur des régions où ils ne peuvent pas se lécher. On peut faire, par centaines, des piqûres sur le ventre, aux cuisses, au périnée, etc.; presque toutes réussissent, en sorte que le même animal devient une source abondante de vaccin et fournit du virus pour inoculer des centaines de personnes. Pour opérer dans les meilleures conditions possibles, on rase la peau sur les régions où l'on doit inoculer, après l'avoir bien lavée; on couche le veau sur une table et on procède à l'inoculation par piqûres ou par incisions superficielles. Enfin, pour éviter que les inoculés se lèchent, on leur met un collier à chapelet. On récolte le vaccin les quatrième, cinquième, sixième et septième jours; on enlève la croûte; on comprime la base de la pustule avec une pince et on charge les lames, les tubes ou l'instrument qui doit servir pour inoculer.

Le cowpox se conserve plus longtemps dans les tubes que le vaccin humain. Le virus du cowpox, comme celui du horsepox, comme celui du smalpox, est inoculable à l'homme et lui confère l'immunité. La vaccination est donc préventive et doit être pratiquée toutes les fois qu'il y a lieu de craindre l'apparition de la variole. Elle doit même être pratiquée sur les personnes déjà contaminées et chez lesquelles la variole est en incubation, car elle agit alors comme palliative. Indépendamment de ces indications urgentes, la vaccination doit être pratiquée chez l'homme de temps en temps; il serait bon de se faire vacciner une fois par an, surtout lorsqu'une épidémie de variole se déclare, lorsqu'on doit traverser un lieu infecté. Quand on a le choix du moment, il faut, autant que possible, vacciner au printemps ou en automne. On peut vacciner les enfants dès l'âge de 4 mois. L'inoculation se pratique par incision ou par piqûre superficielle. On peut vacciner de bras à bras ou avec du vaccin conservé ou avec du vaccin pris directement sur la génisse. Le vaccin est bon dès que la pustule commence à poindre; pour le recueillir, on peut enlever l'épiderme de la pustule, ou bien on se contente d'y faire des piqûres, par lesquelles on voit bientôt sourdre le virus. On vaccine ordinairement sur le bras; mais on peut vacciner ailleurs; on fait deux ou trois piqûres à chaque bras, et on peut se contenter d'une seule piqûre bien faite, car une seule pustule préserve aussi bien que plusieurs. Malgré ce qui a été dit précédemment, on peut vacciner en toute saison quand le besoin l'exige. Le résultat de la vaccination peut être nul ou consister en une fausse vaccine, qui ne préserve pas de la petite vérole. Quand l'inoculation produit la vraie vaccine, la vaccine préservatrice, on le reconnaît aux caractères suivants : les pustules ne commencent pas à apparaître avant le troisième ou le quatrième jour; elles s'annoncent par une élevure rouge; celle-ci devient plus prononcée dès le cinquième jour, puis elle s'élargit, s'aplatit, s'ombilique et devient d'un blanc bleuâtre ou argentée; elle est entourée d'un cercle rouge, etc. La fausse vaccine ne préserve pas de la variole; elle se montre plus tôt que la vraie. Le jour de l'inoculation ou le lendemain, la piqûre fait place à un petit bouton entouré d'une auréole rouge; ce bouton reste arrondi et pointu et se dessèche rapidement.

Le virus du horsepox, du cowpox, de la vaccine, est-il un virus différent de celui de la variole?

Il est reconnu que le horsepox, le cowpox et la vaccine préservent l'enfant contre la variole; il est reconnu que la variole de l'homme est inoculable au bœuf et au cheval, et qu'elle les préserve du horsepox et du cowpox; d'ailleurs la vaccine inoculée au bœuf et au cheval les préserve aussi contre la variole. On admet généralement que la vaccine diffère de la variole, qu'elle est son antagoniste, et qu'elle ne se confond pas avec elle; c'est l'opinion que je partage.

Pourtant il est des observateurs et des expérimentateurs qui ont une manière de voir toute différente, qui prétendent que le virus vaccin est le virus varioleux lui-même atténué par son passage sur les animaux, que l'éruption vaccinale est une éruption variolique localisée. On va même jusqu'à affirmer que l'on trouve le même virus, non seulement dans la variole de l'homme, mais encore dans la variole du porc, dans la variole du chien, dans la clavelée, dans la maladie aphtheuse.

On a vu, dit-on, des hommes vaccinés avec le claveau, avec le produit de la variole du porc, devenir réfractaires à la vaccine et à la variole.

En tirant toutes les conséquences que comporte une pareille doctrine, on a conclu que l'homme peut contracter la variole des animaux par infection, que la variole de l'homme est transmissible aux animaux et s'atténue en passant dans leur organisme, que les épidémies de variole peuvent s'étendre de l'homme aux animaux et réciproquement, que le vaccin peut être reproduit en inoculant la variole à la génisse.

Cette doctrine n'est pas suffisamment démontrée; il est certain qu'on a pu inoculer fructueusement le cowpox a des animaux qui venaient d'avoir la fièvre aphtheuse; il est certain aussi que le vaccin s'affaiblit chez l'enfant et que, pour le régénérer, il faut le faire passer sur la génisse; et cela ne pourrait être de la sorte, si le vaccin n'était autre que le virus varioleux atténué en passant sur les animaux, car il faudrait admettre que la génisse peut à la fois atténuer la variole et régénérer son virus épuisé chez l'enfant, ce qui serait contradictoire. Le virus du horsepox, la vaccine doit donc être considérée comme un virus spécial.

L'immunité, conférée par la vaccine, peut être complète ou incomplète, et elle peut durer un temps variable, suivant les espèces et suivant les individus. On voit la variole se montrer parfois sur des personnes même récemment vaccinées; seulement elle est plus bénigne, ce qui prouve que l'immunité conférée a été incomplète ou a commencé déjà à s'effacer.

On ne sait pas exactement combien de temps peut durer l'immunité conférée par la vaccine ; elle semble de courte durée chez les animaux solipèdes (quelques semaines) ; elle est ordinairement plus longue chez les ruminants et chez l'homme ; néanmoins il est bon de revacciner, de temps en temps, les personnes vaccinées, tous les deux ans, tous les trois ans et mieux tous les ans, au moins lorsqu'il y a des épidémies de variole.

TRAITEMENT

Le horsepox et le cowpox ne réclament pas l'intervention du vétérinaire. Aucun traitement n'est indispensable. La maladie est bénigne, elle évolue régulièrement et disparaît nécessairement au bout d'un certain temps. Il n'y a pas lieu de suspendre le travail des animaux ni de modifier leur régime.

Cependant, lorsque la maladie s'accompagne d'éruptions confluentes, de lymphangites, d'adénites, de plaies suppurantes, quand elle siège sur les régions podales, dans la bouche, dans les cavités nasales, il est sage d'intervenir, pour prévenir et faire disparaître les complications.

Pour les plaies des paturons, on a recours aux astringents, aux désinfectants, aux cicatrisants, aux lotions avec l'eau phéniquée ou goudronnée, aux onctions avec des pommades calmantes ou cicatrisantes, etc.

Quand il y a des plaies sur la muqueuse buccale, qui gênent la mastication, on modifie le régime, on donne des barbotages et des aliments de facile mastication, on traite les plaies avec des gargarismes ou des lotions astringentes, cicatrisantes (solution de chlorate de potasse, de teinture d'iode, etc.).

Quand il y a coryza et jetage, on pratique des injections émollientes, cicatrisantes, astringentes (acétate de plomb, sulfate de zinc, acide phénique).

Les lymphangites, les adénites, les plaies suppurantes doivent être traitées comme dans les cas de gourme.

POLICE SANITAIRE

On n'applique pas de mesures sanitaires ordinairement ; mais le cas échéant, il faudrait, si la maladie menaçait de se propager outre mesure, exiger la déclaration des malades et prescrire la séquestration et la désinfection.

Les chairs des animaux malades doivent être considérées comme si elles provenaient d'animaux sains; elles ne doivent pas être refusées à la boucherie.

Nota. — Dernièrement M. Peuch a observé, aux environs de Rieumes et à Rieumes même, une épizootie de horsepox, dans laquelle la maladie s'était propagée par le coït et se caractérisait par une éruption dans la région des organes génitaux (éruption ou traces d'éruption, plaies, cicatrices sur la peau de la vulve, de la queue et du périnée chez la jument, mêmes lésions sur le pénis chez l'étalon). L'inoculation a permis à notre collègue de vérifier très exactement la nature de la maladie. Ce fait a une grande importance, car, ainsi que le remarque justement M. Peuch, il permet de supposer très légitimement qu'on a parfois pris pour la dourine une simple éruption de horsepox.

CHAPITRE XVII

CLAVELÉE

Définition. — La clavelée, ainsi dénommée parce qu'on a comparé la pustule qui la caractérise à la tête d'un clou, est une maladie générale, éruptive, contagieuse, inoculable, décelée par une éruption pustuleuse plus ou moins abondante, qui se produit à la surface de la peau et quelquefois sur les muqueuses. Cette maladie, quoique parfois grave, guérit le plus souvent et confère l'immunité, contre une seconde atteinte, aux animaux qui se rétablissent.

Synonymes. — On lui donne encore les noms suivants: on l'appelle *variole du mouton*, *picotte*, *rougeole*, *clavelade*, *claviau*, etc. On appelle *claveau* le virus sécrété par l'éruption, et on applique le nom de *clavelisation* à l'inoculation du claveau, pratiquée dans le but de donner une maladie localisée et bénigne aux animaux qu'on veut ainsi préserver de la clavelée naturelle.

SYMPTOMATOLOGIE

La clavelée est une maladie d'espèce, elle est propre aux moutons. Elle se montre ordinairement à l'état d'enzootie et d'épizootie. On a relaté dans le temps, et on observe de nos jours de nombreuses et fréquentes épizooties de picotte. La maladie règne en permanence dans certains pays, en Algérie par exemple, où elle est ordinairement tout à fait bénigne, en Allemagne, en Hongrie, en Italie, en Espagne, et dans certaines régions de la France, dans les régions du nord et du sud-est, depuis que les unes s'approvisionnent en Allemagne et les autres en Algérie. Elle s'était montrée en Angleterre dans les siècles précédents; elle y fut introduite de nouveau en 1847 par des moutons venant du Dannemarck. Grâce à l'extension et à la célérité des relations commerciales, cette maladie est de nos jours fréquemment importée, dans des régions indemnes, par des animaux venant d'Allemagne, d'Autriche, d'Italie, d'Algérie, d'Espagne, etc.

Les auteurs ont établi des divisions, pour faciliter l'étude de l'affection, ils ont distingué : une *clavelée bénigne, régulière, discrète*, une *clavelée maligne, irrégulière, confluente* ; une *clavelée naturelle, spontanée, accidentelle*, une *clavelée inoculée* ; une *clavelée volante* ; une *clavelée simple*, une *clavelée compliquée* ; une *clavelée pourprée*, une *clavelée cordée* ; une *clavelée de première*, de *seconde*, de *troisième lunée*, etc. Mais ces divisions, artificielles pour la plupart, n'ont pour résultat que de jeter la confusion dans l'esprit et de rendre difficile à retenir ce qui est très simple.

Afin de n'oublier aucun détail dans notre description, sans être pourtant exposé à des redites, nous étudierons d'abord l'évolution de la pustule claveleuse ; en second lieu, nous décrirons la marche de la maladie sur un individu ; en troisième lieu, nous indiquerons la marche de la maladie dans un troupeau ; et en quatrième lieu, nous ferons connaître la marche d'une enzootie ou d'une épizootie de clavelée.

Caractères et évolution de la pustule claveleuse. — L'éruption claveleuse se produit à la surface de la peau et quelquefois sur les muqueuses (buccale, pituitaire, conjonctive, etc.) ; il y a donc lieu d'étudier la pustule cutanée et l'éruption des muqueuses.

Que la maladie ait été contractée naturellement ou qu'elle soit le résultat d'une inoculation locale, la pustule claveleuse de la peau évolue de la même façon.

Pustule cutanée. — L'éruption cutanée peut se montrer dans diverses régions du corps ; elle se produit à la surface du derme et consiste d'abord en une inflammation congestive, qui est ensuite accompagnée d'exsudation, de vésiculation ou de pustulation ; puis l'éruption se déforme, se détruit peu à peu.

De même que pour la pustule greasienne, on peut reconnaître trois périodes dans l'évolution de la pustule claveleuse : une période congestive ; une période exsudative ou sécrétoire ; une période de déformation, dans laquelle la pustule se dessèche, se cicatrise et se desquame.

La *période initiale* ou *période éruptive* est caractérisée par l'apparition d'un point, d'une tache rouge, d'une ecchymose à la surface du derme, visible à travers l'épiderme qui la recouvre. Cette ecchymose, qui est due à une congestion du corps papillaire du derme, provoquée par l'action du virus, est plus ou moins colorée.

Au début la rougeur disparaît par la compression digitale et reparaît ensuite; plus tard elle persiste malgré la pression exercée sur elle.

L'ecchymose claveleuse est plus ou moins étendue; elle a toujours plus de surface que celle qu'on observe dans le cas de horsepox. Sa dimension varie depuis celle d'une lentille jusqu'à celle d'une pièce de cinquante centimes; elle peut même devenir beaucoup plus considérable, mais alors elle résulte ordinairement de la fusion de plusieurs ecchymoses, qui se sont produites les unes à côté des autres et qui évoluent ensuite simultanément. La tache est, dans ces cas, plus ou moins irrégulière dans son contour, tandis que les ecchymoses simples sont assez régulièrement arrondies.

L'ecchymose initiale devient peu à peu plus grande, plus rouge et convexe; elle devient de plus en plus saillante, sans acquérir pourtant une élévation considérable. Elle s'arrondit, elle devient dure, résistante; elle donne la sensation d'une nodosité intéressant l'épaisseur de la peau; elle constitue bientôt une élevure hémisphérique; toutes ces modifications se produisent en trois ou quatre jours. L'élevure, arrivée à cet état, est encore rougeâtre, vineuse, bleuâtre dans toute son étendue, sans dépression ni proéminence au centre.

La période éruptive touche à sa fin et déjà la période sécrétoire a commencé. Déjà le produit, exsudé par les vaisseaux du derme, s'est frayé un passage à travers les couches inférieures de l'épiderme et est venu se loger dans sa couche moyenne. Par conséquent, ici comme dans le horsepox, quatre ou cinq jours après l'apparition de l'ecchymose, l'éruption se transforme en pustule ou en vésicule. Le plus ordinairement elle se transforme en pustule; elle se creuse d'une ou de plusieurs loges, dans lesquelles se ramasse le produit virulent. Mais assez souvent, le mouvement exsudatif étant très intense et très abondant, il en résulte l'accumulation d'une grande quantité de lymphe sous l'épiderme, qui est soulevé en masse; il se forme alors une véritable ampoule, une véritable phlyctène plus ou moins étendue et uniloculaire.

En outre de la pustule ou de la vésicule principale, qui se forme dans une tache ecchymotique initiale, et qui offre un volume plus ou moins considérable, il se produit souvent dans son voisinage, aux dépens de la même tache, de très petites pustules, qu'on aperçoit à peine (sortes de petits grains blanchâtres ou jaunâtres), mais qui deviennent très évidentes, lorsqu'on pratique des coupes au voisinage d'une grande pustule et qu'on les étudie au microscope.

La pustule claveleuse, une fois formée, est discoïde, arrondie ou aplatie; elle s'affaisse peu à peu et semble s'étendre; elle perd peu à peu sa coloration primitive; elle devient grisâtre, blanchâtre; elle est aréolée; elle contient un produit séreux, clair, limpide, parfois jaunâtre. Son volume varie depuis celui d'une petite lentille jusqu'à celui d'un haricot et même au delà, car il peut arriver que des pustules, développées les unes à côté des autres, finissent par se confondre en une seule masse plus ou moins irrégulière. La pustule simple est régulière dans sa forme; elle est aplatie à sa surface, et son pourtour est circulaire.

La pustule claveleuse est recouverte par une pellicule grisâtre épidermique, imbibée de sérosité, qui la gonfle et qui parfois suinte au dehors à travers cette membrane protectrice. Sous cette pellicule est accumulé le claveau, dans les loges multiples de la pustule. Si on enlève l'épiderme qui recouvre la pustule, on obtient un suintement de claveau plus ou moins abondant. Au début ce produit est parfois strié de sang ou sanguinolent; mais bientôt il devient limpide et clair; il est incolore ou jaunâtre, jaune-paille ou un peu roussâtre; il est pauvre en éléments figurés. Le fond de la pustule, ainsi mis à découvert, apparaît rouge, pointillé en cul-de-dé; il offre des vacuoles plus ou moins nombreuses. Le claveau est produit par tous les points de la pustule.

La pustule ouverte se recouvre promptement d'une couche protectrice, qui se forme aux dépens du produit qu'elle sécrète, et son évolution se poursuit ensuite. C'est le moment où la période de sécrétion commence qu'il faut choisir pour recueillir le claveau. Au bout de deux, trois, quatre jours, la pustule se modifie, s'affaisse, se déprime, devient plus sèche; le claveau se trouble, s'épaissit, devient moins abondant, blanchâtre, grisâtre, puriforme, sans cesser pourtant d'être virulent; la croûte elle-même renferme le virus.

Il est à remarquer que, pendant l'été, la pustule claveleuse parcourt plus rapidement ses périodes.

Du reste, elle ne présente pas toujours les caractères que nous venons de lui reconnaître ; elle reste parfois noirâtre ou violacée, ne sécrète pas de claveau ou ne donne, à l'incision, qu'un produit sanieux ; elle intéresse alors plus profondément le derme et s'accompagne quelquefois de gangrène locale.

La vésicule, qui se forme parfois au lieu et place de la pustule, évolue plus rapidement et présente des caractères différents. Elle est plate, grisâtre ou jaunâtre, parfois transparente, fluctuante à la pression ; elle contient du claveau séreux ; elle est formée d'une seule loge ; mais, si on enlève l'épiderme, on constate que son fond est aréolé comme celui de la pustule. La vésicule claveleuse n'est donc qu'une pustule déformée, dont les loges se sont confondues, par suite de la destruction de leurs cloisons.

Quoi qu'il en soit, cette forme de l'éruption claveleuse se détruit plus rapidement que la pustule proprement dite. Si on l'ouvre, la plaie qui en résulte se couvre d'une croûte et se cicatrise vite. Si on lui laisse suivre son cours, elle s'ouvre et son contenu s'échappe par une fissure qui se produit à travers l'épiderme, puis la cicatrisation a lieu promptement. Et si elle ne s'ouvre pas, son contenu est résorbé en partie ou transude à travers l'épiderme ramolli, puis la cicatrisation a lieu tout aussi rapidement. L'épiderme s'affaisse, se réapplique sur le derme, mais ne lui adhère pas ; un nouvel épiderme se forme et chasse l'ancien. La cicatrice résultant de ce travail ne laisse aucune trace dans l'avenir, tandis qu'il n'en est pas de même de celle qui se produit après l'évolution d'une pustule proprement dite. Celle-ci dure d'ailleurs plus longtemps ; sa cicatrisation et sa desquamation sont plus longues à se produire.

La pustule se déforme, s'aplatit en même temps que son contenu s'épaissit ; elle cesse de sécréter ; la partie liquide de son produit est résorbée ou exsudée à travers l'épiderme. Quelquefois la pellicule épidermique se déchire et la matière sécrétée sort, se concrète, se dessèche à l'air et forme une croûte, en dessous de laquelle la cicatrisation se produit ensuite, et finalement la croûte se détache. Le plus ordinairement l'épiderme reste, se dessèche, s'affaisse, se convertit en croûte grisâtre, brunâtre. Cette croûte, d'abord superficielle, va s'épaississant ; elle est sèche à l'extérieur et encore humide en dessous. Elle s'épaissit, parce que bientôt les particules figurées du claveau, qui n'ont pu être résorbées ni

exsudées, font corps avec elle et souvent même la partie superficielle du derme finit par entrer dans sa composition. Suivant que
la croûte intéresse ou n'intéresse pas le derme, on observe des
différences dans l'accomplissement de la cicatrisation.

Quand la croûte n'intéresse pas le derme, elle est ordinairement
peu épaisse, elle se dessèche rapidement et en même temps la
cicatrisation s'opère en dessous d'elle; en sorte que, quand elle
se détache sous forme de poussière ou d'écailles, ce qui arrive huit
ou douze jours après que la sécrétion a cessé, on voit à sa place
une cicatrice rougeâtre ou vineuse, qui ne tarde pas à se confondre avec les parties voisines.

Lorsqu'au contraire la croûte comprend une partie du derme,
elle est plus épaisse, elle irrite le tissu sous-jacent, elle provoque
et entretient la suppuration, elle est détachée, éliminée, entraînée
par le pus et laisse à sa place une plaie plus ou moins profonde,
suppurante, qui se cicatrise ensuite plus ou moins rapidement,
quelquefois promptement, lorsque la perte de substance est peu
considérable, d'autres fois plus lentement, quand la perte de substance est plus étendue. Il y a donc, dans ces cas, une période
de dessiccation, pendant laquelle la croûte se forme, une période
de suppuration, une période d'élimination, une période de cicatrisation.

Ce travail peut durer de quinze à vingt jours, et la cicatrice,
toujours marquée et presque indélébile, est plus ou moins apparente; elle est rayonnée, rétractile; elle devient blanchâtre et
reste glabre. Il arrive parfois que la croûte intéresse profondément
le derme, qu'elle l'entraîne et laisse une plaie livide, qui se cicatrise lentement. La cicatrisation est quelquefois retardée par suite
de l'irritation traumatique des plaies.

En résumé, l'évolution complète d'une pustule claveleuse peut
exiger un temps variable; elle peut durer dix-huit, vingt et même
trente jours ou au delà.

Eruption des muqueuses. — Dans la clavelée, comme
dans le horsepox, l'éruption peut se montrer aussi sur certaines
muqueuses, sur la conjonctive, sur la pituitaire, sur la buccale, etc.
Elle offre une période congestive, une période sécrétoire, pendant
laquelle elle se présente avec les caractères des vésicules, et une
période finale. Les vésicules des muqueuses, une fois formées, se
détruisent rapidement, s'ouvrent promptement et guérissent vite

ordinairement. Pourtant il n'est pas rare que l'éruption des muqueuses, de même du reste que celle de la peau, s'accompagne d'une inflammation plus ou moins vive du derme, circonstance qui est toujours aggravante.

Caractères et marche de la maladie évoluant sur un individu.

Caractères et marche de la maladie évoluant sur un individu. — La clavelée, évoluant sur un individu, se caractérise par des symptômes locaux et s'accompagne de symptômes généraux plus ou moins prononcés, variables en intensité et en gravité, suivant des conditions et des circonstances nombreuses plus ou moins faciles à apprécier.

Les conditions hygiéniques et les saisons exercent une grande influence sur la marche et la gravité de la maladie. L'affection est ordinairement d'autant moins grave que les conditions hygiéniques sont meilleures, que les habitations sont mieux tenues, bien aérées, etc. Elle est habituellement moins grave en automne et au printemps, qu'en été et en hiver. Le froid peut occasionner des répercussions, des métastases sur les organes internes. En été, l'éruption a lieu plus rapidement, mais elle peut s'accompagner de complications, de dermite, de gangrène cutanée, d'inflammation disjonctive, de septicémie.

Entre la contamination et l'apparition des premiers symptômes, il s'écoule toujours un certain délai; c'est la période d'incubation, dont la durée peut varier entre quatre, huit, douze, quinze jours, suivant les individus, suivant les saisons et suivant le mode de contamination. La période d'incubation est, toutes choses égales d'ailleurs, plus courte chez les animaux jeunes, chez les animaux bien portants; elle est plus courte pendant l'été, après l'inoculation. Elle est au contraire plus longue chez les animaux vieux, débilités; elle est plus longue pendant l'hiver, après l'introduction du virus par les voies digestives ou les voies respiratoires.

La maladie s'annonce par des symptômes généraux, lorsqu'elle est le résultat d'une contagion effectuée par les voies digestives ou les voies respiratoires. Elle s'annonce au contraire par les premiers symptômes locaux de l'éruption, quand elle a été inoculée; alors on ne constate pas tout d'abord des symptômes fébriles, mais bien de l'hyperhémie et de l'extumescence aux points d'inoculation. Quand le virus a été introduit dans les voies digestives ou dans les voies respiratoires, comme cela a lieu presque toujours dans la pratique, on constate toujours, avant l'apparition de l'éruption, une *période prodromique*, qui dure un, deux, trois, quatre, cinq jours, et qui est caractérisée par des symptômes fébriles vagues, n'ayant une signification diagnostique, qu'autant qu'on les observe sur des sujets contaminés.

Pendant cette période, on constate de la tristesse, de l'abattement, de l'inappétence, une surélévation de la température générale et surtout de la température cutanée, une accélération de la respiration et de la circulation, une hyperesthésie cutanée le long de la colonne vertébrale, la raideur des membres, etc. Ces symptômes sont plus ou moins prononcés; ils vont en s'accentuant de plus en plus; ils sont surtout manifestes sur les animaux pléthoriques; parfois ils sont peu intenses et passent presque inaperçus. Ils ont une certaine importance au point de vue du pronostic; quand ils sont très accusés, ils annoncent ordinairement une affection grave, et il est bon dès lors d'entourer les malades des meilleures conditions hygiéniques et de leur administrer, si besoin en est, des agents propres à faciliter l'éruption.

Bientôt les symptômes généraux sont suivis de l'apparition des symptômes locaux, qui caractérisent la *période d'éruption proprement dite*. La peau et les muqueuses conjonctive, buccale, pituitaire, s'hypérémient; mais le plus souvent ce sont de simples taches ecchymotiques, qui se montrent sur les téguments. Ces taches se montrent un peu partout, principalement aux endroits où la peau est fine, en dessous du ventre, aux plats des cuisses, etc. Elles sont plus ou moins nombreuses, plus ou moins étendues, discrètes et disséminées ou confluentes. Elles ne se montrent pas toutes en même temps; il s'en produit pendant deux, trois, quatre jours de nouvelles, qui évoluent toutes de la même façon.

Une fois formées, elles s'agrandissent rapidement, elles deviennent plus foncées, plus saillantes, plus convexes et se transforment très vite en autant de petites élevures, dont le volume varie depuis celui d'une lentille jusqu'à celui d'une pièce de un franc. Les élevures ainsi formées continuent à évoluer dans l'ordre de leur apparition; elles sont discoïdes, plus ou moins régulières, légèrement convexes, uniformément rouges. Au bout de deux, trois, quatre jours après leur apparition, elles s'arrondissent, elles deviennent plus dures, plus résistantes et moins douloureuses; leur coloration se modifie ensuite progressivement et annonce bientôt une nouvelle période, la période sécrétoire, que chaque pustule atteint suivant son ordre d'apparition.

Parfois la peau est plus ou moins tuméfiée, surtout dans les parties déclives de la tête, du tronc et aux membres; elle est infiltrée et quelquefois enflammée.

L'éruption peut envahir, avons-nous dit, la conjonctive, la pituitaire et la buccale, voire même les muqueuses profondes; on constate alors des symptômes de conjonctivite, de rhinite, de stomatite, de gastro-entérite, de bronchite.

Pendant la période éruptive, qui dure de quatre à six jours, les symptômes fébriles vont en s'atténuant, mais aussi quelquefois la fièvre se rallume à la fin de cette période et s'accompagne d'infiltrations sous-cutanées plus ou moins étendues.

Les pustules, au fur et à mesure qu'elles passent de la période d'éruption à la période de sécrétion, changent de caractères; la peau est de moins en moins tendue à leur pourtour; elles deviennent grisâtres ou blanchâtres; elles s'affaissent à leur circonférence; elles ne s'ombiliquent jamais. Le claveau est formé sous l'épiderme; il est clair, limpide, jaunâtre ou incolore; il est sécrété pendant trois, quatre, cinq, six jours; puis, peu à peu, les pustules cessent de sécréter et se dessèchent dans l'ordre de leur apparition. Quelquefois l'épiderme se déchire et la matière sécrétée se transforme en croûte protectrice, qui se desquame ensuite après que le travail de cicatrisation s'est opéré en dessous d'elle. Quand l'épiderme reste, il se ride. La pustule s'affaisse et se convertit en une croûte jaunâtre, grisâtre ou brunâtre, qui se détache ordinairement sans suppuration, après que le travail cicatriciel est accompli. Il arrive parfois que la croûte tombe à la suite d'une inflammation disjonctive qu'elle a provoquée, et dans ce cas la cicatrice, qui se produit plus tard, est toujours très apparente et indélébile.

Il se produit quelquefois, dans le cours de la clavelée, un éruption secondaire, au moment où l'éruption principale est formée et en voie de se transformer; mais les élevures, qui se forment alors, ne sécrètent pas et se terminent ordinairement par résolution.

La clavelée dure habituellement de vingt à trente jours sur un individu; mais la guérison peut être retardée, soit parce que la saison est froide, soit parce que les pustules n'évoluent pas simultanément. D'ailleurs, ainsi que nous l'avons vu, la température peut modifier la marche de la maladie. Pendant les saisons douces et uniformes (printemps, automne) l'éruption est favorisée et la maladie dure moins; pendant l'hiver, l'éruption se fait plus lentement, elle peut même être arrêtée; en été la marche de la maladie est accélérée, mais les complications sont à redouter. L'éruption formée par un temps sec et chaud peut disparaître sous l'influence d'un brusque changement de l'atmosphère, pour reparaître ensuite. La marche de la clavelée est régulière dans les bergeries bien aérées et bien tenues; elle est parfois irrégulière, elle s'accompagne de beaucoup de fièvre et se complique souvent dans les habitations mal tenues, dans celles où les animaux sont entassés. Enfin les dispositions et les conditions individuelles (âge, tempérament, constitution, état d'embonpoint, pléthore, gestation, etc.) peuvent modifier la marche de l'affection et l'aggraver.

Dans plusieurs circonstances, et sous l'influence de causes générales, agissant sur les individus malades, ou sous l'influence de conditions individuelles, la clavelée peut donc affecter une plus grande gravité, elle peut se caractériser par des symptômes et par une marche un peu différente de celle que nous lui avons déjà reconnue; elle devient maligne, elle est irrégulière dans son évolution.

Elle s'annonce quelquefois par une fièvre très intense, accompagnée de symptômes très accusés. La période prodromique dure parfois quatre, six, huit jours. On constate de la tristesse, de l'abattement, de la prostration; la sensibilité de la peau est exagérée; bientôt le tégument se congestionne; la laine s'arrache facilement; la faiblesse va croissant. La respiration est pressée, difficile; l'haleine devient fétide; les animaux toussent et sont essoufflés; il y a des symptômes de coryza, de bronchite et quelquefois de pneumonie. On observe un jetage plus ou moins abondant, épais, jaunâtre, grisâtre, strié de sang, fétide, qui se concrète sur la lèvre et à l'entrée des naseaux; la pituitaire est hypérémiée, gonflée; il y a gêne de la respiration, qui devient bruyante et sifflante; il y a parfois menace d'asphyxie. Les yeux deviennent larmoyants, chassieux; il y a de la conjonctivite. La bouche est sèche et fétide; les malades cessent de manger et de ruminer; il y a d'abord de la constipation, ensuite de la diarrhée. La peau et les muqueuses apparentes sont rougeâtres, livides. Les parties déclives, les membres, la tête, les paupières, les lèvres, les oreilles, etc., sont infiltrées, engorgées, tuméfiées.

L'éruption avorte quelquefois; les boutons se forment en petit nombre, ou disparaissent par métastase, et la maladie se termine promptement par la mort. L'éruption, qui se produit dans ces conditions, est confluente et irrégulière dans sa marche. On voit apparaître, sur la partie où la peau est fine, et puis partout, des taches plus foncées, qui se transforment en tumeurs ou en plaques bosselées. Ces tumeurs sont ordinairement larges, aplaties, peu proéminentes, quelquefois peu étendues et plus saillantes; elles sont violacées, livides, lie de vin, noirâtres; elles ne se transforment pas en pustules. Elles restent dures, indolentes, noires ou violacées; elles donnent, quand on les incise, une matière sanieuse, noirâtre; et si on les dépouille de leur épiderme, on obtient une plaie de mauvaise nature, saigneuse, noirâtre. Quelquefois elles sécrètent une matière purulente, jaunâtre ou grisâtre, épaisse et fétide, et se couvrent ensuite d'une croûte épaisse, qui reste adhérente et qui entraine, en se détachant, des portions de peau, d'où résulte une plaie livide et suppurante, qui se cicatrise lentement. D'autres fois les plaques éruptives sont frappées de gangrène, elles deviennent froides, insensibles et provoquent une inflammation éliminatrice. Mais le plus souvent, lorsque la maladie se caractérise de la sorte, les malades succombent avant que l'éruption ait accompli son évolution; d'autant plus que souvent l'éruption se produit en même temps sur les organes internes, sur la muqueuse digestive, sur la muqueuse respiratoire, sur le poumon, d'où résultent des complications très graves. Quand la clavelée est maligne, il arrive parfois que la mort se produit avant même que l'éruption se soit montrée; d'autres fois la terminaison fatale est la conséquence de l'asphyxie, lorsque les voies respiratoires sont malades.

C'est principalement dans la clavelée maligne, qu'on peut voir survenir diverses complications, dont quelques unes pourtant peuvent se montrer même dans la clavelée régulière. Dans le cours de la clavelée maligne, le système ganglionnaire est manifestement altéré; les ganglions sont partout engorgés. Les malades maigrissent très rapidement et tombent dans le marasme.

Les complications, qu'on peut voir survenir le plus souvent dans le cours de la clavelée, sont les suivantes.

La cicatrisation est parfois entravée par le frottement; les plaies deviennent alors livides, saignantes, rongeantes; leur bords s'épaississent et s'indurent; le tissu conjonctif sous-cutané s'infiltre à leur pourtour; la cicatrisation se fait ensuite lentement et quelquefois même les plaies se compliquent de carie osseuse, de carie cartilagineuse, de nécrose, de la chute d'onglons, d'arthrites suppuratives, de tumeurs phlegmoneuses ou ganglionnaires, qui sont résorbées, qui suppurent ou se gangrènent. Il y a quelquefois de la kératite, de l'ophthalmie, et la perte de l'œil peut en être la conséquence. La muqueuse buccale est parfois enflammée, tuméfiée ; et il en est souvent de même de la pituitaire.

La muqueuse digestive peut être le siège d'une éruption et d'une inflammation plus ou moins vive.

Quelquefois, bien que très rarement, il se produit des complications du côté des centres nerveux.

La maladie, quand elle n'entraîne pas la mort, peut laisser parfois après elle des traces plus ou moins persistantes ou même des accidents indélébiles. Elle laisse assez souvent, chez certains malades, un état de maigreur plus ou moins accusé, des ophthalmies purulentes, la cécité, des claudications, des ankyloses, des cicatrices difformes, des mutilations des onglons, des rayons inférieurs, des oreilles, etc.

Le plus ordinairement la clavelée se termine par la guérison ; mais, suivant les pays, suivant les saisons, suivant les individus, etc., elle peut entraîner une mortalité variable de cinq, dix, quinze, vingt, trente pour cent et même au delà. La mort, qui est la conséquence de la clavelée, peut être due à diverses causes ; elle est due à l'intensité de la maladie elle-même ou à des complications, à l'asphyxie, à la délitescence, à la métastase, à la gangrène, à la septicémie, à l'infection purulente, au marasme. Quand la maladie s'accompagne de beaucoup de fièvre, quand elle entraîne des lésions considérables sur les organes respiratoires, sur les organes digestifs, sur les centres nerveux, la mort est la conséquence de cette généralisation et des modifications fonctionnelles qui en résultent. Quand, à la gravité de la maladie, se joint la difficulté de la respiration, l'asphyxie peut se produire plus ou moins rapidement.

A la suite d'un refroidissement ou d'une perturbation organique provoquée par une indigestion, par une maladie interne, par la fatigue, etc., l'éruption peut être arrêtée et résorbée ; il se produit alors un surcroît de fièvre ; et des congestions mortelles peuvent se former sur les organes internes, sur les organes de la respiration ou de la digestion. Sous l'influence des mêmes causes, il peut se produire des métastases mortelles, lorsque les pustules, étant arrivées à leur période de sécrétion, cessent tout à coup de sécréter. Enfin la septicémie et l'infection purulente peuvent venir compliquer la clavelée, et d'ailleurs la maladie est très grave d'elle-même, lorsque l'éruption s'accompagne de gangrène de la peau.

Le *diagnostic* de la clavelée est facile; il est en effet bien peu de maladies avec lesquelles on pourrait la confondre, on peut même dire qu'il n'en est pas chez le mouton; grâce aux caractères que nous lui avons reconnus, il sera toujours permis de la diagnostiquer.

Les caractères de la clavelée inoculée sont les mêmes; seulement la maladie ne débute pas par la fièvre et même elle s'accompagne rarement de symptômes généraux bien prononcés; elle se caractérise par une éruption ordinairement localisée au point d'inoculation; quelquefois cependant elle devient grave et peut même entraîner la mort.

MARCHE DE LA CLAVELÉE DANS UN TROUPEAU. — Les divers auteurs s'accordent à reconnaître que la clavelée, qui se déclare dans un troupeau, procède par bouffées, par lunées. On dit qu'elle attaque d'abord quelques bêtes, un cinquième, un quart, un tiers du troupeau (première bouffée) et qu'elle est moins grave que dans la suite; puis elle se transmet de ces premiers malades à une bonne partie (la moitié ou plus) des animaux non encore attaqués (seconde lunée) et elle est plus grave que pendant la première bouffée; enfin les malades de la seconde phase transmettent l'affection aux moutons qui ont été épargnés jusque là, c'est la troisième lunée, pendant laquelle la maladie redevient moins grave comme au début. Chaque lunée durant une trentaine de jours ou même un peu plus, on comprend dès lors que la clavelée persiste dans un même troupeau pendant trois, quatre ou cinq mois.

Les choses ne se passent jamais avec une telle régularité. La clavelée, qui s'introduit dans un troupeau, peut se montrer d'abord sur un nombre très variable d'individus, tantôt sur quelques-uns seulement et tantôt sur un grand nombre. Elle peut se déclarer simultanément ou successivement sur les premiers individus qu'elle attaque. Puis, quand elle est arrivée chez eux à sa période de sécrétion et de desquamation, elle peut se transmettre à un nombre plus ou moins considérable d'individus encore indemnes, soit qu'elle se montre sur plusieurs à la fois, soit qu'elle les attaque successivement. Il en est de même lorsque ces derniers sécrètent du claveau; ils transmettent la maladie à ceux qui ne l'ont pas encore contractée; et ainsi de suite, jusqu'à ce que tout le troupeau, sauf de très rares exceptions, ait payé son tribut.

Un seul animal malade suffit pour introduire la clavelée dans un troupeau. Une fois introduite, cette affection dure plus ou moins longtemps, quatre mois, cinq mois, six mois et quelquefois plus d'un an. On peut, dans tous les cas, hâter sa disparition, en rendant malades en même temps tous les animaux qui composent le troupeau infecté, au moyen de la clavelisation, qui est bien indiquée en pareille circonstance. Et alors un troupeau infecté peut être complètement débarrassé au bout de trente, quarante, quarante-cinq jours. Les animaux guéris ne contractent pas de nouveau la maladie.

MARCHE DE LA CLAVELÉE DANS UNE LOCALITÉ, DANS UN PAYS. — D'un premier troupeau infecté, la clavelée se transmet à d'autres, d'autant plus sûrement et d'autant plus vite que les mesures sanitaires sont plus négligées. La transmission se fait dans les pâturages, par les pâturages, par les chemins, par les abreuvoirs, etc., qui sont fréquentés par des troupeaux infectés et par des troupeaux sains. La maladie prend souvent une extension considérable, se propage aux troupeaux d'une localité, aux troupeaux des localités voisines et aux troupeaux mêmes de localités plus ou moins éloignées, grâce aux déplacements des animaux infectés (transhumance), grâce au commerce et à l'importation, dans les localités non infectées, d'animaux venant des localités infectées.

PRONOSTIC. — La clavelée est une maladie très grave; elle occasionne des frais considérables et peut entraîner de grandes pertes. La mortalité qu'elle provoque varie suivant une foule de conditions; elle est plus forte dans certaines années, dans certains lieux, sous certains climats, pendant certaines saisons; elle est plus forte dans les races molles, dans les bergeries insalubres, pendant les fortes chaleurs, pendant les grands froids; elle est plus considérable quand les malades sont dans de mauvaises conditions hygiéniques, quand ils sont jeunes, vieux, gras, en état de gestation, etc. Les pertes peuvent aller de quatre, cinq, à vingt, vingt-cinq pour cent et quelquefois jusqu'à trente, quarante et même soixante pour cent dans quelques cas exceptionnels. Lorsque la maladie s'annonce par une fièvre très intense, c'est toujours un mauvais signe ; on est ainsi averti qu'elle sera grave.

Le pronostic de cette affection est considérablement aggravé par sa transmissibilité et sa longue durée, lorsqu'elle règne dans un troupeau, dans une localité. Les cadavres des animaux, qui succombent, sont absolument inutilisables.

ANATOMIE PATHOLOGIQUE

Les lésions ordinaires de la clavelée se montrent sur la peau et n'entraînent pas, à elles seules, la mort. Pour les étudier, on peut néanmoins s'adresser au cadavre d'un animal qui a succombé à la suite d'une complication, car on les trouve dans tous les cas. Avant d'énumérer les altérations diverses qu'on observe sur les cadavres des animaux qui succombent, il est bon d'avoir une idée de la pathogénie des lésions essentielles, c'est-à-dire de l'éruption.

L'éruption claveleuse peut, avons-nous dit, affecter des formes diverses ; on peut voir, sur la peau d'un claveleux, des phlyctènes, des vésicules et des pustules provenant toutes de taches ecchymotiques initiales.

L'épiderme est formé de trois couches : la couche superficielle est constituée par des cellules cornées, lamelleuses et bien soudées entre elles ; la couche inférieure, qui repose directement sur le derme, est formée de cellules dentelées ; la couche médiane est formée de cellules granuleuses non dentelées et faiblement unies entre elles. Quand la derme est le siège d'une congestion intense, quand il se produit un mouvement exsudatif important, le produit exsudé traverse, en la rupturant, la couche inférieure et vient soulever l'épiderme au niveau de la couche médiane. De la sorte l'ecchymose se transforme en phlyctène, dont le contenu renferme des globules blancs et des hématies plus un réticulum fibrineux. Bientôt les globules blancs meurent et le contenu de la phlyctène devient opalescent ; les couches cornées, qui la recouvrent, s'imbibent se ramollissent et il se produit ensuite une fissure qui laisse échapper le contenu, après quoi la cicatrisation se produit et l'épiderme ancien se desquame.

Quelquefois l'inflammation du derme se propage à la couche inférieure de l'épiderme, dont les cellules s'hypertrophient, s'infiltrent, dégénèrent et se détruisent en s'ouvrant les unes dans les autres; l'ecchymose se transforme alors en vésicule, qui évolue ensuite comme la phlyctène.

Le plus ordinairement l'inflammation congestive du derme aboutit à la formation d'une pustule, d'après le mécanisme déjà étudié à propos du horsepox.

Sur les cadavres des animaux, qui ont succombé à la clavelée, on trouve la peau plus ou moins altérée; les pustules se modifient, s'affaissent; la peau devient bleuâtre; on y aperçoit des taches diverses, les unes pâles correspondant à des cicatrices, les autres rougeâtres ou violacées, proéminentes, représentant de véritables pustules avortées; on y voit aussi des plaies, des plaques gangréneuses livides; la laine s'arrache facilement.

Du reste les altérations que l'on remarque sur les cadavres sont variables, suivant que la mort est arrivée à une période plus ou moins avancée de la maladie, et suivant qu'elle est ou non le résultat d'une complication. Lorsque la mort survient au commencement de l'affection, on ne constate presque rien à la surface de la peau, si ce n'est une coloration rougeâtre ou violacée; les lésions siègent alors surtout dans les organes internes. Mais il n'en est pas ainsi, lorsque l'éruption a suivi son cours naturel; on trouve alors, à la surface de la peau, les lésions produites par l'éruption.

La mort peut être la conséquence d'une complication survenue dans les centres nerveux (ce cas est très rare), d'une délitescence, d'une métastase, de l'asphyxie, de l'infection purulente, de l'infection septique, d'une éruption intérieure, d'un affaiblissement progressif et du marasme déterminé par la maladie; aussi peut-on rencontrer des lésions multiples et variées dans les cadavres claveleux, qui sont plus ou moins amaigris, qui se putréfient promptement, surtout en été, et dégagent une odeur fétide par les diverses ouvertures naturelles.

Les yeux, les naseaux, la bouche, etc., sont parfois souillés de matière morbide mucoso-purulente ou sanieuse. La face, les lèvres, les ailes du nez, les paupières, etc., sont tuméfiées, infiltrées, couvertes de pustules, de plaies, de croûtes, etc.; on rencontre aussi dans d'autres points les mêmes altérations.

La face interne de la peau est congestionnée, infiltrée, ecchymosée; il en est de même du tissu conjonctif sous-cutané, qui est infiltré de sérosité rougeâtre, jaunâtre, gélatiniforme. Les mêmes altérations se montrent dans le tissu conjonctif intermusculaire et même dans les muscles. Les chairs sont saigneuses, les vaisseaux sont gorgés d'un sang noirâtre, les muscles sont moins tenaces, parfois mollasses, pâles, infiltrés, faciles à dilacérer. Dans les parties déclives, sous le ventre, à l'aine, etc., on trouve souvent des œdèmes.

Ces lésions, qui n'ont rien de spécifique, sont cependant importantes au point de vue de l'inspection de la boucherie, puisqu'elles permettent de reconnaître que la chair, qui les présente, provient d'un animal malade et ne doit pas être consommée.

Si les animaux claveleux ont été sacrifiés par effusion de sang, avant la terminaison fatale de la maladie, il pourra arriver que les chairs n'offrent aucune des lésions ci-dessus indiquées. Pourtant, même dans ces cas, il sera quelquefois possible de reconnaître que la chair provient d'un animal malade, grâce aux altérations du système lymphatique. Presque toujours en effet, dans la clavelée maligne, les ganglions s'altèrent, se congestionnent, s'infiltrent, s'hypertrophient; et à l'autopsie, bien que les malades aient été sacrifiés par effusion de sang, on les trouve ordinairement noirâtres ou rougeâtres, congestionnés, hypertrophiés, infiltrés, ramollis, faciles à écraser.

Dans les organes internes, on trouve toujours des altérations très marquées; mais on ne peut se baser sur elles, quand les viscères et la peau ont été détournés, quand, en d'autres termes, on a à se prononcer sur une viande morte offerte à la boucherie.

Les lésions que l'on rencontre dans les organes internes expliquent la mort; elles se montrent dans divers appareils.

Dans l'appareil respiratoire, la rougeur, la congestion et l'éruption, accompagnées d'inflammation, peuvent exister sur la pituitaire, sur les muqueuses laryngienne, trachéale et bronchique. A leur surface, on peut rencontrer un état catarrhal plus ou moins prononcé, des taches ecchymotiques, des vésicules en voie de formation, des vésicules formées et encore intactes, des vésicules altérées et des plaies résultant de la destruction d'un certain nombre de vésicules.

Parfois l'état congestionnel de la muqueuse respiratoire est général; et, dans ces cas, il en résulte une tuméfaction plus ou moins prononcée, un épaississement qui a quelquefois contribué à la mort, en rendant la respiration difficile.

Il n'est pas rare de trouver des lésions dans le poumon et sur les plèvres. Les plèvres sont quelquefois congestionnées, ecchymosées, enflammées ; elles présentent parfois des taches blanchâtres, elles sont le siège d'un mouvement exsudatif et contiennent alors un épanchement.

Il arrive souvent que le poumon est congestionné, quelquefois hépatisé ; il présente des taches rouges, des taches grisâtres à sa surface et dans son épaisseur. Ces taches, qui ont le volume d'un pois, d'un haricot, représentent des pustules ; ce sont des foyers d'inflammation pulmonaire, qui se transforment en matière purulente, et dont le produit est virulent. En outre de ces lésions, qui sont claveleuses, on peut observer dans le poumon les caractères de l'asphyxie, les lésions de l'infection purulente ou de l'infection septique, lorsque ces complications sont venues se surajouter à la clavelée.

L'appareil digestif présente souvent des lésions claveleuses. Sur la muqueuse buccale et sur la muqueuse pharyngienne, on constate de la congestion, de l'inflammation, du boursouflement ; et en outre on y rencontre des taches ecchymotiques, des vésicules en voie de formation, des vésicules formées, des plaies, des dénudations épithéliales résultant de la destruction des vésicules ; la muqueuse est recouverte d'un produit muqueux et sanieux ordinairement, Dans la caillette et dans l'intestin grêle, on observe souvent les mêmes lésions que sur la muqueuse buccale et sur la muqueuse respiratoire. La muqueuse gastro-intestinale est hypérémiée, enflammée, catarrhale ; elle présente des taches ecchymotiques, des vésicules, des dénudations épithéliales, des plaies, un état inflammatoire et une turgescence de son système glandulaire ; elle est recouverte d'une matière muqueuse parfois striée de sang. Les ganglions mésentériques et autres sont hypertrophiés, congestionnés, noirâtres, ramollis et s'écrasent facilement. Le mésentère est parfois violemment congestionné ; et il peut en être de même des tuniques intestinales. Le péritoine peut aussi être hypérémié, ecchymosé. Le foie, la rate et les reins présentent aussi quelquefois, à leur surface, des taches ecchymotiques ou des taches blanchâtres, qui ressemblent à celles du poumon, et qui sont des points d'inflammation nodulaire ; ce sont là encore des lésions claveleuses.

Dans l'appareil de l'innervation, il existe fréquemment certaines lésions ; l'arachnoïde et la pie-mère sont congestionnées ; quelquefois il s'est produit un épanchement séro-sanguinolent dans la cavité arachnoïdienne, dans les ventricules cérébraux; la masse cérébrale est congestionnée, les vaisseaux y sont turgides.

ÉTIOLOGIE

La clavelée est une affection qui ne naît jamais spontanément; aucune des causes pathogènes ordinaires n'est susceptible de la faire apparaître. Elle est toujours le résultat de l'introduction, dans un organisme sain, d'un germe, d'un virus spécial, qui, en repullulant, provoque les symptômes et les lésions que nous connaissons.

L'observation déjà ancienne, l'observation de tous les jours et l'expérimentation démontrent clairement que la clavelée est contagieuse. Toutes les fois qu'elle apparaît dans une localité, elle y a été importée; toutes les fois qu'elle s'étend, c'est parce qu'elle se transmet des troupeaux malades aux troupeaux sains. La contagion est donc bien la seule cause de la variole du mouton. Mais il est certaines circonstances, certaines causes adjuvantes, qui facilitent la contagion, et ce sont d'une manière générale toutes celles qui ont pour résultat de créer des rapports directs ou indirects des troupeaux sains avec les troupeaux malades.

La clavelée est-elle une maladie particulière, ne se confond-elle avec aucune autre? Dans notre définition, nous l'avons considérée comme une maladie spéciale, et c'est là l'opinion du plus grand nombre; mais pourtant on l'a eue assimilée, identifiée même avec le horsepox, avec le cowpox, avec la variole de l'homme, avec la fièvre aphtheuse, etc. On a prétendu qu'elle pouvait s'inoculer à l'homme et lui conférer l'immunité contre la variole; mais cette opinion n'est pas démontrée. Quelques-uns ont vu en elle une maladie qui serait originaire de certains oiseaux de basse-cour; cette idée ne repose non plus sur aucun fondement sérieux. Il faut donc la considérer, jusqu'à preuve du contraire, comme une maladie spécifique propre, qui ne se confond avec aucune autre. La clavelée, qui est propre à l'espèce ovine, peut néanmoins se transmettre, quoique difficilement, à l'espèce caprine et peut-être à l'espèce bovine, voire même à d'autres animaux, tels que les lapins et les oiseaux de basse-cour.

Contage claveleux, ses caractères et ses propriétés. — Quel est le siège et quels sont les caractères du virus claveleux?

Le contage claveleux se trouve surtout dans le produit de l'éruption pustuleuse, et c'est là qu'il faut le chercher, c'est là qu'il faut le prendre, quand on veut le recueillir ou s'en servir pour pratiquer des inoculations. On peut donc se servir du produit de l'éruption cutanée ou de celui d'une éruption muqueuse; parfois même il serait suffisant d'employer le jetage ou la chassie ou la salive lorsque des vésicules se sont développées sur la pituitaire, sur la buccale, sur la conjonctive et ont déversé leur produit à la surface de la muqueuse, où il s'est mélangé avec la matière que celle-ci sécrète. Les produits de sécrétion morbide sont donc virulents; en est-il de même des produits de sécrétion physiologique? La question n'est pas, pour le moment, susceptible d'une solution; on ne sait pas si le lait, si les urines, etc., ne deviennent pas virulents, quand la maladie est très intense, très généralisée. Mais il importe surtout de savoir si le sang devient ou ne devient pas virulent. Contrairement à ce qu'on observe dans le horsepox, le sang des animaux claveleux est virulent, au moins quand la maladie est généralisée; dans le Midi, principalement dans le territoire d'Arles, on se sert fréquemment du sang des claveleux pour pratiquer la clavelisation. La lymphe contient aussi le virus, qui se trouve du reste partout, qui imprègne tous les solides de l'organisme, qui imprègne les chairs et les os. En sorte qu'il faut considérer comme dangereux, au point de vue de la transmission de la maladie, non seulement les malades, les toisons, les peaux, mais même les chairs; ainsi un chien, qui, après avoir mangé de la chair claveleuse, va se désaltérer dans un abreuvoir, peut en souiller l'eau et, si un troupeau vient y boire après lui, il pourra y contracter la clavelée.

On ne connaît pas la nature de l'agent virulent. On sait que cet agent est un élément figuré, et l'on peut affirmer que ce n'est pas une simple granulation anatomique; on peut même, grâce à la connaissance de ses propriétés, affirmer qu'il est de nature végétale. Ce qui le prouve en effet c'est, outre sa repullulation, sa faculté de résistance aux causes de destruction, c'est sa longue conservation, c'est sa vitalité. Quand il est desséché lentement, à une température modérée, comme cela se passe lorsqu'il se produit des croûtes à la place des pustules, il se conserve ensuite longtemps, pendant des semaines, pendant des mois, et même pendant une année. Assurément il n'en serait pas ainsi pour de simples granulations anatomiques, qui ne résisteraient pas non plus à l'action des sucs digestifs, tandis que l'agent claveleux résiste, puisque la maladie est transmissible par la voie digestive.

Quelle que soit d'ailleurs la nature du contage claveleux, il est certain qu'il est produit en très grande abondance dans les organismes malades; sa proportion varie bien entendu suivant l'intensité de l'éruption. Le produit de sécrétion de l'éruption claveleuse est plus riche en éléments virulents que celui de l'éruption greasienne. Le claveau, d'après les expériences de M. Chauveau, dilué dans 1500 fois son volume d'eau, et inoculé ensuite à la lancette, est actif; tandis que le vaccin ne l'est pas ordinairement, quand il a été dilué dans 50 fois son volume d'eau ; ce qui revient à dire que le virus claveleux, que la matière claveleuse est au moins 30 fois plus riche et plus active que la lymphe vaccinale.

Une fois introduit dans l'organisme, l'agent virulent se multiplie. Il est absorbé par les voies lymphatiques, il est déversé dans le torrent circulatoire et transporté ainsi dans tous les points de l'économie. Les germes, qui arrivent à la peau, s'y arrêtent et y déterminent une inflammation qui se transforme en pustules, dans lesquelles ils se multiplient.

Le virus existe dans l'organisme contaminé, dès le moment de la contamination, et, s'il est difficile au début d'en constater la présence, il n'en est pas de même lorsque la période d'éruption apparaît. On peut en effet déjà puiser le virus dans la tache ecchymotique qui précède la pustule ; plus tard il sera plus abondant, lorsque la pustule sera formée; et il persistera lorsque la pustule se transformera, lorsqu'elle se desséchera, lorsque son produit s'épaissira et se transformera en croûtes. On sait en effet que les croûtes claveleuses contiennent le virus.

Le virus claveleux, recueilli entre des lames de verre ou dans des tubes capillaires, et les croûtes claveleuses peuvent conserver leur virulence pendant des mois, pendant plus d'un an même, si on les place dans un lieu convenable, à l'abri de l'humidité, de la lumière, de l'électricité, de la chaleur, du froid, etc. Comme tous les autres virus, le contage claveleux craint l'humidité, la chaleur, etc. Le claveau, renfermé dans des tubes, est détruit, ainsi que nos expériences le prouvent, par une température de 75° et par un froid de — 8°. Il est probable que le claveau desséché est plus résistant; mais néanmoins, si les croûtes claveleuses peuvent conserver la virulence quand elles ne sont pas exposées à l'humidité, elles la perdent quand elles sont soumises à l'influence de l'humidité, car alors elles se putréfient. D'où il résulte qu'on peut facilement conserver le claveau, en prenant les mêmes précautions que pour le vaccin, en préservant les croûtes de l'humidité. Les agents, qui, d'après nos expériences, nous paraissent les plus aptes à détruire les propriétés du virus claveleux, sont la chaleur, l'acide sulfureux, l'acide arsénique; l'acide phénique doit être employé à plus forte dose.

L'inoculation du virus claveleux produit ordinairement une maladie localisée aux points inoculés; mais on peut obtenir une éruption généralisée, en adressant le contage aux voies digestives, aux voies respiratoires. Dans l'un comme dans l'autre cas, l'immunité est conférée aux individus. Connaissant le mode d'évolution de la maladie, suivant la porte d'entrée du virus, et sachant que la clavelée se montre presque toujours généralisée, il est permis de conclure que, dans la pratique, la maladie est transmise par l'intermédiaire des voies digestives ou des voies respiratoires. La clavelée n'atteint qu'une fois le même individu; les récidives sont très rares; l'immunité conférée est donc assez longue. La maladie, ainsi que nous le verrons, peut se transmettre par la voie utérine; et les agneaux, qui ont contracté de la sorte la maladie, sont réfractaires, ils ont acquis l'immunité. On dit que les agneaux, qui naissent des mères claveleuses, sans avoir contracté la clavelée, n'ont pas l'immunité; mais cette question mérite d'être mieux étudiée. Y a-t-il des animaux qui, sans avoir déjà contracté la maladie, soient réfractaires? Les auteurs ont de la tendance à croire qu'il y a des réfractaires; mais il faudrait à ce sujet les lumières de l'expérience, et un mouton ne peut être déclaré réfractaire, qu'autant que l'inoculation de claveau ne produit sur lui aucun effet.

Contagion, ses modes, ses caractères. — La clavelée peut se transmettre par contagion immédiate, par contagion médiate, par contagion volatile.

La maladie peut sûrement se transmettre par contagion immédiate, par le contact direct d'un animal malade avec des animaux sains; c'est ainsi que, dans un troupeau infecté, des sujets malades peuvent contaminer les autres. Ce mode de transmission est facilité par l'habitude qu'ont les animaux de se presser les uns contre les autres. Il se produit d'autant plus souvent que la peau est dénudée ou excoriée; il peut s'effectuer par d'autres voies, par les voies digestives et par les voies respiratoires, quand les animaux se flairent où se lèchent, etc.

Ce n'est pas par contagion immédiate que la maladie se propage le plus souvent dans un troupeau; elle se transmet le plus ordinairement par contagion médiate ou par contagion volatile; et, quand elle se propage d'un troupeau à l'autre, c'est encore le plus souvent par contagion médiate ou par contagion volatile que la transmission a lieu. Les germes de la maladie sont rejetés dans le monde extérieur et introduits ensuite dans d'autres organismes par des intermédiaires solides, liquides ou gazeux. En effet les animaux claveleux rejettent dans le monde extérieur de grandes quantités de claveau formé à la surface de la peau et des muqueuses.

Le claveau est déposé sur des corps solides (parois des habitations, râteliers, fourrages, litières, etc.), qui transmettront la clavelée à des animaux sains qui viendront les flairer, les lécher où les ingérer. Il peut être aussi rejeté dans les eaux des abreuvoirs et infecter les animaux sains qui viendront s'y désaltérer. Il est enfin quelquefois en suspension dans l'air, soit qu'il provienne des voies respiratoires, soit qu'il provienne des croûtes; et il peut dès lors être introduit dans les voies respiratoires des animaux sains. Il est bien démontré que les voies respiratoires et les voies digestives se prêtent à l'absorption du virus claveleux; et, comme le contage claveleux est susceptible de se conserver longtemps, il peut arriver qu'il se dessèche à la surface des objets solides, à la surface des fourrages, et que plusieurs mois après y avoir été déposé, il soit susceptible de faire naitre la maladie s'il est ingéré.

Le contage se conserve quelque temps dans les eaux; mais au bout de deux ou trois jours il s'y détruit. Et du reste toutes les causes d'humidité, les brouillards, les pluies, la rosée, etc., favorisent la destruction du virus. Malgré cela, il est certain qu'il peut se conserver un certain temps dans les eaux, et ce temps, qui est estimé en moyenne à deux ou trois jours, peut varier suivant les circonstances, suivant que la putréfaction est plus ou moins rapide.

Les eaux peuvent être souillées de différentes manières, par les malades qui viennent s'y désaltérer, par les chiens qui viennent y boire après avoir mangé des débris claveleux, par le lavage des vêtements ou autres objets souillés de matières claveleuses, etc; et, quelle que soit la manière dont elles ont été souillées, elles peuvent infecter les animaux sains qui viendront en boire.

Les fourrages, les litières, l'herbe des pâturages peuvent aussi être souillés de différentes manières, par l'excrétion des produits morbides, et dans tous les cas leur ingestion est dangereuse, qu'ils aient été souillés par du jetage ou par des croûtes, etc.

La contagion volatile joue également un rôle important. Les malades infectent l'air qui les environne, d'autant plus souvent et d'autant plus copieusement que la clavelée est chez eux plus généralisée; et cet air peut dès lors devenir un agent assez actif de propagation, s'il est respiré par des animaux sains. On comprend aisément que les malades infectent l'air, car ils produisent en abondance le claveau à la surface de la peau et souvent à la surface de la muqueuse digestive et de la muqueuse respiratoire. L'air est donc infecté par la pulvérisation des croûtes ou des produits desséchés (jetage), et par les germes qui sont détachés des voies respiratoires par les mouvements d'expiration. Cet air ainsi souillé peut conserver les germes dans leur intégrité et les transporter plus ou moins loin.

On ne sait pas exactement combien de temps les germes restent en suspension dans l'atmosphère; on ignore si un air infecté reste infectant pendant longtemps. Si on suppose l'air tranquille d'une habitation, il est très probable que les germes, obéissant aux lois de la pesanteur, se déposent rapidement. Mais il n'en est pas ainsi quand l'air infecté est agité, quand il règne des courants d'air, quand il fait du vent; les germes sont alors déplacés et transportés plus ou moins loin; ils restent plus longtemps dans l'air et ils peuvent aller faire naître la maladie dans les troupeaux du voisinage.

C'est ainsi que l'on explique certains cas de transmission de la clavelée à des troupeaux, qui n'ont eu d'ailleurs aucun contact direct ou indirect avec des animaux malades, mais qui se trouvaient au voisinage d'un troupeau infecté à cent, deux cents mètres, et même au delà. Mais quand l'atmosphère infectée est tranquille, quand il n'y a ni vent, ni courant d'air, la maladie n'est guère propagée par son intermédiaire: c'est tout au plus si elle peut se propager alors à une dizaine de mètres du troupeau malade.

L'atmosphère infectieuse peut s'étendre sous l'influence de la chaleur qui dilate l'air; elle est ramenée à son volume primitif par le refroidissement de la nuit; elle est purifiée par la rosée, par le brouillard, par la pluie.

Les germes, qui sont en suspension dans l'air, peuvent pénétrer dans l'organisme de différentes manières: tantôt ils sont introduits dans les voies respiratoires, et c'est là ce qui a lieu le plus souvent; tantôt ils sont déposés sur la peau, qui peut les absorber si elle est excoriée, dénudée; tantôt enfin ils sont déposés dans les eaux, sur les fourrages, et sont ensuite ingérés.

Le virus claveleux peut donc pénétrer dans l'organisme par différentes voies : il peut pénétrer par les voies digestives, par les voies respiratoires et par la peau. Lorsqu'il est ingéré avec les boissons ou avec les fourrages, il est absorbé et donne lieu, au bout d'une période d'incubation de huit à douze jours, à une éruption généralisée.

Il en est de même lorsque le virus a été introduit dans les voies respiratoires. Les voies respiratoires et les voies digestives jouent le plus grand rôle dans la transmission de la clavelée. L'éruption étant toujours ou presque toujours généralisée, il y a lieu de penser que, dans la pratique, la transmission ne se fait pas par la peau, attendu que l'inoculation du virus donne une éruption localisée. Du reste le rôle des voies respiratoires et des voies digestives est bien établi par de nombreux faits d'observation et d'expérimentation.

L'absorption du virus claveleux se fait très rapidement, quelques minutes suffisent.

Quand il s'agit d'appliquer des mesures de police sanitaire, il faut bien connaître les modes de transmission, il faut de plus savoir quels sont les agents capables de transmettre la maladie, et quelles sont les conditions et les circonstances qui favorisent la transmission. On peut dire, d'une manière générale, que tout ce qui est souillé de virus peut transmettre la clavelée.

Ainsi, peuvent être des agents de propagation, non seulement les animaux malades, mais encore leurs cadavres, leurs débris, leurs chairs, leurs toisons, les fourrages, les litières, les eaux qu'il ont infectées, les pâturages, les abreuvoirs qu'ils ont fréquentés, tous les objets qu'ils ont souillés, ou sur lesquels le virus s'est déposé, tous les corps qui sont imprégnés de claveau, les chiens employés à la garde des troupeaux malades, les chiens qui ont dévoré de la chair d'animaux claveleux, et qui vont ensuite souiller l'eau où ils se désaltèrent, les personnes elles-mêmes, les bergers qui soignent, qui gardent les malades, les bouchers qui ont touché, qui ont tué et travaillé des malades, etc. D'ailleurs les vêtements du berger et du boucher peuvent aussi s'imprégner de virus et devenir ensuite des agents de propagation.

Ordinairement la clavelée, lorsqu'elle existe dans une localité, y a été introduite par l'importation d'animaux malades ou contaminés venant d'un pays suspect ou infecté. Dans le midi de la France, où on a fréquemment l'occasion de l'observer, elle est souvent importée avec des animaux venant de l'Algérie, de l'Italie ou de l'Espagne. Dans le nord de la France, la clavelée est fréquente depuis qu'on importe des animaux d'Allemagne. Le déplacement des troupeaux infectés, la vente d'animaux infectés sont fréquemment la cause de l'extension de la maladie. Il suffit en effet, que des moutons infectés, venant d'une localité infectée, soient vendus, déplacés, conduits dans une autre localité, pour y implanter la maladie. Aussi la clavelée, après être restée à l'état d'enzootie dans une localité, peut très aisément devenir épizootique, s'étendre à des localités voisines, gagner de proche en proche, et même s'étendre à des localités plus ou moins éloignées.

Les conditions et les circonstances qui favorisent la contagion, qui facilitent l'extension de la maladie sont nombreuses, ce sont non seulement le contact des troupeaux malades avec les troupeaux sains, mais encore toutes les circonstances qui permettent à des animaux sains d'introduire du virus dans leur organisme, ce sont : la cohabitation des animaux malades avec les animaux sains ; le voisinage d'un troupeau sain et d'un troupeau malade ; le voisinage d'une bergerie, d'un parc ou d'un cantonnement infecté ; le séjour ou le passage d'un troupeau sain dans une bergerie, dans un parc, dans un pâturage, dans un cantonnement infectés par un troupeau claveleux ; le passage d'un troupeau sain sur les chemins parcourus par un troupeau malade ; la fréquentation des abreuvoirs, aiguades, etc., fréquentés par des animaux malades ; l'exposition en foire ou en marché, quand il s'y trouve des animaux malades ou récemment guéris, et dont la toison peut encore conserver le virus ; le transport dans des voitures, dans des wagons, dans des bâtiments non désinfectés, incomplètement désinfectés, où le virus claveleux, déposé par des malades, peut se conserver longtemps ; la libre circulation des troupeaux récemment guéris, dont les individus peuvent conserver le virus plus ou moins longtemps dans leur toison, tant qu'il n'auront pas été tondus et lavés ou désinfectés ; un troupeau claveleux peut en effet rester dangereux quatre, cinq, six mois après sa guérison, s'il n'est pas tondu ou désinfecté.

TRAITEMENT

La clavelée se termine le plus souvent par la guérison, mais aucun traitement curatif ne peut lui être appliqué ; elle suit son cours et il importe même de ne pas troubler sa marche, de ne pas arrêter son évolution, car on provoquerait une répercussion mortelle dans le plus grand nombre des cas.

Il faut se borner à faciliter l'évolution de la maladie, à en diriger la marche, à en atténuer la gravité, à prévenir et à combattre les complications.

Le traitement hygiénique doit occuper la place la plus importante, et néanmoins l'intervention d'un traitement thérapeutique sera utile et même nécessaire dans certains cas. Les soins hygiéniques ou thérapeutiques seront donnés à tout le troupeau; on pourra néanmoins séparer et soigner d'une manière spéciale les animaux qui paraîtront les plus malades.

Il faudra veiller à la bonne tenue des habitations, qui devront être propres, convenablement aérées et maintenues à une température modérée. On évitera donc, surtout en été, d'entasser un trop grand nombre d'animaux dans la même bergerie; on renouvellera, de temps en temps, l'air des habitations; on donnera aux malades une alimentation saine, de bonne qualité, de facile digestion, plus ou moins abondante et reconstituante suivant l'état des animaux; on pourra même y joindre des agents toniques et reconstituants (ferrugineux, sulfure d'antimoine), des condiments (sel marin, sulfate de soude, crème de tartre, etc.), qu'on mettra en dissolution dans les boissons, et qu'on mélangera avec les aliments.

On n'aura recours à un véritable traitement thérapeutique, qu'autant que la maladie menacera d'être grave, qu'autant qu'elle sera grave, qu'autant qu'elle s'accompagnera de certaines complications. Quand il y aura à craindre une clavelée maligne, quand l'éruption se fera difficilement, on isolera les malades si cela est possible, on leur administrera des agents excitants ou sudorifiques, des infusions de sureau, de tilleul, de camomille, etc., pour faciliter l'éruption ou pour la rétablir; on leur fera prendre, dans leurs boissons, du sulfate de soude, de la crème de tartre pour atténuer la fièvre. Dans aucun cas il ne faudra recourir ni à la saignée, ni aux sétons, ni aux vésicatoires. Dans les cas de délitescence, on pourrait stimuler la peau au moyen de lotions sinapisées, ou par des frictions avec le liniment ammoniacal, dans le but de faciliter la réapparition de l'éruption. Les prescriptions qui précèdent ne peuvent guère être mises en pratique dans les grands troupeaux; et il en est de même jusqu'à un certain point de celles qui suivent.

Quand la clavelée est maligne, quand l'éruption ne se transforme pas en pustules, quand il se forme des plaques gangréneuses, on peut faire sur la peau des frictions excitantes ou irritantes, avec l'alcool camphré, avec le liniment ammoniacal. On donne en même temps à l'intérieur des toniques, des antiseptiques, du perchlorure de fer, de l'acide phénique; mais le plus souvent on est obligé de se contenter d'un traitement externe, car il est difficile de faire prendre aux malades les médicaments qu'on destine aux voies intérieures.

Quand la desquamation des croûtes laisse après elle des plaies suppurantes, il convient aussi de leur appliquer un traitement local : on les tiendra propres; on les lotionnera de temps en temps avec des liquides cicatrisants, avec la solution d'acide phénique particulièrement.

Quand il se produira des complications du côté des yeux, sur la conjonctive, sur la cornée, on appliquera le même traitement local, on lotionnera les parties malades avec une solution de sulfate de zinc, d'acétate de plomb, d'acide phénique, etc.

Quand il y aura complication du coryza, de bronchite, de pneumonie, de pleurésie, on appliquera le traitement spécial à chacune de ces maladies; et, si la muqueuse respiratoire est boursouflée, s'il y a tendance à l'asphyxie ou à la septicémie, on administrera de l'acide phénique sous forme de boissons ou de fumigations; on procurera aux malades un air pur, on détergera l'entrée des voies respiratoires, on pourra même recourir à la trachéotomie, mais sans grandes chances de succès.

Quand la clavelée se termine par la guérison, elle laisse parfois après elle un état valétudinaire, un état de marasme et d'adynamie plus ou moins prononcé; il convient alors de donner aux convalescents une bonne hygiène, une bonne alimentation et des toniques reconstituants.

POLICE SANITAIRE

Lorsqu'une épizootie de clavelée fait son apparition dans une localité, elle est parfois due à l'importation d'animaux étrangers venant de l'Allemagne, de l'Italie, de l'Espagne, de l'Algérie, etc.; d'autres fois elle est due à la propagation de la maladie, qui était d'abord restreinte à une ou plusieurs localités. Il faut donc prévenir les importations et empêcher l'extension de la clavelée; c'est à ce double but que doit tendre la police sanitaire.

1° Prévenir l'importation de la clavelée. — Le gouvernement et les autorités ont le droit et le devoir de faire exercer une surveillance assidue à la frontière; il faut faire visiter tous les animaux importés en France, tous les troupeaux, quelle que soit leur provenance; il faut exiger des importateurs la présentation de certificats d'origine et de santé. Il faut surtout visiter, avec le plus grand soin, les troupeaux qui viennent des pays suspects ou infectés. Il faut appliquer à la frontière, de la manière la plus rigoureuse, des mesures sanitaires toutes les fois qu'il s'agira d'un troupeau malade ou suspect.

En Algérie, où la clavelée est fréquente, on ne constate pour ainsi dire aucune mortalité; la maladie est tellement bénigne, qu'elle passe même inaperçue. Mais quand elle est importée et propagée en France, elle est plus grave sur les moutons du pays. Les moutons algériens, comme ceux des autres pays, doivent donc être soumis aux mêmes mesures, à la même surveillance, lorsqu'ils sont importés en France.

Les mesures à prendre à la frontière, sont d'une manière générale édictées par la loi des 28 septembre et 6 octobre 1791, et spécifiées par l'arrêté ministériel du 11 mai 1877, qui règle les conditions auxquelles est soumise l'importation des animaux venant de l'étranger ou de l'Algérie. Cet arrêté, qui est en vigueur actuellement, décide que tous les animaux susceptibles de présenter des maladies contagieuses seront visités à leur entrée en France; il ordonne la séquestration des malades et la mise en quarantaine des suspects.

Il est donc facile de prescrire à la frontière, en se basant sur la loi de 1791 et sur l'arrêté précité, les mesures sanitaires convenables pour empêcher l'importation d'une maladie contagieuse quelconque.

Les troupeaux, introduits en France par les bureaux de douane et par les ports, sont visités par les vétérinaires sanitaires, qui demandent leur séquestration et leur mise en quarantaine, s'ils le jugent à propos. Mais cette visite, quoique bien faite, n'est pas une garantie suffisante pour les acheteurs, qui deviendront propriétaires des troupeaux.

Elle n'est pas une garantie suffisante de bonne préservation, car des troupeaux, reconnus sains, peuvent être infectés et la clavelée fera plus tard son apparition, alors que les propriétaires ne s'en douteront nullement; c'est ce qui arrive malheureusement assez souvent. Et d'ailleurs, avant d'entrer en France, les importateurs ont soin d'éliminer les individus malades ou en voie de le devenir; en sorte que des troupeaux sûrement infectés sont fréquemment admis, grâce à cette manœuvre déloyale. Ensuite ces troupeaux vont propager la clavelée.

Les acquéreurs, comptant sur l'efficacité de la visite passée à la frontière, n'hésitent pas à mélanger les animaux récemment introduits avec les autres ; de cette manière, la maladie se propage dans une ferme d'abord et ensuite dans une localité. En sorte que, lorsqu'il s'agit des troupeaux importés en France, venant des pays voisins et arrivant par la voie de terre, l'arrêté ministériel est absolument illusoire; grâce au triage préalable, les troupeaux infectés entrent comme les autres. Il serait donc à désirer que les animaux introduits fussent dirigés immédiatement vers les abattoirs où ils doivent être sacrifiés, s'il s'agit de moutons destinés à la boucherie; et s'il s'agit d'animaux destinés à l'élevage, il serait bon que l'autorité intervînt et obligeât tout propriétaire devenu acquéreur d'un troupeau venant d'un pays infecté, à le maintenir en quarantaine sur ses pâturages pendant une quinzaine de jours; après ce délai, le troupeau reconnu sain cesserait d'être l'objet de toute surveillance et de toute mesure préventive.

Les importateurs algériens sont moins favorisés que les importateurs étrangers, parce que les troupeaux, quoique expurgés à leur départ d'Afrique, peuvent présenter de nouveaux malades à leur arrivée dans les ports de débarquement, où ils sont visités par les vétérinaires, sans pouvoir être préalablement soumis au triage. Malgré ces précautions, les troupeaux algériens importent assez souvent la clavelée; cette importation a lieu surtout par les animaux qui se sont infectés dans les bâtiments de transport, pendant la traversée, et qui, à leur arrivée à Marseille ou à Cette, ne présentent encore aucun symptôme de l'affection.

Voici en détail comment il est procédé pour les troupeaux africains importés en France. Non seulement on leur applique, à leur arrivée, les prescriptions de l'arrêté ministériel précité, mais en outre, à leur départ de l'Afrique, on leur applique celles de l'arrêté du Gouverneur civil de l'Algérie, du 19 octobre 1879.

« ARTICLE PREMIER. — Tous les animaux de l'espèce ovine, destinés à être expédiés en France, seront soumis, avant leur embarquement, à une vérification rigoureuse de leur état sanitaire par un vétérinaire.

« ART. 2. — Les bureaux de douane d'Alger, d'Oran, de Philippeville et de Bône seront seuls ouverts à l'exportation de ce bétail.

« ART. 3. — Les moutons reconnus claveleux et les troupeaux, dont ils font partie, seront séquestrés. La séquestration ne pourra être levée que trente jours après le dernier cas de clavelée. Toutefois, si le propriétaire fait procéder à la clavelisation de son troupeau, la séquestration sera levée quarante-cinq jours après l'inoculation constatée.

« ART. 4. — Les frais d'inspection sanitaire seront payés sur le produit d'un droit de visite déterminé par l'autorité départementale et à percevoir sur les expéditeurs; ceux de quarantaine resteront à la charge du propriétaire ou du conducteur des bestiaux.

« ART. 5. — . . . . »

En appliquant l'arrêté du Gouverneur de l'Algérie aux troupeaux qui sont expédiés d'Afrique, et en leur appliquant, à leur débarquement à Marseille ou à Cette, l'arrêté ministériel de 1877, on peut arriver à ce résultat singulier, qu'un troupeau déclaré sain en Afrique soit reconnu claveleux à son débarquement et séquestré comme tel. Et d'un autre côté, il peut se faire que le troupeau, s'étant infecté dans la traversée, ne soit pas encore malade à son arrivée et aille ensuite propager la clavelée là où il sera conduit. D'ailleurs l'article 3 de l'arrêté du 19 octobre 1879 ne permet pas de garantir suffisamment nos provinces méridionales contre l'importation de l'affection, car trente jours après le dernier cas de clavelée le troupeau peut encore être dangereux.

Pour toutes ces raisons et parce que la séquestration appliquée aux troupeaux, qui doivent être embarqués ou aux troupeaux qui débarquent, est une mesure ruineuse, je crois que les vétérinaires doivent conseiller à l'autorité une autre marche, différente de celle qui est suivie, plus sûre et moins onéreuse.

Puisque la clavelée est si bénigne en Algérie, la clavelisation devrait y être fortement conseillée et même prescrite au besoin. Les troupeaux envoyés en France devraient être accompagnés d'un certificat de clavelisation; ils devraient être visités avant leur embarquement, et les animaux qui ne présenteraient pas les traces de la clavelisation, seraient seuls examinés, séparés en un lot spécial et surveillés à leur arrivée en France. Les troupeaux clavelisés ne pourraient d'ailleurs être embarqués qu'un mois après la guérison complète.

Tant qu'on n'en arrivera pas à l'adoption de ce procédé, il y aura à craindre l'importation de la clavelée; et il faudra veiller, mieux que par le passé, à ce que les bâtiments de transport et les ustensiles à l'usage des troupeaux embarqués soient mieux désinfectés; il faudra en outre éclairer les acquéreurs des troupeaux algériens et les engager à les tenir isolés pendant quelques jours après leur arrivée en France. Mais, à mon avis, il serait plus sûr d'adopter et de faire adopter en Algérie la clavelisation; tous les animaux venant d'Afrique devraient avoir acquis l'immunité et ils ne devraient être embarqués que trente jours après leur guérison complète; on pourrait même les faire laver ou désinfecter au moment de les embarquer, si on craignait qu'ils fussent encore porteurs du virus.

2° Combattre l'épizootie. — Les mesures, qui conviennent pour empêcher l'extension de la clavelée et pour amener sa disparition dans une localité, dans une contrée, doivent être puisées dans les documents généraux, qui sont applicables à toutes les maladies contagieuses, c'est-à-dire dans l'arrêt de 1714, dans celui de 1784, dans la loi des 28 septembre et 6 octobre 1791, dans les articles 459, 460, 461, 462 du Code pénal. Un arrêt du Parlement de Paris du 23 décembre 1778 prescrivait un ensemble de mesures, qui doivent être conservées dans la pratique, bien que l'arrêt en question n'ait pas force de loi. Cet arrêt imposait aux propriétaires d'animaux claveleux de nombreuses obligations, qui sont les suivantes : la déclaration de l'existence de la maladie sous peine d'amende; la séparation et l'isolement des malades dans des habitations ou des cantonnements spéciaux; la défense de déplacer les animaux des lieux infectés pour les conduire dans des lieux non infectés; la défense de vendre les moutons des lieux infectés, d'exposer en vente les animaux malades; la défense aux bouchers de les acheter, de les tuer et de les débiter; la visite sanitaire des troupeaux des lieux suspects qui doivent être conduits en foire ou en marché; la visite sanitaire de ceux qui sont exposés en vente; la défense de mêler les animaux venant des pays suspects avec ceux des autres troupeaux pendant une huitaine de jours. L'enfouissement des cadavres entiers; la défense de jeter les cadavres dans les rivières, de les déterrer, etc.

Arrêt de la Cour du Parlement, qui ordonne que les moutons, brebis et agneaux qui seront atteints de la clavelée, seront séparés de ceux qui sont sains ; fait défenses à toutes personnes de les exposer en vente dans les foires et marchés, et aux bouchers de les tuer et d'en débiter la viande. — (*Extrait des registres du Parlement, du 23 décembre 1778.*)

« La Cour ordonne que dans les lieux où il y aura des moutons attaqués de la maladie du claveau, les officiers, soit du roi, soit des sieurs hauts-justiciers, auxquels la police appartient, chacun dans leur territoire, même les syndics des communautés, en cas d'absence des dits officiers, seront tenus de prendre des déclarations exactes des moutons, brebis et agneaux de chaque particulier, et de les faire visiter par personnes à ce intelligentes, deux fois la semaine au moins, le tout sans frais, pour connaître s'il n'y a pas de moutons, brebis et agneaux infectés de la maladie, enjoint à tous ceux qui ont ou qui auront des brebis, moutons ou agneaux malades, de les déclarer aussitôt aux dits officiers, à peine de cent livres d'amende contre chaque contrevenant, pour être, les bêtes malades, séparées de celles qui seront saines, et mises dans d'autres écuries, étables et lieux ; qu'en cas que le bétail malade puisse être conduit au pâturage, il soit mis à la garde d'un berger qui sera choisi par la communauté, et qui ne pourra conduire le bétail que dans les cantons et lieux qui seront indiqués par les dits officiers, à peine de punition corporelle et de tous dommages et intérêts dont la communauté demeurera responsable ; fait défenses à toutes personnes de conduire des moutons, brebis et agneaux des bailliages et lieux où la maladie du claveau est répandue, pour les vendre dans d'autres bailliages et lieux ; ordonne qu'il ne pourra être vendu de moutons, brebis et agneaux qu'après que ceux qui les conduisent auront préalablement représenté aux juges des lieux où la vente sera faite, un certificat des officiers du lieu d'où les dits moutons, brebis et agneaux auront été amenés, portant qu'il n'y a point de maladie du claveau dans le dit lieu sur le dit bétail, ni à trois lieues au moins à la ronde ; lequel certificat sera visé par le dit juge, sans frais, le tout à peine de trois cents livres d'amende pour chaque contravention, même de confiscation des bestiaux, s'il y échet ; fait pareillement défenses à toutes personnes, sous les mêmes peines, d'exposer en vente, dans les foires et marchés, aucuns moutons, brebis ou agneaux, même aux bouchers de tuer et débiter la viande des dits animaux, qu'après qu'ils auront été vus et visités par personnes à ce intelligentes nommées par les dits officiers, et ce à l'égard des bestiaux qui seront exposés en vente dans les foires et marchés avant que les dits bestiaux puissent être amenés dans le lieu de la foire ou du marché, pour savoir s'ils ne sont pas infectés de la maladie du claveau, ou même suspects d'en être attaqués, et être, ceux qui se trouveront en cet état, renvoyés sur-le-champ dans les lieux d'où ils auront été amenés ; que les moutons, brebis et agneaux qui seront jugés sains ne pourront être mêlés avec ceux de celui qui les aura achetés, ni avec ceux des habitants des lieux où ils seront vendus, qu'après en avoir été tenus séparés au moins pendant huit jours, à peine de cent livres d'amende pour chaque contravention ; ordonne qu'aussitôt que les bêtes attaquées de la maladie du claveau seront mortes, les propriétaires et fermiers seront tenus de les enterrer avec leurs peaux dans des fosses de six pieds de profondeur, et de recouvrir exactement les fosses jusqu'au niveau du terrain ; fait défenses à toutes personnes de jeter les dites bêtes mortes dans les rivières, ni de les exposer à la voirie, même de les enterrer dans les écuries, cours, jardins et ailleurs que hors l'enceinte des villes, bourgs et villages, à peine de trois cent livres d'amende et de tous dommages et intérêts ; fait défenses à toutes personnes de tirer des fosses les dites bêtes, sous quelque prétexte que ce puisse être, et aux tanneurs et autres d'en vendre ou acheter les peaux, à peine de trois cents livres d'amende, même d'être poursuivis extraordinairement : ordonne que les jugements qui seront rendus par les juges des lieux en conséquence du présent arrêt, et pour prévenir la mortalité du bétail, seront exécutés par prévision, nonobstant toutes oppositions, appellations et empêchements quelconques et sans y préjudicier ; ordonne que le présent arrêt sera imprimé, lu, publié et affiché partout où besoin sera ; enjoint aux substituts du procureur-général du roi d'y tenir la main, d'en envoyer des copies dans les justices de leur ressort, pour y être pareillement lu, publié et affiché, et de certifier, le procureur-général du roi, de l'exécution du présent arrêt.

« Fait en Parlement, le 23 décembre 1778.

« *Collectionné :* LUTTON.

« *Signé :* DU FRANC. »

Ces mesures sont excellentes et méritent d'être conservées pour la plupart.

La déclaration de l'existence de la maladie devra donc être faite à l'autorité chaque fois qu'elle fera son apparition dans un troupeau. Les propriétaires des troupeaux clavelisés doivent de même en informer l'autorité, attendu que les animaux inoculés étant dangereux doivent faire l'objet des mêmes mesures que les troupeaux claveleux. La déclaration est exigée pour la clavelée au même titre que pour les autres maladies contagieuses et sous peine de la même sanction. Il importe beaucoup en effet que l'autorité soit informée, afin qu'elle puisse prescrire les mesures sanitaires préservatrices nécessaires et afin qu'elle puisse faire procéder à une enquête sur le point de départ de la clavelée.

Les vétérinaires, investis de la confiance de l'autorité et délégués pour visiter les troupeaux déclarés ou dénoncés ou soupçonnés, ont une mission délicate à remplir, parce qu'ils doivent parfois visiter un nombre considérable d'animaux, parce qu'ils doivent non seulement étudier l'épizootie et tâcher d'en découvrir le point de départ, mais encore proposer les mesures sanitaires reconnues nécessaires et déterminer ordinairement le lieu du cantonnement. Le diagnostic de la clavelée n'est pas difficile à établir. Il est facile au vétérinaire de reconnaître la maladie, d'en vérifier l'étendue et la gravité, d'apprécier les dangers que courent les troupeaux du voisinage et d'adresser sur tout cela un rapport à l'autorité. Mais la difficulté commence quand il s'agit de conseiller l'application de telle ou telle mesure, parce que souvent telle mesure reconnue nécessaire est inapplicable pratiquement; c'est ainsi qu'on hésite souvent à demander la séquestration des troupeaux, surtout quand il s'agit d'un grand nombre d'animaux, surtout quand les ressources des propriétaires sont insuffisantes pour subvenir à leur entretien dans les habitations; c'est encore ainsi que le cantonnement est parfois d'une application presque impossible.

Quoi qu'il en soit, le vétérinaire sanitaire, après avoir constaté l'existence de la clavelée, doit procéder à une enquête pour remonter à l'origine de la maladie, ce qui, dans la majorité des cas, n'est pas difficile; il doit s'assurer que tous les animaux du troupeau sont marqués, et s'ils ne le sont pas, il doit les faire marquer et surveiller, ou faire surveiller par le garde champêtre l'opération, afin qu'on ne puisse distraire aucune bête du troupeau infecté. Personne mieux que le vétérinaire n'est à même de choisir le lieu où devra se faire le cantonnement.

Ses opérations terminées, l'expert doit adresser son rapport à l'autorité, qui l'a délégué; il doit lui faire connaître le résultat de sa mission; il doit lui indiquer catégoriquement tout ce qu'il y a à faire dans la circonstance; il doit prévoir ce qui pourrait être nécessité par des complications; il doit préciser toutes les mesures qu'il convient d'appliquer aux malades et aux suspects; il doit se prononcer sur la question des débris et des cadavres ainsi que sur l'opportunité de la clavelisation; il doit demander la désinfection des locaux et objets souillés et en indiquer le *modus faciendi*.

Il faut avant tout s'opposer désormais à l'extension de la clavelée: il faut empêcher que les troupeaux malades n'aillent infecter les troupeaux encore sains; et les modes de contagion étant connus, il faut empêcher le contact direct ou indirect des animaux malades des troupeaux infectés avec les troupeaux encore indemnes; il faut prévenir aussi le danger qui pourrait résulter du voisinage, bien que la transmission volatile ne s'effectue guère qu'à une faible distance. Il faut donc faire isoler, séquestrer, ou cantonner les troupeaux infectés; et il faut en outre prévenir les voisins et les engager à préserver leurs troupeaux de la contagion. Quand il s'agit de troupeaux claveleux, il faut le plus ordinairement se contenter de l'isolement, sous forme de cantonnement, qui doit, autant que possible, être pratiqué comme il sera indiqué plus loin.

Mais dans quelques circonstances exceptionnelles, on pourra recourir à la séquestration pure et simple. Quand les propriétaires auront des locaux convenables et des ressources suffisantes en fourrages, quand les troupeaux seront peu nombreux, quand les propriétaires se prêteront volontiers à ce mode d'isolement, quand la maladie sévira pendant l'hiver et dans des régions couvertes de neige, on pourra, on devra même parfois demander la séquestration des troupeaux dans leurs habitations. Et dans ces cas, comme du reste dans les cas où l'on applique le cantonnement, il faudra conseiller vivement la clavelisation des bêtes encore indemnes, afin d'abréger la durée de l'épizootie et d'atténuer la gravité de la maladie. On pourra encore, en pareil cas, faire séparer et mettre dans des habitations différentes, si cela est possible, d'un côté les bêtes malades, et de l'autre les bêtes encore indemnes. Les premières seront laissées dans le local infecté; les autres seront placées dans un nouveau local, et, dès que l'une d'elles sera reconnue malade, elle sera éliminée et placée avec les premières. Les troupeaux ainsi séquestrés ne seront rendus à la liberté, qu'après la guérison complète des malades et des inoculés; auparavant ils seront désinfectés ou lavés.

Si les malades ont été séparés d'avec les sains, et si ces derniers n'ont pas présenté des symptômes de clavelée quinze jours ou trois semaines après leur séparation, ils pourront être rendus immédiatement à la liberté.

Lorsque la clavelée apparaît dans un troupeau nombreux, et qu'elle ne se montre d'abord que sur un très petit nombre d'individus, il sera bon, tout en faisant séquestrer ou cantonner le troupeau, de séparer les malades, en sorte que, si des nouveaux cas n'apparaissent pas dans le troupeau, la séquestration ou le cantonnement pourra être levé au bout d'une quinzaine de jours ou trois semaines.

Lorsque le cantonnement devra être prescrit, et c'est le plus souvent qu'il faudra y recourir, on devra l'appliquer autant que possible d'après les principes que nous connaissons déjà. On assignera au troupeau infecté un espace limité de parcours et de pâturage; on lui appliquera le cantonnement mixte le plus souvent pour ne pas dire toujours; on choisira autant que possible le lieu de cantonnement dans les terrains du propriétaire, comme il a été dit plus haut; on fixera au troupeau malade un chemin particulier et un abreuvoir spécial; on informera les voisins des dispositions qui auront été prises, et on les mettra en garde contre l'extension possible de la clavelée à leurs troupeaux. Les lieux de cantonnement et les chemins désignés aux troupeaux infectés seront interdits aux autres troupeaux; et, s'il n'y a pas possibilité de spécialiser un chemin pour les animaux malades, il faudra en informer les propriétaires voisins, afin qu'au moins leurs troupeaux ne se rencontrent pas avec le troupeau infecté. Les chiens, employés à la garde des troupeaux, devront être retenus dans le lieu de cantonnement. Si des animaux succombent, leurs cadavres seront enfouis ou brûlés en totalité. L'autorité fera surveiller l'exécution du cantonnement par la gendarmerie ou les gardes champêtres.

Dans la pratique, il est souvent difficile ou même impossible de choisir un lieu de cantonnement qui réalise toutes les conditions que nous avons énumérées précédemment. Les terrains du propriétaire peuvent être plus ou moins morcelés et traversés par des chemins ; ce n'est qu'exceptionnellement qu'on trouvera un lieu isolé, bien limité, etc. On est souvent obligé de se contenter d'un quasi-cantonnement. On cantonne le troupeau infecté sur les pâturages de son propriétaire ; on peut au besoin lui interdire les parcelles où il y aurait du danger à conduire les malades ; on désigne les chemins que le troupeau peut parcourir ; on lui interdit, autant que possible, les chemins les plus fréquentés ; on informe, par l'intermédiaire du garde champêtre, les propriétaires voisins de toutes les dispositions qui ont été prises.

Quand il y a lieu de changer le cantonnement, soit pour cause d'insuffisance de pâturage, soit pour cause de transhumance, on procède comme il a été dit plus haut. Lorsqu'il sera nécessaire de changer le cantonnement, on choisira de préférence les pâturages les plus voisins ; on y fera conduire le troupeau infecté par un chemin peu fréquenté, que l'on fera connaître aux voisins et que l'autorité pourra interdire aux autres troupeaux, si cela est possible ; dans tous les cas les voisins doivent être informés.

Quand un troupeau est infecté de la clavelée et cantonné, il faut toujours se préoccuper d'abréger la durée de l'épizootie et d'accélérer la disparition de la maladie, il faudra toujours adopter l'une ou l'autre des deux lignes de conduite suivantes. On pourra toujours diviser le lieu de cantonnement en deux parties ; dans l'une on placera les animaux malades et dans l'autre on laissera les bêtes simplement suspectes. Celles-ci seront visitées tous les jours par le propriétaire ou le berger, qui fera un triage et qui fera passer, aussitôt qu'il les reconnaîtra, les nouveaux malades avec les premiers ; grâce à ce triage, on pourra toujours préserver de la maladie une partie plus ou moins considérable du troupeau infecté. Que si on ne peut ou si on ne veut employer ce moyen, il faudra alors recourir à la clavelisation ; il faudra conseiller vivement aux propriétaires cette pratique, qui, en rendant malades à la fois tous les animaux du troupeau, abrège considérablement la durée de l'épizootie, et permet de faire cesser plus tôt l'application des mesures de police sanitaire. La clavelisation doit toujours être conseillée quand la maladie s'est déclarée dans un troupeau et quand on ne peut pas séparer les malades ; il faut alors claveliser immédiatement tous les animaux du troupeau, qui ne présentent encore aucun symptôme de clavelée.

La séquestration et le cantonnement des troupeaux claveleux ne seront levés que par l'autorité, sur l'avis du vétérinaire sanitaire ; leur durée sera variable suivant les cas. Ces mesures ne de-

vront être levées qu'autant qu'il se sera écoulé quinze jours après
la guérison complète du dernier cas de clavelée. Quand il s'agit
d'une portion de troupeau infectée, qui a été isolée et dans laquelle
on a fait le triage des malades, on peut lever la séquestration ou
le cantonnement quinze jours après l'élimination du dernier malade, si pendant ce temps il ne s'est montré aucun cas nouveau.
Quand il s'agit d'un troupeau clavelisé, on peut lever la séquestration ou le cantonnement quarante jours après la clavelisation
ou même plus tôt, au bout de trente à trente cinq jours. Quand il
s'agit d'un troupeau claveleux proprement dit, la levée du cantonnement ou de la séquestration ne doit avoir lieu qu'après la guérison complète des derniers malades.

Le lieu de cantonnement restera interdit pendant une quinzaine
de jours aux autres troupeaux ; il sera bon de le laisser ainsi se
désinfecter par le sérénage et par les pluies. Les troupeaux guéris
devront aussi être désinfectés (tonte, lavages, parcage, sérénage),
avant d'être déplacés, vendus ou mélangés avec d'autres, car ils
peuvent être dangereux.

Il ne faut jamais demander l'abatage des animaux claveleux ;
les propriétaires pourront, s'ils le jugent à propos, sacrifier ceux
qui sont fatalement voués à la mort.

Dans tous les cas, les cadavres des bêtes mortes ou sacrifiées
ainsi *in extremis* doivent être livrés entiers à l'équarrissage, ou
enfouis ou brûlés. L'enfouissement doit être pratiqué d'après les
règles ordinaires, et la peau ne doit pas être enlevée. On peut au
besoin infecter les chairs et taillader les peaux.

La vente et l'exposition en vente des animaux malades ou suspects sera interdite ; ces animaux ne pourront, sous aucun prétexte
et sans l'ordre de l'autorité, sortir des lieux où ils auront été séquestrés ou cantonnés. On peut cependant autoriser l'utilisation,
pour la boucherie, des suspects et même de ceux qui sont légèrement malades. Les premiers peuvent être déplacés alors et conduits au lieu où ils doivent être sacrifiés ; les autres sont sacrifiés
sur place, leur peau est désinfectée et leurs chairs transportées
ensuite pour être débitées après leur refroidissement et avec les
précautions nécessaires pour prévenir la propagation de la maladie. On peut même laisser transporter à l'abattoir les animaux
légèrement claveleux (barbarins), qui doivent être sacrifiés ; le
transport se fait alors avec un véhicule (charrette), qu'on désinfecte

ensuite. Les moutons suspects ou malades, conduits à l'abattoir, doivent être sacrifiés le plus promptement possible.

Les animaux voisins des troupeaux infectés peuvent être bien entendu livrés à la boucherie; mais ils ne doivent être exportés ou mis en vente que sous certaines conditions. Ainsi les animaux venant des localités infectées devraient être accompagnés d'un certificat d'origine délivré par le maire et d'un certificat de santé délivré par le vétérinaire; t en outre ils devraient être maintenus en observation et isolés, dans la nouvelle localité où ils sont conduits, pendant une quinzaine de jours.

Il n'est pas nécessaire d'interdire les foires et les marchés dans les localités infectées; il suffit d'interdire la vente et l'exposition en vente des animaux provenant des troupeaux infectés; il suffit de réglementer les foires et les marchés. Tous les animaux exposés en foire ou en marché devront être marqués; les animaux malades et ceux provenant des troupeaux infectés n'y seront pas reçus; il sera bon que les troupeaux exposés en vente soient visités par un vétérinaire.

Quand la clavelée aura disparu d'une habitation, d'une ferme, quand des objets auront été souillés par des animaux malades, il faudra faire pratiquer la désinfection. Le troupeau, dans lequel la maladie a régné, reste dangereux après la guérison, et il serait imprudent de ne prendre aucune précaution pour empêcher la transmission de la clavelée. Il sera bon de soumettre les animaux à une désinfection, si l'on veut lever le cantonnement et si l'on veut autoriser le propriétaire à déplacer, à exposer en vente, à vendre ses moutons.

Il faut toujours faire désinfecter avec soin les wagons et les bâtiments de transport, qui ont servi pour des troupeaux infectés; il faut désinfecter l'habitation et les objets divers souillés par les malades; il faut désinfecter les fumiers, les fourrages, les litières, les eaux, les pâturages, les chemins, les débris cadavériques (peaux) qu'on utilise, les laines, les bergers, les bouchers, etc. Les agents, qui conviennent le mieux pour pratiquer la désinfection, sont : l'eau bouillante, la vapeur d'eau, les lessives bouillantes, l'acide phénique, les solutions bouillantes d'acide phénique, les vapeurs d'acide phénique, le chlore et surtout l'acide sulfureux, etc.

On désinfecte les troupeaux guéris, en faisant tondre ou laver les animaux qui ont été malades, ou en les faisant passer dans une atmosphère chargée d'acide sulfureux, après avoir légèrement humecté leur toison.

Les wagons et les bâtiments de transport doivent être nettoyés convenablement et lavés avec une lessive bouillante et à la brosse sur les parois et sur le sol; ils doivent être lavés ensuite ou badigeonnés avec une solution bouillante d'acide phénique. Si on a un générateur de vapeur, on fera bien de lancer des jets de vapeur surchauffée sur les parois et les ustensiles ou les objets divers qui se trouvent dans le wagon, dans le bâtiment. A défaut des moyens précédents, on pourra se contenter d'un bon nettoyage fait avec la brosse et une lessive bouillante, puis on humectera les parois et les objets souillés, on calfeutrera toutes les ouvertures et on brûlera du soufre dans les proportions indiquées précédemment.

Les habitations et les objets souillés par les malades, tels que râteliers, auges, etc., seront désinfectés comme les wagons, comme les bâtiments de transport.

Les fumiers seront mis en tas et abandonnés pendant quelque temps (au moins une vingtaine de jours) à la putréfaction; on pourra, le cas échéant, les laisser utiliser s'ils doivent être enfouis dans le sol; on pourra aussi en faire arroser la surface avec une solution d'acide phénique brut ou d'acide sulfurique.

Les fourrages et les litières seront employés pour les animaux bovins ou solipèdes; ou bien ils seront désinfectés par le sérénage, de même que les pâturages et les chemins; l'action de l'air et de la rosée, continuée pendant quelques jours (une quinzaine de jours) peut amener la destruction du virus.

Les peaux claveleuses seront desséchées rapidement, ou passées dans un bain phéniqué, ou exposées à un dégagement d'acide sulfureux. Les laines seront lavées ou desséchées ou exposées à l'action de l'acide sulfureux; les vêtements des bergers et des bouchers, leurs chaussures pourront, le cas échéant, être désinfectés avec l'acide sulfureux.

Clavelisation. — La clavelisation a été conseillée et pratiquée depuis bien longtemps. Cette opération offre de sérieux avantages; elle est ordinairement suivie d'une maladie bénigne, localisée aux points d'inoculation; et cette maladie bénigne confère l'immunité aux animaux clavelisés, elle les préserve de la clavelée. Si les suites de la clavelisation étaient toujours bénignes, il y aurait là un moyen préservatif qui devrait toujours être conseillé et que la législation devrait rendre obligatoire; mais il n'en est pas toujours ainsi, et il arrive parfois que les animaux clavelisés présentent une maladie grave et l'opération peut être suivie de pertes assez considérables dans certains pays. Néanmoins on peut dire d'une manière générale que la clavelisation n'est pas dangereuse dans les pays tempérés et pendant les saisons tempérées (printemps, automne).

On peut, au point de vue sanitaire, distinguer trois sortes de clavelisation : une clavelisation de nécessité, une clavelisation de précaution et une clavelisation de préservation. On appelle clavelisation de nécessité celle qui est pratiquée sur un troupeau déjà infecté ; on appelle clavelisation de précaution celle qui est pratiquée sur les troupeaux voisins des troupeaux infectés ; enfin on appelle clavelisation de préservation celle qui serait pratiquée, et qui a été conseillée dans le midi de la France et en Algérie, pour tous les troupeaux en général. Quoi qu'en aient dit certains auteurs, la clavelisation, même celle dite de nécessité, ne peut être imposée aux propriétaires par l'autorité ; et à mon avis les arrêtés préfectoraux, qui l'ont eu prescrite dans le temps, en invoquant la loi de 1791, sont illégaux ; l'autorité ne peut, dans l'état actuel de la législation sanitaire, que conseiller la clavelisation quand elle est jugée utile.

Voyons donc dans quel cas cette opération peut être utile et doit être conseillée. Quand la clavelée a envahi un troupeau, il faut immédiatement séparer les animaux malades et vérifier les jours subséquents l'état des animaux simplement suspects, afin d'éliminer les nouveaux malades au fur et à mesure qu'ils se présenteront ; de la sorte on peut toujours préserver la plus grande partie du troupeau.

Mais si cette manière de procéder, qui est la meilleure, est impraticable, il faudra toujours, quelle que soit la saison et quel que soit le climat, conseiller la clavelisation des moutons qui ne sont pas encore malades, tant de ceux qui ne sont pas encore contaminés, mais qui peuvent se contaminer d'un jour à l'autre, que de ceux qui sont déjà infectés et qu'on ne peut distinguer encore. En pareilles circonstances, la clavelisation a des avantages incontestables ; elle abrège la durée de l'épizootie et de la séquestration ; elle confère une maladie moins grave à des animaux voués presque fatalement à une clavelée beaucoup plus grave.

Quand dans une localité les troupeaux infectés sont bien séquestrés, bien cantonnés, il ne faut jamais conseiller la clavelisation pour les troupeaux voisins, tant qu'on sera assuré de les préserver efficacement. Si les pâturages sont morcelés, si le cantonnement absolu est impossible, on pourra, notamment dans le midi de la France et surtout en Algérie, autoriser et conseiller même la clavelisation des troupeaux exposés à la contagion, à condition que ces troupeaux soient ensuite traités comme claveleux et soumis au cantonnement.

Dans le midi de la France cette clavelisation de précaution peut avoir une certaine importance et des avantages incontestables, attendu qu'elle est ordinairement bénigne et que, pratiquée au printemps, elle permet aux propriétaires de voir leurs troupeaux débarrassés de la clavelée, lorsque le moment de la transhumance arrive.

La clavelisation des troupeaux d'une région, d'un pays, dans le but de les préserver de la clavelée pour l'avenir, ne doit pas être conseillée, sauf dans certains pays, sauf dans le midi de la France, sauf en Algérie. En Algérie, où la clavelée est fréquente mais bénigne, la clavelisation de tous les troupeaux serait une excellente précaution et il est à souhaiter qu'une loi rende obligatoire cette pratique. Si tous les troupeaux algériens étaient clavelisés, si on n'acceptait aux ports d'embarquement, pour être transportés en France, que les moutons portant les traces de la clavelisation, si on ne permettait l'exportation qu'après la guérison absolue des clavelisés, on arriverait facilement à ne plus introduire la clavelée en France avec les moutons africains.

Dans le midi de la France la clavelisation de préservation peut quelquefois être autorisée, mais elle ne doit jamais être conseillée quand elle ne pare pas à un danger certain. Ainsi elle pourrait être conseillée quand la maladie règne dans les localités voisines, quand il se fait des échanges entre les diverses localités infectées et non infectées, etc. Quand on conseille la clavelisation, il ne faut jamais perdre de vue qu'elle peut entraîner certaines pertes en France et que les troupeaux clavelisés peuvent propager la maladie.

Lorsqu'on pratique la clavelisation, on choisit le claveau ; on le prend autant que possible sur un individu atteint de clavelée bénigne ; on le puise dans les pustules les mieux formées ; on évite de le recueillir sur des individus atteints de clavelée maligne. Il est à peu près indifférent de claveliser avec du claveau provenant d'un animal qui a contracté la maladie naturellement, ou avec du claveau provenant d'un animal clavelisé expérimentalement. Le virus claveleux ne semble pas s'atténuer par des cultures successives ; on l'a trouvé doué de la même activité après deux cent quatre-vingt-dix-sept cultures ou inoculations successives. Et d'ailleurs, si l'on ne peut pas puiser le claveau sur un animal atteint de clavelée bénigne, il ne faut pas pour cela renoncer à l'opération; on peut puiser le virus sur un mouton atteint de clavelée maligne; on peut même inoculer le sang des plaques ecchymotiques, le sang des papules, le sang du voisinage de la pustule.

La maladie, qui évolue sur un individu, emprunte sa gravité plutôt aux dispositions de cet individu et aux conditions hygiéniques qui l'entourent, qu'à la qualité et à la provenance du virus.

Le claveau, de même que le vaccin, peut être recueilli dans des tubes ou entre des lames, et conservé d'après les mêmes principes; on peut aussi conserver des croûtes desséchées, qui serviront plus tard à pratiquer des inoculations, après qu'on les aura ramollies dans l'eau.

Quand le moment est venu de se servir du claveau, conservé dans des tubes ou entre des lames, on procède absolument comme quand il s'agit du vaccin. Quand on pratique la clavelisation de nécessité, on ne saurait choisir le moment de l'opération; il faut y recourir dès que le besoin s'en fait sentir; on puise le claveau sur l'un des malades et on clavelise tous les suspects, quelle que soit la saison, quelle que soit la température, etc.

Quand on pratique la clavelisation de précaution on peut, sinon choisir la saison, au moins opérer pendant une journée favorable; on peut se servir de claveau conservé ou puiser le virus sur un des malades emprunté au propriétaire voisin pour la circonstance.

Quand il s'agit de la clavelisation de préservation, on peut choisir la journée et même jusqu'à un certain point la saison; il vaut mieux, toutes choses égales d'ailleurs, opérer pendant une saison douce, pendant le printemps ou pendant l'automne. On se sert alors de claveau conservé, à moins qu'on puisse se procurer un animal malade pour la circonstance.

Le procédé, qu'il convient de suivre dans la pratique de la clavelisation est bien simple, c'est le même que pour la vaccination. On peut se servir d'un bistouri, d'une lancette, d'un instrument piquant ou incisant quelconque; on fait une piqûre sous-épidermique ou une fente à travers l'épiderme et la partie superficielle du derme, et on y insère le claveau. On peut se contenter de faire deux ou trois inoculations.

Il est bon, quand on pratique l'inoculation, de choisir le lieu le plus convenable. On a conseillé de claveliser à la face inférieure

du ventre, au plat de la cuisse, à la face inférieure et à la base
de la queue; il faut abandonner ces lieux d'élection, où la clavelisation peut quelquefois être dangereuse. Il vaut mieux claveliser
à l'extrémité des oreilles ou à l'extrémité de la queue, après avoir
rasé les poils ou la laine, si cela est nécessaire. L'inoculation, pratiquée dans ces régions, entraîne souvent de petits accidents locaux; mais ces accidents sont sans gravité; il en résulte parfois
une perforation du cartilage auriculaire, une mutilation de l'extrémité de l'oreille ou de l'extrémité de la queue.

Depuis plus d'une année, je me suis occupé de chercher un
moyen de claveliser les moutons, de manière à leur conférer l'immunité sans leur donner une maladie grave et sans les rendre
dangereux pour les autres. J'ai cherché à prévenir la transmission
de la maladie par les animaux clavelisés. J'ai cautérisé ou extirpé
les pustules formées à la suite de l'inoculation, et voici les résultats qui se dégagent de mes expériences :

L'extrémité de l'oreille ou l'extrémité de la queue, mais surtout
l'extrémité de l'oreille, doit toujours être choisie comme lieu d'é-
lection pour pratiquer la clavelisation ; une fois l'inoculation pratiquée, par une ou deux piqûres, à l'extrémité d'une ou des deux
oreilles, on attend le développement complet des pustules, ce qui
a lieu du dixième au quinzième jour ; puis on ampute la partie de
l'oreille qui les supporte et on cautérise légèrement avec l'eau
forte la plaie, ou bien on la laisse en l'état. De la sorte on confère
aux animaux clavelisés une maladie bénigne et on prévient tout
danger de propagation par les bêtes inoculées.

CHAPITRE XVIII

FIÈVRE APHTHEUSE

Définition. — La fièvre aphtheuse est une maladie générale, éruptive, contagieuse, enzootique ou épizootique, phlycténoïde, qui s'accompagne d'un mouvement fébrile plus ou moins intense et qui se décèle par une éruption vésiculeuse, dont le siège est presque toujours la muqueuse buccale et très souvent la région mammaire et la région podale (espace interdigité).

Le produit de l'éruption est virulent.

Cette maladie est ainsi appelée à cause de ses caractères symptomatologiques ; elle s'accompagne de fièvre et se caractérise presque toujours par la formation d'aphthes (phlyctènes) à la surface de la muqueuse buccale.

On l'appelle encore *épizootie aphtheuse* ou *maladie aphtheuse, fièvre éruptive phlycténoïde, cocotte, exanthème stomato-interphalangé, mal de bouche, stomatite aphtheuse, maladie aphthongulaire, phlyctène glossopède, exanthème interphalangé, etc.*

SYMPTOMATOLOGIE

La fièvre aphtheuse se montre plus particulièrement sur les grands ruminants, mais on peut l'observer sur d'autres animaux ; elle est transmissible à tous les herbivores. On peut l'observer sur le porc, sur le mouton, sur la chèvre ; elle est transmissible au cheval, au chien et à l'homme.

Elle a été étudiée depuis longtemps, elle a sévi et sévit encore un peu partout ; elle a été étudiée à de fréquentes reprises en France, en Allemagne, en Suisse, en Italie, en Hollande, en Autriche, en Angleterre, en Belgique, en Russie, etc. Dans ce siècle, on a observé de très nombreuses épizooties de fièvre aphtheuse, soit en France, soit à l'étranger.

Cette affection peut rester en permanence dans certains pays, où on ne prend pas contre elle des mesures sanitaires suffisantes, et de là elle peut ensuite irradier sur d'autres régions, grâce au commerce et aux déplacements d'animaux. C'est qu'en effet, quand la cocotte apparaît dans une localité, elle est ordinairement importée par des animaux venant du dehors; elle se propage dans la ferme envahie, puis elle passe à d'autres fermes, à d'autres localités, etc.

En Russie, la fièvre aphtheuse précède souvent ou accompagne le typhus et affecte assez souvent une certaine gravité.

En France, la cocotte n'est pas grave ordinairement; quelquefois cependant elle peut présenter une gravité exceptionnelle.

Il convient de suivre, dans la description symptomatologique de la fièvre aphtheuse, la même marche déjà suivie dans la description du horsepox et de la clavelée; il faut donc étudier d'abord l'aphthe dans son évolution; puis la maladie évoluant sur un individu et restant simple et bénigne ou se compliquant et devenant maligne; en troisième lieu il faut étudier la marche de la maladie dans une ferme, dans une localité, dans un pays.

Aphthe. — L'aphthe est une phlyctène, une ampoule développée à la surface de la muqueuse buccale; on appelle aussi du même nom les plaies ulcéreuses de la bouche.

Le mot *aphthe* s'applique donc non seulement aux phlyctènes et aux plaies de la cocotte, mais encore indistinctement aux phlyctènes et aux plaies de la bouche, occasionnées par toute autre cause. Que les aphthes appartiennent ou non à une maladie spécifique, ils offrent toujours la même évolution et les mêmes caractères; l'inoculation seule permet de reconnaître si l'éruption est ou n'est pas spécifique. Dans la fièvre aphtheuse, le diagnostic est facilité par la transmission observée de la maladie et par les lésions qui se produisent presque toujours dans d'autres régions.

La phlyctène est précédée d'une ecchymose plus ou moins visible, quelquefois tout à fait cachée par l'épithélium épais de la buccale. De même que les phlyctènes de la buccale, celles qui se forment ailleurs, soit sur la pituitaire, soit sur la conjonctive, soit sur la peau de la mamelle ou de l'espace interdigité, sont précédées d'une congestion locale, d'une ecchymose, d'un exanthème.

La partie malade est tuméfiée et douloureuse. Bientôt, en un ou deux jours, l'ecchymose se transforme en une élevure aplatie, rougeâtre, qui devient blanchâtre ou jaunâtre et se transforme en ampoule par suite de l'exsudation et de l'accumulation du produit exsudé sous l'épiderme.

Les vésicules, une fois formées, ne tardent pas à se détruire, surtout celles qui siègent sur la muqueuse buccale, où elles sont exposées à des frottements incessants. Celles de la muqueuse respiratoire et celles de la peau peuvent se conserver deux, trois, quatre jours.

La destruction des phlyctènes survient naturellement, quand elle n'est pas le résultat du frottement. La pellicule, qui recouvre les ampoules, peut donc être déchirée par les frottements, et sinon elle peut éclater sous la pression du liquide sécrété, ou être ramollie peu à peu et se rompre. Alors le contenu de l'éruption est évacué. Ce produit est séreux, limpide ou jaunâtre, peu riche en éléments figurés.

A la place de la phlyctène reste une plaie superficielle plus ou moins large, suivant l'étendue de l'éruption, arrondie ou irrégulière. Cette plaie est le résultat d'une simple desquamation épithéliale ou épidermique; elle est grenue; ses bords sont peu ou pas saillants; quelquefois ils sont gonflés; elle sécrète un produit séreux, qui s'épaissit ensuite.

Parfois les aphthes et les plaies qu'ils donnent sont entourés d'une inflammation plus ou moins vive, surtout quand l'éruption est confluente. Une fois transformés en plaies, les aphthes ne tardent pas ordinairement à se cicatriser, et la guérison peut arriver ainsi très rapidement, à la condition que les plaies ne soient soumises à aucune irritation traumatique. Ainsi, à la surface de la pituitaire et même à la surface de la buccale, les plaies peuvent se cicatriser en un jour, deux jours; l'épithélium se régénère et tout est fini.

Mais, lorsque les plaies sont irritées par des frottements incessants ou par toute autre cause, il en résulte une inflammation plus ou moins vive, qui peut devenir suppurative, retarder ou empêcher la cicatrisation et s'accompagner de complications plus ou moins graves (inflammation des tendons, de l'os, de l'articulation, etc., etc.).

En résumé, hormis les cas où il survient des complications, les plaies résultant de l'ulcération des aphthes se cicatrisent rapidement; l'épithélium seul ayant été détruit, on le trouve bientôt régénéré, en sorte que, dans cinq, six, sept, huit ou dix jours, l'aphthe peut avoir accompli son évolution et ne laisser presque plus trace de son passage.

Indépendamment des cas où la cicatrisation est empêchée par une irritation traumatique, on peut voir la guérison des aphthes retardée par suite de l'extension de l'inflammation. C'est ainsi que nous verrons plus loin que l'éruption buccale peut s'accompagner de stomatite ou de glossite plus ou moins violentes; pareillement l'éruption podale peut s'accompagner de dermite, et l'éruption mammaire peut se compliquer de mammite.

Evolution de la maladie sur un individu. — La fièvre aphtheuse, évoluant sur un individu, se décèle par des symptômes généraux et par des symptômes locaux. Les symptômes généraux sont des symptômes fébriles; les symptômes locaux sont ceux des éruptions multiples, qui peuvent se produire dans le cours de la cocotte, et qui se montrent sur les lèvres, sur la muqueuse buccale, dans l'espace interdigité, sur les mamelles, sur la pituitaire et quelquefois sur les muqueuses internes. La maladie, ainsi considérée sur un individu, offre ordinairement une marche régulière; elle offre plusieurs périodes dans son évolution.

Les premiers symptômes n'apparaissent chez l'individu affecté que 2, 3, 4, 5, 6, 8 jours après la contamination. La période d'incubation, dont la durée est variable, est plus courte en été qu'en hiver; elle est également plus courte chez les jeunes, etc. Lorsque la maladie fait son apparition, elle parcourt rapidement les quatre périodes que nous avons déjà reconnues à la phlyctène (période d'invasion, période d'éruption, période d'ulcération et période de cicatrisation).

Avant l'apparition des symptômes locaux éruptifs, on constate facilement une modification dans l'état général du sujet; il se produit ordinairement un état fébrile plus ou moins accentué, qui se caractérise par de la tristesse, de l'inappétence, des frissons, par la diminution du lait, par une élévation de la température, par une accélération de la circulation, par l'état congestionnel, la tuméfaction et l'hyperesthésie des parties, qui doivent devenir le siège de l'éruption. La bouche est sèche et chaude; la muqueuse buccale devient rouge et douloureuse; la salive devient plus abondante et filante; on entend parfois des grincements de dents; et fréquemment à cette période le malade fait entendre un bruit de succion caractéristique, qui annonce l'éruption buccale. Le mufle et les ailes du nez sont chauds et secs; la pituitaire est chaude, rouge et sèche d'abord; la conjonctive est parfois congestionnée.

Quand l'éruption doit envahir la région podale, on constate presque toujours de la lassitude; l'animal reste plus longtemps couché ; les mouvements sont gênés ; l'animal semble marcher sur des épines ; il y a parfois une boiterie très évidente d'un ou de plusieurs membres. Quand l'animal est au repos, il piétine souvent.

Chez les vaches, l'éruption se montrant souvent sur les mamelles, on constate la rougeur, la chaleur, la tuméfaction et l'hyperesthésie de la région ; les animaux se laissent traire difficilement.

Cette période fébrile, qui annonce l'invasion de la maladie, dure peu ; elle dure tout au plus un jour ou deux ; puis elle se modifie et fait place à la période d'éruption proprement dite.

La fièvre diminue et l'éruption apparaît sur les lèvres, sur le mufle, sur la muqueuse buccale, sur la peau de l'espace interdigité, sur la mamelle, et quelquefois dans d'autres régions, par exemple sur la conjonctive, sur la pituitaire, dans des régions où la peau est fine, et parfois sur les muqueuses internes. Mais, dans ce dernier cas, la maladie affecte quelquefois une forme particulière dont il sera question plus loin.

Partout où doivent se former des ampoules, on constate d'abord de la congestion, une extumescence, une élévation de la température locale et un accroissement de la sensibilité, une véritable douleur.

La muqueuse buccale est douloureuse, congestionnée ; elle présente des taches ecchymotiques, qui sont ordinairement difficiles à apercevoir, surtout à la face supérieure de la langue, à cause de l'épaisseur considérable de l'épithélium. Mais ces taches sont bientôt suivies d'autant d'élevures, qui deviennent plus faciles à apprécier. Ces accidents sont plus ou moins nombreux, isolés ou disséminés, confluents ; on peut les voir sur toutes les parties de la muqueuse buccale. Ils s'accompagnent d'une stomatite plus ou moins prononcée, d'où résultent la salivation et la dysphagie. Parfois il se produit une véritable glossite ; la langue se tuméfie et peut acquérir un volume considérable, surtout vers sa base, au point d'amener une gêne de la respiration et de faire craindre l'asphyxie. En général cependant la stomatite est peu intense et se termine promptement par la guérison.

L'exanthème se transforme rapidement ; les vésicules apparaissent partout où s'étaient formées des ecchymoses, à la face interne et sur le bord des lèvres, à la face inférieure et à la face supérieure de la langue, aux gencives, etc.; elles sont plus ou moins nombreuses, elles empêchent la mastication ; elles sont analogues aux ampoules qui se produisent sur la peau à la suite d'une brûlure ou du frottement; elles sont recouvertes par l'épithélium et contiennent un liquide séreux, limpide ou jaunâtre; elles sont plus ou moins volumineuses, plus ou moins étendues et plus ou moins régulières dans leur forme.

Les unes sont petites comme un pois; d'autres sont plus volumineuses et moins régulières dans leur forme; toutes sont proéminentes; les plus volumineuses sont aplaties. Elles sont recouvertes d'une pellicule blanchâtre ou grisâtre. Elles se réunissent parfois plusieurs ensemble, et il en résulte des ampoules irrégulières, oblongues, à bords ondulés, etc. A la langue, les vésicules conservent la couleur de la muqueuse et ne sont reconnaissables que par la saillie qu'elles forment.

La pellicule épithéliale, qui recouvre les phlyctènes, est facile à enlever ; on évacue ainsi la sérosité produite par l'éruption, et au-dessous le derme semble intact ; il est seulement hypérémié. Si on ouvre les phlyctènes, leur contenu s'échappe, et ensuite leur épithélium tombe par lambeaux.

Les manifestations de la cocotte peuvent se rencontrer sur un, deux, trois, ou les quatre pieds. Dans la région podale, les symptômes du début ne disparaissent pas; la gêne des mouvements est plus manifeste, la boiterie est plus accusée. La peau de l'espace interdigité est tuméfiée et rougeâtre; elle devient le siège d'un suintement et se couvre de phlyctènes. Celles-ci se forment à la partie antérieure de l'espace interdigité : elles s'étendent en arrière et il s'en produit sur tout le bourrelet.

L'épiderme, macérant dans le produit exsudé, blanchit et se détache. La partie malade continue à sécréter, et bientôt son produit se modifie, devient purulent et fétide. Parfois l'ongle se décolle au niveau de la partie malade. Les vésicules de la région podale sont difficiles à voir, parce qu'elles sont rarement bien développées et parce qu'elles se détruisent rapidement.

Quand l'éruption se produit à la mamelle, elle est précédée de la congestion de l'organe. Les phlyctènes sont ordinairement petites et peu nombreuses sur cette région ; on les voit plutôt sur les trayons que sur les mamelles; elles sont blanchâtres ou jaunâtres, arrondies quand elles sont isolées, irrégulières quand elles sont confluentes; elles sont souvent entourées d'une auréole rouge-pâle; souvent une entoure et bouche l'orifice du trayon, qui est gonflé, luisant et douloureux.

L'éruption aphtheuse peut se montrer dans les trois régions que nous venons d'énumérer ; elle peut aussi se montrer dans d'autres points, où son évolution est d'ailleurs analogue à celle que nous venons de décrire.

La période éruptive proprement dite peut durer quatre, cinq ou six jours ; mais il arrive parfois que l'éruption se fait successivement dans les diverses régions, et la période éruptive peut ainsi se prolonger pendant deux ou trois jours de plus. Quand la maladie fait éruption sur les trois régions à la fois, il arrive ordinairement que l'une d'elles est plus fortement endommagée que les autres ; ainsi, quand l'éruption buccale est très intense, les régions podales sont moins malades ainsi que la région mammaire et réciproquement. Les prodromes s'atténuent ordinairement lorsque l'éruption s'est formée ; mais cela n'est pas ainsi, quand la région podale et la région mammaire sont fortement attaquées. Lorsque la période d'éruption est arrivée, les symptômes généraux s'amendent donc ordinairement, hormis les cas où il se produit des complications.

En tous cas, les vésicules une fois formées ne tardent pas à se détruire. Celles de la bouche se détruisent promptement le lendemain ou le surlendemain de leur formation ; elles se rupturent ; leur contenu se mélange avec la salive ; leur destruction est annoncée par un mâchonnement et par une salivation plus abondante. La salive devient filante ; quelquefois elle est sanguinolente et mêlée de plaques épithéliales, résultant de la chute des pellicules qui recouvraient les phlyctènes rupturées. On constate alors un mouvement presque continuel de la langue. L'épiderme de la muqueuse buccale se détache facilement en différents points, surtout au niveau des phlyctènes. En dessous, on trouve des plaques dénudées, rougeâtres, saignantes parfois, superficielles et à bords réguliers ou irréguliers. Tant que la bouche est dans cet état, surtout lorsque l'éruption a été confluente, il y a de la dysphagie ; parfois les plaies superficielles, résultant de la destruction des aphthes, se réunissent et on trouve alors de larges places dénudées.

Dans l'espace interdigité, les vésicules se détruisent assez rapidement, et les plaies, qu'elles laissent après elles, deviennent ordinairement suppurantes et donnent une matière purulente, qui répand une odeur ammoniacale très prononcée, comme dans le piétin. Quand l'éruption podale est grave et quand les soins font défaut, les plaies deviennent ulcéreuses et des complications ne tardent pas à se montrer. Mais si l'éruption est peu étendue et si les malades sont tenus proprement, il peut se faire que les plaies, résultant de l'ulcération des phlyctènes, suivent à peu près la même marche que partout ailleurs.

Dans les autres régions, les vésicules se rupturent moins promptement, au bout du second ou du troisième jour après leur formation. Les plaies qui en résultent ont un aspect lisse ou granulé ; elles sont rougeâtres et se recouvrent vite d'une matière jaunâtre, qui se concrète en croûte.

Quelquefois les vésicules extérieures disparaissent par résorption de leur contenu, leur épiderme se dessèche et tombe ensuite par pellicules ; cela se passe ainsi sur les trayons, lorsqu'aucune cause d'irritation ne vient troubler cette marche.

La cicatrisation se produit ordinairement du huitième au dixième jour à compter de l'éruption. Un nouvel épithélium ou un nouvel épiderme se forme très rapidement, quand aucune cause irritante n'entrave la cicatrisation. Dans la bouche, la cicatrisation se produit sans qu'il se soit formé de croûtes à la surface des plaies.

Dans les régions où il s'est formé des croûtes, le nouvel épiderme se produit en dessous, et la croûte se desquame. Dans la région podale et ailleurs, quand les plaies sont irritées, la cicatrisation est retardée, les plaies deviennent suppurantes et se cicatrisent plus tard par seconde intention, en laissant une trace appréciable.

Quelquefois il se produit des complications qui aggravent et allongent la durée de l'affection. Mais lorsque les complications font défaut, lorsqu'on a su les éviter, on voit la maladie guérir dans l'espace de huit, dix, quinze jours, suivant la gravité des éruptions et suivant les régions qui sont le plus fortement atteintes ; ainsi l'éruption buccale guérit ordinairement plus promptement que l'éruption podale, que l'éruption mammaire même.

Il n'est pas rare de voir se produire des complications dans le cours de la fièvre aphtheuse ; mais même lorsqu'aucune complication ne se produit, il arrive souvent que les malades maigrissent et perdent plus ou moins leur lait. Quand aucune complication ne surgit, la cocotte guérit rapidement, et les pertes qu'elle occasionne consistent uniquement dans l'amaigrissement et la diminution momentanée du lait qu'elle provoque. Il en est tout autrement quand des complications se manifestent. Les complications qui peuvent se produire dans le cours de la cocotte, sont la conséquence de l'extension des lésions, ou bien elles sont occasionnées par certaines causes, telles que le défaut d'hygiène, les refroidissements, les fortes chaleurs, etc.

Quelquefois il se produit à la surface de la peau des plaques analogues à celles de l'échauboulure, qui se rencontrent surtout chez les animaux exposés à un refroidissement passager ou à une pluie froide; ces plaques disparaissent ensuite par résorption graduelle et quelquefois par délitescence, cas où il se produit une congestion plus ou moins grave sur les organes internes. Chez certains animaux, on peut voir se produire une éruption vésiculeuse dans les régions où la peau est fine; cela se voit chez le porc par exemple. Il n'est pas rare de voir se former des œdèmes, des engorgements œdémateux dans les membres. Parfois il s'établit une inflammation dans les cornes et il se produit un gonflement de la tête, qui devient lourde. On peut constater dans certains cas la présence d'une éruption vésiculeuse à la vulve, au périnée, dans le vagin, à l'anus.

Il arrive aussi que la conjonctive devient malade; elle se congestionne; il y a du larmoiement; des vésicules se forment et évoluent.

Le larmoiement se transforme en chassie parfois puriforme. Des vésicules peuvent se développer sur la cornée, qui s'enflamme et devient opaque.

Il n'est pas rare non plus que des éruptions se développent sur les muqueuses profondes, sur la pituitaire, sur la muqueuse pharyngienne, sur la muqueuse œsophagienne et sur la muqueuse gastro-intestinale. Ainsi on peut observer les symptômes du coryza, tels que congestion de la pituitaire et jetage, en outre il se montre une éruption vésiculeuse sur la muqueuse. Lorsque l'éruption se produit sur les muqueuses pharyngienne et œsophagienne, il en résulte un hyperesthésie des régions correspondantes et une grande difficulté dans l'acte de la déglutition, d'où l'inappétence et l'arrêt de la mastication.

L'éruption aphtheuse peut se produire sur les estomacs et principalement sur la caillette et l'intestin, ce fait a été observé à différentes époques et par divers observateurs. Cette complication, que l'on désigne sous le nom de complication catarrhale, se montre chez les animaux de tout âge, mais principalement sur les jeunes. Elle se montre sur les animaux qui sont dans de mauvaises conditions hygiéniques, qui sont logés à l'étroit; elle est accusée par un état catarrhal, par une diarrhée abondante, excrémentitielle, séreuse, quelquefois sanguinolente; une fièvre intense, un abattement profond et un amaigrissement rapide accompagnent cette complication, qui est toujours très grave et qui entraîne la mort ordinairement en peu de temps.

On voit parfois apparaître chez les malades déjà en convalescence, ou au moins six ou sept jours après le début de la maladie, une complication grave, une sorte d'état typhoïde, qui se montre principalement sur les jeunes, qui entraîne une mortalité considérable, qui se décèle parfois par un état apoplectique du côté des voies digestives, par un état catarrhal de l'intestin, par une congestion pulmonaire, etc. A l'autopsie on trouve dans l'intestin et la caillette des lésions analogues à celles du typhus, des ulcérations sur les plis de la caillette et au niveau des follicules de l'intestin.

Les veaux à la mamelle offrent assez souvent des complications du côté des voies digestives; ils présentent une diarrhée séreuse, qui les épuise rapidement; ils sont abattus; la tête se tuméfie; les yeux sont larmoyants et la mort arrive promptement.

Les femelles pleines avortent quelquefois, soit pendant le cours de l'affection, soit pendant la convalescence.

On a eu constaté des complications du coté du système nerveux; on a eu observé chez certains malades des accidents nerveux, des mouvements convulsifs, des symptômes épileptiformes, des symptômes de vertige ou d'immobilité.

Enfin il n'est pas rare d'observer chez les malades des symptômes de coliques, d'indigestion, de météorisme, etc.

L'affection devient assez souvent maligne pendant les fortes chaleurs et peut occasionner une mortalité considérable.

Indépendamment des complications que nous venons d'énumérer, il s'en produit fréquemment d'autres dans les régions mêmes où l'éruption se localise le plus habituellement; ainsi il peut s'en produire sur la muqueuse buccale, dans la région podale et dans la région mammaire. Celles de la région podale sont parfois très graves.

Dans la bouche la cicatrisation peut être retardée par l'irritation, que déterminent les aliments. La langue se tuméfie quelquefois au point de simuler le glossanthrax et de gêner la respiration. D'autrefois c'est une stomatite violente avec gonflement de la muqueuse buccale qu'on observe; il y a parfois gonflement de la tête, inflammation des ganglions, etc.

Dans la région podale, le défaut de soins et le défaut de propreté peuvent occasionner de graves désordres, tels que décollements, claudications, plaies suppurantes, carie osseuse, nécrose, arthrite, engorgement des membres, inflammation des tendons, inflammation du système lymphatique, lymphangite et quelquefois infection purulente, chute de l'ongle, etc.

Du côté des mamelles, il y a lieu de redouter aussi certaines complications.

Lorsque la mamelle est fortement intéressée, le lait est plus ou moins altéré; il semble donner plus de crème; il est parfois rougeâtre ou couleur café-au-lait ou jaunâtre; il est plus riche en éléments figurés et il contient parfois des globules de pus. À la suite de manœuvres trop brusques, à la suite de coup de tête donnés par le veau, etc., on voit quelquefois la mamelle s'enflammer; c'est quelquefois une mammite accompagnée de suppuration, ou une induration plus ou moins persistante qui se produit.

Suivant les saisons, suivant les conditions hygiéniques, suivant l'âge des malades, suivant la localisation des symptômes et des lésions, l'affection est plus ou moins grave. Elle est plus grave en été et en hiver; elle est plus grave quand il y a encombrement; elle est plus grave chez les animaux jeunes; elle est surtout grave quand elle devient catarrhale, quand elle se complique de symptômes nerveux, quand elle entraîne des lésions capables de gêner la respiration, quand il se produit des délabrements étendus du côté des pieds ou de la mamelle. Elle occasionne parfois une mortalité assez considérable, et, quand elle se montre bénigne, elle entraîne néanmoins certaines pertes résultant de l'amaigrissement des animaux, de la diminution de la lactation, du repos imposé aux malades, etc, etc. Ordinairement la gravité de la maladie est en rapport avec l'élévation de la température et l'état fébrile du malade. Enfin il ne faut pas oublier qu'il s'agit d'une maladie contagieuse.

Marche de l'affection dans une ferme, dans une localité, dans un pays. — Quand la cocotte se montre dans une ferme, c'est à la suite de l'importation d'une bête infectée ou malade, c'est à la suite de la contamination d'un ou de plusieurs animaux de la ferme, à la suite de telle ou telle circonstance ayant amené leur contact direct ou indirect avec d'autres animaux malades.

Si le ou les premiers malades ne sont pas séquestrés, ils ne tardent pas à communiquer la maladie aux autres animaux qui sont en rapport avec eux. L'affection se propage aussi aux animaux de la même espèce et passe ensuite aux autres espèces susceptibles de la contracter; puis elle se propage aux animaux du voisinage, et peut être transportée au loin si des animaux malades ou infectés sont exportés. On voit donc parfois la cocotte régner à l'état d'enzootie et même d'épizootie dans une étendue plus ou moins considérable. Dans le cours de la même épizootie, on ne la voit pas se montrer deux fois sur le même individu. Grâce à l'insouciance des autorités et à l'ignorance des propriétaires, la fièvre aphtheuse peut s'étendre considérablement et régner en permanence dans certaines localités, si on ne fait pas appliquer les mesures sanitaires convenables.

Le *diagnostic* de la cocotte est ordinairement rendu facile par les caractères et la localisation ordinaire de ses symptômes, par les renseignements que peuvent fournir les propriétaires, par l'extension de la maladie à plusieurs animaux, par la constatation de sa transmission, etc. Cependant on a été parfois porté à la confondre avec d'autres affections, lorsqu'elle se complique; ainsi on a pu quelquefois la confondre aver le typhus, avec le glossanthrax, avec le cowpox, avec le piétin. La fièvre aphtheuse, accompagnée de lésions gastro-intestinales, peut simuler le typhus. Si l'on était embarrassé pour faire la différence, comme cela peut arriver en Russie, il faudrait recourir à l'inoculation; la fièvre aphtheuse est transmissible au cheval, et il n'en est pas de même pour le typhus. On la confondra difficilement avec le glossanthrax, car, outre les symptômes de la bouche, elle s'accompagne ordinairement d'autres éruptions; et d'ailleurs l'examen microscopique du sang et l'inoculation peuvent lever tous les doutes. Dans le glossanthrax, on trouve des bactéridies; le sang est inoculable et tue le lapin. Le cowpox se différencie facilemennt de la fièvre aphtheuse; il ne se montre pas à la région podale ordinairement; il est plus facilement inoculable et donne une éruption pustuleuse. Le piétin ne semble se développer que dans la région podale, et il ne paraît pas se transmettre aux grands ruminants.

ANATOMIE PATHOLOGIQUE

Dans nos pays, la cocotte entraînant rarement la mort, on n'a pas souvent l'occasion de pratiquer des autopsies. Les lésions, qu'on peut observer sur les cadavres, sont celles qui se montrent aux régions de prédilection et que nous avons étudiées en tant que symptômes locaux; elles siègent à la région podale, à la région mammaire, dans la bouche, etc.

On peut trouver sur la peau des vésicules, des plaies suppurantes, des plaques sanguines ou œdémateuses. A la région podale, on observe l'inflammation de la peau, des plaies suppurantes, le décollement de l'ongle, l'inflammation des tissus intra-cornés, l'inflammation de l'os, les lésions de l'arthrite, des javarts tendineux, etc. Du côté de la mamelle on remarque les lésions des aphthes et quelquefois celles de la mammite.

Le cadavre est amaigri, les ouvertures naturelles, telles que l'anus, la bouche, les naseaux, sont souillées de produits morbides; les yeux sont enfoncés et couverts de chassie.

Le tissu conjonctif sous-cutané est parfois congestionné, ecchymosé, infiltré; ainsi on peut rencontrer des infiltrations œdémateuses, jaunâtres ou jaunes-rougeâtres, dans diverses régions, à la tête, aux membres, au fanon, etc. La même altération peut se montrer dans le tissu conjonctif intermusculaire; et parfois les chairs elles-mêmes sont saigneuses, infiltrées, ecchymosées.

C'est ordinairement dans l'appareil digestif, qu'on observe les altérations les plus caractéristiques et les plus accusées. Dans la bouche, on constate la présence d'une bave filante et parfois sanguinolente à la surface de la muqueuse; on trouve des phlyctènes, des plaies; la muqueuse buccale est tuméfiée, enflammée; la langue est engorgée, congestionnée, enflammée. Les mêmes altérations peuvent se montrer dans le pharynx, où la muqueuse peut offrir les altérations d'une véritable pharyngite et présenter des phlyctènes ou des plaies.

Quand la maladie a entraîné la mort, surtout quand il y a eu complication catarrhale, on rencontre des lésions très manifestes dans les parties profondes des voies digestives. L'œsophage et les premiers estomacs eux-mêmes peuvent offrir parfois les lésions des aphthes; mais cela est rare. C'est principalement dans la caillette et dans les intestins, qu'on trouve les lésions les plus nombreuses. On trouve dans ces parties un produit mucoso-purulent, jaunâtre, grisâtre ou strié de sang. La muqueuse gastro-intestinale est hyperémiée, injectée, épaissie, infiltrée; elle offre parfois çà et là de véritables aphthes ou des plaies superficielles, saignantes ou recouvertes d'une matière grisâtre. On peut rencontrer d'ailleurs, dans la caillette et l'intestin, des lésions analogues à celles du typhus, des taches ecchymotiques et des érosions épithéliales sur les plis de la muqueuse stomacale, l'inflammation et l'hypertrophie des follicules clos et des glandes de Peyer sur la muqueuse intestinale.

Le foie est alors plus ou moins altéré, jaunâtre, ou d'aspect terreux, congestionné, plus friable, en voie de dégénérescence.

Le péritoine est parfois congestionné, ecchymosé. Les ganglions abdominaux, mésentériques et autres, sont hypertrophiés, congestionnés, infiltrés, noirâtres ou brunâtres, ramollis, faciles à écraser.

Les reins sont aussi quelquefois altérés, congestionnés.

Du côté de l'appareil respiratoire, les lésions ne sont pas rares non plus. Outre les lésions de l'infection purulente et de l'asphyxie, que l'on y trouve lorsque ces complications se sont produites, on peut y rencontrer des lésions appartenant en propre à la cocotte. Sur la pituitaire et la muqueuse laryngienne et même quelquefois sur la muqueuse trachéale, on constate les lésions de l'inflammation (coryza, laryngite, trachéite) et la présence de vésicules ou de plaies superficielles. Les muqueuses sont quelquefois fortement épaissies ; elles sont plus ou moins catarrhales. Les poumons sont quelquefois congestionnés. Les plèvres sont aussi parfois hypérémiées.

Le système ganglionnaire est plus ou moins altéré. Les ganglions se montrent souvent partout congestionnés, infiltrés et ramollis.

Du coté des centres nerveux on peut aussi rencontrer des altérations, soit une congestion des méninges ou des centres nerveux eux-mêmes, soit un épanchement dans la cavité arachnoïdienne ou dans les ventricules cérébraux.

ETIOLOGIE

La fièvre aphtheuse peut-elle naitre spontanément ? On l'a cru et certains vétérinaires le croient encore. Tout le monde a ignoré et ignore les causes capables de la produire en dehors de la contagion ; et c'est pourquoi on a accusé tour à tour toutes les causes générales, les variations de température, le froid, l'humidité, les aliments altérés, la mauvaise hygiène des habitations, les conditions de climat, de situation topographique, etc. Un vétérinaire a prétendu dernièrement, mais sans le démontrer, que la fièvre aphtheuse peut être provoquée par les aliments rouillés, et il a même avancé que le champignon de la rouille se trouvait dans les produits de sécrétion morbide. On a eu observé parfois des faits où la fièvre aphtheuse ne semblait pas résulter de la contagion, mais ces observations ont été plus ou moins imparfaites; on n'a pas assez scruté, on n'a pas su remonter à l'origine de la maladie. De pareils faits ne méritent plus aucune créance; aujourd'hui il faut absolument rejeter tout ce qui a été invoqué en dehors de la contagion pour expliquer le développement de la cocotte. La fièvre aphtheuse proprement dite ne nait jamais spontanément.

Parce qu'on n'a pas toujours vu la maladie se transmettre par la cohabitation ou par le contact des animaux malades avec les animaux sains, parce que des inoculations, faites avec le produit des aphthes, sont parfois restées infructueuses, on en a conclu alors que la cocotte n'était ni contagieuse, ni inoculable. La vérité est que la fièvre aphtheuse est une maladie contagieuse et inoculable, ainsi que cela résulte de l'observation clinique et de l'expérimentation. De nombreux faits attestent la contagion de la cocotte; on a fréquemment observé et relaté des faits de transmission; on a vu toujours et on voit encore la maladie s'introduire et se propager par contagion; on la voit apparaitre et se propager dans une ferme, dans une localité, dans un pays à la suite de l'importation d'un malade, à la suite des rapports des malades avec les sains. On a vu la maladie se déclarer sur des animaux qui avaient ingéré des fourrages souillés par la bave des malades; on a vu la fièvre aphtheuse passer d'une espèce à l'autre et parfois se transmettre à l'homme. Ces faits sont très probants, ils ne laissent aucune place au doute, ils démontrent bien que la cocotte est contagieuse. Et en outre, la même démonstration est fournie par de nombreux faits d'expérimentation. Si des expérimentateurs n'ont pas réussi à inoculer la maladie, d'autres, assez nombreux, ont pleinement réussi à la transmettre, en badigeonnant la muqueuse buccale d'un animal sain avec la bave d'un animal malade ou avec le produit des phlyctènes. Un, deux, trois jours après l'opération, ils ont vu se former une éruption aphtheuse, dont le produit a pu à son tour être inoculé fructueusement à d'autres animaux. On a aussi fait naitre la maladie (Burdon Sanderson), en faisant ingérer à des animaux sains des fourrages souillés de la bave des malades. Quand la fièvre aphtheuse a été transmise de la sorte, par le badigeonnage de la muqueuse buccale avec la bave, ou par l'ingestion de fourrages souillés, on voit l'éruption se former dès le second ou le troisième jour; elle est précédée d'un état fébrile et d'une élévation de la température.

En résumé, la fièvre aphtheuse ne doit son développement qu'à la transmission de son contage, qu'à l'introduction de ce contage dans les organismes aptes à la faire fructifier.

Sièges du virus aphtheux. — Le contage de la cocotte n'est pas connu dans sa nature. Il existe dans toutes les lésions phlycténoïdes qui se montrent dans le cours de la maladie ; ainsi on le trouve dans les vésicules de la peau, dans celles de la région podale, dans celles de la région mammaire, dans celles des muqueuses apparentes, dans celles de la muqueuse buccale, des muqueuses profondes, de la pituitaire, de la muqueuse laryngo-trachéale, de la muqueuse gastro-intestinale. Les produits de sécrétion normale de ces diverses muqueuses, le jetage, la bave, la chassie, etc., sont aussi virulents, car le contenu des phlyctènes se mélange avec eux. On comprend donc que les malades sèment autour d'eux le virus et en imprègnent tous les corps sur lesquels tombent leur jetage, leur bave, leur chassie, la sécrétion morbide de la région podale, etc.

D'autres produits physiologiques deviennent-ils virulents ? La question est surtout intéressante en ce qui concerne le lait, qui, s'il est virulent, peut transmettre la maladie à l'homme, à l'enfant. D'une manière générale, il faut, d'après de nombreuses observations et de nombreuses recherches, accepter comme démontré, que le lait des malades n'est pas virulent par lui-même, tant qu'il n'est pas mélangé avec des produits morbides. Toutes les fois en effet qu'on a eu soin d'obtenir le lait avec des tubes trayeurs, de manière à éviter son mélange avec les produits morbides, qui peuvent se former à l'extrémité du trayon, on l'a trouvé dépourvu de la virulence. Pendant le cours de nombreuses épizooties de cocotte, le lait des malades a été consommé sans qu'on ait vu se produire des accidents sur l'homme. Mais lorsque l'éruption aphtheuse est située de façon que son produit puisse se mélanger avec le lait pendant la mulsion, celui-ci peut devenir virulent ; c'est ce qui arrive quand des aphthes se sont formées à l'entrée des canaux galactophores. C'est ainsi qu'il faut expliquer les nombreux cas de transmission observés même chez l'homme par Sagar, Bredin, Hertwig, M. Boulay d'Avesnes, par les médecins du nord de la France, etc. Il est en effet incontestable que la fièvre aphtheuse est transmissible à l'homme, ainsi que nous le verrons plus loin, et il est certain que le lait des malades peut transmettre l'affection aux personnes et aux bêtes qui l'ingèrent cru.

En résumé, le lait des femelles atteintes de cocotte peut être dangereux lorsque l'éruption se montre sur la mamelle, et surtout quand elle apparaît à l'extrémité du trayon. En pareil cas, il y a lieu de prévenir les populations des dangers du lait cru et de conseiller aux propriétaires de pratiquer la mulsion à l'aide de tubes trayeurs, si on ne veut pas soumettre le lait à l'ébullition avant de l'utiliser.

Puisque la cocotte est transmissible à l'homme, il est important de savoir si le sang et les chairs des malades contiennent le virus, car on peut dans quelques cas se trouver en présence d'animaux aphtheux livrés à la boucherie. La viande étant soumise à la cuisson, l'homme ne court pas de ce côté de grands dangers; mais il est néanmoins bon de savoir le dernier mot sur cette question, car les débris cadavériques et le sang peuvent, en supposant qu'ils soient virulents, propager la maladie, s'ils sont lavés dans les abreuvoirs, s'ils sont déposés sur les fourrages par des chiens, etc. On ne sait pas d'une manière bien précise si le sang et les chairs sont virulents; pourtant il y a tout lieu de le supposer et de les considérer comme tels, en attendant que l'expérimentation ait définitivement prononcé à ce sujet.

Les matières excrémentitielles doivent aussi être considérées comme virulentes, surtout lorsqu'il s'est développé une éruption dans les voies digestives et peut-être aussi parce que la bave déglutie conserve ses propriétés virulentes en traversant ces voies.

Bien qu'on n'ait pas encore déterminé la nature de l'agent virulent, il est permis de la soupçonner très légitimement. Il est très probable, en effet, vu la période d'incubation qui précède l'apparition des premiers symptômes, vu la propriété que possède le virus de se conserver un certain temps hors de l'organisme, que la virulence réside dans des germes de nature végétale. On a eu vu la fièvre aphtheuse faire son apparition sur des animaux qu'on avait logés dans des habitations non désinfectées, qui avaient été abandonnées par les malades depuis quinze jours. Une telle durée de conservation s'explique difficilement, si on n'admet pas que l'agent virulent est un germe.

Le virus aphtheux ne se conserve pas longtemps quand il est soumis à l'influence de l'humidité, d'une température élevée, d'une dessiccation rapide; mais, dans les conditions ordinaires, il peut se conserver pendant quinze jours et au delà sur les râteliers et les mangeoires, sur les murs, sur les fourrages, etc; il se conserve aussi un certain temps dans le fumier et dans les eaux; il y a à ce sujet d'intéressantes recherches à faire.

Le contage de la cocotte existe certainement chez le malade aussitôt après la contamination ; mais il ne devient vraiment facile d'en démontrer la présence, qu'au moment où l'éruption se produit. Il existe dans l'organisme malade, tant que dure la maladie ; il disparaît lorsque celle-ci a disparu, quand la cicatrisation s'est produite, quand les plaies sont devenues purulentes au lieu de se cicatriser. Pendant toute la durée de la maladie, les animaux excrètent, dans le monde extérieur, d'innombrables germes de contagion.

Modes, voies, agents et caractères de la contagion. — La fièvre aphtheuse est inoculable et elle peut se transmettre par les divers modes de contagion, par contagion immédiate, par contagion médiate et par contagion volatile.

La cocotte est inoculable, et la maladie ainsi conférée serait, d'après le témoignage de Cézard de Varennes, toujours bénigne et de facile guérison ; pour l'obtenir sûrement, il n'y a qu'à badigeonner la muqueuse buccale avec la bave d'un malade. On a eu inoculé fructueusement le produit des aphthes à l'homme.

La fièvre aphtheuse se transmet facilement par contagion immédiate ; elle peut être propagée par le contact des animaux malades avec les animaux sains dans les habitations, dans les chemins, aux abreuvoirs, aux pâturages, sur les foires et les marchés ; il suffit que les animaux sains flairent les malades, ou que ceux-ci lèchent ceux-là ; dans ces cas, le virus s'introduit par la peau ou par les muqueuses digestive ou respiratoire.

La femelle, en état de gestation, peut transmettre l'affection à son produit ; le veau qui tète une vache malade peut se contaminer par le moyen du lait ; enfin on a vu des personnes contracter la cocotte en trayant des bêtes malades. Dans ces divers cas, la transmission se fait sans intermédiaires ; c'est le malade lui-même qui cède directement ses produits morbides aux individus qui se contaminent. On a vu quelquefois des animaux récemment guéris transmettre la maladie, parce qu'ils étaient encore porteurs de produits morbides, qui s'étaient desséchés et étaient restés adhérents aux régions où ils avaient été sécrétés.

Le rôle de la contagion médiate est aussi très important dans la propagation de la fièvre aphtheuse ; elle a lieu par l'intermédiaire de véhicules solides ou liquides souillés de matière virulente, et elle peut se faire par la peau ou par les voies digestives. Elle peut se faire par l'intermédiaire des habitations souillées ; par l'intermédiaire des murs, des mangeoires, des crèches, des râteliers, des auges, des seaux, des abreuvoirs; par l'intermédiaire des fourrages, des litières, des fumiers; par l'intermédiaire des chemins, des moyens de transport, des wagons, des bâtiments; par l'intermédiaire des pâturages; par l'intermédiaire des cours; par l'intermédiaire des issues provenant d'animaux malades; par l'intermédiaire des personnes, pâtres, bouviers ou bouchers, qui peuvent transporter du virus avec leurs mains, avec leurs habits, avec leurs chaussures; par l'intermédiaire de certains animaux, qui peuvent transporter le contage, sans contracter eux-mêmes la maladie; par l'intermédiaire des objets de pansage ou de travail, qui ont servi aux malades; par l'intermédiaire du lait cru, provenant d'animaux malades, etc., etc. Elle peut avoir lieu, en résumé, par l'intermédiaire de tout objet solide ou de tout liquide imprégné ou mélangé de virus. Le plus souvent, le contage est introduit dans les voies digestives et absorbé par elles; mais il peut aussi s'introduire par la peau, par les plaies, etc. Aussi on a vu la maladie naître à la suite de l'ingestion de fourrages ou de boissons souillés, à la suite du piétinement de litières ou de fumiers imprégnés de virus, à la suite de l'ingestion d'issues provenant d'animaux malades, à la suite du passage sur des chemins, dans des cours, dans des habitations, dans des wagons non désinfectés, etc. On n'a pas constaté des cas de transmission par les produits tirés du lait (beurre, fromage).

Puisque les malades produisent parfois de grandes quantités de virus, puisque des phlyctènes se forment, non seulement à la surface du corps, mais encore sur les muqueuses, il n'est pas surprenant que les germes de la fièvre aphtheuse se trouvent parfois en suspension dans l'air, soit qu'ils proviennent directement des accidents cutanés, soit que le malade les rejette avec l'air expiré, soit que des produits virulents, déposés à la surface des corps solides et desséchés, viennent à être pulvérisés et entraînés en partie dans l'air sous forme de poussière. Dans ces cas, le virus reste plus ou moins longtemps en suspension dans l'air et peut être introduit dans les voies respiratoires des animaux sains. La contagion ne s'effectue pas à une grande distance quand l'air est tranquille; mais, s'il fait du vent, si l'air est déplacé, les germes peuvent être portés plus ou moins loin. Le virus, qui est en suspension dans l'air, s'introduit ordinairement par les voies respiratoires; mais il peut aussi bien se déposer sur la peau, sur les plaies, sur les fourrages, dans les boissons et pénétrer de la sorte par la peau ou par les voies digestives. L'air chargé de virus de quelque nature qu'ils soient, est purifié par l'humidité, par la rosée, par les brouillards, par les pluies, qui entraînent les germes, les déposent à la surface des corps ou dans les eaux et en facilitent la destruction.

En résumé, le virus de la fièvre aphtheuse peut être absorbé par la peau, par les plaies, par le tissu conjonctif mis à découvert, par les voies digestives et par les voies respiratoires.

La maladie se transmet dans les conditions et dans les circonstances suivantes : contact direct des malades avec les animaux sains, fréquentation des routes, abreuvoirs et pâturages infectés, habitation des locaux infectés, transport dans des wagons infectés, cohabitation des sains avec les malades, repas en commun, ingestion de fourrages souillés, voisinage des malades et des sains, etc., etc.

Quand il y a eu contamination, quel que soit d'ailleurs le mode de transmission, la maladie apparaît rapidement, la période d'incubation est très courte, elle dure 1, 2, 3, 4, 5, 6 jours au plus ; ordinairement elle dure en moyenne deux jours ; elle peut être plus longue en hiver, elle est plus courte en été.

Réceptivité des diverses espèces. — La fièvre aphtheuse, avons-nous dit, s'observe surtout chez les animaux de l'espèce bovine et elle se localise ordinairement à la bouche, à la région podale et aussi à la région mammaire. Elle se voit aussi chez les animaux de l'espèce ovine et de l'espèce caprine et se localise souvent à la région podale ; il en est de même chez le porc. Les autres ruminants peuvent la contracter. On l'a observée quelquefois chez les solipèdes, à la suite de l'ingestion de fourrages souillés ; elle se localise alors à la bouche. On l'a observée aussi chez le chien et chez les oiseaux de basse-cour, à la suite de l'ingestion de lait provenant de vaches malades. Enfin on a observé la fièvre aphtheuse chez l'homme.

Certains observateurs ont prétendu que la fièvre aphtheuse n'est pas transmissible à l'homme ; mais la transmission a été observée un grand nombre de fois et dans diverses circonstances, soit sur des bouviers, soit sur ceux qui trayent les vaches malades, soit sur les personnes qui consomment le lait cru. La transmission à l'homme peut avoir lieu par la bave, par la sérosité des phlyctènes des malades et surtout par le lait, qui entraîne avec lui, lors de la mulsion, le produit morbide des phlyctènes, qui se sont développées à l'extrémité ou à l'entrée du trayon. On a eu inoculé fructueusement à l'enfant la sérosité des aphthes ; on a vu des vachers présenter une éruption aphtheuse sur le bras et sur la main, après s'être inoculés accidentellement le virus de l'éruption mammaire. Michel Sagar observa en 1764 la fièvre aphtheuse sur un grand nombre de religieux, dans leur couvent, à la suite de l'usage du lait cru provenant de vaches malades. Des faits analogues furent observés dans le Rhône, au commencement de ce siècle, par Bredin. Pareille transmission fut observée en Allemagne en 1834. Hertwig et deux de ses collègues se contaminèrent volontairement, en prenant du lait de bêtes malades, et eurent à la suite une éruption buccale précédée de fièvre. M. Boulay d'Avesnes a observé, dans ces dernières années, des cas de transmission à l'homme, par l'intermédiaire du lait cru et il a observé aussi la transmission par inoculation accidentelle. A côté de ces nombreux faits de transmission, il y a de plus nombreux faits encore, qui sembleraient attester que le lait des malades n'est pas dangereux ; mais il faut bien se garder de raisonner ainsi ; ces faits de non-transmission ne peuvent en aucune façon infirmer les faits contraires. On a eu l'idée d'attribuer l'éruption provoquée par le lait, non à sa virulence, mais à ses propriétés irritantes, qu'il devrait à de nombreux globules purulents jouant le rôle d'agents phlogogènes ; mais cela ne saurait être admis. Il est donc bien établi que la fièvre aphtheuse est transmissible à l'homme et il est bon de ne jamais perdre de vue qu'elle peut parfois présenter chez lui une certaine gravité, car on a eu vu la contagion chez l'enfant être suivie d'une maladie mortelle.

Immunité. — Une première atteinte confère aux animaux guéris l'immunité, mais cette immunité peut être souvent incomplète ou de courte durée. Ainsi, dans beaucoup de cas, on a constaté que la maladie n'attaque pas deux fois les mêmes individus dans le cours de la même épizootie. Ainsi on a vu des cas où la fièvre aphtheuse introduite dans une étable avec de nouveaux animaux, lorsqu'elle venait de s'y éteindre, n'a atteint que ceux qui n'avaient pas déjà été malades. Quoi qu'il en soit, cette immunité semble être de courte durée, et il est vraisemblable qu'elle ne dépasse guère quelques mois, un an, deux ans. Bien plus, on a vu assez souvent la maladie apparaître sur le même individu une seconde fois et même une troisième fois dans le cours de la même année, avec un délai de quelques jours seulement après chaque guérison ; mais alors les atteintes ultérieures sont moins graves que la première.

Spécificité. — On a eu l'idée d'identifier la cocotte avec le cowpox, avec la variole, avec la clavelée, avec le piétin; mais l'expérience démontre que la fièvre aphtheuse est une maladie spécifique, qui se distingue nettement de toutes celles qui viennent d'être énumérées. Le cowpox diffère, même au point de vue symptomatologique, de la cocotte; et d'ailleurs les deux maladies peuvent évoluer ensemble ou successivement sur le même individu. La variole ne préserve pas de la cocotte et celle-ci ne préserve pas de celle-là, tandis que chacune de ces affections préserve contre elle l'animal qu'elle atteint ou auquel on l'inocule. La fièvre aphtheuse se différencie aisément de la clavelée; et elle ne doit pas être confondue avec le piétin, qui ne s'inocule pas aux animaux de l'espèce bovine.

On l'a considérée comme identique à la scarlatine de l'homme et on a prétendu que l'inoculation de l'une produisait l'autre et réciproquement; mais il y a à ce sujet des recherches à faire. Aucune assimilation n'est possible entre le glossanthrax et la fièvre aphtheuse compliquée d'engorgement de la langue. On a eu avancé, avec l'appui de certains faits dus à de simples coïncidences, que la fièvre aphtheuse pouvait préserver les grands ruminants de la péripneumonie; mais ce n'est là qu'une hypothèse déjà renversée par de nombreuses observations, qui montrent la péripneumonie s'attaquant à des animaux ayant eu antérieurement la fièvre aphtheuse. On a pareillement avancé, en s'appuyant sur des faits qui semblent démonstratif, que la fièvre aphtheuse est l'antagoniste du typhus, qu'elle préserve de cette terrible maladie les animaux qu'elle attaque; cette opinion est basée sur des faits trop peu nombreux, et d'ailleurs il est avéré, d'après de nombreuses observations cliniques, que la cocotte et le typhus peuvent se succéder ou évoluer ensemble sur le même individu. Enfin on a prétendu, en s'appuyant sur des faits, que la vaccination, que l'inoculation du cowpox préserve les bêtes bovines de la cocotte; c'est là un point à étudier plus amplement par des expériences d'inoculation; il faudra essayer d'infecter expérimentalement de la cocotte des animaux vaccinés.

TRAITEMENT

La fièvre aphtheuse disparait ordinairement quand elle a accompli son évolution. Il ne faut pas songer à l'arrêter dans sa marche par un traitement quelconque; il faut au contraire favoriser son évolution, atténuer sa gravité, hâter sa disparition, prévenir les complications et les combattre rationnellement lorsqu'elles se sont produites.

Il faut, avant tout, fournir aux malades un régime approprié à leur état et les entourer d'une bonne hygiène. On leur procurera des aliments de facile préhension, de facile mastication et de facile digestion; on ne les mettra pas à la diète, puisque la maladie les fait maigrir, hormis les cas très graves où les animaux s'y mettent d'eux-mêmes. On leur donnera des farineux, des barbotages, des betteraves, des carottes, des racines cuites au besoin, des fourrages verts. On pourra même les conduire aux pâturages, si les chemins ne sont pas trop difficiles, car de la sorte les malades trouveront à la fois un régime approprié à leur état et un air pur; mais il faudra avoir soin de ne pas les exposer à des refroidissements ni aux pluies. Il sera bon d'arroser leur nourriture avec de l'eau salée ou vinaigrée, pour faciliter la cicatrisation des plaies de la bouche. Quand les malades présenteront une fièvre intense, on pourra leur administrer des laxatifs légers, tels que le sulfate de soude, la crème de tartre; il faudra en outre maintenir de bonnes conditions hygiéniques, il faudra tenir les étables propres et aérées.

Dans le traitement de la fièvre aphtheuse, l'indication la plus importante à remplir est celle qui consiste à prévenir, à atténuer et combattre les complications, tant celles qui se produisent souvent du côté des régions extérieures, que celles qui se montrent plus rarement du côté des organes internes.

La région podale, devenant fréquemment le siège de complications, doit être l'objet de soins particuliers. Il faut tenir les extrémités malades dans le plus parfait état de propreté; il faut éviter les décollements, en combattant l'inflammation au moyen des astringents; il faut recourir parfois à certaines opérations et panser les plaies ou autres accidents qui peuvent survenir. Il faut combattre l'inflammation par des bains fréquents d'eau froide, par des bains ou des applications astringentes (solution saturnée, solution de sulfate de fer, cataplasme de suie, de miel, etc.). Il faut faciliter la cicatrisation des aphthes par l'emploi d'une solution alunée, d'une solution iodée ou de la teinture d'iode, par l'emploi de solutions phéniquées. Il faut enlever la corne décollée et panser les parties découvertes soit avec l'onguent égyptiac, soit avec un pyrogéné, avec le goudron, avec l'huile de cade, avec la térébenthine. Il faut traiter les diverses complications qui se produisent, en s'inspirant des données de la pathologie chirurgicale. Il faut quelquefois amincir ou extirper une partie de l'ongle, ruginer l'os, traiter les caries, les arthrites, etc.

Il faut prévenir les complications qui peuvent survenir du côté de la mamelle; il faut traire les malades avec précaution; il faut séparer les veaux des mères malades; il faut prescrire des applications émollientes et des fumigations émollientes ou résolutives (eau tiède, infusions de fleurs de sureau, etc.).

Quand la mamelle est en voie de se tuméfier et de s'enflammer, on peut recommander aussi des onctions avec la pommade mercurielle, avec l'onguent populéum, avec la pommade camphrée. S'il y a mammite, on appliquera le traitement qui convient à cette maladie; on ouvrira les abcès, on facilitera la résolution (pommade mercurielle, teinture d'iode) de l'inflammation et la cicatrisation (acide phénique, cicatrisants) des plaies.

Il faut enfin prévenir et combattre les complications qui peuvent se montrer du côté de la bouche; il faut calmer la douleur, déterger les plaies, faciliter leur cicatrisation et la résolution de l'inflammation; on emploie des gargarismes avec des solutions diverses, avec de l'eau acidulée, avec de l'eau vinaigrée, avec une solution d'acide chlorhydrique, avec une infusion de sureau, avec une solution de borax, de chlorate de potasse, d'alun, d'acide phénique, etc.; on injecte la préparation dans la bouche avec une seringue ou mieux on badigeonne les parties malades avec un tampon trempé dans la solution employée.

Quand les ulcères sont atones et envahissants, on peut les toucher avec de l'eau de Rabel, avec le nitrate d'argent, avec la teinture d'iode, avec une solution plus forte d'acide phénique. On a encore conseillé, en gargarismes, la décoction de feuilles de ronces, l'infusion de quassia amara, etc.

Le même traitement est applicable aux aphthes des autres parties, à ceux des lèvres, à ceux des yeux, etc.

Si des complications internes surviennent, il faut leur appliquer le traitement qu'elles réclament; s'il y a complication catarrhale (gastro-entérite), on la traitera par l'emploi des émollients donnés en boissons ou en lavements, par l'emploi des opiacés, des toniques astringents, (gentiane, ferrugineux, écorce de saule), par l'emploi de l'acide phénique; on pourra aussi, quand cela paraitra nécessaire, provoquer une révulsion à la peau.

Les autres complications susceptibles de se produire seront traitées, suivant leur siège et suivant leur nature et leur gravité, d'après les règles fixées en pathologie chirurgicale et en pathologie médicale.

Les complications nerveuses seront combattues par le traitement approprié au vertige, à l'immobilité.

Les complications de la pituitaire seront combattues comme le coryza ordinaire.

Les œdèmes seront traités par des frictions résolutives, etc., etc.

POLICE SANITAIRE

La fièvre aphtheuse, étant une maladie ordinairement bénigne, ne doit pas faire l'objet de mesures trop rigoureuses; néanmoins il faut toujours prendre certaines précautions, certaines mesures pour empêcher son introduction, pour prévenir son importation et pour arrêter son extension, lorsqu'elle règne dans une localité.

Ici, comme pour la clavelée, il y a deux indications à remplir : 1° prévenir l'importation de la maladie; 2° lorsqu'elle existe dans une localité, restreindre ses ravages et arrêter son extension.

1° Prévenir l'importation. — En Suisse, on visite très minutieusement tous les bovins à la frontière; ceux qui sont reconnus atteints de la cocotte sont refusés ou soumis à des mesures sanitaires.

En France, on agit de même ou du moins on devrait agir de même. La loi des 28 septembre et 6 novembre 1791 et l'arrêté ministériel du 11 mai 1877 s'appliquent à la fièvre aphtheuse comme à la clavelée et aux autres maladies contagieuses.

On devra donc exercer une surveillance active à la frontière et refuser l'entrée en France à tous les animaux malades ou suspects de cocotte ou leur appliquer certaines mesures. On pourrait exiger un certificat d'origine et de santé; mais ces certificats, ai-je déjà dit, sont sans valeur, car, le plus souvent, ils sont délivrés en fraude.

Tous les animaux d'un troupeau, dans lequel ont été reconnus des malades, seront mis en quarantaine, et il faudra séparer les malades des suspects. On observera ces derniers pendant au moins six jours, et ceux qu'on reconnaitra atteints seront aussitôt placés avec les premiers malades; quant aux autres, on les laissera passer après le sixième jour. Les malades resteront séquestrés jusqu'à leur guérison, c'est-à-dire pendant au moins quinze jours. Néanmoins, s'il s'agit d'animaux destinés à la boucherie, on pourra laisser passer les sujets simplement suspects et même les malades dont l'état ne paraîtra pas devoir empêcher l'utilisation. Mais en pareil cas, leur transport devra se faire rapidement ; ils devront être conduits le plus directement et le plus promptement possible à l'abattoir, accompagnés d'un certificat du vétérinaire de la frontière ; leur arrivée, leur conduite à l'abattoir et leur sacrifice seront surveillés.

Il n'y a pas lieu de montrer une plus grande rigueur à la frontière ; cependant, si des animaux succombent, on les fera enfouir ou livrer à l'équarrissage. Il va sans dire que les wagons infectés et le local qui aura servi à la quarantaine seront désinfectés.

En raison de la promiscuité dans laquelle sont placés les animaux exposés en vente, les foires et les marchés publics sont des circonstances de transmission de la maladie, qui, passant des animaux malades aux animaux sains, pourra se répandre ensuite dans les différentes localités où ces derniers seront conduits. Il y a là un danger qu'il faudrait écarter ; il faudrait empêcher l'exposition en vente des malades ; il faudrait faire inspecter par des vétérinaires les foires et les marchés dans les pays où la fièvre aphtheuse règne habituellement.

La cocotte, comme les autres affections contagieuses, peut être aussi introduite et propagée par les moyens de transport ; ainsi un wagon infecté à Marseille, à Lyon, etc., et amené à Paris sans être purifié, pourra infecter les sujets sains qu'il recevra. La maladie peut donc ainsi se propager à de très grandes distances. Il y a lieu par conséquent de se montrer plus rigoureux et d'exiger des compagnies de chemins de fer la désinfection régulière des wagons.

Comme pour la clavelée, quand des propriétaires s'approvisionnent dans des pays infectés ou suspects, il y a lieu de leur conseiller d'observer pendant cinq ou six jours les nouveaux sujets avant de les placer avec les anciens animaux de la ferme.

2° **Combattre l'épizootie.** — Quand la maladie a fait son apparition dans une localité, il convient de prendre certaines précautions et de prescrire quelques mesures sanitaires pour en prévenir la propagation et pour en amener l'extinction.

Les mesures à prendre en pareil cas ne doivent pas être bien rigoureuses.

La fièvre aphtheuse n'est pas bien à craindre par elle-même ; elle n'acquiert une gravité réelle qu'en raison des complications qu'elle peut présenter. Son résultat le plus immédiat est de causer l'amaigrissement des sujets qu'elle atteint, amaigrissement qui peut être assez prononcé pour occasionner des pertes sérieuses à l'éleveur. Il faut donc, sans recourir à des mesures vexatoires ou trop onéreuses, empêcher l'extension de l'épizootie dès qu'elle fait son apparition.

L'arrêt du Conseil de 1714, celui du 16 juillet 1784; les lois de 1790 et 1791, les articles 459, 460, 461 du Code pénal et le nouveau projet de loi s'appliquent à la cocotte.

Dans tous les cas, la première obligation que la loi impose aux propriétaires d'animaux suspects ou atteints de fièvre aphtheuse, c'est la déclaration. L'autorité ainsi informée, désignera immédiatement un vétérinaire, qui sera chargé d'étudier l'épizootie. Ce vétérinaire se transportera aussitôt dans la ferme, dans la localité infectée; il procédera avec beaucoup de soin à la visite des animaux suspects et des animaux malades. Il s'éclairera autant qu'il le pourra auprès des propriétaires intéressés; puis, dans un rapport adressé à l'autorité, il rendra compte de sa mission, en insistant tout particulièrement sur l'indication des mesures sanitaires qui lui paraîtront propres à combattre l'épizootie. L'expert se guidera, bien entendu, d'après la gravité et l'extension de la maladie et d'après les conditions locales; il ne devra jamais se montrer bien sévère; il conseillera simplement l'isolement, la séquestration et la désinfection; il se prononcera sur la question de l'utilisation du lait.

Il sera nécessaire de séparer les animaux malades des sujets encore sains, car ces derniers peuvent fort bien échapper à l'épizootie. Si plus tard la maladie se déclare sur des sujets regardés jusqu'alors comme sains, on devra immédiatement les éliminer et les mettre avec les malades. Les animaux ainsi isolés seront maintenus séquestrés; et les personnes chargées de les soigner, éviteront de transmettre l'affection à ceux qui sont simplement suspects. Ces derniers pourront au besoin ne pas être séquestrés, et dans tous les cas la séquestration ne devrait leur être appliquée que six ou sept jours. Si la séquestration et l'isolement ne peuvent pas être appliqués dans l'habitation même, si le propriétaire n'a pas à sa disposition des locaux suffisants, on se contentera d'un simple cantonnement et on conduira, lorsque la saison le permettra, les animaux suspects et même les malades au pâturage. Cette manière d'agir est excellente et peut, grâce à certaines précautions, parer aux dangers de l'extension. En conséquence, on désignera pour les animaux malades des pâturages spéciaux, en ayant soin de concilier autant que possible les intérêts des propriétaires avec l'intérêt général et avec les nécessités de la loi. En outre, les troupeaux infectés devront être conduits à ces pâturages par des chemins particuliers, dont on interdira la circulation aux animaux sains, si toutefois la chose est possible. En usant du cantonnement, on pourra aussi isoler, dans les pâturages, les animaux encore sains des sujets malades. Les abreuvoirs communs, les pâturages communs et autant que possible les chemins communs seront interdits aux malades. La séquestration et le cantonnement ne doivent pas durer longtemps; on les lèvera huit ou dix jours après la guérison du dernier cas.

Les malades et les suspects ne pourront pas être sortis des lieux où ils auront été séquestrés ou cantonnés; leur exposition en vente et leur exportation seront donc formellement interdites. Cette interdiction de la mise en vente, de même que les autres précautions, s'appliquera aux animaux ovins, caprins, porcins malades ou suspects comme aux bovins. On pourra cependant autoriser la vente des suspects et même des malades pour la boucherie; mais dans ce cas les animaux devront être conduits à l'abattoir entourés de certaines précautions et d'une bonne surveillance; ils seront sacrifiés immédiatement. Il sera parfois plus prudent de sacrifier les malades sur place et de livrer ensuite leurs chairs à la consommation. Faut-il interdire aux propriétaires d'introduire dans leurs habitations des animaux susceptibles de contracter la cocotte, tant que dure l'épizootie? Ce n'est pas ma manière de voir; les propriétaires doivent être laissés libres d'introduire de nouveaux animaux, à conditions qu'ils les isoleront, qu'ils ne les exposeront pas à la contagion, qu'ils ne les mettront pas avec les malades.

Afin que les prescriptions de l'autorité soient plus fidèlement exécutées, afin que les animaux malades ou suspects ne puissent pas être soustraits à l'application des mesures prescrites, on fera le recensement dans les fermes infectées et on fera au besoin exercer une certaine surveillance.

Les foires et les marchés tenus dans le voisinage ou dans les lieux infectés, devront être surveillés avec quelque soin. En résumé, les mesures sanitaires applicables à la cocotte sont peu nombreuses, et au besoin il pourra suffire, dans certains cas, de s'en tenir à l'interdiction de la vente et à l'interdiction des pâturages et des abreuvoirs communs.

La maladie aphtheuse étant généralement bénigne et très exceptionnellement mortelle, même dans les cas où elle s'accompagne
de fièvre intense et de catarrhe intestinal, le vétérinaire sanitaire
ne devra jamais demander l'abatage des animaux qui en seront
atteints. Si cependant, à la suite d'une complication, la mort sur-
venait, on ne devrait pas permettre l'utilisation de la viande des
animaux qui auraient succombé; les cadavres seraient livrés à
l'équarrissage ou enfouis, après avoir été préalablement dépouillés, car dans tous les cas la livraison de la peau au commerce devra être permise.

Lorsque les animaux du voisinage seront exposés à être contaminés, il sera bon que l'autorité prévienne du danger les propriétaires intéressés par des avis, par des instructions, par des affiches.

Une question, qui a une assez grande importance et sur laquelle
le vétérinaire doit se prononcer, c'est celle qui a trait à l'utilisation du lait. Doit-on permettre la consommation du lait provenant
de bêtes atteintes de fièvre aphtheuse? Cette question a été vivement débattue; elle a été résolue dans des sens différents par des
auteurs, qui présentent tous à l'appui de leur manière de voir des
faits d'observation plus ou moins nombreux et plus ou moins exactement observés. Pour mon compte, je crois qu'on peut généralement permettre l'usage du lait provenant d'animaux atteints de
fièvre aphtheuse. Si les lésions de la mamelle étaient trop marquées, si on constatait dans les conduits ou dans les sinus galactophores l'existence de vésicules, il faudrait obliger les propriétaires à le faire bouillir avant de le livrer à la consommation, ou recommander aux populations qui l'utiliseraient, de le soumettre à
l'ébullition avant d'en faire usage; c'est là une précaution essentielle qu'il importe d'ailleurs de ne jamais négliger dans les cas
douteux, quand la mamelle est malade.

Lorsque la fièvre aphtheuse a disparu d'une localité, d'une habitation, il y a lieu ordinairement de procéder à une désinfection
sérieuse; car, ainsi que nous l'avons vu, le virus peut se conserver
assez longtemps, une quinzaine de jours environ, à la surface des
râteliers, des mangeoires, etc. Tous les objets souillés doivent
être désinfectés; les fumiers doivent être mis en tas hors de l'habitation et abandonnés à la fermentation; les étables doivent être
nettoyées, lavées avec une solution bouillante de carbonate de
potasse ou d'acide phénique; on peut dégager des vapeurs sulfureuses dans leur intérieur.

La fièvre aphtheuse étant une affection inoculable et l'inoculation communiquant aux animaux une maladie très bénigne, qui leur confère néanmoins assez souvent une immunité passagère, il y a lieu de conseiller cette pratique (quand on ne peut pas isoler les sujets sains des animaux malades), dans le but d'abréger la durée de l'épizootie. Il est bien entendu que l'inoculation ne doit être conseillée que pour les animaux de la ferme infectée qui sont exposés à la contagion; on la pratique en badigeonnant la muqueuse buccale des animaux sains avec la bave des malades.

CHAPITRE XIX

PIÉTIN

Définition. — Le piétin est une maladie spécifique, contagieuse, propre au mouton, consistant en une inflammation spéciale, pustuleuse et ulcéreuse, du tissu kératogène, débutant à la
partie supérieure et interne, à la cutidure, amenant le décollement
de la corne, un suintement ichoreux, et entraînant peu à peu des
altérations organiques plus ou moins graves dans les tissus du
pied.

Le nom de *piétin*, qu'on donne à cette maladie, est tiré de son
siège et aussi de l'action de piétiner qu'elle amène chez les animaux qu'elle atteint. On l'a encore appelée *crapaud du mouton,
cutidite pustuleuse, pesogne*. Il n'y a pas longtemps qu'elle a fait
son apparition en France.

SYMPTOMATOLOGIE

Le piétin introduit dans un troupeau se propage peu à peu aux
animaux qui le composent. Il a régné à différentes époques à
l'état enzootique dans les Pyrénées, dans le Vivarais, dans le
Bas-Médoc; il s'est montré à l'état épizootique dans certaines
contrées depuis l'introduction des mérinos.

Il convient d'étudier la maladie évoluant sur un individu et de
suivre ensuite sa marche dans un troupeau, dans une localité.

Marche du piétin sur un individu. — Le piétin débute
par une inflammation pustuleuse; il attaque un ou les deux onglons; il se montre à un ou à plusieurs ou aux quatre pieds; il débute ordinairement par un ou deux pieds et se déclare ensuite à
d'autres ou à tous; on n'observe ses manifestations sur aucune
autre région du corps.

L'affection s'annonce par une hyperhémie de la peau interdigitée et surtout de la cutidure, accompagnée de gonflement, de rougeur, de chaleur, de douleur et d'une exsudation plastique, qui, se produisant à la surface de l'organe sécréteur de la corne, amène un soulèvement de celle-ci, un décollement qui va croissant; une claudication plus ou moins marquée accompagne ces premières manifestations, les animaux piétinent.

Sous le biseau de la corne et sur la cutidure, on aperçoit bientôt une ou plusieurs plaques grisâtres, tranchant sur le fond hypérémié et rougeâtre de l'organe et témoignant d'un travail de pustulation. Les pustules continuant leur évolution, ne tardent pas à être mieux caractérisées; elles deviennent plus saillantes, s'arrondissent, sont entourées d'une auréole rougeâtre; on voit à leur suface une pellicule grisâtre; un produit plus ou moins lactescent soulève cette pellicule; le suintement continue, s'insinue toujours entre la corne et le tissu podophylleux et augmente l'étendue du décollement, il se fait jour aussi au-dessus du biseau. Tous ces symptômes s'observent très bien en enlevant la corne décollée. Les pustules une fois formées sécrètent donc une matière grisâtre, épaisse, puriforme.

La période de sécrétion est bientôt suivie de l'ulcération, surtout quand les animaux marchent; il se produit alors, au niveau des parties malades, un frottement qui amène la rupture des pustules, l'évacuation de leur contenu, leur transformation en plaies ulcéreuses, à bords irréguliers, à fond grenu, rougeâtre, sécrétant une matière grisâtre, puriforme, qui s'altère très rapidement, devient fétide, ammoniacale et acquiert alors des propriétés corrosives très marquées. La claudication devient plus intense; les malades deviennent moins gais et perdent de leur appétit. Parfois on peut constater un état fébrile assez prononcé, surtout quand la maladie évolue sur plusieurs pieds à la fois. La matière sécrétée continue à s'insinuer sous la corne, qui se décolle progressivement en dedans et en talons, qui macère et se dissout en partie au niveau des points malades. D'un autre côté, sous l'influence de la congestion et de l'inflammation, dont la membrane kératogène est le siège, la sécrétion de la corne se fait plus abondamment dans les parties non décollées, mais sa poussée est irrégulière; elle se fait surtout en dehors et en pince. La corne se cercle et devient rugueuse; et l'onglon, qui a bientôt acquis une longueur exagérée, se recourbe en haut sous l'influence de la dessiccation.

Si on donne écoulement à la matière sécrétée, si on enlève la corne décollée, on voit la matière morbide insinuée entre les lames podophylleuses, qui se sont hypertrophiées ainsi que les papilles de la sole. Il n'y a encore que peu ou pas de tuméfaction du côté des paturons et du canon. Les accidents consécutifs à l'ulcération étant provoqués par l'action phlogogène de la matière morbide, qui reste enfermée sous l'ongle, on peut obtenir aisément la guérison du piétin, si on prévient les complications, si on donne issue au produit sécrété. Alors en effet la sécrétion se tarit vite, les produits inflammatoires sont évacués ou se résorbent, la cicatrisation s'opère, une nouvelle corne est sécrétée et reste emboîtée sous l'ancienne.

Quand des complications doivent se produire, quand elles n'ont pas été prévenues, l'action phlogogène du produit sécrété continuant à s'exercer sur les tissus, les altérations deviennent plus marquées et plus nombreuses. Le décollement s'étend toujours en dessous de la muraille et de la sole ; les tissus vifs s'altèrent de plus en plus ; la matière sécrétée est de plus en plus abondante, grisâtre, fétide, ammoniacale. L'altération gagne les paturons, le canon et les tissus profonds de la région podale. L'os s'enflamme, bourgeonne, forme des saillies, se nécrose, se carie. Les mêmes altérations se propagent aux tendons et aux ligaments, qui s'enflamment, se carient. Il se produit des arthrites, des synovites. Il se forme des abcès à la couronne, au paturon, au boulet, et il en résulte des plaies fistuleuses, des plaies articulaires. Il y a ordinairement complication de fourchet et de limace. L'état général des malades est plus ou moins influencé suivant l'extension du mal, suivant les complications qui se produisent ; il arrive un moment où les animaux ne peuvent plus marcher, restent couchés ou marchent sur leurs genoux, tombent dans la consomption, dans le marasme.

Au début, on peut toujours arrêter ou au moins prévenir toute complication fâcheuse, en amincissant la corne de la région malade, en enlevant celle qui recouvre les pustules, celle qui est décollée, en facilitant l'écoulement de la matière morbide. Grâce à cette précaution, le piétin peut guérir en trois, quatre, cinq, six semaines. Avec un traitement prompt et rationnel, la guérison est prompte est facile, elle est favorisée par la dépaissance et par le temps sec, tandis que les temps humides, la stabulation et la malpropreté favorisent l'extension du mal et les complications ; et l'affection peut alors durer des mois, déterminer même la mort ou laisser après elle certaines altérations, telles que exostoses, ankyloses, etc.

2° Marche de la maladie sur un troupeau. — Quand la maladie a fait son apparition dans un troupeau, elle ne tarde pas à s'étendre des premiers malades à d'autres individus; mais elle se propage moins rapidement que la fièvre aphtheuse. Quand des animaux sains sont mis en contact avec des animaux malades, dans des pâturages, dans des chemins communs, dans les habitations, la contagion, qui peut alors se produire sur un plus ou moins grand nombre d'individus, est ordinairement restreinte, n'atteint que quelques individus à la fois; mais elle peut se répéter de temps en temps si on n'isole pas les malades. On a vu en effet le piétin persister pendant des mois et même pendant des années dans le même troupeau. Par la dépaissance en commun, par la fréquentation des mêmes chemins, etc., les troupeaux infectés peuvent transmettre le piétin à d'autres troupeaux et la maladie se propager ainsi dans une localité.

Diagnostic. — Le piétin est facile à reconnaître quand on examine les malades au moment de l'évolution des pustules; mais quand celles-ci ont disparu, ou quand elles ne se sont pas encore produites, il peut être difficile de dire si on a affaire au piétin où à une affection locale simplement inflammatoire. Fort heureusement dans ces cas, le diagnostic peut être facilité par les renseignements, par l'extension constatée de l'affection et par l'observation ultérieure.

On a bien à tort confondu parfois cette affection avec le crapaud, qui est propre aux solipèdes et qui ne semble pas contagieux, avec la limace et le fourchet, qui n'ont ni le même siège, ni les mêmes caractères initiaux et qui ne sont pas contagieux. On a aussi prétendu que le piétin n'était autre chose que la fièvre aphtheuse évoluant sur le mouton et localisée à la région podale. L'étude de la transmission nous prouve la fausseté de cette assertion, le piétin n'ayant jamais été obtenu chez le bœuf.

D'un autre côté, il est bien prouvé que cette affection existait en Angleterre avant que la fièvre aphtheuse y fut importée. Quand des bœufs sont mêlés à des moutons atteints de piétin, on remarque que la maladie se transmet du mouton au mouton et non du mouton au bœuf; il n'en serait pas de même si le piétin et la cocotte étaient une seule affection; d'ailleurs la cocotte peut évoluer sur d'autres régions que sur le pied.

Pronostic. — Le pronostic du piétin est peu grave ordinairement; la maladie est le plus souvent très bénigne. Mais dans les cas où des complications se produisent, elle est plus grave. Quand

l'affection a été longue, compliquée, souvent les animaux restent
boiteux, ankylosés, dépréciés, amaigris, etc. Si le pronostic de la
maladie, envisagée sur un individu, n'est pas grave, il en est tout
autrement quand le piétin devient enzootique ou épizootique, car
alors il occasionne des pertes sérieuses.

Anatomie pathologique. — Il n'y a rien de particulier à
ajouter au sujet de l'anatomie pathologique ; on rencontre seulement les lésions précédemment indiquées au point de vue de la
symptomatologie ; on peut voir les accidents, les désordres provoqués par le produit de sécrétion que fournissent les plaies. Quand
la maladie a été grave et s'est prolongée, on trouve quelquefois
les lésions de l'ankylose dans les articulations interphalangiennes,
et celles de l'amaigrissement, de l'anémie, etc.

ETIOLOGIE

Comme dans les autres maladies contagieuses, on a invoqué une
foule de causes pour expliquer l'apparition du piétin ; on a accusé
les saisons, les climats humides, la mauvaise hygiène, l'humidité,
les boues, la malpropreté, les habitations mal tenues, les fumiers,
l'alimentation azotée, les localités, le tempérament, la race, etc.
Ces diverses causes peuvent aggraver la maladie, retarder sa guérison, mais non la faire naître de toutes pièces. On faisait surtout
intervenir l'influence des causes générales, quand on regardait le
piétin comme une maladie locale, non spécifique, quand on le con-
fondait avec le fourchet et la limace. On a considéré la race comme
cause déterminante de la maladie. Le piétin n'a été étudié chez
nous que depuis l'introduction des mérinos qui l'ont importé, il
n'existait pas dans notre pays avant l'introduction de cette race,
mais la maladie se transmit ensuite des mérinos à nos moutons
indigènes, qui cependant étaient demeurés dans les mêmes conditions ; il y a donc une autre cause que la race à invoquer pour
expliquer le développement du piétin. Cette cause, la seule réelle,
c'est la contagion.

De nombreux faits de contagion naturelle ont été observés depuis longtemps par Pictet, Gohier, Sorillon, Delafond, par des
agronomes et des vétérinaires. D'un autre côté, Gohier, Veilhan et
Favre de Genève sont parvenus à inoculer la maladie à des animaux sains. Mais il faut dire aussi que de nombreux faits de non-

contagion ont été observés dans la pratique et que les tentatives d'inoculation de certains expérimentateurs sont demeurées stériles. Néanmoins dans aucun cas ces faits négatifs ne peuvent infirmer en rien les faits positifs observés et provoqués. On a eu depuis de nombreuses occasions d'assister à l'extension de la maladie dans un troupeau, à sa transmission d'un troupeau à un autre.

La contagion peut s'effectuer par contact immédiat, mais elle a lieu presque toujours par contact médiat. Les sujets malades, qui sécrètent de la matière morbide, salissent les fumiers, les litières et les purins, les chemins, les pâturages; si, après eux, passent des moutons sains, la contamination peut avoir lieu. Le virus du piétin s'introduit toujours par la peau de la région podale; il n'est pas inoculable à d'autres régions, ni aux autres ruminants. Quand l'inoculation s'est effectuée, l'éruption ne tarde pas à se produire; 3, 4, 5, 6 jours suffisent pour qu'elle fasse son apparition (incubation). La contagion est favorisée par la dépaissance en commun, par la cohabitation, par la fréquentation des mêmes chemins (peu). On a observé de nombreux faits de transmission par la cohabitation et par la dépaissance en commun.

On ne connaît encore absolument rien sur la nature du contage; on sait que le virus existe dans le produit de sécrétion des pustules, mais on ne sait pas s'il existe dans d'autres liquides de l'économie, dans le sang par exemple. Le contage du piétin ne semble pas s'affaiblir; on ne sait pas s'il est doué d'une grande ténacité, on ne sait pas s'il se conserve longtemps dans le monde extérieur, on ne sait pas à quel moment de la maladie il cesse d'être sécrété.

TRAITEMENT

Le traitement du piétin comprend diverses indications; il faut traiter la partie malade, il faut prévenir l'extension de la maladie. Le traitement que l'on doit appliquer à la région podale doit surtout avoir pour but de prévenir les complications, de les combattre quand elles surviennent, et de hâter la disparition de la maladie. Il n'y a rien à faire pour empêcher l'évolution de l'affection qui doit nécessairement suivre son cours; mais il faut prévenir les complications par des soins de propreté, par une bonne hygiène; il faut obvier à la compression que la corne exerce sur le bourrelet tuméfié, douloureux, il faut amincir ou enlever la corne pour prévenir la compression et la stagnation des produits sécré-

tés; il faut enfin employer certains agents modificateurs, astringents, cicatrisants, caustiques, pyrogénés, etc.; on peut faire
prendre des bains dans des solutions saturnées, ferrugineuses,
cupriques, phéniquées, etc.; on peut faire des pansements soit
avec les mêmes substances, soit avec de l'huile de cade ou de la
térébenthine ou du goudron.

Si des complications se sont produites, il faudra les traiter; s'il
y a décollement de la corne, il faudra enlever la partie détachée
et faire un pansement avec les pyrogénés, le goudron, l'huile de
cade, la térébenthine, l'acide phénique ou un astringent quelconque. S'il y a inflammation, carie de l'os du pied, il faudra ruginer
la partie cariée et faire un pansement avec les agents ci-dessus
énumérés; si l'inflammation a atteint l'articulation, il y aura lieu
de prescrire des bains astringents, etc., etc. S'il y a des abcès, on
les ouvrira; on débridera les plaies fistuleuses. On renouvellera
les pansements tous les deux jours. Les bains au sulfate de fer
sont excellents; on a conseillé aussi le sulfate de cuivre, mais il est
trop caustique; on a conseillé l'onguent égyptiac, l'acide azotique,
les sels de cuivre, les caustiques, le lait de chaux, etc., etc.; tous
les moyens sont bons quand ils sont appliqués rationnellement.

POLICE SANITAIRE

Quoique le piétin ne soit pas une maladie grave, il sera bon
néanmoins de prescrire quelques mesures propres à prévenir son
extension. On pourrait et on devrait même interdire l'entrée en
France aux animaux affectés de piétin (arrêté du 11 mai 1877);
ceux qui seraient reconnus malades, devraient être soumis à une
quarantaine ou renvoyés hors de la frontière. Ordinairement on
n'applique pas cette mesure. Il est d'abord souvent difficile de
diagnostiquer le piétin, surtout quand le troupeau malade reste
enfermé dans le wagon qui doit le transporter. Ce n'est qu'autant
qu'on fait débarquer les animaux, que la claudication présentée
par les malades peut appeler l'attention du vétérinaire sur la région podale et faire reconnaître la maladie.

L'arrêt de 1784, les lois de 1790 et de 1791 et les articles 459,
460, 461, 462 du Code pénal peuvent être appliqués au piétin; le
projet de 1879 ne mentionne pas cette maladie.

Lorsque le piétin règne dans un troupeau, le propriétaire
devrait en faire la déclaration à l'autorité; cette prescription est

généralement observée dans certains pays, les propriétaires
sachant fort bien que les mesures ordonnées en pareil cas ne sont
pas très onéreuses.

L'autorité, qui aura reçu la déclaration, nommera un vétérinaire,
qui procédera avec soin à la visite des animaux composant le
troupeau infecté; il adressera ensuite, à l'autorité qui l'a nommé,
un rapport dans lequel il fera connaître les résultats de sa mission
et les mesures de police sanitaire qui lui paraîtront propres à
enrayer la marche de l'épizootie.

On ne devra pas se montrer bien sévère; on se contentera de
l'isolement et du cantonnement des malades, qu'on séparera
autant que possible des sujets sains; on ordonnera un traitement
thérapeutique, qui n'est ici qu'une particularité de la désinfection,
car par ce moyen on désinfecte les malades eux-mêmes; on interdira les pàturages communs aux malades; on pourra informer les
voisins pour qu'ils veillent sur leurs troupeaux.

Quand l'épizootie aura disparu, on pratiquera une légère désinfection. Il suffira, pour prévenir tous les dangers, d'enlever la
litière souillée, le fumier, de donner écoulement au purin, et de
faire un lavage de l'aire de l'habitation avec un lait de chaux. Le
plus souvent même on pourra se contenter de couvrir le fumier
ou la litière souillée d'une nouvelle et épaise litière. Les malades
ne devront pas être vendus, mais ils pourront être livrés à la boucherie.

CHAPITRE XX

DE QUELQUES AUTRES MALADIES DONT LA PROPAGATION PEUT ÊTRE ARRÊTÉE PAR L'APPLICATION DES MESURES DE POLICE SANITAIRE

GALES

Les gales des principaux animaux domestiques (gales des solipèdes, gales du bœuf, gale du mouton, gale du porc, gales du chien) sont faciles à reconnaitre, surtout quand elles sont déjà anciennes. Elles s'accompagnent d'un prurit plus ou moins intense, de la formation de papules, de vésicules ou de boutons, d'une dépilation plus ou moins étendue suivant l'ancienneté du mal, de la formation de croûtes dans les parties malades, de l'épaississement de la peau au niveau des points atteints. Elles envahissent d'abord une ou plusieurs régions et s'étendent plus ou moins rapidement ; elles sont surtout caractérisées par la présence d'acares dans les parties altérées, et ces acares sont ordinairement faciles à trouver (excepté dans la gale sarcoptique des solipèdes et du chien), parfois on les aperçoit à l'œil nu et ordinairement il suffit de les chercher dans les croûtes avec une loupe. La gale d'une espèce est transmissible aux animaux de la même espèce et parfois à d'autres espèces ; la transmission a lieu par la migration des acares ou l'ensemencement de leurs œufs sur des animaux sains.

Les acares et leurs œufs peuvent se conserver un certain temps dans les couvertures, dans les litières, sur les harnais, sur les boiseries des habitations, etc. La transmission de la gale est loin d'être aussi subtile que celle des maladies dites virulentes ; elle ne se fait que par le contact immédiat et prolongé des animaux sains avec les sujets malades ou avec les objets sur lesquels ont été déposés les acares ; elle peut donc avoir lieu dans les circonstances suivantes : cohabitation, travail en commun, fréquentation d'habitations infectées, utilisation d'objets non désinfectés, dépaissance en commun (mouton), etc. Un traitement de quelques heures ou au plus de deux ou trois jours étant suffisant pour guérir la gale (excepté la gale folliculaire du chien) et la contagion étant si peu intense, il y a lieu de se demander si réellement des mesures sanitaires doivent être prescrites. Il faut à ce sujet examiner ce que réclame la législation sanitaire et voir ensuite ce qui se fait habituellement dans la pratique ordinaire.

L'arrêt du 16 juillet 1784 est applicable à la gale, il en est de même des lois de 1790 et de 1791, des articles 459, 460, 461, 462 du Code pénal et de l'article 1382 du Code civil; le projet de loi de 1879 conserve la gale dans sa nomenclature des maladies contagieuses. On devrait donc exiger la déclaration, l'isolement, la séquestration ou le cantonnement; on devrait informer les voisins, défendre la vente et l'exposition en vente des malades, etc., etc. Dans la pratique, on ne fait habituellement rien de tout cela, on traite les malades et tout se borne là. Sans se montrer d'une sévérité outrée et sans suivre la loi à la lettre, il y aurait lieu de conseiller et au besoin de prescrire certaines précautions qui sont les suivantes : traitement des malades obligatoire; vente des malades prohibée (sauf pour la boucherie), si ce n'est dans les cas où l'acquéreur, connaissant l'existence de la maladie, consent à passer outre; écuries et remises publiques interdites aux animaux galeux; désinfection (solution alcaline bouillante ou fumigations sulfureuses) des habitations et des objets (wagons, etc.) infectés; importation des animaux galeux non autorisée. En résumé, prescrire le traitement des malades et la désinfection des objets qu'ils ont pu infecter, voilà à quoi doit se réduire, selon moi, la police sanitaire de la gale.

Bronchite vermineuse, Trichinose, Cachexie vermineuse, Ladrerie.

En invoquant l'arrêt du 16 juillet 1784, l'autorité pourrait, le cas échéant, prescrire certaines mesures quand il s'agit de la bronchite vermineuse, de la trichinose, de la cachexie, de la ladrerie, savoir : l'interdiction de la vente pour les animaux atteints de trichinose ou de ladrerie, dont la chair est dangereuse pour l'homme ; l'interdiction de la vente, sauf pour la boucherie, des animaux atteints de cachexie vermineuse, dont le déplacement peut introduire la maladie dans des localités où elle n'existe pas ; la même mesure et de plus l'interdiction des abreuvoirs et des pâturages communs pour les animaux atteints de bronchite vermineuse, qui peuvent par ces intermédiaires propager leur maladie. Mais dans la pratique, on ne prend aucune mesure sanitaire contre ces affections; seulement à l'abattoir on refuse pour la consommation les viandes ladres et trichineuses, ainsi que les organes (foie, poumon) qui contiennent les parasites de la cachexie ou de la bronchite vermineuse.

RAPPORTS

Rapport sur l'ensemble des mesures
à prescrire en cas de maladies contagieuses.

Monsieur le Préfet,

Par votre lettre en date du trente-un mai, vous me demandez
de vous faire connaître, avec l'indication des lois et règlements
qui les prescrivent, l'ensemble des mesures de police sanitaire,
que vous pouvez être appelé à prendre contre une maladie contagieuse qui vient de se déclarer dans la commune de Tarare et
dont vous ne connaissez pas encore la nature. J'ai l'honneur de
vous adresser un rapport dans ce sens, en passant en revue les
principales *mesures* édictées par les lois et règlements, pour
empêcher la propagation des maladies contagieuses.

Les propriétaires ou détenteurs d'animaux atteints de maladie
contagieuse sont tenus d'en faire immédiatement la déclaration
au maire de la commune, en indiquant l'espèce, le nombre et l'état
des individus malades. Le maire de son coté, une fois averti, cherchera à obtenir le plus promptement possible la déclaration des
nouveaux cas qui pourraient se montrer; il informera l'autorité
préfectorale de ce qui se passe dans les communes et portera à
la connaissance de ses administrés l'existence de la maladie contagieuse, afin de les prémunir contre les dangers de la contagion ;
en même temps il enjoindra aux propriétaires, qui lui ont fait leur
déclaration, de tenir leurs animaux séquestrés dans leurs habitations ordinaires, et de séparer, s'ils ne l'ont déjà fait, les malades
d'avec les sains. La déclaration, qui a pour but de renseigner l'autorité et de provoquer d'autres mesures propres à circonscrire ou
à étouffer le mal à sa source, est rendue obligatoire par l'article 1er
de l'arrêt du Conseil d'état du roi du 16 juillet 1784, par le décret
de la Constituante du 6 octobre 1791 (t. 1er, § IV, art. 19) et par
l'art. 459 du Code pénal.

Un vétérinaire sera nommé sans délai, pour procéder à la visite des animaux malades et suspects, constater la nature et les dangers de l'affection, éclairer l'administration et lui proposer les mesures nécessaires. La visite des animaux et des lieux par un homme de l'art est prescrite par les art. 1 et 3 de l'arrêt du Conseil d'état du roi du 16 juillet 1784. Pour prévenir toute fraude de la part des propriétaires, il sera bon que le vétérinaire fasse le recensement des animaux qu'il visite et prenne le signalement de ceux qui sont malades ou suspects, ou les fasse marquer s'il s'agit d'animaux de petite taille; s'il doit y avoir lieu à accorder des indemnités, il sera bon également de faire procéder à l'estimation des animaux dont on devra demander l'abatage.

En vertu de l'art. 7 de l'arrêt du Conseil d'état du roi du 16 juillet 1784, le commerce des animaux malades ou suspects sera interdit; et qui plus est, en cas de maladie à marche envahissante (typhus), foires et marchés seront suspendus dans la localité affectée; en outre, défense sera faite aux propriétaies d'y introduire des animaux venant du dehors.

L'autorité, en invoquant l'arrêt du 16 juillet 1784, le décret de la Constituante du 6 octobre 1791 et les articles 459, 460 et 461 du Code pénal, pourra prescrire l'isolement, la séquestration des bêtes malades ou suspectes et même de celles qui paraissent saines, suivant la nature, le mode et le degré de contagion de la maladie. S'agit-il d'une maladie qui ne se transmet que par contact immédiat, telle que la rage, la morve, le farcin, ou d'une maladie qui ne se transmet, sans contact immédiat, qu'à une faible distance, telle que le charbon et la maladie aphtheuse, il suffira de faire isoler ou séquestrer les animaux malades ou suspects. S'agit-il au contraire d'une maladie transmissible à distance, telle que la clavelée, la péripneumonie, le typhus, la séquestration doit avoir des limites plus étendues : le troupeau, dans lequel la clavelée aura fait invasion, sera séquestré tout entier dans sa bergerie ou cantonné sur des pâturages dont on ne laissera approcher aucun autre troupeau. Les étables dans lesquelles aura apparu la péripneumonie seront séquestrées également tout entières; en cas de typhus, la séquestration sera plus rigoureuse encore, elle pourra porter non seulement sur des étables entières, mais sur des villages entiers et même sur des communes.

L'autorité a le droit de faire tuer immédiatement les animaux atteints de morve ou de maladies contagieuses reconnues incurables (art. 5 de l'arrêt du 16 juillet 1784); et elle peut ordonner l'abatage des animaux malades ou même de ceux qui sont simplement suspects, quand elle le juge nécessaire (lois du 24 août 1790 et du 6 octobre 1791) pour arrêter la propagation du mal.

Les cadavres des animaux morts ou abattus pourront être livrés à l'équarrisseur, s'il y en a un dans la localité, sinon ils seront enfouis avec leur peau tailladée. Dans tous les cas, l'enlèvement des cadavres devra être opéré avec beaucoup de précautions pour éviter la dissémination de la maladie. Les fosses auront une profondeur convenable (2 mètres) et seront creusées loin des pâturages et des lieux de passage. L'enfouissement est prescrit par les arrêts du 10 avril 1714 et du 16 juillet 1784 (art. 6 et 9) et par le décret de la Constituante du 6 octobre 1791 (tit. II, art. 13).

Une fois qu'on sera débarrassé des animaux suspects ou malades et des cadavres. Il importera, conformément aux dispositions de l'art. 6 de l'arrêt du 16 juillet 1784 et d'après les décrets de la Constituante (24 août 1790 et 6 octobre 1791), de prescrire la désinfection complète des lieux et objets qui auront eu le contact des animaux affectés : le nettoyage suivi de lavages et de fumigations chlorées ou phéniquées et l'aération plus ou moins prolongée, tels sont les moyens principaux que comporte cette mesure.

S'il s'agissait de la péripneumonie et surtout de la clavelée, l'inoculation, non prescrite par la loi, pourrait être conseillée par l'autorité, pour sauvegarder les animaux non encore atteints et éviter de recourir longtemps à des mesures gênantes, telles que celles qui précèdent.

Telles sont, Monsieur le préfet, les considérations que j'ai cru devoir vous présenter.

J'ai l'honneur d'être votre très respectueux et très obéissant serviteur.

G. P. V.

Le 2 juin 1873.

Rapport sur la Péripneumonie et les mesures qu'il convient de lui appliquer.

MONSIEUR LE PPÉFET,

Par votre lettre en date du 16 juin, vous m'avez chargé de me transporter de suite dans la commune de Saint-Clément, où existe la péripneumonie contagieuse du gros bétail, et de vous faire connaître, dans un rapport, l'état actuel de l'épizootie, son origine, si des mesures de police sanitaire ont été prises, et celles qu'il me paraîtrait utile de prescrire pour empêcher la propagation de la maladie. Je me suis rendu aussitôt sur les lieux pour remplir ma mission, et j'ai l'honneur de vous exposer le résultat de mes opérations, en répondant aux questions sur lesquelles vous désirez être informé et en vous signalant les mesures auxquelles il serait bon de recourir.

Après avoir porté ma nomination à la connaissance du maire, qui m'a appris que la maladie sévissait dans les villages A et B, et qui a bien voulu m'accompagner, j'ai commencé ma visite dans le village B, le dernier affecté. Depuis le 1er juin, quatre vaches y sont mortes, dans deux étables différentes, et actuellement on y compte cent quatre-vingt-dix bêtes bovines, réparties dans quarante étables ; je les ai toutes visitées, en commençant par celles qui m'ont été signalées comme non atteintes. Trente-sept ont été reconnues exemptes de maladie, et dans trois j'ai constaté l'existence de la péripneumonie, savoir celles des sieurs X, Y, Z. Dans celle du sieur X, la maladie n'existe, bien déclarée, que sur une vache ; l'autorité n'en a pas été prévenue et nulle mesure n'a été prise ; la bête malade est restée en contact avec deux autres, dont une me paraît sous le coup de la maladie et est tout au moins très suspecte.

Le propriétaire, interrogé avec soin, nous a appris que ses animaux avaient été fréquemment en contact, soit à l'abreuvoir, soit ailleurs, dans les chemins, par exemple, avec ceux de ses voisins et entre autres avec ceux des sieurs Y et Z, dans les étables desquels règne l'affection.

Le propriétaire Y a perdu, le 10 juin, une vache, qui était restée malade une quinzaine de jours ; il en possède encore trois, qui toutes ont cohabité avec celle qui est morte, et dont une me parait fortement suspecte ; toutes s'étaient trouvées en maintes cirsonstances en rapport plus ou moins immédiat avec celles du sieur Z, dont l'étable a été envahie la première.

Ce dernier a actuellement deux bêtes, dont l'une gravement malade et l'autre suspecte. Le 30 avril il introduisait dans son étable une vache bien portante achetée à un propriétaire du village A ; les animaux de celui-ci avaient été en contact avec ceux d'un voisin, dans l'étable duquel régnait la maladie. Cette vache tombait malade le 13 mai, puis l'affection se déclarait sur une deuxième douze jours après et enfin sur une troisième le 27 mai ; la première succombait le 1er juin, la 2e le 4 et la 3e le 10 du même mois.

Depuis le 19 février, sept bêtes ont succombé et il en reste quatre-vingt dans le village A, où treize étables me paraissent saines, et trois, celles des sieurs R, S, T, renferment des malades. R possède deux vaches, dont l'une encore en santé et l'autre gravement atteinte depuis sept jours ; ses bêtes avaient eu des rapports avec celles du sieur T. Trois animaux, dont un malade, restent au propriétaire S, qui, le 15 janvier, en avait porté le nombre à sept, en introduisant dans sa ferme une vache nouvellement achetée à la foire de O. Celle-ci tombait malade vingt jours après et succombait le 19 février ; quinze jours après, une 2e, puis une 3e, enfin une 4e étaient saisies à leur tour et mouraient depuis la fin du mois de mars jusqu'au 20 mai.

Vers le même temps, T, dont les animaux étaient conduits au même abreuvoir que ceux de S, voyait la maladie faire invasion dans sa ferme ; une première bête devenait malade dans le mois de mars et succombait quelques jours après, puis une 2e et enfin une 3e, qui mourait le 7 juin. Actuellement ce fermier possède trois vaches, qui paraissent saines.

Telle est la statistique à laquelle m'a conduit une visite attentive et rigoureuse. Une maladie, dont la nature n'a pas été sur le moment déterminée, s'est donc déclarée le 5 février sur un sujet acheté depuis vingt jours et dont la provenance est restée ignorée ; la bête malade succombait le 19 février, mais la maladie faisait plus tard d'autres victimes et irradiait dans deux étables voisines.

Dans le village A, nombre d'animaux ont été en contact avec ceux des fermiers, dont les étables ont été envahies, mais pour le moment ils paraissent sains. Néanmoins une vache, qui du reste paraissait saine, conduite dans le village B, y apportait la maladie qui, quelques jours plus tard, prenait l'extension que j'ai signalée.

Dans les fermes infectées se trouve donc un total de 15 individus, dont 7 me paraissent malades ou très suspects, et 8 jouissent encore d'une parfaite santé, mais peuvent déjà recéler en eux le germe du mal.

Les sujets que j'ai signalés comme malades présentent les symptômes suivants : tristesse, faiblesse, nonchalance dans la marche, fièvre assez intense, inappétence, irrumination, constipation et météorisation fréquente ou diarrhée, injection ou décoloration des muqueuses suivant la date de la maladie, sensibilité exagérée de la colonne dorso-lombaire, écartement des membres antérieurs, encolure tendue et tête baissée, respiration plaintive, toux profonde fréquente, courte et douloureuse, jetage parfois sanguinolent et parfois œdème sous le ventre ; dans la poitrine résonnance et murmure respiratoire exagérés en certains points, matité et silence en d'autres, bruits anormaux, souffle tubaire et râle crépitant dans les points qui séparent les précédents, amaigrissement plus ou moins prononcé. Ceux que j'appelle suspects offrent en partie les symptômes précédents, moins ceux que fournit la poitrine à la percussion et à l'auscultation.

N'ayant pu faire aucune autopsie, je ne puis joindre aux données précédentes les lésions que l'on rencontre dans les cadavres, mais je m'empresse de dire que, vu la marche de la maladie et les symptômes ci-dessus énumérés, il est permis de conclure hardiment sur sa nature.

Je dois néanmoins ajouter que les propriétaires, qui ont perdu des animaux m'ont affirmé avoir remarqué, pour la plupart, la présence d'un liquide jaunâtre dans la poitrine ; ils ont surtout remarqué le poids énorme du poumon, à la surface duquel flottaient, disent-ils, des fragments jaunâtres plus ou moins considérables.

Ces données, bien qu'élémentaires, doivent être prises en considération ; elles témoignent d'une maladie des plèvres et du poumon et viennent corroborer le diagnostic porté.

La péripneumonie contagieuse est donc bien la maladie qu'il s'agit de combattre ; son état actuel ressort pleinement de ce qui précède : elle règne dans deux villages ; six étables sont évidemment infectées. La maladie peut éclater d'un jour à l'autre dans d'autres étables ; onze individus ont déjà été enlevés par l'épizootie ; sept sont notoirement malades ou suspects. L'origine de l'épizootie ressort également de l'enquête à laquelle je me suis livré : une bête, importée dans un premier village, y a apporté l'affection qui s'est propagée et qui a passé de là dans un second village, où elle s'est également propagée.

Des mesures ont été conseillées plutôt que prescrites, aussi n'ont-elles pas été toujours observées. Les propriétaires ont été invités à tenir leurs malades dans leurs habitations, mais cette quasi-séquestration, qui n'a pas été ordonnée à temps ni exécutée rigoureusement, était du reste insuffisante pour parer aux dangers de la contagion, car les animaux n'étaient reconnus malades et séquestrés que lorsque l'affection était avancée et avait pu être communiquée à d'autres. Les cadavres des animaux morts ont été utilisés en partie, le reste a été enfoui, aucune désinfection n'a suivi et du reste elle eut été peu efficace, car la maladie pouvait être et était assurément en germe dans d'autres individus. Les fermiers dont les étables n'ont pas été envahies, surveillent depuis quelque temps un peu mieux leurs bêtes, afin d'éviter leur contact avec celles des étables infectées, mais cette surveillance a dû être mise souvent en défaut, au moins en ce qui concerne les voisins des fermes où règne l'épizootie. En un mot rien ou à peu près rien n'a été fait pour empêcher la propagation du mal.

La péripneumonie contagieuse, propre aux individus de l'espèce bovine, se transmet très facilement par contagion immédiate et par contagion médiate. Elle se transmet aussi par l'intermédiaire de l'atmosphère, mais à une faible distance ; tout objet sali par le jetage des animaux malades devient dangereux pour les animaux sains. La maladie n'apparaît pas d'emblée dès que le germe en a été communiqué, les premiers symptômes se montrent après un temps plus ou moins long, pouvant varier de quelques jours, à 20, 30, 40 jours et même au delà. Il importe de tenir grand compte de ces notions dans l'exécution des mesures de police sanitaire que je vais proposer.

Vu la nature, la contagiosité et la gravité de l'affection, il est urgent d'en arrêter les progrès et de la faire disparaître le plus tôt possible. Il faut que l'autorité municipale avise les propriétaires dont les étables ne sont pas encore atteintes dans les deux villages où règne l'épizootie, et leur fasse bien comprendre que la loi (art. 5 de l'arrêt de 1784, art. 459 du Code pénal, circulaire ministérielle de 1873) et leurs intérêts les obligent à faire connaître à la mairie les cas de maladie qui pourront se montrer sur leur bétail et à séquestrer immédiatement les individus tombés malades. La plus grande vigilance sera exercée, afin que cette mesure si importante reçoive une exécution rigoureuse. Les étables dans lesquelles l'épizootie fera son apparition seront l'objet des mêmes mesures que celles qui sont actuellement infectées.

Quant à ces dernières, il est urgent, pour empêcher l'extension du fléau qui menace l'agriculture de la commune de St-C.., de les séquestrer immédiatement et tout entières, et de faire veiller à ce qu'il ne se produise aucune contravention qui pourrait être suivie de nouveaux désastres; les propriétaires qui enfreindraient l'ordre qui leur aura été donné seraient traduits devant la justice; (arrêt de 1784, art. 459, 460 et 461 du Code pénal, circulaire ministérielle de mai 1873). Aucune bête bovine ne devra être introduite dans les fermes séquestrées et à plus forte raison en sortir. Il peut paraître excessif de défendre les pâturages aux bêtes saines, et on pourrait à la rigueur se contenter de séquestrer les individus malades ou suspects, après les avoir séparés des autres; mais dans cette demi-mesure il y aurait un danger continuel, on risquerait de laisser la maladie se propager et s'éterniser dans la localité, car les animaux qui paraissent sains portent probablement en eux, au moins certains, le germe de la maladie, qui peut se déclarer d'un moment à l'autre et la contagion avoir ainsi grandes chances de poursuivre ses ravages. Je crois donc que si l'on veut tenter sérieusement d'enrayer la marche de l'épizootie, il faut s'en tenir à une séquestration rigoureuse et telle que je viens de la proposer.

Dans l'intérêt des propriétaires et en vue d'abréger la durée de l'épizootie, il sera bon que dans chaque ferme séquestrée les individus malades ou suspects soient séparés d'avec les sains, afin que ceux-ci ne soient pas contaminés, s'ils ne le sont déjà.

Le mode d'après lequel la péripneumonie s'est implantée et propagée dans la commune de St-C., montre avec quel soin il faut veiller à ce qu'aucune bête bovine, même saine, ne sorte d'une étable infectée pour être importée ailleurs, et qui plus est, il faut même défendre l'exportation des animaux des étables saines, car quelqu'un de ceux-ci peut avoir pris le germe de la maladie, ainsi que le démontre l'apparition de la péripneumonie dans le village B. La séquestration, pratiquée de la sorte, produira un bon résultat.

Si à un moment donné l'abatage des malades reconnus incurables est consenti par les propriétaires, si d'un autre côté la vente à la boucherie des sujets légèrement malades et des sujets suspects est demandée par eux, on devra leur accorder l'autorisation sollicitée, mais on devra procéder de la façon la plus rationnelle et la moins dangereuse, afin d'éviter toutes chances de contagion. Malades et suspects seront abattus sur place, leur chair pourra

être utilisée et vendue pour la consommation, les peaux seront
livrées à l'industrie (circulaire de mai 1873), mais le contenu de la
poitrine, son revêtement interne, les poumons, la trachée et la
tête des malades seront enfouis soigneusement à une profondeur
d'un mètre et demi. Quant aux animaux sains, ils pourront être
vendus au boucher, qui sera tenu de les sacrifier sans délai, ce à
quoi veillera et fera veiller l'autorité; mais le plus prudent dans ce
cas serait d'exiger l'abatage sur place, les débris pouvant être ensuite transportés là où il plaira au boucher de les débiter. Si on
s'en tient à la séquestration sans recourir à l'abatage des malades
incurables, il faudra prescrire l'enfouissement des animaux qui
succomberont à la maladie; cet enfouissement devra être effectué
dans un lieu écarté et dans les terres des propriétaires. L'enlèvement des cadavres et des débris devra être opéré avec soin pour
éviter la dissémination du mal. Le transport sera fait avec le cheval, et l'on veillera à ce que le jetage, qui s'écoule des naseaux, ne
reste pas sur la voie publique, où il pourrait devenir un agent de
contagion. Les fosses auront un mètre et demi de profondeur. La
peau pourra être livrée à l'industrie après une désinfection préalable, les chairs étant de peu de valeur seront enfouies avec tout
le reste. Il sera bon de jeter une couche de chaux sur les cadavres. Toute la terre extraite de la fosse sera employée à recouvrir
les cadavres.

Quand la maladie aura disparu d'une étable, il faudra en ordonner la désinfection et la faire exécuter. La désinfection portera
sur tout ce qui a été sali par le contact des animaux malades. Les
fumiers provenant des étables infectées peuvent renfermer des matières du jetage et devenir, s'ils sont flairés par d'autres individus,
le point de départ d'une nouvelle apparition de la maladie, aussi
seront-ils mis en tas et abandonnés à la putréfaction pendant un
mois. Les propriétaires néanmoins pourront être autorisés à les
utiliser pour leur culture, mais ils seront tenus de les couvrir avec
des chevaux; leur enlèvement devra se faire aussi avec des chevaux, et il sera veillé à ce que point n'en soit laissé sur la voie publique. Sol, murs, crèches, râteliers et ustensiles divers, en un
mot tout ce qui a pu être sali par le jetage des malades, sera
gratté, nettoyé, flambé, lavé avec une lessive de cendres bouillante
ou une solution de chlorure de chaux ou d'acide phénique. Le lavage avec la lessive de cendres bouillante est excellent et peu
coûteux, mais il doit être pratiqué avec un soin extrêmement minutieux. Ensuite on fera pratiquer dans l'étable, dont toutes les

ouvertures seront closes, une bonne fumigation avec l'acide phénique ou mieux l'acide sulfureux, après quoi l'habitation ainsi désinfectée ne devra pas encore recevoir des animaux sains; elle sera laissée ouverte au grand air et demeurera séquestrée encore quelques jours. La circulaire ministérielle du mois de mai dernier prescrit une séquestration de trois mois après la désinfection; cette durée que vous pourrez adopter me paraît excessive, elle est de nature à froisser bien des intérêts; une séquestration d'une dizaine de jours me paraîtrait suffisante, surtout après une désinfection telle que celle que je viens de proposer. Dans tous les cas, la police locale et l'autorité veilleront à ce que cette mesure soit parfaitement exécutée.

Il va sans dire que toute vente ou échange et exportation de bêtes bovines seront interdites aux propriétaires des villages A et B, tant que l'épizootie n'aura pas été déclarée éteinte.

L'inoculation de toutes les bêtes bovines des étables infectées serait une mesure excellente, elle leur communiquerait une maladie en général bénigne, qui guérit assez promptement et qui préserve au moins pour un certain temps de la péripneumonie. Nul animal ne pourrait être déplacé ou soustrait à la séquestration jusqu'à complète guérison, toutefois il pourrait en être introduit d'autres, qu'on inoculerait pareillement à leur entrée. L'inoculation n'est pas prescrite par la loi, elle donne ordinairement de très bons résultats; dans quelques cas très rares elle amène la mort. Elle déplaît aux propriétaires, qui toujours ne se rendent pas un compte exact de leurs intérêts.

Il faudrait faire entendre raison aux cultivateurs et les convaincre plutôt que les intimider ou les contraindre, et s'ils consentaient, il y aurait lieu de déléguer un vétérinaire pour procéder à l'opération.

Tel est, Monsieur le Préfet, le résultat de la mission que vous m'avez confiée et telles sont les considérations dans lesquelles j'ai cru devoir entrer pour répondre aux questions que vous m'avez adressées.

J'ai l'honneur d'être votre très respectueux et très obéissant serviteur.

G. P. V.

18 Juin 1873.

RAPPORT SUR LE PIÉTIN [1]

MONSIEUR LE SOUS-PRÉFET,

« Par votre lettre en date du 27 septembre 1832, vous me faites l'honneur de me désigner pour me transporter dans les communes de St-Léger, de Vermanton et de Bouy, dans le but de faire la visite des troupeaux de bêtes à laine, reconnaître si les bêtes qui les composent sont attaquées de la maladie connue sous le nom de piétin, de m'assurer des voies de propagation de cette maladie et de vous indiquer les mesures de police administrative propres à en préserver les troupeaux des propriétaires voisins, enfin les moyens de guérir les bêtes qui en sont atteintes. Les journées des 29, 30 et 31 septembre ont été consacrées à la visite des troupeaux de la commune de St-Léger, celles des 1er, 2, 3 et 4 octobre à celle des deux communes de Vermanton et de Bouy. Je me suis assuré, Monsieur, de l'existence de la maladie parmi plusieurs troupeaux ; j'ai pris des informations auprès des propriétaires pour m'assurer si elle s'y était transmise par contagion ; j'ai fait quelques expériences pour démontrer cette même contagion ; je me suis convaincu, autant que le temps me l'a permis, des bons effets de quelques moyens curatifs dont j'ai fait usage ; enfin j'ai pensé devoir, M. le sous-préfet, consigner toutes mes observations dans le rapport ci-joint.

« *Description de la maladie.* — Parmi les bêtes composant les troupeaux qui sont atteints du piétin, il m'a été facile de reconnaître l'état de la maladie dès son apparition ; pendant la durée de son existence, de pouvoir apprécier les ravages qu'elle occasionne dans les pieds des bêtes qui en sont atteintes ; enfin de constater toute sa gravité.

« Le piétin débute par une inflammation de la petite portion de peau située entre les deux onglons ; les animaux ne boitent que peu ou point : plus tard l'ongle se décolle à l'un ou aux deux onglons. De la douleur et de la chaleur se déclarent, et l'animal boite alors

---

[1] Rapport emprunté au traité de Police sanitaire de Delafond.

sensiblement. Tels sont les symptômes qui annoncent le début de la maladie et qui accusent son existence depuis 8 à 10 jours.

« Si le sol est humide, si les bergeries sont malpropres, l'ongle se détache, les tissus vasculaires sous-jacents (tissus podophilleux) s'enflamment, se gonflent, s'épaississent et sécrètent un fluide épais, graisseux, blanchâtre, inodore d'abord, qui, exposé au contact de l'air, devient fétide et noirâtre. La suppuration de l'ongle à la face interne ne tarde pas à s'étendre en arrière aux talons, en bas à la sole, et bientôt elle se propage à la face externe de l'ongle. La corne, ainsi séparée des tissus qui lui apportaient des sucs propres à entretenir sa souplesse et son élasticité, se ride, se couvre de cercles et se durcit.

« A cette période de la maladie les bêtes boitent tout bas; quelques-unes même, étant aux champs, paissent en se tenant sur les genoux; les ongles s'allongent beaucoup et les animaux souffrent et maigrissent. Dans cet état la maladie date de trois semaines à un mois, quelquefois plus : elle est déjà rebelle, et ce n'est qu'avec beaucoup de soins qu'on parvient à la guérir radicalement. Plus tard les tissus sous-cornés se gonflent, changent de nature, s'hypertrophient et se transforment en tissu squirrheux; une matière grasse, caséeuse, infecte, ramollit et détruit la corne çà et là. D'autres fois ce tissu s'ulcère; et l'ulcération, attaquant bientôt les tendons qui s'attachent à l'os vasculaire renfermé dans la boîte cornée, détruit cet os en donnant lieu à des fistules, des clapiers, des abcès, desquels s'échappe une matière purulente infecte. Quelquefois la chute de l'ongle est la suite de ces graves lésions.

« Tel est l'état de la maladie lorsqu'elle est arrivée à son dernier degré; alors elle est ancienne et date de 3 à 4 mois, quelquefois plus : un seul onglon peut en être atteint, souvent les deux; quelquefois ce sont les deux membres antérieurs qui sont attaqués, d'autres fois ce sont les deux postérieurs : rarement les quatre membres à la fois sont envahis.

« Lorsqu'elle est ancienne, la gravité de cette maladie est telle, qu'on parvient difficilement à la guérir. Souvent, après un traitement rationnel on croit la guérison certaine, lorsqu'elle n'est qu'incomplète; l'humidité des pâturages et des bergeries la fait quelquefois reparaître subitement.

« *Apparition du piétin à St-Léger. Causes qui l'ont propagé dans les communes environnantes.* — Le piétin a été apporté à St-Léger par un troupeau mérinos métis, acheté par M. Viment, fermier à Bellevue, à la foire de St-Laurent, le 10 juillet.

« M. Viment ignorait la nature du mal et sa contagion. Son troupeau fut conduit dans les pâturages de MM. Petit et Perrot, ses voisins : 15 jours après, la maladie se déclara dans le troupeau de M. Petit, et huit jours plus tard dans celui de M. Perrot ; et c'est de ces trois foyers de contagion que le reste des troupeaux de St-Léger a gagné le piétin, soit sur les pâturages communaux, soit en passant par les chemins suivis par les troupeaux attaqués. Le troupeau de M. Silvain, qui pacageait sur les terres de le commune de Vermanton, transmit bientôt le piétin aux troupeaux des fermiers de cette commune, et ce furent ceux-ci qui le communiquèrent aux troupeaux de la commune de Bouy, qui sans doute à leur tour le transmettront aux troupeaux des communes environnantes, si des mesures préservatrices ne sont point immédiatement mises en exécution. La matière contagieuse a pour véhicule la sanie séro-purulente sécrétée sous la corne par les tissus malades, et c'est cette matière qui, déposée sur le sol où passent les troupeaux encore intacts, ou sur les plantes des pâturages où ils sont conduits, touchant la peau de l'espace interdigité, transmet par son simple contact la maladie dont il s'agit. Il suffit que quelques bêtes la contractent dans un troupeau, pour qu'ensuite celles-ci, imprégnant de cette sanie virulente la litière des bergeries ou le sol des parcs, le piétin soit transmis à un plus grand nombre de bêtes.

« Il est facile de convaincre les personnes les plus incrédules sur ce mode de propagation ; car il suffit d'essuyer avec un petit linge ou un peu d'étoupe la matière occupant l'espace interdigité d'un animal attaqué de piétin, et de la déposer sur la peau entre les deux ongles d'un mouton sain, pour voir deux jours après la maladie se déclarer. Nous n'avons point entendu parler que les bergers, que les chiens qui gardent les troupeaux aient transmis le mal : les annales de la science vétérinaire se taisent aussi à cet égard. Tels sont, Monsieur le sous-préfet, les renseignements positifs que j'ai pu me procurer sur l'origine de la maladie et sur la manière dont elle s'est propagée. Dans le but de m'assurer de l'étendue du mal, j'ai dû procéder à la visite des troupeaux et à leur recensement : le tableau ci-après renferme le résumé de ce que j'ai constaté.

VISITE & RECENSEMENT

COMMUNES	PROPRIÉTAIRES	NOMBRE DES BÊTES composant le troupeau		RACES	NOMBRE DES BÊTES affectées		NOMBRE DES BÊTES non affectées		OBSERVATIONS
St-Léger.	Petit.	300		Métisse mérinos.	160		140		
	Vincent.	250		id.	90		160		
	Perrot.	320	1190	id.	120	370	200	820	
	Laurent.	210		Race du pays.	»		210		
	Vion.	110		id.	»		110		
Vermanton	Silvain.	200		Métisse mérinos.	60		140		
	Ponchard.	190		id.	90		100		
	Auger.	210	670	id.	70	240	140	430	
	Bryon.	70		id.	20		50		
	Bonneau.	90		id.	30		60		
Bouy.	Tureau.	200		Race du pays.	40		160		
	Bergery.	275	975	id.	25	95	250	880	
	Breny.	110		id.	»		110		
	Etienne.	300		id.	»		300		
Dampierre.	Ratard.	250	550	Métisse mérinos.	»	»	253	550	
	Desbois.	300		id.	»		300		
			3385			705		2680	

« Il résulte du tableau ci-contre : 1° que, dans la commune de St-Léger, sur cinq troupeaux, trois sont attaqués par le piétin, et forment un total de 1,190 bêtes, dont 70 sont atteintes; 2° que dans la commune de Vermanton, sur quatre troupeaux, formant un total de 670 bêtes, 240 animaux sont affectés de la même maladie; 3° que dans la commune de Bouy, trois troupeaux sur cinq sont atteints, et que le nombre des bêtes malades s'élève à 95; 4° enfin que dans les communes de Dampierre, Bitry et Brianne, la maladie n'a point encore pénétré parmi les nombreux et beaux troupeaux existant dans ces deux communes limitrophes.

« *Mesures préservatrices.* — Préserver du piétin les bêtes qui n'en sont point encore atteintes dans les troupeaux attaqués ; éviter l'accès de cette maladie parmi les troupeaux encore sains; guérir les bêtes malades : telles sont les indications à remplir pour arrêter la multiplication du mal. Pour parvenir à ce but désirable, voici, M. le sous-préfet, les mesures que j'ai l'honneur de vous proposer, et que, si vous les trouvez bonnes, il vous plaira de vouloir bien faire mettre à exécution par un arrêté.

« 1° Les propriétaires des troupeaux affectés du piétin devront déclarer au maire de leur commune l'apparition du mal. 2° Ils devront séparer les animaux malades de ceux qui sont encore sains. 3° Les premiers pourront séjourner dans la bergerie ou dans le parc infecté; mais ils seront conduits dans des pacages isolés et indiqués par l'autorité communale, où ils seront traités convenablement par un vétérinaire jusqu'à guérison. 4° Si les bêtes sont en état d'être vendues pour la boucherie, le propriétaire pourra en faire la vente le plus tôt possible, mais à son domicile. 5° Défense sera faite de conduire les animaux atteints du mal contagieux aux foires et marchés et aux abreuvoirs communs. 6° Les contrevenants à ces dispositions devraient être traduits devant les tribunaux compétents, et condamnés aux peines et amendes voulues par les articles 459, 460 et 461 du Code pénal.

« *Moyens curatifs.* — On visitera souvent les pieds des bêtes non boiteuses, et aussitôt qu'on apercevra un léger suintement entre les deux onglons avec décollement de la corne, on cautérisera cette partie en la touchant avec l'extrémité de la barbe d'une plume imprégnée *d'acide nitrique,* connu sous le nom *d'eau forte.*

« Si la bête commence à boiter, on enlèvera avec un instrument tranchant toute la corne décollée; et alors les tissus sous-jacents seront touchés avec la barbe d'une plume pénétrée par le mélange suivant, dont je puis garantir les excellents effets. Vinaigre blanc, 78 parties; deuto-sulfate de cuivre, 10 parties; acide sulfurique, 12 parties; total 100 parties. On pulvérise le deuto-sulfate de cuivre, qu'on fait dissoudre dans le vinaigre froid, et on ajoute ensuite l'acide sulfurique.

« Si le mal est plus ancien, si la corne de la sole et du talon est détachée, si une matière blanchâtre et fétide recouvre les tissus sous-jacents, si ce tissu lui-même est pâle et boursouflé; après avoir enlevé toutes les parties de corne détachées, on placera le pied au-dessus d'un vase contenant de *l'acétate de cuivre* ou **verdet** bien pulvérisé, et on saupoudrera toutes les parties détachées avec cette poudre légèrement caustique et dessiccative. Il sera bon alors, si les parties de corne enlevées ont mis beaucoup de tissus à découvert, d'entourer l'ongle avec de la filasse ou des étoupes. Si l'os est carié, on le ruginera; si les ligaments sont **exfoliés**, on enlèvera scrupuleusement les parties altérées; si des fistules existent, on les débridera et on les cautérisera, dans le but d'obtenir une plaie simple et une cicatrisation prompte. On ne négligera point, pour assurer le succès de la guérison, de curer les bergeries, d'en recouvrir le sol avec beaucoup de litière; enfin on ne conduira les animaux aux pâturages que par le beau temps, l'humidité des pieds s'opposant constamment à la guérison du piétin.

« Agréez, etc.

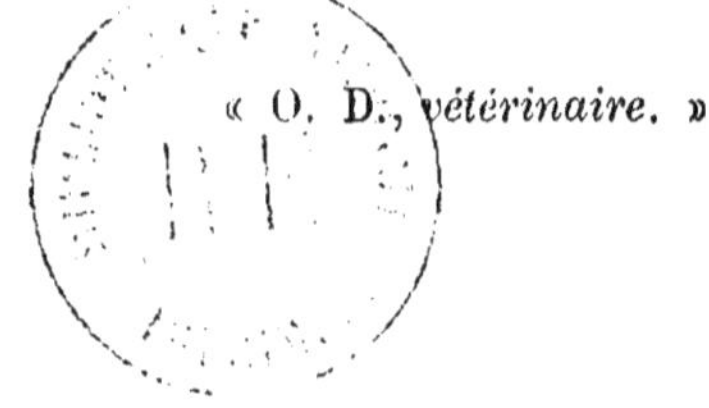

« O. D., *vétérinaire.* »

TABLE DES MATIÈRES

PREMIÈRE PARTIE

CHAPITRE PREMIER

CHAPITRE II

CHAPITRE III

DEUXIÈME PARTIE

CHAPITRE PREMIER

CHAPITRE II

CHAPITRE III

CHAPITRE IV

CHAPITRE V

CHAPITRE VI

CHAPITRE VII

CHAPITRE VIII

CHAPITRE IX

CHAPITRE XII

CHAPITRE XIII

CHAPITRE XIV

CHAPITRE XV

CHAPITRE XVI

CHAPITRE XVII

CHAPITRE XVIII

CHAPITRE XIX

CHAPITRE XX

FIN DE LA TABLE DES MATIÈRES

ERRATA

Page 85, ligne 11 : bartéridic *lisez* bactéridie
—   89 — 22 et 26 : dessication *lisez* dessiccation
— 242 — 21 : obsolument *lisez* absolument
— 292 —   8 : sa *lisez* la
— 341 — 17 : critaux *lisez* cristaux
— 351 —   8 : ploplité *lisez* poplité
— 353 —   7 : barbariens *lisez* barbarins
— 428 — 10 : rouges-ictériques *lisez* rouge-ictériques
— 479 —   8 : emploira *lisez* emploiera
— 482 — 37 : propiétaires *lisez* propriétaires
— 518 — 10 : interbobulaire *lisez* interlobulaire
— 527 —   6 : apparue *lisez* apparu
— 571 — 31 : importante *lisez* importance
— 694 — 41 : morveux; qui *lisez* morveux, qui
— 744 — 32 : rouges-grisâtres *lisez* rouge-grisâtres
— 814 — 36 : s'acompagne *lisez* s'accompagne
— 853 — 38 : clavelisation; seraient *lisez* clavelisation, seraient
— 893 —   5 : eront *lisez* seront